实例效果图

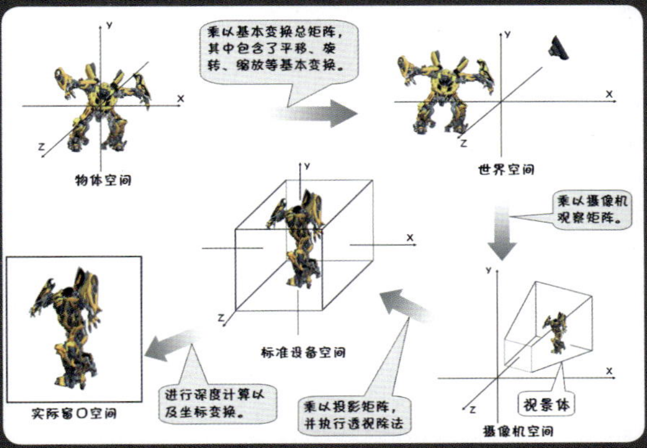

第 5 章　所有变换的完整流程

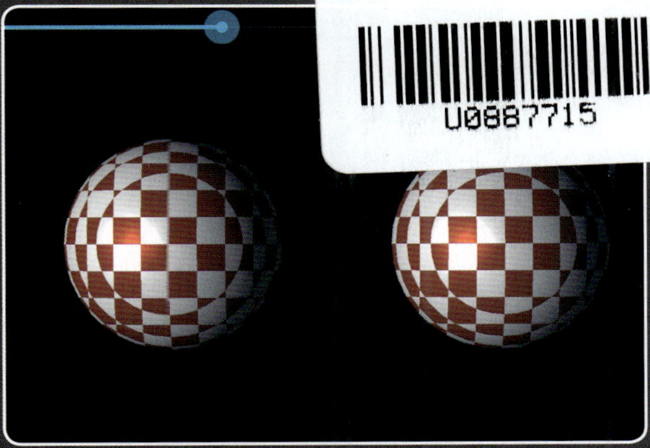

第 6 章　定位光

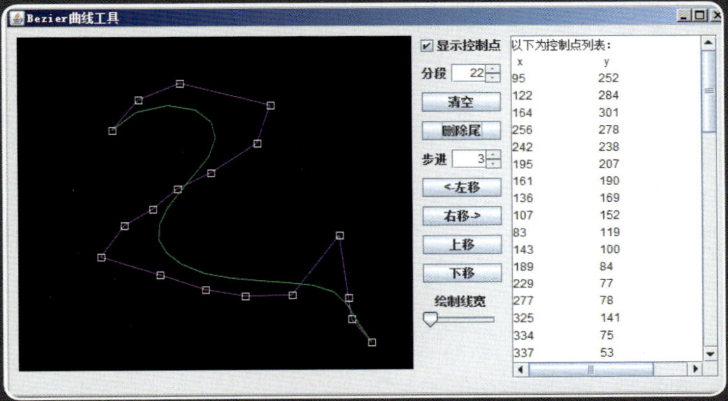

第 8 章　设计贝塞尔曲线的工具

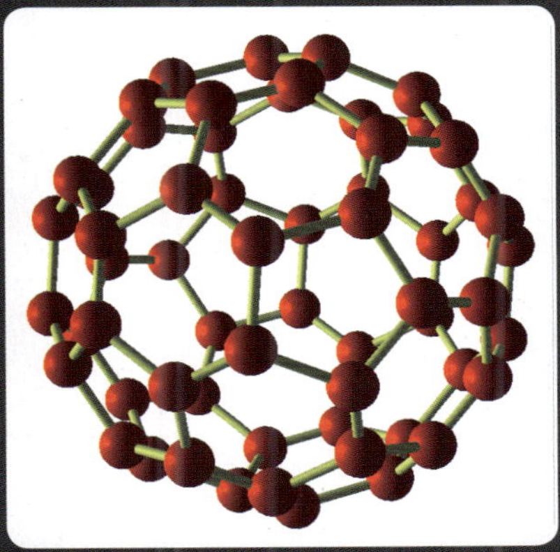

第 8 章　足球碳

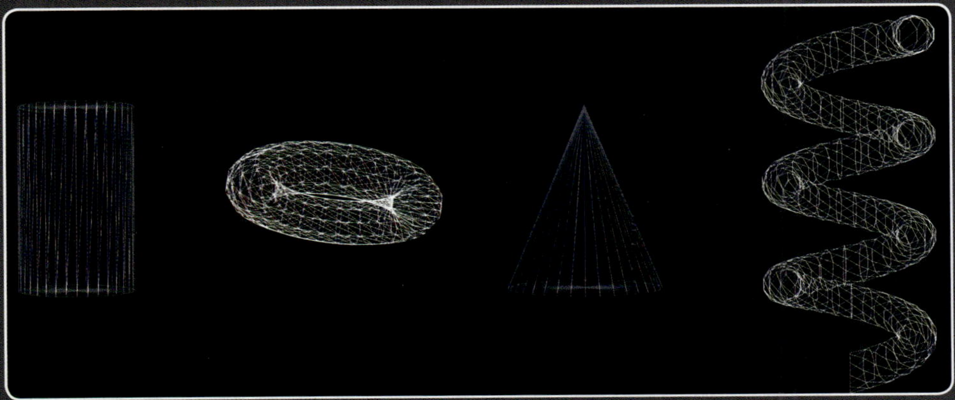

第 8 章　几何图形线框图

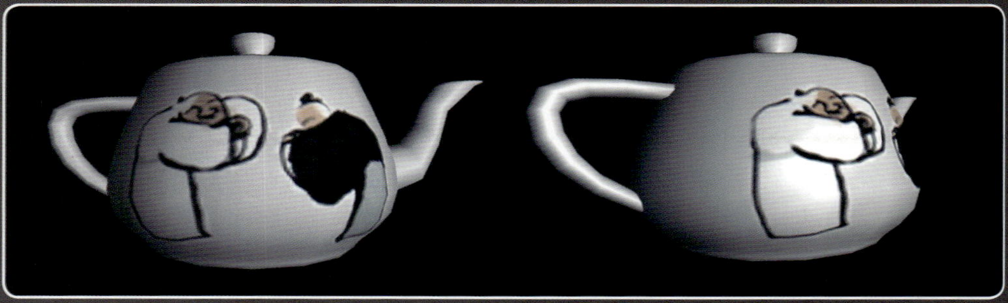

第 9 章　带光照的茶壶

第 9 章　双面光照的茶壶

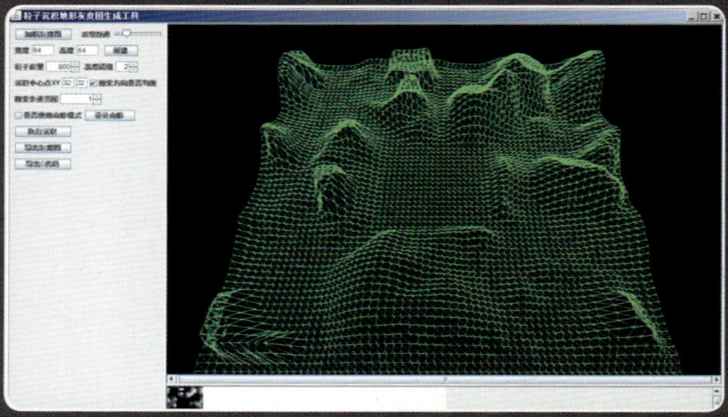

第 11 章　山地地形设计器

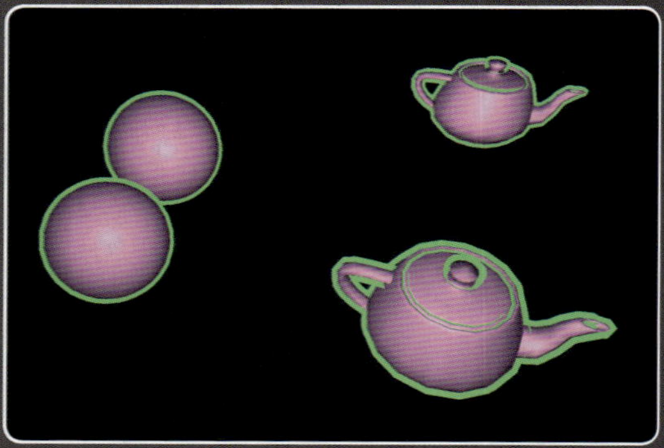

第 11 章　描边效果

第 13 章　重力小球

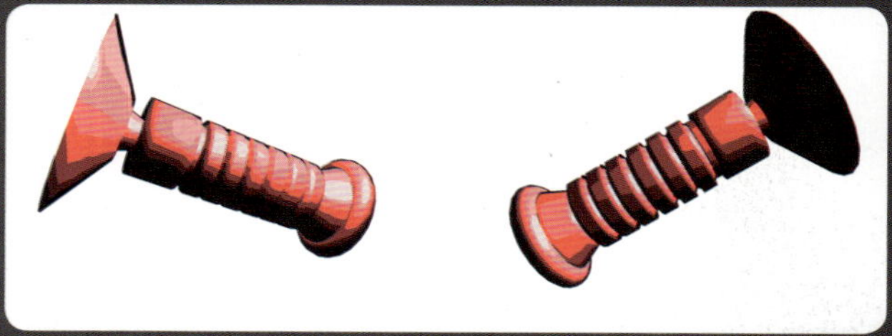

第 11 章　非真实感绘制

第 11 章　启用与未启用模板测试对比

第 14 章　iOS 平台下的地月系

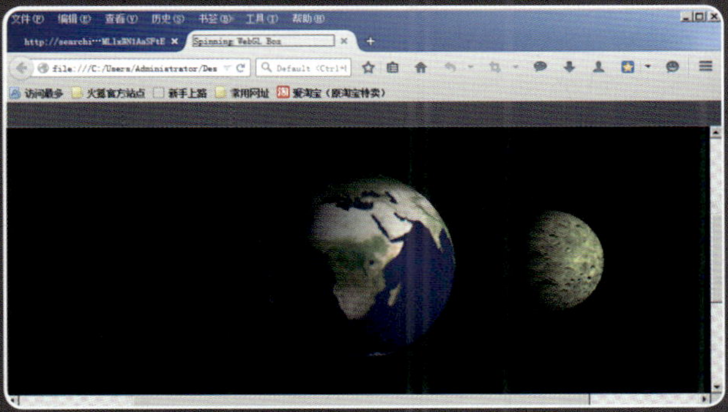

第 15 章　WebGL 平台下的地月系

第 16 章　休闲类游戏——3D 可爱抓娃娃 开始界面

第 16 章　休闲类游戏——3D 可爱抓娃娃 刷新效果

第 16 章　休闲类游戏——3D 可爱抓娃娃 抓取物品效果

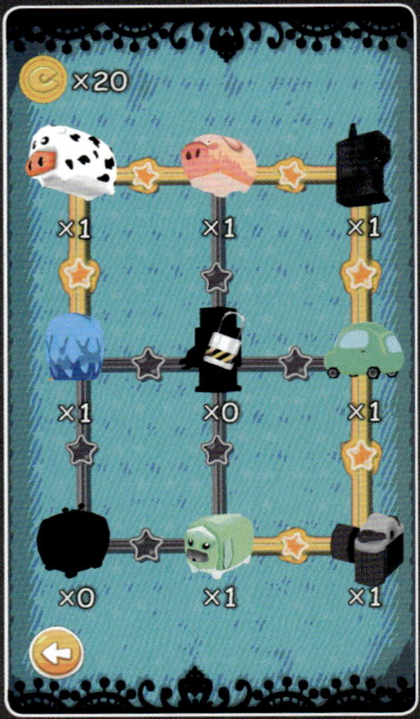

第 16 章　休闲类游戏——3D 可爱抓娃娃 历史记录界面

第 17 章　基于 WebGL 的 3D 楼盘展示系统 1

第 17 章　基于 WebGL 的 3D 楼盘展示系统 2

第 17 章　基于 WebGL 的 3D 楼盘展示系统 3

第 17 章　基于 WebGL 的 3D 楼盘展示系统 4

OpenGL ES 3.x 游戏开发（上卷）

吴亚峰 编著

人民邮电出版社
北京

图书在版编目（CIP）数据

OpenGL ES 3.x游戏开发. 上卷 / 吴亚峰编著. -- 北京 : 人民邮电出版社, 2016.10
ISBN 978-7-115-43349-7

Ⅰ. ①O… Ⅱ. ①吴… Ⅲ. ①移动电话机－游戏程序－程序设计 Ⅳ. ①TP317.67

中国版本图书馆CIP数据核字(2016)第213855号

内 容 提 要

本书共分 17 章，内容按照必知必会的 OpenGL ES 3.x 基础知识、基于实现基本特效以及真实大型应用、游戏案例开发的顺序进行详细地讲解。主要内容为：OpenGL ES 3.x 的渲染管线介绍，OpenGL ES 3.x 可编程渲染管线着色器的着色语言介绍，3D 开发中投影、各种变换的原理与实现，介绍了 OpenGL ES 3.x 中光照的基本原理与实现、点法向量与面法向量的区别以及光照的每顶点计算与每片元计算的差别，介绍了纹理映射的基本原理与使月，介绍了使用 OpenGL ES 3.0 开发各种 3D 基本形状的实现，包括圆柱、圆锥、圆环、螺旋管、几何球以及贝塞尔曲线旋转面等内容，讲解了 3D 模型加载，介绍了混合和雾的基本原理与使用以及常用 3D 开发技巧，如标志板、天空盒、镜像绘制等，介绍了 OpenGL ES 3.0 中经常使用的几种剪裁与测试，包括剪裁测试、Alpha 测试、模板测试以及任意剪裁平面等，讲解了传感器应用开发和 Android 及 iOS 平台下的 OpenGL ES 开发。最后，通过两大案例，如休闲类游戏 3D 可爱抓娃娃和 3D 楼盘展示系统把所学的知识应用起来，让读者尽快进入实战角色。

本书适合 OpenGL ES 3D 应用开发的初学者、程序员、游戏开发者，也适合作为大专院校相关专业师生的学习用书以及培训学校的教材。

◆ 编　　著　吴亚峰
责任编辑　张　涛
责任印制　焦志炜

◆ 人民邮电出版社出版发行　　北京市丰台区成寿寺路 11 号
邮编　100164　　电子邮件　315@ptpress.com.cn
网址　http://www.ptpress.com.cn
固安县铭成印刷有限公司印刷

◆ 开本：787×1092　1/16　　彩插：2
印张：31　　2016 年 10 月第 1 版
字数：819 千字　　2024 年 7 月河北第 3 次印刷

定价：89.00 元

读者服务热线：(010)81055410　印装质量热线：(010)81055316
反盗版热线：(010)81055315
广告经营许可证：京东市监广登字20170147号

前　言

为什么要写这样一本书

随着智能手机硬件性能的不断提升，如水果忍者、极品飞车、狂野飙车等一批优秀的3D游戏娱乐应用在众多智能机用户间流行开来。与此同时，也带动了手机游戏产业逐渐从2D走向3D。但目前国内专门介绍这方面开发的书籍与资料都非常少，同时3D应用开发的门槛又比较高，使得很多初学者无从下手。根据这种情况，笔者结合多年从事3D游戏应用开发的经验编写了本书。

了解一些3D开发领域的技术人员都知道，移动嵌入式平台上的3D应用开发主要是基于OpenGL ES的3个版本，1.x、2.x和3.x。OpenGL ES 1.x是较老的版本，渲染能力很有限，留给开发人员发挥的空间也很有限。OpenGL ES 3.x新特性的添加使渲染的3D场景光影效果更加真实，所以，它的应用越来越多。

本书中在给出实际案例时涉及了Android SDK、Android NDK、iOS、WebGL等主流平台，充分考虑到了各个不同主流目标平台读者的需求。同时，本书中关于OpenGL ES 3.x可编程渲染管线着色器的知识与技术还可以通用于其他的很多移动嵌入式平台，因此，学习各种移动嵌入式平台下高级3D应用开发的读者都可以参考此书。

本书特点

1. 内容丰富，由浅入深

本书组织上本着“起点低，终点高”的原则，内容覆盖了从学习OpenGL ES 3.x必知必会的基础知识到基于OpenGL ES 3.x实现各种高级特效，书的最后还给出了完整的大型3D游戏或应用案例。这样的内容组织可以帮助移动嵌入式3D应用开发的初学者一步一步成长为3D开发的达人，满足绝大部分想学习3D应用开发的学生与程序开发人员以及相关技术人员的需求。

2. 结构清晰，讲解到位

本书中配合每个需要讲解的知识点都给出了丰富的插图与完整的案例，使得初学者易于上手，有一定基础的读者便于深入。书中所有的案例均是根据笔者多年的开发心得进行设计的，结构清晰明朗，便于读者进行学习。同时书中还给出了很多笔者多年来积累的编程技巧与心得，具有很高的参考价值。

3. 完整的源程序

为了便于读者学习，本书附赠了书中所有案例的完整源代码，最大限度地帮助读者快速掌握各方面的开发技术。源程序下载地址为www.toppr.net。

内容导读

本书分为17章，内容按照必知必会的基础知识、基于OpenGL ES 3.x实现基本特效以及真实大型应用、游戏案例的顺序进行详细讲解。

章　名	主要内容
Android 概述	本章简要介绍了 Android 的特点、开发环境的搭建以及运行机制
游戏开发相关的 Android 基础知识	本章主要介绍了基于 Android 平台开发游戏所必需了解的一些基础知识，包括音效、数据库、I/O 以及网络通信等
初识 OpenGL ES 3.x	本章介绍了 OpenGL ES 的一些基本知识，内容主要包括 OpenGL ES 3.x 与 2.0 的渲染管线以及一个简单的案例
着色语言 Shading Language	本章对用于实现 OpenGL ES 3.x 可编程渲染管线着色器的着色语言进行了系统地介绍，为后面各方面的深入学习打好基础
必知必会的 3D 开发知识——投影及各种变换	本章介绍了 3D 开发中投影、各种变换的原理与实现，同时还介绍了几种不同的绘制方式
光照	本章介绍了 OpenGL ES 3.x 中光照的基本原理与实现、点法向量与面法向量的区别以及光照的每顶点计算与每片元计算的差别
纹理映射	本章介绍了纹理映射的基本原理与使用，同时还介绍了不同的纹理拉伸与采样方式、多重过程纹理技术以及压缩纹理
3D 基本形状的构建	本章介绍了使用 OpenGL ES 3.0 开发各种 3D 基本形状的原理与实现，包括圆柱、圆锥、圆环、螺旋管、几何球以及贝塞尔曲线旋转面等内容
更逼真的游戏场景——3D 模型加载	本章介绍了如何使用自定义的加载工具类直接加载使用 3DMax 创建的 3D 立体物体模型
独特的场景渲染技术——混合与雾	本章主要介绍了混合以及雾的基本原理与使用
常用的 3D 开发技巧——标志板、天空盒、镜像绘制等	本章主要介绍了一些常用的 3D 开发技巧，包括标志板、灰度图地形、粒子沉积地形、天空盒与天空穹、镜像技术、动态文本输出以及非真实感绘制等
渲染出更加酷炫的 3D 场景——几种剪裁与测试	本章主要介绍了 OpenGL ES 3.0 中经常使用的几种剪裁与测试，包括剪裁测试、Alpha 测试、模板测试以及任意剪裁平面等
引人入胜的游戏特性——传感器应用开发	本章介绍了 Android 手机中各种传感器的使用，包括加速度传感器、磁场传感器、光传感器、温度传感器、接近传感器以及姿态传感器等，同时还给出了使用重力传感器进行 3D 应用体感操控的案例
Android NDK 及 iOS 平台下的 OpenGL ES 开发	本章介绍了 Android NDK 以及 iOS 平台下基于 OpenGL ES 3.0 的 3D 应用开发，同时还介绍了如何在不同的平台间进行 3D 应用的移植
WebGL 3D 应用开发	本章介绍了 WebGL 平台下基于 OpenGL ES 的 3D 应用开发，同时还介绍了如何将 3D 应用移植到 WebGL 平台
休闲类游戏——3D 可爱抓娃娃	本章给出了一款完整的 3D 休闲类游戏案例——3D 可爱抓娃娃，该游戏模仿游乐场中的夹娃娃机，全触控操作。内容涉及 3D 场景的渲染、JBullet 物理引擎的使用、音效设置等功能的开发
基于 WebGL 的 3D 楼盘展示系统	本章给出了一个基于 WebGL 开发的 3D 楼盘展示系统，内容涉及楼房模型和户体模型的制作、查看楼房和户型的展示、整个小区的漫游和自由浏览等各种功能的开发

本书内容丰富，从基本知识到高级特效；从简单的应用程序到完整的 3D 游戏案例，适合不同需求、不同水平层次的读者。

❑ 初学 OpenGL ES 3D 应用开发的读者

本书内容包括在各个主流平台下进行 3D 应用开发的知识，内容由浅入深，配合详细的案例，非常适合 3D 游戏、应用的初学者循序渐进地学习，以及有一定 3D 开发基础希望进一步深入学习 OpenGL ES 3.x 高级开发技术的读者学习参考。

本书不仅包括了 OpenGL ES 3.x 开发的基础知识，同时也包括了基于 OpenGL ES 3.x 实现高级特效以及完整的游戏案例，有利于有一定基础的开发人员进一步提高开发水平与能力。

本书作者

吴亚峰，毕业于北京邮电大学，后留学澳大利亚卧龙岗大学取得硕士学位。1998 年开始从事 Java 应用的开发，有 10 多年的 Java 开发与培训经验。主要的研究方向为 OpenGL ES、手机游戏、Java EE 以及搜索引擎，成为手机游戏、Java EE 独立软件开发工程师，并兼任百纳科技 Java 培训中心首席培训师。近 10 年来为多家著名企业培养了上千名高级软件开发人员，曾编写过《OpenGL ES 2.0 游戏开发》《Unity 4 3D 开发实战详解》《Android 3D 游戏案例开发大全》《Android 应用案例开发大全》（第一版、第二版及第三版）和《Android 游戏开发大全》（第一版、第二版及第三版）等多本畅销技术书籍。2008 年初开始关注 Android 平台下的 3D 应用开发，并开发出一系列优秀的 Android 应用程序与 3D 游戏。

本书在编写过程中得到了唐山百纳科技有限公司 Java 培训中心的大力支持，同时李玲玲、贺蕾红、张月月、张双彐、刘佳、陆晓鸽、王冬、程祎以及作者的家人为本书的编写提供了很多帮助，在此表示衷心地感谢！

由于笔者的水平和学识有限，且书中涉及的知识较多，书中难免存有错误与疏漏，敬请广大读者批评指正，并多提宝贵意见。本书责任编辑联系邮箱为：zhangtao@ptpress.com.cn。

为方便读者阅读学习，本书中所有的彩色插图可以在异步社区下载：http://www.epubit.com.cn/book/details/4665。

编者

目 录

第1章 Android概述

随着移动互联网时代的到来，智能手机逐渐走进了人们的生活， Google 公司于 2007 年 11 月 5 日发布了基于 Linux 平台的开源手机操作系统——Android。由于 Android 系统的开源性以及其他各个方面的因素，其受到了广大手机厂商的青睐，因此需要大量的 Android 开发人员来满足日益增长的海量软件开发需求。

> **提示** 有些读者可能会有一点奇怪，不是介绍 OpenGL ES 3.0 的知识吗，怎么一开始就介绍 Android 呢？这是因为本书是立足于通过案例来讲解 OpenGL ES 3.0 3D 游戏应用开发的。而 OpenGL ES 3.0 的应用是必须在某种平台上才能运行的，若不借助于一个具体的平台，就只能进行空泛的理论讨论和纸上谈兵了，这非作者本意。
>
> 而 Android 是目前市面上占有率最高的移动嵌入式平台，故作者选用其作为本书 OpenGL ES 3.0 3D 应用开发的辅助平台。所以，需要在本书开始章节简要介绍一下 Android 的相关基础知识。不准备在 Android 平台下开发 3D 应用的读者也不用担心，可以先略过此章，本书后面的章节还会介绍在 iOS、WebGL 等其他平台下的 3D 应用开发。

1.1 Android 平台的特点及未来的趋势

Android 平台基于 Linux，其不仅继承了 Linux 的各种优良特性，同时由于“Android 之父” Andy Rubin 的先进理念，使得 Android 平台又增加了许多非常具有吸引力的新特性。这不仅给终端用户带来了非凡的体验，还减轻了 Android 应用开发者的工作量与难度。

1.1.1 全新理念带来的体验风暴

Android 是具有开源性质的手机终端解决方案，开发人员可以自由地获取以及修改相应的源代码，具体基本特性如下。

- 开放性。

Android 平台同时包括底层的操作系统、上层的用户界面和应用程序，这些全部是对开发者及厂商开放的。

- 应用程序平等。

Android 系统中任何的应用程序均是平等的，不存在传统智能手机操作系统中系统软件与应用软件的区别与障碍。即用户可以随意地替换 Android 系统中原有的一些应用程序，如拨号软件、短信软件以及照相机等。

- 快速方便的应用程序开发。

Android 平台为开发人员提供了丰富的库和多样的工具，这使得开发人员可以快速、方便地开发各种不同功能的应用程序。

1.1.2　手机 3D 游戏和应用增长迅速

随着移动互联网和后 PC 时代的到来，移动手持设备的性能大幅提升，手机的功能也越来越多，越来越强大，这使得 2D 手机软件不再满足以追求酷炫为目标的移动手持设备的用户。

如今的手机游戏也远远不再是传统印象中的“俄罗斯方块”、“贪吃蛇”之类的简单游戏了，已经发展到了具有很强的娱乐性和交互性的复杂形态了。

人们在空余时间玩会儿 3D 手机游戏已经成为了一种潮流，如图 1-1 和图 1-2 所示，都是最近很流行的 3D Android 手机游戏。

▲图 1-1　暗黑战神

▲图 1-2　狂野飙车

同时，据美国的一家咨询公司的数据显示，从 2010 年开始，3D 应用程序的下载量就稳步增长，增长速度远远超过 2D 的游戏娱乐应用，这个趋势使得手机 3D 游戏和应用在智能手机软件中所占的比例日益增加。

1.2　搭建 Android 开发环境

对 Android 开发稍有了解的读者都知道，Android 应用程序的开发一般是使用 Eclipse 进行。Eclipse 是一款开放源代码、基于 Java 的可扩展开发平台。其包括一个框架和一组服务，主要通过插件来构建开发环境。本节主要介绍如何搭建基于 Eclipse 的 Android 开发环境，同时也将介绍模拟器的创建和运行等相关知识。

1.2.1　JDK 的安装及环境变量的配置

JDK 是整个 Java 开发的核心工具包，其包括了 Java 运行环境、Java 开发工具和 Java 基础类库等。开发 Java 应用程序之前首先需要安装 JDK，本小节主要介绍 JDK 的下载、安装以及相关环境变量的配置，详细步骤如下。

（1）首先进入 Oracle 公司提供的用于下载 JDK 安装包的网页“http://www.oracle.com/technetwork/java/javase/downloads/index.html”，如图 1-3 所示。然后在页面中单击 JDK 的下载按钮进入如图 1-4 所示的页面。

（2）在如图 1-4 所示的页面中选择对应 Windows 版本的开发包进行下载。请读者注意选择下载合适的版本，32 位操作系统应下载 X86 版本；64 位的应下载 X64 版本。

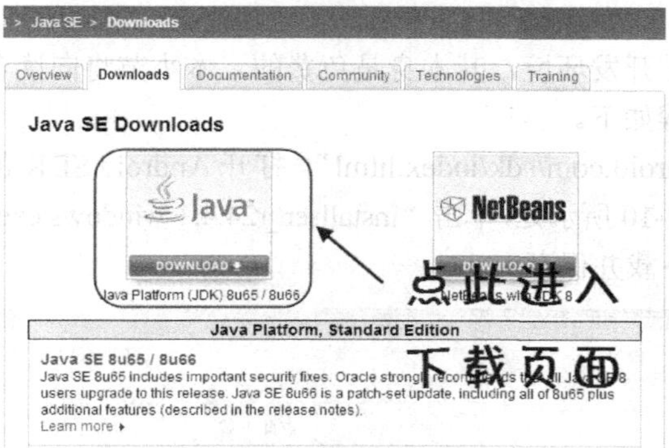

▲图 1-3　JDK 下载页面 1

▲图 1-4　JDK 下载页面 2

（3）接着双击下载的 JDK 安装包，开始 JDK 的安装。安装过程中，系统会弹出如图 1-5 所示的安装设置界面，若没有特殊需要，单击“下一步”按钮安装到默认路径即可。当然，也可以单击“更改”按钮设置 JDK 的安装路径。

（4）安装完成后将转到如图 1-6 所示界面，单击“完成”按钮结束安装。

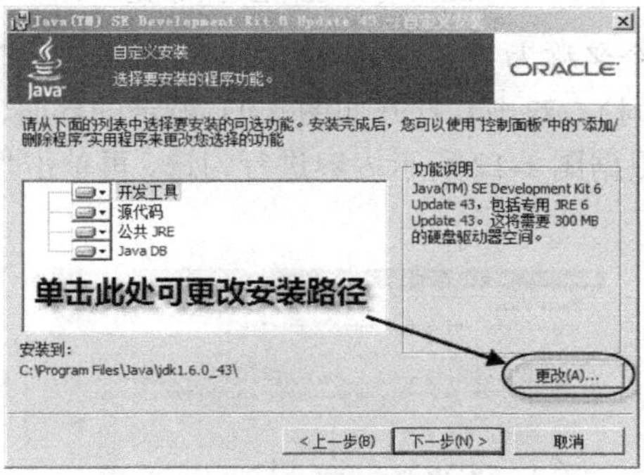

▲图 1-5　JDK 安装页面

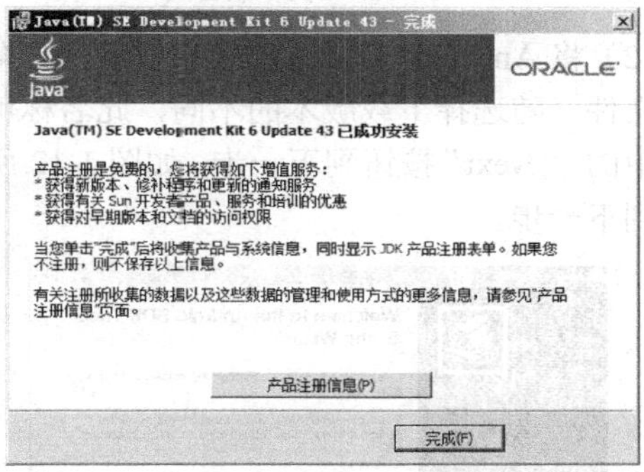

▲图 1-6　安装完成

（5）接着需要在操作系统的 Path 环境变量中加入 JDK 的 bin 路径，用鼠标右键单击“我的电脑”图标，在弹出的菜单中单击属性→高级→环境变量，如图 1-7 所示。在 Path 环境变量中添加 JDK 的 bin 路径，如“C:\Program Files\Java\jdk1.6.0_43\bin”，并且与前面原有的环境变量用“;”分开。

（6）最后在环境变量中新增 JAVA_HOME 项。具体方法为，在环境变量下的系统变量中添加 JAVA_HOME 项，将变量值设置为 JDK 的安装路径，如“C:\Program Files\Java\jdk1.6.0_43”。相关操作过程如图 1-8 所示。

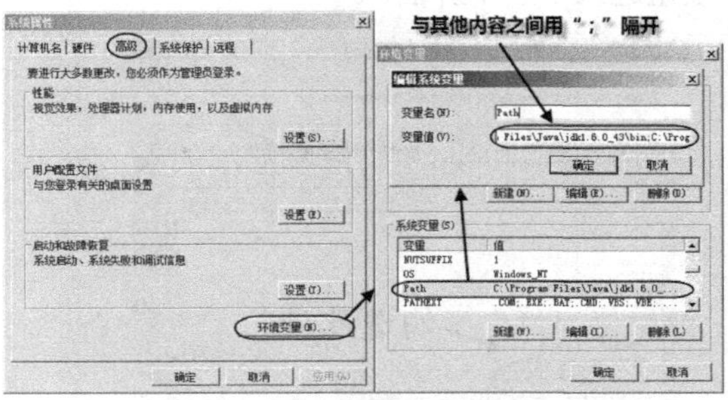

▲图 1-7　设置 JDK 环境变量

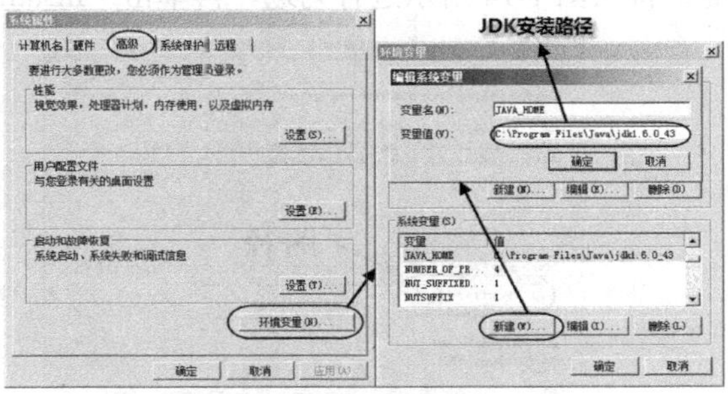

▲图 1-8　创建 JAVA_HOME 项

1.2.2　Android SDK 的下载与配置

Android SDK 是开发 Android 应用程序的基础开发环境，其本身是免费的。本小节将向读者介绍 Android SDK 的下载、解压及配置，具体步骤如下。

（1）首先在浏览器中输入“http://developer.android.com/sdk/index.html”，打开 Android SDK 的官方下载网页，如图 1-9 所示。然后将页面下拉至图 1-10 所示处，单击“installser_r24.4.1-windows.exe”进行下载，此时浏览器会弹出下载对话框，提示下载并保存。

▲图 1-9　SDK 官方下载首页

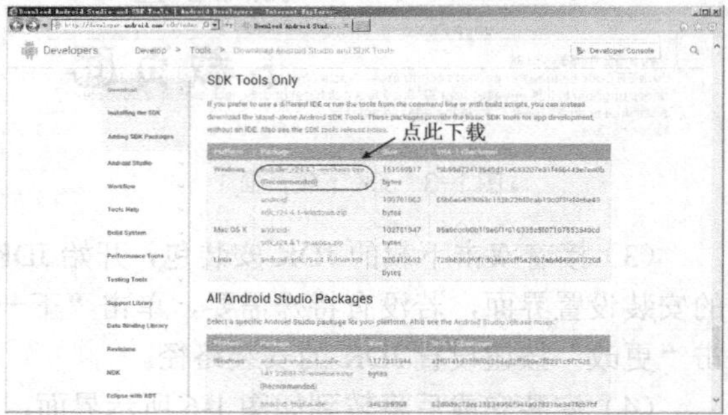

▲图 1-10　SDK 官网下载处

（2）将 Android SDK 下载成功以后，会得到一个名称为“installer_r24.4.1-windows.exe”的可执行文件（随选择下载版本的不同，此名称可能不同）。双击其打开如图 1-11 所示的界面，单击界面中的“Next”按钮到下一步，如图 1-12 所示。根据图 1-12 所示内容进行勾选，再单击“Next”按钮到下一步。

▲图 1-11　Android SDK 安装界面 1

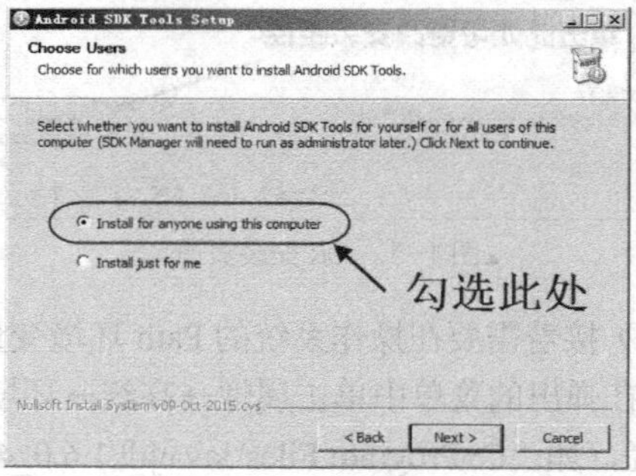

▲图 1-12　Android SDK 安装界面 2

（3）接着到达选择安装路径界面（如图 1-13 所示），笔者选择的路径是“D:\Android\android-sdk”，这里建议读者采用与笔者一致的安装路径。路径选择完成之后，单击“Next”按钮进入下一个界面，按照图 1-14 所示进行勾选，再单击“Install”按钮进入下一个界面。

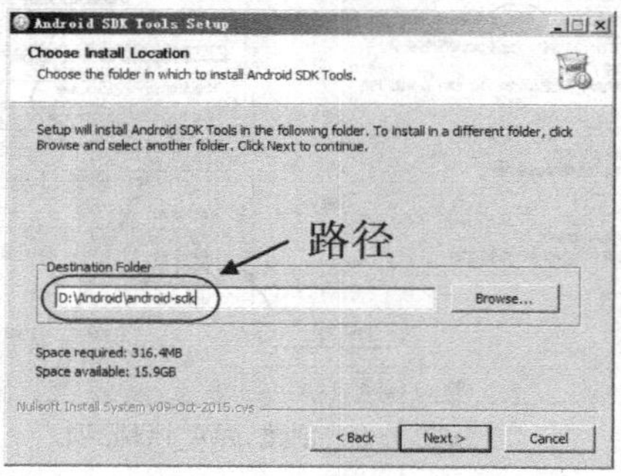

▲图 1-13　Android SDK 安装界面 3

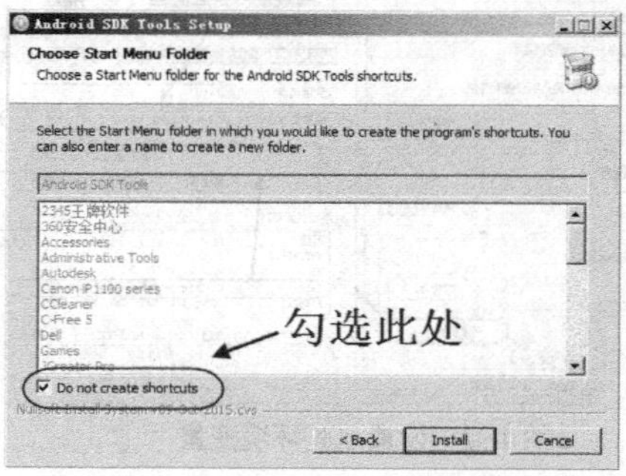

▲图 1-14　Android SDK 安装界面 4

（4）接着就到达了如图 1-15 所示的界面，在其中单击“Next”按钮即可进入安装结束界面，如图 1-16 所示。在如图 1-16 所示的界面中首先选中“Start SDK Manager”选项，然后单击“Finish”按钮。

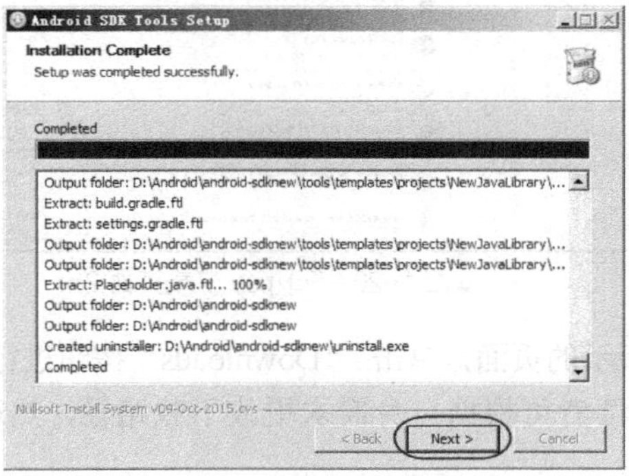

▲图 1-15　Android SDK 安装界面 5

▲图 1-16　Android SDK 安装界面 6

（5）稍微等待一会，系统会弹出“Android SDK Manager”的界面，如图 1-17 所示。在其中选中“Android SDK Build-tools”、“Android SDK Platform-tools”以及“Android 4.4.2”等选项，然后单击界面右下侧的“Install XX packages…”（XX 代表一个整数，随选中选项的数量不同而不同）按钮即可开始下载 SDK 所需要的文件。

（6）下载过程中的界面如图 1-18 所示。

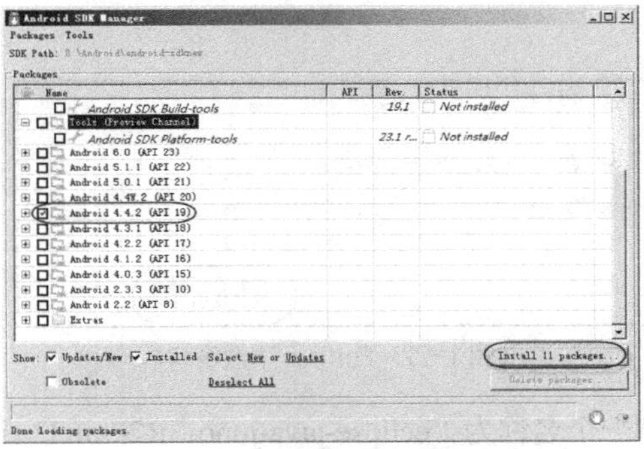

▲图 1-17　Android SDK 安装界面 7

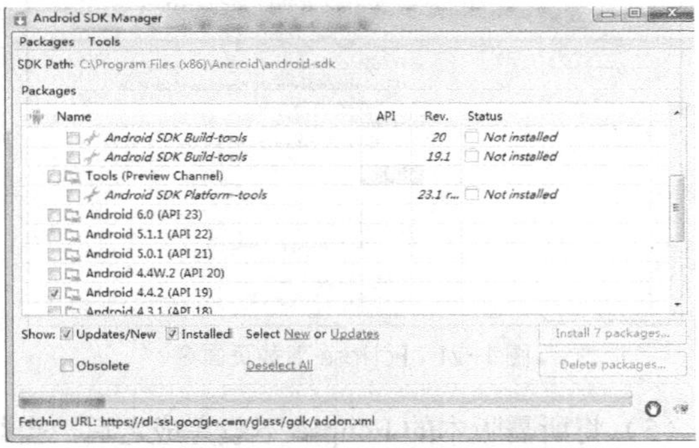

▲图 1-18　Android SDK 安装界面 8

提示　这里笔者之所以勾选“Android 4.4.2”是由于其目前市场占有率较高。读者可以根据需要勾选其他 Android 平台版本选项。另外，随网络情况的不同下载的时间也是不同的，有时需要较长时间。

1.2.3 Eclipse 集成开发环境的下载与配置

上一小节介绍了 JDK 以及 Android SDK 的下载及安装等相关操作，接着将要介绍的是 Eclipse 的下载与配置，具体步骤如下。

（1）首先在浏览器中输入“http://www.eclipse.org/juno/”，打开 Eclipse 的官方网站，如图 1-19 所示。然后单击“Downloads”跳转到下一个页面，如图 1-20 所示。

（2）然后在如图 1-20 所示的页面中选择版本为“Eclipse IDE for Java Developers”的 Eclipse，并选择符合读者 PC 操作系统数据位的版本（笔者选用的是 32bit），单击相关超链接。

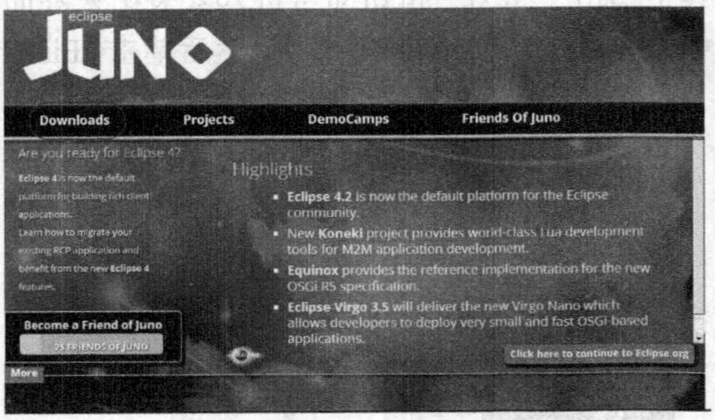

▲图 1-19　Eclipse 下载页面 1

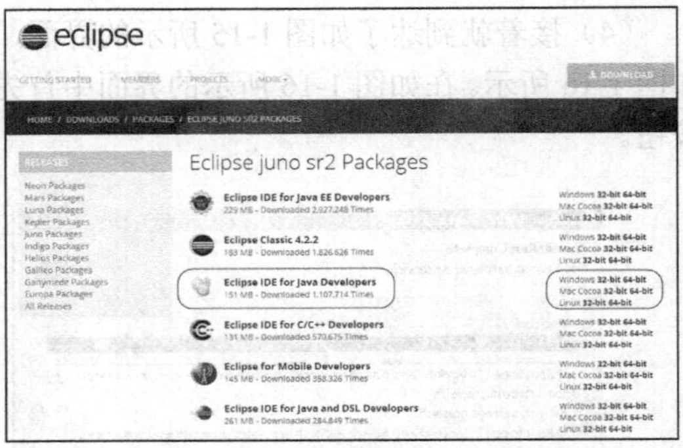

▲图 1-20　Eclipse 下载页面 2

（3）选择适合自己的版本之后将进入如图 1-21 所示的页面，单击“Downloads”按钮进行下载。

（4）接着浏览器会弹出如图 1-22 所示的窗口，读者可根据自身需求更改下载路径，然后单击下载按钮，下载 Eclipse。

提示　上述第 4 步随浏览器的不同弹出的窗口可能会有所不同。

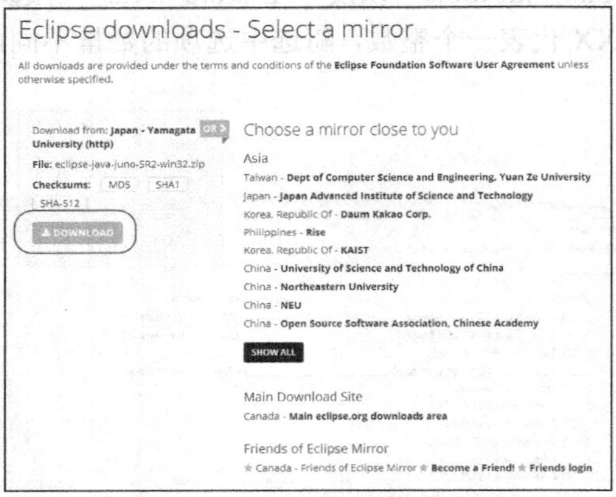

▲图 1-21　Eclipse 下载页面 3

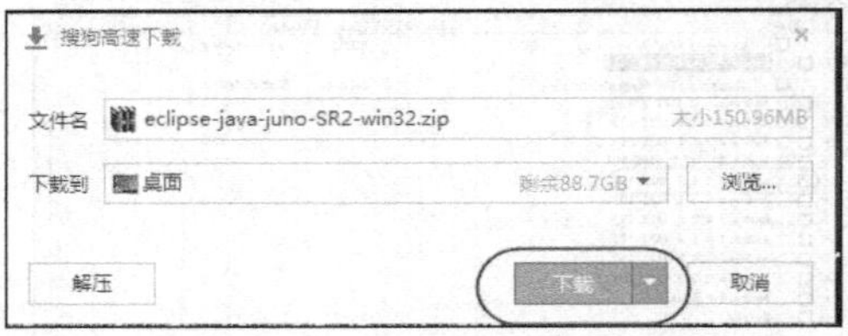

▲图 1-22　Eclipse 下载窗口

（5）将所需版本的 Eclipse 下载完成之后，会得到一个名称为“eclipse-java-juno-SR2-win32.zip”（名称随下载版本的不同会有所不同）的压缩包，将此压缩包解压得到名为“eclipse”的文件夹。

（6）打开解压后的“eclipse”文件夹，如图 1-23 所示。接着双击其中的“eclipse.exe”文件，启动 Eclipse 集成开发环境，就会出现如图 1-24 所示的界面。

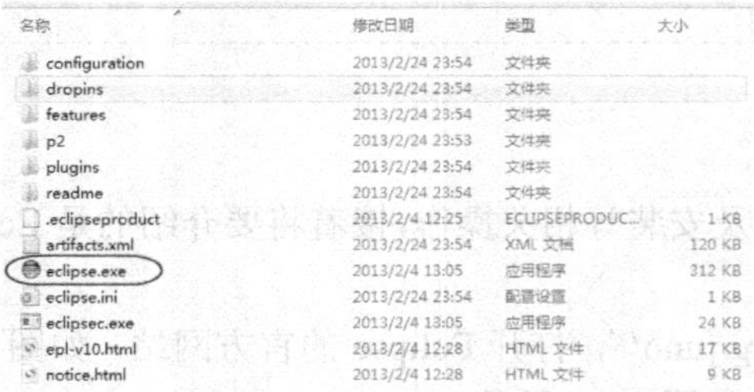

▲图 1-23　eclipse 文件夹

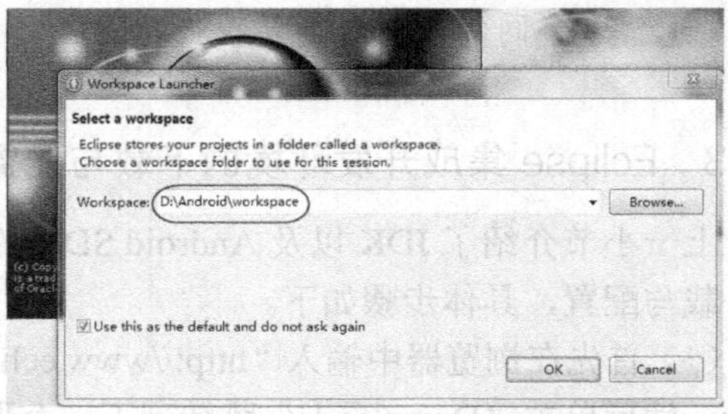

▲图 1-24　设置 Eclipse 工作区

（7）图 1-24 所示界面提醒用户设置自己的项目工作区路径，笔者采用的是“D:\Android\workspace”。

（这里强烈建议读者的工作区路径设置和笔者的保持一致，以便本书中的案例能够直接导入运行。）

（8）指定完工作区路径后，就进入了Eclipse的主界面，如图1-25所示。

（9）在主界面中选择“Help”菜单下的“Install New Software”子菜单项，系统会弹出此子菜单项的相关界面，如图1-26所示。

（10）在如图1-26所示界面中的“Work with”文本框中输入URL地址“http://dl-ssl-google.com/android/eclipse/”，并单击“Add”按钮。

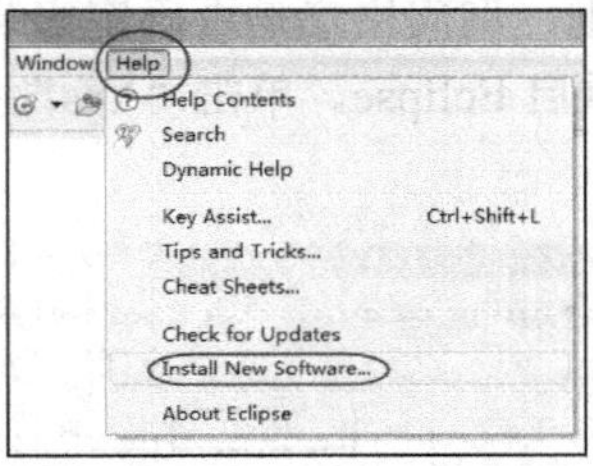

▲图1-25 Eclipse的Help选项

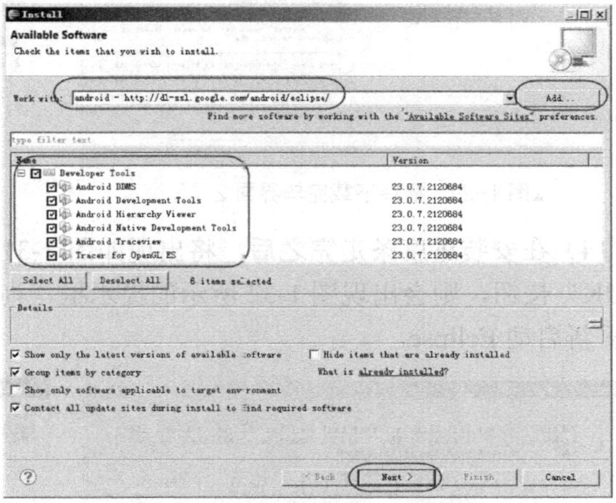

▲图1-26 Install New Software界面

（11）此时需要联网获取信息，可能需要稍微等待一会。联网获取信息完毕后，界面中将出现“Developer Tools”列表，将其展开，勾选其中的所有项目，然后单击“Next”按钮进行插件下载，如图1-27所示。

（12）下载过程的界面如图1-27所示，等待Eclipse将插件下载完毕，将进入如图1-28所示的界面。

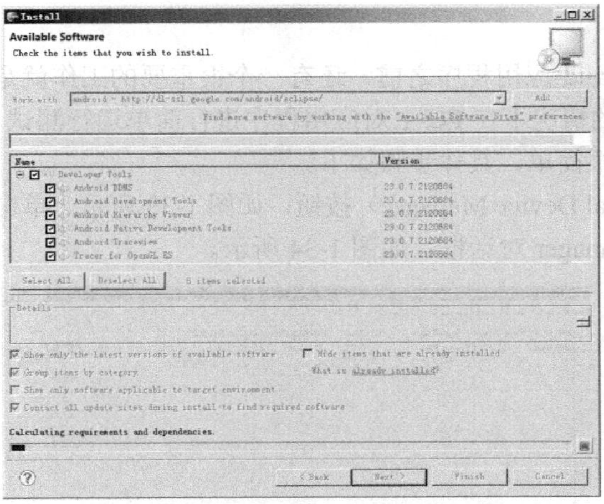

▲图1-27 Install New Software安装界面

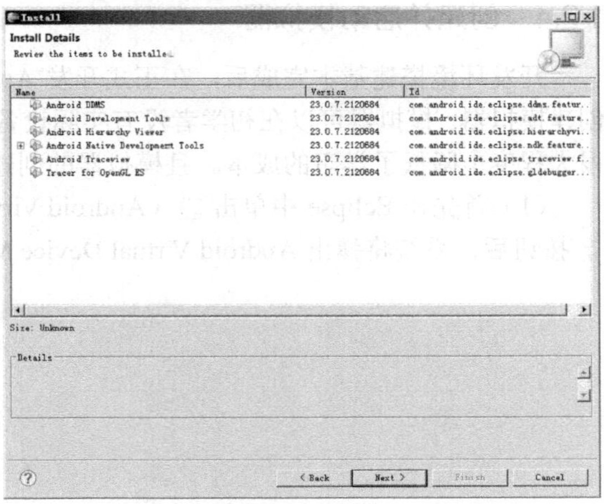

▲图1-28 插件下载完毕界面1

（13）在如图1-28所示的界面中单击“Next”按钮，则进入安装条款界面，勾选同意选项，如图1-29所示。然后单击“Finish”按钮，则出现如图1-30所示的安装提示框。

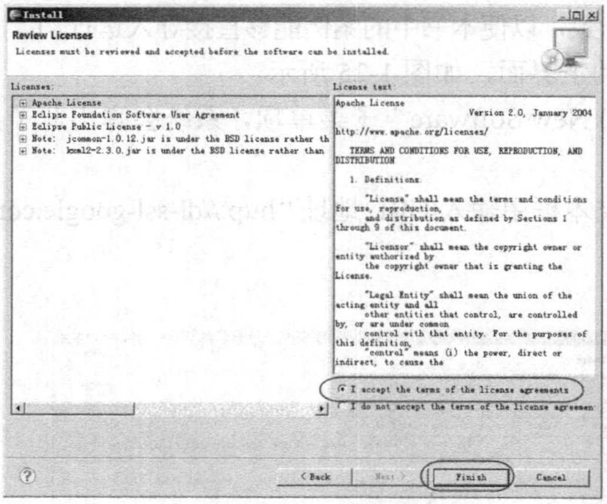

▲图 1-29 插件下载完毕界面 2

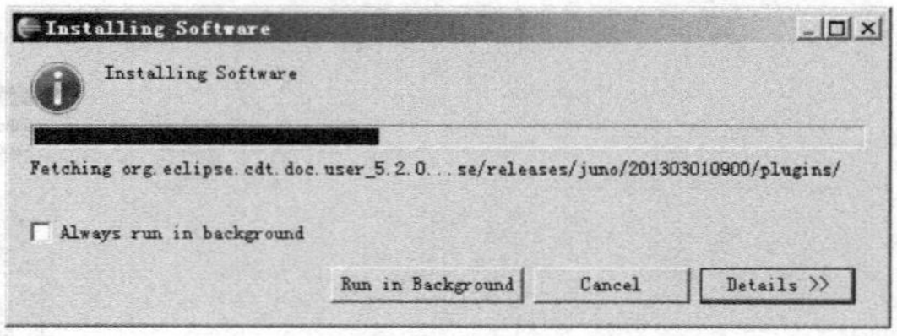

▲图 1-30 安装提示框 1

（14）在安装进度条走完之后，将出现如图 1-31 所示的提示框，询问用户是否确定安装。单击“OK”按钮，则会出现图 1-32 所示的提示框，询问用户是否重启 Eclipse。单击“Yes”按钮，则会重新启动 Eclipse。

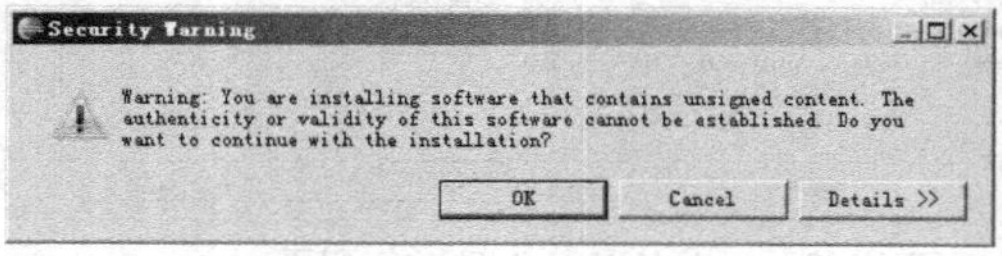

▲图 1-31 安装提示框 2

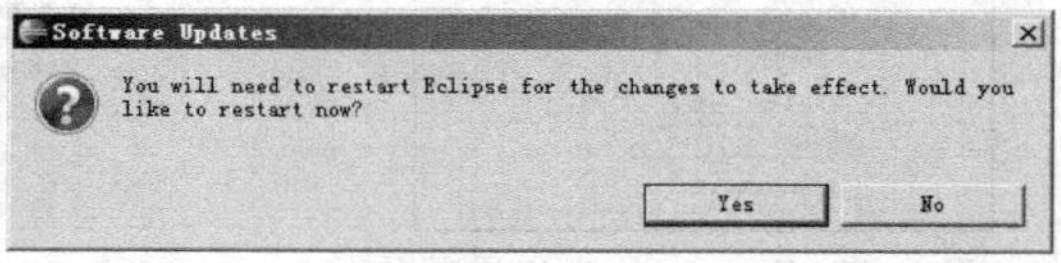

▲图 1-32 重启提示框

至此，用于开发 Android 应用程序的 Eclipse 集成开发环境的搭建及相关环境变量的配置就完成了，读者此时就可以正式开始 Android 应用开发之旅了。

> **提示** 整个安装过程需要下载的文件比较多，大约 2GB，可能要耗费数小时的时间，读者需耐心等待。

1.2.4 创建并启动模拟器

开发环境搭建基本完成后，在正式开发 Android 应用程序之前，还有一个很重要的工作就是创建模拟器。模拟器可以在初学者没有实际设备的情况下在 PC 上对应用程序进行简单运行测试，很大程度上降低了学习的成本。且模拟器的创建很简单，具体步骤如下。

（1）首先在 Eclipse 中单击 （Android Virtual Device Manager）按钮，如图 1-33 所示。单击 按钮后，系统将弹出 Android Virtual Device Manager 对话框，如图 1-34 所示。

▲图 1-33 Opens the Android SDK and AVD Manager 按钮

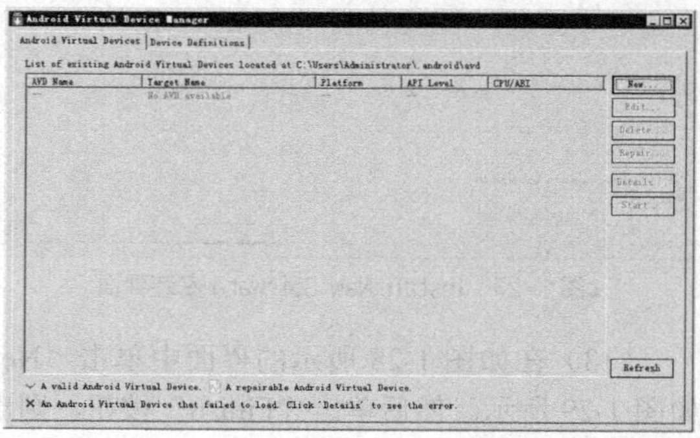

▲图 1-34 Android SDK and AVD Manager 对话框

（2）在弹出的 Android SDK and AVD Manager 对话框中单击“New”按钮（如图 1-35 所示），系统将弹出 Create new Android Virtual Device（AVD）对话框，如图 1-36 所示。

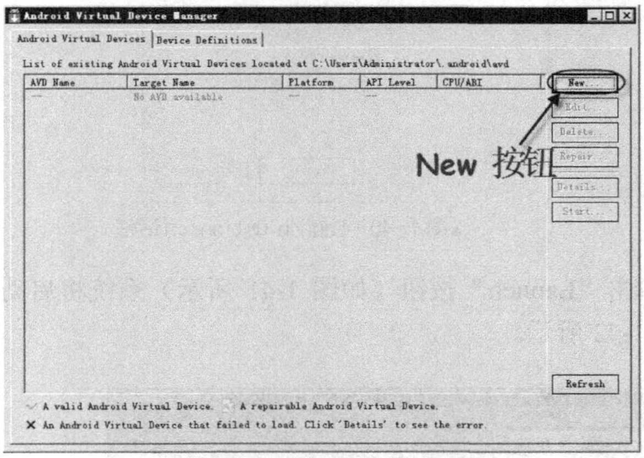

▲图 1-35　New 按钮

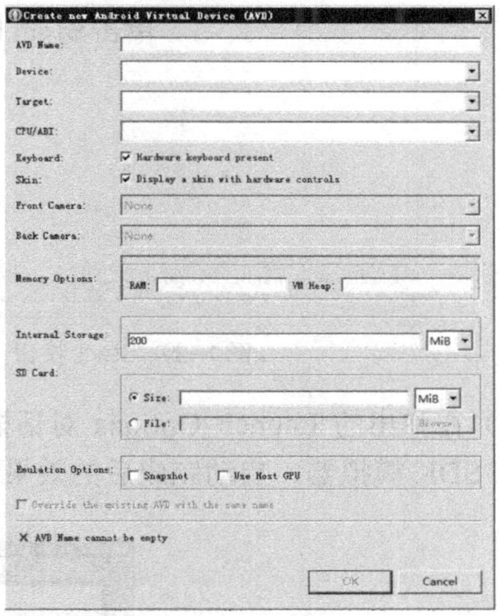

▲图 1-36　Create new Android Virtual Device（AVD）对话框

（3）在 Create new Android Virtual Device（AVD）对话框中输入模拟器的名称（这里输入的是 android 4.2.2），下拉 Target 列表选中 Android4.2.2-API Level 17，在 Internal Storage 面板中输入 100（代表内部存储容量为 100MB），在 SD Card 面板中的 Size 文本框中输入 100（代表 SD 卡容量为 100MB），如图 1-37 所示。

（4）然后设置模拟器显示屏分辨率为 5.1”WVGA（480*800），最后勾选 Use Host GPU 开启本地 GPU 渲染支持，如图 1-37 所示。模拟器配置完成后，单击“OK”按钮，即可完成指定版本 Android SDK 模拟器的创建。

（5）创建完 Android SDK 的模拟器后，在 Android SDK and AVD Manager 对话框中就可以显示出创建的 Android SDK 模拟器了，如图 1-38 所示。在 Android SDK and AVD Manager 对话框中选中创建的 Android 模拟器，单击“Start”按钮（如图 1-39 所示），将弹出 Launch Options 对话框，如图 1-40 所示。

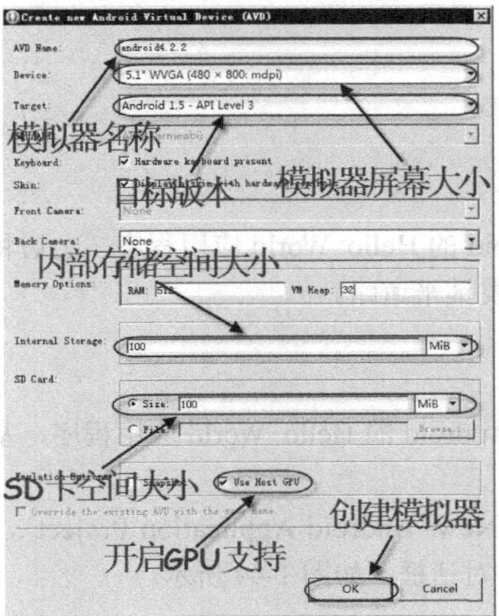

▲图 1-37　模拟器配置

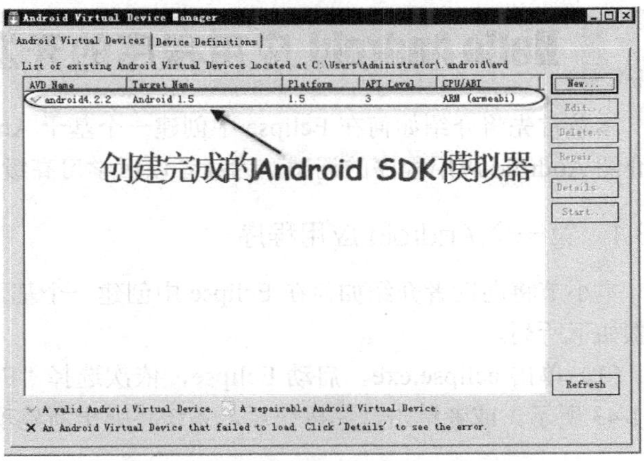

▲图 1-38　创建完成的 Android SDK 模拟器

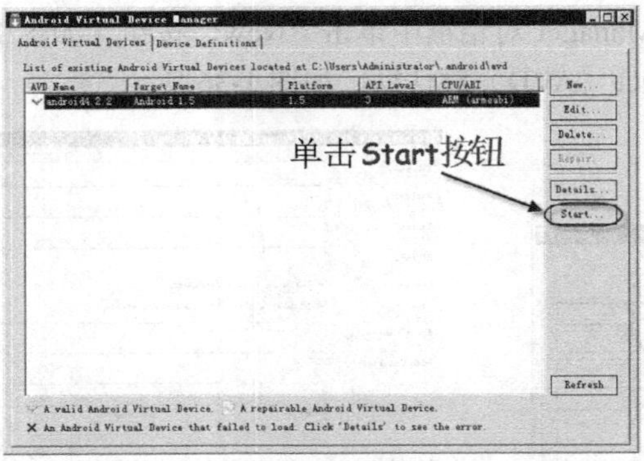

▲图 1-39　Start 按钮

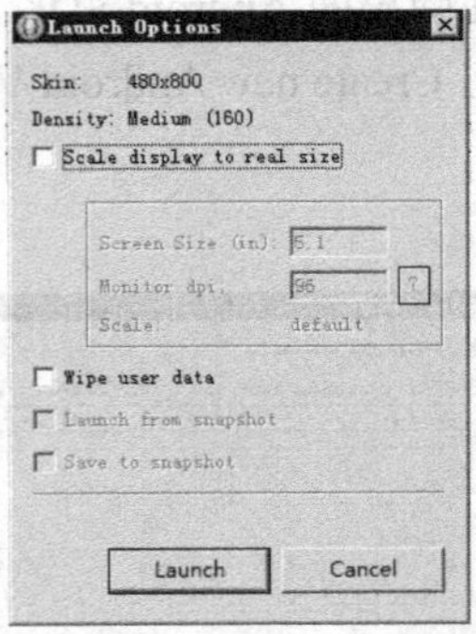

▲图 1-40　Launch Options 对话框

（6）在弹出的 Launch Options 对话框中单击“Launch”按钮（如图 1-41 所示）系统将启动 Android SDK 模拟器，启动完成后的效果如图 1-42 所示。

▲图 1-41　Launch 按钮

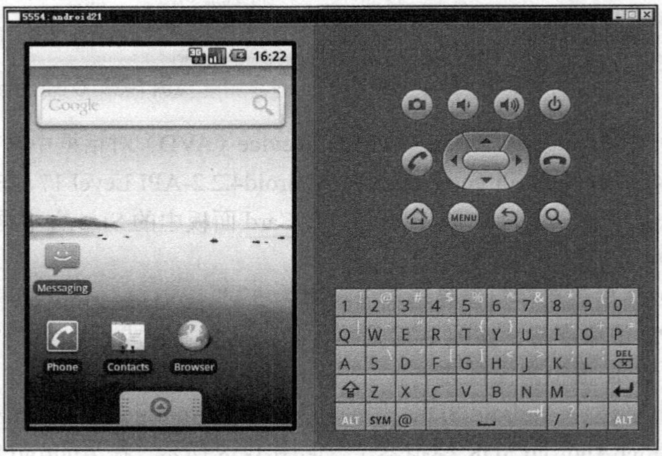

▲图 1-42　启动完成的 Android SDK 模拟器

提示　由于官方模拟器的性能不是很好，启动可能需要较长（一般是几分钟）时间，这时读者请不要着急。

1.3　Hello Android 应用程序的开发

本节首先将介绍如何在 Eclipse 中创建一个基于 Android 的 Hello World 应用程序，之后将简单介绍 Android 应用程序的调试，为读者以后学习高级开发铺平道路。

1.3.1　第一个 Android 应用程序

本小节将向读者介绍如何在 Eclipse 中创建一个基于 Android 的 Hello World 应用程序，基本步骤如下所列。

（1）单击 eclipse.exe，启动 Eclipse，依次选择“File/New/ Android Application Project”，如图 1-43 所示。或者单击按钮后，系统将弹出新建项目对话框，如图 1-44 所示。

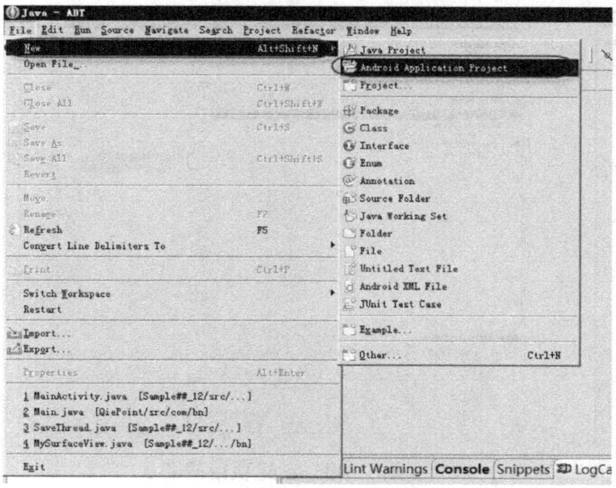

▲图 1-43 创建项目方法

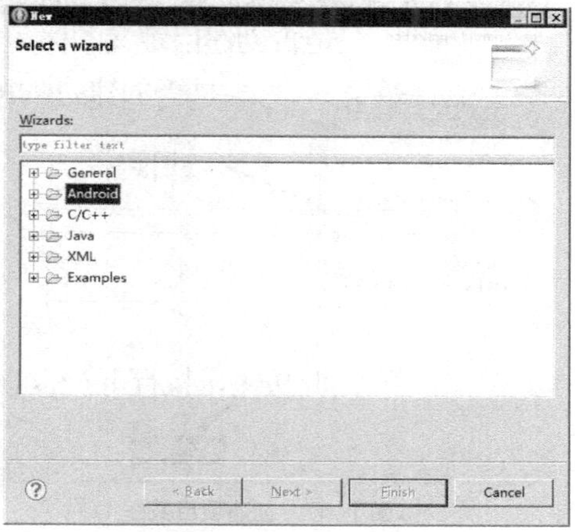

▲图 1-44 创建项目对话框

（2）在创建项目对话框中选择“Android/Android Applicaticn Project”，如图 1-45 所示，然后单击“Next”按钮，执行下一步，即弹出 New Android Application 对话框，如图 1-46 所示。

（3）在 New Android Application 对话框中输入应用程序的名称（在这里输入的是 Sample_1_1），然后在 Project Name 中输入项目名称（这里输入的名称与 Application Name 中的相同，当然也可以不同），同时在 Package Name 中输入应用程序的包名（这里输入的是 wyf.ytl），如图 1-46 所示。

（4）接着在 Minimum Required SDK 中选择应用程序最低版本（这里选择的是 Android 2.2 版本），最后在 Target SDK 中选择应用程序的目标版本，都填完后，整体情况如图 1-46 所示。

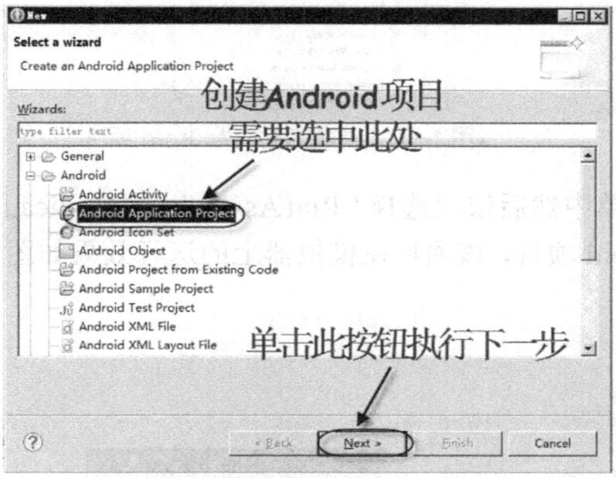

▲图 1-45 选择 Android Application Project 创建 Android 应用程序

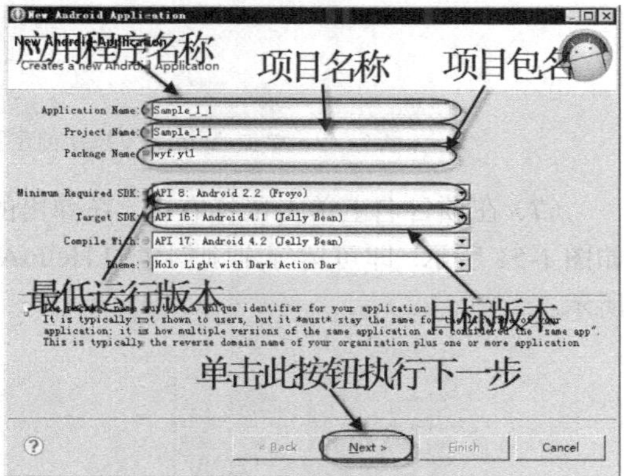

▲图 1-46 New Android Application 对话框

> **提示** 创建项目输入项目包名时，需要至少使用二级包名，否则在该对话框上会显示“Package name must have at least two identifiers.”的出错信息。

（5）单击“Next”按钮后进入如图 1-47 所示的界面，根据需要勾选是否创建自定义图标，勾选“Create activity”，根据需要也可更改默认的项目路径，最后单击“Next”按钮执行下一步。接着在如图 1-48 所示的界面中选择 Activity 样式，此处选择的是“Blank Activity”，单击“Next”按钮执行下一步。

（6）在如图 1-49 所示的界面中输入 Activity Name——Hello Android 和 Layout Name——main，单击“Finish”按钮完成项目的创建。此时在 Eclipse 的 Projec: Explorer 界面中会自动添加创建的项目 Sample_1_1，其目录结构如图 1-50 所示。

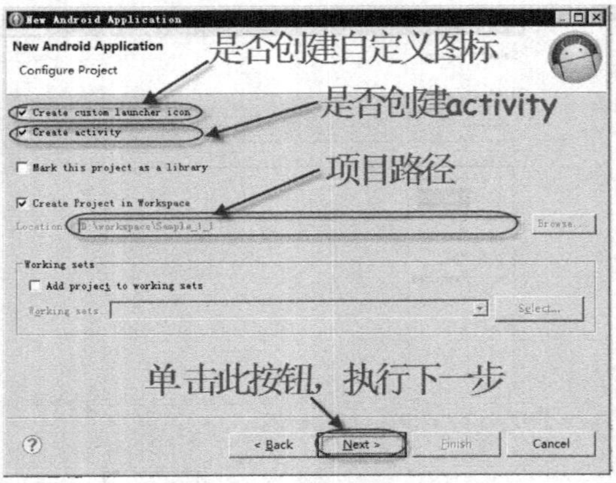

▲图 1-47　创建项目截图 1

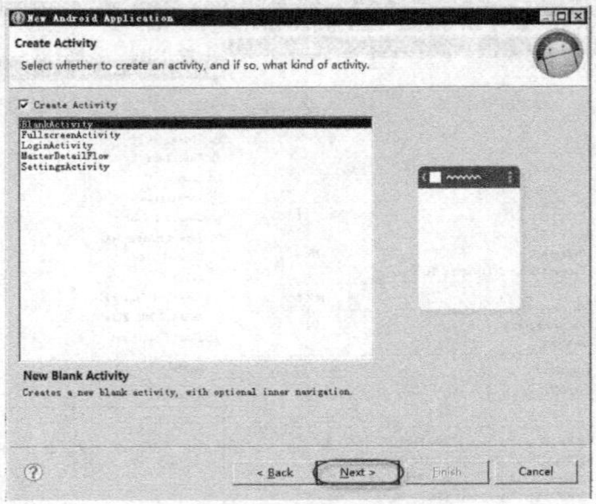

▲图 1-48　创建项目截图 2

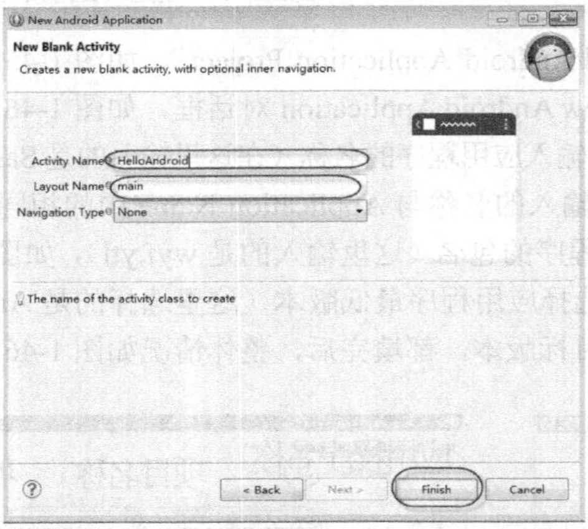

▲图 1-49　单击“Finish”按钮创建项目

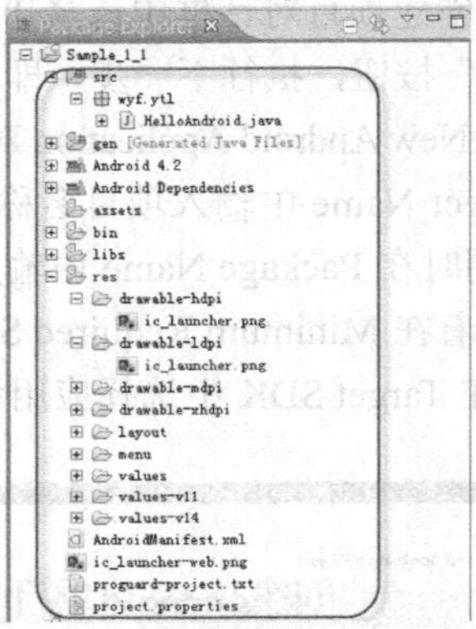

▲图 1-50　创建完成的 Android 项目

（7）在项目名上单击鼠标右键，在弹出的菜单中然后依次选择“Run As/Android Application”，如图 1-51 所示。即可运行刚刚创建的 HelloAndroid 项目，该项目在模拟器上的运行效果如图 1-52 所示。

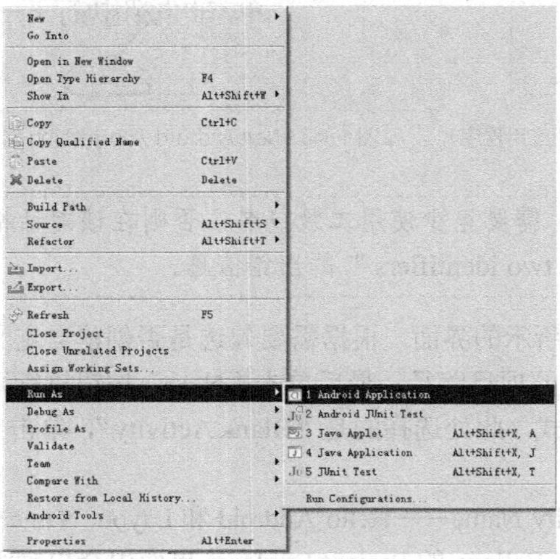

▲图 1-51　运行 Android 程序

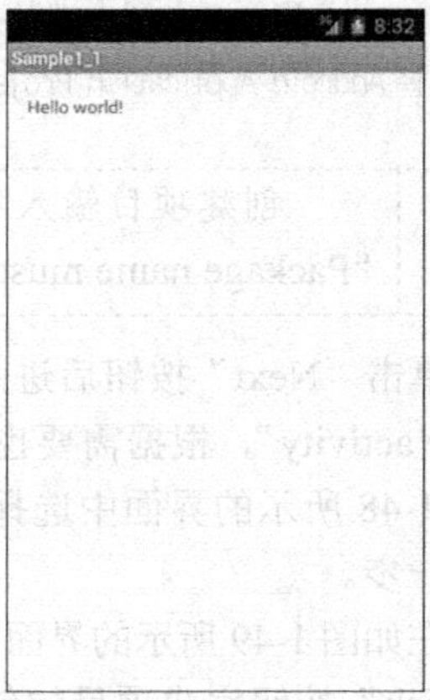

▲图 1-52　HelloAndroid 项目运行效果

从上述步骤中可以看出，使用 Eclipse 创建并运行一个 Android 应用程序是非常简便的。

1.3.2 Android 应用程序的项目结构

上一小节介绍了如何通过 Android SDK 自动生成 Android 项目，但是没有对该项目中的内容及组成进行介绍。本小节将对 Android 项目中的各重要组成部分逐一进行介绍，具体情况如图 1-53 所示。

▲图 1-53　Android 应用程序项目结构

1. src 源代码文件夹

该文件夹下存放了应用程序中所有开发的 Java 源代码。要注意的是，在更为复杂的项目中，该文件夹下可以有很多不同的包用于存放不同功能目的的源代码。

2. gen 文件夹

该文件夹中存放的是 Eclipse 中 ADT 插件自动生成的 R.java 文件。实际上 R.java 定义了一个 R 类，其中包含应用程序的用户界面、图像以及字符串等资源的编号。也就是每有一个资源实例，系统就为其在 R 类中生成一个相应的编号。这些编号都是系统自动生成的，用户不应该修改。

3. assets 文件夹

该文件夹用于存放应用程序需要使用的一些外部资源，如音频、视频、数据文件等。在应用程序中可以使用"getResources().getAssets().open（"aa.mp3"）"得到指定资源文件的输入流。

4. res 资源文件夹

该文件夹下一般有 drawable 系列、layout 及 values 等文件夹，下面对这些文件夹逐一进行介绍。

❑ drawable 系列文件夹。该系列文件夹一般有 drawable-hdpi、drawable-mdpi、drawable-ldpi 3 个文件夹，这 3 个文件夹分别用来存放不同分辨率目标设备的图片资源。当应用程序在目标设备上运行时，系统会自动根据目标设备的分辨率选择使用对应文件夹下的图片。

❑ layout 文件夹。该文件夹下包含了所有使用 xml 格式的界面描述文件，这些文件用于表述应用程序中用户界面的布局。具体的开发中读者会体会到，用这种方式进行布局的开发比传统的使用 Java 源代码开发布局要方便简捷得多。

❑ values 文件夹。本文件夹中包含了一些 xml 格式的资源描述文件，一般包括 string.xml（字符串资源）、color.xml（颜色资源）、style.xml（样式资源）等。

5. AndroidManifest.xml 文件

此文件是整个应用程序的描述文件，应用程序中所需要的各个组件均需要在此文件中说明。同时，应用程序需要的一些权限，如网络访问权限、I/O 读取权限等，也需要在此文件中进行声明。

> **提示** 除了上述文件夹及文件外，还有一个一般开发时不需要直接使用的 default.properties 文件。此文件为项目的配置文件，一般不需要人为改动，系统会自动对其进行管理，有兴趣的读者可以自行打开查看。

1.3.3 Android 应用程序的调试

Android SDK 提供了一个强大的调试工具 DDMS（Dalvik Debug Monitor Service），通过 DDMS 可以调试并监控 Android 程序的运行，更好地帮助开发人员完成软件的调试和开发。接下来将会详细介绍 DDMS 的打开与使用的方法。

- 一般情况下在 Eclipse 中安装了 ADT 插件后，Eclipse 窗口的右上侧会有 DDMS 的选项按钮 DDMS，如图 1-54 所示。单击此按钮即可切换到 DDMS 界面，如图 1-55 所示。

▲图 1-54　DDMS 按钮

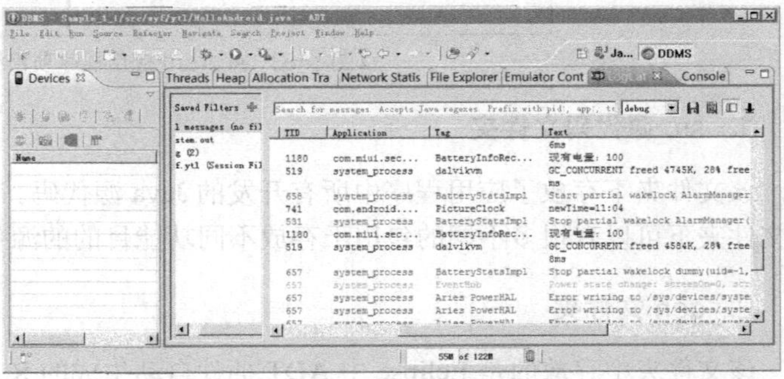

▲图 1-55　DDMS 界面

- 有些时候，DDMS 选项按钮 DDMS 是隐藏的，读者可以通过 Eclipse 窗口界面右上侧的（Open Perstective）按钮来打开 DDMS，如图 1-56 所示。

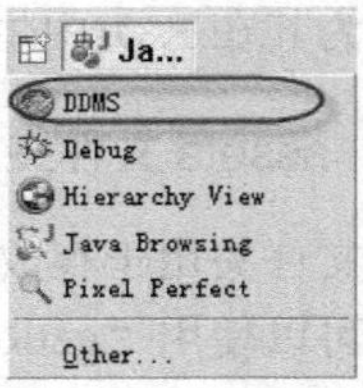

▲图 1-56　使用 Open Perstective 按钮打开 DDMS

- 从前面的介绍中可以看出，DDMS 的一大功能就是查看程序运行时的后台输出信息。实际的应用程序开发中既可以使用传统的 System.out.println 方法来打印输出调试信息，也可以使用 Android 特有的 android.util.Log 类来输出调试信息，这两种方法的具体使用方式如下。

1. System.out.println 方法

首先介绍 Java 开发人员十分熟悉的 System.out.println 方法，其在 Android 应用程序中的使用方法与传统 Java 中相同，具体步骤如下。

> **提示** 在这里就不再创建新的 Android 项目，直接使用上一小节已经创建的 Android 项目（Sample1_1）。

（1）首先在 Eclipse 中打开 src 文件夹下的 com.bn.Sample1_1 包中的 MainActivity.java 文件。

（2）然后在 setContentView（R.layout.activity_main）语句后面添加代码 System.out.println（“the first”）。

（3）代码修改完成后，再次运行本应用程序。

（4）应用程序运行后打开 DDMS，找到 LogCat 面板，更改为 DEBUG 界面，如图 1-57 所示。

（5）在 LogCat 面板下的 Log 选项卡中可以看到输出的打印语句，如图 1-58 所示。

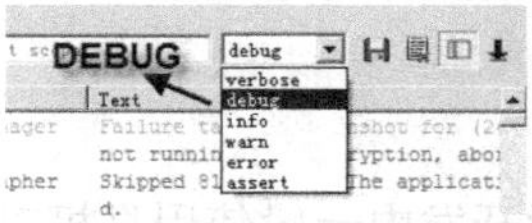

▲图 1-57 DEBUG 界面

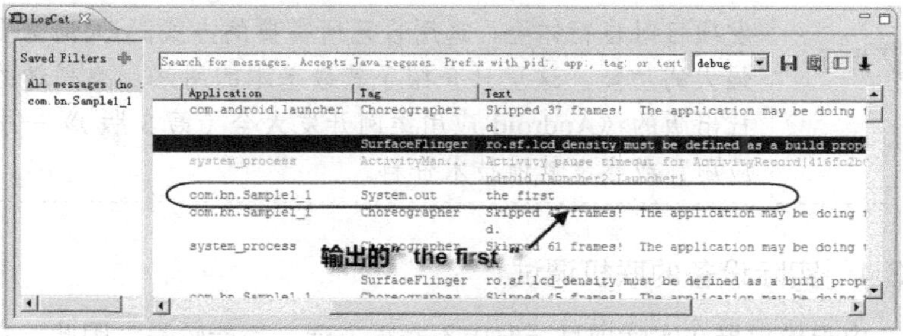

▲图 1-58 Log 选项卡

有时可能觉得在 Log 中的输出信息太多，不便于查看。这时可以在 LogCat 中添加一个专门输出 System.out 信息的面板。单击右边区域的➕（Create Filter）按钮，系统会弹出 Log Filter 对话框，在 Filter Name 输入框中输入过滤器名称，在 by Log Tag 中输入用于过滤的标志，如图 1-59 所示。

> **提示** 由于输出的语句主要有 System.out.println（换行）、System.out.print（不换行）两种，所以，设置 by Log Tag 中的内容为 System.out 用以进行过滤。

此时再次运行应用程序观察输出的情况，在 LogCat 下的 System 面板中将会只存在 System.out 的输出信息，效果如图 1-60 所示。

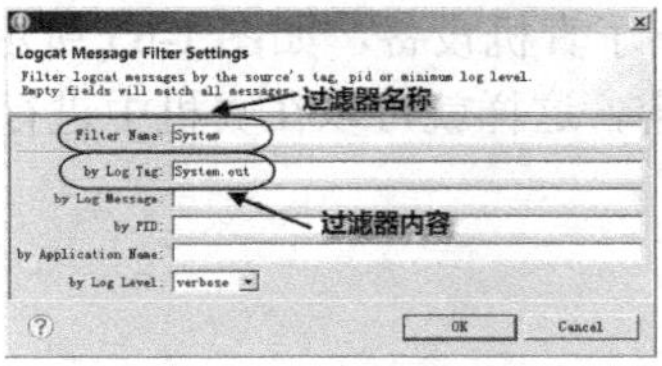

▲图 1-59 Log Filter 对话框

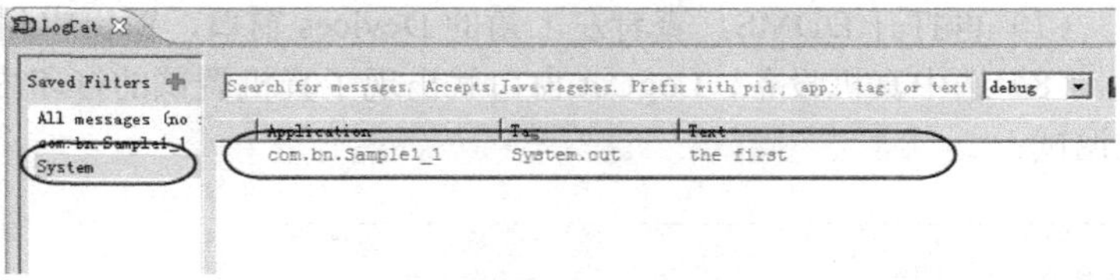

▲图 1-60 只查看 System.out 输出的内容

2. android.util.Log 类

除了 Java 开发人员熟知的 System.out.println 方法外，Android 还专门提供了另外一个类 android.util.Log 来进行调试信息的输出。下面将介绍 Log 类的使用，具体步骤如下。

（1）在 MainActivity.java 中注释掉前面已经添加的打印输出语句"System.out.println（"the first"）;"，然后在后面添加代码"Log.d（"Log"，"the first Log"）;"。

（2）运行程序，在 DDMS 中找到 LogCat 面板，切换到 All messages 页面，观看打印的内容，如图 1-61 所示。

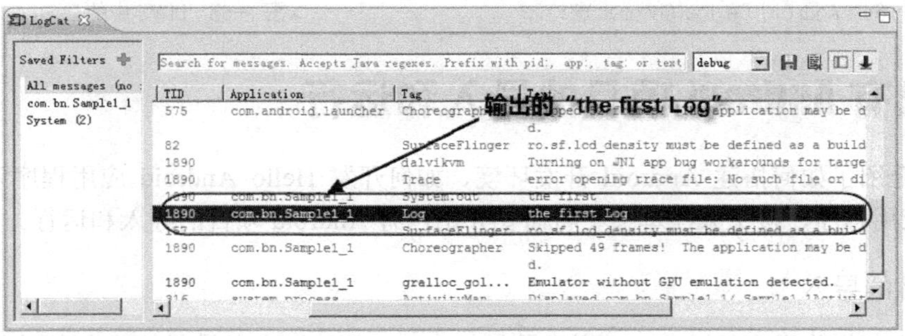

▲图 1-61 使用 Log 输出测试数据

提示　使用 Log 类时需要使用“import android.util.Log;”语句进行导入，使用 System.out.println 方法或 android.util.Log 类输出调试信息各有优缺点，读者可以在开发项目时自行体会，选用自己所需要的方式。同时需要注意的是，DDMS 还有很多强大的功能，这里只介绍了其最基本的用法，有兴趣的读者可以参考人民邮电出版社出版的《Android 应用案例开发大全（第 3 版）》一书的第 1.4 节“DDMS 的灵活应用”或参考其他技术资料。

1.3.4　实际设备的联机调试

由于模拟器在实际项目开发中不是很方便，性能较差，因此，实际开发中一般使用真机对开发的应用程序进行联机调试。故本小节将介绍实际设备联机调试的方法，基本步骤如下。

（1）下载与真机型号相匹配的驱动程序（注意部分手机自带驱动程序，无须下载）。

（2）用数据线将手机和开发 PC 相连接。

（3）根据提示，在 PC 上安装手机驱动程序。

（4）将手机设置为允许安装未知来源软件，并打开手机上的 USB 调试。这两项设置一般都可以在手机设置选项下的应用程序项目中找到，根据手机具体型号和 Android 操作系统版本的不同可能略有区别。若读者的设备与这里介绍的不同可以参考其他资料或上网搜索相关机型的设置说明。

（5）再次运行前面开发的应用程序，系统将弹出 Android Device Chooser 窗口，如图 1-62 所示。

（6）在窗口中选择自己的设备，然后单击“OK”按钮，程序将被送入到连接的真机上运行。

（7）再打开 DDMS，查看左上角的 Devices 窗口，窗口中列出了真机设备，如图 1-63 所示。

（8）选中真机设备，LogCat 窗口就出现了真机调试的打印内容，这样就可以在真机中进行联机调试。

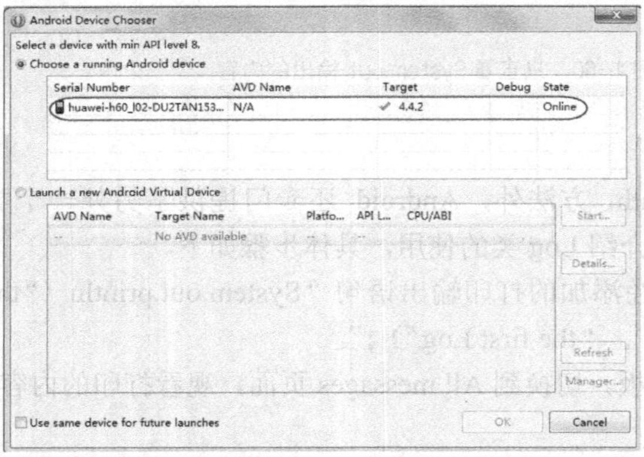
▲图 1-64　Android Device Chooser 窗口

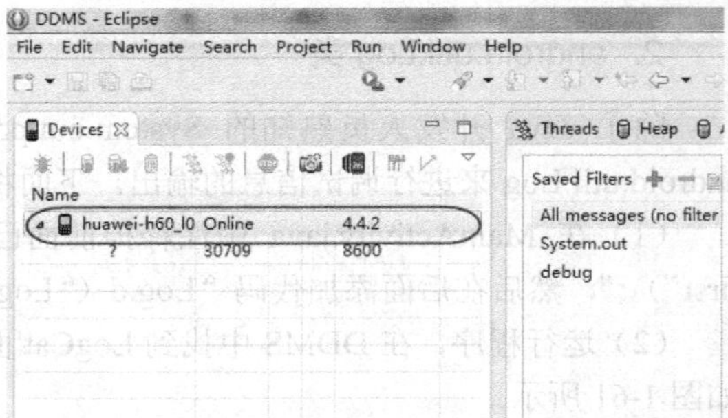
▲图 1-63　DDMS 中的 Devices 窗口

1.4　已有 Android 项目的导入和运行

上一节介绍了如何搭建 Android 开发环境、如何开发 Hello Android 应用程序以及如何调试 Android 的应用程序，接下来在本节中将简要介绍已有 Android 项目的导入和运行。

1.4.1　项目的导入

首先介绍怎样将已有的 Android 项目导入 Eclipse，此处以本书最后部分大案例中的“3D 可爱抓娃娃”为例进行讲解，具体步骤如下。

（1）启动 Eclipse，依次单击“File|Import”，系统将弹出导入项目的窗口 Import，选择 Android/Existing Android Code Into Workspace，然后单击“Next”按钮进入下一界面，如图 1-64 所示。

（2）在项目导入对话框中首先单击右上侧的“Browse...”按钮，如图 1-65 所示，找到工作区“D: \Android\workspace”，系统将工作区中的所有项目导入到“Projects”，选中“CatcherFun”项目，并按下“Finish”按钮，即可完成项目的导入。

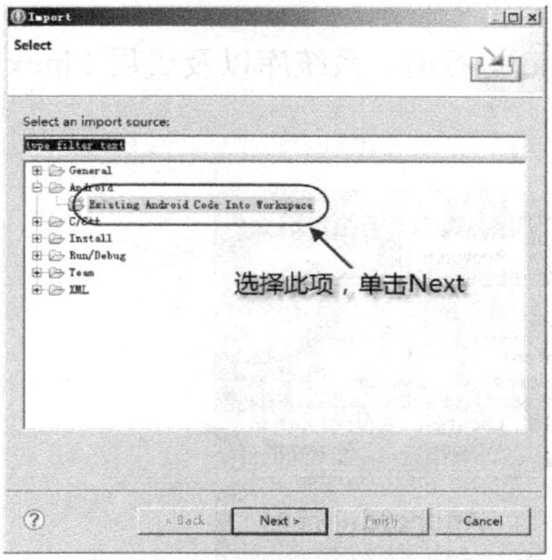

▲图 1-64　打开 Import 界面

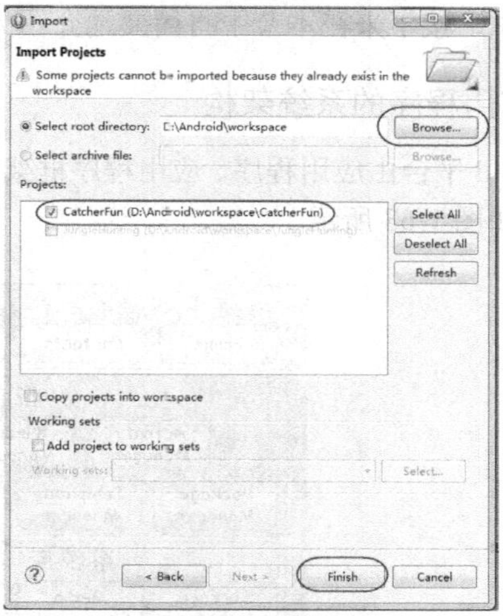

▲图 1-65　打开项目路径

1.4.2　应用程序的运行

将项目导入到 Eclipse 中以后，读者便可以在模拟器或连接的真机上运行导入的应用程序了，具体步骤如下。

（1）将手机与 PC 连接后，用鼠标选中该项目并右键单击，在出现的菜单中选择 Run As，然后单击二级菜单中的 Android Application 选项，该项目对应的程序便运行到了连接的手机上，如图 1-66 所示。

（2）运行成功后，过一会便进入了“3D 可爱抓娃娃”游戏的菜单界面，如图 1-67 所示。

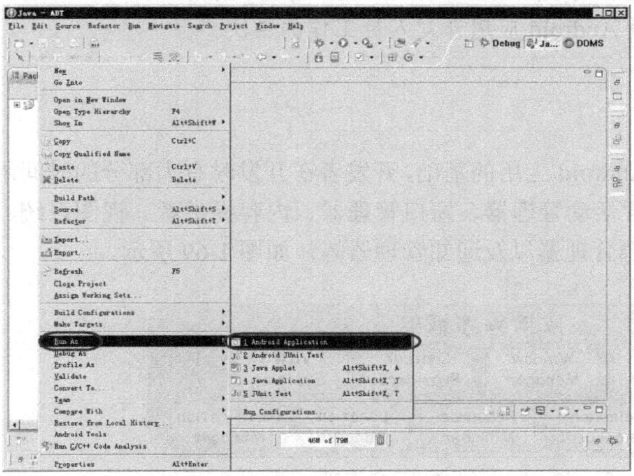

▲图 1-66　在手机上运行该程序

▲图 1-67　游戏界面

提示　图 1-67 中的游戏界面是笔者在真机上运行游戏的截图，由于模拟器对 OpenGL ES 3.0 不支持，因此，本游戏大案例只能在真机上运行。

1.5 Android 应用程序运行的机制

前面介绍了如何搭建 Android 开发环境、如何开发 Hello Android 应用程序以及 Android 应用程序的调试，接下来在本节中将简要地介绍 Android 应用程序的运行机制。

1.5.1 应用程序的系统架构

Android 平台由应用程序、应用程序框架、Android 运行时、系统库以及底层 Linux 内核构成，详细结构如图 1-68 所示。

▲图 1-68　Android 应用程序的系统架构

说明　应用程序层里面包含的就是需要读者去发挥创意开发的、各种各样丰富多彩的应用程序，这也是一般 Android 应用开发人员工作的层次。

1.5.2 应用程序框架

Android 应用程序框架是开发 Android 应用的基础，开发者在开发时有大部分的时间用在调用这一层。Android 应用程序框架包含活动管理器、窗口管理器、内容提供者、视图系统、包管理器、电话管理器、位置管理器、资源管理器以及通知管理器等，如图 1-69 所示。

▲图 1-69　Android 应用程序框架

应用程序框架层各部分的具体功能如下所列。

- ❑ 活动管理器（Activity Manager）：管理所有应用程序的生命周期并提供相应的应用程序导航返回栈。
- ❑ 窗口管理器（Window Manager）：管理所有的应用程序窗口。
- ❑ 内容提供者（Content Providers）：用来在应用程序之间互相读取或者分享数据。
- ❑ 视图系统（View System）：主要包含用来构建应用程序界面的基本控件，包含普通按钮、列表、文本框和单选按钮、复选框等。
- ❑ 包管理器（Package Manager）：用来进行 Android 系统内的程序管理。
- ❑ 电话管理器（Telephony Manager）：用来管理所有与移动电话相关的功能。
- ❑ 位置管理器（Location Manager）：提供位置服务。
- ❑ 资源管理器（Resource Manager）：为应用程序提供各种资源，如图片、布局文件以及本地化字符串等。
- ❑ 通知管理器（Notification Manager）：用于管理显示在状态栏的应用程序中的通知信息。状态栏通常在手机的顶部，如短信、语音邮件提示以及剩余电量等全部会在这里显示。

1.5.3 Android 运行时

Android 运行时包括核心库（Core Libraires）以及 Dalvik 虚拟机（Dalvik Virtual Machine）两部分，如图 1-70 所示。

▲图 1-70 Android 运行时

- ❑ 核心库（Core Libraires）主要包括两部分，一部分是来自于 JavaSE 中的核心 Java 部分，如集合框架、多线程等。另一部分由 Android 核心库，如 android.os 以及 android.media 等组成。
- ❑ Dalvik 虚拟机（Dalvik Virtual Machine）是一种基于寄存器的 Java 虚拟机，主要依靠转换工具 dx 将 Java 字节码转换为 dex 格式（.dex）。基于寄存器的 Java 虚拟机的优点是所需资源相对较少，同时使用硬件实现虚拟机也会比较容易。

说明 与传统的 JavaME 不同的是，每个 Android 应用程序都有一个自己特有的进程，每个应用程序都是使用一个自己持有的 Dalvik 虚拟机来执行的，而不像在大部分 JavaME 实现中，多个 JavaME 应用程序共享一个 Java 虚拟机进程。

1.5.4 系统库

应用程序框架是最接近于应用程序的软件组件服务，而更底层则是 Android 的系统函数库（Libraries），这部分是应用程序框架的支撑，其基本架构如图 1-71 所示。

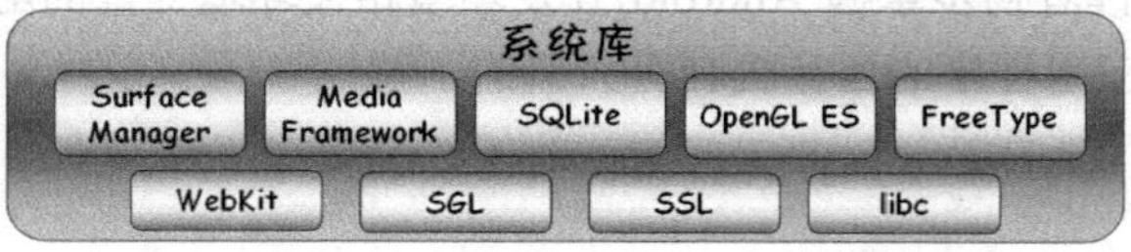

▲图 1-71 系统库

- ❑ Surface Manager 管理对显示子系统的访问，并且负责将不同应用程序 2D 及 3D 绘制的结果进行显示合成。
- ❑ Media Framework（媒体函数库）是基于 Packet Video 公司的 OpenCORE 发展而成的，使

用该函数库可以方便地播放以及录制多种常见格式的影音。这些格式主要包括：MPEG4、H.264、MP3、AAC、AMR、JPG、PNG 等。

❑ SQLite 是内嵌到 Android 系统中的一套轻量级的关系数据库引擎，支持关系数据库的各项功能。

❑ OpenGL ES：Android 是根据 OpenGL ES1.0、1.1、2.0、3.0 或 3.1 的 API 标准来实现其 3D 绘图函数库的，该函数库可以以硬件加速方式执行，也可以用软件模拟方式执行（仅限 OpenGL ES 1.0 与 1.1），不过在没有硬件加速的情况下性能会有明显差距。

❑ FreeType 负责点阵字体以及向量字体的绘图显示。

❑ WebKit 本身是一个开源项目，许多浏览器也都是用 WebKit 引擎所开发的，Android 下原生自带的浏览器就是基于其实现的。Android 将其引入到系统库，大大方便了开发人员 HTTP 相关功能的开发。

❑ SGL 库为 Android 在 2D 绘图方面提供绘图引擎。

❑ SSL 位于 TCP/IP 与各种应用层协议之间，为数据通信提供支持。

❑ Libc 提供了一套针对于移动设备优化后的 C 标准库。

1.5.5　底层 Linux 内核

Android 平台开放性的基础是因为其采用了 Linux 内核，如图 1-72 所示。Android 平台中的操作系统采用了 Linux 2.6 版的内核，其包括显示驱动、摄像头驱动、Flash 内存驱动、Binder（IPC）驱动、键盘驱动、WIFI 驱动、视频驱动及电源驱动等。

Linux 内核层是软件层与硬件层之间的桥梁，软件开发人员不必关心底层 Linux 内核的实现细节，只需将全部精力投入到上层的软件开发中。而实现底层 Linux 内核的工作是由 Google 和手机厂商来完成，如驱动的更新或者新驱动的编写等。

▲图 1-72　底层 Linux 内核

1.6　小结

本章介绍了 Android 平台的特点、如何搭建 Android 开发环境、如何开发 Hello Android 应用程序、如何调试 Android 应用程序、如何导入运行已有的 Android 项目以及 Android 应用程序的运行机制。

通过阅读本章，让读者初步掌握 Android 开发环境相关环境变量的配置，简单程序的开发与调试，并且对 Android 应用程序的运行机制有大概的了解。

第2章　游戏开发相关的 Android 基础知识

虽然本书主要是介绍 OpenGL ES 3.0 3D 应用及游戏开发的，但由于很多 3D 游戏应用中还需要用到目标平台的一些其他应用开发方面的知识，而本书 3D 基础知识部分主要是借助于 Android 平台来介绍 OpenGL ES 3.0 3D 应用及游戏开发的。故本章将向读者简要介绍一些在 Android 游戏开发中必备的一些基础知识，如音效、文件的读取、游戏信息的存储、Socket 网络、蓝牙网络等。

> **提示**　由于介绍 Android 应用开发非本书重点，若读者对 Android 的基础知识很不熟悉，可以参考笔者在人民邮电出版社出版的《Android 应用开发完全自学手册——核心技术、传感器、2D/3D、多媒体与典型案例》与《Android 平板电脑开发实战详解和典型案例》这两本书，其中详细介绍了 Android 应用开发各方面的知识。不准备在 Android 平台下开发 3D 应用的读者也不用担心，可以先略过此章，本书后面的章节还会介绍在 iOS、WebGL 等其他平台下的 3D 应用开发。

2.1 游戏中的音效

一款好游戏，除了具备优质的画面和较高的可玩性之外，还应该有出色的音效。音效一般指的是游戏中发生特定行为或进行特定操作时播放的效果音乐或为了渲染整体气氛播放的背景音乐等，如远处隆隆的炮声、由远而近的脚步声等。

开发人员通过精心准备的声音特效，并结合游戏酷炫的场景，可以渲染出一种紧张刺激的氛围，使玩家产生身临其境的感觉。这就像电影中的声音特效一样，假如没有了合适的音效，那么游戏和电影一样，真实感会大打折扣。

> **提示**　按照作用的不同，可以将音效划分为即时音效和背景音乐。两种音效在 Android 中的实现技术不同，本节将向读者详细介绍两种音效在 Android 中的具体实现。

2.1.1　游戏中的即时音效

游戏中有时需要根据情况播放即时音效，如枪炮声、碰撞声等。即时音效的特点是短暂、可以重复、可以同时播放的。由于 Android 提供的 MediaPlayer（媒体播放器）会占用大量的系统资源，而且播放时还需要进行缓冲，有较大的时延，因此使用 MediaPlayer 无法实现即时音效。

Android 系统的设计者也考虑到了这个问题，为即时音效的实现提供了一个专门的类——SoundPool。SoundPool 类用于管理和播放应用程序中的声音资源，使用该类时首先需要通过该类将声音资源加载到内存中，然后在需要即时音效的地方播放即可，几乎没有时延，可以满足游戏实时性的需要。

> **提示**　由于 SoundPool 设计的初衷是用于无时延地播放游戏中的短促音效，因此实际开发中应该只将长度小于 7s 的声音资源放进 SoundPool，否则可能会加载失败或内存占用过大。

SoundPool 类的构造器及常用方法如表 2-1 所列。

表 2-1　　SoundPool 类的构造器以及方法

构造器或方法签名	方法含义	各个参数含义
public SoundPool（int maxStreams, int streamType,int srcQuality）	创建 SoundPool 对象	maxStreams：该参数用于设置最多同时能够播放多少个音效 streamType：该参数设置音频类型，在游戏中通常设置为：STREAM_MUSIC srcQuality：该参数设置音频文件的质量，目前还没有具体作用，设置为 0（默认值）
public int load（Context context, int resId, int priority）	加载音频文件	context：应用程序的上下文 resId：该参数为要加载的音效资源的 ID priority：优先级，现在还没有作用，设置为 1 即可
public final int play （int soundID, float leftVolume, float rightVolume, int priority, int loop, float rate）	播放音效	soundID：该参数为要播放音效的 ID leftVolume：该参数用来控制左声道音量 rightVolume：该参数用来控制右声道音量 priority：该参数为优先级，0 为最低 loop：该参数为音效播放的循环次数，0 为不循环，−1 为永远循环 rate：该参数为音效的回放速度，该值在 0.5～2.0f，1.0f 为正常速度
public final void pause（int streamID）	暂停音效的播放	streamID：要暂停音效的 ID
public final void stop（int streamID）	停止音效的播放	streamID：要停止音效的 ID

2.1.2　即时音效的一个案例

了解了 SoundPool 类的基本操作方法之后，接下来就可以开发游戏中用到的即时音效了。本小节将向读者展示一个播放和停止即时音效的简单案例，其主要功能为，通过 SoundPool 声音池技术来实现一个即时音效的播放和停止，运行效果如图 2-1 和图 2-2 所示。

了解了本案例的运行效果后，接下来对其具体开发步骤进行介绍，具体如下所列。

（1）首先在 Eclipse 中创建名称为 Sample2_1 的项目，然后在项目目录下的 res 文件夹下创建 raw 文件夹。接着将需要被播放的短促音效对应的音频文件 musictest.ogg 复制到 raw 文件夹下，如图 2-3 所示。

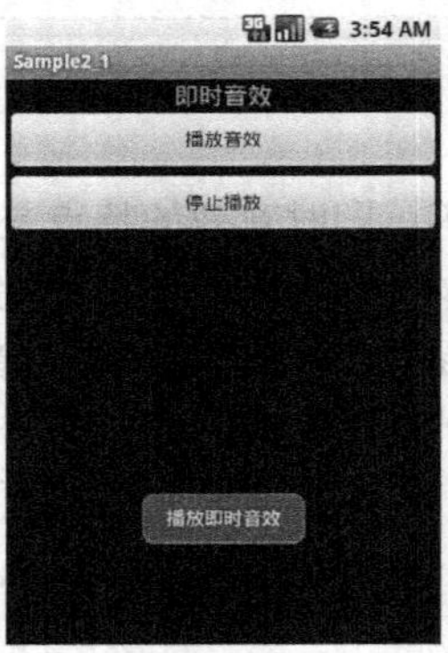

▲图 2-1　播放即时音效

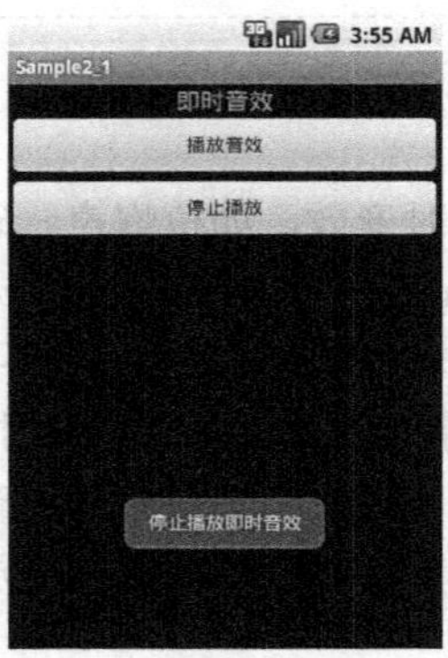

▲图 2-2　停止播放音效

▲图 2-3　导入音效文件

> **提示** 一般在 Android 手机平台上使用的即时音效文件越小越好，这有助于提高游戏的整体性能。对于同一个音效文件，在不改变其时长的情况下，可以采用降低采样率（如降低到 16kbit/s）或由立体声改为单声道的方式来缩小体积。

（2）准备好声音资源后，接下来进行本案例中 Sample2_1_Activity 类的开发。该类中使用了声音池技术实现了即时音效的播放，其代码如下。

代码位置：见随书中源代码/第 2 章/Sample2_1/src/com/bn/pp1 目录下的 Sample2_1_Activity.java。

```
1   package com.bn.pp1;                              //声明包
2   ……//此处省略了部分类的引入代码，读者可自行查看随书的源代码
3   public class Sample2_1_Activity extends Activity {
4       SoundPool sp;                               //声明 SoundPool 的引用
5       HashMap<Integer, Integer> hm;     //声明 HashMap 来存放声音文件
6       int currStreamId;                        //当前正播放的 streamId
7       @Override
8       public void onCreate(Bundle savedInstanceState) {    //重写 onCreate 方法
9           super.onCreate(savedInstanceState);
10          setContentView(R.layout.main);                    //跳转到主界面
11          initSoundPool();                                  //初始化声音池的方法
12          Button b1 = (Button) this.findViewById(R.id.Button01);  //获取播放按钮
13          b1.setOnClickListener                        //为播放按钮添加监听器
14          (new OnClickListener() {
15              @Override
16              public void onClick(View v) {
17                  playSound(1, 0);                     //播放 1 号声音资源，且播放一次
18                  Toast.makeText(getBaseContext(),"播放即时音效",Toast.LENGTH_SHORT)
19                          .show();                     //提示播放即时音效
20          }});
21          Button b2 = (Button) this.findViewById(R.id.Button02);  //获取停止按钮
22          b2.setOnClickListener                        //为停止按钮添加监听器
23          (new OnClickListener() {
24              @Override
25              public void onClick(View v) {
26                  sp.stop(currStreamId);               //停止正在播放的某个声音
27                  Toast.makeText(getBaseContext(),"停止播放即时音效",Toast.
                    LENGTH_SHORT) .show();               //提示停止播放
28
29      }});}
30      public void initSoundPool() {                    //初始化声音池的方法
31          sp = new SoundPool(4, AudioManager.STREAM_MUSIC, 0);  //创建 SoundPool 对象
32          hm = new HashMap<Integer, Integer>(); //创建 HashMap 对象
33          //加载声音文件 musictest 并且设置为 1 号声音放入 hm 中
34          hm.put(1, sp.load(this, R.raw.musictest, 1));
35      }
36      public void playSound(int sound, int loop) {     //播放声音的方法
37          AudioManager am = (AudioManager) this        //获取 AudioManager 引用
38                  .getSystemService(Context.AUDIO_SERVICE);
39          float streamVolumeCurrent = am               //获取当前音量
40                  .getStreamVolume(AudioManager.STREAM_MUSIC);
41          float streamVolumeMax = am                   //获取系统最大音量
42                  .getStreamMaxVolume(AudioManager.STREAM_MUSIC);
43          float volume = streamVolumeCurrent / streamVolumeMax;//计算得到播放音量
44          //调用 SoundPool 的 play 方法来播放声音文件
45          currStreamId = sp.play(hm.get(sound), volume, volume, 1, loop, 1.0f);
46  }}
```

- 第 4-6 行为声明所用到的 SoundPool 和 HashMap 对象的引用，其中 SoundPool 可以用来加载、播放、停止音效；HashMap 用来管理音效 id。currStreamId 为当前正播放的 streamId，用于对正在播放的音效进行管理。
- 第 11 行调用 initSoundPool 方法来对声音池进行初始化。
- 第 12-28 行为播放和停止按钮添加监听器，并在单击操作时显示 Toast 进行提示。

❑ 第 30-35 行为初始化声音池的方法，其首先创建 SoundPool 对象，然后加载音效文件到声音池并将生成的音效 id 存储进 HashMap 中。

❑ 第 36-46 行为播放声音的方法，其中调用 SoundPool 的 play 方法来实现即时音效的播放。

提示	通过以上的案例，读者可以看出使用 SoundPool 播放即时音效是非常简单的。今后的游戏开发中，只要是游戏中的即时音效都应该用此方式来实现。

2.1.3　背景音乐播放技术

背景音乐也可以采用前一小节的声音池技术，在播放背景音乐时，只需要把 loop（播放次数参数）设置成-1 进行无限循环即可。但由于 SoundPool 只适合播放不大于 7 秒的音效文件，限制较大。而背景音乐对时延并不敏感，因此在实际的游戏开发中，时长较长的背景音乐一般采用媒体播放器（MediaPlayer）来进行播放。

要想很好地使用 MediaPlayer 进行音/视频文件的播放，首先要熟悉 MediaPlayer 的生命周期。这样不仅有利于开发人员开发出更加合理的代码，而且可以达到充分利用系统资源的目的。

1. MediaPlayer 的生命周期

MediaPlayer 的生命周期包括 10 种状态，每种状态下可以调用相应的方法来实现音/视频文件的管理或播放。其各个状态及状态间的关系可以用一个简单的流程图来表示，如图 2-4 所示。

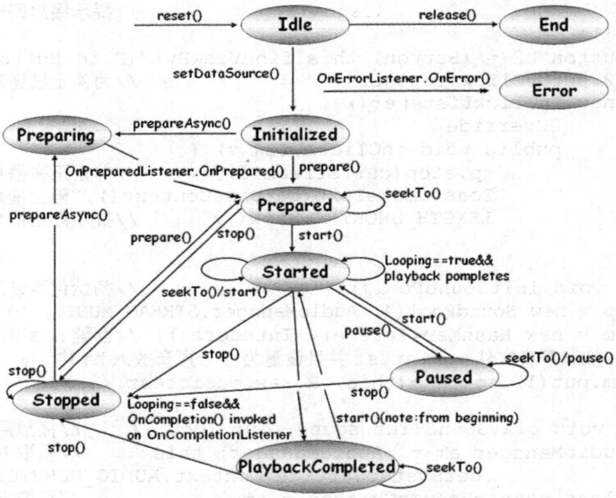

▲图 2-4　MediaPlayer 的生命周期图

❑ Idle 状态。

使用 new 方法创建一个 MediaPlayer 对象或者调用了其 reset 方法时，该 MediaPlayer 对象处于 Idle 状态。

但通过以上两种不同方式进入的 Idle 状态还是有些区别的，主要体现为：如果在此状态下调用了 getDuration 等方法，并且是通过 reset 方法进入 Idle 状态的话会触发 OnErrorListener.onError，同时 MediaPlayer 会进入 Error 状态；如果是新创建的 MediaPlayer 对象，则并不会触发 onError，也不会进入 Error 状态。

❑ End 状态。

通过 release 方法可以进入 End 状态，只要 MediaPlayer 对象不再被使用，就应当尽快将其通过 release 方法释放掉，以释放其占用的软、硬件资源，这其中有些资源是互斥的（相当于临界资源）。如果 MediaPlayer 对象进入了 End 状态，则不会再进入其他任何状态了。

- Initialized 状态。

这个状态比较简单，MediaPlayer 调用 setDataSource 方法就进入了 Initialized 状态，表示此时要播放的文件已经设置好了。

- Prepared 状态。

初始化完成之后还需要通过调用 prepare 或 prepareAsync 方法进行准备，这两个方法一个是同步的，一个是异步的。只有进入了 Prepared 状态，才表明 MediaPlayer 到目前为止都工作正常，可以进行音乐文件的播放。

- Preparing 状态。

这个状态比较容易理解，主要是与 prepareAsync 异步准备方法配合，如果异步准备完成，会触发 OnPreparedListener.onPrepared，进而进入 Prepared 状态。

- Started 状态。

MediaPlayer 准备完成后，通过调用 start 方法，将进入 Started 状态。所谓 Started 状态，也就是播放中状态，开发中可以使用 isPlaying 方法测试 MediaPlayer 是否处于 Started 状态。

如果播放完毕，而又设置了循环播放，则 MediaPlayer 仍然会处于 Started 状态。类似地，如果在该状态下 MediaPlayer 调用了 seekTo 或者 start 方法均可以让 MediaPlayer 停留在 Started 状态。

- Paused 状态。

Started 状态下调用 pause 方法可以暂停播放，从而进入 Paused 状态。MediaPlayer 暂停后若再次调用 start 方法则可以继续进行播放，并转到 Started 状态。暂停状态时可以调用 seekTo 方法，这时此 MediaPlayer 的状态是不变的。

- Stopped 状态。

Started 或 Paused 状态下均可调用 stop 方法停止播放并进入 Stopped 状态，而处于 Stopped 状态的 MediaPlayer 要想重新播放，需要通过调用 prepareAsync 或 prepare 方法返回到先前的 Prepared 状态重新开始才可以。

- PlaybackCompleted 状态。

文件正常播放完毕，而又没有设置循环播放的话就进入该状态，并会触发 OnCompletionListener 接口中的 onCompletion 方法。此时可以调用 start 方法重新从头播放文件，也可以调用 stop 方法停止播放，或者调用 seekTo 方法来重新定位播放位置。

- Error 状态。

由于某种原因 MediaPlayer 出现了错误，就会触发 OnErrorListener.onError 回调方法，此时 MediaPlayer 将会进入 Error 状态。及时捕捉并妥善处理这些错误是很重要的，这可以帮助应用程序及时释放相关的软、硬件资源，也可以改善用户体验。

如果 MediaPlayer 进入了 Error 状态，可以通过调用 reset 方法来恢复，使得 MediaPlayer 重新返回到 Idle 状态。

> **提示** 从上述对生命周期的介绍中可以看出，某些情况发生时 MediaPlayer 会回调特定监听接口中的事件处理方法。若读者在开发中希望使用回调，则需要首先向 MediaPlayer 注册实现指定监听接口的监听器。例如，可以使用 setOnErrorListener 方法注册实现 OnErrorListener 接口的监听器，当 MediaPlayer 进入 Error 状态时监听器中的 onError 方法就会被回调。

2. AudioManager 类

AudioManager 类在 Android 系统中主要用来进行音/视频播放时的音量控制，使用时的基本步骤如下所列。

- 首先需要调用 Activity 对象的 getSystemService（Context.AUDIO_SERVICE）方法获取 AudioManager 对象。
- 然后再调用 AudioManager 类中的相关方法进行音量控制。

AudioManager 类中的常用方法如表 2-2 所列。

表 2-2　AudioManager 类中的常用方法

方法名	说明
public void adjustVolume （int direction, int flags）	调用该方法可以调节音量大小。参数 direction 为调节的方向，ADJUST_LOWER 减小音量、ADJUST_RAISE 增大音量、ADJUST_SAME 保持音量不变；参数 flags 为标记，通常设置为 0
public int getStreamMaxVolume （int streamType）	调用该方法可以得到系统最大音量
public int getStreamVolume （int streamType）	调用该方法可以得到系统当前音量
void android.media.AudioManager.setStreamVolume （int streamType, int index, int flags）	调用该方法可以设置音量的大小，参数 streamType 为声音的类型，index 为要设置的音量的索引值，参数 flags 为标记，通常设置为 AudioManager.FLAG_PLAY_SOUND

提示　MediaPlayer 类还可以对视频文件进行操作，由于本书只介绍其与游戏音效相关的功能，因此不再对其视频文件的播放功能进行介绍，有兴趣的读者可以自行查阅相关资料。

2.1.4 简易音乐播放器的实现

了解了 MediaPlayer 和 AudioManager 类的基本操作方法之后，就可以对游戏的背景音乐功能进行开发了。本小节将通过这两个类来实现一个简易的音乐播放器，其主要功能为对手机 SD 卡中的音乐文件进行播放，运行效果如图 2-5 所示。

提示　图 2-5 中从左到右分别为案例运行后，依次单击“播放音乐”按钮、“暂停播放”按钮、“增大音量”按钮后的效果图。停止播放音乐和减小音量的效果与图 2-5 中的已有效果类似，这里没有给出，请读者自行运行本案例进行查看。

▲图 2-5　案例运行效果图

了解了本案例的具体运行效果后，接下来就介绍本案例的具体开发步骤，具体如下所列。

（1）首先需要准备好要播放的音乐文件，本案例中使用的是著名的高山流水古曲，文件名为“gsls.mp3”。准备完音乐文件后，将该音乐文件通过 DDMS 导入到模拟器或真机的 SD 卡中，如图 2-6 所示。

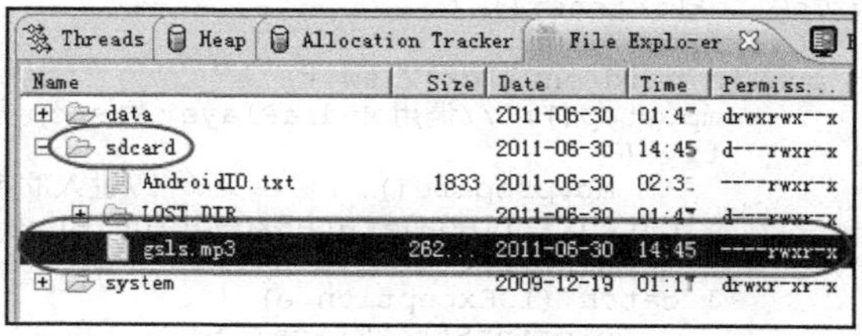

▲图 2-6　导入音乐文件

> **提示** 高山流水曲的音乐资源文件见随书中源代码/第 2 章目录下的 gsls.mp3。导入时直接用鼠标光标将文件拖曳到 DDMS 下“File Explorer”面板中的“sdcard”目录下即可。

（2）音乐资源在 SD 卡中放置完成后，接下来进行本案例中 Sample2_2_Activity 类的开发。该类使用了 MediaPlayer 实现了背景音乐的播放，具体代码如下。

代码位置：见随书中源代码/第 2 章/Sample2_2/src/com/bn/pp2 目录下的 Sample2_2_Activity.java。

```
package com.bn.pp2;
……//此处省略了部分类的引入代码，读者可自行查看随书的源代码
public class Sample2_2_Activity extends Activity {
    MediaPlayer mp;                                   //声明 MediaPlayer 的引用
    AudioManager am;                                  //声明 AudioManager 的引用
    private int maxVolume;                            //最大音量值
    private int currVolume;                           //当前音量值
    private int stepVolume;                           //每次调整的音量幅度
    @Override
    public void onCreate(Bundle savedInstanceState){      //重写 onCreate 方法
        super.onCreate(savedInstanceState);
        setContentView(R.layout.main);                //跳转到主界面
        mp = new MediaPlayer();                       //创建 MediaPlayer 实例对象
        try {
            mp.setDataSource("/sdcard/gsls.mp3"); //为 MediaPlayer 设置要播放文件资源
            mp.prepare();                             //MediaPlayer 进行缓冲准备
        }catch (Exception e) {
            e.printStackTrace();
        }
        //获取 AudioManager 对象引用
        am = (AudioManager) this.getSystemService(Context.AUDIO_SERVICE);
        //获取最大音乐音量
        maxVolume = am.getStreamMaxVolume(AudioManager.STREAM_MUSIC);
        stepVolume = maxVolume / 6;           //每次调整的音量大概为最大音量的 1/6
        Button bstart = (Button) this.findViewById(R.id.Button01); //获取开始按钮
        bstart.setOnClickListener             //为开始按钮添加监听器
        (new OnClickListener() {
            @Override
            public void onClick(View v) {
                mp.start();                   //调用 MediaPlayer 的 start 方法来播放音乐
                Toast.makeText(getBaseContext(), "开始播放'高山流水曲'",
                        Toast.LENGTH_LONG).show();
        }});
        Button bpause = (Button) this.findViewById(R.id.Button02); //获取暂停按钮
        bpause.setOnClickListener             //为暂停按钮添加监听器
        (new OnClickListener() {
```

```
37          @Override
38          public void onClick(View v) {
39              mp.pause(); //调用 MediaPlayer 的 pause 方法暂停播放音乐
40              Toast.makeText(getBaseContext(), "暂停播放'高山流水曲'",
41                      Toast.LENGTH_LONG).show();
42      }});
43      Button bstop = (Button) this.findViewById(R.id.Button03); //获取停止按钮
44      bstop.setOnClickListener                              //为停止按钮添加监听器
45      (new OnClickListener() {
46          @Override
47          public void onClick(View v) {
48              mp.stop(); //调用 MediaPlayer 的 stop 方法停止播放音乐
49              try {
50                  mp.prepare();                      //进入准备状态
51              } catch (IllegalStateException e) {            //捕获异常
52                  e.printStackTrace();
53              } catch (IOException e) {                      //捕获异常
54                  e.printStackTrace();
55              }
56              Toast.makeText(getBaseContext(), "停止播放'高山流水曲'",
57                      Toast.LENGTH_LONG).show();
58      }});
59      Button bUp = (Button) this.findViewById(R.id.Button04); //获取增大音量按钮
60      bUp.setOnClickListener                                //为增大音量按钮添加监听器
61      (new OnClickListener() {
62          @Override
63          public void onClick(View v) {      //获取当前音量
64              currVolume = am.getStreamVolume(AudioManager.STREAM_MUSIC);
65              int tmpVolume = currVolume + stepVolume;
                                                  //增加音量，但不超过最大音量值
66              currVolume = tmpVolume < maxVolume ? tmpVolume:maxVolume;
                                                  //临时音量
67              am.setStreamVolume(AudioManager.STREAM_MUSIC, currVolume,
68                      AudioManager.FLAG_PLAY_SOUND);
69              Toast.makeText(getBaseContext(), "增大音量",
70                      Toast.LENGTH_SHORT).show();
71      }});
72      Button bDown = (Button) this.findViewById(R.id.Button05);
                                                  //获取减小音量按钮
73      bDown.setOnClickListener                              //为减小音量按钮添加监听器
74      (new OnClickListener() {
75          @Override
76          public void onClick(View v) {      //获取当前音量
77              currVolume = am.getStreamVolume(AudioManager.STREAM_MUSIC);
78              //减小音量，但不小于 0
79              int tmpVolume = currVolume - stepVolume;          //临时音量
80              currVolume = tmpVolume > 0 ? tmpVolume:0;
81              am.setStreamVolume(AudioManager.STREAM_MUSIC, currVolume,
82                      AudioManager.FLAG_PLAY_SOUND);
83              Toast.makeText(getBaseContext(), "减小音量",
84                      Toast.LENGTH_SHORT).show();
85  }});}}
```

- 第 4-8 行为声明需要用到的 MediaPlayer 和 AudioManager 对象的引用、最大音量值、当前音量值及每次调整的音量幅度等。
- 第 13-19 行获取了 MediaPlayer 类对象的引用，设置了音乐资源的路径，并调用 prepare 方法进入了准备状态。
- 第 20-24 行获取了 AudioManager 类对象的引用，同时获取了音乐播放的最大音量值，并设置每次调整的音量幅度为最大值的 1/6。
- 第 25-85 行分别获取了开始按钮、暂停按钮、停止按钮以及增大和减小音量按钮对象的引用，并分别为这些按钮添加了监听器。这样在用户单击这些按钮时程序就能完成指定的功能了，例如，按下开始按钮开始播放音乐、按下减小音量按钮减小播放音量等。

2.2 简单数据的存储——Preferences

进行游戏开发时，有时需要持久地存储一些十分简单的数据，例如，游戏中音效的开关状态、振动效果的开关状态等。Android 设计者也充分注意到了这种存储简单数据的需求，提供了一个 Preferences 类专门用于完成此类任务。

2.2.1 Preferences 简介

Preferences 使用非常方便，但功能不是很强大，一般适合用来保存一些用户设置的参数，是一种轻量级的数据存储机制。Preferences 仅可以用来存储几种简单类型的数据，如 boolean、int、float、long 或者 String。这些数据以键值对的形式存储在应用程序私有的 Preferences 目录（/data/data/应用程序包名/shared_prefs/）下的特定 xml 文件中，如图 2-7 所示。

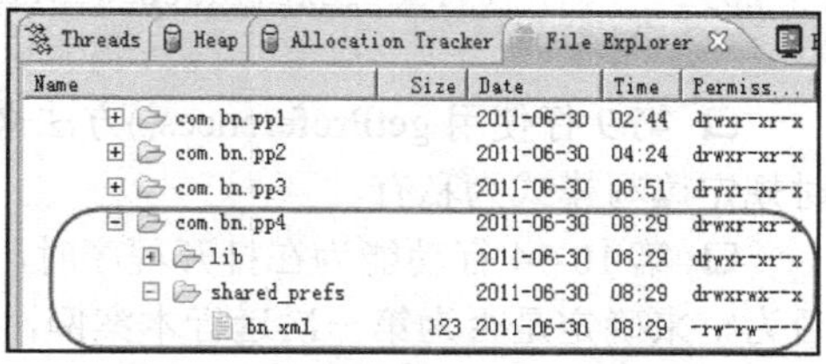

▲图 2-7　Preferences 文件存放的位置

> **提示**　请读者注意，这个 xml 文件是设计为由程序自动维护的，不应该手动进行修改，以免影响程序的正确运行。

2.2.2 Preferences 实现访问时间的记录

本小节将介绍一个使用 Preferences 实现的，具有记录上次访问时间功能的小案例。其具体功能为：第一次运行本案例中的程序，程序将显示“用户您好，欢迎您第一次光临本软件。”，若不是第一次运行，则显示上一次用户运行的时间，如“用户您好，您上次进入时间为：Oct 15，2011 2:38:40 AM”。程序运行的效果如图 2-8 和图 2-9 所示。

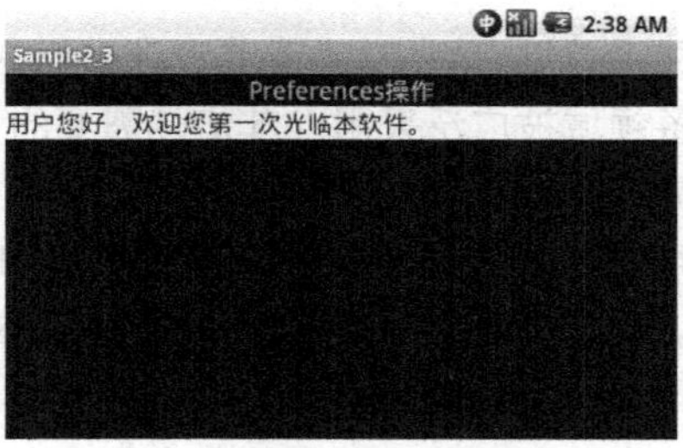

▲图 2-8　第一次打开本案例

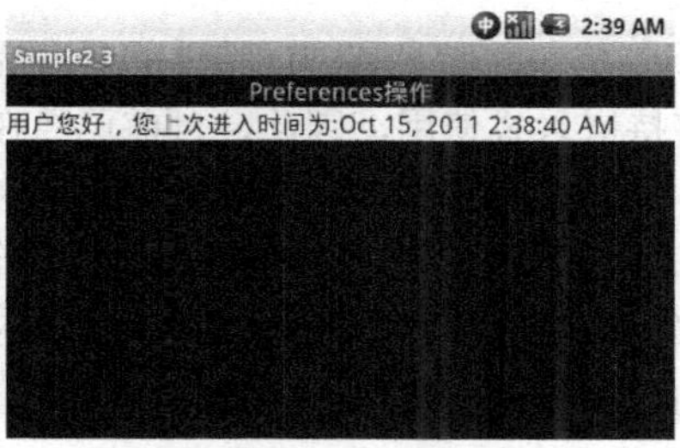

▲图 2-9　再次打开本案例

介绍完本案例的运行效果之后，接下来将对本案例的开发进行介绍。主要是本案例的主控制类 Sample2_3_Activity 的开发，其代码如下。

代码位置：见随书中源代码/第 2 章/Sample2_3/src/com/bn/pp3 目录下的 Sample2_3_Activity.java。

```
package com.bn.pp3;
……//此处省略了部分类的引入代码，读者可自行查看随书的源代码
public class Sample2_3_Activity extends Activity {
   @Override
    public void onCreate(Bundle savedInstanceState) { //重写 onCreate 方法
        super.onCreate(savedInstanceState);
        setContentView(R.layout.main);                        //跳转主界面
        //获取 SharedPreferences 引用，存储名称为 bn.xml，读写模式为私有
```

```
9        SharedPreferences sp=this.getSharedPreferences("bn", Context.MODE_PRIVATE);
10       String lastLoginTime=sp.getString("time", null);    //获取键为“time”的值
11       if(lastLoginTime==null){                           //若值为空，则为第一次登录本程序
12           lastLoginTime="用户您好，欢迎您第一次光临本软件。";
13       }else{                                              //不为空，则修改字符串为上次登录时间
14           lastLoginTime="用户您好，您上次进入时间为:"+lastLoginTime;
15       }
16       SharedPreferences.Editor editor=sp.edit();//取得编辑对象，来修改 Preferences 文件
17       editor.putString("time", new Date().toLocaleString());
                                                             //修改键为“time”的值为当前时间
18       editor.commit();                                    //提交修改
19       TextView tv=(TextView)this.findViewById(R.id.TextView01);
         //获取用来显示的 TextView
20       tv.setText(lastLoginTime);                          //设置显示的字符串
21   }}
```

- 第 9 行使用 getPreferences()方法来获得 Preferences 对象，并将存储文件命名为 bn.xml，同时规定读写模式为私有。
- 第 10-14 行功能为在打开程序时，获取 Preferences 中存储的键为“time”的值，并判断是否为空来确定是否为第一次运行本案例，来显示不同的信息。
- 第 16-18 行功能为首先获取 Preferences 的编辑对象，然后对 Preferences 文件进行修改，设置键为“time”的值为当前的时间，最后提交。
- 第 19-20 行功能为设置界面中显示的字符串内容。

2.3 手机自带数据库——SQLite

上一节介绍了如何使用 Preferences 存储简单数据，而复杂的数据就需要存储到文件或数据库中了。Android 自带了一款轻量级的关系数据库——SQLite，其具有体积小，功能强大等特点，成为嵌入式设备首选的数据库系统。本节将带领读者走进 SQLite 的世界，学习如何应用 SQLite 数据库进行数据的增、删、改、查等基本操作。

2.3.1 初识 SQLite

SQLite 是一款满足 ACID 特性的具有完备功能的关系数据库系统，由于其设计目标为轻量级、开源、支持嵌入式使用，因此，目前已经在嵌入式设备领域被广泛采用。其运行需要的系统资源非常少，在嵌入式设备中可能只需要几百 KB 的内存就够了。

SQLite 对主流编程语言的支持也非常全面，如 C#、PHP、Java 等，同时还支持 ODBC 接口。另外，SQLite 的性能也是一流的，在一般应用情况下，其处理速度比 MySQL、PostgreSQL 这两款著名的开源数据库管理系统都快。

> **提示** SQLite 的最新版本为 3.8.11.1，发布时间是 2015 年 7 月 29 日。其官方网站为：http://www.sqlite. org 或者 http://www.sqlite .com .cn，读者可以在该网站上获取 SQLite 的源代码和相关文档。

虽然 SQLite 占用的资源非常少，但是其功能、特性与服务器级数据库相比却丝毫不差，这也是 SQLite 能够受到 Android 系统青睐的主要原因，其部分特性如下所列。

- 最大可以支持 2TB 的数据库文件。
- 占用资源少，一般占用 250KB 左右。
- API 非常简单，易于使用。
- 没有任何额外的依赖，是独立的。

- ❑ 源代码完全开放，可以用于任何用途。

Android 系统中很多的用户数据都存储在 SQLite 数据库中，如联系人信息、通话记录、短信等，由此可见 SQLite 对于 Android 的重要性。

> **提示** 读者要想很好地使用 SQLite 数据库，必须熟练掌握 SQL 语言。这是由于 SQL 已经事实上成为关系数据库操作的标准语言，市面上的关系数据库几乎无一例外都支持 SQL。因此，在数据库领域，有这样一句话“学好 SQL，走遍天下都不怕”。

2.3.2 SQLite 数据库的基本操作

一般学习数据库相关课程的时候，首先介绍的就是数据库的一些基本操作，如数据的增、删、改、查等。按照惯例，本书也首先简单介绍 SQLite 数据库的创建、关闭及数据的增加、删除、修改、查询等基本操作，具体如下所列。

> **提示** 想在 Android 下通过 Java 编程对 SQLite 数据库进行操作，就必须要用到 android.database.sqlite 包下的 SQLiteDatabase 类，该类提供了对 SQLite 数据库进行基本操作的所有重要方法。

❑ 创建数据库。

创建数据库需要用到的是 openDatabase 方法，此方法签名为“public static SQLiteDatabase openDatabase （String path, SQLiteDatabase.CursorFactory factory, int flags）”。其中 path 为数据库所在的路径；factory 为游标工厂；flags 为标志，可以用来控制数据库的访问模式。

❑ 关闭数据库。

关闭数据库需要用到的是 close 方法，此方法签名为“public void close()”。在实际开发中数据库使用完毕后，一定不要忘记使用该方法关闭数据库，以防止资源的浪费。

❑ 插入数据。

插入数据可以使用 insert 方法，此方法签名为“public long insert （String table, String nullColumnHack, ContentValues values）”。其中 table 为待插入的表名，nullColumnHack 通常设置为 null，values 为待插入的数据。

❑ 更新数据。

更新数据可以使用 update 方法，其签名为“public int update（String table, ContentValues values, String whereClause, String[] whereArgs）”。其中 table 为待更新的表名；values 为待更新内容；whereClause 为 where 子句的内容，用来进行记录筛选；whereArgs 为 where 子句的参数。

❑ 删除数据。

删除数据可以使用 delete 方法，其签名为“public int delete （String table, String whereClause, String[] whereArgs）”。其中 table 为要操作的表名；whereClause 为 where 子句的内容，用来进行记录筛选；whereArgs 为 where 子句的参数。

❑ 查询数据。

查询数据可以使用 query 方法，其方法签名为“public Cursor query （String table, String[] columns, String selection, String[] selectionArgs, String groupBy, String having, String orderBy）”。其中 table 为要查询的表，columns 为要查询的列，selection 为过滤记录的子句，selectionArgs 为过滤的参数值，groupBy 为分组子句，having 为过滤分组的子句，orderBy 为记录排序子句。

> **提示** Android 中被重载了的 query 方法有多个变体。这里由于篇幅所限，不再赘述，有需要的读者可以自行查阅 API 或其他相关资料。

❑ 执行非查询 SQL。

对于不太熟悉 SQL 语言的初学者而言，插入、更新、删除数据可以用前面介绍的 insert、update、delete 方法。但对于熟练掌握 SQL 的开发人员而言，使用 execSQL 方法直接执行相应的 SQL 语句十分方便。

此方法签名为“public void execSQL（String sql）”或“public void execSQL（String sql, Object[] bindArgs）”。其中 sql 为需要执行的 SQL 语句，bindArgs 为带参数 SQL 语句的参数值数组。

> **提示**　需要注意的是，此方法仅支持执行非查询的 SQL 语句，如 CREATE TABLE、DELETE、INSERT、UPDATE 等，不能用于执行 SELECT 语句。

❑ 执行查询 SQL。

对于熟练掌握 SQL 的开发人员而言，会觉得前面介绍的 query 方法使用过于繁琐。Android 的设计人员也考虑到了这个问题，提供了支持执行 SQL 查询语句的 rawQuery 方法，其方法签名为“public Cursor rawQuery （String sql, String[] selectionArgs）”。其中 sql 为要执行的 SQL 查询语句（可以带参数），selectionArgs 为查询参数的值。

> **提示**　SQLiteDatabase 类中用于数据库操作的方法还有很多，本书只是介绍了其中一些常用的，若读者有需要可以查阅 API 或其他相关资料进一步学习。

2.3.3　SQLite 数据库的简单案例

上一小节介绍了 SQLite 数据库的基本操作方法，本小节将详细介绍一个使用 SQLite 数据库的简单案例，以使读者可以更加快速地掌握 SQLite 数据库的使用方法，从而在开发中进行合理地使用。本案例运行效果分别如图 2-10、图 2-11 和图 2-12 所示。

▲图 2-10　创建数据库

▲图 2-11　插入记录

▲图 2-12　查询记录

介绍完本案例的运行效果后，接下来将开发本案例中唯一的一个类——Sample2_4_Activity，其代码如下。

代码位置：见随书中源代码/第 2 章/Sample2_4/src/com/bn/pp4 目录下的 Sample2_4_Activity.java。

```
package com.bn.pp4;
……//此处省略了部分类的引入代码，读者可自行查看随书的源代码
public class Sample2_4_Activity extends Activity {
      SQLiteDatabase sld; // 声明SQLiteDatabase引用
      @Override
```

```
        public void onCreate(Bundle savedInstanceState) {    // onCreate 方法
            super.onCreate(savedInstanceState);
            setContentView(R.layout.main);                   //跳转到主界面
            Button b = (Button) this.findViewById(R.id.Button01);
                                                  //获取打开/创建数据库按钮的引用
            b.setOnClickListener(                 //为打开/创建按钮添加监听器
            new OnClickListener() {
                @Override
                public void onClick(View v) {
                    createOrOpenDatabase();       //调用方法打开或创建数据库
            }});
            b = (Button) this.findViewById(R.id.Button02);//获取关闭数据库按钮的引用
            b.setOnClickListener(                 //为关闭按钮添加监听器
            new OnClickListener() {
                @Override
                public void onClick(View v) {
                    closeDatabase();              //调用方法关闭数据库
            }});
            b = (Button) this.findViewById(R.id.Button03); //获取添加记录按钮的引用
            b.setOnClickListener(                 //为添加按钮添加监听器
            new OnClickListener() {
                @Override
                public void onClick(View v) {
                    insert();                     //调用方法插入记录
            }});
            b = (Button) this.findViewById(R.id.Button04); //获取删除记录按钮的引用
            b.setOnClickListener(                 //为删除按钮添加监听器
            new OnClickListener() {
                @Override
                public void onClick(View v) {
                    delete();                     //调用方法删除记录
            }});
            b = (Button) this.findViewById(R.id.Button05); //获取查询记录按钮的引用
            b.setOnClickListener(                 //为查询按钮添加监听器
            new OnClickListener() {
                @Override
                public void onClick(View v) {
                    query();                      //调用方法查询记录
        }});}
        public void createOrOpenDatabase() {      //创建或打开数据库的方法
            try {
                sld = SQLiteDatabase.openDatabase(
                        "/data/data/com.bn.pp4/mydb",       //数据库所在路径
                        null,                     //游标工厂，默认为 null
                        SQLiteDatabase.OPEN_READWRITE |
                        SQLiteDatabase.CREATE_IF_NECESSARY //模式为读写，若不存在则创建
                );                                //生成创建数据库的 SQL 语句
                String sql = "create table if not exists student" +
                        "(sno char(5),stuname varchar(20)," +
                        "sage integer,sclass char(5))";
                sld.execSQL(sql);                 //执行 SQL 语句
                Toast.makeText(getBaseContext(), "成功创建数据库。",
                        Toast.LENGTH_LONG).show();
            } catch (Exception e) {
                e.printStackTrace();
        }}
        public void closeDatabase() {             //关闭数据库的方法
            try {
                sld.close();                      //关闭数据库
                Toast.makeText(getBaseContext(), "成功关闭数据库。",
                        Toast.LENGTH_LONG).show();
            } catch (Exception e) {
                e.printStackTrace();
        }}
        public void insert() {                    //插入记录的方法
            try {                                 //生成插入记录的 SQL 语句
                String sql = "insert into student values" +
                        "('001','Android',22,'283')";
                sld.execSQL(sql);                 //执行 SQL 语句
```

```
74                  Toast.makeText(getBaseContext(),"成功插入一条记录。",
75                              Toast.LENGTH_LONG).show();
76              } catch (Exception e) {
77                  e.printStackTrace();
78          }}
79          public void delete() {                          //删除记录的方法
80              try {                                       //生成删除所有记录的 SQL 语句
81                  String sql = "delete from student;";
82                  sld.execSQL(sql);                       //执行 SQL 语句
83                  Toast.makeText(getBaseContext(),"成功删除所有记录。",
84                              Toast.LENGTH_LONG).show();
85              } catch (Exception e) {
86                  e.printStackTrace();
87          }}
88          public void query(){                            //查询的方法
89              try {                                       //生成查询记录的 SQL 语句
90                  String sql = "select * from student where sage>?";
91                  Cursor cur = sld.rawQuery(sql, new String[] { "20" });
                                                            //获取 Cursor 对象引用
92                  while (cur.moveToNext()) {              //若存在记录
93                      String sno = cur.getString(0);          //获取第一列信息
94                      String sname = cur.getString(1);        //获取第二列信息
95                      int sage = cur.getInt(2);               //获取第三列信息
96                      String sclass = cur.getString(3);       //获取第四列信息
97                      Toast.makeText(
98                          getBaseContext(),
99                          "查询到的记录为: '" + sno + "'\t'" + sname
100                         + "'\t\t'"+ sage+ "'\t'" + sclass + "'",
101                         Toast.LENGTH_LONG).show();
102                 }
103                 cur.close();                                //关闭 Cursor
104             } catch (Exception e) {
105                 e.printStackTrace();
106     }}}
```

- 第 9-43 行为案例中的各个按钮添加监听器，监听器中调用对应的方法来实现数据库的打开/创建、关闭、插入、删除和查询等操作。
- 第 43-60 行为创建及打开数据库的方法，方法中首先获取了 SQLiteDatabase 对象的引用，并为其指定数据库的存储路径和读写模式，然后用“create table”语句创建了一张名称为 student 的表。
- 第 69-78 行为向数据库中插入一条记录的方法，插入的记录内容为“'001', 'Android', 22, '283'”。
- 第 79-87 行为删除数据库中所有记录的方法。
- 第 88-106 行为从数据库中查找符合条件记录的方法，首先需要获取 Cursor 对象的引用，并为其添加查找范围（具体范围为年龄大于 20）。若查到相应记录，则将该记录信息用 Toast 显示出来。

2.3.4　使用 ContentProvider 组件共享数据

前一小节介绍了 SQLite 数据库中的一些操作，但有时数据库中的信息不但创建其的应用程序要使用，还希望能够分享给其他应用程序使用。这时就需要使用 ContentProvider 组件了，ContentProvider 组件的基本情况如下所列。

- Android 平台中每个应用程序都有自己的用户 ID 并在自己的进程中运行，每个进程拥有独立的运行环境，这样可以保证程序的完整性。但这也使得应用程序在需要进行资源共享和数据通信时很不方便。为了解决这一问题，Android 提供了专门用来在应用程序之间分享数据的 ContentProvider 组件。
- ContentProvider 能将应用程序中特定的数据提供给其他应用程序使用，这些数据可以来自应用程序私有文件夹下的私有数据文件，也可以来自应用程序自己私有的 SQLite 数据库。当然，数据的来源还有很多其他选择，ContentProvider 组件本身并没有做出限制，读者可以充分发挥想象的空间。

- 使用 ContentProvider 组件共享数据的基本方式是继承 ContentProvider 类并重写其中的相应方法，具体情况在后面的案例中进行介绍。
- 别的应用程序想分享数据时需要使用 ContentResolver，通过 ContentResolver 对象将需要分享数据的请求发送给 ContentProvider 组件，而不能直接调用 ContentProvider 组件。

下面使用 ContentProvider 组件将上一小节的案例进行升级，使得此案例具有分享数据给其他应用程序的能力，其具体开发步骤如下。

（1）在案例 Sample2_4 的 com/bn/pp4 包下创建 MyContentProvider 类，该类继承自 ContentProvider 类，并要实现其中所有的抽象方法，具体代码如下。

代码位置：见随书中源代码/第 2 章/Sample2_4/src/com/bn/pp4 目录下的 MyContentProvider.java。

```
package com.bn.pp4;
……//此处省略了部分类的引入代码，读者可自行查看随书的源代码
public class MyContentProvider extends ContentProvider { //继承 ContentProvider
    private static final UriMatcher um;                  //声明 Uri 匹配引用
    static {
        um = new UriMatcher(UriMatcher.NO_MATCH); //创建 UriMatcher
        um.addURI("com.bn.pp4.provider.student", "stu", 1); //设置匹配字符串
    }
    SQLiteDatabase sld;                                  //声明 SQLiteDatabase 引用
    @Override
    public String getType(Uri uri) {
        return null;
    }
    @Override //调用数据库的 query 方法时会自动调用该方法
    public Cursor query(Uri uri, String[] projection, String selection,
            String[] selectionArgs, String sortOrder) {
        switch (um.match(uri)) {                 //若匹配成功
        case 1:                                  //执行操作，获取 Cursor 对象引用
            Cursor cur = sld.query("student", projection, selection,
                    selectionArgs, null, null, sortOrder);
            return cur;                          //返回 Cursor 对象引用
        }
        return null;
    }
    @Override
    public int delete(Uri arg0, String arg1, String[] arg2) { //空实现
        return 0;
    }
    @Override
    public Uri insert(Uri uri, ContentValues values) {      //空实现
        return null;
    }
    @Override
    public boolean onCreate() {                  //创建数据库时自动调用该方法
        sld = SQLiteDatabase.openDatabase(
                "/data/data/com.bn.pp4/mydb",     //数据库所在路径
                null,                            //游标工厂，默认为 null
                SQLiteDatabase.OPEN_READWRITE|
                SQLiteDatabase.CREATE_IF_NECESSARY //读写、若不存在则创建
        );
        return false;
    }
    @Override
    public int update(Uri uri, ContentValues values, String selection,
            String[] selectionArgs) {            //空实现
        return 0;
}}
```

❑ 第 4-8 行为声明 Uri 匹配对象，并且设置匹配字符串。此匹配字符串在需要得到分享数据的应用程序中提供给 ContentResolver 使用，以进行配对。

❑ 第 11-13 行重写了 getType 方法，本案例中对 getType 方法没有要求，因此其返回空值。

❑ 第 15-24 行重写了 query 方法，在匹配成功后，数据需求方通过 ContentResolver 调用此方法查询需要的数据。

❑ 第 26-32 行重写了 delete 与 insert 方法，本案例中对这两个方法没有要求，因此都设置为返回空值。

❑ 第 34-42 行重写了 onCreate 方法，其功能为首先获取 SQLiteDatabase 对象引用，然后创建或打开数据库，为信息的分享做好准备。

❑ 第 44-47 行重写了 update 方法，本案例中对这个方法没有要求，因此设置为返回空值。

（2）仅仅是完成上面的代码还是不够的，在 Android 程序开发中，有一个很重要的配置文件 AndroidManifest.xml。要想使用 ContentProvider 组件，在完成代码的开发后，还必须在该配置文件中进行相应的配置，将如下代码插入到 AndroidManifest.xml 文件中的 application 标签中。

代码位置：见随书中源代码/第 2 章/Sample2_4 目录下的 AndroidManifest.xml。

```
<provider
    android:name="MyContentProvider"                <!--将调用的类名-->
    android:authorities="com/bn/pp4.provider.student"  <!--要匹配的 Uri 字符串-->
     android:exported="true"/>
```

2.3.5　使用 ContentResolver 获取分享数据

升级完了 Sample2_4 使其具有了数据分享能力之后，就可以在别的应用程序中通过 ContentResolver 匹配到 Sample2_4 案例中的 ContentProvider 组件获取分享的数据了。具体的开发步骤如下所列。

（1）创建项目 Sample2_4_From，将项目的包名设定为 com.bn.pp4f，并创建一个继承自 Activity 的类 ContentConsumerActivity，其代码如下。

代码位置：见随书中源代码/第 2 章/ Sample2_4_From/src/com/bn/pp4f 目录下的 ContentConsumerActivity.java。

```
package com.bn.pp4f;                                          //包声明
import android.app.Activity;                                  //相关类的引入
//……此处省略了部分相关类的引入代码，读者可自行查看随书的源代码
import android.widget.EditText;                               //相关类的引入
public class ContentConsumerActivity extends Activity {
    ContentResolver cr;                           // ContentResolver 的引用
    @Override                                                 //重写方法的标志
    public void onCreate(Bundle savedInstanceState) {
        super.onCreate(savedInstanceState);          //继承父类的 onCreate 方法
        setContentView(R.layout.main);               //跳转到主界面
        cr=this.getContentResolver();                //获取 ContentResolver 的对象
        //初始化查询按钮
        Button b=(Button)this.findViewById(R.id.Button01);       //Button 类的引用
        b.setOnClickListener(                                     //设置按钮监听
          new OnClickListener(){
                    @Override                        //重写方法的标志
                    public void onClick(View v) {    //重写 onClick 方法
                          String stuname="Android";  //设置查询的字符串
                          Cursor cur=cr.query(
                             Uri.parse("content://com.bn.pp4.provider.student/stu"),
                             new String[]{"sno","stuname","sage","sclass"},
                             "stuname=?",            //查询条件
                             new String[]{stuname},
                             "sage ASC"
```

```
25                    );
26                while(cur.moveToNext()){
27                    String sno=cur.getString(0);          //获取学号
28                    String sname=cur.getString(1);        //获取名称
29                    int sage=cur.getInt(2);               //获取年龄
30                    String sclass=cur.getString(3);       //获取班级
31                    appendMessage(sno+"\t"+sname+"\t\t"+sage+"\t"+sclass);
32                }
33                cur.close();                          //关闭 ContentResolver
34        }});}
35        public void appendMessage(String msg){            //向文本区中添加文本
36            EditText et=(EditText)this.findViewById(R.id.EditText02);
                                                        //获取 EditText 的对象
37            et.append(msg+"\n");                      //添加显示的字符串
38    }}
```

❑ 第 8-25 行主要功能为获取 ContentResolver 对象的引用，并给按钮添加监听器，使得按钮按下后可以通过 ContentResolver 匹配到 Sample2_4 案例中的 ContentProvider 组件获取需要的数据。

❑ 第 26-33 行功能为将获取的 Sample2_4 案例分享的数据显示到屏幕上的 EditText 控件中。

❑ 第 35-38 行为向 EditText 控件中添加文本信息的方法。

（2）Sample2_4_From 案例开发完成后，运行该案例，其效果如图 2-13 和图 2-14 所示。

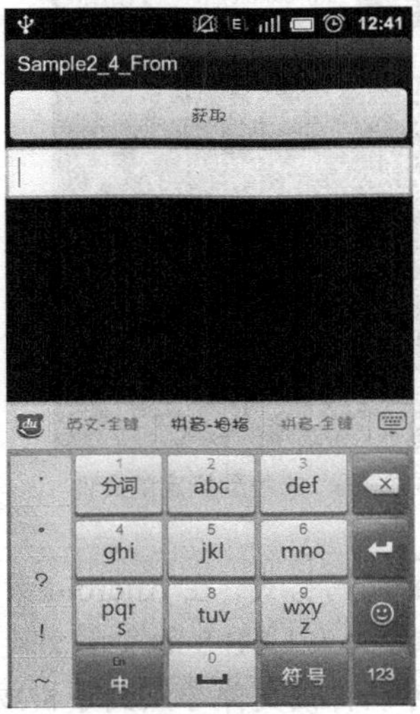

▲图 2-13　运行界面 1

▲图 2-14　运行界面 2

说明　图 2-13 为运行该案例后的界面效果图，图 2-14 为单击“获取”按钮后，通过 ContentResolver 匹配到 Sample2_4 案例中的 ContentProvider 组件获取数据后的效果图。

2.4 文件 I/O

I/O 即输入与输出，几乎所有文件操作的工作都离不开 I/O。对于 Android 游戏开发来说，I/O 操作尤为重要，游戏中的地图数据、人物图片资源等的流畅读取是保证游戏可玩性的重要方面。因此，在开发时，不同的场合必须选用合适的 I/O 操作方式，才能保证满足用户的需求。

Android 中文件 I/O 分为 3 种方式：SD 卡文件读取、手机中文件夹的访问和应用程序中 assets 文件的读取，本节将结合简单的小案例对这几种文件 I/O 操作进行介绍。

2.4.1　访问 SD 卡中的文件

伴随着游戏品质的不断提高，游戏数据占用的存储空间也成几何级数增加，以往几十 KB、几 MB 的手机游戏已经发展为几十 MB、几百 MB 甚至几个 GB 的大型手机游戏。为了适应存储需求的增长，SD 卡也一直在进行更新换代，4GB、8GB、16GB 大小的 SD 卡已随处可见。

Android 的设计者自然不会忽略这一点，在 Android 平台上可以轻松地对手机 SD 卡中的文件进行读取和操作。下面通过一个案例来详细讲解在 Android 开发中如何访问 SD 卡中的文件。

1. 案例的运行效果

运行本节案例 Sample2_5，在输入框中输入要读取的文件名，然后单击“打开文件”按钮。若 SD 卡中存在该文本文件，则在文本区域显示出文件的内容，反之则提示没有找到指定文件。本案例的运行效果如图 2-15 和图 2-16 所示。

▲图 2-15　成功加载 SD 卡中的文件

▲图 2-16　未找到指定的文件

> **提示**　运行本案例时要注意 SD 卡中文本文件的编码格式，在 Android 系统中一般要采用 UTF-8 编码才能保证没有乱码出现。编码格式为 UTF-8 的文本文件，见随书中源代码/第 2 章目录下的 AndroidIO.txt，读者可以将该文件导入到手机或模拟器的 SD 卡中再对本案例进行测试。

2. 案例的开发

介绍完本案例的运行效果以及文本文件编码的注意事项后，接下来将对本案例的主控制类 Sample2_5_Activity 进行开发，其代码如下。

代码位置：见随书中源代码/第 2 章/Sample2_5/src/com/bn/pp5 目录下的 Sample2_5_Activity.java。

```
package com/bn/pp5;
import java.io.File;                                        //引入相关包
public class Sample2_5_Activity extends Activity {          //创建Activity
  @Override
    public void onCreate(Bundle savedInstanceState) {       //重写 onCreate 方法
      super.onCreate(savedInstanceState);
      setContentView(R.layout.main);                        //跳转到主界面
      Button ok=(Button)this.findViewById(R.id.Button01);//获取打开按钮的引用
        ok.setOnClickListener(                              //为打开按钮添加监听器
```

```
10              new OnClickListener(){
11              public void onClick(View v) {
12                   EditText et1=(EditText)findViewById(R.id.EditText01);
13                   String nr=loadText(et1.getText().toString().trim());
14                   EditText et2=(EditText)findViewById(R.id.EditText02);
15                   et2.setText(nr);                                   //设置显示框内容
16          }});}
17     public String loadText(String name){                            //加载 SD 卡文件方法
18       String nr=null;                                               //内容字符串
19       try{
20          File f=new File("/sdcard/"+name);                          //创建对应文件
21          byte[] buff=new byte[(int) f.length()];                    //创建响应大小的 byte 数组
22          FileInputStream fis=new FileInputStream(f);
23          fis.read(buff);                                            //读入文件
24          fis.close();                                               //关闭输入流
25          nr=new String(buff,"utf-8");                               //转码生成字符串
26          nr=nr.replaceAll("\\r\\n","\n");                           //替换换行符
27       }catch (Exception e) {
28          Toast.makeText(getBaseContext(),                           //Toast 提示用户
29                         "对不起，没有找到指定文件。",
30                         Toast.LENGTH_LONG).show();
31       }
32       return nr;                                                    //返回内容字符串
33  }}
```

- 第 8-16 行是为打开文件的按钮添加监听器，监听器的功能为首先获取文本框中用户输入的文件名，然后调用从 SD 卡加载文本文件的方法，获取 SD 卡中的对应文件内容并送入 EditText 控件显示。
- 第 17-32 行为加载 SD 卡中文本文件的方法，其入口参数为要加载文件的文件名。工作过程为首先用 Java 标准的 I/O 操作来加载指定文本文件中的数据，然后将数据编码为字符串，并替换换行符等空白字符，最后返回加载的内容。

> **提示** 通过上面的小案例可以看出，Android 中对 SD 卡文件的 I/O 实现与标准 Java 相同，因此，开发成本很低，易于上手。

2.4.2 访问手机中的文件夹

前一小节中是将文件存放到 SD 卡中，其实文件也可以存放在手机内部存储（ROM，相当于 PC 的硬盘）中。不过在 Android 系统中，其为每个应用程序在手机的 ROM 中都分配了一个私有的目录，命名规则为“/data/data/<应用程序的包名>”。例如，应用程序的包名为“com.bn”，则系统分配的私有目录为“/data/data/com.bn”。

应用程序开发时，若需要在 ROM 中存放文件，一般应该存放到系统分配的私有目录中。启动 Eclipse，进入其中的 DDMS 面板，打开 File Explorer，即可查看手机 ROM 中的文件组织情况，如图 2-17 所示。

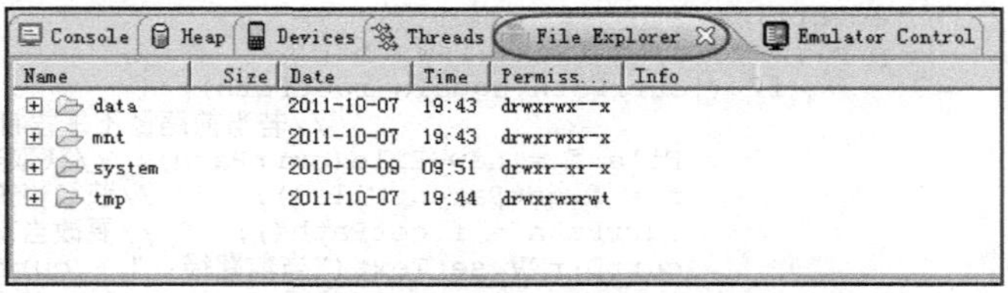

▲图 2-17　查看手机内部存储文件

下面给出一个浏览手机 ROM 中文件夹的小案例，通过单击文件夹的名称，可以打开相应的文件夹，显示其中的文件列表。运行本案例，其运行效果如图 2-18、图 2-19 和图 2-20 所示。

▲图 2-18　程序初始运行

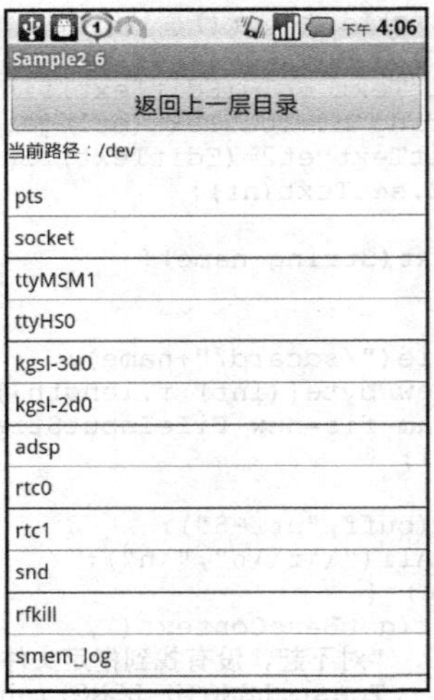

▲图 2-19　进入 dev 目录

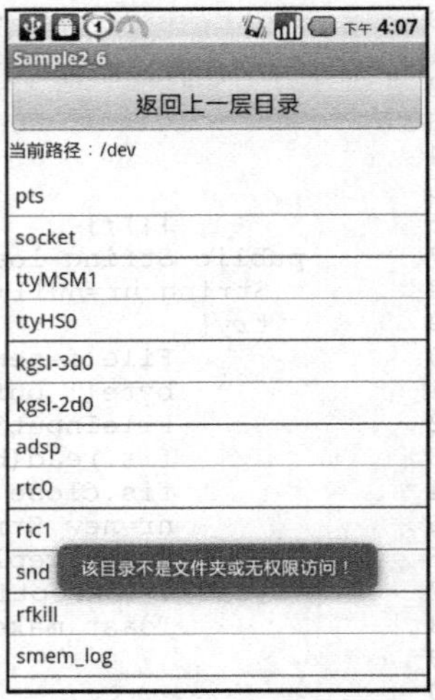

▲图 2-20　单击出错

提示　图 2-18 为程序一开始运行，显示“/”目录下内容的情况。图 2-19 为单击进入了 dev 目录，图 2-20 为单击了不允许进入或不是文件夹的条目。

了解了本案例的运行效果之后，接下来对本案例中唯一的类——Sample2_6_Activity 进行开发，具体代码如下。

代码位置：见随书中源代码/第 2 章/Sample2_6/src/com/bn/pp6 目录下的 Sample2_6_Activity.java。

```
package com.bn.pp6;                                          //声明包
import java.io.File;                                         //引入相关类
……//此处省略了部分类的引入代码，读者可自行查看随书的源代码
import android.widget.AdapterView.OnItemClickListener;     //引入相关类
public class Sample2_6_Activity extends Activity {         //创建 Activity
     String currPath;                                   //当前路径字符串
     String rootPath = "/";                             //根目录路径
     TextView currDirTV;                                //显示当前路径的 TextView 引用
     @Override
     public void onCreate(Bundle savedInstanceState) {
          super.onCreate(savedInstanceState);
          setContentView(R.layout.main);               //跳转到主界面
          final ListView lv = (ListView) this.findViewById(R.id.lv);//获取 ListView
          Button back = (Button) this.findViewById(R.id.back);   //获取返回按钮
          final File[] files = getFiles(rootPath);
                                                   //调用 getFiles 方法获取根目录下文件列表
          currDirTV = (TextView) this.findViewById(R.id.currDirTV); //获取 ListView
          currPath = rootPath;
          currDirTV.setText("当前路径：" + currPath);          //设置当前路径
          initListView(files, lv);                            //初始化显示列表
          back.setOnClickListener                             //返回按钮监听器
          (new OnClickListener() {
               @Override
               public void onClick(View v) {
                    if (!currPath.equals(rootPath)) {
                                                   //若当前路径不是根目录，返回到上一层目录
                         File f = new File(currPath); //获取当前路径下的文件列表
                         f = f.getParentFile();         //获取当前路径的上层路径
                         currPath = f.getPath();      //更改当前路径
                         currDirTV.setText("当前路径：" + currPath);//设置当前路径
                         initListView(getFiles(currPath), lv); //初始化显示列表
     }}});}
     //获取当前目录下的文件列表的方法
     public File[] getFiles(String filePath) {
          File[] files = new File(filePath).listFiles();//获取当前目录下的文件列表
```

```
34            return files;                          //返回文件列表
35        }
36        ……//此处省略了初始化 ListView 的方法，读者可以自行查阅随书中的源代码
37    }
```

- 第 9-30 行为案例整体功能的实现代码。程序运行时，首先调用 initListView 方法初始化文件显示列表，显示根目录下的文件情况。然后给“返回上一层”按钮添加了监听器，监听器功能为若存在上一层目录，则刷新文件显示列表为上一层目录下的情况。
- 第 32-35 行为获取当前路径下所有文件列表的方法。该方法中首先需要获得当前路径对应的 File 对象，之后返回其下对应的文件列表。

> **提示** 由于篇幅所限，初始化文件列表的代码省略，有需要的读者请自行查阅中的源代码进行学习。

2.4.3 读取 assets 文件夹下的内容

Android 还能将应用程序所需的数据文件打包到 apk 文件中，省去了使用者安装应用程序后还需要下载数据包的情况。但是要注意的是，打包到 apk 文件中的数据文件并不是可以放在任何位置，一般应该放到项目中的 assets 文件夹下。

> **提示** 对于特别大（如 50MB）的数据文件，在实际开发中一般还是与 apk 安装文件分开的。对于不大的数据文件，就非常适合打包到 apk 包中的 assets 文件夹下。

下面将通过一个小案例来说明如何编程访问 assets 文件夹下的内容，其主要功能是完成对应用程序内部的 assets 文件夹下文件的读取。操作过程为首先在案例初始界面输入文件名，然后单击打开按钮。若存在该文件，则在下方显示出文件内容；反之，则弹出 Toast 提示用户重新输入。案例运行效果如图 2-21 和图 2-22 所示。

了解了本案例的功能后，下面来介绍本案例的开发过程，具体步骤如下。

（1）首先将 AndroidIO.txt 文本文件复制到项目中的 assets 文件夹中，如图 2-23 所示。

▲图 2-21　程序运行效果图

▲图 2-22　无法找到指定文件

▲图 2-23　添加文本文件

（2）将 AndroidIO.txt 文本文件复制到项目中的 assets 文件夹后，接下来将开发本案例中唯一的类 Sample2_7_Activity，其代码如下。

代码位置：见随书中源代码/第 2 章/Sample2_7/src/com/bn/pp7 目录下的 Sample2_7_Activity.java。

```
package com.bn.pp7;
import java.io.ByteArrayOutputStream;                    //引入相关包
```

```
3     public class Sample2_7_Activity extends Activity {      //创建 Activity
4         @Override
5         public void onCreate(Bundle savedInstanceState) { //重写 onCreate 方法
6             super.onCreate(savedInstanceState);
7             setContentView(R.layout.main);                  //跳转至主界面
8             Button ok=(Button)this.findViewById(R.id.Button01);   //获取打开按钮引用
9             ok.setOnClickListener(                          //为打开按钮添加监听器
10              new OnClickListener() {
11                  public void onClick(View v) {
12                        EditText et1=(EditText)findViewById(R.id.EditText01);
13                        //调用 loadText 方法获取对应文件名的文件
14                        String nr=loadText(et1.getText().toString().trim());
15                        EditText et2=(EditText)findViewById(R.id.EditText02);
16                        et2.setText(nr);                    //设置显示框内容
17            }});}
18        public String loadText(String name){                //加载 assets 文件方法
19          String nr=null;                                   //内容字符串
20          try {                                             //打开对应名称文件的输入流
21                InputStream is=this.getResources().getAssets().open(name);
22                int ch=0;
23                //创建字节数组输出流
24                ByteArrayOutputStream baos=new ByteArrayOutputStream();
25                while((ch=is.read())!=-1){baos.write(ch);}  //读取文件
26                byte[] buff=baos.toByteArray();             //转化为字节数组
27                baos.close();                               //关闭输入输出流
28                is.close();                                 //关闭输入输出流
29                nr=new String(buff,"utf-8");                //转码生成新字符串
30                nr=nr.replaceAll("\\r\\n","\n");            //替换换行符等空白字符
31                } catch (Exception e) {                     //没有找到对应文件，进行提示
32                    Toast.makeText(getBaseContext(), "对不起，没有找到指定文件。",
33                    Toast.LENGTH_LONG).show();
34                }
35                return nr;                                  //返回内容字符串
36    }}
```

❑ 第 8-17 行首先获取了打开按钮的引用，然后给此按钮添加了监听器。监听器的功能为读取用户输入名称的文件内容，并显示到界面上。

❑ 第 18-36 行为从 assets 中加载指定名称文本文件的方法，其首先获取了指向指定文件的输入流，然后从输入流中读取数据，接着将数据编码为字符串，并替换换行符等空白字符，最后返回加载的内容。

> **提示**　通过上述案例的介绍，相信读者对 Android 平台下文件的存储和读取已经有所掌握。在真正的开发过程中，开发人员应该考虑各方面的因素，在需要时采用最适合自己的存储方式进行存储。

2.5 Socket 网络通信

伴随着移动互联网的高速增长，智能手机上的游戏娱乐应用也逐步由单机向网络化方向发展。因此，对于 Android 开发人员来说，开发具有网络功能的应用程序成为了一项必备的技能。本节将向读者介绍网络开发中非常重要的一项技术，Socket（网络套接字）应用开发。

2.5.1 Socket 开发基本知识

网络应用程序的开发也有很多不同的架构与模式，常见的有 B/S、C/S 等，Socket 主要是用于进行传统的 C/S 模式应用的开发。C/S 模式中主要需要开发两个端，服务端与客户端，其基本的工作原理如图 2-24 所示。

从图 2-24 中可以看出，C/S 模式通信的基本过程如下。

（1）首先启动服务器，监听指定端口，等待接收客户端的连接请求。

（2）客户端请求连接到服务器的指定端口。

（3）服务器收到客户端的连接请求，建立连接。

（4）客户端和服务器同时各打开一个输入流和输出流，客户端的输出流与服务器的输入流连接，服务器的输出流与客户端的输入流连接。

（5）客户端与服务器端通过输入输出流进行双向的消息通信。

（6）当通信完毕后，客户端和服务器同时关闭本次连接。

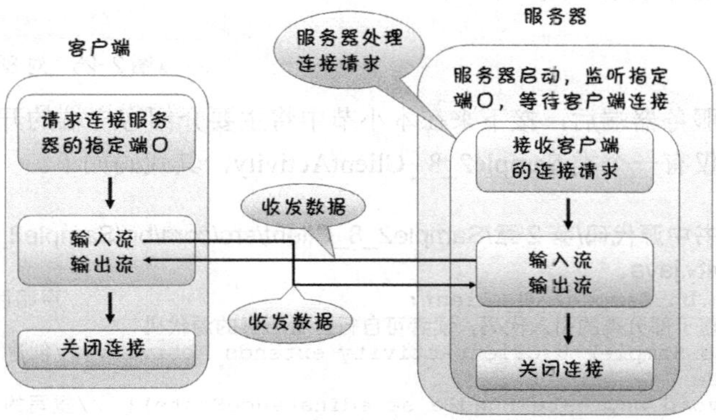

▲图 2-24　C/S 模式通信的基本原理

由于 Android 应用程序是使用 Java 进行开发，因此，在 Android 平台下开发基于 Socket 的 C/S 模式程序非常简单，直接使用 Java 中的 Socket 与 ServerSocket 类即可。这与传统 Java 的网络套接字开发几乎没有区别，对于熟悉 Java 的大部分读者来说非常简单。

2.5.2　服务器端

上一小节简单介绍了基于 Socket 的 C/S 模式网络程序的基本工作原理，从本小节开始将向读者介绍一个基于 Socket 的简单案例。首先介绍服务端的开发，由于本案例比较简单，所以仅有一个类 Sample2_8_Server，其代码如下。

代码位置：见随书中源代码/第 2 章/Sample2_8_Server/src/com/bn/Sample2_8_Server 目录下的 Sample2_8_Server.java。

```
package com.bn.Sample2_8_Server;                    //声明包名
import java.io.DataInputStream;                     //导入相关类
……//此处省略了部分类的引入代码，读者可自行查看随书的源代码
import java.net.Socket;                             //导入相关类
public class Sample2_8_Server{
    static ServerSocket sSocket;                    // ServerSocket 的引用
    public static void main(String[] args){         //主方法
        try{
            sSocket=new ServerSocket(8877);         //创建 ServerSocket 对象
            System.out.println("监听 8877 接口……");//打印信息
            while(true){//服务器启动后一直循环服务于不同的客户端
              Socket socket=sSocket.accept();       //创建 Socket 对象
              DataInputStream diStream=new DataInputStream(socket. getInputStream());
              DataOutputStream dotStream=new DataOutputStream(socket.
              getOutputStream());
              System.out.println("客户端信息："+diStream.readUTF());
              dotStream.writeUTF("成功连接服务器端");   //写入到输出流中
              diStream.close();                        //关闭输入流
              dotStream.close();                       //关闭输出流
              socket.close();                          //关闭 Socket 套接字
```

```
20              } }catch(Exception e){                        //捕获并打印异常信息
21                  e.printStackTrace();
22      } } }
```

❑ 第 9 行创建了 ServerSocket 对象，监听在服务器的 8877 端口。

❑ 第 11-20 行为服务循环，服务器一旦成功启动监听在指定的端口就进入此循环，按照指定的流程服务于一个一个的客户端。本案例中的服务流程为：首先与客户端建立双向数据流，然后接收客户端的信息，最后再向客户端返回信息。

运行本案例，其运行效果如图 2-25 所示。

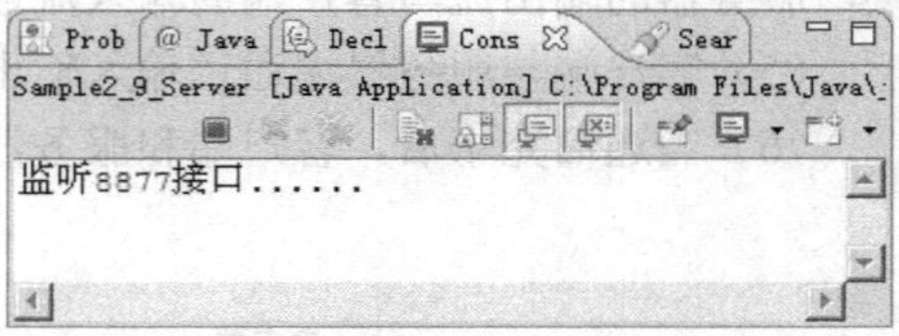

▲图 2-25　对 8877 接口进行监听

2.5.3　客户端

开发完本案例的服务器端后，接下来在本小节中将主要介绍客户端的开发。由于本案例功能简单，因此客户端也仅有一个类 Sample2_8_ ClientActivity，其代码如下。

代码位置：见随书中源代码/第 2 章/Sample2_8_Client/src/com/bn/Sample2_8_Client 目录下的 Sample2_8_ClientActivity.java。

```
1   package com.bn.Sample2_8_Client;                              //声明包名
2   ……//此处省略了部分类的引入代码，读者可自行查看随书的源代码
3   public class Sample2_8_ClientActivity extends Activity{//创建继承 Activity 的主控制类
4       @Override
5       public void onCreate(Bundle savedInstanceState){  //重写的 onCreate 方法
6           super.onCreate(savedInstanceState);
7           setContentView(R.layout.main);                    //跳转到主界面
8           Button button=(Button)findViewById(R.id.button);  //获得 Button 按钮的引用
9           button.setOnClickListener(                        //为 Button 按钮添加监听器
10              new OnClickListener(){
11              public void onClick(View v){                  //重写的 onClick 方法
12                  new Thread(){
13                      public void run(){
14                          connectServer();              //调用 connectServer 连接服务器
15                  }}.start();
16      }} );}
17      public void connectServer(){                        //自定义的连接服务器的方法
18        String serverIp="10.16.189.20";                   //声明服务器端 IP
19        try{
20              Socket socket=new Socket(serverIp,8877); //创建 Socket 套接字，发出连接请求
21              DataInputStream din=new DataInputStream(socket.getInputStream());
22                  DataOutputStream dout=new DataOutputStream(socket.getOutputStream());
23                  EditText et=(EditText)this.findViewById(R.id.et);
                                                    //获得 EditText 输入对话框对象
24                  String tempStr=et.getText().toString();   //获取该对话框中的信息
25                  dout.writeUTF(tempStr);                   //将信息写入到输出流中
26                  TextView tv=(TextView)this.findViewById(R.id.tv); //获得 TextView 的对象
27                  tv.setText(din.readUTF());//将输入流中的数据在 TextView 中显示
28                  din.close();                              //关闭输入流
29                  dout.close();                             //关闭输出流
30                  socket.close();                           //关闭 Socket 套接字
31        }catch(Exception e){
32              e.printStackTrace();                          //捕获并打印异常信息
33  }}}
```

❑ 第 5-16 行为继承 Activity 后重写的 onCreate 方法，该方法在程序开始时执行。在该方法中首先获得“连接服务器端”按钮对象的引用，之后为该按钮添加监听器，监听器功能为 connectServer 方法连接服务器收发信息。

❑ 第 17-33 行为连接服务器收发信息的 connectServer 方法，其基本的工作流程为：首先向服务器发出连接请求，连接成功后建立双向数据流，然后将用户输入的信息发送给服务器端再从服务器端接收反馈信息。

提示	在创建 Socket 套接字对象时需要指明端口号以及服务器端的 IP，这里的 IP 必须为真实 IP，不能使用环回地址“127.0.0.1”。因此运行本案例时读者有可能需要根据自己计算机的具体情况修改服务器的 IP 地址，使得程序可以正常运行。同时，在开发客户端时需要在 AndroidManifest.xml 中声明联网权限，具体情况参见中的源代码。

运行本案例，在上面的文本框中输入需要发送的信息，然后单击“连接服务器端”按钮。若网络没有问题，则在服务器端可以收到客户端发送的信息，如图 2-26 所示。同时，客户端也会收到服务器的反馈信息，如图 2-27 所示。

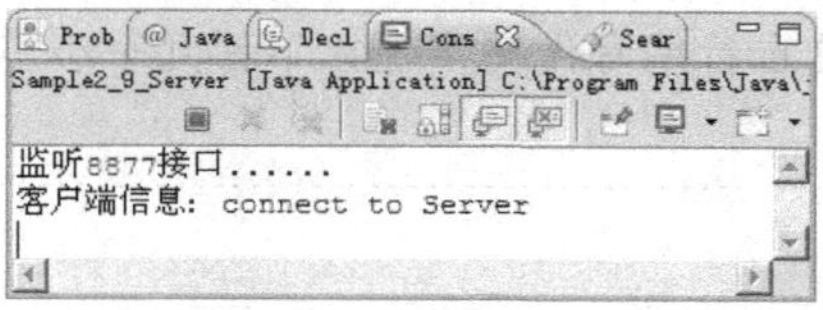

▲图 2-26　服务器端收到客户端信息

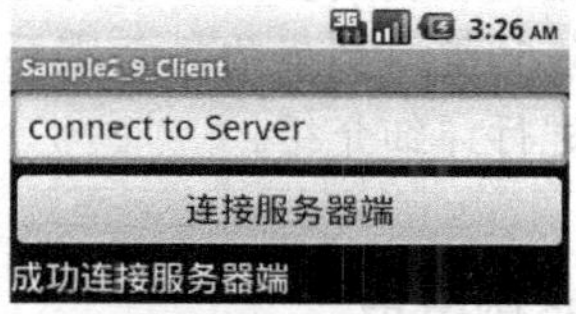

▲图 2-27　客户端成功连接到服务器

2.6 蓝牙通信

随着硬件设备价格的不断降低，大部分智能手机上都已配备了蓝牙网络模块，Android 设备也是如此。如果能为一些小型的休闲娱乐游戏增加蓝牙联网对战的功能，将会大大增加游戏的可玩性。本节将向读者详细介绍如何在 Android 平台下开发具有蓝牙互联功能的应用程序。

2.6.1 蓝牙通信的基本知识

蓝牙是一种支持设备短距离通信（一般是 10m 以内）的无线技术，其数据传输时不仅不需要连线，而且传输速率也比传统手持设备的红外模式更加迅速、高效，主要优势如下所列。

- 免费。

蓝牙无线技术规格供全球的成员公司免费使用。除了设备费用外，制造商不需要为使用蓝牙技术再支付任何知识产权费用，这大大降低了蓝牙技术的普及门槛。

- 应用范围广。

蓝牙技术得到了广泛的应用，集成该技术的产品从手机、汽车到医疗设备等应有尽有，使用该技术的用户从消费者、工业市场到企业等，不一而足。

- 易于使用。

蓝牙是一项即时技术，其不要求固定的基础设施，且易于安装和设置，而且无须电缆即可实现连接，使用起来非常方便。

提示	上一小节介绍的 Socket 技术虽然开发很容易，但对用户而言要么需要使用 3G 网络，要么需要通过 Wi-Fi 网络。3G 网络虽然没有位置限制，但费用不低；Wi-Fi 虽然免费，但必须在 AP 附近或自己架设 AP。可以看出，对于短距离即时互联而言，采用蓝牙技术更为合理、便捷。

- 全球通用的规格。

蓝牙无线技术是当今市场上支持范围最广泛，功能最丰富且安全的无线标准之一，全球范围内的资格认证程序可以测试成员的产品是否符合标准。

介绍完了蓝牙技术的特点与优势后，下面简单介绍一下蓝牙设备的使用步骤，具体如下所列。

（1）开启要搜索的设备的蓝牙功能，并设置为可见。

（2）在一个设备中开启搜索设备的功能，开始搜索设备。

（3）当搜索到其他设备后，会将搜索的设备显示在本设备的列表中。

（4）选择列表中的某一设备，请求匹配。

（5）被选中的设备收到匹配请求后，经双方验证同意，设备匹配成功。

（6）设备匹配成功后就可以建立连接，并收发数据了。

> **提示**　蓝牙通信与 Socket 网络通信的基本思想非常类似，都是连接成功后建立双向数据流收发数据，但开发起来要比 Socket 复杂一些。这主要是因为蓝牙设备的搜索功能和配对列表的显示需要开发人员自行编写代码实现，下面几个小节的案例将对此进行详细介绍。

2.6.2　聊天案例概览

本小节将介绍一个用蓝牙技术实现聊天功能的案例，通过对本案例的学习，读者可以掌握关于蓝牙通信的整个开发过程。在开发具体代码之前，首先了解一下本案例的运行方法及运行效果，具体情况如下所列。

（1）准备两部 Android 手机，在两部手机上都安装本案例的 apk（Sample2_9.k）。

> **提示**　笔者使用的两部手机分别为华为 u8800 和摩托罗拉 ME525，其他支持蓝牙功能的 Android 智能手机也可以使用。之所以要使用真机是因为模拟器几乎无法进行蓝牙程序的模拟测试，真机则要方便得多。

（2）将两部手机的蓝牙功能都打开，并设置为可见。

（3）在两部手机中同时运行本案例。

（4）在其中的一部手机中单击 Menu 键（手机上自带的菜单键）弹出设备搜索列表，如图 2-28 所示。然后单击列表下方的"扫描设备"按钮搜索设备，搜索完毕后列表中出现另一手机的设备名称及硬件地址，如图 2-29 所示。

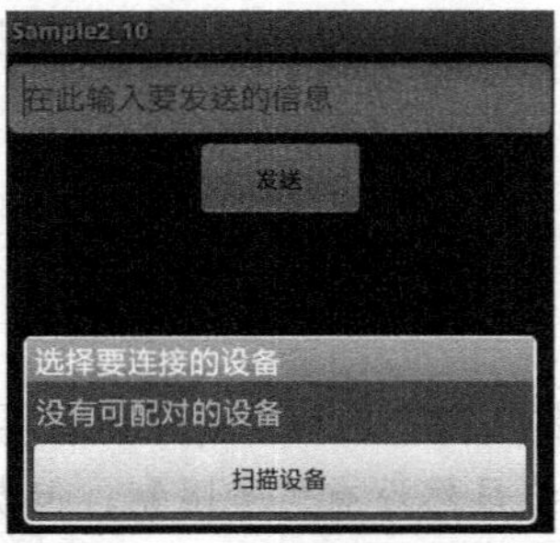

▲图 2-28　在 u8800 中弹出设备搜索列表

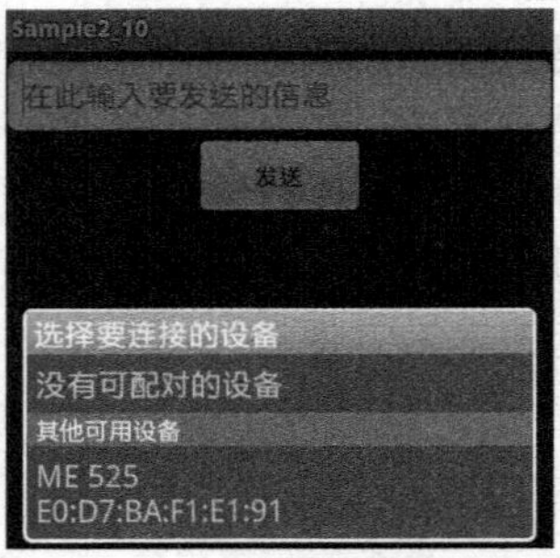

▲图 2-29　u8800 搜索到其他设备

（5）单击列表中搜索到的设备名称，一段时间后两部手机会同时提示连接成功，如图 2-30 和图 2-31 所示。

> **提示**　本案例运行时的界面还有很多，由于篇幅所限，这里只给出主要的运行界面，其他界面请读者自行运行随书中的本案例进行测试。

▲图 2-30　u8800 提示已连接到 ME 525

▲图 2-31　ME 525 提示已连接到 u8800

2.6.3 聊天案例的开发过程

介绍完本案例的运行过程及效果后，本小节将详细介绍本案例的开发过程。由于本案例中涉及的类比较多，因此，在开发代码之前首先介绍一下本案例中各个类之间的关系及各自的用途，如图 2-32 所示。

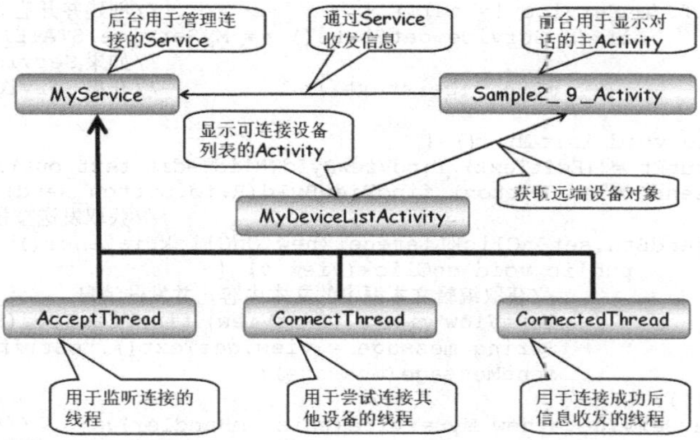

▲图 2-32　案例中各个类之间的关系及各自的用途

从图 2-32 可以看出，本案例中包含两个 Activity、一个 Service、3 个线程，各自的用途如下所列。

- Sample2_9_Activity 为本案例的主 Activity，程序一启动就开始运行，主要功能用来显示对话信息；MyDeviceListActivity 用于显示搜索到的可连接设备列表，通过菜单启动；MyService 则用来在后台管理蓝牙连接。
- AcceptThread 用于在蓝牙连接请求接收方监听连接请求；ConnectThread 用来向别的设备发出连接请求；ConnectedThread 用来在蓝牙连接建立后接收对方设备发送过来的消息。

了解完本案例中各个类之间的关系及各自的用途后，就可以进行代码的开发了，具体步骤如下所列。

（1）首先开发本案例的主控制类 Sample2_9_Activity，该类在程序开始时执行，其中重写了 onCreate 方法、onStart 方法以及 onDestroy 等方法，具体代码如下。

代码位置：见本书随书中源代码/第 2 章/Sample2_9/src/com/bn/pp9 目录下的 Sample2_9_Activity.java。

```
package com.bn.pp9;                                               //声明包
import android.app.Activity;                                      //引入相关类
……//此处省略了部分类的引入代码，读者可自行查看随书的源代码
import android.widget.Toast;                                      //引入相关类
public class Sample2_9_Activity extends Activity {
    private EditText outEt;                                       //布局中的控件引用
```

```
7          private Button sendBtn;
8          private String connectedNameStr = null;                      //已连接的设备名称
9          private StringBuffer outSb;                                  //发送的字符信息
10         private BluetoothAdapter btAdapter = null;                   //本地蓝牙适配器
11         private MyService myService = null;                          // Service 引用
12         public void onCreate(Bundle savedInstanceState) {
13             super.onCreate(savedInstanceState);
14             setContentView(R.layout.main);
15             btAdapter = BluetoothAdapter.getDefaultAdapter();    //获取本地蓝牙适配器
16         }
17         public void onStart() {
18             super.onStart();
19             //如果蓝牙没有开启，提示开启蓝牙，并退出 Activity
20             if (!btAdapter.isEnabled()) {
21                 Toast.makeText(this, "请先开启蓝牙！", Toast.LENGTH_LONG).show();
22                 finish();
23             } else {                                         //否则初始化聊天的控件
24                 if (myService == null)
25                     initChat();
26         }}
27         public synchronized void onResume() {
28             super.onResume();
29             if (myService != null) {                         //创建并开启 Service
30                 if (myService.getState() == MyService.STATE_NONE) {
                                                                //如果 Service 为空状态
31                     myService.start();                       //开启 Service
32         }}}
33         private void initChat() {
34             outEt = (EditText) findViewById(R.id.edit_text_out); //获取编辑文本框的引用
35             sendBtn = (Button) findViewById(R.id.button_send);
                                                                //获取发送按钮引用，并为其添加监听
36             sendBtn.setOnClickListener(new OnClickListener() {
37                 public void onClick(View v) {
38                     //获取编辑文本框中的文本内容，并发送消息
39                     TextView view = (TextView) findViewById(R.id.edit_text_out);
40                     String message = view.getText().toString();
41                     sendMessage(message);
42             }});
43             myService = new MyService(this, mHandler);          //创建 Service 对象
44             outSb = new StringBuffer("");           //初始化存储发送消息的 StringBuffer
45         }
46         public void onDestroy() {
47             super.onDestroy();
48             if (myService != null) {           //停止 Service
49                 myService.stop();
50         }}
51         private void sendMessage(String message) { //发送消息的方法
52             ……//此处省略了部分源代码，将在后面步骤中给出
53         }}
54                                                      //处理从 Service 发来消息的 Handler
55         private final Handler mHandler = new Handler() {
56             ……//此处省略了部分源代码，将在后面步骤中给出
57         }}};
58         public void onActivityResult(int requestCode, int resultCode, Intent data)
   {
59             ……//此处省略了部分源代码，将在后面步骤中给出
60         }}
61         public boolean onPrepareOptionsMenu(Menu menu) {
62                                                      //启动设备列表 Activity 搜索设备
63             Intent serverIntent = new Intent(this, MyDeviceListActivity.class);
64             startActivityForResult(serverIntent, 1);
65             return true;
66     }}
```

❑ 第 6-16 行是该类成员变量的定义及重写的 onCreate 方法，其主要工作为跳转到主界面并通过 BluetoothAdapter 类的静态方法 getDefaultAdapter 获取蓝牙适配器对象的引用。

❑ 第 17-26 行重写了 onStart 方法。在该方法中查看蓝牙是否开启，如果蓝牙没有开启，则提示开启蓝牙，并退出 Activity；否则调用 initChat 方法初始化聊天界面。

❑ 第 27-32 行重写了 onResume 方法。在该方法中检测是否已经启动了后台服务，若后台服务为空，则调用其 start 方法，开启后台服务。此后台服务用于管理蓝牙的连接及数据的收发，具体开发在后面进行介绍。

❑ 第 33-45 行为初始化聊天界面的方法。其中首先为发送按钮添加了监听器，接着创建了后台服务对象与字符串缓冲对象。

❑ 第 51-60 行省略了发送消息的 sendMessage 方法、onActivityResult 方法及 Handler 内部类的代码，这些省略部分将在后面进行详细介绍。

❑ 第 61-66 行为每次按下 Menu 键调用的方法。在该方法中创建一个 Intent 消息，通过其启动搜索设备列表的 Activity。其中的“1”与 onActivityResult 方法中的“1”相对应。

（2）接下来介绍 Sample2_9_Activity 类中省略的 sendMessage 方法。该方法负责发送消息，其代码如下。

代码位置：见本书随书中源代码/第 2 章/Sample2_9/src/com/bn/pp9 目录下的 Sample2_9_Activity.java。

```
1    private void sendMessage(String message) {              //发送消息的方法
2          //先检查是否已经连接到设备
3          if (myService.getState() != MyService.STATE_CONNECTED) {
4                Toast.makeText(this, R.string.not_connected, Toast.LENGTH_SHORT) .show();
5                return;
6          }
7          if (message.length() > 0) {                 //如果消息不为空再发送消息
8                byte[] send = message.getBytes(); //获取发送消息的字节数组，并发送
9                myService.write(send);
10               outSb.setLength(0);                   //消除 StringBuffer 和文本框的内容
11               outEt.setText(outSb);
12   }}
```

❑ 第 1-6 行检查是否已成功连接到设备，如果没有连接成功，则弹出提示信息。

❑ 第 7-12 行为在连接成功的情况下，判断待发送的消息是否为空，若消息不为空，则再将信息以字节数组的形式，通过 myService 的 write 方法发送出去。

（3）然后介绍前面省略的处理从 Service 发来消息的 Handler 类的开发，用下列代码替代前面 Sample2_9_Activity 类中的第 55-57 行代码。

代码位置：见本书随书中源代码/第 2 章/Sample2_9/src/com/bn/pp9 目录下的 Sample2_9_Activity.java。

```
// 处理从 Service 发来消息的 Handler
private final Handler mHandler = new Handler() {
      public void handleMessage(Message msg) {
            switch (msg.what) {
            case Constant.MSG_READ:
                  byte[] readBuf = (byte[]) msg.obj;
                  String readMessage = new String(readBuf, 0, msg.arg1);
                                                            //创建要发送信息的字符串
                  Toast.makeText(Sample2_9_Activity.this,
                              connectedNameStr + ": " + readMessage,
                              Toast.LENGTH_LONG).show();
                  break;
            case Constant.MSG_DEVICE_NAME:
                                                            //获取已连接的设备名称
                  connectedNameStr = msg.getData().getString(
                              Constant.DEVICE_NAME);
                  Toast.makeText(getApplicationContext(),//并弹出提示信息
                              "已连接到 " + connectedNameStr, Toast.LENGTH_SHORT)
                              .show();
                  break;
}}};
```

❑ 第 4-11 行为收到待读数据信息时的处理代码，其功能为从 msg 中获取字节数组形式的信息，将其转化成字符串，并以 Toast 的形式显示在屏幕上。

❑ 第 12-19 行为收到已连接设备名称信息的处理代码，其功能为获取已连接设备的名称，并弹出 Toast 提示信息。

（4）接下来开发重写的 onActivityResult 方法，用下列代码替代前面 Sample2_9_Activity 类中的第 58-60 行代码。

代码位置：见本书随书中源代码/第 2 章/Sample2_9/src/com/bn/pp9 目录下的 Sample2_9_Activity.java。

```
1   public void onActivityResult(int requestCode, int resultCode, Intent data) {
2       switch (requestCode) {
3       case 1:// 如果设备列表 Activity 返回一个连接的设备
4           if (resultCode == Activity.RESULT_OK) {
5               String address = data.getExtras().getString(//获取设备的 MAC 地址
6                       MyDeviceListActivity.EXTRA_DEVICE_ADDR);
7               BluetoothDevice device = btAdapter
8                       .getRemoteDevice(address); //获取 BLuetoothDevice 对象
9               myService.connect(device);          //连接该设备
10          }
11          break;
12  }};
```

❑ 第 1 行为该方法的签名，其中 requestCode 参数用来标识是从哪一个 Activity 跳转到该 Activity，resultCode 参数用来表示返回值的状态，data 参数里包含了返回的数据。

❑ 第 2-12 行功能为：若设备列表 Activity 成功返回了选中的目标连接设备，则调用蓝牙适配器对象的 getRemoteDevice 方法获取远端设备对象，然后将远端设备对象传递给自定义的后台服务连接该设备。

（5）下一步将开发用于显示可连接设备列表的 Activity 类——MyDeviceListActivity 类，其代码如下。

代码位置：见本书随书中源代码/第 2 章/Sample2_9/src/com/bn/pp9 目录下的 MyDeviceList Activity.java。

```
package com.bn.pp9;
import java.util.Set;                                              //引入相关类
……//此处省略了部分类的引入代码，读者可自行查看随书的源代码
import android.widget.AdapterView.OnItemClickListener;             //引入相关类
public class MyDeviceListActivity extends Activity {
      public static String EXTRA_DEVICE_ADDR = "device_address";//extra 信息名称
      private BluetoothAdapter myBtAdapter;                        //成员变量
      private ArrayAdapter<String> myAdapterPaired;
      private ArrayAdapter<String> myAdapterNew;
      @Override
      protected void onCreate(Bundle savedInstanceState) {
            super.onCreate(savedInstanceState);
            requestWindowFeature(Window.FEATURE_INDETERMINATE_PROGRESS);//设置窗口
            setContentView(R.layout.device_list);
            //设置为当结果是 Activity.RESULT_CANCELED 时，返回到该 Activity 的调用者
            setResult(Activity.RESULT_CANCELED);
            Button scanBtn = (Button) findViewById(R.id.button_scan);//初始化搜索按钮
            scanBtn.setOnClickListener(new OnClickListener() {
                  public void onClick(View v) {
                        doDiscovery();
                        v.setVisibility(View.GONE);                //使按钮不可见
            }});
            //初始化适配器
            myAdapterPaired = new ArrayAdapter<String>(this,
                        R.layout.device_name);                     //已配对的
            myAdapterNew = new ArrayAdapter<String>(this,
                        R.layout.device_name);                     //新发现的
```

```
28              //将已配对的设备放入列表中
29              ListView lvPaired = (ListView) findViewById(R.id.paired_devices);
30              lvPaired.setAdapter(myAdapterPaired);
31              lvPaired.setOnItemClickListener(mDeviceClickListener);
32              //将新发现的设备放入列表中
33              ListView lvNewDevices = (ListView) findViewById(R.id.new_devices);
34              lvNewDevices.setAdapter(myAdapterNew);
35              lvNewDevices.setOnItemClickListener(mDeviceClickListener);
36              //注册发现设备时的广播
37              IntentFilter filter = new IntentFilter(BluetoothDevice.ACTION_FOUND);
38              this.registerReceiver(mReceiver, filter);
39              //注册搜索完成时的广播
40              filter = new IntentFilter(BluetoothAdapter.ACTION_DISCOVERY_FINISHED);
41              this.registerReceiver(mReceiver, filter);
42              //获取本地蓝牙适配器
43              myBtAdapter = BluetoothAdapter.getDefaultAdapter();
44              //获取已配对的设备
45              Set<BluetoothDevice> pairedDevices = myBtAdapter.getBondedDevices();
46              //将所有已配对设备信息放入列表中
47              if (pairedDevices.size() > 0) {
48                  findViewById(R.id.title_paired_devices).setVisibility(View.VISIBLE);
49                  for (BluetoothDevice device : pairedDevices) {
50                      myAdapterPaired.add(device.getName() + "\n"
51                              + device.getAddress());
52              }} else {
53                  String noDevices = getResources().getText(R.string.none_paired).
                    toString();
54                  myAdapterPaired.add(noDevices);
55          }}
56          protected void onDestroy() {
57              ……//此处省略了部分源代码，该方法非常简单，请读者自行查看随书中的源代码。
58          }
59          private void doDiscovery() {
60              ……//此处省略了用蓝牙适配器搜索设备方法的部分源代码，将在后面步骤中给出
61          }
62          private OnItemClickListener mDeviceClickListener = new OnItemClickListener() {
63              ……//此处省略了列表中设备按下时的监听器的部分源代码，将在后面步骤中给出
64          };
65          private final BroadcastReceiver mReceiver = new BroadcastReceiver() {
66              ……//此处省略了监听搜索到的设备的部分源代码，将在后面步骤中给出
67      };}
```

- 第 6-9 行为该类成员变量的定义。其中有 extra 信息的名称、蓝牙适配器对象的引用、已配对设备和新搜索到设备的列表对应适配器的声明。
- 第 10-55 行为重写的 onCreate 方法，其中首先初始化了成员变量及布局文件中的相关资源，然后注册发现设备和搜索完成时的广播接收器，并初始化了已配对设备列表。
- 第 59-67 行省略了 doDiscovery 方法、mDeviceClickListener 监听器及 mReceiver 内部类的具体代码，这些代码将在后面进行详细介绍。

> **提示** 由于篇幅所限，设备列表布局文件 device_list.xml 代码的开发在此没有进行介绍，需要的读者请自行查看随书中的源代码。

（6）接下来将开发前面省略的负责搜索设备的 doDiscovery 方法，其代码如下。

代码位置：见本书随书中源代码/第 2 章/Sample2_9/src/com/bn/pp9 目录下的 MyDeviceListActivity.java。

```
private void doDiscovery() {
        //在标题上显示正在搜索的标志
        setProgressBarIndeterminateVisibility(true);
        setTitle(R.string.scanning);
        //显示搜索到的新设备的副标题
        findViewById(R.id.title_new_devices).setVisibility(View.VISIBLE);
        if (myBtAdapter.isDiscovering()) {               //如果正在搜索，取消本次搜索
```

```
            myBtAdapter.cancelDiscovery();
        }
        myBtAdapter.startDiscovery();                    //开始搜索
    }
```

> **说明**　在该方法中首先更改 UI 界面（如在标题上显示正在搜索的标志），完成相关操作后，调用蓝牙适配器的 startDiscovery 方法进行设备搜索。

（7）下一步将开发前面省略的监听器 mDeviceClickListener 的对应代码，具体内容如下。

代码位置：见本书随书中源代码/第 2 章/Sample2_9/src/com/bn/pp9 目录下的 MyDeviceList Activity.java。

```
1    private OnItemClickListener mDeviceClickListener = new OnItemClickListener() {
2        public void onItemClick(AdapterView<?> av, View v, int arg2, long arg3) {
3            myBtAdapter.cancelDiscovery();                  //取消搜索
4            String msg = ((TextView) v).getText().toString();   //获取设备的 MAC 地址
5            String address = msg.substring(msg.length() - 17);
6            Intent intent = new Intent();                   //创建带有 MAC 地址的 Intent
7            intent.putExtra(EXTRA_DEVICE_ADDR, address);
8            setResult(Activity.RESULT_OK, intent);//设置结果并退出 Activity
9            finish();
10   }};
```

❑ 上述实现监听功能的 onItemClick 方法中，首先取消搜索，然后获取并发送设备的 MAC 地址给主界面 Activity。

❑ 第 8 行 setResult 方法中的参数 Activity.RESULT_OK 表示成功地获取了要连接的设备的硬件地址。接收方的 Activity 根据 Activity.RESULT_OK 会做出相应的处理，前面步骤 4 中已经进行了介绍。

（8）接下来将开发前面省略的用于接收设备搜索到的系统广播的广播接收器 mReceiver，其代码如下。

代码位置：见本书随书中源代码/第 2 章/Sample2_9/src/com/bn/pp9 目录下的 MyDeviceList Activity.java。

```
1    //监听搜索到的设备的 BroadcastReceiver
2    private final BroadcastReceiver mReceiver = new BroadcastReceiver() {
3        @Override
4        public void onReceive(Context context, Intent intent) {
5            String action = intent.getAction();
6            if (BluetoothDevice.ACTION_FOUND.equals(action)) { //如果找到设备
7                //从 Intent 中获取 BluetoothDevice 对象
8                BluetoothDevice device = intent
9                        .getParcelableExtra(BluetoothDevice.EXTRA_DEVICE);
10               //如果没有配对，将设备加入新设备列表
11               if (device.getBondState() != BluetoothDevice.BOND_BONDED) {
12                   myAdapterNew.add(device.getName() + "\n"
13                           + device.getAddress());
14               }
15               //当搜索完成后，改变 Activity 的标题
16           } else if (BluetoothAdapter.ACTION_DISCOVERY_FINISHED
17                   .equals(action)) {
18               setProgressBarIndeterminateVisibility(false);
19               setTitle(R.string.select_device);
20               if (myAdapterNew.getCount() == 0) {            //没有找到设备
21                   String noDevices = getResources().getText(
22                           R.string.none_found).toString();
23                   myAdapterNew.add(noDevices);
24   }}}};
```

❑ 第 6-14 行为此广播接收器收到设备信息时对应的处理代码。首先从 Intent 中获取 BluetoothDevice 对象，然后判断该设备是否已经配对。若没有配对，则将设备加入新设备列表，

否则不进行任何处理。

❑ 第 16-24 行为此广播接收器收到完成设备搜索信息时对应的处理代码，主要是改变对话框的标题等信息。如果没有找到任何设备，则在界面中显示没有找到设备的信息。

（9）再接着开发自定义的用于后台服务的 MyService 类，其提供的后台服务主要是关于蓝牙设备的连接、数据的收发等方面，具体代码如下。

代码位置：见本书随书中源代码/第 2 章/Sample2_9/src/com/bn/pp9 目录下的 MyService.java。

```
package com.bn.pp9;                                          //声明包
import java.io.IOException;                                  //引入相关类
……//此处省略了部分类的引入代码，读者可自行查看随书的源代码
import android.os.Message;                                   //引入相关类
public class MyService {                                     //用于管理连接的 Service
    //本应用的唯一 UUID
    private static final UUID MY_UUID =
        UUID.fromString("fa87c0d0-afac-11de-8a39-0800200c9a66");
    private final BluetoothAdapter btAdapter;                //成员变量
    private final Handler myHandler;
    private AcceptThread myAcceptThread;
    private ConnectThread myConnectThread;
    private ConnectedThread myConnectedThread;
    private int myState;
    //表示当前连接状态的常量
    public static final int STATE_NONE = 0;                  //什么也没做
    public static final int STATE_LISTEN = 1;                //正在监听连接
    public static final int STATE_CONNECTING = 2;            //正在连接
    public static final int STATE_CONNECTED = 3;             //已连接到设备
    //构造器
    public MyService(Context context, Handler handler) {
     btAdapter = BluetoothAdapter.getDefaultAdapter();
     myState = STATE_NONE;
     myHandler = handler;
    }
    private synchronized void setState(int state) { //设置当前连接状态的方法
     myState = state;
    }
    public synchronized int getState() {                     //获取当前连接状态的方法
     return myState;
    }
    public synchronized void start() {                       //开启 Service 的方法
                                                             //关闭不必要的线程
     if (myConnectThread != null) {myConnectThread.cancel(); myConnectThread = null;}
     if (myConnectedThread != null) {myConnectedThread.cancel(); myConnectedThread=
     null;}
     if (myAcceptThread == null) {                           //开启线程监听连接
         myAcceptThread = new AcceptThread();
         myAcceptThread.start();
     }
     setState(STATE_LISTEN);
    }
    public synchronized void stop() {                        //停止所有线程的方法
     if (myConnectThread != null) {myConnectThread.cancel(); myConnectThread =null;}
     if (myConnectedThread != null) {myConnectedThread.cancel(); myConnectedThread= null;}
     if (myAcceptThread != null) {myAcceptThread.cancel(); myAcceptThread = null;}
             setState(STATE_NONE);
    }
    public void write(byte[] out) {                          //向 ConnectedThread 写入数据的方法
     ConnectedThread tmpCt;                                  //创建临时对象引用
     synchronized (this) {                                   //锁定 ConnectedThread
         if (myState != STATE_CONNECTED) return;
         tmpCt = myConnectedThread;
     }
     tmpCt.write(out);                                       //写入数据
    }
    public synchronized void connect(BluetoothDevice device) {//连接设备的方法
```

```
57              ……//此处省略了部分源代码，将在后面步骤中给出
58          }
59      //开启管理和已连接的设备间通话的线程的方法
60          public synchronized void connected(BluetoothSocket socket, BluetoothDevice device) {
61              ……//此处省略了部分源代码，将在后面步骤中给出
62          }
63          ……//以下省略了 3 个主要线程类的代码，将在后面介绍
64  }
```

- 第 6-19 行为成员变量的定义，其中第 7 行定义了本应用的 UUID（全局唯一标识）。第 16-19 行定义了表示当前连接状态的一些常量，各常量代表的含义详见代码注释。
- 第 26-31 行为设置和获取当前连接状态的方法，这两个方法都是用 synchronized 修饰符修饰的，这是为了避免异步线程可能同时读取 myState 时产生的问题。
- 第 32-41 行为开启后台服务的方法。在该方法中首先关闭不必要的线程，然后开启线程监听连接，并设置当前状态为正在监听。
- 第 42-47 行为停止所有线程的 stop 方法，主要工作是调用各线程的 cancel 方法。
- 第 48-55 行为向连接线程 ConnectedThread 写入数据的 write 方法，这里只调用 ConnectedThread 对象的 write 方法即可。

提示　第 56-63 行省略了 connect 方法、connected 方法及 3 个主要线程类的代码，这些代码的开发将在下面进行详细讲解。

（10）接下来将开发负责连接设备的 connect 方法，其代码如下。

代码位置：见本书随书中源代码/第 2 章/Sample2_9/src/com/bn/pp9 目录下的 MyService.java。

```
public synchronized void connect(BluetoothDevice device) {    //连接设备的方法
    //关闭不必要的线程
    if (myState == STATE_CONNECTING) {
        if (myConnectThread != null) {myConnectThread.cancel(); myConnectThread = null;}
    }
    if (myConnectedThread != null) {myConnectedThread.cancel(); myConnectedThread = null;}
    myConnectThread = new ConnectThread(device);    //开启线程连接设备
    myConnectThread.start();
    setState(STATE_CONNECTING);
}
```

说明　该方法的实现比较简单，首先关闭不必要的线程，然后开启线程连接设备，并设置当前状态为正在连接。

（11）接着开发负责开启连接线程（ConnectedThread）并向 myHandler 发送设备名称消息的 connected 方法，其代码如下。

代码位置：见本书随书中源代码/第 2 章/Sample2_9/src/com/bn/pp9 目录下的 MyService.java。

```
public synchronized void connected(BluetoothSocket socket, BluetoothDevice device) {
    //关闭不必要的线程
    if (myConnectThread != null) {myConnectThread.cancel(); myConnectThread = null;}
    if (myConnectedThread != null) {myConnectedThread.cancel(); myConnectedThread = null;}
    if (myAcceptThread != null) {myAcceptThread.cancel(); myAcceptThread = null;}
    myConnectedThread = new ConnectedThread(socket); //创建并启动 ConnectedThread
    myConnectedThread.start();
    //发送已连接的设备名称到主界面 Activity
    Message msg = myHandler.obtainMessage(Constant.MSG_DEVICE_NAME);
    Bundle bundle = new Bundle();
    bundle.putString(Constant.DEVICE_NAME, device.getName());
    msg.setData(bundle);
    myHandler.sendMessage(msg);
    setState(STATE_CONNECTED);
}
```

> **提示** 在该方法中首先要关闭不必要的线程，然后创建并开启 ConnectedThread 线程，同时发送已连接的设备名称到主界面 Activity，最后设置当前状态为已连接。

（12）接下来将开发前面省略的 MyService 类中的 3 个主要线程，首先开发负责监听连接请求的 AcceptThread，其代码如下。

代码位置：见本书随书中源代码/第 2 章/Sample2_9/src/com/bn/pp9 目录下的 MyService.java。

```java
1    private class AcceptThread extends Thread {        //用于监听连接的线程
2        //本地服务器端 ServerSocket
3        private final BluetoothServerSocket mmServerSocket;
4        public AcceptThread() {
5         BluetoothServerSocket tmpSS = null;
6             try {                              //创建用于监听的服务器端 ServerSocket
7              tmpSS = btAdapter.listenUsingRfcommWithServiceRecord("BluetoothChat",
              MY_UUID);
8              }catch (IOException e) {e.printStackTrace();}
9             mmServerSocket = tmpSS;
10        }
11       public void run() {
12        setName("AcceptThread");              //设置线程名称
13             BluetoothSocket socket = null;
14             while (myState != STATE_CONNECTED) {        //如果没有连接到设备
15                 try {
16                     socket = mmServerSocket.accept();   //获取连接的 Socket
17                 }catch (IOException e) {e.printStackTrace();break;}
18                 if (socket != null) {                   //如果连接成功
19                     synchronized (MyService.this) {
20                         switch (myState) {
21                         case STATE_LISTEN:
22                         case STATE_CONNECTING:
23                             //开启管理连接后数据交流的线程
24                             connected(socket, socket.getRemoteDevice());
25                             break;
26                         case STATE_NONE:
27                         case STATE_CONNECTED:
28                             try {                       //关闭新 Socket
29                                 socket.close();
30                             } catch (IOException e) {
31                               e.printStackTrace();
32                             }
33                             break;
34        }}}}}
35       public void cancel() {                      //关闭本地服务器端 ServerSocket 的方法
36           try {
37                 mmServerSocket.close();      //调用 close 方法关闭 ServerSocket
38             }catch (IOException e) {e.printStackTrace();}
39        }}
```

- 第 3-10 行为该线程类的成员变量及构造器声明，在构造器中创建了用于在服务端监听并接收连接请求的 BluetoothServerSocket 对象。
- 第 11-34 行为重写的用于描述线程任务的 run 方法。在该方法的 while 循环中，如果没有连接到设备则一直调用 BluetoothServerSocket 的 accept 方法进入阻塞状态，等待连接请求的到来。

（13）下面开发负责用于尝试连接其他设备的 ConnectThread，其代码如下。

代码位置：见本书随书中源代码/第 2 章/Sample2_9/src/com/bn/pp9 目录下的 MyService.java。

```java
    private class ConnectThread extends Thread {      //用于尝试连接其他设备的线程
        private final BluetoothSocket myBtSocket;
        private final BluetoothDevice mmDevice;
        public ConnectThread(BluetoothDevice device) {
            mmDevice = device;
            BluetoothSocket tmp = null;
            //通过正在连接的设备获取 BluetoothSocket
            try {
```

```
9                tmp = device.createRfcommSocketToServiceRecord(MY_UUID);
10          }catch (IOException e) {e.printStackTrace();}
11          myBtSocket = tmp;
12       }
13       public void run() {
14            setName("ConnectThread");
15            btAdapter.cancelDiscovery();                    //取消搜索设备
16            try {                                           //连接到 BluetoothSocket
17                myBtSocket.connect();                       //尝试连接
18          }catch (IOException e) {
19            setState(STATE_LISTEN);                         //连接断开后，设置状态为正在监听
20              try {                                         //关闭 Socket
21                myBtSocket.close();
22             }catch (IOException e2) {e.printStackTrace();}
23                MyService.this.start();                     //如果连接不成功，重新开启 Service
24                return;
25            }
26          synchronized (MyService.this) {                   //将 ConnectThread 线程置空
27              myConnectThread = null;
28          }
29          connected(myBtSocket, mmDevice);                  //开启管理连接后数据交流的线程
30       }
31       public void cancel() {
32          try {
33              myBtSocket.close();
34          } catch (IOException e) {e.printStackTrace();}
35   }}
```

❑ 第 2-12 行为该线程类的成员变量及构造器的声明。在构造器中通过正在连接的设备获取 BluetoothSocket 对象的引用。

❑ 第 13-30 行为重写的 run 方法，在该方法中主要调用 BluetoothServerSocket 类的 connect 方法尝试连接。如果连接被断开，改变相应的状态，并释放资源。

（14）接下来将开发负责连接成功后信息收发的 ConnectedThread，其代码如下。

代码位置：见本书随书中源代码/第 2 章/Sample2_9/src/com/bn/pp9 目录下的 MyService.java。

```
private class ConnectedThread extends Thread {
     private final BluetoothSocket myBtSocket;
     private final InputStream mmInStream;
     private final OutputStream myOs;
     public ConnectedThread(BluetoothSocket socket) {
          myBtSocket = socket;
          InputStream tmpIn = null;
          OutputStream tmpOut = null;
          try {                                  //获取 BluetoothSocket 的输入输出流
               tmpIn = socket.getInputStream();
                tmpOut = socket.getOutputStream();
          } catch (IOException e) {e.printStackTrace();} //打印异常
               mmInStream = tmpIn;
               myOs = tmpOut;
     }
    public void run() {
          byte[] buffer = new byte[1024];
          int bytes;
          while (true) {                         //一直监听输入流
               try {
               bytes = mmInStream.read(buffer); //从输入流中读入数据
               //将读入的数据发送到主界面 Activity
               myHandler.obtainMessage(Constant.MSG_READ, bytes, -1, buffer)
                        .sendToTarget();
          } catch (IOException e) {
               e.printStackTrace();
               setState(STATE_LISTEN);      //连接断开后设置状态为正在监听
                break;
     }}}
    public void write(byte[] buffer) {      //向输出流中写入数据的方法
     try {
             myOs.write(buffer);
          } catch (IOException e) {e.printStackTrace();}
```

```
34         }
35         public void cancel() {
36               try {
37                     myBtSocket.close();              //关闭 Socket
38               } catch (IOException e) {e.printStackTrace();}
39   }}
```

- 第 2-15 行为该线程类的成员变量及构造器的声明。在构造器中通过传递进来的 BluetoothSocket 对象的引用获取基于蓝牙连接的输入输出流。
- 第 16-29 行为重写的 run 方法。在该方法中通过 while 循环一直监听输入流，一旦输入流中有数据，便从输入流中读出数据，同时将数据发送到主界面 Activity。
- 第 30-34 行为向输出流中写入数据的方法，该方法只是对输出流对象的 write 方法进行了简单封装。

（15）代码开发完成后还需要在 AndroidManifest.xml 中声明 BLUETOOTH 权限，其代码如下。

代码位置：见本书随书中源代码/第 2 章/Sample2_9 目录下的 AndroidManifest.xml。

```
<!--声明 BLUETOOTH 权限-->
<uses-permission android:name="android.permission.BLUETOOTH_ADMIN" />
<uses-permission android:name="android.permission.BLUETOOTH" />
```

提示 上述代码应插入到 AndroidManifest.xml 中的“</manifest>”标签之前。

（16）在 AndroidManifest.xml 文件中声明完 BLUETOOTH 权限后，接下来需要在 AndroidManifest.xml 文件中注册自己开发的 MyDeviceListActivity，具体代码如下。

代码位置：见本书随书中源代码/第 2 章/Sample2_9 目录下的 AndroidManifest.xml。

```
<!--注册 MyDeviceListActivity-->
<activity android:name=".MyDeviceListActivity"
   android:label="@string/select_device"
      android:theme="@android:style/Theme.Dialog"
      android:configChanges="orientation|keyboardHidden"
/>
```

提示 上述代码应插入到 AndroidManifest.xml 中的<application>与</application>标签之间。请读者注意的是，在创建项目时，指定的 Activity 其配置代码系统会自动加入到 AndroidManifest.xml 文件中，但自己在项目中再开发其他的 Activity 时就需要自行添加相应的配置代码到 AndroidManifest.xml 文件中了。

2.7 小结

本章主要对 Android 平台下游戏开发中可能会用到的 Android 平台的相关基础知识进行详细介绍，如文件的 I/O 操作、SQLite 数据库的增、删、改、查，游戏中声音特效、蓝牙互连等。只有学好这些基础知识，开发人员才能开发出更好的 Android 手机游戏。读者一定要在这些基础上下足工夫，今后的开发道路才会一帆风顺。

提示 Android 平台的其他相关知识还有很多，由于本书侧重于介绍 OpenGL ES 3.0 3D 应用程序的开发，故本章只是简单介绍了一些与 3D 开发不直接相关的，但在游戏开发中非常重要的 Android 平台相关的知识。若读者对 Android 平台很不熟悉，可以参考笔者在人民邮电出版社出版的《Android 应用开发完全自学手册——核心技术、传感器、2D/3D、多媒体与典型案例》一书，其对 Android 各方面的基础知识都进行了详细介绍。

第3章　初识 OpenGL ES 3.x

OpenGL ES 是基于 OpenGL 三维图形 API 的子集，主要是针对手机以及 PDA（掌上电脑）等嵌入式设备设计的。OpenGL ES 的 API 由 Khronos 组织定义并推广，Khronos 是一个图形软硬件行业协会，该协会致力于为这些 API 建立免费的开发标准。

本章主要对 OpenGL ES 3.x 进行简要介绍，使读者能够对 OpenGL ES 3.x 有一个基本的了解，内容主要包括 OpenGL ES 3.x 简介、初识 OpenGL ES 3.0 应用程序以及 OpenGL ES 3.x 与 2.0 的渲染管线等。

3.1 OpenGL ES 3.x 概述

随着 4G 时代的到来，Android 与 iPhone 已经成为消费者购买智能手机的主要选择。而由于基于 Android 的智能手机性能优良、价格合适，因此 Android 智能手机得到了大多数用户的青睐。

随着 Android 系统版本及硬件水平的提升，OpenGL ES 的版本也由原先支持自定义渲染管线的 OpenGL ES 2.0 逐渐升级为同样是支持自定义渲染管线的 OpenGL ES 3.x。OpenGL ES 3.x 新特性的添加使渲染的 3D 场景光影效果更加真实，从而能够创造全新的用户体验。

3.1.1 OpenGL ES 3.x 简介

现今较为知名的 3D 图形 API 有 OpenGL、DirectX 以及 OpenGL ES，其各自的应用领域如下。

- DirectX 主要应用于 Windows 下游戏的开发，在此领域基本上一统天下。
- OpenGL 的应用领域较为广泛，适用于 UNIX、Mac OS、Linux 以及 Windows 等几乎所有的操作系统，可以开发游戏、工业建模以及嵌入式设备应用。
- OpenGL ES 是专门针对嵌入式设备而设计的，其实际是 OpenGL 的剪裁版本，去除了 OpenGL 中许多不是必须存在的特性，如 GL_QUADS（四边形）与 GL_POLYGONS（多边形）绘制模式以及 glBegin（开始）/glEnd（结束）操作等。

经过多年的发展，目前市面上使用的 OpenGL ES 主要分为两个版本，基本情况如下。

- 一个是 OpenGL ES 2.0，其采用的是可编程渲染管线，渲染能力大大提高。OpenGL ES 2.0 要求设备中必须有相应的 GPU 硬件支持，不支持在设备上用软件模拟实现（不用担心，现在几百元的低端设备也可以支持了）。如图 3-1 所示的都市赛车 6 就是使用了 OpenGL ES 2.0 渲染技术。
- 另一个是诞生不久的 OpenGL ES 3.x（目前主要包括 3.0、3.1、3.2），其采用的也是可编程渲染管线。其中 OpenGL ES 3.0 要求 Android 设备中必须有 4.3 或以上的 Android 版本和相应的 GPU 硬件支持，而 OpenGL ES 3.1 要求 Android 设备中必须有 5.0 或以上的 Android 版本和相应的 GPU 硬件支持。如图 3-2 所示的狂野飙车 8 极速凌云采用的就是 OpenGL ES 3.0 渲染技术。

▲图 3-1 都市赛车 6 场景

▲图 3-2 狂野飙车 8 场景

说明 图 3-1 为使用 OpenGL ES 2.0 渲染的都市赛车 6 场景，从该图中可以看出使用 OpenGL ES 2.0 可以渲染出比较真实的路面及光影效果。图 3-2 为使用 OpenGL ES 3.0 渲染的狂野飙车 8 场景，在该图可以看出使用 OpenGL ES 3.0 渲染出的游戏画面更加逼真、细腻。

通过都市赛车 6 及狂野飙车 8 的效果图上说明了 OpenGL ES 2.0 与 OpenGL ES 3.x 渲染能力的差异。接下来将通过一款足球系列游戏 FIFA，再次比较 OpenGL ES 2.0 与 OpenGL ES 3.x 渲染能力的差异。使用 OpenGL ES 2.0 与 OpenGL ES3.x 渲染的 FIFA 效果分别如图 3-3 和图 3-4 所示。

▲图 3-3 OpenGL ES 2.0 的渲染效果

▲图 3-4 OpenGL ES 3.x 的渲染效果

说明 由上述两幅渲染效果图比较可以看出，在视觉上 OpenGL ES 3.x 渲染的 3D 游戏场景比 OpenGL ES 2.0 系列渲染的 3D 游戏更加逼真。

接着再介绍两款使用 OpenGL ES 3.x 开发的 3D 游戏：聚爆（Implosion）与孤胆车神：维加斯，具体效果分别如图 3-5 和图 3-6 所示。这两款 3D 游戏均是大场景游戏，画面细腻、真实。

▲图 3-5 聚爆

▲图 3-6 孤胆车神：维加斯

说明 从图 3-5 聚爆以及图 3-6 孤胆车神：维加斯的效果图中可以看出，由于 OpenGL ES 3.x 渲染技术有更多的缓冲区对象、增加了 GLSL ES 3.x 着色语言、增加计算着色器支持等，使游戏在细腻程度、真实感等方面均有了质的变化。

介绍完上述聚爆和孤胆车神：维加斯之后，不得不介绍大名鼎鼎的 Gameloft 旗下的两款著名 3D 游戏，地牢猎手 5 和混沌与秩序 2：救赎。这两款 3D 游戏一经发布便广受游戏爱好者的好评，其效果分别如图 3-7 和图 3-8 所示。

▲图 3-7　地牢猎手 5

▲图 3-8　混沌与秩序 2：救赎

使用 OpenGL ES 3.x 不仅可以开发类似地牢猎手 5 和混沌与秩序 2：救赎等大场景的 3D 游戏，还可以开发较为真实的人物动作类型游戏，例如由日本游戏厂商 KONAMI 推出的足球经理新作——实况足球俱乐部经理，如图 3-9 所示。还有由美剧行尸走肉的版权方 AMC 电视台联合芬兰游戏开发商 Next Games 一同打造的 The Walking Dead: No Man's Land（《行尸走肉：无人地带》），如图 3-10 所示。

▲图 3-9　实况足球 2016

▲图 3-10　行尸走肉：无人地带

以前，想在智能手机上运行 PC 级的 3D 游戏，那简直是奢望。但是现在，那种原来不可能实现的愿望已经成为现实。随着手机硬件水平的不断提高、3D 图形 API 的逐渐完善等多方面的因素，一些只能在 PC 上玩的大型游戏在 Android 手机上也可以安装并流畅运行了。

如 EA 的极品飞车，这款在 PC 上极其火爆的游戏，也已经成功移植到 Android 手机上了，效果如图 3-11 和图 3-12 所示。

▲图 3-11　极品飞车 13 变速

▲图 3-12　极品飞车 14

说明　图 3-11 为 EA 开发的极品飞车 13 变速，图 3-12 为 EA 开发的极品飞车 14 热力追踪。这两款游戏均是以 PC 版的极品飞车 13、14 为原型，移植到 Android 手机中的。二者均使用的是 OpenGL ES 进行 3D 场景渲染。

3.1.2 初识 OpenGL ES 3.0 应用程序

前一小节简单地介绍了 OpenGL ES 3.x 与 OpenGL ES 2.0 的能力差异，在本小节将通过一个旋转三角形的简单案例介绍如何使用 OpenGL ES 3.0 进行 3D 场景的开发。该案例的运行效果分别如图 3-13、图 3-14 和图 3-15 所示。

> **提示** 请读者特别注意，基于 OpenGL ES 3.0 的 3D 应用程序不能保证可以在模拟器上运行，所以建议读者最好使用配置了 GPU（GPU 要求支持 OpenGL ES 3.0）的真机（Android 版本要求最低为 4.3）运行本书中的案例。没有真机的读者想学习本书的内容可能需要购置或借用一部符合要求的真机了，关于 GPU 硬件的信息可以参考本章 3.3 节的相关内容。

▲图 3-13　运行效果图 1

▲图 3-14　运行效果图 2

▲图 3-15　运行效果图 3

> **说明** 图 3-13 为 3D 空间中三角形初始状态的效果图，图 3-14 为 3D 空间中三角形绕 x 轴旋转大约 100° 的效果图，图 3-15 为绕 x 轴旋转大约 180° 的效果图。

前面已经介绍了本案例的运行效果，接下来将介绍本案例的具体开发步骤。

（1）在开发与本案例的功能直接相关的各种类之前，首先需要开发一个本书案例都需要用到的工具类 ShaderUtil，其功能为将着色器（Shader）脚本加载进显卡并编译。最先开发的是该类中从着色器 sh 脚本中加载着色器内容的 loadFromAssetsFile 方法和检查每一步操作是否有错误的 checkGlError 方法，实现的具体代码如下。

代码位置：见随书中源代码/第 3 章/Sample3_1/src/com/bn/Sample3_1 目录下的 ShaderUtil.java。

```
package com.bn.Sample3_1;                                          //声明包名
import java.io.ByteArrayOutputStream;                              //相关类的引入
......//此处省略了部分类的引入代码，读者可自行查看随书的源代码
import android.util.Log;                                  //相关类的引入
public class ShaderUtil {                                 //加载顶点与片元着色器的类
    public static int loadShader(int shaderType, String source ){}//加载指定着色器的方法
    //创建着色器程序的方法
    public static int createProgram(String vertexSource, String fragmentSource) { }
    public static void checkGlError(String op) {//检查每一步操作是否有错误的方法
        int error;                          // error 变量
        while ((error = GLES30.glGetError()) != GLES30.GL_NO_ERROR) {
            Log.e("ES30_ERROR", op + ": glError " + error);//后台打印错误
            throw new RuntimeException(op + ": glError " + error); //抛出异常
```

```
14          }}
15          //从 sh 脚本中加载着色器内容的方法
16          public static String loadFromAssetsFile(String fname,Resources r){
17                String result=null;                    //声明一个 String 类型的字符串变量
18                try{
19                      InputStream in=r.getAssets().open(fname);//从 assets 文件夹中读取信息
20                      int ch=0;                         //定义一个 int 型变量
21                      ByteArrayOutputStream baos = new ByteArrayOutputStream();
22                      while((ch=in.read())!=-1){
23                            baos.write(ch);                  //将获取的信息写入输出流中
24                      }
25                      byte[] buff=baos.toByteArray();
26                      baos.close();                         //关闭输出流
27                      in.close();
28                      result=new String(buff,"UTF-8");      //转化为 UTF-8 编码
29                      result=result.replaceAll("\\r\\n","\n");
30                }catch(Exception e){                        //捕获异常
31                      e.printStackTrace();                  //打印异常
32                }
33                return result;                              //返回结果
34    }}
```

❑ 第 9-14 行 checkGlError 方法的作用是在向 GPU 着色程序中加入顶点着色器或者片元着色器时，检查每一步操作是否有错误。这是由于在开发着色器脚本文件中的代码时，没有一个开发环境实时地进行编译、查错，因此开发一个检查错误的方法尤为重要。

❑ 第 15-34 行 loadFromAssetsFile 方法的作用为从项目根目录的 assets 文件夹下加载着色器代码脚本。其通过输入流将脚本信息读入，然后交给 createProgram 方法创建着色器程序。

（2）开发完加载着色器脚本内容的 loadFromAssetsFile 方法和检查错误的 checkGlError 方法后，下面开发的是加载着色器编码进入 GPU 并进行编译的 loadShader 方法与创建着色器程序的 createProgram 方法，具体代码如下。

代码位置：见随书中源代码/第 3 章/Sample3_1/src/com/bn/Sample3_1 目录下的 ShaderUtil.java。

```
public static int loadShader(int shaderType, String source){//加载指定着色器的方法
      int shader = GLES30.glCreateShader(shaderType);//创建一个 shader，并记录其 id
      if (shader != 0) {                                  //若创建成功则加载着色器
            GLES30.glShaderSource(shader, source);        //加载着色器的源代码
            GLES30.glCompileShader(shader);               //编译
            int[] compiled = new int[1];
            //获取 Shader 的编译情况
            GLES30.glGetShaderiv(shader, GLES30.GL_COMPILE_STATUS, compiled, 0);
            if (compiled[0] == 0) {         //若编译失败则显示错误日志并删除此 shader
                  Log.e("ES30_ERROR", "Could not compile shader " + shaderType + ":");
                  Log.e("ES30_ERROR", GLES30.glGetShaderInfoLog(shader));
                  GLES30.glDeleteShader(shader);
                  shader = 0;
      }}
      return shader;
}
//创建着色器程序的方法
public static int createProgram(String vertexSource, String fragmentSource) {
      //加载顶点着色器
      int vertexShader = loadShader(GLES30.GL_VERTEX_SHADER, vertexSource);
      if (vertexShader == 0) {return 0;}
      //加载片元着色器
      int pixelShader = loadShader(GLES30.GL_FRAGMENT_SHADER, fragmentSource);
      if (pixelShader == 0) {return 0;}
      int program = GLES30.glCreateProgram();                    //创建程序
      if (program != 0) {         //若程序创建成功则向程序中加入顶点着色器与片元着色器
            GLES30.glAttachShader(program, vertexShader);  //向程序中加入顶点着色器
            checkGlError("glAttachShader");
            GLES30.glAttachShader(program, pixelShader);   //向程序中加入片元着色器
            checkGlError("glAttachShader");
            GLES30.glLinkProgram(program);               //链接程序
            int[] linkStatus = new int[1];               //存放链接成功 program 状态值的数组
```

```
33              GLES30.glGetProgramiv(program, GLES30.GL_LINK_STATUS, linkStatus, 0);
34              if (linkStatus[0] != GLES30.GL_TRUE) {        //若链接失败则报错并删除程序
35                   Log.e("ES30_ERROR", "Could not link program: ");
36                   Log.e("ES30_ERROR", GLES30.glGetProgramInfoLog(program));
37                   GLES30.glDeleteProgram(program);          //删除程序
38                   program = 0;
39         }}
40         return program;                                     //返回结果
41    }
```

- 第 1-16 行加载指定着色器的 loadShader 方法中：第 2 行通过调用 glCreateShader 方法创建了一个着色器；如果着色器创建成功，第 3-14 行则加载着色器的源代码，并编译着色器，同时检测编译的情况。若编译成功则返回着色器 id，反之则删除着色器并且打印错误信息。
- 第 19-24 行为通过调用 loadShader 方法，分别加载顶点着色器与片元着色器的源代码进入 GPU，并分别进行编译的代码。
- 第 25-40 行首先创建一个着色器程序，然后分别将相应的顶点与片元着色器添加到其中，最后将两个着色器链接为一个整体的着色器程序。

> **提示** 到目前为止，读者可能还是对着色器一头雾水，不用担心，本章后面的内容将逐渐揭开着色器的面纱，这里读者有一个简单的印象即可。

（3）下面开始开发与本案例功能直接相关的类，首先需要开发的是本案例的主控制类 Sample3_1Activity，该类继承自 Activity，在程序开始时执行。该类的主要工作是创建 MyTDView 类的对象，然后调用 setContentView 方法跳转到相关界面，其代码如下。

代码位置：见随书中源代码/第 3 章/Sample3_1/src/com/bn/Sample3_1 目录下的 Sample3_1Activity.java。

```
1     package com.bn.Sample3_1;                                    //声明包名
2     ......//此处省略了导入类的代码，读者可自行查看随书的源代码
3     public class Sample3_1Activity extends Activity{         //创建继承 Activity 的主控制类
4          MyTDView mview;                                     //声明 MyTDView 类的引用
5          @Override
6          public void onCreate(Bundle savedInstanceState){//继承 Activity 后重写的方法
7               super.onCreate(savedInstanceState);            //调用父类
8               //设置为竖屏模式
9               setRequestedOrientation(ActivityInfo.SCREEN_ORIENTATION_PORTRAIT);
10              mview=new MyTDView(this);                      //创建 MyTDView 类的对象
11              mview.requestFocus();                          //获取焦点
12              mview.setFocusableInTouchMode(true);           //设置为可触控
13              setContentView(mview);                         //跳转到相关界面
14         }
15         @Override
16         public void onResume(){                   //继承 Activity 后重写的 onResume 方法
17              super.onResume();
18              mview.onResume();                    //通过 MyTDView 类的对象调用 onResume 方法
19         }
20         @Override
21         public void onPause(){                    //继承 Activity 后重写的 onPause 方法
22              super.onPause();
23              mview.onPause();                     //通过 MyTDView 类的对象调用 onPause 方法
24    }}
```

- 第 4 行为本类的成员变量，主要是声明 MyTDView 类的引用。
- 第 6-14 行为继承 Activity 后重写的 onCreate 方法，在该方法中主要是创建 MyTDView 类的对象，然后设置 MyTDView 获得焦点以及可触控，最后调用 setContentView 方法跳转到相关界面。
- 第 15-19 行为继承 Activity 后重写的 onResume 方法，在该方法中首先调用父类的 onResume 方法，然后调用 MyTDView 类对象的 onResume 方法。
- 第 20-24 行为继承 Activity 后重写的 onPause 方法，该方法中首先调用父类的 onPause 方

法，然后调用 MyTDView 类对象的 onPause 方法。

（4）开发完本案例的主控制类 Sample3_1Activity 后，接下来需要开发的是本案例中用于创建三角形的类 Triangle。该类的主要功能为初始化顶点数据、初始化着色器、设置相应的平移矩阵及旋转矩阵。首先介绍本类的基本框架，理解该框架有助于读者对本类整体结构的理解，其代码如下。

代码位置：见随书中源代码/第 3 章/Sample3_1/src/com/bn/Sample3_1 目录下的 Triangle.java。

```
1   package com.bn.Sample3_1;                                      //声明包名
2   import java.nio.ByteBuffer;                                    //相关类的引入
3   ......//此处省略了部分类的引入代码，读者可自行查看随书的源代码
4   import android.opengl.Matrix;                                  //相关类的引入
5   public class Triangle{
6       public static float[] mProjMatrix = new float[16];   //4*4 投影矩阵
7       public static float[] mVMatrix = new float[16]; //摄像机位置朝向的参数矩阵
8       public static float[] mMVPMatrix;                      //总变换矩阵
9       int mProgram;                                          //自定义渲染管线着色器程序 id
10      int muMVPMatrixHandle;                                 //总变换矩阵引用
11      int maPositionHandle;                                  //顶点位置属性引用
12      int maColorHandle;                                     //顶点颜色属性引用
13      String mVertexShader;                                  //顶点着色器代码脚本
14      String mFragmentShader;                                //片元着色器代码脚本
15      static float[] mMMatrix = new float[16];               //具体物体的 3D 变换矩阵
16      FloatBuffer mVertexBuffer;                             //顶点坐标数据缓冲
17      FloatBuffer mColorBuffer;                              //顶点着色数据缓冲
18      int vCount=0;                                          //顶点数量
19      float xAngle=0;                                        //绕 x 轴旋转的角度
20      public Triangle(MyTDView mv){                          //构造器
21          initVertexData();                      //调用初始化顶点数据的 initVertexData 方法
22          intShader(mv);                         //调用初始化着色器的 intShader 方法
23      }
24      public void initVertexData(){                          //自定义的初始化顶点数据的方法
25          vCount=3;                                          //顶点数量为 3
26          final float UNIT_SIZE=0.2f;                        //设置单位长度
27          float vertices[]=new float[]{                      //顶点坐标数组
28                  -4*UNIT_SIZE,0,0, 0,-4*UNIT_SIZE,0, 4*UNIT_SIZE,0,0};
29          ByteBuffer vbb = ByteBuffer.allocateDirect(vertices.length*4);
30          vbb.order(ByteOrder.nativeOrder());           //设置字节顺序为本地操作系统顺序
31          mVertexBuffer = vbb.asFloatBuffer();          //转换为浮点(Float)型缓冲
32          mVertexBuffer.put(vertices);                  //在缓冲区内写入数据
33          mVertexBuffer.position(0);                    //设置缓冲区起始位置
34          float colors[]=new float[]{                   //顶点颜色数组
35                  1,1,1,0, 0,0,1,0, 0,1,0,0};
36          ByteBuffer cbb = ByteBuffer.allocateDirect(colors.length*4);
37          cbb.order(ByteOrder.nativeOrder());           //设置字节顺序为本地操作系统顺序
38          mColorBuffer = cbb.asFloatBuffer();           //转换为浮点(Float)型缓冲
39          mColorBuffer.put(colors);                     //在缓冲区内写入数据
40          mColorBuffer.position(0);                     //设置缓冲区起始位置
41      }
42      ......//此处省略了初始化着色器以及绘制图形的方法，将在下面介绍
43      public static float[] getFinalMatrix(float[] spec){ //产生最终变换矩阵的方法
44          mMVPMatrix=new float[16];                     //初始化总变换矩阵
45          Matrix.multiplyMM(mMVPMatrix, 0, mVMatrix, 0, spec, 0);
46          Matrix.multiplyMM(mMVPMatrix, 0, mProjMatrix, 0, mMVPMatrix, 0);
47          return mMVPMatrix;                            //返回总变换矩阵
48  }}
```

- 第 6-19 行为本类所需成员变量的声明，主要是声明相关矩阵的引用、自定义渲染管线着色器程序的 id、顶点位置和颜色属性的引用、顶点着色器以及片元着色器代码脚本字符串、顶点坐标和顶点着色数据缓冲、顶点的数量以及绕 x 轴旋转的角度。
- 第 20-23 行为本类的构造器，在该构造器中主要是调用 initVertexData 方法初始化顶点相关的数据，并且调用 intShader 方法初始化着色器。
- 第 24-41 行为初始化顶点数据的 initVertexData 方法。该方法中需要指定顶点的坐标数据

以及顶点的颜色数据，将数据写入到对应的缓冲区中，并设置缓冲区的起始位置。

- 第 43-48 行为通过物体的 3D 变换矩阵、摄像机参数矩阵、投影矩阵计算产生最终总变换矩阵的方法。关于各种变换矩阵的问题读者不用担心，本书后面将有专门的章节详细介绍。

（5）开发完 Triangle 类的基本框架后，接下来将继续介绍上面省略的开发初始化着色器的方法 initShader 以及绘制三角形的方法 drawSelf，具体代码如下。

代码位置：见随书中源代码/第 3 章/Sample3_1/src/com/bn/Sample3_1 目录下的 Triangle.java。

```
1    public void intShader(MyTDView mv){                         //创建并初始化着色器的方法
2         //加载顶点着色器的脚本内容
3         mVertexShader=ShaderUtil.loadFromAssetsFile("vertex.sh", mv.getResources());
4         //加载片元着色器的脚本内容
5         mFragmentShader=ShaderUtil.loadFromAssetsFile("frag.sh", mv.getResources());
6         //基于顶点着色器与片元着色器创建程序
7         mProgram = ShaderUtil.createProgram(mVertexShader, mFragmentShader);
8         //获取程序中顶点位置属性引用 id
9         maPositionHandle = GLES30.glGetAttribLocaticn(mProgram, "aPosition");
10        //获取程序中顶点颜色属性引用 id
11        maColorHandle= GLES30.glGetAttribLocation(mProgram, "aColor");
12        //获取程序中总变换矩阵引用 id
13        muMVPMatrixHandle = GLES30.glGetUniformLocation(mProgram, "uMVPMatrix");
14   }
15   public void drawSelf(){                               //自定义的绘制三角形的方法
16        GLES30.glUseProgram(mProgram);                   //使用指定的着色器程序进行渲染
17       Matrix.setRotateM(mMMatrix,0,0,0,1,0);            //初始化变换矩阵
18       Matrix.translateM(mMMatrix,0,0,0,1);              //设置沿 z 轴正向平移
19       Matrix.rotateM(mMMatrix,0,xAngle,1,0,0);          //设置绕 x 轴旋转
20       GLES30.glUniformMatrix4fv(muMVPMatrixHandle,1,false,Triangle.GetFinalMatrix
21            (mMMatrix), 0);                              //将变换矩阵传入渲染管线
22       GLES30.glVertexAttribPointer(                     //将顶点位置数据传送进渲染管线
23        maPositionHandle,3,GLES30.GL_FLOAT,false,3*4,mVertexBuffer);
24       GLES30.glVertexAttribPointer(                     //将顶点颜色数据传送进渲染管线
25             maColorHandle,4,GLES30.GL_FLOAT,false,4*4,mColorBuffer);
26       GLES30.glEnableVertexAttribArray(maPositionHandle);   //启用顶点位置数据
27       GLES30.glEnableVertexAttribArray(maColorHandle);      //启用顶点着色数据
28       GLES30.glDrawArrays(GLES30.GL_TRIANGLES, 0, vCount);  //执行绘制
29   }
```

- 第 1-14 行为初始化着色器的方法。在该方法中首先需要加载相应的着色器脚本，然后创建自定义的渲染管线着色器程序，并保留程序 id 于 mProgram 中。接着通过 GLES30 类调用相应的方法获取着色器程序中顶点坐标数据的引用、顶点颜色数据的引用以及总变换矩阵的引用。
- 第 16 行通过 GLES30 类调用 glUseProgram 方法给出着色器程序 id 指定使用的着色器程序。
- 第 17-21 行功能为初始化变换矩阵，设置沿 z 轴正方向的平移值以及绕 x 轴旋转的角度值。
- 第 22-25 行为通过调用 GLES30 类的 glVertexAttribPointer 方法，将顶点坐标数据以及顶点颜色数据传送进渲染管线，以备渲染时在顶点着色器中使用。
- 第 26-28 行为通过调用 GLES30 类的 glEnableVertexAttribArray 方法启用顶点位置数据以及启用顶点颜色数据，并通过调用 GLES30 类的 glDrawArrays 方法绘制三角形。

> **提示** 本类中用到的有关着色器的知识、平移以及旋转变换的相关知识，将在后面的章节中逐步进行详细介绍。在本案例中由于知识不全，无法进行详细解释，读者有一个简单了解即可。

（6）开发完本案例的主控制类 Sample3_1Activity 以及三角形绘制类 Triangle 后，接下来将开发本案例中用于显示 3D 场景的类 MyTDView。该类继承自 GLSurfaceView，并且在该类中通过内部类的形式创建了场景渲染器，实现的具体代码如下。

代码位置：见随书中源代码/第 3 章/Sample3_1/src/com/bn/Sample3_1 目录下的 MyTDView.java。

```
1   package com.bn.Sample3_1;                                  //声明包名
2   import javax.microedition.khronos.egl.EGLConfig; //相关类的引入
3   ……//此处省略了部分类的引入代码，读者可自行查看随书的源代码
4   import android.view.MotionEvent;                           //相关类的引入
5   public class MyTDView extends GLSurfaceView{//创建继承 GLSurfaceView 的 MyTDView 类
6       final float ANGLE_SPAN = 0.375f;                       //每次三角形旋转的角度
7       RotateThread rthread;                                  //自定义线程类 RotateThread 的引用
8       SceneRenderer mRenderer;                               //自定义渲染器的引用
9       public MyTDView(Context context){                      //构造器
10          super(context);
11          this.setEGLContextClientVersion(3);                //使用 OpenGL ES 3.0 需设置该值为 3
12          mRenderer=new SceneRenderer();                     //创建 SceneRenderer 类的对象
13          this.setRenderer(mRenderer);                       //设置渲染器
14          this.setRenderMode(GLSurfaceView.RENDERMODE_CONTINUOUSLY);
15      }
16      private class SceneRenderer implements GLSurfaceView.Renderer{
17          Triangle tle;                                      //声明 Triangle 类的引用
18          public void onDrawFrame(GL10 gl){                  //重写的 onDrawFrame 方法
19              GLES30.glClear( GLES30.GL_DEPTH_BUFFER_BIT//清除颜色缓存和深度缓存
20                          | GLES30.GL_COLOR_BUFFER_BIT);
21              tle.drawSelf();         //通过 Triangle 的对象调用 drawSelf 绘制三角形
22          }
23          public void onSurfaceChanged(GL10 gl, int width, int height){
24              GLES30.glViewport(0, 0, width, height);        //设置视口
25          float ratio = (float) width / height; //计算屏幕的宽度和高度比例
26          Matrix.frustumM(Triangle.mProjMatrix, 0, -ratio, ratio, -1, 1, 1, 10);
27          Matrix.setLookAtM(Triangle.mVMatrix, 0, 0,0,3,0f,0f,0f,0f,1.0f,0.0f);
                                                               //设置摄像机
28          }
29          public void onSurfaceCreated(GL10 gl, EGLConfig config){
30          GLES30.glClearColor(0,0,0,1.0f);                   //设置屏幕背景色
31          tle=new Triangle(MyTDView.this);                   //创建 Triangle 类的对象
32          GLES30.glEnable(GLES30.GL_DEPTH_TEST);//打开深度检测
33              rthread=new RotateThread();                    //创建 RotateThread 类的对象
34              rthread.start();                               //开启线程
35      }}
36      public class RotateThread extends Thread{                   //自定义的内部类线程
37          public boolean flag=true;                               //设置循环标志位
38          @Override
39          public void run(){                                      //重写的 run 方法
40              while(flag){                                        //while 循环
41              mRenderer.tle.xAngle=mRenderer.tle.xAngle+ ANGLE_SPAN;
42              try{
43                      Thread.sleep(20);                           //线程休眠 20ms
44                  }catch(Exception e){                            //捕获并打印异常信息
45                      e.printStackTrace();
46  }}}}}
```

❑ 第 6-8 行为本类的成员变量，主要有每次旋转的角度、旋转线程类 RotateThread 对象的引用以及自定义渲染器 SceneRenderer 的引用。

❑ 第 9-15 行为本类的构造器，在该构造器中设置使用 OpenGL ES 3.0 版本，创建了 SceneRenderer 类的对象，设置了渲染器，并且设置渲染模式为主动渲染。

❑ 第 18-22 行为实现 GLSurfaceView.Renderer 接口后重写的 onDrawFrame 方法，在该方法中首先需要清除深度缓存和颜色缓存，然后通过 Triangle 类的对象调用 drawSelf 方法绘制三角形。

❑ 第 23-28 行为实现 GLSurfaceView.Renderer 接口后重写的 onSurfaceChanged 方法，在该方法中设置了视口、透视投影相关参数以及摄像机的位置。

❑ 第 29-35 行为实现 GLSurfaceView.Renderer 接口后重写的 onSurfaceCreated 方法，在该方法中设置了屏幕的背景颜色、创建了 Triangle 类的对象、开启了深度检测、创建了 RotateThread 类的对象并启动了该线程。

- ❑ 第 36-46 行为自定义的内部类线程，在该线程中通过 while 循环不断更改 Triangle 类中 xAngle 的值，使得三角形以一定的角速度绕 x 轴转动。

> **提示** 本案例采用的用到变换矩阵时临时生成变换矩阵的方式并不方便，在本书后面的章节中，这些矩阵将会被集合到一个 MatrixState 工具类当中进行管理，使得开发人员在应用时更加方便。

（7）完成了 Java 代码的开发后，接着就可以用着色语言开发着色器了，着色器的代码可以存储在后缀名为“.sh”文件中，这些文件存放到项目的 assets 目录下。首先开发的是顶点着色器，其主要作用为执行顶点变换、纹理坐标变换等顶点的相关操作，具体代码如下。

代码位置：见随书中源代码/第 3 章/Sample3_1/assets 目录下的 vertex.sh 文件。

```
#version 300 es
uniform mat4 uMVPMatrix;                             //总变换矩阵
layout (location = 0) in vec3 aPosition;             //顶点位置
layout (location = 1) in vec4 aColor;                //顶点颜色
out vec4 vColor;                                     //用于传递给片元着色器的 out 变量
void main(){
gl_Position = uMVPMatrix * vec4(aPosition,1);//根据总变换矩阵计算此次绘制此顶点位置
  vColor = aColor;                                   //将接收的颜色值传递给片元着色器
}
```

> **说明** 关于着色语言以及顶点着色器的作用将会在后面的章节中逐步详细介绍，这里对于顶点着色器中的代码不进行详细讲解，读者只简单了解即可。

（8）完成了顶点着色器代码的开发后，下面将开发的是片元着色器的代码，其主要作用为执行纹理的访问、颜色的汇总等操作，具体代码如下。

代码位置：见随书中源代码/第 3 章/Sample3_1/assets 目录下的 frag.sh 文件。

```
#version 300 es
precision mediump float;                    //设置浮点精度
in vec4 vColor;                             //接收从顶点着色器过来的参数
out vec4 fragColor;                         //输出的片元颜色
void main(){
  fragColor = vColor;                       //给此片元赋颜色值
}
```

> **说明** 关于着色语言以及片元着色器的作用将会在后面的章节中逐步详细介绍，这里对于片元着色器中的代码不进行详细讲解，读者也只要简单了解即可。另外，到这里为止读者可能学得不是很明白，没有关系，这个案例只是希望读者对基于 OpenGL ES 3.0 的 3D 应用程序有一个简单的认识，要想基本搞清楚至少需要耐着性子学完本书前 5 章的内容才可以。

OpenGL ES 3.0 本身并不是基于任何特定操作系统平台的，基于其开发的应用程序不但可以运行在 Android 系统上，也可以运行在 iOS、Symbian 以及 BlackBerry 等平台上。

由于 Android 是目前市面上占有率最高的移动嵌入式平台，因此本书中的案例大部分是借助于 Android 平台来进行介绍的。但目标平台不是 Android 的读者也不用担心，OpenGL ES 3.0 本身在各个平台上是通用的，直接相关于 OpenGL ES 3.0 的知识基于哪种平台进行学习关系并不大，学成之后可以在所有支持其的平台上使用。

还有一些读者可能会有另外一个疑问，书中的案例很多是使用 Java 语言开发的，性能没有影响吗？其实不必担心，原因如下：

- 本书的不少案例中在调用与 OpenGL ES 3.0 相关的 API 时虽然使用的是 Java 语言，但这部分 API 本质上并不是由 Java 实现的，Java 调用时也是通过 JNI 直接调用的底层 C 库，因此这部分代码用 Java 开发还是用 C 开发性能上基本没有什么差异。
- 由于本质上是直接调用的底层 C 库，因此 API 与 C 版本的几乎没有差异，这样本书案例中的很多代码直接就可以在 C 版本的应用中使用。就算少量不一样的部分，移植也很容易，因为相似度非常高。

> **提示**　想学习 Android 下 NDK 平台 3D 应用开发的读者也不用担心，本书后面有专门的章节介绍 NDK 下 OpenGL ES 3.0 3D 应用的开发。

3.1.3　OpenGL ES 3.1 新特性简介

上一小节详细地介绍了使用 OpenGL ES 3.0 开发的 3D 应用程序，本小节将主要介绍 OpenGL ES 3.x 中关于 OpenGL ES 3.1 增加的部分新特性。要注意的是，OpenGL ES 3.1 是 3.0 规范的小幅升级版，大部分支持 3.0 的硬件都可以支持 3.1 规范的新功能。

目前的 OpenGL ES 3.0 是基于 OpenGL 3.x 规范的子集，而 OpenGL ES 3.1 则是基于 OpenGL 4.x 规范的子集，同时向下兼容 ES 3.0/2.0 规范。OpenGL ES 3.1 新特性主要包括如下几个部分。

- 计算着色器（Compute Shaders）。

其是新版的支柱性功能，来自 OpenGL 4.3。通过计算着色器，应用可使用 GPU 执行通用目的的计算任务，并与图形渲染紧密相连，将大大增强移动设备的计算能力。

- 独立的着色器对象。

应用可为 GPU 的顶点、片元着色器阶段独立编程，无需明确的连接步骤即可将顶点、片元着色器程序混合匹配在一起。

- 增强的纹理功能。

主要包括多重采样纹理、模版纹理、纹理聚集等。

- 着色语言的改进。

包含新的算法和位字段（bitfield）操作，还有现代方式的着色器编程等。

- 向下兼容。

能够兼容 OpenGL ES 2.0/3.0，编程人员可在已有基础上增加 3.1 特性。

> **说明**　本书中所开发及讲解的案例无特别说明都是基于 OpenGL ES 3.0 的，当然，在本丛书的下卷会有专门的章节对 OpenGL ES 3.1 的新特性进行介绍。到那时读者会发现将 OpenGL ES 3.0 的案例升级为 OpenGL ES 3.1 版本是非常容易的。

3.2　着色器与渲染管线

前面一节已经通过一个旋转三角形的案例为读者简单介绍了如何使用 OpenGL ES 3.0 进行 3D 场景的开发，相信读者对 OpenGL ES 3.0 应用的开发已经有了初步的了解。但要想真正地掌握 OpenGL ES 3.0，则首先要掌握着色器和渲染管线相关的知识，本节将向读者介绍这方面的内容。

3.2.1　OpenGL ES 2.0 的渲染管线

学习 OpenGL ES 3.0 的渲染管线之前，应该首先了解一下 OpenGL ES 2.0 的渲染管线，这对于进一步深入了解 OpenGL ES 3.0 的渲染管线是很有裨益的，本小节将对此内容进行介绍。

渲染管线有时也称为渲染流水线，一般是由显示芯片（GPU）内部处理图形信号的并行处理单元组成。这些并行处理单元两两之间是相互独立的，在不同型号的硬件上独立处理单元的数量也有很大的差异。一般越高端型号的硬件，其中独立处理单元的数量也就越多。

提示 与普通应用程序通过 CPU 串行执行不同的是：渲染工作是通过渲染管线中多个相互独立的处理单元进行并行处理的，这种模式极大地提升了渲染效率。

从另一个角度看，OpenGL ES 中的渲染管线实质上指的是一系列绘制过程。这些过程输入的是待渲染 3D 物体的相关描述信息数据，经过渲染管线，输出的是一帧想要的图像。OpenGL ES 2.0 的渲染管线如图 3-16 所示。

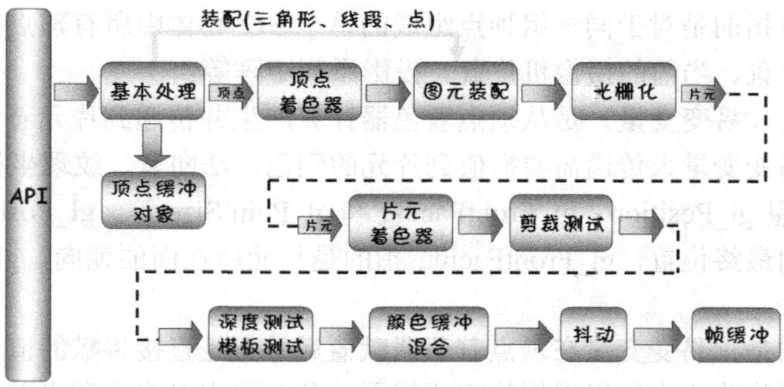

▲图 3-16 OpenGL ES 2.0 可编程渲染管线

1. 基本处理

该阶段设定 3D 空间中物体的顶点坐标、顶点对应的颜色、顶点的纹理坐标等属性，并且指定绘制方式，如点绘制、线段绘制或者三角形绘制等。

2. 顶点缓冲对象

这部分功能在应用程序中是可选的，对于某些在整个场景中顶点的基本数据不变的情况。可以在初始化阶段将顶点数据经过基本处理后送入顶点缓冲对象，在绘制每一帧想要的图像时就省去了顶点数据 IO 的麻烦，直接从顶点缓冲对象中获取顶点数据即可。相比于每次绘制时单独将顶点数据送入 GPU 的方式，可以在一定程度上节省 GPU 的 IO 带宽，提高渲染效率。

3. 顶点着色器

顶点着色器是一个可编程的处理单元，功能为执行顶点的变换、光照、材质的应用与计算等顶点的相关操作，其每顶点执行一次。其工作过程为首先将原始的顶点几何信息及其他属性传送到顶点着色器中，经过自己开发的顶点着色器处理后产生纹理坐标、颜色、点位置等后继流程需要的各项顶点属性信息，然后将其传递给图元装配阶段。

顶点着色器替代了原有固定管线的顶点变换、光照计算，开发人员可以根据自己的需求自行开发顶点变换、光照等功能，大大增加了程序的灵活性。但凡事有利皆有弊，增加灵活性的同时也增加了开发的难度。顶点着色器的工作原理如图 3-17 所示。

- 顶点着色器输入主要为待处理顶点相应的 attribute（属性）变量、uniform（一致）变量、采样器以及临时变量，输出主要为经过顶点着色器后生成的 varying（易变）变量及一些内建输出变量。

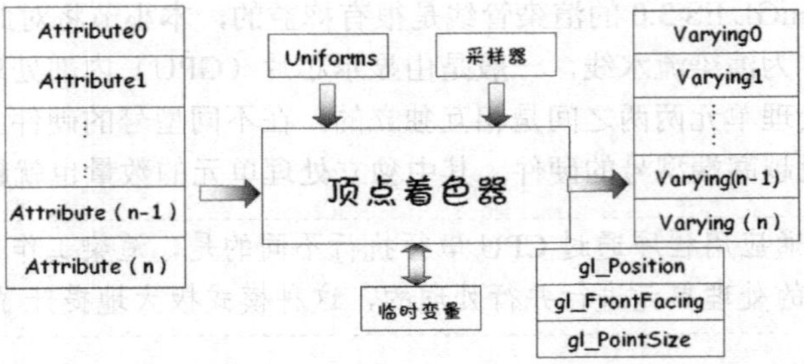

▲图 3-17　OpenGL ES 2.0 顶点着色器工作原理

- attribute 变量指的是 3D 物体中每个顶点各自不同的信息所属的变量，一般顶点的位置、颜色、法向量等每个顶点各自不同的信息都是以 attribute 变量的方式传入顶点着色器的。
- uniform 变量指的是对于同一组顶点组成的单个 3D 物体中所有顶点都相同的量，一般为场景中当前的光源位置、当前的摄像机位置、投影系列矩阵等。
- varying 变量（易变变量）是从顶点着色器计算产生并传递到片元着色器的数据变量。顶点着色器可以使用易变变量来传递需要插值到片元的颜色、法向量、纹理坐标等任意值。
- 内建输出变量 gl_Position、gl_FrontFacing 和 gl_PointSize 等。gl_Position 是经过变换矩阵变换、投影后顶点的最终位置，gl_FrontFacing 指的是片元所在面的朝向，gl_PointSize 指的是点的大小。

需要特别注意的是，易变变量在顶点着色器赋值后并不是直接将赋的值送入到后继的片元着色器中，而是在光栅化阶段由管线根据片元所属图元各个顶点对应的顶点着色器对此易变变量的赋值情况及片元与各顶点的位置关系插值产生，图 3-18 说明了这个问题。

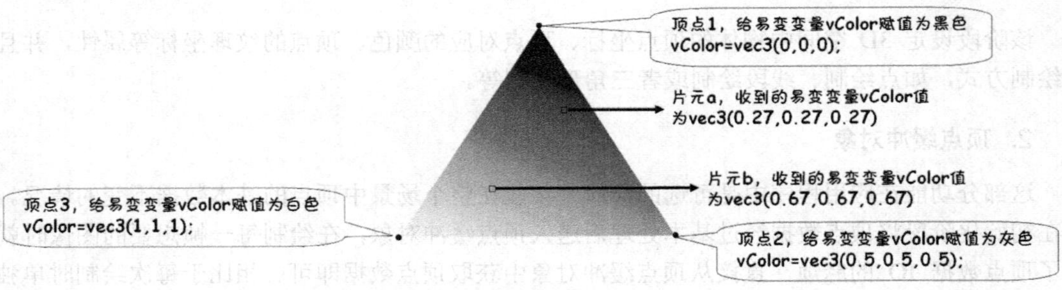

▲图 3-18　易变变量的工作原理

> **说明**　有一些数学知识的读者可能会想到一个问题，对每个片元进行一次插值计算将会非常耗费时间，严重影响性能。幸运的是，OpenGL ES 2.0 的设计者也考虑到了这个问题，这些插值操作都是由 GPU 中的专用硬件实现的，因此速度很快，不影响性能。

4. 图元装配

这个阶段主要有两个任务，一个是图元组装，另一个是图元处理。所谓图元组装是指顶点数据根据设置的绘制方式被结合成完整的图元。例如，点绘制方式下每个图元仅需要一个单独的顶点，此方式下每个顶点为一个图元；线段绘制方式每个图元则需要两个顶点，此方式下每两个顶点构成一个图元；三角形绘制方式下需要 3 个顶点构成一个图元。

图元处理最重要的工作是剪裁，其任务是消除位于半空间（half-space）之外的部分几何图元，这个半空间是由一个剪裁平面所定义的。例如，点剪裁就是简单地接受或者拒绝顶点，线段或多边形剪裁可能需要增加额外的顶点，具体取决于直线或者多边形与剪裁平面之间的位置关系，如图 3-19 所示。

说明 图 3-19 给出了一个三角形图元（图中为点划线绘制）被 4 个剪裁平面剪裁的情况。4 个剪裁平面分别为：上面、左侧面、右侧面、后面。

之所以要进行剪裁是因为随着观察位置、角度的不同，并不总能看到（这里可以简单地理解为显示到设备屏幕上）特定 3D 物体某个图元的全部。例如，当观察一个正四面体并离某个三角形面很近时，可能只能看到此面的一部分，这时在屏幕上显示的就不再是三角形了，而是经过裁剪后形成的多边形，如图 3-20 所示。

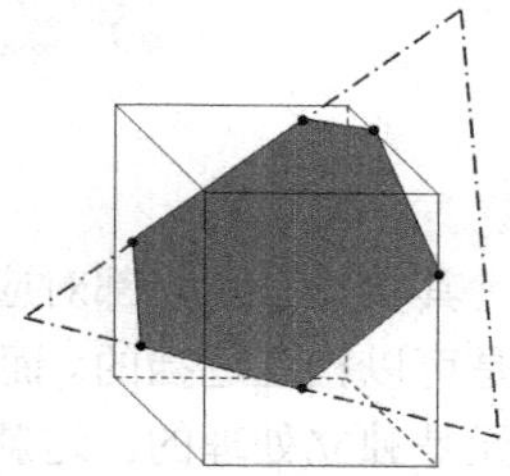

▲图 3-19 剪裁三角形 3 个顶点生成 6 个新的顶点

剪裁时，若图元完全位于视景体以及自定义剪裁平面的内部，则将图元传递到后面的步骤进行处理；如果其完全位于视景体或者自定义剪裁平面的外部，则丢弃该图元；如果其有一部分位于内部，另一部分位于外部，则需要剪裁该图元。

▲图 3-20 从不同角度、距离观察正四面体

提示 关于视景体剪裁的问题会在第 5 章介绍投影的部分进行详细介绍，这里读者简单了解即可。

5. 光栅化

虽然虚拟 3D 世界中的几何信息是三维的，但由于目前用于显示的设备都是二维的。因此，在真正执行光栅化工作之前，首先需要将虚拟 3D 世界中的物体投影到视平面上。需要注意的是，由于观察位置的不同，同一个 3D 场景中的物体投影到视平面可能会产生不同的效果，如图 3-21 所示。

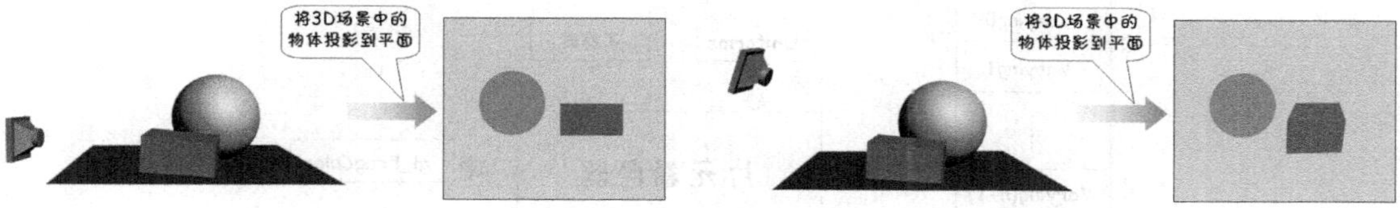

▲图 3-21 光栅化阶段投影到视口

另外，由于虚拟 3D 世界当中物体的几何信息一般采用连续的数学量来表示，因此投影的平面结果也是用连续数学量表示的。但目前的显示设备屏幕都是离散化的（由一个一个的像素组成），

因此还需要将投影的结果离散化。将其分解为一个一个离散化的小单元，这些小单元一般称为片元，具体效果如图 3-22 所示。

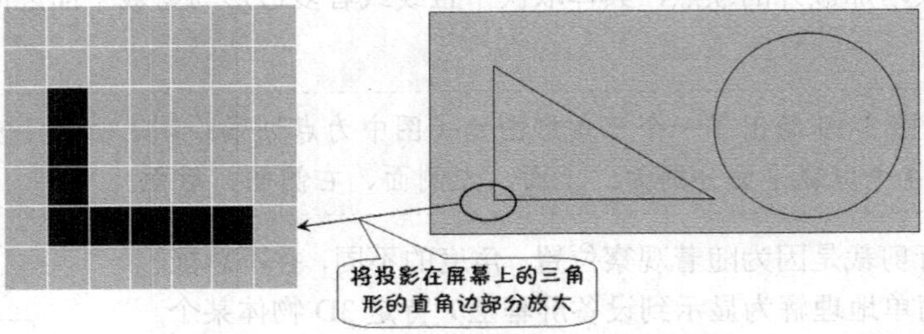

▲图 3-22　投影后图元离散化

其实每个片元都对应于帧缓冲中的一个像素，之所以不直接称为像素是因为 3D 空间中的物体是可以相互遮挡的。而一个 3D 场景最终显示到屏幕上虽然是一个整体，但每个 3D 物体的每个图元是独立处理的。这就可能出现这样的情况，系统先处理的是位于离观察点较远的图元，其光栅化成为了一组片元，暂时送入帧缓冲的对应位置。

但后面继续处理离观察点较近的图元时也光栅化出了一组片元，两组片元中有对应到帧缓冲中同一个位置的，这时距离近的片元将覆盖距离远的片元（如何覆盖的检测是在深度检测阶段完成）。因此，某片元就不一定能成为最终屏幕上的像素，称为像素就不准确了，可以将其理解为候选像素。

> **提示**　每个片元包含其对应的顶点坐标、顶点颜色、顶点纹理坐标以及顶点的深度等信息，这些信息是系统根据投影前此片元对应的 3D 空间中的位置及与此片元相关的图元的各顶点信息进行插值计算而生成的。

6. 片元着色器

片元着色器是用于处理片元值及其相关数据的可编程单元，其可以执行纹理的采样、颜色的汇总、计算雾颜色等操作，每片元执行一次。片元着色器主要功能为通过重复执行（每片元一次），将 3D 物体中的图元光栅化后产生的每个片元的颜色等属性计算出来送入后继阶段，如剪裁测试、深度测试及模板测试等。

从渲染管线的图中可以看出，可编程片元着色器替代了老版本中固定管线纹理采样、颜色求和、雾以及 Alpha 测试等阶段。与顶点着色器类似，被其替代的功能系统将不再提供，需要完全由开发人员用着色器语言编程完成。这在提高了灵活性的同时也增加了开发的难度，尤其是对于初学者，其基本工作原理如图 3-23 所示。

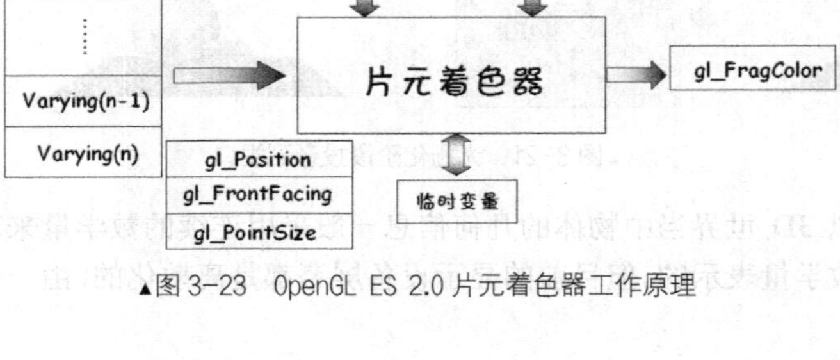

▲图 3-23　OpenGL ES 2.0 片元着色器工作原理

❑ Varying0～n 指的是从顶点着色器传递到片元着色器的易变变量，如前面所介绍，由系统在顶点着色器后的光栅化阶段自动插值产生。其个数是不一定的，取决于具体的需要。

❑ gl_FragColor 内建变量指的是片元的最终颜色。一般在片元着色器的最后都需要对 gl_FragColor 进行赋值。

> 提示　经过光栅化、顶点着色器与片元着色器的介绍，可以看出顶点着色器每顶点执行一次，而片元着色器每片元执行一次，片元着色器的执行次数明显大于顶点着色器的执行次数。因此在开发中，应尽量减少片元着色器的运算量，可以将一些复杂运算尽量放在顶点着色器中执行。

7. 剪裁测试

如果程序中启用了剪裁测试，OpenGL ES 会检查每个片元在帧缓冲中对应的位置，若对应位置在剪裁窗口中则将此片元送入下一阶段，否则丢弃此片元。

8. 深度测试和模板测试

❑ 深度测试是指将输入片元的深度值与帧缓冲区中存储的对应位置片元的深度值进行比较，若输入片元的深度值小则将输入片元送入下一阶段准备覆盖帧缓冲中的原片元或与帧缓冲中的原片元混合，否则丢弃输入片元。

❑ 模板测试的主要功能为将绘制区域限定在一定的范围内，一般用在湖面倒影、镜像等场合，后面的章节会详细介绍。

9. 颜色缓冲混合

若程序中开启了 Alpha 混合，则根据混合因子将上一阶段送来的片元与帧缓冲中对应位置的片元进行 Alpha 混合；否则送入的片元将覆盖帧缓冲中对应位置的片元。

10. 抖动

抖动是一种简单的操作，其允许只使用少量的颜色模拟出更宽的颜色显示范围，从而使颜色视觉效果更加丰富。例如，可以使用白色以及黑色模拟出一种过渡的灰色。

但使用抖动也是有缺点的，那就是会损失一部分分辨率，因此，对于现在主流的原生颜色就很丰富的显示设备一般是不需要启用抖动的。

> 提示　当下的一些系统中虽然在 API 方面支持开启抖动，但这仅是为了 API 的兼容，其可能根本不会去进行事实上的抖动操作。

11. 帧缓冲

OpenGL ES 中的物体绘制并不是直接在屏幕上进行的，而是预先在帧缓冲区中进行绘制，每绘制完一帧再将绘制的结果交换到屏幕上。因此，在每次绘制新的一帧时都需要清除缓冲区中的相关数据，否则有可能产生不正确的绘制效果。

同时需要了解的是，为了应对不同方面的需要，帧缓冲是由一套组件组成的，主要包括颜色缓冲、深度缓冲以及模板缓冲，各组件的具体用途如下所列。

❑ 颜色缓冲用于存储每个片元的颜色值，每个颜色值包括 RGBA（红、绿、蓝、透明度）4 个色彩通道，应用程序运行时在屏幕上看到的就是颜色缓冲中的内容。

❑ 深度缓冲用来存储每个片元的深度值，所谓深度值是指以特定的内部格式表示的从片元处到观察点（摄像机）的距离。在启用深度测试的情况下，新片元想进入帧缓冲时需要将自己的深度值与帧缓冲中对应位置片元的深度值进行比较，若结果为小于才有可能进入缓冲，否则被丢弃。

❑ 模板缓冲用来存储每个片元的模板值，供模板测试使用。模板测试是几种测试中最为灵活和复杂的一种，后面将用专门的章节进行介绍。

> 提示　本小节只是对渲染管线中的每一个模块进行了简单介绍，更为具体的情况会在本书中的后继章节进行更为详细讨论，这里读者只要在概念上有个整体的把握即可。

3.2.2 OpenGL ES 3.0 的渲染管线

OpenGL ES 2.0 采用的是可编程的渲染管线，编程人员可以插入一些特殊操作，方便高效地完成 OpenGL ES 1.x 固定渲染管线难以完成的任务。而 OpenGL ES 3.0 采用的也是可编程渲染管线，只是 OpenGL ES 3.0 增加了一些新特性。

通过增加的新特性，能够让移动平台的游戏画面更加逼真、细腻，提高设备 3D 渲染的性能，OpenGL ES 3.0 可编程渲染管线如图 3-24 所示。

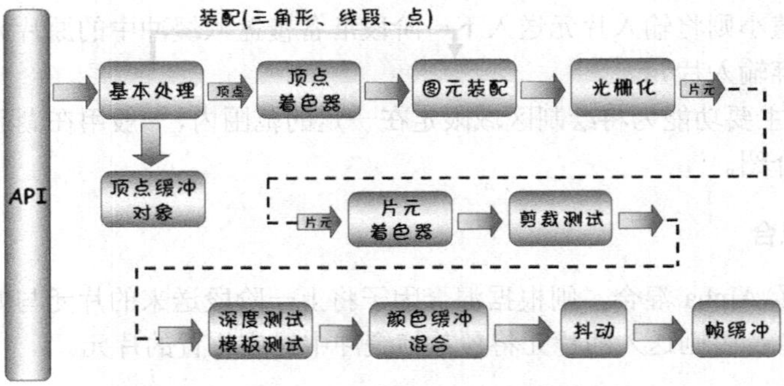

▲图 3-24　OpenGL ES 3.0 可编程渲染管线

从图 3-24 中可以看出，总体上 OpenGL ES 3.0 可编程渲染管线与 OpenGL ES 2.0 的基本相同，但其实顶点着色器与片元着色器内部还是有不少区别的，详细内容如下。

1. 顶点着色器

此处的顶点着色器与 OpenGL ES 2.0 的顶点着色器相同，也是一个可编程的处理单元，其功能也是执行顶点的变换、光照、材质的应用与计算等顶点的相关操作，每顶点执行一次。其工作过程也是首先将原始的顶点几何信息及其他属性传送到顶点着色器中，经过自己开发的顶点着色器处理后产生纹理坐标、颜色、点位置等后继流程需要的各项顶点属性信息，然后将其传递给图元装配阶段。

通过可编程的顶点着色器，开发人员可以根据自己的需求自行开发顶点变换、光照等功能，下面给出顶点着色器的工作原理图，如图 3-25 所示。

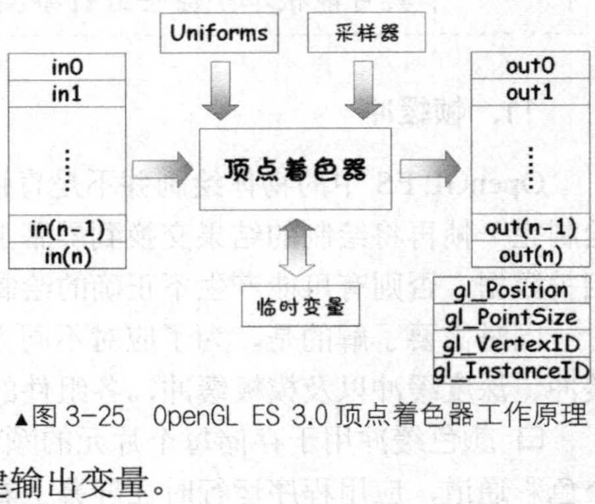

▲图 3-25　OpenGL ES 3.0 顶点着色器工作原理

❑ 顶点着色器的输入主要为待处理顶点相应的 in 变量、uniform（一致）变量、采样器以及临时变量，输出主要为经过顶点着色器后生成的 out 变量及一些内建输出变量。

❑ 顶点着色器中的 in 变量指的是 3D 物体中每个顶点各自不同的信息所属的变量，一般顶点的位置、颜色、法向量等每个顶点各自不同的信息都是以 in 变量的方式传入顶点着色器的。例如，前一节“初识 OpenGL ES 3.0 应用程序”中顶点着色器里的 aPosition（顶点位置）和 aColor（顶点颜色）变量等。

❑ uniform 变量指的是对于同一组顶点组成的单个 3D 物体中所有顶点都相同的量，一般为场景中当前的光源位置、当前的摄像机位置、投影系列矩阵等。例如，前一节“初识 OpenGL ES 3.0 应用程序”案例中顶点着色器里的 uMVPMatrix（总变换矩阵）变量等。

❑ 顶点着色器中的 out 变量是从顶点着色器计算产生并用于传递到片元着色器的数据变量。顶点着色器可以使用 out 变量来传递需要插值或不需要插值到片元的颜色、法向量、纹理坐标等任意值。例如，3.1.2 节“初始 OpenGL ES 3.0 应用程序”中由顶点着色器传入片元着色器中的 vColor 变量。

❑ 内建输出变量 gl_Position、gl_PointSize 以及内建输入变量 gl_VertexID、gl_InstanceID 等。gl_Position 是经过变换矩阵变换、投影后的顶点的最终位置，gl_PointSize 指的是点的大小。gl_VertexID 用来记录顶点的整数索引。gl_InstanceID 是指实例 ID，只在顶点着色器中使用，对于指定的每一组图元，该 ID 相应递增。

out 变量在顶点着色器赋值后并不是直接将赋的值传递到后继的片元着色器对应的 in 变量中，在此存在两种情况：

❑ 如果 out 限定符之前含有 smooth 限定符或者不含有任何限定符，则传递到后继片元着色器对应的 in 变量的值，是在光栅化阶段由管线根据片元所属图元各个顶点对应的顶点着色器对此 out 变量的赋值情况及片元与各顶点的位置关系插值产生，图 3-26 所示说明了这个问题。

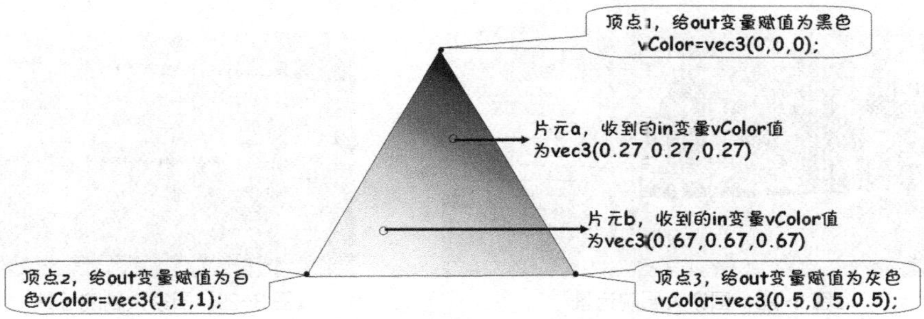

▲图 3-26 顶点着色器中 out 变量的工作原理

❑ 如果 out 限定符之前含有 flat 限定符，则传递到后继片元着色器对应的 in 变量的值不是在光栅化阶段插值产生的，而是由图元的最后一个顶点对应的顶点着色器对此 out 变量所赋的值决定的，此种情况下图元中每个片元的值均相同。

2. 片元着色器

与 OpenGL ES 2.0 相同，OpenGL ES 3.0 的片元着色器同样是用于处理片元值及其相关数据的可编程单元，其可以执行纹理的采样、颜色的汇总、计算雾颜色等操作，每片元执行一次。

与 OpenGL ES 2.0 不同的是，片元着色器内的 varying 变量变成了 in 变量，并且内建输出变量 gl_FragColor 不存在了。其基本原理图如图 3-27 所示。

▲图 3-27 OpenGL ES 3.0 片元着色器工作原理

- in0～in（n）指的是从顶点着色器传递到片元着色器的变量，如前面所介绍，由系统在顶点着色器后的光栅化阶段自动产生，其个数是不一定的，取决于具体的需要。例如，3.1.2 节“初识 OpenGL ES 3.0 应用程序”中片元着色器里的 vColor 变量。
- out 变量一般指的是由片元着色器写入计算完成的片元颜色值的变量，一般在片元着色器的最后，都需要对其进行赋值，最后将其送入渲染管线的后继阶段进行处理。例如，3.1.2 节“初识 OpenGL ES 3.0 应用程序”中片元着色器里创建的 fragColor 变量。

提示：原来 OpenGL ES 2.0 中片元着色器的内建输出变量 gl_FragColor 在 OpenGL ES 3.0 中不存在了，如果需要输出颜色值，则需要自己声明 out（类型为 vec4）变量，用声明的变量替代 gl_FragColor。在开发中，应尽量减少片元着色器的运算量，可以将一些复杂运算尽量放在顶点着色器中执行。

3.2.3 OpenGL ES 中立体物体的构建

前面的几个小节向读者介绍了不同版本 OpenGL ES 的渲染管线，同时也给出了一个非常简单的旋转三角形案例。但到目前为止，读者可能还是不太清楚虚拟 3D 世界中的立体物体是如何搭建出来的。其实这与现实世界搭建建筑物并没有本质区别，请读者考察图 3-28 和图 3-29 中国家大剧院远景和近景的照片。

从两幅照片中可以对比出，现实世界的某些建筑物远看是平滑的曲面，其实近看是由一个一个的小平面组成的。3D 虚拟世界中也是如此，任何立体物体都是由多个小平面搭建而成的。这些小平面切分得越小，越细致，搭建出来的物体就越平滑。

▲图 3-28　国家大剧院远景

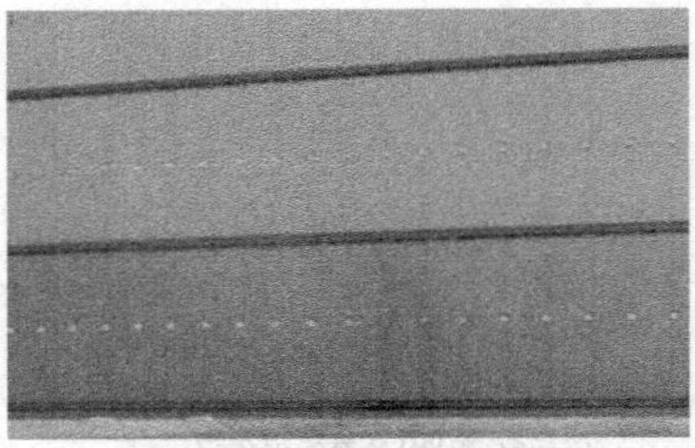

▲图 3-29　国家大剧院近景

当然 OpenGL ES 的虚拟世界与现实世界还是有区别的，现实世界中可以用任意形状的多边形来搭建建筑物，例如图 3-28 中的国家大剧院就是用四边形搭建的，而 OpenGL ES 中仅允许采用三角形来搭建物体。其实这从构造能力上来说并没有区别，因为任何多边形都可以拆分为多个三角形，只需开发时稍微注意一下即可。

提示：OpenGL ES 中之所以仅支持三角形而不支持任意多边形是出于性能的考虑，就目前移动嵌入式设备的硬件性能情况来看，这是必然的选择了。

图 3-30 更加具体地说明了，在 OpenGL ES 中如何采用三角形来构建立体物体。

说明：从图 3-30 中可以看出用三角形可以搭建出任意形状的立体物体，这里仅是给出了几个简单的例子，本书的后继章节中还有很多其他形状的立体物体。

了解了 OpenGL ES 中立体物体的搭建方式后，下面就需要了解 OpenGL ES 中的坐标系统了。OpenGL ES 中采用的是三维笛卡尔坐标系，如图 3-31 所示。

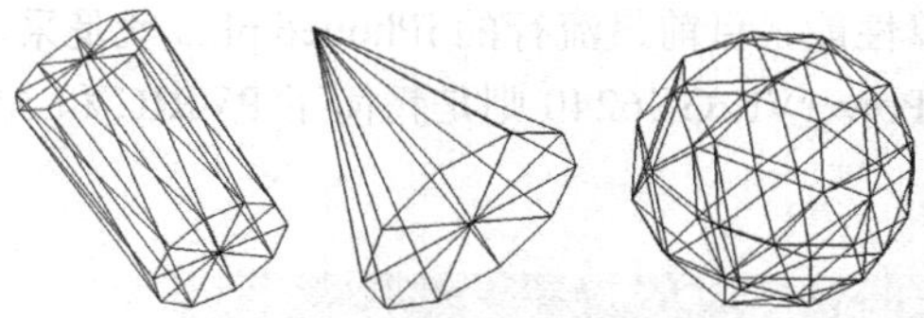

▲图 3-30　用三角形搭建立体物体

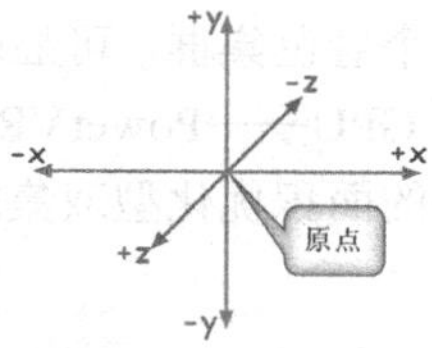

▲图 3-31　OpenGL ES 中的坐标系

从图 3-31 中可以看出，OpenGL ES 中采用的是左手标架坐标系。一般来说，初始情况下 y 轴平行于屏幕的竖边，x 轴平行于屏幕的横边，z 轴垂直于屏幕平面。

> **提示** 空间解析几何中有两种坐标系标架，即左手标架和右手标架。本书非讨论空间解析几何的专门书籍，关于标架的问题不予详述，需要的读者可以参考空间解析几何的相关书籍或资料。

3.3 主流手机 GPU 大 PK

GPU 一词是由英伟达（NVIDIA）在 1999 年提出来的，其相当于专用于图像处理的 CPU，使用 GPU 在处理图像时的工作效率会远高于通用 CPU。在 PC 时代，带有优良性能 GPU 的显卡是游戏玩家在购买 PC 时主要考察的方面之一。

在智能手机硬件飞速发展的今天，主频高达 1.5GHz 的八核处理器已经成为高端智能手机的标准配置，目前已经有多款搭载 1.5GHz 以上 8 核处理器的 Android 智能手机上市。在处理器效率的提升以及 3D 手机游戏的带动下，手机内置 GPU 的性能也成为了一个衡量手机性能的重要标准。

3.3.1 手机 GPU 四大家族对比

Android 平台中，由于没有统一的硬件标准，导致了各厂家，各型号手机的硬件配置大不相同。目前应用在手机和平板电脑端的 GPU 主要由 4 家公司执行设计——英伟达、Imagination 公司、高通公司和 ARM 公司。其中，ARM 和 Imagination 公司并不进行 GPU 的实际生产，主要出售芯片设计技术（IP）的授权。下面将对这 4 家公司出品的移动 GPU 逐一进行介绍。

1. PowerVR Rogue 系列

PowerVR Rogue 是 Imagination 公司最新一代 PowerVR 架构，主要包括 PowerVR Series6 系列、PowerVR Series6XE 系列、PowerVR Series6XT 系列、PowerVR Series7XE 系列、PowerVR Series7XT 系列。PowerVR Rogue 架构基于一系列可扩展的计算集群，旨在应对从 IoT 到顶级性能嵌入式图形市场日益严苛的需求，包括智能手机、平板电脑、游戏主机、汽车、DTV 等。

- PowerVR Series6 系列的主要型号为 PowerVR G6400、PowerVR G6430、PowerVR G6200、PowerVR G6230、PowerVR G6630，该系列功能满足甚至超越了对 API 的要求，例如 OpenGL ES 1.x/2.0/3.x、OpenGL 4.x、DirectX10 以及所有的主流系统。如图 3-32 所示的魅族最新款智能手机 MX4 就是该系列的代表产品。
- PowerVR Series6XE 系列的主要型号为 PowerVR G6050、PowerVR G6060、PowerVR G6100 以及 PowerVR G6110，PowerVR Series6XE GPU 包括数量可扩展的图形和计算集群，旨在满足一些日益壮大、充满活力的市场的要求。运用这些着色器集群组，PowerVR Rogue GPU 可在提供一流图形和 GPU 计算效率的同时，最大程度地降低功耗和带宽需求。
- PowerVR Series6XT 系列中的 PowerVR GX6250、GX6450 和 GX6650 分别有两个、4 个

和 6 个着色集群，可显著改善复杂图形和 GPU 计算性能，目前最流行的 iPhone6 plus 就是采用此系列 GPU——PowerVR GX6450，如图 3-33 所示。PowerVR GX6240 则是精简了 PVRIC 和 ASTC 支持的面积优化型双集群产品。

▲图 3-32　魅族 MX4

▲图 3-33　iPhone 6 plus 智能手机

- PowerVR Series7XE 系列是一组十分高效、功能强大的 GPU，其包括世界上最小的兼容 Android 扩展包的 GPU。Series7XE 系列在 Series6XE 系列的基础上构建而成，有单集群和半集群两种配置，在既要求具有价格优势又要求高品质 UI 的设备上，可以实现最新游戏和 App。
- PowerVR Series7XT 系列的主要型号为 PowerVR GT7200、PowerVR GT7400、PowerVR GT7600、PowerVR GT7800、PowerVR GT7900，该系列具有 2 至 16 集群配置，提供从 100 GFLOPS 至 1.5 TFLOPS 的超强扩展性能，将移动嵌入式 GPU 性能提高到了一个新高度。

2. Mali 系列

ARM 公司设计出品的 GPU 是 Mali 系列，目前主要型号为 Mali-T604、Mali-T624、Mali-T628、Mali-T760、Mali-T860、Mali-T880 等。ARM Mali 系列 GPU 为所有嵌入式图形和视频需求提供了完善的解决方案，使设备制造商和内容开发商能够为最广泛的消费类设备（包括手机、便携式游戏机、智能本和 HDTV）提供高质量的尖端多媒体解决方案。

- Mali-T604 的计算解决方案专门针对可视计算进行设计，通过使用独创的三管道架构，以 2D 和 3D 图形高质量可伸缩多核解决方案的 trace 记录为基础构建。支持的主要 API 包括 OpenGL ES 1.1、OpenGL ES 2.0、OpenGL ES 3.0、DirectX 11 和 OpenCL 1.1。
- Mali-T624 的流水线在硬件中提供了真正的 IEEE 双精度浮点数学运算用以支持 Full Profile 以及 Embedded Profile、OpenCL。通过单一驱动程序堆栈为所有多核配置提供的生产质量软件支持简化了应用程序移植、系统集成和维护。多核调度和性能扩展完全在图形系统中处理，应用程序开发人员不需要考虑任何特殊事项。
- Mali-T628 可从一个内核扩展到 8 个内核，图形和 GPU 计算性能高达 Mali-T624 的两倍。Mali-T628 与 Mali-T600 系列中的其他产品共享主要 API 支持，包括 OpenGL ES 1.1、OpenGL ES 2.0 和 OpenGL ES 3.x、等。如图 3-34 和图 3-35 所示，华为荣耀 6 系列的手机采用的就是 Mali-T628 图形处理器。
- Mali-T760 促进 Midgard 体系架构进入能源高效的新时代，完全支持当前和下一代图形和计算 API，它执行计算密集型任务，如计算摄影、手势识别以及图像稳定等先进技术。
- Mali-T860 在优化复杂图形和计算内容方面有着卓越的性能效率，可从一个内核扩展到 16 个内核。Mali-T860 在提供了最好的性能的同时，消耗最少的能源，其能源效率提升了 45%。
- Mali-T880 图形处理器是 Mali-DP550 显示处理器（DPU）和 Mali-V550 视频处理器（VPU）的理想搭档，能够满足日益成长的 4K 数字电视和机顶盒市场的要求。

▲图 3-34　华为荣耀 6 plus

▲图 3-35　华为荣耀 6

3. Adreno 系列

高通的 GPU 产品主要是 Adreno 系列，其被广泛应用于高通的 Snapdragon 平台上。目前的主要型号为 Adreno 302、Adreno 304、Adreno 306、Adreno 320、Adreno 330、Adreno 405、Adreno 420、Adreno 430 以及即将发布的 Adreno 530 等。目前应用最为广泛的为 Adreno 320、Adreno 330、Adreno 420、Adreno 430。

- ❑ Adreno 320 作为 Adreno 300 系列 GPU 中的第一款产品，其同时支持新的图形和 GPU 计算 API，主要包括 OpenGL ES 3.0、OpenCL 和 Renderscript Compute 等。图形性能方面，三角形输出率为 225M/s，像素填充率为 3200M/s。
- ❑ Adreno 330 的计算性能与上一代 Adreno 320 GPU 相比提升 50%，开发人员可以通过创新的统一渲染架构和 Adreno 图形开发工具获得高端 3D 图形质量以及高能物理、实时反射和折射等效果。类似这样的功能过去仅能在游戏机系统实现。该处理器还支持 OpenCL、OpenGL ES 3.0、Renderscript Compute 及其他接口（API），这给开发人员带来很大便利。
- ❑ Adreno 420 在 API 上面支持 OpenGL ES 3.1、OpenCL 1.2 以及 Direct3D，加入了对 OpenGL ES 3.0 当中的 ASTC 纹理压缩技术的支持，可以提供更好的纹理性能。图形方面支持动态硬件曲面细分技术，用更加细小的笔触刻画真实的现实世界。
- ❑ Adreno 430 图形处理器是内嵌在高通骁龙 810 处理器之中、Adreno 430 与用在骁龙 805 处理器中的上一代 GPU 产品 Adreno 420 相比，在性能方面有 30%的提升，并在功耗上有 20%的下降。已上市的乐视超级手机 1 Pro 和小米 Note 顶配版（如图 3-36 和图 3-37 所示）。都采用的是 Adreno 430 图形处理器。

▲图 3-36　乐视超级手机 Max

▲图 3-37　小米 Note 顶配版

4. GeForce ULV 系列

英伟达在智能移动设备上的 GPU 目前主要是被 Tegra 系列，目前主要型号有 Tegra 2、Tegra 3、Tegra 4、Tegra k1、Tegra x1 等。从性能上来看，英伟达的 GeForce 系列图形芯片在整体上非常优秀，特别是在 1080P 视频录制和播放方面以及大型 3D 游戏方面有着非常出色的表现。

- Tegra 4 内部搭载 72 个 GeForce GPU 核心，等同于 Tegra 3 GPU 运算动力的 6 倍，因此提供更逼真的游戏经验与更高分辨率的显示画面。
- Tegra K1 的架构从 Tegra 4 的 GeForce（G70）架构提升至 Mobile Kepler 架构，Tegra K1 与现阶段主推的 GeForce Titan GPU 架构相同，因此也完整支持 OpenGL 4.5、Open GL ES 3.1、DirectX 12、Tesellation 与 CUDA 6.5。第一台用在移动设备上的是由小米推出的小米平板，如图 3-38 所示，还有由英伟达公司自己推出的神盾平板如图 3-39 所示。

▲图 3-38 小米平板图

▲图 3-39 神盾平板图

- Tegra X1 是英伟达目前最先进的移动处理器。新的强大的 NVIDIA Maxwell 架构，不但完整支持 OpenGL 4.5、Open GL ES 3.1、DirectX 12、Tesellation 与 CUDA 6.5 等，而且拥有无与伦比的 4K 视频的能力和更高效的性能。

3.3.2 主流 GPU 的性能参数比较

上一小节对手机 GPU 的 4 大家族做了较为详细介绍，相信读者对 PowerVR Rogue 系列、Mali 系列、Adreno 系列以及 GeForce ULV 系列有了一定的了解。接下来在本小节中将对比各个系列的主要特性参数，具体情况如表 3-1 所列。

表 3-1　各个系列 GPU 对比

GPU 型号	厂　商	支持 API			
		OpenGL ES	OpenGL	OpenCL	Direct3D
PowerVR G6200	Imagination	3.1	3.2	1.2	10.0
PowerVR G6050	Imagination	3.1	3.2	1.2	9.0
PowerVR G6060	Imagination	3.1	3.2	1.2	9.0
PowerVR GX6250	Imagination	3.1	3.2	1.2	10.0
PowerVR GX6450	Imagination	3.1	3.2	1.2	10.0
PowerVR GT7200	Imagination	3.1	3.3	1.2	11.2
PowerVR GT7400	Imagination	3.1	3.3	1.2	11.2
Mali-T604	ARM	3.1	不支持	1.1	11.0
Mali-T624	ARM	3.1	不支持	1.1	11.0
Mali-T628	ARM	3.1	不支持	1.1	11.0

续表

GPU 型号	厂 商	支持 API			
		OpenGL ES	OpenGL	OpenCL	Direct3D
Mali-T760	ARM	3.1	不支持	1.1	11.1
Mali-T860	ARM	3.1	不支持	1.1	11.2
Mali-T880	ARM	3.1	不支持	1.1	11.2
Adreno 306	高通	3.0	不支持	1.1	11.1
Adreno 320	高通	3.0	不支持	1.1	11.1
Adreno 330	高通	3.0	不支持	1.1	11.1
Adreno 405	高通	3.1	不支持	1.2	11.2
Adreno 420	高通	3.1	不支持	1.2	11.2
Adreno 430	高通	3.1	不支持	1.2	11.2
Tegra 4	英伟达	3.0	4.4	1.1	10.0
Tegra K1	英伟达	3.1	4.5	1.2	12.0
Tegra X1	英伟达	3.1	4.5	1.2	12.0

随着 Android 手机硬件的发展以及 OpenGL ES 图形编程标准的逐渐完善，编程人员可以使用 OpenGL ES 3.x 开发出更加绚丽的 3D 场景，从而满足日益增长的软件需求。

3.4 小结

通过本章的学习，读者应该对 OpenGL ES 3.x 的渲染管线有了一定的了解，学会简单 3D 场景的开发，并对当前手机的 GPU 型号与其所支持的 API 有了一定的了解，为以后开发酷炫的 3D 游戏、应用打下坚实的基础。

第 4 章 着色语言 Shading Language

由于当下可编程图形硬件占图形硬件市场的份额越来越大，3D 开发人员应该具备使用可编程图形硬件的能力，而各种可编程图形硬件一般都是提供着色器供开发人员使用的，因此学习着色语言是开发 3D 游戏的重中之重。

由于 Android 平台下的可编程图形硬件逐渐都开始支持 OpenGL ES 3.x 标准，因此本章将向读者介绍 OpenGL ES 3.x 中使用的着色语言。此着色语言基本上可以看做是 PC 和工作站上 OpenGL 着色语言的子集，包含了 OpenGL 着色语言的大部分功能。

> **提示** 本章的内容是完全与设备搭载的操作系统平台无关的，无论是在 Android、iOS、BlackBerry 还是嵌入式 Linux 上，基于着色语言开发的代码基本都是完全通用，不需要移植的，可以说是做到了“一次开发、到处运行”。

4.1 着色语言概述

OpenGL ES 着色语言是一种高级的图形编程语言，其源自应用广泛的 C 语言，同时具有 RenderMan 以及其他着色语言的一些优良特性，易于被开发人员掌握。

与传统通用编程语言有很大不同的是，其提供了更加丰富的原生类型，如向量、矩阵等。这些特性的加入使得 OpenGL ES 着色语言在处理 3D 图形方面更加高效、易用。简单来说，OpenGL ES 着色语言主要包括以下特性。

- OpenGL ES 着色语言是一种高级的过程语言（注意，不是面向对象）。
- 对顶点着色器、片元着色器使用的是同样的语言，不做区分。
- 基于 C/C++的基本语法及流程控制。
- 完美支持向量与矩阵的各种操作。
- 通过类型限定符来管理输入与输出。
- 拥有大量的内置函数来提供丰富的功能。

总之，OpenGL ES 着色语言是一种易于实现、功能强大、便于使用，并且可以高度并行处理、性能优良的高级图形编程语言。其可以帮助开发人员在不浪费大量时间的情况下，轻松地为用户带来更完美的视觉体验，开发出更加酷炫的 3D 场景与特效。

对于 3D 游戏开发人员来说，掌握这门语言尤为重要。本章的后继内容将从多个方面详细介绍 OpenGL ES 着色语言的基本知识，使得读者初步了解着色语言，为以后深入地学习打下坚实的基础。

4.2 着色语言基础

OpenGL ES 着色语言虽然是基于 C/C++基本语法的语言，但是其与 C/C++相比较还是有很大不同的。例如，该语言不支持双精度浮点型（double）、字节型（byte）、短整型（short）、长整型（long），并且取消了 C 中的联合体（union）及枚举类型（enum）等特性。

4.2.1 数据类型概述

与 C 语言类似，着色语言中有许多内建的原生数据类型以及构建数据类型，如浮点型（float）、布尔型（bool）、有符号整型（int）、无符号整型（uint）、矩阵型（matrix）以及向量型（vec2、vec3 等）等。总体来说，这些数据类型可以分为标量、向量、矩阵、采样器、结构体以及数组等几类。本小节将为读者简单介绍这些数据类型，包括其基本知识与基本使用方法。

> **提示** 新版 GLSL ES 3.0 着色语言，开始支持 32 位整型和浮点型数据以及操作，之前版本的着色语言只支持精度更低的 16 位数据类型。这样虽然能够加快计算速度，所需的资源也更少，但当着色器的计算复杂度增加，由于计算精度不够引发的错误也随之增加。

1. 标量

标量也被称为“无向量”，其值只具有大小，并不具有方向。标量之间的运算遵循简单的代数法则，如质量、密度、体积、时间以及温度等都属于标量。OpenGL ES 着色语言支持的标量类型有 bool、int、uint 与 float，各自的用法如下所列。

- 布尔型——bool。

布尔型用来声明一个单独的布尔数，其值只能为 true 与 false 中的一个。布尔类型的值一般由关系运算或者逻辑运算产生，在着色语言的流程控制中只能使用布尔类型的值作为表达式，其基本用法如下所示。

```
bool b;                                   //声明一个布尔型的变量
```

- 有符号整型/无符号整型——int/uint。

整型分为无符号和有符号两种类型，在默认情况下声明的整型变量都是有符号的类型，用 int 表示。整型用来声明一个单独的整数，其值可以为正数、负数及 0，而无符号整型则不能用来声明负数。

> **提示** 与 C 语言中的整型有所不同，在 OpenGL ES 着色语言中的整数保证支持 32 位精度。开发时注意运算需要在正确的范围内进行（着色语言中无符号整型的精度不含符号位，有符号整型的精度包含符号位），超出运算范围可能产生溢出问题。

OpenGL ES 着色语言中整数也可以像 C 语言中一样，用十进制、八进制或者十六进制等不同的进制来表示，基本用法如下所示。

```
int a=15;                  //十进制
uint b=3u;                 //无符号十进制
int c=036;                 //0 开头的字面常量为八进制，代表十进制的 30
int d=0x3D;                //0x 开头的字面常量为十六进制，代表十进制的 61
```

> **说明** 声明无符号整型（uint）字面常量时，需要在数字之后添加后缀 u 或 U，否则该字面常量的类型为有符号整型（int）。

- 浮点型——float。

浮点型用来声明一个单独的浮点数，浮点型常量可以用十进制形式和指数形式两种方式表示，基本用法如下所示。

```
float f;                    //声明一个 float 型的变量
float g = 2.0;              //在声明变量的同时为变量赋初值
float h, i;                 //同时声明多个变量
float j, k = 2.56, l;       //声明多个变量时，可以为其中某些变量赋初值
float s=3e2;                //声明变量，并赋予指数形式的值，表示 3 乘以 10 的平方
```

需要注意的是，由于 OpenGL ES 着色语言没有采用 C/C++语言那样的方式来提供多种不同精度的浮点数，因此代码中的字面常量就不需要使用后缀来说明精度了，只要给出值即可。

2. 向量

OpenGL ES 着色语言中，向量可以看作是用同样类型的标量组成的，其基本类型也分为 bool、int、uint 及 float 四种。每个向量可以由 2 个、3 个或者 4 个相同的标量组成，具体情况如表 4-1 所列。

表 4-1　各向量类型及说明

向量类型	说明	向量类型	说明
vec2	包含了 2 个浮点数的向量	bvec2	包含了 2 个布尔数的向量
vec3	包含了 3 个浮点数的向量	bvec3	包含了 3 个布尔数的向量
vec4	包含了 4 个浮点数的向量	bvec4	包含了 4 个布尔数的向量
ivec2	包含了 2 个整数的向量	uvec2	包含了 2 个无符号整数的向量
ivec3	包含了 3 个整数的向量	uvec3	包含了 3 个无符号整数的向量
ivec4	包含了 4 个整数的向量	uvec4	包含了 4 个无符号整数的向量

声明向量类型变量的基本语法如下。

```
vec2 v2;                    //声明一个 vec2 类型的向量
ivec3 v3;                   //声明一个 ivec3 类型的向量
uvec3 vu3;                  //声明一个 uvec3 类型的向量
bvec4 v4;                   //声明一个 bvec4 类型的向量
```

向量在着色器代码的开发中有着十分重要的作用，可以很方便地存储以及操作颜色、位置、纹理坐标等不仅包含一个组成部分的量。开发中，有时也可能需要单独访问向量中的某个分量，基本的语法为“<向量名>.<分量名>”，根据目的的不同，主要有如下几种用法。

- 将一个向量看作颜色时，可以使用 r、g、b、a 四个分量名，其分别代表红、绿、蓝、透明度 4 个色彩通道，具体用法如下。

```
aColor.r=0.6;               //给向量 aColor 的红色通道分量赋值
aColor.g=0.8;               //给向量 aColor 的绿色通道分量赋值
```

> **提示**　若向量是 4 维的，则可以使用的分量名为：r、g、b、a；若向量是 3 维的，则可以使用的分量名为 r、g、b；若为 2 维的，则仅可以使用 r、g 两个分量名。

- 将一个向量看作位置时，可以使用 x、y、z、w 四个分量名，其分别代表 x 轴、y 轴、z 轴分量及 W 值，具体用法如下。

```
aPosition.x=67.2;           //给向量 aPosition 的 X 分量赋值
aPosition.z=48.3;           //给向量 aPosition 的 Z 分量赋值
```

> **提示**　若向量是 4 维的，则可以使用的分量名为：x、y、z、w；若向量为 3 维的，则可以使用的分量名为 x、y、z；若向量为 2 维的，则仅可以使用 x、y 两个分量名。另外，一般只有在使用四维齐次坐标的情况下才会同时使用到 x、y、z、w 这 4 个分量。关于齐次坐标的概念及意义会在后面 5.4 节中进行介绍。

- 将一个向量看作纹理坐标时，可以使用 s、t、p、q 四个分量名，其分别代表纹理坐标的不同分量，具体用法如下。

```
aTexCoor.s=0.65;                    //给向量 aTexCoor 的 s 分量赋值
aTexCoor.t=0.34;                    //给向量 aTexCoor 的 t 分量赋值
```

> **提示** 若向量是 4 维的，则可以使用的分量名为：s、t、p、q；若向量为 3 维的，则可以使用的分量名为 s、t、p；若向量为 2 维的，则仅可以使用 s、t 两个分量名。

访问向量中的各个分量不但可以采用“.”加上不同的分量名，还可以将向量看作一个数组，用下标来进行访问，具体用法如下。

```
aColor[0]=0.6;                      //给向量 aColor 的红色通道分量赋值
aPosition[2]=48.3;                  //给向量 aPosition 的 z 轴分量赋值
aTexCoor[1]=0.34;                   //给向量 aTexCoor 的 t 分量赋值
```

> **提示** 关于纹理坐标中的 s、t 分量等读者可能不是很明白，这里不用担心，本书后面介绍纹理贴图的章节会进行详细介绍。

其实，在 C 语言中也可以通过自己构建结构体的方式来支持向量，但进行向量的运算时必须由 CPU 将每个分量依照顺序计算（3 个分量就需要计算 3 次），效率不高。而着色器中的向量则不同，其由硬件原生支持，进行向量的运算时是各分量并行一次完成的（n 个分量只需要一次计算），效率大大提高。

3. 矩阵

有一些基础的开发人员都知道，3D 场景中的移位、旋转、缩放等变换都是由矩阵的运算来实现的。因此 3D 场景的开发中会非常多地使用到矩阵，因此，OpenGL ES 着色语言中也提供了对矩阵类型的支持。这大大方便了开发，免去了自行构建矩阵的麻烦。

矩阵按尺寸分为 2×2 矩阵、2×3 矩阵和 2×4 矩阵、3×2 矩阵、3×3 矩阵和 3×4 矩阵以及 4×2 矩阵、4×3 矩阵和 4×4 矩阵，其中矩阵类型的第一个数字表示矩阵的列数，第二个数字表示矩阵的行数，具体情况如表 4-2 所列。

表 4-2 矩阵的类型及说明

矩 阵 类 型	说　明	矩 阵 类 型	说　明
mat2	2×2 的浮点数矩阵	mat2×2	2×2 的浮点数矩阵
mat3	3×3 的浮点数矩阵	mat2×3	2×3 的浮点数矩阵
mat4	4×4 的浮点数矩阵	mat2×4	2×4 的浮点数矩阵
mat3×2	3×2 的浮点数矩阵	mat4×2	4×2 的浮点数矩阵
mat3×3	3×3 的浮点数矩阵	mat4×3	4×3 的浮点数矩阵
mat3×4	3×4 的浮点数矩阵	mat4×4	4×4 的浮点数矩阵

矩阵类型的基本用法如下。

```
mat2 m2;                            //声明一个 mat2 类型的矩阵
mat3 m3;                            //声明一个 mat3 类型的矩阵
mat4 m4;                            //声明一个 mat4 类型的矩阵
mat3x2 m5;                          //声明一个 mat3x2 类型的矩阵
```

OpenGL ES 着色语言中，矩阵是按列顺序组织的，也就是一个矩阵可以看作由几个列向量组成。例如，mat3 就可以看作由 3 个 vec3 组成。另外，mat2 与 mat2×2、mat3 与 mat3×3 以及 mat4

与 mat4×4 是 3 组两两完全相同的类型，只是其类型的名称不同而已。

对于矩阵的访问，可以将矩阵作为列向量的数组来访问。如 matrix 为一个 mat4，可以使用 matrix[2]取到该矩阵的第 3 列，其为一个 vec4；也可以使用 matrix[2][2]取得第 3 列的向量的第 3 个分量，其为一个 float；其他的依此类推。

> **提示**　从数学上讲，矩阵看作由向量组成时有两种选择：可以将矩阵看作由多个行向量组成或看作由多个列向量组成。虽然不同的选择功能一样，但在具体进行计算时是有所不同的，因此，了解 OpenGL ES 的选择非常重要。对这方面数学不太了解的读者可以参看一些线性代数的相关资料。

4. 采样器

采样器是着色语言中不同于 C 语言的一种特殊的基本数据类型，其专门用来进行纹理采样的相关操作。一般情况下，一个采样器变量代表一幅或一套纹理贴图，其具体情况如表 4-3 所列。

表 4-3　　采样器基本类型及说明

采样器类型	说　明	采样器类型	说　明
sampler2D	用于访问浮点型的二维纹理	isampler3D	用于访问整型的三维纹理
sampler3D	用于访问浮点型的三维纹理	isamplerCube	用于访问整型的立方贴图纹理
samplerCube	用于访问浮点型的立方贴图纹理	isampler2DArray	用于访问整型的 2D 纹理数组
samplerCubeShadow	用于访问浮点型的立方阴影纹理	usampler2D	用于访问无符号整型的二维纹理
sampler2DShadow	用于访问浮点型的二维阴影纹理	usampler3D	用于访问无符号整型的三维纹理
sampler2DArray	用于访问浮点型的 2D 纹理数组	usamplerCube	用于访问无符号整型的立方贴图纹理
sampler2DArrayShadow	用于访问浮点型的 2D 阴影纹理数组	usampler2DArray	用于访问无符号整型的 2D 纹理数组
isampler2D	用于访问整型的二维纹理		

需要注意的是，与前面介绍的几类变量不同，采样器变量不能在着色器中进行初始化。一般情况下采样器变量都用 uniform 限定符来修饰，从宿主语言（如 C++、Java）接收传递进着色器的值。此外，采样器变量也可以用作函数的参数，但是作为函数参数时不可以使用 out 或 inout 修饰符来修饰。

5. 结构体

OpenGL ES 着色语言还提供了类似于 C 语言中的用户自定义结构体，同样也是使用 struct 关键字进行声明，基本用法如下所示。

```
struct info{                          //声明一个结构体 info
    vec3 color;                       //颜色成员
    vec3 position;                    //位置成员
    vec2 textureCoor;                 //纹理坐标成员
};
```

声明了 info 类型的结构体之后，就可以像使用内建数据类型一样使用这个用户自定义的类型了，如：

```
info CubeInfo;                        //声明了一个 info 类型的变量 CubeInfo
```

> **提示**　对于结构体来说，其他的使用方法都与 C 语言基本类似，笔者就不再赘述，读者可自行查阅并参考 C 语言的结构体部分的相关知识。

6. 数组

从前面向量的介绍中读者就会感觉到，着色语言应该是支持数组的。在着色语言中，开发人员可以声明任何类型的数组。声明数组的方式主要有两种，具体如下所列。

（1）在声明数组的同时，指定数组的大小：

```
vec3 position[20];                    //声明了一个包含 20 个 vec3 的数组，索引从 0 开始
```

（2）在声明数组并初始化的同时，可以不指定数组的大小：

```
float x[]=float[2](1.0,2.0);                    //数组的长度为 2
float y[]=float[](1.0,2.0,3.0);                 //数组的长度为 3
```

> **提示** OpenGL ES 3.0 的着色语言只支持一维数组的使用，不支持二维以及更多维数组的使用。对于这一点，请读者稍加注意。

7. 空类型

空类型使用 void 表示，仅用来声明不返回任何值的函数。例如在顶点着色器以及片元着色器中必须存在的 main 函数就是一个返回值为空类型的函数，代码如下所示。

```
void main()                           //声明一个空返回值类型的 main 方法
{/*函数的具体操作省略 ……              */}
```

4.2.2 数据类型的基本使用

前一小节介绍了 OpenGL ES 着色语言中的各个数据类型，掌握了这些数据类型的基本知识后，本小节将为读者简单介绍这些数据类型的声明、初始化以及作用域的问题。

1. 声明、作用域及初始化

变量的声明及作用域与 C++语法类似，可以在任何需要的位置声明变量，同时其作用域也与 C++类似，分为局部变量与全局变量。请读者考察如下代码片段。

```
1    int a,b;                                  //声明了全局变量 a 及 b
2    vec3 aPosition=vec3(1.0,2.0,3.3);         //声明了全局变量 aPosition 并赋初值
3    void myFunction(){
4         int c=14;                            //声明了局部变量 c 并赋初值
5         a=4;                                 //给全局变量 a 赋值
6         b=a*c;                               //给全局变量 b 赋值
7    }
```

- 第 1 行声明了全局变量 a、b，其作用域为整个着色器。
- 第 4 行声明了局部变量 c，其作用域为自其声明开始到 myFunction 函数结束。

> **提示** 着色语言还有一点特殊的地方，在一些着色语言的实现中不可以在 if 语句中声明新的变量，这是为了简化变量在 else 子句上作用域的实现。笔者目前使用的 Android 平台的各种实现基本都是支持在 if 语句中声明变量的，但也不排除有特殊情况出现，读者了解这一点即可。

虽然着色器中变量的命名很自由，仅要求变量由字母、数字与下划线组成，且必须以字母或下划线开头。但开发人员在开发程序时，有一个良好的命名习惯将提高代码的可维护性，同时使得开发的代码简洁、美观，可读性强。因此，笔者建议在着色语言的开发中，变量按照如下规则进行命名。

- 由于系统中有很多内建变量都是以“gl_”作为开头，因此用户自定义的变量不允许使用

“gl_”作为开头。

❑ 为自己的函数或变量取名时尽量采用有意义的拼写，除了一些局部变量外不要采用 a、b、c 这样的名称。若一个单词不足以描述变量的用途，可以用多个单词组合，除第一个单词全小写外，其他每个单词的第一个字母大写。

向量的初始化还有一些灵活变化的技巧，下面的代码片段说明了这个问题。

```
1    float a=12.3;          //声明了浮点变量 a 并赋初值
2    float b=11.4;          //声明了浮点变量 b 并赋初值
3    vec2 va=vec2(2.3,2.5); //声明了 2 维向量 va 并赋初值
4    vec2 vb=vec2(a,b);     //声明了 2 维向量 vb 并赋初值
5    vec3 vc=vec3(vb,13.5); //声明了 3 维向量 vc 并赋初值
6    vec4 vd=vec4(va,vb);   //声明了 4 维向量 vd 并赋初值
7    vec4 ve=vec4(0.2);     //声明了 4 维向量 ve 并赋初值，相当于 vec4(0.2,0.2,0.2,0.2)
8    vec3 vf=vec3(ve);      //声明了 3 维向量并初始化，相当于(0.2,0.2,0.2)，舍弃了 ve 的第 4 个分量
```

说明　从上述代码中可以看出，初始化时向量的各个分量既可以使用字面常量，也可以使用变量，还可以从其他向量直接获取。同时，若向量各分量的值相同，还可以采用如第 7 行代码所示的简化语法。若声明向量的维数小于其构造器中向量的维数时，也可以采用如第 8 行代码所示的方式，舍弃构造器中向量的相应分量。实际开发中，读者可以根据具体情况灵活选用。

矩阵的初始化也有一些灵活变化的技巧，具体分为如下几种情况。

❑ 初始化时矩阵的各个元素既可以使用字面常量，也可以使用变量，还可以从其他向量直接获取。

❑ 初始化时若矩阵只有对角线上有值且相同，可以通过给出 1 个字面常量初始化矩阵。

❑ 初始化时矩阵 M1 的行列数（N×N）小于构造器中矩阵 M2 的行列数（M×M）时，即 N<M，矩阵 M1 的元素值为矩阵 M2 左上角 N×N 个对应元素的值。

❑ 初始化时矩阵 M1 的行列数（N×M）与构造器中矩阵 M2 的行列数（P×Q）不同，且 P 和 Q 之间的最大值大于 N 和 M 之间的最大值时（假设 M1 为 mat2×3，M2 为 mat4×2），矩阵 M1 左上角 N×N 个元素的值为矩阵 M2 左上角 N×N 个元素的值，矩阵 M1 的其他行的元素值为 0。

❑ 初始化时矩阵 M1 的行列数（N×N）大于构造器中矩阵 M2 的行列数（M×M）时，即 N>M，矩阵 M1 左上角 M×M 个元素的值为矩阵 M2 的对应元素值，矩阵 M1 右下角剩余对角线元素的值为 1，矩阵 M1 剩余其他的元素值为 0。

下面的代码片段说明了上述的问题：

```
float a=6.3;                                        //声明了浮点变量 a 并赋初值
float b=11.4;                                       //声明了浮点变量 b 并赋初值
float c=12.5;                                       //声明了浮点变量 c 并赋初值
vec3 va=vec3(2.3,2.5,3.8);
vec3 vb=vec3(a,b,c);
vec3 vc=vec3(vb.x,va.y,14.4);
mat3 ma=mat3(1.0,2.0,3.0,4.0,5.0,6.0,7.0,8.0,c);//通过给出 9 个字面常量初始化 3×3 的矩阵
mat3 mb=mat3(va,vb,vc);                   //通过给出 3 个向量初始化 3×3 的矩阵
mat3 mc=mat3(va,vb,1.0,2.0,3.0);          //通过给出 2 个向量和 3 个字面常量初始化 3×3 的矩阵
mat3 md=mat3(2.0) ;                       //通过给出 1 个字面常量初始化 3×3 的矩阵
mat4x4 me=mat4x4(3.0);//等价于mat4x4(3.0,0.0,0.0,0.0,0.0,3.0,0.0,0.0,0.0,0.0,3.0,0.0,
0.0,0.0,0.0,3.0)
mat3x3 mf=mat3x3(me);//等价于mat3x3(3.0,0.0,0.0,0.0,3.0,0.0,0.0,0.0,3.0)
vec2 vd=vec2(a,b);
mat4x2 mg=mat4x2(vd,vd,vd,vd);
mat2x3 mh=mat2x3(mg);                //等价于mat2x3(6.3,11.4,0.0, 6.3,11.4,0.0)
mat4x4   mj=mat4x4(mf);// 等 价 于 /mat4×4(3.0,0.0,0.0,0.0,   0.0,3.0,0.0,0.0,
0.0,0.0,3.0,0.0, 0.0,0.0,0.0,1.0)
```

> **说明** 从上述代码中可以看出，第 7～9 行的代码遵循了第一条规则，第 10 行、第 11 行的代码遵循了第二条规则，第 12 行的代码遵循了第三条规则，第 15 行的代码遵循了第四条规则，第 16 行代码遵循了第五条规则。实际开发中，读者可以根据具体情况灵活选用。

2. 变量初始化的规则

该语言中的变量初始化规则基本承袭自 C 语言，但也有一些不同，基本规则如下所列。

- 常用初始化方式：变量可以在声明时就进行初始化。

```
int a=2,b=3,c;       //声明了 int 型的变量 a、b 与 c，同时为 a 与 b 变量赋初值
```

- 用 const 限定符修饰的变量必须在声明时进行初始化。

```
const float k=1.0;                          //在声明时初始化
```

- 全局的输入变量、一致变量以及输出变量在声明时一定不能进行初始化。

```
in float angleSpan;                         //不可对全局输入变量进行初始化
uniform int k;                              //不可对一致变量进行初始化
out vec3 position;                          //不可对全局输出变量进行初始化
```

> **提示** 为了防止重复计算，着色器中应少使用字面常量，而用常量代替，如有多个 1.0、0.0，可以声明常量，重复使用。关于输入变量、一致变量以及输出变量的细节在后面会进行详细介绍，这里读者简单了解语法规则即可。

4.2.3 运算符

前两小节为读者介绍了 OpenGL ES 着色语言的各种数据类型及其用法，本小节将介绍如何实现对各种数据的操作，这在开发中是十分重要的。与大多数编程语言类似，常见的运算符都可以在着色语言中使用。下面按照优先级顺序列出了 OpenGL ES 着色语言中可以使用的运算符，如表 4-4 所列。

表 4-4 运算符列表（按照优先级顺序排列）

运 算 符	说　明	运 算 符	说　明
( )	括号分组	[ ]	数组下标
( )	函数调用和构造函数结构	.	用于成员选择与混合
++ --	自加 1 与自减 1 后缀	++ --	自加 1 与自减 1 前缀
+ - ～ !	一元运算符	* / %	乘法、除法和取余
+ -	加法与减法	<< >>	逐位左移和右移
< > <= >=	关系运算符	== !=	等于以及不等于
&	逐位与	^	逐位异或
|	逐位或	&&	逻辑与
^^	逻辑异或	||	逻辑或
?:	选择	= += -= *= /=	赋值运算符
%= <<= >>= &= ^= |=	赋值运算符	,	按顺序排列

> **提示** 表 4-4 中的优先级按照先从左到右，再从上到下的顺序。

了解了运算符的优先级之后，下面对常用的一些运算符进行更为详细的介绍。

1. 索引

从表 4-4 中可以发现，着色语言中的索引表示方法与 C 语言中是完全相同的，用“[ ]”来表示。并且在 OpenGL ES 着色语言中，索引的起始下标也为 0。

索引经常用在对数组、向量或者矩阵的操作中，通过索引操作，可以方便地获取数组、向量或者矩阵中包含的各种元素，具体使用如下面的代码片段所示。

```
float array[10];                    //声明一个大小为 10 的 float 型数组
array[2]=1.0;                       //通过索引操作获取到下标为 2 的元素，并且给其赋值
vec3 position=vec3(2.3,5.0,0.2);//声明一个 vec3 类型的向量，并且进行初始化
float temp=position[1];             //通过索引对 position 向量进行操作，获取到其第二个值 5.0 并赋给
temp
mat4 matrix=mat4(1.0);             //声明一个 mat4 类型的矩阵 matrix，并进行初始化
vec4 tempV=matrix[1];               //通过索引对 matrix 矩阵进行操作，获取到对应向量并赋值给 tempV
```

2. 混合选择

通过运算符“.”可以进行混合选择操作，在运算符“.”之后列出一个向量中需要的各个分量的名称，就可以选择并重新排列这些分量。下面的代码片段说明了这个问题。

```
vec4 color= vec4(0.7,0.1,0.5,1.0);   //声明一个 vec4 类型的向量 color
vec3 temp=color.agb;             //相当于获取到一个向量(1.0,0.1,0.5)赋值给 temp
vec4 tempL=color.aabb;           //相当于获取到一个向量(1.0,1.0,0.5,0.5)赋值给 tempL
vec3 tempLL;                     //声明了一个 3 维向量 tempLL
tempLL.grb=color.aab;            //对向量 tempLL 的 3 个分量赋值
```

- 从上述代码片段中可以看出，一次混合最多只能列出 4 个分量名称，且一次出现的各部分的分量名称必须是来自同一名称组。3 个名称组分别为：xyzw、rgba、stpq，这在前面的 4.2.1 小节中已经介绍过。如“color.xa”就是错误的，因为分量名称没有来自同一个组。
- 各分量的名称在进行混合时可以改变顺序以进行重新排列。
- 以赋值表达式中的“=”为界，其左侧称之为 L 值（要写入的表达式），右侧称之为 R 值（所读取的表达式）。进行混合时，R 值可以使用一个向量的各个分量任意地组合以及重复，而 L 值则不能有任何的重复分量，但可以改变分量顺序。

3. 算术运算符

自加以及自减运算符“++与--”执行的操作与 C 语言中相同，即可以用于整数也可以用于浮点数。若在向量以及矩阵中使用，则向量或矩阵的每个元素都加 1 或者减 1。

对标量而言，加减乘除和取余运算与 C 语言基本没有区别。但若是对矩阵运算，则进行的是线性代数中的相关运算。如在矩阵上使用乘法时，执行的不再是简单的算术运算，而是线性代数的矩阵乘法。下面的代码片段说明了这些特殊的情况。

```
vec3 va=vec3(0.5,0.5,0.5);           //声明了一个 vec3 向量 va
vec3 vb=vec3(2.0,1.0,4.0);           //声明了一个 vec3 向量 vb
vec3 vc=va*vb;                       //两个向量执行按分量的乘法，加减与之类似
mat3 ma=mat3(1,2,3,4,5,6,7,8,9);     //声明了一个 mat3 矩阵 ma
mat3 mb=mat3(9,8,7,6,5,4,3,2,1);     //声明了一个 mat3 矩阵 mb
vec3 vd=va*ma;                       //执行向量与矩阵的乘法，满足线性代数的定义
mat3 mc=ma*mb;                       //执行矩阵乘法，满足线性代数的定义
```

- 向量用算术运算符运算时，执行的是各分量的算术运算。如将两个向量用“+”相加，实际执行的是向量的各分量相加得到一个新的向量。
- 关于向量与矩阵以及矩阵与矩阵的乘法都是执行的满足线性代数定义的运算。

4. 其他运算符

❑ 关系运算符（<、>、<= 、>=）只能用在浮点数或整数标量的操作中，通过关系运算符的运算将产生一个布尔型的值。如果想要得到两个向量中的每一个元素比较大小的结果，则可以调用内置函数 lessThan、lessThanEqual、greaterThan 和 greaterThanEqual。

❑ 等于运算符（==、!=）可以用在任何类型数据的操作中，在等于操作中将对左右两个操作数的每一个分量分别进行比较，然后得出一个布尔型的值，说明左右两个操作数是否完全相等。如果想要得到两个向量中的每一个元素是否相等的结果，则可以调用内置函数 equal 和 notEqual。

❑ 逻辑运算符包括与（&&）、或（||）、非（!）以及异或（^^）4 种操作类型，这些操作只可以用在类型为布尔标量的表达式中，不可以用在矩阵中。

❑ 选择运算符（?:）的使用方法也与 C 相同，可以用在除数组之外的任何类型中。但是要注意，第 2 个以及第 3 个表达式必须是相同的类型。通过计算第一个逻辑表达式得到一个布尔类型的值，若为 true 则只计算第 2 个表达式，若为 false 则只计算第 3 个表达式。

❑ 位运算符包括取反（～）、左移（<<）、右移（>>）、与（&）、或（|）和异或（^）六种操作类型，这些操作符只适用于有符号或者无符号的整型标量或者整型向量的类型。其中后 3 种位运算符要求左右两边的操作数必须是相同长度的整型量。

❑ 赋值运算符中最常用的“=”在操作时，要求符号两边的操作数必须类型完全相同。这一点很特殊，与 C/C++以及 Java 等通用编程语言不同，着色语言的赋值没有自动类型转换或提升功能。例如“float a=1;”就是错的，因为左侧的 a 是浮点型，右侧的 1 是整型。

4.2.4 构造函数

构造函数的使用可以看作函数调用，函数名称是某一基本类型，回调结果是得到指定类型的实例。构造函数还可以用来进行数据类型的转换，将在下一小节进行简单介绍。本小节则主要针对向量和矩阵的构造函数、结构体的构造函数和数组的构造函数进行介绍。

1. 向量的构造函数

向量的构造函数可以用来创建指定类型向量的实例，其入口参数一般可以为基本类型的字面常量、变量或其他向量，主要有如下两种基本形式。

❑ 如果向量的构造函数内只有一个标量值，那么该向量的所有分量都等于该值。

❑ 如果向量的构造函数内有多个标量或者向量参数，那么向量的分量则由左向右依次被赋值。在这种情况下，参数的分量和向量的分量至少要一样多。

下面的代码片段对向量的构造函数进行了简单的说明。

```
vec4 myVec4 = vec4(1.0);                //myVec4 的每一个分量值都是 1.0
vec3 myVec3 = vec3(1.0,0.0,0.5);        //myVec3 的分量值分别为 1.0、0.0、0.5
vec3 temp = vec3(myVec3);               //temp 各个分量的值等于 myVec3 各个分量的值
vec2 myVec2 = vec2(myVec3);             //myVec2 的分量值分别为 1.0、0.0
myVec4 = vec4(myVec2, temp);            //myVec4 的分量值分别为 1.0、0.0、1.0、0.0
```

> **提示** 如果向量的构造函数的参数与声明向量的类型不相符，则会选择数据类型转换的方式转换参数类型，与向量类型匹配。

2. 矩阵的构造函数

相比向量的构造函数，矩阵的构造函数更加灵活一些。矩阵的构造函数共有 3 种基本形式。

❑ 如果矩阵的构造函数内只有一个标量值，那么矩阵的对角线上的分量都等于该值，其余值为 0。

- ❑ 矩阵可以由许多向量构造而成。比如说，一个 mat2 矩阵可以由两个 vec2 构成。
- ❑ 矩阵还可以由大量的标量值构成，矩阵的分量由左向右依次被赋值。

只要提供了足够的参数，矩阵甚至可以由任意的标量值和向量值合并构成，下面的代码片段对矩阵构造函数的使用进行了简单的说明。

```
1    vec2 d=vec2(1.0,2.0);                          //d 的分量值分别为 1.0、2.0
2    mat2 e=mat2(d,d);                              //e 的第一列和第二列均为 1.0、2.0
3    mat3 f=mat3(e);    //将矩阵 e 放到矩阵 f 的左上角，右下角剩余对角线元素的值为 1，其余为 0
4    mat4x2 g=mat4x2(d,d,d,d);                      //声明一个 mat4*2 矩阵
5    mat2x3 h=mat2x3(g); //将矩阵 g 左上角的 2*2 个元素值赋值给 h 中的对应元素，h 矩阵的最后一行为 0,0
6    mat3 myMat3 = mat3(1.0, 0.0, 0.0,              //矩阵 myMat3 第一列的值
7                       0.0, 1.0, 0.0,              //矩阵 myMat3 第二列的值
8                       0.0, 1.0, 1.0);             //矩阵 myMat3 第三列的值
```

> **提示**　OpenGL ES 中矩阵元素的存储顺序以列为主，即矩阵由列向量组成。因此，当使用矩阵的构造函数时，矩阵的元素将会按照矩阵的列的顺序依次被参数赋值。这一点从上述代码片段的第 5 行有所体现。

3. 结构体的构造函数

如果一个结构体被定义，并且赋予了一个类型名，即可用该类型名去构造该结构体的实例。下面的代码片段说明了这个问题。

```
struct light{                                          //定义结构体 light
    float intensity;                                   //声明 float 型成员
    vec3 position;                                     //声明 vec3 型成员
};
light lightVar=light(2.0,vec3(1.0,2.0,3.0));           //创建 light 结构体的实例
```

> **说明**　构造函数内的每一个值都会按顺序赋给结构体内相应的成员，要求每一个值的类型都要与结构体内的成员类型相匹配。结构体的构造函数同样适用于初始化或者表达式。

4. 数组的构造函数

数组类型同样可以作为构造函数的名称，该构造函数同样适用于初始化或者表达式，具体情况如下面的代码片段所示。

```
const float i[3]=float[3](1.0,2.0,3.0);                //声明一个长度为 3 的 float 数组
const float j[3]=float[](1.0,2.0,3.0);                 //声明一个长度为 3 的 float 数组
float k=1.0;                                           //声明一个变量
float m[3];                                            //定义一个一维数组
m=float[3](k,k+1.0,k+2.0);                             //给数组赋值
```

> **说明**　在使用数组的构造函数时，需要保证参数的个数与定义的数组长度相同。数组的索引值从 0 开始，并且每个参数的类型与定义数组的类型必须一致。

4.2.5　类型转换

OpenGL ES 着色语言没有提供类型的自动提升功能，并且对类型匹配的要求十分严格。例如前面介绍过的，赋值表达式中的两个操作数类型必须完全相同，另外调用函数时的形参以及实参的类型也必须完全相同。

同时 OpenGL ES 着色语言也没有提供数据类型的强制转换功能，只能使用构造函数来完成类型转换，下面的代码片段说明了这个问题。

```
float f=1.0;          //声明一个浮点数 f 并赋值
bool b=bool(f);       //将浮点数转换成布尔类型,该构造函数将非 0 的数字转为 true,0 转为 false
float f1=float(b);    //将布尔值转变为浮点数，true 转换为 1.0，false 转换为 0.0
int c=int(f1);        //将浮点数转换成有符号或者无符号整型，直接去掉小数部分
```

虽然 OpenGL ES 着色语言这样的类型转换设计相比其他高级语言来说不是很方便，但是，可以避免某些类型转换带来的性能、复杂性缺陷，简化了语言对应的硬件实现，可以说是利大于弊。由于着色语言中并不存在自动的类型转换功能，因此，一些 C++、Java 中熟悉的写法在着色语言中就不能使用。如下面的代码片段所示。

```
float f0=1;           //声明一个浮点数并赋值
```

> **说明** 着色语言中如此声明浮点数，会产生编译错误。这是因为左侧的变量 f0 是浮点型，而右侧的字面常量“1”是整型。这也是一个初学者常犯的错误，读者要多注意。

4.2.6 存储限定符

与其他编程语言一样，着色器中对变量也有很多可选的限定符，首先介绍的是存储（storage）限定符。这些限定符中大部分只能用来修饰全局变量，主要的如表 4-5 所列。

表 4-5 4 种存储限定符及说明

限 定 符	说 明
const	用于声明常量
in/centroid in	一般用于声明着色器的输入变量，如顶点着色器中用来接收顶点位置、颜色等数据的变量，centroid in 变量与插值类型有关
out/centroid out	一般用来声明着色器的输出变量，如从顶点着色器向片元着色器传递的顶点位置等数据的变量，centroid out 变量与插值类型有关
uniform	一般用于对同一组顶点组成的单个 3D 物体中所有顶点都相同的量，如当前的光源位置

下面给出了使用上述 4 种限定符的代码片段。

```
uniform mat4 uMVPMatrix;          //声明一个用 uniform 修饰的 mat4 类型的矩阵
in vec3 aPosition;                //声明一个用 in 修饰的 vec3 类型的向量
out vec4 aaColor;                 //声明一个用 out 修饰的 vec4 类型的向量
const int lightsCount = 4;        //声明一个用 const 修饰的 int 类型的常量
```

限定符在使用时应该放在变量类型之前，且使用 in、uniform 以及 out 限定符修饰的变量必须为全局变量。同时要注意的是，着色语言中没有默认限定符的概念，因此如果有需要，必须为全局变量明确指定需要的限定符。

下面对几种限定符进行更为详细介绍，具体内容如下所列。

1. in/centroid in 限定符

in/centroid in 限定符修饰的全局变量又称为输入变量，其形成当前着色器与渲染管线前驱阶段的动态输入接口。输入变量的值是在着色器开始执行时，由渲染管线的前一阶段送入。在着色器程序执行过程中，变量不可以被重新赋值。in/centroid in 限定符的使用分为如下两种情况。

（1）顶点着色器的输入变量

顶点着色器中只能使用 in 限定符来修饰全局变量，不能使用 centroid in 限定符和后面将要介

绍的 interpolation 限定符。在顶点着色器中使用 in 限定符修饰的变量用来接收渲染管线传递进顶点着色器的当前待处理顶点的各种属性值。这些属性值每个顶点各自拥有独立的副本，用于描述顶点的各项特征，如顶点坐标、法向量、颜色、纹理坐标等。

> **提示**　关于 interpolation 限定符的细节在后面会进行详细介绍，这里简单了解即可。

顶点着色器中用 in 限定符修饰的变量其值实质是由宿主程序（本书中为 Java、C++）批量传入渲染管线的，管线进行基本处理后再传递给顶点着色器（参考图 3-24）。数据中有多少个顶点，管线就调用多少次顶点着色器，每次将一个顶点的各种属性数据传递给顶点着色器中对应的 in 变量。因此，顶点着色器每次执行将完成对一个顶点各项属性数据的处理。

在顶点着色器中，in 限定符只能用来修饰浮点数标量、浮点数向量、矩阵变量以及有符号或无符号的整型标量或整型向量，不能用来修饰其他类型的变量。下面的代码片段给出了在顶点着色器中正确使用 in 限定符的情况。

```
in vec3 aPosition;                                    //顶点位置
in vec3 aNormal;                                      //顶点法向量
```

> **提示**　从上述介绍中可以看出，若需要渲染的 3D 物体中有很多顶点，顶点着色器就需要执行很多次，这很耗费时间。另外，由于顶点着色器每次执行仅处理一个独立顶点的相关数据，可见顶点着色器的多次执行之间并没有什么逻辑依赖。因此，当今主流的 GPU 中都配置了不止一套顶点着色器的硬件，数量从几套到几百套不等。通过这些顶点着色器的并发执行，可以提高渲染速度。

前面已经提过，顶点着色器中对于用 in 限定符修饰的变量其值是由宿主程序批量传入渲染管线的。一般来说，将顶点数据传送进渲染管线需要调用 glVertexAttribPointer 方法或 glVertexAttribIPointer 方法，这两个方法的具体情况如表 4-6 所列。

表 4-6　　glVertexAttribPointer 与 glVertexAttribIPointer 方法

方法签名	含　义
void glVertexAttribPointer（int index,int size,int type, boolean normalized, int stride, Buffer ptr）	将顶点属性的浮点型数据传送进渲染管线。index 参数表示顶点属性的索引值（引用值），其值范围为[0,gl_MaxVertexAttribs-1]。size 参数为每个顶点属性的组件数量，其值一般在 1～4。type 参数为每个顶点属性数据的数据类型。常量符号包括 GL_BYTE、GL_UNSIGNED_BYTE、GL_SHORT、GL_UNSIGNED_SHORT、GL_INT、GL_UNSIGNED_INT、GL_FLOAT 和 GL_FIXED 等。normalized 参数表示非浮点类型数据转化为浮点数据时，是否需要规格化。stride 参数表示相邻顶点数据的间隔，单位为字节。ptr 参数表示顶点属性数据缓冲
void glVertexAttribIPointer（int index, int size, int type, int stride, Buffer pointer）	将顶点属性的整型数据传送进渲染管线。index 参数表示顶点属性的索引值（引用值），其值范围为[0,gl_MaxVertexAttribs-1]。size 参数为每个顶点属性的组件数量，其值一般在 1～4。type 参数为每个顶点属性数据的数据类型，常量符号包括 GL_BYTE、GL_UNSIGNED_BYTE、GL_SHORT、GL_UNSIGNED_SHORT、GL_INT、GL_UNSIGNED_INT。stride 参数表示相邻顶点数据的间隔，单位为字节。pointer 参数表示顶点属性数据缓冲

上面给出了将顶点属性数据送入渲染管线的常用方法，其相关代码如下。

```
int maPositionHandle;                              //声明顶点位置属性引用
maPositionHandle = GLES30.glGetAttribLocation(     //获取顶点位置属性引用的值
    mProgram,                                      //采用的着色器程序 id
    "aPosition"                                    //着色器中对应的输入变量名称
);
GLES30.glVertexAttribPointer(                      //将顶点位置数据传送进渲染管线
    maPositionHandle,                              //顶点位置属性引用
    3,                  //每顶点一组的数据个数（这里是 X、Y、Z 坐标，因此为 3）
```

```
9       GLES30.GL_FLOAT,                    //数据类型
10      false,                              //是否规格化
11      3*4,                                //每组数据的尺寸，这里每组 3 个浮点数值(X、Y、Z 坐标)
12                                          //每个浮点数 4 个字节，共 3*4=12 个字节
13      mVertexBuffer                       //存放了数据的缓冲
14  );
15  GLES30.glEnableVertexAttribArray(maPositionHandle);        //启用顶点位置数据
```

- 第 1 行声明了一个整型变量 maPositionHandle，其用来存储从着色器中获取的对应输入变量的引用值。
- 第 2-5 行通过 glGetAttribLocation 方法获取了着色器中指定名称输入变量的引用值。
- 第 6-14 行将已经放入缓冲中的数据批量传入渲染管线，以备管线经过基本处理后将对应的值传递给顶点着色器中接收顶点属性数据的输入变量。
- 上述代码中对应于输入变量 aPosition，每个顶点的数据个数为 3，占用的空间为 12 字节，类型为 GL_FLOAT。因此，对于输入变量 aPosition，当管线将数据传递给其时，会每次从对应的缓冲中取出 12 个字节，拆分成 3 个 4 字节浮点数。而着色器中名称为 aPosition 的输入变量类型为 vec3，正好与之匹配。
- 将缓冲中的数据传递进渲染管线时需要根据对应输入变量的类型给 glVertexAttribPointer 方法设置合理的参数值。本书中几乎每个案例都要用到此功能，读者可以在学习中慢慢体会。
- 第 15 行通过顶点位置属性引用 maPositionHandle 启用了批量传入管线的数据。

提示 从上述代码中可以看出，主要的工作分为 3 步：获取对应接收属性值的输入变量的引用、通过引用将缓冲中的数据传入管线、启用传入的数据。上述代码片段中的工作往往不是在一个方法中完成的，具体位置情况可以参考上一章 Sample3_1 中的 Triangle 类。

从上述代码片段中可以看出，在传送顶点属性数据之前，首先需要按照顶点的次序依次将属性值送入缓冲，这项工作对应的代码片段如下。

```
float vertices[]=new float[] { //首先将顶点此项属性数据依次放入数组，这里是顶点坐标
    -4*UNIT_SIZE,0,            //第 1 个顶点的 X、Y、Z 坐标值
    0,0,-4*UNIT_SIZE,          //第 2 个顶点的 X、Y、Z 坐标值
    0,4*UNIT_SIZE,0,0          //第 3 个顶点的 X、Y、Z 坐标值
};
ByteBuffer vbb = ByteBuffer.allocateDirect(vertices.length*4);//开辟对应容量的缓冲
vbb.order(ByteOrder.nativeOrder());                //设置字节顺序为本地操作系统顺序
mVertexBuffer = vbb.asFloatBuffer()                //浮点(Float)型缓冲
mVertexBuffer.put(vertices);                       //将数组中的顶点数据送入缓冲
mVertexBuffer.position(0);                         //设置缓冲起始位置
```

说明 上述代码给出了准备顶点坐标数据缓冲的基本套路，首先将需要的数据依次放入数组，然后开辟对应容量的缓冲，最后将数组中的数据存入缓冲即可。随具体情况的变化，数据的数量、类型会有所不同，读者可以从后面章节的案例中逐步学习到。

（2）片元着色器的输入变量

片元着色器中可以使用 in 或 centroid in 限定符来修饰全局变量，其变量用于接收来自顶点着色器的相关数据，最典型的是接收根据顶点着色器的顶点数据插值产生的片元数据。

在片元着色器中，in/centroid in 限定符可以修饰的类型包括有符号或无符号的整型标量或整型向量、浮点数标量、浮点数向量、矩阵变量以及数组变量、结构体变量。然而，当片元着色器中 in/centroid in 变量的类型为有符号或无符号整型标量或整型向量时，变量也必须使用后面介绍到的 flat 限定符来修饰。

提示　flat 限定符是 interpolation 限定符中的一种，其具体细节在后面会详细介绍。

下面的代码片段给出了在片元着色器中正确使用 in 限定符的情况。

```
in vec3 vPosition;                        //接收从顶点着色器传递过来的顶点位置数据
centroid in vec2 vTexCoord;               //接收从顶点着色器传递过来的纹理坐标数据
flat in vec3 vColor;                      //接收从顶点着色器传递过来的颜色数据
```

提示　顶点着色器的 in 变量不可以用来声明数组，也不可以用来声明结构体对象。此外，顶点着色器的 in 变量不像一致变量能通过打包传送数据，因此最好使用 vec4 的整数倍送入，以提高效率。

2. uniform 限定符

uniform 为一致变量限定符，一致变量指的是对于同一组顶点组成的单个 3D 物体中所有顶点都相同的量。uniform 变量可以用在顶点着色器或片元着色器中，其支持用来修饰所有的基本数据类型。与 in 变量类似，一致变量的值也是从宿主程序传入的。

下面的代码片段给出了在顶点或片元着色器中正确使用 uniform 限定符的情况。

```
uniform mat4 uMVPMatrix;                  //总变换矩阵
uniform mat4 uMMatrix;                    //基本变换矩阵
uniform vec3 uLightLocation;              //光源位置
uniform vec3 uCamera;                     //摄像机位置
```

将一致变量的值从宿主程序（本书中为 Java 或 C++）传入渲染管线的相关代码如下。

```
int muMVPMatrixHandle;                    //总变换矩阵一致变量引用
//获取着色器程序中总变换矩阵一致变量的引用
muMVPMatrixHandle = GLES30.glGetUniformLocation(mProgram, "uMVPMatrix");
//通过一致变量引用将一致变量值传入渲染管线
GLES30.glUniformMatrix4fv(muMVPMatrixHandle, 1, false, Triangle.getFianlMatrix
(mMMatrix), 0);
```

说明　从上述代码中可以看出，将一致变量的值送入渲染管线比较简单，主要包括两个步骤：获取着色器程序中一致变量的引用以及调用类似 glUniformMatrix4fv 这样的方法将对应一致变量的值送入渲染管线。

需要注意的是，随一致变量类型的不同将值传入渲染管线的方法也有所不同，这些方法的名称都以 glUniform 开头，常用的如下所列。

- glUniformNf/glUniformNfv 方法，将 N 个浮点数传入管线，以备管线传递给由 N 个浮点数组成的一致变量，N 的取值为 1、2、3 或 4。
- glUniformNi/glUniformNiv 方法，将 N 个整数传入管线，以备管线传递给由 N 个整数组成的一致变量，N 的取值为 1、2、3 或 4。
- glUniformMatrixNfv 方法，将 N×N 的矩阵传入管线，以备管线传递给 N×N 矩阵类型的一致变量，N 的取值为 2、3 或 4。

提示　上述系列方法名称中的“N”在使用时需要根据实际情况用合法的整数代替，更详细的情况请读者参考 Android SDK 或 iOS SDK 中附带的 API 文档，这里不再赘述。

3. out/centroid out 限定符

out/centroid out 限定符修饰的全局变量又称为输出变量，其形成当前着色器与渲染管线后继阶段的动态输出接口。通常在当前着色器程序执行完毕时，输出变量的值才被送入后继阶段进行处理。因此，不能在着色器中声明同时起到输入和输出作用的 inout 全局变量，out/centroid out 限定符的使用分为如下两种情况。

（1）顶点着色器的输出变量

顶点着色器中可以使用 out 或 centroid out 限定符修饰全局变量，其变量用于向渲染管线后继阶段传递当前顶点的数据。

在顶点着色器中，out/centroid out 限定符只能用来修饰浮点型标量、浮点型向量、矩阵变量、有符号或无符号的整型标量或整型向量、数组变量及结构体变量。然而，当顶点着色器中 out/centroid out 变量的类型为有符号或无符号的整型标量或整型向量时，变量也必须使用后面介绍到的 flat 限定符来修饰。

> 提示　flat 限定符是 interpolation 限定符中的一种，其具体细节在后面会详细介绍。

图 4-1 给出了默认情况下 out 变量的工作原理。

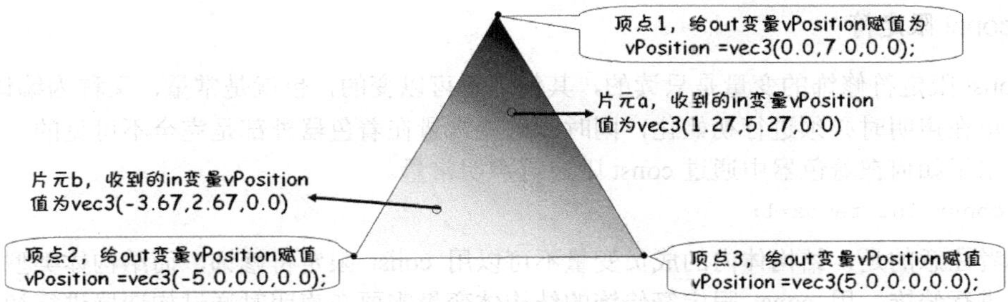

▲图 4-1　默认情况下 out 变量的工作原理

从图 4-1 中可以看出，在默认情况下，首先顶点着色器在每个顶点中都对 out 变量 vPosition 进行了赋值。接着在片元着色器中接收 in 变量 vPosition 的值时得到的并不是某个顶点赋的特定值，而是根据片元所在的位置及图元中各个顶点的位置进行插值计算产生的值。

如图 4-1 中顶点 1、2、3 的 vPosition 值分别为 vec3（0.0,7.0,0.0）、vec3（-5.0,0.0,0.0）、vec3（5.0,0.0,0.0），则插值后片元 a 的 vPosition 值为 vec3（1.27,5.27,0.0），这个值是根据 3 个顶点对应的着色器给 vPosition 赋的值、3 个顶点的位置及此片元的位置由管线插值计算得到的。

从上述介绍中可以看出，光栅化后产生了多少个片元，就会插值计算出多少套 in 变量。同时，渲染管线就会调用多少次片元着色器。可以看出，一般情况下对一个 3D 物体的渲染中，片元着色器执行的次数会大大超过顶点着色器。因此，GPU 硬件中配置的片元着色器硬件数量往往多于顶点着色器硬件数量，通过这些硬件单元的并行执行，提高渲染速度。

> 提示　从上述介绍中可以看出，这就是为什么 GPU 在图形处理性能上远远超过同时代、同档次 CPU 的原因，CPU 中没有这么多的并行硬件处理单元。

下面的代码片段给出了在顶点着色器中正确使用 out/centroid out 限定符的情况。

```
out vec4 ambient;                          //环境光 out 变量
out vec4 diffuse;                          //散射光 out 变量
centroid out vec2 texCoor;                 //纹理坐标 out 变量
invariant centroid out vec4 color;         //颜色值 out 变量
```

（2）片元着色器的输出变量

在片元着色器中只能使用 out 限定符来修饰全局变量，而不能使用 centroid out 限定符。片元着色器中的 out 变量一般指的是由片元着色器写入计算完成片元颜色值的变量，一般在片元着色器的最后都需要对其进行赋值，最后将其送入渲染管线的后继阶段进行处理。

在片元着色器中，out 限定符只能用来修饰浮点型标量、浮点型向量、有符号或无符号的整型标量或整型向量及数组变量，不能用来修饰其他类型的变量。下面的代码片段给出了在片元着色器中正确使用 out 限定符的情况。

```
out vec4 fragColor;                                    //输出的片元颜色
out uint luminosity;
```

提示　对于顶点着色器而言，一般是既声明 out 变量，又对 out 变量进行赋值用以传递给片元着色器。而片元着色器中声明 in 变量用于接收顶点着色器传过来的值即可，是不可以对 in 变量赋值的。OpenGL ES 3.0 中片元着色器内的内建输出变量 gl_FragColor（此内建变量在 OpenGL ES 2.0 中几乎总要用到）不存在了，需要自己声明 out（vec4）变量，用声明的 out 变量替代 gl_FragColor 内建变量。这一点对本书中所有的案例皆是如此，读者可以慢慢体会。

4. const 限定符

用 const 限定符修饰的变量是只读的，其值是不可以变的，也就是常量，又称为编译时常量。编译时常量在声明时必须进行初始化，同时，这些常量在着色器外部是完全不可见的。下面的代码片段给出了如何在着色器中通过 const 限定符声明常量。

```
const int tempx=1;
```

请读者注意的是，结构体内的成员变量不可以用 const 限定符修饰，而结构体类型的变量可以使用其进行修饰。用 const 限定符修饰的结构体变量需要在声明时通过构造器进行初始化，后期不可以再进行赋值。

提示　用 const 限定符修饰的变量在编译时，编译器是不需要向其分配任何运行时资源的，恰当采用可以一定程度上提高设备的运行效率。

4.2.7　插值限定符

插值（interpolation）限定符，其主要用于控制顶点着色器传递到片元着色器数据的插值方式。插值限定符包含 smooth、flat 两种，具体含义如表 4-7 所列。

表 4-7　两种限定符及说明

限　定　符	说　明
smooth	默认的插值类型，表示以平滑的方式插值得到片元输入变量
flat	表示不对片元输入变量进行插值，直接使用特定值代替

说明　若使用插值限定符，则该限定符应该在 in、centroid in、out 或 centroid out 之前使用，且只能用来修饰顶点着色器的 out 变量与片元着色器中对应的 in 变量。当未使用任何插值限定符时，默认的插值方式为 smooth。

下面对两种插值限定符进行更为详细介绍，具体内容如下。

1. smooth 限定符

如果顶点着色器中 out 变量之前含有 smooth 限定符或者不含有任何限定符，则传递到后继片元着色器对应的 in 变量的值，是在光栅化阶段由管线根据片元所属图元各个顶点对应的顶点着色器对此 out 变量的赋值情况，及片元与各顶点的位置关系插值产生，图 4-2 以颜色值为例，说明了这个问题。

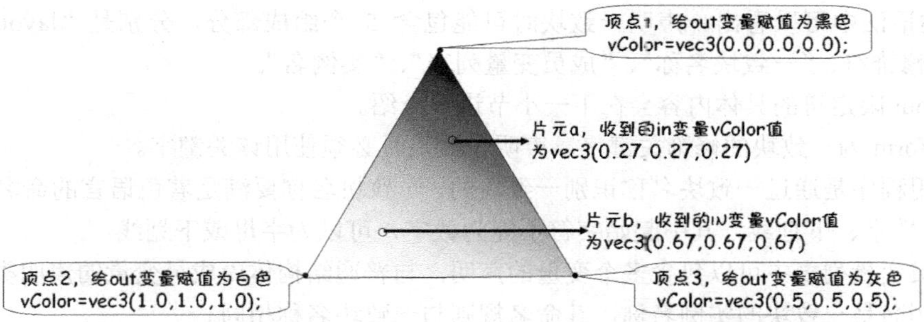

▲图 4-2 顶点着色器中 smooth 限定符修饰 out 变量的工作原理

从图 4-2 中可以看出，当顶点着色器中的 out 变量被 smooth 限定符修饰时，首先顶点着色器在每个顶点中都对 out 变量 vColor 进行了赋值，接着在片元着色器中接收 in 变量 vColor 的值时得到的并不是某个顶点赋的特定值，而是根据片元的位置及图元中各个顶点的位置与各个顶点赋值的情况进行插值计算产生的值。

如图 4-2 中顶点 1、2、3 的 vColor 值分别为 vec3（0.0,0.0,0.0）、vec3（1.0,1.0,1.0）、vec3（0.5,0.5,0.5），则插值后片元 a 的 vColor 值为 vec3（0.27,0.27,0.27），这个值是根据 3 个顶点对应的着色器给 vColor 赋的值、3 个顶点的位置及此片元的位置由管线插值计算得到的。

下面的代码片段给出了在顶点着色器中正确使用 smooth 限定符的情况。

```
smooth out vec3 normal;                              // 顶点着色器 out 变量
```

下面的代码片段给出了在片元着色器中正确使用 smooth 限定符的情况。

```
smooth in vec3 normal;                               //片元着色器 in 变量
```

2. flat 限定符

如果顶点着色器中 out 变量之前含有 flat 限定符，则传递到后继片元着色器中对应的 in 变量的值不是在光栅化阶段插值产生的，一般是由图元的最后一个顶点对应的顶点着色器对此 out 变量所赋的值决定的。此时，图元中每个片元的此项值均相同。

若顶点着色器中的输出变量的类型为整型标量或整型向量，则变量必须使用 flat 限定符修饰。与之对应，若片元着色器中的输入变量的类型为整型标量或整型向量，变量必须使用 flat 限定符修饰。

下面的代码片段给出了在顶点着色器中正确使用 flat 限定符的情况。

```
flat out vec4 vColor;                          //用于传递给片元着色器的变量
```

下面的代码片段给出了在片元着色器中正确使用 flat 限定符的情况。

```
flat in vec4 vColor;                           //用于接收来自顶点着色器的变量
```

> **提示** 无论顶点着色器中的 out 全局变量被哪种插值限定符修饰，后继片元着色器中必须含有与之对应的修饰符修饰的 in 全局变量。

4.2.8 一致块

多个一致变量的声明可以通过类似结构体形式的接口块实现，该形式的接口块又称为一致块

（uniform block）。一致块的数据是通过缓冲对象送入渲染管线的，以一致块的形式批量传送数据比单个传送效率高，其基本语法为：

```
[<layout 限定符>] uniform 一致块名称 {<成员变量列表>} [<实例名>]
```

从上述语法中可以看出，声明一致块时可能包含 5 个组成部分，分别是“layout 限定符”、“uniform”修饰符、“一致块名称”、“成员变量列表”、“实例名”。

- layout 限定符的具体内容会在下一小节进行介绍。
- uniform 为一致块的修饰关键字，声明一致块时必须使用该关键字。
- 应用程序是通过一致块名称识别一致块的，一致块名称要满足着色语言的命名规定，可以包含字母、数字、下划线，其中起始字符不能为数字，可以为字母或下划线。
- 成员变量列表中可以包含多个变量的声明，与普通结构体内成员变量的声明类似。
- 实例名是一致块的实例名称，其命名规则与一致块名称相同。

下面的代码片段给出了一致块在顶点着色器中的正确使用。

```
uniform Transform{                                    //声明一个 uniform 接口块
    float radius;                                     //半径成员
    mat4 modelViewMatrix;                             //矩阵成员
    uniform mat3 normalMatrix;                        //矩阵成员
} block_Transform;
```

提示　上述代码片段创建了一个名称为“Transform”的一致块，包含 3 个成员变量。需要注意的是，一致块内不允许声明 in 或 out 变量、采样器类型的变量，也不能定义结构体类型。另外，内建变量、数组变量及已定义结构体类型的变量可以作为一致块的成员变量，其用法与在块外的用法相同。

创建一致块时，可以声明实例名，也可以不声明实例名。下面分两种情况进行介绍。

- 未声明实例名

如果在创建一致块时未声明实例名，则一致块内的成员变量与在块外一样，其作用域是全局的，宿主语言既可以直接通过一致块的成员变量名称访问对应变量，也可以通过“<一致块名称>.<成员变量名>”的形式访问一致块的成员变量。

- 声明实例名

如果在创建一致块时声明了实例名，则一致块内成员变量的作用域为从声明开始到一致块结束，宿主语言通过“<一致块名称>.<成员变量名>”访问成员变量，而着色器中需要通过“<实例名>.<成员变量名>”访问一致块的成员变量。

下面的代码片段说明了在声明实例名的情况下，顶点着色器内如何正确访问一致块成员变量。

```
1    uniform MatrixBlock{                               //一致块
2        mat4 uMVPMatrix;                               //块成员变量
3    } mb;
4    gl_Position = mb.uMVPMatrix * vec4(aPosition,1); //根据总变换矩阵计算此次绘制此顶点位置
```

说明　上述代码第 1-3 行创建了名称为“MatrixBlock”的一致块，其实例名为“mb“。第 4 行通过”mb. uMVPMatrix“访问一致块的成员变量 uMVPMatrix。

4.2.9　layout 限定符

layout 限定符是从 OpenGL ES 3.0 开始出现的，其主要用于设置变量的存储索引（即引用）值，声明有几种不同的形式。

- 其可以作为接口块定义的一部分或者接口块的成员。

❑ 其也可以仅仅修饰uniform，用于建立其他一致变量声明的参照，语法如下。

```
<layout 限定符>  uniform
```

❑ 其还可以用于修饰被接口限定符修饰的单独变量，语法如下。

```
<layout 限定符>  <接口限定符>  <变量声明>
```

> **说明** 着色器中的layout限定符必须在存储（storage）限定符之前使用，且layout限定符修饰的变量或接口块的作用域必须是全局的。

接口限定符有in、out、uniform三种选择，layout限定符修饰接口限定符的内容将在下面进行介绍，具体内容如下。

1. layout输入限定符

顶点着色器允许layout输入限定符修饰输入变量的声明。下面的代码片段说明了这种形式的声明。

```
layout (location=0) in vec3 aPosition;        // aPosition 输入变量的引用值为 0
layout (location=1) in vec4 aColor;           // aColor 输入变量的引用值为 1
```

> **提示** 请读者注意，片元着色器内不允许有layout输入限定符。

2. layout输出限定符

片元着色器中，layout限定符通过location值将输出变量和指定编号的绘制缓冲绑定起来。每一个输出变量的索引（引用）值都会对应到一个相应编号的绘制缓冲，而这个输出变量的值将写入相应缓冲。

> **提示** layout限定符的location值是有范围的，其范围为[0,MAX_DRAW_BUFFERS-1]。不同手持设备的范围有可能不同，最基本的范围是[0,3]。

下面的代码片段说明了这种形式的声明。

```
layout (location=0) out vec4 fragColor;          //此输出变量写入到 0 号绘制缓冲
layout (location=1) out vec4 colors[2];          //此输出变量写入到 1 号绘制缓冲
```

> **提示** 顶点着色器不允许有layout输出限定符。如果在片元着色器中只有一个输出变量，则不需要用layout修饰符说明其对应绘制缓冲，在这种情况下，默认值为0。如果片元着色器中有多个输出变量，则不允许重复使用相同的location值。

3. 一致块layout限定符

一致块可以使用layout限定符进行修饰，但是，单独一致变量的声明不能使用。可供一致块使用的layout限定符主要有5种情况，下面对其进行简单介绍。

❑ shared：shared限定符重写了std140和packed，其他限定符是被继承的。编译器/链接器必须要保证在许多着色器或者许多程序中一致块的内存布局是共享的。如果使用了shared限定符，则定义的row_major/column_major的值必须是完全相同的。这样的话，将允许在不同的程序中的相同块的定义使用相同的缓冲。

❑ packed：packed限定符重写了std140和shared，其他限定符是被继承的。编译器可以优化一致块的内存布局。使用这个限定符则必须查询偏移量的位置，并且一致块在顶点着色器/片元着色器或者程序中不能共享。

- std140：std140 限定符重写了 packed 和 shared，其他限定符被继承。它主要强调了一致块的布局是基于一系列的标准准则的。
- row_major：row_major 限定符只重写了 column_major，其他限定符被继承。其只影响矩阵的布局，矩阵的各个元素在内存中将按照行优先的顺序存放。
- column_major：column_major 限定符只重写了 row_major，其他限定符被继承。它同样只影响矩阵的布局，矩阵的各个元素在内存中按照列优先的顺序存放，这是默认情况。

下面的代码片段对上面介绍的情况进行了简要说明。

```
layout (std140,row_major) uniform MatrixBlock{          //块的布局是 std140,行优先
    mat4 M1;                                            //该矩阵变量的布局是行优先
    layout (column_major) mat4 uMVPMatrix;              //该矩阵变量的布局是列优先
    mat4 M2;                                            //该矩阵变量的布局是行优先
};
```

4.2.10 流程控制

前面已经介绍了 OpenGL ES 着色语言中的数据类型、对数据类型的操作以及限定符的使用，而在实际开发中，这是远远不够的。还需要进行流程控制才能写出具有完整功能的程序，本小节将介绍着色语言中流程控制相关的内容。

OpenGL ES 着色语言共提供了 4 种流程控制方式，分别由 if-else 条件语句、switch-case-default 条件语句、while（do-while）循环语句以及 for 循环语句实现。下面就简单介绍 4 种流程控制方式的使用，具体情况如下所列。

1. if-else 条件语句

该流程控制方式的基本语法有两种，如下所列。

- if（<表达式>） {语句序列}。

下面的代码片段说明了这种流程控制方式的使用。

```
int tempx=1;
if(tempx==0){
    //执行处理逻辑
}
```

- if（<表达式>） {返回为 true 时执行的语句序列} else {返回为 false 时执行的语句序列}。

下面的代码片段说明了这种流程控制方式的使用。

```
int tempx=1;
if(tempx==0){
    //执行处理逻辑
}else{
    //执行处理逻辑
}
```

> **提示** 需要注意的是，虽然很像 C 语言，但“<表达式>”的返回值必须为布尔类型的标量，而不能像 C 语言中随意地使用浮点数或整数。

2. switch-case-default 条件语句

该流程控制方式的基本语法如下所示：

```
switch（<初始表达式>）{语句序列}
```

下面的代码片段说明了这种流程控制方式的使用。

```
int a=1;                                    //声明一个浮点型变量
switch(a){
case 0:                                     //a 值为 0 的分支
  //执行 a 值为 0 时的处理逻辑
break;                                      //退出 switch
case 1:                                     //a 值为 1 的分支
  //执行 a 值为 1 时的处理逻辑
break;                                      //退出 switch
default:                                    //所有 case 都不匹配时的分支
  //执行所有 case 都不匹配时的处理逻辑
break;                                      //退出 switch
}
```

说明 switch 语句中的<初始表达式>必须是一个整型标量值。如果 switch 语句内有多个 default 语句或者重复使用相同值的 case 分支都会引发语法错误。在 switch 语句中如果符合某种情况时使用了 break 语句，则执行完该条语句后，其他 switch 分支将不再执行。

3. while/do-while 循环

开发中经常需要在满足某些条件时重复执行特定的代码，此时就可以使用 while 或 do-while 循环，具体情况如下所列。

❑ while 循环

while 循环语句的基本语法为：

```
while(<条件表达式>){语句序列}
```

下面的代码片段说明了 while 循环的使用。

```
int tempx=1;
while(tempx>=0){
  //执行处理逻辑
}
```

说明 while 循环适用于不知道代码需要被重复执行多少次，但却有明确的终止条件的循环流程。只要条件表达式判断为 true，后面的语句序列就将重复执行，直到条件表达式值是 false 时为止。对于 while 循环而言，如果第一次判断条件表达式就返回 false，则循环一次都不执行。

❑ do-while 循环。

do-while 循环语句的基本语法为：

```
do{语句序列} while(<条件表达式>)
```

下面的代码片段说明了 do-while 循环的使用。

```
int tempx=1;
do{
    //执行处理逻辑
}while(tempx<=0)
```

说明 do-while 循环与 while 循环基本相同，其先执行语句序列再判断条件表达式，直到表达式返回值为 false。这样，do 后面的语句序列将至少执行一次，这是其与 while 循环最大的不同点。

4. for 循环

若明确知道循环所需的执行次数，则应该使用 for 循环，for 循环语句的基本语法为：

```
for(初始化表达式;条件表达式;更新语句列表) {语句序列}
```

❑ 初始化表达式用来声明并初始化一个或者多个相同类型的变量，一般用以控制循环的次数。

❑ 条件表达式则只能有一个，且条件表达式的返回值必须为布尔类型。若不写条件表达式，则相当于永远为 true。

❑ 更新语句列表在每次循环之后才执行，一般用于改变循环控制变量的值。这里可以写多个语句也可以不写语句，写多个语句时语句间用“,”隔开。

下面的代码片段说明了 for 循环的具体使用。

```
for(int i=0;i<13;i++){
    //执行处理逻辑
}
```

说明　for 循环首先初始化循环控制变量，然后计算条件表达式，若返回值为 true 则执行循环体一次。执行完循环体后执行更新语句列表，然后再判断条件表达式是否为 true，若为 true，则再次执行以上流程；若为 false，则结束循环。

提示　在 OpenGL ES 2.0 中不支持不可展开的循环，但是升级到 3.0 后，已经完全支持不可展开的循环了。所谓不可展开的循环是指，在编译时不能确定循环的次数，使得不能在编译时将循环展开成顺序执行的语句序列。

5. break 与 continue 循环控制

与 C/C++语言类似，在循环体中，同样可以使用 break 与 continue 跳出循环，具体情况如下所列。

❑ break 语句在循环控制中用于中断循环，如果在循环体中执行了 break 语句，则循环中断并退出。要注意的是，在使用了多层嵌套的循环中，使用 break 语句跳出的是离其最近的一层循环。

❑ continue 语句在循环控制中用于跳过本次进入下一次循环，如果在循环体中执行了 continue 语句，则本次循环结束，转而执行条件表达式，若条件表达式为 true 则继续执行下一次循环。

提示　break 语句不仅可以在循环控制中使用，同样适用于 switch 语句，如果在 switch 语句中执行了 break 语句，则不会再执行其他的 case 分支了。

4.2.11　函数的声明与使用

与 C 语言中相同，着色语言中也可以开发自定义的函数，基本语法为：

```
[<精度限定符>]<返回类型> 函数名称 ([<参数序列>]){ /*函数体*/}
```

从上述语法中可以看出，声明函数时要包含 5 个组成部分，分别是“精度限定符”“返回类型”“函数名称”“参数序列”“函数体”。

❑ 精度限定符可以选择 highp、mediump、lowp 这 3 种之一，具体含义会在后面进行详细介绍。

❑ 返回类型根据需要可以是前面 4.2.1 小节中介绍的除采样器之外的任何类型。需要注意的是，返回类型为数组时，必须指定数组的长度。

❑ 函数名称要满足着色语言的命名规定，可以包含字母、数字、下划线，其中起始字符不能为数字，可以为字母或下划线。

❑ 参数序列放在一对圆括号中，若没有则为空。

❑ 函数体包含在一对花括号中，包含完成函数功能所需要的语句。

参数序列中的参数除了可以指定类型外，还可以指定用途。具体方法为用参数用途修饰符进行修饰，常用的参数用途修饰符如下所列。

- "in"修饰符，用其修饰的参数为输入参数，仅供函数接收外界传入的值。若某个参数没有明确给出用途修饰符，则等同于使用了"in"修饰符。
- "out"修饰符，用其修饰的参数为输出参数，在函数体中对输出参数赋值可以将值传递到调用其的外界变量中，且外界变量在被传递进来之前不能初始化。对于输出参数，要注意的是，在调用时不可以使用字面常量。
- "inout"修饰符，用其修饰的参数为输入输出参数，具有输入与输出两种参数的功能。输入输出参数在调用时也不可以使用字面常量。

提示 从上述用途修饰符的介绍中可以看出，着色语言中函数返回信息的渠道除了返回值外还有输出参数，在需要时恰当使用可以增加开发的灵活性。需要注意的是，out 和 inout 限定符之前不可以使用 const 限定符。

另外，与 C 语言中相同，着色器也可以重载用户自定义的函数。对于名称相同的函数，只要参数序列中参数类型不同或参数个数不同即可，基本用法如下所示。

```
void pointLight(in vec4 x,out vec4 y){}
void pointLight(in vec4 x,out ivec4 y){}                           //参数类型不同
void pointLight(in vec4 x,out vec4 y,out vec4 z){}                 //参数个数不同
```

提示 着色器内只能重载用户自定义的函数，不可以重写或重载内建函数。

4.2.12 片元着色器中浮点变量精度的指定

片元着色器中使用浮点相关类型的变量时与顶点着色器中有所不同，在顶点着色器中直接声明使用即可，而在片元着色器中必须指定精度，若不指定精度可能会引起编译错误。指定精度的方法如下面的代码片段所示。

```
lowp float color;                   //指定名称为 color 的 float 型变量精度为 lowp
in mediump vec2 Coord;              //指定名称为 Coord 的 vec2 型变量精度为 mediump
highp mat4 m;                       //指定名称为 m 的 mat4 型变量精度为 highp
```

从上述代码片段中可以看出，精度有 3 种选择，lowp、mediump 及 highp。这 3 种选择分别代表低、中、高 3 种精度等级，在不同的硬件中实现可能会有所不同。一般情况下，使用 mediump 即可。另外，还可以看出所谓浮点相关类型不单包括标量类型 float，还包括与之对应的向量类型 vec2、vec3、vec4，以及与之对应的矩阵类型 mat2、mat3、mat4 等。

如果在开发中同一个片元着色器中浮点相关类型的变量都选用同一种精度，则可以指定整个着色器中浮点相关类型的默认精度，语法如下：

```
precision <精度> <类型>
```

- 精度可以选择 lowp、mediump 及 highp 3 种之一。
- 类型一般为 float，这不单表示为浮点标量类型 float 指定了精度，还表示对浮点类型相关的向量、矩阵也指定了默认精度。因此，一般开发中经常将片元着色器的第一句写为"precision mediump float"，本书中的大部分案例都是如此。

提示 类型不但可以是 float，还可以是 int 或任何的采样器类型。由于整型相关类型和采样器类型并不一定要求指定精度，因此用的不多。另外，精度限定符不影响变量的类型。同时，可链接到一起的两个着色器中相同的 uniform 变量必须有相同的精度限定符。

4.2.13　程序的基本结构

前面几个小节介绍了着色语言很多方面独立的基本知识，本小节将介绍着色器程序的基本结构。一个着色器程序一般由 4 大部分组成，主要包括：着色语言版本声明、全局变量声明、自定义函数、main 函数。下面的代码片段给出了一个完整的顶点着色器程序。

```
1   #version 300 es
2   uniform mat4 uMVPMatrix;                           //总变换矩阵
3   layout (location = 3) in vec3 aPosition;           //顶点位置
4   layout (location = 2) in vec4 aColor;              //顶点颜色
5   out  vec4 vColor;                                  //用于传递给片元着色器的输出变量
6   void positionShift(){                   //根据总变换矩阵计算此次绘制此顶点位置的方法
7        gl_Position = uMVPMatrix * vec4(aPosition,1);
8   }
9   void main(){                                       //主函数
10       positionShift();                              //根据总变换矩阵计算此次绘制此顶点位置
11       vColor = aColor;                              //将接收的颜色传递给片元着色器
12  }
```

- 第 1 行为声明使用 3.0 着色语言版本的语句，每个着色器开始都必须使用该语句来声明着色语言版本。
- 第 2-5 行为全局变量的声明，根据具体情况的不同可能会有增加或减少。
- 第 6-8 行为自定义的函数，这一部分根据需要可能没有，也可能有很多不同的函数。
- 第 7 行的 gl_Position 是顶点着色器中的内建变量，这部分内容下一节将进行详细介绍。
- 第 9-12 行为主函数 main，这是每个着色器里面都必须有的部分。

> **提示**　每个着色器都必须在着色器程序的第一行通过“#version 300 es”语句声明使用 3.0 着色语言版本，如果没有该语句，则表示着色语言的版本是 2.0。另外，与很多高级语言不同的是，着色器程序中要求被调用的函数必须在调用之前声明，且自己开发的着色器中自己开发的函数不可以递归调用。就如上述代码中首先在第 6 行声明了 positionShift 函数，然后才能在第 10 行进行调用。这也是初学者易犯的一个错误，读者在开发中要多留心。

4.3　特殊的内建变量

着色器代码的开发中会用到很多变量，其中大部分可能是由开发人员根据需求自定义的，但着色器中也提供了一些用来满足特定需求的内建变量。这些内建变量不需要声明即可使用，一般用来实现渲染管线固定功能部分与自定义顶点或片元着色器之间的信息交互。

内建变量根据信息传递的方向可以分为两类，输入与输出变量。输入变量负责将渲染管线中固定功能部分产生的信息传递进着色器，输出变量负责将着色器产生的信息传递给渲染管线中固定功能部分。

4.3.1　顶点着色器中的内建变量

顶点着色器中的内建变量分为输出和输入变量，包括 gl_Position、 gl_VertexID 等。在顶点着色器中应该根据需要给输出内建变量赋值，以便由渲染管线中的图元装配与光栅化等后续固定功能阶段进行进一步的处理。也可能根据需要读取内建输出变量的值，帮助实现某些功能。

下面对顶点着色器中的两类内建变量进行详细介绍，具体内容如下所列。

1. 内建输入变量

顶点着色器中的内建输入变量主要有 gl_VertexID 以及 gl_InstanceID。这两个变量分别为顶点整数索引和实例 ID，都只在顶点着色器中使用，其具体含义如下。

- gl_VertexID

gl_VertexID 是顶点着色器的一个内建输入变量，类型为“highp int”，主要用来记录顶点的整数索引。此内建变量是 OpenGL ES 3.0 新增的，通过其可以很方便地实现一些 2.0 很难实现的功能。

- gl_InstanceID

gl_InstanceID 是顶点着色器的另一个内建输入变量，类型为“highp int”，其用来记录采用实例绘制时当前图元对应的实例号。如果当前图元不是来自于实例绘制，则 gl_InstanceID 的值为 0。

2. 内建输出变量

顶点着色器中的内建输出变量主要有 gl_Position 和 gl_PointSize。这两个变量分别用来存放处理后顶点的位置和顶点的大小，都只能在顶点着色器中使用，其具体含义如下。

- gl_Position

顶点着色器从渲染管线中获得原始的顶点位置数据，这些原始的顶点位置数据在顶点着色器中经过平移、旋转、缩放等数学变换后，生成新的顶点位置。新的顶点位置通过在顶点着色器中写入 gl_Position 内建变量传递到渲染管线的后继阶段继续处理。

gl_Position 的类型是 vec4，写入的顶点位置数据也必须与此类型一致。几乎在所有的顶点着色器中都必须对 gl_Position 写入适当的值，否则后继阶段的处理结果将是不确定的。

- gl_PointSize

顶点着色器中可以计算一个点的大小（单位为像素），并将其赋值给 gl_PointSize（标量 float 类型）以传递给渲染管线。如果没有明确赋值的话，就是采用默认值 1 了。gl_PointSize 的值一般只有在采用了点绘制方式之后才有意义，关于绘制方式的问题在后面的章节会进行详细介绍。

4.3.2 片元着色器中的内建变量

片元着色器的内建变量分为输入和输出变量，其中输入变量包括 gl_FragCoord、gl_FrontFacing 和 gl_PointCoord。输出变量包括 gl_FragDepth，其值为片元深度值，从 OpenGL ES 3.0 开始允许开发人员对其进行赋值，然后送进深度缓冲内参与后继计算。

关于其他几个内建变量的具体含义如下所列。

- gl_FragCoord

内建变量 gl_FragCoord（vec4 类型）中含有当前片元在视口中的坐标值 x、y、z 与 1/w（如图 4-3 所示）。其中 x 与 y 分别为片元相对于视口的二维坐标。如果视口的大小为 800*480（单位为像素），那么 x 的取值范围为 0～800，y 的取值范围为 0～480，z 部分为该片元的深度值。

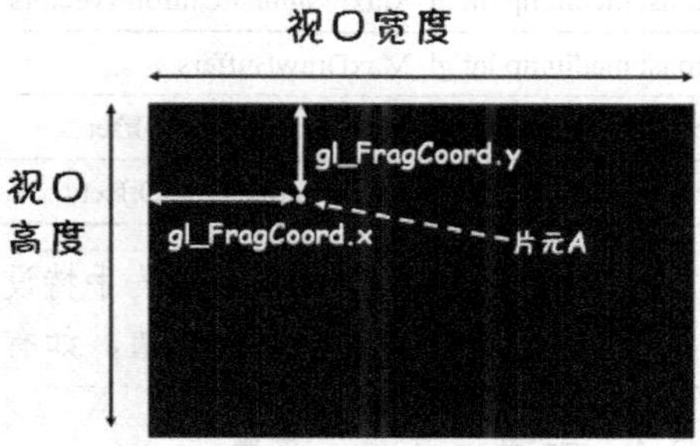

▲图 4-3　gl_FragCoord 包含的窗口坐标信息

> **提示** 通过该内建变量可以实现与窗口位置相关的操作，例如，通过此内建变量的值控制仅绘制窗口中指定区域的内容等。

- gl_FrontFacing

gl_FrontFacing 是一个布尔型的内建变量，通过读取该内建变量的值可以判断正在处理的片元是否属于在光栅化阶段生成此片元所对应图元的正面。如果属于正面，gl_FrontFacing 的值为 true，反之为 false。其一般用于开发双面光照功能相关的应用程序中。

对于点、线段等没有正反面之分的图元，其生成的片元都会被默认为是正面的。对于三角形图元来说，其正反面取决于应用程序中对卷绕的设置及图元中顶点的具体卷绕情况。

提示　关于卷绕的问题，在后面的章节中会进行详细介绍，这里读者有个简单了解即可。

❑ gl_PointCoord

gl_PointCoord 是 vec2 类型的内建变量，当启用点精灵时，gl_PointCoord 的值表示当前图元中片元的纹理坐标，其值的范围从 0.0 到 1.0。如果当前图元不是一个点或者未启用点精灵，gl_PointCoord 的值是不确定的。

提示　关于点精灵内容，后面的章节会有详细案例，这里简单了解即可。

4.3.3 内建常量

本小节介绍的内建常量适用于所有着色器，这些内建常量用来限制每种属性变量的数量，也就是用来规定每种自定义变量数量的最大值，具体含义如表 4-8 所列。

表 4-8 内建常量及说明

内 建 常 量	默认值	说 明
const mediump int gl_MaxVertexAttribs	16	顶点着色器 in 变量数量的最大值
const mediump int gl_MaxVertexUniformVectors	256	顶点着色器 uniform 修饰的 vec4 变量数量的最大值
const mediump int gl_MaxVertexOutputVectors	16	顶点着色器 out 修饰的 vec4 变量数量的最大值
const mediump int gl_MaxVertexTextureImageUnits	16	顶点着色器中可利用的纹理单元数量的最大值
const mediump int gl_MaxCombinedTextureImageUnits	32	顶点着色器和片元着色器中可利用的纹理单元数量的最大值的总和
const mediump int gl_MaxTextureImageUnits	16	片元着色器中可利用的纹理图像单元数量的最大值
const mediump int gl_MaxFragmentInputVectors	15	片元着色器 in 变量数量的最大值
const mediump int gl_MaxFragmentUniformVectors	224	片元着色器 uniform 修饰的 vec4 变量数量的最大值
const mediump int gl_MaxDrawBuffers	4	片元着色器中多重渲染目标数量的最大值
const mediump int gl_MinProgramTexelOffset	-8	片元着色器中纹素最小偏移量
const mediump int gl_MaxProgramTexelOffset	7	片元着色器中纹素最大偏移量

提示　对于不同品牌的手持设备，以上内建常量的默认值各不相同，表 4-8 给出的是各设备默认值的最小值，如有其他需求请读者自行查看此设备的默认值。

4.3.4 内建 uniform 变量

为了能够访问渲染管线的处理状态，着色器语言中加入了 uniform 内建变量。下面的代码片段说明了内建 uniform 变量的内容。

```
struct gl_DepthRangeParameters{
        highp float near;          //near 值，关联于透视中的 near 值
        highp float far;           //far 值，关联于透视中的 far 值
        highp float diff;          //far-near 值
};
uniform gl_DepthRangeParameters gl_DepthRange;
```

> **说明** 上面的代码片段可以理解为着色语言本身内建的，如果想要访问 gl_DepthRangeParameters 结构体内的内容，则只需要直接通过 uniform 的内建变量 gl_DepthRange 进行访问即可。

4.4 着色语言的内置函数

与其他高级语言类似，为了方便开发，OpenGL ES 着色语言中也提供了很多的内置函数。这些函数大都已经被重载，一般具有 4 种变体，分别用来接收和返回 genType、genIType、genUType 和 genBType 类型的值。对于此 4 种变体具体情况如表 4-9 所列。

表 4-9　　4 种变体及说明

变体类型	说　明	变体类型	说　明
genType	float，vec2，vec3，vec4	genUType	uint，uvec2，uvec3，uvec4
genIType	int，ivec2，ivec3，ivec4	genBType	bool，bvec2，bvec3，bvec4

> **说明** 从表 4-9 中可以看出 genType、genIType、genUType 和 genBType 分别代表的是浮点型系列、整型系列、无符号整型系列和布尔型系列。之所以要这样，是为了后面讲解函数时方便，否则需要每种具体类型都列出，过于繁琐。

这些内置函数通常是以最优方式来实现的，有部分函数甚至由硬件直接支持，这提高了执行效率。大部分内置函数同时适用于顶点着色器与片元着色器，但是也有部分内置函数只适用于顶点着色器或者片元着色器。内置函数按照设计目的可以分为 3 个类别。

- 提供独特硬件功能的访问接口，如纹理采样系列的函数，这些函数用户是无法自己开发的。着色语言通过提供特定内置函数对这些硬件功能进行封装，建立了用户调用这些硬件功能的接口。
- 简单的数学函数，如 abs（求绝对值）、floor（下取整）等。这些数学函数本身非常简单，开发人员也可以自己开发，但可能由于对底层硬件的不了解，采用的实现方式很低效。而内置函数是厂商根据硬件的特点用最高效的方式实现的，调用内置函数来完成这些简单的操作不但可以提高开发效率还可以提高执行效率。
- 一些复杂的函数，如三角函数等，用户可以自己编写，但是编写过程特别繁琐，要用到很多高等数学的知识。不但开发繁琐，可以想象效率也会很低。而当下的主流硬件往往都有进行这些计算的指令，因此，对这些操作也提供了高效的内置函数。

4.4.1 角度转换与三角函数

角度转换与三角函数同时适用于顶点着色器与片元着色器，并且每个角度转换与三角函数都有 4 种重载变体，具体情况如表 4-10 所列。

表 4-10　　角度转换与三角函数

内置函数签名	说　明
genType radians (genType degrees)	此函数功能为将角度转换为弧度，即返回值 result=（π/180）* degrees，degrees 参数表示需要转换的角度
genType degrees (genType radians)	此函数功能为将弧度转换为角度，即返回值 result=（180/π）* radians，radians 参数表示需要转换的弧度

续表

内置函数签名	说明
genType sin (genType angle)	此函数为标准的正弦函数，其返回值范围是[-1,1]，angle 为正弦函数的参数，以弧度为单位
genType cos (genType angle)	此函数为标准的余弦函数，其返回值范围是[-1,1]，angle 为余弦函数的参数，以弧度为单位
genType tan (genType angle)	此函数为标准的正切函数，angle 为正切函数的参数，以弧度为单位
genType asin (genType x)	此函数为标准的反正弦函数，其返回值范围是[-π/2, π/2]，x 为反正弦函数的参数，其取值范围是[-1,1]，如果 x 的绝对值大于 1，那么结果不确定
genType acos (genType x)	此函数为标准的反余弦函数，其返回值范围是[0, π]，x 为反余弦函数的参数，其取值范围是[-1,1]，如果 x 的绝对值大于 1，那么结果不确定
genType atan (genType y, genType x)	此函数为标准的反正切函数，其返回值范围是[-π, π]，x 与 y 为反正切函数的参数，而实际传入反正切函数的是 y/x 的值，其中通过 x 与 y 的符号用来确定角度所在的象限。如果 x 与 y 的值全为零，那么返回值不确定
genType atan (genType y_over_x)	此函数为反正切函数，其返回值范围是[-π/2, π/2]，y_over_x 为反正切函数的参数，不存在范围限制
genType sinh (genType x)	此函数为双曲正弦函数，其返回值为（e^x-e^{-x}）/2，x 为双曲正弦函数的参数，不存在范围限制
genType cosh (genType x)	此函数为双曲余弦函数，其返回值为（e^x+e^{-x}）/2，x 为双曲余弦函数的参数，不存在范围限制
genType tanh (genType x)	此函数为双曲正切函数，其返回值为 sinh（x）/cosh（x），双曲正切函数由双曲正弦函数和双曲余弦函数推出
genType asinh (genType x)	此函数为反双曲正弦函数，也就是双曲正弦函数的反函数
genType acosh (genType x)	此函数为反双曲余弦函数，也就是双曲余弦函数的反函数，返回值为其非负部分。如果参数 x<1，其返回值是不确定的
genType atanh (genType x)	此函数为反双曲正切函数，也就是双曲正切函数的反函数，若|x|≥1 其返回值是不确定的

提示 表 4-10 中 genType 代表的数据类型有 float、vec2、vec3 以及 vec4。其中 float 指的是浮点数标量，vec2 指的是二维的浮点数向量，vec3 指的是三维的浮点数向量，vec4 指的是四维的浮点数向量。有关数据类型的详细内容，请读者参考本章 4.2.1 小节。

由于 sin（正弦）函数与 cos（余弦）函数是周期性平滑变化的函数（如图 4-4 所示），因此除了可以做三角函数之外，还有很多使用方式。例如，可以用来模拟水波纹效果，只需要选择其中的一个函数，然后做周期性变换即可，后面的章节会有这方面的案例。

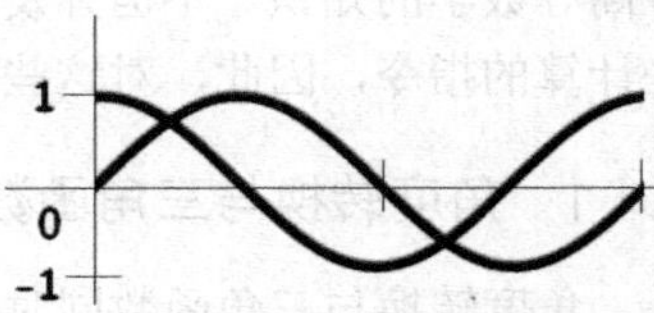

▲图 4-4　正弦与余弦函数

4.4.2 指数函数

前一小节介绍了角度转换与三角函数，接下来在本小节中将介绍指数函数。指数函数同时适用于顶点着色器与片元着色器，具体情况如表 4-11 所列。

表 4-11　**指数函数**

内置函数签名	说明
genType pow (genType x, genType y)	此函数返回 x 的 y 次方，即 x^y，x 与 y 分别为本函数的两个参数，其中 x 为指数函数的底数，y 为指数函数的指数。如果 x 值小于 0，那么返回值不确定。如果 x 值等于零，并且 y 值小于等于 0，那么返回值不确定

续表

内置函数签名	说　明
genType exp (genType x)	此函数返回 e（数学常数，值近似等于 2.718281828）的 x 次方，即 e^x，x 为本函数的参数，代表指数
genType log (genType x)	此函数返回以 e 为底的 x 的对数，即 $\log_e$（x）。也就是说，如果返回值为 y，那么也满足方程 $x=e^y$。x 为本函数的参数。如果 x 值小于等于 0，那么返回值不确定
genType exp2 (genType x)	此函数返回 2 的 x 次方，即 2^x。 x 为本函数的参数，不存在范围限制
genType log2 (genType x)	此函数返回以 2 为底的 x 的对数，即 $\log_2$（x）。也就是说，如果返回值为 y，那么也满足方程 $x=2^y$。x 为本函数的参数。如果 x 值小于等于 0，那么返回值不确定
genType sqrt (genType x)	此函数返回 x 的平方根，即 $\sqrt{x}$，x 为本函数的参数，如果 x 值小于 0，那么结果不确定
genType inversesqrt (genType x)	此函数返回 x 正平方根的倒数，即 $\frac{1}{\sqrt{x}}$，x 为本函数的参数。如果 x 值小于等于 0，那么结果不确定

提示　表 4-11 中 genType 代表的数据类型有 float、vec2、vec3 以及 vec4。有关数据类型的详细内容，请读者参考本章 4.2.1 小节。

4.4.3 常见函数

介绍完指数函数后，接下来本小节主要介绍着色语言中的一些常见函数。这些函数可同时用于顶点着色器与片元着色器，具体情况如表 4-12 所列。

表 4-12　常见函数

内置函数签名	说　明
genType abs (genType x)	此函数的功能为求绝对值。x 为本函数的参数，如果 x≥0，那么返回值为 x；如果 x<0，那么返回值为-x
genType sign (genType x)	此函数的功能是与 0 进行比较，进而返回相应的值。x 为本函数的参数；如果 x>0，则返回 1.0；如果 x=0，则返回 0；如果 x<0，则返回-1.0
genType floor (genType x)	此函数功能为返回小于或者等于 x 的最大的整数值，x 为本函数的参数，不存在取值范围限制
genType trunc (genType x)	此函数功能为截取并返回 x 的整数部分，也就是截尾取整
genType round (genType x)	此函数的功能为对 x 进行普通四舍五入，返回四舍五入后得到的整数值
genType roundEven (genType x)	此函数功能为对 x 进行偶四舍五入，返回四舍五入后得到的整数值。例如，若 x 为 3.5 或 4.5 都将返回 4.0
genType ceil (genType x)	此函数功能为返回大于或者等于 x 的最小的整数值，x 为本函数的参数，不存在取值范围限制
genType fract (genType x)	此函数功能为返回 x- floor（x）的值，x 为本函数的参数，不存在取值范围限制
genType mod (genType x, float y)	此函数的功能是进行取模运算，相当于 Java 语言中的“x%y”。对于 x 中的各组成元素，使用浮点数 y，最后返回 x-y*floor（x/y）
genType mod (genType x, genType y)	此函数的功能是进行取模运算，相当于 Java 语言中的“x%y”。对于 x 中的各组成元素，使用 y 中的对应组成元素，最后返回 x-y*floor（x/y）
genType modf (genType x, out genType i)	此函数的功能为返回 x 的小数部分，并将 x 的整数部分存入输出变量 i。同时返回值以及输出变量 i 的符号与 x 相同

续表

内置函数签名	说 明
genType min (genType x, genType y) genType min (genType x, float y)	此函数的功能是获得最小值。x 与 y 为本函数的两个参数，如果 x 与 y 中的组成元素满足 y<x，则返回 y；否则返回 x
genType max (genType x, genType y) genType max (genType x, float y)	此函数的功能是获得最大值。x 与 y 为本函数的两个参数，如果 x 与 y 中的组成元素满足 y<x，则返回 x；否则返回 y
genType clamp (genType x,genType minVal, genType maxVal) genType clamp (genType x,float minVal,float maxVal)	此函数主要返回 min （max （x, minVal），maxVal），x、minVal 与 maxVal 为本函数的 3 个参数，如果 minVal>maxVal，则返回值不确定
genType mix (genType x,genType y,genType a) genType mix (genType x,genType y,float a)	此函数主要功能为使用因子 a 对 x 与 y 执行线性混合，即返回 x*（1-a）+y*a
genType mix (genType x,genType y,genBType a)	此函数主要功能为使用参数 a 的布尔值选择返回参数 x 或 y 的值。若参数 a 的值或分量值为 false，则返回 x 相应的值或分量值；若参数 a 的值或分量值为 true，则返回 y 相应的值或分量值
genType step (genType edge, genType x) genType step (float edge, genType x)	此函数通过 x 与 edge 比较返回相应的值。edge 与 x 为本函数的两个参数，不存在范围限制。如果 x<edge，则返回 0.0；否则返回 1.0
genType smoothstep (genType edge0, genType edge1,genType x) genType smoothstep (float edge0,float edge1,genType x)	此函数功能是通过 x 与 edge0、edge1 进行比较返回相应的值，edge0、edge1 与 x 为本函数的两个参数，不存在范围限制。如果 x<=edge0，则返回 0；如果 x>=edge1，则返回 1.0；当 edge0<x<edge1 时，本函数则返回 0 与 1 之间平滑的 Hermite 插值。关于 Hermite 插值有兴趣的读者可以查阅相关的数学资料，本书篇幅有限，不再赘述
genBType isnan (genType x)	此函数功能为判断参数 x 是否为 NaN，若 x 为 NaN 返回 true，否则返回 false
genBType isinf (genType x)	此函数主要功能为判断参数 x 是否为正无穷或负无穷，若 x 为正无穷或负无穷则返回 true，否则返回 false
genIType floatBitsToInt (genType value) genUType floatBitsToUint (genType value)	此函数功能为将表示浮点数的比特序列看作表示整数的比特序列，并将对应的整数值返回
genType intBitsToFloat (genIType value) genType uintBitsToFloat (genUType value)	此函数功能为将表示整数的比特序列看作表示浮点数的比特序列，并将对应的浮点值返回。若参数为无效数值或无穷大，则返回值是不确定的

说明 表 4-12 中 genType 代表的数据类型有 float、vec2、vec3 以及 vec4，genIType 代表的数据类型是 int、ivec2、ivec3 或 ivec4，genUType 代表的数据类型是 uint、uvec2、uvec3 或 uvec4，有关数据类型的详细内容，请读者参考本章 4.2.1 小节。

了解了各常见函数的基本情况后，下面再对一些常见函数进行更为详细介绍。

- abs 函数

abs 函数不会产生负值，可以用来在一个平滑函数中引入间断，此函数的图形表示如图 4-5 所示。

- sign 函数

sign 函数可能返回的结果有-1、0 以及 1，该返回值是根据传入的参数值决定的。其为一个不连续函数，图形表示如图 4-6 所示。

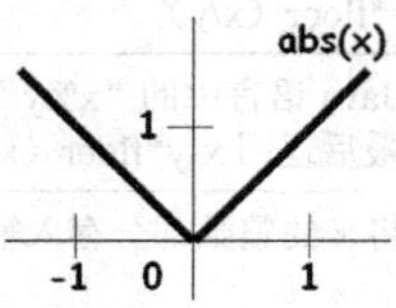

▲图 4-5 abs 函数

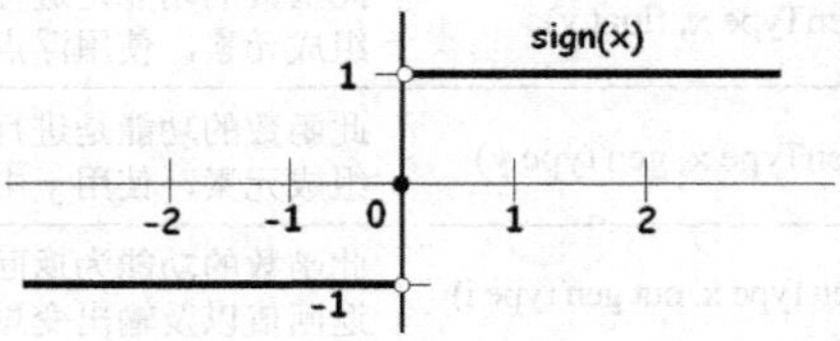

▲图 4-6 sign 函数

❑ floor 函数

floor 函数也是一种不连续函数，图形表示如图 4-7 所示。此函数会根据参数值返回小于或者等于该值的最大整数。也就是将参数值的分数部分丢弃，只取整数部分。

❑ ceil 函数

ceil 函数与 floor 函数相似，也是不连续函数，只是 ceil 函数总是返回大于或者等于参数值的最小的整数，其图形表示如图 4-8 所示。

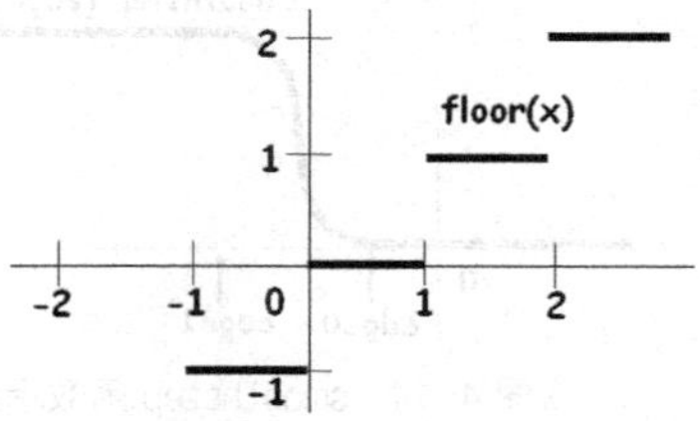

▲图 4-7　floor 函数

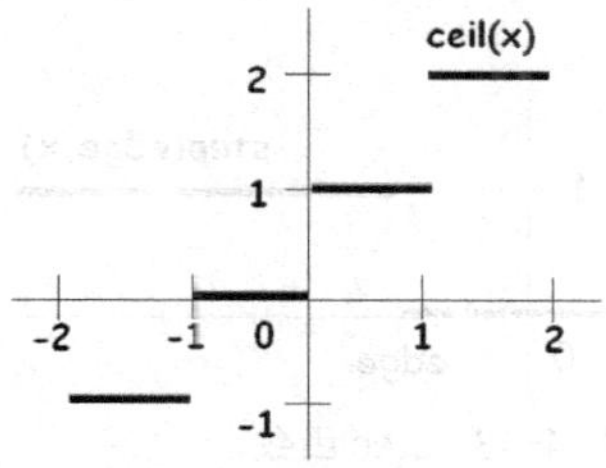

▲图 4-8　ceil 函数

> **提示**　通过图 4-7 和图 4-8 的比较，读者可以很容易发现，只需要将 floor 函数向左移动一个单位值即可获得 ceil 函数。

❑ fract 函数

fract 函数也是不连续的，其中每段的斜率均为 1，图形表示如图 4-9 所示。

❑ min 函数

min 函数的返回值是根据传入的两个参数的大小而定的。如果两个参数 x 与 y 满足 y<x，那么返回 y，否则返回 x，其图形表示如图 4-10 所示。

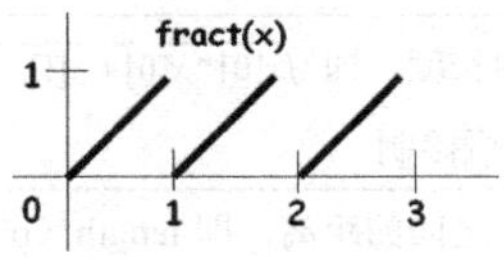

▲图 4-9　fract 函数

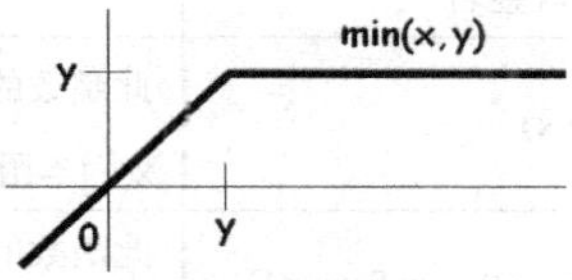

▲图 4-10　min 函数

❑ max 函数

max 函数与 min 函数相似，其返回值也是根据传入的两个参数的大小定的。如果两个参数 x 与 y 满足 y<x，那么返回 x，否则返回 y，其图形表示如图 4-11 所示。

❑ clamp 函数

clamp 函数是连续函数，其图形表示如图 4-12 所示。该函数会根据传入的 x 值、minVal 值以及 maxVal 值确定其返回值。其要求传入的 minVal 值必须小于 maxVal 值，否则返回值不确定。

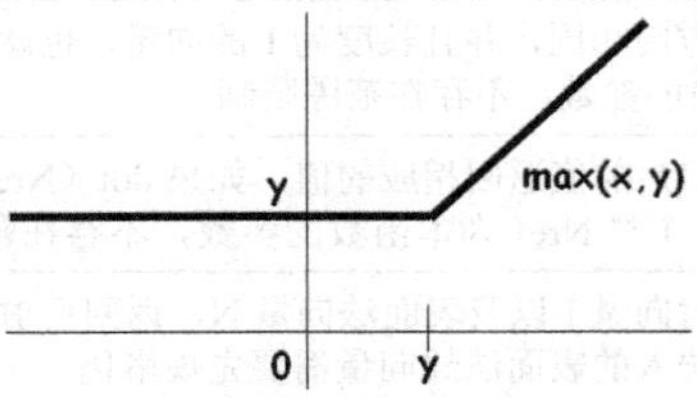

▲图 4-11　max 函数

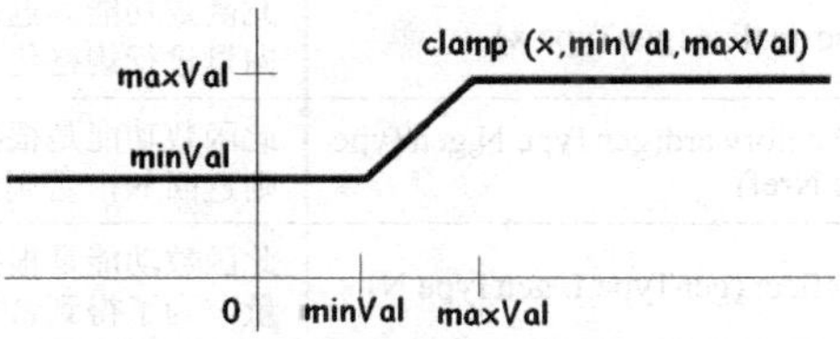

▲图 4-12　clamp 函数

❑ step 函数

step 函数是不连续函数，其图形表示如图 4-13 所示。该函数主要是根据传入的参数 edge 与 x

确定返回值，如果 x<edge，则返回 0.0，否则返回 1.0。

❑ smoothstep 函数

smoothstep 为连续函数，其图形表示如图 4-14 所示。此函数主要用来在两个值之间（0～1）进行平滑过渡，具体计算方法如下面的代码片段所示。

```
float t;                                  //声明变量 t，用来存储平滑过渡中的值
t=clamp((x-edge0)/(edge1-edge0), 0.0, 1.0);//计算在 x 位置对 edge1 与 edge0 之间的线性插值
return t*t*(3.0-2.0*t);                   //产生对应此 x 位置的平滑过渡值
```

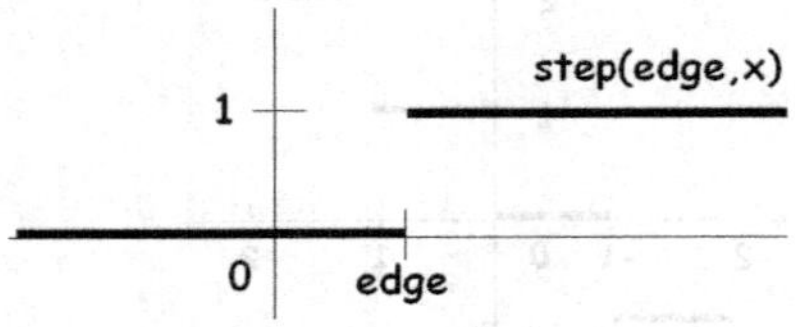

▲图 4-13　step 函数

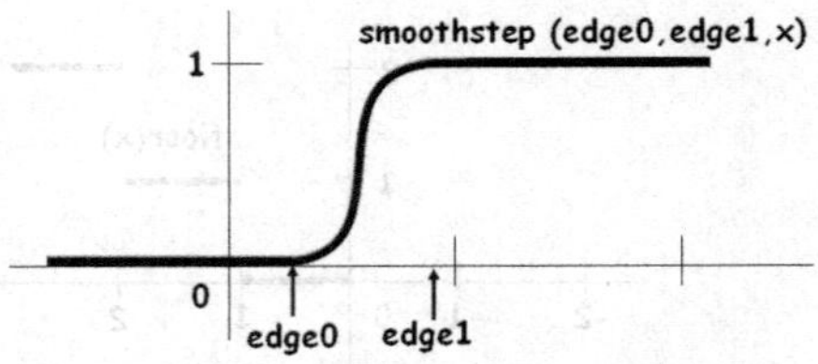

▲图 4-14　smoothstep 函数示意图

> **提示**　介绍 smoothstep 函数的计算方法时只是使用了浮点数标量，vec2、vec3 以及 vec4 的情况可以依此类推，也就是对每个分量都进行相同方式的计算。

4.4.4　几何函数

前一小节介绍了常见函数，接下来在本小节中将主要介绍几何函数。几何函数同时适用于顶点着色器与片元着色器，主要用于对向量进行操作，具体情况如表 4-13 所列。

表 4-13　几何函数

内置函数签名	说　明
float length (genType x)	此函数的功能是返回向量 x 的长度，即 $\sqrt{x[0]*x[0]+x[1]*x[1]+\ldots}$ x 为本函数的参数，不存在范围限制
float distance (genType p0, genType p1)	此函数的功能是返回 p0 与 p1 之间的距离，即 length（p0-p1） p0 与 p1 为本函数的参数，不存在范围限制
float dot (genType x, genType y)	此函数的功能是返回向量 x 与 y 的点积，即 x[0]*y[0]+x[1]*y[1]+x[2]*y[2]+… x 与 y 为本函数的参数，不存在范围限制
vec3 cross (vec3 x, vec3 y)	此函数的功能是返回向量 x 与 y 的叉积，即返回值为： $\begin{bmatrix} x[1]*y[2]-y[1]*x[2] \\ x[2]*y[0]-y[2]*x[0] \\ x[0]*y[1]-y[0]*x[1] \end{bmatrix}$ x 与 y 为本函数的参数，不存在范围限制
genType normalize (genType x)	此函数功能为返回与向量 x 方向相同，并且长度为 1 的向量，也就是对一个向量进行规格化。x 为本函数的参数，不存在范围限制
genType faceforward(genType N,genType I, genType Nref)	此函数功能是根据 dot（Nref,I）的值返回相应的值，如果 dot（Nref,I）<0，则返回 N，否则返回-N。N、I 与 Nref 为本函数的参数，不存在范围限制
genType reflect (genType I, genType N)	此函数功能是根据传入的入射向量 I 以及表面法向量 N，返回反射方向的向量。为了得到希望的结果，传入的表面法线向量需要先规格化
genType refract(genType I, genType N,float eta)	此函数功能是根据传入的入射向量 I、表面法向量 N 以及折射系数 eta，返回折射向量。为了得到期望的结果，传入的入射向量 I 与表面法向量 N 需要先规格化

> **提示** 表 4-13 中 genType 代表的数据类型有 float、vec2、vec3 以及 vec4，有关数据类型的详细内容，请读者参考本章 4.2.1 小节。对于只具有 float 参数的 length、distance 与 normalize 函数并不是非常有用，但考虑到着色语言的完整性，这些函数被定义。length(float x)返回值为|x|、distance(float p0, float p1) 返回值为|p0 - p1|以及 normalize(float x) 返回值为 1。

了解了各几何函数的基本情况后，下面再对一些几何函数进行更为详细介绍。

- dot 函数

此函数的功能是返回两个向量 x 与 y 的点积。两个向量点积的符号，与两个向量的夹角是直接相关的。夹角大于零并且小于 90º，则点积所得结果大于零；夹角等于 90º，则点积所得结果为 0；夹角大于 90º，则点积小于 0；具体情况如图 4-15 所示。

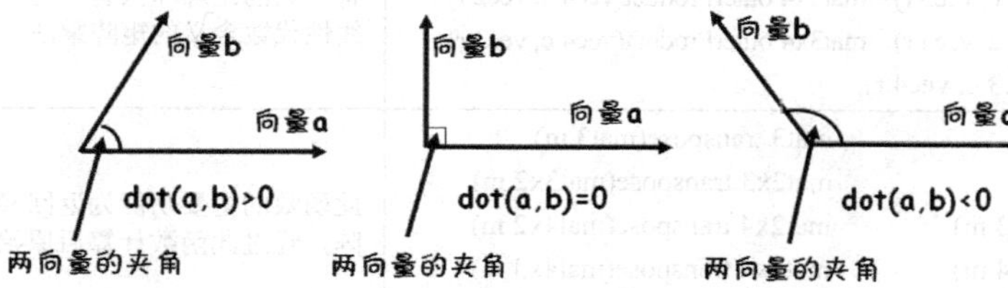

▲图 4-15 向量点积

- cross 函数

此函数的功能是返回两个向量 x 与 y 的叉积，两个向量叉积的绝对值即为这两个向量所在四边形的面积，效果如图 4-16 所示。

- reflect 函数

此函数功能是根据传入的入射向量 I 以及表面法向量 N，返回反射方向向量，如图 4-17 所示。

- refract 函数

此函数功能是根据传入的入射向量 I、表面法向量 N 以及折射系数 eta，返回折射向量，如图 4-18 所示。此函数的具体计算方法如下面的代码片段所示。

```
k= 1.0 - eta * eta *(1.0 - dot(N, I) * dot(N, I));   //计算判断系数 k
if (k < 0.0){
     return genType(0.0);                          //若符合全反射则无折射向量
}else{return eta * I - (eta *dot(N, I) + sqrt(k)) * N;}
                                                   //若不符合全反射根据斯涅尔定律计算折射向量
```

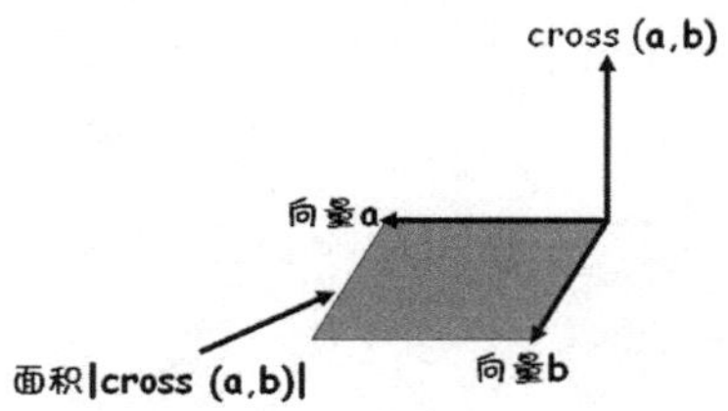

▲图 4-16 向量叉积

▲图 4-17 向量反射

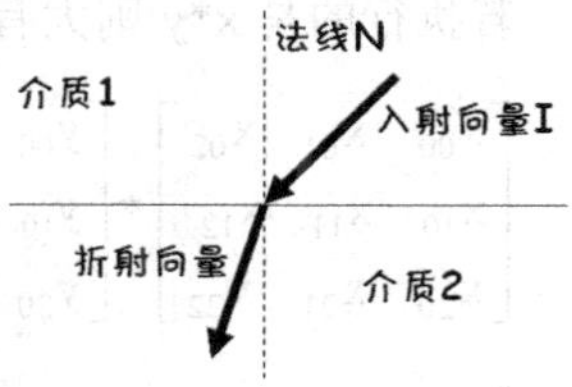

▲图 4-18 折射效果图

> **说明** 折射系数 eta 与介质 1 与介质 2 的折射率有关，介质 1 的折射率除以介质 2 的折射率即为折射系数。这里只是对反射以及折射函数进行了简单介绍，后面会有具体的章节为读者介绍使用反射与折射函数实现酷炫的效果。

4.4.5 矩阵函数

前一小节介绍了几何函数，接下来在本小节中将主要介绍矩阵函数。矩阵函数同时适用于顶点着色器与片元着色器，主要包括生成矩阵、矩阵的转置、求矩阵的行列式以及求逆矩阵等有关矩阵的操作，具体情况如表 4-14 所列。

表 4-14 矩阵函数

内置函数签名	说 明
mat matrixCompMult （mat x, mat y）	此函数按各个部分将矩阵 x 与矩阵 y 相乘，即返回值 result[i][j]是 x[i][j]与 y[i][j]标量的乘积
mat2 outerProduct(vec2 c, vec2 r) mat3 outerProduct(vec3 c, vec3 r) mat4 outerProduct(vec4 c, vec4 r) mat2x3 outerProduct(vec3 c, vec2 r) mat3x2 outerProduct(vec2 c, vec3 r) mat2x4 outerProduct(vec4 c, vec2 r) mat4x2 outerProduct(vec2 c, vec4 r) mat3x4 outerProduct(vec4 c, vec3 r) mat4x3 outerProduct(vec3 c, vec4 r)	此函数的功能为将参数 c 和参数 r 分别看成只有一列的矩阵和只有一行的矩阵，并将其进行线性代数含义的矩阵乘法，产生一个新的矩阵
mat2 transpose(mat2 m) mat3 transpose(mat3 m) mat4 transpose(mat4 m) mat2x3 transpose(mat3x2 m) mat3x2 transpose(mat2x3 m) mat2x4 transpose(mat4x2 m) mat4x2 transpose(mat2x4 m) mat3x4 transpose(mat4x3 m) mat4x3 transpose(mat3x4 m)	此函数的主要功能为返回参数矩阵 m 的转置矩阵，经过此函数计算后原始参数矩阵 m 不变
float determinant(mat2 m) float determinant(mat3 m) float determinant(mat4 m)	此函数的主要功能为返回参数矩阵 m 的行列式
mat2 inverse(mat2 m) mat3 inverse(mat3 m) mat4 inverse(mat4 m)	此函数的主要功能为返回参数矩阵 m 的逆矩阵，经过此函数计算后原始参数矩阵 m 不变

说明 表 4-14 中 mat 代表的数据类型有 mat2、mat2 以及 mat3，有关数据类型的详细内容，请读者参考本章 4.2.1 小节。matrixCompMult 函数实现的是矩阵的标量乘法，若希望进行线性代数中定义的矩阵乘法则需要使用乘法运算符(*)。

以三维矩阵（mat3）x、y 为例，matrixCompMult（x,y）具体执行的操作如下。

$$\begin{bmatrix} x_{00} & x_{01} & x_{02} \\ x_{10} & x_{11} & x_{12} \\ x_{20} & x_{21} & x_{22} \end{bmatrix}\begin{bmatrix} y_{00} & y_{01} & y_{02} \\ y_{10} & y_{11} & y_{12} \\ y_{20} & y_{21} & y_{22} \end{bmatrix}=\begin{bmatrix} x_{00}y_{00} & x_{01}y_{01} & x_{02}y_{02} \\ x_{10}y_{10} & x_{11}y_{11} & x_{12}y_{12} \\ x_{20}y_{20} & x_{21}y_{21} & x_{22}y_{22} \end{bmatrix}$$

若执行的是 x*y 则大有不同，具体情况如下所示。

$$\begin{bmatrix} x_{00} & x_{01} & x_{02} \\ x_{10} & x_{11} & x_{12} \\ x_{20} & x_{21} & x_{22} \end{bmatrix}*\begin{bmatrix} y_{00} & y_{01} & y_{02} \\ y_{10} & y_{11} & y_{12} \\ y_{20} & y_{21} & y_{22} \end{bmatrix}=$$

$$\begin{bmatrix} x_{00}y_{00}+x_{01}y_{10}+x_{02}y_{20} & x_{00}y_{01}+x_{01}y_{11}+x_{02}y_{21} & x_{00}y_{02}+x_{01}y_{12}+x_{02}y_{22} \\ x_{10}y_{00}+x_{11}y_{10}+x_{12}y_{20} & x_{10}y_{01}+x_{11}y_{11}+x_{12}y_{21} & x_{10}y_{02}+x_{11}y_{12}+x_{12}y_{22} \\ x_{20}y_{00}+x_{21}y_{10}+x_{22}y_{20} & x_{20}y_{01}+x_{21}y_{11}+x_{22}y_{21} & x_{20}y_{02}+x_{21}y_{12}+x_{22}y_{22} \end{bmatrix}$$

4.4.6 向量关系函数

向量关系函数的主要功能为将向量的各分量进行关系比较运算（<，<=，>，>=，==，!=），生成向量的布尔值结果，具体情况如表 4-15 所列。

表 4-15 向量相关函数

内置函数签名	说 明
bvec lessThan(vec x, vec y) bvec lessThan(ivec x, ivec y) bvec lessThan(uvec x, uvec y)	此函数功能是返回向量 x 与 y 中的各个分量执行 x<y 的结果
bvec lessThanEqual(vec x, vec y) bvec lessThanEqual(ivec x, ivec y) bvec lessThanEqual(uvec x, uvec y)	此函数功能是返回向量 x 与 y 中的各个分量执行 x<=y 的结果
bvec greaterThan(vec x, vec y) bvec greaterThan(ivec x, ivec y) bvec greaterThan(uvec x, uvec y)	此函数功能是返回向量 x 与 y 中的各个分量执行 x>y 的结果
bvec greaterThanEqual(vec x, vec y) bvec greaterThanEqual(ivec x, ivec y) bvec greaterThanEqual(uvec x, uvec y)	此函数功能是返回向量 x 与 y 中的各个分量执行 x>=y 的结果
bvec equal(vec x, vec y) bvec equal(ivec x, ivec y) bvec equal(bvec x, bvec y) bvec equal(uvec x, uvec y)	此函数功能是返回向量 x 与 y 中的各个分量执行 x= =y 的结果
bvec notEqual(vec x, vec y) bvec notEqual(ivec x, ivec y) bvec notEqual(bvec x, bvec y) bvec notEqual(uvec x, uvec y)	此函数功能是返回向量 x 与 y 中的各个部分执行 x!=y 的结果
bool any(bvec x)	如果 x 中任何一个分量为 true，则返回 true
bool all(bvec x)	x 中的所有组成元素都为 true，则返回 true
bvec not(bvec x)	对于 x 的各个分量执行的逻辑非运算

说明 表 4-15 中 vec 代表的数据类型有 vec2、vec3 以及 vec4；ivec 代表的数据类型有 ivec2、ivec 以及 ivec4；bvec 代表的数据类型有 bvec2、bvec3 以及 bvec4；uvec 代表的数据类型有 uvec2、uvec3 以及 uvec4。有关数据类型的详细内容，请读者参考本章 4.2.1 小节。

4.4.7 纹理采样函数

纹理采样函数主要用来根据指定的纹理坐标从采样器对应的纹理中进行采样，返回采样得到的颜色值。大部分纹理采样函数既可以用于顶点着色器也可以用于片元着色器，但有个别的仅适用与片元着色器，具体情况如表 4-16 所列。

表 4-16 纹理采样函数

内置函数签名	说 明
highp vec2 textureSize (gsampler2D sampler, int lod) highp vec3 textureSize (gsampler3D sampler, int lod) highp vec2 textureSize (gsamplerCube sampler, int lod) highp vec2 textureSize (sampler2DShadow sampler, int lod) highp vec2 textureSize (samplerCubeShadow sampler, int lod) highp vec3 textureSize (gsampler2DArray sampler, int lod) highp vec3 textureSize (sampler2DArrayShadow sampler, int lod)	此系列函数功能为返回纹理的尺寸，对于 2D 系列纹理返回值包括宽和高，对于 3D 纹理返回值包括宽、高以及深度。对于 2D 纹理数组，返回的前两个值为宽和高，最后一个值为纹理数组的层数。其中 sampler 参数为指定纹理对应的采样器，lod 参数为细节级别

续表

内置函数签名	说　明
gvec4 texture (gsampler2D sampler, vec2 P [, float bias]) gvec4 texture (gsampler3D sampler, vec3 P [, float bias]) gvec4 texture (gsamplerCube sampler, vec3 P [, float bias]) gvec4 texture (gsampler2DArray sampler, vec3 P [, float bias])	此系列函数的功能为使用纹理坐标 P 在 sampler 参数指定的纹理中执行纹理采样，返回值为采样得到的颜色值。其中 sampler 为指定纹理的采样器，P 为纹理坐标，bias 为距离相关参数
float texture (sampler2DShadow sampler, vec3 P [, float bias]) float texture (samplerCubeShadow sampler, vec4 P [, float bias]) float texture (sampler2DArrayShadow sampler, vec4 P)	此系列函数功能为执行阴影类型纹理采样，返回值为采样得到的阴影值。其中 sampler 为阴影类型纹理的采样器，P 为纹理坐标，bias 为距离相关参数
gvec4 textureProj (gsampler2D sampler, vec3 P [, float bias]) gvec4 textureProj (gsampler2D sampler, vec4 P [, float bias]) gvec4 textureProj (gsampler3D sampler, vec4 P [, float bias]) float textureProj (sampler2DShadow sampler, vec4 P[, float bias])	此系列函数的功能为执行投影纹理采样。其中 sampler 为指定纹理的采样器，P 为纹理坐标，bias 为距离参数。采样时的纹理坐标为 P 参数的前几个分量（不含最后一个分量）分别除以最后一个分量所得
gvec4 textureLod (gsampler2D sampler, vec2 P, float lod) gvec4 textureLod (gsampler3D sampler, vec3 P, float lod) gvec4 textureLod (gsamplerCube sampler, vec3 P, float lod) float textureLod (sampler2DShadow sampler, vec3 P, float lod) gvec4 textureLod (gsampler2DArray sampler, vec3 P, float lod)	此系列函数的功能为进行指定细节级别的纹理采样，其中参数 sampler 为待采样纹理的采样器，参数 P 为纹理坐标，lod 为细节级别
gvec4 textureOffset (gsampler2D sampler, vec2 P, ivec2 offset [, float bias]) gvec4 textureOffset (gsampler3D sampler, vec3 P, ivec3 offset [, float bias]) float textureOffset (sampler2DShadow sampler, vec3 P, ivec2 offset [, float bias]) gvec4 textureOffset (gsampler2DArray sampler, vec3 P, ivec2 offset [, float bias])	此系列函数的功能为使用偏移纹理坐标进行纹理采样。实际纹理坐标由参数 offset 与参数 P 相加获得，其中 sampler 为指定纹理的采样器，参数 offset 为偏移距离，P 为纹理坐标，bias 为距离相关参数
gvec4 texelFetch (gsampler2D sampler, ivec2 P, int lod) gvec4 texelFetch (gsampler3D sampler, ivec3 P, int lod) gvec4 texelFetch (gsampler2DArray sampler, ivec3 P, int lod)	此系列函数的功能为使用整型纹理坐标 P 在 sampler 参数指定的纹理中获取对应坐标处的纹素。其中 sampler 指定纹理的采样器，P 为纹理坐标，lod 为细节级别
gvec4 texelFetchOffset (gsampler2D sampler, ivec2 P, int lod, ivec2 offset) gvec4 texelFetchOffset (gsampler3D sampler, ivec3 P, int lod, ivec3 offset) gvec4 texelFetchOffset (gsampler2DArray sampler, ivec3 P, int lod,ivec2 offset)	此系列函数的功能为使用整型偏移纹理坐标在 sampler 参数指定的纹理中获取对应坐标处的纹素。其中整型偏移纹理坐标由偏移参数 offset 与整型纹理坐标参数 P 相加获取，lod 为细节级别
gvec4 textureProjOffset (gsampler2D sampler, vec3 P, ivec2 offset [, float bias]) gvec4 textureProjOffset (gsampler2D sampler, vec4 P, ivec2 offset [, float bias]) gvec4 textureProjOffset (gsampler3D sampler, vec4 P, ivec3 offset [, float bias]) float textureProjOffset (sampler2DShadow sampler, vec4 P, ivec2 offset [, float bias])	此系列函数的功能为执行投影偏移纹理采样，其中投影采样相关功能与函数 textureProj 相同，偏移采样相关功能与函数 textureOffset 相同
gvec4 textureLodOffset (gsampler2D sampler, vec2 P,float lod, ivec2 offset) gvec4 textureLodOffset (gsampler3D sampler, vec3 P,float lod, ivec3 offset) float textureLodOffset (sampler2DShadow sampler, vec3 P,float lod, ivec2 offset) gvec4 textureLodOffset (gsampler2DArray sampler, vec3 P,float lod, ivec2 offset)	此系列函数的功能为执行指定细节级别的纹理偏移采样，其中指定纹理细节级别的相关功能与函数 textureLod 相同，偏移采样的相关功能与函数 textureOffset 相同
gvec4 textureProjLod (gsampler2D sampler, vec3 P, float lod) gvec4 textureProjLod (gsampler2D sampler, vec4 P, float lod) gvec4 textureProjLod (gsampler3D sampler, vec4 P, float lod) float textureProjLod (sampler2DShadow sampler, vec4 P, float lod)	此系列函数的功能为执行指定细节级别的投影纹理采样，其中投影采样相关功能与函数 textureProj 相同，指定细节级别纹理采样相关功能与函数 textureLod 相同

续表

内置函数签名	说 明
gvec4 textureProjLodOffset (gsampler2D sampler, vec3 P,float lod, ivec2 offset) gvec4 textureProjLodOffset (gsampler2D sampler, vec4 P,float lod, ivec2 offset) gvec4 textureProjLodOffset (gsampler3D sampler, vec4 P,float lod, ivec3 offset) float textureProjLodOffset (sampler2DShadow sampler, vec4 P, float lod, ivec2 offset)	此系列函数的功能为执行指定细节级别的投影偏移纹理采样，其中投影采样相关功能与函数 textureProj 相同，指定纹理细节级别相关功能与函数 textureLod 相同，偏移采样相关功能与函数 textureOffset 相同
gvec4 textureGrad (gsampler2D sampler, vec2 P,vec2 dPdx, vec2 dPdy) gvec4 textureGrad (gsampler3D sampler, vec3 P,vec3 dPdx, vec3 dPdy) gvec4 textureGrad (gsamplerCube sampler, vec3 P,vec3 dPdx, vec3 dPdy) gvec4 textureGrad (gsampler2DArray sampler, vec3 P,vec2 dPdx, vec2 dPdy)	此系列函数的功能为执行纹理渐变采样。其中参数 P 为纹理坐标，sampler 为指定纹理的采样器，dPdx 为 P 对窗口 x 坐标的偏导数，dPdy 为 P 对窗口 y 坐标的偏导数。此外，对于 Cube 类型的纹理，假定投影到 Cube 纹理中的恰当面
float textureGrad (sampler2DShadow sampler, vec3 P,vec2 dPdx, vec2 dPdy) float textureGrad (samplerCubeShadow sampler, vec4 P,vec3 dPdx, vec3 dPdy) float textureGrad (sampler2DArrayShadow sampler, vec4 P,vec2 dPdx, vec2 dPdy)	此系列函数的功能为执行阴影类型纹理渐变采样。其中参数 P 为纹理坐标，sampler 为指定纹理的采样器，dPdx 为 P 对窗口 x 坐标的偏导数，dPdy 为 P 对窗口 y 坐标的偏导数。此外，对于 Cube 类型的纹理，假定投影到 Cube 纹理中的恰当面
gvec4 textureGradOffset (gsampler2D sampler, vec2 P, vec2 dPdx, vec2 dPdy, ivec2 offset) gvec4 textureGradOffset (gsampler3D sampler, vec3 P, vec3 dPdx, vec3 dPdy, ivec3 offset) float textureGradOffset (sampler2DShadow sampler, vec3 P, vec2 dPdx, vec2 dPdy, ivec2 offset) gvec4 textureGradOffset (gsampler2DArray sampler, vec3 P, vec2 dPdx, vec2 dPdy, ivec2 offset) float textureGradOffset (sampler2DArrayShadow sampler, vec4 P, vec2 dPdx, vec2 dPdy, ivec2 offset)	此系列函数的功能为执行纹理渐变偏移采样，其中渐变采样相关功能与函数 textureGrad 相同，偏移采样相关功能与函数 textureOffset 相同
gvec4 textureProjGrad (gsampler2D sampler, vec3 P, vec2 dPdx, vec2 dPdy) gvec4 textureProjGrad (gsampler2D sampler, vec4 P, vec2 dPdx, vec2 dPdy) gvec4 textureProjGrad (gsampler3D sampler, vec4 P, vec3 dPdx, vec3 dPdy) float textureProjGrad (sampler2DShadow sampler, vec4 P, vec2 dPdx, vec2 dPdy)	此系列函数的功能为执行投影纹理渐变采样，其中渐变采样相关功能与函数 textureGrad 相同，投影采样相关功能与函数 textureProj 相同
gvec4 textureProjGradOffset (gsampler2D sampler, vec3 P, vec2 dPdx, vec2 dPdy, ivec2 offset) gvec4 textureProjGradOffset (gsampler2D sampler, vec4 P, vec2 dPdx, vec2 dPdy, ivec2 offset) gvec4 textureProjGradOffset (gsampler3D sampler, vec4 P, vec3 dPdx, vec3 dPdy, ivec3 offset) float textureProjGradOffset (sampler2DShadow sampler, vec4 P, vec2 dPdx, vec2 dPdy, ivec2 offset)	此系列函数的功能为执行投影纹理渐变偏移采样，其中投影采样相关功能与函数 textureProj 相同，且假定偏导数 dPdx，dPdy 是已经经过投影计算的，渐变采样相关功能与函数 textureGrad 相同，偏移采样相关功能与函数 textureOffset 相同

说明 表 4-16 中返回值类型 gvec4 中的“g”为占位符，其中 gvec4 表示 vec4，ivec4 或 uvec4，以上 3 种类型分别对应浮点数、有符号整型以及无符号整型类型。请读者根据具体情况，匹配参数类型和返回值类型。

关于表 4-16 中的一些内容还需要进行更为详细一些讨论，具体如下所列。

1. bias 参数

含有 bias 参数的纹理采样函数只能在片元着色器中调用，且此参数仅对 sampler 为 mipmap 类型的纹理时才有意义。

- 若提供了 bias 参数，且 sampler 对应的纹理为 mipmap 类型的，则 bias 参数会用来参与计算细节级别，产生细节级别后再到对应细节级别的 mipmap 纹理中执行采样。
- 若没有提供 bias 参数，且 sampler 对应的纹理为 mipmap 类型时，将由系统自动计算细节级别，产生细节级别后再到对应细节级别的 mipmap 纹理中执行采样。
- 若 sampler 对应的纹理不是 mipmap 类型时，直接采用原始纹理进行采样。

2. Lod 后缀系列

带有“Lod”后缀的纹理采样函数仅适用于顶点着色器，其中的 Lod（Level of detail 的缩写）参数将直接用来作为进行 mipmap 纹理采样时的细节级别。因此，此系列函数也仅对 sampler 为 mipmap 类型的纹理才有意义。

> 提示　本小节仅介绍了纹理采样函数的基本知识，纹理采样的相关知识很庞杂，在后继章节中将陆续通过具体案例进行详细介绍，读者这里了解一下即可。

4.4.8　微分函数

微分函数仅能用于片元着色器，是从 OpenGL ES 3.0 开始在标准中正式支持的，主要有如下 3 个，具体情况，如表 4-17 所列。

表 4-17　微分函数

内置函数签名	说　明
genType dFdx (genType p)	此函数功能为计算参数 p 在 x 方向的偏导数
genType dFdy (genType p)	此函数功能为计算参数 p 在 y 方向的偏导数
genType fwidth (genType p)	此函数功能为计算参数 p 在 x 与 y 方向偏导数的绝对值之和，即返回值为 abs （dFdx （p）） + abs （dFdy （p）），很多时候其被用来计算梯度向量的幅度

> 说明　表 4-17 中 genType 代表的数据类型有 float、vec2、vec3 以及 vec4，有关数据类型的详细内容，请读者参考本章 4.2.1 小节。另外，dFdx 与 dFdy 函数常用来估算过滤器的宽度以及实现抗锯齿等。

一些具体实现中，可以在宿主语言中设置微分计算的精度，这样开发人员就可以根据需要选择偏重高渲染质量还是高渲染速度，具体的设置代码如下。

```
GLES30.glHint(GLES30.GL_FRAGMENT_SHADER_DERIVATIVE_HINT, XXXXX);
```

> 提示　上述代码中的“XXXXX”代表选中的选项，主要有 GL_FASTEST（最高性能）、GL_NICEST（最高的渲染质量）以及 GL_DONT_CARE（按照默认实现）3 种选择。

4.4.9　浮点数的打包与解包函数

本小节将要介绍的是浮点数的打包和解包函数，主要包括 packSnorm2x16、unpackSnorm2x16、packUnorm2x16、unpackUnorm2x16、packHalf2x16 以及 unpackHalf2x16，具体情况如表 4-18 所列。

表 4-18　浮点数的打包与解包函数

内置函数签名	说　明
highp uint packSnorm2x16(vec2 v)	此函数首先将二维向量 v 中的每个规格化浮点数分量转换为 16 比特的整数，然后两个 16 比特的整数被打包成一个 32 比特的无符号整数返回。将二维向量 v 中的每个浮点分量 c 转化为定点整数时采用的方式为：“round (clamp (c, -1, +1) * 32767.0)”。二维向量中第一个浮点分量所转化的 16 比特整数被写入到 32 位结果中的低位，而第二个浮点分量所转化的 16 比特整数被写入到 32 位结果中的高位

续表

内置函数签名	说　明
highp vec2 unpackSnorm2x16(highp uint p)	将一个 32 位无符号的整数 p 解包成一对 16 位的无符号整数，并将每一个分量转换成规格化的浮点值，生成一个 vec2 并返回。可以理解为 packSnorm2x16 的逆操作
highp uint packUnorm2x16(vec2 v)	此函数首先将二维向量 v 中的每个规格化浮点数分量转换为 16 比特的整数，然后两个 16 比特的整数被打包成一个 32 比特的无符号整数返回。将二维向量 v 中的每个浮点分量 c 转化为定点整数时采用的方式为："round (clamp (c, 0, +1) * 65535.0)"。二维向量中第一个浮点分量所转化的 16 比特整数被写入到 32 位结果中的低位，而第二个浮点分量所转化的 16 比特整数被写入到 32 位结果中的高位
highp vec2 unpackUnorm2x16(highp uint p)	将一个 32 位无符号的整数 p 解包成一对 16 位的无符号整数，并将每一个分量转换成规格化的浮点值，生成一个 vec2 并返回。可以理解为 packUnorm2x16 的逆操作
highp uint packHalf2x16(medium vec2 v)	此函数首先将二维向量 v 中的每个浮点数分量转换为 16 比特的整数，然后两个 16 比特的整数被打包成一个 32 比特的无符号整数返回。将二维向量 v 中的每个浮点分量转化为定点整数时采用的方式为："将 OpenGL ES 中表示浮点数的 16 比特序列看作表示整数的 16 比特序列"。二维向量中第一个浮点分量所转化的 16 比特整数被写入到 32 位结果中的低位，而第二个浮点分量所转化的 16 比特整数被写入到 32 位结果中的高位
highp vec2 unpackHalf2x16(highp uint v)	将一个 32 位无符号的整数 p 解包成一对 16 位的无符号整数，并将每一个分量转换成浮点值，生成一个 vec2 并返回。可以理解为 packHalf2x16 的逆操作

4.5 用 invariant 修饰符避免值变问题

值变问题是指在同样的着色器程序多次运行时，同一个表达式在同样输入值的情况下多次运行，结果不精确一致的现象。在大部分情况下，这并不影响最终效果的正确性。

如果在某些特定情况下需要避免值变问题，可以用 invariant 修饰符来修饰变量。采用 invariant 修饰符修饰变量主要有如下两种方式。

（1）在声明变量时加上 invariant 修饰符，具体情况参考如下代码。

```
invariant out vec3 color;
```

（2）对已经声明的变量补充使用 invariant 修饰符进行修饰，具体情况参考如下代码。

```
out vec3 color;
invariant color;
```

> **提示**　若有多个已经声明的变量需要用 invariant 修饰符补充修饰，则可以在 invariant 修饰符后把这些变量名用逗号隔开，一次完成。另外，用 invariant 修饰符补充修饰变量必须在变量第一次被使用前完成。

如果希望所有的输出变量都是 invariant 的，则可以采用如下的语句来完成。

```
#pragma STDGL invariant(all)
```

> **提示**　要注意的是，上述代码应该添加在顶点着色器程序的最前面，且上述代码不能在片元着色器中使用。

需要注意的是，并不是所有的变量都可以用 invariant 修饰符修饰，只有符合如下几种情况的变量可以用 invariant 修饰符修饰。

- 顶点着色器中的内建输出变量，如 gl_Position。
- 顶点着色器中声明的以 out 修饰符修饰的变量。
- 片元着色器中内建的输出变量。
- 片元着色器中声明的以 out 修饰符修饰的变量。

另外一点就是，在使用时要注意，invariant 修饰符要放在其他的修饰符之前。同时，invariant 修饰符只能用来修饰全局变量。

> 提示　若不是真的需要绝对同样的输入产生同样精确的输出，则应该避免使用 invariant 修饰符。因为使用此修饰符后着色器有些内部优化就无法进行了，会对性能有一定的影响。大部分情况下，一些误差对程序的正确性没有影响，因此，需要使用 invariant 修饰符的情况并不多。

4.6 预处理器

预处理器是在真正的编译开始之前由编译器调用的独立程序。预处理器用来预处理编译过程中所需的源代码字符串。OpenGL ES 着色语言的预处理器基本遵循标准 C++预处理器的规则，宏定义和条件测试等可以通过预处理指令执行，具体内容如表 4-19 所列。

表 4-19　预处理指令

预处理指令	说　明
#	用作预处理
#define	定义宏
#undef	用来删除事先定义的宏定义
#if	条件测试，若#if 指令后的表达式为真，则编译#if 到#else 之间的程序段
#ifdef	条件测试，检测指定的宏是否定义，如果定义，则进行编译
#ifndef	条件测试，检测指定的宏是否未定义，如果未定义，则进行编译
#else	条件测试，若#if 指令后的表达式为假，则编译编译#else 到#endif 之间的程序段
#elif	条件测试，#else 和#if 的组合选项，表示否则
#endif	条件测试，结束编译块的控制
#error	实现将诊断信息保存到着色器对象的信息日志中
#pragma	允许依赖于实现的编译控制。#pragma 后面的符号不是预处理宏定义扩展的一部分。如默认情况下，编译器开启着色器优化，若要关闭指令为#pragma optimize（off）。关闭着色器调试，指令为#pragma debug（off）
#extension	激活指定的扩展行为
#line	#line 后面是整型常量表达式，表示从其开始的起始行号

除了表 4-19 中列出的预处理指令外，着色语言还预定义了一些可直接使用的宏，如表 4-20 所列。

表 4-20　预定义宏

预定义宏	说　明
__LINE__	当前被编译代码行的行号，为十进制整数
__FILE__	当前被处理的源代码字符串序号，为十进制整数
__VERSION__	用来替代 OpenGL ES 着色语言的版本号，如 OpenGL ES 3.0 对应的版本号为整数 330
GL_ES	该宏用于着色器编译时测试使用，默认为 1，表示使用的是 OpenGL ES 着色语言

> 提示　所有以“GL_”（“GL”后面是一个下划线）为前缀的宏名和包含两个连续下划线“__”的宏名都是着色语言保留使用的。重定义内建宏名或预定义的宏名是错误的，这一点读者需多加注意。

与C++类似，如果定义了宏但是没有同时给出其替代表达式，并不会默认其替代表达式为"0"。这一点在将宏使用于预处理表达式时要特别注意。预处理表达式在编译时执行，其中可使用的操作符如表4-21所列。

表4-21　　预处理表达式操作符

优先级	操作符类型	操作符	结合性
1（最高）		()	NA
2	一元操作符	defined + - ～ !	从右到左
3	乘、除、取余	* / %	从左到右
4	加、减	+ -	从左到右
5	比特左/右移	<< >>	从左到右
6	比较操作符	< > <= >=	从左到右
7	等于/不等于操作符	== !=	从左到右
8	比特与	&	从左到右
9	比特异或	^	从左到右
10	比特或	|	从左到右
11	逻辑与	&&	从左到右
12（最低）	逻辑或	||	从左到右

默认情况下，着色语言的编译器必须反馈不符合规范的编译时词法和语法错误。任何扩展行为必须先启用，控制编译器扩展行为可以通过#extension指令实现，其基本语法为：

```
#extension <扩展名>:<扩展行为>
```

扩展名为各个硬件厂商提供的特殊功能扩展的名称，使用时读者需要查阅各厂商提供的资料。扩展行为主要包含表4-22中列出的几种类型。

表4-22　　扩展行为

扩展行为	说明
require	说明需要指定扩展名的扩展，如果编译器不支持指定扩展名对应的扩展，或如果扩展名为all，则反馈错误
enable	启用指定扩展名的扩展，如果编译器不支持扩展名对应的扩展，则给出警告。如果扩展名为all，则反馈错误
Warn	检测是否使用了指定名称的扩展，如果使用了此扩展则给出警告。如果扩展名为all，则检测是否使用任何扩展，若使用了则给出警告。如果编译器不支持此扩展，则给出警告
disable	禁用指定扩展名的扩展，如果编译器不支持指定扩展名，则给出警告。如果扩展名为all，则禁用所有使用的扩展恢复到默认核心版本

提示　编译器的初始状态为：#extension all:disable，意味着编译器关闭任何扩展。

4.7 小结

本章简要介绍了与开发酷炫3D场景密切相关的着色语言，主要介绍了着色语言的基础知识、顶点与片元着色器中的内建变量、内置函数等。通过本章的学习，读者应该对着色语言有了一定的了解，能初步使用该语言，为以后开发复杂的、真实的3D场景打下坚实的基础。

第 5 章　必知必会的 3D 开发知识——投影及各种变换

3D 应用程序开发中，一项很重要的工作就是对场景中的物体进行各种投影与变换。与 OpenGL ES 2.0 一致，OpenGL ES 3.0 在变换方面也采取了开放模式，其 API 中不再提供完成各种变换的方法，变换所用的矩阵都由开发人员直接提供给渲染管线。

因此，基于 OpenGL ES 3.0 进行投影与变换的开发时，可能需要了解更多的数学知识。这样虽然增加了开发的难度，但提高了开发的灵活性，本章将对投影与变换相关的数学知识及具体的实现方法进行详细介绍。

5.1 摄像机的设置

从日常生活的经验中可以很容易地了解到，随着摄像机位置、姿态的不同，就算是对同一个场景进行拍摄，得到的画面也是迥然不同的。因此摄像机的位置、姿态在 OpenGL ES 3.0 应用程序的开发中就显得非常重要，故在介绍两种投影与变换之前，首先需要介绍一下摄像机的设置方法。

从日常生活的经验中可以很容易地了解到，随着摄像机位置、姿态的不同，就算是对同一个场景进行拍摄，得到的画面也是迥然不同的。因此摄像机的位置、姿态在 OpenGL ES 3.0 应用程序的开发中就显得非常重要，故在介绍两种投影与变换之前，首先需要介绍一下摄像机的设置方法。

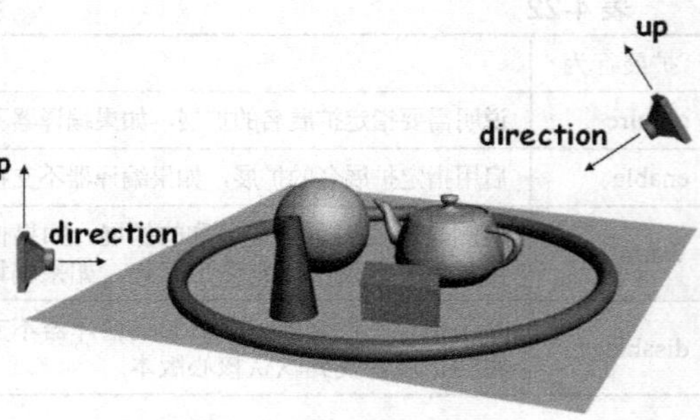

▲图 5-1　摄像机观察物体

摄像机的设置需要给出 3 方面的信息，包括摄像机的位置、观察的方向以及 up 方向，具体情况如图 5-1 所示。

- ❑ 摄像机的位置很容易理解，用其在 3D 空间中的坐标来表示。
- ❑ 摄像机观察的方向可以理解为摄像机镜头的指向，用一个观察目标点来表示（通过摄像机位置与观察目标点可以确定一个向量，此向量即代表了摄像机观察的方向）。
- ❑ 摄像机的 up 方向可以理解为摄像机顶端的指向，用一个向量来表示。

通过摄像机拍摄场景与人眼观察现实世界很类似，因此，通过人眼对现实世界观察的切身感受可以帮助读者理解摄像机的各个参数，如图 5-2 所示。

从图 5-2 中可以看出，摄像机的位置、朝向、up 方向可以有很多不同的组合。例如，同样的位置可以有不同的朝向、不同的 up 方向；不同的位置也可以具有相同的朝向、相同的 up 方向等。

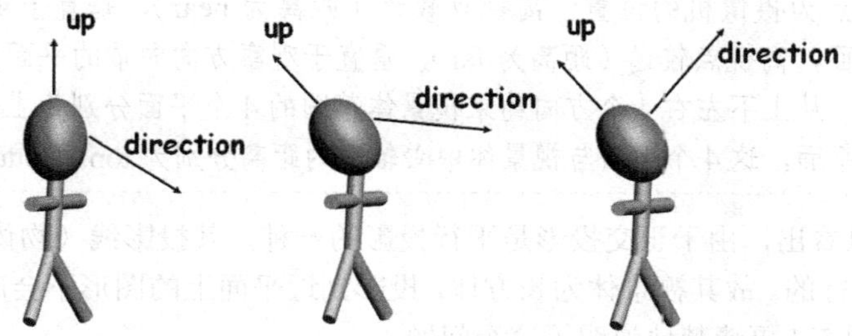

▲图 5-2　人眼观察物体

本书案例中通过调用 Matrix 类的 setLookAtM 方法来完成对摄像机的设置，基本代码如下。

```
Matrix.setLookAtM(
      mVMatrix,                          //存储生成矩阵元素的 float[]类型数组
      0,                                 //填充起始偏移量
      cx, cy, cz,                        //摄像机位置的 X、Y、Z 坐标
      tx, ty, tz,                        //观察目标点 X、Y、Z 坐标
      upx, upy, upz                      //up 向量在 X、Y、Z 轴上的分量
);
```

说明　从上述代码中可以看出，setLookAtM 方法的功能为根据接收的 9 个摄像机相关参数产生摄像机的观察矩阵，并将矩阵的元素填充到指定的数组中。之所以产生矩阵是因为 OpenGL ES 3.0 渲染管线的需要，这点在前面已经提到。

5.2　两种投影方式

通过前面章节的学习，读者应该已经了解到，在图元装配之后的光栅化阶段前，首先需要把虚拟 3D 世界中的物体投影到二维平面上。OpenGL ES 3.0 中常用的投影模式有两种，分别为正交投影与透视投影，本节将对这两种投影方式进行详细介绍。

5.2.1　正交投影

OpenGL ES 3.0 中，根据应用程序中提供的投影矩阵，管线会确定一个可视空间区域，称为视景体。视景体是由 6 个平面确定的，这 6 个平面分别为：上平面（up）、下平面（down）、左平面（left）、右平面（right）、远平面（far）、近平面（near）。

场景中处于视景体内的物体会被投影到近平面上（视景体外面的物体将被裁剪掉），然后再将近平面上投影出的内容映射到屏幕上的视口中。对于正交投影而言，视景体及近平面的情况如图 5-3 所示。

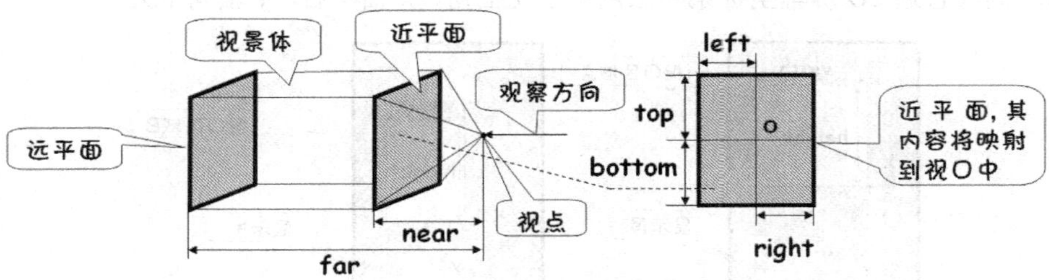

▲图 5-3　正交投影示意图

> **说明**　视点为摄像机的位置；离视点较近（距离为 near），垂直于观察方向向量的平面为近平面，离视点较远（距离为 far），垂直于观察方向向量的平面为远平面。与观察向量平行，从上下左右 4 个方向约束视景体范围的 4 个平面分别为上平面、下平面、左平面、右平面，这 4 个平面与视景体中心轴线的距离分别为 top、bottom、left、right。

从图 5-3 中可以看出，由于正交投影是平行投影的一种，其投影线（物体的顶点与近平面上投影点的连线）是平行的。故其视景体为长方体，投影到近平面上的图形不会产生真实世界中“近大远小”的效果，图 5-4 更清楚地说明了这个问题。

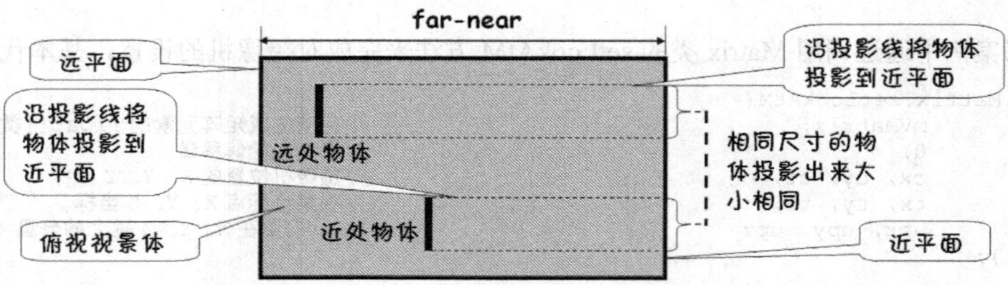

▲图 5-4　正交投影不产生“近大远小”效果的原理图

本书案例中通过调用 Matrix 类的 orthoM 方法完成对正交投影的设置，其基本代码如下。

```
Matrix.orthoM(
    mProjMatrix,                          //存储生成矩阵元素的 float[]类型数组
    0,                                    //填充起始偏移量
    left, right,                          //near 面的 left、right
    bottom, top,                          //near 面的 bottom、top
    near, far                             //near 面、far 面与视点的距离
);
```

- orthoM 方法的功能为根据接收的 6 个正交投影相关参数产生正交投影矩阵，并将矩阵的元素填充到指定的数组中。
- 参数 left、right 为近平面左右侧边对应的 x 坐标，top、bottom 为近平面上下侧边对应的 y 坐标，分别用来确定左平面、右平面、上平面、下平面的位置。参数 near、far 分别为视景体近平面与远平面距视点的距离。

前面提到过，场景中的物体投影到近平面后，最终会映射到显示屏上的视口中。视口也就是显示屏上指定的矩形区域，通过如下代码进行设置。

```
GLES30.glViewport(x,  y,  width,  height);                //设置视口
```

上述代码中参数 x、y 为视口矩形左下侧点在视口用屏幕坐标系内的坐标，width、height 为视口的宽度与高度，具体情况如图 5-5 所示。要注意的是视口用屏幕坐标系的原点并不在屏幕的左上角，而是位于屏幕的左下角。同时，此坐标系中 x 轴向右，y 轴向上，这都与普通 2D 屏幕坐标系有所不同（普通 2D 屏幕坐标系中原点位于左上角，x 轴向右，y 轴向下）。

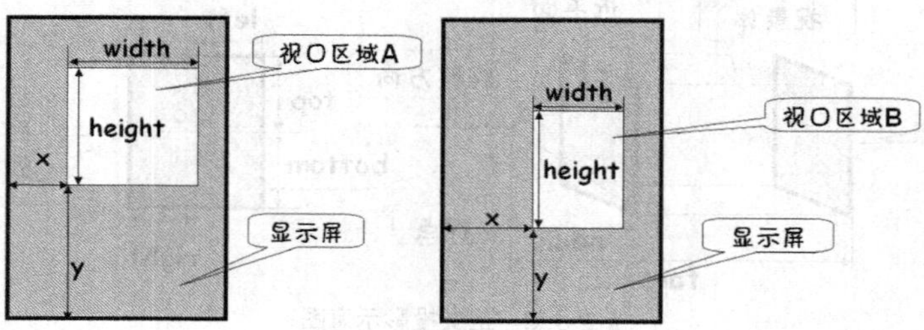

▲图 5-5　视口示意图

另外，如果应用程序中用于渲染 3D 场景的 GLSurfaceView 类或其子类的对象并不占用整个屏幕的空间，则视口用屏幕坐标系的原点为用于渲染 3D 场景的 GLSurfaceView 类或其子类对象所占屏幕中矩形区域的左下角。

提示　从近平面到视口的映射是由渲染管线自动完成的。一般情况下，应该保证近平面的宽高比与视口的宽高比相同，也就是满足“(left+right)/(top+bottom) = = width/height”，否则显示在屏幕上的图像会拉伸变形。

前面介绍了正交投影的基本知识，下面将给出一个使用了正交投影的案例——Sample5_1，其运行效果如图 5-6 所示。

▲图 5-6　案例 Sample5_1 的运行效果图

提示　从图 5-6 中可以看出，本案例的场景是由一组距离观察点越来越远的相同尺寸的六角星构成。由于采用的投影方式为正交投影，因此，最终显示在屏幕上的每个六角星尺寸都相同。

了解了本案例的运行效果后，下面就可以进行代码的开发了，具体步骤如下。

（1）首先需要开发案例的主控制类 Sample5_1_Activity。由于该类与 3.1.2 节 Sample3_1 中的 Activity 类非常相似，这里就不再赘述。需要的读者请参考 3.1.2 节中对 Activity 类的讲解，自行查看随书中的源代码。同时，本案例中的顶点与片元着色器代码也与 3.1.2 节案例中的相同，这里也不再赘述。

（2）完成了 Sample5_1_Activity 类的开发后，接下来将开发本案例中用来渲染 3D 场景的 MySurfaceView 类。该类继承自 GLSurfaceView，并且在该类中通过内部类的形式创建了渲染器，其具体代码如下。

代码位置：见随书中源代码/第 5 章/Sample5_1/src/com/bn/Sample5_1 目录下的 MySurfaceView.java。

```
package com.bn.Sample5_1;                                    //声明包
import android.opengl.GLSurfaceView;                         //引入相关类
……//此处省略了部分类的引入代码，读者可自行查看随书的源代码
import android.content.Context;                              //引入相关类
class MySurfaceView extends GLSurfaceView {
    private final float TOUCH_SCALE_FACTOR = 180.0f/320;     //角度缩放比例
    private SceneRenderer mRenderer;                         //场景渲染器
    private float mPreviousY;                                //上次的触控位置 y 坐标
    private float mPreviousX;                                //上次的触控位置 x 坐标
    public MySurfaceView(Context context) {
        /*此处省略了与本书前面案例相似类中完全相同的部分代码,
        需要的读者可以自行查看随书中的源代码*/}
  public boolean onTouchEvent(MotionEvent e) {               //触摸事件回调方法
        float y = e.getY();                                  //获取此次触控的 y 坐标
        float x = e.getX();                                  //获取此次触控的 x 坐标
        switch (e.getAction()) {
        case MotionEvent.ACTION_MOVE:                        //若为移动动作
         float dy = y - mPreviousY;float dx = x - mPreviousX;
                                                             //计算触控位置的 x、y 位移
```

```
19            for(SixPointedStar h:mRenderer.ha){//设置各个六角星绕 x 轴、y 轴旋转的角度
20              h.yAngle += dx * TOUCH_SCALE_FACTOR;
21              h.xAngle+= dy * TOUCH_SCALE_FACTOR;
22            }}
23            mPreviousY = y;mPreviousX = x;          //记录触控点的 x、y 坐标
24            return true;
25        }
26        private class SceneRenderer implements GLSurfaceView.Renderer{
27            SixPointedStar[] ha=new SixPointedStar[6];          //六角星数组
28            public void onDrawFrame(GL10 gl) {
29            GLES30.glClear( GLES30.GL_DEPTH_BUFFER_BIT | GLES30.
30                GL_COLOR_BUFFER_BIT);                    //清除深度缓冲与颜色缓冲
31            for(SixPointedStar h:ha){                    //循环绘制各个六角星
32                h.drawSelf();
33        }}
34        public void onSurfaceChanged(GL10 gl, int width, int height) {
35            GLES30.glViewport(0, 0, width, height);    //设置视口的大小及位置
36            float ratio= (float) width / height;       //计算视口的宽高比
37            MatrixState.setProjectOrtho(-ratio, ratio, -1, 1, 1, 10);//设置正交投影
38            MatrixState.setCamera(0, 0, 3f, 0, 0, 0f, 0f, 1.0f, 0.0f);//设置摄像机
39        }
40        public void onSurfaceCreated(GL10 gl, EGLConfig config) {
41            GLES30.glClearColor(0.5f,0.5f,0.5f, 1.0f); //设置屏幕背景色 RGBA
42            for(int i=0;i<ha.length;i++) {              //创建六角星数组中的各个六角星
43                ha[i]=new SixPointedStar(MySurfaceView.this,0.2f,0.5f,-0.3f*i);
44            }
45            GLES30.glEnable(GLES30.GL_DEPTH_TEST);      //打开深度检测
46    }}}
```

- 第 13-25 行为用于处理屏幕触控事件的 onTouchEvent 方法，其功能为根据触控点的 x、y 位移改变各个六角星绕 x 轴及 y 轴的旋转角度。
- 第 26-46 行为场景渲染器 SceneRenderer 的代码，其在 onSurfaceCreated 方法中创建了六角星数组中的各个六角星对象。从代码中可以看出，创建时依次为六角星指定了离观察点越来越远的 z 坐标。
- 第 34-39 行在 onSurfaceChanged 方法中调用了 GLES30 类的 glViewport 方法设置视口，调用了 MatrixState 类中的 setProjectOrtho 方法设置了正交投影。从上述两个方法的参数中可以看出，视口的长宽比与近平面的长宽比是相同的，这样显示在屏幕上的内容才不会变形。
- 第 28-33 行为 onDrawFrame 方法的实现，其在清除深度缓冲与颜色缓冲之后，遍历六角星数组，通过调用每个六角星对象的 drawSelf 方法来绘制各个六角星。

> **提示**　上述代码中用到的 MatrixState 类是作者自己开发的，用于封装 Matrix 类各项功能用以简化开发的工具类，后面将进行详细介绍。

（3）前面的步骤中使用了 SixPointedStar 类来创建六角星对象，下面将介绍此类的开发，其具体代码框架如下。

代码位置：见随书中源代码/第 5 章/Sample5_1/src/com/bn/Sample5_1 目录下的 SixPointedStar.java。

```
package com.bn.Sample5_1;                                      //声明包
import static com.bn.Sample5_1.ShaderUtil.createProgram;       //引入相关类
……//此处省略了部分类的引入代码，读者可自行查看随书的源代码
import android.opengl.Matrix;                                  //引入相关类
public class SixPointedStar {                                  //六角星
      ……//省略一些成员变量的声明，需要的读者参考中的源代码
   float yAngle=0;float xAngle=0;              //绕 x 轴、y 轴旋转的角度
   final float UNIT_SIZE=1;
   public SixPointedStar(MySurfaceView mv,float r,float R,float z){
         initVertexData(R,r,z);              //调用初始化顶点数据的 initVertexData 方法
         initShader(mv);                     //调用初始化着色器的 intShader 方法
     }
     public void initVertexData(float R,float r,float z){
                                             //初始化顶点数据的 initVertexData 方法
```

```
14             ……//此处省略了初始化顶点数据的方法，将在下面介绍
15         }
16         public void initShader(MySurfaceView mv){   //初始化着色器的initShader方法
17             ……//此处省略了与前面案例相同部分代码，读者可自行查看随书中的源代码
18         }
19         public void drawSelf() {                    //绘制图形的方法
20             ……//此处省略了绘制图形的方法，将在下面介绍
21     }}
```

- 第 6-12 行为该类中成员变量和构造器的代码，各成员变量与前面案例 Sample3_1 里的 Triangle 类非常类似。只是减少了投影矩阵、摄像机位置朝向参数矩阵和总变换矩阵的声明，这些矩阵已经封装在了后面将要开发的 MatrixState 类中。
- 第 13-15 行为初始化顶点数据的 initVertexData 方法，将在下面介绍。
- 第 19-21 行为绘制六角星的 drawSelf 方法，也将在下面介绍。

> **提示** 第 16-18 行的 initShader 方法与 Sample3_1 中 Triangle 类里的 initShader 方法基本一致，这里就不再赘述。后面本书的案例中，将只讲解与前面案例的不同之处。前面案例中已经出现过的代码，将适当省略以节省篇幅，需要的读者可以查看中的源代码。

（4）完成了 SixPointedStar 类代码框架的开发后，下面将开发上一步骤中省略的初始化顶点数据的 initVertexData 方法，其代码如下。

代码位置：见随书中源代码/第 5 章/Sample5_1/src/com/bn/Sample5_1 目录下的 SixPointedStar.java。

```
public void initVertexData(float R, float r, float z) {
                                              //初始化顶点数据的initVertexData方法
    List<Float> flist = new ArrayList<Float>();
    float tempAngle = 360 / 6;
    for (float angle = 0;angle <360; angle+= tempAngle) {
                                              //循环生成构成六角形中各三角形的顶点坐标
        flist.add(0f); flist.add(0f); flist.add(z);//第一个点的x、y、z坐标
        flist.add((float) (R * UNIT_SIZE * Math.cos(Math.toRadians(angle))));
                                              //第二个点的x坐标
        flist.add((float) (R * UNIT_SIZE * Math.sin(Math.toRadians(angle))));
                                              //第二个点的y坐标
        flist.add(z);                         //第二个点的z坐标
        flist.add((float) (r * UNIT_SIZE * Math.cos(Math.toRadians(angle
                + tempAngle / 2))));          //第三个点的x坐标
        flist.add((float) (r * UNIT_SIZE * Math.sin(Math.toRadians(angle
                + tempAngle / 2))));          //第三个点的y坐标
        flist.add(z);                         //第三个点的z坐标
        flist.add(0f);flist.add(0f);flist.add(z); //第一个中心点的x、y、z坐标
        flist.add((float) (r * UNIT_SIZE * Math.cos(Math.toRadians(angle
                + tempAngle / 2))));          //第二个点的x坐标
        flist.add((float) (r * UNIT_SIZE * Math.sin(Math.toRadians(angle
                + tempAngle / 2))));          //第二个点的y坐标
        flist.add(z);                         //第二个点的z坐标
        flist.add((float) (R * UNIT_SIZE * Math.cos(Math.toRadians(angle
                + tempAngle))));              //第三个点的x坐标
        flist.add((float) (R * UNIT_SIZE * Math.sin(Math.toRadians(angle
                + tempAngle))));              //第三个点的y坐标
        flist.add(z);                         //第三个点的z坐标
    }
    vCount = flist.size() / 3;
    float[] vertexArray = new float[flist.size()];  //顶点坐标数组
    for (int i = 0; i < vCount; i++) {
        vertexArray[i * 3] = flist.get(i * 3);
        vertexArray[i * 3 + 1] = flist.get(i * 3 + 1);
        vertexArray[i * 3 + 2] = flist.get(i * 3 + 2);
    }
    ByteBuffer vbb = ByteBuffer.allocateDirect(vertexArray.length * 4);
    vbb.order(ByteOrder.nativeOrder());       //设置字节顺序为本地操作系统顺序
```

```
35          mVertexBuffer = vbb.asFloatBuffer();
36          mVertexBuffer.put(vertexArray);                    //将顶点坐标数据放进缓冲
37          mVertexBuffer.position(0);
38          float[] colorArray = new float[vCount * 4];//顶点着色数据的初始化
39          for (int i = 0; i < vCount; i++) {
40              if (i % 3 == 0) {                    //中心点为白色，RGBA 4 个通道[1,1,1,0]
41                  colorArray[i * 4] = 1;colorArray[i * 4 + 1] = 1;
42                  colorArray[i * 4 + 2] = 1;colorArray[i * 4 + 3] = 0;
43              } else {          //边上的点为淡蓝色，RGBA 4 个通道[0.45,0.75,0.75,0]
44                  colorArray[i * 4] = 0.45f;colorArray[i * 4 + 1] = 0.75f;
45                  colorArray[i * 4 + 2] = 0.75f;colorArray[i * 4 + 3] = 0;
46              }
47          }
48          ByteBuffer cbb = ByteBuffer.allocateDirect(colorArray.length * 4);
49          cbb.order(ByteOrder.nativeOrder());          //设置字节顺序为本地操作系统顺序
50          mColorBuffer = cbb.asFloatBuffer();
51          mColorBuffer.put(colorArray);                 //将顶点颜色数据放进缓冲
52          mColorBuffer.position(0);
53      }
```

- 第 2-37 行初始化了六角星的顶点位置数据。基本思想是将一个圆周平均分为 6 段，每段 60°，包含一个四边形。然后依次将构成每个四边形的两个三角形的 3 个顶点坐标计算出来，放进顶点坐标数组，最后再将所有的坐标数据放进缓冲。
- 第 38-52 行初始化了六角星的顶点颜色数据，其中将位于中心的顶点设置为白色，其余顶点设置为淡蓝色，然后将所有的颜色数据放入缓冲区。需要注意的是，每个顶点的颜色需要 4 个数值，分别代表 R（红色）、G（绿色）、B（蓝色）、A（透明度）4 个色彩通道，例如[1,1,1,0]就是白色。

> **提示**　从上述代码中可以看出构成一个六角星共使用了 12 个三角形（6 个四边形，每个四边形两个三角形），合计 12 × 3(36)个顶点。因此一共有 36 套顶点坐标数据，每套 3 个坐标值（X、Y、Z）。同时就需要 36 套颜色数据，每套 4 个色彩通道值（R、G、B、A）。读者在开发时也需要注意顶点的各项数据数量要匹配，并一一对应，否则可能造成程序不能正确渲染场景。

（5）完成了 initVertexData 方法的开发后，就可以开发用来渲染六角星的 drawSelf 方法了，其具体代码如下。

代码位置：见随书中源代码/第 5 章/Sample5_1/src/com/bn/Sample5_1 目录下的 SixPointedStar.java。

```
public void drawSelf(){
    GLES30.glUseProgram(mProgram);                        //指定使用某套着色器程序
    Matrix.setRotateM(mMMatrix,0,0,0,1,0);                //初始化变换矩阵
    Matrix.translateM(mMMatrix,0,0,0,1);                  //设置沿 z 轴正向位移 1
    Matrix.rotateM(mMMatrix,0,yAngle,0,1,0);              //设置绕 y 轴旋转 yAngle 度
    Matrix.rotateM(mMMatrix,0,xAngle,1,0,0);              //设置绕 x 轴旋转 xAngle 度
    GLES30.glUniformMatrix4fv(muMVPMatrixHandle, 1,
        false, MatrixState.getFinalMatrix(mMMatrix), 0); //将最终变换矩阵传入渲染管线
    GLES30.glVertexAttribPointer(                         //将顶点位置数据送入渲染管线
        maPositionHandle, 3, GLES30.GL_FLOAT, false,3*4,mVertexBuffer);
    GLES30.glVertexAttribPointer(                         //将顶点颜色数据送入渲染管线
        maColorHandle,4,GLES30.GL_FLOAT,false,4*4,mColorBuffer);
    GLES30.glEnableVertexAttribArray(maPositionHandle); //启用顶点位置数据数组
    GLES30.glEnableVertexAttribArray(maColorHandle);    //启用顶点颜色数据数组
    GLES30.glDrawArrays(GLES30.GL_TRIANGLES, 0, vCount);//绘制六角星
}
```

> **说明**　此方法的功能为首先进行恰当的变换，然后将最终变换矩阵、顶点位置数据、顶点颜色数据送入渲染管线，最后渲染六角星。其中用到了笔者自己开发的 MatrixState 类，将在后面介绍。

（6）前面不少步骤中都用到了 MatrixState 类中的工具方法，下面将进行此类的开发，其代码如下。

代码位置：见随书中源代码/第 5 章/Sample5_1/src/com/bn/Sample5_1 目录下的 MatrixState.java。

```
1    package com.bn.Sample5_1;                                  //声明包
2    import android.opengl.Matrix;                              //引入相关类
3    public class MatrixState {                                 //存储系统矩阵状态的类
4        private static float[] mProjMatrix = new float[16];   //4x4 矩阵 投影用
5        private static float[] mVMatrix = new float[16];      //摄像机位置朝向 9 参数矩阵
6        private static float[] mMVPMatrix;                     //最终的总变换矩阵
7        public static void setCamera(                          //设置摄像机的方法
8            float cx, float cy, float cz,                      //摄像机位置的 x、y、z 坐标
9            float tx, float ty, float tz,                      //观察目标点 x、y、z 坐标
10           float upx, float upy, float upz             //up 向量在 x、y、z 轴上的分量
11       ) {
12           Matrix.setLookAtM(mVMatrix, 0, cx, cy, cz, tx, ty, tz, upx, upy, upz);
13       }
14       public static void setProjectOrtho(             //设置正交投影的方法
15           float left, float right,                    //near 面的 left、right
16           float bottom, float top,                    //near 面的 bottom、top
17           float near, float far                       //near 面、far 面与视点的距离
18       ) {
19           Matrix.orthoM(mProjMatrix, 0, left, right, bottom, top, near, far);
20       }
21       public static float[] getFinalMatrix(float[] spec) {//生成物体总变换矩阵的方法
22           mMVPMatrix = new float[16];                 //创建用来存放最终变换矩阵的数组
23           Matrix.multiplyMM(mMVPMatrix, 0, mVMatrix, 0, spec, 0);
                                                         //将摄像机矩阵乘以变换矩阵
24           //将投影矩阵乘以上一步的结果矩阵得到最终变换矩阵
25           Matrix.multiplyMM(mMVPMatrix, 0, mProjMatrix, 0, mMVPMatrix, 0);
26           return mMVMatrix;
27   }}
```

❑ 第 4-6 行声明了用来存放投影矩阵、摄像机矩阵、最终变换矩阵的 3 个数组，供后面用来生成相应矩阵的设置方法使用。

❑ 第 7-13 行为设置摄像机的 setCamera 方法，其功能为根据接收的摄像机 9 个相关参数生成摄像机观察矩阵，并将矩阵元素依次存放到 mVMatrix 成员数组中。

❑ 第 14-20 行为设置正交投影的 setProjectOrtho 方法，其功能为根据接收的正交投影 6 个相关参数生成正交投影矩阵，并将矩阵元素依次存放到 mProjMatrix 成员数组中。

❑ 设置摄像机的 setCamera 方法以及设置正交投影的 setProjectOrtho 方法都是通过调用 Matrix 类的相关方法完成的，因此，这两个方法主要是提供了对 Matrix 类中相关方法的封装。

❑ 第 21-27 行为根据变换矩阵、摄像机观察矩阵、投影矩阵生成最终变换矩阵的方法。此方法通过依次将投影矩阵、摄像机观察矩阵、变换矩阵相乘来产生最终变换矩阵。“变换矩阵”是指用来完成 3D 场景中物体的平移、旋转、缩放等变换的矩阵，其相关知识将在本章后继的内容中详细讨论。

> **提示**
>
> MatrixState 类是本书中非常重要的一个类，几乎本书中所有的案例都要使用到，本章后继的章节将不断对此类进行完善。之所以要开发此类是因为，若将对矩阵的很多操作散落在各类的代码中有很多缺点，如不易管理、不易维护、代码不能有效重用等，这些读者在后面的进一步学习中会逐渐感觉到。

从上述步骤（5）中可以看出，将顶点的位置、颜色等数据送入渲染管线时使用的是 glVertexAttribPointer 方法，调用此方法时需要给出数据的类型，本案例中采用的是 GLES30.GL_FLOAT。其实根据不同的需要，数据还可以是其他的几种类型，具体情况如表 5-1 所列。

表 5-1　不同数据类型转换

数 据 类 型	转化后的浮点型数值	数据类型	转化后的浮点型数值
GL_BYTE	max（c/（2^7-1），-1.0）	GL_FIXED	$c/2^{16}$
GL_UNSIGNED_BYTE	c/（2^8-1）	GL_FLOAT	c
GL_UNSIGNED_SHORT	c/（$2^{16}-1$）	GL_HALF_FLOAT_OES	c
GL_SHORT	max（c/（$2^{16}-1$），-1.0）		

关于表 5-1，有如下几点需要说明。

- c 指的是通过 glVertexAttribPointer 方法送入到渲染管线中的原始值。
- 送入的原始值如果不是浮点类型，则管线会根据传入值类型的不同将其依照固有的规律转化为浮点值再传递给着色器使用。
- 数据类型为 GL_BYTE、GL_SHORT 或者 GL_FIXED 的顶点数据将被映射为[-1.0,1.0]区间中的浮点值，而数据类型为 GL_UNSIGNED_BYTE 或者 GL_UNSIGNED_SHORT 的顶点数据将被映射为[0,1.0]区间中的浮点值。

提示　从上述介绍中可以看出，对于顶点数据，着色器实质上是仅能接收浮点型数据的，因此，作者建议，如果没有特殊需要原始值直接采用浮点类型即可，本书中的大部分案例都是如此。

5.2.2　透视投影

现实世界中人眼观察物体时会有“近大远小”的效果，因此，要想开发出更加真实的场景，仅使用正交投影是远远不够的，这时可以采用透视投影。透视投影的投影线是不平行的，他们相交于视点。通过透视投影，可以产生现实世界中“近大远小”的效果，大部分 3D 游戏采用的都是透视投影。

透视投影中，视景体为锥台形区域，如图 5-7 所示。

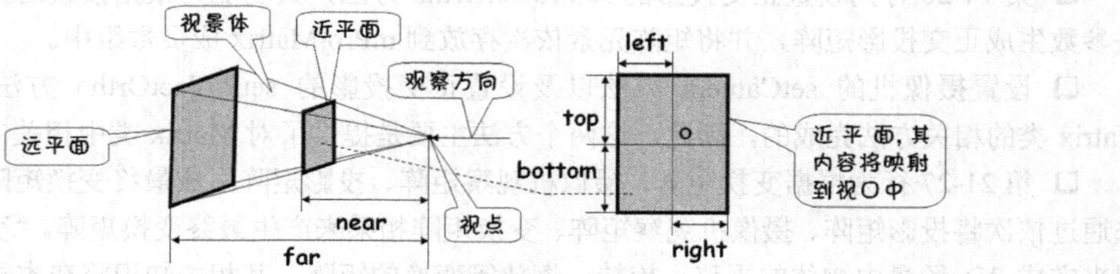

▲图 5-7　透视投影示意图

说明　视点为摄像机的位置；离视点较近（距离为 near），垂直于观察方向向量的平面为近平面；离视点较远（距离为 far），垂直于观察方向向量的平面为远平面。近平面左侧距中心的距离为 left，右侧为 right，上侧为 top，下侧为 bottom。由观察点与近平面左上、左下、右上、右下 4 个的点连线与远平面的交点可以确定上、下、左、右 4 个斜面，这 4 个斜面及远近平面确定了视景体的范围。

从图 5-7 中可以看出，透视投影的投影线互不平行，都相交于视点。因此，同样尺寸的物体，近处的投影出来大，远处的投影出来小，从而产生了现实世界中“近大远小”的效果，图 5-8 更清楚地说明了这个问题。

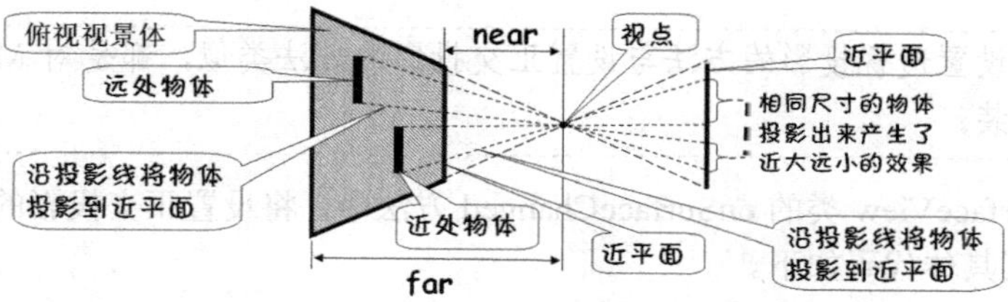

▲图 5-8 透视投影产生“近大远小”效果的原理图

本书案例中通过调用 Matrix 类的 frustumM 方法完成对透视投影的设置，基本代码如下。

```
Matrix.frustumM(
    mProjMatrix,                                //要填充矩阵元素的 float[]类型数组
    0,                                          //填充起始偏移量
    left, right,                                //near 面的 left、right
    bottom, top,                                //near 面的 bottom、top
    near, far                                   //near 面、far 面与视点的距离
);
```

说明 从上述代码中可以看出，frustumM 方法的功能是，根据接收的 6 个透视投影相关参数产生透视投影矩阵，并将矩阵的元素依次填充到指定的数组中。

前面介绍了透视投影的基本知识，下面将给出一个使用透视投影的小案例——Sample5_2，其运行效果如图 5-9 所示。

▲图 5-9 案例 Sample5_2 的运行效果图

提示 与 Sample5_1 相同，本案例的场景是由一组距离观察点越来越远的相同尺寸的六角星构成。由于采用的投影方式为透视投影，因此，最终显示在屏幕上的多个六角星近大远小。

了解了本案例的运行效果后，下面就可以进行代码的开发了，其具体步骤如下。

提示 由于本案例中大部分代码与 Sample5_1 完全相同，因此下面的步骤仅介绍代码有区别的部分。

（1）在 MatrixState 类中增加了设置透视投影的 setProjectFrustum 方法，其代码如下。

代码位置：见随书中源代码/第 5 章/Sample5_2/src/com/bn/Sample5_2 目录下的 MatrixState.java。

```
public static void setProjectFrustum(                       //设置透视投影
      float left, float right,                              //near 面的 left 和 right
      float bottom, float top,                              //near 面的 bottom 和 top
      float near, float far                                 // near 面、far 面与视点的距离
){
      Matrix.frustumM(mProjMatrix, 0, left, right, bottom, top, near, far);
}
```

提示　设置透视投影的方法与设置正交投影的方法类似，都是对 Matrix 类中相关方法的封装。

（2）在 MySurfaceView 类的 onSurfaceChanged 方法中，将设置正交投影的语句替换为设置透视投影的语句，其具体代码如下。

代码位置：见随书中源代码/第 5 章/Sample5_2/src/com/bn/Sample5_2 目录下的 MySurfaceView.java。

```
1    public void onSurfaceChanged(GL10 gl, int width, int height) {
2        GLES30.glViewport(0, 0, width, height);                    //设置视口的大小及位置
3        float ratio= (float) width / height;                       //计算视口的宽高比
4        MatrixState.setProjectFrustum(-ratio*0.4f, ratio*0.4f, -1*0.4f, 1*0.4f, 1, 50);
                                                                    //设置透视投影
5        MatrixState.setCamera(0,0,6,0f,0f,0f,0f,1.0f,0.0f); //设置摄像机
6    }
```

提示　第 4 行将 Sample5_1 中设置正交投影的语句替换成了设置透视投影的语句，其他的基本没有变化。要注意的是，与前面的案例相同也要保持近平面与视口的宽高比一致，否则，最终显示到屏幕上的物体会拉伸变形。

（3）在 MySurfaceView 类的 onSurfaceCreated 方法中，创建六角星数组里的各个六角星对象时，适当调整了各个六角星的位置，具体代码如下。

代码位置：见随书中源代码/第 5 章/Sample5_2/src/com/bn/Sample5_2 目录下的 MySurfaceView.java。

```
1    public void onSurfaceCreated(GL10 gl, EGLConfig config) {
2        GLES30.glClearColor(0.5f, 0.5f, 0.5f, 1.0f);        //设置屏幕背景色 RGBA
3        for (int i = 0; i < ha.length; i++) {               //创建六角星数组中的各个对象
4            ha[i] = new SixPointedStar(MySurfaceView.this, 0.4f, 1.0f,-1.0f * i);
5        }
6        GLES30.glEnable(GLES30.GL_DEPTH_TEST);               //打开深度检测
7    }
```

提示　第 4 行在创建各个六角星对象时，将最后一个参数由 Sample5_1 中的-0.3f * i 换成了-1.0f * i，使每个六角星离视点更远，这使得近大远小的效果更加明显。另外，实际开发中摆放物体时，要注意只有位于视景体内部的物体才能看见，将物体摆放得太近（位于近平面与视点之间）而看不见是初学者常犯的错误之一，读者要多加注意。

5.3 各种变换

上一小节六角星的案例中已经用到了物体的平移及旋转，但没有进行详细的介绍。本节将对 3 种基本变换（包括平移、旋转、缩放）的相关理论知识及具体开发进行介绍。同时也会进一步完善贯穿本书、几乎所有案例都需要使用的 MatrixState 类，为其增加实现各种变换的方法。

5.3.1 基本变换的相关数学知识

基本变换都是通过将表示点坐标的向量与特定的变换矩阵相乘完成的，进行基于矩阵的变换时，三维空间中点的位置需要表示成齐次坐标形式。所谓齐次坐标形式也就是在 x、y、z 3 个坐标值后面增加第四个量 w，未变换时 w 值一般为 1，如 P= $(P_x, P_y, P_z, 1)^T$ 。

P 与一个特定的变换矩阵 M 相乘即可以完成一次基本变换，得到变换后点 Q 的齐次坐标向量，

如 Q $Q(Q_x,Q_y,Q_z,1)^T$，具体情况如下所列。

$$\begin{pmatrix} Q_x \\ Q_y \\ Q_z \\ 1 \end{pmatrix} = \begin{pmatrix} m_{11} & m_{12} & m_{13} & m_{14} \\ m_{21} & m_{22} & m_{23} & m_{24} \\ m_{31} & m_{32} & m_{33} & m_{34} \\ 0 & 0 & 0 & 1 \end{pmatrix} \times \begin{pmatrix} P_x \\ P_y \\ P_z \\ 1 \end{pmatrix}$$ 或简写为：Q=MP

> **说明** 上述线性代数表达式中最左侧为变换后 Q 点的齐次坐标，中间的为 4×4 的变换矩阵，右侧为变换前 P 点的齐次坐标。

当矩阵 M 中的元素取适当的值时，等式 Q=MP 就会有其特殊的几何意义。例如，可以将三维空间中的点 P 平移、旋转或缩放到点 Q。这些变换的具体信息就存放在矩阵 M 中，因此通常称矩阵 M 为变换矩阵。当需要连续执行一系列的变换时，依次将变换矩阵乘以表示点位置的齐次坐标向量即可。

> **提示** 数学上，向量表示可以有两种选择：行向量与列向量。这两种方式没有本质区别，选取哪种都可以，OpenGL ES 中使用的是列向量。列向量和矩阵相乘实现变换时，只能在列向量前面乘以矩阵，而行向量则反之，否则乘法没有意义，读者开发时要注意这一点。由于本书篇幅有限，在此仅简单介绍了基本变换的数学原理。有关矩阵和向量的更多知识，请读者参考其他线性代数的相关书籍或资料。

5.3.2 平移变换

前面的小节已经介绍过，OpenGL ES 中的基本变换都是通过变换矩阵完成的，平移变换自然也是如此，其变换矩阵的基本格式如下。

$$M = \begin{pmatrix} 1 & 0 & 0 & m_x \\ 0 & 1 & 0 & m_y \\ 0 & 0 & 1 & m_z \\ 0 & 0 & 0 & 1 \end{pmatrix}$$

上述矩阵中的 m_x、m_y、m_z 分别表示平移变换中沿 x、y、z 轴方向的位移。通过简单的线性代数计算即可验证，矩阵 M 乘以变换前 P 点的齐次坐标后确实得到了相当于将 P 点沿 x、y、z 轴平移 m_x、m_y、m_z 的结果，具体情况如下。

$$MP = \begin{pmatrix} 1 & 0 & 0 & m_x \\ 0 & 1 & 0 & m_y \\ 0 & 0 & 1 & m_z \\ 0 & 0 & 0 & 1 \end{pmatrix} \begin{pmatrix} P_x \\ P_y \\ P_z \\ 1 \end{pmatrix} = \begin{pmatrix} P_x + m_x \\ P_y + m_y \\ P_z + m_z \\ 1 \end{pmatrix}, \text{即} \begin{pmatrix} Q_x \\ Q_y \\ Q_z \\ 1 \end{pmatrix} = \begin{pmatrix} P_x + m_x \\ P_y + m_y \\ P_z + m_z \\ 1 \end{pmatrix}$$

了解了平移变换矩阵的基本情况后，下面给出一个使用了平移变换的简单案例——Sample5_3，其运行效果如图 5-10 所示。

▲图 5-10　案例 Sample5_3 的运行效果图

了解了本案例的运行效果后，下面就可以进行代码的开发了，具体步骤如下。

（1）首先需要开发本案例的主控制类——Sample5_3_Activity。由于本案例中的 Activity 类与前面案例中的非常相似，这里就不再赘述，需要的读者请自行查看随书中的源代码。

（2）完成了 Sample5_3_Activity 类的开发后，接下来需要开发的是用来渲染 3D 场景的 MySurfaceView 类，其代码如下。

代码位置：见随书中源代码/第 5 章/Sample5_3/src/com/bn/Sample5_3 目录下的 MySurfaceView.java。

```
1    package com.bn.Sample5_3;                                          //声明包
2    import android.opengl.GLSurfaceView;                               //引入相关类
3    ……//此处省略了部分类的引入代码，读者可自行查看随书的源代码
4    import static com.bn.Sample5_3.Constant.*;                         //引入相关类
5    class MySurfaceView extends GLSurfaceView {
6         private SceneRenderer mRenderer;                              //场景渲染器
7         public MySurfaceView(Context context) {
8              ……//此处省略了构造器中的代码，读者可自行查看随书的源代码
9         }
10        private class SceneRenderer implements GLSurfaceView.Renderer {
11             Cube cube;                                               //立方体对象引用
12             public void onDrawFrame(GL10 gl){
13                  GLES30.glClear( GLES30.GL_DEPTH_BUFFER_BIT | GLES30.
14                       GL_COLOR_BUFFER_BIT);                          //清除深度缓冲与颜色缓冲
15                  //绘制原立方体
16                  MatrixState.pushMatrix();                           //保护现场
17                  cube.drawSelf();                                    //绘制立方体
18                  MatrixState.popMatrix();                            //恢复现场
19                  //绘制变换后的立方体
20                  MatrixState.pushMatrix();                           //保护现场
21                  MatrixState.translate(3.5f, 0, 0);                  //沿 x 轴方向平移 3.5f
22                  cube.drawSelf();                                    //绘制立方体
23                  MatrixState.popMatrix();                            //恢复现场
24             }
25             public void onSurfaceChanged(GL10 gl, int width, int height) {
26                  GLES30.glViewport(0, 0, width, height);             //设置视口大小及位置
27                  Constant.ratio = (float) width / height;            //计算视口的宽高比
28                  MatrixState.setProjectFrustum(-Constant.ratio*0.8f,
                    Constant.ratio*1.2f, -1, 1, 20, 100);
29                                                          //调用此方法产生透视投影矩阵
30                  MatrixState.setCamera(-16f, 8f, 45, 0f, 0f, 0f, 0f,
31                       1.0f, 0.0f);                         //调用此方法产生摄像机矩阵
32                  MatrixState.setInitStack();               //初始化变换矩阵
33             }
34             public void onSurfaceCreated(GL10 gl, EGLConfig config) {
35                  GLES30.glClearColor(0.5f,0.5f,0.5f, 1.0f);//设置屏幕背景色 RGBA
36             cube=new Cube(MySurfaceView.this);                       //创建立方体对象
37                  GLES30.glEnable(GLES30.GL_DEPTH_TEST);              //打开深度检测
38                  GLES30.glEnable(GLES30.GL_CULL_FACE);               //打开背面剪裁
39   }}}
```

- 第 12-24 行为渲染每帧画面的 onDrawFrame 方法，其中在清除深度缓冲与颜色缓冲之后，绘制了两次立方体。第一次在原位绘制，第二次沿 X 轴方向进行平移变换后绘制。每次绘制前都调用了 MatrixState 类的 pushMatrix 方法保护现场，绘制后都调用 MatrixState 类的 popMatrix 方法恢复了现场，具体情况在后面进行介绍。
- 第 32 行在初始化的 onSurfaceChanged 方法中调用了 MatrixState 类的 setInitStack 初始化了变换矩阵，具体情况在后面进行介绍。
- 第 37-38 行分别打开深度检测与背面剪裁，关于深度检测与背面剪裁的详细知识将在后面的章节中陆续介绍。

> **提示**　本案例中的立方体类——Cube、ShaderUtil 类、顶点着色器及片元着色器的代码和前面章节案例中的非常相似，这里不再赘述，请读者自行查看随书中的源代码。

（3）接下来介绍如何在 MatrixState 类中增加平移变换的功能方法，并升级 MatrixState 类具有

保存与恢复变换矩阵状态的功能。升级后的 MatrixState 类代码如下。

代码位置：见随书中源代码/第 5 章/Sample5_3/src/com/bn/Sample5_3 目录下的 MatrixState.java。

```
1   package com.bn.Sample5_3;                                  //声明包
2   import java.nio.ByteBuffer;                                //引入相关类
3   import android.opengl.Matrix;                              //引入相关类
4   public class MatrixState {                                 //管理系统变换矩阵的类
5       private static float[] mProjMatrix = new float[16]; //4x4 矩阵，投影用
6       private static float[] mVMatrix = new float[16];    //摄像机位置朝向 9 参数矩阵
7       private static float[] currMatrix;                  //当前变换矩阵
8       static float[][] mStack = new float[10][16];        //用于保存变换矩阵的栈
9       static int stackTop = -1;                           //栈顶索引
10      public static void setInitStack() {                 //产生无任何变换的初始矩阵
11          currMatrix = new float[16];
12          Matrix.setRotateM(currMatrix, 0, 0, 1, 0, 0);
13      }
14      public static void pushMatrix() {                   //将当前变换矩阵存入栈中
15          stackTop++;                                     //栈顶索引加 1
16          for (int i = 0; i < 16; i++) {                  //当前变换矩阵中的各元素入栈
17              mStack[stackTop][i] = currMatrix[i];
18      }}
19      public static void popMatrix() {                    //从栈顶取出变换矩阵
20          for (int i = 0; i < 16; i++) {                  //栈顶矩阵元素进当前变换矩阵
21              currMatrix[i] = mStack[stackTop][i];
22          }
23          stackTop--;                                     //栈顶索引减 1
24      }
25      public static void translate(float x, float y, float z) {
26          Matrix.translateM(currMatrix, 0, x, y, z); //沿 x、y、z 轴方向进行平移变换的方法
27      }
28      static float[] mMVPMatrix = new float[16];          //总变换矩阵
29      public static float[] getFinalMatrix() {            //计算产生总变换矩阵的方法
30          //摄像机矩阵乘以变换矩阵
31          Matrix.multiplyMM(mMVPMatrix, 0, mVMatrix, 0, currMatrix, 0);
32          //投影矩阵乘以上一步的结果矩阵
33          Matrix.multiplyMM(mMVPMatrix, 0, mProjMatrix, 0, mMVPMatrix, 0);
34          return mMVPMatrix;
35      }
36      ……//此处省略了部分成员变量和方法，读者可自行查看随书的源代码
37  }
```

- 第 5-9 行为成员变量的声明，比升级前增加了当前变换矩阵 currMatrix、保存变换矩阵的栈 mStack、栈顶索引 stackTop。注意，笔者开发的这个栈的最大深度是 10，读者如果有需要可以进行修改。
- 第 10-13 行为产生不进行任何实际变换的初始变换矩阵的方法，后继的各种变换随着各种变换方法的调用都将叠加到此矩阵里。
- 第 14-24 行为将当前变换矩阵状态保存进栈的 pushMatrix 方法，以及将栈顶的变换矩阵恢复到当前变换矩阵中的 popMatrix 方法。这两个方法在复杂场景的开发中非常有用，读者在后继的学习中会慢慢地感觉到。
- 第 25-27 行为沿 x、y、z 轴方向进行平移变换的方法，该方法是通过调用 Matrix 类的 translateM 方法实现的。具体功能为将指定平移变换对应的平移变换矩阵乘以当前变换矩阵，再将最终结果矩阵存储到当前变换矩阵中。
- 第 29-35 行为根据当前变换矩阵、摄像机观察矩阵、投影矩阵生成最终变换矩阵的 getFinalMatrix 方法。其基本算法与升级前一致，只是变换矩阵不再由方法参数传入，而是采用当前变换矩阵。

> **提示** 开发中，使用此类时要首先调用 setInitStack 方法对当前变换矩阵进行初始化，否则可能会造成程序不能正常执行。如本案例中，在渲染器的 onSurfaceChanged 方法中就调用了 setInitStack 方法初始化了当前变换矩阵。

5.3.3　旋转变换

介绍旋转变换的矩阵格式前，首先需要了解一下绕坐标轴或任意轴旋转的一些规定。OpenGL ES 中，旋转角度的正负可以用右手螺旋定则来确定，具体情况如图 5-11 所示。

从图 5-11 中可以看出，所谓右手螺旋定则是指：右手握住旋转轴，使大姆指指向旋转轴的正方向，4 指环绕的方向即为旋转的正方向，也就是旋转角度为正值。

旋转矩阵 M 的基本格式如下。

$$
M=\begin{pmatrix}
\cos\theta+(1-\cos\theta)u_x^2 & (1-\cos\theta)u_yu_x-\sin\theta u_z & (1-\cos\theta)u_zu_x+\sin\theta u_y & 0 \\
(1-\cos\theta)u_xu_y+\sin\theta u_z & \cos\theta+(1-\cos\theta)u_y^2 & (1-\cos\theta)u_zu_y-\sin\theta u_x & 0 \\
(1-\cos\theta)u_xu_z-\sin\theta u_y & (1-\cos\theta)u_yu_z+\sin\theta u_x & \cos\theta+(1-\cos\theta)u_z^2 & 0 \\
0 & 0 & 0 & 1
\end{pmatrix}
$$

上述矩阵表示将指定的点 P 绕轴向量 u 旋转 θ 度，其中的 u_x、u_y、u_z 表示 u 向量在 x、y、z 轴上的分量。由于本书不是专门讨论与图形学相关的数学知识的书籍，而旋转的计算比较复杂，这里就不进行验证计算了，有兴趣的读者可以参考其他资料进行计算验证。

了解了旋转变换矩阵的基本情况后，下面给出一个使用了旋转变换的简单案例——Sample5_4，其运行效果如图 5-12 所示。

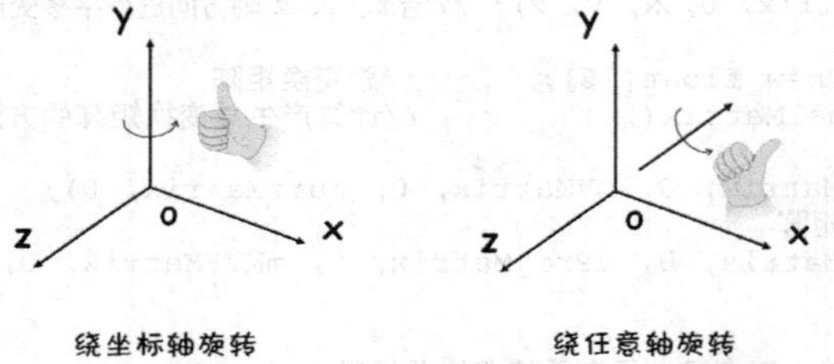

▲图 5-11　旋转正方向的确定

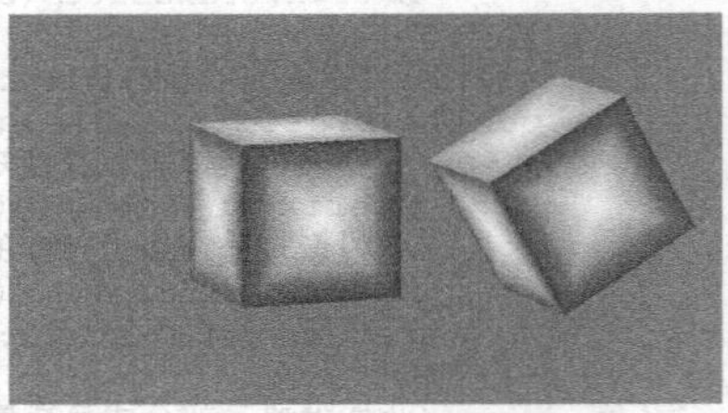

▲图 5-12　案例 Sample5_4 的运行效果图

了解了本案例的运行效果后，下面就可以进行代码的开发了。由于实际上本案例仅仅是将案例 Sample5_3 复制了一份并进行了修改，因此这里仅给出修改的步骤，如下所列。

（1）首先需要修改的是 MySurfaceView 类中的 onDrawFrame 方法，具体代码如下。

代码位置：见随书中源代码/第 5 章/Sample5_4/src/com/bn/Sample5_4 目录下的 MySurfaceView.java。

```
public void onDrawFrame(GL10 gl) {
    GLES30.glClear(GLES30.GL_DEPTH_BUFFER_BIT                    //清除深度缓冲与颜色缓冲
            | GLES30.GL_COLOR_BUFFER_BIT);
    //绘制原立方体
    MatrixState.pushMatrix();                                     //保护现场
    cube.drawSelf();                                              //绘制立方体
    MatrixState.popMatrix();                                      //恢复现场
    //绘制变换后的立方体
    MatrixState.pushMatrix();                                     //保护现场
    MatrixState.translate(3.5f, 0, 0);                            //沿 x 方向平移 3.5f
    MatrixState.rotate(30, 0, 0, 1);                              //绕 z 轴旋转 30°
    cube.drawSelf();                                              //绘制立方体
    MatrixState.popMatrix();                                      //恢复现场
}
```

提示　此方法中主要是修改了绘制变换后立方体的代码，将原先的平移变换后增加了绕 z 轴旋转 30° 的旋转变换。实际的效果就是两种变换的叠加，先平移再旋转，因此图 5-13 的运行效果图中在原立方体的右侧看到了平移、旋转变换后的另一个立方体。

（2）完成了 MySurfaceView 类的修改后，接着需要对 MatrixState 类再次升级，为其增加实现旋转变换的 rotate 方法，具体代码如下。

代码位置：见随书中源代码/第 5 章/Sample5_4/src/com/bn/Sample5_4 目录下的 MatrixState.java。

```
public static void rotate(float angle, float x, float y, float z) {
    Matrix.rotateM(currMatrix, 0, angle, x, y, z);
}
```

- 参数 angle 为需要旋转的角度，参数 x、y、z 为旋转轴对应向量的 x、y、z 分量。例如，4 个参数的值为 30、0、0、1 表示绕 z 轴旋转 30°，4 个参数的值为 45、0.57735、0.57735、0.57735 表示绕与向量[0.57735,0.57735,0.57735]方向相同的轴旋转 45°。
- 此方法与前面小节中的 translate 方法类似，是通过调用 Matrix 类的 rotateM 方法实现的。具体功能为将指定旋转变换对应的变换矩阵乘以当前的变换矩阵，再将最终结果矩阵存储到当前变换矩阵中。

5.3.4 缩放变换

前面已经介绍过，OpenGL ES 中的基本变换都是通过变换矩阵完成的，缩放变换自然也是如此，其变换矩阵的基本格式如下。

$$M=\begin{pmatrix} s_x & 0 & 0 & 0 \\ 0 & s_y & 0 & 0 \\ 0 & 0 & s_z & 0 \\ 0 & 0 & 0 & 1 \end{pmatrix}$$

上述矩阵中的 s_x、s_y、s_z 分别表示缩放变换中的沿 x、y、z 轴方向的缩放率。通过简单的线性代数计算即可验证，矩阵 M 乘以变换前 P 点的齐次坐标后确实得到了相当于将 P 点坐标沿 z、y、z 轴方向缩放 s_x、s_y、s_z 倍的结果，具体情况如下。

$$MP=\begin{pmatrix} s_x & 0 & 0 & 0 \\ 0 & s_y & 0 & 0 \\ 0 & 0 & s_z & 0 \\ 0 & 0 & 0 & 1 \end{pmatrix}\begin{pmatrix} P_x \\ P_y \\ P_z \\ 1 \end{pmatrix}=\begin{pmatrix} s_xP_x \\ s_yP_y \\ s_zP_z \\ 1 \end{pmatrix}，即 \begin{pmatrix} Q_x \\ Q_y \\ Q_z \\ 1 \end{pmatrix}=\begin{pmatrix} s_xP_x \\ s_yP_y \\ s_zP_z \\ 1 \end{pmatrix}$$

了解了缩放变换矩阵的基本情况后，下面给出一个使用了缩放变换的简单案例——Sample5_5，其运行效果如图 5-13 所示。

▲图 5-13 案例 Sample5_5 的运行效果图

了解了本案例的运行效果后，下面就可以进行代码的开发了。由于实际上本案例仅仅是将案例 Sample5_4 复制了一份并进行了修改，因此这里仅给出修改的步骤，具体如下所列。

（1）首先需要修改的是 MySurfaceView 类中的 onDrawFrame 方法，具体代码如下。

代码位置：见随书中源代码/第 5 章/Sample5_4/src/com/bn/Sampe5_4 目录下的 MySurfaceView.java。

```
//绘制变换后的立方体
MatrixState.pushMatrix();                  //保护现场
MatrixState.translate(3.5f, 0, 0);         //沿 x 方向平移 3.5f
MatrixState.rotate(30, 0, 0, 1);           //绕 z 轴旋转 30°
MatrixState.scale(0.4f, 2f, 0.6f);         //x、y、z 3 个方向按各自的缩放因子进行缩放
```

```
cube.drawSelf();                                        //绘制立方体
MatrixState.popMatrix();                                //恢复现场
```

提示　此方法中主要是修改了绘制变换后立方体的代码，在原先的旋转变换后增加了沿 x、y、z 轴方向分别缩放 0.4 倍、2 倍、0.6 倍的缩放变换。实际的效果就是 3 种变换的叠加，先平移再旋转，最后缩放。因此，图 5-13 的运行效果图中在原立方体的右侧看到了平移、旋转、缩放变换后的另一个立方体，此时实际已经变成长方体了。

（2）完成了 MySurfaceView 类的修改后，接着需要对 MatrixState 类进一步升级，为其增加实现缩放变换的 scale 方法，具体代码如下。

代码位置：见随书中源代码/第 5 章/Sample5_5/src/com/bn/Sample5_5 目录下的 MatrixState.java。

```
public static void scale(float x, float y, float z) {//按 x、y、z 轴进行缩放
    Matrix.scaleM(currMatrix, 0, x, y, z);
}
```

提示　与前面小节中的 translate、rotate 方法类似，该方法是通过调用 Matrix 类的 scaleM 方法实现的。具体功能是，将指定缩放变换对应的缩放变换矩阵乘以当前变换矩阵，再将最终结果矩阵存储到当前变换矩阵中。

5.3.5　基本变换的实质

前面几个小节分别介绍了 3 种基本变换的实现方法，给读者的感觉应该是通过矩阵直接实现了对物体的变换。但在 OpenGL ES 中这并不完全准确，若仅仅这样来理解在非常简单的情况下可能没有问题，但在多个物体的组合变换中可能就会产生问题了。

这是因为变换实际上并不是直接针对物体的，而是针对坐标系进行的。OpenGL ES 中变换的实现机制可以理解为首先通过矩阵对坐标系进行变换，然后根据传入渲染管线的原始顶点坐标在最终变换结果坐标系中的位置来进行绘制，图 5-14 基于案例 Sample5_5 的场景说明了这个问题。

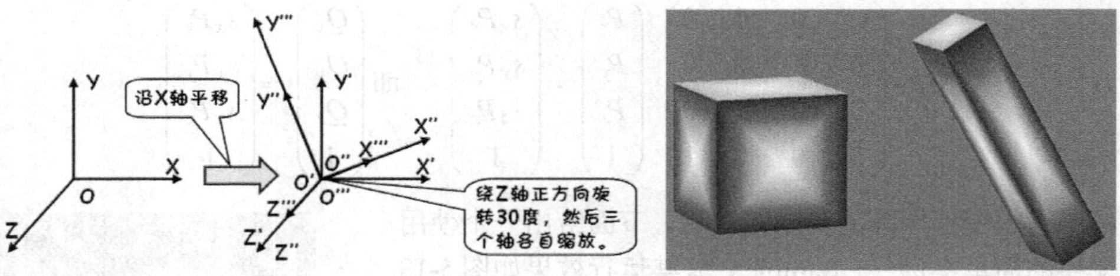

▲图 5-14　基本变换的实质

从图 5-14 中可以看出。

- 左侧的是原始坐标系，原始坐标系首先向右沿 x 轴进行了平移（得到上标为“'”的坐标系），然后绕 z 轴旋转了 30°（得到上标为“''”的坐标系），接着沿 x、y、z 轴分别按不同的倍数缩放得到了最终的结果坐标系（上标为“'''”）。
- 最后渲染管线按照物体的原始顶点坐标值在最终结果坐标系里的位置进行绘制，这就得到了场景中右侧变换过的立方体。此时看起来已经变为斜着的长方体了，但对于其绘制坐标系而言其还是立方体，只是由于坐标系变化了才产生这种效果。

由于场景中可能有很多物体，这些物体都需要经过一系列变换后进行绘制，其中有些变换对于几个物体是共用的。这种情况下如果对每个物体都重新从原始坐标系开始进行变换就很烦琐，而且会进行一些不必要的重复计算。因此，系统中最好有保存变换矩阵状态的功能，这时作者在

MatrixState 类中加入 pushMatrix 与 popMatrix 方法就非常有用了。

考察这样的绘制需求，一共绘制 3 个立方体，第一个沿 x 轴平移距离 D 后绘制，第二个在第一个的正上方距离 D'的位置绘制，第三个在第一个的下方距离 D"的位置绘制。实现方式有很多种，比较典型的两种如表 5-2 所列。

表 5-2　两种不同的实现方法

操作序号	第一种方法	第二种方法
1	生成无变换原始坐标系	生成无变换原始坐标系
2	将坐标系沿 x 轴平移距离 D	将坐标系沿 x 轴平移距离 D
3	绘制第一个立方体	绘制第一个立方体
4	将坐标系沿 y 轴平移距离 D'	pushMatrix 保护现场
5	绘制第二个立方体	将坐标系沿 y 轴平移距离 D'
6	生成无变换原始坐标系	绘制第二个立方体
7	将坐标系沿 x 轴平移距离 D	popMatrix 恢复现场
8	将坐标系沿 y 轴平移距离 D"	将坐标系沿 y 轴平移距离 D"
9	绘制第三个立方体	绘制第三个立方体

通过对表 5-2 中两种不同的实现方式进行比较可以看出，虽然步骤一样多，但左侧的方式进行变换的次数多一些，右侧的通过恰当的存储（保护现场）与取出（恢复现场）变换矩阵状态减少了变换次数，提高了效率。

> **提示**　其实有了保护与恢复现场的功能后不但可以提高效率，而且在很多情况下可以将复杂问题简单化，在后面的学习中读者会慢慢体会到。

下面应该进一步解释一下上述各种变换所用 4×4 变换矩阵中各个列向量的含义，具体情况如下。

- 前 3 列的前 3 个元素是方向向量，表示变换目标坐标系 x、y、z 轴的方向。在平移与旋转变换中 3 个方向向量的长度为 1，为规格化向量；在缩放变换中 3 个方向向量的长度分别为沿 3 个轴方向缩放的比例值。
- 在正常的平移、缩放、旋转变换中，这 3 个向量相互之间总成 90°。这种情况如果用数学术语来描述就称为“正交”。如果 3 个方向向量的长度都为 1 就称为标准正交。
- 第 4 个列的列向量中包含的是变换目标坐标系原点的齐次坐标，也就是目标坐标系原点的 x、y、z 坐标值以及 1。

> **提示**　了解了上述每一个变换矩阵中列向量的含义后，再返回看平移、旋转、缩放 3 种基本变换矩阵时就更容易理解了。同时读者也应该具有了自行根据需要构造特殊 4×4 变换矩阵的能力。

5.4 所有变换的完整流程

通过本书前面章节一些简单案例的学习，读者应该已经发现，最终传入渲染管线的是由摄像机矩阵、投影矩阵、基本变换总矩阵相乘而得到的总变换矩阵。在顶点着色器程序中，着色器将接收到的原始顶点位置与传入的总变换矩阵相乘，得到顶点最终的绘制位置，其基本代码如下。

```
gl_Position = uMVPMatrix * vec4(aPosition,1);
```

说明　上述代码中 uMVPMatrix 为传入渲染管线的总变换矩阵，aPosition 为需要计算最终位置的顶点的原始位置，这一句代码在前面所有的 3D 案例中几乎都出现过。

到这里读者可能会有一个疑问：“传入的原始顶点位置 aPosition 中已经包含 x、y、z 三个坐标分量了，为什么与总变换矩阵相乘时还需要加上一个分量 1，变成四维坐标呢？”这个技术在图形学中被称为齐次坐标表示，所谓齐次坐标表示就是用 N+1 维坐标表示 N 维坐标。

齐次坐标还分为规范化的和非规范化的，规范化的 4 维齐次坐标在 xyz 分量后增加的那个分量的值必须为 1，这也就是上述代码中增加的分量 1 了。这个增加的分量一般称之为 W 分量，后面介绍执行透视除法的相关知识时还会用到。

提示　采用齐次坐标是由于很多在 N 维空间中难以解决的问题在 N+ 1 维空间中会变得比较简单。如规范化齐次坐标表示提供了，用矩阵把空间中的一个点集从一个坐标系变换到另一个坐标系的简便途径，是 OpenGL ES 3.0 中空间变换的基石。

对于简单的开发需求而言，了解到这里也就基本满足需要了。但是若需要进行更灵活、更深入的应用开发，还需要对上述 3 类矩阵（摄像机矩阵、投影矩阵、基本变换总矩阵）对应变换的作用进行更深层次的了解。

首先需要了解的是几种不同的空间，主要包括：物体空间、世界空间、摄像机空间、剪裁空间、标准设备空间、实际窗口空间 6 种。

- 物体空间

物体空间比较容易理解，就是需要绘制的 3D 物体所在的原始坐标系代表的空间。例如，在进行设计时，物体的几何中心是摆放到坐标系原点的，这个坐标系代表的就是物体空间。

- 世界空间

世界空间也不难理解，就是物体在最终 3D 场景中的摆放位置对应的坐标所属的坐标系代表的空间。比如，要在[10,3,5]位置摆放一个球，在[20,0,15]位置摆放一个圆锥，这里面[10,3,5]、[20,0,15]两组坐标所属的坐标代表的就是世界空间。

- 摄像机空间

物体经摄像机观察后，进入摄像机空间。摄像机空间的理解稍微复杂一些，其指的是以观察场景的摄像机为原点的一个特定坐标系代表的空间。在这个坐标系中，摄像机位于原点，视线沿 z 轴负方向，y 轴方向与摄像机 UP 向量方向一致，基本情况如图 5-15 所示。

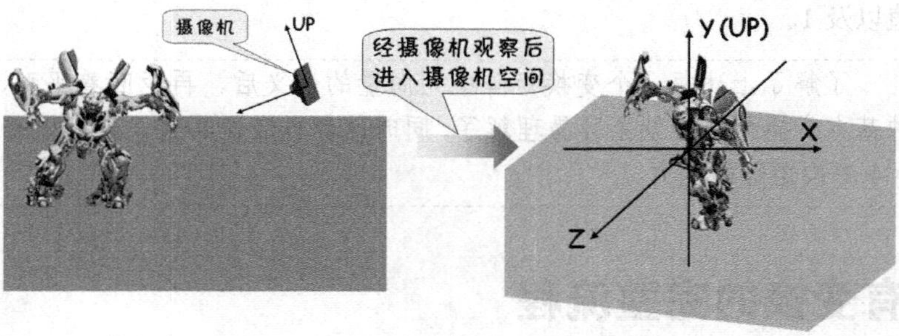

▲图 5-15　摄像机空间

要注意的是，在摄像机空间中，摄像机永远位于原点，视线一直沿 z 轴负方向，y 轴一直沿摄像机 UP 向量方向。但是，相对于世界坐标系，摄像机坐标系可能是歪的或斜的，如图 5-16 所示。

也就是说摄像机空间代表的是以摄像机本身为中心的一种坐标系，就像人眼观察世界时若将头歪过来看，感觉是物体斜了，其实物体在世界坐标系中是正的，只是经过眼睛观察后进入了眼睛（摄像机）坐标系，在这个坐标系里是歪的而已。

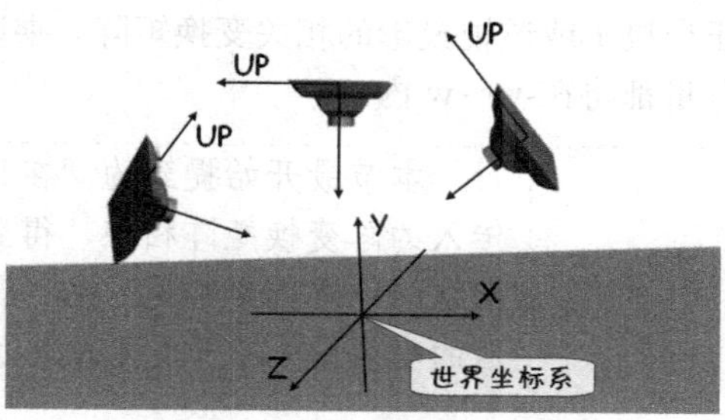

▲图 5-16 摄像机相对于世界坐标系可以是各种姿态的

❑ 剪裁空间

通过前面投影相关知识的学习应该已经了解到，只有在视景体里面的物体才能够最终被用户观察到。也就是说并不是摄像机空间中所有的物体都能最终被观察到，只有在摄像机空间中位于视景体内的物体才能最终被观察到。因此，将摄像机空间内视景体内的部分独立出来经过处理后就成为了剪裁空间。

❑ 标准设备空间

对剪裁空间执行透视除法后得到的就是标准设备空间了，对于 OpenGL ES 而言标准设备空间 3 个轴的坐标范围都是-1.0～1.0。关于透视除法的问题后面会介绍，这里读者简单了解即可。

❑ 实际窗口空间

实际窗口空间也很容易理解，其一般代表的是设备屏幕上的一块矩形区域，其坐标以像素为单位，也就是前面章节介绍过的视口对应的空间。

提示 到这里为止，各个空间自身的含义已经基本介绍完了，下面将进一步介绍从一个空间到另一个空间的变换是如何实现的。

从对上述各个空间的介绍中可以看出，要绘制出屏幕上绚丽多姿的 3D 场景，就需要将每个物体从自己所属的物体空间依次经世界空间、摄像机空间、剪裁空间、标准设备空间进行变换，最终到达实际窗口空间。

这个过程中从一个空间到另一个空间的变换就是通过乘以各种变换矩阵以及进行一些必要的计算来完成的，具体过程如图 5-17 所示。

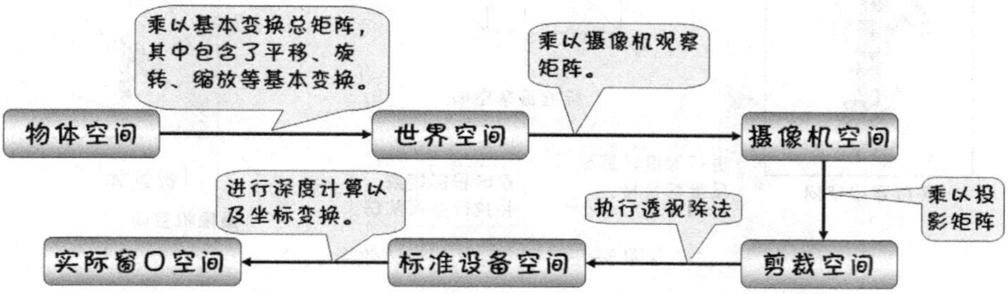

▲图 5-17 空间变换的流程

从图 5-17 中可以看出，从一个空间到另一个空间的变换是如何实现的，具体情况如下。

❑ 从物体空间到世界空间的变换是通过乘以基本变换矩阵来实现的，其比较容易理解。基本变换总矩阵就是将前面 5.3 节介绍过的，用于实现各种基本变换（缩放、平移、旋转）的矩阵，根据变换需要依次相乘而得到的结果矩阵。

❑ 从世界空间到摄像机空间的变换是通过乘以摄像机观察矩阵来实现的，其实现起来也很简单，没有很大的技术难度。

❑ 从摄像机空间到剪裁空间的变换是通过乘以投影矩阵来完成的，根据需求的不同可以选用正交投影或透视投影的相关变换矩阵。乘以投影矩阵后，任何一个点的坐标[x,y,z,w]中的 x、y、z 分量都将在-w～w 内。

> **提示**　本节最开始提到的“在顶点着色器程序中，着色器将接收到的原始顶点位置与传入的总变换矩阵相乘，得到顶点最终的绘制位置”里面的最终位置指的是剪裁空间中的位置，其实还不够“最终”。前面的介绍中采用“最终”是指到达剪裁空间之后的变换就不归开发人员管了，是由管线自动完成的。

❑ 从剪裁空间到标准设备空间的变换是通过执行透视除法来完成的。所谓透视除法其实很简单，就是将齐次坐标[x,y,z,w]的 4 个分量都除以 w，结果为[x/w,y/w,z/w,1]，本质上就是对齐次坐标进行了规范化。

❑ 从标准设备空间到实际窗口空间变换的主要工作是将执行透视除法后的 x、y 坐标分量转换为实际窗口的 xy 像素坐标。主要的思路是将标准设备空间的 xy 平面（两个轴的坐标范围都是-1.0～1.0，构成一个矩形）对应到视口（也是一个矩形）上，将-1.0～1.0 内的 x、y 坐标折算为视口上的像素坐标，这个计算也很容易完成。

上述每一步乘以不同矩阵以及进行相应计算产生的具体效果如图 5-18 所示。

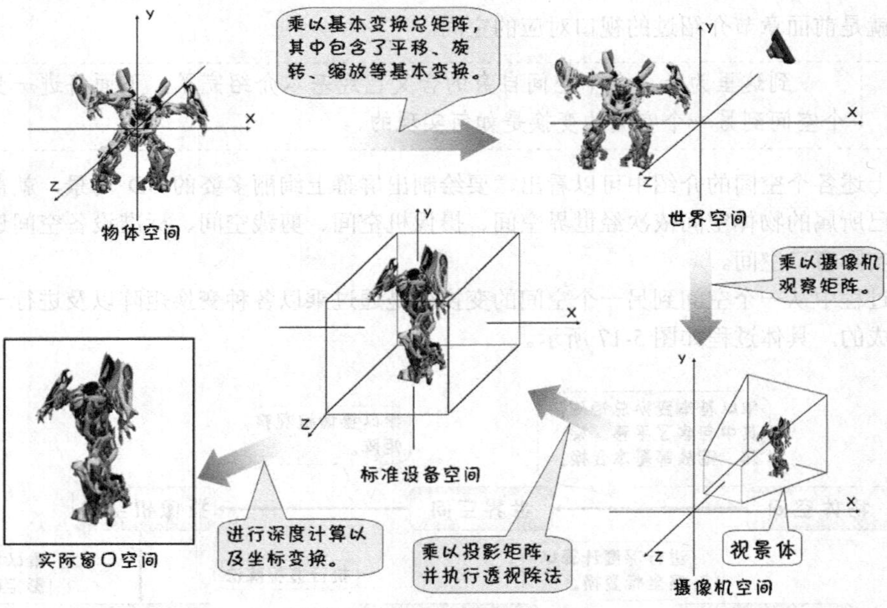

▲图 5-18　每个空间的具体效果

> **提示**　通过结合前面具体的介绍与观察图 5-18 可以很好地理解变换到每一种空间后的大致效果，加深对所有变换完整流程的理解。

5.5 绘制方式

细心的读者会发现，本书前面所有的案例中最后绘制物体时都是采用的同一种方式——GL_TRIANGLES。其实 OpenGL ES 中支持的绘制方式还有很多，如 GL_POINTS、GL_LINES 等，本节将对各种绘制方式进行详细介绍。

5.5.1　各种绘制方式概览

OpenGL ES 中支持的绘制方式大致分 3 类，包括点、线段、三角形，每类中包括一种或多种具体的绘制方式，各种具体绘制方式的说明如下所列。

❑ GL_POINTS。

此方式是点类下的唯一一个绘制方式了，其将传入渲染管线的一系列顶点单独进行绘制，不组装成更高一级的图元（如：线段、三角形等），具体情况如图 5-19 所示。

❑ GL_LINES。

此方式是线段类的一种，其将传入渲染管线的一系列顶点按照顺序两两组织成线段进行绘制，具体情况如图 5-20 所示。要注意的是，若顶点个数为奇数，管线会自动忽略最后一个顶点。

❑ GL_LINE_STRIP。

此方式也是线段类的一种，其将传入渲染管线的一系列顶点按照顺序依次组织成线段进行绘制，具体情况如图 5-21 所示。

❑ GL_LINE_LOOP。

此方式还是线段类的一种，其将传入渲染管线的一系列顶点按照顺序依次组织成线段进行绘制。与 GL_LINE_STRIP 方式的区别是，其将最后一个顶点与第一个顶点相连，形成线段环，具体情况如图 5-22 所示。

提示　图 5-19 ~ 图 5-22 中顶点的编号代表的是顶点送入渲染管线顺序，后面关于其他绘制方式的示意图中也是如此。

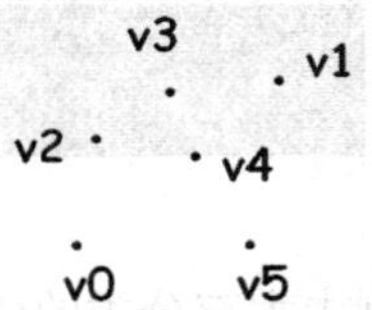

▲图 5-19　GL_POINTS

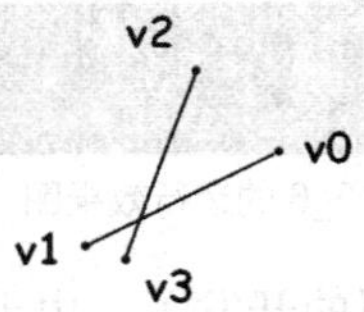

▲图 5-20　GL_LINES

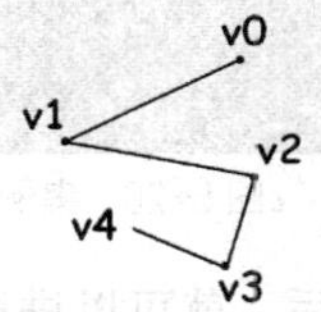

▲图 5-21　GL_LINE_STRIP

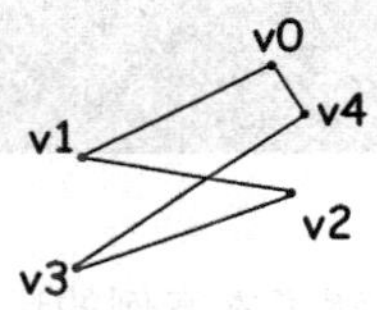

▲图 5-22　GL_LINE_LOOP

❑ GL_TRIANGLES。

此方式是三角形类之一，其将传入渲染管线的一系列顶点按照顺序每 3 个组织成一个三角形进行绘制，具体情况如图 5-23 所示。从图 5-23 中可以看出，顶点 2、5 以及顶点 1、3 位置是相同的，这是因为左下侧和右上侧的两个三角形有共用顶点。

此绘制方式下，多个三角形有共用顶点时会造成冗余。如果不希望冗余可以用后面介绍的其他绘制方式完成绘制。

❑ GL_TRIANGLE_STRIP。

此方式也是三角形类之一，其将传入渲染管线的一系列顶点按照顺序依次组织成三角形进行绘制，最后实际形成的是一个三角形条带。若共有 N 个顶点，则将绘制出 N-2 个三角形，具体情况如图 5-24 所示。通过比较可以发现，绘制同样的图形，此方式比 GL_TRIANGLES 方式节省顶点空间。

❑ GL_TRIANGLE_FAN。

此方式还是三角形类之一，其将传入渲染管线的一系列顶点中的第一个顶点作为中心点，其他顶点作为边缘点绘制出一系列组成扇形的相邻三角形，具体情况如图 5-25 所示。

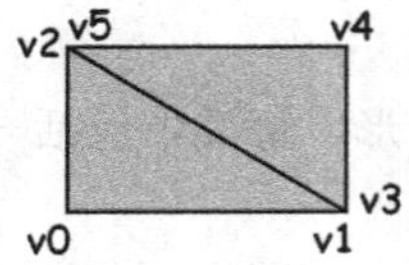

▲图 5-23　GL_TRIANGLES

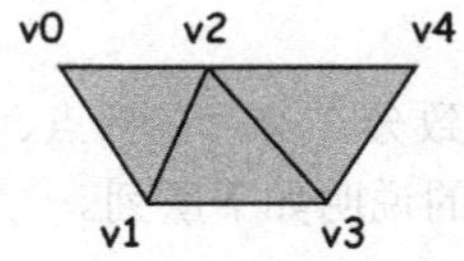

▲图 5-24　GL_TRIANGLE_STRIP

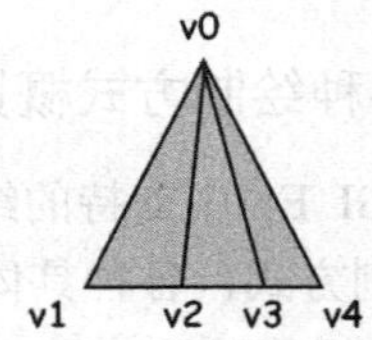

▲图 5-25　GL_TRIANGLE_FAN

5.5.2　点与线段绘制方式

上一小节介绍了各种绘制方式的基本情况，本小节将通过一个简单的案例向读者详细介绍，如何在开发中使用点及线段的绘制方式，其运行效果如图 5-26 所示。

> **提示**　图 5-26 中从左到右依次为用 GL_POINTS、GL_LINES、GL_LINE_STRIP 和 GL_LINE_LOOP 绘制方式绘制的效果图。

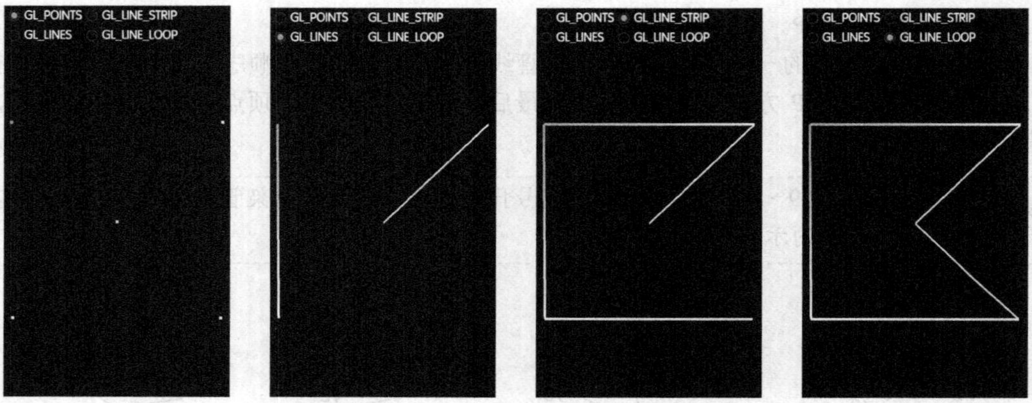

▲图 5-26　案例 Sample5_6 的运行效果图

了解了本案例的运行效果后，就可以进行代码的开发了。由于本案例中大部分类的代码与前面案例中的非常相似，因此不再赘述，需要的读者请参考随书中的源代码。下面仅介绍与前面很不同的采用点或线段绘制方式的 PointsOrLines 类，其代码如下。

代码位置：见随书中源代码/第 5 章/Sample5_6/src/com/bn/Sample5_6 目录下的 PointsOrLines.java。

```
package com.bn.Sample5_6;                                          //声明包
import java.nio.ByteBuffer;                                        //引入相关类
……//此处省略了部分类的引入代码，读者可自行查看随书的源代码
import android.opengl.GLES30;                                      //引入相关类
public class PointsOrLines {                                       //颜色点或线
      int mProgram;                                                // 自定义渲染管线着色器程序 id
      ……//此处省略了部分成员变量，读者可自行查看随书的源代码
      FloatBuffer mColorBuffer;                                    // 顶点着色数据缓冲
      int vCount = 0;
      public PointsOrLines(MySurfaceView mv) {/*代码省略*/}
      public void initVertexData() {                     //初始化顶点坐标与着色数据的方法
            vCount = 5;
            float vertices[] = new float[] {
                     0, 0, 0, Constant.UNIT_SIZE, Constant.UNIT_SIZE, 0,
                     -Constant.UNIT_SIZE, Constant.UNIT_SIZE, 0,
                     -Constant.UNIT_SIZE, -Constant.UNIT_SIZE, 0,
                     Constant.UNIT_SIZE, -Constant.UNIT_SIZE, 0, };
            ByteBuffer vbb = ByteBuffer.allocateDirect(vertices.length * 4);
                                                                   //创建顶点坐标数据缓冲
            vbb.order(ByteOrder.nativeOrder());                    //设置字节顺序
            mVertexBuffer = vbb.asFloatBuffer();                   //转换为 Float 型缓冲
```

```
21          mVertexBuffer.put(vertices);                  //向缓冲区中放入顶点坐标数据
22          mVertexBuffer.position(0);                    //设置缓冲区起始位置
23          float colors[] = new float[] {      //顶点颜色值数组，每个顶点 4 个色彩值 RGBA
24                 1, 1, 0, 0,                            //黄色
25                 1, 1, 1, 0,                            //白色
26                 0, 1, 0, 0,                            //绿色
27                 1, 1, 1, 0,                            //白色
28                 1, 1, 0, 0,                            //黄色
29          };
30          ByteBuffer cbb = ByteBuffer.allocateDirect(colors.length * 4);
                                                          //创建顶点着色数据缓冲
31          cbb.order(ByteOrder.nativeOrder());           //设置字节顺序
32          mColorBuffer = cbb.asFloatBuffer();           //转换为 Float 型缓冲
33          mColorBuffer.put(colors);                     //向缓冲区中放入顶点着色数据
34          mColorBuffer.position(0);                     //设置缓冲区起始位置
35      }
36      public void initShader(MySurfaceView mv){/*与前面案例类似，代码省略*/}
                                                          //初始化着色器
37      public void drawSelf() {
38          GLES30.glUseProgram(mProgram);                //指定使用某套着色器程序
39          ……//此处省略了部分代码，读者可自行查看随书的源代码
40          GLES30.glEnableVertexAttribArray(maColorHandle); //启用顶点颜色数据数组
41          GLES30.glLineWidth(10);                       //设置线的宽度
42          switch (Constant.CURR_DRAW_MODE) {            //绘制点或线
43          case Constant.GL_POINTS:                      // GL_POINTS 方式
44              GLES30.glDrawArrays(GLES30.GL_POINTS, 0, vCount);break;
45          case Constant.GL_LINES:                       // GL_LINES 方式
46              GLES30.glDrawArrays(GLES30.GL_LINES, 0, vCount);break;
47          case Constant.GL_LINE_STRIP:                  // GL_LINE_STRIP 方式
48              GLES30.glDrawArrays(GLES30.GL_LINE_STRIP, 0, vCount);break;
49          case Constant.GL_LINE_LOOP:                   // GL_LINE_LOOP 方式
50              GLES30.glDrawArrays(GLES30.GL_LINE_LOOP, 0, vCount);break;
51  }}}
```

- 第 11-35 行为初始化顶点坐标与着色数据的方法，一共初始化了 5 个顶点的坐标与颜色，这 5 个顶点的位置及顺序如图 5-27 所示。

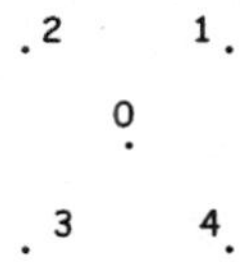

▲图 5-27　顶点的位置与顺序

- 第 42-50 行根据当前选择的绘制方式编号，采用不同的绘制方式对前面初始化的 5 个顶点进行绘制。绘制方式的选择由用户通过界面上方的单选按钮进行，单选按钮相关事件的代码在 Sample5_6_Activity 类中，需要的读者可以参考随书。

另外，本案例中用到的顶点与片元着色器与第 3 章 Sample3_1 中的基本一致，主要的变化就是在顶点着色器中加入了如下代码。

```
1    gl_PointSize=10.0;                              //设置点的尺寸
```

上述代码的功能为设置点绘制方式下点的大小，若没有进行设置，则管线采用默认值 1。

5.5.3　三角形条带与扇面绘制方式

掌握了点与线段的绘制方式后，本小节将通过一个简单的案例向读者详细介绍，如何在开发中使用三角形条带及扇面的绘制方式，其运行效果如图 5-28 所示。

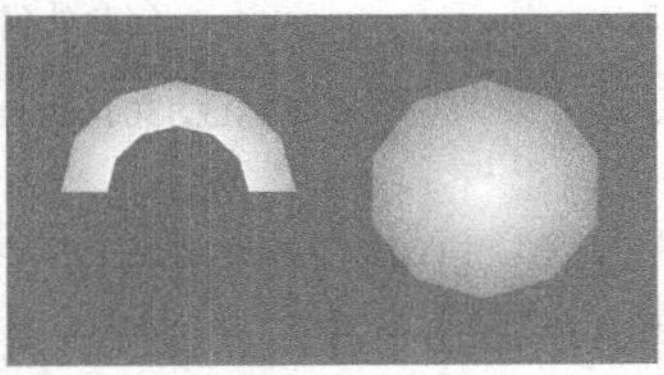
▲图 5-28　案例 Sample5_7 的运行效果图

了解了本案例的运行效果后，就可以进行代码的开发了。由于本案例中大部分类的代码与前面案例中的非常相似，因此不再赘述，需要的读者请参考随书中的源代码。下面的步骤中仅介绍与前面案例不相同的使用三角形条带及扇面绘制方式的几个类的开发，具体如下所列。

（1）首先开发的是使用三角形条带（GL_TRIANGLE_STRIP）方式进行绘制的 Belt 类，其具

体代码如下。

代码位置：见随书中源代码/第 5 章/Sample5_7/src/com/bn/Sample5_7 目录下的 Belt.java。

```
1   package com.bn.Sample5_7;                        //声明包
2   import java.nio.ByteBuffer;                      //引入相关类
3   ……//此处省略了部分类的引入代码，读者可自行查看随书的源代码
4   import android.opengl.GLES30;                    //引入相关类
5   public class Belt {
6       int mProgram;                                //自定义渲染管线着色器程序 id
7       ……//此处省略了部分成员变量，读者可自行查看随书的源代码
8       FloatBuffer mColorBuffer;                    //顶点着色数据缓冲
9       int vCount = 0;                              //顶点数量
10      public Belt(MySurfaceView mv) {/*代码省略，需要的参考*/}
11      public void initVertexData() {               //初始化顶点坐标与着色数据的方法
12          int n = 6;
13          vCount = 2 * (n + 1);
14          float angdegBegin = -90;
15          float angdegEnd = 90;
16          float angdegSpan = (angdegEnd - angdegBegin) / n;
17          float[] vertices = new float[vCount * 3]; //顶点坐标数据数组
18          int count = 0;
19          for (float angdeg = angdegBegin; angdeg <= angdegEnd; angdeg += angdegSpan) {
20              double angrad = Math.toRadians(angdeg);  //当前弧度
21              vertices[count++] = (                    //顶点 x 坐标
22                  float) (-0.6f * Constant.UNIT_SIZE * Math.sin(angrad));
23              vertices[count++] = (                    //顶点 y 坐标
24                  float) (0.6f * Constant.UNIT_SIZE * Math.cos(angrad));
25              vertices[count++] = 0;                   //顶点 z 坐标
26              vertices[count++] = (float) (-Constant.UNIT_SIZE * Math.sin(angrad));
                                                         //顶点 x 坐标
27              vertices[count++] = (float) (Constant.UNIT_SIZE * Math.cos(angrad));
                                                         //顶点 y 坐标
28              vertices[count++] = 0;                   //顶点 z 坐标
29          }
30          ByteBuffer vbb = ByteBuffer.allocateDirect(vertices.length * 4);
                                                         //创建顶点坐标数据缓冲
31          vbb.order(ByteOrder.nativeOrder());          //设置字节顺序
32          mVertexBuffer = vbb.asFloatBuffer();         //转换为 Float 型缓冲
33          mVertexBuffer.put(vertices);             //向缓冲区中放入顶点坐标数据
34          mVertexBuffer.position(0);               //设置缓冲区起始位置
35          count = 0;
36          float colors[] = new float[vCount * 4];//顶点颜色值数组，每个顶点 4 个色彩值 RGBA
37          for (int i = 0; i < colors.length; i += 8) {
38              colors[count++]=1;colors[count++]=1;colors[count++] = 1;colors[count++] = 0;
39              colors[count++]=0;colors[count++]=1;colors[count++]=1;colors[count++]=0;
40          }
41          ByteBuffer cbb = ByteBuffer.allocateDirect(colors.length * 4);
                                                 //创建顶点着色数据缓冲
42          cbb.order(ByteOrder.nativeOrder());      //设置字节顺序
43          mColorBuffer = cbb.asFloatBuffer();      //转换为Float型缓冲
44          mColorBuffer.put(colors);                //向缓冲区中放入顶点着色数据
45          mColorBuffer.position(0);                //设置缓冲区起始位置
46      }
47      public void initShader(MySurfaceView mv) {/*代码省略*/}   //初始化着色器
48      public void drawSelf(){
49          GLES30.glUseProgram(mProgram);           //指定使用某套着色器程序
50          ……//此处省略了部分代码，读者可自行查看随书的源代码
51          GLES30.glEnableVertexAttribArray(maColorHandle);//启用顶点颜色数据数组
52          GLES30.glDrawArrays(GLES30.GL_TRIANGLE_STRIP, 0, vCount);//采用三角形条带方式绘制
53  }}
```

- 第 11-46 行为初始化三角形条带中各个顶点坐标与着色数据的方法，其中各顶点的位置及顺序如图 5-29 所示。
- 第 48-53 行为采用三角形条带方式绘制物体的方法。

（2）完成了采用三角形条带方式进行绘制的 Belt 类的开发后，下面将要开发的是采用三角形扇面方式进行绘制的 Circle 类，其

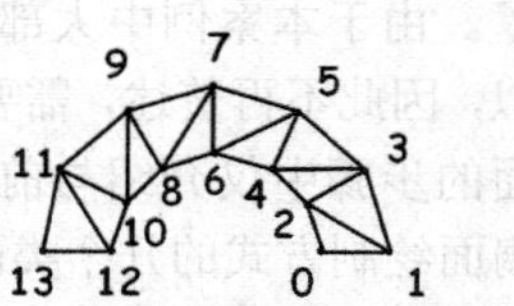

▲图 5-29　条带中各顶点的顺序

代码如下。

代码位置：见随书中源代码/第 5 章/Sample5_7/src/com/bn/Sample5_7 目录下的 Circle.java。

```
1    package com.bn.Sample5_7;                                        //声明包
2    import java.nio.ByteBuffer;                                      //引入相关类
3    ……//此处省略了部分类的引入代码，读者可自行查看随书的源代码
4    import android.opengl. GLES30;                                   //引入相关类
5    public class Circle{                                             //颜色圆
6         int mProgram;                                               //自定义渲染管线着色器程序 id
7         ……//此处省略了部分成员变量的声明，读者可自行查看随书中的源代码
8         FloatBuffer mColorBuffer;                                   //顶点着色数据缓冲
9         int vCount=0;
10        public Circle(MySurfaceView mv) {/*代码省略*/}
11        public void initVertexData(){                          //初始化顶点坐标与着色数据的方法
12             int n = 10;
13             vCount=n+2;
14             float angdegSpan=360.0f/n;
15             float[] vertices=new float[vCount*3]; //顶点坐标数据数组
16             int count=0;
17             vertices[count++] = 0;vertices[count++] = 0;vertices[count++] = 0;
                                                                 //第一个顶点的坐标
18             for(float angdeg=0;Math.ceil(angdeg)<=360;angdeg+=angdegSpan) {
                                                                 //循环生成其他顶点的坐标
19                  double angrad=Math.toRadians(angdeg);//当前弧度
20                  vertices[count++]=(float) (-Constant.UNIT_SIZE*Math.sin(angrad));
                                                                      //顶点 x 坐标
21                  vertices[count++]=(float) (Constant.UNIT_SIZE*Math.cos(angrad));
                                                                      //顶点 y 坐标
22                  vertices[count++]=0;                              //顶点 z 坐标
23             }
24             ByteBuffer vbb = ByteBuffer.allocateDirect(vertices.length*4);
                                                                      //创建顶点坐标数据缓冲
25             vbb.order(ByteOrder.nativeOrder());                    //设置字节顺序
26             mVertexBuffer = vbb.asFloatBuffer();                   //转换为 Float 型缓冲
27             mVertexBuffer.put(vertices);                           //向缓冲区中放入顶点坐标数据
28             mVertexBuffer.position(0);                             //设置缓冲区起始位置
29             count = 0;
30             float colors[]=new float[vCount*4]; //顶点颜色值数组，每个顶点 4 个色彩通道 RGBA
31             colors[count++] = 1;  colors[count++] = 1; //第一个顶点的颜色：白色
32             colors[count++] = 1;  colors[count++] = 0;
33             for(int i=4; i<colors.length; i+=4){                   //剩余顶点的颜色：绿色
34                  colors[count++] = 0; colors[count++] = 1; colors[count++] = 0;
                    colors[count++] = 0;
35             }
36             ByteBuffer cbb = ByteBuffer.allocateDirect(colors.length*4);
                                                                      //创建顶点着色数据缓冲
37             cbb.order(ByteOrder.nativeOrder());                    //设置字节顺序
38             mColorBuffer = cbb.asFloatBuffer();                    //转换为 Float 型缓冲
39             mColorBuffer.put(colors);                              //向缓冲区中放入顶点着色数据
40             mColorBuffer.position(0);                              //设置缓冲区起始位置
41        }
42        public void initShader(MySurfaceView mv){/*代码省略*/}//初始化着色器
43        public void drawSelf(){
44             GLES30.glUseProgram(mProgram);                         //指定使用某套着色器程序
45             ……//此处省略了部分代码，读者可自行查看随书的源代码
46           GLES30.glEnableVertexAttribArray(maPositionHandle); //启用顶点位置数据数组
47           GLES30.glEnableVertexAttribArray(maColorHandle);
48           GLES30.glDrawArrays(GLES30.GL_TRIANGLE_FAN, 0 , vCount);//采用三角形扇面方式绘制
49   }}
```

- 第 11-42 行为初始化三角形扇面中各个顶点坐标与着色数据的方法，其中各顶点的位置及顺序如图 5-30 所示。
- 第 44-49 行为采用三角形扇面方式绘制物体的方法。

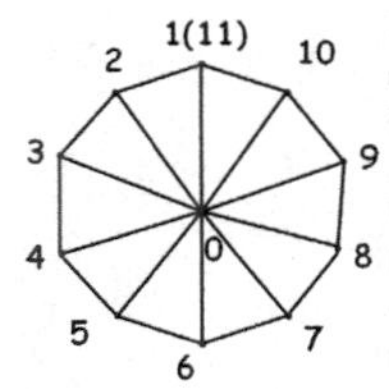

▲图 5-30　扇面中各顶点的顺序

从上述案例中可以看出，采用三角形条带或扇面方式绘制物体时需要的顶点数量一般情况下会比直接的三角形方式（GL_TRIANGLES）

少，因此，在情况允许时应该尽量采用三角形条带或扇面方式。这是因为，渲染管线在执行时对传入管线的每个顶点都将执行一次顶点着色器，需要的顶点越少绘制同样图形的速度就越快。

读者可能会觉得三角形条带方式虽然效率高，但只适合用来绘制连续三角形构成的物体，若是非连续三角形构成的物体就没有用武之地了。其实不然，非连续三角形构成的物体一样可以使用三角形条带方式进行绘制，图 5-31 说明了这个问题。

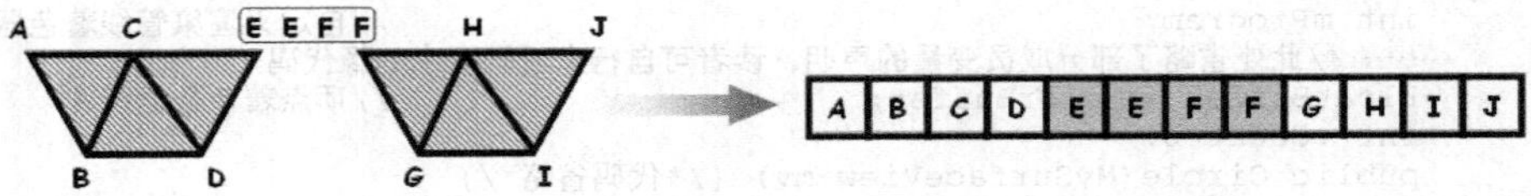

▲图 5-31　用三角形条带方式绘制非连续三角形构成的物体

从图 5-31 中可以看出，当要使用三角形条带方式绘制非连续三角形构成的物体时，只要将上一批三角形的最后一个顶点和下一批三角形的第一个顶点重复一次即可。如图 5-31 中要绘制由顶点 A～J 构成的 6 个三角形，送入渲染管线的顶点序列为“ABCDEEFFGHIJ”，这比直接三角形方式还是节省了不少顶点，有助于渲染效率的提高。

了解了采用三角形条带方式绘制由非连续三角形构成物体的原理后，下面将给出一个采用了此技术的案例——Sample5_8，其运行效果如图 5-32 所示。

▲图 5-32　案例 Sample5_8 的运行效果图

其实本案例只是将前面的案例 Sample5_7 复制了一份，去掉了里面绘制扇面的代码，修改了采用三角形条带绘制方式的 Belt 类。因此，这里仅介绍修改后的 Belt 类，其代码如下。

代码位置：见随书中源代码/第 5 章/Sample5_8/src/com/bn/Sample5_8 目录下的 Belt.java。

```
package com.bn.Sample5_8;                                  //声明包
import java.nio.ByteBuffer;                                //引入相关类
……//此处省略了部分类的引入代码，读者可自行查看随书的源代码
import android.opengl.GLES30;                              //引入相关类
public class Belt {                                        //颜色条状物
    int mProgram;                                          //自定义渲染管线着色器程序 id
    ……//此处省略了部分成员变量，读者可自行查看随书的源代码
    FloatBuffer mColorBuffer;                              //顶点着色数据缓冲
    int vCount = 0;
    public Belt(MySurfaceView mv) {/*代码省略*/}
    public void initVertexData() {                     //初始化顶点坐标与着色数据的方法
        int n1 = 3;
        int n2 = 5;
        vCount = 2 * (n1 + n2 + 2) + 2;               //计算总顶点数
        float angdegBegin1 = 0;
        float angdegEnd1 = 90;
        float angdegSpan1 = (angdegEnd1 - angdegBegin1) / n1;
        float angdegBegin2 = 180;
        float angdegEnd2 = 270;
        float angdegSpan2 = (angdegEnd2 - angdegBegin2) / n2;
        float[] vertices = new float[vCount * 3];          //顶点坐标数据
        int count = 0;
        for (float angdeg=angdegBegin1;angdeg<=angdegEnd1;angdeg+=angdegSpan1) {
            double angrad = Math.toRadians(angdeg);     //当前弧度
            vertices[count++] = (                              //大圆上的点
                    float) (-0.6f * Constant.UNIT_SIZE * Math.sin(angrad));
                                                               //顶点坐标
            vertices[count++] = (
                    float) (0.6f * Constant.UNIT_SIZE * Math.cos(angrad));
            vertices[count++] = 0;
            vertices[count++]=(float) (-Constant.UNIT_SIZE * Math.sin(angrad));
                                                               //小圆上的点
```

```
                vertices[count++] = (float) (Constant.UNIT_SIZE * Math.cos(angrad));
                vertices[count++] = 0;
            }
            vertices[count++] = vertices[count - 4];//重复第一批三角形的最后一个顶点
            vertices[count++] = vertices[count - 4];
            vertices[count++] = 0;
           for (float angdeg=angdegBegin2;angdeg<=angdegEnd2;angdeg+=angdegSpan2)
{
                double angrad = Math.toRadians(angdeg);   //当前弧度
                if (angdeg == angdegBegin2) {      //重复第二批三角形的第一个顶点
                    vertices[count++] = (float) (-0.6f * Constant.UNIT_SIZE * Math
                            .sin(angrad));     //顶点坐标
                    vertices[count++] = (float) (0.6f * Constant.UNIT_SIZE * Math
                            .cos(angrad));
                    vertices[count++] = 0;
                }
                vertices[count++] = (             //大圆上的点
                        float) (-0.6f * Constant.UNIT_SIZE * Math.sin(angrad));
                vertices[count++] = (float) (0.6f * Constant.UNIT_SIZE * Math
                        .cos(angrad));
                vertices[count++] = 0;
                vertices[count++] = (             //小圆上的点
                        float) (-Constant.UNIT_SIZE * Math.sin(angrad));
                vertices[count++] = (float) (Constant.UNIT_SIZE * Math.cos(angrad));
                vertices[count++] = 0;
            }
            ByteBuffer vbb = ByteBuffer.allocateDirect(vertices.length * 4);
                                                    //创建顶点坐标数据缓冲
            vbb.order(ByteOrder.nativeOrder());     //设置字节顺序
            mVertexBuffer = vbb.asFloatBuffer();    //转换为 Float 型缓冲
            mVertexBuffer.put(vertices);            //向缓冲区中放入顶点坐标数据
            mVertexBuffer.position(0);              //设置缓冲区起始位置
            ……//此处省略了顶点颜色缓冲数据的初始化代码，读者可自行查看随书的源代码
        }
        public void initShader(MySurfaceView mv) {/*与原来相同，代码省略*/} //初始化着色器
        public void drawSelf(){ /*与原来相同，代码省略*/}
    }
```

提示 从上述代码中可以看出，相比于修改前，主要是改变了顶点的位置。物体不再是整体由一批连续三角形组成，而是由两批连续三角形组成。第一批的最后一个顶点和第二批的第一个顶点在顶点序列中重复了，各顶点的位置及顺序如图 5-33 所示。

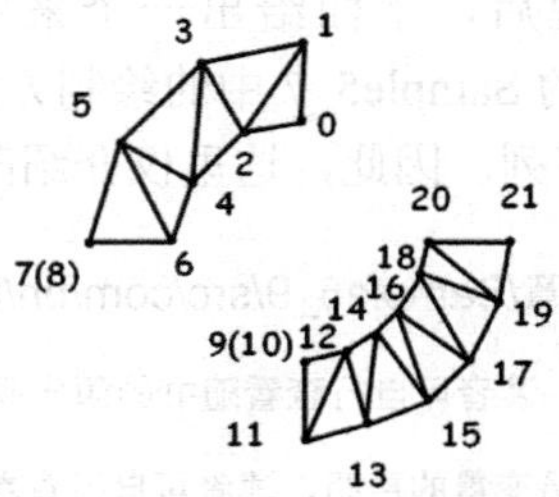

▲图 5-33 Belt 类中各顶点的顺序

5.5.4 顶点法与索引法

前面章节的案例中都是调用的 glDrawArrays 方法来进行物体的绘制，此方法是按照传入渲染管线顶点本身的顺序及选用的绘制方式将顶点组织成图元进行绘制的，也可以称为顶点法。采用这种方法虽然很方便，但有些情况下不得不在顶点序列中出现很多重复的顶点，若希望减少重复顶点占用的空间，可以考虑采用 glDrawElements 方法和 glDrawRangeElements 方法来进行物体的绘制。

1. glDrawElements 方法

glDrawElements 方法在绘制时不但要将顶点序列传入渲染管线，还需要将索引序列传入管线。绘制时管线根据索引值序列中的索引一一从顶点序列中取出对应的顶点，并根据当前选用的绘制方式组织成图元进行绘制，图 5-34 很好地说明了这个问题。

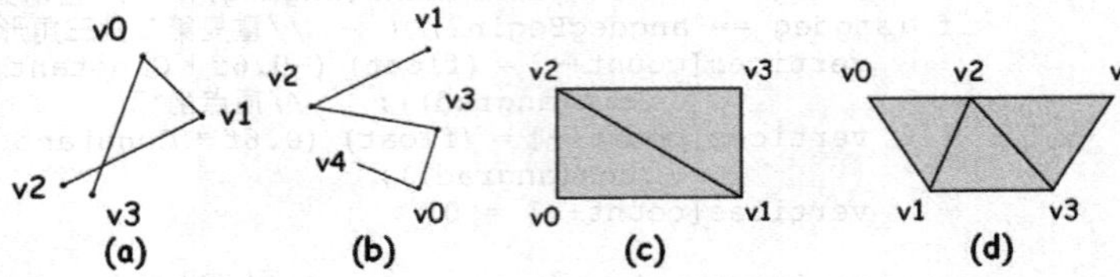

▲图 5-34　采用索引法进行绘制

图 5-34 中给出了用索引法进行绘制时的示意图，具体含义如下所列。

- 图 a 表示的是采用 GL_LINES 方式进行绘制，顶点序列为{v0,v1,v2,v3}，索引序列为{0,1,1,2,0,3}。
- 图 b 表示的是采用 GL_LINE_STRIP 方式进行绘制，顶点序列为{v0,v1,v2,v3,v4}，索引序列为{1,2,3,0,4}。
- 图 c 表示的是采用 GL_TRIANGLES 方式进行绘制，顶点序列为{v0,v1,v2,v3}，索引序列为{0,1,2,1,3,2}。
- 图 d 表示的是采用 GL_TRIANGLE_STRIP 方式进行绘制，顶点序列为{v0,v1,v2,v3,v4}，索引序列为{0,1,2,3,4}。

> **提示**　从上述情况中可以看出，采用索引法（glDrawElements）进行绘制时可以有效地减少重复顶点数据，有重复时只需要提供重复的索引号即可。而每个索引值只需要一个整数，比顶点值需要 3 个整数或浮点数可以节省不少空间。上述内容中没有给出的 GL_POINTS、GL_LINE_LOOP 、GL_TRIANGLE_FAN 3 种方式也支持索引法，依此类推即可。

了解了索引法绘制的基本原理后，下面给出一个采用索引法进行绘制的简单案例——Sample5_9。其实本案例仅是将前面的 Sample5_7 中的绘制方法改为了 glDrawElements，并相应地修改了顶点序列，同时给出了索引序列。因此，这里仅介绍改动后的 Circle 类，其代码如下。

代码位置：见随书中源代码/第 5 章/Sample5_9/src/com/bn/Sample5_9 目录下的 Circle.java。

```
package com.bn.Sample5_9;                                          //声明包
……//此处省略了类的引入代码，读者可自行查看随书的源代码
public class Circle{
      ……//此处省略了部分成员变量的声明，读者可自行查看随书中的源代码
      private ByteBuffer mIndexBuffer;                             //顶点索引数据缓冲
      int iCount = 0;                                              //索引数量
      public Circle(MySurfaceView mv){/*代码省略*/}
      public void initVertexData(){                         //初始化顶点数据与着色数据的方法
            ……//此处省略了顶点位置缓冲数据的初始化代码，读者可自行查看随书的源代码
            byte indices[] ={                                      //创建索引数组
                  0,1,2,0,2,3,0,3,4,0,4,5,0,5,6,
                  0,6,7,0,7,8,0,8,9,0,9,10,0,10,1
            };
            iCount = indices.length;                        //索引数组的长度
            mIndexBuffer=ByteBuffer.allocateDirect(indices.length);
                                                            //创建三角形构造索引数据缓冲
            mIndexBuffer.put(indices);                      //向缓冲区中放入三角形构造索引数据
            mIndexBuffer.position(0);                       //设置缓冲区起始位置
```

```
18                  ……//此处省略了顶点颜色缓冲数据的初始化代码，读者可自行查看随书的源代码
19          }
20          public void initShader(MySurfaceView mv){/*代码省略*/}    //初始化着色器
21          public void drawSelf(){                                  //绘制圆
22               GLES30.glUseProgram(mProgram);                      //指定使用某套着色器程序
23               ……//此处省略了部分代码，读者可自行查看随书的源代码
24               GLES30.glEnableVertexAttribArray(maColorHandle);//启用顶点颜色数据数组
25               GLES30.glDrawElements(GLES30. GL_TRIANGLES,iCount,
26                    GLES30.GL_UNSIGNED_BYTE,mIndexBuffer);         //用索引法绘制图形
27     }}
```

- 第 4-6 行为成员变量的声明，主要是增加了索引数据缓冲 mIndexBuffer 及索引数量 iCount。
- 第 8-19 行为初始化顶点数据的 initVertexData 方法，其中除了对顶点的位置、着色数据进行了初始化外，还增加了顶点索引数据初始化的代码。
- 第 21-27 行为执行绘制的方法，其中第 25 行中调用的是 GLES30 类的 glDrawElements 方法根据索引绘制图形，而不再是前面案例使用的 glDrawArrays 方法。

2. glDrawRangeElements 方法

glDrawRangeElements 方法绘制的基本原理与前面介绍的 glDrawElements 方法基本一样，但也存在着不同之处，主要有如下两点。

- 参数个数

glDrawRangeElements 方法中多出来了两个整型参数，分别为 start 参数和 end 参数。其中 start 参数的含义为索引序列中对应于需绘制物体部分顶点序列中的最小顶点索引值；end 参数的含义为索引序列中对应于需绘制物体部分顶点序列中的最大顶点索引值。且 end 必须大于等于 start，否则便会出现着色器编译错误。

- 绘制效率

glDrawRangeElements 方法中的 start 和 end 这两个参数的主要作用是告知渲染管线需绘制物体对应的顶点索引范围，使得管线在绘制物体时可以首先了解需绘制物体对应的顶点索引范围，并有机会将该索引范围内的顶点数据优先加载到高速缓存，使得绘制工作的执行更加高效。

> **提示** start 和 end 这两个参数仅用于向管线提供信息以便管线更好地使用高速缓存以提高绘制效率，如果提供的范围不准确也不会影响最终绘制效果的正确性，只是可能效率不够高而已。通过设置 start 和 end 这两个参数没有使物体仅绘制一部分的功能，这是 glDrawRangeElements 方法很容易引起初学者误解的一个方面，请读者注意。

了解了 glDrawRangeElements 方法的原理后，下面给出一个采用 glDrawRangeElements 方法进行绘制的简单案例——Sample5_10。其运行效果如图 5-35 所示。

> **说明** 图 5-35 的左边是一个完整的正八边形，而右边是一个正八边形的下半部分，这两个图形都是采用 glDrawRangeElements 方法进行绘制的。

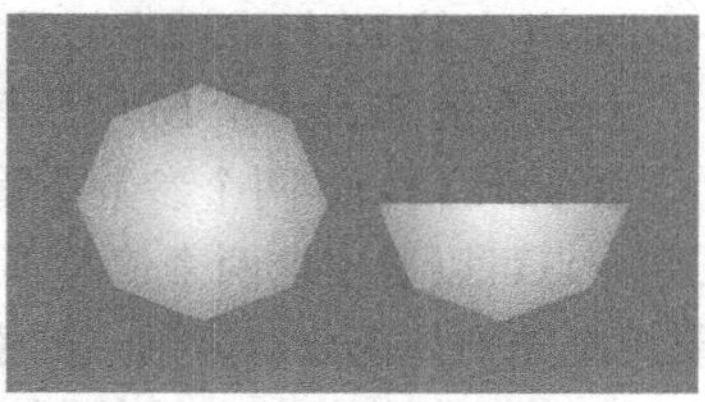
▲图 5-35　案例 Sample5_10 的运行效果图

了解了本案例的运行效果后，就可以进行代码的开发了。由于本案例与前面的案例 Sample5_9 基本一致，因此重复部分不再赘述，需要的读者请参考随书中的源代码。下面对有所不同的部分进行介绍，具体内容如下。

（1）首先介绍与前面 Sample5_9 案例不同的 MySurfaceView 类中的 onDrawFrame 绘制方法，其代码如下。

代码位置：见随书中源代码/第 5 章/Sample5_10/src/com/bn/Sample5_10 目录下的 MySurfaceView.java。

```
public void onDrawFrame(GL10 gl) {
    GLES30.glClear( GLES30.GL_DEPTH_BUFFER_BIT            //清除深度缓冲与颜色缓冲
          | GLES30.GL_COLOR_BUFFER_BIT);
    MatrixState.pushMatrix();                             //保护现场
    //绘制圆
    MatrixState.pushMatrix();                             //保护现场
    MatrixState.translate(-1.2f, 0, 0);                   //沿 x 负方向平移
    circle.drawSelf(0,24);                                //绘制圆
    MatrixState.popMatrix();                              //恢复现场
    //绘制半个圆
    MatrixState.pushMatrix();                             //保护现场
    MatrixState.translate(1.2f, 0, 0);                    //沿 x 正方向平移
    circle.drawSelf(6,12);                                //绘制半个圆
    MatrixState.popMatrix();                              //恢复现场
    MatrixState.popMatrix();                              //恢复现场
}
```

说明 该绘制方法的不同点在于调用 drawSelf 方法进行绘制时，传入了代表索引数据缓冲中的起始位置值和索引数量值两个参数，从而实现了绘制一个整圆和一个半圆。

（2）完成了 MySurfaceView 类中 onDrawFrame 绘制方法的开发，接下来要介绍的是与前面案例有较大不同的 Circle 类的绘制方法 drawSelf，具体的实现代码如下。

代码位置：见随书中源代码/第 5 章/Sample5_10/src/com/bn/Sample5_10 目录下的 Circle.java。

```
1  package com.bn.Sample5_10;                                      //声明包
2  ……//此处省略了类的引入代码，读者可自行查看随书的源代码
3  public class Circle{
4      ……//此处省略了成员变量的声明，读者可自行查看随书中的源代码
5      ……//此处省略了 initVertexData 和 initShader 等方法，请自行查看随书中的源代码
6      public void drawSelf(int start,int count){                  //绘制方法
7          GLES30.glUseProgram(mProgram);                          //指定使用某套着色器程序
8          GLES30.glUniformMatrix4fv(muMVPMatrixHandle, 1, false,
9              MatrixState.getFinalMatrix(), 0);         //将最终变换矩阵传入渲染管线
10         GLES30.glVertexAttribPointer(maPositionHandle, 3, GLES30.GL_FLOAT,
11             false, 3 * 4, mVertexBuffer);             //将顶点位置数据送入渲染管线
12         GLES30.glVertexAttribPointer(maColorHandle, 4, GLES30.GL_FLOAT, false,
13             4 * 4, mColorBuffer);                     //将顶点颜色数据送入渲染管线
14         GLES30.glEnableVertexAttribArray(maPositionHandle);//启用顶点位置数据数组
15         GLES30.glEnableVertexAttribArray(maColorHandle); //启用顶点颜色数据数组
16         mIndexBuffer.position(start);          //顶点构建索引数据缓冲的起始位置
17         GLES30.glDrawRangeElements (           //用 glDrawRangeElements 方法绘制物体
18             GLES30.GL_TRIANGLES,               //绘制方式
19             0,                                 //顶点最小索引值
20             8,                                 //顶点最大索引值
21             count,                             //索引数量
22             GLES30.GL_UNSIGNED_BYTE,           //数据类型
23             mIndexBuffer
24         );
25 }}
```

- 第 6-25 行为执行绘制的方法 drawSelf，该方法被调用时需要传入两个参数，分别为索引数据缓冲的起始位置和索引数量值。
- 其中第 17 行中调用的是 GLES30 类的 glDrawRangeElements 方法根据索引绘制图形。

上述案例 Sample5_10 中还有两个要点需要读者重点理解，具体内容如下。

- start 和 end 两个参数不管是绘制整个八边形还是绘制八边形的下半部分其值都是 0 和 8。从这一点可以看出这两个值并不会起到限制绘制物体哪部分的作用，只是如果这两个值设置正确（要绘制的物体部分对应顶点的索引范围在 start 到 end 的范围内），则有机会提高绘制效率。
- 想控制物体部分被绘制时需要设置的是顶点构建索引数据缓冲的起始位置以及索引数量，

对应于上述步骤（2）中代码的第 16 行和第 21 行。

5.5.5 layout 限定符的使用

前面的小节介绍了 OpenGL ES 中一些常用的绘制方式。接下来将介绍用 layout 限定符指定属性变量引用（或称为索引）功能的实现。由于本小节案例是基于索引法绘制案例改造而成，因此，大部分代码与介绍索引法绘制的案例相同，这里不再赘述。

下面仅介绍与 layout 限定符使用相关的部分，具体内容如下所列。

（1）用 layout 限定符指定属性变量索引，首先需要在 Java 初始化着色器的方法中把对应的顶点属性变量索引与顶点着色器中的相关变量名进行绑定，然后在绘制方法中将 glVertexAttribPointer 方法中的第一个参数设定为指定的属性变量编号，具体代码如下。

代码位置：见随书中源代码/第 5 章/Sample5_11/src/com/bn/Sample5_11 目录下的 Circle.java。

```
1   package com.bn. Sample5_11;                                  //声明包名
2   ……//此处省略了部分类的导入代码，读者可自行查阅随书附带中的源代码
3   public class Circle {
4       ……//此处省略了成员变量声明的代码，读者可自行查阅随书附带中的源代码
5       public Circle(MySurfaceView mv) {/*代码省略*/}
6       public void initVertexData() {/**顶点缓冲数据初始化代码省略*/}
7       public void initShader(MySurfaceView mv) {               //初始化着色器
8           ……//此处省略了部分代码，读者可自行查看随书的源代码
9           //把顶点位置属性变量索引与顶点着色器中的变量名进行绑定
10          GLES30.glBindAttribLocation(mProgram, 1, "aPosition");
11          //把顶点颜色属性变量索引与顶点着色器中的变量名进行绑定
12          GLES30.glBindAttribLocation(mProgram, 2, "aColor");
13      }
14      public void drawSelf() {
15          GLES30.glUseProgram(mProgram);                       //指定使用某套着色器程序
16          GLES30.glUniformMatrix4fv(muMVPMatrixHandle, 1, false,
17                  MatrixState.getFinalMatrix(), 0);//将最终变换矩阵传入渲染管线
18          GLES30.glVertexAttribPointer(1, 3, GLES30.GL_FLOAT,
19                  false, 3 * 4, mVertexBuffer);                //将顶点位置数据送入渲染管线
20          GLES30.glVertexAttribPointer(2, 4, GLES30.GL_FLOAT, false,
21                  4 * 4, mColorBuffer);                        //将顶点颜色数据送入渲染管线
22          GLES30.glEnableVertexAttribArray(1);                 //启用顶点位置数据数组
23          GLES30.glEnableVertexAttribArray(2);                 //启用顶点颜色数据数组
24          GLES30.glDrawElements(GLES30.GL_TRIANGLE_FAN, iCount,
25                  GLES30.GL_UNSIGNED_BYTE, mIndexBuffer);     //用索引法绘制图形
26  }}
```

- 第 7-13 行为初始化着色器的方法，本案例中通过把着色器程序中自定义的顶点位置属性变量索引以及顶点颜色属性变量索引与顶点着色器中的相关变量名进行绑定，来实现 layout 限定符指定属性变量索引的功能。
- 第 14-26 行为执行绘制的 drawSelf 方法，与之前的案例有所不同的是，glVertexAttribPointer 方法中的第一个参数为自己指定的属性变量索引，而不是之前案例中通过 glGetAttribLocation 方法获得的属性变量索引。

（2）完成了 Java 部分代码的开发后，接下来将介绍顶点着色器的开发，具体代码如下。

代码位置：见随书中源代码/第 5 章/Sample5_11/assets 目录下的 vertex.sh。

```
#version 300 es
uniform mat4 uMVPMatrix;                                   //总变换矩阵
layout (location = 1) in vec3 aPosition;                   //顶点位置属性变量
layout (location = 2) in vec4 aColor;                      //顶点颜色属性变量
out  vec4 vColor;                                          //用于传递给片元着色器的变量
void main()  {
   gl_Position = uMVPMatrix * vec4(aPosition,1);     //根据总变换矩阵计算此次绘制此顶点位置
   vColor = aColor;                                  //将接收的颜色传递给片元着色器
}
```

- 第 3 行功能为使用 layout 限定符指定顶点位置输入属性变量 aPosition 的索引。
- 第 4 行功能为使用 layout 限定符指定顶点位置输入属性变量 aColor 的索引。

> **说明** 从上述代码中可以看出，在顶点着色器中指定的属性变量索引值与前面步骤(1)中 Java 代码中使用的属性变量索引值一致。另外要注意的是，在顶点着色器中不允许使用 layout 限定符给输出变量指定索引。

（3）介绍完了顶点着色器的开发后，就可以进行片元着色器的开发了。应注意的是，不管在顶点着色器还是片元着色器中，其最开始都应该为着色语言版本的声明，具体代码如下。

代码位置：见随书中源代码/第 5 章/Sample5_11/assets 目录下的 frag.sh。

```
1    #version 300 es
2    precision mediump float;                          //设置浮点精度
3    in vec4 vColor;                                   //接收从顶点着色器过来的颜色值
4    in vec3 vPosition;                                //接收从顶点着色器过来的顶点位置
5    layout (location = 0) out vec4 fragColor;         //片元的输出颜色
6    void main() {
7       fragColor = vColor;                            //给此片元颜色值
8    }
```

> **说明** 第 5 行为使用 layout 输出限定符指定输出变量 fragColor 的索引。需要注意的是，给出的索引(location)值需要在[0,MAX_DRAW_BUFFERS-1]的范围内。一般情况下，当片元着色器中只有一个输出变量时，可以不用特殊说明其索引。在这种情况下，默认值为 0，若有多个输出变量，则不允许重复使用相同的值作为索引。

5.6 顶点常量属性

前面的很多案例中，给每一个顶点都单独指定了颜色值，这在很多情况下是很好的一种选择。但是，如果一个物体中所有的顶点颜色是一样的，这样做就显得效率不高了。因为这样不但更多地占用了内存空间，还会无谓增加数据 IO 的时间。本节将向读者介绍顶点常量属性技术，通过其可以很好地解决上述效率不够高的问题，具体内容如下。

5.6.1 顶点常量基本知识

顶点常量属性是指给一个需绘制物体中的所有顶点指定同样的某方面（如颜色）属性值，在绘制时可以减小内存的占用以及 IO 传输的时间，以提高绘制效率。与顶点常量属性相关的方法主要有两套，这些方法的名称都以 glVertexAttrib 开头，具体内容如下所列。

- glVertexAttribNf 方法，将 N 个浮点数传入管线，以备管线传递给由 N 个浮点数分量组成的属性变量，N 可能的取值为 1、2、3 或 4。
- glVertexAttribNfv 方法，将长度为 N 的浮点数组或者长度为 N 的数据缓冲传入管线，以备管线传递给由 N 个浮点数分量组成的属性变量，N 可能的取值为 1、2、3 或 4。

> **提示** 上述系列方法名称中的“N”在使用时需要根据实际情况用合法的整数代替，更详细的情况请读者参考 OpenGL ES 3.0 相关的 API 文档，这里不再赘述。

5.6.2 一个简单的案例

上一小节介绍了用于设置顶点常量属性的方法，下面将给出一个采用 glVertexAttribNf 方法设置顶点相同属性的简单案例——Sample5_12。在该案例中对六角星的颜色属性设置采用了顶点常量属性方法 glVertexAttrib4f，其运行效果如图 5-36 所示。

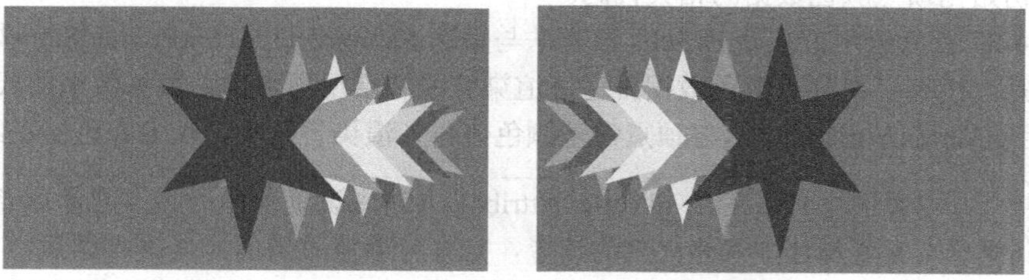

▲图 5-36　案例 Sample5_12 的运行效果图

说明　从图 5-36 中可以看出，该案例中每个六角星的各个顶点都为同一种颜色。只有在需绘制物体的所有顶点的某一属性(本案例中为颜色)完全相同时，才能调用 glVertexAttrib<u>N</u>f 或者 glVertexAttrib<u>N</u>fv 方法来对其设置。

了解了本案例的运行效果后，下面就可以进行代码的开发了。由于本案例仅仅是将前面的案例 Sample5_2 复制了一份并对其中的 SixPointedStar 类进行了相应修改，因此，这里仅介绍改动后的 SixPointedStar 类，其具体代码如下。

代码位置：见随书中源代码/第 5 章/Sample5_12/src/com/bn/Sample5_12 目录下的 SixPointedStar.java。

```
package com.bn.Sample5_12;                                      //声明包
……//此处省略了类的引入代码，读者可自行查看随书的源代码
public class SixPointedStar{                                    //六角星类
      ……//此处省略了成员变量的声明，读者可自行查看随书中的源代码
      ……//此处省略了构造方法，读者可自行查看随书中的源代码
      public void initVertexData(float R,float r,float z){   //初始化顶点坐标数据的方法
            List<Float> flist=new ArrayList<Float>();
            float tempAngle=360/6;                               //平均角度值
            ……//此处省略了循环生成构成六角形的顶点坐标代码，可自行查看随书中的源代码
            vCount=flist.size()/3;                               //顶点个数
            float[] vertexArray=new float[flist.size()];         //顶点坐标数组
            for(int i=0;i<vCount;i++){                           //循环遍历顶点坐标数组
                  vertexArray[i*3]=flist.get(i*3);               //为顶点坐标数组赋值-x
                  vertexArray[i*3+1]=flist.get(i*3+1);           //为顶点坐标数组赋值-y
                  vertexArray[i*3+2]=flist.get(i*3+2);           //为顶点坐标数组赋值-z
            }
            ByteBuffer vbb=ByteBuffer.allocateDirect(vertexArray.length*4);
            vbb.order(ByteOrder.nativeOrder());   //设置字节顺序为本地操作系统顺序
            mVertexBuffer=vbb.asFloatBuffer();
            mVertexBuffer.put(vertexArray);       //将顶点坐标数据放进缓冲
            mVertexBuffer.position(0);            //设置缓冲起始位置
      }
      ……//此处省略了自定义初始化着色器的方法，读者可自行查看随书中的源代码
      public void drawSelf(){                                   //绘制方法
      GLES30.glUseProgram(mProgram);                            //指定使用某套着色器程序
      Matrix.setRotateM(mMMatrix,0,0,0,1,0);                    //初始化变换矩阵
      Matrix.translateM(mMMatrix,0,0,0,1);                      //设置沿 z 轴正向位移 1
      Matrix.rotateM(mMMatrix,0,yAngle,0,1,0);                  //设置绕 y 轴旋转
      Matrix.rotateM(mMMatrix,0,xAngle,1,0,0);                  //设置绕 z 轴旋转
      GLES30.glUniformMatrix4fv(muMVPMatrixHandle,1,false,
      MatrixState.getFinalMatrix(mMMatrix),0);                  //将最终变换矩阵传入渲染管线
      GLES30.glVertexAttribPointer(maPositionHandle,3,GLES30.GL_FLOAT,
          false,3*4,mVertexBuffer);                             //将顶点位置数据送入渲染管线
      GLES30.glVertexAttrib4f(maColorHandle, color[0],color[1],color[2],1.0f);
      GLES30.glEnableVertexAttribArray(maPositionHandle);//启用顶点位置数据数组
      GLES30.glDrawArrays(GLES30.GL_TRIANGLES, 0, vCount);//绘制六角星
}}
```

❑ 第 6-22 行为自定义初始化顶点数据的 initVertexData 方法，该方法主要功能为初始化六角星的顶点位置数据并放进缓冲。与案例 Sample5_2 中 SixPointedStar 类的 initVertexData 方法不同的是删除了初始化顶点颜色数据的相关代码。

❑ 第 24-37 行为绘制方法 drawSelf，该方法与案例 Sample5_2 中 SixPointedStar 类的 drawSelf 方法不同的是，没有了将顶点颜色数据传送进渲染管线和启用顶点颜色数据数组的代码，而是在第 34 行调用 glVertexAttrib4f 方法将顶点常量颜色值传入渲染管线中，以备着色器在绘制时使用。

> **提示**　本案例中只采用了 glVertexAttrib4f 方法来设置物体的顶点常量颜色属性，对其他顶点常量属性方法感兴趣的读者，可自行参照该案例对其进行调用学习。

5.7 设置合理的视角

使用过照相机的读者都知道，拍摄时根据不同的情况应当选用不同焦距的镜头，这些不同焦距镜头的一大区别就是视角不同。在同样的位置，视角大可以观察到更宽范围内的景物，但投影到照片里的景物较小；视角小可以观察到的景物范围就窄一些，但投影到照片里的景物也就大一些。

同样，在 OpenGL ES 的虚拟世界中，摄像机也有视角大小的问题，具体情况如图 5-37 所示。

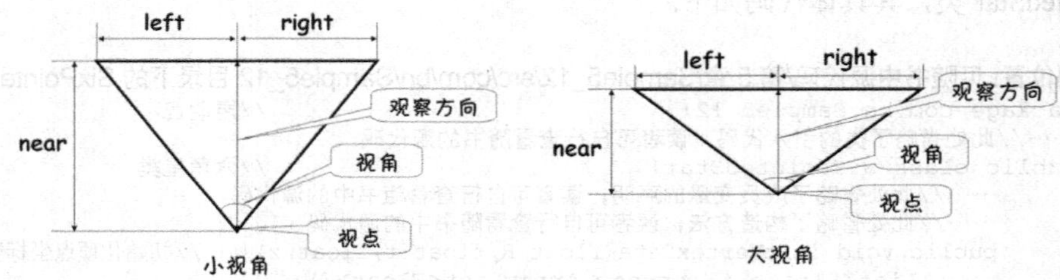

▲图 5-37　小视角和大视角

> **提示**　从图 5-37 中可以看出，OpenGL ES 虚拟世界摄像机的左右视角大小主要是由 left、right 及 near 值决定的。可以想象出上下视角则由 top、bottom 及 near 值决定。这些值（left、right、top、bottom、near）都是生成投影矩阵时需要提供的参数。

视角的大小可以根据公式计算出来，例如，水平方向视角的计算公式如下：

$$\alpha=2\arctan(\text{left}/\text{near})$$

而垂直方向的视角计算公式为：

$$\alpha=2\arctan(\text{top}/\text{near})$$

> **提示**　上述两个计算公式是在左右或上下对称的(即 left 等于 right，top 等于 bottom)情况下推导出的，若左右或上下不对称，则两个半角要分别计算。

同时，还可以从上述介绍中总结出如下规律。

❑ 在 left、right、top、bottom 值不变的情况下，near 值越小，视角越大，反之则视角越小。

❑ 在 near 值不变的情况下，left、right、top、bottom 值越大，视角越大，反之则视角越小。

因此，开发中当希望观察到同样范围的场景时就不止一种选择：可以将摄像机离得近一些，同时将视角设置得大一些；也可以将摄像机离得远一些，同时将视角设置得小一些；具体情况如图 5-38 所示。

▲图 5-38　不同视角观察同样范围的场景

经过上面的介绍读者可能会觉得，既然有多种选择，开发时随意选择一种能观察到指定范围的组合即可。但事实不完全是这样，因为观察时不但有看不看得到的问题，还有变不变型的问题。当视角很大时，往往有比较严重的变形，就像照相机的鱼眼镜头一样。因此，开发中要选择合理的组合，使得既能观察到指定范围的场景，又能满足对物体不变型的需要。

提示　在某些特定的应用程序中，就是需要出现变形的效果，这时采用那些可以出现合适变形效果的组合即可。

前面介绍了不同视角观察场景的基本原理，下面给出一个用不同视角在不同距离上观察同样范围场景的案例——Sample5_13，其运行效果如图 5-39 所示。

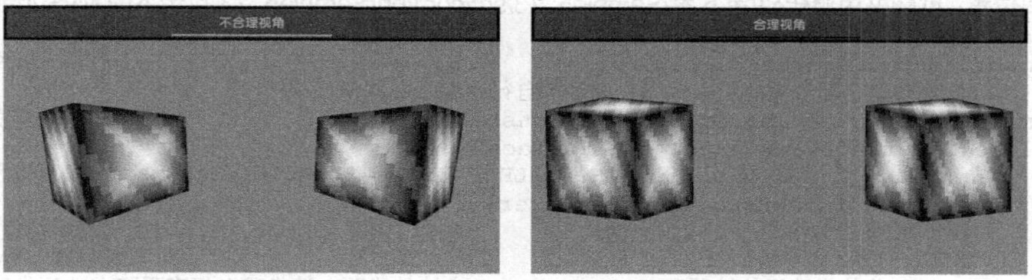

▲图 5-39　案例 Sample5_13 的运行效果图

说明　左侧的效果图是摄像机离得近时采用大视角的观察情况，右侧的是摄像机离得远时采用小视角的观察情况。从左右两幅图的对北中可以看出，虽然在不同的距离采用不同的视角可以观察到基本相同范围内的场景，但大视角情况下变形较为严重，根本看不出来是两个立方体，但小视角时变形的情况就几乎觉察不到了。

了解了本案例的运行效果后，下面对本案例的具体开发过程进行详细介绍，具体步骤如下所列。

（1）首先需要开发的是本案例的主控制类 Sample5_13_Activity，其代码如下。

代码位置：见随书中源代码/第 5 章/Sample5_13/src/com/bn/Sample5_13 目录下的 Sample5_13_Activity.java。

```
package com.bn.Sample5_13;                                    //声明包
import android.app.Activity;                                  //引入相关类
……//此处省略了部分类的引入代码，读者可自行查看随书的源代码
import static com.bn.Sample5_13.Constant.*;                   //引入相关类
public class Sample5_13_Activity extends Activity {
     private MySurfaceView mGLSurfaceView;
     @Override
     protected void onCreate(Bundle savedInstanceState) {
          ……//省略了部分与前面案例基本相同的代码，需要时请查看随书
          //为选择不同视角组合的 ToggleButton 添加监听器
          ToggleButton tb = (ToggleButton) this.findViewById(R.id.ToggleButton01);
          tb.setOnCheckedChangeListener(new OnCheckedChangeListener() {
               public void onCheckedChanged(CompoundButton buttonView,
```

```
14                   boolean isChecked) {
15              if (isChecked) {                    //视角不合适导致变形的情况
16                   MatrixState.setProjectFrustum(
                                                    //调用此方法计算产生透视投影矩阵
17                        -ratio * 0.7f, ratio * 0.7f, -0.7f, 0.7f, 1, 10);
18                   MatrixState.setCamera(//调用此方法产生摄像机观察矩阵
19                        0, 0.5f, 4, 0f, 0f, 0f, 0f, 1.0f, 0.0f);
20              } else {                            //视角合适不变形的情况
21                   MatrixState.setProjectFrustum(//调用此方法计算产生透视投影矩阵
22                        -ratio, ratio, -1, 1, 20, 100);
23                   MatrixState.setCamera(//调用此方法产生摄像机观察矩阵
24                        0, 8f, 45, 0f, 0f, 0f, 0f, 1.0f, 0.0f);
25       }}});
26    }
27    ……//此处省略了 onResume 和 onPause 方法的代码，读者可自行查看随书的源代码
28  }
```

说明　第 11-25 行为选择不同视角/距离组合的开关按钮（ToggleButton）添加了监听器。监听器的事件处理方法中，根据开关按钮的选中状态设置不同的摄像机位置及投影参数组合。

（2）完成了 Sample5_13_Activity 类的开发后，就可以开发用于渲染 3D 场景的类——MySurfaceView，其具体代码实现如下。

代码位置：见随书中源代码/第 5 章/Sample5_13/src/com/bn/Sample5_13 目录下的 MySurfaceView.java。

```
1   package com.bn.Sample5_13;                                    //声明包
2   import android.opengl.GLES30;                                 //引入相关类
3   ……//此处省略了部分类的引入代码，读者可自行查看随书的源代码
4   import static com.bn.Sample5_13.Constant.*;                   //引入相关类
5   class MySurfaceView extends GLSurfaceView {
6       private final float TOUCH_SCALE_FACTOR = 180.0f/320;      //角度缩放比例
7       private SceneRenderer mRenderer;                          //场景渲染器
8       private float mPreviousX;                                 //上次的触控位置 x 坐标
9       float yAngle=0;                                           //总场景绕 y 轴旋转的角度
10      ……//此处省略了构造器和 onTouchEvent 方法的代码，读者可自行查看随书的源代码
11      private class SceneRenderer implements GLSurfaceView.Renderer {
12          Cube cube;                                            //立方体对象引用
13          public void onDrawFrame(GL10 gl) {
14              GLES30.glClear( GLES30.GL_DEPTH_BUFFER_BIT | GLES30.
15                  GL_COLOR_BUFFER_BIT);                         //清除深度缓冲与颜色缓冲
16              MatrixState.pushMatrix();                         //保护现场
17              MatrixState.rotate(yAngle, 0, 1, 0); //绕 y 轴旋转（实现总场景旋转）
18              //平移并旋转后绘制左侧立方体
19              MatrixState.pushMatrix();                         //保护现场
20              MatrixState.translate(-3, 0, 0);                  //平移
21              MatrixState.rotate(60, 0, 1, 0);                  //旋转
22              cube.drawSelf();
23              MatrixState.popMatrix();                          //恢复现场
24              ///平移并旋转后绘制右侧立方体
25              MatrixState.pushMatrix();                         //保护现场
26              MatrixState.translate(3, 0, 0);                   //平移
27              MatrixState.rotate(-60, 0, 1, 0);                 //旋转
28              cube.drawSelf();
29              MatrixState.popMatrix();                          //恢复现场
30              MatrixState.popMatrix();                          //恢复现场
31          }
32          ……//省略了与前面案例代码类似的 onSurfaceChanged 及 onSurfaceCreated 方法代码
33  }}
```

说明　第 13-31 行为用于绘制整个场景的 onDrawFrame 方法，其中首先根据 yAngle 值（此值可以通过用户手指触动屏幕改变）将坐标系统 y 轴进行旋转变换，然后分别基于此旋转后的坐标系再进行两组独立的平移、旋转变换绘制了场景中左右两侧的立方体。

（3）完成了 MySurfaceView 类的开发后，就可以开发本案例中用于绘制立方体的 Cube 类了，其代码如下。

代码位置：见随书中源代码/第 5 章/Sample5_13/src/com/bn/Sample5_13 目录下的 Cube.java。

```java
package com.bn.Sample5_13;                          //声明包
import static com.bn.Sample5_13.Constant.*;         //引入相关类
public class Cube {
    ColorRect cr;                                   //用于绘制各个面的颜色矩形
    public Cube(MySurfaceView mv) {
        cr = new ColorRect(mv);                     //创建用于绘制各个面的颜色矩形对象
    }
    public void drawSelf() {
        MatrixState.pushMatrix();                   //保护现场
        //绘制前小面
        MatrixState.pushMatrix();                   //保护现场
        MatrixState.translate(0, 0, UNIT_SIZE);        //移到相应位置
        cr.drawSelf();                                 //绘制矩形面
        MatrixState.popMatrix();                       //恢复现场
        ……//此处省略了绘制其他 5 个面的代码，套路与上述绘制前小面的基本一致
        MatrixState.popMatrix();                       //恢复现场
}}
```

> **提示** 从上述代码中可以看出，本案例中 Cube 类的实现机制与前面各种变换一节案例中的 Cube 类不同。前面案例中的 Cube 类是通过给出立方体 6 个面中所有三角形的顶点来进行绘制的，而本案例中采用的是将一个颜色矩形平移、旋转到立方体 6 个面的位置，绘制 6 个颜色矩形来搭建的立方体。

（4）完成了 Cube 类的开发后，下面需要开发的就是颜色矩形类——ColorRect。由于该类与 3.1.2 节中案例 Sample3_1 中的 Triangle 类非常相似，因此，这里只介绍区别较大的 drawSelf 方法，其代码如下。

代码位置：见随书中源代码/第 5 章/Sample5_13/src/com/bn/Sample5_13 目录下的 ColorRect.java。

```java
public void drawSelf() {
    GLES30.glUseProgram(mProgram);                         //指定使用某套着色器程序
    GLES30.glUniformMatrix4fv(                             //将最终变换矩阵传入渲染管线
        muMVPMatrixHandle, 1, false, MatrixState.getFinalMatrix(), 0);
    GLES30.glUniformMatrix4fv(                      //将平移、旋转变换矩阵传入渲染管线
        muMMatrixHandle, 1, false, MatrixState.getMMatrix(), 0);
    GLES30.glVertexAttribPointer(                   //将顶点位置数据传入渲染管线
        maPositionHandle, 3, GLES30.GL_FLOAT, false, 3 * 4, mVertexBuffer);
    GLES30.glVertexAttribPointer(                   //将顶点颜色数据传入渲染管线
        maColorHandle, 4, GLES30.GL_FLOAT, false, 4 * 4, mColorBuffer);
    GLES30.glEnableVertexAttribArray(maPositionHandle); //启用顶点位置数据数组
    GLES30.glEnableVertexAttribArray(maColorHandle);    //启用顶点颜色数据数组
    GLES30.glDrawArrays(GLES30.GL_TRIANGLE_FAN, 0, vCount);//绘制颜色矩形
}
```

> **提示** 从上述代码中可以看出，此方法与前面案例最大的区别是，不但将最终变换矩阵传入了渲染管线，还将携带平移、旋转信息的变换矩阵传入了渲染管线。这样做的目的是，为了在着色器中实现特效服务，详细情况会在后面介绍。

（5）细心的读者会发现，上一步骤中调用了 MatrixState 类中以前没有的方法 getMMatrix，下面继续对 MatrixState 类进行升级，增加此方法，具体代码如下。

```java
public static float[] getMMatrix(){          //此方法功能为返回当前变换矩阵的内容
    return currMatrix;
}
```

（6）完成了本案例中 Java 代码的开发后，就可以开始开发着色器了。首先开发的是顶点着色

器，其代码如下。

代码位置：见随书中源代码/第 5 章/Sample5_13/assets 目录下的 vertex.sh。

```
#version 300 es
uniform mat4 uMVPMatrix;                                    //总变换矩阵
uniform mat4 uMMatrix;                                      //变换矩阵
in vec3 aPosition;                                          //顶点位置
in vec4 aColor;                                             //顶点颜色
out vec4 vColor;                                            //用于传递给片元着色器的颜色
out vec3 vPosition;                                         //用于传递给片元着色器的顶点位置
void main(){
   gl_Position = uMVPMatrix * vec4(aPosition,1);//根据总变换矩阵计算此次绘制此顶点位置
   vColor = aColor;                                         //将接收的颜色传递给片元着色器
   vPosition=(uMMatrix * vec4(aPosition,1)).xyz; //计算出此顶点变换后的位置传递给片元着色器
}
```

- 此顶点着色器的大部分代码与前面案例中的相同，主要的区别就是增加了计算变换后的顶点位置，并将其通过易变变量传入片元着色器的功能。
- 变换后顶点的位置是通过从渲染管线传入的变换矩阵（uMMatrix）与顶点位置（aPosition）计算生成的。

> **提示**　读者可能会产生这样的困扰：“通过总变换矩阵与顶点位置不是已经计算出了变换后的顶点位置了吗？”。要注意的是这两种顶点位置是大有区别的：由于总变换矩阵中携带了摄像机、投影、普通变换的所有信息，因此，通过总变换矩阵与顶点位置计算出来的是，经过摄像机观察和投影以后已经位于近平面上的位置，可以理解为，这时的顶点坐标已经是二维的了。而变换矩阵中仅携带了平移、旋转、缩放等普通变换的信息，因此，通过变换矩阵与顶点位置计算出来的是顶变换后在 3D 空间中的位置。

（7）完成了顶点着色器的开发后，就可以进行片元着色器的开发了，其代码如下。与前面的案例相似，此片元着色器的功能也是计算出片元的最终颜色。不同的是，前面的案例中是直接将顶点着色器传递过来的，经管线插值后的颜色作为最终颜色，而这里还需要根据片元的位置加上淡红色。

代码位置：见随书中源代码/第 5 章/ Sample5_13/assets 目录下的 frag.sh。

```
1   #version 300 es
2   precision mediump float;
3   in  vec4 vColor;                                        //接收从顶点着色器过来的参数
4   in vec3 vPosition;                                      //接收从顶点着色器过来的顶点位置
5   out vec4 fragColor;                                     //输出到的片元颜色
6   void main() {
7      vec4 finalColor=vColor;
8      mat4 mm=mat4(0.9396926,-0.34202012,0.0,0.0,  0.34202012,0.9396926,0.0,0.0,
9         0.0,0.0,1.0,0.0,  0.0,0.0,0.0,1.0);  //绕 z 轴转 20° 的旋转变换矩阵
10     vec4 tPosition=mm*vec4(vPosition,1);                 //将顶点坐标绕 z 轴转 20°
11     if(mod(tPosition.x+100.0,0.4)>0.3) {                 //计算 x 方向在不在红光色带范围内
12        finalColor=vec4(0.4,0.0,0.0,1.0)+finalColor;//若在给最终颜色加上淡红色
13     }
14     fragColor = finalColor;                              //给此片元颜色值
15  }
```

- 第 7-10 行首先声明了一个绕 z 轴转 20°的旋转变换矩阵，然后将此矩阵与接收到的由渲染管线传入的片元位置进行计算，得到变换后的片元位置。
- 第 11-13 行根据此片元变换后空间位置的 x 坐标是否位于一定的区间内来决定，是否为最终颜色加上淡红色。

提示

之所以要绕 z 轴旋转 20°是为了得到斜着的红色光带的效果，参见图 5-34。运行本案例后，读者若用手在屏幕上水平滑动，会发现两个立方体会随着手指的滑动绕 y 轴旋转，但立方体上面的红色光带并不随着手指的滑动而改变位置，就像立方体位于远处固定位置在条纹灯的照射下一样。

通过本案例，读者一方面应该了解设置合理视角的重要性，另一方面也应该逐渐体会到 OpenGL ES 3.0 可编程渲染管线的强大之处，只要灵活运用就可以开发出非常多逼真的特效。本案例中仅用了几行着色器代码就轻松地实现了条纹灯效果，这也恰恰说明了可编程渲染管线的强大。

5.8 设置合理的透视参数

前面给出的案例中，场景内的多个物体之间距离相对较大，因此，绘制时比较容易出现正确的效果。如果两个物体中有距离非常近的面，而投影参数设置得不是很合理时就有可能产生不正常的效果，大大影响 3D 场景的用户体验。本小节将通过一个双立方体交叠场景的案例 Sample5_14 来说明这个问题，其场景结构如图 5-40 所示。

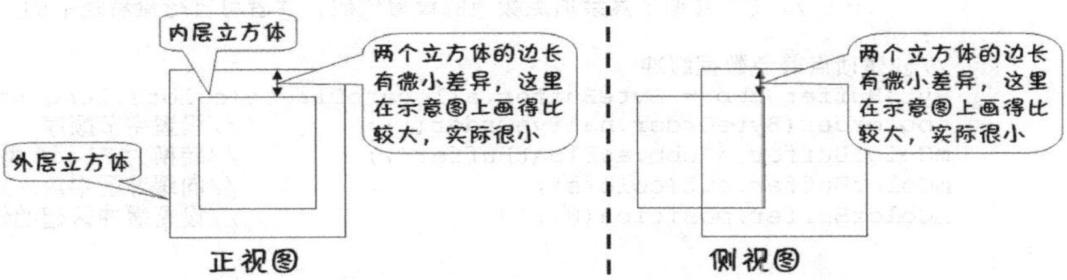

▲图 5-40 案例 Sample5_14 场景结构图

从图 5-40 中可以看出，本案例的场景中绘制了两个尺寸较大的立方体（边长大的为 1000，小的为 999），这两个立方体尺寸有微小差异（边长差值为 1，为 0.1%左右）。这两个立方体中心轴是对齐的，部分交叠，按照前面章节所学知识正确绘制出来应该是没有问题的，但实际运行效果如图 5-41 所示。

▲图 5-41 案例 Sample 5_14 的运行效果图

说明

图 5-41 所示的场景由于绘制时设置的透视参数不是很恰当，而立方体交叠后有 4 面距离很近，故产生了不正确的绘制效果（主要体现在距离近的面出现了不应有的波浪）。由于本书采用灰度印刷，可能插图效果不是很明显。这里建议读者使用真机运行本案例，并在运行时用手指在屏幕上滑动以旋转立方体进行观察。

了解了透视参数设置不合理的案例 Sample5_14 的运行效果后，下面对该案例的具体开发过程进行介绍，具体步骤如下所列。

（1）首先需要开发的是本案例的主控制类——Sample_Activity。由于本案例中的 Activity 类与前面案例中的非常相似，这里不再赘述。需要的读者请自行查看随书中的源代码。

（2）接下来介绍的是颜色矩形类——ColorRect。由于该类与前面案例 Sample5_13 中的 ColorRect 类非常相似，因此这里只介绍其中区别较大的 initVertexData 方法，具体代码如下。

代码位置：见随书中源代码/第 5 章/Sample5_14/src/com/bn/Sample5_14 目录下的 ColorRect.java。

```
1     //初始化顶点坐标与着色数据的方法
2     public void initVertexData(float unitSize,float[] colorIn){
3          vCount=6;                                           //顶点个数
4          float vertices[]=new float[]{                       //顶点坐标数组
5               0,0,0,unitSize,unitSize,0,-unitSize,unitSize,0,
6               -unitSize,-unitSize,0,unitSize,-unitSize,0,unitSize,unitSize,0
7          };
8          //创建顶点坐标数据缓冲
9          ByteBuffer vbb = ByteBuffer.allocateDirect(vertices.length*4);
10         vbb.order(ByteOrder.nativeOrder());                 //设置字节顺序
11         mVertexBuffer = vbb.asFloatBuffer();                //转换为 Float 型缓冲
12         mVertexBuffer.put(vertices);                        //向缓冲区中放入顶点坐标数据
13         mVertexBuffer.position(0);                          //设置缓冲区起始位置
14         //顶点着色数据的初始化
15         colors=new float[]//顶点颜色值数组，每个顶点 4 个色彩值 RGBA{
16              colorIn[0],colorIn[1],colorIn[2],colorIn[3],   //顶点 1 颜色
17              ……//此处省略了其余顶点颜色的设置代码，读者可自行查看随书的源代码
18         };
19         //创建顶点着色数据缓冲
20         ByteBuffer cbb = ByteBuffer.allocateDirect(colors.length*4);
21         cbb.order(ByteOrder.nativeOrder());                 //设置字节顺序
22         mColorBuffer = cbb.asFloatBuffer();                 //转换为 Float 型缓冲
23         mColorBuffer.put(colors);                           //向缓冲区中放入顶点着色数据
24         mColorBuffer.position(0);                           //设置缓冲区起始位置
25    }
```

- 第 4-13 行功能为顶点坐标数据的初始化和创建顶点坐标数据缓冲。由于两个立方体的大小不一样，因此，根据传过来的 unitSize 值创建顶点坐标数据，并将对应的顶点坐标数据送入缓冲。
- 第 14-24 行功能为顶颜色数据的初始化和创建顶点着色数据缓冲。与顶点坐标数据的初始化的类似，顶点着色数据的初始化也是根据传过来的 colorIn 数组值创建顶点颜色数据，并将对应的顶点颜色数据送入缓冲。

（3）完成了 ColorRect 类的开发后，下面需要开发的是用于绘制立方体的 Cube 类。本案例中的 Cube 类与前面案例中的类似，主要区别是，drawSelf 方法根据传入的 unitSize 值绘制立方体的 6 个面。具体开发代码不再赘述，读者请自行查看随书中的源代码。

（4）完成了 Cube 类的开发后，接下来需要开发的是用来渲染 3D 场景的 MySurfaceView 类，具体的代码如下。

代码位置：见随书中源代码/第 5 章/Sample5_14/src/com/bn/Sample5_14 目录下的 MySurfaceView.java。

```
package com.bn.Sample5_14;                                     //声明包
import android.opengl.GLSurfaceView;                           //引入相关类
……//此处省略了部分类的导入代码，读者可自行查看随书的源代码
class MySurfaceView extends GLSurfaceView {
     private SceneRenderer mRenderer;                          //场景渲染器
     ……//此处省略了部分的变量声明代码，读者可自行查看随书的源代码
     public MySurfaceView(Context context){
          super(context);
          this.setEGLContextClientVersion(3);                  //设置使用 OPENGL ES 3.0
          mRenderer = new SceneRenderer();                     //创建场景渲染器
          setRenderer(mRenderer);                              //设置渲染器
          setRenderMode(GLSurfaceView.RENDERMODE_CONTINUOUSLY);
     }
     @Override
```

```
15        public boolean onTouchEvent(MotionEvent e){              //触控事件回调方法
16        ……//此处省略了触摸事件回调方法中的代码，读者可自行查看随书的源代码
17        }
18        private class SceneRenderer implements GLSurfaceView.Renderer{
19            Cube cube1;                                          //立方体对象 1 引用
20            Cube cube2;                                          //立方体对象 2 引用
21            public void onDrawFrame(GL10 gl){
22                GLES30.glClear(GLES30.GL_DEPTH_BUFFER_BIT
23                | GLES30.GL_COLOR_BUFFER_BIT);               //清除深度缓冲与颜色缓冲
24                MatrixState.pushMatrix();                    //保护现场
25                MatrixState.rotate(yAngle, 0, 1, 0);         //绕 y 轴旋转 yAngle 度
26                MatrixState.rotate(xAngle, 1, 0, 0);         //绕 x 轴旋转 xAngle 度
27                //绘制左侧立方体
28                MatrixState.pushMatrix();                    //保护现场
29                MatrixState.translate(-250f, 0, 0);          //执行平移
30                cube1.drawSelf();
31                MatrixState.popMatrix();                     //恢复现场
32                //绘制右侧立方体
33                MatrixState.pushMatrix();                    //保护现场
34                MatrixState.translate(250f, 0, 0);           //执行平移
35                cube2.drawSelf();
36                MatrixState.popMatrix();                     //恢复现场
37                MatrixState.popMatrix();                     //恢复现场
38            }
39            public void onSurfaceChanged(GL10 gl, int width, int height){
40                GLES30.glViewport(0, 0, width, height);//设置视口的大小及位置
41                ratio = (float) width / height;              //计算视口的宽高比
42                final float NEAR=1.0f;                       //透视参数 near
43                final float FAR=10000.0f;                    //透视参数 far
44                final float LEFT=-NEAR*ratio*0.25f;          //透视参数 left
45                final float RIGHT=NEAR*ratio*0.25f;          //透视参数 right
46                final float BOTTOM=-NEAR*0.25f;              //透视参数 bottom
47                final float TOP=NEAR*0.25f;                  //透视参数 top
48                MatrixState.setProjectFrustum(       //调用此方法计算产生透视投影矩阵
49                    LEFT, RIGHT, BOTTOM, TOP, NEAR, FAR);
50                MatrixState.setCamera(               //调用此方法产生摄像机矩阵
51                    5000f,0.5f,0f,0f,0f,0f,0f,1.0f,0.0f);
52                MatrixState.setInitStack();          //初始化变换矩阵
53            }
54            public void onSurfaceCreated(GL10 gl, EGLConfig config) {
55                GLES30.glClearColor(0.5f,0.5f,0.5f, 1.0f);//设置屏幕背景色 RGBA
56                cube1=new Cube(MySurfaceView.this,500,new float[]{0,1,1,0});
                                                       //创建立方体对象
57                cube2=new Cube(MySurfaceView.this,499.5f,new float[]{1,1,0,0});
58                GLES30.glEnable(GLES30.GL_DEPTH_TEST);           //打开深度检测
59                GLES30.glEnable(GLES30.GL_CULL_FACE);            //打开背面剪裁
60    }}}
```

- 第 7-13 行为构造器，主要包括了设置使用 OpenGL ES 3.0 绘制、创建场景渲染器、设置渲染器和设置渲染模式为主动渲染等。
- 第 21-38 行为渲染每帧画面的 onDrawFrame 方法，其中在清除深度缓冲与颜色缓冲之后，绘制了两个嵌套在一起的立方体。第一个立方体沿 x 轴负方向平移，第二个立方体沿 x 轴正方向平移。每次绘制前都调用了 MatrixState 类的 pushMatrix 方法保护现场，绘制后都调用 MatrixState 类的 popMatrix 方法恢复现场。
- 第 39-53 行为界面改变时调用的 onSurfaceChanged 方法，其中设置了视口的大小及位置，声明并初始化了透视投影相关的 near、far、bottom、top、left 和 right 六个参数变量，然后调用 setProjectFrustum 方法计算产生透视投影矩阵。接着计算了摄像机矩阵，最后初始化了基本变换矩阵。
- 第 54-60 行为界面创建时调用的 onSurfaceCreated 方法，在其中设置了屏幕的背景颜色、创建了两个立方体对象、打开了深度检测和背面剪裁。

从上述案例代码的开发中可以看出，此案例没有太多特殊之处，与前面的很多案例套路基本

相同。之所以产生了不正常的绘制效果是由于此次摄像机离要观察的物体较远（距离有 4000 多），而 near 参数设置得很小（只有 1.0），造成了在进行深度计算时的区分度差，从而产生了不正常的绘制效果。

想要产生正常的绘制效果很简单，只需要修改上述步骤（4）中的第 42 行代码即可。将第 42 行的 near 透视参数值由 1.0f 改为 300.0f 即可。对于本案例这样的改动仅仅是增大了 near 值，但视角没有改变，摄像机位置、姿态也没有改变，因此观察到的场景区域是完全相同的，只是不会再出现不正确的波浪状交叠边缘了。修改后的案例运行效果如图 5-42 所示。

▲图 5-42　案例 Sample5_14 修改后的正确运行效果图

提示　从上述案例的讲解中可以看出在摄像机位置不变，视角不变的情况下，虽然设置不同的 near 值可以看到的画面区域是相同的，但实际绘制出的效果可能相差甚远。因此，设置恰当的 near 值也是非常重要的。但读者也不能认为 near 值大一些就好，这是因为，在摄像机到近平面之间的物体是不可见的，near 值过大可能会造成希望看到的物体不能渲染出来的情况。near 值的恰当设置对于经验不足的初学者来说，经常会造成不小的困扰，请读者在实际开发中多加注意。

5.9 多边形偏移

通过上一节读者已经了解到，在 3D 绘制时如果两个面距离很近，有可能会出现深度计算不准确的问题。此时可以通过修改透视参数在一定程度上缓解此问题。但如果不能修改透视参数，或者两个面已经完全重叠，那么上一节所介绍的解决问题的方法就可能没有作用了。

OpenGL ES 在设计时也考虑到了这个问题，其中提供了一种可以方便解决此问题的策略——多边形偏移。使用多边形偏移时，需要调用 glPolygonOffset 方法，其方法签名如下。

```
public static void glPolygonOffset (float factor, float units)
```

说明　参数 factor 为自定义的，用于计算深度值的比例；参数 units 为自定义的，用于计算深度值的单位。

具体来说，所谓多边形偏移就是在绘制时对深度值的计算进行扰动，以获得正确的遮挡效果。使用上述 glPolygonOffset 方法中的两个参数进行深度偏移的计算公式如下。

深度偏移值=m* factor+r* units

在上述公式中，除了 glPolygonOffset 方法中的两个参数 factor 和 units 外，又多了两个参数 m 和 r，具体含义如下。

- m 是三角形的最大深度斜率，计算方法如下：

$$m = \sqrt{(\partial z / \partial x^2 + \partial z / \partial y^2)} \text{ 或者 } m = \max\{|\partial z / \partial x|, |\partial z / \partial y|\}$$

提示 斜率项$\partial z/\partial x$和$\partial z/\partial y$在三角形光栅化阶段由 OpenGL ES 管线实现计算。

- r 是一个 OpenGL ES 实现中定义的常量，代表深度值中可以保证产生差异的最小值。

了解了多边形偏移的基本知识以后，下面接着了解一下本节案例 Sample5_15 的运行效果，如图 5-43 和图 5-44 所示。

▲图 5-43　错误效果图

▲图 5-44　正确绘制效果图

说明 从图 5-43 与图 5-44 中可以看出，场景中有两个重叠的矩形，一个为蓝色，另一个为黄色，位置有部分重叠。左侧的图 5-43 是没有打开多边形偏移绘制的情况，在两个矩形的重叠区域出现了不应出现的条纹。右侧的图 5-44 是打开多边形偏移绘制的情况，视觉上已经是正确的效果了。从插图中可能看得不是很清楚，建议读者用真机运行观察。

了解了本节案例的运行效果后，就可以进行案例的开发了。由于本案例中的大部分代码与本书前面很多案例中的非常类似，因此，这里仅给出本案例中有代表性的 MySurfaceView 类中的 onDrawFrame 方法，具体代码如下。

代码位置：见随书中源代码/第 5 章/Sample5_15/src/com/bn/Sample5_15 目录下的 MySurfaceView.java。

```
public void onDrawFrame(GL10 gl) {
    GLES30.glClear( GLES30.GL_DEPTH_BUFFER_BIT
          | GLES30.GL_COLOR_BUFFER_BIT);                          //清除深度缓冲与颜色缓冲
    MatrixState.pushMatrix();                                     //保护现场
    MatrixState.rotate(yAngle, 0, 1, 0);                          //绕 y 轴旋转 yAngle 度
    MatrixState.rotate(xAngle, 1, 0, 0);                          //绕 x 轴旋转 xAngle 度
    MatrixState.pushMatrix();                                     //保护现场
    MatrixState.translate(-250f, 0, -0.1f);                       //执行平移
    color1.drawSelf();                                            //绘制左侧蓝色矩形
    MatrixState.popMatrix();                                      //恢复现场
    GLES30.glEnable (GLES30.GL_POLYGON_OFFSET_FILL );     //启用多边形偏移
    GLES30.glPolygonOffset ( polygonOffsetFactor, polygonOffsetUnits );//设置偏移参数
    MatrixState.pushMatrix();                                     //保护现场
    MatrixState.translate(250f,0, 0f);                            //执行平移
    color2.drawSelf();                                            //绘制右侧黄色矩形
    MatrixState.popMatrix();                                      //恢复现场
    GLES30.glDisable(GLES30.GL_POLYGON_OFFSET_FILL );     //禁用多边形偏移
    MatrixState.popMatrix();                                      //恢复现场
}
```

说明 上述代码主要是绘制了两个部分重叠的矩形，其代码基本套路与本书前面案例中的类似。主要的不同是，在绘制第二个矩形前增加了启用多边形偏移的代码和调用 glPolygonOffset 方法设置偏移参数的代码。另外，在第二个矩形绘制结束后还增加了禁用多边形偏移的代码。

5.10 卷绕和背面剪裁

前面章节的有些例子中调用“GLES30.glEnable（GLES30.GL_CULL_FACE）”语句打开了背面剪裁，但到目前为止，并没有对背面剪裁进行介绍，本节将向读者介绍背面剪裁的相关知识。

5.10.1 基本知识

所谓背面剪裁是指渲染管线在对构成立体物体的三角形图元进行绘制时，仅当摄像机观察点位于三角形正面的情况下才绘制三角形，若观察点位于背面则不进行绘制。打开背面剪裁后，在大部分情况下可以提高渲染效率，去除大量不必要的渲染工作，图 5-45 说明了这个问题。

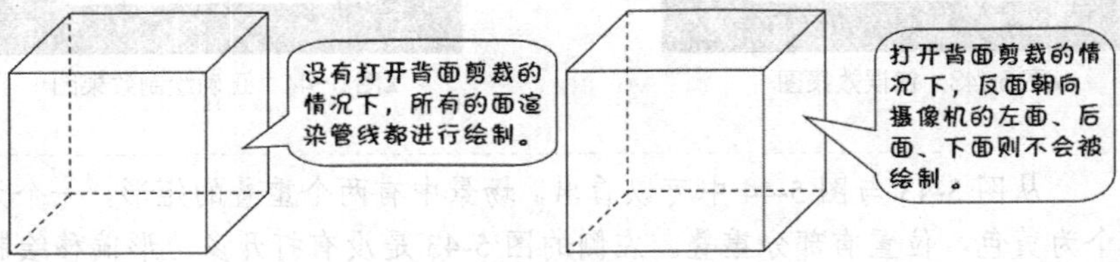

▲图 5-45　是否打开背面剪裁的对比

从图 5-45 中可以看出，打开背面剪裁后正面朝向观察点的前面、上面、右面会被管线绘制，而反面朝向观察点的左面、后面、下面则不会被绘制。对于大部分封闭立体物体而言，这就实现了让管线对被挡住的面不执行绘制，有助于提高渲染速度。

若不打开背面剪裁，管线会对所有的面都进行绘制。被遮挡面上的片元虽然被绘制了，但还是会被遮挡面上的片元所覆盖，最终并不会出现在屏幕上。这导致很多绘制工作都白做了，宝贵的计算资源被浪费，同样情况下应用程序的帧速率（FPS）可能会下降很多。

> **提示**　对于封闭立体物体的渲染，一般情况下应该打开背面剪裁。但如果绘制的是平面物体，希望在正面和反面观察都能看到就不应该打开背面剪裁了。实际开发中，读者应该根据具体需要来决定。

了解了背面剪裁的功效后，很重要的一点就是如何确定摄像机是位于一个面的正面还是反面。在没有做出特殊设置的情况下，OpenGL ES 中规定当摄像机观察一个三角形面时，若三角形中 3 个顶点的卷绕顺序是逆时针则摄像机观察其正面，反之摄像机观察其反面，图 5-46 说明了这个问题。

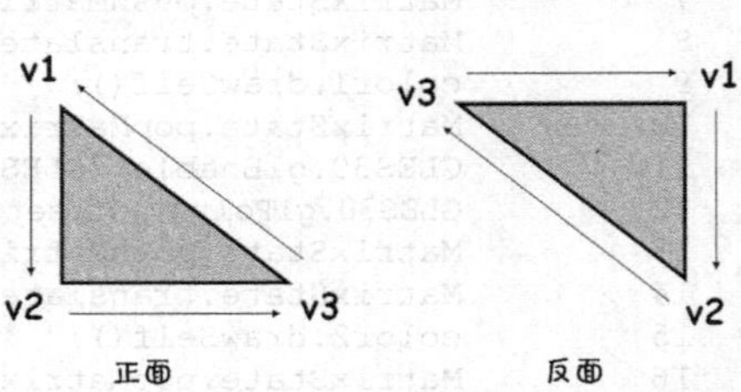

▲图 5-46　通过卷绕顺序确定三角形的正反面

开发人员也可以通过设置告知渲染管线以顺时针卷绕为正面，以逆时针卷绕为反面。下面就将与背面剪裁及卷绕方式有关的语句一一列出，供读者在开发中根据具体情况选用。

- 打开背面剪裁的语句。

```
GLES30.glEnable(GLES30.GL_CULL_FACE);                // 打开背面剪裁
```

- 关闭背面剪裁的语句。

```
GLES30.glDisable(GLES30.GL_CULL_FACE);               //关闭背面剪裁
```

- 设置逆时针卷绕为正面的语句。

```
GLES30.glFrontFace(GLES30.GL_CCW);            //这是默认的，因此一般不用明确设置
```

- 设置顺时针卷绕为正面的语句。

```
GLES30.glFrontFace(GLES30.GL_CW);             //设置顺时针卷绕为正面，非默认，需要时采用
```

5.10.2 一个简单的案例

了解了背面剪裁与卷绕的基本原理后，下面将通过一个简单的案例——Sample5_16 来进一步进行介绍，其运行效果如图 5-47 所示。

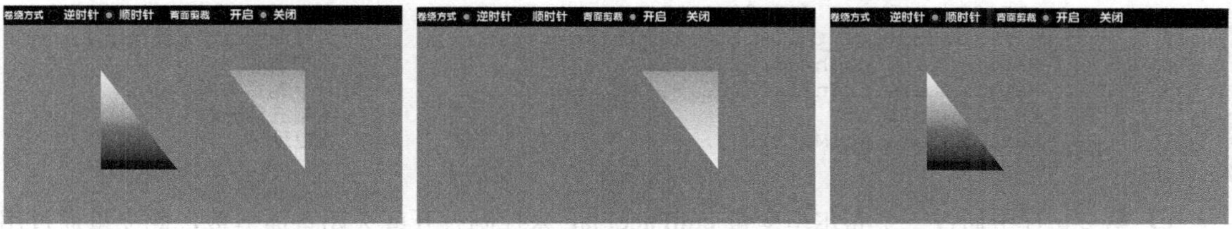

▲图 5-47　案例 Sample5_16 的运行效果图

从图 5-47 中可以看出，在关闭背面剪裁的情况下，无论采用哪种卷绕方式两个三角形都将被绘制。而打开背面剪裁后，随着卷绕方式的改变，只有在当前卷绕方式下正面面对摄像机的三角形才会被绘制。

提示 此案例中左右两个三角形顶点的卷绕顺序是相反的，读者可以参考后面的代码。

了解了本案例的运行效果后，就可以进行代码的开发了。由于本案例中大部分代码在前面的案例中已经出现过，因此，这里只介绍重要的且有明显区别的部分，具体如下所列。

（1）首先介绍 TrianglePair（三角形对，代表两个三角形）类中负责初始化顶点坐标与着色数据的 initVertexData 方法，其代码如下。

代码位置：见随书中源代码/第 5 章/Sample5_16/src/com/bn/Sample5_16 目录下的 TrianglePair.java。

```
1    public void initVertexData() {                          //初始化顶点坐标与着色数据的方法
2         vCount = 6;                                         //顶点数量
3         float vertices[] = new float[] {
4                   -8 * UNIT_SIZE, 10 * UNIT_SIZE, 0,    //左面三角形的第 1 个顶点
5                   -2 * UNIT_SIZE, 2 * UNIT_SIZE, 0,     //左面三角形的第 2 个顶点
6                   -8 * UNIT_SIZE, 2 * UNIT_SIZE, 0,     //左面三角形的第 3 个顶点
7                   8 * UNIT_SIZE, 2 * UNIT_SIZE, 0,      //右面三角形的第 1 个顶点
8                   8 * UNIT_SIZE, 10 * UNIT_SIZE, 0,     //右面三角形的第 2 个顶点
9                   2 * UNIT_SIZE, 10 * UNIT_SIZE, 0      //右面三角形的第 3 个顶点
10        };
11        ByteBuffer vbb = ByteBuffer.allocateDirect(vertices.length * 4);
                                                              //创建顶点坐标数据缓冲
12        vbb.order(ByteOrder.nativeOrder());                 //设置字节顺序
13        mVertexBuffer = vbb.asFloatBuffer();                //转换为 Float 型缓冲
14        mVertexBuffer.put(vertices);                        //向缓冲区中放入顶点坐标数据
15        mVertexBuffer.position(0);                          //设置缓冲区起始位置
16        ……//此处省略了初始化顶点颜色数据缓冲的代码，读者可自行查看随书中的源代码
17   }
```

说明 上述代码中第 4-9 行给出了两个三角形各个顶点的坐标，读者若有兴趣拿出坐标纸简单勾勒一下便会发现，两个三角形顶点的卷绕顺序是相反的。

（2）接着介绍 MySurfaceView 的内部类 SceneRenderer 中负责渲染每一帧画面的 onDrawFrame 方法，其代码如下。

代码位置：见随书中源代码/第 5 章/Sample5_16/src/com/bn/Sample5_16 目录下的 MySurfaceView.java。

```
1   public void onDrawFrame(GL10 gl) {
2       if(cullFaceFlag){                                   //判断是否要打开背面剪裁
3           GLES30.glEnable(GLES30.GL_CULL_FACE);            //打开背面剪裁
4       }else{
5           GLES30.glDisable(GLES30.GL_CULL_FACE);           //关闭背面剪裁
6       }
7       if(cwCcwFlag) {                                      //判断是否需要打开顺时针卷绕
8           GLES30.glFrontFace(GLES30.GL_CCW);               //使用逆时针卷绕
9       }else{
10          GLES30.glFrontFace(GLES30.GL_CW);                //使用顺时针卷绕
11      }
12      GLES30.glClear( GLES30.GL_DEPTH_BUFFER_BIT |
13          GLES30.GL_COLOR_BUFFER_BIT);                     //清除深度缓冲与颜色缓冲
14      MatrixState.pushMatrix();                            //保护现场
15      MatrixState.translate(0, -1.4f, 0);                  //沿 y 轴负方向平移
16      tp.drawSelf();                                       //绘制三角形对
17      MatrixState.popMatrix();                             //恢复现场
18  }
```

- 第 2-6 行中通过一个布尔型变量 cullFaceFlag 来控制打开或关闭背面剪裁，此变量通过用户单击界面中的单选按钮来改变。
- 第 7-11 行中通过一个布尔型变量 cwCcwFlag 来设置卷绕方式，此变量也通过用户单击界面中的单选按钮来改变。

5.11 小结

本章向读者介绍了很多基于 OpenGL ES 3.0 平台进行 3D 应用开发必知必会的基本知识，主要包括：两种投影方式、3 种基本变换、7 种绘制方式、设置合理的视角以及设置合理的透视参数与背面剪裁。掌握了这些知识后，读者进行 3D 应用程序开发的能力应该得到了进一步的提升，为继续学习后面章节中更高级的内容打下坚实的基础。

第6章　光照

通过前面章节的学习，读者已经有能力基于 OpenGL ES 3.0 开发出简单的 3D 场景了。但对于场景中的物体只能通过直接给出颜色的方式进行着色渲染，真实感较差。本章将向读者介绍光照效果的开发，通过本章的学习，读者可以为场景中的物体增加逼真的光照效果，大大提升了场景的真实感。

6.1 曲面物体的构建

前面的章节中已经介绍了如何构建 3D 物体，但案例中已给出的 3D 物体基本都是平面性质的（直接的平面形状或长方体等），还没有曲面性质的物体。对于演示光照效果而言，曲面物体更能凸显出光照效果的强大。因此，在正式介绍光照之前，本节首先基于球体的构建向读者简单介绍一下曲面物体的构建策略。

6.1.1 球体构建的基本原理

通过上一章的学习读者已经知道，OpenGL ES 中任何形状的 3D 物体都是用三角形拼凑而成的，因此，构建曲面物体最重要的就是找到将曲面恰当拆分成三角形的策略。最基本的策略是首先按照一定的规则将物体按行和列两个方向进行拆分，这时就可以得到很多的小四边形。然后再将每个小四边形拆分成两个三角形即可，图 6-1 给出了基于这种策略的球面拆分思路。

▲图 6-1　球的表面也是由平面组成的

从图 6-1 中可以看出，球面首先被按照纬度（行）和经度（列）的方向拆分成了很多的小四边形，每个小四边形又被拆分成两个小三角形。这种拆分方式下，三角形中每个顶点的坐标都可以用解析几何的公式方便地计算出来，具体情况如下。

$x = R \times \cos\alpha \times \cos\beta$；　　$y = R \times \cos\alpha \times \sin\beta$；　　$z = R \times \sin\alpha$

上述给出的是当球的半径为 R，在纬度为 α，经度为 β 处球面上顶点坐标的计算公式。

> **提示**　对一个曲面物体进行拆分时，以何为行，以何为列是不一定的，读者应该根据具体情况做出选择。

对曲面物体进行拆分时，拆分得越细，最终的绘制结果就越接近真实情况，图 6-2 很好地说明了这个问题。

▲图 6-2　切分得越细就越接近于球面

> **提示**　图 6-2 中从左至右依次为按照 90° /份、45° /份、22.5° /份、11.25° /份对球面进行切分的情况，可以明显地看出，切分得越细，就越接近于真实的曲面。但也不是越细越好，切分得太细就会造成顶点数量过多，渲染速度大大降低。因此，在开发中读者要掌握好两者之间的平衡，兼顾速度与效果。

6.1.2　案例效果概览

上一小节已经介绍了如何将球面拆分成一组小三角形，下面就可以基于上一小节介绍的原理开发出球体绘制的案例 Sample6_1 了。正式开发代码之前，有必要首先了解一下本案例的运行效果，如图 6-3 所示。

从图 6-3 中可以看出，本案例中的球体不是用单一颜色进行着色的，采用的是棋盘纹理着色器。棋盘纹理着色器是一种非常简单的着色器，其原理如图 6-4 所示。

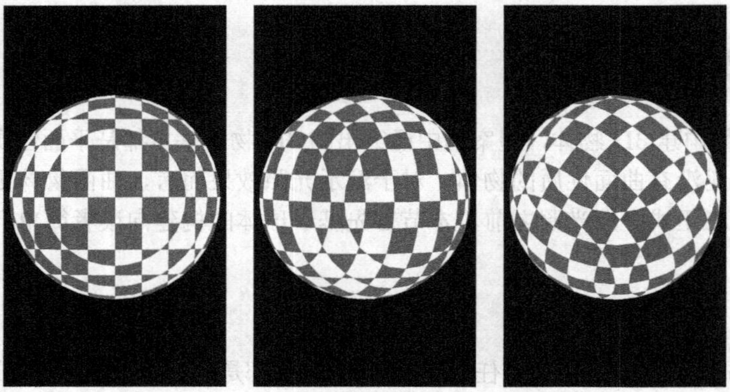

▲图 6-3　案例 Sample6_1 运行效果

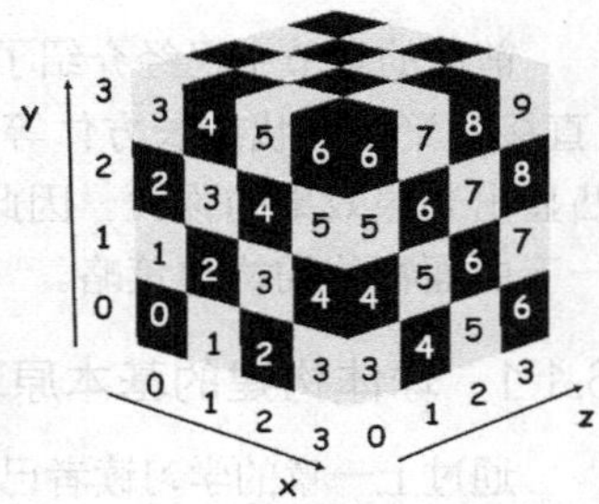

▲图 6-4　棋盘纹理着色器的原理

> **说明**　图 6-4 中的立方体为球的外接立方体，球面上的每个位置都在此外接立方体之内，此外，接立方体沿 x、y、z 轴方向被切分成了很多同样尺寸的小方块。

具体的着色策略为，若片元位于黑色小方块中，就将该片元的颜色设置为红色；若片元位于浅灰色小方块中，则将片元的颜色设置为白色，具体计算方法如下所列。

- ❑ 首先计算出当前片元 x、y、z 坐标对应的行数（x 轴）、层数（y 轴）及列数（z 轴）。
- ❑ 如果行数、层数、列数之和为奇数，则片元为红色；若和为偶数，则片元为白色。

6.1.3　开发步骤

了解了案例的运行效果与基本原理后，就可以进行代码的开发了，具体步骤如下。

> **提示**　由于本案例中的很多类与前面章节案例中的很类似，因此，在这里只给出本案例中具有特殊性及代表性的代码。若读者对省略的代码感兴趣，可以参考随书。

（1）首先需要介绍的是负责按照切分规则生成球面上顶点的坐标，并渲染球体的 Ball 类，其代码框架如下。

代码位置：见随书中源代码/第 6 章/Sample6_1/src/com/bn/Sample6_1 目录下的 Ball.java。

```
package com.bn.Sample6_1;                                    //声明包名
import java.nio.ByteBuffer;                                  //引入相关类
……//此处省略了部分类的引入代码，读者可自行查看随书的源代码
```

```
4     import android.opengl.GLES30;                         //引入相关类
5     public class Ball {                                   //球
6         int mProgram;                                     //自定义渲染管线着色器程序 id
7         int muMVPMatrixHandle;                            //总变换矩阵引用
8         int maPositionHandle;                             //顶点位置属性引用
9         int muRHandle;                                    //球的半径参数引用
10        String mVertexShader;                             //顶点着色器代码脚本
11        String mFragmentShader;                           //片元着色器代码脚本
12        FloatBuffer mVertexBuffer;                        //顶点坐标数据缓冲
13        int vCount = 0;
14        float yAngle = 0;                                 //绕 y 轴旋转的角度
15        float xAngle = 0;                                 //绕 x 轴旋转的角度
16        float zAngle = 0;                                 //绕 z 轴旋转的角度
17        float r = 0.8f;
18        public Ball(MySurfaceView mv) {
19            initVertexData();                             //调用初始化顶点数据的方法
20            initShader(mv);                               //调用初始化着色器的方法
21        }
22        public void initVertexData() {                    //初始化顶点数据的方法
23            ……//此处省略了初始化顶点坐标方法的代码，将在后面步骤中介绍
24        }
25        public void initShader(MySurfaceView mv) {  //初始化着色器方法
26            ……//此处省略了部分代码，读者可自行查看随书的源代码
27            muRHandle = GLES30.glGetUniformLocation(mProgram, "uR");
                                                            //获取程序中球半径引用
28        }
29        public void drawSelf() {
30            ……//此处省略了部分代码，读者可自行查看随书的源代码
31            GLES30.glUniform1f(muRHandle, r * UNIT_SIZE);//将半径属性传入渲染管线
32            GLES30.glVertexAttribPointer(maPositionHandle, 3, GLES30.GL_FLOAT,
33                    false, 3 * 4, mVertexBuffer);         //将顶点位置数据送入渲染管线
34            GLES30.glEnableVertexAttribArray(maPositionHandle);//启用顶点位置数据数组
35            GLES30.glDrawArrays(GLES30.GL_TRIANGLES, 0, vCount);//绘制球
36    }}
```

- 第 6-17 行声明了一些成员变量，其中大部分都与前面的很多案例类似。最大的区别是增添了着色器中球半径参数的引用 **muRHandle** 以及球的半径 **r**。
- 第 25-28 行为初始化着色器的 initShader 方法，其中大部分代码与前面很多的案例类似，主要区别为增加了获取着色器程序中球半径参数引用的代码。
- 第 29-36 行为绘制球体的 drawSelf 方法，与前面案例中此方法的主要区别是增加了将当前球的半径传入渲染管线的代码。

（2）接下来介绍上一步骤中省略的负责初始化顶点的 initVertexData 方法，其具体代码如下。

代码位置：见随书中源代码/第 6 章/Sample6_1/src/com/bn/Sample6_1 目录下的 Ball.java。

```
public void initVertexData() {                               //初始化顶点数据的方法
    ArrayList<Float> alVertix = new ArrayList<Float>();//存放顶点坐标的 ArrayList
    final int angleSpan = 10;                                //将球进行单位切分的角度
    for (int vAngle = -90; vAngle < 90; vAngle = vAngle + angleSpan){
                                                             //纬度方向 angleSpan 度一份
        for (int hAngle = 0; hAngle <= 360; hAngle = hAngle + angleSpan){
            float x0 = (float) (r * UNIT_SIZE           //第 1 个顶点的坐标
                * Math.cos(Math.toRadians(vAngle)) * Math.cos(Math.toRadians
                (hAngle)));
            float y0 = (float) (r * UNIT_SIZE
                * Math.cos(Math.toRadians(vAngle)) * Math.sin(Math.toRadians
                (hAngle)));
            float z0 = (float) (r * UNIT_SIZE * Math.sin(Math.toRadians(vAngle)));
            float x1 = (float) (r * UNIT_SIZE* Math.cos(Math.toRadians(vAngle))
                * Math.cos(Math.toRadians(hAngle + angleSpan))); //第 2 个顶点的坐标
            float y1 = (float) (r * UNIT_SIZE* Math.cos(Math.toRadians(vAngle))
                * Math.sin(Math.toRadians(hAngle + angleSpan)));
            float z1 = (float) (r * UNIT_SIZE * Math.sin(Math.toRadians(vAngle)));
            float x2 = (float) (r * UNIT_SIZE* Math.cos(Math.toRadians(vAngle +
            angleSpan))
```

```
17                                  * Math.cos(Math.toRadians(hAngle + angleSpan)));
                                                              //第 3 个顶点的坐标
18                    float y2 = (float) (r * UNIT_SIZE* Math.cos(Math.toRadians(vAngle + angleSpan))
19                                  * Math.sin(Math.toRadians(hAngle + angleSpan)));
20                    float z2 = (float) (r * UNIT_SIZE * Math.sin(Math.toRadians(vAngle +
                      angleSpan)));
21                    float x3 = (float) (r * UNIT_SIZE* Math.cos(Math.toRadians(vAngle +
                      angleSpan))
22                                  * Math.cos(Math.toRadians(hAngle)));      //第 4 个顶点的坐标
23                    float y3 = (float) (r * UNIT_SIZE* Math.cos(Math.toRadians(vAngle
                      + angleSpan))
24                                  * Math.sin(Math.toRadians(hAngle)));
25                    float z3 = (float) (r * UNIT_SIZE * Math.sin(Math.toRadians(vAngle +
                      angleSpan)));
26                    //将 4 个顶点的坐标按照卷绕成两个三角形的需要依次存入列表
27                    alVertix.add(x1);    alVertix.add(y1);    alVertix.add(z1);
28                    alVertix.add(x3);    alVertix.add(y3);    alVertix.add(z3);
29                    alVertix.add(x0);    alVertix.add(y0);    alVertix.add(z0);
30                    alVertix.add(x1);    alVertix.add(y1);    alVertix.add(z1);
31                    alVertix.add(x2);    alVertix.add(y2);    alVertix.add(z2);
32                    alVertix.add(x3);    alVertix.add(y3);    alVertix.add(z3);
33          }}
34          vCount = alVertix.size() / 3;//顶点的数量为坐标值数量的 1/3，因为一个顶点有 3 个坐标
35          float vertices[] = new float[vCount * 3];
36          for (int i = 0; i < alVertix.size(); i++) {
           //将 alVertix 中的坐标值转存到一个 float 数组中
37               vertices[i] = alVertix.get(i);
38          }
39          ByteBuffer vbb = ByteBuffer.allocateDirect(vertices.length * 4);
            //创建顶点坐标数据缓冲
40          vbb.order(ByteOrder.nativeOrder());                   //设置字节顺序
41          mVertexBuffer = vbb.asFloatBuffer();                  //转换为 float 型缓冲
42          mVertexBuffer.put(vertices);                          //向缓冲区中放入顶点坐标数据
43          mVertexBuffer.position(0);                            //设置缓冲区起始位置
44      }
```

- 第 3 行中的 angleSpan 为将球进行经纬度方向单位切分的角度，角度越小，切分得就越细，绘制出来的形状也越接近于球。
- 第 4-33 行用双层 for 循环将球按照一定的角度跨度（angleSpan）沿纬度、经度方向进行切分。每次循环到一组纬度、经度时都将对应顶点看作小四边形的左上侧点，然后按照规律计算出小四边形中其他 3 个顶点的坐标，最后按照需要将用于卷绕成两个三角形的 6 个顶点的坐标依次存入列表。
- 第 34-43 行首先将顶点坐标数据转存进数组中，然后再存入顶点数据缓冲中。

（3）完成了 Java 代码的开发后，就可以进行着色器的开发了。首先介绍的是顶点着色器，其具体代码如下。

代码位置：见随书中源代码/第 6 章/Sample6_1/assets 目录下的 vertex.sh。

```
#version 300 es
uniform mat4 uMVPMatrix;                     //总变换矩阵
in vec3 aPosition;                           //顶点位置
out vec3 vPosition;                          //用于传递给片元着色器的顶点位置
void main(){
     gl_Position = uMVPMatrix * vec4(aPosition,1);
                                             //根据总变换矩阵计算此次绘制此顶点位置
     vPosition = aPosition;                  //将原始顶点位置传递给片元着色器
}
```

说明　上述顶点着色器的代码与前面章节的案例基本一致，主要是增加了将顶点位置通过 in 变量 vPosition 传递给片元着色器的相关代码。

（4）完成了顶点着色器的开发后，下面就可以开发本案例中实现棋盘着色的片元着色器了，

其具体代码如下。

代码位置：见随书中源代码/第 6 章/Sample6_1/assets 目录下的 frag.sh。

```
#version 300 es
precision mediump float;
uniform float uR;                                  //从宿主程序中传入的球半径
in vec2 mcLongLat;                                 //接收从顶点着色器过来的参数
in vec3 vPosition;                                 //接收从顶点着色器过来的顶点位置
out vec4 fragColor;                                //输出的片元颜色
void main(){
  vec3 color;
  float n = 8.0;                                   //外接立方体每个坐标轴方向切分的份数
  float span = 2.0*uR/n;                           //每一份的尺寸（小方块的边长）
  int i = int((vPosition.x + uR)/span);            //当前片元位置小方块的行数
  int j = int((vPosition.y + uR)/span);            //当前片元位置小方块的层数
  int k = int((vPosition.z + uR)/span);            //当前片元位置小方块的列数
  //计算当前片元行数、层数、列数的和并对 2 取模，用于确定当前片元的颜色
  int whichColor = int(mod(float(i+j+k),2.0));
  if(whichColor == 1) {                            //奇数时为红色
        color = vec3(0.678,0.231,0.129);           //红色
  }else {                                          //偶数时为白色
        color = vec3(1.0,1.0,1.0);                 //白色
  }
  fragColor=vec4(color,0);                         //将计算出的颜色传递给管线
}
```

说明 上述片元着色器实现了如前一小节图 6-4 所示的棋盘着色器，其根据片元的位置计算出片元所在小方块的行数、层数、列数，再根据 3 个数之和的奇偶性确定片元所采用的颜色。

6.2 基本光照效果

完成了上一节中球体的开发后，下面的部分将基于此球体逐步介绍光照各个方面的知识。具体计划为，首先介绍 OpenGL ES 3.0 中光照模型的基本知识，然后逐步为球体添加不同的光照效果。

6.2.1 光照的基本模型

如果要用一个数学模型完全真实地描述现实世界中的光照是很难的，一方面数学模型本身可能太过复杂，另一方面复杂的模型可能导致巨大的计算量。因此，OpenGL ES 3.0 中采用的光照模型相对现实世界进行了很大的简化，将光照分成了 3 种组成元素（也可以称为 3 个通道），包括环境光、散射光以及镜面光，具体情况如图 6-5 所示。

▲图 6-5 光的 3 个通道

提示 实际开发中，3 个光照通道是分别采用不同的数学模型独立计算的，下面的几个小节将一一进行详细介绍。

6.2.2 环境光

环境光（Ambient）指的是从四面八方照射到物体上，全方位 360° 都均匀的光。其代表的是现实世界中从光源射出，经过多次反射后，各方向基本均匀的光。环境光最大的特点是不依赖于光源的位置，而且没有方向性，图 6-6 简单地说明了这个问题。

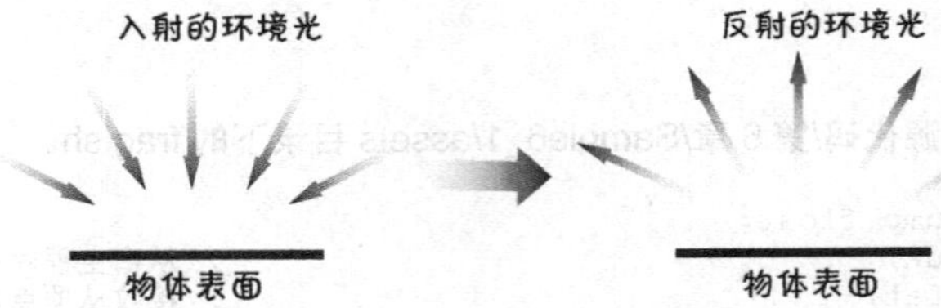

▲图 6-6　环境光的基本情况

从图 6-6 中可以看出，环境光不但入射是均匀的，反射也是各向均匀的。用于计算环境光的数学模型非常简单，具体公式如下。

环境光照射结果 = 材质的反射系数×环境光强度

了解了环境光的基本原理后，下面将通过一个简单的案例 Sample6_2 来介绍环境光效果的开发，案例的运行效果如图 6-7 所示。

▲图 6-7　案例 Sample6_2 的运行效果图

> **说明**　图 6-7 界面上部的滑块用来控制光源的位置，由于环境光的照射效果与光源位置无关，故无论光源调节到什么位置效果都相同。另外，实际开发中环境光强度一般都设置得较弱，因此，仅用环境光照射的物体看起来并不是很清楚。

了解了案例的运行效果后，就可以进行代码的开发了。由于本案例主要是对上一节中 Sample6_1 的升级，因此，这里仅给出变化较大且有代表性的部分，具体如下所列。

（1）首先需要修改的是 MySurfaceView 类中的 onDrawFrame 方法，具体代码如下。

代码位置：见随书中源代码/第 6 章/Sample6_2/src/com/bn/Sample6_2 目录下的 MySurfaceView.java。

```
public void onDrawFrame(GL10 gl) {
    GLES30.glClear(                                    //清除深度缓冲与颜色缓冲
        GLES30.GL_DEPTH_BUFFER_BIT | GLES30.GL_COLOR_BUFFER_BIT);
    MatrixState.pushMatrix();                          //保护现场
    MatrixState.pushMatrix();                          //保护现场
    MatrixState.translate(-1.2f, 0, 0);                //沿 x 轴负方向平移
    ball.drawSelf();                                   //绘制球
    MatrixState.popMatrix();                           //恢复现场
    MatrixState.pushMatrix();                          //保护现场
    MatrixState.translate(1.2f, 0, 0);                 //沿 x 轴正方向平移
    ball.drawSelf();                                   //绘制球
    MatrixState.popMatrix();                           //恢复现场
    MatrixState.popMatrix();                           //恢复现场
}
```

> **提示**　从上述代码中可以看出，此方法主要的变化是将原来只绘制一次球体更改为在左右两侧各绘制一次球体。绘制两次球体的目的是为后面开发其他光照效果服务，这里读者不必深究。

（2）在 MySurfaceView 类中添加了一个成员变量 lightOffset，用来表示光源的 x 轴坐标。同时在 Activity 中为滑块添加了监听器，其功能为当滑块被拖动时修改 lightOffset 的值。

提示　由于环境光与光源位置无关，故在本案例中拖拉滑块时场景没有变化，但后面开发其他光照效果时就很有作用了。

（3）完成了 Java 代码的修改后，接着就可以开发着色器了。首先是顶点着色器，其代码如下。

代码位置：见随书中源代码/第 6 章/Sample6_2/assets 目录下的 vertex.sh。

```
#version 300 es
uniform mat4 uMVPMatrix;                                      //总变换矩阵
in vec3 aPosition;                                            //顶点位置
out vec3 vPosition;                                           //用于传递给片元着色器的顶点位置
out vec4 vAmbient;                                            //用于传递给片元着色器的环境光分量
void main(){
       gl_Position = uMVPMatrix * vec4(aPosition,1);  //根据总变换矩阵计算此次绘制此顶点位置
       vPosition = aPosition;                                 //将顶点的位置传给片元着色器
       vAmbient = vec4(0.15,0.15,0.15,1.0);                   //将环境光强度传给片元着色器
}
```

提示　上述代码中主要是增加了将环境光强度传递给片元着色器的代码。由于本案例比较简单，环境光的强度就固化在顶点着色器中了，未来有需要可以改为由 Java 程序传给顶点或片元着色器中的相关一致变量。

（4）开发完顶点着色器后，接下来就可以开发片元着色器了，其具体代码如下。

代码位置：见随书中源代码/第 6 章/Sample6_2/assets 目录下的 frag.sh。

```
#version 300 es
precision mediump float;                              //给出浮点精度
uniform float uR;                                     //球半径
in vec3 vPosition;                                    //接收从顶点着色器过来的顶点位置
in vec4 vAmbient;                                     //接收从顶点着色器过来的环境光强度
out vec4 fragColor;                                   //传递到后继阶段的片元颜色
void main(){
     vec3 color;
     ……//此处省略了按照棋盘着色器规则计算片元颜色值的代码，与前面 Sample6_1 案例相同
     vec4 finalColor=vec4(color,0);                   //最终颜色
     fragColor=finalColor*vAmbient;                   //根据环境光强度计算最终片元颜色值
}
```

说明　上述片元着色器代码与前面案例的基本相同，主要是增加了接收环境光强度，以及使用环境光强度与片元本身颜色值加权计算产生最终片元颜色值的相关代码。

6.2.3　散射光

上一小节中给出了仅仅使用环境光进行照射的案例，读者可能觉得效果并不好。确实如此，仅仅有环境光的场景效果是很差的，没有层次感。本节将介绍另外一种真实感好很多的光照效果——散射光（Diffuse），其指的是从物体表面向全方位 360° 均匀反射的光，如图 6-8 所示。

散射光具体代表的是现实世界中粗糙的物体表面被光照射时，反射光在各个方向基本均匀（也称为“漫反射”）的情况，图 6-9 很好地说明了这个问题。

虽然反射后的散射光在各个方向是均匀的，但散射光反射的强度与入射光的强度以及入射的角度密切相关。因此，当光源的位置发生变化时，散射光的效果会发生明显变化。主要体现为当光垂直地照射到物体表面时比斜照时要亮，其具体计算公式如下。

散射光照射结果=材质的反射系数×散射光强度×max（cos（入射角）,0）

实际开发中往往分两步进行计算，此时公式被拆解为如下情况。

散射光最终强度=散射光强度×max（cos（入射角）,0）

散射光照射结果=材质的反射系数×散射光最终强度

▲图 6-8　散射光基本情况

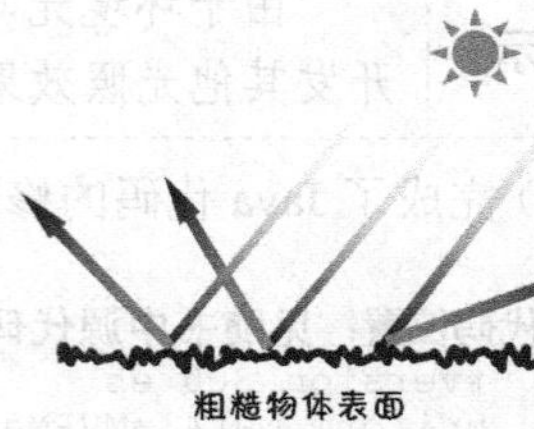

▲图 6-9　光在粗糙的表面上发生漫反射

提示　材质的反射系数实际指的就是物体被照射处的颜色，散射光强度指的是散射光中 RGB（红、绿、蓝）3 个色彩通道的强度。

从上述公式中可以看出，与环境光计算公式唯一的区别是引入了最后一项“max（cos（入射角）,0）”。其含义是入射角越大，反射强度越弱，当入射角的余弦值为负时（即入射角大于 90°），反射强度为 0。由于入射角为入射光向量与法向量的夹角，因此，其余弦值并不需要调用三角函数进行计算，只需要首先将两个向量进行规格化，然后再进行点积即可，图 6-10 说明了这个问题。

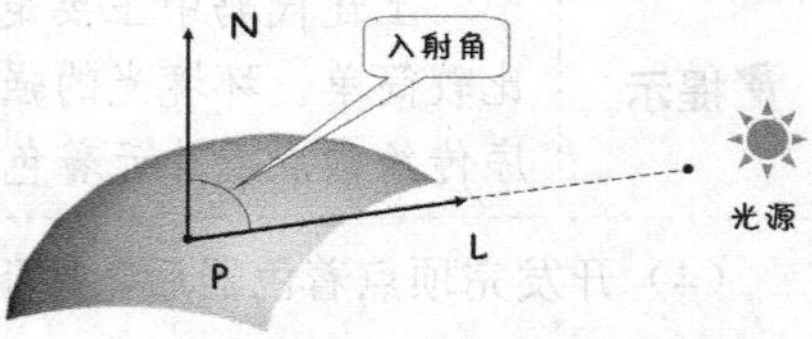

▲图 6-10　散射光的计算

图 6-10 中的 N 代表被照射点表面的法向量，P 为被照射点，L 为从 P 点到光源的向量。N 与 L 的夹角即为入射角。向量数学中，两个向量的点积为两个向量夹角的余弦值乘以两个向量的模，而规格化后向量的模为 1。因此，首先将两个向量规格化，再点积就可以求得两个向量夹角的余弦值。

提示　由于本书篇幅有限，关于向量数学的相关问题不作详细讨论，有兴趣的读者可以参考其他相关数学资料或书籍。

了解了散射光的基本原理后，下面给出一个使用了散射光的案例 Sample6_3，其运行效果如图 6-11 所示。

▲图 6-11　案例 Sample6_3 的运行效果图

说明　图 6-11 左侧的图表示光源位于场景左侧进行照射的情况，右侧的图表示光源位于右侧进行照射的情况。从左右两幅效果图的对比中可以看出，正对光源（入射角小）的位置看起来较亮，而随着入射角的增大越来越暗，直至入射角大于 90° 后完全不能照亮。

了解了散射光的基本原理及案例的运行效果后，就可以进行案例的开发了。由于实际上本案例仅是将案例 Sample6_2 复制了一份并进行了修改，因此，这里仅给出修改的主要步骤，具体如下所列。

（1）由于散射光效果与光源的位置密切相关，因此，需要将光源的位置传递进着色器以进行光照的计算。为了方便起见，首先需要对工具类 MatrixState 进行升级，增加存储当前光源位置的相关成员变量以及设置光源位置的方法，具体代码如下。

代码位置：见随书中源代码/第 6 章/Sample6_3/src/com/bn/Sample6_3 目录下的 MatrixState.java。

```
1    public static float[] lightLocation=new float[]{0,0,0};        //光源位置数组
2    public static FloatBuffer lightPositionFB;                     //光源位置的缓冲
3    static ByteBuffer llbbL = ByteBuffer.allocateDirect(3*4);      //待用的字节缓冲
4    public static void setLightLocation(float x,float y,float z){
5         llbbL.clear();                                         //清除缓冲中原有的数据
6         lightLocation[0]=x;lightLocation[1]=y;lightLocation[2]=z;//将新的光源位置存入数组
7         llbbL.order(ByteOrder.nativeOrder());                  //设置字节顺序
8        lightPositionFB=llbbL.asFloatBuffer();                  //转换为 float 型缓冲
9        lightPositionFB.put(lightLocation);                     //将光源位置放入缓冲
10       lightPositionFB.position(0);                            //设置缓冲区起始位置
11   }
```

❑ 第 1-3 行为该类中新增加的成员变量，主要有光源位置数组、光源位置缓冲和待用字节缓冲。

❑ 第 4-11 行为设置光源位置的方法，该方法主要功能为将参数中传递过来的光源位置首先存入数组，然后再存放进对应的 float 型缓冲供渲染时传入管线。

（2）接着需要修改的是 Ball 类，主要是增加初始化法向量数据，以及将法向量数据传入渲染管线的相关代码，具体情况如下。

代码位置：见随书中源代码/第 6 章/Sample6_3/src/com/bn/Sample6_3 目录下的 Ball.java。

```
public class Ball {
     ……//此处省略了部分代码，请读者自行查看随书中的源代码
     int maNormalHandle;                                        //顶点法向量属性引用
     int maLightLocationHandle;                                 //光源位置属性引用
     FloatBuffer mNormalBuffer;                                 //顶点法向量数据缓冲引用
     public Ball(MySurfaceView mv) {/*此处代码省略*/}
     public void initVertexData() {                             //初始化顶点数据的方法
          ……//此处省略了部分代码，请读者自行查看随书中的源代码
          ByteBuffer nbb = ByteBuffer.allocateDirect(vertices.length*4);
                                                                //创建顶点法向量缓冲
          nbb.order(ByteOrder.nativeOrder());                   //设置字节顺序
          mNormalBuffer = nbb.asFloatBuffer();                  //转换为 float 型缓冲
          mNormalBuffer.put(vertices);                          //向缓冲区中放入顶点坐标数据
          mNormalBuffer.position(0);                            //设置缓冲区起始位置
     }
     public void initShader(MySurfaceView mv) {                 //初始化着色器
          ……//此处省略了部分代码，请读者自行查看随书中的源代码
          maNormalHandle= GLES30.glGetAttribLocation(//获取程序中顶点法向量属性引用
                                        mProgram, "aNormal");
          maLightLocationHandle=GLES30.glGetUniformLocation(
                              mProgram, "uLightLocation");//获取程序中光源位置引用
     }
     public void drawSelf() {
          ……//此处省略了部分代码，请读者自行查看随书中的源代码
          GLES30.glUniform3fv(                                  //将光源位置数据传入渲染管线
               maLightLocationHandle, 1, MatrixState.lightPositionFB);
          GLES30.glVertexAttribPointer(                         //将顶点位置数据传入渲染管线
               maPositionHandle, 3, GLES30.GL_FLOAT,false, 3 * 4, mVertexBuffer);
          GLES30.glVertexAttribPointer(                         //将顶点法向量数据传入渲染管线
               maNormalHandle, 3, GLES30.GL_FLOAT, false,3 * 4, mNormalBuffer);
          GLES30.glEnableVertexAttribArray(maPositionHandle); //启用顶点位置数据数组
          GLES30.glEnableVertexAttribArray(maNormalHandle);//启用顶点法向量数据数组
          GLES30.glDrawArrays(GLES30.GL_TRIANGLES, 0, vCount);     //绘制球
}}
```

❑ 第 3-5 行增加了声明顶点法向量属性变量引用、光源位置一致变量引用及顶点法向量数据缓冲的代码。

❑ 第 7-14 行为初始化顶点数据的方法，其中增加了初始化顶点法向量数据缓冲的相关代码。由于本案例中原始情况下的球心位于坐标原点，所以，每个顶点法向量的 x、y、z 轴分量与顶点的 x、y、z 坐标是一致的。这样就不必单独计算每个顶点的法向量了，直接将顶点坐标序列看作顶点法向量序列使用即可。

❑ 第 15-21 行在初始化着色器的方法中增加了获取顶点法向量属性变量引用，以及光源位置一致变量引用的代码。

❑ 第 22-33 行为绘制球的 drawSelf 方法，其中增加了将法向量数据与光源位置数据传送进渲染管线的代码，同时也增加了启用顶点法向量数据的代码。

提示　并不是所有的情况下顶点法向量与顶点坐标都有必然联系，很多情况下顶点的法向量需要单独给出，本书中后面会有很多这样的案例。

（3）接下来需要修改的是 MySurfaceView 类中的 onDrawFrame 方法，具体代码如下。

代码位置：见随书中源代码/第 6 章/Sample6_3/src/com/bn/Sample6_3 目录下的 MySurfaceView.java。

```
public void onDrawFrame(GL10 gl) {
    GLES30.glClear(                                              //清除深度缓冲与颜色缓冲
        GLES30.GL_DEPTH_BUFFER_BIT | GLES30.GL_COLOR_BUFFER_BIT);
    MatrixState.setLightLocation(lightOffset, 0, 1.5f); //设置光源位置
    MatrixState.pushMatrix();                                    //保护现场
    ……//此处省略了绘制两次球的代码，请读者自行查看随书中的源代码
    MatrixState.popMatrix();                                     //恢复现场
}
```

提示　此方法变化不大，仅仅是在绘制每帧画面之前增加了设置光源位置的代码。这样当用户拖拉滑块改变光源的 x 坐标(lightOffset)时，绘制的画面就会随光源位置的变化而变化了。

（4）完成了 MySurfaceView 类的修改后，对 Java 代码的修改就基本完成了，下面需要修改的是着色器的代码。首先是顶点着色器，其代码如下。

代码位置：见随书中源代码/第 6 章/Sample6_3/assets 目录下的 vertex.sh。

```
#version 300 es
uniform mat4 uMVPMatrix;                    //总变换矩阵
uniform mat4 uMMatrix;                      //变换矩阵(包括平移、旋转、缩放)
uniform vec3 uLightLocation;                //光源位置
in vec3 aPosition;                          //顶点位置
in vec3 aNormal;                            //顶点法向量
out vec3 vPosition;                         //用于传递给片元着色器的顶点位置
out vec4 vDiffuse;                          //用于传递给片元着色器的散射光分量
void pointLight (                           //散射光光照计算的方法
    in vec3 normal,                         //法向量
    inout vec4 diffuse,                     //散射光计算结果
    in vec3 lightLocation,                  //光源位置
    in vec4 lightDiffuse                    //散射光强度
){
    vec3 normalTarget=aPosition+normal;     //计算变换后的法向量
    vec3 newNormal=(uMMatrix*vec4(normalTarget,1)).xyz-(uMMatrix*vec4 (aPosition,1)).xyz;
    newNormal=normalize(newNormal);         //对法向量规格化
    //计算从表面点到光源位置的向量 vp
    vec3 vp= normalize(lightLocation-(uMMatrix*vec4(aPosition,1)).xyz);
    vp=normalize(vp);                       //规格化 vp
    float nDotViewPosition=max(0.0,dot(newNormal,vp));
                                            //求法向量与 vp 向量的点积与 0 的最大值
```

```
22          diffuse=lightDiffuse*nDotViewPosition;        //计算散射光的最终强度
23    }
24    void main(){
25          gl_Position = uMVPMatrix * vec4(aPosition,1); //根据总变换矩阵计算此次绘制此顶点的位置
26          vec4 diffuseTemp=vec4(0.0,0.0,0.0,0.0);
27          pointLight(normalize(aNormal), diffuseTemp, uLightLocation, vec4(0.8,0.8,0.8,1.0));
28          vDiffuse=diffuseTemp;                          //将散射光最终强度传给片元着色器
29          vPosition = aPosition;                         //将顶点的位置传给片元着色器
30    }
```

- 第 1-8 行为顶点着色器中着色语言版本的声明、全局变量的声明，主要是增加了光源位置一致变量 uLightLocation、法向量属性变量 aNorma 以及用于传递给片元着色器的散射光最终强度 out 变量 vDiffuse。
- 第 9-23 行为根据前面介绍的公式计算散射光最终强度的 pointLight 方法，最重要的是在进行计算前要对顶点法向量进行变换，将法向量变换到当前的姿态下。
- 第 24-30 行为顶点着色器的 main 方法，其中首先增加了调用 pointLight 方法计算散射光最终强度的代码，同时也增加了将计算出的散射光最终强度值传递给片元着色器的代码。

（5）完成了顶点着色器的开发后，就可以开发片元着色器了，其代码如下。

代码位置：见随书中源代码/第 6 章/Sample6_3/assets 目录下的 frag.sh。

```
1     #version 300 es
2     precision mediump float;                         //给出默认浮点精度
3     uniform float uR;                                //球的半径
4     in vec3 vPosition;                               //接收从顶点着色器过来的顶点位置
5     in vec4 vDiffuse;                                //接收从顶点着色器过来的散射光最终强度
6     out vec4 fragColor;                              //顶点片元颜色
7     void main(){
8          vec3 color;
9          ……//此处省略了计算片元颜色值的代码，请读者自行查看随书中的源代码
10         vec4 finalColor=vec4(color,0);              //最终颜色
11         fragColor=finalColor*vDiffuse;              //根据散射光最终强度计算片元的最终颜色值
12    }
```

- 第 5 行增加了 vDiffuse 变量的声明，其功能为接收从顶点着色器传递过来的散射光最终强度。
- 第 11 行在将片元颜色值传递给渲染管线之前，增加了其与散射光最终强度加权计算的操作。

6.2.4 镜面光

使用了上一小节中介绍的散射光效果后，场景的整体效果有了较大的提升。但这并不是光照的全部，现实世界中，当光滑表面被照射时会有方向很集中的反射光。这就是镜面光（Specular），本小节将详细介绍镜面光的计算模型。

与散射光最终强度仅依赖于入射光与被照射点法向量的夹角不同，镜面光的最终强度还依赖于观察者的位置。也就是说，如果从摄像机到被照射点的向量不在反射光方向集中的范围内，观察者将不会看到镜面光，图 6-12 简单地说明了这个问题。

▲图 6-12　镜面光基本情况

镜面光的计算模型比前面的两种光都要复杂一些，具体公式如下。

镜面光照射结果=材质的反射系数×镜面光强度×max（0,（cos（半向量与法向量的夹角））^{粗糙度}）

实际开发中往往分两步进行计算，此时公式被拆解为如下情况。

镜面光最终强度=镜面光强度×max（0,（cos（半向量与法向量的夹角））^{粗糙度}）

镜面光照射结果=材质的反射系数×镜面光最终强度

> **提示** 材质的反射系数实际指的就是物体被照射处的颜色，镜面光强度指的是镜面光中 RGB（红、绿、蓝）3 个色彩通道的强度。

从上述公式中可以看出，与散射光计算公式主要有两点区别。首先是计算余弦值时对应的角不再是入射角，而是半向量与法向量的夹角。半向量指的是从被照射点到光源的向量与从被照射点到观察点向量的平均向量，图 6-13 说明了半向量的含义。

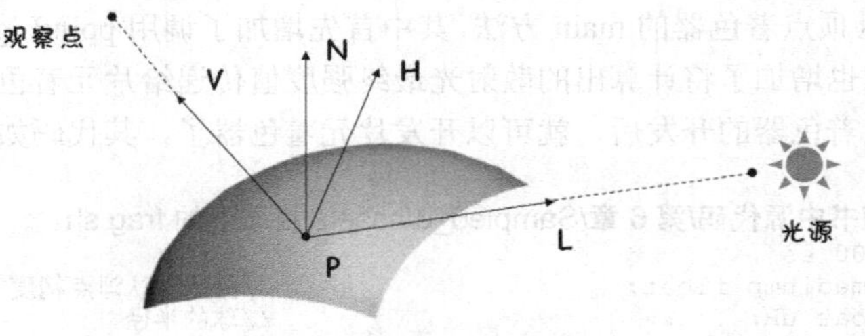

▲图 6-13　计算镜面反射光

> **说明** 图 6-13 中 V 为从被照射点到观察点的向量，N 为被照射点表面的法向量，H 为半向量，L 为从被照射点到光源的向量。

从图 6-13 中可以看出，半向量 H 与 V 及 L 共面，并且其与这两个向量的夹角相等。因此，已知 V 和 L 后计算 H 非常简单，只要首先将 V 和 L 规格化，然后将规格化后的 V 与 L 求和并再次规格化即可。求得半向量后，再求其与法向量夹角的余弦值就非常简单了，只需将规格化后的法向量与半向量进行点积即可。

另外一个区别就是，求得的余弦值还需要对粗糙度进行乘方运算，此运算可以达到粗糙度越小，镜面光面积越大的效果，这也是很贴近现实世界的。

> **提示** 由于本书篇幅有限，仅介绍了镜面光计算公式本身，而没有深入讨论为什么会产生这样的公式，有兴趣的读者可以参考其他相关资料或书籍。

了解了镜面光的基本原理后，下面给出一个使用镜面光的案例 Sample6_4，其运行效果如图 6-14 所示。

▲图 6-14　案例 Sample6_4 的运行效果图

> **说明** 图 6-14 中左侧为粗糙度值等于 25 的情况，右侧为粗糙度值等于 50 的情况。从左右两侧运行效果图的对比中可以看出，粗糙度越小，镜面光面积越大，这也符合我们观察现实世界的经验。另外，从图中还可以看出，镜面光也是随光源位置的变化而变化的。

了解了镜面光的基本原理及案例的运行效果后，就可以进行案例的开发了。由于实际上本案例仅是将案例 Sample6_3 复制了一份并进行了修改，因此，这里仅给出修改的主要步骤，具体如下所列。

（1）由于镜面光的计算不仅与光源位置有关，还与摄像机位置有关，故摄像机的位置也需要传入渲染管线。为了实现此目标，首先需要对 MatrixState 类中设置摄像机的方法进行升级并增加相关的成员变量，具体代码如下。

代码位置：见随书中源代码/第 6 章/Sample6_4/src/com/bn/Sample6_4 目录下的 MatrixState.java。

```
1    static ByteBuffer llbb= ByteBuffer.allocateDirect(3*4);  //待用的字节缓冲
2    static float[] cameraLocation=new float[3];        //摄像机位置
3    public static FloatBuffer cameraFB;                //摄像机位置数据缓冲
4    public static void setCamera(
5         float cx,float cy, float cz,                  //摄像机位置 x、y、z 坐标
6         float tx,float ty, float tz,                  //摄像机目标点 x、y、z 坐标
7         float upx,float upy,float upz                 //摄像机 UP 向量在 x、y、z 轴上的分量
8    ) {
9         Matrix.setLookAtM(mVMatrix, 0, cx,cy,cz, tx.ty,tz,upx,upy,upz );
                                                        //产生摄像机观察矩阵
10        cameraLocation[0]=cx;cameraLocation[1]=cy;cameraLocation[2]=cz;
11        llbb.clear();                                 //清除摄像机位置缓冲
12        llbb.order(ByteOrder.nativeOrder());          //设置字节顺序
13        cameraFB=llbb.asFloatBuffer();                //转换为 float 型缓冲
14        cameraFB.put(cameraLocation);                 //将摄像机位置放入缓冲
15        cameraFB.position(0);                         //设置缓冲的起始位置
16   }
```

- 第 1-3 行为该类中新增加的成员变量，主要有摄像机位置数组、摄像机位置缓冲和待用的字节缓冲。
- 第 4-16 行为设置摄像机位置的方法，主要是增加了将摄像机 x、y、z 坐标先存储进数组，然后再存放进对应的 float 型缓冲的相关代码。摄像机位置存放进缓冲后，绘制时就可以根据需要传送进渲染管线供着色器进行镜面光计算使用。

（2）接着需要修改的是 Ball 类，主要是增加了将摄像机位置传送进渲染管线的相关代码，具体内容如下。

代码位置：见随书中源代码/第 6 章/Sample6_4/src/com/bn/Sample6_4 目录下的 Ball.java。

```
public class Ball {
    ……//此处省略了部分代码，请读者自行查看随书中的源代码
    int maCameraHandle;                                 //摄像机位置属性引用
    public Ball(MySurfaceView mv) {/*此处代码省略*/}
    public void initVertexData() {/*此处代码省略*/}
    public void initShader(MySurfaceView mv) { //初始化着色器
        ……//此处省略了部分代码，请读者自行查看随书中的源代码
        maCameraHandle=GLES30.glGetUniformLocation(
                                                        //获取程序中摄像机位置一致变量引用
            mProgram, "uCamera");
    }
    public void drawSelf() {
        ……//此处省略了部分代码，请读者自行查看随书中的源代码
        GLES30.glUniform3fv(                            //将摄像机位置数据传入渲染管线
              maCameraHandle, 1, MatrixState.cameraFB);
```

```
15            ……//此处省略了部分代码，请读者自行查看随书中的源代码
16            GLES30.glDrawArrays(GLES30.GL_TRIANGLES, 0, vCount);     //绘制球
17    }}
```

- 第 3 行增加了声明摄像机位置一致变量引用的代码。
- 第 8-9 行在初始化着色器的方法中增加了获取摄像机位置一致变量引用的代码。
- 第 11-17 行为绘制球的 drawSelf 方法，其中增加了将摄像机位置传送进渲染管线的代码。

（3）完成了上述修改后，对 Java 代码的修改就基本完成了，下面需要修改的是着色器的代码。首先是顶点着色器，其代码如下。

代码位置：见随书中源代码/第 6 章/Sample6_4/assets 目录下的 vertex.sh。

```
1    #version 300 es
2    uniform mat4 uMVPMatrix;                              //总变换矩阵
3    uniform mat4 uMMatrix;                                //变换矩阵
4    uniform vec3 uLightLocation;                          //光源位置
5    uniform vec3 uCamera;                                 //摄像机位置
6    in vec3 aPosition;                                    //顶点位置
7    in vec3 aNormal;                                      //法向量
8    out vec3 vPosition;                                   //用于传递给片元着色器的顶点位置
9    out vec4 vSpecular;                                   //用于传递给片元着色器的镜面光最终强度
10   void pointLight(                                      //定位光光照计算的方法
11       in vec3 normal,                                   //法向量
12       inout vec4 specular,                              //镜面光最终强度
13       in vec3 lightLocation,                            //光源位置
14       in vec4 lightSpecular                             //镜面光强度
15   ){
16       vec3 normalTarget=aPosition+normal;               //计算变换后的法向量
17       vec3 newNormal=(uMMatrix*vec4(normalTarget,1)).xyz-(uMMatrix*vec4(aPosition, 1)).xyz;
18       newNormal=normalize(newNormal);                   //对法向量规格化
19       //计算从表面点到摄像机的向量
20       vec3 eye= normalize(uCamera-(uMMatrix*vec4(aPosition,1)).xyz);
21       //计算从表面点到光源位置的向量 vp
22       vec3 vp= normalize(lightLocation-(uMMatrix*vec4(aPosition,1)).xyz);
23       vp=normalize(vp);                                 //格式化 vp
24       vec3 halfVector=normalize(vp+eye);                //求视线与光线的半向量
25       float shininess=50.0;                             //粗糙度，越小越光滑
26       float nDotViewHalfVector=dot(newNormal,halfVector); //法线与半向量的点积
27       float powerFactor=max(0.0,pow(nDotViewHalfVector,shininess));
                                                           //镜面反射光强度因
28       specular=lightSpecular*powerFactor;               //最终的镜面光强度
29   }
30   void main() {
31       gl_Position = uMVPMatrix * vec4(aPosition,1); //根据总变换矩阵计算此次绘制此顶点的位置
32       vec4 specularTemp=vec4(0.0,0.0,0.0,0.0);
33       pointLight(normalize(aNormal), specularTemp, //计算镜面光
34                               uLightLocation, vec4(0.7,0.7,0.7,1.0));
35       vSpecular=specularTemp;                           //将最终镜面光强度传给片元着色器
36       vPosition = aPosition;                            //将顶点的位置传给片元着色器
37   }
```

- 第 1-9 行为顶点着色器中着色语言版本的声明、全局变量的声明，主要是增加了摄像机位置一致变量 uCamera、用于传递给片元着色器的镜面光最终强度 out 变量 vSpecular。
- 第 10-29 行为根据前面介绍的公式计算镜面光最终强度的 pointLight 方法。
- 第 30-37 行为顶点着色器的 main 方法，其中首先调用 pointLight 方法计算镜面光的最终强度，并将计算出的镜面光最终强度值传递给片元着色器。

（4）完成了顶点着色器的开发后，就可以开发片元着色器了，其代码如下。

代码位置：见随书中源代码/第 6 章/Sample6_4/assets 目录下的 frag.sh。

```
#version 300 es
precision mediump float;                              //给出默认的浮点精度
```

```
    uniform float uR;
    in vec3 vPosition;                          //接收从顶点着色器过来的顶点位置
    in vec4 vSpecular;                          //接收从顶点着色器过来的镜面反射光最终强度
    out vec4 fragColor;                         //片元的最终颜色
    void main(){
        ……//此处省略了计算片元颜色值的代码，请读者自行查看随书中的源代码
         vec4 finalColor=vec4(color,0);         //最终颜色
        fragColor=finalColor*vSpecular;         //根据镜面光最终强度计算片元的最终颜色值
    }
```

说明 上述片元着色器的代码与散射光的套路基本一致，只是将接收散射光最终强度并与片元颜色值加权计算换成了接收镜面光最终强度并与片元颜色值加权计算。

6.2.5 三种光照通道的合成

前面 3 个小节案例中的每个仅采用了一种光照通道，而现实世界中 3 种通道是同时作用的。因此，本小节将通过一个案例 Sample6_5 将前面 3 个小节不同通道（环境光、散射光、镜面光）的光照效果综合起来，其运行效果如图 6-15 所示。

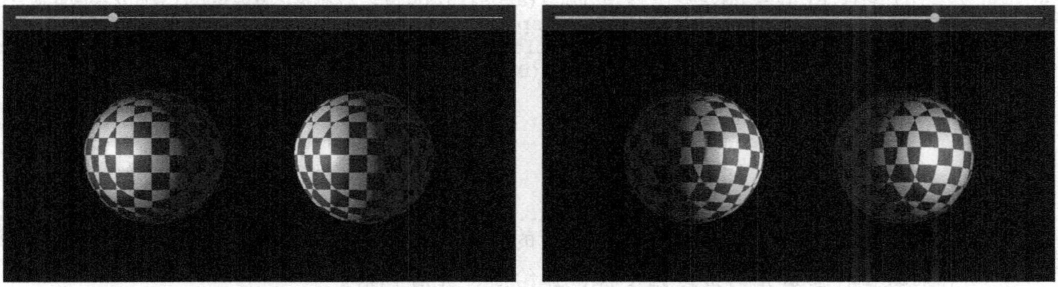

▲图 6-15 案例 Sample6_5 的运行效果图

提示 从图 6-15 中可以看出，综合了 3 种光照通道后，场景的真实感大大增强。

了解了案例的运行效果后，就可以进行案例的开发了。由于实际上本案例仅是将案例 Sample6_2 、Sample6_3 和 Sample6_4 中顶点着色器及片元着色器计算光照的相关代码进行了综合，因此，这里仅给出综合后着色器的代码。

（1）首先综合了 3 种光照通道的顶点着色器，其具体代码如下。

代码位置：见随书中源代码/第 6 章/Sample6_5/assets 目录下的 vertex.sh。

```
    #version 300 es
    uniform mat4 uMVPMatrix;                        //总变换矩阵
    uniform mat4 uMMatrix;                          //变换矩阵
    uniform vec3 uLightLocation;                    //光源位置
    uniform vec3 uCamera;                           //摄像机位置
    in vec3 aPosition;                              //顶点位置
    in vec3 aNormal;                                //法向量
    out vec3 vPosition;                             //用于传递给片元着色器的顶点位置
    out vec4 vAmbient;                              //用于传递给片元着色器的环境光最终强度
    out vec4 vDiffuse;                              //用于传递给片元着色器的散射光最终强度
    out vec4 vSpecular;                             //用于传递给片元着色器的镜面光最终强度
    void pointLight(                                //定位光光照计算的方法
        in vec3 normal,                             //法向量
        inout vec4 ambient,                         //环境光最终强度
        inout vec4 diffuse,                         //散射光最终强度
        inout vec4 specular,                        //镜面光最终强度
        in vec3 lightLocation,                      //光源位置
        in vec4 lightAmbient,                       //环境光强度
```

```
        in vec4 lightDiffuse,                        //散射光强度
        in vec4 lightSpecular                        //镜面光强度
){
        ambient=lightAmbient;                        //直接得出环境光的最终强度
        vec3 normalTarget=aPosition+normal;          //计算变换后的法向量
        vec3 newNormal=(uMMatrix*vec4(normalTarget,1)).xyz-(uMMatrix*vec4(aPosition, 1)).xyz;
        newNormal=normalize(newNormal);              //对法向量规格化
        //计算从表面点到摄像机的向量
        vec3 eye= normalize(uCamera-(uMMatrix*vec4(aPosition,1)).xyz);
        //计算从表面点到光源位置的向量 vp
        vec3 vp= normalize(lightLocation-(uMMatrix*vec4(aPosition,1)).xyz);
        vp=normalize(vp);                            //格式化 vp
        vec3 halfVector=normalize(vp+eye);           //求视线与光线的半向量
        float shininess=50.0;                        //粗糙度，越小越光滑
         float nDotViewPosition=max(0.0,dot(newNormal,vp));
                                                     //求法向量与 vp 的点积与 0 的最大值
        diffuse=lightDiffuse*nDotViewPosition;       //计算散射光的最终强度
        float nDotViewHalfVector=dot(newNormal,halfVector);      //法线与半向量的点积
        float powerFactor=max(0.0,pow(nDotViewHalfVector,shininess));
                                                     //镜面反射光强度因子
        specular=lightSpecular*powerFactor;          //计算镜面光的最终强度
}
void main(){
        gl_Position = uMVPMatrix * vec4(aPosition,1); //根据总变换矩阵计算此次绘制此顶点位置
        vec4 ambientTemp,diffuseTemp,specularTemp;    //用来接收 3 个通道最终强度的变量
        pointLight(normalize(aNormal),ambientTemp,diffuseTemp,specularTemp,uLightLocation,
        vec4(0.15,0.15,0.15,1.0),vec4(0.8,0.8,0.8,1.0),vec4(0.7,0.7,0.7,1.0));
        vAmbient=ambientTemp;                         //将环境光最终强度传给片元着色器
        vDiffuse=diffuseTemp;                         //将散射光最终强度传给片元着色器
        vSpecular=specularTemp;                       //将镜面光最终强度传给片元着色器
        vPosition = aPosition;                        //将顶点的位置传给片元着色器
}
```

提示　上述代码只是将 3 种通道光照的计算都综合到了 pointLight 方法中，并将计算出来的 3 种通道光的最终强度都传递给了片元着色器。

（2） 完成了顶点着色器的开发后，就可以开发片元着色器了，其代码如下。

代码位置：见随书中源代码/第 6 章/Sample6_5/assets 目录下的 frag.sh。

```
#version 300 es
precision mediump float;                     //指定默认的浮点精度
uniform float uR;                            //球半径
in vec3 vPosition;                           //接收从顶点着色器过来的顶点位置
in vec4 vAmbient;                            //接收从顶点着色器过来的环境光最终强度
in vec4 vDiffuse;                            //接收从顶点着色器过来的散射光最终强度
in vec4 vSpecular;                           //接收从顶点着色器过来的镜面反射光最终强度
out vec4 fragColor;                          //片元的最终颜色
void main(){
    ……//此处省略了计算片元颜色值的代码，请读者自行查看随书中的源代码
    vec4 finalColor=vec4(color,0);           //临时的颜色变量
     //综合 3 个通道光的最终强度及片元的颜色计算出最终片元的颜色并传递给管线
    fragColor=finalColor*vAmbient + finalColor*vDiffuse + finalColor*vSpecular;
}
```

提示　上述代码将原来单独计算的各个光照通道综合在一起计算，产生同时受 3 个通道影响的最终片元颜色值后再将其传递给渲染管线。

前面的案例中都是将光各个通道的原始强度固化在着色器程序中的，如果有需要，读者可以自行开发出将光各个通道的强度由宿主程序传入着色器一致变量的版本。另外，前面的案例中也仅有一个光源，如果有需要，读者可以根据前面案例介绍的内容开发出多个光源叠加照射的效果。

还需要注意的是，本节介绍的光照计算模型是比较常用的也是比较简单的一套，还有很多其他更为复杂的可以取得更好效果的光照计算模型，读者有需要也可以进一步参考其他技术资料。

6.3 定位光与定向光

上一节中介绍的光照效果都是基于定位光光源的，定位光光源类似于现实生活中的白炽灯泡，其在某个固定的位置，发出的光向四周发散。定位光照射的一个明显特点就是，在给定光源位置的情况下，对不同位置的物体产生的光照效果不同。

现实世界中并不都是定位光，例如，照射到地面上的阳光，光线之间是平行的，这种光称为定向光。定向光照射的明显特点是，在给定光线方向的情况下，场景中不同位置的物体反映出的光照效果完全一致。图 6-16 中对定位光与定向光的照射特点进行了比较。

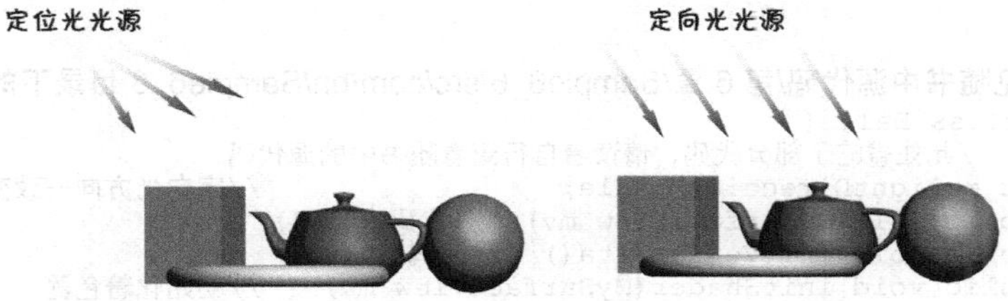

▲图 6-16　定位光和定向光

了解了定位光与定向光的区别后，接下来将通过一个案例 Sample6_6 介绍定向光效果的开发，其运行效果如图 6-17 所示。

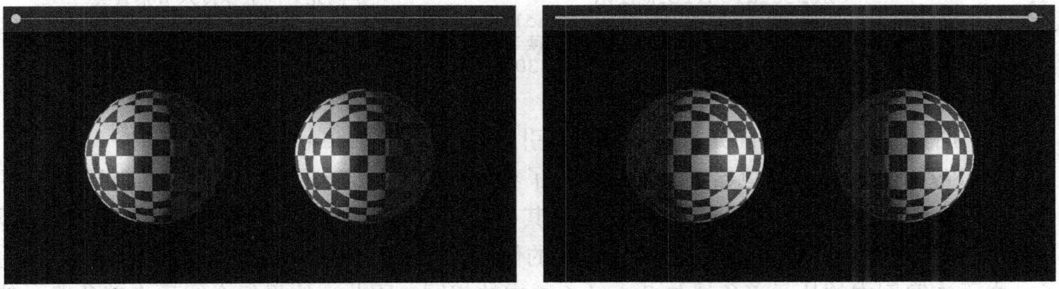

▲图 6-17　案例 Sample6_6 的运行效果图

> **说明**　图 6-17 中左侧的图表示定向光方向从左向右照射的情况，右侧的图表示定向光方向从右向左照射的情况。从左右两幅效果图的对比中可以看出，在定向光方向确定的情况下，其对场景中任何位置的物体都产生相同的光照效果。

了解了定向光的基本原理及案例的运行效果后，就可以进行案例的开发了。由于实际上本案例仅是将案例 Sample6_5 复制了一份并进行了修改，因此，这旦仅给出修改的主要步骤，具体如下所列。

（1）由于使用定向光需要将光线的方向由 Java 程序传入渲染管线，为了方便开发，首先需要对 MatrixState 类进一步升级，在其中增加设置定向光方向并存入缓冲的相关代码，具体情况如下。

代码位置：见随书中源代码/第 6 章/Sample6_6/src/com/bn/Sample6_6 目录下的 MatrixState.java。

```
public static float[] lightDirection = new float[] { 0, 0, 1 };//定向光方向向量数组
public static FloatBuffer lightDirectionFB;                    //定向光方向向量数据缓冲
public static void setLightDirection(float x, float y, float z) {//设置定向光方向的方法
      llbbL.clear();                                                //清空缓冲
      //将定向光方向向量的 x、y、z 分量存入数组
```

```
6          lightDirection[0] = x;lightDirection[1] = y;lightDirection[2] = z;
7          llbbL.order(ByteOrder.nativeOrder());              //设置字节顺序
8          lightDirectionFB = llbbL.asFloatBuffer();          //转换为 float 型缓冲
9          lightDirectionFB.put(lightDirection);              //将光源方向向量放入数据缓冲
10         lightDirectionFB.position(0);                      //设置缓冲区起始位置
11     }
```

- 第 1-2 行为该类中新增加的成员变量，包括定向光方向向量数组 lightDirection、定向光方向向量数据缓冲 lightDirectionFB。
- 第 3-11 行为设置定向光方向的方法，该方法首先将接收的定向光方向向量 x、y、z 轴的分量依次存入数组，然后再将数组中的值存入缓冲，供绘制时传入渲染管线。

（2）接着需要修改的是 Ball 类，在该类中增加了将定向光方向传入渲染管线的相关代码，具体情况如下。

代码位置：见随书中源代码/第 6 章/Sample6_6/src/com/bn/Sample6_6 目录下的 Ball.java。

```
1     public class Ball {
2             ……//此处省略了部分代码，请读者自行查看随书中的源代码
3             int muLightDirectionHandle;                        //定向光方向一致变量的引用
4             public Ball(MySurfaceView mv) {/*代码省略*/}
5             public void initVertexData() {/*代码省略*/}
6             public void initShader(MySurfaceView mv) {  //初始化着色器
7                     ……//此处省略了部分代码，请读者自行查看随书中的源代码
8                     muLightDirectionHandle=GLES30.glGetUniformLocation(
9                             mProgram, "uLightDirection"); //获取着色器中定向光方向一致变量的引用
10            }
11            public void drawSelf() {
12                    ……//此处省略了部分代码，请读者自行查看随书中的源代码
13                    GLES30.glUniform3fv(                 //将定向光方向数据传入渲染管线
14                            muLightDirectionHandle, 1, MatrixState.lightDirectionFB);
15                    ……//此处省略了部分代码，请读者自行查看随书中的源代码
16                    GLES30.glDrawArrays(GLES30.GL_TRIANGLES, 0, vCount);    //绘制球体
17    }}
```

- 第 3 行增加了声明定向光方向一致变量引用 muLightDirectionHandle 的代码。
- 第 8-9 行在初始化着色器的方法中增加了获取定向光方向一致变量引用值的代码。
- 第 11-17 行为绘制球的 drawSelf 方法，其中增加了将定向光方向传送进渲染管线的代码。

（3）完成了 Ball 类的修改后，对 Java 代码的修改就基本完成了，下面就可以修改着色器的代码了。由于本案例中的片元着色器与 Sample6_5 中的相同，因此，这里仅介绍顶点着色器，其具体代码如下。

代码位置：见随书中源代码/第 6 章/Sample6_6/assets 目录下的 vertex.sh。

```
#version 300 es
uniform mat4 uMVPMatrix;                          //总变换矩阵
uniform mat4 uMMatrix;                            //变换矩阵
uniform vec3 uLightDirection;                     //定向光方向
uniform vec3 uCamera;                             //摄像机位置
in vec3 aPosition;                                //顶点位置
in vec3 aNormal;                                  //法向量
out vec3 vPosition;                               //用于传递给片元着色器的顶点位置
out vec4 vAmbient;                                //用于传递给片元着色器的环境光最终强度
out vec4 vDiffuse;                                //用于传递给片元着色器的散射光最终强度
out vec4 vSpecular;                               //用于传递给片元着色器的镜面光最终强度
void directionalLight(                            //定向光光照计算的方法
        in vec3 normal,                           //法向量
        inout vec4 ambient,                       //环境光最终强度
        inout vec4 diffuse,                       //散射光最终强度
        inout vec4 specular,                      //镜面光最终强度
        in vec3 lightDirection,                   //定向光方向
        in vec4 lightAmbient,                     //环境光强度
        in vec4 lightDiffuse,                     //散射光强度
        in vec4 lightSpecular                     //镜面光强度
```

```
21    ){
22        ambient=lightAmbient;                          //直接得出环境光的最终强度
23        vec3 normalTarget=aPosition+normal;            //计算变换后的法向量
24        vec3 newNormal=(uMMatrix*vec4(normalTarget,1)).xyz-(uMMatrix*vec4
          (aPosition,1)).xyz;
25        newNormal=normalize(newNormal);                //对法向量规格化
26      vec3 eye= normalize(uCamera-(uMMatrix*vec4(aPosition,1)).xyz);
                                                         //计算从表面点到摄像机的向量
27        vec3 vp= normalize(lightDirection);            //规格化定向光方向向量
28        vec3 halfVector=normalize(vp+eye);             //求视线与光线的半向量
29        float shininess=50.0;                          //粗糙度，越小越光滑
30        float nDotViewPosition=max(0.0,dot(newNormal,vp));
                                                         //求法向量与 vp 的点积与 0 的最大值
31        diffuse=lightDiffuse*nDotViewPosition;         //计算散射光的最终强度
32        float nDotViewHalfVector=dot(newNormal,halfVector);//法线与半向量的点积
33        float powerFactor=max(0.0,pow(nDotViewHalfVector,shininess));
                                                         //镜面反射光强度因子
34        specular=lightSpecular*powerFactor;            //计算镜面光的最终强度
35    }
36    void main(){
37        gl_Position = uMVPMatrix * vec4(aPosition,1); //根据总变换矩阵计算此次绘制此顶点位置
38        vec4 ambientTemp,diffuseTemp,specularTemp;    //用来接收 3 个通道最终强度的变量
39        directionalLight(normalize(aNormal),ambientTemp,diffuseTemp,specularTemp,
          uLightDirection, vec4(0.15,0.15,0.15,1.0),vec4(0.8,0.8,0.8,1.0), vec4(0.7,0.7,0.7,1.0));
40
41        vAmbient=ambientTemp;                      //将环境光最终强度传给片元着色器
42        vDiffuse=diffuseTemp;                      //将散射光最终强度传给片元着色器
43        vSpecular=specularTemp;                    //将镜面光最终强度传给片元着色器
44        vPosition = aPosition;                     //将顶点的位置传给片元着色器
45    }
```

- 第 4 行将原来定位光光源位置一致变量的声明替换成了定向光方向向量一致变量的声明。
- 第 12-35 行将原来计算定位光光照的 pointLight 方法替换成了计算定向光光照的 directionalLight 方法。上述两个方法主要有两点不同，首先是原来表示定位光光源位置的参数 lightLocation 被换成了表示定向光方向的参数 lightDirection。另一个是计算时所需的光方向向量直接从 lightDirection 参数规格化即可得到，不需要再通过光源位置与被照射点位置进行计算了。

> **提示**　从上述顶点着色器的代码中可以看出，与定位光相同，定向光也是分环境光、散射光、镜面光 3 个通道进行计算的。

6.4　点法向量和面法向量

本章前面几节的案例都是基于球面开发的，球面属于连续、平滑的曲面，因此，面上的每个顶点都有确定的法向量。但现实世界中的物体表面并不都是连续、平滑的，此时对于面上的某些点的法向量计算就不那么直观了，图 6-18 说明了这个问题。

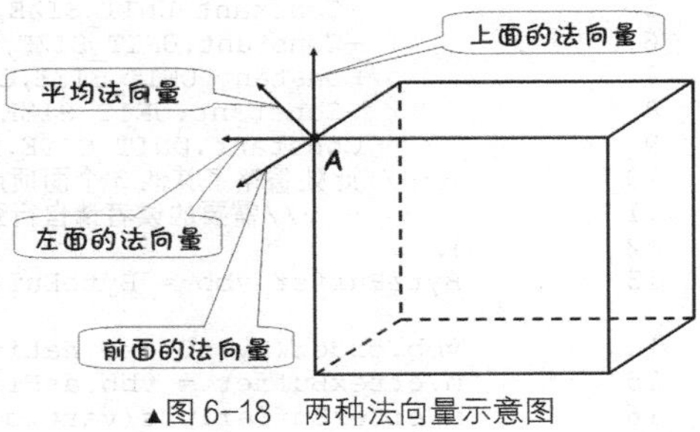

▲图 6-18　两种法向量示意图

从图 6-18 中可以看出，顶点 A 位于长方体左、上、前 3 个面的交界处，此处是不光滑的。这种情况下顶点 A 的法向量有两种处理策略，具体如下所列。

- 在顶点 A 的位置放置 3 个不同的顶点，每个顶点看作是仅属于一个面。各个顶点的法向量即为其属于的面的法向量，这种策略就是面法向量的策略，比较适合棱角分明的物体。
- 顶点 A 的位置仅认为存在一个顶点，其法向量取其所属的所有面法向量的平均值。这种策略就是点法向量策略，比较适合用多个平面搭建平滑曲面的情况。

> **提示** 前面球体的案例采用的就是此策略，只不过由于球面上顶点的法向量可以直接计算，因此，相当于直接得到了点平均法向量，而略去了计算平均值的过程。但很多情况下是需要进行平均法向量的计算的，尤其是在加载预制 3D 模型的时候，这一点在后面的章节会有专门的介绍。

了解了点法向量和面法向量的基本知识后，下面将通过两个基本相同的绘制立方体的案例（Sample6_7 和 Sample6_8）对这两种策略进行比较。这两个案例的运行效果如图 6-19 和图 6-20 所示，其中图 6-19 来自采用面法向量策略的案例 Sample6_7，图 6-20 来自采用点法向量策略的案例 Sample6_8。

▲图 6-19　案例 Sample6_7 的运行效果图

▲图 6-20　案例 Sample6_8 的运行效果图

> **说明** 从图 6-19 与图 6-20 的比较中可以看出，对于棱角分明的物体适合采用面法向量策略。若采用点法向量策略渲染真实感就会差很多了，实际开发中读者应该根据所绘制物体表面的特点来选用合适的策略。

了解了两个案例的运行效果后，就可以进行案例的开发了。由于这两个案例中大部分的代码与前面 6.2.5 小节中案例 Sample6_5 里的完全相同，主要的区别就在立方体顶点与法向量初始化的部分，所以，下面仅给出 Sample6_7 与 Sample6_8 中初始化立方体顶点与法向量的部分代码，具体内容如下所列。

（1）首先介绍采用面法向量策略的案例 Sample6_7 中初始化立方体顶点及法向量数据的 initVertexData 方法，其代码如下。

代码位置：见随书中源代码/第 6 章/Sample6_7/src/com/bn/Sample6_7 目录下的 Cube.java。

```
public void initVertexData() {              //初始化顶点数据的方法
    vCount=6*6;                             //顶点数(6 个面，每个面两个三角形，6 个顶点)
    float vertices[]=new float[]{
        Constant.UNIT_SIZE,Constant.UNIT_SIZE,Constant.UNIT_SIZE,//立方体前面
        -Constant.UNIT_SIZE,Constant.UNIT_SIZE,Constant.UNIT_SIZE,//两个三角形
        -Constant.UNIT_SIZE,-Constant.UNIT_SIZE,Constant.UNIT_SIZE,//中 6 个顶点
        Constant.UNIT_SIZE,Constant.UNIT_SIZE,Constant.UNIT_SIZE, //的 x、y、z 坐标
        -Constant.UNIT_SIZE,-Constant.UNIT_SIZE,Constant.UNIT_SIZE,
        Constant.UNIT_SIZE,-Constant.UNIT_SIZE,Constant.UNIT_SIZE,
    ……//此处省略了其他 5 个面顶点坐标产生的代码
        ……//需要的读者请自行查看随书中的源代码
    };
    ByteBuffer vbb = ByteBuffer.allocateDirect(vertices.length * 4);
                                                    //创建顶点坐标数据缓冲
    vbb.order(ByteOrder.nativeOrder());             //设置字节顺序
    mVertexBuffer = vbb.asFloatBuffer();            //转换为 float 型缓冲
    mVertexBuffer.put(vertices);                    //向缓冲区中放入顶点坐标数据
    mVertexBuffer.position(0);                      //设置缓冲区起始位置
    float normals[]=new float[]{
        0,0,1,  0,0,1,  0,0,1,  0,0,1,  0,0,1,  0,0,1,//前面上 6 个顶点的法向量
        0,0,-1,  0,0,-1,  0,0,-1,  0,0,-1,  0,0,-1,  0,0,-1, //后面上 6 个顶点的法向量
        -1,0,0,  -1,0,0, -1,0,0, -1,0,0,  -1,0,0,  -1,0,0, //左面上 6 个顶点的法向量
```

```
22              1,0,0,  1,0,0,  1,0,0,  1,0,0,  1,0,0,  1,0,0,   //右面上 6 个顶点的法向量
23              0,1,0,  0,1,0,  0,1,0,  0,1,0,  0,1,0,  0,1,0,   //上面上 6 个顶点的法向量
24              0,-1,0, 0,-1,0, 0,-1,0, 0,-1,0, 0,-1,0, 0,-1,0,  //下面上 6 个顶点的法向量
25        };
26        ByteBuffer nbb = ByteBuffer.allocateDirect(normals.length*4);
                                                          //创建绘制顶点法向量缓冲
27        nbb.order(ByteOrder.nativeOrder());             //设置字节顺序
28        mNormalBuffer = nbb.asFloatBuffer();            //转换为 float 型缓冲
29        mNormalBuffer.put(normals);                     //向缓冲区中放入顶点法向量数据
30        mNormalBuffer.position(0);                      //设置缓冲区起始位置
31    }
```

- 第 3-17 行为立方体各顶点位置数据的初始化。
- 第 18-30 行为立方体各顶点法向量数据的初始化，其中给每个顶点设置了其所属面的法向量。

（2）接着介绍采用点法向量策略的案例 Sample6_8 中初始化立方体顶点及法向量数据的 initVertexData 方法，其代码如下。

代码位置：见随书中源代码/第 6 章/Sample6_8/src/com/bn/Sample6_8 目录下的 Cube.java。

```
public void initVertexData() {                          //初始化顶点数据的方法
    vCount = 6 * 6;                                     //顶点数
    float vertices[] = new float[] {
        ……//此处省略了初始化立方体 6 个面各个顶点坐标数据的代码
        ……//需要的读者请自行查看随书中的源代码
    };
    ByteBuffer vbb = ByteBuffer.allocateDirect(vertices.length * 4);
                                                        //创建顶点坐标数据缓冲
    vbb.order(ByteOrder.nativeOrder());                 //设置字节顺序
    mVertexBuffer = vbb.asFloatBuffer();                //转换为 float 型缓冲
    mVertexBuffer.put(vertices);                        //向缓冲区中放入顶点坐标数据
    mVertexBuffer.position(0);                          //设置缓冲区起始位置
    float normals[] = vertices;                         //顶点法向量数据
    ByteBuffer nbb = ByteBuffer.allocateDirect(normals.length * 4);
                                                //创建绘制顶点法向量缓冲
    nbb.order(ByteOrder.nativeOrder());         //设置字节顺序
    mNormalBuffer = nbb.asFloatBuffer();        //转换为 float 型缓冲
    mNormalBuffer.put(normals);                 //向缓冲区中放入顶点法向量数据
    mNormalBuffer.position(0);                  //设置缓冲区起始位置
}
```

提示　由于本案例中原始情况下将立方体的几何中心放在了坐标原点，因此，每个顶点的平均法向量就没有必要真正进行求和再平均的计算了，直接采用顶点的 x、y、z 坐标代替即可。但开发中并不总是像本章的案例一样可以进行简化，后面的章节会给出需要详细计算的案例。

6.5 光照的每顶点计算与每片元计算

细心的读者会发现，本章前面的案例都是在顶点着色器中进行光照计算的。这是由于在顶点着色器中对每个顶点进行光照计算后得到顶点的最终光照强度，再由管线插值后传入片元着色器以计算片元的颜色，这样一方面效率比较高，另一方面产生的光照效果也不错。

但由于这种计算方式插值的是基于顶点计算后的光照强度，因此在要求很高，希望有非常细腻光照效果的场合下就略显粗糙了。本节将介绍另一种光照计算方式，其首先将插值后的法向量数据传入片元着色器，然后在片元着色器中进行光照计算。这种新的方式也称为每片元光照，可以取得为更细腻的光照效果。

进行案例开发之前，需要首先了解一下本节两个案例（Sample6_9 和 Sample6_10）的运行效果，具体情况如图 6-21 所示。

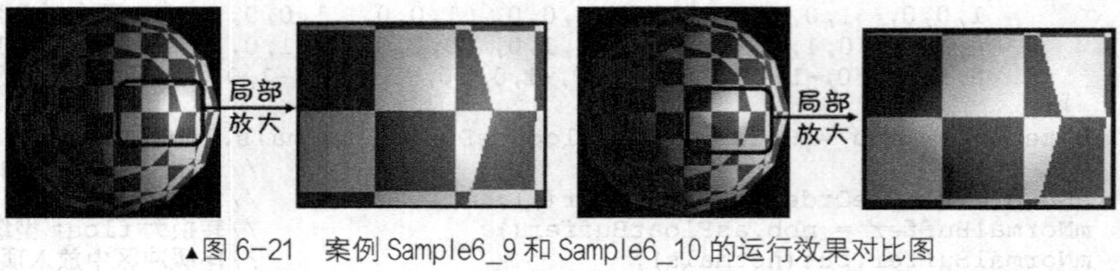

▲图 6-21　案例 Sample6_9 和 Sample6_10 的运行效果对比图

> **提示**　图 6-21 中左侧是每片元计算一次光照的案例 Sample6_9 的运行效果，右侧是每顶点计算一次光照的案例 Sample6_10 的运行效果。从两幅图的对比中可以看出，每片元执行一次光照使过渡更平滑，没有明显的边缘。另外，仅从图上观察可能区别还不是很明显，笔者建议读者用真机运行一下两个案例，将光源设置在不同的位置观察比较，区别会更明显。

了解了两个案例的运行效果后，就可以进行开发了。实际上这两个案例主要是将前面 6.2.5 小节中的案例 Sample6_5 复制并修改了部分代码而成的。其中 Sample6_10 仅修改了 Java 代码中切割球面的角度以及绘制球体的次数，没有本质变化，这里不再赘述，需要的读者请参考随书中的源代码。

而案例 Sample6_9 除了也进行了 Sample6_10 的 Java 代码改动外，还大面积修改了顶点着色器与片元着色器，具体情况如下所列。

（1）首先介绍 Sample6_9 中修改后的顶点着色器，其具体代码如下。

代码位置：见随书中源代码/第 6 章/Sample6_9/assets 目录下的 vertex.sh。

```
#version 300 es
uniform mat4 uMVPMatrix;                          //总变换矩阵
in vec3 aPosition;                                //顶点位置
in vec3 aNormal;                                  //法向量
out vec3 vPosition;                               //用于传递给片元着色器的顶点位置
out vec3 vNormal;                                 //用于传递给片元着色器的顶点法向量
void main(){
     gl_Position = uMVPMatrix * vec4(aPosition,1); //根据总变换矩阵计算这次绘制此顶点的位置
     vPosition = aPosition;                        //将顶点的位置传给片元着色器
     vNormal = aNormal;                            //将法向量传给片元着色器
}
```

> **提示**　从上述代码中可以看出，顶点着色器比改动前简单多了，没有了计算光照的大量代码，同时增加了将法向量通过 out 变量 vNormal 传入片元着色器的代码。

（2）介绍完顶点着色器后，接着就应该介绍改动后的片元着色器了，其具体代码如下。

代码位置：见随书中源代码/第 6 章/Sample6_9/assets 目录下的 frag.sh。

```
#version 300 es
precision mediump float;                          //给出默认浮点精度
uniform float uR;                                 //球的半径
uniform vec3 uLightLocation;                      //光源位置
uniform mat4 uMMatrix;                            //变换矩阵
uniform vec3 uCamera;                             //摄像机位置
in vec3 vPosition;                                //接收从顶点着色器过来的顶点位置
in vec3 vNormal;                                  //接收从顶点着色器传递过来的法向量
out vec4 fragColor;
void pointLight(                                  //定位光光照计算的方法
     in vec3 normal,                              //法向量
     inout vec4 ambient,                          //环境光最终强度
     inout vec4 diffuse,                          //散射光最终强度
     inout vec4 specular,                         //镜面光最终强度
     in vec3 lightLocation,                       //光源位置
     in vec4 lightAmbient,                        //环境光强度
```

```
        in vec4 lightDiffuse,                                    //散射光强度
        in vec4 lightSpecular                                    //镜面光强度
  ){
        ambient=lightAmbient;                                    //直接得出环境光的最终强度
        vec3 normalTarget=vPosition+normal;                      //计算变换后的法向量
        vec3 newNormal=(uMMatrix*vec4(normalTarget,1)).xyz-(uMMatrix*vec4(vPosition,1)).xyz;
        newNormal=normalize(newNormal);                          //对法向量规格化
    vec3 eye= normalize(uCamera-(uMMatrix*vec4(vPosition,1)).xyz);
                                                                 //计算从表面点到摄像机的向量
    vec3 vp= normalize(lightLocation-(uMMatrix*vec4(vPosition,1)).xyz);
                                                                 //计算表面点到光源位置的向量
        vp=normalize(vp);                                        //格式化 vp
        vec3 halfVector=normalize(vp+eye);                       //求视线与光线的半向量
        float shininess=50.0;                                    //粗糙度，越小越光滑
        float nDotViewPosition=max(0.0,dot(newNormal,vp));
                                                     //求法向量与 vp 的点积与 0 的最大值
        diffuse=lightDiffuse*nDotViewPosition;       //计算散射光的最终强度
        float nDotViewHalfVector=dot(newNormal,halfVector); //法线与半向量的点积
        float powerFactor=max(0.0,pow(nDotViewHalfVector,shininess));
                                                     //镜面反射光强度因子
        specular=lightSpecular*powerFactor;          //计算镜面光的最终强度
  }
  void main(){
        vec3 color;
        float n = 8.0;                               //一个坐标分量分的总份数
        float span = 2.0*uR/n;                       //每一份的长度
        int i = int((vPosition.x + uR)/span);        //每一维在立方体内的行列数
        int j = int((vPosition.y + uR)/span);
        int k = int((vPosition.z + uR)/span);
        int whichColor = int(mod(float(i+j+k),2.0)); //计算点应位于白色块还是黑色块中
        if(whichColor == 1) {                        //奇数时为红色
             color = vec3(0.678,0.231,0.129);        //红色
        }else {color = vec3(1.0,1.0,1.0);}           //白色
        vec4 finalColor=vec4(color,0);               //最终颜色
        vec4 ambient,diffuse,specular;               //用来接收 3 个通道最终强度的变量
        pointLight(normalize(vNormal),ambient,diffuse,specular,uLightLocation,
                                                     //计算定位光各通道强度
        vec4(0.15,0.15,0.15,1.0),vec4(0.8,0.8,0.8,1.0),vec4(0.7,0.7,0.7,1.0));
        //综合 3 个通道光的最终强度及片元的颜色计算出最终片元的颜色并传递给管线
        fragColor=finalColor*ambient + finalColor*diffuse + finalColor*specular;
  }
```

提示 读者应该发现，上述片元着色器中的很多代码都是本章前面案例中多次出现过的，只不过前面的案例中都是在顶点着色器中出现，而这里挪到了片元着色器中。因此，每片元计算光照与每顶点计算光照算法并没有本质区别，只是代码执行的位置不同、效果与效率不同而已。实际开发中读者应该权衡速度、效果的要求，选用合适的计算策略。

另外还有一点小知识需要介绍一下，对于每顶点计算光照的方式而言，在每个顶点中计算出光照信息，传递给片元着色器进行着色，称为 Gouraud 着色。而在片元着色器中进行光照计算并进行着色的方法称为 Phong 着色。

6.6 小结

本章主要向读者介绍了 OpenGL ES 3.0 中光照的基本知识，掌握了本章所介绍的技术后，应该能开发出更加逼真的 3D 场景。

提示 读者可能会发现，本章中光照的案例都是没有阴影的，而阴影对于增加场景的真实感是非常重要的。是的，基本光照是不会自动产生阴影的，实际上阴影是 3D 开发中一个比较高级的话题，后面的章节会进行专门讨论。

第7章　纹理映射

前面的章节已经介绍了变换、光照等方面的知识，通过这些知识已经可以渲染出具有一定真实感的场景。但到目前为止，场景中物体的颜色是比较单一的，相比于绚丽多彩的现实世界显得有些乏味，因此，仅掌握上述技术是远远不够的。

想要绘制出更加真实、酷炫的 3D 物体，就需要用到纹理映射。本章将对纹理映射方面的知识进行详细介绍，主要包括纹理映射的基本原理、3 种不同的拉伸方式、两种不同的采样方式、MipMap 纹理、多重纹理与过程纹理、压缩纹理、点精灵、3D 纹理和 2D 纹理数组等内容。

7.1 初识纹理映射

本节将首先向读者介绍纹理映射的基本原理，然后通过一个三角形纹理映射的简单案例，介绍 2D 纹理是如何映射到 3D 场景中的立体物体上的。

7.1.1　基本原理

启用纹理映射功能后，如果想把一幅纹理应用到相应的几何图元，就必须告知渲染系统如何进行纹理的映射。告知的方式就是为图元中的顶点指定恰当的纹理坐标，纹理坐标用浮点数来表示，范围一般从 0.0 到 1.0，下面的图 7-1 就给出了纹理映射的基本原理。

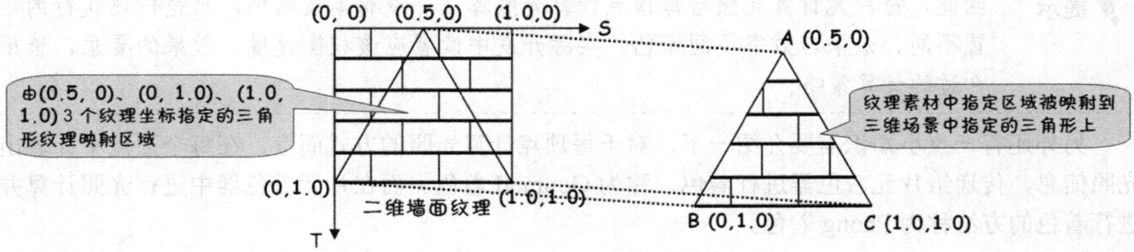

▲图 7-1　纹理映射的基本原理

从图 7-1 中可以看出。

❑ 左侧是一幅纹理图，其位于纹理坐标系中。纹理坐标系原点在左上侧，向右为 S 轴，向下为 T 轴，两个轴的取值范围都是 0.0～1.0。也就是说不论实际纹理图的尺寸如何，其横向、纵向坐标最大值都是 1。若实际图为 512 像素×256 像素，则横边第 512 个像素对应纹理坐标为 1，竖边第 256 个像素对应纹理坐标为 1，其他情况依此类推。

❑ 右侧是一个三角形图元，其 3 个顶点 A、B、C 都指定了纹理坐标，3 组纹理坐标正好在右侧的纹理图中确定了需要映射的三角形纹理区域。

提示 请读者特别注意的是，在本书采用的 OpenGL ES 3.0 坐标系统中，纹理坐标的原点是纹理图的左上角，但也有一些 3D 系统采用的是以纹理图左下角为原点、S 轴向右、T 轴向上的纹理坐标系统。当把这种与本书不同的纹理坐标系统中的纹理坐标数据应用到本书的案例上时，对 T 轴的坐标要做变换，否则可能会显示不正常。变换的方法很简单，采用“$T_{本书}=1.0-T_{左下角为原点}$”的公式即可。

从上述两点可以看出，纹理映射的基本思想就是，首先为图元中的每个顶点指定恰当的纹理坐标，然后通过纹理坐标在纹理图中可以确定选中的纹理区域，最后将选中纹理区域中的内容根据纹理坐标映射到指定的图元上。

回忆一下第 3 章介绍过的渲染管线，最终用户看到的是显示在屏幕上的像素，而像素是由片元产生的。因此，进行纹理映射的过程实际上就是为右侧三角形图元中的每个片元着色，用于着色的颜色需要从左侧的纹理图中提取，具体过程如下。

- 首先图元中的每个顶点都需要在顶点着色器中通过 out 变量将纹理坐标传入片元着色器。
- 经过顶点着色器后渲染管线的固定功能部分会根据情况进行插值计算，产生对应到每个片元的用于记录纹理坐标的 out 变量值。
- 最后每个片元在片元着色器中根据其接收到的记录纹理坐标的 in 变量值到纹理图中提取出对应位置的颜色即可，提取颜色的过程一般称为纹理采样。

提示 实际开发中，建议读者采用宽和高(以像素为单位)都为 2 的 *n* 次方的纹理图，这在一般情况下有助于提高处理效率。同时也需要知道，从 OpenGL ES 3.0 标准开始，已经允许使用宽与高为非 2 的 *n* 次方的纹理图，这在之前的版本中并不是所有硬件都支持的。

7.1.2 一个简单的案例

介绍了纹理映射的基本原理后，本小节将给出一个将砖墙纹理映射到 3D 空间中三角形的案例。本案例中采用的原始纹理如图 7-2 所示，案例的具体运行效果如图 7-3 所示。

▲图 7-2 原始纹理

▲图 7-3 案例运行的效果图

说明 图 7-3 中三角形的上面、左下、右下 3 个顶点的纹理坐标分别为(0.5,0)、(0,1)、(1,1)，左侧的图是三角形原始姿态的情况，右侧的是三角形旋转一定角度后的情况。

前面已经介绍了本案例的运行效果，接下来将介绍本案例的具体开发步骤。

（1）首先开发的是用于绘制场景的 MySurfaceView 类，其代码如下。

代码位置：见随书中源代码/第 7 章/Sample7_1/src/com/bn/Sample7_1 目录下的 MySurfaceView.java。

```
package com.bn.Sample7_1;                                     //声明包名
import java.io.IOException;                                   //引入相关类
……//此处省略部分类引入的代码，请读者自行查看随书的源代码
```

```
4    import android.graphics.BitmapFactory;                        //引入相关类
5    class MySurfaceView extends GLSurfaceView {
6        private final float TOUCH_SCALE_FACTOR = 180.0f/320;        //角度缩放比例
7        private SceneRenderer mRenderer;                            //场景渲染器
8        private float mPreviousY;                                   //上次的触控位置 y 坐标
9        private float mPreviousX;                                   //上次的触控位置 x 坐标
10       int textureId;                                              //系统分配的纹理 id
11       public MySurfaceView(Context context) { /*代码省略*/ }
12       @Override                                                   //触摸事件回调方法
13       public boolean onTouchEvent(MotionEvent e) { /*代码省略*/ }
14       private class SceneRenderer implements GLSurfaceView.Renderer {
15           Triangle texRect;                                       //纹理三角形对象引用
16           public void onDrawFrame(GL10 gl){
17               GLES30.glClear( GLES30.GL_DEPTH_BUFFER_BIT |
18                       GLES30.GL_COLOR_BUFFER_BIT);//清除深度缓冲与颜色缓冲
19               texRect.drawSelf(textureId);                        //绘制纹理三角形
20           }
21           public void onSurfaceChanged(GL10 gl, int width, int height) { /*代码省略*/ }
22           public void onSurfaceCreated(GL10 gl, EGLConfig config) {
23               GLES30.glClearColor(0.5f,0.5f,0.5f, 1.0f);//设置屏幕背景色 RGBA
24               texRect=new Triangle(MySurfaceView.this);           //创建三角形对象
25               GLES30.glEnable(GLES30.GL_DEPTH_TEST);              //打开深度检测
26               initTexture();                                      //初始化纹理
27               GLES30.glDisable(GLES30.GL_CULL_FACE);              //关闭背面剪裁
28       }}
29       public void initTexture(){
30           int[] textures = new int[1];                            //生成纹理 ID
31           GLES30.glGenTextures(
32                   1,                                              //产生的纹理 id 的数量
33                   textures,                                       //纹理 id 的数组
34                   0                                               //偏移量
35           );
36           textureId=textures[0];                                  //获取产生的纹理 id
37           GLES30.glBindTexture(GLES30.GL_TEXTURE_2D, textureId);//绑定纹理 id
38           GLES30.glTexParameterf(GLES30.GL_TEXTURE_2D,            //设置 MIN 采样方式
39                   GLES30.GL_TEXTURE_MIN_FILTER,GLES30.GL_NEAREST);
40           GLES30.glTexParameterf(GLES30.GL_TEXTURE_2D,            //设置 MAG 采样方式
41                   GLES30.GL_TEXTURE_MAG_FILTER,GLES30.GL_LINEAR);
42           GLES30.glTexParameterf(GLES30.GL_TEXTURE_2D,            //设置 S 轴拉伸方式
43                   GLES30.GL_TEXTURE_WRAP_S,GLES30.GL_CLAMP_TO_EDGE);
44           GLES30.glTexParameterf(GLES30.GL_TEXTURE_2D,            //设置 T 轴拉伸方式
45                   GLES30.GL_TEXTURE_WRAP_T,GLES30.GL_CLAMP_TO_EDGE);
46           //通过输入流加载图片
47           InputStream is = this.getResources().openRawResource(R.drawable.wall);
48           Bitmap bitmapTmp;
49           try {bitmapTmp = BitmapFactory.decodeStream(is);}
                                                                     //从流中加载图片内容
50           finally{ try{is.close(); } catch(IOException e) {e.printStackTrace(); }}
51           GLUtils.texImage2D(                                     //实际加载纹理进显存
52               GLES30.GL_TEXTURE_2D,                               //纹理类型
53               0,                                                  //纹理的层次
54               bitmapTmp,                                          //纹理图像
55               0                                                   //纹理边框尺寸
56       );
57       bitmapTmp.recycle();                                        //纹理加载成功后释放纹理图
58   }}
```

❑ 第 26 行在 onSurfaceCreated 方法中调用 initTexture 方法初始化本案例中要用到的纹理。

❑ 第 29-58 行为初始化纹理的 initTexture 方法，其首先从系统获取分配的纹理 id，然后设置此 id 对应纹理的采样与拉伸方式，接着通过流将纹理图加载进内存，最后将纹理图加载进显存并释放内存中的副本。最后的释放请读者务必记住，否则在纹理较多的项目中可能引起内存崩溃。

❑ 经过 initTexture 方法初始化后，后面再要使用纹理时就非常简单了，仅需要使用纹理 id 进行绑定即可，具体情况参看下一步 Triangle 类的开发。

> **提示**　上述 MySurfaceView 中有很多部分的代码都省略了，这是因为大部分代码都与前面章节的代码很类似，需要的读者可以自行参考中的源代码。

（2）接着开发的是场景中用于渲染三角形的类——Triangle，其代码框架如下。

代码位置：见随书中源代码/第 7 章/Sample7_1/src/com/bn/Sample7_1 目录下的 Triangle.java。

```
1   package com.bn.Sample7_1;                                       //声明包名
2   import static com.bn.Sample7_1.ShaderUtil.createProgram;
3   ……//此处省略部分类引入的代码，请读者自行查看随书的源代码
4   import android.opengl.GLES30;
5   public class Triangle{                                          //纹理三角形
6       int mProgram;                                               //自定义渲染管线着色器程序 id
7       int muMVPMatrixHandle;                                      //总变换矩阵引用
8       int maPositionHandle;                                       //顶点位置属性引用
9       int maTexCoorHandle;                                        //顶点纹理坐标属性引用
10      String mVertexShader;                                       //顶点着色器代码脚本
11      String mFragmentShader;                                     //片元着色器代码脚本
12      FloatBuffer mVertexBuffer;                                  //顶点坐标数据缓冲
13      FloatBuffer mTexCoorBuffer;                                 //顶点纹理坐标数据缓冲
14      int vCount=0;
15      float xAngle=0;                                             //绕 x 轴旋转的角度
16      float yAngle=0;                                             //绕 y 轴旋转的角度
17      float zAngle=0;                                             //绕 z 轴旋转的角度
18      public Triangle(MySurfaceView mv){
19          initVertexData();                                       //调用初始化顶点数据的方法
20          initShader(mv);                                         //调用初始化着色器的方法
21    }
22    public void initVertexData(){ }                               //初始化顶点数据的方法
23    public void initShader(MySurfaceView mv){ }                   //自定义的初始化着色器方法
24    public void drawSelf(int texId){                              //绘制方法
25          GLES30.glUseProgram(mProgram);                          //指定使用某套 shader 程序
26          MatrixState.setInitStack();
27          MatrixState.translate(0, 0, 1);                         //设置沿 z 轴正向位移 1
28          MatrixState.rotate(yAngle, 0, 1, 0);                    //设置绕 y 轴旋转指定角度
29          MatrixState.rotate(zAngle, 0, 0, 1);                    //设置绕 z 轴旋转指定角度
30          MatrixState.rotate(xAngle, 1, 0, 0);                    //设置绕 x 轴旋转指定角度
31          //将最终变换矩阵传入渲染管线
32          GLES30.glUniformMatrix4fv(muMVPMatrixHandle, 1, false,
33                                              MatrixState.getFinalMatrix(), 0);
34          GLES30.glVertexAttribPointer(                           //将顶点位置数据传送进渲染管线
35              maPositionHandle,3,GLES30.GL_FLOAT,false, 3*4, mVertexBuffer);
36          GLES30.glVertexAttribPointer(                           //将纹理坐标数据传送进渲染管线
37              maTexCoorHandle,2,GLES30.GL_FLOAT,false,2*4,mTexCoorBuffer);
38          //允许用到的属性数据数组
39          GLES30.glEnableVertexAttribArray(maPositionHandle);//启用顶点位置数据
40          GLES30.glEnableVertexAttribArray(maTexCoorHandle);//启用顶点纹理坐标数据
41          //绑定纹理
42          GLES30.glActiveTexture(GLES30.GL_TEXTURE0);             //激活指定的纹理单元
43          GLES30.glBindTexture(GLES30.GL_TEXTURE_2D, texld);//绑定指定的纹理 id
44          //绘制纹理矩形
45          GLES30.glDrawArrays(GLES30.GL_TRIANGLES, 0, vCount);//以三角形的方式填充
46  }}
```

- 第 6-17 行定义了一些成员变量，主要包括：自定义渲染管线着色器程序 id、总变换矩阵的引用、顶点位置属性引用、顶点纹理坐标引用，三角形绕 x 轴、y 轴、z 轴旋转的角度等。
- 第 22-23 行为初始化顶点属性数据的 initVertexData 方法以及初始化着色器的 initShader 方法，这里省略了具体代码，详细内容在后面给出。
- 第 24-46 行为绘制三角形的 drawSelf 方法，该方法中首先获得最终变换矩阵并传入渲染管线，然后将顶点坐标、顶点纹理坐标属性数据送入渲染管线，接着绑定纹理并绘制纹理三角形。

> **提示**　请读者注意，用于绑定的纹理 id 必须是由前面 initTexture 方法初始化完成的，如上述代码的 43 行中的 texld 就是在 MySurfaceView 中由 initTexture 方法初始化，并在绘制时传递过来的。

（3）完成 Triangle 类代码框架的开发后，下面开发的是初始化着色器的 initShader 方法，具体代码如下。

代码位置：见随书中源代码/第 7 章/Sample7_1/src/com/bn/Sample7_1 目录下的 Triangle.java。

```
public void initShader(MySurfaceView mv) {                //自定义的初始化着色器方法
    //加载顶点着色器的脚本内容
    mVertexShader=ShaderUtil.loadFromAssetsFile("vertex.sh", mv.getResources());
    //加载片元着色器的脚本内容
    mFragmentShader=ShaderUtil.loadFromAssetsFile("frag.sh", mv.getResources());
    //基于顶点着色器与片元着色器创建程序
   mProgram = createProgram(mVertexShader, mFragmentShader);
   //获取程序中顶点位置属性引用
   maPositionHandle = GLES30.glGetAttribLocation(mProgram, "aPosition");
   //获取程序中顶点纹理坐标属性引用
   maTexCoorHandle= GLES30.glGetAttribLocation(mProgram, "aTexCoor");
   //获取程序中总变换矩阵引用
   muMVPMatrixHandle = GLES30.glGetUniformLocation(mProgram, "uMVPMatrix");
}
```

说明　initShader 方法的主要作用为加载顶点着色器、片元着色器的脚本代码；基于顶点着色器与片元着色器创建着色程序；从着色程序中获取顶点坐标位置引用、顶点纹理属性引用等。

（4）完成了 initShader 方法的开发后，下面开发的是初始化顶点属性数据的 initVertexData 方法，具体代码如下。

代码位置：见随书中源代码/第 7 章/Sample7_1/src/com/bn/Sample7_1 目录下的 Triangle.java。

```
1   public void initVertexData(){                              //初始化顶点数据的方法
2       vCount=3;                                              //顶点的数量为 3
3       final float UNIT_SIZE=0.15f;
4       float vertices[]=new float[]{                          //顶点坐标数据数组
5               0*UNIT_SIZE,11*UNIT_SIZE,0,                    //上面顶点的坐标
6               -11*UNIT_SIZE,- 11*UNIT_SIZE,0,                //左下侧顶点的坐标
7               11*UNIT_SIZE,- 11*UNIT_SIZE,0,                 //右下侧顶点的坐标
8       };
9       //创建顶点坐标数据缓冲
10      ByteBuffer vbb = ByteBuffer.allocateDirect(vertices.length*4);//创建恰当大小的缓冲区
11      vbb.order(ByteOrder.nativeOrder());                    //设置字节顺序为本地操作系统顺序
12      mVertexBuffer = vbb.asFloatBuffer();                   //转换为 float 型缓冲
13      mVertexBuffer.put(vertices);                           //向缓冲区写入顶点坐标数据
14      mVertexBuffer.position(0);                             //设置缓冲区起始位置
15      //顶点纹理坐标数据的初始化
16      float texCoor[]=new float[]{                           //顶点纹理坐标数据数组
17              0.5f,0,                                        //上面的点
18              0,1,                                           //左下侧的点
19              1,1                                            //右下侧的点
20      };
21      //创建顶点纹理坐标数据缓冲
22      ByteBuffer cbb = ByteBuffer.allocateDirect(texCoor.length*4);
                                                               //创建适当大小的缓冲区
23      cbb.order(ByteOrder.nativeOrder());                    //设置字节顺序为本地操作系统顺序
24      mTexCoorBuffer = cbb.asFloatBuffer();                  //转换为 float 型缓冲
25      mTexCoorBuffer.put(texCoor);                           //向缓冲区中写入数据
26      mTexCoorBuffer.position(0);                            //设置缓冲区起始位置
27  }
```

- 第 4-14 行功能为初始化顶点坐标数据，并将数据存入数据缓冲中供绘制时使用。
- 第 16-26 行功能为初始化顶点纹理坐标数据，并将数据存入数据缓冲中供绘制时使用。

（5）完成了 Java 代码的开发后，下面将要开发的是顶点着色器，具体代码如下。

代码位置：见随书中源代码/第 7 章/Sample7_1/assets 目录下的 vertex.sh 文件。

```
1    #version 300 es
2    uniform mat4 uMVPMatrix;                           //总变换矩阵
3    in vec3 aPosition;                                 //顶点位置
4    in vec2 aTexCoor;                                  //顶点纹理坐标
5    out vec2 vTextureCoord;                            //用于传递给片元着色器的纹理坐标变量
6    void main(){
7       gl_Position = uMVPMatrix * vec4(aPosition,1);//根据总变换矩阵计算此次绘制此顶点位置
8       vTextureCoord = aTexCoor;                       //将接收的纹理坐标传递给片元着色器
9    }
```

说明 第 8 行将被处理顶点的纹理坐标从 in 变量 aTexCoor 赋值给了 out 变量 vTextureCoord，供渲染管线固定功能部分进行插值计算后传递给片元着色器使用。

（6）完成了顶点着色器的开发后，下面将要开发的是片元着色器，具体代码如下。

代码位置：见随书中源代码/第 7 章/Sample7_1/assets 目录下的 frag.sh 文件。

```
#version 300 es
precision mediump float;
uniform sampler2D sTexture;                     //纹理采样器，代表一幅纹理
in vec2 vTextureCoord;                          //接收从顶点着色器过来的纹理坐标
out vec4 fragColor;
void main(){
   fragColor = texture(sTexture, vTextureCoord); //进行纹理采样
}
```

- 此片元着色器的主要功能为根据接收的记录片元纹理坐标的 out 变量中的纹理坐标，调用 texture 内建函数从采样器中进行纹理采样，得到此片元的颜色值。最后，将采样到的颜色值传给 out 变量，完成片元的着色。
- sampler2D 类型的 sTexture 代表的就是前面步骤（2）中代码 43 行绑定的指定编号纹理的内容。

提示 该案例中还有几个与前面章节案例内容基本一样的类未作介绍，包括 MyActivity 类、ShaderUtil 类、MatrixState 类等，需要的读者可以自行参考中的源代码。本章后继的案例也是如此，对于代码基本相同的类不再进行详细介绍。

有兴趣的读者还可以将本案例中三角形上面、左下、右下顶点的纹理坐标改为（0,0）、（0,1）、（1,1），再次运行本案例，其效果如图 7-4 所示。

说明 图 7-4 中左侧为三角形原始姿态的情况，右侧是三角形旋转一定角度后的情况。

从图 7-4 中可以看出，纹理坐标更改后映射到三角形中的内容发生了变化，由于此次纹理坐标构成的三角形区域形状与三角形顶点坐标构成的三角形形状差异较大，所以，纹理产生了变形。这也提醒我们，在开发中如果不希望纹理映射后发生很大的变形，就需要尽量使构成图元的各顶点形成的几何形状与各顶点纹理坐标构成的几何形状相似。

▲图 7-4　修改纹理坐标后再次运行的效果图

7.1.3　色彩通道的灵活组合

前面介绍了纹理映射的基本知识，本小节将介绍一下纹理色彩通道的灵活组合。通过其可以

对输入的 RGBA 纹理颜色分量如何映射到着色器中对应的颜色分量进行细节控制。实现纹理色彩通道的灵活组合主要是通过 glTexParameterf 方法进行设置。

实际设置时，glTexParameterf 方法的第一个参数一般为“GLES30.GL_TEXTURE_2D”，表示对 2D 纹理进行设置。第二个参数有 4 种选择，具体含义如下所列。

- GL_TEXTURE_SWIZZLE_R 表示映射到着色器中对应采样器的红色通道。
- GL_TEXTURE_SWIZZLE_G 表示映射到着色器中对应采样器的绿色通道。
- GL_TEXTURE_SWIZZLE_B 表示映射到着色器中对应采样器的蓝色通道。
- GL_TEXTURE_SWIZZLE_A 表示映射到着色器中对应采样器的透明度通道。

第三个参数则有 6 种选择，具体含义如下所列。

- GL_RED 表示是映射纹理图中的红色通道。
- GL_GREEN 表示是映射纹理图中的绿色通道。
- GL_BLUE 表示是映射纹理图中的蓝色通道。
- GL_ALPHA 表示是映射纹理图中的透明度通道。
- GL_ONE 表示采用 1 值进行映射。
- GL_ZERO 表示采用 0 值进行映射。

如果该方法中第二个参数使用了 GL_TEXTURE_SWIZZLE_R，第三个参数使用了 GL_GREEN，那就说明需要将纹理图中绿色通道的值映射到着色器中采样器的红色通道。如果第三个参数选用了 GL_BLUE，则说明需要将纹理图中蓝色通道的值映射到着色器中采样器的红色通道。

若将上一小节的案例采用上述两种灵活组合方式，则运行时的画面颜色会有很大变化，如图 7-5、图 7-6 所示。

▲图 7-5　第三参数值为 GL_GREEN 效果图

▲图 7-6　第三参数值为 GL_BLUE 效果图

> **提示**　由于书中插图采用灰度印刷，看起来变化肯定不明显，请读者采用真机运行比对。同时还有一点没有说明，采用灵活组合的色彩通道颜色值不变。

从前面的介绍中可以看出，本小节案例的代码与上一小节的基本相同，仅是 MySurfaceView 类中的部分代码有些变化，具体内容如下。

代码位置：见随书中源代码/第 7 章/Sample7_2/src/com/bn/Sample7_2 目录下的 MySurfaceView.java。

```
package com.bn.Sample7_2;                                   //声明包名
……//此处省略了引入相关类的代码，请读者自行查看随书的源代码
class MySurfaceView extends GLSurfaceView {
    ……//此处省略定义成员变量的代码，请读者自行查阅随书的源代码
    public MySurfaceView(Context context) { /*代码省略*/ }
    @Override                                               //触摸事件回调方法
    public boolean onTouchEvent(MotionEvent e) { /*代码省略*/ }
    private class SceneRenderer implements GLSurfaceView.Renderer {
        Triangle texRect;                                   //纹理三角形对象引用
        public void onDrawFrame(GL10 gl){
            GLES30.glClear( GLES30.GL_DEPTH_BUFFER_BIT |
                            GLES30.GL_COLOR_BUFFER_BIT);//清除深度缓冲与颜色缓冲
            texRect.drawSelf(textureId);                    //绘制纹理三角形
        }
```

```
15            public void onSurfaceChanged(GL10 gl, int width, int height) { /*代码省略*/ }
16            public void onSurfaceCreated(GL10 gl, EGLConfig config) { /*代码省略*/ }
17        }
18        public void initTexture(){
19            int[] textures = new int[1];                          //生成纹理 id
20            GLES30.glGenTextures(1,textures,0);                   //生成纹理 id
21            textureId=textures[0];                                //获取产生的纹理 id
22            GLES30.glBindTexture(GLES30.GL_TEXTURE_2D, textureId);//绑定纹理 id
23            GLES30.glTexParameterf(GLES30.GL_TEXTURE_2D,          //设置 MIN 采样方式
24                        GLES30.GL_TEXTURE_MIN_FILTER,GLES30.GL_NEAREST);
25            GLES30.glTexParameterf(GLES30.GL_TEXTURE_2D,          //设置 MAG 采样方式
26                        GLES30.GL_TEXTURE_MAG_FILTER,GLES30.GL_LINEAR);
27            GLES30.glTexParameterf(GLES30.GL_TEXTURE_2D,          //设置 S 轴拉伸方式
28                        GLES30.GL_TEXTURE_WRAP_S,GLES30.GL_CLAMP_TO_EDGE);
29            GLES30.glTexParameterf(GLES30.GL_TEXTURE_2D,          //设置 T 轴拉伸方式
30                        GLES30.GL_TEXTURE_WRAP_T,GLES30.GL_CLAMP_TO_EDGE);
31            GLES30.glTexParameterf(GLES30.GL_TEXTURE_2D,//设置纹理通道灵活组合方式
32                        GLES30.GL_TEXTURE_SWIZZLE_R, GLES30.GL_GREEN);
33            InputStream is = this.getResources().openRawResource(R.drawable.wall);
34            Bitmap bitmapTmp;
35            try {bitmapTmp = BitmapFactory.decodeStream(is);}  //从流中加载图片内容
36            finally{ try{is.close(); } catch(IOException e) {e.printStackTrace(); }}
37            GLUtils.texImage2D(                                 //实际加载纹理进显存
38                GLES30.GL_TEXTURE_2D, 0, bitmapTmp, 0);
39            bitmapTmp.recycle();                                //纹理加载成功后释放纹理图
40    }}
```

- 第 8-17 行为自定义的场景渲染器，在该类中主要实现初始化和绘制工作，由于代码和之前相同，这里不再进行赘述，读者可自行查阅随书附带中的源代码。
- 第 18-40 行为初始化纹理的 initTexture 方法，首先从系统获取分配的纹理 id，然后设置此 id 对应纹理的采样方式、拉伸方式和纹理通道组合方式，接着通过 IO 流将纹理图加载进内存，最后将纹理图加载进显存并释放内存中的副本。

> **说明** 上述代码中的第 31-32 行为设置纹理通道灵活组合的方式，在这里第三个参数给出的是 GLES30.GL_GREEN，感兴趣的读者可以自行将第二个和第三个参数换成其他参数，将会出现不同的组合效果。另外，对于纹理采样方式、纹理拉伸方式后面会一一进行详细介绍。

7.2 纹理拉伸

上一节中加载纹理的 initTexture 方法在对纹理进行设置时设置了 S 轴与 T 轴的拉伸方式，但没有对拉伸的问题进行详细介绍。本节将对纹理的 3 种不同拉伸方式进行详细介绍，包括重复方式、镜像重复方式和截取方式。

7.2.1 三种拉伸方式概览

上一节的案例中，无论是 S 轴还是 T 轴的纹理坐标都是在 0.0～1.0 的范围内，这满足了大多数情况。但在特定的情况下，也可以设置大于 1 的纹理坐标。当纹理坐标大于 1 以后，设置的拉伸方式就会起作用了。下面对 3 种拉伸方式进行单独的介绍，具体内容如下所列。

1. 重复拉伸方式

若设置的拉伸方式为重复，当顶点纹理坐标大于 1 时，则实际起作用的纹理坐标为纹理坐标的小数部分。也就是若纹理坐标为 3.3，则起作用的纹理坐标为 0.3。这种情况下会产生重复的效

果，如图 7-7 和图 7-8 所示。

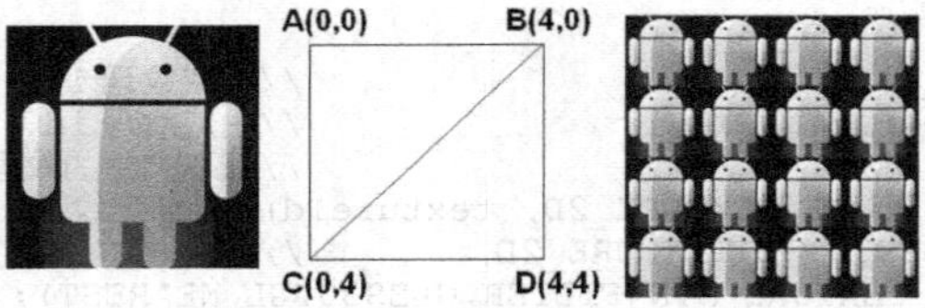

▲图 7–7　重复纹理 1

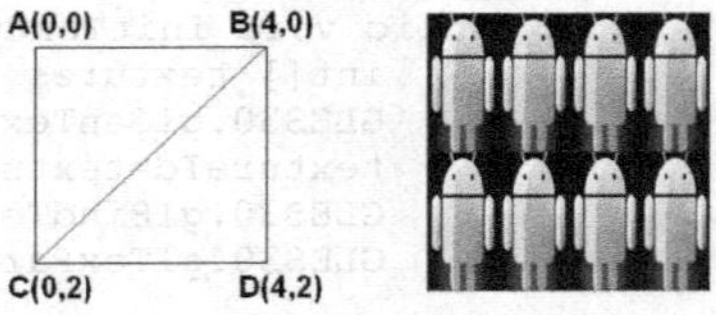

▲图 7–8　重复纹理 2

- 图 7-7 中左侧为原始纹理图，中间表示需要进行纹理映射的矩形的几何结构，其由 4 个顶点（两个三角形）组成，顶点纹理坐标分别为（0,0）、（4,0）、（0,4）、（4,4）。因此，可以看出矩形中各片元的纹理坐标范围为 S 轴方向 0～4，T 轴方向 0～4，应该在 S、T 两个轴都产生重复 4 次的效果。右侧为纹理映射后的矩形，横向和纵向都产生了 4 次重复的效果。
- 图 7-8 中的情况与图 7-7 类似，只是 4 个顶点的纹理坐标改为了（0,0）、（4,0）、（0,2）、（4,2）。因此，矩形中各片元的纹理坐标范围为 S 轴方向 0～4，T 轴方向 0～2，应该在 S 轴方向重复 4 次，T 轴方向重复 2 次。最后，右侧纹理映射后的情况也是如此。

纹理加载的过程中，设置纹理拉伸方式为重复方式的代码如下。

```
GLES30.glTexParameterf(GLES30.GL_TEXTURE_2D,              //设置 S 轴的拉伸方式为重复
    GLES30.GL_TEXTURE_WRAP_S, GLES30.GL_REPEAT);
GLES30.glTexParameterf(GLES30.GL_TEXTURE_2D,              //设置 T 轴的拉伸方式为重复
   GLES30.GL_TEXTURE_WRAP_T, GLES30.GL_REPEAT);
```

提示　请读者注意，在开发中 S 与 T 两个轴的拉伸方式是独立设置的，但在一般情况下两个轴都会设置同样的选项。

重复拉伸方式在很多大场景地形的纹理贴图中很有用，如将大块地面重复铺满草皮纹理、将大片水面重复铺满水波纹理等。如果没有重复拉伸方式，则开发人员只能将大块面积切割为一块一块的小面积矩形，对每一块矩形单独设置 0.0～1.0 内的纹理坐标。

这样开发不但烦琐，而且增加了顶点的数量，程序运行时的效率也会受到很大的影响。因此，开发中要注意重复拉伸方式的灵活运用，可以使用重复拉伸方式时就不要去无谓地增加顶点数量了。

2. 镜像重复拉伸方式

若设置的拉伸方式为镜像重复，当顶点纹理坐标大于 1 时，则实际起作用的纹理坐标为纹理坐标的小数部分。这种情况下会产生镜像重复的效果，如图 7-9 和图 7-10 所示。

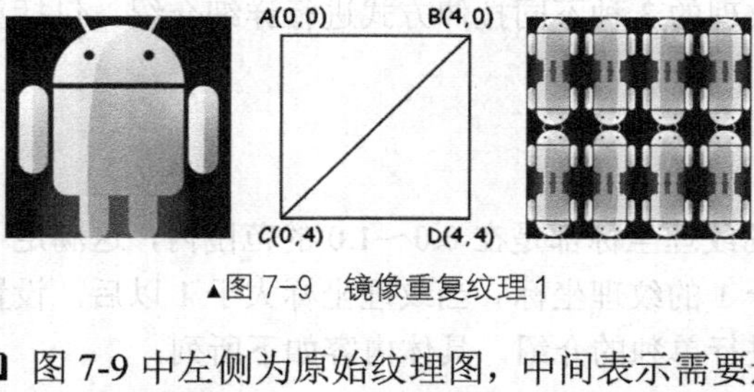

▲图 7–9　镜像重复纹理 1

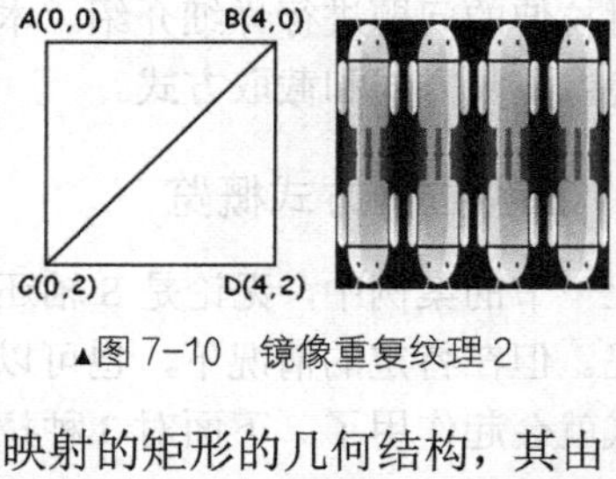

▲图 7–10　镜像重复纹理 2

- 图 7-9 中左侧为原始纹理图，中间表示需要进行纹理映射的矩形的几何结构，其由 4 个顶点（两个三角形）组成，顶点纹理坐标分别为（0,0）、（4,0）、（0,4）、（4,4）。因此，可以看出矩形中各片元的纹理坐标范围为 S 轴方向 0～4，T 轴方向 0～4，由于镜像重复是左右对称和上下对称，所以，S、T 轴均重复对称两次，效果如右侧图所示。
- 图 7-10 中的情况与图 7-9 类似，只是 4 个顶点的纹理坐标改为了（0,0）、（4,0）、（0,2）、

(4,2)。因此，矩形中各片元的纹理坐标范围为 S 轴方向 0～4，T 轴方向 0～2，应该在 S 轴方向重复对称 2 次，T 轴方向只对称，并不重复。实际纹理映射后的情况如图 7-10 中右侧所示。

纹理加载的过程中，设置纹理拉伸方式为镜像重复方式的代码如下。

```
GLES30.glTexParameterf(GLES30.GL_TEXTURE_2D,      //设置 S 轴的拉伸方式为镜像重复
     GLES30.GL_TEXTURE_WRAP_S, GLES30. GL_MIRRORED_REPEAT);
GLES30.glTexParameterf(GLES30.GL_TEXTURE_2D,      //设置 T 轴的拉伸方式为镜像重复
   GLES30.GL_TEXTURE_WRAP_T, GLES30. GL_MIRRORED_REPEAT);
```

> **提示** 请读者注意，在开发中，S 与 T 两个轴的拉伸方式是独立设置的，可以在 S 轴设置使用重复(GL_REPEAT)方式，而 T 轴使用镜像重复(GL_MIRRORED_REPEAT)发生，反之亦然。

3. 截取拉伸方式

截取方式中当纹理坐标的值大于 1 时都看作 1，因此，会产生边缘被拉伸的效果，具体情况如图 7-11 所示。

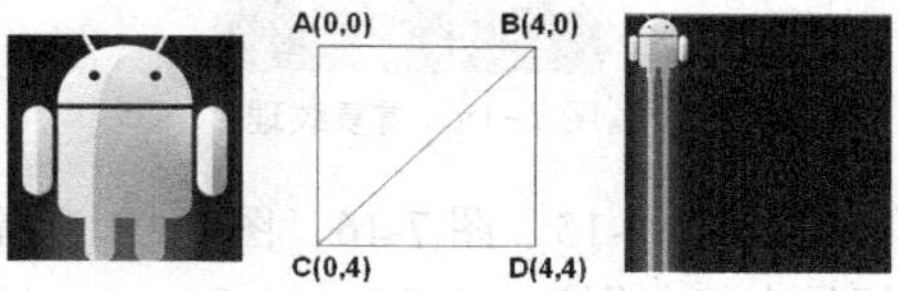

▲图 7-11　截取纹理

从图 7-11 中可以看出，需要纹理映射的矩形中 4 个顶点纹理坐标分别为(0,0)、(4,0)、(0,4)、(4,4)，因此，矩形中的各片元纹理坐标范围为 S 轴方向 0～4，T 轴方向 0～4。由于在此种拉伸方式下，大于 1 的纹理坐标都看作 1，因此，产生了纹理横向和纵向边缘被拉伸的效果。

纹理加载的过程中，设置纹理拉伸方式为截取方式的代码如下。

```
GLES30.glTexParameterf(GLES30.GL_TEXTURE_2D,                //设置 S 轴的拉伸方式为截取
     GLES30.GL_TEXTURE_WRAP_S, GLES30.GL_CLAMP_TO_EDGE);
GLES30.glTexParameterf(GLES30.GL_TEXTURE_2D,                //设置 T 轴的拉伸方式为截取
     GLES30.GL_TEXTURE_WRAP_T, GLES30.GL_CLAMP_TO_EDGE);
```

> **提示** 纹理拉伸在 S 与 T 轴方向上是独立的，可以在 S 方向上使用重复(GL_REPEAT)方式，在 T 方向上使用截取（GL_CLAMP_TO_EDGE）方式，反之亦然，但此种情况并不多见。另外，在实际开发中纹理坐标大于 1 并采用截取方式的情况并不多见，往往仅用于这种需要边缘拉伸的特殊效果。

7.2.2　不同拉伸方式的案例

介绍完纹理拉伸的基本知识后，下面将通过一个简单的案例说明，如何在开发中使用不同的纹理拉伸方式。此案例的功能为用不同的拉伸方式、不同的纹理坐标对一个矩形进行纹理映射，其运行效果如图 7-12～图 7-20 所示。

▲图 7-12　截取纹理 1

▲图 7-13　截取纹理 2

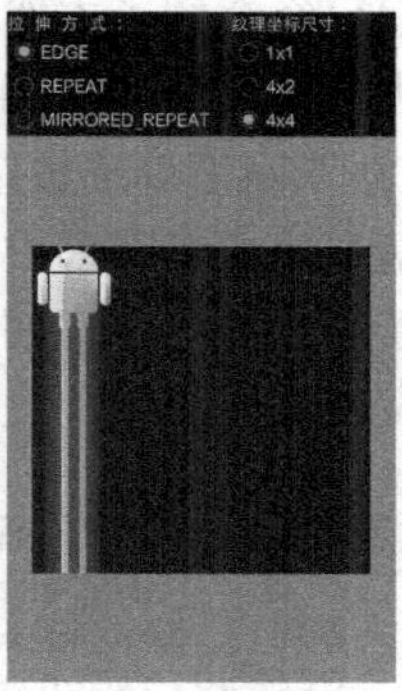

▲图 7-14　截取纹理 3

❑ 图 7-12、图 7-13、图 7-14 3 幅是程序在截取拉伸方式下的截图，从左至右矩形的纹理坐标最大值分别为（1, 1）、（4, 2）、（4, 4）。从 3 幅图中可以看出，在截取纹理拉伸方式下，纹理坐标中所有大于 1.0 的值均被设置为 1.0 使用，因此纹理边缘被拉伸。

▲图 7-15　重复纹理 1

▲图 7-16　重复纹理 2

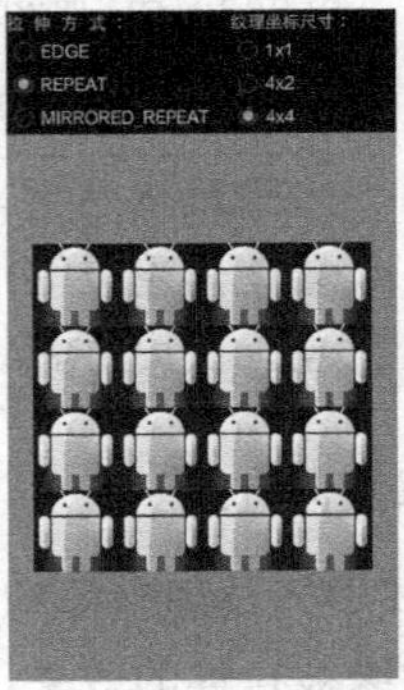

▲图 7-17　重复纹理 3

❑ 图 7-15、图 7-16、图 7-17 3 幅是程序在重复拉伸方式下的截图，从左至右矩形的纹理坐标最大值分别为（1, 1）、（4, 2）、（4, 4）。从 3 幅图中可以看出，在重复纹理拉伸方式下，当纹理坐标大于 1 时，仅取其小数部分使用，因此产生了重复的效果。

▲图 7-18　镜像重复纹理 1

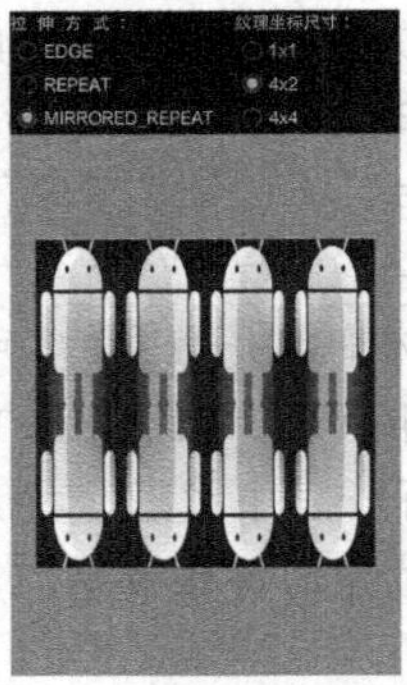

▲图 7-19　镜像重复纹理 2

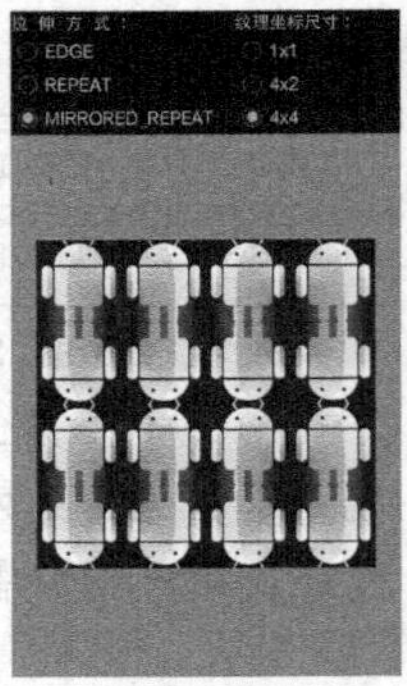

▲图 7-20　镜像重复纹理 3

❑ 图 7-18、图 7-19、图 7-20 3 幅是程序在镜像重复拉伸方式下的截图，从左至右矩形的纹理坐标最大值分别为（1, 1）、（4, 2）、（4, 4）。从 3 幅图中可以看出，在镜像重复纹理拉伸方式下，当纹理坐标大于 1 时，仅取其小数部分使用，并进行上下对称和左右对称，因此，产生镜像重复的效果。前面已经介绍了本案例的运行效果，接下来将介绍本案例的具体开发步骤。

（1）首先开发的是该案例的 Activity 类，其中主要是进行了界面的布局及为“拉伸方式”与“纹理坐标尺寸”两组单选按钮添加了监听器。这部分界面控件相关的内容不是本书讨论的重点，需要的读者请自行参考随书中的源代码。

（2）接着开发的是该案例中用来绘制整个场景的 MySurfaceView 类，该类中的大部分代码与本章第一个案例基本相同，主要的不同在于初始化纹理的 initTexture 方法，其代码如下。

代码位置：见随书中源代码/第 7 章/Sample7_3/src/com/bn/Sample7_3 目录下的 MySurfaceView.java。

```
public int initTexture(int RepeatIndex){                //初始化纹理的方法
    int[] textures = new int[1];                        //用于记录生成的纹理 id
    GLES30.glGenTextures(
        1,                                              //产生的纹理 id 的数量
```

```
5               textures,                                       //纹理 id 的数组
6               0                                               //偏移量
7           );
8           int textureId=textures[0];
9           GLES30.glBindTexture(GLES30.GL_TEXTURE_2D, textureId);//绑定纹理
10          GLES30.glTexParameterf(GLES30.GL_TEXTURE_2D,         //设置 MIN 采样方式
11                  GLES30.GL_TEXTURE_MIN_FILTER,GLES30.GL_NEAREST);
12          GLES30.glTexParameterf(GLES30.GL_TEXTURE_2D,         //设置 MAG 采样方式
13                  GLES30.GL_TEXTURE_MAG_FILTER,GLES30.GL_LINEAR);
14          if(RepeatIndex==0){                                  //如果索引值等于 0
15              GLES30.glTexParameterf(GLES30.GL_TEXTURE_2D,     //S 轴为重复拉伸方式
16                  GLES30.GL_TEXTURE_WRAP_S,GLES30.GL_REPEAT);
17              GLES30.glTexParameterf(GLES30.GL_TEXTURE_2D,     //T 轴为重复拉伸方式
18                  GLES30.GL_TEXTURE_WRAP_T,GLES30.GL_REPEAT);
19          }else if(RepeatIndex==1){                            //如果索引值等于 1
20              GLES30.glTexParameterf(GLES30.GL_TEXTURE_2D,     //S 轴为截取拉伸方式
21                  GLES30.GL_TEXTURE_WRAP_S,GLES30.GL_CLAMP_TO_EDGE);
22              GLES30.glTexParameterf(GLES30.GL_TEXTURE_2D,     //T 轴为截取拉伸方式
23                  GLES30.GL_TEXTURE_WRAP_T,GLES30.GL_CLAMP_TO_EDGE);
24          }else if(RepeatIndex==2){                            //如果索引值等于 2
25              GLES30.glTexParameterf(GLES30.GL_TEXTURE_2D,     //S 轴为镜像重复拉伸方式
26                  GLES30.GL_TEXTURE_WRAP_S,GLES30.GL_MIRRORED_REPEAT);
27              GLES30.glTexParameterf(GLES30.GL_TEXTURE_2D,     //T 轴为镜像重复拉伸方式
28                  GLES30.GL_TEXTURE_WRAP_T,GLES30.GL_MIRRORED_REPEAT);
29          }
30          //通过输入流加载图片
31          InputStream is = this.getResources().openRawResource(R.drawable.robot);
32          Bitmap bitmapTmp;
33          try {bitmapTmp = BitmapFactory.decodeStream(is);}
34          finally{try{is.close();}catch(IOException e){e.printStackTrace();}}
35          GLUtils.texImage2D(                              //实际加载纹理进显存
36          GLES30.GL_TEXTURE_2D,                            //纹理类型
37              0,                                           //纹理的层次
38              bitmapTmp,                                   //纹理图像
39              0                                            //纹理边框尺寸
40          );
41          bitmapTmp.recycle();                             //纹理加载成功后释放图片
42          return textureId;                                //返回结果
43      }
```

- 第 14-29 行为根据 RepeatIndex 参数的值设置不同的纹理拉伸方式，若其为 0 则设置为重复拉伸方式，若为 1 则设置为截取拉伸方式，若为 2 则设置为镜像重复拉伸方式。
- 第 31-41 行为通过输入流将纹理图加载进内存，然后将纹理图加载进显存并释放内存中的复制。

提示 对于该类中没有详细介绍的部分，读者可自行查看随书中的源代码。

（3）完成了 MySurfaceView 类的开发后，下面将要开发的是纹理矩形类 TextureRect。下面给出了该类的代码框架，具体内容如下。

代码位置：见随书中源代码/第 7 章/Sample7_3/src/om/bn/Sample7_3 目录下的 TextureRect.java。

```
package com.bn.Sample7_3;                            //包声明
import static com.bn.Sample7_3.ShaderUtil.createProgram;   //相关类的引入
……//此处省略部分相关类的引入代码，请读者自行查看随书的源代码
import android.opengl.Matrix;                        //相关类的引入
public class TextureRect {                           //纹理矩形
    int mProgram;                                    //自定义渲染管线着色器程序 id
    int muMVPMatrixHandle;                           //总变换矩阵引用
    int maPositionHandle;                            //顶点位置属性引用
    int maTexCoorHandle;                             //顶点纹理坐标属性引用
    String mVertexShader;                            //顶点着色器代码脚本
    String mFragmentShader;                          //片元着色器代码脚本
    static float[] mMMatrix = new float[16];
                                                     //具体物体的 3D 变换矩阵，包括旋转、平移、缩放
    FloatBuffer   mVertexBuffer;                     //顶点坐标数据缓冲
```

```
14        FloatBuffer   mTexCoorBuffer;           //顶点纹理坐标数据缓冲
15        int vCount=0;
16        float xAngle=0;                         //绕 x 轴旋转的角度
17        float yAngle=0;                         //绕 y 轴旋转的角度
18        float zAngle=0;                         //绕 z 轴旋转的角度
19        float sRange;                           //s 纹理坐标范围
20        float tRange;                           //t 纹理坐标范围
21        public TextureRect(MySurfaceView mv,float sRange,float tRange){
22            this.sRange=sRange;                 //接收 s 纹理坐标范围
23            this.tRange=tRange;                 //接收 t 纹理坐标范围
24            initVertexData();                   //调用初始化顶点数据的 initVertexData 方法
25            initShader(mv);                     //调用初始化着色器的 initShader 方法
26        }
27        public void initVertexData(){           //初始化顶点数据的 initVertexData 方法
28            //顶点坐标数据的初始化
29            vCount=6;
30            final float UNIT_SIZE=0.3f;                    //设置单位长度
31            float vertices[]=new float[]{                  //顶点坐标数组
32                -4*UNIT_SIZE,4*UNIT_SIZE,0,                //顶点坐标
33                -4*UNIT_SIZE,-4*UNIT_SIZE,0,               //顶点坐标
34                4*UNIT_SIZE,-4*UNIT_SIZE,0,                //顶点坐标
35                4*UNIT_SIZE,-4*UNIT_SIZE,0,                //顶点坐标
36                4*UNIT_SIZE,4*UNIT_SIZE,0,                 //顶点坐标
37                -4*UNIT_SIZE,4*UNIT_SIZE,0                 //顶点坐标
38            };
39            //创建顶点坐标数据缓冲
40            ByteBuffer vbb = ByteBuffer.allocateDirect(vertices.length*4);
41            vbb.order(ByteOrder.nativeOrder());    //设置字节顺序为本地操作系统顺序
42            mVertexBuffer = vbb.asFloatBuffer();   //转换为 float 型缓冲
43            mVertexBuffer.put(vertices);           //向缓冲区中放入写入数据
44            mVertexBuffer.position(0);             //设置缓冲区起始位置
45            //顶点纹理坐标数据的初始化
46            float texCoor[]=new float[]{           //顶点纹理数组
47                0,0, 0,tRange, sRange,tRange,
48                sRange,tRange, sRange,0, 0,0       //纹理坐标
49            };
50            //创建顶点纹理坐标数据缓冲
51            ByteBuffer cbb = ByteBuffer.allocateDirect(texCoor.length*4);
52            cbb.order(ByteOrder.nativeOrder());    //设置字节顺序为本地操作系统顺序
53            mTexCoorBuffer = cbb.asFloatBuffer();  //转换为 float 型缓冲
54            mTexCoorBuffer.put(texCoor);           //向缓冲区中写入数据
55            mTexCoorBuffer.position(0);            //设置缓冲区起始位置
56        }
57        public void initShader(MySurfaceView mv){/*代码省略*/}
                                                     //初始化着色器的 initShader 方法
58        public void drawSelf(int texId){ /*代码省略*/}//绘制纹理矩形的方法
59    }
```

- 第 6-20 行定义了一些需要使用的成员变量，主要包括：自定义渲染管线程序 id、总变换矩阵引用、顶点位置属性引用、顶点纹理坐标属性引用等。
- 第 27-56 行为对顶点数据进行初始化的 initVertexData 方法，其代码与本章中第一个三角形案例的基本相同。最大的区别是，纹理坐标是通过接收的参数来设置的，不再是固定的，灵活性有所增强，满足了本案例中矩形顶点纹理坐标变化的需要。
- 对于初始化着色器的 initShader 方法、绘制纹理矩形的 drawSelf 方法，由于与前面的案例没有太大区别，因此不再赘述。

> **提示** 该案例中自然也用到了顶点着色器与片元着色器，但由于本案例中的顶点着色器与片元着色器与本章第一个案例中的完全相同，因此，这里也不再赘述，需要的读者可自行查看随书中的源代码。

7.3 纹理采样

上一节介绍了纹理的两种不同拉伸方式，本节主要介绍两种不同的纹理采样方式：最近点采样与线性采样。通过这一节的学习读者应该能够掌握两种不同纹理采样方式的原理，并能够根据具体情况选用恰当的纹理采样方式。

7.3.1 纹理采样概述

前面的章节也简单提到过，所谓纹理采样就是根据片元的纹理坐标到纹理图中提取对应位置颜色的过程。但由于被渲染图元中的片元数量与其对应纹理区域中像素的数量并不一定相同，也就是说图元中的片元与纹理图中的像素并不总是一一对应的。

例如，将较小的纹理图映射到较大的图元或将较大的纹理图映射到较小的图元时这种情况就会产生。因此，通过纹理坐标在纹理图中并不一定能找到与之完全对应的像素，这时候就需要采用一些策略使得纹理采样可以顺利进行下去。通常采用的策略有最近点采样、线性采样两种，下面的小节将一一进行详细介绍。

7.3.2 最近点采样

最近点采样是最简单的一种采样算法，其速度在各种采样算法中也是最快的，本小节将分基本原理与效果特点两个方面对其进行介绍。

1. 基本原理

最近点采样算法的基本原理如图 7-21 所示。

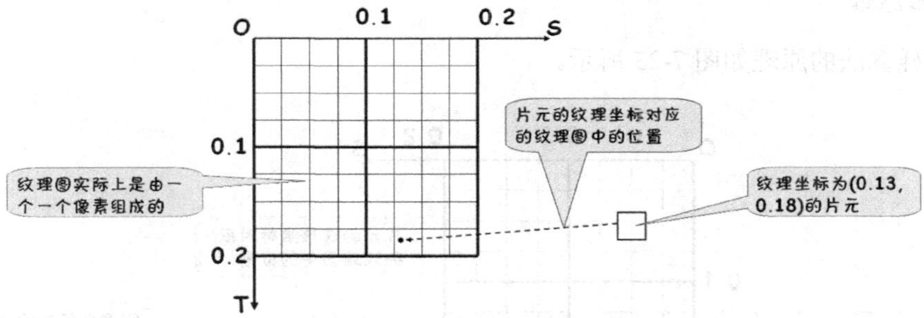

▲图 7-21　最近点采样的原理图

从图 7-21 中可以看出两点。

❑ 纹理图的横边和竖边纹理坐标的范围都是 0～1，而纹理图本身是由一个一个离散的像素组成的。若将每个像素看成一个小方块，则每个像素都占一定的纹理坐标范围。如图 7-21 中纹理图最左上侧的像素纹理坐标的范围为：S 方向 0.0～0.025，T 方向 0.0～0.025。

❑ 根据片元的纹理坐标可以很容易地计算出片元对应的纹理坐标点位于纹理图中的哪个像素（小方格）中，最近点采样就直接取此像素的颜色值为采样值。

2. 效果特点

从前面原理的介绍中可以看出，最近点采样很简单，计算量也小。但最近点采样也有一个明显的缺点，那就是若把较小的纹理图映射到较大的图元上时容易产生很明显的锯齿，如图 7-22 所示。

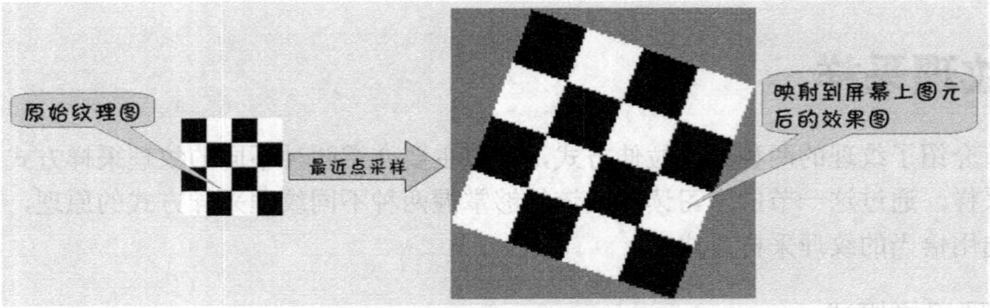

▲图 7-22　最近点采样的特点图

需要注意的是，将较大的纹理图映射到较小的图元时，也会有锯齿产生，但由于图元整体较小，视觉上就不那么明显了。

加载纹理时，设置采用最近点采样方式的代码如下。

```
GLES30.glTexParameterf(GLES30.GL_TEXTURE_2D,              //设置MIN时为最近点采样
        GLES30.GL_TEXTURE_MIN_FILTER,GLES30.GL_NEAREST);
GLES30.glTexParameterf(GLES30.GL_TEXTURE_2D,              //设置MAG时为最近点采样
        GLES30.GL_TEXTURE_MAG_FILTER,GLES30.GL_NEAREST);
```

提示　关于上述代码中GLES30.GL_TEXTURE_MIN_FILTER和GLES30.GL_ EXTURE_MAG _FILTER的含义将在后继的小节中给出，这里读者简单了解即可。

7.3.3　线性纹理采样

从上一小节的介绍中可以看出，在某些情况下，最近点采样不能满足高视觉效果的要求，这时可以选用更复杂一些的线性纹理采样算法。本小节将对线性纹理采样算法进行介绍，主要包括基本原理及效果特点两方面。

1. 基本原理

线性采样算法的原理如图 7-23 所示。

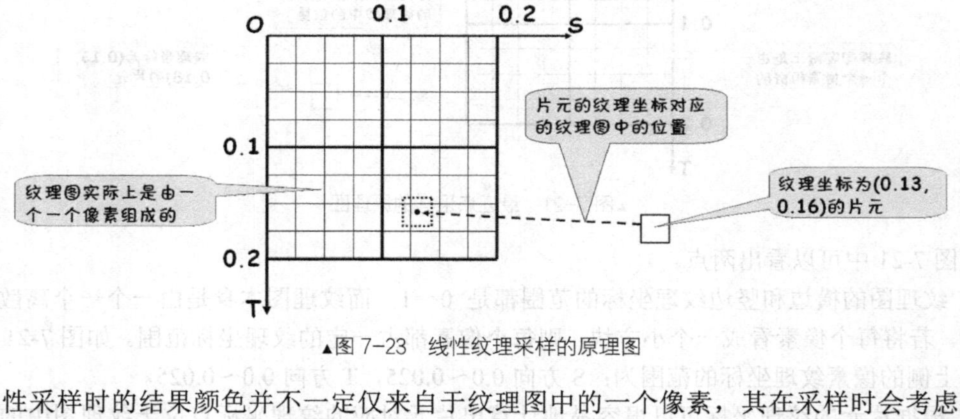

▲图 7-23　线性纹理采样的原理图

线性采样时的结果颜色并不一定仅来自于纹理图中的一个像素，其在采样时会考虑到片元对应的纹理坐标点附近的几个像素。如图 7-23 所示，右侧片元的纹理坐标对应的纹理点在纹理图中的小黑点位置，此时可以认为纹理点位于采样范围的中央。因此，采样范围涉及了 4 个像素，但由于纹理点并没有位于 4 个像素的交叉点上，从而 4 个像素的颜色在结果中所占的比例也不尽相同。

一般是根据涉及的像素在采样范围内的面积比例加权计算出最终的采样结果，但具体采样时

使用的采样范围可能因厂商的不同而有所不同，上述示意图中的采样范围只是对原理的说明。

2. 效果特点

从前面线性采样基本原理的介绍中可以推导出，由于采样时对采样范围内的多个像素进行了加权平均，因此，在将较小的纹理图映射到较大的图元上时，不再会有锯齿的现象，而是平滑过渡的，如图 7-24 所示。

▲图 7-24 线性纹理采样的特点图

> **提示** 平滑过渡解决了锯齿的问题，但有时线条边缘会很模糊，因此，实际开发中采用哪种采样策略，需要根据具体的需求来确定。

加载纹理时，设置采用线性采样方式的代码如下。

```
GLES30.glTexParameterf(GLES30.GL_TEXTURE_2D,                 //设置 MIN 时为线性采样
        GLES30.GL_TEXTURE_MIN_FILTER,GLES30. GL_LINEAR);
GLES30.glTexParameterf(GLES30.GL_TEXTURE_2D,             //设置 MAG 时为线性采样
        GLES30.GL_TEXTURE_MAG_FILTER,GLES30. GL_LINEAR);
```

> **提示** 关于上述代码中 GLES30.GL_TEXTURE_MIN_FILTER 和 GLES30.GL_TEXTURE_MAG_FILTER 的含义将在后继的小节中给出，这里读者简单了解即可。

7.3.4 MIN 与 MAG 采样

前两个小节介绍了两种不同的纹理采样方式，读者应该已经注意到，无论采用哪种采样方式，都需要对 MIN（GL_TEXTURE_MIN_FILTER）与 MAG（GL_TEXTURE_MAG_FILTER）两种情况分别进行设置。本小节将介绍 MIN 与 MAG 两种纹理采样情况的具体含义，其原理分别如图 7-25 和图 7-26 所示。

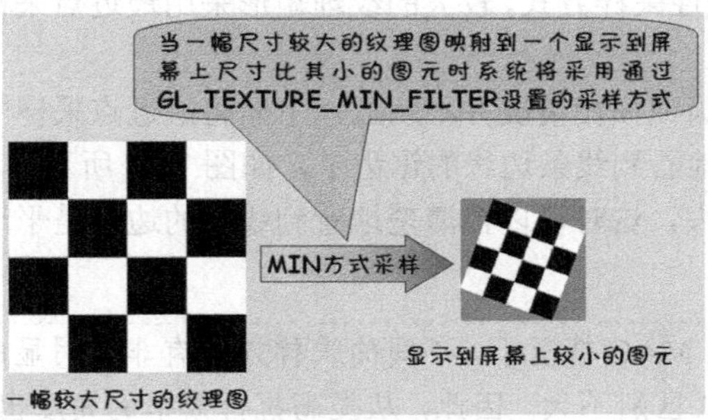

▲图 7-25 MIN 采样

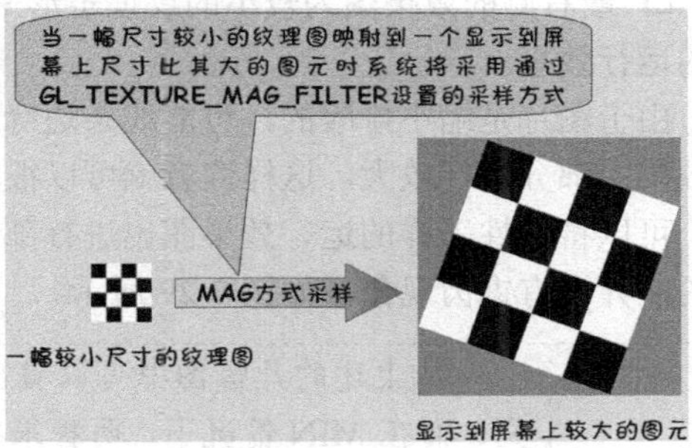

▲图 7-26 MAG 采样

从图 7-25 与图 7-26 中可以看出，当纹理图比需要映射的图元尺寸大时系统采用 MIN 对应的

纹理采样算法设置，而当纹理图比需要映射的图元尺寸小时系统采用 MAG 对应的纹理采样算法设置。

上述是通俗的说法，更准确的定义应该是：当纹理图中的一个像素对应到待映射图元上的多个片元时，采用 MAG 采样；反之则采用 MIN 采样。

> 提示　由于最近点采样计算速度快，在 MIN 情况下一般锯齿也不明显，综合效益高；而 MAG 方式下若采用最近点采样则锯齿会很明显，严重影响视觉效果。因此，实际开发中，一般情况下往往采用将 MIN 情况设置为最近点采样，将 MAG 情况设置为线性采样的组合。

7.3.5　不同纹理采样方式的案例

前面几个小节对纹理采样各方面的知识进行了介绍，本小节将给出一个综合运用了这些知识的案例，其运行效果如图 7-27 所示。

▲图 7-27　运行效果

- 本案例中上方较小的纹理矩形是用尺寸比其大的纹理图映射的，用来演示 MIN 情况；下方较大的纹理矩形是用尺寸比其小的纹理图映射的，用来演示 MAG 情况。
- 最上面采样方式的 4 个单选按钮由左至右依次代表 MIN 和 MAG 情况的不同采样方式组合，具体情况为：最近点采样与最近点采样组合（NN）、线性采样与线性采样组合（LL）、最近点采样与线性采样组合（NL）、线性采样与最近点采样组合（LN）。
- 最左侧的运行效果图为较大的与较小的纹理矩形均采用最近点采样方式的运行效果。
- 左起第二幅效果图为较大的与较小的纹理矩形均采用线性采样方式的运行效果。
- 左起第三幅效果图为较小的纹理矩形采用最近点采样方式，较大的纹理矩形采用线性采样方式的运行效果。
- 最右侧的效果图为较小的纹理矩形采用线性采样方式，较大的纹理矩形采用最近点采样方式的运行效果。

由于图片是缩小排版的，可能线条边缘的锯齿或模糊情况并不明显。下面将最近点采样的运行效果图部分进行放大，这样读者就可以很清楚地看到线条边缘的锯齿了，如图 7-28 所示。

可以将线性采样的运行效果图也进行部分放大，这时可以很清楚地看到线条的边缘是平滑过渡的，并没有锯齿现象，如图 7-29 所示。

> 提示　从上述的几幅图中可以看出，在 MAG 情况下，不同的采样方式有非常明显的区别；而在 MIN 情况下，两种采样方式区别不大。因此，从提高执行效率的角度出发，在 MIN 情况下一般设置为最近点采样。另外，某些特殊情况可能不希望边缘模糊，此时 MAG 情况也会采用最近点采样。

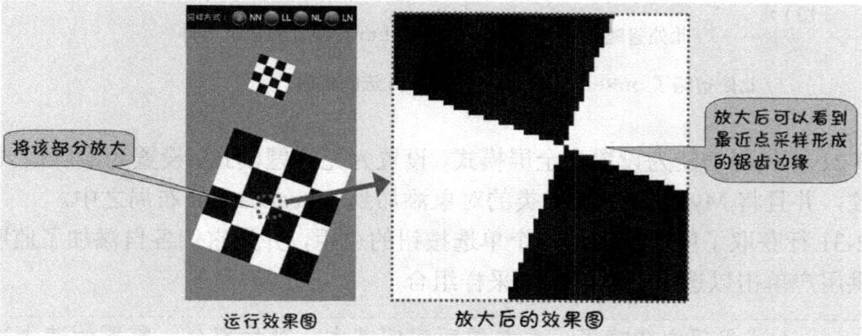

▲图 7-28　采用最近点采样后运行效果图中部分放大后的效果

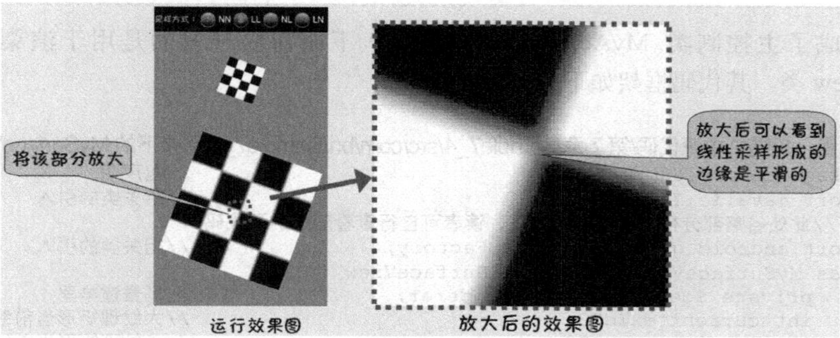

▲图 7-29　采用线性采样后运行效果图中部分放大后的效果

介绍完了本案例的运行效果后，下面介绍本案例的具体开发步骤，具体如下所列。

（1）首先开发的是本案例的主控制类 MyActivity，其代码如下。

代码位置：见随书中源代码/第 7 章/Sample7_4/src/com/bn/Sample7_4 目录下的 MyActivity.java。

```
package com.bn.Sample7_4;                                  //包声明
import android.app.Activity;                               //相关类的引入
……//此处省略部分相关类的引入代码，读者可自行查看随书的源代码
import android.widget.CompoundButton.OnCheckedChangeListener;//相关类的引入
public class MyActivity extends Activity {
     private MySurfaceView mGLSurfaceView;           // MySurfaceView 类的引用
     @Override
     protected void onCreate(Bundle savedInstanceState) {
          super.onCreate(savedInstanceState);            //调用父类方法
          requestWindowFeature(Window.FEATURE_NO_TITLE); //设置无标题
          getWindow().setFlags(WindowManager.LayoutParams.FLAG_FULLSCREEN ,
          WindowManager.LayoutParams.FLAG_FULLSCREEN);   //设置为全屏
          //设置为横屏模式
          setRequestedOrientation(ActivityInfo.SCREEN_ORIENTATION_PORTRAIT);
          setContentView(R.layout.main);                 //切换到主界面
          mGLSurfaceView = new MySurfaceView(this);   //初始化 GLSurfaceView
          mGLSurfaceView.requestFocus();                 //获取焦点
          mGLSurfaceView.setFocusableInTouchMode(true);  //设置为可触控
          //将自定义的 GLSurfaceView 添加到外层 LinearLayout 中
          LinearLayout ll=(LinearLayout)findViewById(R.id.main_liner);
          ll.addView(mGLSurfaceView);
          RadioButton rb=(RadioButton)findViewById(R.id.Radi01);//获取 RadioButton 对象
               rb.setOnCheckedChangeListener(     //为 RadioButton 添加监听器
               new OnCheckedChangeListener() {
               @Override                          //重写方法的标志
               public void onCheckedChanged(CompoundButton buttonView,
                    boolean isChecked) {          //如果当选按钮被按下
                    if(isChecked){
                         mGLSurfaceView.currenttexId32 = mGLSurfaceView.texId[0];
                         mGLSurfaceView.currenttexId256 = mGLSurfaceView.texId[4];
```

```
31          }}});
32                ……//此处省略了其余 3 个 RadioButton 控件的监听事件
33          }
34          ……//此处省略了 onResume 与 onPause 方法的代码
35    }
```

- 第 10-21 行代码功能为设置为全屏模式、设置为无标题模式、设置为横屏模式、获取焦点、设置为可触控，并且将 MySurfaceView 类的对象添加到 LinearLayout 布局之中。
- 第 22-31 行获取了应用程序中 4 个单选按钮的引用，并为它们各自添加了监听器。这些单选按钮用来供用户单击以选择不同的纹理采样组合。

> **提示** 上述代码中省略了一些与前面案例基本一致的部分，需要的读者请自行参考中的源代码。

（2）完成了主控制类 MyActivity 的开发后，下面需要开发的是用于渲染整个场景的 MySurfaceView 类，其代码框架如下。

代码位置：见随书中源代码/第 7 章/Sample7_4/src/com/bn/Sample7_4 目录下的 MySurfaceView.java。

```
package com.bn.Sample7_4;                                    //包声明
import java.io.IOException;                                  //相关类的引入
……//此处省略部分相关类的引入代码，读者可自行查看随书的源代码
import android.graphics.BitmapFactory;                       //相关类的引入
class MySurfaceView extends GLSurfaceView {
    private SceneRenderer mRenderer;                         //场景渲染器
    int currenttexId32;                                      //大纹理矩形当前纹理的 id
    int currenttexId256;                                     //小纹理矩形当前纹理的 id
    int[] texId = new int[8];                                //存储系统分配的纹理 id 的数组
    public MySurfaceView(Context context) {/*代码省略，需要的读者参考随书*/}
    private class SceneRenderer implements GLSurfaceView.Renderer {
        TextureRect texRect;                                 //纹理矩形对象的引用
        public void onDrawFrame(GL10 gl){
            GLES30.glClear( GLES30.GL_DEPTH_BUFFER_BIT |
                GLES30.GL_COLOR_BUFFER_BIT);                 //清除深度缓冲与颜色缓冲
        //绘制小纹理矩形
        MatrixState.pushMatrix();                            //保存当前的变换矩阵
        MatrixState.translate(0, 1.3f, 1);                   //平移
        MatrixState.rotate(-20, 0, 0, 1);                    //旋转
        MatrixState.scale(0.3f, 0.3f, 0.3f);                 //缩放
        texRect.drawSelf(currenttexId256);                   //绘制小纹理矩形
        MatrixState.popMatrix();                             //恢复当前的变换矩阵
        //绘制大纹理矩形
        MatrixState.pushMatrix();                            //保存当前的变换矩阵
        MatrixState.translate(0, -0.6f, 1);                  //平移
        MatrixState.rotate(-20, 0, 0, 1);                    //旋转
        texRect.drawSelf(currenttexId32);                    //绘制大纹理矩形
        MatrixState.popMatrix();                             //恢复当前的变换矩阵
        }
        public void onSurfaceChanged(GL10 gl, int width, int height) {
          GLES30.glViewport(0, 0, width, height);            //设置视窗大小及位置
          float ratio = (float) width / height;              //计算 GLSurfaceView 的宽高比
          MatrixState.setProjectFrustum(-ratio, ratio, -1, 1, 1, 10);
                                                             //设置透视投影矩阵
          MatrixState.setCamera(0,0,3,0f,0f,0f,0f,1.0f,0.0f);
                                                             //设置摄像机 9 参数位置矩阵
          MatrixState.setInitStack();                        //初始化旋转矩阵
        }
        public void onSurfaceCreated(GL10 gl, EGLConfig config) {/*具体代码后面给出*/ }
    }
    public int initTexture(int drawableId,float sample1,float sample2){/*具体代码后面给出*/}
}
```

> **说明** 上述代码中最主要的就是 onDrawFrame 与 onSurfaceChanged 两个方法，onDrawFrame 方法的功能为在屏幕上的指定位置绘制一大一小两个纹理矩形，onSurfaceChanged 方法主要是进行绘制前的一些准备工作，如设置视口、投影、摄像机等。

（3）完成了 MySurfaceView 类代码框架的开发后，下面需要开发的是每次场景创建时执行一次的 onSurfaceCreated 方法，其代码如下。

代码位置：见随书中源代码/第 7 章/Sample7_4/src/com/bn/Sample7_4 目录下的 MySurfaceView.java。

```
public void onSurfaceCreated(GL10 gl, EGLConfig config) {
    GLES30.glClearColor(0.5f,0.5f,0.5f, 1.0f);          //设置屏幕背景色 RGBA
    texRect = new TextureRect(MySurfaceView.this);      //创建纹理矩形对象
    GLES30.glEnable(GLES30.GL_DEPTH_TEST);              //打开深度检测
    //初始化 32*32 像素的四个纹理
    texId[0] = initTexture(R.drawable.bw32,GLES30.GL_NEAREST,GLES30.GL_NEAREST);
    texId[1] = initTexture(R.drawable.bw32,GLES30.GL_LINEAR,GLES30.GL_LINEAR);
    texId[2] = initTexture(R.drawable.bw32,GLES30.GL_NEAREST,GLES30.GL_LINEAR);
    texId[3] = initTexture(R.drawable.bw32,GLES30.GL_LINEAR,GLES30.GL_NEAREST);
    //初始化 256*256 像素的四个纹理
    texId[4] = initTexture(R.drawable.bw256,GLES30.GL_NEAREST,GLES30. GL_NEAREST);
    texId[5] = initTexture(R.drawable.bw256,GLES30.GL_LINEAR,GLES30.GL_LINEAR);
    texId[6] = initTexture(R.drawable.bw256,GLES30.GL_NEAREST,GLES30.GL_LINEAR);
    texId[7] = initTexture(R.drawable.bw256,GLES30.GL_LINEAR,GLES30.GL_NEAREST);
    currenttexId32 = texId[0];                                  //设置当前纹理
    currenttexId256 = texId[4];                                 //设置当前纹理
    GLES30.glDisable(GLES30.GL_CULL_FACE);                      //关闭背面剪裁
}
```

> **说明** 上述代码首先创建了用于绘制纹理矩形的 TextureRect 类对象，然后采用不同的采样方式组合初始化了两组共 8 幅不同编号的纹理。前 4 幅纹理都用同一幅 32 像素×32 像素的图片生成，后 4 幅纹理都用同一幅 256 像素×256 像素的图片生成，每组中 4 幅在 MIN 和 MAG 情况下采用了不同的采样方式组合。

（4）完成了 onSurfaceCreated 方法的开发后，下面开发的是加载纹理的 initTexture 方法，代码如下。

代码位置：见随书中源代码/第 7 章/Sample7_4/src/com/bn/Sample7_4 目录下的 MySurfaceView.java。

```
public int initTexture(int drawableId,float sample1,float sample2){
    int[] textures = new int[1];                        //创建一个数组
    GLES30.glGenTextures(
        1,                                              //产生的纹理 id 的数量
        textures,                                       //纹理 id 的数组
        0                                               //偏移量
    );
    int textureId=textures[0];                          //纹理数组
    GLES30.glBindTexture(GLES30.GL_TEXTURE_2D, textureId);  //绑定纹理
    GLES30.glTexParameterf(GLES30.GL_TEXTURE_2D,            //确定纹理采样方式
        GLES30.GL_TEXTURE_MIN_FILTER,sample1);
    GLES30.glTexParameterf(GLES30.GL_TEXTURE_2D,            //确定纹理采样方式
        GLES30.GL_TEXTURE_MAG_FILTER,sample2);
    GLES30.glTexParameterf(GLES30.GL_TEXTURE_2D,            //确定纹理拉伸方式
        GLES30.GL_TEXTURE_WRAP_S,GLES30.GL_CLAMP_TO_EDGE);
    GLES30.glTexParameterf(GLES30.GL_TEXTURE_2D,            //确定纹理拉伸方式
        GLES30.GL_TEXTURE_WRAP_T,GLES30.GL_CLAMP_TO_EDGE);
    //通过输入流加载图片
   InputStream is = this.getResources().openRawResource(drawableId);
    Bitmap bitmapTmp;                                       //声明 Bitmap 的引用
   try {
        bitmapTmp = BitmapFactory.decodeStream(is);     //获取 Bitmap 的对象
```

```
23      } finally {try { is.close();} catch(IOException e) {e.printStackTrace();}
24      }
25      //实际加载纹理
26      GLUtils.texImage2D(
27          GLES30.GL_TEXTURE_2D,            //纹理类型
28          0,                               //纹理的层次，0 表示基本图像层，可以理解为直接贴图
29          bitmapTmp,                       //纹理图像
30          0                                //纹理边框尺寸
31      );
32      bitmapTmp.recycle();                 //纹理加载成功后释放图片
33      return textureId;
34  }
```

- initTexture 方法有 3 个参数：drawableId、sample1、sample2，其中 sample1 为 MIN 情况的采样方式，sample2 为 MAG 的采样方式。采样方式由传入的参数决定，而不是固化在方法代码中，进一步提高了灵活性。
- 第 9-17 行首先绑定了纹理，然后根据 sample1 与 sample2 参数设置了纹理的采样方式，同时设置纹理的拉伸方式为截取。
- 第 18-32 行为通过输入流将纹理图加载进内存，然后将纹理图加载进显存并释放内存中的复制。

> **提示**　该案例中使用的顶点着色器和片元着色器与前面 7.1 节中纹理三角形案例使用的顶点着色器与片源着色器代码完全相同，这里不再赘述，需要的读者可以自行查看随书中的源代码。

7.4　mipmap 纹理技术

有一些经验的开发人员都知道，当需要处理的场景很大时（如一大片铺满相同纹理的丘陵地形），若不采用一些技术手段，可能会出现远处地形视觉上更清楚，近处地形更模糊的反真实现象。这主要是由于透视投影中有近大远小的效果，远处的地形投影到屏幕上尺寸比较小，近处的尺寸比较大，而整个场景使用的是同一幅纹理图。

因此，对远处的山体而言纹理图被缩小进行映射，自然很清楚；而近处的山体可能纹理图需要被拉大进行映射，自然就发虚。一些读者可能会想到，应该对远处的地形采用尺寸较小分辨率低的纹理，近处的采用尺寸较大分辨率高的纹理，这其实就是 mipmap 的基本思想。

> **提示**　mipmap 这个术语最早出现于 1983 年，由 Lance williams 在其论文“Pyramidal Parametrics”中首次提出。mip 表示拉丁语“multum in parvo”，含义为“一块小地方有很多东西”，map 是 mapping 的缩写，表示纹理映射。

不过在应用中若要自己开发根据场景视觉大小自动选择恰当分辨率的纹理进行映射的功能会非常复杂，幸运的是，mipmap 仅需要在加载纹理时进行一些设置即可，其他的工作是由渲染管线自动完成的。mipmap 的基本工作原理如图 7-30 所示。

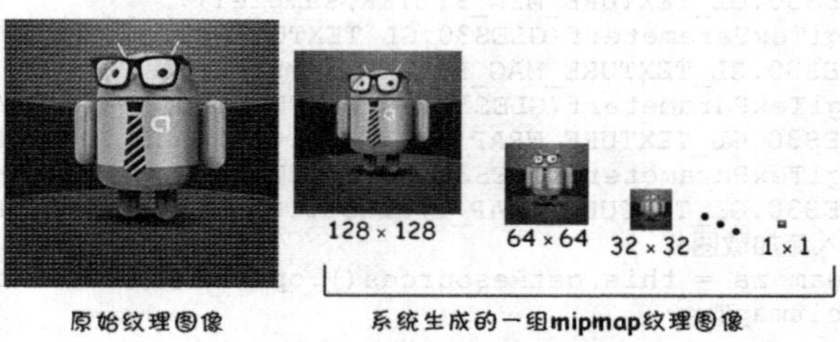

▲图 7-30　mipmap 纹理图像

从图 7-30 中可以看出，开发人员只需要提供一幅原始纹理图，系统会在纹理加载时自动生成一系列由大到小的纹理图。每幅纹理图是前一幅尺寸的 1/2，直至纹理图的尺寸缩小到 1×1。一系列纹理图中的第一副就是原始纹理图，因此可以轻松地计算出，一系列的 mipmap 纹理图占用的空间接近原始纹理图的 2 倍。

一系列的 mipmap 纹理图生成成功后，当应用程序运行时，渲染管线会首先根据情况计算出细节级别，然后根据细节级别决定使用系列中哪一个分辨率的纹理图。开发中将采样方式设置为 mipmap，并自动生成一系列的 mipmap 纹理图的基本代码如下。

```
GLES30.glTexParameteri ( GLES30.GL_TEXTURE_2D, //设置 MIN 情况为 mipmap 最近点采样
        GLES30.GL_TEXTURE_MIN_FILTER, GLES30.GL_LINEAR_MIPMAP_NEAREST);
GLES30.glTexParameteri ( GLES30.GL_TEXTURE_2D, //设置 MAG 情况为 mipmap 线性采样
        GLES30.GL_TEXTURE_MAG_FILTER, GLES30.GL_LINEAR_MIPMAP_LINEAR);
GLES30.glGenerateMipmap(GLES30.GL_TEXTURE_2D);   //自动生成 mipmap 系列纹理
```

> **提示** 关于 mipmap 技术的具体使用，将会在后继章节中介绍灰度图地形的部分详细介绍，并给出案例，这里读者仅需要了解基本概念、思路即可。

开发中使用 mipmap 纹理并设置采样方式时，除了可以使用前面介绍过的最近点采样和线性采样，一般需要选用 mipmap 专用的 4 种纹理采样方式，具体情况如表 7-1 所列。

表 7-1 mipmap 专用的采样方式

采 样 方 式	说 明
GL_NEAREST_MIPMAP_NEAREST	选择最邻近的 mip 层，层内使用最近点采样
GL_NEAREST_MIPMAP_LINEAR	在 mip 层之间使用线性插值，层内使用最近点采样
GL_LINEAR_MIPMAP_NEAREST	选择最邻近的 mip 层，层内使用线性采样
GL_LINEAR_MIPMAP_LINEAR	在 mip 层之间使用线性插值，层内也使用线性采样

7.5 多重纹理与过程纹理

本节将通过一个案例向读者介绍 OpenGL ES 2.0 已经支持的两个高级特性，多重纹理与过程纹理，有了这两个特性，场景的真实感会大大提高。本节将首先介绍关于多重纹理与过程纹理的基本知识，然后给出使用多重纹理与过程纹理的案例，具体内容如下。

7.5.1 案例概览

本章前面给出的所有案例中，对同一图元都只采用了一幅纹理图，这在有些情况下就显得不够强大了。本节将给出一个对同一图元采用多幅纹理图的案例，其运行效果如图 7-31 和图 7-32 所示。

▲图 7-31 运行效果图 1

▲图 7-32 运行效果图 2

从图 7-31 和图 7-32 中可以看出，整个案例展示的是地月系在星空中的场景，中间的地球与前面的案例不同，其纹理不是固定的。阳光照耀到的区域使用的是白天的纹理（如图 7-33 所示），阳光没有照耀到的区域使用的是夜晚万家灯火的纹理（如图 7-34 所示），在白天和黑夜的边缘是平滑过渡的。

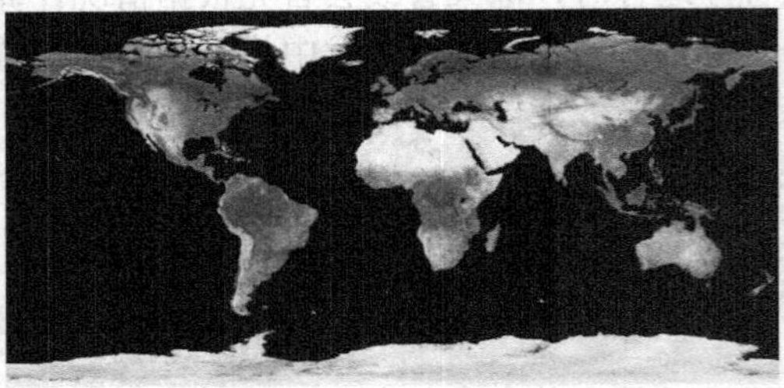

▲图 7-33　白天的地球纹理

▲图 7-34　黑夜的地球纹理

可以明显地感觉到，此案例的场景真实度比前面案例有了很大的提高。

- ❑ 对同一个图元采用多幅纹理图，这种技术称为多重纹理。
- ❑ 在多重纹理变化的边界根据某种规则进行平滑过渡，这种技术称为过程纹理。这种平滑过渡在很多情况下都会用到，如本案例中的白天纹理与黑夜纹理的过渡，丘陵地形中根据海拔不同进行的纹理过渡等。

提示	由于单色灰度印刷的原因，效果图可能看起来不是很清楚。这时可以参考本书前面的彩页或使用真机运行观察。同时，本案例中的阳光方向是可以随着手指在屏幕上的左右滑动而变化的。

7.5.2　将 2D 纹理映射到球面上的策略

本章前面给出的纹理映射相关案例都是将 2D 平面纹理映射到 3D 空间中的平面上，而从上一小节的运行效果图中可以看出，本节的案例是将 2D 平面纹理映射到了三维的球面上。通过前面一章中光照球体的案例，读者应该已经了解到 OpenGL ES 3D 空间中的球面实际上是由一个一个独立的三角形组成的。

因此，本案例中纹理映射的关键点就是如何产生这些小三角形中每个顶点对应的纹理坐标，这就比从平面纹理到平面的映射要复杂一些了。这种映射需要采用一些技术手段，基本思路如图 7-35 所示。

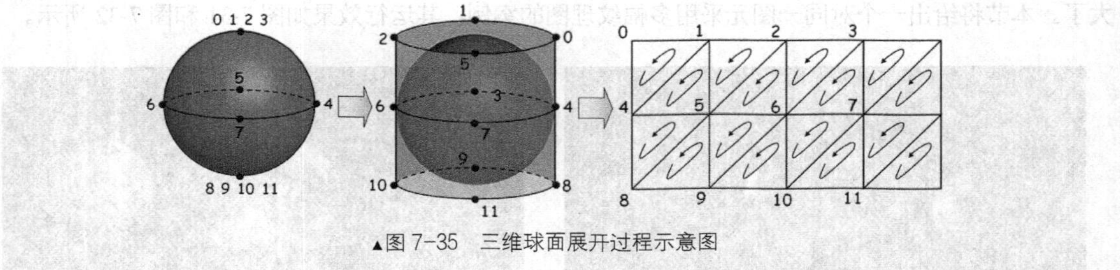

▲图 7-35　三维球面展开过程示意图

提示	图 7-35 中为了画示意图方便，仅将球面在纬度方向切割成了两份，经度方向切割成了 4 份，实际开发中应该按照同样的思路多分割几份，这样球面就较为平滑了。

从图 7-35 中可以看出，首先对球面进行拓扑变换，将上下两极破开，再像橡皮膜一样拉伸，就可以将球面变换为圆柱面。然后对圆柱面进一步进行拓扑变换，将圆柱沿某一条竖直棱切开，并展开成一个矩形。由于球面原来的顶点组成了一个一个的小三角形，因此，展开的矩形也由一个一个小三角形组成。

说明 拓扑变换是拓扑几何中的一种变换，拓扑变换前后的两个图形是拓扑全等的。简单来说，拓扑变换就是在不产生新顶点以及不改变顶点与顶点之间边的连接情况的前提下，任意地将顶点移动，这时连接这些顶点的边也可能被相应地拉伸、缩短、移位、旋转。在开发 3D 应用程序时，恰当运用拓扑变换辅助思考可以将问题简化。

球面被展开成矩形后就很容易与 2D 的矩形纹理图进行匹配了，具体情况如图 7-36 所示。

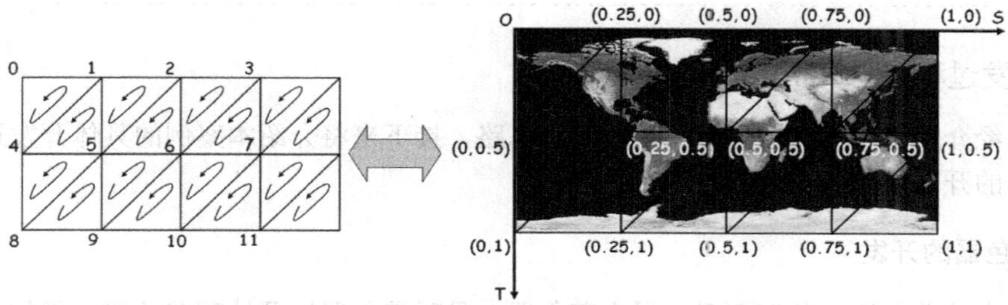

▲图 7-36 三维球面的顶点与 2D 纹理的对应关系图

从图 7-36 中可以看出，根据矩形中每个顶点对应的 S 轴、T 轴的位置可以非常方便地计算出每个顶点的纹理坐标。而矩形里面的顶点都是通过拓扑变换来自于球面上的顶点，与球面上的顶点一一对应，因此，球面上每个顶点的纹理坐标就很自然地计算出来了。

球面上每个顶点都有了其对应的纹理坐标后，应用程序一运行就可以在屏幕上渲染出如前面图 7-31 与图 7-32 所示具有逼真视觉效果的地月系场景了。

提示 不但将 2D 纹理映射到球面上可以采用本小节介绍的策略，将 2D 纹理映射到其他形状立体物体的表面时也可以采用这种思维方式。

7.5.3 案例的场景结构

从前面的图 7-31 与图 7-32 中可以看出，本案例展现的是一个地月系的场景。其中地球位于场景中央，月球绕地球公转，地球和月球都有自转。场景中的变换组合使用了基本变换中的平移与旋转变换，细节如下所列。

- 首先，初始情况下地球与月球都是贴好纹理的、球心位于坐标原点的球，如图 7-37 所示。
- 接着在绘制每一帧画面时首先将坐标系统绕 y 轴旋转一定的角度（这个角度是一个变量，绘制每一帧时都会有微小的变化，代表地球自转）后绘制地球。
- 然后将坐标系沿 x 轴正方向推移一定的距离 L（模拟地月间距）后，再将坐标系统绕 y 轴旋转一定的角度（这个角度是一个变量，绘制每一帧时都会有微小的变化，代表月球的自转）后绘制月球。

通过如上的顺序变换坐标系、绘制地球、月球就会产生所期望的公转、自转效果，具体情况如图 7-38 所示。

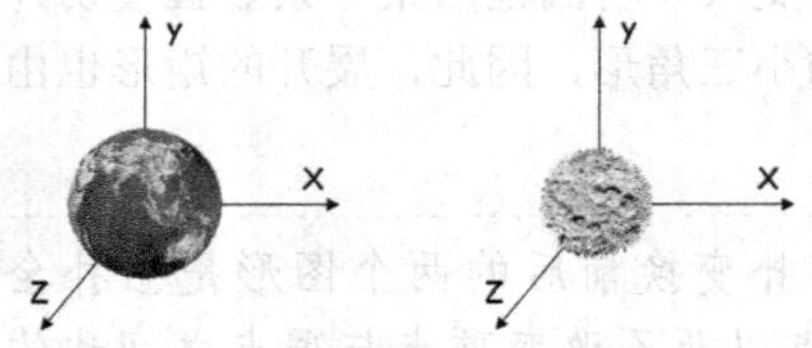

▲图 7-37　原始情况下的地球及月球

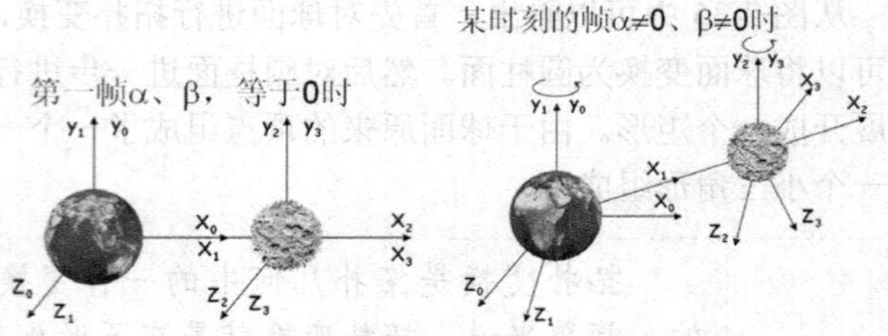

▲图 7-38　每帧画面涉及的变换

> **说明**　0 号坐标系为原始坐标系。1 号坐标系为 0 号坐标系绕 y 轴旋转α度后的坐标系，此时绘制地球。2 号坐标系为将 1 号坐标系沿 x 轴推移距离 L 后的坐标系。3 号坐标系为将 2 号坐标系绕 y 轴旋转β度时的坐标系，此时绘制月球。最终，给观察者的感觉就是地球自转，月球绕地球公转的同时自己自转。

7.5.4　开发过程

前面已经介绍了本案例的运行效果与基本思路，接下来将介绍本案例的具体开发过程，主要包括着色器的开发与 Java 代码的开发两个阶段。

1. 着色器的开发

本案例中的着色器一共有 3 套：星空着色器、月球着色器以及地球着色器，具体的开发步骤如下。

（1）首先开发的是用于绘制星空的顶点着色器，其代码如下。

代码位置：见随书中源代码/第 7 章/Sample7_5/assets 目录下的 vertex_xk.sh。

```
#version 300 es
uniform mat4 uMVPMatrix;                          //总变换矩阵
uniform float uPointSize;                         //点尺寸
in vec3 aPosition;                                //顶点位置
void main(){                                      //星空着色器的 main 方法
    gl_Position = uMVPMatrix * vec4(aPosition,1);//根据总变换矩阵计算这次绘制此顶点位置
    gl_PointSize=uPointSize;                      //点的大小
}
```

- 此着色器功能并不复杂，首先根据接收到的顶点位置及变换矩阵计算出顶点的最终绘制位置并传递给管线，接着将接收到的点绘制尺寸传递给管线。所谓传递给管线就是给恰当的内建变量赋值，如上述代码中的 gl_Position、gl_PointSize 等。
- 由于星星点的尺寸是从外界接收的，因此，可以根据参数绘制出大小不同的星星，大大增加了场景的真实感。

（2）完成了用于绘制星空的顶点着色器的开发后，下面将开发用于绘制星空的片元着色器，其代码如下。

代码位置：见随书中源代码/第 7 章/Sample7_5/assets 目录下的 frag_xk.sh。

```
#version 300 es
precision mediump float;                          //给出浮点默认精度
out vec4 fragColor;                               //传入渲染管线的片元颜色
void main(){                                      //星空着色器的 main 方法
    fragColor = vec4(1.0,1.0,1.0,1.0);            //给此片元赋颜色值
}
```

说明 星空片元着色器的代码非常简单，仅是将固定的颜色传递给 out 变量 fragColor，供管线绘制星空时使用。

（3）开发完了用于绘制星空的着色器后，下面将开发用于绘制月球的着色器。首先开发的是用于绘制月球的顶点着色器，其代码如下。

代码位置：见随书中源代码/第 7 章/Sample7_5/assets 目录下的 vertex_moon.sh。

```
#version 300 es
uniform mat4 uMVPMatrix;                                    //总变换矩阵
uniform mat4 uMMatrix;                                      //变换矩阵
uniform vec3 uCamera;                                       //摄像机位置
uniform vec3 uLightLocationSun;                             //太阳光源位置
in vec3 aPosition;                                          //顶点位置
in vec2 aTexCoor;                                           //顶点纹理坐标
in vec3 aNormal;                                            //法向量
out vec2 vTextureCoord;                                     //用于传递给片元着色器的变量
out vec4 vAmbient;                                          //用于传递给片元着色器的环境光信息
out vec4 vDiffuse;                                          //用于传递给片元着色器的散射光信息
out vec4 vSpecular;                                         //用于传递给片元着色器的镜面反射光信息
void pointLight(in vec3 normal, inout vec4 ambient, inout vec4 diffuse,
     inout vec4 specular, in vec3 uLightLocation,in vec4 lightAmbient,
     in vec4 lightDiffuse,in vec4 lightSpecular) {     //定位光光照计算的方法
     ……//该方法在第 6 章已详细介绍，这里不再赘述，读者可以自行查看随书中的源代码}
void main(){                                                         //月球着色器的 main 方法
     gl_Position = uMVPMatrix * vec4(aPosition,1); //根据总变换矩阵计算此次绘制此顶点位置
     vec4 ambientTemp=vec4(0.0,0.0,0.0,0.0);      //初始化环境光 ambientTemp
     vec4 diffuseTemp=vec4(0.0,0.0,0.0,0.0);      //初始化散射光 diffuseTemp
     vec4 specularTemp=vec4(0.0,0.0,0.0,0.0);     //初始化镜面反射光 specularTemp
     pointLight(normalize(aNormal),ambientTemp,diffuseTemp,specularTemp,
          uLightLocationSun,vec4(0.05,0.05,0.025,1.0),vec4(1.0,1.0,0.5,1.0),
          vec4(0.3,0.3,0.15,1.0));
     vAmbient=ambientTemp;                                  //将环境光的计算结果赋给 vAmbient
     vDiffuse=diffuseTemp;                                  //将散射光的计算结果赋给 vDiffuse
     vSpecular=specularTemp;                                //将镜面反色光的计算结果赋给 vSpecular
     vTextureCoord=aTexCoor;                                //将顶点的纹理坐标传给片元着色器
}
```

说明 此着色器与上一章介绍光照时综合案例的顶点着色器代码非常类似，功能为给每个顶点计算出环境光、散射光、镜面反射光分量并通过 out 变量传递给片元着色器。最大的区别就是，增加了将纹理坐标传递给片元着色器的功能。

（4）开发完了用于绘制月球的顶点着色器后，下面开发的是用于绘制月球的片元着色器，其具体代码如下。

代码位置：见随书中源代码/第 7 章/Sample7_5/assets 目录下的 frag_moon.sh。

```
#version 300 es
precision mediump float;                                    //给出浮点默认精度
in vec2 vTextureCoord;                                      //接收从顶点着色器过来的顶点纹理坐标
in vec4 vAmbient;                                           //接收从顶点着色器过来的环境光信息
in vec4 vDiffuse;                                           //接收从顶点着色器过来的散射光信息
in vec4 vSpecular;                                          //接收从顶点着色器过来的镜面反射光信息
out vec4 fragColor;                                         //传递到渲染管线的片元颜色
uniform sampler2D sTexture                                  //纹理内容数据
void main(){                                                //月球着色器的 main 方法
     vec4 finalColor = texture(sTexture, vTextureCoord); //给此片元从纹理中采样出颜色值
     fragColor = finalColor*vAmbient+finalColor*vSpecular+finalColor*vDiffuse;
                                                            //给此片元颜色值
}
```

> **说明**　该片元着色器与本章前面案例中的片元着色器最大的区别就是，不仅根据 in 变量传入的纹理坐标进行了纹理采样，还将纹理采样的结果与传入的环境光、散射光、镜面反射光分量进行加权计算，最终得出片元在光照与纹理协同作用下的颜色值。

（5）完成了月球着色器的开发后，下面将开发的是用于绘制地球的着色器。首先开发的是用于绘制地球的顶点着色器，其代码与前面步骤 3 中用于绘制月球的顶点着色器代码基本相同，这里不再赘述，读者可以自行参考中的源代码。

（6）开发完了用于绘制地球的顶点着色器后，下面接着要开发的是用于绘制地球的具有多重纹理、过程纹理功能的片元着色器，其代码如下。

代码位置：见随书中源代码/第 7 章/Sample7_5/assets 目录下的 frag_earth.sh。

```
1    #version 300 es
2    precision mediump float;                        //给出浮点默认精度
3    in vec2 vTextureCoord;                          //接收从顶点着色器过来的参数
4    in vec4 vAmbient;                               //接收从顶点着色器过来的环境光最终强度
5    in vec4 vDiffuse;                               //接收从顶点着色器过来的散射光最终强度
6    in vec4 vSpecular;                              //接收从顶点着色器过来的镜面反射光最终强度
7    out vec4 fragColor;                             //传递到渲染管线的片元颜色
8    uniform sampler2D sTextureDay;                  //白天纹理的内容数据
9    uniform sampler2D sTextureNight;                //黑夜纹理的内容数据
10   void main(){                                    //地球着色器的 main 方法
11        vec4 finalColorDay;                        //从白天纹理中采样出的颜色值
12        vec4 finalColorNight;                      //从夜晚纹理中采样出的颜色值
13        finalColorDay= texture(sTextureDay, vTextureCoord); //采样出白天纹理的颜色值
14        finalColorDay = finalColorDay*vAmbient+finalColorDay*vSpecular+finalColorDay*
          vDiffuse;
15        finalColorNight = texture(sTextureNight, vTextureCoord);
                                                     //采样出夜晚纹理的颜色值
16        finalColorNight = finalColorNight*vec4(0.5,0.5,0.5,1.0);
                                                     //计算出的该片元夜晚颜色值
17        if(vDiffuse.x>0.21){                       //当散射光分量大于 0.21 时
18             fragColor=finalColorDay;              //采用白天纹理
19        }else if(vDiffuse.x<0.05){                 //当散射光分量小于 0.05 时
20                  fragColor=finalColorNight;               //采用夜间纹理
21        }else{               //当环境光分量大于 0.05 小于 0.21 时，为白天夜间纹理的过渡阶段
22                  float t=(vDiffuse.x-0.05)/0.16;//计算白天纹理应占纹理过渡阶段的百分比
23                  fragColor=t*finalColorDay+(1.0-t)*finalColorNight;
                                                     //计算白天黑夜过渡阶段的颜色值
24   }}
```

- 第 3-7 行声明了用来接收顶点着色器传过来的纹理坐标、环境光、散射光、镜面反射光分量的 in 变量。
- 第 8-9 行声明了两个 sampler2D 类型的变量，分别用来接收白天与黑夜的纹理，这是此片元着色器与本章其他案例中片元着色器的一个很大的不同点。
- 第 13-14 行首先根据接收的纹理坐标对白天的纹理进行了采样，然后根据接收的环境光、散射光、镜面反射光分量对采样值进行了加权计算，最后得到了片元若为白天时的颜色值。
- 第 15-16 行首先根据接收的纹理坐标对黑夜的纹理进行了采样，然后对黑夜的纹理亮度进行变化后得到了片元若为黑夜时的颜色值。
- 第 17-23 行根据此片元散射光的亮度将片元的最终颜色分 3 种情况计算：若散射光亮度大于 0.21，则此片元完全采用白天时的颜色值；若散射光亮度小于 0.05，则此片元完全采用黑夜时的颜色值；若散射光亮度介于 0.05～0.21，则根据亮度将白天与黑夜的颜色值进行加权计算产生最终的片元颜色值。这就是所谓的过程纹理技术，采用其处理后过渡是平滑的，视觉效果更自然、真实。

2. Java 代码的开发

完成了所有着色器的开发后，就可以进行 Java 部分代码的开发了，具体步骤如下。

（1）首先开发的是用于绘制星空天球的 Celestial 类，其作用为在茫茫宇宙中显现群星闪烁的视觉效果，具体代码如下。

代码位置：见随书中源代码/第 7 章/Sample7_5/src/com/bn/Sample7_5 目录下的 Celestial.java。

```
1   package com.bn.Sample7_5;                                   //包声明
2   ……//此处省略部分类引入的代码，请读者自行查看随书的源代码
3   public class Celestial {                                    //表示星空天球的类
4       final float UNIT_SIZE=10.0f;                            //天球半径
5       private FloatBuffer  mVertexBuffer;                     //顶点坐标数据缓冲
6       int vCount=0;                                           //星星数量
7       float yAngle;                                           //天球绕 y 轴旋转的角度
8       float scale;                                            //星星尺寸
9       String mVertexShader;                                   //顶点着色器代码脚本
10      String mFragmentShader;                                 //片元着色器代码脚本
11      int mProgram;                                           //自定义渲染管线程序 id
12      int muMVPMatrixHandle;                                  //总变换矩阵引用
13      int maPositionHandle;                                   //顶点位置属性引用
14      int uPointSizeHandle;                                   //顶点尺寸参数引用
15      public Celestial(float scale,float yAngle,int vCount,MySurfaceView mv){
16          this.yAngle=yAngle;                  //绕 y 轴旋转的角度
17          this.scale=scale;
18          this.vCount=vCount;                  //顶点的数量
19          initVertexData();                    //调用初始化顶点数据的 initVertexData 方法
20          intShader(mv);                       //调用初始化着色器的 initShader 方法
21      }
22      public void initVertexData(){  //自定义初始化顶点数据的 initVertexData 方法
23          float vertices[]=new float[vCount*3]; //顶点坐标数据的初始化
24          for(int i=0;i<vCount;i++){
25              //随机产生每个星星的 xyz 坐标
26              double angleTempJD=Math.PI*2*Math.random();    //随机产生一个方位角
27              double angleTempWD=Math.PI*(Math.random()-0.5f); //随机产生一个仰角
28              vertices[i*3]=(float)(UNIT_SIZE*Math.cos(angleTempWD)*Math.sin
                (angleTempJD));
29              vertices[i*3+1]=(float)(UNIT_SIZE*Math.sin(angleTempWD));
30              vertices[i*3+2]=(float)(UNIT_SIZE*Math.cos(angleTempWD)
                *Math.cos(angleTempJD));
31          }
32          ByteBuffer vbb = ByteBuffer.allocateDirect(vertices.length*4);
                                                                //创建顶点坐标数据缓冲
33          vbb.order(ByteOrder.nativeOrder());                 //设置字节顺序
34          mVertexBuffer = vbb.asFloatBuffer();                //转换为 float 型缓冲
35          mVertexBuffer.put(vertices);                        //向缓冲区中放入顶点位置数据
36          mVertexBuffer.position(0);                          //设置缓冲区起始位置
37      }
38      public void intShader(MySurfaceView mv){/*代码省略，需要的读者请自行参考随书*/}
39      public void drawSelf(){
40          GLES30.glUseProgram(mProgram);                      //指定使用某套着色器程序
41          GLES30.glUniformMatrix4fv(muMVPMatrixHandle, 1,//将最终变换矩阵传入渲染管线
42              false, MatrixState.getFinalMatrix(), 0);
43          GLES30.glUniform1f(uPointSizeHandle, scale);    //将顶点尺寸传入渲染管线
44          GLES30.glVertexAttribPointer(                       //将顶点位置数据送入渲染管线
45              maPositionHandle,3, GLES30.GL_FLOAT, false,3*4, mVertexBuffer );
46          GLES30.glEnableVertexAttribArray(maPositionHandle);   //启用顶点位置数据数组
47          GLES30.glDrawArrays(GLES30.GL_POINTS, 0, vCount); //绘制星星点
48  }}
```

- 第 15-21 行为 Celestial 类的构造器，主要工作为接收并保存一些成员变量的值，调用 initVertexData 方法初始化顶点数据，调用 initShader 方法初始化着色器。
- 第 22-37 行为初始化顶点坐标数据的 initVertexData 方法，其在指定半径的天球上随机生成了指定个数的星星。每产生一颗星星时，先随机给出星星的仰角及方位角，然后根据解析几何

公式计算出此星星的 x、y、z 坐标。

- ❑ 第 38 行为初始化着色器的 initShader 方法，该方法的代码与前面案例的基本一致，都是首先创建着色器程序，然后从着色器程序中获得需要的引用值并保存，需要的读者请参考随书。
- ❑ 第 39-48 行为绘制星空天球的 drawSelf 方法，该方法中大部分与前面的案例一致，最大的区别就是，第 47 行的绘制方式不再是 GLES30.GL_TRIANGLES，而是 GLES30.GL_POINTS。这是由于星空是由一个一个独立的点构成的，而不是由三角形构成的。

（2）完成了 Celestial 类的开发后，下面将要开发的是采用多重纹理的 Earth 类。首先开发的是该类的代码框架，具体代码如下。

代码位置：见随书中源代码/第 7 章/Sample7_5/src/com/bn/Sample7_5 目录下的 Earth.java。

```
1   package com.bn.Sample7_5;                                    //包声明
2   ……//此处省略了部分类的引入代码，读者可自行查看随书的源代码
3   public class Earth {
4       ……//省略了一些常用的成员变量声明，与前面的案例套路基本相同，需要的读者参看
5       int uDayTexHandle;                                       //白天纹理属性引用
6       int uNightTexHandle;                                     //黑夜纹理属性引用
7       public Earth(MySurfaceView mv,float r){
8           initVertexData(r);              //调用初始化顶点数据的initVertexData的方法
9           initShader(mv);                 //调用初始化着色器的initShader方法
10      }
11      public void initVertexData(float r){/*代码省略，需要的读者请参考随书*/}
12      public void initShader(MySurfaceView mv){/*代码省略，需要的读者请参考随书*/}
13      public void drawSelf(int texId,int texIdNight){ /*代码省略，后面详细介绍*/}
14      public float[] generateTexCoor(int bw,int bh){ /*代码省略，后面详细介绍*/}
15  }
```

- ❑ 第 4-6 行定义了一些程序中需要用到的成员变量，具有特殊性的就是此 3D 物体有两个纹理引用：uDayTexHandle 与 uNightTexHandle。这也对应到前面地球片元着色器中有两个 sampler2D 类型的纹理变量，分别用来接收白天与黑夜的纹理。
- ❑ 第 11-12 行为初始化顶点数据的 initVertexData 方法与初始化着色器的 initShader 方法，这两个方法与本书前面章节的案例基本一致，主要是将绘制需要的各项顶点信息放进相应的缓冲，如顶点位置、法向量、纹理坐标等。因此不再赘述。
- ❑ 第 13-14 行的两个方法在后面的步骤中详细介绍，这里只给出了方法签名。

（3）完成了 Earth 类代码框架的开发后，下面将开发根据参数自动计算顶点纹理坐标的 generateTexCoor 方法，其代码如下。

代码位置：见随书中源代码/第 7 章/Sample7_5/src/com/bn/Sample7_5 目录下的 Earth.java。

```
public float[] generateTexCoor(int bw,int bh){   //自动切分纹理产生纹理数组的方法
    float[] result=new float[bw*bh*6*2];
    float sizew=1.0f/bw;                          //列数
    float sizeh=1.0f/bh;                          //行数
    int c=0;
    for(int i=0;i<bh;i++){                        //循环
        for(int j=0;j<bw;j++){                    //循环
            //每行列一个矩形，由两个三角形构成，共 6 个点，12 个纹理坐标
            float s=j*sizew;
            float t=i*sizeh;                      //得到 i 行 j 列小矩形的左上点的纹理坐标值
            result[c++]=s;
            result[c++]=t;                        //该矩形左上点纹理坐标值
            result[c++]=s;
            result[c++]=t+sizeh;                  //该矩形左下点纹理坐标值
            result[c++]=s+sizew;
            result[c++]=t;                        //该矩形右上点纹理坐标值
            result[c++]=s+sizew;
            result[c++]=t;                        //该矩形右上点纹理坐标值
            result[c++]=s;
            result[c++]=t+sizeh;                  //该矩形左下点纹理坐标值
```

```
                        result[c++]=s+sizew;
                        result[c++]=t+sizeh;            //该矩形右下点纹理坐标值
            }}
            return result;                              //返回结果
    }
```

❑ 从上述代码中可以看出，此方法根据接收的参数 bw、bh，将一幅纹理图看作切割成 bh 行、bw 列的 bw×bh 个小方块。然后在循环中依次将每个小方块 4 个顶点的纹理坐标按照一定的卷绕方式存放到数组中返回，这实际就是前面 7.5.2 策略的实现。

❑ 读者可能会发现每个小方块对应了 6 对纹理坐标，这是因为本案例采用了 GL_TRIANGLES 绘制方式。将每个矩形看作由两个三角形组成，每个三角形有 3 个顶点，因此一共有 6 个顶点。这显然会在每个小方块中有两个重复的顶点，如果读者不希望有这些重复的顶点，可以修改程序的相关部分，改成使用 GL_TRIANGLE_STRIP 绘制方式。

（4）完成了根据切割的行列数生成纹理坐标序列的 generateTexCoor 方法的开发后，下面开发的是用于绘制地球的 drawSelf 方法，其具体代码如下。

代码位置：见随书中源代码/第 7 章/Sample7_5/src/com/bn/Sample7_5 目录下的 Earth.java。

```
1     public void drawSelf(int texId,int texIdNight) {
2       GLES30.glUseProgram(mProgram);                    //指定使用某套着色器程序
3       GLES30.glUniformMatrix4fv(muMVPMatrixHandle, 1,     //将最终变换矩阵传入渲染管线
4               false, MatrixState.getFinalMatrix(), 0);
5       GLES30.glUniformMatrix4fv(muMMatrixHandle, 1,  //将位置、旋转变换矩阵传入渲染管线
6       GLES30.glUniform3fv(maCameraHandle, 1, MatrixState.cameraFB);
                                                          //将摄像机位置传入渲染管线
7       GLES30.glUniform3fv(maSunLightLocationHandle,     //将光源位置传入渲染管线
8               1, MatrixState.lightPositionFBSun);
9       ……//省略了传送顶点位置、顶点纹理坐标、顶点法向量的代码，需要的读者请参考随书
10      GLES30.glEnableVertexAttribArray(maPositionHandle);    //启用顶点位置数据数组
11      GLES30.glEnableVertexAttribArray(maTexCoorHandle);     //启用顶点纹理数据数组
12      GLES30.glEnableVertexAttribArray(maNormalHandle);      //启用顶点法向量数据数组
13      //绑定纹理
14      GLES30.glActiveTexture(GLES30.GL_TEXTURE0);             //激活指定的纹理单元
15      GLES30.glBindTexture(GLES30.GL_TEXTURE_2D, texId);     //白天纹理
16      GLES30.glActiveTexture(GLES30.GL_TEXTURE1);             //激活指定的纹理单元
17      GLES30.glBindTexture(GLES30.GL_TEXTURE_2D, texIdNight); //黑夜纹理
18      GLES30.glUniform1i(uDayTexHandle, 0);                  //通过引用指定白天纹理
19      GLES30.glUniform1i(uNightTexHandle, 1);                //通过引用指定黑夜纹理
20      GLES30.glDrawArrays(GLES30.GL_TRIANGLES, 0, vCount);   //以三角形方式执行绘制
21    }
```

❑ 此方法中大部分代码都与本书前面案例中的基本一致，因此做了一些省略，需要的读者请参考随书。

❑ 此方法与前面案例最大的不同就是第 14-19 行的纹理相关操作：一方面其激活并绑定了两个纹理；一方面通过 glUniform1i 方法给片元着色器中的两个 sampler2D 类型的变量指定了各自的纹理。第二个操作是以前没有的，这是因为当只有一个纹理时不会产生混淆，但有多于一个纹理的情况就需要采用类似的操作，避免系统无法判断哪个纹理与哪个 sampler2D 类型的变量匹配。

（5）最后需要开发的是用来渲染整个场景的 MySurfaceView 类，此类中的大部分代码与本书前面很多案例中的相同，因此，这里只给出基于基本变换实现场景中地球、月球公转及自转效果的部分代码。

代码位置：见随书中源代码/第 7 章/Sample7_5/src/com/bn/Sample7_5 目录下的 MySurfaceView.java。

```
    public void onDrawFrame(GL10 gl) {
        GLES30.glClear( GLES30.GL_DEPTH_BUFFER_BIT |       //清除深度缓冲与颜色缓冲
              GLES30.GL_COLOR_BUFFER_BIT);
        MatrixState.pushMatrix();                               //保护现场
        MatrixState.rotate(eAngle, 0, 1, 0);                    //地球自转
        earth.drawSelf(textureIdEarth,textureIdEarthNight);     //绘制地球
```

```
7       MatrixState.translate(2f, 0, 0);              //推坐标系到月球位置
8       MatrixState.rotate(eAngle, 0, 1, 0);          //月球自转
9       moon.drawSelf(textureIdMoon);                 //绘制月球
10      MatrixState.popMatrix();                      //恢复现场
11      MatrixState.pushMatrix();                     //保护现场
12      MatrixState.rotate(cAngle, 0, 1, 0);          //星空天球旋转
13      cSmall.drawSelf();                            //绘制小尺寸星星的天球
14      cBig.drawSelf();                              //绘制大尺寸星星的天球
15      MatrixState.popMatrix();                      //恢复现场
16    }
```

- 第 4-10 行依照前面 7.5.3 小节介绍的变换、绘制顺序实现了给定具体参数值（地球、月球当前的自转角度）情况下一帧地月系场景的绘制。
- 第 11-15 行单独绘制了星空天球。从代码中可以看出星空天球有两个，分别用来显示不同尺寸的星星。同时星空天球的旋转是独立于地月系的，这也进一步增加了场景的真实感。

> **提示**　本案例中还有其他一些类，如 MyActivity、ShaderUtil 等，与前面很多案例中的基本一致。另外，还有一个名称为 Moon 的用来绘制月球的类，其与绘制地球的 Earth 类基本相同，只是没有采用多重纹理。因本书篇幅有限，这些类都不再赘述，需要的读者请参考随书中的源代码。

7.6 压缩纹理的使用

本章前面所有纹理映射的案例都是将图片文件（本章前面的案例中都是采用的 png 格式，但也可以是 jpg、bmp 等格式）首先加载进输入流，然后调用 BitmapFactory 类的 decodeStream 方法后解码，最后将解码后 Bitmap 对象的数据送入纹理缓冲的。

这种方式对纹理图数量不太多，每张纹理图尺寸不太大的应用程序足够使用了，也不会有什么问题。但由于这种方式是把解码后的图片数据送入纹理缓冲的，因此相对数据量比较大。如果一个应用中的纹理图数量很多或尺寸很大时就会占用过多的内存，这一点从下面的计算中可以看出。

512 像素×512 像素的纹理图所占内存=512×512×4/1024=1024KB=1MB

> **说明**　上述计算表达式计算的是尺寸为 512 像素×512 像素的纹理图送入纹理缓冲所占的内存，从计算结果可以看出，这一幅不太大的纹理图就占用了 1MB 的内存。

可以想象，一个大型的游戏中可能会有数百幅不同大小的纹理图，如果都采用这种方式，目前主流机型的内存是难以承受的。为了解决这个问题，GPU 的厂商也做了不少工作，主要采用的技术就是纹理压缩。

所谓纹理压缩是指在游戏应用开发的准备阶段将各种格式的（可以为 png、jpg 等）纹理图采用特定的工具转化为特殊的压缩纹理格式，然后在应用程序运行时，直接将压缩格式的纹理数据送入纹理缓冲供纹理采样使用。本节下面将介绍从 OpenGL ES 2.0 开始基本通用的一种纹理压缩格式 ETC1。

> **说明**　ETC1 是 OpenGL ES 2.0 标准中要求必须支持的一种压缩纹理格式，其优点是标准中支持，通用性好。缺点是不支持透明度色彩通道，使用场合受限。如果需要使用支持透明度色彩通道的压缩纹理，开发人员只能针对不同 GPU 厂商提供的各自的扩展来解决问题，这样在开发应用时需要对各个 GPU 版本单独开发，效率较低。

常用的支持透明度色彩通道的厂商扩展的压缩纹理格式有 PVRTC、ATITC、S3TC 等，有兴趣的读者可以自行查阅相关资料，本节仅介绍 OpenGL ES 2.0 标准中支持（OpenGL ES 3.0 自然也是支持的），各个厂商不同型号 GPU 都可以使用的 ETC1 压缩纹理的使用。

正如前面介绍过的，应用程序中使用 ETC1 压缩纹理之前，开发人员需要首先使用工具将原始纹理图转换为 ETC1 压缩格式。转换工具就在 Android SDK 安装目录的 tools 目录（或 platform-tools 目录）下，名称为“etc1tool.exe”。此转换工具是基于命令行的软件，没有图形用户界面，需要转换时使用如下命令。

```
etc1tool bbt.png -encode
```

上述命令中“bbt.png”为本节案例中要转换为 ETC1 压缩格式的原始图片，其尺寸为 1024 像素×1024 像素，本身 png 文件的大小是 1.67MB。若按照前面的公式计算解码后所需的内存空间是“1024×1024×4/1024/1024=4MB”，而经过此工具压缩为 ETC1 格式后只占 513KB 的空间（转换后的文件名为 bbt.pkm，其放置于本节案例项目目录下 res 子目录中的 raw 子目录下），比不采用压缩格式缩减了 7/8 的空间需求。

准备完应用程序中需要使用的压缩纹理后，就可以进行本小节案例 Sample7_6 的开发了。本小节的案例是基于本章最前面的案例 Sample7_1 修改而来，绝大部分代码完全相同。有区别的主要就是 MySurfaceView 类中用于加载纹理的 initTexture 方法了，其具体代码如下。

代码位置：见随书中源代码/第 7 章/Sample7_6/src/com/bn/Sample7_6 目录下的 MySurfaceView.java。

```
1   public void initTexture(){                                    //生成纹理 id 的方法
2       int[] textures = new int[1];                              //生成的纹理 id 数组
3       GLES30.glGenTextures(
4           1,                                                    //产生的纹理 id 的数量
5           textures,                                             //纹理 id 的数组
6           0);                                                   //偏移量
7       textureId=textures[0];
8       GLES30.glBindTexture(GLES30.GL_TEXTURE_2D, textureId);//绑定纹理
9       ……//此处省略了 4 行设置纹理拉伸与采样方式的代码，与案例 Sample7_1 中的相同
10      InputStream is = this.getResources().openRawResource(R.raw.bbt);
11      try{
12          ETC1Util.loadTexture(                         //将纹理数据加载进纹理缓冲
13              GLES30.GL_TEXTURE_2D,                     //纹理类型
14              0,                                        //纹理层次
15              0,                                        //纹理边框尺寸
16              GLES30.GL_RGB,                            //色彩通道格式
17              GLES30.GL_UNSIGNED_BYTE,                  //每像素数据数
18              is);                                      //压缩纹理数据输入流
19      }catch(Exception e){e.printStackTrace();}
20      finally{try {is.close();} catch(IOException e){e.printStackTrace();}}
21  }
```

- 第 10 行将 raw 目录下的压缩纹理 bbt.pkm 加载进了输入流，供后面送入纹理缓冲。
- 第 12-18 行调用工具类 ETC1Util 的 loadTexture 方法将压缩纹理数据送入纹理缓冲供纹理采样功能使用，这是本案例中区别于本章前面案例 Sample7_1 的部分代码。

> **提示** 从上述代码中可以看出，使用压缩纹理非常简单，只需要将纹理加载的少量代码修改即可，对应用程序中别的部分基本没有影响，非常简便快捷。

案例 Sample7_6 开发完成后，可以运行测试一下，其效果如图 7-39 所示。

▲图 7-39　Sample7_6 的运行效果

> **提示**　前面提到过很令人遗憾的一点，那就是 OpenGL ES 2.0 标准支持的通用压缩纹理格式 ETC1 是不支持透明度色彩通道的，这在使用中有了很大的限制。不过非常值得高兴的是，OpenGL ES 3.0 现在已经完全支持了带透明度色彩通道的纹理压缩格式 ETC2/EAC，在后面的章节中将会对此进行介绍。

7.7 点精灵

上一节介绍了纹理压缩的一些知识，并给出了 ETC1 压缩纹理的简单案例。本节将介绍实际开发中也是非常重要的一种特殊技术——点精灵，使用其可以在很多特殊情况下大大提高渲染效率，降低渲染成本，具体内容如下。

7.7.1　基本知识

点精灵是指在绘制点时管线自动用指定大小的纹理矩形代替，这对于需要绘制大量小的纹理矩形的场景非常合适。相比于使用真正的纹理矩形（至少 4 个顶点），顶点数据将大大减少，每个矩形只需要一个单独顶点，有助于提高渲染效率。

> **提示**　最适合使用点精灵绘制技术的场景之一就是粒子系统，这在后面会有专门的章节进行介绍。这里只是介绍点精灵的基本知识。

实际开发中，一般需要通过内建变量 gl_PointSize 设置点精灵对应矩形的尺寸（以像素为单位）。不同的硬件支持的尺寸范围可能会有所不同，可以采用 glGetFloatv 方法查询此范围，具体代码如下。

```
float  pointSizeRange[]=new float[2];
GLES30.glGetFloatv (GLES30.GL_ALIASED_POINT_SIZE_RANGE, pointSizeRange,0);
```

> **说明**　通过 glGetFloatv 方法查询后，范围值将存储在 pointSizeRange 数组中。此时将 pointSizeRange 数组中的值读出，即可知道支持的尺寸范围。

在片元着色器中进行纹理采样时，使用的纹理坐标就不再像前面的案例一样是从顶点着色器中传入的了，而是由管线自动生成，开发人员通过 gl_PointCoord 内建变量读取的了。下面给出了一个采用 gl_PointCoord 内建变量进行点精灵纹理采样的着色器，具体代码如下。

```
#version 300 es
precision mediump float;                                    //给出浮点默认精度
uniform sampler2D sTexture;                                 //纹理内容数据
out vec4 fragColor;                                         //输出片元的颜色
void main() {
     fragColor = texture(sTexture,gl_PointCoord);     //进行纹理采样
}
```

说明：上述代码为使用内建变量 gl_PointCoord 作为纹理坐标进行纹理采样，进而绘制纹理点精灵的片元着色器。

7.7.2 一个简单案例

了解了点精灵的基本知识后，本小节将给出一个简单的案例来说明如何使用点精灵。本案例采用的原始纹理如图 7-40 所示，运行效果图 7-41 和图 7-42 所示。

▲图 7-40 原始纹理

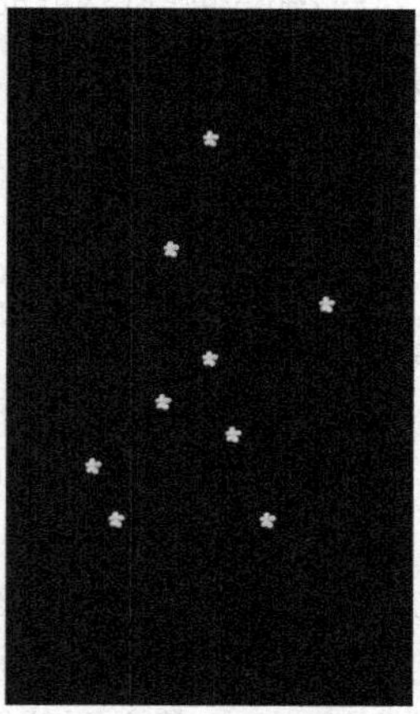

▲图 7-41 点精灵大小为 32 的效果

▲图 7-42 点精灵大小为 64 的效果

提示：图 7-41 为 gl_PointSize 的值设置为 32 时的效果图，图 7-42 为 gl_PointSize 的值设置为 64 时的效果图。

了解了本小节案例的运行效果后，就可以进行案例的开发了。本小节的案例是基于案例 Sample7_1 修改而来，很多代码相同，因此，这里着重对有区别的部分进行讲解，主要内容如下。

（1）首先介绍的是代表点阵的 Points 类，该类主要包含初始化顶点数据的方法 initVertexData，初始化着色器的方法 initShader 及绘制方法 drawSelf 等，具体代码如下。

代码位置：见随书中源代码/第 7 章/Sample7_7/src/com/bn/Sample7_7 目录下的 Points.java。

```
package com.bn.Sample7_7;                                   //声明包名
……//此处省略部分相关类的引入代码，读者可自行查看随书中的源代码
public class Points {
      ……//此处省略了声明成员变量的代码，读者可自行查看随书中的源代码
      public Points(MySurfaceView mv) {
            initVertexData();                    //调用初始化顶点数据的 initVertexData 方法
            initShader(mv);                      //调用初始化着色器的 initShader 方法
      }
      public void initVertexData() {             //初始化顶点数据的方法
            vCount = 9;                          //顶点数量
            float vertices[] = new float[] {  //顶点坐标数据数组
                  ……//此处省略了 9 个顶点数据的代码，读者可自行查看随书中的源代码
            };
            ByteBuffer vbb = ByteBuffer.allocateDirect(vertices.length * 4);
                                                     //创建顶点坐标数据缓冲
            vbb.order(ByteOrder.nativeOrder());     //设置字节顺序
            mVertexBuffer = vbb.asFloatBuffer();    //转换为 float 型缓冲
            mVertexBuffer.put(vertices);            //向缓冲区中放入顶点坐标数据
            mVertexBuffer.position(0);              //设置缓冲区起始位置
      }
      public void initShader(MySurfaceView mv) { //初始化着色器
```

```
21            mVertexShader = ShaderUtil.loadFromAssetsFile("vertex.sh",
22                 mv.getResources());              //加载顶点着色器的脚本内容
23            mFragmentShader = ShaderUtil.loadFromAssetsFile("frag.sh",
24                 mv.getResources());              //加载片元着色器的脚本内容
25            //基于顶点着色器与片元着色器创建程序
26            mProgram = ShaderUtil.createProgram(mVertexShader, mFragmentShader);
27            maPositionHandle = GLES30.glGetAttribLocation(
28                 mProgram, "aPosition");          //获取程序中顶点位置属性引用 id
29            muMVPMatrixHandle = GLES30.glGetUniformLocation(
30                 mProgram, "uMVPMatrix");         //获取程序中总变换矩阵引用 id
31       }
32       public void drawSelf(int texId) {
33            GLES30.glUseProgram(mProgram);             //指定使用某套着色器程序
34            GLES30.glUniformMatrix4fv(muMVPMatrixHandle, 1, false,
35                 MatrixState.getFinalMatrix(), 0);      //将最终变换矩阵传入渲染管线
36            GLES30.glVertexAttribPointer(maPositionHandle, 3, GLES30.GL_FLOAT,
37                 false, 3 * 4, mVertexBuffer);          //将顶点位置数据传入渲染管线
38            GLES30.glEnableVertexAttribArray(maPositionHandle);//启用顶点位置数据数
组
39            GLES30.glEnable(GLES30.GL_TEXTURE_2D);              //开启纹理
40            GLES30.glActiveTexture(GLES30.GL_TEXTURE0);     //激活指定的纹理单元
41            GLES30.glBindTexture(GLES30.GL_TEXTURE_2D, texId); //绑定纹理
42            GLES30.glDrawArrays(GLES30.GL_POINTS, 0, vCount);  //执行绘制
43  }}
```

- 第 5-8 行为 Points 类的含参构造器，其主要功能为调用 initVertexData 方法和 initShader 方法对顶点数据以及着色器进行初始化。
- 第 9-19 行为初始化顶点位置数据的方法 initVertexData，该方法主要功能为给出 9 个顶点的位置数据，并创建顶点缓冲区，将顶点位置数据放入相应缓冲区。
- 第 20-31 行为初始化着色器的方法 initShader，其主要功能为加载顶点着色器的脚本和片元着色器的脚本，并创建着色程序等。
- 第 32-43 行为本类的绘制方法，主要功能为指定使用某套着色器程序，并将最终变换矩阵和顶点位置数据等传入渲染管线，然后启用顶点位置数据数组、开启和绑定纹理，最后通过使用 GLES30.GL_POINTS 类型进行绘制。

（2）介绍完了 Points 类的开发后，接下来将要介绍的是顶点着色器的开发，具体代码如下。

代码位置：见随书中源代码/第 7 章/Sample7_7/assets 目录下的 vertex.sh。

```
#version 300 es
uniform mat4 uMVPMatrix;                           //总变换矩阵
in vec3 aPosition;                                 //顶点位置
void main(){
     gl_Position = uMVPMatrix * vec4(aPosition,1); //根据总变换矩阵计算此次绘制此顶点位置
     gl_PointSize=64.0;                            //设置点精灵对应点的尺寸
}
```

> **提示**　上述顶点着色器的代码与前面案例 Sample7_1 的类似，主要不同是本顶点着色器中使用了内建变量 gl_PointSize 来设置点精灵对应顶点的尺寸。

（3）完成了顶点着色器的开发后，就可以开发本案例的片元着色器了，其代码如下。

代码位置：见随书中源代码/第 7 章/Sample7_7/assets 目录下的 frag.sh。

```
#version 300 es
precision mediump float;                           //给出浮点默认精度
uniform sampler2D sTexture;                        //纹理内容数据
out vec4 fragColor;                                //输出片元的颜色
void main() {
     vec2 texCoor=gl_PointCoord;                   //从内建变量获取纹理坐标
     fragColor = texture(sTexture,texCoor);        //进行纹理采样
}
```

> **提示** 上述片元着色器的代码与前面案例 Sample7_1 中的类似，主要不同是本片元着色器中使用了内建变量 gl_PointCoord 来获取纹理坐标。需要注意的是，目前某些 GPU 存在驱动 Debug，不可以直接使用内建变量 gl_PointCoord 进行纹理采样。一般情况下，可通过第 6 行所示的代码先获取纹理坐标，然后进行纹理采样即可修复此 Bug。

7.8 3D 纹理

前面案例中使用的纹理都是二维的，也就是 2D 纹理。从 OpenGL ES 3.0 开始，系统支持一种新的纹理类型——3D 纹理。3D 纹理比 2D 纹理多了一个坐标维度，其纹理坐标有 S、T、P 三个分量。其中 S、T 坐标分量与原来的含义相同，代表横向和纵向纹理坐标值，而 P 可以理解为深度。图 7-43 就给出了一个非常简单的 3D 纹理。

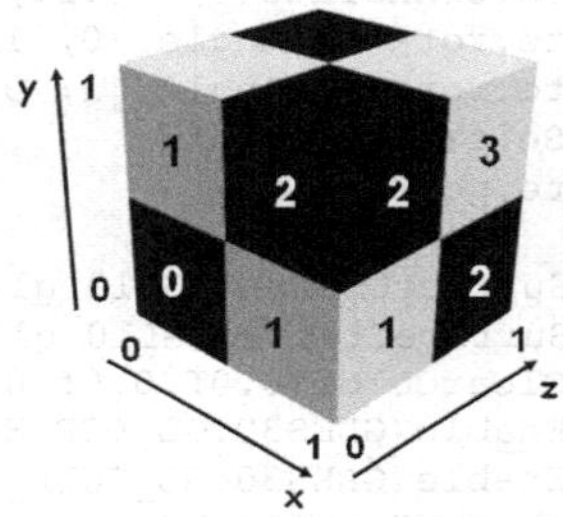

▲图 7-43　一个 2x2x2 的 3D 纹理

> **说明** 从图 7-43 中可以看出，此 3D 纹理尺寸为 2×2×2，一共有 8 个纹素，这 8 个纹素黑白相间。这里请读者注意，对于 3D 纹理而言，基本单元一般就不再使用术语像素了，而是使用纹素。另外，3D 纹理不是普通的图片，一般是不能直接在计算机上用看图软件进行观察的。

了解了 3D 纹理的基本知识以后，下面再来介绍一下本节案例 Sample7_8 的运行效果，如图 7-44、图 7-45 和图 7-46 所示。

▲图 7-44　楼梯正面效果图

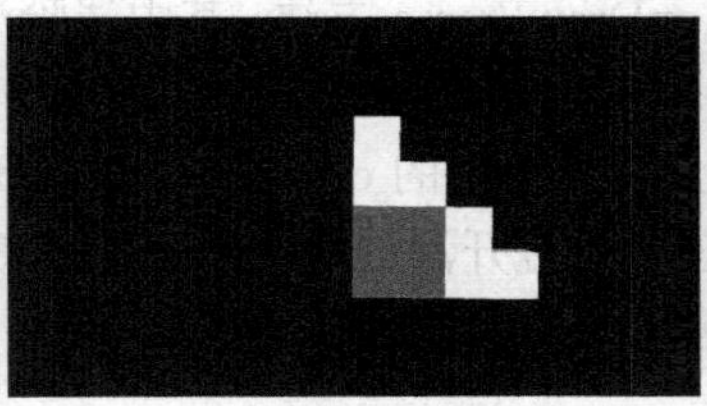

▲图 7-45　楼梯侧面效果图

▲图 7-46　楼梯后面效果图

> **说明** 从图 7-44、图 7-45 和图 7-46 中可以看出，案例 Sample7_8 渲染的是一个楼梯状 3D 模型。可以想象此案例实际是把 3D 纹理看作一个立方体原料块，然后基于其雕刻出了楼梯状 3D 模型。

了解了 3D 纹理的基本知识以及本节案例的运行效果后，就可以进行案例的开发了，具体步骤如下。

（1）首先开发的是用于绘制场景的 MySurfaceView 类，实现的具体代码如下。

代码位置：见随书中源代码/第 7 章/Sample7_8/src/com/bn/Sample7_8 目录下的 MySurfaceView.java。

```
1     package com.bn.Sample7_8; //声明包名
2     ……//此处省略导入类的代码，读者可自行查阅随书附带中的源代码
3     class MySurfaceView extends GLSurfaceView{
4          ……//此处省略定义变量的代码，读者可自行查阅随书附带中的源代码
5          public MySurfaceView(Context context) {/*代码省略*/}
6          @Override //触摸事件回调方法
7          public boolean onTouchEvent(MotionEvent e) {/*代码省略*/}
8          private class SceneRenderer implements GLSurfaceView.Renderer{
9               float yAngle;                                          //绕 y 轴旋转的角度
10              float xAngle;                                          //绕 x 轴旋转的角度
11              Stairs lovo;                                           //楼梯绘制对象引用
12              public void onDrawFrame(GL10 gl){
14                   GLES30.glClear( GLES30.GL_DEPTH_BUFFER_BIT |//清除深度缓冲与颜色缓冲
15                                  GLES30.GL_COLOR_BUFFER_BIT);
16                   MatrixState.pushMatrix();                        //保护现场
17                   MatrixState.translate(0, -0.2f, -3f);            //平移
18                   MatrixState.rotate(yAngle, 0, 1, 0);             //绕 y 轴旋转
19                   MatrixState.rotate(xAngle, 1, 0, 0);             //绕 x 轴旋转
20                   lovo.drawSelf(textureId);                        //绘制楼梯
21                   MatrixState.popMatrix();                         //恢复现场
22              }
23              public void onSurfaceChanged(GL10 gl, int width, int height) {}
24              public void onSurfaceCreated(GL10 gl, EGLConfig config){
25                   GLES30.glClearColor(0.0f,0.0f,0.0f,1.0f); //设置屏幕背景色 RGBA
26                   GLES30.glEnable(GLES30.GL_DEPTH_TEST);//打开深度检测
27                   GLES30.glEnable(GLES30.GL_CULL_FACE);//打开背面剪裁
28                   MatrixState.setInitStack();                           //初始化变换矩阵
29                   MatrixState.setLightLocation(0, 100, 200);
30                   lovo=new Stairs(MySurfaceView.this);                  //创建楼梯绘制对象
31                   byte[] texData={                                 //3D 纹理的数据
32                        80,80,80,(byte)255,  (byte)255,(byte)255,(byte)255,(byte)255,
33                        (byte)255,(byte)255,(byte)255,(byte)255, 80,80,80,(byte)255,
34                        (byte)255,(byte)255,(byte)255,(byte)255,  80,80,80,(byte)255,
35                        80,80,80,(byte)255, (byte)255,(byte)  255,(byte)255,(byte)255,
36                   };
37                   textureId=init3DTexture(texData,2,2,2);   //加载 3D 纹理
38         }}
39         public int init3DTexture(byte[] texData,int width,int height,int depth){ /*
           该方法在下面进行介绍*/}
40    }
```

- 第 12-22 行为用于绘制的 onDrawFrame 方法，其中清除深度缓冲与颜色缓冲后，实现楼梯 3D 模型的绘制，并且可以通过手指滑动屏幕查看楼梯模型的上下、左右、前后各面。
- 第 24-38 行为自定义的场景渲染器内的 onSurfaceCreated 方法，在这个方法中，主要进行初始化的工作，包括设置屏幕背景色、打开深度检测和背面剪裁、初始化变换矩阵和光源位置，创建绘制对象和给出 3D 纹理数据以及加载 3D 纹理等。

说明　上述代码中第 31-36 行为给出的尺寸为 2×2×2 的 3D 纹理的数据，共 8 个纹素，每个纹素 4 个色彩通道。其中数据为“80,80,80,(byte)255”的纹素是接近黑色的纹素，数据为“(byte)255,(byte)255, (byte)255,(byte)255”的纹素为白色的纹素。从数据的组织顺序可以看出，此 3D 纹理的纹素是黑白相间的。

（2）上面介绍了用于绘制场景的 MySurfaceView 类中的部分方法，下面将介绍的是加载并返回 3D 纹理 id 的 init3DTexture 方法，实现的具体代码如下。

代码位置：见随书中源代码/第 7 章/Sample7_8/src/com/bn/Sample7_8 目录下的 MySurfaceView.java。

```
1    public int init3DTexture(byte[] texData,int width,int height,int depth){
                                                        //加载 3D 纹理的方法
2        int[] textures = new int[1];                  //创建一维 int 数组
3        GLES30.glGenTextures(
4                1,                                    //产生的纹理 id 的数量
5                textures,                             //存放纹理 id 的数组
6                0                                     //偏移量
7        );
8        int textureId=textures[0];                    //获得纹理 id
9        GLES30.glBindTexture(GLES30.GL_TEXTURE_3D, textureId);     //绑定纹理
10       GLES30.glTexParameterf(GLES30.GL_TEXTURE_3D,               //设置 MIN 采样方式
11                   GLES30.GL_TEXTURE_MIN_FILTER,GLES30.GL_NEAREST);
12       GLES30.glTexParameterf(GLES30.GL_TEXTURE_3D,               //设置 MAG 采样方式
13                   GLES30.GL_TEXTURE_MAG_FILTER,GLES30.GL_NEAREST);
14       GLES30.glTexParameterf(GLES30.GL_TEXTURE_3D,               //S 轴为重复拉伸方式
15                   GLES30.GL_TEXTURE_WRAP_S,GLES30.GL_REPEAT);
16       GLES30.glTexParameterf(GLES30.GL_TEXTURE_3D,               //T 轴为重复拉伸方式
17                   GLES30.GL_TEXTURE_WRAP_T,GLES30.GL_REPEAT);
18       GLES30.glTexParameterf(GLES30.GL_TEXTURE_3D,               //R 轴为重复拉伸方式
19                   GLES30.GL_TEXTURE_WRAP_R,GLES30.GL_REPEAT);
20       ByteBuffer texels = ByteBuffer.allocateDirect(texData.length);
                                                        //创建纹理数据缓冲
21       texels.put(texData);                                 //向缓冲区放入纹理数据
22       texels.position(0);                                  //设置缓冲区起始位置
23       GLES30.glTexImage3D(                                 //实际加载 3D 纹理的方法
24               GLES30.GL_TEXTURE_3D,                        //纹理类型
25               0,                                           //纹理层次
26               GLES30.GL_RGBA8,                             //纹理内部格式
27               width,                                       //纹理的宽度
28               height,                                      //纹理的高度
29               depth,                                       //纹理的深度
30               0,                                           //纹理边框尺寸
31               GLES30.GL_RGBA,                              //纹理的格式
32               GLES30.GL_UNSIGNED_BYTE,                     //纹理数据的类型
33               texels);                                     //纹理数据的缓冲
34       return textureId;                                    //返回 3D 纹理 id
35   }
```

- 第 2-19 行首先生成了一个纹理并获取了其 id，然后绑定了该纹理，设置了此纹理的 MIN、MAG 采样方式，设置了此纹理的 3 个轴的拉伸方式。
- 第 20-34 行首先将 3D 纹理的数据存放进了内存缓冲，然后调用 glTexImage3D 方法将此 3D 纹理加载进了显存，最后将对应的纹理 id 返回。

> **提示**　从上述代码中可以看出，加载 3D 纹理时需要给出 3D 纹理中各个纹素的数据。因此，在使用自定义的 3D 纹理时首先需要准备好数据，一般是由工具生成并存放到自定义格式的文件中，很少会是像本案例这样直接在代码中给出纹素的数据。关于 3D 纹理更复杂的知识会在后继章节中进行介绍，这里读者掌握好基本知识即可。

（3）介绍完了用于场景绘制的 MySurfaceView 类后，下面介绍的是用于绘制楼梯 3D 模型的 Stairs 类，其具体代码如下。

代码位置：见随书中源代码/第 7 章/Sample7_8/src/com/bn/Sample7_8 目录下的 Stairs.java。

```
package com.bn.Sample7_8;                                    //声明包名
……//此处省略了导入相关类的代码，读者可自行查阅随书中的源代码
public class Stairs {                                        //楼梯模型类
    ……//此处省略定义变量的代码，读者可自行查阅随书附带中的源代码
    public Stairs(MySurfaceView mv){
        initVertexData();                                    //调用初始化顶点数据的方法
        initShader(mv);                                      //调用初始化着色器的方法
    }
    public void initVertexData(){                            //初始化顶点数据的方法
```

```
10          float[] vertices=new float[]{
11              xSize,0,0,xSize,0,z1Size,-xSize,0,z1Size, //楼梯的顶点坐标数据
12              -xSize,0,z1Size,-xSize,0,0,xSize,0,0,
13              /*此处省略了一些楼梯模型的顶点坐标数据，读者可自行查阅*/};
14          vCount=vertices.length/3;              //获得顶点数量
15          ByteBuffer vbb = ByteBuffer.allocateDirect(vertices.length*4);
16          vbb.order(ByteOrder.nativeOrder());    //设置字节顺序
17          mVertexBuffer = vbb.asFloatBuffer();   //转换为 float 型缓冲
18          mVertexBuffer.put(vertices);           //向缓冲区中放入顶点坐标数据
19          mVertexBuffer.position(0);             //设置缓冲区起始位置
20          float[] normals={
21              0,-1,0, 0,-1,0, 0,-1,0,            //楼梯的顶点法向量数据
22              0,-1,0, 0,-1,0, 0,-1,0,
23              /*此处省略了一些楼梯模型的顶点法向量数据，读者可自行查阅*/};
24          ByteBuffer cbb = ByteBuffer.allocateDirect(normals.length*4);
25          cbb.order(ByteOrder.nativeOrder());    //设置字节顺序
26          mNormalBuffer = cbb.asFloatBuffer();   //转换为 foat 型缓冲
27          mNormalBuffer.put(normals);            //向缓冲区中放入顶点法向量数据
28          mNormalBuffer.position(0);             //设置缓冲区起始位置
29      }
30      public void initShader(MySurfaceView mv){/*此处省略初始化着色器的方法*/}
31      public void drawSelf(int texId){
32          GLES30.glUseProgram(mProgram);         //指定使用某套着色器程序
33          GLES30.glUniformMatrix4fv(muMVPMatrixHandle,1,
34                      false, MatrixState.getFinalMatrix(), 0);
                                                   //将最终变换矩阵传入渲染管线
35          //将位置、旋转变换矩阵传入渲染管线
36          GLES30.glUniformMatrix4fv(muMMatrixHandle, 1, false, MatrixState.
            getMMatrix(), 0);
37          //将光源位置传入渲染管线
38          GLES30.glUniform3fv(maLightLocationHandle, 1, MatrixState.lightPositionFB);
39          //将摄像机位置传入渲染管线
40          GLES30.glUniform3fv(maCameraHandle, 1, MatrixState.cameraFB);
41          GLES30.glVertexAttribPointer(maPositionHandle,3,
                                                   //将顶点位置数据传入渲染管线
42                      GLES30.GL_FLOAT,false,3*4,mVertexBuffer);
43          GLES30.glVertexAttribPointer(maNormalHandle,3,//将顶点法向量数据传入渲染管线
44                      GLES30.GL_FLOAT,false,3*4,mNormalBuffer);
45        GLES30.glEnableVertexAttribArray(maPositionHandle);   //启用顶点位置数据
46        GLES30.glEnableVertexAttribArray(maNormalHandle);     //启用顶点法向量数据
47        GLES30.glActiveTexture(GLES30.GL_TEXTURE0);           //激活指定的纹理单元
48        GLES30.glBindTexture(GLES30.GL_TEXTURE_3D, texId);    //绑定纹理
49        GLES30.glDrawArrays(GLES30.GL_TRIANGLES, 0, vCount);  //绘制楼梯
50  }}
```

❑ 第 9-29 行为初始化顶点数据的 initVertexData 方法，其中首先给出了楼梯模型各个顶点的坐标数据，并将数据存入数据缓冲中供绘制时使用。接着给出了楼梯模型各个顶点的法向量数据，并将数据存入数据缓冲中供绘制时使用。

❑ 第 31-50 行为绘制楼梯模型的 drawSelf 方法，该方法中首先获得最终变换矩阵并传入渲染管线，然后将光源位置、摄像机位置、顶点坐标、顶点法向量数据送入渲染管线，接着绑定纹理（参数需设置为 GL_TEXTURE_3D 类型），最后执行绘制。

（4）介绍完了相关的 Java 代码后，下面来介绍本案例中使用的着色器。首先给出的是顶点着色器，其代码如下。

代码位置：见随书中源代码/第 7 章/Sample7_8/assets 目录下的 vertex.sh 文件。

```
#version 300 es
uniform mat4 uMVPMatrix;                          //总变换矩阵
uniform mat4 uMMatrix;                            //基本变换矩阵
uniform vec3 uLightLocation;                      //光源位置
uniform vec3 uCamera;                             //摄像机位置
in vec3 aPosition;                                //顶点位置
in vec3 aNormal;                                  //顶点法向量
//用于传递给片元着色器的变量
out vec4 ambient;                                 //环境光
```

```
out vec4 diffuse;                                              //散射光
out vec4 specular;                                             //镜面光
out vec3 vPosition;                                            //顶点位置
void pointLight(in vec3 normal,inout vec4 ambient,
inout vec4 diffuse,inout vec4 specular,in vec3 lightLocation,
in vec4 lightAmbient,in vec4 lightDiffuse,in vec4 lightSpecular){
  ……//此处省略定位光光照计算的方法，在第 6 章已经进行了介绍，读者可自行查阅随书
}
void main(){
   gl_Position = uMVPMatrix * vec4(aPosition,1);    //根据总变换矩阵计算此次绘制此顶点位置
   pointLight(normalize(aNormal),ambient,diffuse,specular,//进行定位光光照计算
         uLightLocation,vec4(0.15,0.15,0.15,1.0),vec4(0.9,0.9,0.9,1.0),   vec4(0.4,0.4,0.4,1.0));
   vPosition=aPosition;                             //将顶点位置传送到片元着色器
}
```

说明 此着色器与上一章介绍光照时综合案例的顶点着色器代码非常类似，功能为给每个顶点计算出环境光、散射光、镜面反射光通道，值并通过 out 变量传递给片元着色器。由于定位光光照计算的方法在前面已经进行过介绍，这里不再赘述，读者可自行查阅随书附带中的源代码。

（5）了解了顶点着色器后，下面给出的是片元着色器，具体代码如下

代码位置：见随书中源代码/第 7 章/Sample7_8/assets 目录下的 frag.sh 文件。

```
1   #version 300 es
2   precision mediump float;
3   uniform mediump sampler3D sTexture;         //3D 纹理内容数据
4   in vec4 ambient;                            //接收从顶点着色器过来的环境光最终强度
5   in vec4 diffuse;                            //接收从顶点着色器过来的散射光最终强度
6   in vec4 specular;                           //接收从顶点着色器过来的镜面光最终强度
7   in vec3 vPosition;                          //接收从顶点着色器过来的位置坐标
8   out vec4 fragColor;                         //最终输出的片元颜色
9   void main(){
10     //根据片元的位置坐标折算出 3D 纹理坐标
11     vec3 texCoor=vec3(((vPosition.x/0.2)+1.0)/2.0,vPosition.y/0.4,vPosition.z/0.4);
12     vec4 noiseVec=texture(sTexture,texCoor);         //进行 3D 纹理采样
13     fragColor = noiseVec*ambient+noiseVec*specular+noiseVec*diffuse;//给此片元赋颜色值
14  }
```

- 第 4-7 行为接收从顶点着色器传过来的环境光、散射光、镜面光和顶点位置等所用输入变量。
- 第 9-14 行为片元着色器的主方法 main，在该方法中，根据片元的位置折算出 3D 纹理坐标，并进行 3D 纹理采样，最后给此片元赋最终颜色值。

说明 在定义一致变量 sTexture 时，前面添加了 mediump 精度声明，这个精度声明并不是在所有厂商的 GPU 上都需要，读者可以根据具体情况自行调整。

7.9 2D 纹理数组

上一节介绍了 3D 纹理，本节介绍另外一种从 OpenGL ES 3.0 开始支持的纹理类型——2D 纹理数组。通过使用 2D 纹理数组，在同一个着色器中需要使用多个 2D 纹理的情况下可以简化开发。可以想象出，如果没有 2D 纹理数组技术，当一个着色器中需要使用多个 2D 纹理时就需要声明多个采样器变量。

而使用 2D 纹理数组实现，同样功能时只需声明一个 sampler2DArray 类型的变量即可，方便

高效。对于 2D 纹理数组进行采样时，需要提供的纹理坐标有 3 个分量，前两个与普通 2D 纹理坐标含义相同，为 S、T 分量，第三个分量则为 2D 纹理数组中的索引。

了解了 2D 纹理数组的基本知识后，下面将给出一个基于前面点精灵案例 Sample7_7 修改而来的 2D 纹理数组的简单案例，具体运行效果如图 7-47、图 7-48 与图 7-49 所示。

▲图 7-47　顶点数量为 3

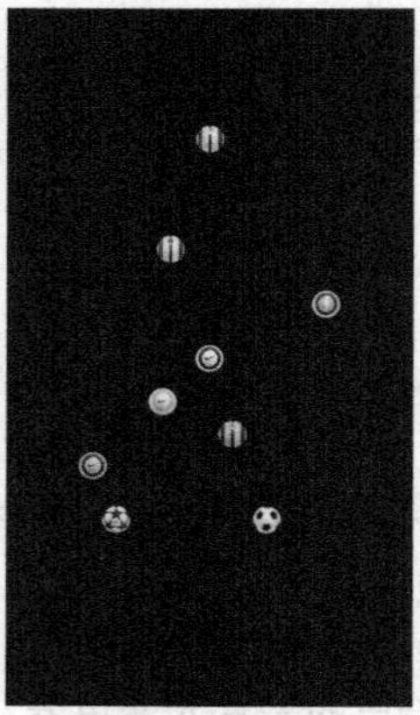

▲图 7-48　顶点数量为 9

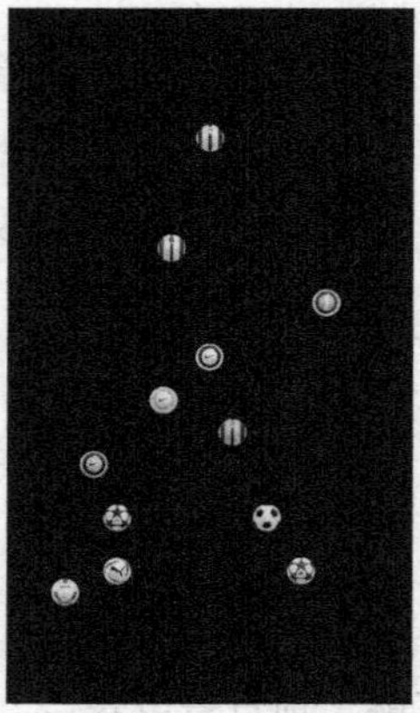

▲图 7-49　顶点数量为 12

提示　图 7-47 是有 3 个点精灵时的效果图，图 7-48 是有 9 个点精灵时的效果图，图 7-49 是有 12 个点精灵时的效果图。需要注意的是，使用 2D 纹理数组时，一般会使数组中的纹理保持相同的尺寸。

前面已经介绍了本节案例的运行效果，接下来将介绍本节案例的开发了。此案例是基于本章前面的案例 Sample7_7 修改而来，绝大部分代码相同，因此，这里只给出有区别的部分，具体内容如下。

（1）首先要介绍的是工具类 ConvertUtil，该类提供了 convertPicsToBuffer 方法，其主要功能为将一组指定大小的纹理图像数据依次加载进内存缓冲，具体代码如下。

代码位置：见随书中源代码/第 7 章/Sample7_9/src/com/bn/Sample7_9 目录下的 ConvertUtil.java。

```
package com.bn.Sample7_9;                                      //包声明
……//此处省略部分相关类的引入代码，读者可自行查看随书的源代码
public class ConvertUtil {
     public static ByteBuffer convertPicsToBuffer(Resources res,int[] resIds,int width,int height){
          int perPicByteCount=width*height*4;                  //每幅图数据字节数
          //计算一组图片对应缓冲的大小，即总缓存
          ByteBuffer buf=ByteBuffer.allocateDirect(perPicByteCount*resIds.length);
          for(int i=0;i<resIds.length;i++){                    //遍历每一幅图
               int id=resIds[i];                               //获取每一幅图的 id
               InputStream is = res.openRawResource(id); //建立指向纹理图的输入流
               Bitmap bitmapTmp;                              //加载后的图片对象引用
               try  {
                    bitmapTmp = BitmapFactory.decodeStream(is);//从流中加载图片内容
               } finally {
               try {is.close();}catch(IOException e){e.printStackTrace();}
          }
               buf.position(i*perPicByteCount);               //设置缓冲区起始位置
               bitmapTmp.copyPixelsToBuffer(buf);             //将图像的像素数据复制到总缓存
               bitmapTmp.recycle();                           //加载成功后释放图片
          }
          return buf;                                         //返回加载了数据后的缓冲
}}
```

> **说明** convertPicsToBuffer 方法有 3 个入口参数，第一个参数为图片资源 id 数组，第二个参数为每幅图片的宽度（以像素计），第三个参数为每幅图片的高度（以像素计）。开发此工具类的目的是为了简化加载图片数组数据时的代码，提高可维护性。

（2）上面介绍了将一组图片数据加载到内存缓冲的工具类 ConvertUtil，接下来将要介绍的是初始化 2D 纹理数组的方法 initTextureArray，该方法与案例 Sample7_7 中加载 2D 纹理方法的基本一样，只是相关参数不同，具体代码如下。

代码位置：见随书中源代码/第 7 章/Sample7_9/src/com/bn/Sample7_9 目录下的 MySurfaceView.java。

```
1   public int initTextureArray(int[] picId,int width,int height){
2       int[] textures = new int[1];                        //生成纹理 id
3       GLES30.glGenTextures(1, textures, 0);
4       int textureId=textures[0];
5       GLES30.glBindTexture(GLES30.GL_TEXTURE_2D_ARRAY, textureId);
                                                            //绑定 2D 纹理数组
6       GLES30.glTexParameterf(GLES30.GL_TEXTURE_2D_ARRAY,  //设置 S 轴拉伸方式
7               GLES30.GL_TEXTURE_WRAP_S,GLES30.GL_CLAMP_TO_EDGE);
8       GLES30.glTexParameterf(GLES30.GL_TEXTURE_2D_ARRAY,  //设置 T 轴拉伸方式
9               GLES30.GL_TEXTURE_WRAP_T,GLES30.GL_CLAMP_TO_EDGE);
10      GLES30.glTexParameterf(GLES30.GL_TEXTURE_2D_ARRAY,  //设置 R 轴拉伸方式
11              GLES30.GL_TEXTURE_WRAP_R,GLES30.GL_CLAMP_TO_EDGE);
12      GLES30.glTexParameterf(GLES30.GL_TEXTURE_2D_ARRAY,  //设置 MIN 采样参数
13              GLES30.GL_TEXTURE_MIN_FILTER,GLES30.GL_NEAREST);
14      GLES30.glTexParameterf(GLES30.GL_TEXTURE_2D_ARRAY,  //设置 MAG 采样参数
15              GLES30.GL_TEXTURE_MAG_FILTER,GLES30.GL_LINEAR);
16     ByteBuffer texels=ConvertUtil.convertPicsToBuffer( //将一组图片数据加载到内存缓冲
17                  this.getResources(),picId,width,height);
18      texels.position(0);                                 //设置缓冲区起始位置
19      GLES30.glTexImage3D(                                //加载 2D 纹理数组
20          GLES30.GL_TEXTURE_2D_ARRAY,                     //纹理类型
21          0,                                              //纹理的层次
22          GLES30.GL_RGBA8,                                //纹理颜色分量
23          width,                                          //宽度
24          height,                                         //高度
25          picId.length,                                   //数组长度
26          0,                                              //纹理边框尺寸
27          GLES30.GL_RGBA,                                 //纹理数据的格式
28          GLES30.GL_UNSIGNED_BYTE,                        //纹理数据的数据类型
29        texels                                            //纹理数据缓冲
30      );
31      return textureId;                                   //返回纹理 id
32  }
```

- 第 2-15 行功能为从系统获取分配的纹理 id，并设置此 id 对应纹理的采样与拉伸方式。需要注意的是，glBindTexture 方法和 glTexParameterf 方法的第一个参数由原来的 GLES30.GL_TEXTURE_2D 变为 GLES30.GL_TEXTURE_2D_ARRAY。
- 第 16-30 行首先调用 convertPicsToBuffer 方法，将指定的纹理数组数据加载进内存缓冲，并设置缓冲区的起始位置，最后将加载的纹理数组数据通过 glTexImage3D 方法加载进显存。

> **提示** 2D 纹理数组的加载与 2D 纹理的加载不同之处主要有 4 点：第一，glBindTexture 方法和 glTexParameterf 方法的第一个参数变为 GLES30.GL_TEXTURE_2D_ARRAY。第二，设置拉伸方式时，添加了第 10-11 行对纹理 R 轴拉伸方式的设置。第三，2D 纹理加载进内存直接通过输入流完成，而 2D 纹理数组的加载不但需要输入流，而且还需要将所有的纹理数据加载进缓冲对象。第四，将纹理数据加载进显存的方法不同，2D 纹理数据的加载是通过 GLUtils 类中的 texImage2D 方法完成的，而 2D 纹理数组数据的加载是通过 glTexImage3D 方法完成的。

（3）前面介绍了加载 2D 纹理数组的方法 initTextureArray，下面将要介绍的 Points 类的绘制方法 drawSelf，其具体代码如下。

代码位置：见随书中源代码/第 7 章/Sample7_9/src/com/bn/Sample7_9 目录下的 Points.java。

```
1    public void drawSelf(int texId) {
2        GLES30.glUseProgram(mProgram);              //指定使用某套着色器程序
3        GLES30.glUniformMatrix4fv(muMVPMatrixHandle, 1, false,//将最终变换矩阵传入渲染管线
4                MatrixState.getFinalMatrix(), 0);
5        GLES30.glVertexAttribPointer(maPositionHandle, 3, GLES30.GL_FLOAT,
6                false, 3 * 4, mVertexBuffer);           //将顶点位置数据传入渲染管线
7        GLES30.glEnableVertexAttribArray(maPositionHandle);//启用顶点位置数据数组
8        GLES30.glEnable(GLES30.GL_TEXTURE_2D_ARRAY);  //启用 2D 纹理数组
9        GLES30.glActiveTexture(GLES30.GL_TEXTURE0);     //激活指定的纹理单元
10       GLES30.glBindTexture(GLES30.GL_TEXTURE_2D_ARRAY, texId);//绑定纹理
11       GLES30.glDrawArrays(GLES30.GL_POINTS, 0, vCount);     //执行绘制
12   }
```

说明　上述 drawSelf 方法与 Sample7_7 案例中的绘制方法 drawSelf 很类似，此处需要注意的是，代码第 8 行和第 10 行，glEnable 方法和 glBindTexture 方法的参数均由 GLES30.GL_TEXTURE_2D 变为 GLES30.GL_TEXTURE_2D_ARRAY。

（4）介绍完了 Points 类的绘制方法 drawSelf 后，接下来将要介绍的是该案例的顶点着色器的具体开发，其具体代码如下。

代码位置：见随书中源代码/第 7 章/Sample7_9/assets 目录下的 vertex.sh。

```
#version 300 es
uniform mat4 uMVPMatrix;                             //总变换矩阵
in vec3 aPosition;                                   //顶点位置
out float vid;                                       //顶点编号
void main() {
    gl_Position = uMVPMatrix * vec4(aPosition,1); //根据总变换矩阵计算此次绘制此顶点位置
    gl_PointSize=64.0;                               //设置点精灵对应点的大小
    vid=float(gl_VertexID);                          //将顶点编号传递给片元着色器
}
```

提示　上述顶点着色器的代码与前面案例 Sample7_7 中的类似，主要的不同是，本顶点着色器中使用了内建变量 gl_VertexID 来获得顶点的编号，并将其值通过 out 变量 vid 传递给片元着色器。

（5）完成了顶点着色器的开发后，就可以开发本案例的片元着色器了，其代码如下。

代码位置：见随书中源代码/第 7 章/Sample7_9/assets 目录下的 frag.sh。

```
#version 300 es
precision mediump float;                             //给出浮点默认精度
uniform mediump sampler2DArray sTexture;             //纹理内容数据
in float vid;                                        //顶点编号
out vec4 fragColor;                                  //传递到渲染管线的片元颜色
void main() {
    vec3 texCoor=vec3(gl_PointCoord.st,vid);                    //组装纹理坐标
    fragColor = texture(sTexture,texCoor);                      //进行纹理采样
}
```

- 在定义一致变量 sTexture 时，前面添加了 mediump 精度声明，这个精度声明并不是在所有厂商的 GPU 上都需要，读者可以根据具体情况自行调整。
- 上述片元着色器的代码与前面案例 Sample7_7 中的类似，主要的不同是其根据接收的顶点着色器传递过来的顶点编号 vid 作为纹理数组的索引（纹理坐标的第 3 个分量）进行纹理采样。当然，纹理采样时的 S、T 坐标还是来自 gl_PointCoord 内建变量。

7.10 采样器配置对象的使用

本章所有使用纹理的案例中，在加载每一幅纹理时都使用了 glTexParameter 方法来设置纹理的拉伸方式以及采样方式。如果同一个应用中有很多纹理的话，大量的相同操作会重复进行，效率不高。OpenGL ES 3.0 中支持一种在这种情况下提高效率的技术——采样器配置对象（也称 Sampler 对象）。

通过使用采样器配置对象可以将特定的纹理拉伸方式和采样方式设置信息进行组合，重用于不同的纹理，以提高效率。介绍具体的案例之前，应该先了解一下常用的与 Sampler 对象相关的一些操作方法，具体内容如表 7-2 所列。

表 7-2　Sampler 对象相关的常用方法

方法签名	说明
void glGenSamplers(int count, int[] samplers, int offset)	生成 Sampler 对象。count 参数为生成 Sampler 对象的数量，samplers 参数是用于记录 count 个 Sampler 对象 id 的整型数组，offset 参数为偏移量
void glDeleteSamplers (int count, int[] samplers, int offset)	删除指定的 Sampler 对象。count 参数为待删除 Sampler 对象的数量，samplers 参数是待删除的 Sampler 对象 id 的整型数组，offset 参数为偏移量
void glBindSampler(int unit, int sampler)	将指定编号的纹理单元与指定 id 的 Sampler 对象绑定。unit 参数表示与 Sampler 对象绑定的纹理单元编号，sampler 参数表示要绑定的 Sampler 对象的 id
void glSamplerParameteri(int sampler, int pname, int param) void glSamplerParameteriv(int sampler, int pname, IntBuffer param)	设置 Sampler 对象的参数。sampler 参数表示待设置 sampler 对象的 id，pname 参数为待设置的参数，param 参数为需设置的参数值
void glSamplerParameterf(int sampler, int pname, float param) void glSamplerParameterfv(int sampler, int pname, FloatBuffer param)	设置 Sampler 对象的参数。sampler 参数表示待设置 sampler 对象的 id，pname 参数为待设置的参数，param 参数为需设置的参数值

表 7-2 中用于设置 Sampler 对象参数的 4 个方法中可选的参数（pname）以及可选的相关参数值（param）如表 7-3 所列。

表 7-3　可选参数及可选值

可选的参数（pname）	可选的值
GL_TEXTURE_MIN_FILTER GL_TEXTURE_MAG_FILTER	GL_NEAREST、GL_LINEAR、GL_NEAREST_MIPMAP_NEAREST、GL_NEAREST_MIPMAP_LINEAR、GL_LINEAR_MIPMAP_NEAREST、GL_LINEAR_MIPMAP_LINEAR
GL_TEXTURE_SWIZZLE_R GL_TEXTURE_SWIZZLE_G GL_TEXTURE_SWIZZLE_B GL_TEXTURE_SWIZZLE_A	GL_RED、GL_GREEN、GL_BLUE、GL_ALPHA、GL_ONE、GL_ZERO
GL_TEXTURE_WRAP_S GL_TEXTURE_WRAP_T GL_TEXTURE_WRAP_R	GL_REPEAT、GL_MIRRORED_REPEAT、GL_CLAMP_TO_EDGE

提示　从表 7-3 中可以看出设置参数时，可选的参数以及对应的值与前面章节介绍的知识是一致的，并没有很大的不同。

介绍完了 Sampler 对象相关的常用方法后，下面将通过一个简单的案例来说明如何在实际开发中使用 Sampler 对象。在介绍具体的代码开发之前，首先了解一下本案例的运行效果，如图 7-50、图 7-51 所示。

▲图 7-50 运行效果图 1

▲图 7-51 运行效果图 2

说明 从图 7-50 以及图 7-51 中可以看出，本案例是基于案例 Sample7_5 修改而来的，其运行效果与案例 Sample7_5 本身没有任何差别。

了解了本节案例的运行效果后，下面介绍具体的开发。由于本节案例是基于案例 Sample7_5 修改而来，因此这里仅介绍有区别的部分，具体内容如下。

（1）首先给出的是 MySurfaceView 类中增加的用于初始化 Sampler 对象的 initSampler 方法，其具体代码如下。

代码位置：见随书中源代码/第 7 章/Sample7_10/src/com/bn/Sample7_10 目录下的 MySurfaceView.java。

```
int[] samplers=new int[1];                          //存放 Samplers id 的成员变量数组
public void initSampler(){                          //初始化 Sampler 对象的方法
      GLES30.glGenSamplers(1, samplers, 0);         //生成 Samplers id
      GLES30.glSamplerParameterf(samplers[0],           //设置 MIN 采样方式
            GLES30.GL_TEXTURE_MIN_FILTER, GLES30.GL_NEAREST);
      GLES30.glSamplerParameterf(samplers[0],           //设置 MAG 采样方式
            GLES30.GL_TEXTURE_MAG_FILTER,GLES30.GL_LINEAR);
      GLES30.glSamplerParameterf(samplers[0],           //设置 S 轴拉伸方式
            GLES30.GL_TEXTURE_WRAP_S,GLES30.GL_CLAMP_TO_EDGE);
      GLES30.glSamplerParameterf(samplers[0],           //设置 T 轴拉伸方式
             GLES30.GL_TEXTURE_WRAP_T,GLES30.GL_CLAMP_TO_EDGE);
}
```

说明 从上述代码中可以看出，与普通纹理加载时进行的各项参数设置类似，这里首先设置了 MIN、MAG 采样方式，接着设置了 S 轴、T 轴的拉伸方式。设置好 Sampler 对象后，在加载每一幅纹理时就可以进行重用了，具体内容见后面的介绍。

（2）接着给出的是在 MySurfaceView 类中加载纹理的 initTexture 方法，具体代码如下。

代码位置：见随书中源代码/第 7 章/Sample7_10/src/com/bn/Sample7_10 目录下的 MySurfaceView.java。

```
1   public int initTexture(int drawableId,int samplerId,int unitId){
2         ……//此处省略了生成纹理 id 等的代码，与原来案例相同，读者可自行查看随书的源代码
3       GLES30.glBindSampler(unitId, samplerId);      //绑定纹理单元与 sampler
4         ……//此处省略了与前面案例中相同部分的代码，读者可自行查看随书的源代码
5       return textureId;                             //返回指定的纹理 id
6   }
```

说明 上述加载纹理的 initTexture 方法与案例 Sample7_7 中的大致相同，不同之处是该方法去掉了单独设置纹理拉伸方式与采样方式的代码，增加了第 3 行绑定指定纹理单元与 sampler 对象的代码。另外就是增加了指定 Sampler 对象 id 的 samplerId 参数，以及对应纹理单元编号的参数 unitId。

（3）最后给出的是 MySurfaceView 类中进行初始化的 onSurfaceChanged 方法，其具体代码如下。

代码位置：见随书中源代码/第 7 章/Sample7_10/src/com/bn/Sample7_10 目录下的 MySurfaceView.java。

```
public void onSurfaceChanged(GL10 gl, int width, int height) {
  ……//此处省略了与案例 Sample7_7 中相同的代码，需要的读者请参考随书
  textureIdEarth=initTexture(R.drawable.earth,samplers[0],0);
                                        //加载地球白天纹理，对应纹理单元 0
  textureIdEarthNight=initTexture(R.drawable.earthn,samplers[0],1);
                                        //加载地球黑夜纹理，对应纹理单元 1
  textureIdMoon=initTexture(R.drawable.moon,samplers[0],0);
                                        //加载月球纹理，对应纹理单元 0
  ……//此处省略了与案例 Sample7_7 中相同的代码，需要的读者请参考随书
}
```

提示：一般情况下绑定 Sampler 对象的纹理单元是 0 号。然而当同一个物体使用多幅纹理时，每个使用的纹理单元都需要绑定对应 Sampler 对象。比如本案例中绘制地球时需要使用两个纹理单元（0 号和 1 号纹理单元），因此，加载纹理时就分别把地球白天纹理（0 号）单元和夜间纹理（1 号）单元绑定到了此 Sampler 对象。

7.11 小结

本章中主要介绍了 OpenGL ES 3.x 中纹理映射各方面的相关知识，包括纹理映射的基本原理、纹理拉伸、纹理采样、mipmap 纹理、多重纹理与过程纹理、压缩纹理、点精灵、3D 纹理以及 2D 纹理数组等。通过本章的学习，读者应该能够从容应对实际开发中与纹理相关的需求，为后面高级知识的学习打下良好的基础。

第 8 章　3D 基本形状的构建

前面几章介绍了很多 OpenGL ES 3.0 的基础知识，但绘制的立体形状种类很少，除了立方体就是圆球，这是远远不够的。本章将进一步介绍几种常见立体形状的构建，包括圆柱、圆锥、圆环、螺旋管、几何球、足球碳、贝塞尔曲线及旋转面等。

> **提示**　由于本章很多案例中的基本代码与前面章节很多案例中的基本一致，因此，在对本章案例进行介绍时，一些重复部分不再赘述，着重介绍本章有特色、有代表性的部分，需要的读者请自行查阅随书中的源代码。

8.1 圆柱体

本节将介绍通过两种组件构建的圆柱体，这两种组件分别为圆面和柱面。首先介绍圆面和柱面顶点原始位置生成的基本原理，然后给出实现的案例 Sample8_1。

8.1.1 顶点原始位置的生成

从前面的章节中已经了解到，OpenGL ES 3.0 中任何立体物体实质上都是由多个小三角形组成的。自然构成圆柱的圆面与柱面也不例外，因此本小节将介绍如何将圆面与柱面切分成三角形，以及如何计算三角形每个顶点的坐标。

1. 顶点坐标的计算

初始状态下，将圆面几何中心对到 XOY 平面的原点，则根据切分单位角度的不同可以方便地使用三角函数计算出三角形边缘顶点的 X 与 Y 坐标，如图 8-1 所示。

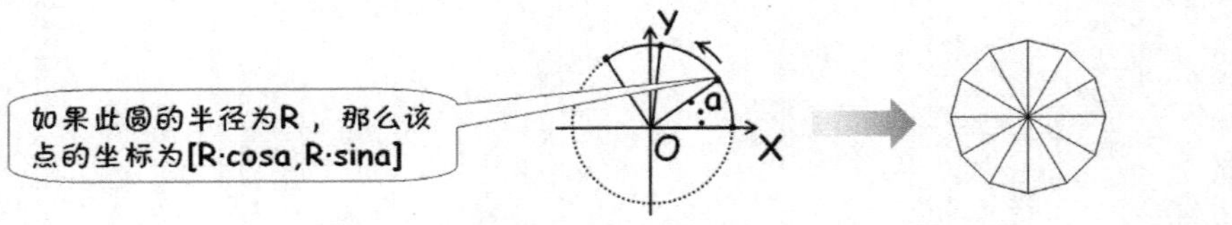

图 8-1　圆面的形成和圆面顶点坐标的计算

> **提示**　圆面上所有的顶点 Z 坐标都相同，根据圆柱的长度、位置情况直接给出即可，这点可以参考后面的顶点坐标计算相关代码。

根据图 8-1 计算出来的三角形边缘顶点的坐标不但可以用于构建圆面，其实也是构成柱面的顶点。圆柱的侧面可以看做由一个矩形面（此矩形面沿着横边切分为 n 份）以空间中的某一条直线为轴（本案例中以 Y 轴为轴）卷绕而成的，如图 8-2 所示。

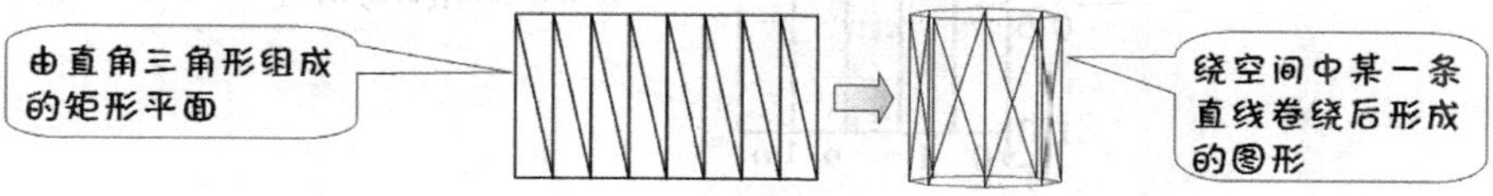

图 8-2　圆柱侧面的示意图

> **提示**　图 8-2 中为了介绍的方便，将一个圆柱体侧面切分为 8 等份，随着切分份数的增加，所形成的图形将越来越接近圆柱面。

从图 8-2 中可以看出，若将圆柱的侧面切分为 n 份，且圆柱的半径为 R，当前棱对应的点角度为 a。那么由三角函数及空间解析几何可知，构成圆柱侧面的此直角三角形的顶点坐标如图 8-3 所示。

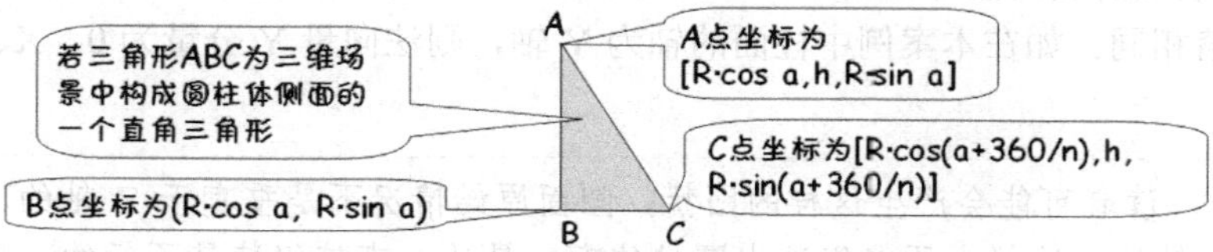

图 8-3　圆柱侧面顶点坐标计算的示意图

> **说明**　将构成圆柱体侧面的所有三角形顶点坐标按图 8-3 所示计算完成后，再按一定次序存放到数组中，便可以作为圆柱侧面的顶点坐标数据。

2. 顶点纹理坐标与法向量的计算

前面介绍完了顶点坐标数据的计算，下面将进一步介绍顶点纹理坐标与法向量的计算。首先介绍圆面顶点纹理坐标的计算，如图 8-4 所示。

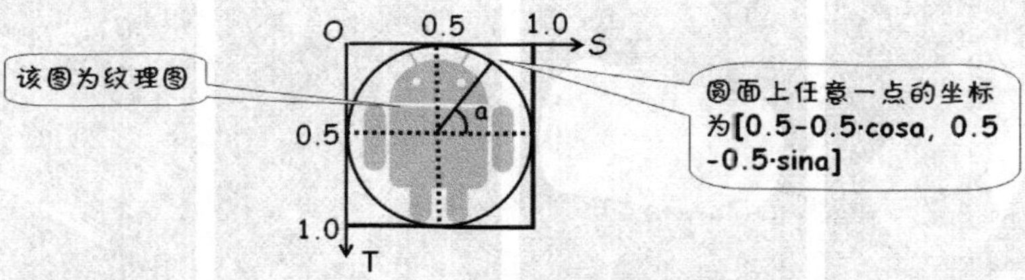

图 8-4　圆面纹理坐标的计算

> **说明**　将圆面的中心点对应到纹理坐标[0.5,0.5]的位置，那么圆面上任何一点的纹理坐标数据如图 8-4 所示，可通过三角函数方便地求得。

接着介绍柱面顶点纹理坐标的计算，设圆柱侧面切分的份数为 n，将圆柱侧面展开形成一个矩形平面，将纹理图左上角对应到展开后矩形的左上角，即可方便地计算出各顶点的纹理坐标，如图 8-5 所示。

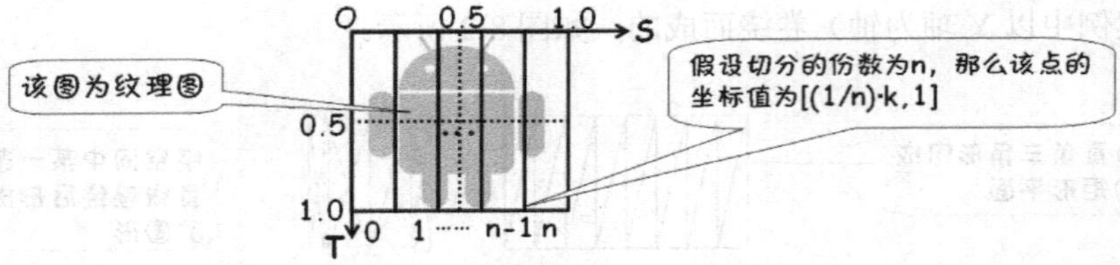

图 8-5　圆柱侧面纹理坐标的计算

> **说明**　图 8-5 中 k 为当前份数编号，取值范围为 0 ~ n。另外要注意的是，这里给出的纹理坐标计算方式是将纹理图拉伸以充满整个展开后的矩形平面的。

完成了顶点和纹理坐标计算方式的介绍后，下面介绍法向量的计算法，具体如下所列。

- 圆面上顶点的法向量其实都是相同的，垂直于圆面所在的平面。因此在圆面垂直于某坐标轴的情况下，直接给出即可，不需要计算。如本案例中垂直于 Z 轴，因此法向量都为[0,0,1]。
- 柱面上顶点的法向量与底面平行，垂直于柱面。因此法向量的一个分量为 0，其他两个分量与顶点坐标值相同。如在本案例中柱面的轴为 Y 轴，则法向量 Y 分量为 0，X、Z 分量与顶点坐标一致。

> **提示**　读者可能会产生这样的困扰，圆面原始情况下是垂直于 Z 轴的，柱面是围绕着 Y 轴的，这样也不能组装出圆柱体啊。是的，直接组装是不行的，但在组装时对圆面与柱面进行一下恰当的平移、旋转变换就可以了，详情见后面的代码部分。

8.1.2　案例的开发

了解了圆柱体两个部件的顶点坐标、纹理坐标、法向量的计算方法后，下面应该了解一下本节案例的运行效果了，如图 8-6 所示。

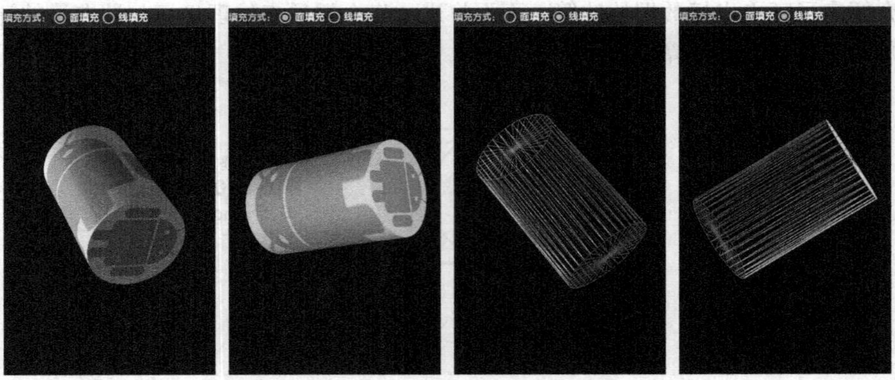

图 8-6　Sample8_1 运行效果图

> **说明**　从图 8-6 中可以看出，本案例提供了两种绘制方式：面填充和线段。左侧两幅图为面填充方式下本案例的运行效果图，右侧两幅图为线段方式下本案例的运行效果图。

了解了本案例的运行效果后，就可以进行代码的开发了。这里仅给出本案例中有代表性的圆面、柱面的顶点坐标、纹理坐标、法向量生成以及将圆面、柱面组装成圆柱体的相关代码，具体如下所列。

（1）首先给出的是圆面顶点坐标、纹理坐标和法向量生成的相关代码，具体内容如下。

代码位置：见随书中源代码/第 8 章/Sample8_1/src/com/bn/Sample8_1 目录下的 Circle.java。

```
float[] vertices=new float[vCount*3];                           //顶点坐标数组
float[] textures=new float[vCount*2];                           //顶点纹理坐标数组
int count=0;                                                    //顶点坐标的计数器
int stCount=0;                                                  //顶点纹理坐标的计数器
for(float angdeg=0;Math.ceil(angdeg)<360;angdeg+=angdegSpan){
                                                   //生成每个三角形的顶点数据
    double angrad=Math.toRadians(angdeg);          //当前弧度
    double angradNext=Math.toRadians(angdeg+angdegSpan);//下一弧度
    vertices[count++]=0; vertices[count++]=0; vertices[count++]=0;
                                                   //圆面中心点的顶点坐标
    textures[stCount++]=0.5f;  textures[stCount++]=0.5f; //圆面中心点的顶点纹理坐标
    vertices[count++]=(float) (-r*Math.sin(angrad));//当前弧度对应的边缘顶点坐标
    vertices[count++]=(float) (r*Math.cos(angrad));
    vertices[count++]=0;
    textures[stCount++]=(float) (0.5f-0.5f*Math.sin(angrad));
                                                   //当前弧度对应的边缘顶点纹理坐标
    textures[stCount++]=(float) (0.5f-0.5f*Math.cos(angrad));
    vertices[count++]=(float) (-r*Math.sin(angradNext));//下一弧度对应的边缘顶点坐标
    vertices[count++]=(float) (r*Math.cos(angradNext));
    vertices[count++]=0;
    textures[stCount++]=(float) (0.5f-0.5f*Math.sin(angradNext));
                                                   //下一弧度对应的边缘顶点纹理坐标
    textures[stCount++]=(float) (0.5f-0.5f*Math.cos(angradNext));
}
......//此处省略了将顶点数据放入顶点数据缓冲区中的代码，读者可自行查看随书的源代码
float[] normals=new float[vertices.length];        //顶点法向量数据数组
for(int i=0;i<normals.length;i+=3){
    normals[i]=0;  normals[i+1]=0;   normals[i+2]=1;
}
```

说明 上述代码根据上一小节介绍的原理以一定的角度间距（angdegSpan）循环计算出了组成圆面的小三角形顶点的各项数据，包括顶点坐标、纹理坐标、法向量。

（2）接着给出柱面顶点坐标、纹理坐标和法向量生成的相关代码，具体内容如下。

代码位置：见随书中源代码/第 8 章/Sample8_1/src/com/bn/Sample8_1 目录下的 CylinderSide.java。

```
float[] vertices=new float[vCount*3];              //顶点法向量数组
float[] textures=new float[vCount*2];              //顶点纹理坐标值数组
int count=0;                                       //顶点坐标数组的计数器
int stCount=0;                                     //顶点纹理坐标数组的计数器
for(float angdeg=0;Math.ceil(angdeg)<360;angdeg+=angdegSpan){
                                                   //生成每对三角形的顶点数据
    double angrad=Math.toRadians(angdeg);          //当前弧度
    double angradNext=Math.toRadians(angdeg+angdegSpan);//下一弧度
    vertices[count++]=(float) (-r*Math.sin(angrad));    //第一个三角形顶点 1
    vertices[count++]=0;
    vertices[count++]=(float) (-r*Math.cos(angrad));
    textures[stCount++]=(float) (angrad/(2*Math.PI));          //纹理坐标
    textures[stCount++]=1;
    vertices[count++]=(float) (-r*Math.sin(angradNext));      //第一个三角形顶点 2
    vertices[count++]=h;
    vertices[count++]=(float) (-r*Math.cos(angradNext));
    textures[stCount++]=(float) (angradNext/(2*Math.PI));      //纹理坐标
    textures[stCount++]=0;
    vertices[count++]=(float) (-r*Math.sin(angrad));          //第一个三角形顶点 3
    vertices[count++]=h;
    vertices[count++]=(float) (-r*Math.cos(angrad));
    textures[stCount++]=(float) (angrad/(2*Math.PI));          //纹理坐标
    textures[stCount++]=0;
    vertices[count++]=(float) (-r*Math.sin(angrad));          //第二个三角形顶点 1
    vertices[count++]=0;
```

```
            vertices[count++]=(float) (-r*Math.cos(angrad));
            textures[stCount++]=(float) (angrad/(2*Math.PI));             //纹理坐标
            textures[stCount++]=1;
            vertices[count++]=(float) (-r*Math.sin(angradNext));          //第二个三角形顶点 2
            vertices[count++]=0;
            vertices[count++]=(float) (-r*Math.cos(angradNext));
            textures[stCount++]=(float) (angradNext/(2*Math.PI));         //纹理坐标
            textures[stCount++]=1;
            vertices[count++]=(float) (-r*Math.sin(angradNext));          //第二个三角形顶点 3
            vertices[count++]=h;
            vertices[count++]=(float) (-r*Math.cos(angradNext));
            textures[stCount++]=(float) (angradNext/(2*Math.PI));         //纹理坐标
            textures[stCount++]=0;
        }
        float[] normals=new float[vertices.length];                    //法向量数据初始化
        for(int i=0;i<vertices.length;i++){
            if(i%3==1){normals[i]=0;                                   //法向量 Y 坐标分量为 0
            }else{normals[i]=vertices[i];}}                            //法向量数组赋值
        }
```

说明　上述代码根据上一小节介绍的原理以一定的角度间距（angdegSpan）循环计算出了组成柱面的小三角形顶点的各项数据，包括顶点坐标、纹理坐标、法向量。要注意的是每次循环生成的是一对三角形顶点的相关数据，这是因为将柱面以一定的角度间距切分时，切分的结果是一个一个的四边形，每个四边形需要两个三角形构成。

（3）最后给出将圆面与柱面组装成圆柱体的相关代码，具体内容如下。

代码位置：见随书中源代码/第 8 章/Sample8_1/src/com/bn/Sample8_1 目录下的 Cylinder.java。

```
    //绘制顶面
    MatrixState.pushMatrix();                                          //保护现场
    MatrixState.translate(0, h/2*scale, 0);                            //平移变换
    MatrixState.rotate(-90, 1, 0, 0);                                  //旋转变换
    topCircle.drawSelf(topTexId);                                      //绘制圆面
    MatrixState.popMatrix();                                           //恢复现场
    //绘制底面
    MatrixState.pushMatrix();                                          //保护现场
    MatrixState.translate(0, -h/2*scale, 0);                           //平移变换
    MatrixState.rotate(90, 1, 0, 0);                                   //旋转变换
    MatrixState.rotate(180, 0, 0, 1);                                  //旋转变换
    bottomCircle.drawSelf(BottomTexId);                                //绘制圆面
    MatrixState.popMatrix();                                           //恢复现场
    //绘制侧面
    MatrixState.pushMatrix();                                          //保护现场
    MatrixState.translate(0, -h/2*scale, 0);                           //平移变换
    cylinderSide.drawSelf(sideTexId);                                  //绘制柱面
    MatrixState.popMatrix();                                           //恢复现场
```

提示　上述代码将圆面与柱面进行恰当的平移与旋转变换后组装成了圆柱体。另外，本案例中还有一套线段方式下生成顶点数据与组装成形的代码，基本套路与面填充方式的完全一致，这里不再赘述，需要的读者请参考随书中的源代码。

8.2 圆锥体

上一节介绍了圆柱体的构建，本节将介绍圆锥体的构建。首先介绍圆锥面顶点原始位置生成的基本原理，然后给出实现的案例 Sample8_2。

8.2.1　顶点原始位置的生成

本节中构建的圆锥体由两个部件组成，包括圆锥体底部的圆面和侧面的圆锥面。圆面顶点数

据的计算在上一节中已经介绍过，因此这里仅介绍圆锥面顶点数据的计算。

1. 顶点坐标的计算

圆锥面同样是由多个小三角形构成的，本节中以圆锥面顶端中心点为所有小三角形的共用顶点，再以一定的角度切分圆锥面底部的圆，得到各个小三角形另外两个顶点的坐标，具体情况如图 8-7 所示。

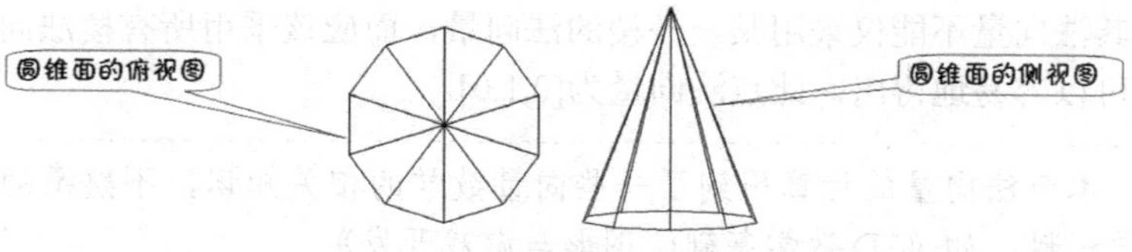

图 8-7　圆锥侧面

提示 从图 8-7 中看，构成的物体更像是棱锥而不是圆锥。这主要是因为切分的角度跨度较大，实际开发中选择合适的切分角度就可以解决这个问题。

从圆锥面的俯视图中可以看出，圆锥底边上顶点坐标的计算与圆面上顶点坐标计算的方法相同。设圆锥底面半径为 R，圆锥底面中心位于坐标原点，圆锥中心轴与 Y 坐标轴重合，圆锥的高度为 h，则圆锥底边某顶点的坐标计算公式如下。

$$P(x,y,z)=(R\cdot\sin a,0,R\cdot\cos a)$$

提示 上述公式中的 a 为顶点对应的切分角度，与图 8-1 中表示的含义相同。所不同的是图 8-1 中圆面位于 XOY 平面，这里是位于 XOZ 平面的。

另外，可以非常容易地直接得出圆锥面顶端中心点的坐标为 $P(x,y,z)=(0,\text{h},0)$ 。因此构成圆锥面的某一个小三角形 3 个顶点的坐标如下所列。

- ❑ $P(x,y,z)=(R\cdot\sin a,0,R\cdot\cos a)$ 。
- ❑ $P(x,y,z)=(0,\text{h},0)$ 。
- ❑ $P(x,y,z)=(R\cdot\sin(a+span),0,R\cdot\cos(a+span))$ 。

提示 上述顶点坐标公式中的 span 为切分的角度跨度，其越小则构建的图形越接近于圆锥。

2. 顶点纹理坐标与法向量的计算

前面介绍完了顶点坐标数据的计算，下面将进一步介绍顶点纹理坐标与法向量的计算。由于圆锥底面的圆面中顶点纹理坐标与法向量的计算与上一节圆柱底面的完全相同，故这里不再赘述。另外，圆锥面顶点纹理坐标的计算与圆面也相同，因此这里仅介绍圆锥面中顶点法向量的计算，具体的思路如图 8-8 所示。

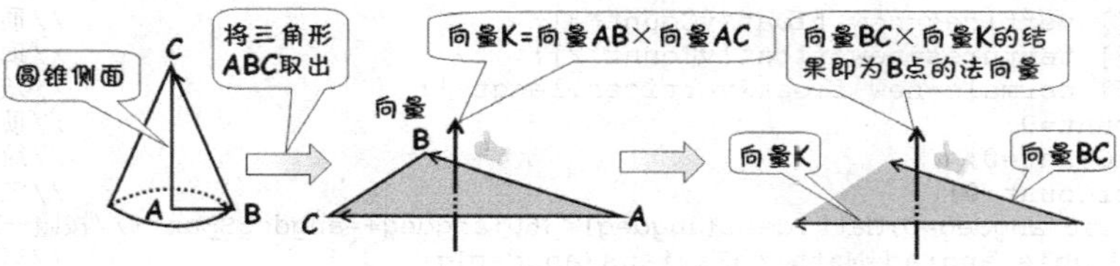

图 8-8　三角形面法向量计算的演示图

提示　图 8-8 中 A 为圆锥底面中心点，B 为圆锥底边圆周上的某点，C 为圆锥顶部的点。

从图 8-8 中可以看出，圆锥面每一条棱上顶点的法向量都是相同的，因此对于每个具体切分角度对应的棱计算一次法向量即可。例如要计算 BC 棱上顶点的法向量，则需要首先计算出 ABC 面的法向量，再将此法向量与 BC 向量叉积即可得到 BC 棱上顶点的法向量。

ABC 面法向量的计算也很简单，将向量 AB 与向量 AC 叉积即可得到。另外由于 C 点不仅属于一条棱，因此其法向量不能仅采用某一条棱的法向量，而应该采用所有棱法向量的平均值。根据圆锥的对称性可以容易地得出，此点法向量为[0,1,0]。

提示　本节法向量的计算用到了一些向量数学的相关知识，不熟悉的读者请参考其他数学资料，如《3D 数学基础：图形与游戏开发》。

8.2.2 案例的开发

了解了圆锥体顶点坐标、纹理坐标、法向量的计算方法后，下面应该了解一下本节案例的运行效果了，如图 8-9 所示。

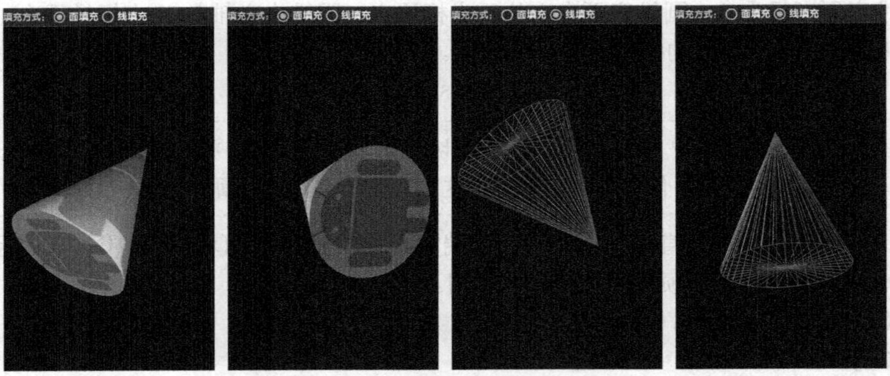

图 8-9　运行效果图

说明　从图 8-9 中可以看出，本案例提供了两种绘制方式：面填充和线段。左侧两幅为面填充方式下本案例的运行效果图，右侧两幅为线段方式下本案例的运行效果图。

了解了本案例的运行效果后，就可以进行代码的开发了，这里仅给出本案例中有代表性的圆锥面中顶点坐标、纹理坐标、法向量生成的相关代码及向量计算工具类 VectorUtil 的代码，具体如下所列。

（1）首先给出的是圆锥面中顶点坐标、纹理坐标和法向量生成的相关代码，具体内容如下。

代码位置：见随书中源代码/第 8 章/Sample8_2/src/com/bn/Sample8_2 目录下的 ConeSide.java。

```
float[] vertices=new float[vCount*3];                         //顶点坐标数组
float[] textures=new float[vCount*2];                         //顶点纹理坐标值数组
float[] normals=new float[vertices.length];                   //法向量数组
int count=0;                                                  //顶点坐标计数器
int stCount=0;                                                //纹理坐标计数器
int norCount=0;                                               //法向量计数器
for(float angdeg=0;Math.ceil(angdeg)<360;angdeg+=angdegSpan){//按照一定的角度跨度切分
     double angrad=Math.toRadians(angdeg);                    //当前弧度
     double angradNext=Math.toRadians(angdeg+angdegSpan);     //下一弧度
```

```
        vertices[count++]=0; vertices[count++]=h; vertices[count++]=0;
                                                   //圆锥面中心最高点坐标
        textures[stCount++]=0.5f;  textures[stCount++]=0;      //圆锥面中心最高点纹理坐标
        vertices[count++]=(float) (-r*Math.sin(angrad));      //当前弧度对应点坐标
        vertices[count++]=0;
        vertices[count++]=(float) (-r*Math.cos(angrad));
        textures[stCount++]=(float) (angrad/(2*Math.PI));     //当前弧度对应点纹理坐标
        textures[stCount++]=1;
        vertices[count++]=(float) (-r*Math.sin(angradNext));//下一弧度对应点坐标
        vertices[count++]=0;
        vertices[count++]=(float) (-r*Math.cos(angradNext));
        textures[stCount++]=(float) (angradNext/(2*Math.PI));//下一弧度对应点纹理坐标
        textures[stCount++]=1;
    }
    for(int i=0;i<vertices.length;i=i+3){                      //法向量数据的初始化
        if(vertices[i]==0&&vertices[i+1]==h&&vertices[i+2]==0){
        //如果当前的顶点为圆锥的中心最高点
            normals[norCount++]=0; normals[norCount++]=1; normals[norCount++]=0;
        }else{                                         //当前的顶点为底面圆周上的点
            float [] norXYZ=VectorUtil.calConeNormal( //通过 3 个顶点的坐标求出法向量
                0, 0, 0,                                  //底面圆的中心点
                vertices[i], vertices[i+1], vertices[i+2],//当前底面圆周顶点坐标
                0, h, 0);                               //圆锥中心最高点坐标
            normals[norCount++]=norXYZ[0];              //将法向量 X、Y、Z 3 个分量的值
            normals[norCount++]=norXYZ[1];              //存入法向量数据数组
            normals[norCount++]=norXYZ[2];
    }}
```

说明 上述代码根据上一小节介绍的原理以一定的角度间距（angdegSpan）循环计算出了组成圆锥面的各个小三角形顶点的各项数据，包括顶点坐标、纹理坐标、法向量等。

（2）接着给出的是用于计算圆锥面顶点法向量的工具类——VectorUtil，其代码如下。

代码位置：见随书中源代码/第 8 章/Sample8_2/src/com/bn/Sample8_2 目录下的 VectorUtil.java。

```
    package com.bn.Sample8_2;
    public class VectorUtil {
        public static float[] calConeNormal(   //计算圆锥面指定棱顶点法向量的方法
                float x0,float y0,float z0,         //A，中心点（底面圆的圆心）
                float x1,float y1,float z1,         //B，底面圆上的某一点
                float x2,float y2,float z2 ){       //C，圆锥中心最高点
            float[] a={x1-x0, y1-y0, z1-z0};        //向量 AB
            float[] b={x2-x0, y2-y0, z2-z0};        //向量 AC
            float[] c={x2-x1, y2-y1, z2-z1};        //向量 BC
            float[] k=crossTwoVectors(a,b);         //先求平面 ABC 的法向量 k
            float[] d=crossTwoVectors(c,k);         //将 c 和 k 做叉乘，得出所求向量 d
            return normalizeVector(d);              //返回规格化后的法向量
        }
        public static float[] normalizeVector(float [] vec){//向量规格化的方法
            float mod=module(vec);                      //求向量的模
            return new float[]{vec[0]/mod, vec[1]/mod, vec[2]/mod};//返回规格化后的向量
        }
        public static float module(float [] vec){       //求向量的模的方法
            return (float) Math.sqrt(vec[0]*vec[0]+vec[1]*vec[1]+vec[2]*vec[2]);
        }
        public static float[] crossTwoVectors( float[] a,float[] b){//求两个向量叉积的方法
            float x=a[1]*b[2]-a[2]*b[1];                //向量叉积的 X 分量
            float y=a[2]*b[0]-a[0]*b[2];                //向量叉积的 Y 分量
            float z=a[0]*b[1]-a[1]*b[0];                //向量叉积的 Z 分量
            return new float[]{x, y, z};                //返回叉积向量
    }}
```

说明 该工具类中首先提供了向量计算的一些必备方法，如求模、规格化、求叉积等。另外还提供了专门为本案例服务的根据 3 个顶点的坐标计算法向量的方法 calConeNormal，此方法实现了图 8-8 所示的计算思路。

8.3 圆环体

上一节介绍了圆椎体的构建，本节将介绍圆环体的构建。首先介绍圆环面顶点原始位置生成的基本原理，然后给出实现的案例 Sample8_3。

8.3.1　顶点原始位置的生成

由于圆环体顶点法向量的计算较为复杂，因此本节案例中的圆环体仅采用了纹理映射，没有计算法向量并采用光照。为了计算的方便，本节案例中圆环面的生成方式为将 XOY 平面上的一个圆周绕 Y 轴旋转一周，具体情况如图 8-10 所示。

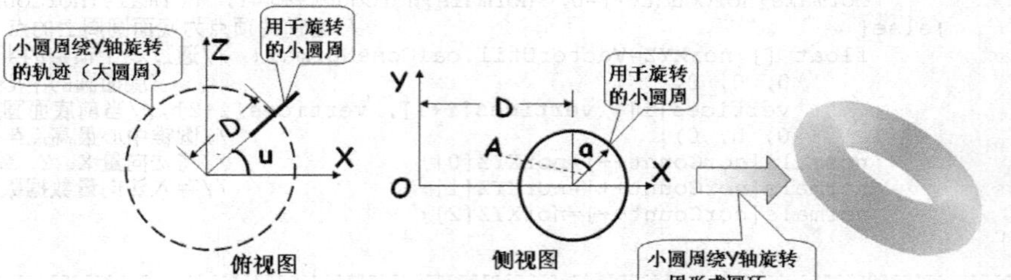

图 8-10　圆环体的形成过程

假设该用于旋转的圆周半径为 A，其圆心距 Y 轴的距离为 D，且圆心位于 XOZ 平面上，同时此圆周绕 Y 轴旋转的轨迹形成的圆周也在 XOZ 平面上，则通过此方式形成的圆环面上任意顶点的坐标可以用如下公式表示。

$$P(x,y,z)=((D+A\cdot\sin a)\sin u, A\cdot\cos a,(D+A\cdot\sin a)\cos u)$$

> **说明**　上述公式中 a 表示顶点在小圆周上对应的角度，u 表示在大圆周上对应的角度。实际编程时可以用循环等间隔地依次取 a 与 u 的值即可得到构成圆环面各个顶点的坐标。

介绍完了顶点坐标的计算方法后，下面将简要介绍一下纹理坐标的生成思路，具体步骤如图 8-11 所示。

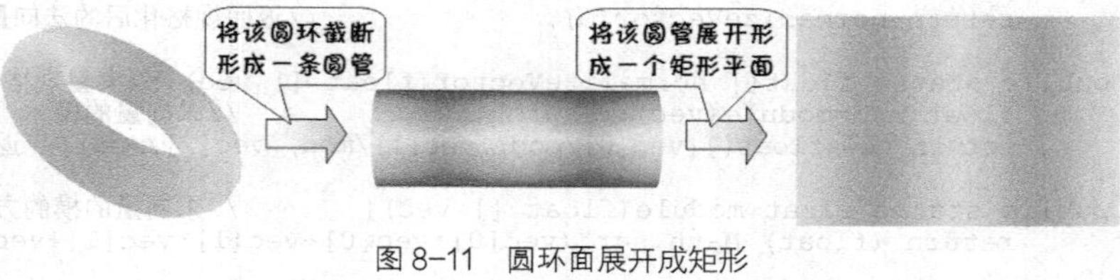

图 8-11　圆环面展开成矩形

从图 8-11 中可以看出，最终纹理坐标的生成策略与前面圆柱面的没有本质区别，都是通过将目标曲面展开成矩形进行的。

> **提示**　有的读者可能会有一个疑问：“为什么不介绍法向量的计算？难道复杂的物体就不需要光照吗？”请读者打消这个疑虑，后面的章节会介绍更为简便的复杂曲面物体呈现技术，当然包含光照方面的内容。这里略去是因为这种通过数学公式直接计算的方式对于复杂曲面而言工作量过大，很不合算。

8.3.2 案例的开发

了解了圆环体顶点坐标、纹理坐标、法向量的计算方法后，下面应该了解一下本节案例的运行效果了，如图 8-12 所示。

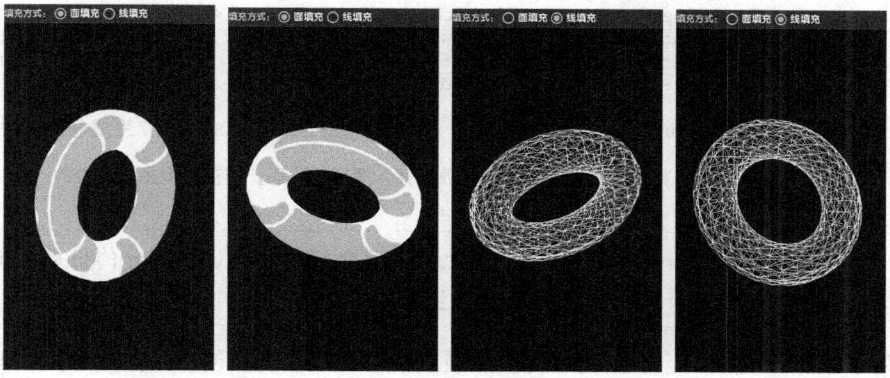

图 8-12 运行效果图

> **说明** 从图 8-12 中可以看出，本案例提供了两种绘制方式：面填充和线段。左侧两幅为面填充方式下本案例的运行效果图，右侧两幅为线段方式下本案例的运行效果图。

了解了本案例的运行效果后，就可以进行代码的开发了。这里仅给出本案例中有代表性的圆环顶点坐标、纹理坐标生成的相关代码，具体如下所列。

（1）首先给出的是圆环体顶点坐标、纹理坐标生成的相关代码，具体内容如下。

代码位置：见随书中源代码/第 8 章/Sample8_3/src/com/bn/Sample8_3 目录下的 Torus.java。

```
    public void initVertexData(float rBig, float rSmall,    //圆环外径、内径
            int nCol ,int nRow) {                       //小圆周和大圆周切分的份数
        float angdegColSpan=360.0f/nCol;                //小圆周每份的角度跨度
        float angdegRowSpan=360.0f/nRow;                //大圆周每份的角度跨度
        float A=(rBig-rSmall)/2;                        //用于旋转的小圆半径
        float D=rSmall+A;                               //旋转轨迹形成的大圆周半径
        vCount=3*nCol*nRow*2;                           //顶点个数
        ArrayList<Float> alVertix=new ArrayList<Float>();    //原始顶点列表（未卷绕）
        ArrayList<Integer> alFaceIndex=new ArrayList<Integer>();
        //用于组织三角形面的顶点编号列表
        for(float angdegCol=0;Math.ceil(angdegCol)<360+angdegColSpan;
        angdegCol+=angdegColSpan) {                     //对小圆按照等角度间距循环
            double a=Math.toRadians(angdegCol);         //当前小圆弧度
            for(float angdegRow=0;Math.ceil(angdegRow)<360+angdegRowSpan;
              angdegRow+=angdegRowSpan) {               //对大圆按照等角度间距循环
                double u=Math.toRadians(angdegRow);          //当前大圆弧度
                float y=(float) (A*Math.cos(a));             //按照公式计算当前顶点
                float x=(float) ((D+A*Math.sin(a))*Math.sin(u));//的X、Y、Z 坐标
                float z=(float) ((D+A*Math.sin(a))*Math.cos(u));
                //将计算出来的 X、Y、Z 坐标放入原始顶点列表
            alVertix.add(x); alVertix.add(y); alVertix.add(z);
        }}
        for(int i=0;i<nCol;i++){                        //按照卷绕成三角形的需要
            for(int j=0;j<nRow;j++){                    //生成顶点编号列表
                int index=i*(nRow+1)+j;                 //当前四边形第一顶点编号
                alFaceIndex.add(index+1);               //第一个三角形三个顶点的编号入列表
                alFaceIndex.add(index+nRow+1);
                alFaceIndex.add(index+nRow+2);
                alFaceIndex.add(index+1);               //第二个三角形三个顶点的编号入列表
                alFaceIndex.add(index);
```

```
                    alFaceIndex.add(index+nRow+1);
        }}
        float[] vertices=new float[vCount*3];        //存放按照卷绕顺序顶点坐标值的数组
        cullVertex (alVertix, alFaceIndex, vertices);  //生成卷绕后的顶点坐标数组值
        ArrayList<Float> alST=new ArrayList<Float>();  //原纹理坐标列表（未卷绕）
        for(float angdegCol=0;Math.ceil(angdegCol)<360+angdegColSpan;
            angdegCol+=angdegColSpan){                         //对小圆按照等角度间距循环
            float t=angdegCol/360;                             //当前角度对应的 t 坐标
            for(float angdegRow=0;Math.ceil(angdegRow)<360+angdegRowSpan;
                angdegRow+=angdegRowSpan) {                    //对大圆按照等角度间距循环
                float s=angdegRow/360;                         //当前角度对应的 s 坐标
                alST.add(s); alST.add(t);                      //存入原始纹理坐标列表
        }}
        float[] textures= cullTexCoor (alST, alFaceIndex);  //生成卷绕后纹理坐标数组
值
        ……//此处省略了将顶点坐标、纹理坐标数据存入缓冲的代码，与前面很多案例中的一致
    }
```

说明 上述 initVertexData 方法根据上一小节介绍的公式以及切分的份数生成了渲染纹理圆环所需的顶点坐标数据与纹理坐标数据。

（2）为了减少重复代码，本案例中将按照顶点编号生成卷绕后顶点坐标数组及纹理坐标数组的工作独立成了两个方法：cullVertex 与 cullTexCoor，具体代码如下。

代码位置：见随书中源代码/第 8 章/Sample8_3/src/com/bn/Sample8_3 目录下的 Torus.java。

```
    public static void cullVertex (         //根据顶点编号生成卷绕后顶点坐标数组的方法
            ArrayList<Float> alv,           //原始顶点列表
            ArrayList<Integer> alFaceIndex, //用于组织三角形面的顶点编号列表
            float[] vertices){              //存放卷绕后顶点坐标值的数组
        int vCount=0;                       //顶点计数器
        for(int i:alFaceIndex){             //对顶点编号列表进行循环
            vertices[vCount++]=alv.get(3*i);  //将当前编号顶点的 X 坐标值存入最终数组
            vertices[vCount++]=alv.get(3*i+1);//将当前编号顶点的 Y 坐标值存入最终数组
            vertices[vCount++]=alv.get(3*i+2);//将当前编号顶点的 Z 坐标值存入最终数组
    }}
    public static float[] cullTexCoor ( //根据顶点编号生成卷绕后顶点纹理坐标数组的方法
            ArrayList<Float> alST,             //原始纹理坐标列表
            ArrayList<Integer> alTexIndex){    //用于组织三角形面的顶点编号列表
        float[] textures=new float[alTexIndex.size()*2];    //结果纹理坐标数组
        int stCount=0;                         //纹理坐标计数器
        for(int i:alTexIndex){                 //对顶点编号列表进行循环
            textures[stCount++]=alST.get(2*i);//将当前编号顶点的 S 坐标值存入最终数组
            textures[stCount++]=alST.get(2*i+1); //将当前编号顶点的 T 坐标值存入最终数组
        }
        return textures;                       //返回结果纹理坐标数组
    }
```

说明 上述两个方法的代码非常简单，都是按照用于组织三角形面的顶点编号列表中的顶点编号将卷绕后的顶点坐标或纹理坐标数据放进对应数组并返回。

8.4 螺旋管

上一节介绍了圆环体的构建，本节将介绍螺旋管的构建。首先介绍螺旋管面顶点原始位置生成的基本原理，然后给出实现的案例 Sample8_4。

8.4.1 顶点原始位置的生成

通过上一节的学习掌握了圆环体的构建后，以此为基础再构建螺旋管就非常容易了。螺旋管可以看作在某处切开并沿中心轴拉开的圆环，具体情况如图 8-13 所示。

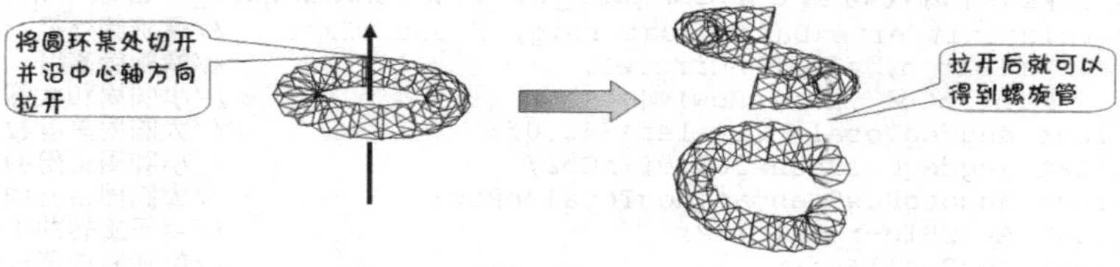

图 8-13　基于圆环生成螺旋管

图 8-13 中得到的螺旋管只有一周，若希望得到绕中心轴多周的类似弹簧的螺旋管只需要让拉开前圆环不止绕中心轴一周即可，如图 8-14 所示。

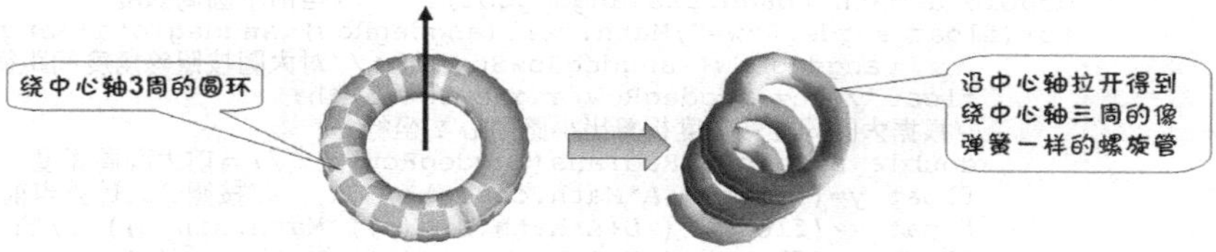

图 8-14　绕中心轴 3 周的圆环拉开

> **提示**　实际开发时螺旋管顶点坐标的生成与圆环顶点坐标的生成代码基本相同，唯一不同的是 Y 坐标不再是固定的，而是根据当前绕中心轴的旋转角度换算得出。也就是小圆周一边绕中心轴旋转一边变换 Y 坐标。而纹理坐标的生成就几乎没有区别了，都是最后展开成矩形与纹理图对应。

8.4.2　案例的开发

了解了螺旋管顶点坐标、纹理坐标的计算方法后，下面应该了解一下本节案例的运行效果了，如图 8-15 所示。

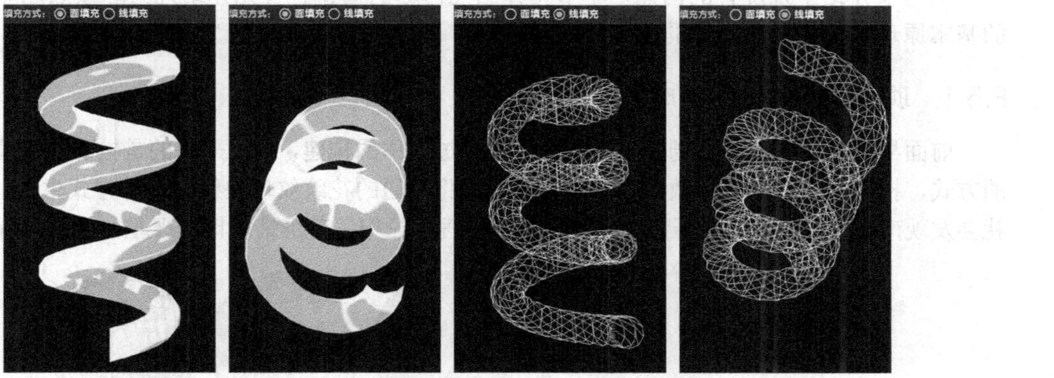

图 8-15　运行效果图

> **说明**　从图 8-15 中可以看出，本案例提供了两种绘制方式：面填充和线段。左侧两幅为面填充方式下本案例的运行效果图，右侧两幅为线段方式下本案例的运行效果图。

了解了本案例的运行效果后，就可以进行代码的开发了，这里仅给出本案例中有代表性的螺旋管顶点坐标、纹理坐标生成的相关代码，具体如下所列。

代码位置：见随书中源代码/第 8 章/Sample8_4/src/com/bn/Sample8_4 目录下的 Spring.java。

```
public void initVertexData(float rBig, float rSmall, //螺旋管外径、螺旋管内径
        float h, float nCirclef,                    //螺旋管高度，螺旋管圈数
        int nCol ,int nRow) {                       //小圆周和大圆周切分的份数
    float angdegTotal=nCirclef*360.0f;              //大圆周总度数
    float angdegColSpan=360.0f/nCol;                //小圆周每份的角度跨度
    float angdegRowSpan=angdegTotal/nRow;           //大圆周每份的角度跨度
    float A=(rBig-rSmall)/2;                        //用于旋转的小圆半径
    float D=rSmall+A;                               //旋转轨迹形成的大圆周半径
    vCount=3*nCol*nRow*2;                           //顶点个数
    ArrayList<Float> alVertix=new ArrayList<Float>();//原始顶点列表（未卷绕）
    ArrayList<Integer> alFaceIndex=new ArrayList<Integer>();
                                           //用于组织三角形面的顶点编号列表
    for(float angdegCol=0;Math.ceil(angdegCol)<360+angdegColSpan;
            angdegCol+=angdegColSpan){             //对小圆按照等角度间距循环
        double a=Math.toRadians(angdegCol);        //当前小圆周弧度
        for(float angdegRow=0;Math.ceil(angdegRow)<angdegTotal+angdegRowSpan;
                angdegRow+=angdegRowSpan){         //对大圆按照等角度间距循环
            float yVec=(angdegRow/angdegTotal)*h;
           //根据大圆周旋转角度折算出小圆中心 Y 坐标
            double u=Math.toRadians(angdegRow);     //当前大圆周弧度
            float y=(float) (A*Math.cos(a));        //按照公式计算当前顶点
            float x=(float) ((D+A*Math.sin(a))*Math.sin(u));//的 X、Y、Z 坐标
            float z=(float) ((D+A*Math.sin(a))*Math.cos(u));
            //将计算出来的 X、Y、Z 坐标放入原始顶点列表
        alVertix.add(x); alVertix.add(y+yVec); alVertix.add(z);
  }}
  ……//由于该部分代码与圆环案例顶点数据初始化的代码相同，此处不再进行重复介绍
  }
```

说明　从上述代码中可以看出，除了绕中心轴旋转的圈数不再是一圈、小圆周在绕中心轴旋转过程中其圆心 Y 坐标不断根据绕中心轴旋转的角度变化外，螺旋管顶点坐标、纹理坐标生成的代码与圆环完全相同。

8.5　几何球

上一节介绍了螺旋管的构建，本节将介绍几何球的构建。首先介绍几何球顶点原始位置生成的基本原理，然后给出实现的案例 Sample8_5。

8.5.1　顶点原始位置的生成

前面早在第 7 章地月系场景的案例中就介绍过球体的构建，当时采用的是按照经纬度进行切分的方式，构建出的球体视觉效果很不错。但如果将普通的花纹纹理映射到这种方式生成的球面上，就会发现南北两极的纹理被压缩，赤道位置的纹理被拉申，变形情况比较严重，如图 8-16 所示。

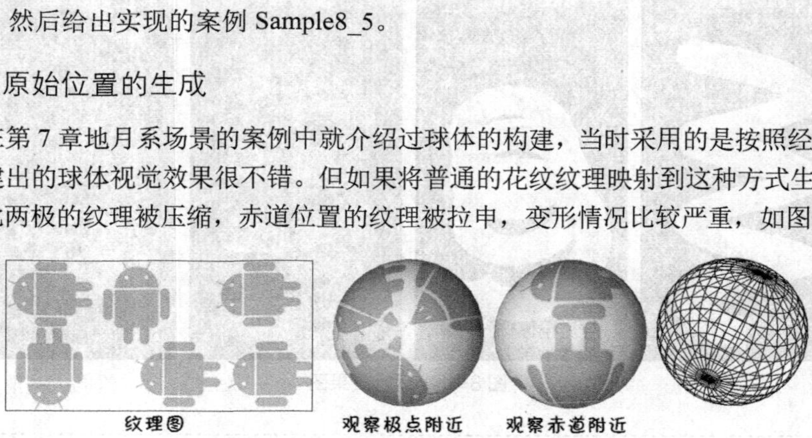

图 8-16　经纬度切分的球面纹理变形情况

提示　读者可能会有这样的疑问："图 8-16 中的纹理图映射到球面后是变形了，但地月系场景中并没有这种感觉啊？"这是因为地月系场景中采用的纹理图本来就是变形的，经过纹理映射再次变形后反而恢复了正常。

造成如图 8-16 中变形的原因是越靠近两极顶点越密集，越靠近赤道顶点越稀疏。而计算纹理坐标时并没有考虑这一点，认为顶点是均匀分布的。因此，若希望在应用纹理时没有上述变形的情况就不能采用此种方式构建的球体了，而应该采用本节介绍的几何球来实现。

本节介绍的几何球是在正二十面体的基础上拓展形成的，基本思路为对正二十面体每条边所对应的弧进行切分，从而得到所需顶点数量对应的几何球体。下面分两方面对几何球顶点数据的生成进行介绍，包括顶点坐标和法向量的计算与顶点纹理坐标的计算。

1. 顶点坐标和法向量的计算

由于本节中的几何球是从正二十面体拓展而来，因此应该首先了解一下正二十面体各个顶点的生成方式，如图 8-17 所示。

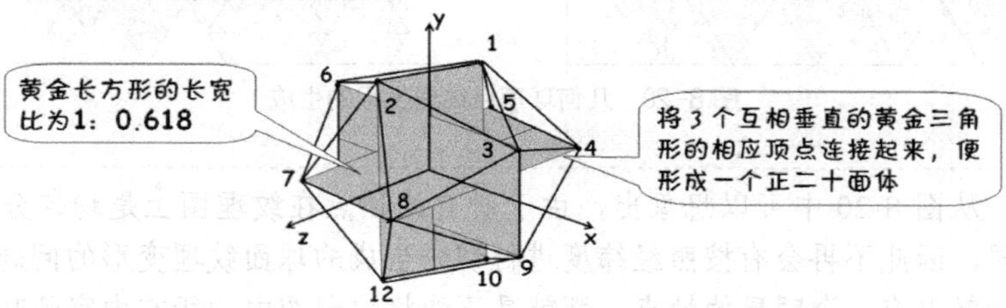

图 8-17　用黄金长方形定义正二十面体

从图 8-17 中可以看出，正二十面体的 12 个顶点可以通过 3 个分别位于 XOY、XOZ、YOZ 平面并正交（所谓正交就是互相垂直）于坐标原点的矩形生成。若希望生成的二十面体是正二十面体，则对矩形的长宽比有严格的要求。具体说就是长宽比为 1：0.618，也就是黄金分割比。

得到了正二十面体后，再对正二十面体每条边所对应的外接圆上的弧进一步切分，即可形成几何球，如图 8-18 所示。

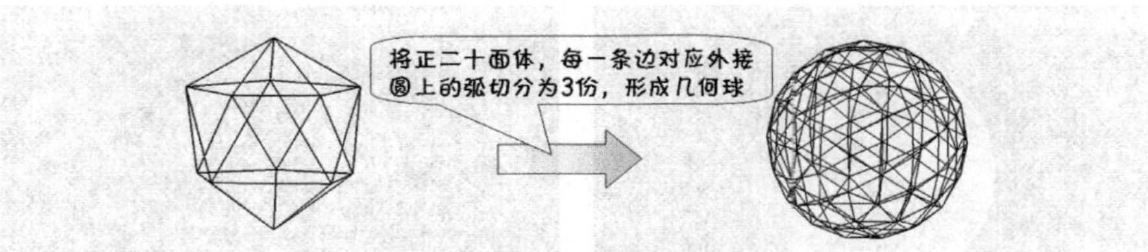

图 8-18　几何球示意图

> **提示**　随着正二十面体每条边对应外接圆上的弧切分份数的增加，最终形成的几何球表面将越来越平滑。而球面上每个顶点的坐标值，可以通过弧切分的份数、球的半径、弧对应正二十面体边的顶点，并根据三角函数求出。

从图 8-18 中可以看出，几何球上顶点的一个重要特性是：任何顶点没有位置的特殊性，都是对等的。另外，由于求几何球原始顶点坐标时球心是位于坐标原点的，因此每个顶点的坐标值同时也可以作为法向量使用。

2. 顶点纹理坐标的计算

了解了几何球顶点坐标与法向量的生成方式后，下面介绍几何球上顶点纹理坐标的计算。同样还是要从正二十面体开始，首先将正二十面体展开，如图 8-19 所示。

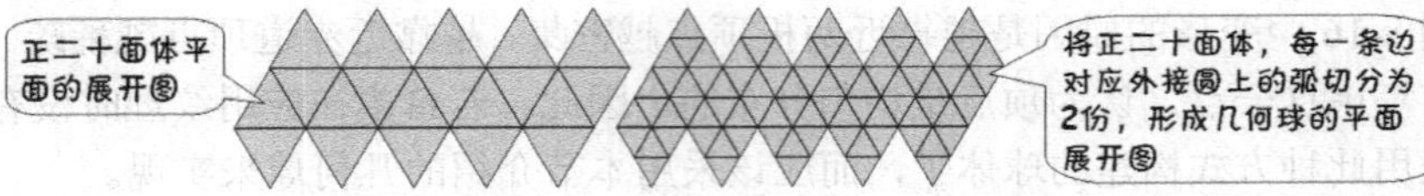

图 8-19　正二十面体和几何球的平面展开图

图 8-19 中左侧为正二十面体展开后的平面图，右侧为将正二十面体每条边对应圆弧切分为两份后形成的几何球展开后的平面图。因此可以想到，计算纹理坐标时只要将展开后的平面对应到二维纹理图上并计算出每个顶点的 ST 纹理坐标即可，如图 8-20 所示。

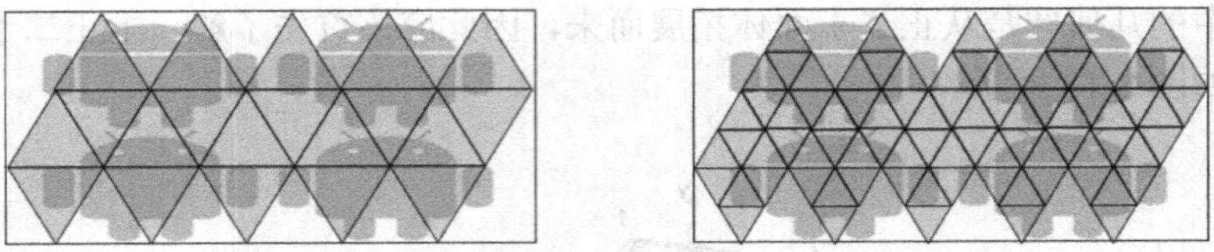

图 8-20　几何球顶点纹理坐标的生成

提示　从图 8-20 中可以想象出，由于所有的顶点在纹理图上是均匀分布的，处处密度相同，因此不再会有按照经纬度进行切分生成的球面纹理变形的问题。但几何球的纹理映射也有一个明显的缺点，那就是不能将纹理图中的所有内容都映射到球面上，因此在组织纹理图内容时最好注意这一点，尽量将纹理有效内容调整到能映射的区域。

8.5.2　案例的开发

了解了几何球顶点坐标、纹理坐标、法向量的计算方法后，下面应该了解一下本节案例的运行效果了，如图 8-21 所示。

图 8-21　几何球案例运行效果图

说明　从图 8-21 中可以看出，本案例提供了两种绘制方式：面填充和线段。左侧为面填充方式下本案例的运行效果图，右侧为线段方式下本案例的运行效果图。另外可以看出，纹理映射到几何球球面上后没有产生原来球体的那种纹理变形。

了解了本案例的运行效果后，就可以进行代码的开发了。这里仅给出本案例中有代表性的几何球顶点坐标、纹理坐标、法向量生成的相关代码，具体如下所列。

（1）首先给出的是用于初始化几何球顶点数据的 initVertexData 方法，其代码如下。

代码位置：见随书中源代码/第 8 章/Sample8_5/src/com/bn/Sample8_5 目录下的 Regular20.java。

```
public void initVertexData(float scale, float aHalf, int n){
                                            //自定义的初始化顶点数据的方法
    aHalf*=scale;                           //黄金长方形长边的一半
```

```
        bHalf=aHalf*0.618034f;                              //黄金长方形短边的一半
        r=(float) Math.sqrt(aHalf*aHalf+bHalf*bHalf);       //几何球的半径
        vCount=3*20*n*n;                                    //顶点个数
        ArrayList<Float> alVertix20=new ArrayList<Float>(); //正二十面体的顶点列表
        //用于卷绕构成正二十面体各个三角形的顶点编号列表
        ArrayList<Integer> alFaceIndex20=new ArrayList<Integer>();
        initAlVertix20(alVertix20,aHalf,bHalf);          //初始化正二十面体的顶点坐标数据
        initAlFaceIndex20(alFaceIndex20);//初始化用于卷绕构成正二十面体各个三角形的顶点编号列表
        //构成正二十面体的各个三角形顶点的坐标数据数组
        float[] vertices20=Vector3Util.cullVertex (alVertix20, alFaceIndex20);
        ArrayList<Float> alVertix=new ArrayList<Float>();    //几何球原始顶点列表
        ArrayList<Integer> alFaceIndex=new ArrayList<Integer>();
                                                     //构成几何球的各三角形顶点编号列表
        int vnCount=0;                                       //顶点计数器
        for(int k=0;k<vertices20.length;k+=9){               //对正二十面体中的每个三角形循环
          float [] v1=new float[]{vertices20[k+0], vertices20[k+1], vertices20[k+2]};
                                                                //当前三角形 3 个
          float [] v2=new float[]{vertices20[k+3], vertices20[k+4], vertices20[k+5]};
                                                                //顶点的坐标
          float [] v3=new float[]{vertices20[k+6], vertices20[k+7], vertices20[k+8]};
          for(int i=0;i<=n;i++){                    //根据切分的份数求出几何球原始顶点的坐标
               float[] viStart=Vector3Util.devideBall(r, v1, v2, n, i);//对圆弧进行切分
               float[] viEnd=Vector3Util.devideBall(r, v1, v3, n, i);//对圆弧进行切分
             for(int j=0;j<=i;j++){
               float[] vi=Vector3Util.devideBall(r, viStart, viEnd, i, j);
                                                       //对圆弧进行切分
               alVertix.add(vi[0]); alVertix.add(vi[1]); alVertix.add(vi[2]);
                                                       //将坐标存入原始顶点列表
          }}
          for(int i=0;i<n;i++){                   //循环生成构成几个球各个三角形的顶点编号列表
             if(i==0){                                 //若是第 0 行，顶点编号 012
               alFaceIndex.add(vnCount+0);alFaceIndex.add(vnCount+1);alFaceIndex.add
               (vnCount+2);
               vnCount+=1;                            //顶点计数器加 1
               //如果是正二十面体三角形的最后一次循环，将下一拨的顶点个数也加上
               if(i==n-1){ vnCount+=2; }
                       continue;
             }
             int iStart=vnCount;           //第 i 行开始的编号(这里的行指的是平面展开图中的行)
             int viCount=i+1;                                  //第 i 行顶点数
             int iEnd=iStart+viCount-1;                        //第 i 行结束顶点编号
             int iStartNext=iStart+viCount;                    //第 i+1 行开始的顶点编号
             int viCountNext=viCount+1;                        //第 i+1 行顶点数
             int iEndNext=iStartNext+viCountNext-1;            //第 i+1 行结束的顶点编号
             for(int j=0;j<viCount-1;j++){                     //前面的四边形
                 int index0=iStart+j;                          //四边形 4 个顶点的编号
                 int index1=index0+1;
                 int index2=iStartNext+j;
                 int index3=index2+1;
                 //将四边形 4 个顶点卷绕成两个三角形
                 alFaceIndex.add(index0); alFaceIndex.add(index2);alFaceIndex.add(index3);
                 alFaceIndex.add(index0); alFaceIndex.add(index3);alFaceIndex.add(index1);
             }
             //最后一个三角形 3 个顶点的编号
             alFaceIndex.add(iEnd); alFaceIndex.add(iEndNext-1);alFaceIndex.add(iEndNext);
             vnCount+=viCount;                                 //第 i 行前所有顶点数的和
             if(i==n-1){ //如果是正二十面体三角形的最后一次循环，将下一拨的顶点个数也加上
                 vnCount+=viCountNext;
        }}}
        //按照生成的顶点编号序列填充顶点坐标数据数组
        float[] vertices=Vector3Util.cullVertex (alVertix, alFaceIndex);
        float[] normals=vertices;                             //顶点坐标就是法向量
        ArrayList<Float> alST20=new ArrayList<Float>(); //正二十面体顶点的原始纹理坐标列表
        ArrayList<Integer> alTexIndex20=new ArrayList<Integer>();
                                                         //正二十面体纹理坐标编号列表
        float sSpan=1/5.5f;                                    //每个纹理三角形的边长
        float tSpan=1/3.0f;                                    //每个纹理三角形的高
        //下面 4 个循环生成了正二十面体展开后各个顶点的纹理坐标
        for(int i=0;i<5;i++){ alST20.add(sSpan+sSpan*i); alST20.add(0f); }
```

```
    for(int i=0;i<6;i++){ alST20.add(sSpan/2+sSpan*i); alST20.add(tSpan); }
    for(int i=0;i<6;i++){ alST20.add(sSpan*i); alST20.add(tSpan*2);  }
    for(int i=0;i<5;i++){ alST20.add(sSpan/2+sSpan*i); alST20.add(tSpan*3);   }
    initAlTexIndex20(alTexIndex20); //生成组成正二十面体各个三角形顶点的纹理坐标编号列表
    //按照生成的顶点编号序列填充顶点纹理坐标数据数组（正二十面体的）
    float[] st20=Vector3Util.cullTexCoor(alST20, alTexIndex20);
    ArrayList<Float> alST=new ArrayList<Float>(); //几何球的原始纹理坐标列表（未卷绕）
    for(int k=0;k<st20.length;k+=6){            //对正二十面体的各个三角形进行循环
          float [] st1=new float[]{st20[k+0], st20[k+1], 0};//取出当前三角形
          float [] st2=new float[]{st20[k+2], st20[k+3], 0};//3 个顶点的纹理坐标
          float [] st3=new float[]{st20[k+4], st20[k+5], 0};
          for(int i=0;i<=n;i++){              //对正二十面体平面展开图的边进行切分
                float[] stiStart=Vector3Util.devideLine(st1, st2, n, i);
                float[] stiEnd=Vector3Util.devideLine(st1, st3, n, i);
                for(int j=0;j<=i;j++){           //计算几何球平面展开图顶点对应的纹理坐标
                      float[] sti=Vector3Util.devideLine(stiStart, stiEnd, i, j);
                      alST.add(sti[0]); alST.add(sti[1]); //将纹理坐标加入列表
    }}}
    //按照生成的顶点编号序列填充顶点纹理坐标数据数组（几何球的）
    float[] textures=Vector3Util.cullTexCoor(alST, alFaceIndex); //计算卷绕后纹理坐标
    ……//此处省略了生成顶点坐标、顶点纹理坐标、顶点法向量数据缓冲的代码
}
```

说明　上述代码实现了上一小节中介绍的从二十面体生成几何球各个顶点坐标及纹理坐标的方法，细节比较多，读者若想彻底掌握需要花时间细细研读代码。若读者仅仅是需要使用几何球则可以直接复制中的源代码来使用。

（2）接着给出的是初始化正二十面体顶点坐标数据的 initAlVertix20 方法，其代码如下。

代码位置：见随书中源代码/第 8 章/Sample8_5/src/com/bn/Sample8_5 目录下的 Regular20.java。

```
public void initAlVertix20(ArrayList<Float> alVertix20,float aHalf,float bHalf){
      alVertix20.add(0f); alVertix20.add(aHalf); alVertix20.add(-bHalf);
                                                  //对应图 8-17 的 1 号点
      alVertix20.add(0f); alVertix20.add(aHalf); alVertix20.add(bHalf);
                                                  //对应图 8-17 的 2 号点
      alVertix20.add(aHalf); alVertix20.add(bHalf); alVertix20.add(0f);
                                                  //对应图 8-17 的 3 号点
      alVertix20.add(bHalf); alVertix20.add(0f); alVertix20.add(-aHalf);
                                                  //对应图 8-17 的 4 号点
      alVertix20.add(-bHalf); alVertix20.add(0f); alVertix20.add(-aHalf);
                                                  //对应图 8-17 的 5 号点
      alVertix20.add(-aHalf); alVertix20.add(bHalf); alVertix20.add(0f);
                                                  //对应图 8-17 的 6 号点
      alVertix20.add(-bHalf); alVertix20.add(0f); alVertix20.add(aHalf);
                                                  //对应图 8-17 的 7 号点
      alVertix20.add(bHalf); alVertix20.add(0f); alVertix20.add(aHalf);
                                                  //对应图 8-17 的 8 号点
      alVertix20.add(aHalf); alVertix20.add(-bHalf); alVertix20.add(0f);
                                                  //对应图 8-17 的 9 号点
      alVertix20.add(0f); alVertix20.add(-aHalf); alVertix20.add(-bHalf);
                                                  //对应图 8-17 的 10 号点
      alVertix20.add(-aHalf); alVertix20.add(-bHalf); alVertix20.add(0f);
                                                  //对应图 8-17 的 11 号点
      alVertix20.add(0f); alVertix20.add(-aHalf); alVertix20.add(bHalf);
                                                  //对应图 8-17 的 12 号点
}
```

说明　该方法实现了图 8-17 中给出的正二十面体顶点坐标生成方法，其中 aHalf 和 bHalf 为黄金长方形长边和短边的半边长。想彻底掌握上述方法的读者请在阅读代码的同时细致参照图 8-17，仅阅读代码是没有意义的。

（3）下面给出的是初始化构成正二十面体的 20 个三角形顶点坐标编号数据的 initAlFaceIndex20 方法，其代码如下。

代码位置：见随书中源代码/第 8 章/Sample8_5/src/com/bn/Sample8_5 目录下的 Regular20.java。

```
public void initAlFaceIndex20(ArrayList<Integer> alFaceIndex20){
    alFaceIndex20.add(0); alFaceIndex20.add(1); alFaceIndex20.add(2); //第一行 5 个三角形
    alFaceIndex20.add(0); alFaceIndex20.add(2); alFaceIndex20.add(3); //的各个顶点的坐标
    alFaceIndex20.add(0); alFaceIndex20.add(3); alFaceIndex20.add(4);//编号
    alFaceIndex20.add(0); alFaceIndex20.add(4); alFaceIndex20.add(5);
    alFaceIndex20.add(0); alFaceIndex20.add(5); alFaceIndex20.add(1);
    alFaceIndex20.add(1); alFaceIndex20.add(6); alFaceIndex20.add(7); //第二行 10 个三角形
    alFaceIndex20.add(1); alFaceIndex20.add(7); alFaceIndex20.add(2); //的各个顶点的坐标
    alFaceIndex20.add(2); alFaceIndex20.add(7); alFaceIndex20.add(8);  //编号
    alFaceIndex20.add(2); alFaceIndex20.add(8); alFaceIndex20.add(3);
    alFaceIndex20.add(3); alFaceIndex20.add(8); alFaceIndex20.add(9);
    alFaceIndex20.add(3); alFaceIndex20.add(9); alFaceIndex20.add(4);
    alFaceIndex20.add(4); alFaceIndex20.add(9); alFaceIndex20.add(10);
    alFaceIndex20.add(4); alFaceIndex20.add(10); alFaceIndex20.add(5);
    alFaceIndex20.add(5); alFaceIndex20.add(10); alFaceIndex20.add(6);
    alFaceIndex20.add(5); alFaceIndex20.add(6); alFaceIndex20.add(1);
    alFaceIndex20.add(6); alFaceIndex20.add(11); alFaceIndex20.add(7); //第三行 5 个三角形
    alFaceIndex20.add(7); alFaceIndex20.add(11); alFaceIndex20.add(8); //的各个顶点的坐标
    alFaceIndex20.add(8); alFaceIndex20.add(11); alFaceIndex20.add(9); //编号
    alFaceIndex20.add(9); alFaceIndex20.add(11); alFaceIndex20.add(10);
    alFaceIndex20.add(10); alFaceIndex20.add(11); alFaceIndex20.add(6);
}
```

说明 该方法根据图 8-17 及图 8-19 给出了组成正二十面体的各个三角形 3 个顶点的编号序列，想彻底掌握上述方法的读者请在阅读代码的同时细致参照图 8-17 与图 8-19，仅阅读代码是没有意义的。

（4）接着给出的是初始化构成正二十面体的 20 个三角形各个顶点纹理坐标编号数据的 initAlTexIndex20 方法，具体内容如下。

代码位置：见随书中源代码/第 8 章/Sample8_5/src/com/bn/Sample8_5 目录下的 Regular20.java。

```
public void initAlTexIndex20(ArrayList<Integer> alTexIndex20){
    alTexIndex20.add(0); alTexIndex20.add(5); alTexIndex20.add(6);//第一行 5 个三角形
    alTexIndex20.add(1); alTexIndex20.add(6); alTexIndex20.add(7);//的各个顶点的纹理
    alTexIndex20.add(2); alTexIndex20.add(7); alTexIndex20.add(8);//坐标编号
    alTexIndex20.add(3); alTexIndex20.add(8); alTexIndex20.add(9);
    alTexIndex20.add(4); alTexIndex20.add(9); alTexIndex20.add(10);
    alTexIndex20.add(5); alTexIndex20.add(11); alTexIndex20.add(12); //第二行 10 个三角形
    alTexIndex20.add(5); alTexIndex20.add(12); alTexIndex20.add(6); //的各个顶点的纹理
    alTexIndex20.add(6); alTexIndex20.add(12); alTexIndex20.add(13); //坐标编号
    alTexIndex20.add(6); alTexIndex20.add(13); alTexIndex20.add(7);
    alTexIndex20.add(7); alTexIndex20.add(13); alTexIndex20.add(14);
    alTexIndex20.add(7); alTexIndex20.add(14); alTexIndex20.add(8);
    alTexIndex20.add(8); alTexIndex20.add(14); alTexIndex20.add(15);
    alTexIndex20.add(8); alTexIndex20.add(15); alTexIndex20.add(9);
    alTexIndex20.add(9); alTexIndex20.add(15); alTexIndex20.add(16);
    alTexIndex20.add(9); alTexIndex20.add(16); alTexIndex20.add(10);
    alTexIndex20.add(11); alTexIndex20.add(17); alTexIndex20.add(12); //第三行 5 个三角形
    alTexIndex20.add(12); alTexIndex20.add(18); alTexIndex20.add(13); //的各个顶点的纹理
    alTexIndex20.add(13); alTexIndex20.add(19); alTexIndex20.add(14); //坐标编号
    alTexIndex20.add(14); alTexIndex20.add(20); alTexIndex20.add(15);
```

```
    alTexIndex20.add(15); alTexIndex20.add(21); alTexIndex20.add(16);
}
```

说明 上述代码是根据图 8-20 开发的，请读者在细致阅读代码的同时参考图 8-20，仅直接阅读代码很难理解。

（5）最后给出的是向量计算及圆弧拆分相关方法所属的工具类——VectorUtil，其代码如下。

代码位置：见随书中源代码/第 8 章/Sample8_5/src/com/bn/Sample8_5 目录下的 VectorUtil.java。

```
package com.bn.Sample8_5;                                  //包声明
import java.util.ArrayList;                                //相关类的引入
public class Vector3Util {
    ......//此处省略向量规格化的 normalizeVector 方法
    ......//此处省略向量求模的 module 方法
    ......//此处省略向量叉积的 crossTwoVectors 方法
    public static float dotTwoVectors(float[] a, float[] b){ //两个向量点积的方法
        return a[0]*b[0]+a[1]*b[1]+a[2]*b[2];              //返回点积结果
    }
    //根据顶点编号生成卷绕后顶点纹理坐标数组的方法
    public static float[] cullTexCoor(ArrayList<Float> alST,ArrayList<Integer> alTexIndex){
        float[] textures=new float[alTexIndex.size()*2];   //结果纹理坐标数组
        int stCount=0;                                     //纹理坐标计数器
        for(int i:alTexIndex){                             //对顶点编号列表进行循环
            textures[stCount++]=alST.get(2*i);//将当前编号顶点的 S 坐标值存入最终数组
            textures[stCount++]=alST.get(2*i+1);//将当前编号顶点的 T 坐标值存入最终数组
        }
        return textures;                                   //返回结果纹理坐标数组
    }
    //根据顶点编号生成卷绕后顶点坐标数组的方法
    public static float[] cullVertex(ArrayList<Float> alv,ArrayList<Integer> alFaceIndex){
        float[] vertices=new float[alFaceIndex.size()*3];//存放卷绕后顶点坐标值的数组
        int vCount=0;                                      //顶点计数器
        for(int i:alFaceIndex){                            //对顶点编号列表进行循环
            vertices[vCount++]=alv.get(3*i);     //将当前编号顶点的 X 坐标值存入最终数组
            vertices[vCount++]=alv.get(3*i+1);//将当前编号顶点的 Y 坐标值存入最终数组
            vertices[vCount++]=alv.get(3*i+2);//将当前编号顶点的 Z 坐标值存入最终数组
        }
        return vertices;                                   //返回结果顶点坐标数组
    }
    //计算圆弧的 n 等分点坐标的方法，r 为半径，start 为从球心到圆弧起始点的向量，
    //end 为从球心到圆弧终点的向量，n 为切分的总份数，i 为所求点对应的份数编号
    public static float[] devideBall(float r,float[] start,float[] end,int n,int i){
        float[] s=Vector3Util.normalizeVector(start);//先将指向起点和终点的向量规格化
        float[] e=Vector3Util.normalizeVector(end);
        if(n==0){ return new float[]{s[0]*r, s[1]*r, s[2]*r};}
       //如果 n 为零，返回起点坐标
        double angrad=Math.acos(Vector3Util.dotTwoVectors(s, e));//起点终点向量夹角
        double angrad1=angrad*i/n;                         //所求向量和起点向量的夹角
        double angrad2=angrad-angrad1;                     //所求向量和终点向量的夹角
        float[] normal=Vector3Util.crossTwoVectors(s, e);//求与 s、e 向量正交的向量
        double matrix[][]={  //用 doolittle 分解算法解 n 元一次线性方程组所需的系数矩阵
                {s[0],s[1],s[2],Math.cos(angrad1)},
                {e[0],e[1],e[2],Math.cos(angrad2)},
                {normal[0],normal[1],normal[2],0}
        };
        double result[]=MyMathUtil.doolittle(matrix);  //解 n 元一次线性方程组
        float x=(float) result[0];               //得到从球心到所求点向量的规格化版本
        float y=(float) result[1];
        float z=(float) result[2];
        return new float[]{x*r, y*r, z*r};       //得到所求点的坐标并返回
    }
    //计算线段的 n 等分点坐标的方法，start 为线段起点坐标，end 为线段终点坐标
    //n 为切分的总份数，i 为所求点对应的份数编号
    public static float[] devideLine(float[] start,float[] end,int n, int i ){
        if(n==0){ return start;    }                 //如果 n 为零，返回起点坐标
```

```
56            //求起点到终点的向量
57            float[] ab=new float[]{end[0]-start[0], end[1]-start[1], end[2]-start[2]};
58            float vecRatio=i/(float)n;                         //求向量比例
59            //求起点到所求点的向量
60            float[] ac=new float[]{ab[0]*vecRatio, ab[1]*vecRatio, ab[2]*vecRatio};
61            float x=start[0]+ac[0]; float y=start[1]+ac[1]; float z=start[2]+ac[2];
                                                                 //得到所求点坐标
62            return new float[]{x, y, z};                       //返回线段所求点坐标
63    }}
```

- 第 33-51 行为计算圆弧的 n 等分点坐标的方法，此方法是从正二十面体顶点坐标拓展出几何球顶点坐标的关键。
- 第 54-63 行为计算线段的 n 等分点坐标的方法，此方法是从正二十面体顶点纹理坐标拓展出几何球顶点纹理坐标的关键。

> **提示** 在 devideBall 方法中用到的 MyMathUtil 为求解 n 元一次方程组的工具类，其采用的是 doolittle（杜利特尔）分解算法。由于对此问题的详细讨论超出了本书所设定的范围，因此对此类不做详细介绍，需要的读者请自行查阅随书中的源代码。

8.6 足球碳分子模型的搭建

前面几节详细介绍了几种基本形状的构建，本节将介绍用两种基本形状搭建足球碳（C_{60}）分子模型。由于足球碳分子的几何结构比较复杂，因此本节首先介绍搭建足球碳分子几何结构的基本原理，然后再进一步给出一个实现的案例 Sample8_6。

8.6.1 搭建的基本原理

学过中学化学的读者都知道，足球碳（C_{60}）分子是由 60 个碳原子组成的，几何形状就像一个足球，也就是由很多的正五边形和正六边形构成。本节案例的实现中，每个正五边形和正六边形的顶点处都会放置一个圆球，而每条边则会放置一根圆柱。

搭建足球碳分子结构所用圆球和圆柱的构建原理在本书前面的章节已经详细介绍过，本节将不再赘述，需要的读者请参考前面的相关内容。

（1）足球碳分子的整体开发思路

本节案例中足球碳分子的搭建主要利用的是正二十面体，因此在搭建足球碳分子之前，首先需要了解一下正二十面体的平面展开图，如图 8-22 所示。

利用构成正二十面体的每个正三角形可以方便地求出足球碳分子中各个碳原子所在的位置，然后根据每对相邻碳原子的位置确定用于表示足球碳分子中碳原子与碳原子之间化学键的圆柱的两个端点的坐标。

（2）足球碳分子顶点坐标的计算

从前面的介绍中已经知道，搭建足球碳分子的关键是根据构成正二十面体的每个正三角形计算出足球碳分子中各个碳原子的坐标以及代表化学键的边的端点坐标，下面将详细介绍足球碳分子中各个碳原子坐标以及代表化学键的边的端点坐标的求法。

- 首先需要计算出构成正二十面体的每个正三角形的顶点坐标，这个知识已经在本章的前一节介绍过，需要的读者请参考前一节中的相关内容。
- 然后再利用构成正二十面体的每个正三角形的顶点坐标求出每个正三角形边对应的大圆圆弧上的两个三等分点的坐标，如图 8-23 所示。这些三等分点的坐标即为足球碳分子中每个碳原子的坐标。

说明　大圆圆弧指的是正 20 面体外接球面上圆心与球心重合的圆弧。

❑ 最后将求得的 6 个三等分点的坐标依次两两组合起来，即可得到足球碳分子中各个六边形的每条边的两个端点的坐标，如图 8-24 所示。

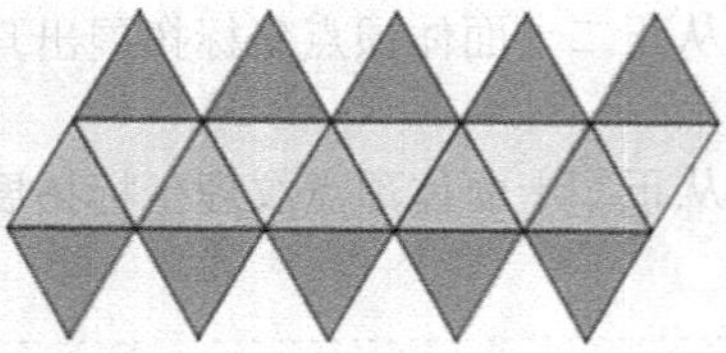

图 8-22　正二十面体平面展开图

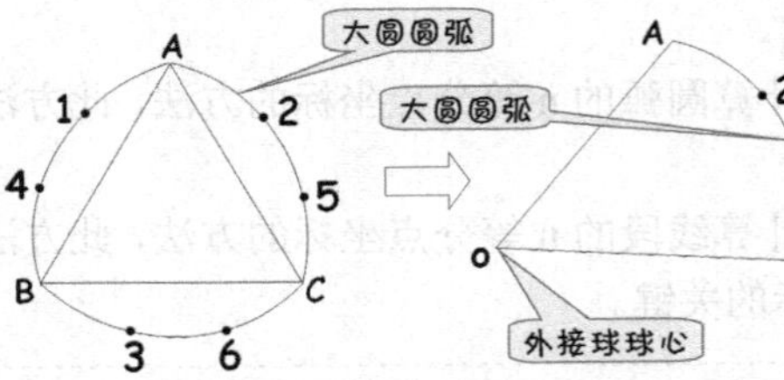

图 8-23　大圆圆弧三等分点

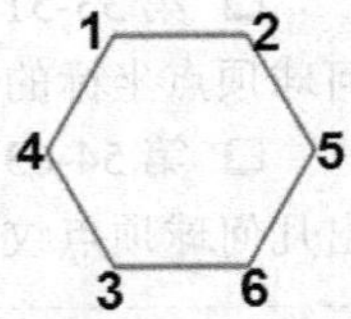

图 8-24　正六边形

提示　到这一步后，读者可能会认为下一步应该去求出足球碳分子中各个五边形的每条边的两个端点的坐标了。其实这是不需要的，因为细致观察一下足球碳的分子模型就会发现，其中所有五边形的边都是与六边形共用的。因此，只要求出所有六边形的各条边的端点坐标信息就已经完成了所有的工作。

（3）足球碳分子的绘制策略

经过前面步骤的计算，已经求出了足球碳分子中每个碳原子的坐标以及表示化学键的边的端点坐标，下面要进行的就是绘制工作了。对于每个碳原子的绘制采用的策略非常简单，将一个圆球移动到目标碳原子的位置进行绘制即可。

而对于表示化学键的边的绘制则稍微复杂一些，本案例中采用的策略是将原始姿态下几何中心位于原点，沿 X 轴的一根圆柱（如图 8-25 所示）通过平移、旋转、缩放等操作，使其两个端点与需要绘制的目标边的两个端点重合来进行绘制。

因此在绘制边之前，需要根据目标边的两个端点的位置信息计算出从原始姿态圆柱到最终绘制姿态圆柱所需要的平移、旋转、缩放等信息，具体计算方法如下。

❑ 首先计算的是原始圆柱平移对应目标位置的信息，这个非常简单，只要计算出待绘制边的两个端点的中心点即可。

❑ 然后计算的是原始圆柱平移到位后需要旋转的旋转轴与旋转角信息。具体计算方法为首先将原始圆柱方向向量与待绘制边方向向量求点积，进而求出夹角α（旋转角），然后再将两个向量叉积，即可得到旋转轴向量，如图 8-26 所示。

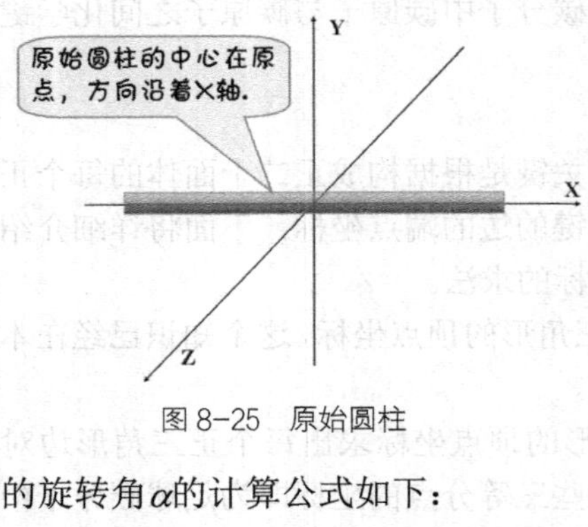

图 8-25　原始圆柱

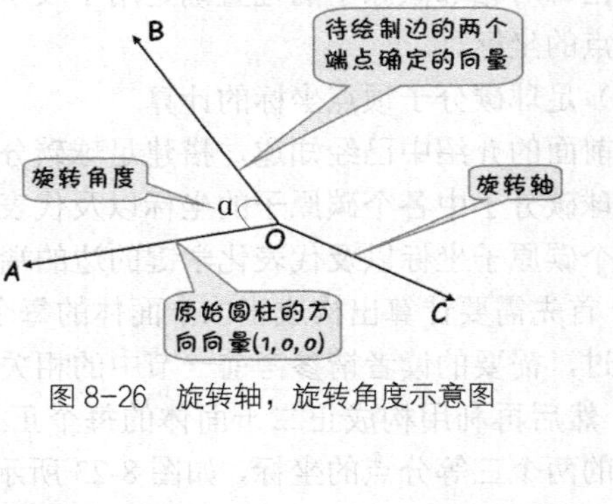

图 8-26　旋转轴，旋转角度示意图

具体的旋转角α的计算公式如下：

$$\alpha=\mathrm{acos}((OA \cdot OB)/(|OA||OB|))$$

说明	OA · OB 为两个向量的点积，|OA||OB|为两个向量模的乘积。

具体的旋转轴向量的计算公式如下：

$$\mathbf{OC=OA \times OB}$$

说明	OA × OB 为两个向量的叉积，也称为矢量积。另外需要注意的是，实际操作时应该将求得的旋转轴向量规格化之后再使用。

- 最后根据目标边的两个端点的位置信息计算出目标边的长度，再结合原始圆柱的长度即可计算出从原始圆柱到目标边对应的圆柱长度的缩放系数。

求出了绘制时需要的所有信息后，就可以进行足球碳分子模型的绘制了。这主要包括两方面的工作，一方面是在每个碳原子的对应位置绘制出一个圆球，如图 8-27 所示。另一方面是根据计算出的所有边对应的平移、旋转、缩放信息绘制出所有代表化学键的边，如图 8-28 所示。

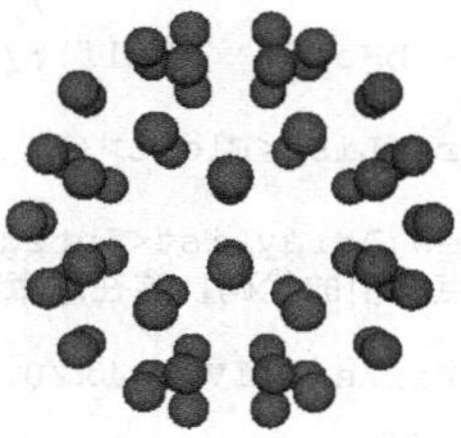

图 8-27　足球碳分子中的顶点球

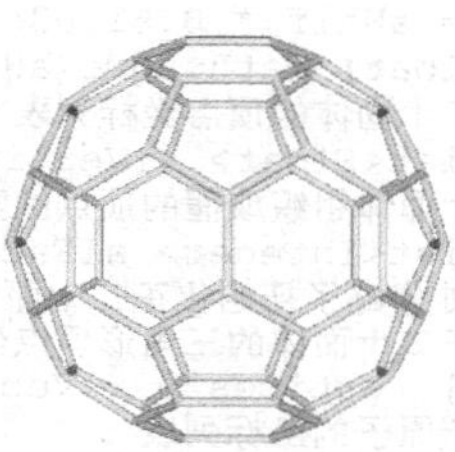

图 8-28　足球碳分子中的圆柱

提示	由于足球碳分子中的每个碳原子位置是根据构成正二十面体的正三角形求出的，这二十个正三角形之间存在很多的公共边。因此求得的碳原子位置以及代表化学键的边的端点信息会有一些重复，读者如果有需要可以进一步开发相关代码以去除重复，本节案例并没有考虑这个问题。

8.6.2　案例的开发

上一小节介绍了搭建足球碳分子几何结构的基本原理，本小节将给出一个具体的实现案例 Sample8_6，其运行效果如图 8-29 所示。

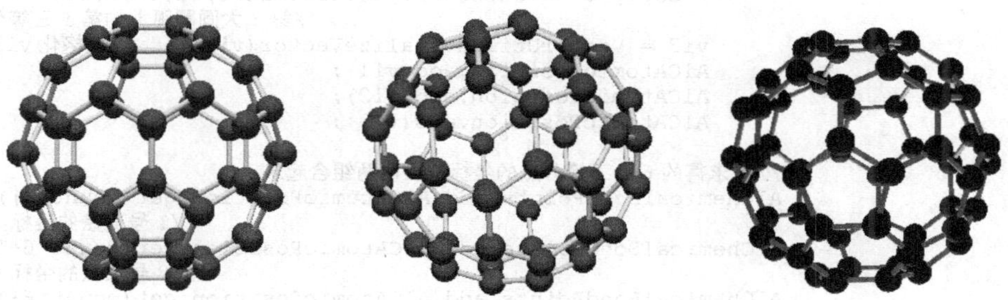

图 8-29　案例 Sample8_6 运行效果

提示	由于本书正文中的插图采用灰度印刷，因此看起来效果不是很好。请读者用真机自行运行本案例观察，效果会好很多。

了解了本案例的运行效果后，就可以进行具体代码的开发了。由于本案例中用到的圆柱与圆球的生成与绘制技术在前面的章节中已经详细介绍过，因此这里仅给出本案例中具有代表性的相关代码，具体内容如下。

（1）首先介绍的是 UtilTools 类，其功能为计算足球碳分子中各个碳原子的位置以及计算代表化学键的各个边的端点信息，具体代码如下。

代码位置：见随书中源代码/第 8 章/Sample8_6/src/com/bn/Sample8_6 目录下的 UtilTools.java。

```
package com.bn.Sample8_6;                                       //包声明
import java.util.ArrayList;                                     //相关类的引入
public class UtilTools {
    public UtilTools() {}                                       //构造器
    float bHalf = 0;                                            //黄金长方形的宽
    float r = 0;                                                //足球碳的半径
    int count = 0;
    //大小，黄金长方形的长的一半，分段数
    public ResultData initVertexData(float scale, float aHalf, int n) {
    ResultData Rda = new ResultData();                          //创建 Rda(结果数据)对象
    aHalf *= scale;                                             //黄金长方形的长
    bHalf = aHalf * 0.618034f;                                  //黄金长方形的宽
    r = (float) Math.sqrt(aHalf * aHalf + bHalf * bHalf);//足球碳分子的半径
    //构成二十面体的顶点坐标列表
    ArrayList<Float> alVertix20 = new ArrayList<Float>();
    //正二十面体组织成面的顶点的索引值列表
    ArrayList<Integer> alFaceIndex20 = new ArrayList<Integer>();
    ……//此处省略了初始化正二十面体顶点数据与顶点索引的代码，这在本章前面已经介绍过
    //构成正二十面体的三角形顶点坐标
    float[] vertices20 = VectorUtil.cullVertex(alVertix20, alFaceIndex20);
    //存放碳原子的坐标列表
    ArrayList<float[]> AlCAtomicPosition = new ArrayList<float[]>();
    //存放代表化学键的边的端点坐标列表
    ArrayList<float[]> AlChemicalBondPoints = new ArrayList<float[]>();
    for (int k = 0; k < vertices20.length; k += 9){    //对正二十面体中每个正三角形循环
          float[] v1 = new float[] { vertices20[k + 0], vertices20[k +
             1],vertices20[k + 2] };
          float[] v2 = new float[] { vertices20[k + 3], vertices20[k +
             4],vertices20[k + 5] };
          float[] v3 = new float[] { vertices20[k + 6], vertices20[k +
             7],vertices20[k + 8] };
          //计算出每个正三角形每条边上的两个顶点所在大圆圆弧上的三等分点坐标
          for (int i = 1; i < n; i++) {
                float[] vi1=VectorUtil.devideBall(r,v1,v2,n,i);
                                                   //第 1 大圆圆弧上的第 i 三等分点坐标
                vi1=VectorUtil.normalizeVector(vi1);       //规格化 vi1
                float[] vi2=VectorUtil.devideBall(r,v1,v3,n,i);
                                                   //第 2 大圆圆弧上的第 i 三等分点坐标
                vi2 = VectorUtil.normalizeVector(vi2);     //规格化 vi2
                float[] vi3=VectorUtil.devideBall(r,v2,v3,n,i);
                                                   //第 3 大圆圆弧上的第 i 三等分点坐标
                vi3 = VectorUtil.normalizeVector(vi3);     //规格化 vi3
                AlCAtomicPosition.add(vi1);
                AlCAtomicPosition.add(vi2);
                AlCAtomicPosition.add(vi3);
          }
          //将求得的 6 个三等分点的坐标依次两两组合起来
          AlChemicalBondPoints.add(AlCAtomicPosition.get(count*6));
                                                                  //1 号顶点的坐标
          AlChemicalBondPoints.add(AlCAtomicPosition.get(count*6+1));
                                                                  //2 号顶点的坐标
          AlChemicalBondPoints.add(AlCAtomicPosition.get(count*6+1));
                                                                  //2 号顶点的坐标
          AlChemicalBondPoints.add(AlCAtomicPosition.get(count*6+4));
                                                                  //5 号顶点的坐标
          AlChemicalBondPoints.add(AlCAtomicPosition.get(count*6+4));
                                                                  //5 号顶点的坐标
          AlChemicalBondPoints.add(AlCAtomicPosition.get(count*6+5));
                                                                  //6 号顶点的坐标
```

```
48                  AlChemicalBondPoints.add(AlCAtomicPosition.get(count*6+5));
                                                                  //6 号顶点的坐标
49                  AlChemicalBondPoints.add(AlCAtomicPosition.get(count*6+2));
                                                                  //3 号顶点的坐标
50                  AlChemicalBondPoints.add(AlCAtomicPosition.get(count*6+2));
                                                                  //3 号顶点的坐标
51                  AlChemicalBondPoints.add(AlCAtomicPosition.get(count*6+3));
                                                                  //4 号顶点的坐标
52                  AlChemicalBondPoints.add(AlCAtomicPosition.get(count*6+3));
                                                                  //4 号顶点的坐标
53                  AlChemicalBondPoints.add(AlCAtomicPosition.get(count*6));
                                                                  //1 号顶点的坐标
54                  count+=1;
55              }
56      //创建代表化学键的边的端点坐标数组，ChemicalBondPoints 中每个一维数据存放两个顶点的信息
57              Rda.ChemicalBondPoints = new float[AlChemicalBondPoints.size() / 2][6];
58              //把 AlChemicalBondPoints 中的数据转存到 Rda.ChemicalBondPoints 中
59              for (int i = 0; i < Rda.ChemicalBondPoints.length; i++) {
60              //把 AlChemicalBondPoints 中的第 2*i 个点的坐标转存到 Rda.ChemicalBondPoints 中
61                  for (int j = 0; j < 3; j++) {
62                  Rda.ChemicalBondPoints[i][j] =r * AlChemicalBondPoints.get(2 * i)[j];
63                  }
64              //把 AlChemicalBondPoints 中的第 2*i+1 个点的坐标转存到 Rda.ChemicalBondPoints 中
65                  for (int k= 3; k <6; k++) {
66                  Rda.ChemicalBondPoints[i][k] = r *AlChemicalBondPoints.get(2 * i+1)[k-3];
67              }}
68              //创建碳原子位置的坐标数组 Rda.CAtomicPosition
69              Rda.CAtomicPosition = new float[AlCAtomicPosition.size()][3];
70          for (int i = 0; i < AlCAtomicPosition.size(); i++) {
71                  for (int j = 0; j < 3; j++) {
72                  //把 AlCAtomicPosition 中的坐标转存到 Rda.CAtomicPosition 中
73                      Rda.CAtomicPosition[i][j] = r * AlCAtomicPosition.get(i)[j];
74              }}
75              return Rda;
76      }}
```

❑ 第 25-55 行首先利用工具类 VectorUtil 中的计算方法 devideBall 计算出正三角形上两个端点所在大圆圆弧的 n 等分点坐标，具体求出的碳原子坐标顺序请参考 8.6.1 小节的示意图 8-23，然后再将 6 个三等分点坐标依次两两组合起来，如图 8-24 所示。

❑ 第 56-67 行首先创建足球碳分子中表示化学键的边的端点坐标数组，然后再将足球碳分子中表示化学键的边的两个端点坐标转存到二维数组 ChemicalBondPoints 中。

❑ 第 68-76 行首先创建用于存放足球碳分子中碳原子位置的坐标数组，然后再将的足球碳分子中碳原子的位置坐标转存到二维数组 CAtomicPosition 中，最后返回结果数据对象 Rda 的引用。

提示 VectorUtil 中计算正三角形两个端点所在大圆圆弧的 n 等分点坐标的算法在本章前面介绍几何球的部分已经详细给出，还需要的读者可以自行查阅随书中本案例的源代码或前面章节的相关内容，这里不再赘述。

（2）得到了每个碳原子的位置坐标以及表示化学键的边的端点信息后，下一步要做的工作就是计算从原始圆柱到表示边的目标圆柱的平移、旋转、缩放信息了。在本案例中，这项工作由 ZQTEdgeUtil 类来完成，其代码如下。

见随书中源代码/第 8 章/Sample8_6/src/com/bn/zqt/util 目录下的 ZQTEdgeUtil.java。

```
package com.bn.zqt.util;                                         //包声明
public class ZQTEdgeUtil{
    public static float STANDARD_EDGE_LENGTH=2;                  //原始圆柱长度
    public static float[] ZHU_VECTOR_NORMAL={1,0,0};             //原始圆柱方向向量
    public static float[] calTranslateRotateScale(float[] ab){
```

```
        float xa=ab[0];                              //拆分出目标边对应圆柱 AB 两端点的坐标
        float ya=ab[1];
        float za=ab[2];
        float xb=ab[3];
        float yb=ab[4];
        float zb=ab[5];
        float[] abVector={xb-xa,yb-ya,zb-za};            //计算 A 点到 B 点的向量
        float[] normalAB=VectorUtil.vectorNormal(abVector);//规格化 AB 向量
        float[] normalABCrossZhu=VectorUtil.vectorNormal(//AB 向量叉乘原始圆柱向量
             VectorUtil.getCrossProduct (
                  normalAB[0],normalAB[1],normalAB[2], ZHU_VECTOR_NORMAL[0],
                  ZHU_VECTOR_NORMAL[1], ZHU_VECTOR_NORMAL[2]
        ));
        //求 AB 向量与原始圆柱向量的夹角
        float angle=(float)Math.toDegrees(VectorUtil.angle(normalAB,ZHU_VECTOR_
        NORMAL));
        float xABZ=(xa+xb)/2;                                     //求 AB 向量中点
        float yABZ=(ya+yb)/2;                                     //求 AB 向量中点
        float zABZ=(za+zb)/2;                                     //求 AB 向量中点
        float scale=VectorUtil.mould(abVector)/STANDARD_EDGE_LENGTH;//求长度缩放值
        final float angleThold=0.8f;                              //旋转角阈值
        //旋转角为 0 度或 180 度时则不需要旋转
        if(Math.abs(angle)>angleThold&&Math.abs(angle)<180-angleThold){
             return new float[]{
             xABZ,yABZ,zABZ,
                  -angle,normalABCrossZhu[0],normalABCrossZhu[1],
                  normalABCrossZhu[2], scale,1,1

             };
        }else{
             return new float[]{
             xABZ,yABZ,zABZ,                                      //平移信息
             0,0,0,1,                                             //旋转信息
                  scale,1,1                                       //缩放信息
    };}}}
```

说明　上述代码依次求出的是原始圆柱需要的旋转轴及旋转角，平移的距离，长度的缩放值等。有了这些信息，使用原始圆柱绘制代表化学键的目标边就易如反掌了。另外，具体的绘制代码与本书前面的很多案例非常类似，这里不再赘述，需要的读者请参考随书中的源代码。

8.7 贝塞尔曲线及旋转面

前面几节介绍的都是某种具体几何形状的搭建，本节将向读者介绍旋转面的搭建，通过旋转面技术可以搭建出各种各样不同形状的物体。掌握了旋转面技术后，读者的造型能力将得到很大的提升。

8.7.1　三维旋转曲面的生成

旋转面搭建的基本原理非常简单，将特定曲线绕指定的轴旋转一周即可产生，如图 8-30 所示。

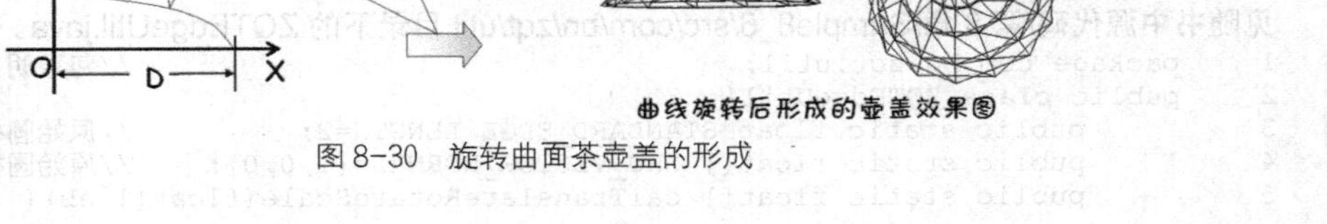

图 8-30　旋转曲面茶壶盖的形成

从图 8-30 中可以看出，左侧的曲线绕 *Y* 轴旋转一周后产生了一个茶壶盖的形状。从上述场景中可以想象出，平时常见的茶壶、饮料瓶等轴对称的形状都可以采用旋转面技术轻松地生成。

这时读者可能会有这样的问题：曲线如何产生呢？总不至于像画抛物线那样描点做图，再将数据从坐标纸上读出录入源代码吧？笔者当然不会让读者去采用那么原始的做法，因此下一小节将向读者介绍一种很常用的曲线生成算法。

8.7.2 贝塞尔曲线

通过上一小节的介绍，读者应该已经了解到了采用旋转面生成轴对称几何形状的方便之处。但从旋转面技术的特点也可以看出，要想形成所需的旋转面，必须先得到对应的曲线。因此，本节将向读者介绍一种非常常用的曲线生成技术——贝塞尔曲线。

贝塞尔曲线首先由 Paul de Casteljau 于 1959 年发明，后来又由 Pierre Bezier 在 1962 年左右独立发明。生成贝塞尔曲线的算法有很多种，本节介绍的是简洁精致的德卡斯特里奥算法。下面将从最简单的 3 个点开始，逐渐推导出 n 个点的贝塞尔曲线解析方程。

1. 三个点的贝塞尔曲线

首先需要给出 3 个控制点，分别为 P_0、P_1、P_2。然后选定一个值 t（t 在 0 到 1 之间），通过 t 在 P_0 P_1 线段上确定一个点 A，使得线段 P_0A 的长度与线段 A P_1 的长度的比值为 t:1-t。以同样的方式在 P_1 P_2 线段上也确定一个点 B，那么点 A 和点 B 的坐标可以用下面的参数方程来表示。

$$A(t)=(1-t)P_0+tP_1 \tag{1}$$

$$B(t)=(1-t)P_1+tP_2 \tag{2}$$

确定了 A 点与 B 点的位置后，在线段 AB 上也按照此方式可以确定点 P，其坐标可以用下面的参数方程表示。

$$P(t)=(1-t)A+tB \tag{3}$$

将式（1）、式（2）带入式（3）中，可以得到下面的参数方程。

$$P(t)=(1-t)^2P_0+2t(1-t)P_1+t^2P_2 \tag{4}$$

对 t 连续地取 0～1 的数，可以得到 P 点的轨迹。这个轨迹就是由 3 个点确定的贝塞尔曲线，如图 8-31 所示。

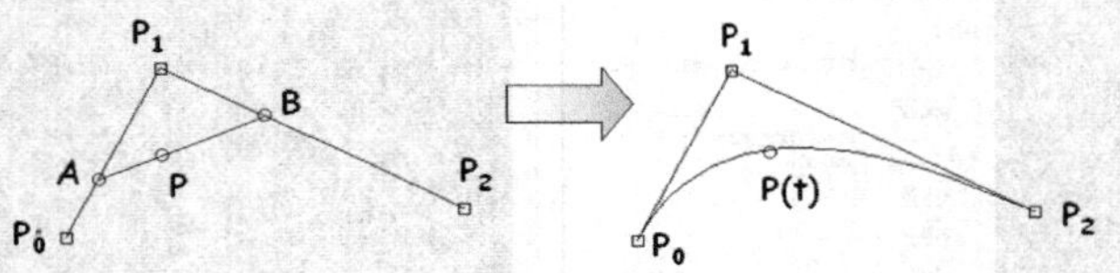

图 8-31　3 个点确定的贝塞尔曲线

进一步分析参数方程可以发现，3 个点确定的贝塞尔曲线实际上是一条抛物线。当点数增加后就大大不同了，下面的图 8-32 给出了几种不同情况下 4 个点确定的贝塞尔曲线。

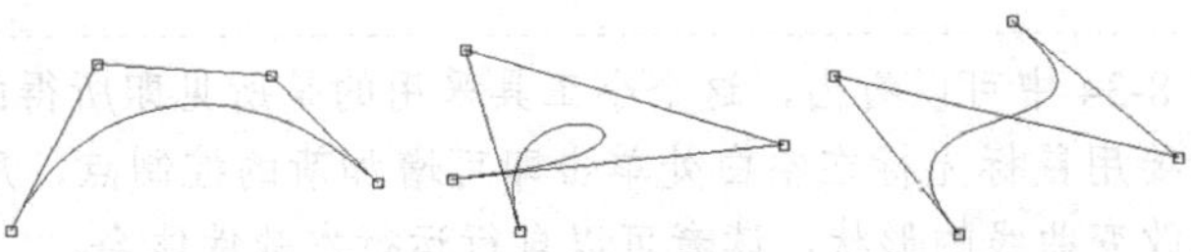

图 8-32　基于 4 个点的贝塞尔曲线

根据前面介绍的基于 3 个点生成贝塞尔曲线的方法，很容易地可以推导出 4 个点确定的贝塞尔曲线参数方程如下。

$$P(t) = (1-t)^3 P_0 + 3t(1-t)^2 P_1 + 3t^2(1-t)^2 P_2 + t^3 P_3$$

2. 任意个点的贝塞尔曲线

进一步把前面介绍的 4 个点确定贝塞尔曲线的参数方程进行扩展，可以得到有 L+1 个控制点的贝塞尔曲线的参数方程，具体内容如下。

$$P(t) = \sum_{k=0}^{L} \frac{L!}{k!(L-k)!}(1-t)^{L-k} t^k P_k$$

从上述参数方程中可以看出，只要对 t 连续地取 0～1 的数，得到的 P 点轨迹即为这 L+1 个点确定的贝塞尔曲线。通过修改控制点的数量、位置可以得到任意所需的曲线，如图 8-33 所示。

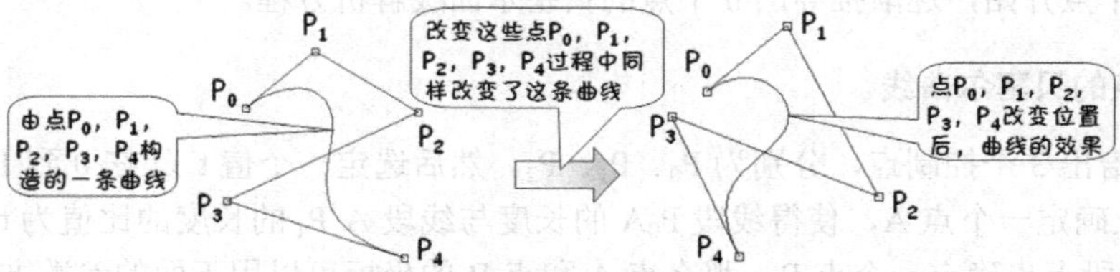

图 8-33　基于 5 个点的贝塞尔曲线

> **说明**　图 8-33 中展示了采用德卡斯特里奥算法基于 5 个点生成贝塞尔曲线的效果图，从左右两幅图的对比中可以看出，通过改变控制点的位置可以得到不同形状的曲线。

8.7.3　Bezier 曲线生成工具

上一小节介绍了基于任意个点生成贝塞尔曲线的参数方程，理论上有了参数方程就可以方便地计算出曲线上各个点的位置了。但若是纯手工操作，几乎是一个不可能完成的任务。因此本小节将介绍一个基于上一小节介绍的参数方程生成贝塞尔曲线的小工具。此小工具为笔者自己开发，需要的读者可以直接使用，其运行效果如图 8-34 所示。

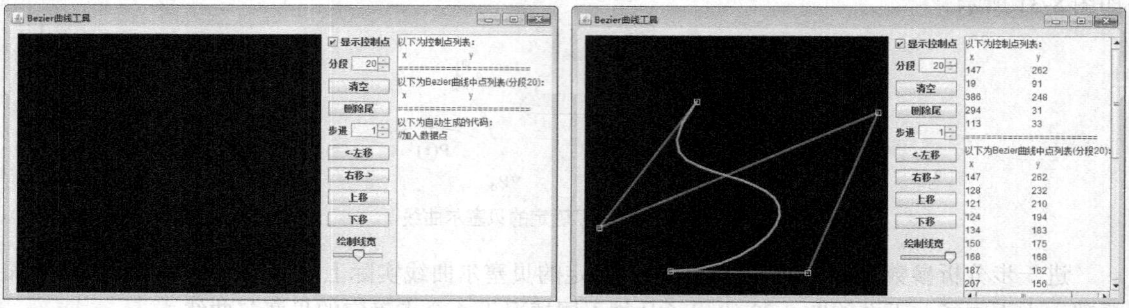

图 8-34　运行效果图

> **说明**　从图 8-34 中可以看出，这个小工具采用的是所见即所得的方法来设计贝塞尔曲线。只需要用鼠标光标在空白处单击即可增加新的控制点，用鼠标光标还可以拖拉控制点以改变曲线的形状，读者可以自行运行本软件体会。

了解了本软件的运行效果后，下面将简要介绍一下本软件的开发。由于 Java Swing 界面的开发超出了本书的讨论范围，因此这里仅介绍与贝塞尔曲线生成算法密切相关的代码，而略去 Swing 界面开发部分的代码，需要的读者请自行参考随书中的源代码。

提示:对于只是想使用本软件生成贝塞尔曲线的数据为后面生成旋转面服务，并不想深入了解本软件如何开发的读者，可以略过此部分。

（1）首先给出的是代表贝塞尔曲线上每个点的类——BNPosition，其代码如下。

代码位置：见随书中源代码/第 8 章/ BezierEx/src/com/bn/ bezier 目录下的 BNPosition.java。

```
package com.bn.bezier;                                          //包声明
public class BNPosition {
  int x;                                                        //曲线上点的 x 坐标
  int y;                                                        //曲线上点的 y 坐标
  public BNPosition(float x,float y){
        this.x=(int) x;                                         //x 坐标赋值
        this.y=(int) y;                                         //y 坐标赋值
}}
```

提示 该类的一个对象代表生成的贝塞尔曲线上的一个点，生成贝塞尔曲线的主要工作就是生成代表曲线上不同点的此类对象的序列。

（2）接着给出的是根据控制点生成贝塞尔曲线上点序列的 BezierUtil 类，其代码如下。

代码位置：见随书中源代码/第 8 章/ BezierEx/src/com/bn/ bezier 目录下的 BezierUtil.java。

```
package com.bn.bezier;                                                    //包声明
import java.util.ArrayList;                                               //相关类的引入
public class BezierUtil {
  static ArrayList<BNPosition> al=new ArrayList<BNPosition>();   //控制点的列表
  public static ArrayList<BNPosition> getBezierData(float span){
  //生成贝塞尔曲线上点序列的方法
        ArrayList<BNPosition> result=new ArrayList<BNPosition>();//存放结果点序列的列表
        int n=al.size()-1;                                   //得到控制点线段数
        if(n<1){                                             //线段数少于 1，无贝塞尔曲线
              return result;                                 //返回空列表
        }
        int steps=(int) (1.0f/span);                 //计算总分段数
        long[] jiechengNA=new long[n+1];             //声明一个长度为 n+1 的阶乘数组
        for(int i=0;i<=n;i++){                       //求 0 到 n 的阶乘
              jiechengNA[i]=jiecheng(i);             //调用 jiecheng 方法计算 i 的阶乘
        }
        for(int i=0;i<=steps;i++){                   //分段进行循环
              float t=i*span;
              if(t>1){                               //t 的值必须在 0～1
                    t=1;
              }
              float xf=0;                                    //贝塞尔曲线上点的 x 坐标
              float yf=0;                                    //贝塞尔曲线上点的 y 坐标
              float[] tka=new float[n+1];                    //新建一个长度为 n+1 的数组
              float[] otka=new float[n+1];                   //新建一个长度为 n+1 的数组
              for(int j=0;j<=n;j++){
                    tka[j]=(float) Math.pow(t, j);          //计算 t 的 j 次幂
                    otka[j]=(float) Math.pow(1-t, j);       //计算 1-t 的 j 次幂
              }
              for(int k=0;k<=n;k++){          //循环 n+1 次计算贝塞尔曲线上各个点的坐标
                    float xs=(jiechengNA[n]/(jiechengNA[k]*jiechengNA[n-k]))*tka
                    [k]*otka[n-k];
                    xf=xf+al.get(k).x*xs;
                    yf=yf+al.get(k).y*xs;
              }
              result.add(new BNPosition(xf,yf));    //将得到的点存入结果列表
        }
        return result;                                       //返回贝塞尔曲线上点的列表
```

```
    }
    public  static long jiecheng(int n){                          //求阶乘的方法
        long result=1;                                            //声明一个 long 型的变量
        if(n==0){                                                 //0 的阶乘为 1
            return 1;
        }
        for(int i=2;i<=n;i++){                                    //求大于等于 2 的数的阶乘
            result=result*i;
        }
        return result;                                            //返回阶乘的结果值
}}
```

说明 上述代码主要是基于前面介绍的参数方程依次对 t 取 0-1 的值得到了所生成的贝塞尔曲线上系列点的坐标。请读者特别注意的是，对多次计算参数方程一直要用到的一些相同项预先进行了计算，并将结果存入了数组。这样的好处是避免了不必要的重复计算，提高速度，读者以后也可以在开发中使用这种技巧。

8.7.4 印度古典建筑场景的开发

从前面的图 8-34 中可以看出，用笔者开发的工具软件生成贝塞尔曲线时不但有界面左侧所见即所得的部分，右侧还给出了贝塞尔曲线控制点的坐标列表。此坐标列表就是用于生成旋转面的数据，下面将给出一个基于软件生成的数据生成旋转面的案例 Sample8_7，其运行效果如图 8-35 所示。

图 8-35 运行效果图

说明 从图 8-35 中可以看出，本案例基于贝塞尔曲线生成旋转面，最终搭建了一个类似与泰姬陵的印度古典建筑场景。该案例建筑群中的每一个组件均由相应的贝塞尔曲线旋转生成。

了解了本案例的运行效果后，就可以进行代码的开发了。虽然场景建筑群中的组件个数很多，但开发的思路大同小异。因此这里仅给出比较有代表性的建筑物顶部组件顶点数据生成的相关代码，具体内容如下。

代码位置：见随书中源代码/第 8 章/Sample8_7/src/com/bn/Sample8_7 目录下的 TopPart1.java。

```
public void initVertexData(float scale, int nCol ,int nRow ){//初始化顶点数据的方法
    float angdegSpan=360.0f/nCol;
    vCount=3*nCol*nRow*2;                                         //顶点个数
    ArrayList<Float> alVertix=new ArrayList<Float>();             //原顶点列表（未卷绕）
    ArrayList<Integer> alFaceIndex=new ArrayList<Integer>();
    //组织成面的顶点的编号值列表
    BezierUtil.al.clear();                                        //清空控制点列表
    BezierUtil.al.add(new BNPosition(-1, 171));                   //控制点坐标数据 1
    BezierUtil.al.add(new BNPosition(14, 191));                   //控制点坐标数据 2
    BezierUtil.al.add(new BNPosition(17, 183));                   //控制点坐标数据 3
    BezierUtil.al.add(new BNPosition(5, 154));                    //控制点坐标数据 4
    BezierUtil.al.add(new BNPosition(31, 274));                   //控制点坐标数据 5
    BezierUtil.al.add(new BNPosition(32, 243));                   //控制点坐标数据 6
    BezierUtil.al.add(new BNPosition(30, 230));                   //控制点坐标数据 7
    BezierUtil.al.add(new BNPosition(0, 253));                    //控制点坐标数据 8
```

```
        //根据控制点生成贝赛尔曲线上点的列表
        ArrayList<BNPosition> alCurve=BezierUtil.getBezierData(1.0f/nRow);
        for(int i=0;i<nRow+1;i++){       //根据得到的曲线上点的列表生成旋转面上点的坐标列表
            double r=alCurve.get(i).x*Constant.DATA_RATIO*scale;    //当前圆的半径
            float y=alCurve.get(i).y*Constant.DATA_RATIO*scale;//当前 y 值
            for(float angdeg=0;Math.ceil(angdeg)<360+angdegSpan;angdeg+=angdegSpan){
                double angrad=Math.toRadians(angdeg);       //当前弧度
                float x=(float) (-r*Math.sin(angrad));      //计算顶点的坐标值
                float z=(float) (-r*Math.cos(angrad));      //计算顶点的坐标值
                alVertix.add(x); alVertix.add(y); alVertix.add(z);
                 //将顶点数据加入到列表中
        }}
        for(int i=0;i<nRow;i++){                          //通过循环计算出卷绕成三角形的
            for(int j=0;j<nCol;j++){                      //顶点编号列表
                int index=i*(nCol+1)+j;                   //当前四边形第一个顶点的编号
                alFaceIndex.add(index+1);                 //第一个三角形 1 号点编号
                alFaceIndex.add(index+nCol+2);            //第一个三角形 2 号点编号
                alFaceIndex.add(index+nCol+1);            //第一个三角形 3 号点编号
                alFaceIndex.add(index+1);                 //第二个三角形 1 号点编号
                alFaceIndex.add(index+nCol+1);            //第二个三角形 2 号点编号
                alFaceIndex.add(index);                   //第二个三角形 3 号点编号
        }}
        float[] vertices=new float[vCount*3];             //卷绕成三角形的顶点坐标数组
        vertices=VectorUtil.calVertices(alVertix, alFaceIndex);
        ……//此处省略生成顶点坐标数据缓冲的代码，读者可自行查看随书中的源代码
        ArrayList<Float> alST=new ArrayList<Float>();     //顶点的纹理坐标列表
        float yMin=999999999;                             //y 最小值
        float yMax=0;                                     //y 最大值
        for(BNPosition pos:alCurve){
            yMin=Math.min(yMin, pos.y);                   //y 最小值
            yMax=Math.max(yMax, pos.y);                   //y 最大值
        }
        for(int i=0;i<nRow+1;i++){
            float y=alCurve.get(i).y;                     //当前 y 值
            float t=1-(y-yMin)/(yMax-yMin);               //t 坐标
            for(float angdeg=0;Math.ceil(angdeg)<360+angdegSpan;angdeg+=angdegSpan){
                float s=angdeg/360;                       //s 坐标
                alST.add(s); alST.add(t);                 //将计算出来的 S、T 纹理坐标加入列表
        }}
        float[] textures=VectorUtil.calTextures(alST, alFaceIndex);
        ……//此处省略顶点数据缓冲的代码，读者可自行查看随书的源代码
    }
```

> **提示**　上述代码中首先根据从工具软件获得的控制点坐标，同样也调用 BezierUtil 类中的工具方法生成贝塞尔曲线上点的坐标序列，然后根据生成的坐标序列生成旋转面上各个顶点的坐标以及纹理坐标，最后卷绕成三角形。

其他的建筑部件除了控制点不同外，代码的套路完全相同，这里就不一一赘述了，需要的读者请参考随书中的源代码。

8.8　小结

本章向读者介绍了如何通过自己编程构建各种基本形状以及贝塞尔曲线旋转面，掌握了这些知识以后，读者搭建场景的能力应该有很大的提高。但现实世界中还有很多更为复杂的物体，如飞机、老鹰、茶壶等，若直接用代码搭建将会非常复杂，因此下一章会向读者介绍如何加载设计好的 3D 模型。

第 9 章 更逼真的游戏场景——3D 模型加载

前面章节所有案例中的 3D 模型都是采用直接给出顶点坐标值（如立方体）或基于数学公式用程序生成坐标值（如球体）的方式，这在一些简单的游戏场景中已经足够了。但如果要建立一些更加复杂、逼真的游戏场景，需要采用的物体其几何形状可能会很复杂而且不能直接用数学公式描述，如赛车游戏中的车、空战游戏中的战斗机等。

这种情况下一般首先用 3D 建模工具（如 3ds Max、Maya 等）建立物体模型，然后导出成特定格式的模型文件并在应用程序中加载渲染。常用的 3D 模型文件格式有 obj、3ds、fbx 等，本章主要介绍 obj 模型文件的加载。

9.1 obj 模型文件概述

介绍如何用程序加载 obj 模型文件之前，首先需要简单了解一下此类文件的格式及导出方式，本节将对这方面的内容进行简要介绍。

9.1.1 obj 文件的格式

obj 文件是最简单的一种 3D 模型文件，其本质上就是文本文件，只是具有固定的格式而已。obj 文件中将顶点坐标、三角形面、纹理坐标等信息以固定格式的文本字符串表示，下面给出了一个 obj 文件的片段。

```
# Max2Obj Version 4.0 Mar 10th, 2001
# Author wyf
#
v  -19.990179 -34.931675 -18.201921
v  20.111662 -34.931675 -18.201921
……
v  20.111662 27.748880 21.994425
# 8 vertices
vt  0.000000 0.000000 0.000000
vt  1.000000 0.000000 0.000000
……
vt  1.000000 1.000000 0.000000
# 12 texture vertices
vn  0.000000 0.000000 -1.570796
vn  0.000000 0.000000 -1.570796
……
vn  0.000000 0.000000 1.570796
# 8 vertex normals
g (null)
f 1/10/1 3/12/3 4/11/4
f 4/11/4 2/9/2 1/10/1
……
f 5/4/5 7/3/7 3/1/3
# 12 faces
g
```

从上述 obj 文件片段中可以看出，其内容是以行为基本单位进行组织的，每种不同前缀开头的行有不同的含义，具体情况如下所列。

- “#”号开头的行为注释，在程序加载的过程中可以略过。
- “v”开头的行用于存放顶点坐标，其后面的 3 个数值分别表示一个顶点的 x、y、z 坐标。
- “vt”开头的行用于存放顶点纹理坐标，其后面的 3 个数值分别表示纹理坐标的 S、T、P 分量。

> **提示** S、T 纹理坐标读者已经非常熟悉了，P 指的是深度纹理坐标，主要用于 3D 纹理的采样。OpenGL ES 3.0 中已经支持 3D 纹理，但使用的比较少。

- “vn”开头的行用于存放顶点法向量，其后面的 3 个数值分别表示一个顶点的法向量在 x 轴、y 轴、z 轴上的分量。
- “g”开头的行表示一组的开始，后面的字符串为此组的名称。所谓组是指由顶点组成的一些面的集合。只包含“g”的行表示一组的结束，与“g”开头的行对应。
- “f”开头的行表示组中的一个面，如果是三角形（由于 OpenGL ES 仅支持三角形，故本书案例中采用的都是三角形）则后面有 3 组用空格分隔的数据，代表三角形的 3 个顶点。每组数据中包含 3 个数值，用“/”分隔，依次表示顶点坐标数据索引、顶点纹理坐标数据索引、顶点法向量数据索引。

> **说明** 例如，有这样的一行“f 200/285/200 196/280/196 195/279/195”，其表示三角形中 3 个顶点的坐标来自 200、196、195 号“v”开头的行，3 个顶点的纹理坐标来自 285、280、279 号“vt”开头的行，3 个顶点的法向量来自 200、196、195 号“vn”开头的行。计算行号时各种不同前缀是独立计算的，例如，前面代码的第 5 行为“v”开头的 2 号行。

还有一点读者需要了解的是，obj 文件中一般顶点坐标与面的数据是必须选择的，而法向量与纹理数据是可选的。

9.1.2 用 3ds Max 设计 3D 模型

上一小节中介绍了 obj 文件的基本格式，可以看出虽然 obj 本质上是文本文件，但也不适合直接由人工录入其各方面的内容。很多的 3D 模型设计工具都可以导出 obj 格式的模型文件，笔者采用的是 3ds Max。3ds Max 是一款主流的、非常方便的 3D 建模软件，有着很高的市场占有率。用 3ds Max 设计完 3D 模型后，可以非常方便地导出各种格式的模型文件，当然也包括 obj 文件。

下面简要介绍一下如何用 3ds Max 导出 obj 模型文件，步骤如下所列。

（1）首先启动 3ds Max 软件，并用其设计一个 3D 模型，如图 9-1 所示。

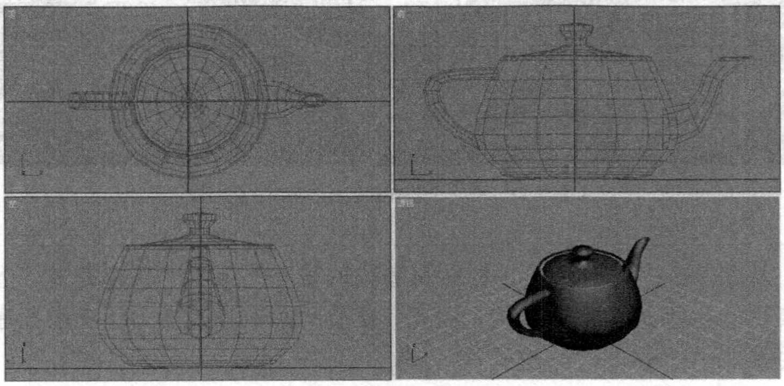

▲图 9-1　用 3ds Max 设计 3D 模型

（2）接着单击主菜单中的“文件”选项，弹出下拉菜单后，单击“导出”选项，如图 9-2 所示。

（3）单击“导出”选项后，系统将弹出“选择要导出的文件”对话框，输入期望的文件名，并将保存类型设置为“*.obj”，然后单击“保存”按钮，如图 9-3 所示。

（4）单击“保存”按钮后系统将弹出“对象导出器”对话框，首先选择面类型为“Triangles”，然后选中纹理坐标选项，最后单击“确定”按钮，即可完成 obj 文件的导出，如图 9-4 所示。

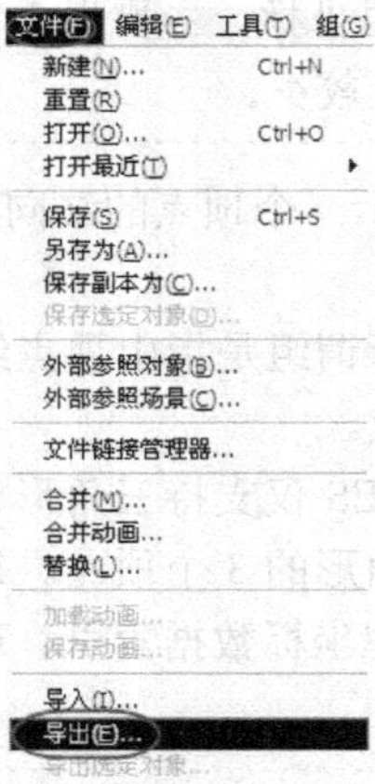

▲图 9-2　选择“导出”选项

▲图 9-3　选择要导出的文件

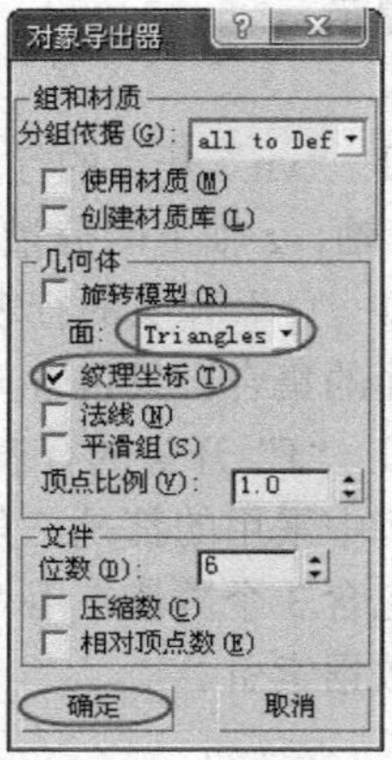

▲图 9-4　对象导出器

> **提示**　面类型一定要设置为“Triangles”，否则就不适合 OpenGL ES 平台的应用程序使用了。纹理坐标选项不一定要选中，需要根据渲染模型时是否使用纹理映射来决定。

9.2　加载 obj 文件

上一节介绍了如何从 3ds Max 导出 obj 文件，本节将通过几个具体的案例来介绍如何将 obj 文件中的数据加载进应用程序中，并用 OpenGL ES 3.0 渲染呈现。

9.2.1　加载仅有顶点坐标与面数据的 obj 文件

本小节将给出一个非常简单的加载 obj 文件的案例 Sample9_1，此案例中加载的 obj 文件仅有顶点坐标与面数据，其运行效果如图 9-5 所示。

▲图 9-5　案例 Sample9_1 的运行效果图

> **说明**　从图 9-5 中可以看出，本案例渲染的是一个茶壶。可以想象，直接用程序自动生成其顶点坐标是非常困难的，因此，模型的加载就成为 3D 应用程序开发人员必须掌握的技能。

了解了本案例的运行效果后，下面就可以进行代码的开发了。由于本案例与前面章节中很多的案例大部分代码是相同的，因此，这里仅介绍本案例中新增的且具有代表性的部分，具体如下所列。

（1）首先介绍加载后用于渲染物体的 LoadedObjectVertexOnly 类，其代码如下。

代码位置：见随书中源代码/第 9 章/Sample9_1/src/com/bn/Sample9_1 目录下的 LoadedObjectVertexOnly.java。

```
package com.bn.Sample9_1;                                    //声明包
……//此处省略了部分类的引入代码，读者可自行查看随书中的源代码
public class LoadedObjectVertexOnly {           //加载后的物体——仅携带顶点信息
    int mProgram;                               //自定义渲染管线着色器程序 id
    ……//此处省略了部分成员变量的声明，读者可自行查看随书中的源代码
    FloatBuffer mVertexBuffer;                  //顶点坐标数据缓冲
    int vCount = 0;                             //顶点数量
    public LoadedObjectVertexOnly(MySurfaceView mv, float[] vertices) {
        initVertexData(vertices);               //初始化顶点坐标
        initShader(mv);                         //初始化着色器
    }
    public void initVertexData(float[] vertices) {  //初始化顶点坐标的方法
        vCount = vertices.length / 3;
        ByteBuffer vbb = ByteBuffer.allocateDirect(vertices.length*4);
                                                    //创建顶点坐标数据缓冲
        vbb.order(ByteOrder.nativeOrder());         //设置字节顺序
        mVertexBuffer = vbb.asFloatBuffer();        //转换为 float 型缓冲
        mVertexBuffer.put(vertices);                //向缓冲区中放入顶点坐标数据
        mVertexBuffer.position(0);                  //设置缓冲区起始位置
    }
    ……//此处省略了 initShader 方法和 drawSelf 方法，读者可自行查看随书的源代码
}
```

> **提示** 该类非常简单，与前面章节中物体类不同的是，其顶点的位置数据是从构造器参数中传入的，而不是在该类中初始化顶点坐标的 initVertexData 方法中直接给出或计算出来的。

（2）开发完加载后用于渲染物体的 LoadedObjectVertexOnly 类后，接下来介绍从 obj 文件读入数据并创建该类对象的工具类——LoadUtil，其代码如下。

代码位置：见随书中源代码/第 9 章/Sample9_1/src/com/bn/Sample9_1 目录下的 LoadUtil.java。

```
package com.bn.Sample9_1;                                              //声明包
……//此处省略了部分类的引入代码，读者可自行查看随书中的源代码
public class LoadUtil {
    public static LoadedObjectVertexOnly loadFromFile (String fname, Resources r,
    MySurfaceView mv) {//从 obj 文件中加载顶点数据并生成 LoadedObjectVertexOnly 类对象
        LoadedObjectVertexOnly lo = null;                   //加载后物体的引用
        ArrayList<Float> alv = new ArrayList<Float>(); //原始顶点坐标列表
        ArrayList<Float> alvResult = new ArrayList<Float>();//结果顶点坐标列表
        try {
            InputStream in = r.getAssets().open(fname);     //获取字节输入流
            InputStreamReader isr = new InputStreamReader(in);
                                                        //将字节流转换成字符流
            BufferedReader br = new BufferedReader(isr);  //将字符流进一步封装
            String temps = null;
            while ((temps = br.readLine()) != null) {     //读取一行文本
                String[] tempsa = temps.split("[ ]+");//将文本行用空格符切分
                if (tempsa[0].trim().equals("v")) {  //顶点坐标行
                    alv.add(Float.parseFloat(tempsa[1]));
                                                    //将顶点的 x、y、z 坐标存入
                    alv.add(Float.parseFloat(tempsa[2]));//原始顶点坐标列表
                    alv.add(Float.parseFloat(tempsa[3]));
                } else if (tempsa[0].trim().equals("f")) {         //面数据行
                    int index=Integer.parseInt(tempsa[1].split("/")[0]) - 1;
                                                    //得到顶点编号
```

```
22                     alvResult.add(alv.get(3 * index));//将三角形第 1 个顶点的
23                     alvResult.add(alv.get(3 * index + 1));
                                                    //x、y、z 坐标存入结果顶点
24                     alvResult.add(alv.get(3 * index + 2));
                                                    //坐标列表
25                     index = Integer.parseInt(tempsa[2].split("/")[0]) - 1;
                                                    //得到顶点编号
26                     alvResult.add(alv.get(3 * index));//将三角形第 2 个顶点的
27                     alvResult.add(alv.get(3 * index + 1));
                                                    //x、y、z 坐标存入结果顶点
28                     alvResult.add(alv.get(3 * index + 2));//坐标列表
29                     index = Integer.parseInt(tempsa[3].split("/")[0]) - 1;
                                                    //得到顶点编号
30                     alvResult.add(alv.get(3 * index)); //将三角形第 3 个顶点的
31                     alvResult.add(alv.get(3 * index + 1));
                                                    //x、y、z 坐标存入结果顶点
32                     alvResult.add(alv.get(3 * index + 2)); //坐标列表
33             }}
34             int size = alvResult.size();          //获取顶点坐标数量
35             float[] vXYZ = new float[size];       //创建用于存储顶点坐标的数组
36             for (int i = 0; i < size; i++) {
37                 vXYZ[i] = alvResult.get(i);        //将顶点坐标数据转存到数组中
38             }
39             lo = new LoadedObjectVertexOnly(mv, vXYZ);           //创建物体对象
40         } catch (Exception e) { Log.d("load error", "load error"); e.printStackTrace();}
41         return lo;                                 //返回创建物体对象的引用
42     }}
```

❑ 第 4-5 行中参数 fname 为要加载的 obj 文件的名称，r 为 Resources 对象的引用，mv 为 MySurfaceView 对象的引用。

❑ 第 10-33 行通过输入流将顶点数据、面数据从 obj 文件中读入，并依照文件中的信息将顶点数据依次组织到结果顶点坐标列表中。

❑ 第 34-41 行首先将结果顶点坐标列表中的数据转存到数组中，并调用 LoadedObject VertexOnly 类的构造器创建用于绘制的物体对象，最后将该对象的引用返回。

（3）介绍完 LoadUtil 工具类后，下面介绍用于渲染整个 3D 场景的 MySurfaceView 类，其代码如下。

代码位置：见随书中源代码/第 9 章/Sample9_1/src/com/bn/Sample9_1 目录下的 MySurfaceView.java。

```
package com.bn.Sample9_1;                              //声明包
……//此处省略了部分类的引入代码，读者可自行查看随书的源代码
class MySurfaceView extends GLSurfaceView {
    private final float TOUCH_SCALE_FACTOR = 180.0f/320;//角度换算比例
    private SceneRenderer mRenderer;                   //场景渲染器
    private float mPreviousY;                          //上次的触控位置的 y 坐标
    private float mPreviousX;                          //上次的触控位置的 x 坐标
    public MySurfaceView(Context context) {/*代码省略*/}
    public boolean onTouchEvent(MotionEvent e) {/*代码省略*/} //触控事件回调方法
    private class SceneRenderer implements GLSurfaceView.Renderer{
        float yAngle;                                  //绕 y 轴旋转的角度
        float xAngle;                                  //绕 x 轴旋转的角度
        LoadedObjectVertexOnly lovo;                   //从指定的 obj 文件中加载的对象
        public void onDrawFrame(GL10 gl) {
            GLES30.glClear( GLES30.GL_DEPTH_BUFFER_BIT |
                GLES30.GL_COLOR_BUFFER_BIT);           //清除深度缓冲与颜色缓冲
            MatrixState.pushMatrix();                  //保护现场
        MatrixState.translate(0, -2f, -25f);           //平移坐标系
        MatrixState.rotate(yAngle, 0, 1, 0);           //绕 y 轴旋转
        MatrixState.rotate(xAngle, 1, 0, 0);           //绕 x 轴旋转
        if(lovo!=null) {lovo.drawSelf();  }            //若加载的物体不为空则绘制物体
        MatrixState.popMatrix();                       //恢复现场
        }
```

```
24            public void onSurfaceChanged(GL10 gl, int width, int height) {/*代码省略*/}
25            public void onSurfaceCreated(GL10 gl, EGLConfig config) {
26            GLES30.glClearColor(0.0f,0.0f,0.0f,1.0f);        //设置屏幕背景色 RGBA
27            GLES30.glEnable(GLES30.GL_DEPTH_TEST);            //打开深度检测
28            GLES30.glEnable(GLES30.GL_CULL_FACE);             //打开背面剪裁
29            MatrixState.setInitStack();                       //初始化变换矩阵
30            lovo=LoadUtil.loadFromFile("ch.obj", MySurfaceView.this. getResources(),
31                    MySurfaceView.this);                      //加载要绘制的物体
32    }}}
```

- 第 11-13 行为场景渲染器类的成员变量，其中 lovo 为 LoadedObjectVertexOnly 对象的引用。
- 第 14-23 行为 onDrawFrame 方法的实现，其中在清除深度缓冲与颜色缓冲后，在适当的位置绘制了加载的物体对象，本案例中为一只茶壶。
- 第 25-32 行为 onSurfaceCreated 方法的实现，其中在初始化变换矩阵后创建了 LoadedObjectVertexOnly 类的对象。

（4）介绍完 Java 代码后就应该介绍着色器了，首先是顶点着色器，其代码如下。

代码位置：见随书中源代码/第 9 章/Sample9_1/assets 目录下的 vertex_color.sh。

```
#version 300 es
uniform mat4 uMVPMatrix;                                //总变换矩阵
in vec3 aPosition;                                      //从渲染管线接收的顶点位置
out vec3 vPosition;                                     //用于传递给片元着色器的顶点位置
void main() {
  gl_Position = uMVPMatrix * vec4(aPosition,1);//根据总变换矩阵计算此次绘制此顶点的位置
  vPosition=aPosition;                                  //将顶点位置传递给片元着色器
}
```

> **提示** 此顶点着色器与一般案例中的基本没有区别，主要是增加了通过易变变量 vPosition 将顶点的位置传递给片元着色器的代码。

（5）接着需要介绍的是片元着色器，其代码如下。

代码位置：见随书中源代码/第 9 章/Sample9_1 /assets 目录下的 frag_color.sh。

```
#version 300 es
precision mediump float;                              //给出默认浮点精度
in vec3 vPosition;                                    //从顶点着色器传过来的顶点位置
out vec4 fragColor;                                   //最终片元颜色
void main() {
   vec4 bColor=vec4(0.678,0.231,0.129,0);             //条纹的颜色(深红色)
   vec4 mColor=vec4(0.763,0.657,0.614,0);             //间隔区域的颜色(淡红色)
   float y=vPosition.y;                               //提取顶点的 y 坐标值
   y=mod((y+100.0)*4.0,4.0);                          //折算出区间值
   if(y>1.8) {                                        //当区间值大于指定值时
     fragColor = bColor;                              //设置片元颜色为条纹的颜色
   } else {                                           //当区间值不大于指定值时
     fragColor = mColor;                              //设置片元颜色为间隔区域的颜色
}}
```

> **提示** 上述片元着色器主要是实现了条纹着色的效果（如图 9-5 所示），实现策略为，根据片元的 y 坐标所处的位置来决定片元是采用条纹颜色（深红色）还是间隔颜色（淡红色）进行着色。

9.2.2 加载后自动计算面法向量

前面小节案例中加载的茶壶仅采用了条纹着色策略，看起来效果不是很好，立体感不强。这是因为现实世界中的物体都是有光照的，有了光照以后层次感、立体感都会增加很多。因此，本小节将给出一个根据加载的顶点及三角形面的数据自动计算法向量并施加光照的案例，其运行效

果如图 9-6 所示。

▲图 9-6 案例 Sample9_2 的运行效果图

> **说明** 从图 9-6 中可以看出，添加了光照效果后，茶壶的立体感增加了很多。因此，实际开发中只要条件允许，一般都会采用光照效果。

了解了本案例的运行效果后，下面就可以进行案例的开发了。由于实际上本案例仅是将上一小节的案例 Sample9_1 复制了一份并进行了修改，因此，这里仅给出修改的步骤，具体如下所列。

（1）首先将加载后用于渲染物体的 LoadedObjectVertexOnly 类名称改为 LoadedObjectVertexNormal，并在其中增加服务于光照的相关代码，具体内容如下。

代码位置：见随书中源代码/第 9 章/Sample9_2/src/com/bn/Sample9_2 目录下的 LoadedObjectVertexNormal.java。

```
package com.bn.Sample9_2;                              //声明包
……//此处省略了部分类的引入代码，读者可自行查看随书的源代码
public class LoadedObjectVertexNormal {//加载后的物体——携带顶点信息，自动计算面法向量
    ……//此处省略了部分成员变量的声明，读者可自行查看随书的源代码
    FloatBuffer mNormalBuffer;                         //顶点法向量数据缓冲
    int vCount = 0;                                    //顶点数量
    public LoadedObjectVertexNormal(MySurfaceView mv, float[] vertices,float[]
    normals) {
          initVertexData(vertices, normals);    //初始化顶点坐标与法向量数据
          initShader(mv);                       //初始化着色器
    }
    public void initVertexData(float[] vertices, float[] normals) {
                                                //初始化顶点坐标和法向量的方法
          ……//此处省略了部分代码，与前面案例中的相同
          ByteBuffer cbb = ByteBuffer.allocateDirect(normals.length * 4);
                                                //创建顶点法向量数据缓冲
          cbb.order(ByteOrder.nativeOrder());   //设置字节顺序
          mNormalBuffer = cbb.asFloatBuffer();  //转换为 float 型缓冲
          mNormalBuffer.put(normals);           //向缓冲区中放入顶点法向量数据
          mNormalBuffer.position(0);            //设置缓冲区起始位置
    }
    ……//此处省略了 initShader 方法和 drawSelf 方法，读者可自行查看随书的源代码
}
```

> **提示** 从上述代码中可以看出此类的代码与前面很多案例的并没有太多不同，只是法向量数据是由构造器参数中传入的，而不是在该类中初始化顶点数据的 initVertexData 方法中直接给出或计算出来的。

（2）接着对加载 obj 模型文件的工具类 LoadUtil 进行了修改，具体代码如下。

代码位置：见随书中源代码/第 9 章/Sample9_2/src/com/bn/Sample9_2 目录下的 LoadUtil.java。

```
package com.bn.Sample9_2;                     //声明包
……//此处省略了部分类的引入代码，读者可自行查看随书的源代码
public class LoadUtil {                       //用于从 obj 文件中加载 3D 模型的工具类
    public static float[] getCrossProduct( //求两个向量叉积的方法
                float x1, float y1, float z1,float x2, float y2, float z2) {
```

```
6          float A = y1 * z2 - y2 * z1;          //求出两个向量的叉积向量
7          float B = z1 * x2 - z2 * x1;          //在 x、y、z 轴上的分量 A、B、C
8          float C = x1 * y2 - x2 * y1;
9          return new float[] { A, B, C };       //返回叉积结果向量
10     }
11     public static float[] vectorNormal(float[] vector) {//向量规格化的方法
12         float module = (float) Math.sqrt(vector[0] * vector[0] +//求向量的模
13                 vector[1]* vector[1] + vector[2] * vector[2]);
14         return new float[] { vector[0] / module,       //返回规格化的向量
15                 vector[1] / module, vector[2] / module };
16     }
17     //从 obj 文件中加载仅携带顶点信息的物体，并计算面法向量
18     public static LoadedObjectVertexNormal loadFromFile (String fname,
19             Resources r, MySurfaceView mv) {
20         LoadedObjectVertexNormal lo = null;           //加载后物体的引用
21         ArrayList<Float> alv = new ArrayList<Float>(); //原始顶点坐标列表
22         ArrayList<Float> alvResult = new ArrayList<Float>();//结果顶点坐标列表
23         ArrayList<Float> alnResult = new ArrayList<Float>();//结果法向量列表
24         try {
25             ……//此处省略了打开输入流的代码，与前面的案例相同
26             String temps = null;
27             //循环不断从文件中读取行，根据行类型的不同执行不同的处理逻辑
28             while ((temps = br.readLine()) != null) { //读取一行文本
29               String[] tempsa = temps.split("[ ]+");   //将文本行用空格符切分
30               if (tempsa[0].trim().equals("v")) {      //顶点坐标行
31                   alv.add(Float.parseFloat(tempsa[1]));//将顶点的 x、y、z 坐标存入
32                   alv.add(Float.parseFloat(tempsa[2]));//原始顶点坐标列表
33                   alv.add(Float.parseFloat(tempsa[3]));
34               } else if (tempsa[0].trim().equals("f")) {  //面数据行
35                   int index = Integer.parseInt(tempsa[1].split("/")[0]) - 1;
                                                          //得到顶点编号
36                   float x0 = alv.get(3 * index);    //将三角形第 1 个顶点的
37                   float y0 = alv.get(3 * index + 1);   //x、y、z 坐标取出
38                   float z0 = alv.get(3 * index + 2);
39                   alvResult.add(x0); alvResult.add(y0); alvResult.add(z0);
40                   ……//此处省略了提取第二和第三个三角形顶点坐标的代码
41                   //求三角形中第一个点到第二个点的向量
42                   float vxa=x1 - x0;float vya = y1 - y0; float vza = z1 - z0;
43                   //求三角形中第一个点到第三个点的向量
44                   float vxb=x2 - x0;float vyb = y2 - y0; float vzb = z2 - z0;
45                   //通过求两个向量的叉积计算出此三角形面的法向量
46                  float[] vNormal =vectorNormal(getCrossProduct(vxa, vya,vza, vxb,
                 vyb, vzb));
47                   for (int i = 0; i < 3; i++) {
                   //将计算出的法向量添加到结果法向量列表中
48             alnResult.add(vNormal[0]);alnResult.add(vNormal[1]);alnResult.add
               (vNormal[2]);
51             }}}
52             int size = alvResult.size();              //获取结果顶点坐标列表的大小
53             float[] vXYZ = new float[size];
54             for (int i = 0; i < size; i++) {vXYZ[i] = alvResult.get(i);}
55             size = alnResult.size();                  //获取结果法向量列表的大小
56             float[] nXYZ = new float[size];
57             for (int i = 0; i < size; i++) {nXYZ[i] = alnResult.get(i);}
58             lo = new LoadedObjectVertexNormal(mv, vXYZ, nXYZ);//创建加载物体对象
59         } catch (Exception e) {Log.d("load error", "load error");e.printStackTrace();}
60         return lo;                                   //返回创建的物体对象的引用
61 }}
```

说明 上述代码中最重要的是在第 41-51 行增加了计算每个三角形面的法向量并存入结果法向量列表的代码。基本的计算思路为，首先求出三角形中一个点到另外两个点的向量，然后将求出的两个向量进行叉积即可得出三角形面的法向量。

修改完 Java 代码后也需要对着色器进行一些调整，主要是增加了声明光照计算需要的一些属性变量与一致变量的代码，同时还增加了实施光照计算的代码。这些需要增加的代码与前面介绍

光照的第 6 章案例中的基本一致，这里不再赘述，需要的读者可以参考随书中的源代码。

9.2.3　加载后自动计算平均法向量

上一小节的案例成功为加载的物体添加了光照效果，但从图 9-6 中读者可能会发现茶壶的表面不是平滑的，而是由很多的小平面组成。这是因为上一小节中采用的是面法向量，而绘制平滑曲面时应该采用点平均法向量。

> **提示**　前面的章节也介绍过，点平均法向量是指当一个顶点属于不止一个平面时，其法向量采用其所属多个平面各自法向量的平均值。采用点平均法向量后，绘制出来的物体表面就平滑了。

本小节将给出一个对加载的物体采用点平均法向量进行光照渲染的案例 Sample9_3，其运行效果如图 9-7 所示。

▲图 9-7　案例 Sample9_3 的运行效果

了解了本案例的运行效果后，下面就可以进行案例的开发了。由于实际上本案例仅是将上一小节的案例 Sample9_2 复制了一份并进行了修改，因此，这里仅给出修改的步骤，具体如下所列。

> **说明**　从图 9-7 中可以看出，采用了点平均法向量后绘制出来的茶壶又逼真了很多。但读者也不要认为点平均法向量就优于面法向量，关键取决于待绘制物体表面的性质，棱角分明的物体还是需要采用面法向量进行光照渲染的。

（1）为了便于计算点平均法向量，首先需要在项目中添加一个表示顶点法向量的类——Normal，其代码如下。

代码位置：见随书中源代码/第 9 章/Sample9_3/src/com/bn/Sample9_3 目录下的 Normal.java。

```
package com.bn.Sample9_3;                                  //声明包
import java.util.Set;                                      //引入相关类
public class Normal {                    //表示法向量的类，此类的一个对象表示一个法向量
    public static final float DIFF = 0.0000001f;          //判断两个法向量是否相同的阈值
    float nx;float ny;float nz;                            //法向量在 x、y、z 轴上的分量
    public Normal(float nx, float ny, float nz) {
        this.nx = nx; this.ny = ny; this.nz = nz;//对法向量的 x、y、z 分量进行初始化
    }
    @Override
    public boolean equals(Object o) {
        //若两个法向量 x、y、z 三个分量的差都小于指定的阈值，则认为这两个法向量相等
        if (o instanceof Normal) {
            Normal tn = (Normal) o;
            if (Math.abs(nx - tn.nx) < DIFF && Math.abs(ny - tn.ny) < DIFF
                    && Math.abs(ny - tn.ny) < DIFF) {
                return true;
            } else {return false;}
        } else {return false;}
    }
    @Override
    public int hashCode() {//由于要用到 HashSet，因此一定要重写 hashCode 方法
```

```
22              return 1;
23          }
24          public static float[] getAverage(Set<Normal> sn) {//求法向量平均值的工具方法
25              float[] result = new float[3];         //存放法向量 x、y、z 分量和的数组
26              for (Normal n : sn) {                  //把集合中所有的法向量 x、y、z 分量各自求和
27                  result[0] += n.nx;result[1] += n.ny;result[2] += n.nz;
28              }
29              return LoadUtil.vectorNormal(result);//将求和后的法向量规格化以得到平均法向量
30  }}
```

- 第 10-19 行为重写的 equals 方法，其功能为比较两个法向量是否相等。需要特别注意的是，由于浮点数有计算误差，事实上相等的法向量其浮点值也很难做到绝对一致。因此，比较时需要设定一个阈值，当差小于阈值时就认为相等，笔者采用的阈值为 0.0000001。
- 第 24-30 行为求一组法向量平均值的工具方法 getAverage，其入口参数是一个法向量集合。求一组法向量平均值的策略为，首先将所有法向量的 x、y、z 分量值各自求和得到和向量，然后将和向量规格化即可得到平均法向量。

（2）接着对创建加载后物体的工具类 LoadUtil 进行了修改，使其可以产生顶点的平均法向量数据，具体代码如下。

代码位置：见随书中源代码/第 9 章/Sample9_3/src/com/bn/Sample9_3 目录下的 LoadUtil.java。

```
package com.bn.Sample9_3;                                              //声明包
……//此处省略了部分类的引入代码，读者可自行查看随书的源代码
public class LoadUtil {
  ……//此处省略了 getCrossProduct 和 vectorNormal 方法，读者可自行查看随书的源代码
  public static LoadedObjectVertexNormal loadFromFile(//从 obj 文件中加载携带顶点信息的物体，
        String fname,Resources r, MySurfaceView mv) {//并自动计算每个顶点的平均法向量
      LoadedObjectVertexNormal lo = null;             //加载后物体的引用
      ArrayList<Float> alv = new ArrayList<Float>();  //原始顶点坐标列表
      ArrayList<Integer> alFaceIndex = new ArrayList<Integer>();//结果顶点编号列表
      ArrayList<Float> alvResult = new ArrayList<Float>();      //结果顶点坐标列表
      //平均前各个编号的点的法向量集合的 Map,此 HashMap 的 key 为点的编号，
      //value 为点所在的各个面的法向量的集合
      HashMap<Integer, HashSet<Normal>> hmn = new HashMap<Integer, HashSet<Normal>>();
      try {
        ……//此处省略了打开输入流的代码，与前面的案例相同
        String temps = null;
        //扫描文件，根据行类型的不同执行不同的处理逻辑
        while ((temps = br.readLine()) != null) {        //读取一行文本
            String[] tempsa = temps.split("[ ]+");       //将文本行用空格符切分
            if (tempsa[0].trim().equals("v")) {          //顶点坐标行
                ……//此处省略顶点坐标行的处理代码，与上一个案例相同
            } else if (tempsa[0].trim().equals("f")) {//面数据行
              int[] index = new int[3];                   //此面中 3 个顶点编号值的数组
              index[0] = Integer.parseInt(tempsa[1].split("/")[0]) - 1;//得到顶点编号
              float x0 = alv.get(3 * index[0]);           //将三角形第 1 个顶点的
              float y0 = alv.get(3 * index[0] + 1);       //x、y、z 坐标取出
              float z0 = alv.get(3 * index[0] + 2);
              alvResult.add(x0);alvResult.add(y0);alvResult.add(z0);
              ……//此处省略了提取三角形第二和第三个顶点坐标的代码
              alFaceIndex.add(index[0]);                  //记录此三角形面 3 个顶点的索引
              alFaceIndex.add(index[1]);
              alFaceIndex.add(index[2]);
              //求三角形中第一个点到第二个点的向量
              float vxa = x1 - x0;float vya = y1 - y0;float vza = z1 - z0;
              //求三角形中第一个点到第三个点的向量
              float vxb = x2 - x0;float vyb = y2 - y0;float vzb = z2 - z0;
              //通过求两个向量的叉积计算出此三角形面的法向量
              float[] vNormal =vectorNormal(getCrossProduct(vxa, vya, vza, vxb, vyb,vzb));
              //将此三角形面的法向量记录到此面 3 个顶点各自的法向量集合中
              for (int tempInxex : index) {
                  HashSet<Normal> hsn = hmn.get(tempInxex); //获取指定编号顶点的法向量集合
                  if (hsn == null) {hsn=new HashSet<Normal>();}//若集合不存在则创建
                  //将此点的法向量添加到集合中
                  hsn.add(new Normal(vNormal[0], vNormal[1], vNormal[2]));
```

```
                hmn.put(tempInxex, hsn);      //将法向量集合放进 HashMap 中
        }}}
        ……//此处省略了将顶点数据存入数组的代码，与上一个案例的相同
        float[] nXYZ = new float[alFaceIndex.size() * 3];//用于存放法向量数据的数组
        int c = 0;                                  //法向量数组索引
        for (Integer i : alFaceIndex){              //对结果序列中每个顶点的编号循环
            //根据当前的编号从 Map 中取出一个顶点的法向量的集合
            HashSet<Normal> hsn = hmn.get(i);
            float[] tn = Normal.getAverage(hsn);         //求出集合中法向量的平均法向量
            //将计算出的平均法向量存放到法向量数组中
            nXYZ[c++]= tn[0]; nXYZ[c++] = tn[1]; nXYZ[c++] = tn[2];
        }
        lo = new LoadedObjectVertexNormal(mv, vXYZ, nXYZ);//创建加载物体对象
      } catch (Exception e) {Log.d("load error", "load error"); e.printStackTrace();}
      return lo;                                         //返回创建的物体对象的引用
}}
```

> **说明**　上述代码中在计算出各个面的法向量后不是直接送入结果法向量列表，而是将法向量记录进各个顶点对应的法向量集合中。当所有面的法向量计算结束后，再求出各个顶点的平均法向量，接着送入法向量数据数组以供创建加载物体对象。

由于本案例中用到的着色器与上一个案例的完全相同，因此这里不再赘述。

9.2.4　加载纹理坐标

上一小节已经给出了对加载后的物体采用点平均法向量实施光照的案例，效果已经很不错。但现实世界中的物体其表面并不一定是纯色的，可能是有花纹的，如白瓷的手绘茶壶。本小节将给出加载时也加载纹理坐标信息的案例 Sample9_4，其运行效果如图 9-8 所示。

▲图 9-8　案例 Sample9_4 的运行效果

> **说明**　从图 9-8 中可以看出，在光照的基础上又增加了纹理映射，这时茶壶更漂亮了。另外，由于本书插图是灰度印刷的，因此建议读者自行运行本案例进行观察。

了解了本案例的运行效果后，下面就可以进行案例的开发了。由于实际上本案例仅是将上一小节的案例 Sample9_3 复制了一份并进行了修改，因此，这里仅给出修改的步骤，具体如下所列。

（1）首先将加载后用于渲染物体的 LoadedObjectVertexNormal 类名称改为 LoadedObjectVertexNormalTexture，并在其中增加了加载纹理坐标数据的相关代码，具体内容如下。

代码位置：见随书中源代码/第 9 章/Sample9_4/src/com/bn/Sample9_4 目录下的 LoadedObjectVertexNormalTexture.java。

```
package com.bn.Sample9_4;                              //声明包
……//此处省略了部分类的引入代码，读者可自行查看随书的源代码
public class LoadedObjectVertexNormalTexture{
      ……//此处省略了部分成员变量，读者可自行查看随书的源代码
      FloatBuffer  mTexCoorBuffer;                     //顶点纹理坐标数据缓冲
      public LoadedObjectVertexNormalTexture(MySurfaceView mv,
                    float[] vertices,float[] normals,float texCoors[]){//构造器
```

```
        initVertexData(vertices,normals,texCoors);
         //初始化顶点坐标、法向量、纹理坐标数据
        initShader(mv);                                      //初始化着色器
    }
    public void initVertexData(float[] vertices,
    //初始化顶点坐标、法向量、纹理坐标数据的方法
                float[] normals,float texCoors[]){
……//此处省略了顶点坐标和法向量和法向量数据初始化的代码，请自行查看随书的源代码。
        ByteBuffer tbb = ByteBuffer.allocateDirect(texCoors.length*4);
        tbb.order(ByteOrder.nativeOrder());    //设置字节顺序
        mTexCoorBuffer = tbb.asFloatBuffer(); //转换为 Float 型缓冲
        mTexCoorBuffer.put(texCoors);          //向缓冲区中放入顶点纹理坐标数据
        mTexCoorBuffer.position(0);            //设置缓冲区起始位置
    }
    ……//此处省略了 initShader 方法，读者可自行查看随书的源代码
    public void drawSelf(int texId){           //绘制加载物体的方法
        ……//此处省略了部分代码，与前面案例中的相同
        GLES30.glVertexAttribPointer(maTexCoorHandle,2,GLES30.GL_FLOAT,
                false,2*4, mTexCoorBuffer);  //将顶点纹理坐标数据传入渲染管线
        ……//此处省略了部分代码，与前面案例中的相同
        GLES30.glEnableVertexAttribArray(maTexCoorHandle);//启用纹理坐标数据数组
        GLES30.glActiveTexture(GLES30.GL_TEXTURE0);        //激活指定的纹理单元
        GLES30.glBindTexture(GLES30.GL_TEXTURE_2D, texId); //绑定纹理
        GLES30.glDrawArrays(GLES30.GL_TRIANGLES, 0, vCount); //绘制加载的物体
}}
```

提示 该类中主要是增加了接收纹理坐标数据，并将纹理坐标数据送入缓冲以备渲染管线使用，以及绘制时将纹理坐标数据送入渲染管线与绑定纹理的相关代码，其他部分与上一案例中的基本相同。同时需要注意的是，drawSelf 绘制方法也增加了接收纹理 id 的入口参数 texId，这样在绘制时可以根据需要传入不同的纹理，增加了程序的灵活性。

（2）接着对创建加载后物体的工具类 LoadUtil 进行了修改，使其可以从 obj 模型文件中加载纹理坐标数据，具体代码如下。

代码位置：见随书中源代码/第 9 章/Sample9_4/src/com/bn/Sample9_4 目录下的 LoadUtil.java。

```
package com.bn.Sample9_4;                                    //声明包
……//此处省略了部分类的引入代码，读者可自行查看随书的源代码
public class LoadUtil {
    ……//此处省略了 getCrossProduct 和 vectorNormal 方法，读者可自行查看随书的源代码
    public static LoadedObjectVertexNormalTexture loadFromFile (
                String fname, Resources r, MySurfaceView mv) {
        ……//此处省略了一些成员变量的声明，与前面案例中的相同
        ArrayList<Float> alt = new ArrayList<Float>();       //原始纹理坐标列表
        ArrayList<Float> altResult = new ArrayList<Float>();//结果纹理坐标列表
        try {……//此处省略了打开输入流的代码，与前面的案例相同
            String temps = null;
            //扫描文件，根据行类型的不同执行不同的处理逻辑
            while ((temps = br.readLine()) != null) {       //读取一行文本
                String[] tempsa = temps.split("[ ]+"); //将文本行用空格符切分
                if (tempsa[0].trim().equals("v")) { //顶点坐标行
                    ……//此处省略了部分与前面案例相同的代码
                } else if (tempsa[0].trim().equals("vt")) {   //纹理坐标行
                    alt.add(Float.parseFloat(tempsa[1]));//提取出 S 纹理坐标
                    alt.add(1-Float.parseFloat(tempsa[2])); //提取出 T 纹理坐标
                } else if (tempsa[0].trim().equals("f")) {       //面数据行
                 ……//此处省略了部分与前面案例相同的代码
                 //将三角形 3 个顶点的纹理坐标数据组织到结果纹理坐标列表中
                 int indexTex = Integer.parseInt(tempsa[1].split("/")[1]) - 1;
                                                            //获取纹理坐标编号
                 altResult.add(alt.get(indexTex * 2)); //第 0 个顶点的纹理坐标
                 altResult.add(alt.get(indexTex * 2 + 1));
                 indexTex = Integer.parseInt(tempsa[2].split("/")[1]) - 1;
                                                            //获取纹理坐标编号
```

```
27                 altResult.add(alt.get(indexTex * 2));//第 1 个顶点的纹理坐标
28                 altResult.add(alt.get(indexTex * 2 + 1));
29                 indexTex = Integer.parseInt(tempsa[3].split("/")[1]) - 1;
                                                           //获取纹理坐标编号
30                 altResult.add(alt.get(indexTex * 2));//第 2 个顶点的纹理坐标
31                 altResult.add(alt.get(indexTex * 2 + 1));
32           }}
33           ……//此处省略了部分与前面案例相同的代码
34           size = altResult.size();
35           float[] tST = new float[size];    //用于存放结果纹理坐标数据的数组
36           for (int i = 0;i<size;i++){tST[i]=altResult.get(i);}
                                               //将纹理坐标数据存入数组
37           //创建加载物体对象
38           lo = new LoadedObjectVertexNormalTexture(mv, vXYZ, nXYZ, tST);
39       } catch (Exception e) {Log.d("load error","load error");e.printStackTrace();}
40       return lo;                             //返回创建的物体对象的引用
41   }}
```

❑ 上述代码中主要是增加了从 obj 文件中加载顶点纹理坐标数据，并将纹理坐标数据存放到数组中，供创建加载对象使用的相关代码，其他的部分与前面的案例基本相同。

❑ 另外，本书前面第 7 章中 7.1 节曾介绍过，在本书采用的 OpenGL ES 3.0 坐标系统中，纹理坐标的原点是纹理图的左上角，但也有一些 3D 系统采用的是以纹理图左下角为原点、S 轴向右、T 轴向上的纹理坐标系统，obj 文件中的纹理坐标系统就是如此。因此，在上述代码中，第 19 行提取 T 轴纹理坐标时采用了“T 本书=1.0-T 左下角为原点”的公式进行了 T 轴纹理坐标转换。

（3）完成了 LoadUtil 类的修改后，就需要对 MySurfaceView 类进行修改了，具体代码如下。

代码位置：见随书中源代码/第 9 章/Sample9_4/src/com/bn/Sample9_4 目录下的 MySurface View.java。

```
package com.bn.Sample9_4;                                    //声明包
……//此处省略了部分类的引入代码，读者可自行查看随书的源代码
class MySurfaceView extends GLSurfaceView {
    ……//此处省略了部分成员变量的声明，与前面案例中的相同
    int textureId;                                           //系统分配的纹理 id
    public MySurfaceView(Context context) {/*代码省略*/}
    public boolean onTouchEvent(MotionEvent e) {/*代码省略*/}
    private class SceneRenderer implements GLSurfaceView.Renderer{
        float yAngle; float xAngle;                          //绕 y 轴、x 轴旋转的角度
        LoadedObjectVertexNormalTexture lovo;    //从指定的 obj 文件中加载的对象
        public void onDrawFrame(GL10 gl) {
            ……//此处省略了部分代码，与前面案例中的相同
            if (lovo != null) {lovo.drawSelf(textureId);}
                                                 //若加载的物体不为空则绘制物体
            ……//此处省略了部分代码，与前面案例中的相同
        }
        public void onSurfaceChanged(GL10 gl, int width, int height) {/*代码省略*/}
        public void onSurfaceCreated(GL10 gl, EGLConfig config) {
            ……//此处省略了部分代码，与前面案例中的相同
            textureId = initTexture(R.drawable.ghxp); //加载纹理图
    }}
    public int initTexture(int drawableId){/*代码省略*/}
}
```

说明　上述代码中主要是增加了加载纹理需要的相关代码，包括纹理 id 成员变量 textureId 的声明、加载纹理的 initTexture 方法，以及调用 initTexture 方法加载纹理的代码。其中加载纹理的 initTexture 方法与第 7 章案例中的完全相同，这里不再赘述。

本案例中用到的着色器主要是在上一个案例中着色器的基础上增加了接收纹理坐标、纹理数据，以及进行纹理采样的相关代码，其他的部分没有变化。由于接收纹理坐标、纹理数据以及进行纹理采样的代码在第 7 章的案例中已经进行了详细介绍，故这里不再赘述，需要的读者请参考

随书中的源代码。

9.2.5 加载顶点法向量

前面的案例都是加载 obj 文件后再根据顶点坐标计算法向量的，这样不仅提高了程序开发的工作量，还会降低运行速度。如果在导出 3D 模型时，在对象导出器中勾选法线选项，便可导出带有法向量的 obj 文件，在加载时便可将法向量一起加载。本小节将给出一个加载带有法向量的 obj 文件的案例 Sample9_5。

该案例实际上是将上一小节的案例 Sample9_4 复制一份并将其中表示顶点法向量的 Normal 类删除，同时对从 obj 文件读入数据并创建绘制类对象的工具类 LoadUtil 进行了修改，因此，这里仅给出修改后的 LoadUtil 类，其具体代码如下。

> **提示** 从运行效果角度来说，案例 Sample9_5 与案例 Sample9_4 是相同的，只是 Sample9_5 的法向量数据是从 obj 文件中直接加载，更方便些。

代码位置：见随书中源代码/第 9 章/Sample9_5/src/com/bn/Sample9_5 目录下的 LoadUtil.java。

```
package com.bn.Sample9_5;                                    //声明包
……//此处省略了部分类的引入代码，读者可自行查看随书的源代码
public class LoadUtil{
    public static LoadedObjectVertexNormalTexture loadFromFile(
      String fname, Resources r,MySurfaceView mv){//从 obj 文件中加载携带顶点信息的物体
      ……//此处省略了一些成员变量的声明，与前面案例中的相同
      ArrayList<Float> aln=new ArrayList<Float>();           //原始法向量列表
      ArrayList<Float> alnResult=new ArrayList<Float>();     //法向量结果列表
      try{
           ……//此处省略了打开输入流的代码，与前面的案例相同
           String temps=null;
           while((temps=br.readLine())!=null){                //读取一行文本
                String[] tempsa=temps.split("[ ]+");          //将文本行用空格符切分
                if(tempsa[0].trim().equals("v")){             //此行为顶点坐标行
                     ……//此处省略顶点坐标行的处理代码，与上一个案例相同
                }else if(tempsa[0].trim().equals("vt")){      //此行为纹理坐标行
                     ……//此处省略纹理坐标行的处理代码，与上一个案例相同
                }else if(tempsa[0].trim().equals("vn")){          //此行为法向量行
                     aln.add(Float.parseFloat(tenpsa[1]));        //放进 aln 列表中
                     aln.add(Float.parseFloat(tenpsa[2]));        //放进 aln 列表中
                     aln.add(Float.parseFloat(tenpsa[3]));        //放进 aln 列表中
                }else if(tempsa[0].trim().equals("f")){//此行为三角形面
                          ……//此处省略了部分与前面案例相同的代码
                     //计算第 0 个顶点的法向量索引
                     int indexN=Integer.parseInt(tempsa[1].split("/")[2])-1;
                                                                  //获取法向量编号
                     float nx0=aln.get(3*indexN);                 //获取法向量的 x 值
                     float ny0=aln.get(3*indexN+1);               //获取法向量的 y 值
                     float nz0=aln.get(3*indexN+2);               //获取法向量的 z 值
                     alnResult.add(nx0);                      //放入 alnResult 列表
                     alnResult.add(ny0);                      //放入 alnResult 列表
                     alnResult.add(nz0);                      //放入 alnResult 列表
                     ……//此处省略了提取三角形第二和第三个顶点法向量的代码
           }}
           ……//此处省略生成顶点数组和生成纹理数组的代码，与上一个案例相同
           size=alnResult.size();                             //获取法向量列表的大小
           float[] nXYZ=new float[size];                      //创建存放法向量的数组
           for(int i=0;i<size;i++){
                nXYZ[i]=alnResult.get(i);                     //将法向量值存入数组
           }
           lo=new LoadedObjectVertexNormalTexture(mv,vXYZ,nXYZ,tST);//创建加载物体对象
      }
      ……//此处省略了部分与前面案例相同的代码
      return lo;                                              //返回创建的物体对象的引用
}}
```

- 第 7-8 行声明了原始法向量列表和法向量结果列表，其中原始法向量列表存放从 obj 文件中读取的原始法向量，法向量结果列表存放的是各个三角形面对应顶点的相应法向量值。
- 第 12-33 行为通过输入流将顶点数据、纹理数据、法向量数据以及面数据从 obj 文件中读入，并依照文件中的信息将顶点、纹理、法向量等数据依次组织到相应结果列表中。
- 第 35-43 行首先将结果顶点法向量列表中的数据转存到指定数组中，并调用 LoadedObjectVertexNormalTexture 类的构造器创建用于绘制的 3D 物体对象，最后将该对象的引用返回。

> **提示**　由于本案例中用到的着色器与案例 Sample9_4 中的完全相同，因此这里不再赘述。

9.3 双面光照

前面介绍的 3D 茶壶是有盖的封闭物体，因此，在顶点着色器中只进行了正面的光照计算，且在程序中打开了背面剪裁，这些都有助于提高程序的运行效率。但对于非封闭物体，若还继续采用上述策略，则在某些情况下会造成不正却的绘制效果。

以前面的案例 Sample9_3 为例，若将加载的模型换成无盖的茶壶，则在某些角度进行观察时会看到不正确的绘制效果，如图 9-9 所示。

▲图 9-9　开启背面剪裁的无盖茶壶案例的运行效果

> **说明**　从图 9-9 中可以看出，在对于无盖的 3D 茶壶（非封闭物体）进行渲染时，由于打开了背面剪裁，因此茶壶的内侧是不可见的。当观察到内侧时就产生了不正确的绘制效果，例如透过内侧看到了外面的茶壶把手和壶嘴。

若此时关闭背面剪裁，也就是将案例 Sample9_3 中的“GLES30.glEnable（GLES30.GL_CULL_FACE）”替换为“GLES30.glDisable（GLES30.GL_CULL_FACE）”，则可以看到茶壶内侧了，具体效果如图 9-10 所示。

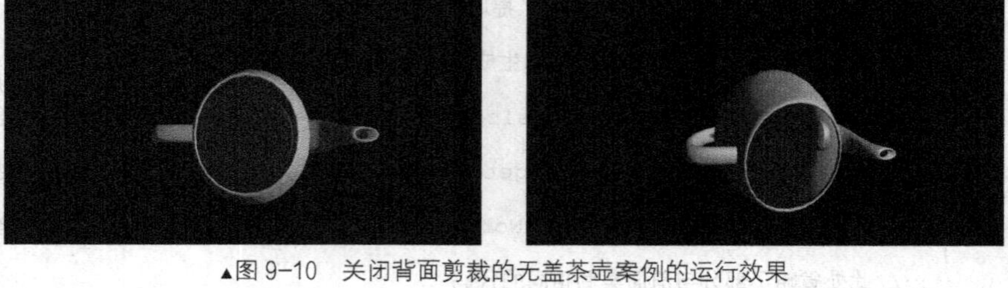

▲图 9-10　关闭背面剪裁的无盖茶壶案例的运行效果

> **说明** 从图 9-10 中可以看出，虽然可以看到茶壶的背面了，但由于没有使用双面光照，内侧只有环境光的效果。而环境光较暗，因此内侧看得不是很清楚。另外，读者若是想看到上述图 9-9 与图 9-10 的运行效果只需要将案例 Sample9_3 中的“ch.obj”替换为本章案例 Sample9_6 中的“ch.obj”，并简单修改代码运行即可。

从上述讲解中可以看出，对于非封闭物体想要得到正确的绘制效果，一方面需要关闭背面剪裁，另一方面需要采用双面光照。下面将给出一个使用双面光照的案例 Sample9_6，其具体开发步骤如下。

（1）复制案例 Sample9_3，将其重命名为 Sample9_6，并将其中的“ch.obj”文件替换为无盖茶壶的，再关闭背面剪裁。

（2）将顶点着色器修改为使用双面光照的版本，具体代码如下。

代码位置：见随书中源代码/第 9 章/Sample9_6/assets 目录下的 vertex.sh。

```
1     #version 300 es
2     uniform mat4 uMVPMatrix;                    //总变换矩阵
3     uniform mat4 uMMatrix;                      //变换矩阵
4     uniform vec3 uLightLocation;                //光源位置
5     uniform vec3 uCamera;                       //摄像机位置
6     in vec3 aPosition;                          //顶点位置
7     in vec3 aNormal;                            //顶点法向量
8     out vec4 ambientZM;                         //用于传递给片元着色器的正面环境光最终强度
9     out vec4 diffuseZM;                         //用于传递给片元着色器的正面散射光最终强度
10    out vec4 specularZM;                        //用于传递给片元着色器的正面镜面反射光最终强度
11    out vec4 ambientFM;                         //用于传递给片元着色器的反面环境光最终强度
12    out vec4 diffuseFM;                         //用于传递给片元着色器的反面散射光最终强度
13    out vec4 specularFM;                        //用于传递给片元着色器的反面镜面反射光最终强度
14    ……//此处省略了定位光光照计算的方法，读者可自行查看随书的源代码
15    void main(){                                //主函数
16       gl_Position=uMVPMatrix*vec4(aPosition,1); //根据总变换矩阵计算此次绘制此顶点位置
17       vec4 ambientTemp,diffuseTemp,specularTemp;//存放环境光、散射光、镜面反射光的临时变量
18       ……//此处省略了进行正面光照计算的代码，读者可自行查看随书的源代码
19       //进行反面光照计算
20
pointLight(normalize(-aNormal),ambientTemp,diffuseTemp,specularTemp,uLightLocation,
21             vec4(0.1,0.1,0.1,1.0),vec4(0.7,0.7,0.7,1.0),vec4(0.3,0.3,0.3,1.0));
22       ambientFM=ambientTemp;                   //将反面环境光最终强度传给片元着色器
23       diffuseFM=diffuseTemp;                   //将反面散射光最终强度传给片元着色器
24       specularFM=specularTemp;                 //将反面镜面反射光最终强度传给片元着色器
25    }
```

> **提示** 此顶点着色器与前面介绍光照的第 6 章案例中的基本相同，只是在该顶点着色器中增加了对 3D 物体的反面进行光照计算的代码，以及声明了传递给片元着色器的物体反面光照的相关变量。同时请注意，第 20 行进行反面光照计算时采用的法向量是正面法向量的负值。

（3）介绍完了对顶点着色器的修改后，下面将详细介绍对片元着色器的修改。该片元着色器与前面案例 Sample9_3 中片元着色器的不同之处是，增加了对 3D 物体反面部分片元颜色计算的代码，其具体代码如下。

代码位置：见随书中源代码/第 9 章/Sample9_6 /assets 目录下的 frag.sh。

```
#version 300 es
precision mediump float;                    //设置浮点精度
in vec4 ambientZM;                          //接收从顶点着色器过来的正面环境光最终强度
in vec4 diffuseZM;                          //接收从顶点着色器过来的正面散射光最终强度
in vec4 specularZM;                         //接收从顶点着色器过来的正面镜面反射光最终强度
in vec4 ambientFM;                          //接收从顶点着色器过来的反面环境光最终强度
in vec4 diffuseFM;                          //接收从顶点着色器过来的反面散射光最终强度
```

```
in vec4 specularFM;                                 //接收从顶点着色器过来的反面镜面反射光最终强度
out vec4 fragColor;                                 //输出到片元的颜色
void main(){                                        //主函数
   vec4 finalColor=vec4(0.9,0.9,0.9,1.0); //片元的原始颜色
   if(gl_FrontFacing){                              //判断是物体的正面还是反面
      fragColor=finalColor*ambientZM+finalColor*specularZM+
                finalColor*diffuseZM;               //给此片元正面颜色值
  }else{                                            //若是物体的反面
   fragColor = finalColor*ambientFM+finalColor*specularFM+
                finalColor*diffuseFM;               //给此片元反面颜色值
}}
```

提示　上述片元着色器主要是实现了对 3D 物体的正、反面进行最终片元颜色的计算。其具体操作为根据 gl_FrontFacing 内置变量来判断当前处理的片元是物体的正面还是反面，并且进行相应的计算处理，获得该片元的最终颜色值。

修改完成后，运行案例 Sample9_6，效果如图 9-11 所示。

▲图 9-11　对无盖茶壶进行双面光照计算的运行效果

说明　从图 9-11 中可以看出，现在的无盖 3D 茶壶极为真实，无论是从外侧看还是从内侧看，茶壶的光照效果都是非常正常的，不再有前面图 9-9、图 9-10 中的那些问题。

从上述案例的介绍中可以看出，掌握了正面光照的计算后想升级为双面光照是很简单的，只需要增加反面光照计算相关的代码，并在片元着色器中根据内建变量 gl_FrontFacing 的值给片元赋正面或反面光照的结果颜色即可。

9.4 小结

本章主要介绍了如何利用 3ds Max 软件来导出 obj 模型文件，以及如何在应用程序中加载模型进行渲染。有了加载模型的能力后，读者的开发能力应该有了质的提升，可以开发出任意几何形状的 3D 物体了，这也为后面制作复杂的 3D 场景打下了良好的基础。

第10章　独特的场景渲染技术——混合与雾

前面的章节介绍了很多 OpenGL ES 3.0 开发的基础知识，掌握了这些基础知识已经具备了搭建一些简单场景的能力。本章将在这个基础上更上一层楼，向读者介绍两种独特的场景渲染技术，混合与雾。

10.1 混合技术

到目前为止，本书案例场景中的物体都是不透明的，这在很多情况下已经能够满足需求。但现实世界中还有很多半透明的物体，如果希望在场景中真实再现此类物体，最常用的技术就是混合。本节将详细介绍混合各方面的知识，最后再给出两个使用混合的小案例。

10.1.1 混合基本知识

顾名思义，混合技术就是将两个片元调和，主要用于将通过各项测试准备进入帧缓冲的片元（源片元）与帧缓冲中的原有片元（目标片元）按照设定的比例加权计算出最终片元的颜色值。也就是说在启用了混合的情况下，新片元将不再是直接覆盖缓冲区中的原片元，具体情况如图 10-1 所示。

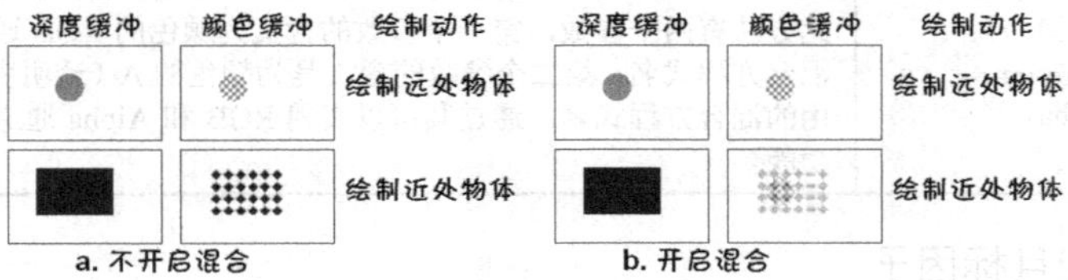

▲图 10-1　通过混合实现半透明原理

> **说明**　从图 10-1 中可以看出，开启了混合以后，最终看到的场景是近处的物体透出了一些远处物体的内容。当然透过比例的多少取决于参数的设置，后面将详细介绍。另外，图 10-1 深度缓冲中颜色越深表示深度越小，这是因为从灰度值的角度考虑值越大颜色越浅。

从前面的介绍中已经知道，混合前需要首先设定加权比例。OpenGL ES 3.0 中是通过设置混合因子来指定两个片元的加权比例的，每次都需要给出两个混合因子，具体如下所列。

- 第一个是源因子，其用于确定将进入帧缓冲的片元在最终片元中的比例。
- 第二个是目标因子，其用于确定原帧缓冲中的片元在最终片元中的比例。

由于 OpenGL ES 3.0 中的每个颜色值包括 4 个色彩通道，因此，两种因子都有 4 个分量值，分别对应一个色彩通道，具体的混合计算细节如下所列。

- 设源因子和目标因子分别为[S_r, S_g, S_b, S_a]和[D_r, D_g, D_b, D_a]，S 表示是源因子，D 表示是目标因子，r、g、b、a 下标分别表示红、绿、蓝、透明度 4 个色彩通道。
- 设源片元与目标片元的颜色值分别为[Rs, Gs, Bs, As]和[Rd, Gd, Bd, Ad]，R、G、B、A 分别表示红、绿、蓝、透明度 4 个色彩通道，s 下标表示源片元，d 下标表示目标片元。
- 混合后最终片元颜色各个色彩通道的值是由颜色混合方程式计算而来，其系统提供的常用颜色混合方程式如表 10-1 所列。

表 10-1　　系统提供的混合方程式

方 程 式 名	最终片元颜色各个色彩通道的值
GL_FUNC_ADD	[RsSr+RdDr, GsSg+GdDg, BsSb+BdDb, AsSa+AdDa]
GL_FUNC_SUBTRACT	[RsSr-RdDr, GsSg-GdDg, BsSb-BdDb, AsSa-AdDa]
GL_FUNC_REVERSE_SUBTRACT	[RdDr-RsSr, GdDg-GsSg, BdDb-BsSb, AdDa-AsSa]
GL_MIN	[min（RsSr,RdDr）,min（GsSg,GdDg）,min（BsSb,BdDb）,min（AsSa,AdDa）]
GL_MAX	[max（RsSr,RdDr）,max（GsSg,GdDg）,max（BsSb,BdDb）,max（AsSa,AdDa）]

提示　经过混合方程式计算后，最终片元的某些通道值可能会超过 1.0，此时渲染管线会自动执行截取操作，将大于 1.0 的通道值设置为 1.0。

默认情况下，系统会自动调用 GL_FUNC_ADD 混合方程式来计算最终片元颜色各个色彩通道的值。如果读者想要调用其他混合方程式来计算最终的片元颜色，则可调用系统中提供的设定混合方程式方法来设定希望使用的混合方程式，具体信息如表 10-2 所列。

表 10-2　　设定混合方程式的方法

方 法 签 名	说　明
glBlendEquation(int mode)	此方法只有一个参数，且该参数的含义为指定混合方程式，用来计算最终片元的颜色，其值可选表 10-1 中的所有混合方程式名
glBlendEquationSeparate(int modeRGB,int modeAlpha)	此方法有两个参数，第一个参数的含义为颜色的 RGB 通道进行混合时所使用的混合方程式名，第二个参数的含义是为颜色的 A（透明度）通道进行混合时所使用的混合方程式名。通过其可以实现 RGB 和 Alpha 通道单独指定混合方程式的功能

10.1.2　源因子和目标因子

从上一小节的介绍中可以看出，运用混合技术最重要的就是设置合适的混合因子。在其他一些 3D 渲染平台中，混合因子 4 个通道的值可以由开发人员自由设置，如 OpenGL、DirectX 等。

但 OpenGL ES 出于简化的考虑，不允许开发人员任意设置混合因子的值，只允许开发人员根据需要从系统预置的因子值（GLES30 类的静态常量）中选取，常用的混合因子值如表 10-3 所列。

表 10-3　　系统提供的源因子和目标因子

常　量　名	RGB 混合因子	A 混合因子
GL_ZERO	[0, 0, 0]	0
GL_ONE	[1, 1, 1]	1
GL_SRC_COLOR	[Rs, Gs, Bs]	As
GL_ONE_MINUS_SRC_COLOR	[1- Rs, 1- Gs, 1- Bs]	1-As
GL_DST_COLOR	[Rd, Gd, Bd]	Ad

续表

常 量 名	RGB 混合因子	A 混合因子
GL_ONE_MINUS_DST_COLOR	[1- Rd, 1- Gd, 1- Bd]	1-Ad
GL_SRC_ALPHA	[As, As, As]	As
GL_ONE_MINUS_SRC_ALPHA	[1- As, 1- As, 1-As]	1-As
GL_DST_ALPHA	[Ad, Ad, Ad]	Ad
GL_ONE_MINUS_DST_ALPHA	[1- Ad, 1- Ad, 1- Ad]	1-Ad
GL_SRC_ALPHA_SATURATE	[f, f, f]　f=min（As, 1-Ad）	1
GL_CONSTANT_COLOR	[Rc, Gc, Bc]	Ac
GL_ONE_MINUS_CONSTANT_COLOR	[1- Rc, 1- Gc, 1- Bc]	1-Ac
GL_CONSTANT_ALPHA	[Ac, Ac, Ac]	Ac
GL_ONE_MINUS_CONSTANT_ALPHA	[1- Ac, 1- Ac, 1- Ac]	1- Ac

提示　常量名称中有 SRC 代表各通道值来自源片元，有 DST 代表各通道值来自目标片元，另外 GL_SRC_ALPHA_SATURATE 只能用作源因子。

表 10-3 中每行右侧的两个列给出了此行混合因子 RGBA 4 个通道的值，执行混合时，渲染管线将采用这些值依照上一小节给出的计算方法进行计算。下面给出用于设置混合因子的两个方法，具体内容如表 10-4 所列。

表 10-4　　设置混合因子的方法

方 法 签 名	说　明
glBlendFunc(GLenum sfactor, GLenum dfactor)	该方法有两个参数，第 1 个参数为设置的源因子，第 2 个参数为设置的目标因子，其值可选表 10-1 中的所有混合因子值
glBlendFuncSeparate(GLenum srcRGB, GLenum dstRGB, GLenum srcAlpha, GLenum dstAlpha)	该方法有 4 个参数，第 1 个参数为设置源因子 RGB 的值，第 2 个参数为设置目标因子 RGB 的值，第 3 个参数为设置源因子 Alpha 的值，第 4 个参数为设置目标因子 Alpha 的值。实现了为 RGB 和 Alpha 通道单独指定混合因子值的功能

读者可以根据混合效果的需求选择不同的源因子与目标因子组合，恰当的组合可以产生很好的效果。下面给出两种常用的组合，具体情况如下所列。

- 源因子为 GL_SRC_ALPHA，目标因子为 GL_ONE_MINUS_SRC_ALPHA，即源因子和目标因子分别为[As, As, As, As]和[1-As, 1-As, 1-As, 1-As]。此组合实现的是最典型的半透明遮挡效果。若源片元是透明的，则根据透明度透过后面的内容；若源片元不透明，则仅能看到源片元。因此，使用此组合时往往会采用半透明的纹理或颜色对源片元着色。
- 源因子为 GL_SRC_COLOR，目标因子为 GL_ONE_MINUS_SRC_COLOR，即源因子和目标因子分别为[Rs, Gs, Bs, As]和[1- Rs, 1- Gs, 1- Bs, 1-As]。此组合可以实现滤光镜效果，也就是平时透过有色眼镜或玻璃窗观察事物的感觉。与第一种常用组合不同，此组合不要求应用于源片元的颜色或纹理是半透明的。

表 10-3 中常量名称中有“CONSTANT”的代表使用预设颜色常量值对应色彩通道的值作为相应的因子值，其中的 Rc、Gc、Bc、Ac 分别代表预设颜色常量值的 RGBA 通道的值。设置颜色常量值使用的是 glBlendColor 方法，其方法签名如下：

```
glBlendColor(float red, float green, float blue, float alpha)
```

说明　上述方法中的 red、green、blue、alpha 分别代表需要预设的常量颜色的 RGBA 通道的值。若没有设置则默认值为[0.0f,0.0f,0.0f,0.0f]。

读者应该会想到，使用 glBlendColor 方法设置预设的常量颜色，并且选用相应的带有 CONSTANT 的混合因子选项就可以实际实现人工自定义混合因子。

10.1.3　简单混合效果案例

上一小节中介绍了两种常用的混合因子组合，本小节将通过两个简单的案例来说明这两种混合因子组合的使用。首先介绍的是采用滤光镜效果因子组合的案例 Sample10_1，其运行效果如图 10-2 所示。

> **提示**　从图 10-2 中可以看出，场景中有一个可以移动的类似枪瞄镜的圆形，透过圆形可以看到后面的物体。本案例中的圆形实际是绿色的，由于灰度印刷的原因读者可能看得不是很清楚，请读者自行运行本案例进行观察。另外，案例运行时手指触摸屏幕的左右两侧，滤光镜圆形会左右移动，手指触摸屏幕中间的上下两侧，滤光镜会上下移动，如图 10-3 所示。

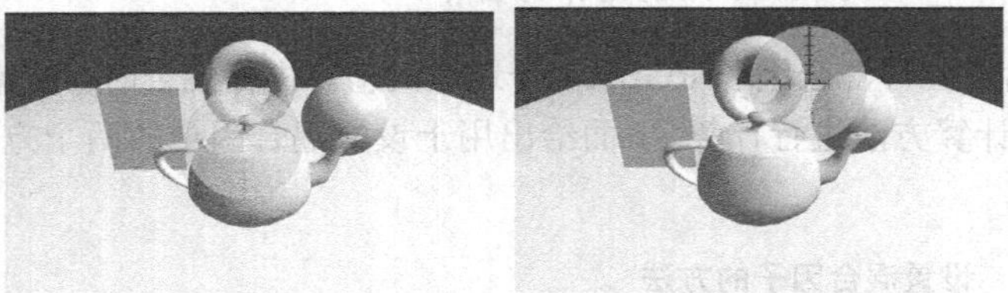

▲图 10-2　案例 Sample10_1 的运行效果图

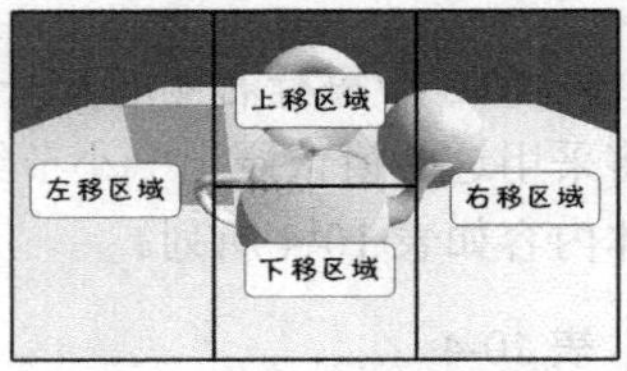

▲图 10-3　触控区域

了解了案例的运行效果及操控方式后就可以介绍案例的开发步骤了，具体如下所列。

（1）首先用 3ds Max 生成 5 个基本物体（平面、圆环、茶壶、立方体、圆球），并导出成 obj 文件放入项目的 assets 目录待用。

（2）开发出搭建场景的基本代码，包括：加载物体、摆放物体、计算光照等。这些代码与前面章节的许多案例基本套路完全一致，因此这里不再赘述。

（3）开发一个纹理矩形类 TextureRect，用来呈现滤光镜。此类在前面很多案例中已经出现过，这里也不再赘述。

（4）准备好本案例中需要用到的滤光镜纹理图片（lgq.png），其内容如图 10-4 所示。

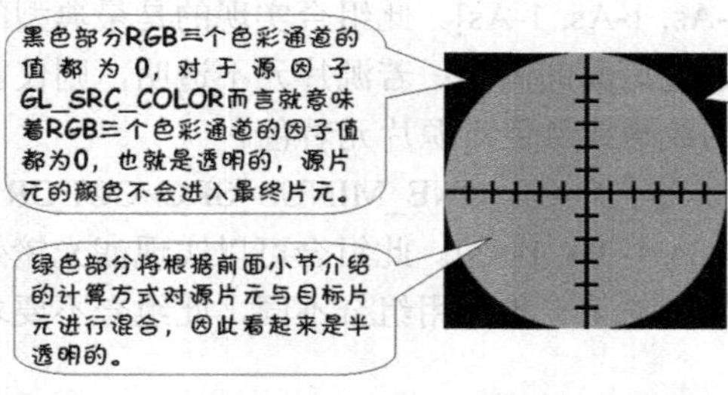

▲图 10-4　本案例的滤光镜纹理图

（5）在渲染场景的 MySurfaceView 类的 onDrawFrame 方法中添加启用混合模式并绘制滤光镜的代码，具体内容如下。

代码位置：见随书中源代码/第 10 章/Sample10_1/src/com/bn/Sample10_1 目录下的 MySurfaceView.java。

```
public void onDrawFrame(GL10 gl){
    GLES30.glClear( GLES30.GL_DEPTH_BUFFER_BIT//清除深度缓冲与颜色缓冲
```

```
            | GLES30.GL_COLOR_BUFFER_BIT);
        ……//此处省略了绘制场景中物体的代码，读者可自行查看随书中的源代码
        GLES30.glEnable(GLES30.GL_BLEND);                  //开启混合
        GLES30.glBlendFunc(GLES30.GL_SRC_COLOR,            //设置混合因子，其中第一个为源因子，
            GLES30.GL_ONE_MINUS_SRC_COLOR);                //第二个为目标因子
        MatrixState.pushMatrix();                          //保护现场
        MatrixState.translate(rectX, rectY, 25f);          //平移纹理矩形
        rect.drawSelf(rectTexId);                          //绘制滤光镜纹理矩形
        MatrixState.popMatrix();                           //恢复现场
        GLES30.glDisable(GLES30.GL_BLEND);                 //关闭混合
        MatrixState.popMatrix();                           //恢复现场
    }
```

说明 上述代码中，在绘制滤光镜时首先启用了混合，然后设置了前一小节中介绍的滤光镜因子组合，最后绘制了滤光镜纹理矩形并关闭了混合。

想实现半透明的滤光镜效果不但可以采用滤光镜因子组合，还可以采用上一小节介绍的第一种常见因子组合。下面将案例 Sample10_1 复制，并进行简单修改得到采用第一种常见因子组合的案例 Sample10_1a，其运行效果如图 10-5 所示。

从图 10-5 中可以看出，采用第一种混合因子组合也可以产生滤光镜的效果。下面简要介绍一下案例中需要修改的部分，具体如下所列。

（1）将原来黑色背景的纹理图改为透明背景，同时将绿色的瞄准镜圆形设置为半透明，改动后的纹理图如图 10-6 所示。

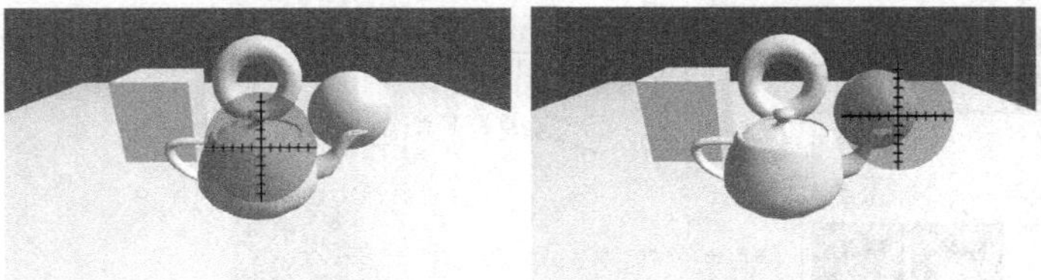

▲图 10-5　Sample10_1a 运行效果

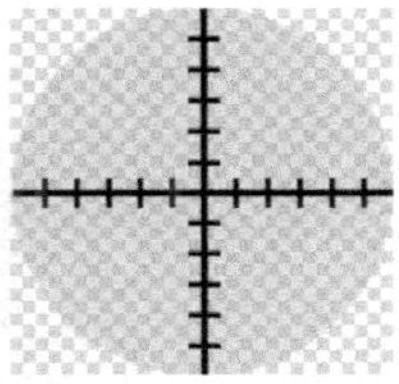

▲图 10-6　修改后的半透明纹理

提示 图 10-6 中灰白相间的格子表示透明背景，这种表示方式是约定俗成的。

（2）将 MySurfaceView 类中的混合因子修改为第一种组合，具体代码如下。

代码位置：见随书中源代码/第 10 章/Sample10_1a/src/com/bn/Sample10_1a 目录下的 MySurfaceView.java。

```
1     public void onDrawFrame(GL10 gl) {
2         GLES30.glClear( GLES30.GL_DEPTH_BUFFER_BIT//清除深度缓冲与颜色缓冲
3             | GLES30.GL_COLOR_BUFFER_BIT);
4         ……//此处省略了绘制场景中物体的代码，读者可自行查看随书中的源代码
5         GLES30.glEnable(GLES30.GL_BLEND);                  //开启混合
6         GLES30.glBlendFunc(GLES30.GL_SRC_ALPHA,            //设置混合因子，其中第一个为源因子，
7             GLES30.GL_ONE_MINUS_SRC_ALPHA);                //第二个为目标因子
8         MatrixState.pushMatrix();                          //保护现场
9         MatrixState.translate(rectX, rectY, 25f);          //平移纹理矩形
10        rect.drawSelf(rectTexId);                          //绘制滤光镜纹理矩形
11        MatrixState.popMatrix();                           //恢复现场
12        GLES30.glDisable(GLES30.GL_BLEND);                 //关闭混合
13        MatrixState.popMatrix();                           //恢复现场
14    }
```

说明 主要是修改了代码的第 6-7 行中的源因子与目标因子，将原来的 GL_SRC_COLOR 与 GL_ONE_MINUS_SRC_COLOR 修改为 GL_SRC_ALPHA 与 GL_ONE_MINUS_SRC_ALPHA。

本小节仅通过案例介绍了两种常用混合因子组合的使用，有兴趣的读者还可以尝试其他的一些组合，可能会产生意想不到的效果。

10.1.4　ETC2 压缩纹理的使用

前面介绍纹理的章节中介绍过 ETC1 压缩纹理，其不支持透明度通道。从 OpenGL ES 3.0 开始，还可以支持 ETC2 压缩纹理，这种压缩纹理可以支持透明度通道。本小节将对 ETC2 压缩纹理的使用进行详细介绍。

介绍如何在开发中使用 ETC2 压缩纹理之前，首先介绍一下一款方便的纹理压缩工具的下载、安装与使用，具体步骤如下。

（1）首先在浏览器中输入如下网址。

http://malideveloper.arm.com/cn/develop-for-mali/tools/asset-creation/mali-gpu-texture-compression-tool/

（2）然后从打开的网页中下载纹理压缩工具“TEXTURE COMPRESSION TOOL”的安装包，如图 10-7 所示。

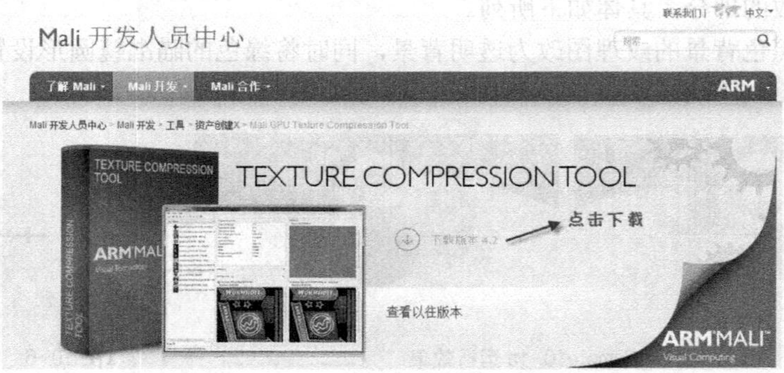

▲图 10-7　下载纹理压缩工具

（3）下载纹理压缩工具的安装包后，双击其并按照提示安装到计算机中。安装成功后，打开此纹理压缩工具。接着打开一幅需要压缩的纹理图，如图 10-8 所示。

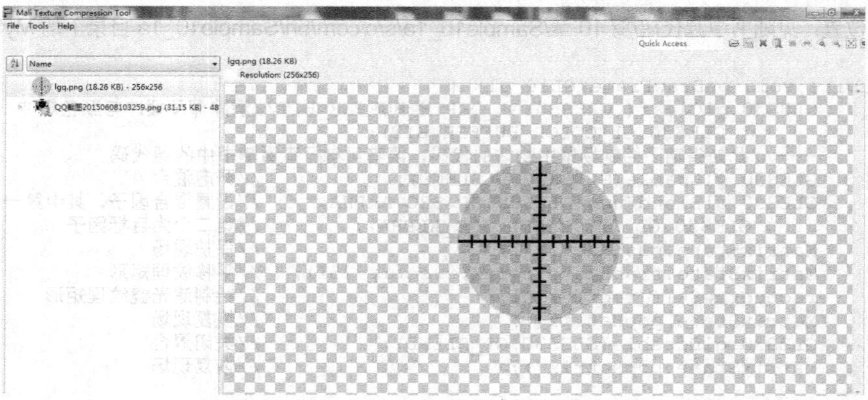

▲图 10-8　压缩纹理工具打开纹理图

（4）成功地打开纹理图之后，就可以进行纹理压缩的工作了。选择“File”菜单下的“Compress selected images”项，这时会弹出一个工具框，在最上方选择 ETC1/ETC2。

（5）选择 ETC1/ETC2 后，就可以进行压缩纹理选项的设置了。在“Output directory”一栏，可以选择纹理压缩后文件存放的路径，在“Output file format”一栏，选中 PKM 选项。

（6）在“ETC Compression options”一栏可以发现，有 ETC1 和 ETC2 两个选项，说明 ETC1 压缩纹理在这里同样可以使用，但是本节案例的开发则需要用到的是 ETC2，因此选择 ETC2。

（7）在 ETC2 Compression Format 一栏选择 RGBA8_ETC2_EAC 选项，表示压缩时需要 RGBA 四个通道，这样才可以实现有透明度通道的纹理压缩，如图 10-9 所示。

（8）设置完这些基本的选项后，单击 OK 并等待一会，就可以在选中的存储路径下看到压缩后的纹理文件了。

（9）这时，该纹理压缩工具的界面显示分为 4 部分，第一部分是查看选项的部分，第二部分是显示纹理图压缩前后区别的部分，第三部分是压缩之前的纹理图，而第四部分则是压缩之后的纹理图，如图 10-10 所示。

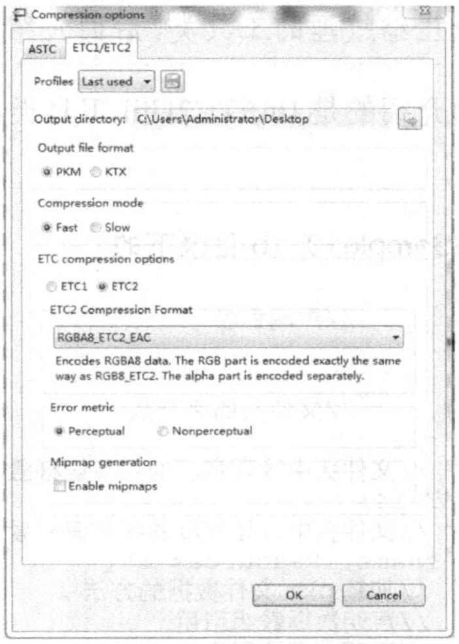

▲图 10-9　设置压缩纹理的选项

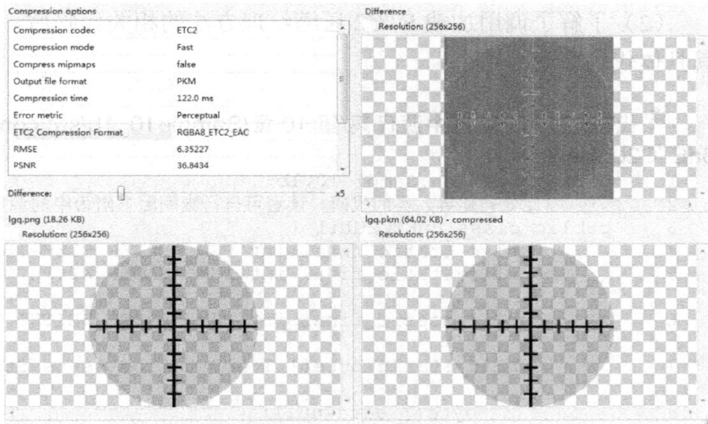

▲图 10-10　纹理压缩后的界面效果图

上面主要对纹理压缩工具的下载和使用进行了详细介绍，下面则给出一个使用此压缩纹理的案例 Sample10_1b，其是从案例 Sample10_1a 改造而来，运行效果如图 10-11 所示。

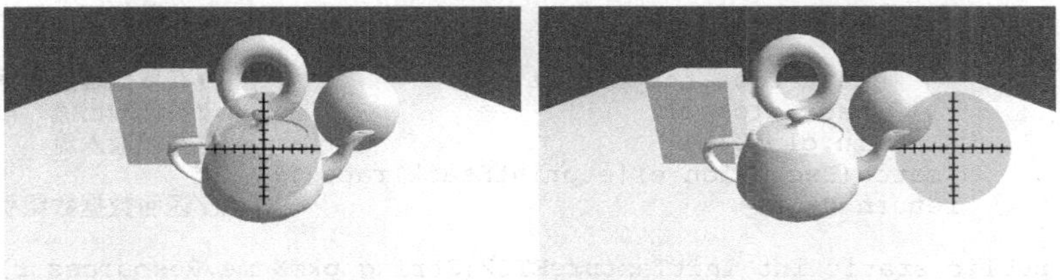

▲图 10-11　运行效果图

提示　从图 10-11 中可以看出，此案例的运行效果与案例 Sample10_1a 完全相同，仅是把使用的纹理图换成了带透明度通道的 ETC2 压缩纹理。

由于本案例中的很多代码与案例 Sample10_1a 完全相同，因此，这里仅给出区别比较大的部分代码，具体内容如下所列。

（1）首先介绍的是 MySurfaceView 类中的 onSurfaceCreated 方法，其具体代码如下。

代码位置：见随书中源代码/第 10 章/Sample10_1b/src/com/bn/Sample10_1b 目录下的 MySurfaceView.java。

```
1  public void onSurfaceCreated(GL10 gl, EGLConfig config) {
2      GLES30.glClearColor(0.3f,0.3f,0.3f,1.0f);          //设置屏幕背景色 RGBA
3      GLES30.glEnable(GLES30.GL_DEPTH_TEST);              //打开深度检测
4      GLES30.glEnable(GLES30.GL_CULL_FACE);               //打开背面剪裁
5      MatrixState.setInitStack();                         //初始化变换矩阵
6      //加载压缩纹理 id
7      rectTexId=BnETC2Util.initTextureETC2("pkm/lgq.pkm",MySurfaceView.this.
   getResources());
8      ch=LoadUtil.loadFromFileVertexOnlyAverage("obj/ch.obj",   //加载要绘制的物体
9              MySurfaceView.this.getResources(),MySurfaceView.this);
10     ……//此处省略加载其他绘制物体的对象，读者可自行查阅
11 }
```

> **说明**　上述代码中的第 7 行调用了 BnETC2Util 工具类中用于加载 ETC2 压缩纹理的 initTextureETC2 方法，加载了本案例中需要使用的 ETC2 压缩纹理"lgq.pkm"。BnETC2Util 工具类是笔者自己开发的用于加载 ETC2 压缩纹理的工具类，后面介绍。

（2）了解了调用加载 ETC2 压缩纹理方法的相关代码后，下面介绍的是 BnETC2Util 工具类，其具体代码如下。

代码位置：见随书中源代码/第 10 章/Sample10_1b/src/com/bn/Sample10_1b 目录下的 BnETC2Util.java。

```
package com.bn.Sample10_1b;                                         //声明包名
……//此处省略导入类的代码，读者可自行查阅随书附带中的源代码
public class BnETC2Util {
    public static final int PKM_HEADER_SIZE=16;                     //文件头的字节数
    public static final int PKM_HEADER_WIDTH_OFFSET=12;
                                                        //文件头中纹理宽度的字节偏移量
    public static final int PKM_HEADER_HEIGHT_OFFSET=14;
                                                        //文件头中纹理高度的字节偏移量
    public static byte[] loadDataFromAssets(String fname, Resources r){
                                                        //加载 pkm 文件数据的方法
        byte[] data=null;                               //声明数据数组引用
        InputStream in=null;                            //声明数据流引用
        try{
            in = r.getAssets().open(fname);             //打开输入流
            int ch=0;                                   //读入数据临时存储
            ByteArrayOutputStream baos = new ByteArrayOutputStream();
                                                        //创建内存输出流
            while((ch=in.read())!=-1){                  //循环读入所有的数据
            baos.write(ch);                             //将数据写入输出流
            }
            data=baos.toByteArray();                    //获取纹理图数据数组
            baos.close();                               //关闭输出流
            in.close();                                 //关闭输入流
        }catch(Exception e){e.printStackTrace();}
        return data;                                    //返回数据数组引用
    }
    public static int initTextureETC2(String pkmName,Resources r){
                                                        //加载压缩纹理的方法
        int[] textures = new int[1];                    //生成纹理 id
        GLES30.glGenTextures(
                1,                                      //产生的纹理 id 的数量
                textures,                               //纹理 id 的数组
                0                                       //偏移量
        );
        int textureId=textures[0];                      //得到纹理 id
        GLES30.glBindTexture(GLES30.GL_TEXTURE_2D, textureId);//绑定纹理
        ……//此处省略定义采样方式和拉伸方式的代码，读者可自行查阅随书
        byte[] data=loadDataFromAssets(pkmName,r);          //加载 pkm 文件数据
    ByteBuffer buffer = ByteBuffer.allocateDirect(data.length).order(ByteOrder.
    LITTLE_ENDIAN);
```

```
35              buffer.put(data).position(PKM_HEADER_SIZE);//将起始位置放到文件头之后
36              ByteBuffer header = ByteBuffer.allocateDirect(PKM_HEADER_SIZE).
37                                     order(ByteOrder.BIG_ENDIAN);//创建文件头buffer
38              header.put(data, 0, PKM_HEADER_SIZE).position(0);  //获取文件头数据
39              int width = header.getShort(PKM_HEADER_WIDTH_OFFSET);//获得纹理图的宽度
40              int height = header.getShort(PKM_HEADER_HEIGHT_OFFSET);//获得纹理图的高度
41              GLES30.glCompressedTexImage2D(                    //实际加载压缩纹理
42                   GLES30.GL_TEXTURE_2D,                        //纹理类型
43                   0,                                           //纹理层次
44                   GLES30.GL_COMPRESSED_RGBA8_ETC2_EAC,         //纹理内部格式
45                   width,                                       //纹理宽度
46                   height,                                      //纹理高度
47                   0,                                           //纹理边框尺寸
48                   data.length - PKM_HEADER_SIZE,               //纹理图数据字节数
49                   buffer);                                     //纹理buffer
50              return textureId;
51      }}
```

❑ 第 7-22 行为加载 pkm 文件数据的 loadDataFromAssets 方法，通过传入的纹理图名称和资源对象引用，将纹理图的数据通过输入流和输出流转换成字节数组，并将结果返回。

❑ 第 23-32 行功能为生成纹理 id，绑定纹理并设置纹理的采样方式和拉伸方式。

❑ 第 33-50 行首先通过调用 loadDataFromAssets 方法加载 pkm 纹理图的数据，并根据文件头的字节位置生成存放文件头的 buffer 和存放纹理数据的 buffer。接着从文件头中读出纹理图的宽度和高度后，调用 glCompressedTexImage2D 方法，实际加载压缩纹理数据到渲染管线中，最后返回了纹理 id。

10.2 地月系云层效果的实现

第 7 章最后曾经介绍过一个地月系场景的案例 Sample7_5。本节将使用混合技术对其进行升级（升级后的案例为 Sample10_2），为地月系场景中的地球添加云层。升级后案例的运行效果如图 10-12 所示。

▲图 10-12　案例 Sample10_2 的运行效果图

从图 10-12 中可以看出，添加了云层后地球更加真实了。下面请读者首先了解一下本案例中云层的纹理图 cloud.jpg，其内容如图 10-13 所示。

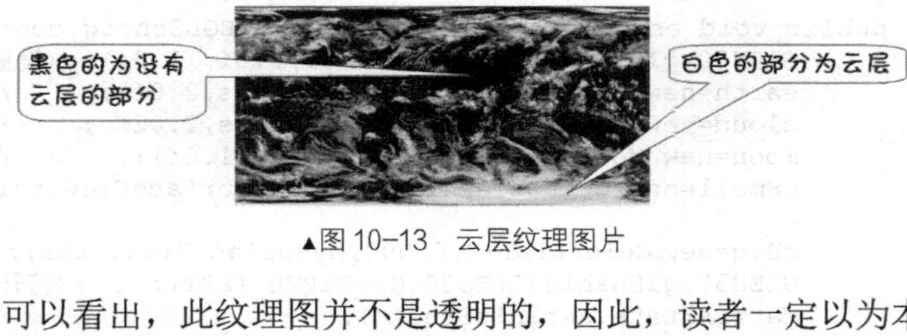

▲图 10-13　云层纹理图片

从图 10-13 中可以看出，此纹理图并不是透明的，因此，读者一定以为本案例将采用第二种因子组合。其实不然，由于本书介绍的是功能强大的 OpenGL ES 3.0，因此，本案例还可以继续采用第一种因子组合，不过需要在片元着色器中根据纹理采样值的灰度设置片元的透明度。

了解了云层纹理图的基本使用策略和案例的运行效果后，就可以进行案例的开发了。由于实际上本案例仅是将案例 Sample7_5 复制了一份并进行了修改，因此，这里仅给出修改的主要步骤，具体如下所列。

（1）首先在案例中加入一个新类 Cloud，此类实际上是一个纹理球，与地球、月球没太大区别，主要的不同之处是采用了一套特殊的着色器。

> **提示**　由于 Cloud 类与月球类代码基本相同，所以这里不再赘述，需要的读者请自行参考随书。

（2）接着在 MySurfaceView 类中增加创建云层对象和绘制云层的代码，具体内容如下。

代码位置：见随书中源代码/第 10 章/Sample10_2/src/com/bn/Sample10_2 目录下的 MySurfaceView.java。

```
package com.bn.Sample10_2;                                    //声明包
……//此处省略了部分类的引入代码，读者可自行查看随书的源代码
class MySurfaceView extends GLSurfaceView{
    private final float TOUCH_SCALE_FACTOR = 180.0f/320;//角度缩放比例
    ……//此处省略了部分成员变量，读者可自行查看随书的源代码
    int textureIdEarth;                                       //地球白天纹理 id
    int textureIdEarthNight;                                  //地球夜晚纹理 id
    int textureIdMoon;                                        //月球纹理 id
    int textureIdCloud;                                       //云层纹理 id
    public MySurfaceView(Context context){/*代码省略*/}         //构造器
    public boolean onTouchEvent(MotionEvent e){/*代码省略*/}  //触摸事件回调方法
    private class SceneRenderer implements GLSurfaceView.Renderer{
        Earth earth;                                          //地球
        Moon moon;                                            //月球
        Celestial cSmall;                                     //小星星天球
        Celestial cBig;                                       //大星星天球
        Cloud cloud;                                          //云层
        public void onDrawFrame(GL10 gl){                     //绘制一帧的方法
        GLES30.glClear( GLES30.GL_DEPTH_BUFFER_BIT
                | GLES30.GL_COLOR_BUFFER_BIT);          //清除深度缓冲与颜色缓冲
            MatrixState.pushMatrix();                         //保护现场
            MatrixState.rotate(eAngle, 0, 1, 0);              //地球自转
            earth.drawSelf(textureIdEarth,textureIdEarthNight);    //绘制地球
            GLES30.glEnable(GLES30.GL_BLEND);                 //开启混合
            GLES30.glBlendFunc(GLES30.GL_SRC_ALPHA,           //设置混合因子
                GLES30.GL_ONE_MINUS_SRC_ALPHA);
            cloud.drawSelf(textureIdCloud);                   //绘制云层
            GLES30.glDisable(GLES30.GL_BLEND);                //关闭混合
            ……//此处省略了绘制星空和月球的代码，需要时请参考
        }
        public void onSurfaceChanged(GL10 gl, int width, int height){
            ……//此处省略了部分与修改前一致的代码，需要时请参考
            textureIdCloud=initTexture(R.drawable.cloud); //加载云层纹理
            ……//此处省略了部分与修改前一致的代码，需要时请参考
        }
        public void onSurfaceCreated(GL10 gl, EGLConfig config){
            GLES30.glClearColor(0.0f,0.0f,0.0f, 1.0f);//设置屏幕背景色 RGBA
            earth=new Earth(MySurfaceView.this,2.0f);        //创建地球对象
            cloud=new Cloud(MySurfaceView.this,2.02f);       //创建云层对象
            moon=new Moon(MySurfaceView.this,1.0f);          //创建月球对象
            cSmall=new Celestial(1,0,1000,MySurfaceView.this);
                                                             //创建小星星天球对象
            cBig=new Celestial(2,0,500,MySurfaceView.this);//创建大星星天球对象
            GLES30.glEnable(GLES30.GL_DEPTH_TEST);          //打开深度检测
            MatrixState.setInitStack();                      //初始化变换矩阵
    }}
    public int initTexture(int drawableId){/*代码省略*/}     //初始化纹理
}
```

说明　上述代码中主要是在原来的基础上增加了加载云层纹理、创建云层对象，以及绘制云层的相关代码。需要特别注意的是，绘制云层时采用的混合因子组合为 GL_SRC_ALPHA 和 GL_ONE_MINUS_SRC_ALPHA，此组合需要源片元是透明的才有效，因此，后面会在片元着色器中通过程序根据片元灰度设置片元透明度。

（3）完成了 Java 代码的修改后，就可以开发绘制云层的专用着色器了，首先是顶点着色器。由于绘制云层的顶点着色器与绘制月球的基本一致，因此这里不再赘述，需要的读者请参考随书中源代码/第 10 章/Sample10_2/assets 目录下的 vertex_cloud.sh 文件。

（4）接着需要开发的是绘制云层的片元着色器，其代码如下。

代码位置：见随书中源代码/第 10 章/Sample10_2/assets 目录下的 frag_cloud.sh。

```
1   #version 300 es
2   precision mediump float;                          //给出默认的浮点精度
3   in vec2 vTextureCoord;                            //接收从顶点着色器过来的参数
4   in vec4 ambient;                                  //从顶点着色器传递过来的环境光最终强度
5   in vec4 diffuse;                                  //从顶点着色器传递过来的散射光最终强度
6   in vec4 specular;                                 //从顶点着色器传递过来的镜面光最终强度
7   uniform sampler2D sTexture;                       //纹理内容数据
8   out vec4 fragColor;                               //输出到的片元颜色
9   void main(){
10      vec4 finalColor = texture(sTexture, vTextureCoord);//给此片元从纹理中采样出颜色值
11      finalColor.a=(finalColor.r+finalColor.g+finalColor.b)/3.0;//根据颜色值计算透明度
12      //综合 3 个通道光的最终强度及片元的颜色计算出最终片元的颜色值
13      finalColor=finalColor*ambient+finalColor*specular+finalColor*diffuse;
14      fragColor = finalColor;                       //将最终片元的颜色值传递给管线
15  }
```

提示　上述片元着色器代码中最大的特色就是第 11 行，根据采样出的颜色值灰度计算出了此片元的透明度。具体方法为，将从纹理图中采样出颜色值的 R、G、B 通道值求平均，再将平均值作为透明度即可。由于透明度的取值范围与颜色一样都是 0.0～1.0，0.0 为完全透明，1.0 为完全不透明，这样计算后最终达到的效果就是纹理图中越黑的位置透明度就越高。

10.3 雾

前面章节中给出了不少真实场景的案例，这些案例中的物体无论远近看起来都一样清晰。这样虽然也不错，但并不完全符合现实世界的情况。现实世界中由于有大气、灰尘、雾等的影响，随着距离的加大物体将越来越不清晰，最终彻底融入背景中。

本节将向读者介绍如何通过 OpenGL ES 3.0 实现类似于雾的效果，主要包括雾的原理与优势、雾的简单实现等两部分内容。

10.3.1 雾的原理与优势

本小节所指的雾是一个通用术语，其不仅是用于实现现实世界中的雾，还包括用于实现烟雾和污染等大气效果。使用雾效果可以使距离摄像机较远的物体融入到雾的颜色中。而且物体离摄像机越远，雾的颜色越浓，物体看起来越不清晰。很多流行的 3D 游戏场景中都是用了雾效果，如非常著名的古剑奇谭，其场景效果如图 10-14 所示。

▲图 10-14　古剑奇谭游戏场景截图

提示　在场景中使用雾不但可以提高真实感，特定的情况下还能优化性能。具体是指当物体离摄像机足够远时，雾就足够浓，此时只能看到雾而看不到物体，也就不必对物体的着色进行详细计算了，这样可以大大提高渲染效率。

实现雾效果有很多的数学模型，首先介绍最为简单的线性模型，此模型的计算公式如下。

```
f = max(min((end- dist)/(end-start ),1.0 ),0.0)
```

- f 为雾化因子，其取值范围为 0.0～1.0。当雾化因子的值为 0 时表示雾很浓，只看见雾，看不见物体；反之当雾化因子的值为 1 时，表示雾淡得已经看不见了，可以清晰地看到物体。
- dist 为当前要绘制的片元离摄像机的距离。
- end 表示一个特定的距离值，当片元距摄像机的距离超过 end 时，雾化因子为 0。
- start 也表示一个特定的距离值，当片元距摄像机的距离小于 start 时，雾化因子为 1。

根据上述公式计算的雾化因子值与距离值之间的函数关系如图 10-15 所示。

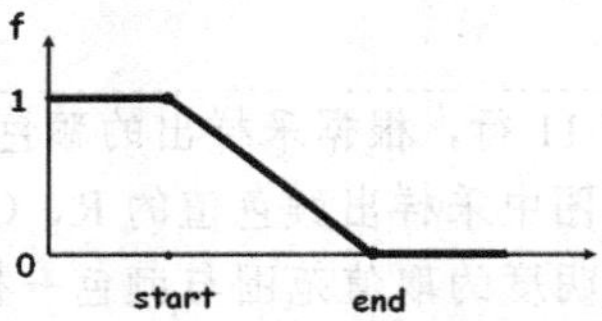

▲图 10-15　雾化因子的线性变化

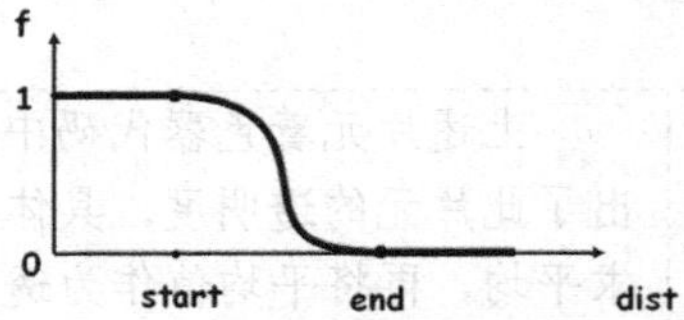

▲图 10-16　雾化因子的非线性变化

从图 10-15 中可以看出，雾化因子在 start 到 end 的范围内是线性变化的。但现实世界中的雾不完全是线性变化的，若希望模拟出更真实的雾，可以采用如下非线性的计算公式。

```
f=1.0-smoothstep(start,end,dist)
```

根据上述公式计算的雾化因子值与距离值之间的函数关系如图 10-16 所示，一般情况下采用此公式计算可以取得比线性公式更好的效果。

10.3.2　雾的简单实现

了解了雾的原理与优势后，本小节将通过两个案例来向读者介绍如何在场景中应用雾。第一个案例（Sample10_3）采用的是线性计算模型，其运行效果如图 10-17 所示。

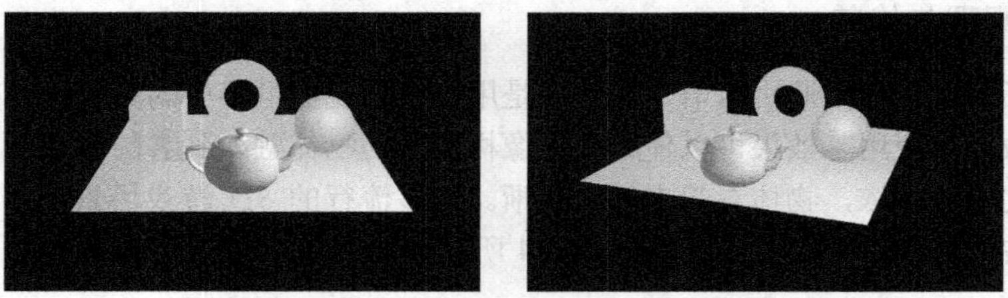

▲图 10-17　案例 Sample10_3 的运行效果

提示　从图 10-17 中可以看出，随着距离的增加物体逐渐融入了雾中。但由于本案例中的雾为黄色，经过灰度印刷后可能效果就不是很明显了，此时读者可以参考本书最前面的彩图或自行运行本案例进行观察。运行本案例时，若用手指在屏幕上左右滑动，可左右移动摄像机以变换视角观察。

了解了本案例的运行效果后，下面就可以进行具体的开发了。由于实际上本案例仅是将案例 Sample10_1 复制了一份，去掉了滤光镜，并适当调整了场景中的物体和摄像机，以及修改了着色器。因此，这里仅介绍修改后着色器的代码，其他的部分请读者参考随书。

（1）首先介绍的是支持线性雾计算模型的顶点着色器，其代码如下。

代码位置：见随书中源代码/第 10 章/Sample10_3/assets 目录下的 vertex_light.sh。

```
1    #version 300 es
2    uniform mat4 uMVPMatrix;                         //总变换矩阵
3    uniform mat4 uMMatrix;                           //变换矩阵
4    uniform vec3 uLightLocation;                     //光源位置
5    uniform vec3 uCamera;                            //摄像机位置
6    in vec3 aPosition;                               //顶点位置
7    in vec3 aNormal;                                 //顶点法向量
8    out vec4 ambient;                                //用于传递给片元着色器的环境光最终强度
9    out vec4 diffuse;                                //用于传递给片元着色器的散射光最终强度
10   out vec4 specular;                               //用于传递给片元着色器的镜面光最终强度
11   out float vFogFactor;                            //用于传递给片元着色器的雾因子
12   ……//此处省略了计算光照的 pointLight 方法，读者可自行查看随书的源代码
13   float computeFogFactor(){                        //计算雾因子的方法
14      float tmpFactor;
15      float fogDistance = length(uCamera-(uMMatrix*vec4(aPosition,1)).xyz);
                                                      //顶点到摄像机的距离
16      const float end = 450.0;                      //雾结束位置
17      const float start = 350.0;                    //雾开始位置
18      tmpFactor = max(min((end- fogDistance)/(end-start),1.0),0.0);//用雾公式计算雾因子
19      return tmpFactor;
20   }
21   void main(){
22      gl_Position = uMVPMatrix * vec4(aPosition,1);    //根据总变换矩阵计算此次绘制此顶点位置
23      pointLight(normalize(aNormal),ambient,diffuse,specular,        //计算光照
24      uLightLocation,vec4(0.4,0.4,0.4,1.0),vec4(0.7,0.7,0.7,1.0),vec4(0.3,0.3,0.3,1.0));
25      vFogFactor = computeFogFactor();              //将计算出的雾因子值传递给片元着色器
26   }
```

说明　上述顶点着色器与原来案例中的大部分代码一致，主要是增加了 13-20 行的雾化因子计算方法 computeFogFactor，此方法根据上一小节介绍的线性计算模型对应的公式计算雾化因子的值。

（2）介绍完顶点着色器后，下面介绍片元着色器，其代码如下。

代码位置：见随书中源代码/第 10 章/Sample10_3/assets 目录下的 frag_light.sh。

```
#version 300 es
precision mediump float;                         //给出默认的浮点精度
in vec4 ambient;                                 //从顶点着色器传递过来的环境光最终强度
in vec4 diffuse;                                 //从顶点着色器传递过来的散射光最终强度
in vec4 specular;                                //从顶点着色器传递过来的镜面光最终强度
in float vFogFactor;                             //从顶点着色器传递过来的雾化因子
out vec4 fragColor;                              //输出到的片元颜色
void main(){
    vec4 objectColor=vec4(0.95,0.95,0.95,1.0);  //物体颜色
    vec4 fogColor = vec4(0.97,0.76,0.03,1.0);          //雾的颜色
    if(vFogFactor != 0.0){ //雾因子不为 0，首先计算光照对物体颜色的影响，再与雾颜色加权
        objectColor = objectColor*ambient+objectColor*specular+objectColor*diffuse;
        fragColor = objectColor*vFogFactor + fogColor*(1.0-vFogFactor);
```

```
        }else{                  //如果雾因子为 0，不必计算光照，不必加权，直接使用雾颜色作为片元颜色
            fragColor=fogColor;
    }}
```

提示 上述片元着色器收到雾化因子后，首先判断雾化因子是否为 0，若为 0 则直接应用雾颜色作为最终片元颜色，不进行任何附加计算以提高性能。另外，由于本案例使用的是每顶点光照，因此，采用了雾以后没有能将光照计算完全优化掉，若采用的是每片元光照，则可以在雾因子为 0 时完全不进行光照计算，性能会优化得更多。

完成了采用线性雾计算模型的案例 Sample10_3 以后，只要将其复制一份并修改一下雾化因子的计算方法 computeFogFactor 即可得到采用非线性雾计算模型的案例 Sample10_4，其运行效果如图 10-18 所示。

▲图 10-18　案例 Sample10_4 的运行效果

提示 比对两种不同的雾计算模型运行效果会发现，非线性的模型更加贴近现实世界，但区别不会很大。

了解了本案例的运行效果后，就可以进行具体的开发了。只要修改顶点着色器中的 computeFogFactor 方法即可，修改后 computeFogFactor 方法的代码如下。

代码位置：见随书中源代码/第 10 章/Sample10_4/assets 目录下的 vertex_light.sh。

```
1    float computeFogFactor(){                              //计算雾因子的方法
2        float fogDistance = length(uCamera-(uMMatrix*vec4(aPosition,1)).xyz);
                                                            //顶点到摄像机的距离
3        const float end = 490.0;                           //雾结束位置
4        const float start = 350.0;                         //雾开始位置
5        float tmpFactor = 1.0-smoothstep(start,end,fogDistance);    //计算雾因子
6        return tmpFactor;
7    }
```

说明 上述 computeFogFactor 仅仅是将第 5 行的线性计算公式替换为了非线性计算公式，别的基本一致，没有太大变化。

本小节通过两个案例介绍了两种简单的雾计算模型，其实还有很多其他的、更复杂的雾计算模型，如 f= $e^{-(density \times dist)}$ 或 f= $e^{-(density \times dist)^2}$ 等。上述两个公式中的 dist 为待绘制片元到摄像机的距离，density 为雾的浓度，有兴趣的读者也可以自行开发程序进行尝试。

10.4 小结

本章主要介绍了 OpenGL ES 3.0 中混合与雾的相关知识，通过本章的学习，读者应该可以根据需求开发出各种半透明效果，并可以使用雾效果为场景增加真实感。

第11章 常用的3D开发技巧——标志板、天空盒、镜像绘制等

前面的两章介绍了如何搭建各种形状的立体物体，掌握了这些知识读者已经可以搭建出不少较为真实的场景了。但要更真实地模拟现实世界还需要使用到很多其他的技术，本章将介绍一批在实际开发中非常常用的开发技巧，主要包括：标志板、灰度图地形、天空盒、天空穹、简单镜像效果、动态文本输出、非真实感绘制等。

11.1 标志板

模拟现实世界的场景中经常需要放置一些植物，如：树、灌木等。由于这些植物的外形是十分复杂的几何形状，若直接使用三角形进行构建将需要海量的顶点，以现在主流智能手机或平板电脑的硬件配置是难以支撑的。因此，构建场景中的植物时需要其他成本更为低廉的技术，本节介绍的标志板技术就是一种非常不错的选择。

11.1.1 案例效果与基本原理

标志板技术的基本原理非常简单，其使用纹理矩形来绘制植物，每棵植物仅需要一个纹理矩形即可描绘，其基本原理如图11-1所示。

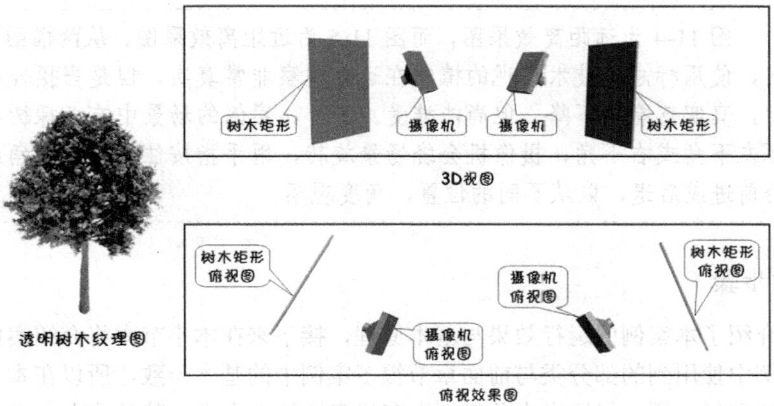

▲图11-1 标志板原理

从图11-1中可以看出，标志板技术的关键点如下。

- 每棵植物用一个纹理矩形进行绘制，纹理矩形上采用内容为植物的透明背景纹理图。绘制纹理矩形时要采用恰当的混合因子，使植物产生正确的遮挡效果。
- 纹理矩形的朝向要根据当前摄像机的位置来动态决定，永远正对摄像机。

> **提示**　由于基于标志板实现的植物实际是旋转的纹理矩形，因此适合用来呈现左右轴对称的植物，对于非左右轴对称的植物可能会给人虚假的感觉。同时也正是由于每棵植物仅需要一个纹理矩形（若采用 GL_TRIANGLES 绘制方式仅需要 6 个顶点），所以此技术需要的系统资源非常少，效率很高。

由于标志板技术可以以非常低廉的成本呈现出较为真实的植物，因此，在很多游戏中都有采用，如图 11-2 和图 11-3 所示。

▲图 11-2　Raging Thunder 2

▲图 11-3　乡村飙车

了解了标志板技术的基本原理后，就可以进行本小节案例 Sample11_1 的开发了。开发前首先应该了解一下本案例的运行效果，如图 11-4 和图 11-5 所示。

▲图 11-4　远距离效果图

▲图 11-5　近距离效果图

> **说明**　图 11-4 为远距离效果图，而图 11-5 为近距离效果图。从两幅图的对比中可以看出，使用标志板技术呈现的植物在远处观察非常真实，但是当摄像机距离树木较近后，真实感有所下降，但尚能接受。另外，案例的场景中有多棵树，用手指按住屏幕左下角或右下角，摄像机会绕场景旋转，用手指按住屏幕左上角或右上角摄像机会前进或后退，以从不同的位置、角度观察。

11.1.2　开发步骤

上一小节介绍了本案例的运行效果与基本原理，接下来在本小节中将介绍案例的具体开发步骤。由于本案例中使用到的部分类与前面章节很多案例中的基本一致，所以在本小节中不再对这些相似的类进行重复介绍，仅给出本节案例中有代表性的几个类，其具体内容如下。

（1）首先介绍表示单棵植物的 SingleTree 类，其实现了 Comparable 接口，具体代码如下。

代码位置：见随书中源代码/第 11 章/Sample11_1/src/com/bn/Sample11_1 目录下的 SingleTree.java。

```
package com.bn.Sample11_1;                                    //声明包名
import static com.bn.Sample11_1.MySurfaceView.*;               //导入相关类
public class SingleTree implements Comparable<SingleTree>{
      float x; float z;                                       //此植物的 x 与 z 坐标
      float yAngle;                                           //植物纹理矩形绕 y 轴旋转的角度
```

```
6      TreeGroup tg;                                    //所属 TreeGroup 的引用
7      public SingleTree(float x,float z,float yAngle,TreeGroup tg){
8           this.x=x; this.z=z;                         //初始化植物的 x 与 z 坐标
9           this.yAngle=yAngle;                         //初始化植物纹理矩形绕 y 轴旋转的角度
10          this.tg=tg;                                 //记录所属 TreeGroup
11     }
12     public void drawSelf(int texId){                 //绘制单棵植物的 drawSelf 方法
13          MatrixState.pushMatrix();                   //保护现场
14          MatrixState.translate(x, 0, z);             //平移到指定位置
15          MatrixState.rotate(yAngle, 0, 1, 0);        //绕 y 轴旋转一定的角度
16          tg.tfd.drawSelf(texId);      //调用 TreeForDraw 中的 drawSelf 方法绘制树木
17          MatrixState.popMatrix();                    //恢复现场
18     }
19     public void calculateBillboardDirection(){//根据摄像机位置计算植物纹理矩形朝向的方法
20          float xspan=x-cx;                //计算从植物位置到摄像机位置向量的 x 分量
21          float zspan=z-cz;                //计算从植物位置到摄像机位置向量的 z 分量
22          if(zspan<=0){                    //根据向量的两个分量计算出纹理矩形绕 y 轴旋转的角度
23               yAngle=(float)Math.toDegrees(Math.atan(xspan/zspan));
24          }else{
25               yAngle=180+(float)Math.toDegrees(Math.atan(xspan/zspan));
26     }}
27     @Override                  //根据植物到摄像机的距离比较两个植物“大小”的方法
28     public int compareTo(SingleTree another){
29          float xs=x-cx;                   //计算从本植物位置到摄像机位置向量的 x 分量
30          float zs=z-cz;                   //计算从本植物位置到摄像机位置向量的 z 分量
31          float xo=another.x-cx;           //计算从另一植物位置到摄像机位置向量的 x 分量
32          float zo=another.z-cz;           //计算从另一植物位置到摄像机位置向量的 z 分量
33          float disA=(float)Math.sqrt(xs*xs+zs*zs);  //计算当前植物到摄像机的距离
34          float disB=(float)Math.sqrt(xo*xo+zo*zo);  //计算另一植物到摄像机的距离
35          return ((disA-disB)==0)?0:((disA-disB)>0)?-1:1; //根据距离大小决定方法返回值
36  }}
```

❑ 第 4-6 行为成员变量的声明，包括植物的 x 坐标、z 坐标、绕 y 轴的旋转角度以及所属 TreeGroup 的引用。

❑ 第 12-18 行为用来绘制植物的 drawSelf 方法，此方法中首先将坐标系平移、旋转到指定的姿态，然后调用呈现植物的纹理矩形对象进行绘制。

❑ 第 19-26 行为计算植物纹理矩形朝向的 calculateBillboardDirection 方法，该方法根据植物的位置及当前摄像机的位置，计算出植物纹理矩形需要绕 y 轴旋转的角度。

❑ 第 28-36 行为实现 Comparable 接口后重写的 compareTo 方法，此方法根据植物距摄像机的距离比较出植物的“大小”，供对一组植物进行排序时使用。对于 Comparable 接口不太熟悉的读者请参考其他专门介绍核心 Java 的书籍，这不是本书的侧重点，因此不予详述。

（2）接着介绍的是表示一组植物的 TreeGroup 类，其代码如下。

代码位置：见随书中源代码/第 11 章/Sample11_1/src/com/bn/Sample11_1 目录下的 TreeGroup.java。

```
package com.bn.Sample11_1;                               //声明包名
……//此处省略了部分类的引入代码，读者可自行查看随书中的源代码
public class TreeGroup{
     TreeForDraw tfd;                                     //声明 TreeForDraw 类的引用
     List<SingleTree> alist=new ArrayList<SingleTree>();//创建 SingleTree 对象列表
     public TreeGroup(MySurfaceView mv){
          tfd=new TreeForDraw(mv);                        //创建 TreeForDraw 对象
          alist.add(new SingleTree(0,0,0,this));//创建的一个 SingleTree 对象并加入列表
          ……//此处省略了部分创建 SingleTree 对象并添加进列表的代码
     }
     public void calculateBillboardDirection(){           //计算列表中每棵树的朝向
          for(int i=0;i<alist.size();i++){                //循环遍历 SingleTree 对象列表
               alist.get(i).calculateBillboardDirection();
                                                          //计算每个植物纹理矩形的朝向
 }}
   public void drawSelf(int texId){                       //绘制列表中的植物
          for(int i=0;i<alist.size();i++){                //循环遍历 SingleTree 对象列表
               alist.get(i).drawSelf(texId);
                                        //调用 SingleTree 对象的 drawSelf 方法绘制植物
}}}
```

- ❑ 第 4-5 行为本类成员变量的声明，主要包括 TreeForDraw 类的引用以及存储 SingleTree 对象的列表的引用。
- ❑ 第 6-10 行为本类的构造器，其中首先创建了 TreeForDraw 类的对象，接着向列表中添加了多个位于不同位置的 SingleTree 对象，每个 SingleTree 对象代表场景中的一株植物.
- ❑ 第 11-14 行为计算列表中每株植物对应纹理矩形朝向的 calculateBillboardDirection 方法，其通过遍历植物（SingleTree 对象）列表，调用每个 SingleTree 对象的 calculateBillboardDirection 方法完成计算。
- ❑ 第 15-18 行为绘制植物列表中所有植物的 drawSelf 方法，其通过遍历植物（SingleTree 对象）列表，调用每个 SingleTree 对象的 drawSelf 方法完成绘制。

> **提示**　TreeForDraw 类其实就是一个普通的纹理矩形，与第 7 章很多案例中的基本一致，这里不再赘述，需要的读者请参考随书中的源代码。

（3）最后需要介绍的是绘制整个场景的 MySurfaceView 类，其代码如下。

代码位置：见随书中源代码/第 11 章/Sample11_1/src/com/bn/Sample11_1 目录下的 MySurface View.java。

```java
package com.bn.Sample11_1;                                  //声明包名
……//此处省略了部分类的导入代码，读者可以自行查阅随书中的源代码
public class MySurfaceView extends GLSurfaceView{
    ……//此处省略了本类成员变量的声明，读者可以自行查阅随书中的源代码
    ……//此处省略了本类的构造器，读者可以自行查阅随书中的源代码
    @Override
    public boolean onTouchEvent(MotionEvent event){          //重写的触控事件处理方法
        ……//此处省略了本方法中的部分代码，读者可以自行查阅随书中的源代码
        cx=(float)(Math.sin(direction)*Offset);               //计算新的摄像机 x 坐标
        cz=(float)(Math.cos(direction)*Offset);               //计算新的摄像机 z 坐标
        mRender.tg.calculateBillboardDirection();//重新计算所有植物纹理矩形的朝向
        Collections.sort(mRender.tg.alist);//将植物列表按照离摄像机的距离由远及近排序
        MatrixState.setCamera(cx,0,cz,0,0,0,0,1,0);          //重新设定摄像机位置
        return true;
    }
    private class SceneRenderer implements GLSurfaceView.Renderer{
        TreeGroup tg;                                         //声明植物集合 TreeGroup 的引用
        Desert desert;                                        //沙漠类 Desert 的引用
        int treeId;                                           //树木纹理的 id
        int desertId;                                         //沙漠纹理的 id
        @Override
        public void onDrawFrame(GL10 gl){                     //绘制一帧画面的方法
            GLES30.glClear(GLES30.GL_DEPTH_BUFFER_BIT|
                    GLES30.GL_COLOR_BUFFER_BIT);//清除深度缓冲与颜色缓冲
            ……//此处省略了绘制沙漠的代码，读者可以自行查看随书
            GLES30.glEnable(GLES30.GL_BLEND);                 //开启混合
            GLES30.glBlendFunc(GLES30.GL_SRC_ALPHA,
                GLES30.GL_ONE_MINUS_SRC_ALPHA);               //设置混合因子
            MatrixState.pushMatrix();                         //保护现场
            MatrixState.translate(0, -2, 0);                  //平移变换
            tg.drawSelf(treeId);                              //绘制所有植物
            MatrixState.popMatrix();                          //恢复现场
            GLES30.glDisable(GLES30.GL_BLEND);                //关闭混合
        }
        ……//此处省略了 onSurfaceChanged 方法，读者可以自行查阅随书中的源代码
        @Override
        public void onSurfaceCreated(GL10 gl, EGLConfig config){
            GLES30.glClearColor(1.0f,1.0f,1.0f,1.0f);        //设置屏幕背景色 RGBA
            GLES30.glEnable(GLES30.GL_DEPTH_TEST);  /打开深度检测
            tg=new TreeGroup(MySurfaceView.this);             //创建 TreeGroup 的对象
            Collections.sort(mRender.tg.alist);               //初始化树顺序
            ……//此处省略了本方法中的部分代码，读者可以自行查阅随书中的源代码
    }}
    ……//此处省略了加载纹理的方法，读者可以自行查阅随书中的源代码
}
```

❑ 第 7-15 行为重写的触控事件处理方法，该方法根据触控区域的不同对摄像机位置进行不同的变换。产生了摄像机的新位置后，根据列表中的植物距新摄像机位置的距离将列表中的植物由远及近进行排序。

❑ 第22-34 行为绘制一帧画面的onDrawFrame方法，该方法首先绘制了表示沙漠的纹理矩形，接着在混合模式下绘制了列表中所有的植物。之所以要采用混合是因为植物是用纹理矩形呈现的，但植物对后面物体的遮挡不应该是整体的矩形，而应该在没有植物内容的位置透出后面的物体。

提示：本案例中用到的着色器与第 7 章案例中的普通纹理映射着色器完全相同，这里不再赘述，需要的读者请参考随书中的源代码。

上述案例中每次摄像机位置变化后都需要对列表中的植物按照离摄像机的远近重新排序，这是因为绘制植物时采用了混合。采用混合时想达到部分透明的效果必须先绘制被遮挡的物体，后绘制部分透明的遮挡面，不能再像绘制真正的立体物体那样，仅依赖深度检测而不关心绘制顺序了。

若不将需要绘制的植物由远及近进行排序，以随意顺序绘制，在某些情况下就会产生不正确遮挡的视觉效果，如图 11-6 和图 11-7 所示。

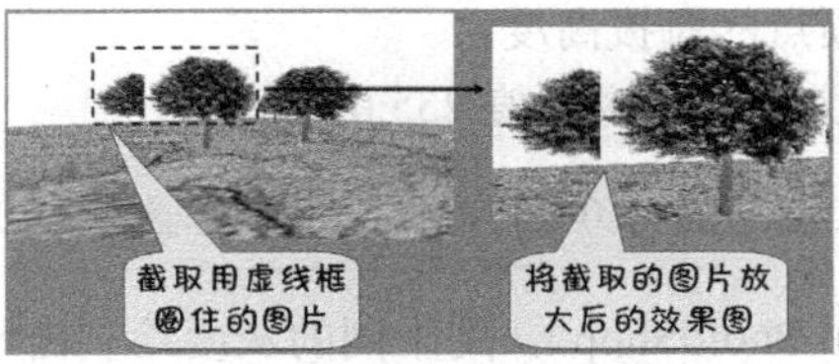

▲图 11-6 未排序的错误效果 1

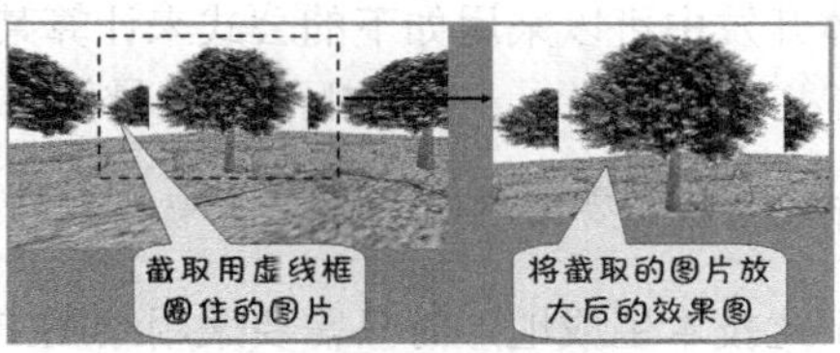

▲图 11-7 未排序的错误效果 2

产生图 11-6 与图 11-7 中不正确遮挡视觉效果的原因是，离摄像机近的植物对应的纹理矩形先被绘制了，此纹理矩形中的片元对应的深度缓冲已经记录了较小的深度值。再绘制距离远的植物对应的纹理矩形时，其中与距离近的片元重叠的片元深度检测就不会通过，将被丢弃。而不会与原有的距离近的片元进行混合，因此就不会产生距离较近的植物纹理矩形中透明的部分可以看到后面植物的情况。

正确的情况下，首先应该绘制远处的植物，此时在深度缓冲中记录的是较大的深度值。再绘制近处的植物时由于深度较浅，深度检测可以顺利通过，近处植物对应纹理矩形中的片元将与原有的片元执行混合。在正确设置了混合因子的情况下，透明的片元处就透出了后面的内容，产生了正确的遮挡效果。

提示：在视觉质量要求很高的场景中，当绘制植物时仅采用标志板就不能完全满足需要了，但全部植物都采用真实的 3D 模型进行绘制成本又太高。此时可以采用混合的绘制策略，当植物距离摄像机较近时采用真实的 3D 模型执行绘制，当距离摄像机较远时采用标志板执行绘制，这样既顾及了视觉效果又照顾到了执行成本。

11.2 灰度图地形

模拟现实世界的很多游戏场景中都需要用到地形，而自然界的地形形状非常复杂，直接由开发人员手工给出构成地形的每个三角形的顶点位置几乎是不可能的，甚至于采用 3ds Max 这样的设计工具也难以做到。因此，3D 开发领域的技术高人发明了各种各样的地形生成技术，本节将要介绍的灰度图地形就是其中最为简便和常用的一种。

11.2.1　基本原理

灰度图地形生成技术的基本思想是用 N×N 的网格表示地形，同时提供一幅对应尺寸的灰度图。根据灰度图中每个像素的灰度来确定网格中顶点的海拔，黑色像素（RGB 各个色彩通道的值为 0）代表海拔最低的位置，白色像素（RGB 各个色彩通道的值为 255）代表海拔最高的位置，具体情况如图 11-8 所示。

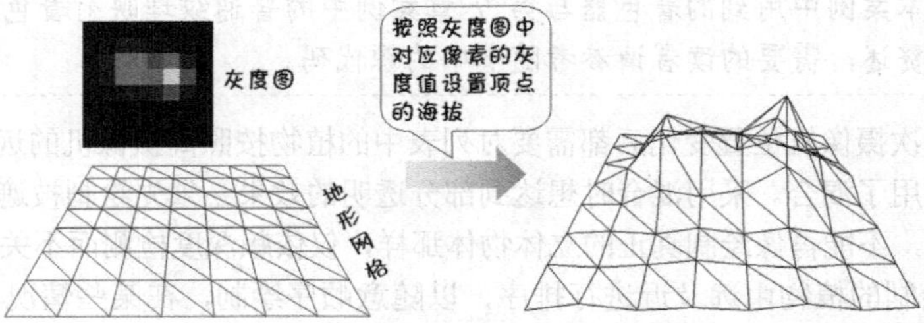

▲图 11-8　灰度图地形技术原理示意图

具体开发中可以采用如下的公式来计算某像素顶点的海拔高度：

实际海拔=最低海拔+最大高差×像素值/255.0

> 提示　要注意的是此公式中像素颜色的取值范围为 0-255，而不是着色器中的 0.0 ~ 1.0。

基于此技术生成地形时只需要采用绘图工具（如 PhotoShop），用不同的灰度绘制出地形的海拔情况即可，非常简便与高效，图 11-9 所示就给出了本节案例中采用的一幅地形灰度图。

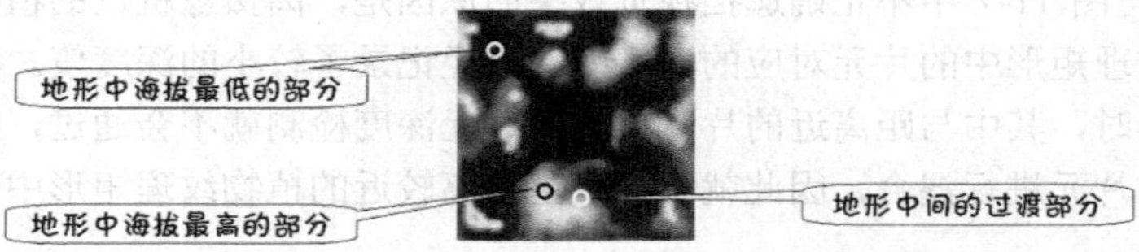

▲图 11-9　本节案例中采用的一幅地形灰度图

11.2.2　普通灰度图地形

上一小节介绍了灰度图地形技术的基本原理，本小节将给出一个通过灰度图技术实现山地地形的案例 Sample11_2，其运行效果如图 11-10 所示。

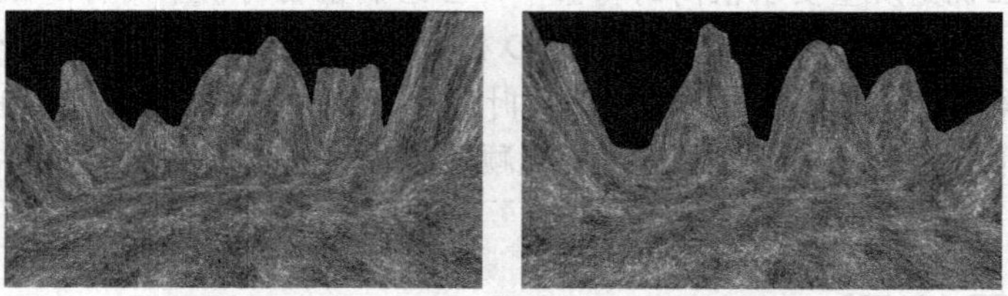

▲图 11-10　案例 Sample11_2 的运行效果

> 提示　用手指按住屏幕左下角或右下角，摄像机会绕场景旋转；用手指按住屏幕左上角或右上角，摄像机会前进或后退，以从不同的位置、角度观察场景。

由于本案例中使用的部分类与前面章节很多案例中的基本一致，所以，在本小节中不再对这些相似的类进行重复介绍，仅给出本小节案例中具有代表性的几个类，其具体内容如下。

（1）为了代码开发与维护的方便，本小节的案例将其中很多类都需要用到的常量集中到了常量类 Constant 中，其具体代码如下。

代码位置：见随书中源代码/第 11 章/Sample11_2/src/com/bn/Sample11_2 目录下的 Constant.java。

```
1   package com.bn.Sample11_2;                                    //声明包名
2   ……//此处省略了部分包的导入代码，读者可以自行查阅随书中的源代码
3   public class Constant{
4       public static float[][] yArray;                           //存储地形顶点高度的数组
5       public static final float LAND_HIGH_ADJUST=-2f; //陆地的高度调整值
6       public static final float LAND_HIGHEST=20f;               //陆地最大高差
7       public static float[][] loadLandforms(Resources resources,int index){
8           Bitmap bt=BitmapFactory.decodeResource(resources, index); //导入灰度图
9           int colsPlusOne=bt.getWidth();                    //获得存储地形顶点高度数组的列数
10          int rowsPlusOne=bt.getHeight();                   //获得存储地形顶点高度数组的行数
11          float[][] result=new float[rowsPlusOne][colsPlusOne];
                                                              //创建存储地形顶点高度的数组
12          for(int i=0;i<rowsPlusOne;i++){                   //对灰度图像素行遍历
13            for(int j=0;j<colsPlusOne;j++){                 //对灰度图像素列遍历
14              int color=bt.getPixel(j,i);                   //获得指定行列处像素的颜色
15              int r=Color.red(color);                       //获取该像素红色通道的值
16              int g=Color.green(color);                     //获取该像素绿色通道的值
17              int b=Color.blue(color);                      //获取该像素蓝色通道的值
18              int h=(r+g+b)/3;                              //3 个色彩通道求平均
19              result[i][j]=h*LAND_HIGHEST/255+LAND_HIGH_ADJUST;//按公式计算顶点海拔
20          }}
21          return result;                                    //返回存储地形顶点高度的数组
22  }}
```

❑ 第 4-6 行为本类的成员变量，主要包括存储地形顶点高度的数组、陆地的最低海拔以及陆地最大高差。

❑ 第 7-27 行为加载灰度图并根据灰度图中各个像素的灰度值计算对应顶点海拔高度的 loadLandforms 方法，其最终将计算出的顶点海拔以二维数组的形式返回。

（2）介绍完常量类后，下面介绍的是用来绘制山地地形的 Mountion 类，其具体代码如下。

代码位置：见随书中源代码/第 11 章/Sample11_2/src/com/bn/Sample11_2 目录下的 Mountion.java。

```
package com.bn.Sample11_2;                                        //声明包名
……//此处省略了部分类的导入代码，读者可以自行查阅随书中的源代码
public class Mountion{
    float UNIT_SIZE=1.0f;                                         //地形网格中每个小格子的尺寸
    ……//此处省略了本类的部分成员变量的声明，读者可以自行查阅随书中的源代码
    int vCount=0;                                                 //地形中顶点的数量
    ……//此处省略了本类的构造器，读者可以自行查阅随书中的源代码
    public void initVertexData(float[][] yArray,int rows,int cols){
                                                                  //初始化顶点数据的方法
        vCount=cols*rows*2*3;                         //每个小格子两个三角形，每个三角形 3 个顶点
        float vertices[]=new float[vCount*3]; //存储顶点 x、y、z 坐标的数组
        int count=0;                                  //顶点计数器
        for(int j=0;j<rows;j++){                      //遍历地形网格的行
        for(int i=0;i<cols;i++){                      //遍历地形网格的列
         float zsx=-UNIT_SIZE*cols/2+i*UNIT_SIZE;//计算当前小格子左上侧点的 x 坐标
         float zsz=-UNIT_SIZE*rows/2+j*UNIT_SIZE;//计算当前小格子左上侧点的 z 坐标
         //将当前行列对应的小格子中顶点坐标按照卷绕成两个三角形的顺序存入顶点坐标数组
         vertices[count++]=zsx;vertices[count++]=yArray[j][i];vertices[count++]=zsz;
         ……//此处省略了一些将顶点坐标存入数组的代码，与上面的类似
        }}
        ……//此处省略了创建顶点数据缓冲区的代码，读者可以自行查阅随书中的源代码
        float[] texCoor=generateTexCoor(cols,rows);          //生成顶点纹理坐标数组
        ByteBuffer cbb=ByteBuffer.allocateDirect(texCoor.length*4);
                                                                  //创建纹理坐标数据缓冲
        cbb.order(ByteOrder.nativeOrder());                       //设置字节顺序
        mTexCoorBuffer = cbb.asFloatBuffer();                     //转换为 float 型缓冲
        mTexCoorBuffer.put(texCoor);                              //向缓冲区中存入纹理坐标
```

```
26          mTexCoorBuffer.position(0);                        //设置缓冲区起始位置
27      }
28      ……//此处省略了初始化着色器的方法，读者可以自行查阅随书中的源代码
29      ……//此处省略了绘制山地地形的 drawSelf 方法，读者可以自行查阅随书中的源代码
30      public float[] generateTexCoor(int bw,int bh){//根据网格行列数自动产生纹理坐标数组的方法
31          float[] result=new float[bw*bh*6*2];    //创建存放纹理坐标值的数组
32          float sizew=8.0f/bw;                    //列数，8.0 代表 S 轴纹理坐标最大值
33          float sizeh=8.0f/bh;                    //行数，8.0 代表 T 轴纹理坐标最大值
34          int c=0;                                //坐标计数器
35          for(int i=0;i<bh;i++){                  //对行遍历
36           for(int j=0;j<bw;j++){                 //对列遍历
37              float s=j*sizew; float t=i*sizeh; //计算当前行列格子左上角点的纹理坐标
38              result[c++]=s; result[c++]=t;                 //左上角顶点纹理坐标
39              result[c++]=s; result[c++]=t+sizeh;           //左下角顶点纹理坐标
40              result[c++]=s+sizew; result[c++]=t;           //右上角顶点纹理坐标
41              result[c++]=s+sizew; result[c++]=t;           //右上角顶点纹理坐标
42              result[c++]=s; result[c++]=t+sizeh;           //左下角顶点纹理坐标
43              result[c++]=s+sizew; result[c++]=t+sizeh; //右下角顶点纹理坐标
44          }}
45          return result;                          //将结果纹理坐标返回
46  }}
```

❑ 第 9-19 行为计算地形网格中各个顶点坐标，并根据卷绕成三角形的需要将顶点坐标存入顶点坐标数组的代码。顶点的 x、z 坐标值是根据顶点所处的行、列，以及每个格子的长度值计算得出的，而顶点的 y 坐标是根据顶点所处的行、列从顶点高度数组中获取的。顶点高度数组是通过 Constant 类的 loadLandforms 方法从灰度图得出的。

❑ 第 30-46 行为根据地形网格行列数自动产生纹理坐标数组的 generateTexCoor 方法，该方法根据地形网格的行、列，以及最大纹理值计算出每个顶点对应的纹理坐标。

> **提示**　本案例中纹理坐标 S 轴与 T 轴的最大值都是 8.0，这意味着纹理将在整个山体中被重复 8 次。当然想达到重复 8 次的目的还需要在加载纹理时将纹理的拉伸方式设置为 GL_REPEAT。

（3）介绍完用来绘制山地地形的 Mountion 类后，接着介绍的是用于绘制场景的 MySurfaceView 类，其具体代码如下。

代码位置：见随书中源代码/第 11 章/Sample11_2/src/com/bn/Sample11_2 目录下的 MySurfaceView.java。

```
package com.bn.Sample11_2;                                   //声明包名
……//此处省略了部分类的导入代码，读者可以自行查阅随书中的源代码
public class MySurfaceView extends GLSurfaceView{
    ……//此处省略了本类中部分成员变量的声明，读者可以自行查阅随书中的源代码
    ……//此处省略了本类的构造器以及触控监听方法，读者可以自行查阅随书中的源代码
    private class SceneRenderer implements GLSurfaceView.Renderer{
        Mountion mountion;                                   //山地地形对象引用
        int mountionId;                                      //山地草皮纹理 id
        ……//此处省略了 onDrawFrame 与 onSurfaceChanged 方法，可查阅中的源代码
        @Override
        public void onSurfaceCreated(GL10 gl, EGLConfig config){
            ……//此处省略了本方法中的部分代码，读者可以自行查阅随书中的源代码
            //创建山地地形对象，其构造器入口参数为从灰度图中加载的海拔高度数据数组
            mountion=new Mountion(MySurfaceView.this,yArray,yArray.length-1,
                yArray[0].length-1);
            mountionId=initTexture(R.drawable.grass); //加载山地地形草皮纹理
    }}
    ……//此处省略了加载纹理的 initTexture 方法，读者可以自行查阅随书中的源代码
}
```

❑ 上述 MySurfaceView 类与本书前面很多案例中已经出现的 MySurfaceView 类非常类似，主要工作都是创建场景中的物体、加载纹理、设置相关绘制参数等。

- 区别较大的一处就是创建山地地形对象（Mountion 类对象）时，其中顶点的 y 坐标来自从灰度图加载生成的海拔高度数组。

> **提示** 本案例中用到的着色器与第 7 章案例中的普通纹理映射着色器完全相同，这里不再赘述，需要的读者请参考随书中的源代码。

11.2.3 过程纹理地形

上一小节的案例中通过灰度图地形生成技术渲染呈现了一个山地地型的场景，从运行效果中可以看出，呈现的地形还是比较真实的。但有一个明显的不足，场景中的山体从上到下都是一种外观，不符合现实世界的情况。

现实世界中的山体一般有海拔不同、外观不同的规律，因此，本小节将对上一小节的案例进行升级，对山体采用过程纹理技术进行渲染呈现。升级后的案例为 Sample11_3，其运行效果如图 11-11 所示。

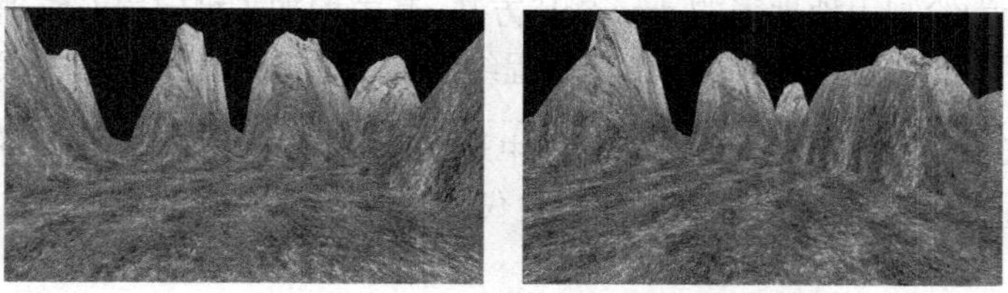

▲图 11-11 使用过程纹理的灰度图地形

> **提示** 由于本书中的插图采用灰度印刷，可能看不出过程纹理的效果，此时请读者参照本书最前面的彩页或自行运行程序观察。

了解了本案例的运行效果后，下面就可以进行代码的开发了。由于实际上本案例仅是将前面小节的案例 Sample11_2 复制了一份并进行了修改，因此，这里仅给出主要的修改步骤，具体如下所列。

（1）首先需要修改的是山地地形类 Mountion，其具体代码如下。

代码位置：见随书中源代码/第 11 章/Sample11_3/src/com/bn/Sample11_3 目录下的 Mountion.java。

```
package com.bn.Sample11_3;                                  //声明包名
……//此处省略了部分类的导入代码，读者可以自行查阅随书中的源代码
public class Mountion{
    ……//此处省略了本类的部分成员变量的声明，读者可以自行查阅随书中的源代码
    int sTextureGrassHandle;                                //草皮纹理的引用
    int sTextureRockHandle;                                 //岩石纹理的引用
    int landStartYYHandle;                                  //过程纹理起始 y 坐标的引用
    int landYSpanHandle;                                    //过程纹理跨度的引用
    ……//此处省略了本类的构造器、初始化顶点数据的 initVertexData 方法，
    ……//需要的读者可以查阅随书中的源代码
    public void initShader(MySurfaceView mv){   //初始化着色器的方法
        ……//此处省略了部分与升级前一致的代码，读者可以自行查阅随书中的源代码
        sTextureGrassHandle=GLES30.glGetUniformLocation(
                    mProgram, "sTextureGrass");     //获取草皮纹理引用值
        sTextureRockHandle=GLES30.glGetUnifornLocation(
                    mProgram, "sTextureRock"); //获取岩石纹理引用值
        landStartYYHandle=GLES30.glGetUniformLocation(
                    mProgram, "landStartY");   //获取过程纹理起始 y 坐标引用值
        landYSpanHandle=GLES30.glGetUniformLocation(
                    mProgram, "landYSpan");     //获取过程纹理跨度的引用值
```

```
21      }
22      public void drawSelf(int texId,int rock_textId){        //绘制山地地形的方法
23            ……//此处省略了部分与升级前一致的代码，读者可以自行查阅随书中的源代码
24            GLES30.glActiveTexture(GLES30.GL_TEXTURE0);
25            GLES30.glBindTexture(GLES30.GL_TEXTURE_2D, texId); //绑定草皮纹理
26            GLES30.glActiveTexture(GLES30.GL_TEXTURE1);
27            GLES30.glBindTexture(GLES30.GL_TEXTURE_2D, rock_textId);//绑定岩石纹理
28            GLES30.glUniform1i(sTextureGrassHandle, 0);     //草皮纹理编号为 0
29            GLES30.glUniform1i(sTextureRockHandle, 1);       //岩石纹理编号为 1
30            GLES30.glUniform1f(landStartYYHandle, 0);        //传送过程纹理起始 y 坐标
31            GLES30.glUniform1f(landYSpanHandle, 30);         //传送过程纹理跨度
32            GLES30.glDrawArrays(GLES30.GL_TRIANGLES, 0, vCount);     //绘制地形
33      }
34      ……//此处省略了根据网格行列数自动产生纹理坐标数组的 generateTexCoor 方法
35  }
```

❑ 第 5-8 行为新增加的 4 个成员变量声明，都是用于向渲染管线传递数据的引用，包括：草皮纹理的引用、岩石纹理的引用、过程纹理起始 y 坐标的引用、过程纹理跨度的引用。

❑ 第 11-21 行为初始化着色器的 initShader 方法，其中增加了获取用于向着色器传递数据的 4 个引用值的代码。

❑ 第 22-33 行为绘制山地地形的 drawSelf 方法，其中增加了绑定岩石纹理、为纹理分配编号、传送过程纹理起始 y 坐标进渲染管线、传送过程纹理跨度进渲染管线的相关代码。

> **提示**　还需要在 MySurfaceView 类中增加加载岩石纹理、绘制时传递岩石纹理 id 给 Mountion 类 drawSelf 方法的相关代码。这些代码非常简单，有需要的读者请参考随书。

（2）完成了 Java 代码的修改后，下面就需要修改着色器了。首先是顶点着色器，其具体代码如下。

代码位置：见随书中源代码/第 11 章/Sample11_3/assets 目录下的 vertex.sh。

```
#version 300 es
uniform mat4 uMVPMatrix;                          //总变换矩阵
in vec3 aPosition;                                //顶点位置
in vec2 aTexCoor;                                 //顶点纹理坐标
out vec2 vTextureCoord;                           //用于传递给片元着色器的纹理坐标
out float currY;                                  //用于传递给片元着色器的 y 坐标
void main(){
  gl_Position = uMVPMatrix * vec4(aPosition,1); //根据总变换矩阵计算此次绘制此顶点的位置
  vTextureCoord = aTexCoor;                       //将接收的纹理坐标传递给片元着色器
  currY=aPosition.y;                              //将顶点的 y 坐标传递给片元着色器
}
```

> **说明**　上述顶点着色器中，主要是增加了将顶点 y 坐标通过易变变量传递给片元着色器的代码。

（3）接着需要修改的是片元着色器，其代码如下。

代码位置：见随书中源代码/第 11 章/Sample11_3/assets 目录下的 frag.sh。

```
#version 300 es
precision mediump float;                    //给出默认的浮点精度
in vec2 vTextureCoord;                      //接收从顶点着色器过来的纹理坐标
in float currY;                             //接收从顶点着色器过来的 y 坐标
uniform sampler2D sTextureGrass;            //纹理内容数据（草皮）
uniform sampler2D sTextureRock;             //纹理内容数据（岩石）
uniform float landStartY;                   //过程纹理起始 y 坐标
uniform float landYSpan;                    //过程纹理跨度
out vec4 fragColor;                         //输出到的片元颜色
void main(){
```

```
    vec4 gColor=texture(sTextureGrass, vTextureCoord); //从草皮纹理中采样出颜色
    vec4 rColor=texture(sTextureRock, vTextureCoord); //从岩石纹理中采样出颜色
    vec4 finalColor;                                  //最终颜色
    if(currY<landStartY){
        finalColor=gColor;       //当片元 y 坐标小于过程纹理起始 y 坐标时采用草皮纹理
    }else if(currY>landStartY+landYSpan){
        finalColor=rColor;       //当片元 y 坐标大于过程纹理起始 y 坐标加跨度时采用岩石纹理
    }else{
       float currYRatio=(currY-landStartY)/landYSpan; //计算岩石纹理所占的百分比
       finalColor=currYRatio*rColor+(1.0-currYRatio)*gColor;
                                                    //将岩石、草皮纹理颜色按比例混合
    }
    fragColor = finalColor;                         //给此片元最终颜色值
}
```

❑ 上述片元着色器中不再是仅采用草皮纹理对山体进行着色，而是同时采用了两幅纹理。

❑ 当片元 y 坐标小于过程纹理起始 y 坐标时用草皮纹理着色，大于过程纹理起始 y 坐标加跨度时采用岩石纹理着色。位于二者之间时将草皮纹理、岩石纹理按照计算的比例进行混合，混合的规则为片元 y 坐标越大，岩石纹理所占百分比越大。

提示 本小节案例中，对同一物体根据情况的不同应用不同的纹理进行着色，这种技术就是过程纹理技术。过程纹理技术更多的是一种解决问题的策略，不是一成不变的，实际开发中读者可以设计更多、更好的过程纹理计算模型。

11.2.4 MipMap 地形

经过上一小节的升级后，山地地形场景的真实感增加了不少，但还有一个明显的瑕疵。那就是远处的地形会比近处的更清楚，这显然不符合我们观察现实世界的经验。造成这种现象的原因是案例中采用的纹理图仅有一套，无论山体远近都采用同一套纹理图进行纹理映射。

❑ 远处同样面积的山体投影到屏幕上所占的面积小，近处的投影到屏幕上所占的面积大。近处的山体进行纹理采样时会采用 MAG 方式（纹理图会被拉大），远处的山体进行纹理采样时会采用 MIN 方式（纹理图会被缩小）。

❑ 同样的纹理图拉大后就显得清晰度差些，缩小后就显得很锐利。

想改善这种不真实感非常简单，只要采用第 7 章介绍过的 MipMap 纹理技术就可以了。本小节将进一步对上一小节的案例进行升级，升级后的案例 Sample11_4 运行效果如图 11-12 所示。

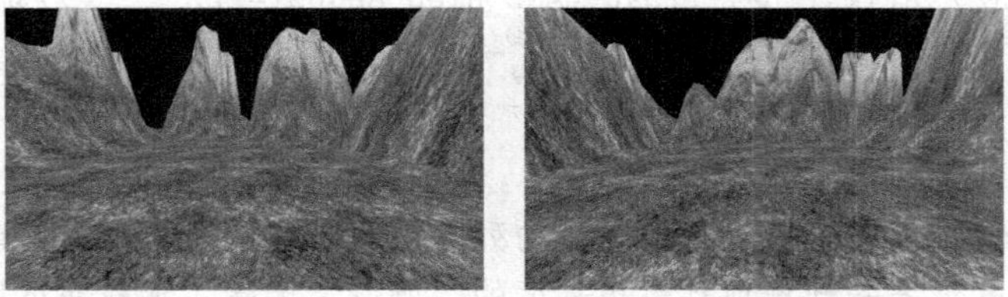

▲图 11-12　使用 MipMap 纹理的灰度图地形

从图 11-12 和图 11-11 的对比中可以看出，远处山体比近处山体更加清晰的问题得到了很大程度的改善。由于印刷的问题比对效果不明显，读者可以参考本书前面的彩图或自行运行案例进行观察。

提示 采用 MipMap 纹理不但可以改善地形中远处山体比近处山体更加清晰的问题，还可以提升执行性能，但需要的纹理空间接近普通纹理的两倍。

由于本案例仅是对前一小节案例的升级，因此，很多同样的代码不再赘述，这里仅给出需要

修改的部分。那就是 MySurfaceView 类中加载纹理的 initTexture 方法，其具体代码如下。

代码位置：见随书中源代码/第 11 章/Sample11_4/src/com/bn/Sample11_4 目录下的 MySurfaceView.java。

```
1    public int initTexture(int drawableId){                          //加载纹理的方法
2      ……//此处省略了与修改前相同的部分代码，需要的读者请参看
3      GLES30.glBindTexture(GLES30.GL_TEXTURE_2D, textureId);  //绑定纹理
4      GLES30.glTexParameteri(GLES30.GL_TEXTURE_2D,GLES30.GL_TEXTURE_MAG_FILTER,
5              GLES30.GL_LINEAR_MIPMAP_LINEAR);          //使用 MipMap 线性纹理采样
6      GLES30.glTexParameteri(GLES30.GL_TEXTURE_2D,GLES30.GL_TEXTURE_MIN_FILTER,
7              GLES30.GL_LINEAR_MIPMAP_NEAREST);         //使用 MipMap 最近点纹理采样
8      ……//此处省略了与修改前相同的部分代码，需要的读者请参看
9      GLES30.glGenerateMipmap(GLES30.GL_TEXTURE_2D);           //自动生成 Mipmap 系列纹理
10     ……//此处省略了与修改前相同的部分代码，需要的读者请参看
11   }
```

- 第 3-7 行是纹理采样方式的设置，将原来的普通纹理采样方式修改成了 MipMap 纹理采样方式。要注意的是，MipMap 纹理采样本身也分线性采样与最近点采样，读者可以在实际开发中根据需要选用。
- 第 9 行是新增的自动生成 MipMap 系列纹理图的代码。

提示　请读者特别注意，部分机型要求 MipMap 纹理图必须长宽相等，否则不能正确显示。因此，强烈建议读者采用长宽相等的纹理图用于 MipMap 纹理映射。

11.2.5　顶点着色器采样纹理地形

本节前面的案例都是通过其中常量类 Constant 的 loadLandforms 方法来加载灰度图，并计算顶点的海拔高度，即 y 坐标值。这种方法是利用 CPU 来计算的，但也可以利用 GPU 来进行计算，即在顶点着色器中采样灰度图纹理以计算顶点的海拔高度。

下面将通过一个改造自案例 Sample11_4 的示例来说明此问题，由于其中的大部分代码没有太大变化，因此，这里仅给出变化较大的部分，具体内容如下。

（1）首先需要修改的是常量类 Constant，其具体代码如下。

代码位置：见随书中源代码/第 11 章/Sample11_4a/src/com/bn/Sample11_4a 目录下的 Constant.java。

```
package com.bn.Sample11_4a;                                    //声明包名
public class Constant{
      public static final float LAND_HIGH_ADJUST=2f;          //陆地的高度调整值
      public static final float LAND_HIGHEST=60f;             //陆地最大高差
      public static int colsPlusOne;                          //灰度图的列数
      public static int rowsPlusOne;                          //灰度图的行数
}
```

说明　在该常量类中增加了灰度图的列数和行数这两个变量，同时，由于本案例是通过顶点着色器来计算顶点海拔高度的，所以，删除了加载灰度图，并根据灰度图中各个像素的灰度值计算对应顶点海拔高度的 loadLandforms 方法和存储地形顶点高度的数组。

（2）完成常量类 Constant 的修改之后，下面需要修改的是用于绘制山地地形的 Mountion 类，其具体代码如下。

代码位置：见随书中源代码/第 11 章/Sample11_4a/src/com/bn/Sample11_4a 目录下的 Mountion.java。

```
package com.bn.Sample11_4a;                              //声明包名
……//此处省略了部分类的导入代码，读者可以自行查阅随书中的源代码
public class Mountion{
```

```
4         ……//此处省略了部分成员变量的声明，读者可自行查阅随书中的源代码
5         int sTextureLandHandle;                          //灰度图的纹理单元引用 id
6         FloatBuffer mTexCoorBuffer1;                     //灰度图纹理坐标数据缓冲
7         ……//此处省略了本类的构造器，需要的读者可以查阅随书中的源代码
8         public void initVertexData(int rowsint cols){    //初始化顶点数据的方法
9              ……//此处省略了部分代码，读者可自行查阅随书中的源代码
10             for(int j=0;j<rows;j++){                     //遍历地形网格的行
11               for(int i=0;i<cols;i++){                   //遍历地形网格的列
12                  ……//此处省略了部分代码，请读者自行查阅随书中的源代码
13                  vertices[count++]=zsx;                  //将该顶点 x 坐标存入数组
14                  vertices[count++]=0;                    //将该顶点 y 坐标存入数组
15                  vertices[count++]=zsz;                  //将该顶点 z 坐标存入数组
16                  ……//此处省略了一些将顶点坐标存入数组的代码，与上面的类似
17             }}
18             ……//此处省略了部分代码，读者可以自行查阅随书中的源代码
19             float[] texCoor_land=generateTexCoor(cols,rows,1.0f);
                                                          //生成灰度图纹理坐标数组
20             ByteBuffer cbb1=ByteBuffer.allocateDirect(texCoor_land.length*4);
                                                          //纹理数据缓冲
21             cbb1.order(ByteOrder.nativeOrder());        //设置字节顺序
22             mTexCoorBuffer1 = cbb1.asFloatBuffer();     //转换为 Float 型缓冲
23             mTexCoorBuffer1.put(texCoor_land);          //向缓冲区中放入顶点着色数据
24             mTexCoorBuffer1.position(0);                //设置缓冲区起始位置
25        }
26        ……//此处省略了初始化着色器的方法，读者可以自行查阅随书中的源代码
27        public void drawSelf(int texId,int rock_textId,int land_textId){//绘制方法 drawSelf
28             ……//此处省略了部分代码，读者可以自行查阅随书中的源代码
29             GLES30.glVertexAttribPointer(          //将灰度图纹理坐标数据传入渲染管线
30                  maTexCoorHandle1,2,GLES30.GL_FLOAT,false,2*4,mTexCoorBuffer1
31             );
32             ……//此处省略了部分代码，读者可以自行查阅随书中的源代码
33             GLES30.glEnableVertexAttribArray(maTexCoorHandle1);//启用灰度图纹理数据数组
34             ……//此处省略了部分代码，读者可以自行查阅随书中的源代码
35             GLES30.glActiveTexture(GLES30.GL_TEXTURE2);           //启用 2 号纹理
36             GLES30.glBindTexture(GLES30.GL_TEXTURE_2D,land_textId);//绑定纹理
37             ……//此处省略了部分代码，读者可以自行查阅随书中的源代码
38             GLES30.glUniform1i(sTextureLandHandle, 2);           //使用 2 号纹理
39             ……//此处省略了部分代码，读者可以自行查阅随书中的源代码
40        }
41        ……//此处省略了 generateTexCoor 方法，读者可以自行查阅随书中的源代码
42   }
```

- 第 5-6 行为新增的灰度图纹理单元引用 id 变量和灰度图纹理坐标数据缓冲变量。
- 第 10-17 行为遍历地形网格的行和列，将当前行列对应的小格子中顶点坐标按照卷绕成两个三角形的顺序存入顶点坐标数组，与原来不同的是，各个顶点的 y 坐标值不再是地形顶点高度数组中的值，而是都为 0。
- 第 19-24 行为生成灰度图顶点纹理坐标数组，并创建灰度图纹理坐标数据缓冲，将纹理坐标数组存入该缓冲区中以及设置缓冲区的起始位置。
- 第 27-40 行为绘制方法 drawSelf，其中新增加了将灰度图纹理坐标数据传入渲染管线、启用灰度图纹理坐标数组以及绑定灰度图纹理的相关代码。

> **提示** 上面省略了的构造器、初始化着色器以及 generateTexCoor 方法中都有稍微的修改，这里不再赘述，读者可自行查阅随书中的源代码。

（3）完成了 Java 代码的修改之后，下面就需要修改顶点着色器了，其具体代码如下。

代码位置：见随书中源代码/第 11 章/Sample11_4a/assets 目录下的 vertex.sh。

```
#version 300 es
uniform mat4 uMVPMatrix;                          //总变换矩阵
uniform sampler2D sTextureLand;                   //纹理内容数据（灰度图）
uniform float landHighAdjust;                     //陆地的高度调整值
uniform float landHighest;                        //陆地最大高差
in vec2 aTexLandCoor;                             //灰度图顶点纹理坐标
```

```
in vec3 aPosition;                              //顶点位置
in vec2 aTexCoor;                               //顶点纹理坐标
out vec2 vTextureCoord;                         //用于传递给片元着色器的纹理坐标
out float currY;                                //用于传递给片元着色器的 y 坐标
void main(){                                    //主函数
   vTextureCoord = aTexCoor;                    //将接收的纹理坐标传递给片元着色器
   vec4 gColor=texture(sTextureLand, aTexLandCoor);  //从灰度图纹理中采样出灰度值
   float tempy=(((gColor.r+gColor.g+gColor.b)/3.0)*landHighest)
            +landHighAdjust;                    //通过灰度值计算顶点的 y 值
   currY=tempy;                                 //将顶点的 y 坐标传递给片元着色器
   //根据总变换矩阵计算此次绘制此顶点的位置
   gl_Position = uMVPMatrix * vec4(aPosition.x,tempy,aPosition.z,1);
}
```

说明　上述顶点着色器中，主要是增加了从灰度图纹理中采样出灰度值，再根据该灰度值利用前面介绍过的计算某像素顶点的海拔高度公式来计算顶点的 y 坐标值，最后，根据总变换矩阵计算此次绘制此顶点的位置。但需要注意的是，由于计算某像素顶点的海拔高度公式中的像素值范围为 0 ~ 255，而在该顶点着色器中的像素值范围为 0.0 ~ 1.0，所以，应将该计算海拔的公式改为："实际海拔=最低海拔+最大高差 × 像素值"。

另外，本案例中的 MySurfaceView 类也进行了修改，只是修改的比较少，由于篇幅有限，这里就不详细介绍了，请读者自行查阅随书中的源代码进行学习。还有，此案例与案例 Sample11_4 运行效果相同，这里就不再给出运行效果图了。

11.3 用粒子沉积算法构建地形

上一节详细介绍了利用灰度图构建地形的技术，但是，由于利用类似于 Photoshop 这样的绘图软件直接绘制所需地形对应的灰度图较难进行精确的控制，所以，本节将介绍一种较为方便，且能较为精确地控制山地地形构建细节的方法——粒子沉积法。

11.3.1 粒子沉积法的基本原理

粒子沉积法的核心思想是，通过计算机模拟从高处固定的位置撒下沙子（粒子）自动形成沙丘的方式来产生所需要的地形。撒落沙子的过程中，如果再加入一些扰动因素，那么形成的地形会非常自然，下面将介绍具体的实现方法。

模拟粒子掉落的过程中，每次从高处固定位置释放一个粒子。当粒子落到高度场（地面）后，则检查邻近位置的高度，如果发现比掉落位置低的邻近位置，粒子就移动到低的位置。上述过程被不断重复，直到该粒子再也不能移到较低的邻近位置为止，具体过程如图 11-13 所示。

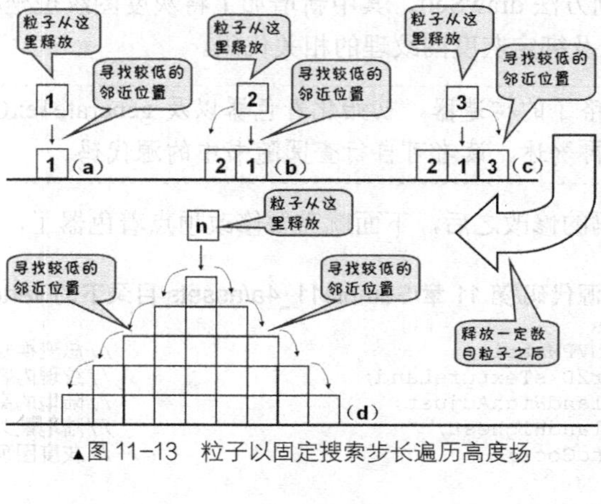

▲图 11-13　粒子以固定搜索步长遍历高度场

- 从图 11-13（a）中可以看出，第一个粒子在固定位置释放后到达的位置周围没有比自己所在位置更低的邻近位置，因此，1 号粒子将直接沉积在其掉落位置。
- 从图 11-13（b）中可以看出，第二个粒子在同样的固定位置释放后也会寻找较低的邻近位置。即 2 号粒子掉落到 1 号粒子上之后，发现周围还有更低的位置。故 2 号粒子会移动到更低的位置，并再次搜索，但没有发现更低的位置，故 2 号粒子在该位置沉积。
- 从图 11-13（c）中可以看出，掉落的 3 号粒子会继续上述过程，其掉落到 1 号粒子上之后，寻找邻近的更低位置，当不能再找到邻近的更低位置时沉积。
- 从图 11-13（d）中可以看出，经过多次粒子的释放及沉积后，会形成所需的山丘。

上述图 11-13 只是给出了粒子沉积的基本策略，实际开发中还可以采用一些不同的具体实现，使得沉积出来的地形更加自然，常用的两种具体实现策略如下。

1. 从固定位置释放粒子

实际开发中需要单个山丘时经常会采用从固定位置向高度场释放粒子的策略，但一般并不会直接采用如图 11-13 所示的策略。由于图 11-13 中所示策略采用的邻近最低位置搜索步长固定为 1，故经过一定数量的粒子沉积后，会产生类似于四棱锥的山丘，如图 11-14 所示。

▲图 11-14 固定位置释放粒子且搜索半径固定

这样的山丘显然非常不真实，因此，采用从固定位置释放粒子的策略时往往会同时结合采用在一定范围内随机变化搜索步长的策略，如图 11-15 所示。引入此策略后，生成的地形就不会那么规则了，真实感会好很多，如图 11-16 所示。

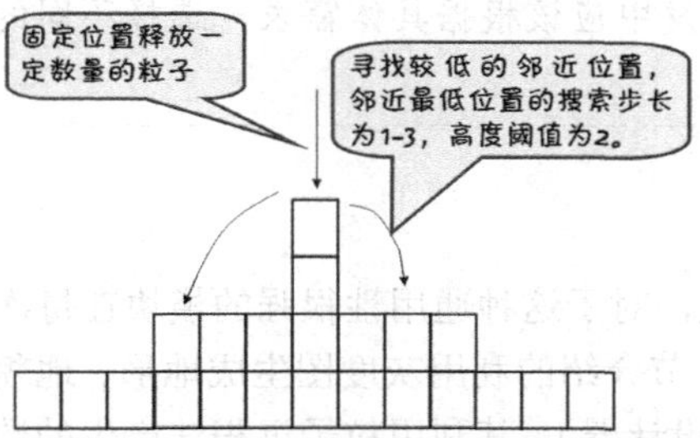

▲图 11-15 粒子以随机搜索步长遍历高度场

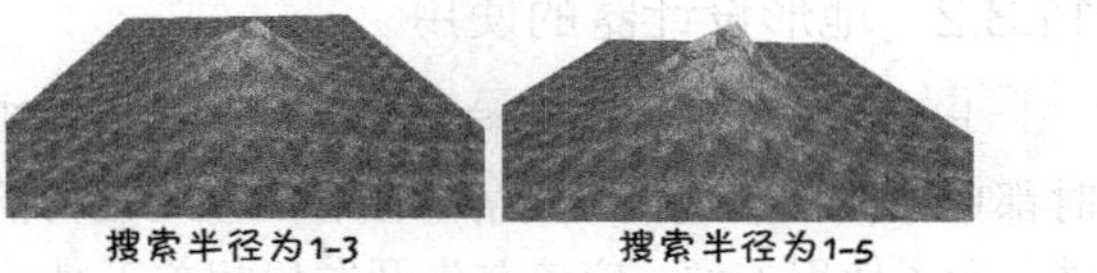

▲图 11-16 固定位置释放粒子且搜索步长随机

从图 11-16 中可以看出，引入了随机在一定范围内变化搜索步长的策略后，山丘的形状不再那么规则了，生成的地形自然就真实了很多。实际开发时的实现也很简单，只要在进行搜索时每次随机在给定的范围内生成步长即可，本节后面的部分会给出相关的实现代码供读者参考。

除了可以采取上述随机变化搜索步长的策略，还可以采用在比较相邻位置的高度时不要求高度精确相等才认为是高度相同的策略，而是采用高度差不大于给定阈值的、位置都认为一样高的策略，具体效果如图 11-17 所示。

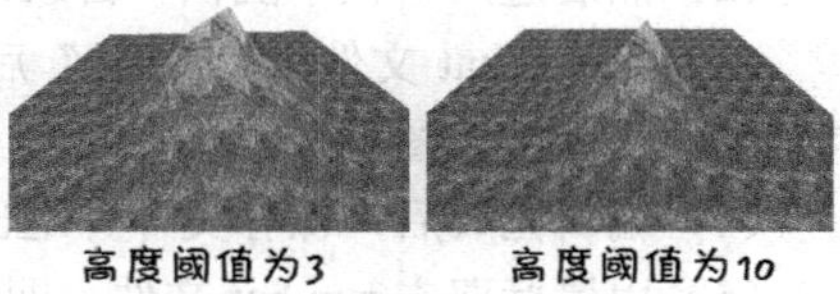

▲图 11-17 高度阈值不同的效果图

从图 11-17 中可以看出，在其他沉积条件一样的情况下：高度阈值越大，生成的山丘越尖锐；高度阈值越小，生成的山丘越平缓。实际开发中，读者可以根据具体需要调整高度阈值，以满足实际应用的需求。

2. 从非固定位置释放粒子

虽然引入了随机变化搜索步长、高度阈值等策略后生成的山丘已经比较自然了。但是，在自然界中很少有孤立的山头，大多数情况下山地地形是以山脉的形式呈现的，下面将进一步介绍从非固定位置释放粒子生成山脉地形的方法。

从非固定位置释放粒子是指从人为规定的一系列点均匀来回释放粒子，用这种方式形成的山地地形、地貌就不会再是一个个孤立的山头了，而是一系列山脉。从一系列点均匀来回释放粒子的顺序如图 11-18 所示。若仅是从一系列点均匀来回释放粒子，而不引入随机变化搜索步长，形成的山脉几何形状一般比较规矩，有棱有角，不太真实，如图 11-19 所示。

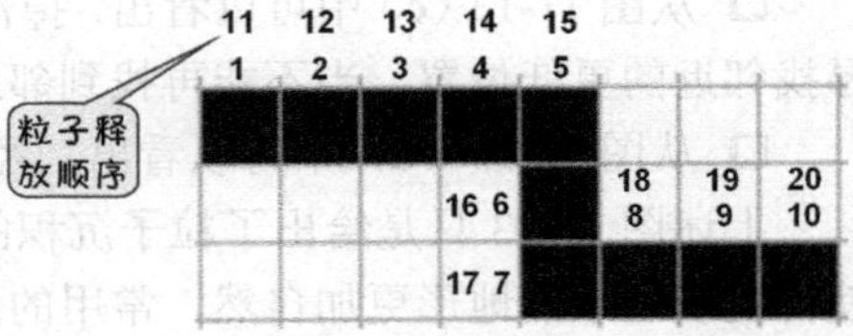

▲图 11-18　从非固定位置释放粒子

因此，实际开发中，需要形成山脉时往往会结合使用随机变化搜索步长的策略，这样形成的山脉真实感就会好很多，具体效果如图 11-20 所示。

▲图 11-19　固定搜索步长山脉效果图

▲图 11-20　变长搜索步长山脉效果图

> **提示**　从图 11-19 与图 11-20 中可以对比出固定搜索步长与随机变化搜索步长所产生效果的差别。这也提醒开发人员，在实际开发中应该根据具体需求，选择不同的策略组合以实现目标效果。

11.3.2　地形设计器的使用

上一小节详细介绍了粒子沉积法的基本原理，但是，对于这种通用性很强的模块在每次需要时都单独编程实现很不合算。读者应该还记得前面 11.2 节介绍的利用灰度图生成地形、地貌的方法，为了使用方便，应该首先开发出相关工具（如地形设计器），其利用粒子沉积法产生的数据生成相应的地形灰度图。这样粒子沉积法与前面的灰度图地形技术就可以很好地结合起来使用。

为了方便读者，笔者用 Java 开发了一款简单的基于粒子沉积法生成地形的小工具。下面简单介绍一下此工具的使用，其具体步骤如下。

（1）首先请读者将随书中“源代码/第 11 章/粒子沉积”目录复制到磁盘上的某个位置。

（2）然后进入“粒子沉积”目录，并用记事本等文本编辑工具打开 run.bat 文件。

（3）将 run.bat 文件中“path=”后面的路径更改为读者自己计算机上 JDK 安装路径下 bin 目录对应的路径，如图 11-21 所示。

（4）编辑完成后，保存文件并退出文本编辑工具。

（5）用鼠标双击 run.bat 文件，即可打开此地形设计器，其初始界面如图 11-22 所示。

（6）然后就是该地形设计器的使用了，读者可以选择加载计算机中已经存在的灰度图进行地形预览，如图 11-23 所示。

（7）此地形设计器的其他按钮功能都比较直白，且按钮上的文字说明也比较清楚，这里就不再一一介绍，读者可以自行运行试用。

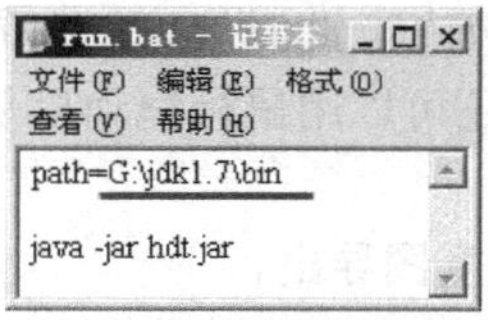

▲图 11-21　编辑 run 脚本文件

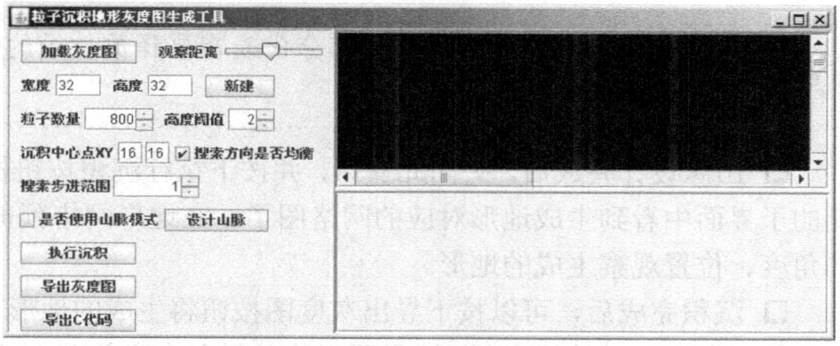

▲图 11-22　地图设计器的初始界面

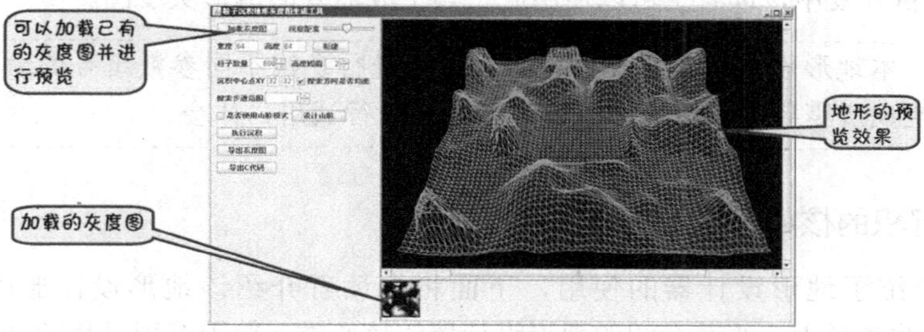

▲图 11-23　加载已有的灰度图并预览

> **提示**　图 11-23 界面左侧有一个特殊的按钮 导出C代码，此按钮的功能为根据导入的灰度图或粒子沉积的结果而自动产生记录地形高度数据的 C 代码，主要是服务于本书后面第 14 章 14.2 节中“使用 Android NDK 开发山地地形场景”的案例。另外，请读者注意，导出的 C 代码以及灰度图文件分别位于 hdt.jar 文件所在目录下的 code 及 pic 文件夹下。

了解了此地形设计器的基本操作后，下面将介绍一下如何使用此地形设计器设计山脉地形，具体步骤如下。

- 首先在宽度、高度文本框中输入需要的山地地形网格尺寸，并按下新建按钮，新建目标尺寸的地形网格。
- 接着根据需要调整粒子数量、高度阈值、搜索步进范围等参数。
- 然后选中“是否使用山脉模式”的复选框，并按下设计山脉按钮。系统将弹出山脉地形设计窗口，如图 11-24 所示。
- 在弹出的窗口中，可选中填充单选按钮，并用鼠标拖动给出山脉对应的一系列粒子释放位置。也可以选中删除单选按钮，用鼠标拖动删除不需要的粒子释放位置，如图 11-25 所示。

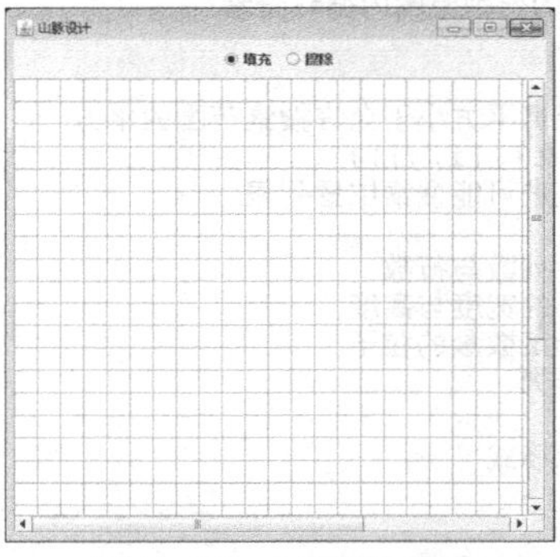

▲图 11-24　山脉设计界面

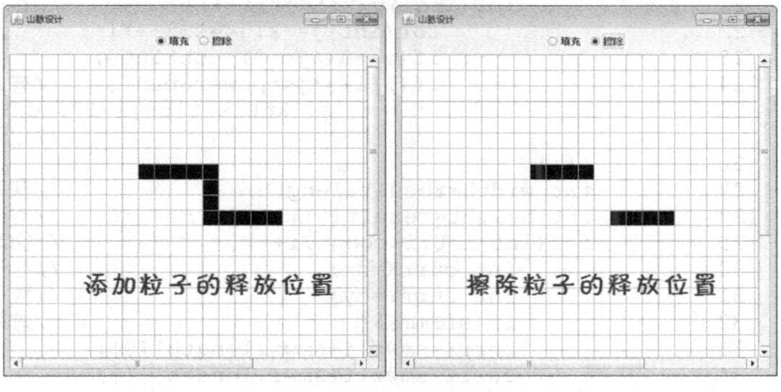

▲图 11-25　设计山脉地形

提示　图 11-25 中黑色的部分代表需要释放粒子的位置，白色的部分代表没有粒子释放的位置。

- ❑ 山脉设计完成后，关闭此窗口，并按下执行沉积按钮执行粒子沉积，此时就可以在界面右侧的子界面中看到生成地形对应的网格图了。在地形网格预览界面中还可以用鼠标拖动以从不同的角度、位置观察生成的地形。
- ❑ 沉积完成后，可以按下导出灰度图按钮将生成的地形对应的灰度图导出。

地形灰度图成功导出后，读者可以将其引入本章前面 11.2 节的案例中运行观察实际的地形效果。在以后的项目开发中，读者也可以使用此工具生成需要的地形灰度图。

提示　本地形设计工具允许对同一个地形进行多次不同参数组合的粒子沉积，方便读者生成所需要的目标地形，请读者自行运行试用、体会。

11.3.3　粒子沉积的核心算法类

上一小节介绍了地形设计器的使用，下面将为读者介绍该地形设计器中的核心算法类 LiZiChenJiUtil。此类是上一小节介绍的地形设计器的核心类，粒子沉积过程的计算就是通过此类实现的。其功能是模拟粒子的沉积过程，根据粒子的释放位置以及扰动因素计算出每个粒子最终的沉淀位置，最终生成地形数据，其具体代码如下。

代码位置：见随书中源代码/第 11 章/粒子沉积目录下的 LiZiChenJiUtil.java。

```
package com.bn;                                              //包声明
import java.util.ArrayList;import java.util.Collections; //相关类的引用
public class LiZiChenJiUtil {
  @SuppressWarnings("unchecked")
  public static void genCJ(                                  //产生沉积数据的方法
     float[][] result,                                       //记录地形高度数据的数组
     int cx,                                                 //粒子掉落的中心点 x 坐标
     int cy,                                                 //粒子掉落的中心点 y 坐标
     int count,                                              //总粒子数
     int span,                                               //搜索步进
     int gdyzIn,                                             //高度阈值范围
     boolean ssfxjh,                                         //搜索方向是否均衡
     boolean sfSmms,                                         //是否采用山脉模式
     int[][] smwz                                            //山脉位置数组
 ){
      @SuppressWarnings("rawtypes")
      ArrayList[] knPosition=new ArrayList[span];//创建可能的搜索位置列表
      for(int k=1;k<=span;k++){                        //生成可能的搜索位置数据
            knPosition[k-1]=new ArrayList<int[]>();//创建步长范围为 k 时所有可能搜索位置的列表
            int powerSpan=k*k;                          //求出允许搜索范围值的平方
            for(int i=-k;i<=k;i++){                     //在-k～+k 的行列范围内循环查看
                  for(int j=-k;j<=k;j++){
                  if(i==0&&j==0) continue;
                  if(i*i+j*j<=powerSpan){           //若此位置距离平方小于允许搜索范围的平方
                              knPosition[k-1].add(new int[]{i,j});
                                                        //记录此位置进可能搜索位置列表
      }}}}
      int width=result.length;                          //获取地形的列数与行数
      int height=result[0].length;                      //对应灰度图的宽度与高度
      for(int i=0;i<count;i++){                         //循环沉积指定数量的粒子
            int currX=cx;                               //粒子当前行列
            int currY=cy;                               //粒子当前行
            if(sfSmms){                                 //若采用山脉模式
            currX=smwz[i%smwz.length][0];
            currY=smwz[i%smwz.length][1];
      }
      //循环探查周围位置的高度，直至找到此粒子最终沉积的位置
```

```
37          zong:while(true){
38               float currHeight=result[currX][currY];        //取出目标位置的高度
39               int currSpan=(int)Math.ceil(span*Math.random());
                                                   //在范围内随机得出此次搜索的步长
40               //在范围内随机得出此次搜索的高度阈值
41               int gdyz=(int)(Math.ceil((gdyzIn/2.0)*Math.random()+(gdyzIn/2.0)));
42               //根据此次搜索的步长获取可能的搜索位置列表
43               ArrayList<int[]> knwz=(ArrayList<int[]>)(knPosition[currSpan-1]);
44               if(ssfxjh){                       //若搜索方向均衡则对可能的搜索位置打乱
45                    Collections.shuffle(knwz);
46               }
47               for(int[] wz:knwz){                //循环对可能的位置进行搜索
48                    int j=wz[0];
49                    int k=wz[1];
50                    //若可能的位置超出范围则放弃此可能位置
51                    if(currX+j<0||currX+j>=width||currY+k<0||currY+k>=height){
52                         continue;
53                    }
54                    float tempHeight=result[currX+j][currY+k];//获取此可能位置的高度
55                    //若当前位置的高度与可能位置的高度差大于高度阈值
56                    if(currHeight-tempHeight>gdyz){
57                         currX=currX+j;           //将当前位置移动到此可能的位置
58                         currY=currY+k;
59                         continue zong;           //从新位置开始重新搜索
60               }}
61               break zong;                         //若找到了此粒子最终沉积的位置则退出搜索循环
62          }
63        result[currX][currY]+=1;                 //在此粒子沉积的位置将高度值加一
64    }}}
```

- 第 5-15 行为 genCJ 方法的入口参数，每次执行粒子沉积操作时都需要调用此方法，采用不同的入口参数调用此方法将产生不同的沉积效果。
- 第 17-26 行首先创建了用于存储不同步长范围对应的所有可能搜索位置的列表数组，然后再计算出每种步长范围对应的所有可能的搜索位置的行列偏移量，并将计算出的行列偏移量存储进列表中。
- 第 37-64 行循环探查周围位置的高度，直至找到此粒子最终的沉积位置。其中 44-48 行为将在该半径下确定的可能的搜索位置随机打乱。第 47-64 行为对可能的位置进行搜索，寻找满足条件的邻近位置，如果找到了则从新位置重新开始搜索，如果没有满足条件的邻近位置，则退出搜索循环，并在此位置将高度值加一（即粒子沉积在这个位置）。

> **提示** 实际开发中，读者既可以使用本书中提供的地形设计工具设计地形并导出灰度图使用，也可以参考上述 LiZiChenJiUtil 类的源代码开发出更有创意的粒子沉积法的不同实现。

11.4 天空盒与天空穹

前面通过灰度图地形、粒子沉积算法、过程纹理、MipMap 纹理等技术构建了非常真实的地形场景，但场景中的天空黑茫茫一片，成为一个明显的瑕疵。本节将向读者介绍两种用于实现天空效果的技术，天空盒与天空穹。采用这两种技术可以为场景添加真实的天空效果，增加场景的真实感。

11.4.1 天空盒

天空盒技术的思路非常简单，具体说就是将场景放置在一个很大的立方体中，立方体的每个面是一个纹理正方形，如图 11-26 所示。

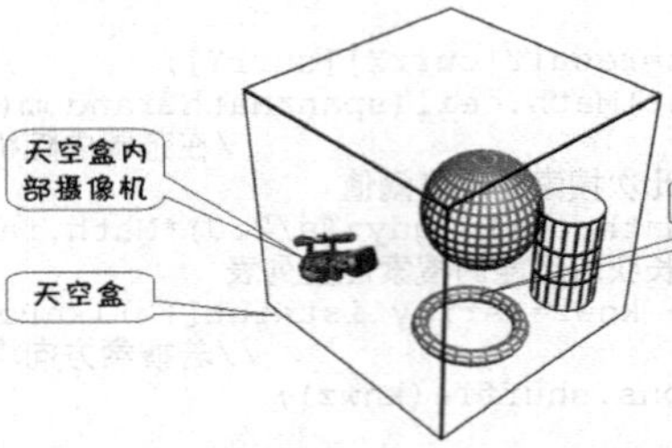

▲图 11-26　天空盒示意图

提示　使用天空盒时需要注意，用于观察场景的摄像机需要放置在天空盒立方体的内部，图 11-26 中就是如此。

为了在观察位于天空盒内部的场景时有真实天空背景的效果，组成天空盒的 6 个纹理正方形上需要各自映射一幅正方形的天空纹理图。这 6 幅纹理图是可以无缝拼接的，如图 11-27 所示。

了解了天空盒的原理后，就可以进行本小节案例 Sample11_5 的开发了。在介绍开发步骤之前请读者首先了解一下本案例的运行效果，如图 11-28 所示。

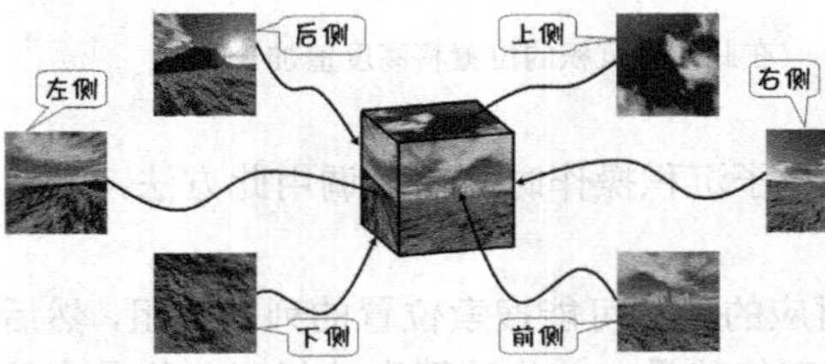

▲图 11-27　天空盒纹理贴图示意图

▲图 11-28　天空盒案例效果图

说明　图 11-28 中左右两幅分别为摄像机在天空盒中，向不同的方向观察时看到的天空情况。运行本案例时，当手指在屏幕上左右滑动时摄像机绕场景转动，当手指在屏幕上上下滑动时摄像机上升或下降。

通过前面的介绍读者已经知道，天空盒实际上是由 6 个纹理正方形（正方形为矩形的特殊情况）组成的。而在本书第 7 章介绍纹理的相关知识时，已经对纹理矩形的开发进行了详细介绍，因此，这里仅给出将 6 个纹理矩形组装成天空盒的 MySurfaceView 类的相关代码。

代码位置：见随书中源代码/第 11 章/Sample11_5/src/com/bn/Sample11_5 目录下的 MySurfaceView.java。

```
package com.bn.Sample11_5;                                    //声明包名
……//此处省略了部分类的导入代码，读者可以自行查阅随书中的源代码
class MySurfaceView extends GLSurfaceView{
    ……//此处省略了本类部分成员变量的声明，读者可以自行查阅随书中的源代码
    int[] textureIdA=new int[6];                    //存储天空盒 6 面的纹理 id 的数组
    ……//此处省略了本类的构造器，读者可以自行那个查阅随书中的源代码
    ……//此处省略了触控事件的处理方法 onTouchEvent，读者可以查阅随书中的源代码
    private class SceneRenderer implements GLSurfaceView.Renderer{
        TextureRect texRect;                        //用于绘制天空盒各个面的纹理正方形
        public void onDrawFrame(GL10 gl){           //绘制一帧画面的方法
            GLES30.glClear( GLES30.GL_DEPTH_BUFFER_BIT
                   | GLES30.GL_COLOR_BUFFER_BIT);   //清除深度缓冲与颜色缓冲
            //调用此方法产生摄像机 9 参数位置矩阵
            MatrixState.setCamera(cx,cy,cz,0f,0f,0f,0f,1.0f,0.0f);
            final float tzz=0.4f;                   //天空盒 6 个面的调整值
            MatrixState.pushMatrix();               //保护现场
```

```
                MatrixState.translate(0, 0, -UNIT_SIZE+tzz);  //平移变换
                texRect.drawSelf(textureIdA[0]);              //绘制天空盒后面
                MatrixState.popMatrix();                      //恢复现场
                ……//此处省略了绘制天空盒前侧、左侧、右侧以及下侧的代码，需要时请参考
                MatrixState.pushMatrix();                     //保护现场
                MatrixState.translate(0, UNIT_SIZE-tzz, 0);   //平移变换
                MatrixState.rotate(90, 1, 0, 0);              //旋转变换
                texRect.drawSelf(textureIdA[4]);              //绘制天空盒上面
                MatrixState.popMatrix();                      //恢复现场
            }
            ……//此处省略了重写的 onSurfaceChangedd 方法，需要时请参考
            ……//此处省略了重写的 onSurfaceCreated 方法，需要时请参考
        }
    ……//此处省略了自动生成纹理 id 的方法，读者可以自行查阅随书中的源代码
}
```

说明　从上述代码中可以看出，通过 6 个纹理正方形组装天空盒是非常简单的，只要将一个纹理正方形对象通过平移、旋转等变换到指定的位置，再应用不同的纹理进行绘制即可。另外，在实际的开发中，建议读者将天空盒的相关代码封装到一个单独的类中，而不应该像本案例一样，直接将相关代码写在绘制一帧画面的 onDrawFrame 方法中，这样不便于管理和重用代码。

11.4.2　天空穹

细心的读者可能会发现，从大部分角度观察天空盒都是比较真实的，但当观察天空盒任何两个面的接缝处时真实感就差很多。这是因为构成接缝的两个面成 90°，不是平滑的。这个问题是天空盒技术所固有的，很难彻底解决，因此，很多游戏场景中会采用另一种天空效果实现技术——天空穹。

天空穹技术中不再是用立方体模拟天空，而是用一个半球面模拟天空，此半球面上需要贴上对应天空的纹理图，具体情况如图 11-29 所示。

提示　从图 11-29 中可以看出，用于模拟天空的半球面切分得越细效果就会越好。但实际开发中出于对性能的考量，切分得不宜过细。

了解了天空穹的原理后，就可以进行本小节案例 Sample11_6 的开发了。在介绍开发步骤之前请读者首先了解一下本案例的运行效果，如图 11-30 所示。

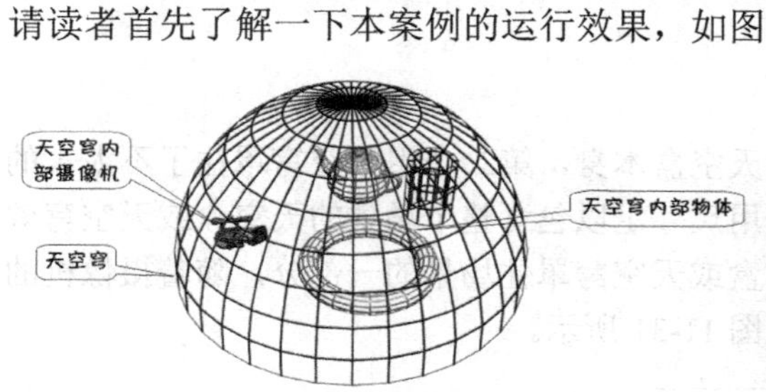

▲图 11-29　天空穹原理图

▲图 11-30　天空穹案例效果图

提示　从天空穹与天空盒案例效果图的对比中可以看出，天空穹的效果会更好一些。另外，与 Sample11_4 相同，用手指按住屏幕左下角或右下角，摄像机会绕场景旋转；用手指按住屏幕左上角或右上角，摄像机会前进或后退，以从不同的位置、角度观察场景。

从图 11-30 中可以看出，本案例实际是对前面“MipMap 地形”小节案例 Sample11_4 的升级，

因此，这里对相同的代码不再赘述，仅给出升级的主要步骤，具体如下所列。

（1）首先需要在案例中增加用于绘制天空穹的 Sky 类，此类其实就是一个半球面，大部分代码与前面章节一些案例中纹理球面类（如第 7 章案例 Sample7_5 中的地球或月球类）的基本相同，这里不再赘述，需要的读者可以参考随书中的源代码。

（2）由于本案例中应用于天空穹的纹理不是正方形（1024×256），同时升级前的纹理加载方法 initTexture 仅仅将纹理采样方式设置为 MipMap 系列的选项了。因此，为了保证在大部分机型上能够正常运行本案例，需要对加载纹理的 initTexture 方法进行修改，修改后的代码如下。

代码位置：见随书中源代码/第 11 章/Sample11_6/src/com/bn/Sample11_6 目录下的 MySurfaceView.java。

```
public int initTexture(int drawableId,boolean isMipmap) {//生成纹理 Id 的方法
    ……//此处省略了与升级前相同的代码，需要的读者请参考
    if(isMipmap){   //若标志位为 true，则将采样方式设置为 MipMap 系列
        GLES30.glTexParameteri ( GLES30.GL_TEXTURE_2D, //设置 MAG 纹理采样方式
            GLES30.GL_TEXTURE_MAG_FILTER, GLES30.GL_LINEAR_MIPMAP_LINEAR);
        GLES30.glTexParameteri ( GLES30.GL_TEXTURE_2D, //设置 MIN 纹理采样方式
            GLES30.GL_TEXTURE_MIN_FILTER, GLES30.GL_LINEAR_MIPMAP_NEAREST);
    }else{          //若标志位为 false，则将采样方式设置为普通采样系列
        GLES30.glTexParameteri ( GLES30.GL_TEXTURE_2D, //设置 MAG 纹理采样方式
            GLES30.GL_TEXTURE_MAG_FILTER, GLES30.GL_LINEAR);
        GLES30.glTexParameteri ( GLES30.GL_TEXTURE_2D, //设置 MIN 纹理采样方式
            GLES30.GL_TEXTURE_MIN_FILTER, GLES30.GL_NEAREST);
    }
    ……//此处省略了与升级前相同的代码，需要的读者请参考
    if(isMipmap){   //若标志位为 true，则自动生成 MipMap 系列纹理
        GLES30.glGenerateMipmap(GLES30.GL_TEXTURE_2D);//自动生成 MipMap 系列纹理
    }
    ……//此处省略了与升级前相同的代码，需要的读者请参考
}
```

说明　从上述代码中可以看出，主要是增加了 isMipmap 入口参数，根据此参数的值将纹理采样方式设置为 Mipmap 系列或普通系列。同时，还根据此参数的值决定是否自动生成 MipMap 系列纹理。

（3）在 MySurfaceView 类中增加加载天空穹纹理、创建天空穹（Sky 类）对象、绘制天空穹的相关代码。这些代码与本书前面很多案例的套路完全相同，这里不再赘述，需要的读者请参考随书中的源代码。

11.4.3　天空盒与天空穹的使用技巧

前面两个小节给出的两个案例，第一个仅包含天空盒本身，第二个用天空穹罩住了不太大的山地地形。但在很多实际应用中场景非常大，若使用尺寸足以包含整个场景的天空盒或天空穹效果就不是很好。因此，实际开发时经常会仅让天空盒或天空穹罩住场景的一部分，随着摄像机的移动天空盒或天空穹也跟着一起移动，具体情况如图 11-31 所示。

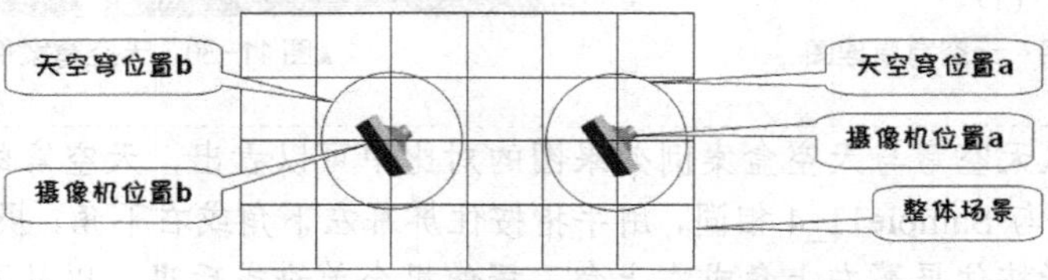

▲图 11-31　天空盒/穹伴随摄像机移动示意图

采用这种天空盒或天空穹使用技巧的游戏有很多，如大名鼎鼎的极品飞车、都市赛车等，读者可以在玩这些游戏进行娱乐的同时细致观察一下就能感觉到。

11.5 简单镜像效果

现实世界中，水边的树木、山体经水面反射后会形成倒影，这种效果在物理学中称为镜像。不但水面可以形成镜像，一切表面光滑，能良好反射光线的物体都可以形成镜像。因此，在开发很多模拟现实世界的 3D 场景中，若能够真实地再现镜像，吸引力将大大增加。本节将向读者介绍一种实现镜像的技术，主要包括此技术的原理及一个篮球被地板反射形成镜像的案例。

11.5.1 镜像基本原理

从初中物理中大家都学到过，形成镜像的原因是反射，经过反射形成的像与其对应的实体相对于反射面是对称的。因此，在 OpenGL ES 中开发镜像效果时，最为关键的一步是根据实体的位置及反射面的位置、朝向计算出像的位置，如图 11-32 所示。

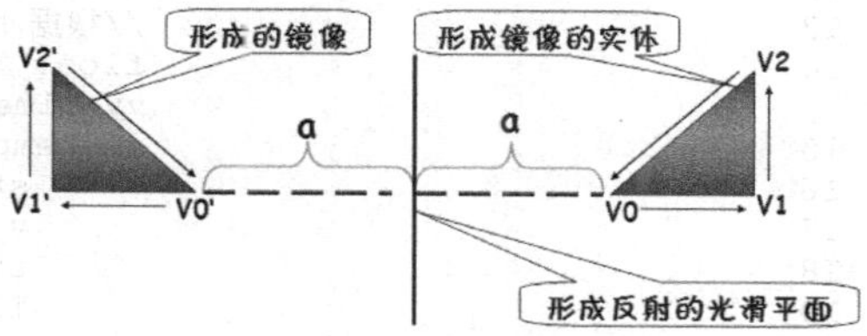

▲图 11-32 镜像效果原理

> **提示** 从图 11-32 中可以看出，在 OpenGL ES 中绘制实体时，采用的是系统默认的逆时针卷绕方式（v0,v1,v2），而在绘制镜像时，由于该镜像和实体是关于反射面对称的，使得原来逆时针卷绕变成了顺时针卷绕（v0′,v1′,v2′）。所以绘制镜像时应先将卷绕方式设置为顺时针卷绕，再进行绘制。当然，在绘制完镜像后，又应将卷绕方式还原，即设置为逆时针卷绕，避免影响下一次实体的绘制。同时，开发中如果情况允许应该尽量让反射面平行于某个坐标平面（如 XOY 平面、XOZ 平面、YOZ 平面），这样像位置的计算就非常简单了。

11.5.2 基本效果案例

上一小节介绍了镜像效果的基本原理，本小节将给出一个简单的实现了镜像效果的案例 Sample11_7，其运行效果如图 11-33 所示。

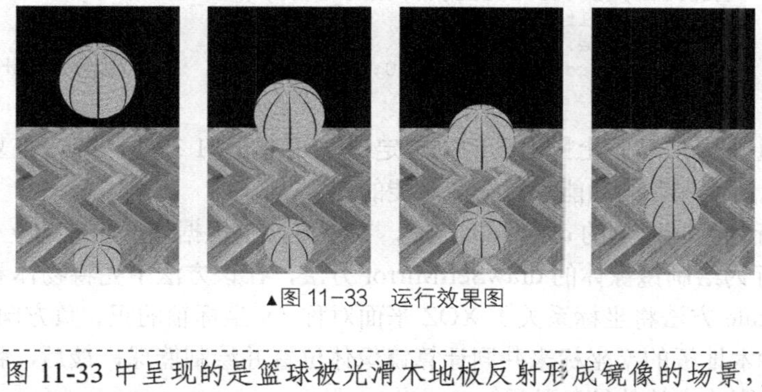

▲图 11-33 运行效果图

> **提示** 图 11-33 中呈现的是篮球被光滑木地板反射形成镜像的场景，从左至右依次为篮球开始下落、篮球继续下落、篮球碰到地板的几种情况。

了解了案例的运行效果后，就可以进行案例的代码开发了。由于本案例中用到的很多类与前面许多案例的基本一致，因此，这里仅介绍本案例中有特色的部分。主要包括绘制场景的 MySurfaceView 类，以及完成篮球自由下落与反弹物理计算的 BallForControl 类，其具体内容如下所列。

（1）首先介绍完成篮球自由下落与反弹物理计算的 BallForControl 类，其具体代码如下。

代码位置：见随书中源代码/第 11 章/Sample11_7/src/com/bn/Sample11_7 目录下的 BallForControl.java。

```
1    package com.bn.Sample11_7;                                          //声明包
2    ……//此处省略了部分类的导入代码，读者可以自行查阅随书中的源代码
3    public class BallForControl{
4        ……//此处省略了成员变量的声明，读者可自行查阅随书中的源代码
5        public BallForControl(BallTextureByVertex btv,float startYIn){
6            this.btv=btv;
7            this.startY=startYIn;                                       //初始化起始位置
8            currentY=startYIn;                                          //初始化当前位置
9            new Thread(){                                               //开启一个线程运动篮球
10               public void run(){                                      //重写 run 方法
11                   while(true){
12                       timeLive+=TIME_SPAN;                            //此轮运动时间增加
13                       //根据此轮起始 Y 坐标、此轮运动时间、此轮起始速度计算当前位置
14                       float tempCurrY=startY-0.5f*G*timeLive*timeLive+
                         vy*timeLive;
15                       if(tempCurrY<=FLOOR_Y){//若当前位置低于地面则碰到地面反弹
16                           startY=FLOOR_Y;                             //反弹后起始位置为 0
17                           vy=-(vy-G*timeLive)*0.8f;                   //反弹后起始速度
18                           timeLive=0;                                 //反弹后此轮运动时间清 0
19                           if(vy<0.35f){                               //若速度小于阈值则停止运动
20                               currentY=FLOOR_Y;                       //恢复起始位置
21                               break;
22                       }}else{                                         //若没有碰到地面则正常运动
23                           currentY=tempCurrY;                         //获取当前位置
24                       }
25                       try{
26                           Thread.sleep(20);                           //线程休眠
27                       }catch(Exception e){
28                           e.printStackTrace();                        //打印错误信息
29           }}}}.start();
30       }
31       public void drawSelf(int texId){                                //绘制物体自身
32           MatrixState.pushMatrix();                                   //保护现场
33           MatrixState.translate(0,UNIT_SIZE*BALL_SCALE+currentY,0);//平移变换
34           btv.drawSelf(texId);                                        //绘制篮球
35           MatrixState.popMatrix();                                    //恢复现场
36       }
37       public void drawSelfMirror(int texId){                          //绘制镜像体
38           GLES30.glFrontFace(GLES30.GL_CW);                           //设置顺时针卷绕
39           MatrixState.pushMatrix();                                   //保护现场
40           MatrixState.scale(1,-1,1);                                  //关于 XOZ 平面对称变换
41           MatrixState.translate(0,UNIT_SIZE*BALL_SCALE+currentY-2*FLOOR_Y,0);
42           btv.drawSelf(texId);                                        //绘制篮球
43           MatrixState.popMatrix();                                    //恢复现场
44           GLES30.glFrontFace(GLES30.GL_CCW);                          //设置逆时针卷绕
45   }}
```

- 上述代码主要是实现了上抛运动的物理定律，其中第 21 行的 0.8f 为恢复系数，其代表每次篮球碰撞地面后还能保存的动能占碰撞前动能的比例。
- 第 31-36 行为绘制实体的 drawSelf 方法，在该方法中根据篮球当前的 y 坐标绘制篮球。
- 第 37-45 行为绘制镜像体的 drawSelfMirror 方法，在该方法中先将物体卷绕设置为顺时针卷绕，然后调用 scale 方法将坐标系关于 XOZ 平面对称（y 坐标轴的正、负方向调换），再根据篮球的 y 坐标和反射木地板的 y 坐标来共同计算镜像体位置并绘制篮球，最后，将物体卷绕设置为逆时针卷绕，避免影响实体的绘制效果。

提示　上述代码是将 scale 方法中的第二给参数设置为-1，代表关于 XOZ 平面对称；若将第一个参数设置为-1 时，则代表关于 YOZ 平面对称；将第三个参数设置为-1 时，则代表关于 XOY 平面对称（其他两个参数为 1）。

（2）接着介绍绘制整体场景的 MySurfaceView 类，其具体代码如下。

代码位置：见随书中源代码/第 11 章/Sample11_7/src/com/bn/Sample11_7 目录下的 MySurface View.java。

```
1   package com.bn.Sample11_7;                              //声明包名
2   ……//此处省略了部分类的导入代码，读者可以自行查阅随书中的源代码
3   class MySurfaceView extends GLSurfaceView{
4       ……//此处省略了成员变量的声明，读者可自行查阅随书中的源代码
5       ……//此处省略了本类中构造器的代码，读者可以自行查阅随书中的源代码
6       private class SceneRenderer implements GLSurfaceView.Renderer{
7           ……//此处省略了成员变量的声明，读者可自行查阅随书中的源代码
8           public void onDrawFrame(GL10 gl){               //绘制一帧画面的方法
9               GLES30.glClear( GLES30.GL_DEPTH_BUFFER_BIT |
10                      GLES30.GL_COLOR_BUFFER_BIT);//清除深度缓冲与颜色缓冲
11              MatrixState.pushMatrix();                        //保护现场
12              MatrixState.translate(0, -2, 0);                 //平移变换
13              MatrixState.pushMatrix();                        //保护现场
14              MatrixState.translate(0, FLOOR_Y, 0);            //平移变换
15              texRect.drawSelf(textureFloor);                  //绘制木地板
16              MatrixState.popMatrix();                         //恢复现场
17              bfd.drawSelfMirror(textureBallId);               //绘制镜像体
18              bfd.drawSelf(textureBallId);                     //绘制实际物体
19              MatrixState.popMatrix();                         //恢复现场
20          }
21          ……//此处省略了 onSurfaceChanged 方法，读者可以自行查阅随书中的源代码
22          public void onSurfaceCreated(GL10 gl, EGLConfig config){
23              GLES30.glClearColor(0.0f,0.0f,0.0f,1.0f); //设置屏幕背景色 RGBA
24              texRect=new TextureRect(MySurfaceView.this,4,2.568f);//创建纹理矩形对象
25              //创建用于绘制的篮球对象
26              btbv=new BallTextureByVertex(MySurfaceView.this,BALL_SCALE);
27              bfd=new BallForControl(btbv,3f);//创建用于控制篮球的BallForControl类对象
28              GLES30.glDisable(GLES30.GL_DEPTH_TEST);      //关闭深度检测
29              ……//此处省略了一些纹理加载、打开背面剪裁、初始化变换矩阵的代码
30      }}
31      ……//此处省略了加载纹理的 initTexture 方法，读者可以自行查阅随书中的源代码
32  }
```

- 第 8-20 行为绘制一帧画面的 onDrawFrame 方法，其中首先绘制了木地板（反射面），且该木地板的 y 坐标由 FLOOR_Y 变量决定，该变量可以为 0（XOZ 平面），也可以为其他数；然后绘制了镜像体与实际物体。镜像体与实际物体位置的计算是由 BallForControl 类完成的，前面步骤中已经介绍。
- 第 22-30 行为进行初始化的 onSurfaceCreated 方法，其中大部分代码与前面很多案例的套路完全一致，最大的区别就是，别的案例几乎都是打开深度检测的，而这里是关闭深度检测。

> **提示** 实现镜像效果时，除了需要计算出镜像的位置，最关键的就是需要关闭深度检测。若绘制镜像时不关闭深度检测，则距离摄像机较近的反射面就会挡住镜像体，如图 11-34 所示，这点也请读者在开发中特别注意。

▲图 11-34　打开深度检测的效果图

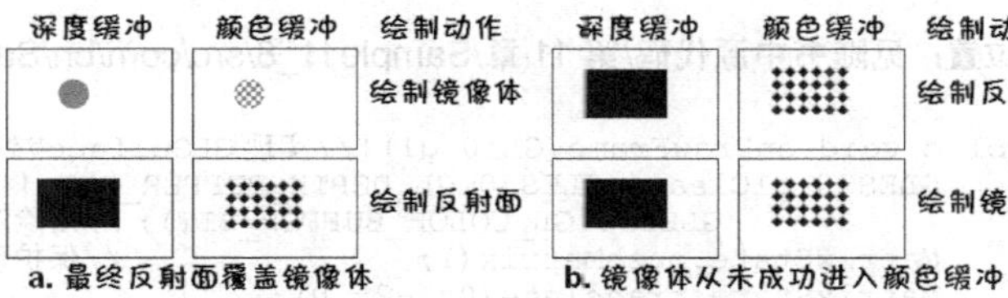

▲图 11-35　绘制镜像体时需要关闭深度检测的原因

之所以打开深度检测就看不见镜像体原因如下。

- 若先绘制镜像体，则有镜像体片元的位置深度缓冲区中会记录较大的深度，再绘制距离较近的反射面时，其片元对应的深度较小，深度检测通过，将覆盖原有的片元，如图 11-35（a）所示。
- 若先绘制反射面，则有反射面片元的位置深度缓冲区中会记录较小的深度，再绘制距离较远的镜像体时，其片元对应的深度大，深度检测失败，片元将被丢弃，如图 11-35（b）所示。

> **提示**　图 11-35 中颜色越深表示深度越小，这是因为从灰度值的角度考虑值越大颜色越浅。最后需要读者注意的是，即使关闭了深度检测，绘制顺序也不是任意的，必须先绘制反射面，再绘制镜像体。

11.5.3　升级效果案例

上一小节案例中实现的镜像场景已经较为真实，但还有一个小的瑕疵。那就是镜像与实体是一模一样的，这不完全符合现实世界的情况。现实世界中，镜像会受到反射面的影响，也就是镜像上会隐约映射出反射面的内容，不应该与实体一模一样。

本小节将上一小节的案例进一步升级（升级后的案例为 Sample11_8），实现上述真实镜像的效果，如图 11-36 所示。

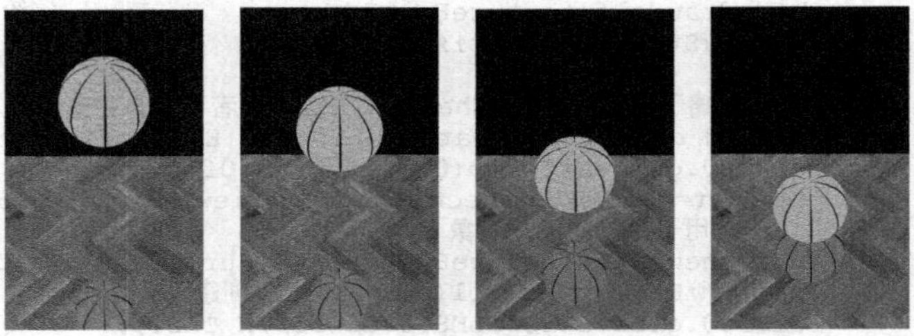

▲图 11-36　升级后的运行效果图

从图 11-36 中可以看出，镜像上隐约映射出了反射面的内容，真实感比升级前提高了不少。实现的思路也很简单，只需要绘制完镜像体之后，再采用混合模式绘制一个半透明的反射面即可。

> **提示**　由于本书中的插图采用灰度印刷，可能看不出透明效果，此时请读者参照本书最前面的彩页或自行运行程序观察。

了解了实现思路后，就可以进行案例的开发了。由于实际上本案例仅仅是将案例 Sample11_7 复制了一份并进行了修改，因此这里仅给出修改的主要步骤。

（1）需要在项目中增加一幅半透明的木地板纹理图 mdbtm.png，其内容与原有的不透明的木地板纹理图完全一致。

（2）在 MySurfaceView 类中增加加载半透明纹理以及绘制半透明反射面的代码，修改后绘制场景的 onDrawFrame 方法如下。

代码位置：见随书中源代码/第 11 章/Sample11_8/src/com/bn/Sample11_8 目录下的 MySurfaceView.java。

```
public void onDrawFrame(GL10 gl){//实现 GLSurfaceView.Renderer 接口后重写的绘制方法
    GLES30.glClear( GLES30.GL_DEPTH_BUFFER_BIT |
            GLES30.GL_COLOR_BUFFER_BIT); //清除深度缓冲与颜色缓冲
    MatrixState.pushMatrix();                          //保护现场
    MatrixState.translate(0, -2, 0);                         //平移变换
    MatrixState.pushMatrix();                                //保护现场
    MatrixState.translate(0, FLOOR_Y, 0);                    //平移变换
    texRect.drawSelf(textureFloor);                          //绘制反射面地板（不透明）
    MatrixState.popMatrix();                                 //恢复现场
    bfd.drawSelfMirror( textureBallId);                      //绘制镜像体
    GLES30.glEnable(GLES30.GL_BLEND);                        //开启混合
    GLES30.glBlendFunc(GLES30.GL_SRC_ALPHA,
            GLES30.GL_ONE_MINUS_SRC_ALPHA);                  //设置混合因子
    MatrixState.pushMatrix();                                //保护现场
    MatrixState.translate(0, FLOOR_Y, 0);                    //平移变换
```

```
        texRect.drawSelf(textureFloorBTM);          //绘制半透明地板
        MatrixState.popMatrix();                    //恢复现场
        GLES30.glDisable(GLES30.GL_BLEND);          //关闭混合
        bfd.drawSelf(textureBallId);                //绘制实际物体
        MatrixState.popMatrix();                    //恢复现场
    }
```

说明 请读者要特别注意绘制的顺序，先绘制不透明反射面，接着绘制镜像体，再绘制半透明反射面，最后绘制实际物体，不正确的顺序会不能产生正确的效果。

11.6 动态文本输出

到目前为止，本书已经给出了很多酷炫的案例，但这些案例场景中都没有出现文字。这是因为 OpenGL ES 3.0 本身并没有提供在 3D 场景中绘制文字的方法，要想在场景中看到文字只能将文字先存储到纹理图中，再应用有文字内容的纹理图才可以。

通过上面的描述读者可能会想到一个问题，纹理图中的文字是固定不变的啊，如果需要动态内容的文字怎么办呢？本节将通过一个案例向读者介绍如何在 3D 场景中呈现动态内容的文本。

11.6.1 案例效果与基本原理

介绍本案例的具体开发步骤之前，首先需要了解一下本案例的运行效果与基本原理，其运行效果如图 11-37 所示。

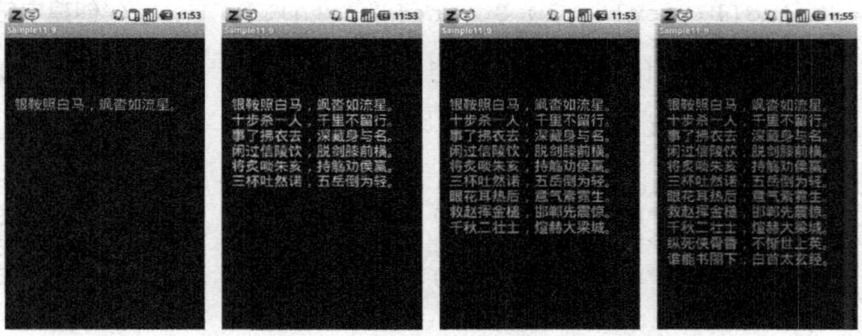

▲图 11-37 动态文本案例运行效果

说明 图 11-37 中从左至右为文本从上往下动态播放的情况。

本案例的实现原理也不复杂，那就是在绘制每帧画面前，首先调用 2D 的 API 生成带本帧画面所需文本内容的纹理图，然后再将此幅纹理图加载并通过纹理矩形呈现出来，整个过程如图 11-38 所示。

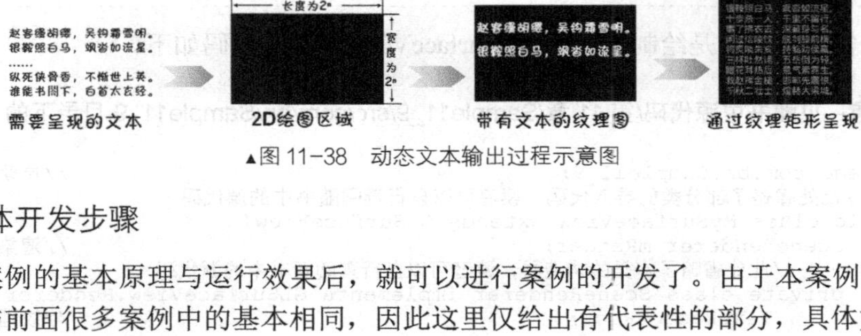

▲图 11-38 动态文本输出过程示意图

11.6.2 具体开发步骤

了解了案例的基本原理与运行效果后，就可以进行案例的开发了。由于本案例中 3D 相关的大部分代码与前面很多案例中的基本相同，因此这里仅给出有代表性的部分，具体如下所列。

（1）首先介绍的是生成带有所需文本内容纹理图的工具类 FontUtil，其代码如下。

代码位置：见随书中源代码/第 11 章/Sample11_9/src/com/bn/Sample11_9 目录下的 FontUtil.java。

```
1    package com.bn.Sample11_9;                                          //声明包名
2    ……//此处省略了部分类的导入代码，读者可以自行查阅随书中的源代码
3    public class FontUtil{
4        static int cIndex=0;                                              //文本内容索引
5        static final float textSize=40;                                   //字体的大小
6        static int R=255;                                                 //画笔红色通道的值
7        static int G=255;                                                 //画笔绿色通道的值
8        static int B=255;                                                 //画笔蓝色通道的值
9        public static Bitmap generateWLT(String[] str,int width,int height){
                                                                          //生成文本纹理图
10           Paint paint=new Paint();                                      //创建画笔对象
11           paint.setARGB(255, R, G, B);                                  //设置画笔颜色
12           paint.setTextSize(textSize);                                  //设置字体大小
13           paint.setTypeface(null);
14           paint.setFlags(Paint.ANTI_ALIAS_FLAG);                        //打开抗锯齿，使字体边缘光滑
15           Bitmap bmTemp=Bitmap.createBitmap(width, height, Bitmap.Config.ARGB_8888);
16           Canvas canvasTemp = new Canvas(bmTemp);                       //根据指定的位图创建画布
17           for(int i=0;i<str.length;i++){                                //绘制当前纹理图对应的每行文本
18               canvasTemp.drawText(str[i], 0, textSize*i+(i-1)*5, paint);
19           }
20           return bmTemp;                                                //返回绘制的作为纹理图的位图
21       }
22       static String[] content={                                         //所有内容所属的字符串数组
23           "赵客缦胡缨，吴钩霜雪明。",
24           ……//此处省略了本数组中的部分内容，读者可以自行查阅随书中的源代码
25           "谁能书阁下，白首太玄经。",
26       };
27       public static String[] getContent(int length,String[] content){
                                                                          //获取指定行数字符串数组
28           String[] result=new String[length+1];                         //创建字符串数组
29           for(int i=0;i<=length;i++){
30               result[i]=content[i];                                     //将当前需要的内容填入数组
31           }
32           return result;
33       }
34       public static void updateRGB(){                                   //随机产生画笔颜色值的方法
35           R=(int)(255*Math.random());                                   //随机产生画笔红色通道值
36           G=(int)(255*Math.random());                                   //随机产生画绿红色通道值
37           B=(int)(255*Math.random());                                   //随机产生画蓝红色通道值
38   }}
```

- 第 9-21 行为本类的核心方法 generateWLT，其将指定字符串数组中的内容绘制到位图上。此方法绘制的位图后面将作为纹理图通过纹理矩形呈现到屏幕上。
- 第 27-33 行为根据传入的参数，动态产生一帧画面中所需文本内容的 getContent 方法，此方法根据应用需求的不同会有所变化。本案例中采用的是将指定字符串数组中需要的一部分截取出来的策略。

> **提示**　第 15 行创建位图对象时采用的格式是 ARGB_8888，还有一些其他可选的格式，如 ALPHA_8、ARGB_4444 以及 RGB_565，需要的时候可以选用。

（2）接着需要介绍的是绘制场景的 MySurfaceView 类，其代码如下。

代码位置：见随书中源代码/第 11 章/Sample11_9/src/com/bn/Sample11_9 目录下的 MySurfaceView.java。

```
package com.bn.Sample11_9;                                          //声明包名
……//此处省略了部分类的导入代码，读者可以自行查阅随书中的源代码
public class MySurfaceView extends GLSurfaceView{
    SceneRenderer mRender;                                          //渲染器引用
    ……//此处省略了本类的构造器，读者可以自行查阅随书中的源代码
    private class SceneRenderer implements GLSurfaceView.Renderer{//渲染器类
        TextRect tRect;                                             //纹理矩形
```

```
        int wlWidth=512;                              //文字纹理宽度
        int wlHeight=512;                             //文字纹理高度
        long timeStamp=System.currentTimeMillis(); //获取当前系统时间
        int texId=-1;                                 //当前的纹理 id
        @Override
        public void onDrawFrame(GL10 gl){             //绘制一帧画面的方法
            long tts=System.currentTimeMillis();  //获取绘制此帧时的系统时间
            if(tts-timeStamp>500){//判断时间差是否大于 500ms，如果大于 500ms 则更新文本
                timeStamp=tts;                        //记录更新的时间
                FontUtil.cIndex=(FontUtil.cIndex+1)%FontUtil.content.length;
                FontUtil.updateRGB();                 //重新生成画笔颜色
            }
            if(texId!=-1){                            //若当前纹理存在，则删除
                GLES30.glDeleteTextures(1, new int[]{texId}, 0);
            }
            Bitmap bm=FontUtil.generateWLT(           //重新生成文本纹理图
            FontUtil.getContent(FontUtil.cIndex, FontUtil.content), wlWidth,
            wlHeight);
            texId=initTexture(bm);                    //将生成的纹理图加载
            GLES30.glClear( GLES30.GL_DEPTH_BUFFER_BIT
                | GLES30.GL_COLOR_BUFFER_BIT );       //清除深度缓冲与颜色缓冲
            MatrixState.pushMatrix();                 //保护现场
            MatrixState.translate(0, 0, -2);          //平移变换
            tRect.drawSelf(texId);                    //绘制纹理矩形
            MatrixState.popMatrix();                  //恢复现场
        }
        ……//此处省略了重写的 onSurfaceChanged 方法与 onSurfaceCreated 方法
        ……//需要的读者可以自行查阅随书中的源代码
    }
    ……//此处省略了加载纹理图的 initTexture 方法，与前面很多案例中的基本相同
}
```

说明 上述 MySurfaceView 类的大部分代码与前面很多案例中的相同，区别较大的就是此案例中纹理图是每绘制一帧时单独加载的，而且在加载新的纹理前，首先会删除上一帧所用的纹理。这是因为此案例中的纹理是动态产生的，所以要在绘制时加载。另外，纹理存储是有限的，因此加载新的之前一定要删除旧的，否则运行一段时间程序就会崩溃。

11.7 非真实感绘制

到目前为止，本书所给出的案例都是以逼真为最高追求，但这仅是一个方面。有时希望程序能够绘制出不太真实的效果，如水彩画、水粉画、油画效果等。这就是所谓的非真实感绘制，本节将通过一个案例带领读者简单了解一下非真实感绘制效果的开发。

11.7.1 基本原理与案例效果

本节主要是以非真实感绘制技术实现水粉画效果，非真实感绘制有时也称为卡通着色。其一般是将一个色块纹理贴图作为查询表（调色板），使用色块纹理贴图中的纯色进行填充，通过减少颜色的变化来达到非真实感绘制的效果。

下面首先介绍一下真实感绘制与非真实感绘制的主要区别。

- 真实感绘制

真实感绘制实际上是模拟现实世界真实物体的各种光影效果，主要包括物体的颜色以及光照情况等。这种情况下，一般会尽量使用较多的色数，以达到视觉上连续渐变的真实效果。

- 非真实感绘制

非真实感绘制实际上是指模拟手绘方式下颜色数比较少的非真实的绘制效果。因为手绘效果

的颜色数比较少，是人为给定的几种，并且是离散的，所以人眼可以明显分辨。从数学角度来说，就是将颜色的取值从连续函数转化为阶梯函数。

通过上述介绍已经了解了非真实感绘制的基本思路，下面介绍一下本节的实现策略，主要内容如下。

- 首先对物体进行普通的光照计算，得到物体各个区域的结果光照强度（取值范围在 0.0～1.0），作为后继步骤中的色块纹理采样 S 坐标。
- 提供一幅横向排列的色块纹理（如图 11-39 所示，同时注意，由于是灰度印刷，可能看不清楚，此时请读者查看随书本节项目中的原图即可），将纹理的采样方式设置为 GL_NEAREST，然后用第一步中计算所得的光照强度作为 S 纹理坐标，同时采用固定的 T 纹理坐标（如 0.5）进行纹理采样。
- 将上一步中采样所得的颜色作为最终结果颜色即可实现非真实感绘制的基本效果。

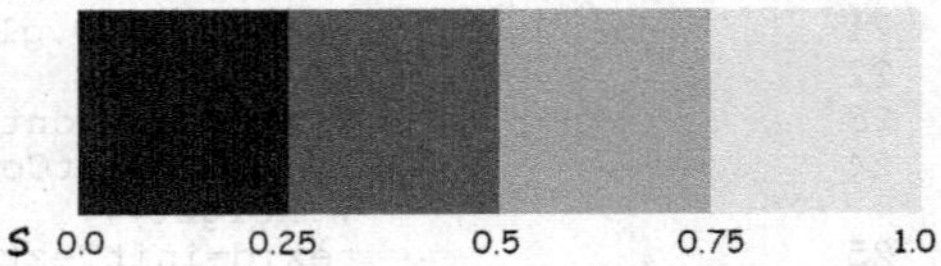

▲图 11-39　一维纹理坐标四色块采样图

> **说明**　从上述步骤以及图 11-39 中可以看出，由于纹理图是以色块方式横向排列的，因此，一个区间内的结果光照强度将对应到同一个颜色。比如当 S 纹理坐标在 0.0 ~ 0.25 内会获得同一个颜色值，当 S 纹理坐标在 0.25 ~ 0.5 内会获得另一个颜色值，以此类推。通过这样的策略，就将普通光照计算中的连续渐变结果光照强度对应到了非连续的色块中，很高效地达到了目的。

除了上述工作，非真实感绘制还有一项很重要的工作就是对物体边缘进行描绘（通常采用黑色）。而描绘边缘前，最重要的就是要确定当前着色的片元是否处于边缘位置。

本节判断片元是否处于边缘的策略非常简单，那就是考量视线向量与此片元处法向量的夹角，若夹角大于一定的值则认为是边缘。实际开发时只需要通过两个向量的点积值进行判断即可。

> **提示**　上述简单的描绘边缘的策略并不能保证在所有情况下都工作得很好，若想得到更好的边缘描绘效果，读者可以参考后继章节中专门介绍描边效果的内容。

从前面的介绍中已经知道，当色块纹理图中有 4 个色块时，根据光照强度的不同一共可以采样出 4 种不同的颜色，经过片元着色器的绘制就出现了非真实感的绘制效果。下面给出色块纹理图为四色块时本节案例（Sample11_10）的运行效果，如图 11-40 所示。

▲图 11-40　非真实感绘制案例的运行效果 1

> **提示**　由于插图是灰度印刷，可能效果不是很清楚，建议读者采用真机运行本节案例进行观察、体会，效果更好。

图 11-40 给出的是四色块的运行效果图，如果觉得色数太少，还可以增加色块数，其效果还是非真实感的手绘效果，只不过是效果相比于四色块的更加真实一些。例如，可以将前面的四色

块图替换为八色块图，如图 11-41 所示。

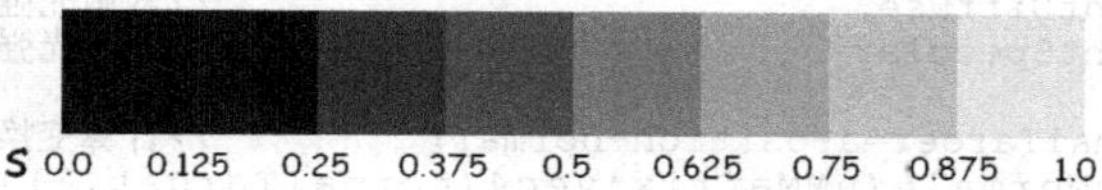

▲图 11-41　一维纹理坐标八色块采样图

> **说明** 与前面四色块的纹理图一致，根据光照强度的不同折算为不同 S 纹理坐标，当 S 纹理坐标在 0.0 ~ 0.125 内会获得同一个颜色值，当 S 纹理坐标在 0.125 ~ 0.25 内会获得另一个颜色值，以此类推。一共可以采样得到 8 种不同颜色值，相比于四色块的绘制效果更加真实。

接着给出色块纹理图为八色块时本节案例（Sample11_10）的运行效果，如图 11-42 所示。

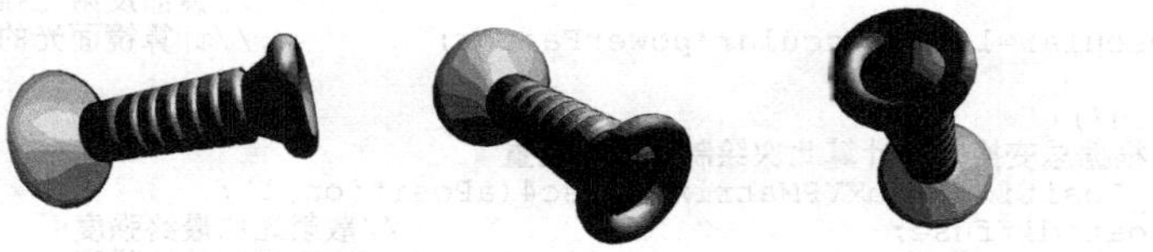

▲图 11-42　非真实感绘制案例的运行效果 2

> **提示** 从图 11-40 与图 11-42 的对比中可以看出，色块增加后，真实感强了一些。因此，在实际开发中，读者可以根据具体需要控制色块图中的色数，以达到需要的效果。

11.7.2 具体开发步骤

上一小节介绍了本节案例的基本原理与运行效果，下面将介绍色块纹理图为四色块案例的具体开发步骤，内容如下所列。

（1）用 3ds Max 设计如图 11-42 所示的模型并导出成 obj 文件放入项目的 assets 目录中待用。

（2）开发出搭建场景的基本代码，其中加载物体、摆放物体、计算光照等代码与前面章节的许多案例基本套路完全一致，这里不再赘述。

（3）本案例中的初始化纹理方法将 MIN、MAG 采样方式设置为 GL_NEAREST。GL_NEAREST 表示使用纹理中坐标最接近的一个纹素的颜色作为采样的结果颜色，颜色不会自动插值过渡，很好地符合非真实感绘制的需要。

（4）接着开发为非真实感绘制服务的两个特色着色器，首先是顶点着色器，其具体代码如下。

代码位置：见随书中源代码/第 11 章/Sample11_10/assets 目录下的 vertex.sh。

```
#version 300 es
uniform mat4 uMVPMatrix;                                    //总变换矩阵
uniform mat4 uMMatrix;                                      //变换矩阵
uniform vec3 uLightLocation;                                //光源位置
uniform vec3 uCamera;                                       //摄像机位置
in vec3 aPosition;                                          //顶点位置
in vec3 aNormal;                                            //顶点法向量
out float vEdge;                                            //描边系数
out vec2 vTextureCoord;                                     //根据光照强度折算的纹理坐标
void pointLight(                                            //定位光光照计算的方法
  in vec3 normal,                                           //法向量
  out float diffuse,                                        //散射光最终强度
```

```
    out float specular,                         //镜面光最终强度
    out float edge,                             //描边系数
    in vec3 lightLocation,                      //光源位置
    in float lightDiffuse,                      //散射光强度
    in float lightSpecular                      //镜面光强度
  ){
      vec3 normalTarget=aPosition+normal;       //计算变换后的法向量
      vec3 newNormal=(uMMatrix*vec4(normalTarget,1)).xyz-(uMMatrix*vec4(aPosition,1)).xyz;
      newNormal=normalize(newNormal);           //对法向量规格化
      //计算从表面点到摄像机的向量
      vec3 eye= normalize(uCamera-(uMMatrix*vec4(aPosition,1)).xyz);
      edge = max(0.0,dot(newNormal,eye));       //计算描边系数
      //计算从表面点到光源位置的向量 vp
      vec3 vp= normalize(lightLocation-(uMMatrix*vec4(aPosition,1)).xyz);
      vp=normalize(vp);                         //格式化 vp
      vec3 halfVector=normalize(vp+eye);        //求视线与光线的半向量
      float shininess=50.0;                     //粗糙度，越小越光滑
      //求法向量与 vp 的点积与 0 的最大值
      float nDotViewPosition=max(0.0,dot(newNormal,vp));
      diffuse=lightDiffuse*nDotViewPosition;    //计算散射光的最终强度
      float nDotViewHalfVector=dot(newNormal,halfVector); //法线与半向量的点积
      float powerFactor=max(0.0,pow(nDotViewHalfVector,shininess));
                                                //镜面反射光强度因子
      specular=lightSpecular*powerFactor;       //计算镜面光的最终强度
  }
  void main(){
      //根据总变换矩阵计算此次绘制此顶点位置
      gl_Position = uMVPMatrix * vec4(aPosition,1);
      float diffuse;                            //散射光的最终强度
      float specular;                           //镜面光的最终强度
      //进行光照计算
      pointLight(normalize(aNormal),diffuse,specular,vEdge,uLightLocation,0.8,0.9);
      float s=diffuse+specular;                 //将散射光的最终强度与镜面光的最终强度相加
      vTextureCoord=vec2(s,0.5);                //相加后的值作为 S 纹理坐标传给片元着色器
  }
```

说明 从上述顶点着色器的代码中可以看出，与普通的光照着色器基本相同，主要的区别是将散射光强度、镜面光强度变量声明从vec3 变为 float 型，将散射光的最终强度与镜面光的最终强度相加作为 S 纹理坐标，T 纹理坐标设为固定值 0.5，并将 S、T 纹理坐标二维向量传入片元着色器。

（5）开发完顶点着色器后，就可以开发片元着色器了，其代码如下。

代码位置：见随书中源代码/第 11 章/Sample11_10/assets 目录下的 frag.sh。

```
#version 300 es
precision mediump float;                        //给出默认的浮点精度
uniform sampler2D sTexture;                     //纹理内容数据
in float vEdge;                                 //描边系数
in vec2 vTextureCoord;                          //纹理坐标
out vec4 fragColor;                             //输出到的片元颜色
void main(){
  vec4 finalColor=texture(sTexture, vTextureCoord); //从纹理中采样出颜色值
  const vec4 edgeColor=vec4(0.0);               //描边的颜色（黑色）
  float mbFactor=step(0.2,vEdge);               //计算此片元是否进行描边的因子
  //如果不为边缘像素，用纹理采样颜色；如果为边缘像素，用描边颜色
  fragColor=(1.0-mbFactor)*vec4(0.0)+mbFactor*finalColor;
}
```

说明 上述片元着色器中有代表性的是，接收根据光照计算结果组成的二维向量作为纹理坐标，通过采样器获取颜色值，并调用 step 方法判断此片元是否是描边片元，最后计算输出到片元的颜色，实现了上一小节中介绍的非真实感绘制策略，其他的部分与普通的光照着色器基本相同。

11.8 描边效果的实现

3D 游戏和应用开发中有时需要对 3D 场景中的物体进行描边操作，本节将对这方面相关的知识进行详细介绍，同时还会给出几个不同的实现案例。掌握了这种技术后，读者可以在需要的场合使用以满足一些特殊的需要。

11.8.1 沿法线挤出轮廓

最简单的描边方法是，首先将物体沿法线挤出一些，用需要描边的纯色进行绘制，然后再用正常的方式绘制物体本身，从而形成一个轮廓。本小节将首先给出一个采用这种描边方式的案例 Sample11_11，其运行效果如图 11-43 所示。

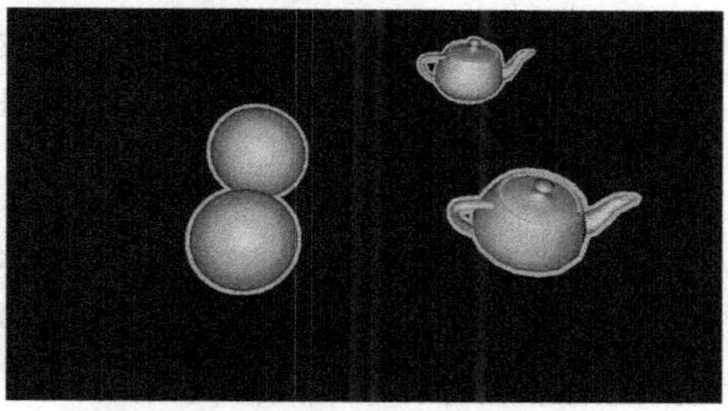

▲图 11-43 Sample11_11 运行效果图

> **说明** 从图 11-43 中可以看出，此案例场景中有 4 个物体，分别是一远一近的两个茶壶和相互遮挡的一远一近两个球体，每个物体绘制时都可以看到明显的描边。如果插图由于灰度印刷导致不很清楚，请读者采用真机运行观察。

前面已经介绍了本小节案例的基本实现策略和运行效果，接下来将介绍本小节案例的具体开发步骤，内容如下。

（1）首先开发的是用于绘制场景的 MySurfaceView 类，由于此类中的代码与前面很多案例中的代码类似，而主要的不同在于绘制物体的 onDrawFrame 方法。因此，这里仅给出 onDrawFrame 方法的代码，具体内容如下。

代码位置：见随书中源代码/第 11 章/Sample11_11/src/com/bn/Sample11_11 目录下的 MySurfaceView.java。

```
public void onDrawFrame(GL10 gl) {
        MatrixState.setCamera(cx, cy, cz, tx, ty, tz, 0, 1, 0); //设置 camera 位置
        MatrixState.setLightLocation(cx,cy,cz);                 //设置灯光位置
        GLES30.glClear( GLES30.GL_DEPTH_BUFFER_BIT | GLES30.
                    GL_COLOR_BUFFER_BIT);                       //清除深度缓冲与颜色缓冲
        MatrixState.pushMatrix();                               //保护现场
        MatrixState.pushMatrix();                               //保护现场
        MatrixState.translate(15, 0, -25);                      //平移坐标系
        GLES30.glDepthMask(false);                              //关闭深度缓冲写入
        lovo[1].drawSelfEdge();                                 //绘制茶壶 1 的描边
        GLES30.glDepthMask(true);                               //启用深度缓冲写入
        lovo[0].drawSelf();                                     //绘制茶壶 1 原本物体
        MatrixState.popMatrix();                                //恢复现场
        MatrixState.pushMatrix();                               //保护现场
        MatrixState.translate(15,0, 5);                         //平移坐标系
        GLES30.glDepthMask(false);                              //关闭深度缓冲写入
        lovo[1].drawSelfEdge();                                 //绘制茶壶 2 的描边
        GLES30.glDepthMask(true);                               //启用深度缓冲写入
        lovo[0].drawSelf();                                     //绘制茶壶 2 原本物体
        MatrixState.popMatrix();                                //恢复现场
        MatrixState.pushMatrix();                               //保护现场
        MatrixState.translate(-15, 0, 8);                       //平移坐标系
        GLES30.glDepthMask(false);                              //关闭深度缓冲写入
        lovo0[1].drawSelfEdge();                                //绘制球 1 的描边
        GLES30.glDepthMask(true);                               //启用深度缓冲写入
        lovo0[0].drawSelf();                                    //绘制球 1 原本物体
        MatrixState.popMatrix();                                //恢复现场
        MatrixState.pushMatrix();                               //保护现场
        MatrixState.translate(-15,3, -2);                       //平移坐标系
```

```
    GLES30.glDepthMask(false);                       //关闭深度缓冲写入
    lovo0[1].drawSelfEdge();                         //绘制球 2 的包边
    GLES30.glDepthMask(true);                        //启用深度缓冲写入
    lovo0[0].drawSelf();                             //绘制球 2 原本物体
    MatrixState.popMatrix();                         //恢复现场
    MatrixState.popMatrix();                         //恢复现场
}
```

说明　从上述代码中可以看出，绘制部分的大部分代码与前面很多案例中的基本一致。比较新的就是，在绘制描边前关闭了深度缓冲写入，在绘制正常物体时再打开。这样做的目的是，既不影响正常绘制的物体间的相互遮挡，又能使得沿法线挤出的描边物体不会遮挡正常物体。

（2）接下来将介绍本案例中着色器的开发，由于绘制物体本身和描边使用的不是一套着色器。而绘制物体本身的着色器在前面很多案例中已经使用过，因此，这里不再赘述。下面直接给出绘制描边的顶点着色器，具体代码如下。

代码位置：见随书中源代码/第 11 章/Sample11_11/assets 目录下的 vertexedge.sh。

```
1  #version 300 es
2  uniform mat4 uMVPMatrix;                        //总变换矩阵
3  in vec3 aPosition;                              //顶点位置
4  in vec3 aNormal;                                //顶点法向量
5  void main(){
6      vec3 position=aPosition;                    //获取此顶点位置
7      position.xyz+=aNormal*0.4;                  //将顶点位置沿法线方向挤出
8      gl_Position = uMVPMatrix * vec4(position.xyz,1);
                                                   //根据总变换矩阵计算此次绘制此顶点位置
9  }
```

说明　上述顶点着色器中第 7 行实现的是将物体沿法线方向挤出的功能，0.4 为控制描边粗细的变量，读者可根据需要改变该值来实现不同粗细的描边效果。

（3）了解了可以控制描边粗细的顶点着色器后，接下来将介绍可以控制描边颜色的片元着色器，其具体代码如下。

代码位置：见随书中源代码/第 11 章/Sample11_11/assets 目录下的 fragedge.sh。

```
1  #version 300 es
2  precision mediump float;                        //设置浮点默认精度
3  out vec4 fragColor;                             //输出的片元颜色
4  void main(){
5     fragColor = vec4(0.0,1.0,0.0,0.0);           //给此片元颜色的值
6  }
```

说明　上述片元着色器中第 5 行为描边颜色值的设定。本案例中，为了与物体本身明显区分开来，把描边设置为绿色，读者可任意改变该值来实现不同颜色的描边效果。

如果仅看到上述案例场景中的茶壶，读者一定会觉得效果不错。但如果细致观察场景左侧两个相互遮挡的球体就会发现两个问题，具体内容如下。

- 第一，在两个物体的重叠区域，描边没有出现，这是因为在绘制描边时关闭了深度缓冲的写入，后面绘制的物体将前面的描边挡住了，从而描边没有出现。
- 第二个问题不太明显，但如果用手指在屏幕上滑动的话，会发现物体描边的粗细并不是一个常量，而是一个和距摄像机远近相关的量，距离越远，描边越细，距离越近，描边越粗。就像场景中的茶壶那样，远处小茶壶的描边要比近处的细。

第二个问题在要求不太高的情况下可以忽略，但第一个问题由于会影响描边与普通物体的遮挡正确性，必须解决。其实解决的方法很简单，绘制描边时也正常写入深度缓冲，但仅绘制其背

面即可。采用这种策略修改后的案例，运行效果就比较正确了，如图 11-44 所示。

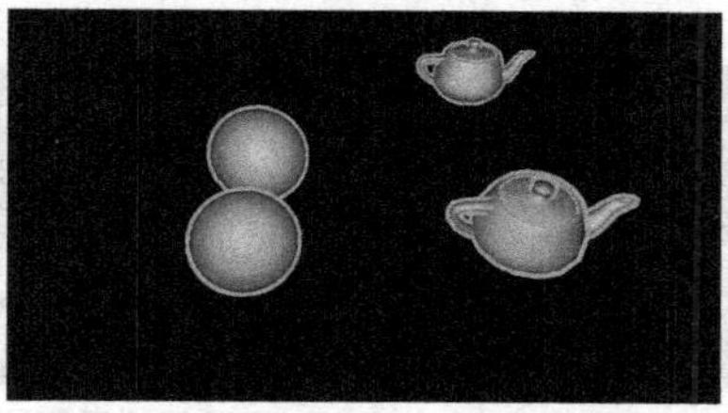

▲图 11-44 Sample11_12 运行效果图

说明 从图 11-44 中可以看出，场景左侧的两个球体都带有描边特效，且不存在描边被后面物体遮挡的问题，问题一被解决。

了解了前面版本的案例存在的问题以及解决的策略后，就可以进行案例的修改了。只需要对 MySurfaceView 类中的 onDrawFrame 方法进行简单的修改即可，具体代码如下。

代码位置：见随书中源代码/第 11 章/Sample11_12/src/com/bn/Sample11_12 目录下的 MySurfaceView.java。

```
public void onDrawFrame(GL10 gl){
    ……//此处省略的部分代码，与之前的代码相同，故不再赘述
    MatrixState.pushMatrix();                          //保护现场
    MatrixState.translate(15f, 0f, -25f);              //平移坐标系
    GLES30.glFrontFace(GLES30.GL_CW);                  //设置卷绕方式为顺时针
    lovo[1].drawSelfEdge();                            //绘制茶壶 1 的描边
    GLES30.glFrontFace(GLES30.GL_CCW);                 //设置卷绕方式为逆时针
    lovo[0].drawSelf();                                //绘制原本物体
    MatrixState.popMatrix();                           //恢复现场
    ……//此处省略一个茶壶和两个球体的绘制代码，与上述的绘制方式类似，故不再赘述
}
```

说明 上述代码与案例 Sample11_11 中不同的是，无论是绘制物体本身还是绘制描边，一直都是写入深度缓冲的，没有了关闭深度缓冲写入的代码。只是在绘制描边时，将卷绕方向置反（顺时针为正面）以达到在开启背面剪裁的情况下仅绘制物体背面的作用。而在绘制物体本身时，则将卷绕方向设置为逆时针为正面，使得在开启背面剪裁的情况下可以正确绘制出物体的正面。

提示 通过上述两个案例的学习，读者可以看出，仅仅是灵活设置深度缓冲写入与否、卷绕方向为顺时针还是逆时针等就可以实现看似复杂的描边效果。因此，加深对基本操作的理解并能够灵活运用是十分重要的，读者在后继的学习中也应注意这一点。

11.8.2 在视空间中挤出

上一小节第二个版本的案例已经解决了描边和物体本身遮挡正确性的问题，但描边的粗细会明显随着距离摄像机的远近变化的问题还没有解决。本小节将给出一种策略，可以很大程度上改善这个问题，具体内容如下。

- 首先将顶点坐标以及法向量通过乘以最终变换矩阵的方式变换到视空间中。
- 然后将变换后的视空间中的顶点坐标沿变换后视空间中的法向量挤出。

从上述说明中可以看出，此策略实质上就是将上一小节沿物体坐标系中法线直接挤出的方式更改为沿变换后的视空间中的法线挤出。

了解了本节在视空间中挤出的基本策略后，下面来了解一下使用此策略的案例 Sample11_13 的运行效果，如图 11-45 所示。

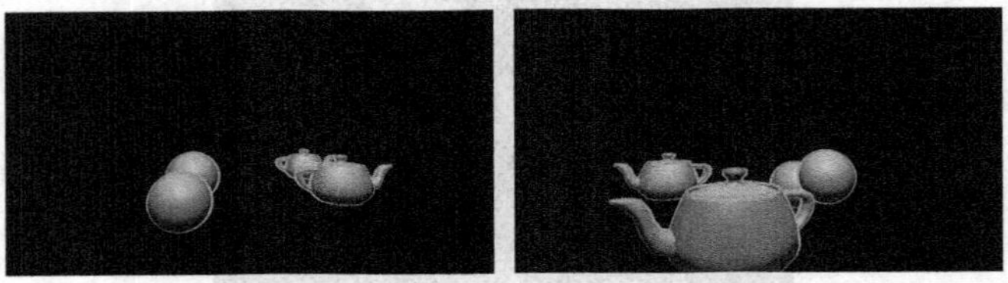

▲图 11-45　Sample11_13 运行效果图

从图 11-45 中可以看出，不论物体离摄像机距离远近如何，其描边的粗细基本都是相同的。与前面小节两个案例运行的效果不太一样，这样描边粗细随远近变化的问题就基本得到了解决。

由于案例中大部分代码与前面小节案例中的相同，因此，这里仅介绍具有较大变化的描边顶点着色器，其具体代码如下。

代码位置：见随书中源代码/第 11 章/Sample11_13/assets 目录下的 vertexedge.sh。

```
1   #version 300 es
2   uniform mat4 uMVPMatrix;                                       //最终变换矩阵
3   in vec3 aPosition;                                             //顶点位置
4   in vec3 aNormal;                                               //顶点法向量
5   void main(){
6        vec3 position=aPosition;                                  //获取此顶点的位置
7        vec4 ydskj=uMVPMatrix*vec4(0,0,0,1);                      //将原点转化进视空间
8        vec4 fxldskj=uMVPMatrix*vec4(aNormal.xyz,1.0);            //将法向量点转化进视空间
9        vec2 skjNormal=fxldskj.xy-ydskj.xy;                       //得到变换后的法向量
10       skjNormal=normalize(skjNormal);                           //规格化法向量
11       vec4 finalPosition=uMVPMatrix * vec4(position.xyz,1);     //计算顶点最终位置
12       finalPosition=finalPosition/finalPosition.w;              //执行透视除法
13       //沿视空间中的法向量方向将顶点位置挤出
14       gl_Position =finalPosition+vec4(skjNormal.xy,1.0,1.0)*0.01;
15  }
```

- 第 7-10 行首先将原点变换进视空间，然后将法向量点变换进视空间，进而计算得到视空间中的法向量，最后对法向量进行了规格化。
- 第 11-12 行根据最终变换矩阵计算了视空间中顶点的位置，并执行了透视除法。
- 第 14 行将顶点沿视空间中的法向量挤出，得到挤出后视空间中的顶点位置，其中最后的“0.01”是用以控制描边粗细的，读者可以根据需要自行修改。

> **提示**　本书到这里为止的所有案例中，除了本小节的案例 Sample11_13，基本都没有在顶点着色器中执行过透视除法。这是因为将齐次坐标传入渲染管线后，管线会自动执行透视除法。由于 W 值随物体远近的不同会有不同（距离越远，W 值越大），而本案例中希望描边的粗细不随远近而变化，故需提早执行透视除法，消除 W 值不同造成的对描边粗细的影响。当管线再自动执行透视除法时，W 值已经为 1，既不会造成管线计算错误，也不会影响描边粗细了。

11.9 小结

本章主要介绍了一些常用的 3D 场景开发技巧，主要包括标志板、灰度图地形、天空盒、天空穹、简单镜像、动态文本输出、非真实感绘制以及描边效果等。掌握了这些技术以后，读者开发 3D 场景的能力应该大大增强，可以开发出更加酷炫的应用。

第 12 章　渲染出更加酷炫的 3D 场景——几种剪裁与测试

玩过游戏的读者都知道，很多游戏运行时，屏幕上不仅显示主视角游戏场景，还可能会显示仪表板或次视角游戏场景。要想满足这样的需求仅采用前面章节介绍的技术几乎是不可能的，因此，本章将向读者介绍一些能满足特殊需要的剪裁与测试方面的知识，主要包括：剪裁测试、Alpha 测试、模板测试、任意剪裁平面。

12.1 剪裁测试

剪裁测试主要用来在渲染场景时限制绘制区域，用其可以方便地实现同时在屏幕上绘制主视角与次视角场景。本节将首先介绍剪裁测试的基本原理，然后再给出一个具体的案例 Sample12_1。

12.1.1 基本原理与核心代码

前面已经提过，剪裁测试可以在渲染时用来限制绘制区域，通过此技术可以在屏幕（帧缓冲）上指定一个矩形区域。启用剪裁测试后，绘制将不会像前面章节介绍过的案例一样在整个屏幕（帧缓冲）中进行，而是仅在指定的矩形区域中进行。

不在此矩形区域内的片元将被丢弃，只有在此矩形区域内的片元才有机会最终进入帧缓冲。因此，实际达到的效果就是在屏幕上开辟一个小窗口，可以在其中进行特定内容的绘制。

> **提示**　很多读者可能玩过《魔兽争霸 3》这款游戏，玩游戏时如果选中一个士兵，则屏幕下方的一个小方框内就会出现该士兵的动态的立体头像。为了保证该头像无论如何都不会因越界而覆盖到外面的内容，此时就可以使用剪裁测试。

使用剪裁测试所需要的核心代码如下所列。

```
1    GLES30.glEnable(GL10.GL_SCISSOR_TEST);                    //启用剪裁测试
2    GLES30.glScissor(0,0,100,200);                            //设置区域
3    GLES30.glDisable(GL10.GL_SCISSOR_TEST);                   //禁用剪裁测试
```

> **提示**　第 2 行 glScissor 方法中的前两个参数为剪裁区域左下角的 x、y 坐标，后两个参数为剪裁区域的宽度和高度，单位为像素。需要注意的是，剪裁区域左下角的 x、y 坐标所采用的坐标系是以视口矩形区域的左下角为原点，x 轴向右，y 轴向上的坐标系，这与第 5 章介绍过的定位视口时所采用的坐标系类似。

12.1.2 一个主次视角的简单案例

上一小节介绍了剪裁测试的基本原理与核心代码，本小节将通过一个简单的案例来介绍剪裁测试在实际开发中的应用，其运行效果如图 12-1 所示。

▲图 12-1　案例 Sample12_1 的运行效果图

了解了本小节案例的运行效果后，下面将详细介绍本案例的开发。由于本案例中的大部分代码与第 9 章案例 Sample9_3 中的相同，因此，这里仅给出本案例中有代表性的通过剪裁测试在屏幕上同时绘制主次视角场景的代码，具体内容如下。

代码位置：见随书中源代码/第 12 章/Sample12_1/src/com/bn/Sample12_1 目录下的 MySurfaceView.java。

```
private class SceneRenderer implements GLSurfaceView.Renderer{        //场景渲染器类
    float yAngle;                                                      //绕 y 轴旋转的角度
    float xAngle;                                                      //绕 x 轴旋转的角度
    LoadedObjectVertexNormal lovo;                                     //从指定的 obj 文件中加载的对象
    public void onDrawFrame(GL10 gl){
        GLES30.glClearColor(0.0f, 0.0f, 0.0f, 1.0f);//设置屏幕背景色 RGBA
        GLES30.glClear(GLES30.GL_DEPTH_BUFFER_BIT
                | GLES30.GL_COLOR_BUFFER_BIT);   //清除深度缓冲与颜色缓冲
        //下述代码为绘制主视角场景服务--------------------------------------------------------
        MatrixState.setProjectFrustum(-ratio, ratio, -1, 1, 2, 100);//设置投影矩阵
        MatrixState.setCamera(0, 0, 0, 0f, 0f, -1f, 0f, 1.0f, 0.0f);
                                                                       //设置摄像机观察矩阵
        MatrixState.pushMatrix();                                      //保护现场
        MatrixState.translate(0, -2f, -25f);                           //平移变换
        MatrixState.rotate(yAngle, 0, 1, 0);                           //绕 y 轴旋转
        MatrixState.rotate(xAngle, 1, 0, 0);                           //绕 x 轴旋转
        if (lovo != null){                                             //绘制主视角场景中的物体
            lovo.drawSelf();
        }
        //下述代码为绘制此视角场景服务--------------------------------------------------------
        GLES30.glEnable(GL10.GL_SCISSOR_TEST);//启用剪裁测试
        GLES30.glScissor(0,1080-300,430,300);                          //设置剪裁区域
        GLES30.glClearColor(0.7f, 0.7f, 0.7f, 1.0f);                   //设置屏幕背景色 RGBA
        GLES30.glClear(GL10.GL_COLOR_BUFFER_BIT
                | GL10.GL_DEPTH_BUFFER_BIT);                           //清除颜色缓存与深度缓存
        //设置投影矩阵
        MatrixState.setProjectFrustum(-0.62f*ratio, 4.18f*ratio, -2.55f, 0.45f, 2, 100);
        //设置摄像机观察矩阵
        MatrixState.setCamera(0, 50f, -30f, 0, -2f, -25f, 0f, 0.0f, -1.0f);
        if (lovo != null) {                                            //绘制次视角场景中的物体
            lovo.drawSelf();
        }
        GLES30.glDisable(GL10.GL_SCISSOR_TEST);                        //禁用剪裁测试
        MatrixState.popMatrix();                                       //恢复现场
    }
    ……//此处省略了 onSurfaceChanged 和 onSurfaceCreated 方法，需要时请查阅
}
```

说明　从上述代码中可以看出，当希望同时在屏幕上绘制两个不同视角的场景时，可以先绘制主视角场景，再启用剪裁测试设置好剪裁窗口，然后绘制次视角场景即可，整体的实现非常简单。

12.2 Alpha 测试

通过上一节剪裁测试的学习，读者可能会发现一个小问题：剪裁测试的区域只能是矩形。通

过剪裁测试不能实现任意形状的绘制区域，因此，本节将向读者介绍一种可以实现任意形状绘制区域的技术——Alpha 测试。

12.2.1 Alpha 测试基本原理

通过前面章节的学习，读者应该已经知道 OpenGL ES 中每个颜色有 4 个色彩通道——RGBA，其中的 A 就是 Alpha（透明度）通道。同时，读者也应该已经知道，在进行混合模式绘制时可以通过特定的混合因子使用 Alpha 通道值执行混合操作。

其实，Alpha 通道值还有另外一个用途，那就是进行 Alpha 测试。Alpha 测试的基本原理为，当绘制一个片元时，首先检测其 Alpha 值，若 Alpha 值满足要求，则通过测试，绘制此片元，否则丢弃此片元，不进行绘制，具体情况如图 12-2 所示。

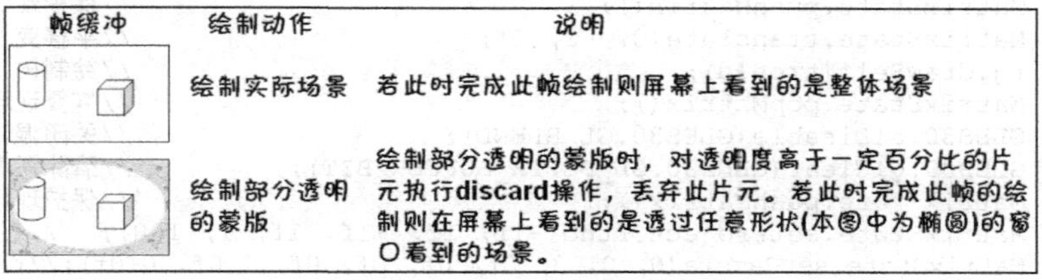

▲图 12-2 Alpha 测试的基本原理

> **提示** 在 OpenGL ES 1.x 中有直接支持 Alpha 测试的 API，但在 OpenGL ES 3.0 中这部分 API 被删除了。看到这里读者可能会担心：那怎么办？其实不用担心，由于本书介绍的是强大的可编程渲染管线，所以，可以方便地通过自行开发着色器来实现 Alpha 测试，下一小节给出的案例就是如此。

12.2.2 一个椭圆窗口的案例

上一小节介绍了 Alpha 测试的基本原理，本小节将给出一个通过 Alpha 测试实现椭圆窗口的案例 Sample12_2，其运行效果如图 12-3 所示。

从图 12-3 中可以看出，案例呈现的是通过一个椭圆形窗口观察小树林的场景，其中用于实现椭圆窗口的部分透明纹理图如图 12-4 所示。

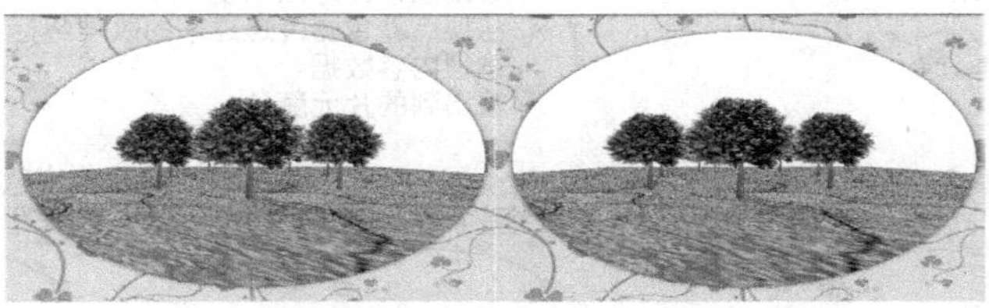

▲图 12-3 案例 Sample12_2 的运行效果图

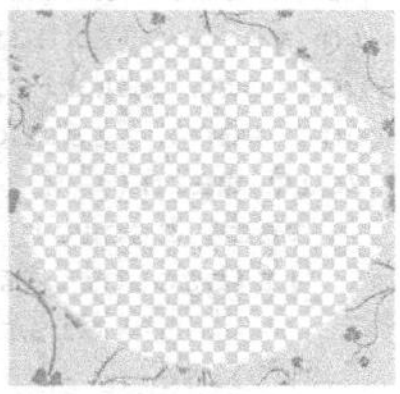

▲图 12-4 椭圆窗口部分透明纹理

> **提示** 图 12-4 中灰白相间的格子区域表示透明区域，这是一种约定俗成的表示方式。

了解了案例的运行效果后，接下来对本案例的具体开发过程进行介绍。由于本案例中很多类和前面章节案例中的很类似，因此，在这里只给出本案例中特殊的、具有代表性的程序部分，具体内容如下。

（1）首先介绍 MySurfaceView 类中用于绘制一帧画面的 onDrawFrame 方法，其具体代码如下。

代码位置：见随书中源代码/第 12 章/Sample12_2/src/com/bn/Sample12_2 目录下的 MySurfaceView.java。

```
1     public void onDrawFrame(GL10 gl){                          //绘制一帧画面的方法
2          GLES30.glClear(GLES30.GL_DEPTH_BUFFER_BIT     //清除深度缓冲与颜色缓冲
3                    | GLES30.GL_COLOR_BUFFER_BIT);
4          GLES30.glEnable(GLES30.GL_DEPTH_TEST);   //打开深度检测
5          MatrixState.setProjectFrustum(-ratio, ratio, -1, 1, 1, 100); //设置投影矩阵(透视)
6          MatrixState.setCamera(cx, 0, cz, 0, 0, 0f, 1.0f, 0.0f); //设置摄像机观察矩阵
7          MatrixState.pushMatrix();                                  //保护现场
8          MatrixState.translate(0, -2, 0);                           //平移变换
9          desert.drawSelf(desertId);                                 //绘制表示地面的纹理矩形
10         MatrixState.popMatrix();                                   //恢复现场
11         GLES30.glEnable(GLES30.GL_BLEND);                          //开启混合
12         GLES30.glBlendFunc(GLES30.GL_SRC_ALPHA,                    //设置混合因子
13                   GLES30.GL_ONE_MINUS_SRC_ALPHA);
14         MatrixState.pushMatrix();                                  //保护现场
15         MatrixState.translate(0, -2, 0);                           //平移变换
16         tg.drawSelf(treeId);                                       //绘制树
17         MatrixState.popMatrix();                                   //恢复现场
18         GLES30.glDisable(GLES30.GL_BLEND);                         //关闭混合
19         GLES30.glClear(GLES30.GL_DEPTH_BUFFER_BIT);                //清除深度缓冲
20         MatrixState.pushMatrix();                                  //保护现场
21         MatrixState.setProjectOrtho(-1f, 1f, -1f, 1f, 1, 100);   //设置投影矩阵(平行)
22         MatrixState.setCamera(0, 0, 3, 0f, 0f, 0f, 0f, 1.0f, 0.0f);//设置摄像机观察矩阵
23         tr.drawSelf(maskTextureId);                            //绘制 Alpha 测试用纹理矩形
24         MatrixState.popMatrix();                               //恢复现场
25    }
```

- 第 2-18 行为绘制主场景的代码，与前面章节中绘制物体的方式完全相同。
- 第 19-24 行为绘制 Alpha 测试所用纹理矩形的代码，其中首先清除了深度缓冲，然后设置相关矩阵，最后调用纹理矩形的 drawSelf 方法绘制部分透明的纹理矩形。

> **提示**　之所以在绘制部分透明的纹理矩形前要清除深度缓冲是因为，此纹理矩形并不属于主场景，不应该与主场景中的物体以同一标准进行深度检测，否则可能会产生不正确的视觉效果。

（2）接着介绍的是实现 Alpha 测试功能的片元着色器，其代码如下。

代码位置：见随书中源代码/第 12 章/Sample12_2/assets 目录下的 frag_tex_at.sh。

```
#version 300 es
precision mediump float;                         //给出默认的浮点精度
in vec2 vTextureCoord;                           //从顶点着色器传递过来的纹理坐标
uniform sampler2D sTexture;                      //纹理内容数据
out vec4 fragColor;                              //输出到的片元颜色
void main() {
    vec4 bcolor = texture2D(sTexture, vTextureCoord); //根据纹理坐标采样出颜色值
    if(bcolor.a<0.6){                            //若 Alpha 值小于 0.6,将片元丢弃
          discard;
    } else {
      fragColor=bcolor;                          //否则将此颜色作为片元的颜色
}}
```

> **提示**　从上述代码中可以看出，通过片元着色器实现 Alpha 测试非常简单。仅需要将纹理采样所得颜色的 Alpha 通道值与预定的阈值比较，根据比较的结果决定是否丢弃（discard）片元即可。

本案例的片元着色器中使用了一个以前没有介绍过的操作——discard，此操作的功能为丢弃当前片元。通过此操作在片元着色器中丢弃片元与经过深度、剪裁等测试后丢弃片元是没有本质

区别的。只不过前者是渲染管线固定功能部分自动完成的，后者是由开发人员编程完成的，读者可以根据需要选用。

> **提示** discard 操作在某些硬件实现中非常消耗资源，可能会降低渲染的帧速率。因此，在实际开发中，若可以用其他能保证性能的技术手段代替，就尽量不要使用 discard。

12.3 模板测试

本节将介绍管线固定功能部分所提供的测试中最为灵活的一个——模板测试，介绍时主要包含两方面的内容：基本原理以及一个简单的案例。

12.3.1 基本原理

本章的第一节已经介绍了剪裁测试，通过其应用程序可以很方便地将绘制限定在一个矩形的区域内。但如果需要把绘制限定在一个不规则的区域内，剪裁测试就无能为力了，此时就需要使用模板测试了。模板测试也称为蒙板测试，其用途非常广泛。

例如，需要绘制一个不规则形状的池塘及其周围树木在池塘中倒影的场景，为了保证倒影被正确绘制在池塘表面而不会越界，可以使用模板测试，具体情况如图 12-5 所示。

▲图 12-5 模板测试功能示意图

> **提示** 图 12-5 中左侧为池塘倒影真实场景的照片，中间为不使用模板测试的情况下绘制场景的示意图，右侧为开启模板测试后绘制场景的示意图。从中间与右侧示意图的对比中可以看出，模板测试可以将绘制限制在特定的任意形状区域内以得到正确的视觉效果。

前面第 3 章在介绍渲染管线时曾经介绍过，帧缓冲中有一个组件——模板缓冲。模板测试就是通过模板缓冲中记录的模板信息来完成的。具体来说就是渲染管线在模板缓冲区中为每个位置的片元保存了一个“模板值”，当像素需要进行模板测试时，将设定的模板参考值与该片元对应位置的模板值进行比较，符合条件的片元通过测试，不符合条件的则被丢弃，不进行渲染。

使用模板测试所需的核心代码如下所列。

```
GLES30.glClear(GLES30.GL_STENCIL_BUFFER_BIT);             //清除模板缓冲
GLES30.glEnable(GLES30.GL_STENCIL_TEST);                  //允许模板测试
GLES30.glStencilFunc(GLES30.GL_ALWAYS, 1, 1);             //设置模板测试参数
GLES30.glStencilOp(                                       //设置模板测试后的操作
     GLES30.GL_KEEP, GLES30.GL_KEEP, GLES30.GL_REPLACE);
GLES30.glDisable(GLES30.GL_STENCIL_TEST);                 //禁用模板测试
```

以上代码中，设置模板测试参数的方法 glStencilFunc 中的第一个参数为比较模式，第二个参数为参考值，第三个参数为掩码（mask）。比较模式包括 8 种，如表 12-1 所列。

表 12-1　　模板测试的 8 种比较模式

比较模式	含义
GL_NEVER	从不通过模板测试
GL_ALWAYS	总是通过模板测试
GL_LESS	只有 参考值<（模板缓冲区的值&mask） 时才通过
GL_LEQUAL	只有 参考值<=（模板缓冲区的值&mask） 时才通过
GL_EQUAL	只有 参考值=（模板缓冲区的值&mask） 时才通过
GL_GEQUAL	只有 参考值>=（模板缓冲区的值&mask） 时才通过
GL_GREATER	只有 参考值>（模板缓冲区的值&mask） 时才通过
GL_NOTEQUAL	只有 参考值!=（模板缓冲区的值&mask） 时才通过

提示　表 12-1 中的“&”表示的是位与操作，其功能为将模板缓冲区的值与掩码值按位进行与操作。

设置模板测试后操作的方法 glStencilOp 中 3 个参数的含义分别如下所列。

- 第一个参数表示模板测试未通过时此片元对应的模板值该如何变化。
- 第二个参数表示模板测试通过，但深度测试未通过时此片元对应的模板值该如何变化。
- 第三个参数表示模板测试和深度测均通过时此片元对应的模板值该如何变化。

提示　如果没有启用深度测试，则认为深度测试总是通过。

3 个参数的可选值情况如表 12-2 所列。

表 12-2　　3 个参数的可选值

参数值	模板值变化情况
GL_KEEP	不改变
GL_ZERO	回零
GL_REPLACE	使用测试条件中的设定值来代替当前模板值
GL_INCR	增加 1，但如果已经是最大值，则保持不变
GL_INCR_WRAP	增加 1，但如果已经是最大值，则重新从零开始
GL_DECR	减少 1，但如果已经是零，则保持不变
GL_DECR_WRAP	减少 1，但如果已经是零，则重新设置为最大值
GL_INVERT	按位取反

提示　假定模板缓冲区中每个像素采用了 n 个比特，则模板值的取值范围为 0 ~ 2^n-1。

实际开发中，要根据具体的需求灵活组合使用表 12-2 中列出的操作。例如，前面提到的绘制池塘中倒影的情况应该包括下列操作步骤。

（1）关闭模板测试，绘制出地面和树木。

（2）开启模板测试，使用 glClear 方法设置所有片元位置的模板值为 0。

（3）设置下列参数组合后绘制池塘水面。

```
GLES30.glStencilFunc(GLES30.GL_ALWAYS, 1, 1);          //设置模板测试参数
GLES30.glStencilOp(                                    //设置模板测试后的操作
      GLES30.GL_KEEP, GLES30.GL_KEEP, GLES30.GL_REPLACE);
```

> **提示** 完成了池塘水面的绘制后，模板缓冲中有池塘水面片元的位置对应的模板值为 1，否则为 0。

（4）设置下列参数组合后绘制倒影。

```
GLES30.glStencilFunc(GLES30.GL_ EQUAL, 1, 1);                 //设置模板测试参数
GLES30.glStencilOp(                                           //设置模板测试后的操作
    GLES30.GL_KEEP, GLES30.GL_KEEP, GLES30.GL_KEEP);
```

> **提示** 这样一来，只有对应位置模板值为 1 的片元才会被绘制，也就是只有“水面”中的片元才有可能被倒影的片元替换，而其他片元则保持不变。

12.3.2 一个简单的案例

上一小节介绍了模板测试的基本原理，本小节将给出一个使用了模板测试的案例——Sample12_3，其运行效果如图 12-6 所示。同时，为了对比没有启用模板测试的情况，图 12-7 给出了关闭了模板测试后案例 Sample12_3 运行的情况。

▲图 12-6 案例 Sample12_3 的运行效果

▲图 12-7 禁止模板测试后的运行效果

> **提示** 从图 12-6 和图 12-7 的对比中可以看出，此案例中使用模板测试的作用是使篮球的镜像体不会绘制到地板以外的区域。

了解了案例的运行效果后，接下来将对本案例的具体开发过程进行介绍。由于本案例主要是对前面第 11 章案例 Sample11_8 的升级，因此在这里仅给出本案例中特殊的、有代表性的部分，具体内容如下。

代码位置：见随书中源代码/第 12 章/Sample12_3/src/com/bn/Sample12_3 目录下的 MySurfaceView.java。

```
public void onDrawFrame(GL10 gl){                              //绘制一帧画面的方法
    GLES30.glClear( GLES30.GL_DEPTH_BUFFER_BIT |
    GLES30.GL_COLOR_BUFFER_BIT);                               //清除深度缓冲与颜色缓冲
    MatrixState.pushMatrix();                                  //保护现场
    MatrixState.translate(0, -2, 0);                           //平移变换
    GLES30.glClear(GLES30.GL_STENCIL_BUFFER_BIT);              //清除模板缓存
    GLES30.glEnable(GLES30.GL_STENCIL_TEST);                   //允许模板测试
    GLES30.glStencilFunc(GLES30.GL_ALWAYS, 1, 1);              //设置模板测试参数
    GLES30.glStencilOp(GLES30.GL_KEEP, GLES30.GL_KEEP,
    GLES30.GL_REPLACE);                                        //设置模板测试后的操作
    texRect.drawSelf(textureFloor);                            //绘制反射面地板
    GLES30.glStencilFunc(GLES30.GL_EQUAL,1, 1);                //设置模板测试参数
    GLES30.glStencilOp(GLES30.GL_KEEP, GLES30.GL_KEEP,
            GLES30.GL_KEEP);                                   //设置模板测试后的操作
    bfd.drawSelfMirror( textureBallId);                        //绘制镜像体
    GLES30.glDisable(GLES30.GL_STENCIL_TEST);                  //禁用模板测试
        GLES30.glEnable(GLES30.GL_BLEND);                      //开启混合
    GLES30.glBlendFunc(GLES30.GL_SRC_ALPHA, GLES30.
            GL_ONE_MINUS_SRC_ALPHA);                           //设置混合因子
    texRect.drawSelf(textureFloorBTM);                         //绘制半透明地板
```

```
21          GLES30.glDisable(GLES30.GL_BLEND);                          //关闭混合
22          bfd.drawSelf(textureBallId);                                //绘制实际物体
23          MatrixState.popMatrix();                                    //恢复现场
24      }
```

- 上述代码中第 6-16 行为本案例的关键，这部分的代码主要是实现了上一小节所介绍的绘制步骤，将镜像体的绘制仅限制在特定的区域内。
- 同时从上述代码中可以看出，使用模板测试一般要绘制至少两次，第一次用来产生存储了特殊区域信息模板值的模板缓冲，第二次利用模板缓冲中的值进行测试，使得绘制仅被限制在特定的区域内。

另外需要注意的是，有些厂商的 GPU 对应的驱动并没有在默认情况下就给模板缓冲分配空间，因此，在某些机型上运行本案例时模板缓冲不起作用，篮球镜像体会绘制到地板以外的部分。不用担心，如果想在这些机型上正常使用模板缓冲只需要加入一行代码即可，具体内容如下。

```
this.setEGLConfigChooser(8, 8, 8, 8, 16, 8);
```

将上述代码添加到本案例中 MySurfaceView 类的构造器中的“this.setEGLContextClientVersion（3）;”这一句代码之后即可，非常简单。上述代码调用 setEGLConfigChooser 方法设置了颜色缓冲、深度缓冲、模板缓冲中每个片元各自所占用的 bit 位数。

前 4 个 8 分别是指颜色缓冲中每个片元的 RGBA（红、绿、蓝、透明度）4 个色彩通道各自所占用的 bit 位数，第 5 个参数 16 指的是深度缓冲中每个片元所占用的 bit 位数（有时希望提高深度检测的精度时，可以将此值设置为 24，但仅限部分机型支持），最后的 8 指的是模板缓冲中每个片元所占用的 bit 位数。

> **提示**　基于部分机型开发时，直接使用上述那一句代码可能会抛出异常，这一般是由于系统默认的像素格式与设置的颜色缓冲参数不匹配而造成的。解决的方法非常简单，只要在上述那一句代码之前再添加一句代码即可，代码的具体内容为“this.getHolder().setFormat(PixelFormat.TRANSLUCENT);”。再添加的这一句代码的作用是设置像素的格式为自动匹配，因此，一般这个问题就迎刃而解了。

12.4　任意剪裁平面

实际开发中偶尔会有这样的需求，仅绘制某一特定平面所确定半空间中的物体部分，其他部分不予绘制，就像物体被切掉了一部分一样。此时就可以使用任意剪裁平面技术，本小节将对其进行详细介绍，首先会给出任意剪裁平面的基本原理，接下来会给出一个使用任意剪裁平面的案例。

12.4.1　基本原理

除了视景体的 6 个剪裁平面（左、右、底、顶、近和远）之外，用户还可以再指定其他任意平面进行剪裁。剪裁平面可以用于删除场景中无关的物体部分，例如，用于显示物体的剖面视图。OpenGL ES 1.x 中提供了最多可达 6 个任意剪裁平面的支持，使用时只要给出所用剪裁平面的参数即可。

但 OpenGL ES 3.0 中不直接支持这项功能，需要由开发人员在片元着色器中通过编程实现，下面给出了在 OpenGL ES 3.0 中实现任意剪裁平面所需的工作。

（1）给出用于定义剪裁平面的 4 个参数 A、B、C、D，这 4 个参数分别是平面解析方程

（Ax+By+Cz+D=0）中的 4 个系数。

（2）将剪裁平面的 4 个参数传入渲染管线，以备着色器使用。

（3）在顶点着色器中判断顶点是否在平面某的一侧，具体的方法为：将顶点位置（x0,y0,z0）代入平面方程 Ax+By+Cz+D=0，完成计算后将得到的值传入片元着色器。

（4）片元着色器中根据接收到的 Ax0+By0+Cz0+D 表达式的值与 0 之间的关系就可以得出顶点与剪裁平面之间的位置关系，以决定是否丢弃片元。

> **提示** 若 Ax0+By0+Cz0+D>0，则顶点在平面的一侧，反之在平面的另一侧。

12.4.2 茶壶被任意平面剪裁的案例

上一小节介绍了剪裁平面的基本原理，本小节通过一个案例（Sample12_4）来介绍任意剪裁平面的使用，其运行效果如图 12-8 所示。

▲图 12-8 案例 Sample12_4 的运行效果图

> **说明** 图 12-8 从左至右给出了一个茶壶被 3 个不同参数的剪裁平面剪裁的情况。

了解了案例的运行效果后，接下来将对本案例的具体开发过程进行介绍。由于本案例主要是对前面第 9 章案例 Sample9_3 的升级，因此，在这里仅给出本案例中特殊的、有代表性的部分，具体内容如下。

（1）首先介绍 MySurfaceView 类中用于绘制一帧画面的 onDrawFrame 方法，其代码如下。

代码位置：见随书中源代码/第 12 章/Sample12_4/src/com/bn/Sample12_4 目录下的 MySurfaceView.java。

```
public void onDrawFrame(GL10 gl) {                     //绘制一帧画面的方法
    if (countE >= 2) {                                 //若参考值大于 2 则步进变为-0.01
        spanE = -0.01f;
    } else if (countE <= 0) {                          //若参考值小于 0 则步进变为 0.01
        spanE = 0.01f;
    }
    countE = countE + spanE;                           //改变剪裁平面解析方程中的参数
    float e[] = { 1, countE - 1, -countE + 1, 0 };
                                              //定义裁剪平面解析方程中 4 个参数的所属数组
    GLES30.glClear(GLES30.GL_DEPTH_BUFFER_BIT
            | GLES30.GL_COLOR_BUFFER_BIT);             //清除深度缓冲与颜色缓冲
    MatrixState.pushMatrix();                          //保护现场
    MatrixState.translate(0, -2f, -25f);               //平移变换
    MatrixState.rotate(yAngle, 0, 1, 0);               //绕 y 轴旋转
    MatrixState.rotate(xAngle, 1, 0, 0);               //绕 x 轴旋转
    if (lovo != null) {lovo.drawSelf(e);}              //若加载的物体部位空则绘制物体
    MatrixState.popMatrix();                           //恢复现场
}
```

> **说明** 上述代码中主要是增加了，在绘制每一帧画面前对平面解析方程中的参数进行微调，并将平面解析方程参数数组传递给绘制方法 drawSelf 的代码，其他的部分基本没有变化。

（2）接着有变化的就是在物体类 LoadedObjectVertexNormal 中增加了将平面解析方程参数数组传递进渲染管线的方法，此部分代码与将光源位置传递进渲染管线的代码套路完全相同，这里不再赘述，需要的读者请自行查阅随书中的源代码。

（3）完成了 Java 代码的介绍后，下面介绍实现了任意剪裁平面的着色器。首先是顶点着色器，其代码如下。

代码位置：见随书中源代码/第 12 章/Sample12_4/assets 目录下的 vertex.sh。

```
#version 300 es
uniform mat4 uMVPMatrix;                              //总变换矩阵
uniform mat4 uMMatrix;                                //基本变换矩阵
uniform vec3 uLightLocation;                          //光源位置
uniform vec3 uCamera;                                 //摄像机位置
in vec3 aPosition;                                    //顶点位置
in vec3 aNormal;                                      //顶点法向量
uniform vec4 u_clipPlane;                             //剪裁平面参数
out vec4 ambient;                                     //用于传递给片元着色器的环境光最终强度
out vec4 diffuse;                                     //用于传递给片元着色器的散射光最终强度
out vec4 specular;                                    //用于传递给片元着色器的镜面光最终强度
out float u_clipDist;                                 //用于传递给片元着色器的剪裁信息
……//此处省略了计算光照的 pointLight 方法，读者可自行查看随书的源代码
void main(){
   gl_Position = uMVPMatrix * vec4(aPosition,1); //根据总变换矩阵计算此次绘制此顶点位置
   pointLight(normalize(aNormal),ambient,diffuse,specular,
uLightLocation,vec4(0.1,0.1,0.1,1.0),vec4(0.7,0.7,0.7,1.0),vec4(0.3,0.3,0.3,1.0));
   //将顶点位置(x0,y0,z0)代入平面方程 Ax+By+Cz+D=0,并将计算结果传递给片元着色器
   //若 Ax0+By0+Cz0+D>0, 则顶点在平面的上侧，反之在平面的下侧
   u_clipDist = dot(aPosition.xyz, u_clipPlane.xyz) +u_clipPlane.w;
}
```

提示　上述顶点着色器的代码中主要是增加了，将顶点位置代入平面解析方程，并将计算结果通过易变变量传递给片元着色器的代码。

（4）介绍完顶点着色器后，接下来介绍片元着色器，其代码如下。

代码位置：见随书中源代码/第 12 章/Sample12_4/assets 目录下的 frag.sh。

```
1   #version 300 es
2   precision mediump float;                       //给出默认的浮点精度
3   in vec4 ambient;                               //从顶点着色器传递过来的环境光最终强度
4   in vec4 diffuse;                               //从顶点着色器传递过来的散射光最终强度
5   in vec4 specular;                              //从顶点着色器传递过来的镜面光最终强度
6   in float u_clipDist;                           //从顶点着色器传递过来的剪裁信息
7   out vec4 fragColor;                            //输出到的片元颜色
8   void main(){
9         if(u_clipDist < 0.0) discard;
10        vec4 finalColor=vec4(0.95,0.95,0.95,1.0);     //将计算出的颜色给此片元
11        fragColor = finalColor*ambient+finalColor*specular+finalColor*diffuse;
                                                   //给此片元颜色值
12  }
```

提示　从上述片元着色器的代码中可以看出，最主要的就是第 9 行增加的，根据接收的剪裁信息值是否小于 0 来决定是否丢弃片元的代码，其他的部分基本没有变化。

12.5　小结

本章主要介绍了几种常用的测试与任意剪裁平面，包括剪裁测试、Alpha 测试、模板测试及任意剪裁平面。通过本章的学习，读者可以在实际开发中利用这些知识渲染出更加酷炫的 3D 场景。

第 13 章　引人入胜的游戏特性——传感器应用开发

Android 智能手机有很多令人津津乐道的特性，其中最吸引人的特性之一便是传感器了。传感器是一种特殊的电子装置，依据类型的不同能够探测外界各种不同物理量的变化。Android 平台上支持多种传感器，主要包括：加速度传感器、磁场传感器、陀螺仪传感器、光传感器、温度传感器、接近传感器以及姿态传感器等，本章将按照上述顺序对 Android 平台下的各种传感器一一进行介绍。

13.1 基本的开发流程

虽然 Android 平台下有很多不同类型的传感器，这些传感器在应用程序开发中的使用细节各有不同，但无论哪种传感器其开发的基本流程都是一致的。因此，在对 Android 平台下各种传感器进行详细介绍之前，首先对传感器的总体开发流程进行一下简要介绍，主要步骤如下。

1. 获取 SensorManager 对象

传感器应用开发的第一步是获取 SensorManager 对象，具体代码如下。

```
SensorManager mySensorManager = (SensorManager)getSystemService(SENSOR_SERVICE);
```

说明　从上述代码中可以看出，获取 SensorManager 对象的方法很简单，只要调用 API 中提供的 Context 对象（Activity 对象、Service 对象）下的 getSystemService 方法即可。调用时传入的参数 SENSOR_SERVICE 是 Context 类下的常量。

2. 获取 Sensor 对象

获取了 SensorManager 对象后就可以通过其 getDefaultSensor 方法获取某种具体类型的传感器对象了。调用 getDefaultSensor 方法时需要传入一个常量描述需要获取的传感器类型，常用的几个常量如下所列。

- Sensor.TYPE_ACCELEROMETER（加速度传感器）。
- Sensor.TYPE_MAGNETIC_FIELD（磁场传感器）。
- Sensor.TYPE_GYROSCOPE（陀螺仪传感器）。
- Sensor.TYPE_LIGHT（光传感器）。
- Sensor.TYPE_TEMPERATURE（温度传感器）。
- Sensor.TYPE_PROXIMITY（接近传感器）。
- Sensor.TYPE_ORIENTATION（姿态传感器）。

获取传感器对象，并获取传感器各方面描述性信息的基本代码如下。

```
//获取指定类型的传感器对象(此段示例代码中获取的是加速度传感器)
Sensor myAccelerometer=mySensorManager.getDefaultSensor(Sensor.TYPE_ACCELEROMETER);
StringBuffer strb=new StringBuffer();          //创建一个 StringBuffer
strb.append("\n 名称: ");
strb.append(myAccelerometer.getName());         //获取传感器名称
strb.append("\n 耗电量(mA): ");
strb.append(myAccelerometer.getPower());        //获取此传感器的耗电量，以毫安(mA)为单位
strb.append("\n 类型编号 : ");
strb.append(myAccelerometer.getType());         //获取传感器类型编号
strb.append("\n 制造商: ");
strb.append(myAccelerometer.getVendor());       //获取传感器的制造商
strb.append("\n 版本: ");
strb.append(myAccelerometer.getVersion());      //获取传感器版本
strb.append("\n 最大测量范围: ");
strb.append(myAccelerometer.getMaximumRange()); //获取传感器的最大测量范围(量程)
```

3. 实现 SensorEventListener 接口

成功地获取了传感器对象后，下面要做的工作是向传感器注册监听器。注册了监听器后，当对应传感器测量的物理量发生变化时，系统会回调监听器中的特定方法。因此，在注册监听器之前，首先要实现 SensorEventListener 接口的监听器，主要是实现 SensorEventListener 接口中的两个方法。

（1）onAccuracyChanged 方法。

此方法的签名为“public void onAccuracyChanged （Sensor sensor, int accuracy）”，其在传感器的精度发生变化时被回调，第二个参数为当前的精度。从参数类型中可以看出，精度的类型是整数。实际开发中精度有 4 种可能的取值，都是 SensorManager 类下属的常量，按照精度由高到低的顺序如下所列。

- SENSOR_STATUS_ACCURACY_HIGH。
- SENSOR_STATUS_ACCURACY_MEDIUM。
- SENSOR_STATUS_ACCURACY_LOW。
- SENSOR_STATUS_UNRELIABLE。

（2）onSensorChanged 方法。

此方法的签名为“public void onSensorChanged （SensorEvent event）”，其在传感器所测量的物理量发生变化时被回调，传入的参数为传感器事件对象的引用。通过此引用可以获取当前传感器测量值的数组 values。

根据传感器类型的不同，values 数组的长度也不尽相同，例如，加速度传感器对应的 values 数组长度为 3，其中的 3 个元素分别代表当前加速度在 x 轴、y 轴、z 轴上的分量，如下面的代码所示。

```
//开发实现了 SensorEventListener 接口的传感器监听器
private SensorEventListener mySensorListener = new SensorEventListener(){
    public void onAccuracyChanged(Sensor sensor, int accuracy){{/*精度变化时的处
    理代码，省略*/}}
    public void onSensorChanged(SensorEvent event){
        float []values=event.values;                          //获取3个轴方向上的加速度值
        tvX.setText("x 轴方向上的磁场强度为:  "+values[0]); //显示x轴方向上的加速度值
        tvY.setText("y 轴方向上的磁场强度为:  "+values[1]); //显示y轴方向上的加速度值
        tvZ.setText("z 轴方向上的磁场强度为:  "+values[2]); //显示z轴方向上的加速度值
}};
```

4. 注册与注销监听器

完成了监听器的开发后就可以注册监听器了，这项工作一般在 Activity 中的 onResume 方法中进行，基本代码如下。

```
protected void onResume(){                          //重写 onResume 方法
    super.onResume();
    mySensorManager.registerListener(               //注册监听器
        mySensorListener,                           //监听器引用
        myAccelerometer,                            //被监听的传感器引用
        SensorManager.SENSOR_DELAY_NORMAL           //传感器采样的频率
);}
```

提示 传感器采样的频率都是用 SensorManager 类下属的常量来表示的，一共有 4 种选择：SENSOR_DELAY_FASTEST（最快频率）、SENSOR_DELAY_UI（适合普通用户界面的频率）、SENSOR_DELAY_GAME（适合游戏的频率）、SENSOR_DELAY_NORMAL（默认频率，适合屏幕横竖状态的自动切换）。

由于传感器是比较耗电的设备之一，因此，当不使用时应该及时注销监听器，减少耗电量。注销监听器的工作一般在 Activity 的 onPause 方法中进行，基本代码如下。

```
protected void onPause(){                                        //重写 onPause 方法
    super.onPause();
    mySensorManager.unregisterListener(mySensorListener);    //注销监听器
}
```

提示 本节给出的示例代码均来自加速度传感器案例 Sample13_1，因此，当下一小节介绍加速度传感器的开发时就不再给出重复的代码。另外，本章给出的传感器应用程序案例需要真机上有对应的硬件才能正常运行，有部分机型没有某些传感器，案例程序可能不能正常运行。

13.2 加速度传感器

本节主要介绍加速度传感器的使用，首先给出加速度传感器的一些基本知识，然后给出一个简单的案例 Sample13_1。

13.2.1 加速度传感器简介

本章介绍的所有传感器中，加速度传感器是与游戏开发人员关系比较密切的一个。很多智能手机中的体感游戏，如都市赛车、极品飞车等，都是采用加速度传感器进行操控的。具体来说就是玩家在游戏过程中，根据操控的需要改变手机的姿态，加速度传感器获得相应数据后传递给应用程序进行分析、计算，得出车辆等被操控物体的运动情况。

加速度传感器用于感知手机的加速度，其返回值是一个长度为 3 的数组（values），数组中的 3 个元素（values[0]～values[2]）分别代表手机的加速度在 x 轴、y 轴、z 轴上的分量，单位均为 m/s^2（米/平方秒），具体情况如下。

- values[0]：x 轴方向的加速度减去重力加速度在 x 轴上的分量。
- values[1]：y 轴方向的加速度减去重力加速度在 y 轴上的分量。
- values[2]：z 轴方向的加速度减去重力加速度在 z 轴上的分量。

上面的介绍中用到了基于手机的空间坐标系，这里简单介绍一下，基本情况如图 13-1 所示。

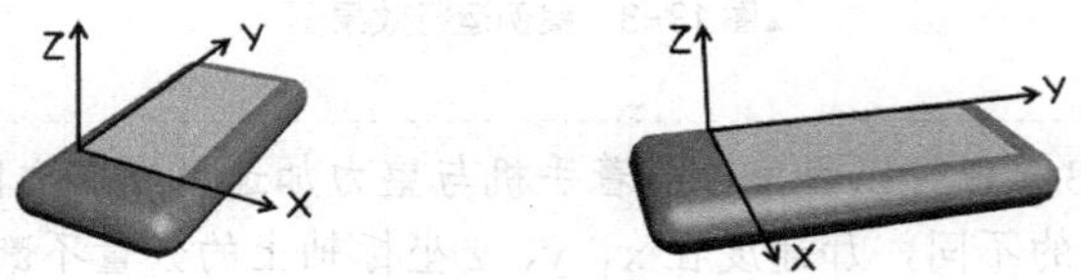

▲图 13-1　手机空间坐标系

说明　从图 13-1 中可以看出，整个空间坐标系的原点位于手机屏幕的左下角。x 轴平行于屏幕的短边，从左至右；y 轴平行于屏幕的长边，从下至上；z 轴垂直于屏幕与 x 轴与 y 轴正交。另外，需要注意的是坐标轴是绑定在手机上的，也就是说坐标轴与手机之间的关系不随着手机姿态的变化而变化。

下面举例说明各个坐标轴上加速度值的计算方法，如图 13-2 所示。

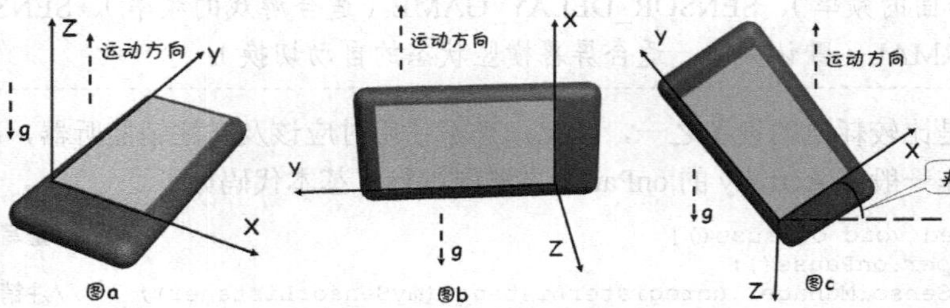

▲图 13-2　几种情况下加速度值的计算

- 当手机屏幕与重力加速度方向垂直，以图 a 中的姿态以加速度 a 向上运动时，z 轴的加速度值为（a+g）m/s^2。这是因为此时手机本身在 z 轴的加速度为 a，重力加速度方向沿 z 轴负方向，也就是重力加速度在 z 轴上的分量为-g，而“a-（-g）”的结果为 a+g。
- 当手机的短边与重力加速度方向平行，以图 b 中的姿态以加速度 a 向上运动时，x 轴的加速度值为（a+g）m/s^2。这是因为此时手机本身在 x 轴的加速度为 a，重力加速度方向沿 x 轴负方向，也就是重力加速度在 x 轴上的分量为-g，而“a-（-g）”的结果为 a+g。
- 当手机屏幕与重力加速度方向平行，以图 c 中的姿态以加速度 a 向上运动时，x 轴的加速度值为（a•sinα+g•sinα）m/s^2，y 轴的加速度值为（a•cosα+g•cosα）m/s^2。此情况下加速度的计算与前面两种情况类似，只是需要将加速度 a 与重力加速度 g 沿 x 轴与 y 轴两个方向进行分解。

13.2.2　案例的开发

了解了加速度传感器的基本知识以后，就可以进行案例的开发了。由于上一节中在介绍传感器开发的基本流程时已经给出了本案例各部分的代码，因此，这里仅给出案例的运行效果，如图 13-3 所示。

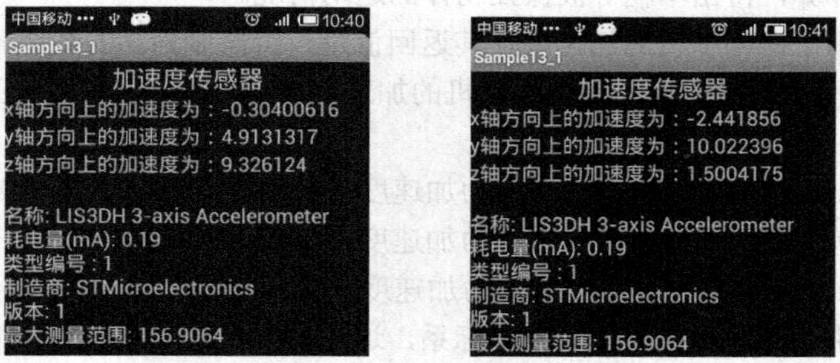

▲图 13-3　案例运行效果图

说明　从图 13-3 中可以看出，随着手机与重力加速度方向之间的关系不同，随着手机加速度方向的不同，加速度在 x、y、z 坐标轴上的分量不断变化。

13.3 磁场传感器

本节主要介绍磁场传感器的使用，首先给出磁场传感器的一些基本知识，然后再给出一个简单的案例 Sample13_2。

13.3.1 磁场传感器简介

磁场传感器主要用于探测手机周围的磁场强度，其与加速度传感器类似，也是返回磁场强度在 x、y、z 3 个轴上的分量。返回数据的单位为 uT，即微特斯拉。

另外，磁场传感器使用的坐标轴与加速度传感器的一样，x 轴平行于屏幕的短边，从左至右；y 轴平行于屏幕的长边，从下至上；z 轴垂直于屏幕与 x 轴与 y 轴正交（见图 13-1）。3 个坐标轴也是绑定在手机上的，也就是说坐标轴与手机之间的关系不随着手机姿态的变化而变化。

提示 由于每个轴磁场强度的计算方法与加速度传感器的基本一致，这里不再赘述。

13.3.2 案例的开发

了解了磁场传感器的基本知识后，就可以进行本节案例 Sample13_2 的开发了。进行代码的开发之前，请读者先了解一下本案例的运行效果，如图 13-4 所示。

▲图 13-4 案例运行效果图

说明 从图 13-4 中可以看出，随着手机姿态、朝向的变化，磁场在 x、y、z 坐标轴上的分量不断变化。同时，该案例还获取了手机中传感器的名称、类型、版本、耗电量等属性信息。

了解了案例的运行效果后，就可以进行代码的开发了。本案例中仅包含一个界面布局（main.xml）和一个 Activity，布局的开发不是本章重点，这里不予介绍。下面仅给出本节案例中 Activity 的代码，具体内容如下。

代码位置：见随书中源代码/第 13 章/Sample13_2/src/com/bn/Sample13_2 目录下的 MyActivity.java。

```
package com.bn.Sample13_2;                              //包声明
……//此处省略部分类的引入代码，读者可以自行查看随书中的源代码
public class MyActivity extends Activity {
    SensorManager mySensorManager;                      //SensorManager 对象引用
    Sensor myMagnetic;                                  //Sensor 对象引用
    TextView tvX;                                       //显示磁场强度在 x 轴上分量的 TextView
    TextView tvY;                                       //显示磁场强度在 y 轴上分量的 TextView
    TextView tvZ;                                       //显示磁场强度在 z 轴上分量的 TextView
```

```
    TextView info;                          //显示传感器属性信息的 TextView
    public void onCreate(Bundle savedInstanceState) {
        super.onCreate(savedInstanceState);
        setContentView(R.layout.main);     //切换到主界面
        tvX = (TextView)findViewById(R.id.tvX);           //用于显示 x 轴方向磁场
        tvY = (TextView)findViewById(R.id.tvY);           //用于显示 y 轴方向磁场
        tvZ = (TextView)findViewById(R.id.tvZ);           //用于显示 z 轴方向磁场
        info= (TextView)findViewById(R.id.info);//用于显示手机中磁场传感器的相关信息
        //获得 SensorManager 对象
        mySensorManager = (SensorManager)getSystemService(SENSOR_SERVICE);
        //传感器的类型为磁场传感器
        myMagnetic=mySensorManager.getDefaultSensor(Sensor.TYPE_MAGNETIC_FIELD);
        StringBuffer strb=new StringBuffer(); //创建一个 StringBuffer
        strb.append("\n 名称: ");
        strb.append(myMagnetic.getName());     //获取传感器名称
        strb.append("\n 耗电量(mA): ");
        strb.append(myMagnetic.getPower());//获取此传感器的耗电量,以毫安(mA)为单位
        strb.append("\n 类型编号 : ");
        strb.append(myMagnetic.getType());     //获取传感器类型编号
        strb.append("\n 制造商: ");
        strb.append(myMagnetic.getVendor());   //获取传感器的制造商
        strb.append("\n 版本: ");
        strb.append(myMagnetic.getVersion()); //获取传感器版本
        strb.append("\n 最大测量范围: ");
        strb.append(myMagnetic.getMaximumRange());//获取传感器的最大测量范围(量程)
        info.setText(strb.toString()); //将信息字符串赋予名为 info 的 TextView
    }
    private SensorEventListener mySensorListener =
        new SensorEventListener(){ //开发实现了 SensorEventListener 接口的传感器监听器
        public void onAccuracyChanged(Sensor sensor, int accuracy){}
        public void onSensorChanged(SensorEvent event){
            float []values=event.values;//获取 x、y、z 三个轴方向上的磁场强度分量值
            tvX.setText("x 轴方向上的磁场强度为:  "+values[0]);
            tvY.setText("y 轴方向上的磁场强度为:  "+values[1]);
            tvZ.setText("z 轴方向上的磁场强度为:  "+values[2]);
    }};
    protected void onResume(){/*此方法的实现与加速度传感器案例的实现基本相同，故省略*/}
    protected void onPause(){/*此方法的实现与加速度传感器案例的实现基本相同，故省略*/}
    public boolean onKeyDown(int keyCode,KeyEvent e){/*按下返回键退出，代码省略*/}
}
```

说明　从上述代码中可以看出，基本的套路是完全相同的。最大的变化就是在调用 getDefaultSensor 方法获取传感器对象时，采用的参数由 Sensor.TYPE_ACCELEROMETER 变为了 Sensor.TYPE_MAGNETIC_FIELD。

13.4 陀螺仪传感器

本节主要介绍陀螺仪传感器的使用，首先介绍陀螺仪传感器的一些基本知识，然后再给出一个简单的案例 Sample13_3。

13.4.1 陀螺仪传感器简介

陀螺仪传感器主要用于探测手机绕各个轴旋转的角速度，其使用的坐标轴与加速度传感器一样，x 轴平行于屏幕的短边，从左至右；y 轴平行于屏幕的长边，从下至上；z 轴垂直于屏幕与 X 轴与 Y 轴正交（见图 13-1）。3 个坐标轴也是绑定在手机上的，也就是说坐标轴与手机之间的关系不随着手机姿态的变化而变化。

不同于加速度传感器的是，其返回的是手机绕 x、y、z 这 3 个轴旋转的角速度。其返回值的单位为 rad/s，即弧度每秒。

13.4.2 案例的开发

了解了陀螺仪传感器的基本知识后，就可以进行本节案例 Sample13_3 的开发了。进行代码的开发之前，请读者首先了解一下本节案例的运行效果，如图 13-5 所示。

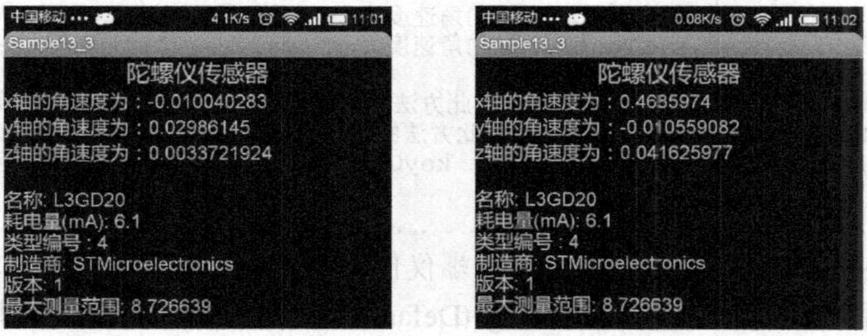

▲图 13-5　案例运行效果图

> **说明**　从图 13-5 中可以看出，随着手机的转动，陀螺仪传感器侦测出的手机绕 x、y、z 轴旋转的角速度不断变化。同时，该案例还获取了手机中传感器的名称、类型、版本、耗电量等属性信息。

了解了案例的运行效果后，就可以进行代码的开发了。本案例中仅包含一个界面布局（main.xml）和一个 Activity，布局的开发不是本章重点，这里不予介绍。下面仅给出本节案例中 Activity 的代码，具体内容如下。

代码位置：见随书中源代码/第 13 章/Sample13_3/src/com/bn/Sample13_3 目录下的 MyActivity.java。

```
package com.bn.Sample13_3;                              //包声明
……//此处省略部分类的引入代码，读者可以自行查看随书中的源代码
public class MyActivity extends Activity {
    SensorManager mySensorManager;                      //SensorManager 对象引用
    Sensor myGyroscope;                                 // Sensor 对象引用
    TextView tvX;                                       //用于显示 x 轴角速度的 TextView
    TextView tvY;                                       //用于显示 y 轴角速度的 TextView
    TextView tvZ;                                       //用于显示 z 轴角速度的 TextView
    TextView info;                                      //显示传感器属性信息的 TextView
    public void onCreate(Bundle savedInstanceState) {
        super.onCreate(savedInstanceState);
        setContentView(R.layout.main);
        tvX = (TextView)findViewById(R.id.tvX);     //用于显示 x 轴角速度
        tvY = (TextView)findViewById(R.id.tvY);     //用于显示 y 轴角速度
        tvZ = (TextView)findViewById(R.id.tvZ);     //用于显示 z 轴角速度
        info= (TextView)findViewById(R.id.info); //用于显示陀螺仪传感器的属性信息
        //获得 SensorManager 对象
        mySensorManager = (SensorManager)getSystemService(SENSOR_SERVICE);
        //传感器的类型为陀螺仪传感器
        myGyroscope=mySensorManager.getDefaultSensor(Sensor.TYPE_GYROSCOPE);
        StringBuffer strb=new StringBuffer();       //创建一个 StringBuffer
        strb.append("\n 名称: ");
        strb.append(myGyroscope.getName());         //获取传感器名称
        strb.append("\n 耗电量(mA): ");
        strb.append(myGyroscope.getPower());//获取此传感器的耗电量，以毫安(mA)为单位
        strb.append("\n 类型编号 : ");
        strb.append(myGyroscope.getType());         //获取传感器类型编号
        strb.append("\n 制造商: ");
        strb.append(myGyroscope.getVendor());       //获取传感器的制造商
        strb.append("\n 版本: ");
        strb.append(myGyroscope.getVersion());      //获取传感器版本
        strb.append("\n 最大测量范围: ");
        strb.append(myGyroscope.getMaximumRange());//获取传感器的最大测量范围(量程)
```

```
        info.setText(strb.toString());    //将信息放到显示用的 TextView 中
    }
    private SensorEventListener mySensorListener =
        new SensorEventListener(){ //开发实现了 SensorEventListener 接口的传感器监听器
        public void onAccuracyChanged(Sensor sensor, int accuracy){}
        public void onSensorChanged(SensorEvent event){
            float []values=event.values;       //获取 3 个轴方向上的角速度值
            tvX.setText("x 轴的角速度为: "+values[0]);
            tvY.setText("y 轴的角速度为: "+values[1]);
            tvZ.setText("z 轴的角速度为: "+values[2]);
    }};
    protected void onResume(){/*此方法的实现与加速度传感器案例的实现基本相同，故省略*/}
    protected void onPause(){/*此方法的实现与加速度传感器案例的实现基本相同，故省略*/}
    public boolean onKeyDown(int keyCode,KeyEvent e){/*按下返回键退出，代码省略*/}
}
```

说明　从上述代码中可以看出，陀螺仪传感器与加速度传感器基本的套路是完全相同的。最大的变化就是，在调用 getDefaultSensor 方法获取传感器对象时，采用的参数由 Sensor.TYPE_ACCELEROMETER 变为了 Sensor.TYPE_GYROSCOPE。

13.5 光传感器

本节主要介绍光传感器的使用，首先给出光传感器的一些基本知识，然后再给出一个简单的案例 Sample13_4。

13.5.1　光传感器简介

光传感器主要用来探测手机所处环境的光照强度，此传感器仅有一个返回值，单位为勒克斯（lux）。灵活运用光传感器可以开发出非常人性化的应用程序。

设想如下的场景：为了应对不同光照强度的情况，应用程序的显示模式分为两种：白天与夜晚。当程序不够人性化时可能需要用户根据情况通过菜单、按钮等手动设置程序的工作模式。若采用了光传感器则可以根据光照的强度自动切换工作模式，这样就增加了程序对用户的吸引力。

13.5.2　案例的开发

了解了光传感器的基本知识后，就可以进行本节案例 Sample13_4 的开发了。进行代码的开发之前，请读者先了解一下本案例的运行效果，如图 13-6 所示。

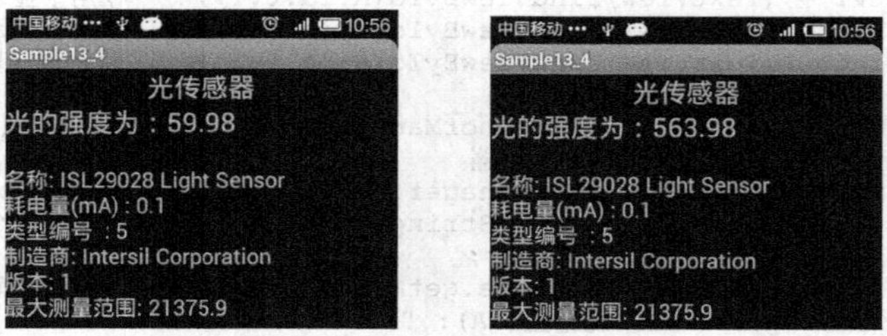

▲图 13-6　案例运行效果图

说明　从图 13-6 中可以看出，随着手机所处环境光照强度的不同，光传感器返回的数值也不断变化。同时，该案例也获取了手机中传感器的名称、类型、版本、耗电量等属性信息。

了解了本案例的运行效果后，就可以进行代码的开发了。由于本案例与本章前面的案例套路基本一致，只是细节有所不同。因此，这里仅给出有特色的几处代码，具体如下所列。

（1）首先给出的是该案例中 MyActivity 类的 onCreate 方法，具体代码如下。

代码位置：见随书中源代码/第 13 章/Sample13_4/src/com/bn/Sample13_4 目录下 MyActivity.java。

```
public void onCreate(Bundle savedInstanceState) {      //重写的 onCreate 方法
    super.onCreate(savedInstanceState);
    setContentView(R.layout.main);                      //切换到主界面
    light = (TextView)findViewById(R.id.light);         //用于显示光强度的 TextView
    info= (TextView)findViewById(R.id.info); //用于显示光传感器属性信息的 TextView
    //获得 SensorManager 对象
    mySensorManager = (SensorManager)getSystemService(SENSOR_SERVICE);
    //获取传感器
    myLight=mySensorManager.getDefaultSensor(Sensor.TYPE_LIGHT);
    ……//省略了一些与前面案例相似的代码，读者可自行查阅随书中的源代码
}
```

说明 相比于前面的案例，主要的区别是在调用 getDefaultSensor 方法获取传感器对象时采用的参数变成了 Sensor. TYPE_LIGHT。

（2）接着给出的是实现了 SensorEventListener 接口的传感器监听器，具体代码如下。

代码位置：见随书中源代码/第 13 章/Sample13_4/src/com/bn/Sample13_4 目录下 MyActivity.java。

```
1  private SensorEventListener mySensorListener =
2        new SensorEventListener(){//实现了 SensorEventListener 接口的传感器监听器
3        @Override                      //重写 onAccuracyChanged 方法
4        public void onAccuracyChanged(Sensor sensor, int accuracy){}
5        @Override                      //重写 onSensorChanged 方法
6        public void onSensorChanged(SensorEvent event){
7            float []values=event.values;        //获取光照强度值所属的 values 数组
8            light.setText("光的强度为: "+values[0]); //显示光照强度
9  }};
```

说明 从上述代码的第 7-8 行中可以看出，与前面的加速度传感器与磁场传感器不同，光传感器仅有一个返回值，就是光照强度。

13.6 温度传感器

本节主要介绍温度传感器的使用，首先给出温度传感器的一些基本知识，然后再给出一个简单的案例 Sample13_5。

13.6.1 温度传感器简介

温度传感器主要用来探测手机所处环境的温度，此传感器仅有一个返回值，单位为摄氏度。灵活运用温度传感器可以开发出非常有意思的应用程序，如温度计、与温度相关的健康指南、饮食指南等。

提示 上述笔者仅是抛砖引玉，读者可以充分发挥想象，创造出各种各样有价值的应用程序。

13.6.2 案例的开发

了解了温度传感器的基本知识后，就可以进行本节案例 Sample13_5 的开发了。进行代码的开

发之前，请读者先了解一下本案例的运行效果，如图 13-7 所示。

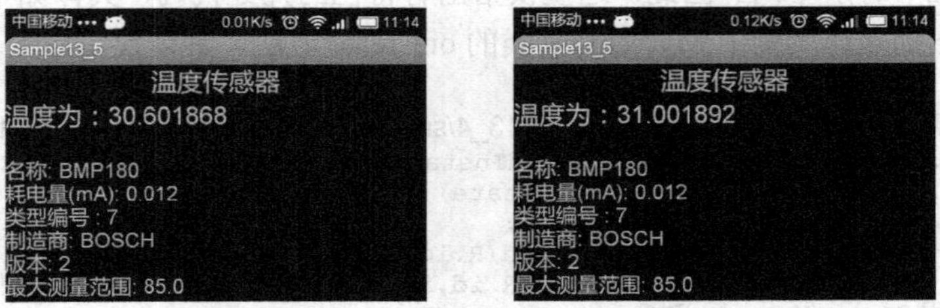

▲图 13-7　案例运行效果图

> **说明**　从图 13-7 中可以看出随手机所处环境温度的不同，获取的相应温度值不断变化。同时，该案例也获取了手机中传感器的名称、类型、版本、耗电量等属性信息。

了解了本案例的运行效果后，就可以进行代码的开发了。由于本案例与本章前面的案例套路基本一致，只是细节有所不同。因此，这里仅给出有特色的几处代码，具体如下所列。

（1）首先给出的是该案例中 MyActivity 类的 onCreate 方法，具体代码如下。

代码位置：见随书中源代码/第 13 章/Sample13_5/src/com/bn/Sample13_5 目录下 MyActivity.java。

```
public void onCreate(Bundle savedInstanceState) {    //重写的 onCreate 方法
    super.onCreate(savedInstanceState);
    setContentView(R.layout.main);                   //切换到主界面
    temperature = (TextView)findViewById(R.id.temperature);//用于显示温度的 TextView
    info= (TextView)findViewById(R.id.info); //用于显示温度传感器属性信息的 TextView
    //获得 SensorManager 对象
    mySensorManager = (SensorManager)getSystemService(SENSOR_SERVICE);
    //获取传感器
    myTemperature=mySensorManager.getDefaultSensor(Sensor.TYPE_TEMPERATURE);
    ……//省略了一些与前面案例相似的代码，读者可自行查阅随书中的源代码
}
```

> **说明**　相比于前面的案例，主要的区别是在调用 getDefaultSensor 方法获取传感器对象时，采用的参数变成了 Sensor.TYPE_TEMPERATURE。

（2）接着给出的是实现了 SensorEventListener 接口的传感器监听器，具体代码如下。

代码位置：见随书中源代码/第 13 章/Sample13_5/src/com/bn/Sample13_5 目录下 MyActivity.java。

```
1  private SensorEventListener mySensorListener =
2      new SensorEventListener(){       //实现了 SensorEventListener 接口的传感器监听器
3      @Override                        //重写 onAccuracyChanged 方法
4      public void onAccuracyChanged(Sensor sensor, int accuracy){}
5      @Override                        //重写 onSensorChanged 方法
6      public void onSensorChanged(SensorEvent event){
7          float []values=event.values;   //获取温度值所属的 values 数组
8          temperature.setText("温度为: "+values[0]);        //显示温度
9  }};
```

> **说明**　从上述代码的第 7-8 行中可以看出，与前面的光传感器相同，温度传感器仅有一个返回值，就是温度值（以摄氏度衡量）。

13.7 接近传感器

本节主要介绍接近传感器的使用，首先给出接近传感器的一些基本知识，然后再给出一个简

单的案例 Sample13_6。

13.7.1 接近传感器简介

接近传感器用于探测是否有物体离手机屏幕非常近（在 1 厘米左右的范围内），此传感器仅有一个返回值，表示物体距手机屏幕的距离。返回值随手机型号的不同会有所差异，但无论哪种型号的手机都只有两种可能，一种表示有物体在离手机屏幕近的范围内，另一种表示不在此范围内。

如笔者使用的小米 2 用 0 表示在近的范围内，用 5.000305 表示不在近的范围内。而有些型号的手机用 100 表示不在近的范围内，用 0 表示在近的范围内。

恰当使用接近传感器可以开发出很好的应用程序，如手机上的通话程序就是如此。当拿着手机贴到耳朵上通话时，接近传感器检测到耳朵离屏幕很近，则关闭屏幕以节约用电；当结束通话，手机屏幕离开耳朵时，接近传感器检测到没有物体离屏幕很近了，则自动打开屏幕。

提示 有些资料中将此传感器错误地解释为距离传感器是不完全准确的，因为此传感器不能用于测量连续的距离值，仅可以返回两个离散值代表接近与非接近两种状态。另外，此传感器一般位于屏幕的左上侧。

13.7.2 案例的开发

了解了接近传感器的基本知识后，就可以进行本节案例 Sample13_6 的开发了。进行代码的开发之前，请读者先了解一下本案例的运行效果，如图 13-8 所示。

▲图 13-8 案例运行效果图

说明 从图 13-8 中可以看出随物体离手机距离的不同，接近传感器的返回值在两种之间变化。同时，该案例也获取了手机中传感器的名称、类型、版本、耗电量等属性信息。

了解了本案例的运行效果后，就可以进行代码的开发了。由于本案例与本章前面的案例套路基本一致，只是细节有所不同。因此，这里仅给出有特色的几处代码，具体如下所列。

（1）首先给出的是该案例中 MyActivity 类的 onCreate 方法，具体代码如下。

代码位置：见随书中源代码/第 13 章/Sample13_6/src/com/bn/Sample13_6 目录下 MyActivity.java。

```
public void onCreate(Bundle savedInstanceState) {     //重写的 onCreate 方法
    super.onCreate(savedInstanceState);
    setContentView(R.layout.main);                    //切换到主界面
    distance = (TextView)findViewById(R.id.distance); //用于显示距离的 TextView
    info= (TextView)findViewById(R.id.info); //用于显示手机中接近传感器的相关信息
    //获得 SensorManager 对象
    mySensorManager = (SensorManager)getSystemService(SENSOR_SERVICE);
    //获取传感器
    myAccelerometer=mySensorManager.getDefaultSensor(Sensor.TYPE_PROXIMITY);
    ……//省略一些与前面案例相似的代码，读者可自行查阅随书中的源代码
}
```

> **说明**　相比于前面的案例，主要的区别是在调用 getDefaultSensor 方法获取传感器对象时，采用的参数变成了 Sensor.TYPE_PROXIMITY。

（2）接着给出的是实现了 SensorEventListener 接口的传感器监听器，具体代码如下。

代码位置：见随书中源代码/第 13 章/Sample13_6/src/com/bn/Sample13_6 目录下 MyActivity.java。

```
1    private SensorEventListener mySensorListener =
2        new SensorEventListener(){//实现了 SensorEventListener 接口的传感器监听器
3            @Override                    //重写 onAccuracyChanged 方法
4            public void onAccuracyChanged(Sensor sensor, int accuracy){}
5            @Override                                //重写 onSensorChanged 方法
6            public void onSensorChanged(SensorEvent event){
7                float []values=event.values; //获取距离值所属的 values 数组
8                distance.setText("距离为: "+values[0]);//显示距离
9    }};
```

> **说明**　从上述代码的第 7-8 行中可以看出，与前面的温度传感器、光传感器相同，接近传感器仅有一个返回值，那就是距离。不过正像前面特别强调的那样，这里的距离仅是两个离散值，一个表示接近状态，另一个表示非接近状态。

13.8　姿态传感器

本节主要介绍姿态传感器的使用，首先给出姿态传感器的一些基本知识，然后再给出一个简单的案例 Sample13_7。

13.8.1　姿态传感器简介

本章介绍的所有传感器中，姿态传感器也是与游戏开发人员关系比较密切的一个，有些智能手机中的体感游戏和应用就是采用姿态传感器进行操控的。具体来说就是玩家在游戏过程中，根据操控的需要改变手机的姿态，姿态传感器获得姿态数据后传递给应用程序进行分析、计算，得出具体的操控数据。

从上述介绍中可以看出，姿态传感器主要用于感知手机姿态的变化，其每次产生的都是静态的姿态值，表示当前的姿态。每组姿态值包括 3 个，分别表示手机在 Yaw、Pitch、Roll 轴的旋转角度。Yaw、Pitch、Roll 轴与手机之间的关系比较复杂，详细情况如图 13-9 所示。

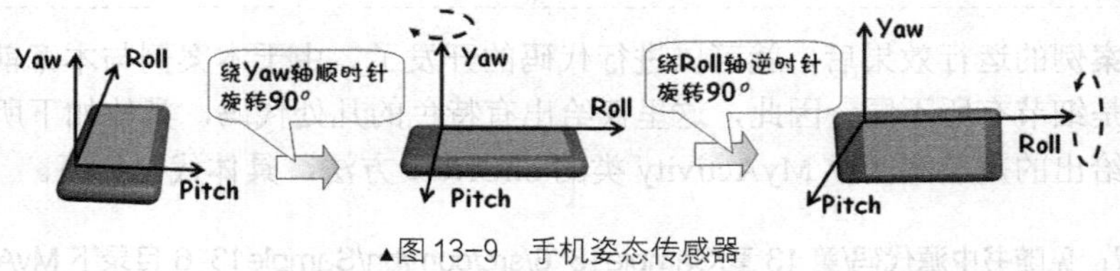

▲图 13-9　手机姿态传感器

图 13-9 中从左至右分别为手机在原始姿态，手机绕 Yaw 轴顺时针旋转 90° 后的姿态，手机再绕 Roll 轴逆时针旋转 90° 后的姿态。从几幅图的对比中可以看出，Yaw、Pitch、Roll 三个轴与手机之间的关系不都是固定的。

Yaw、Pitch、Roll 三个轴的详细情况如下所列。

- Yaw 轴。

Yaw 从 Android SDK 的 2.3 版本后改称为 Azimuth 轴了，无论手机处于何种姿态，此轴都与重力加速度方向相反，垂直向上。也就是说，此轴是固定不变的。因此姿态传感器工作时，获得的此轴角度表示的是手机的方位。

具体情况为：0° 时手机指向北方，90° 时指向东方，180° 时指向南方，270° 时指向西方，其他的方位可以依此类推。因此，在原始状态时，手机屏幕水平向上（即屏幕的法向量与重力加速度方向相反），指向北方。

❑ Pitch 轴。

Pitch 轴的方向与当前手机的方位角密切相关，原始情况下 Pitch 轴指向东方。当手机绕 Yaw 轴旋转一定的角度后，Pitch 轴也绕 Yaw 轴旋转相同的角度。如图 13-9 中间的小图所示，当手机绕 Yaw 轴顺时针旋转 90° 后，Pitch 轴也绕 Yaw 轴顺时针旋转 90°，指向南方。

简单来说，可以将 Pitch 轴理解为“焊死”在 Yaw 上的。另外，要注意的是，Pitch 轴与手机之间的关系是不固定的。如图 13-9 中右侧的小图所示，当手机又绕 Roll 轴旋转后，Pitch 轴与手机之间的关系就发生了变化。

❑ Roll 轴。

从图 13-9 中可以看出，Roll 轴的方向依赖于手机绕 Yaw 轴和 Pitch 轴旋转的情况，但是 Roll 轴的确定并不复杂。细心观察一下图 13-9 即可发现，Roll 轴与手机之间的关系是固定的，就像是“焊死”在手机上一样。

看完上面的介绍后，读者可能会有这样的疑问：为什么 3 个轴这么古怪呢？其实不然，这 3 个轴是来自数学上的欧拉角。欧拉角是一种表示物体姿态的方法，在飞机飞行中很常用，具体情况如图 13-10 所示。

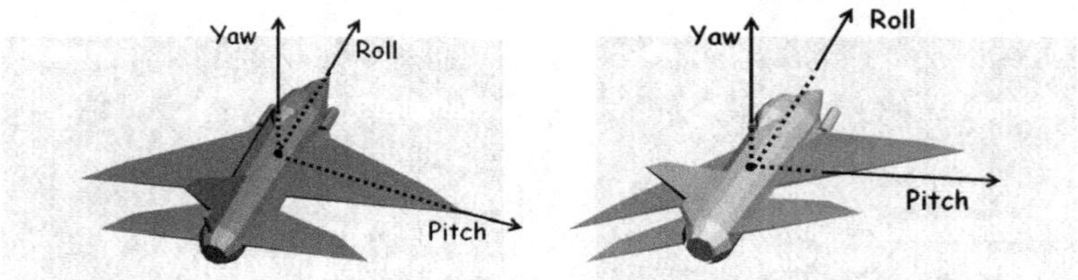

▲图 13-10　用欧拉角表示飞机姿态

从图 13-10 中可以看出，Yaw 轴角度为飞机的方位角，Pitch 轴角度为飞机的俯仰角，Roll 轴角度为飞机的左右倾斜角。知道了这 3 个角度值后，飞机的姿态就唯一地被确定了。上述说法是从飞行员的角度出发的，乘客也是如此，坐过飞机的读者可以很容易地理解。

> **说明**　关于欧拉角的相关数学问题的讨论已经超过了本书的范围，有需要的读者可以自行查阅相关的数学资料。

早期姿态传感器是 Android 手机上一种非常重要的传感器，但其实并不存在一个硬件传感器称为姿态传感器。姿态传感器并不是一个硬件，而是一个逻辑传感器，其返回值是由加速度传感器 3 个轴的值和磁场传感器 3 个轴的值 6 轴联算得到的。

随着时代的发展，谷歌可能希望传感器就是代表实际存在的硬件，所以，姿态传感器在以后较新 Android 版本中可能会被废弃。虽然姿态传感器会被废弃，但这并不代表姿态传感器的功能就不能使用了。这是因为加速度传感器和磁场传感器的硬件还是存在的，那 6 个轴的值还是可以获得的。

这就要求获取姿态传感器的返回值时必须使用加速度传感器的 3 个轴的值和姿态传感器 3 个轴的值 6 轴联算，计算出姿态传感器的返回值。庆幸的是，在 SensorManager 类中提供了一些相关的工具方法，其中比较重要的两个为 getRotationMatrix 方法和 getOrientation 方法，具体情况如表 13-1 所列。

表 13-1　　SensorManager 类提供的重要工具方法

方法签名	参数名称	方法说明
public static boolean getRotationMatrix（float[] R,float[] I,float[] gravity,float[] gromagnetic）	R 参数用于储存此方法计算出的世界坐标系恢复旋转矩阵；I 参数用于存储此方法计算出的将磁场传感器 3 个轴值所代表的的向量变换到重力加速度坐标系中的旋转矩阵；返回值表示计算是否成功	根据传入的加速度传感器与磁场传感器的值数组计算出两个变换旋转矩阵
public static float[] getOrientation（float[] R,float[] values）	R 参数为旋转矩阵，由 getRotationMatrix 方法计算得到；values 参数为计算出的姿态传感器 3 个轴值的数组；返回值为传入的 values 数组元素值组成的数组	根据传入的参数计算出姿态传感器 Yaw、Pitch、Roll 轴的值

说明　表 13-1 中所列的只是两个比较重要的方法，辅助计算的工具方法还有其他几个。由于本节案例只用到上述两个方法，其他的方法在这里就不一一说明了，感兴趣的读者可以自行查阅 API。

13.8.2　案例的开发

了解了姿态传感器的基本知识后，就可以进行本节案例 Sample13_7 的开发了。进行代码的开发之前，请读者首先了解一下本节案例的运行效果，如图 13-11 所示。

▲图 13-11　案例运行效果图

说明　从图 13-11 中可以看出随手机姿态的改变，姿态传感器的返回值不同。

了解了本案例的运行效果后，就可以进行代码的开发了。由于本节案例与本章前面的案例套路基本一致，只是细节有所不同。因此，这里仅给出有特色的几处代码，具体如下所列。

（1）首先给出的是该案例中 MyActivity 类的 onCreate 方法，具体代码如下。

代码位置：见随书中源代码/第 13 章/Sample13_7/src/com/bn/Sample13_7 目录下 MyActivity.java。

```
public void onCreate(Bundle savedInstanceState) {      //重写的 onCreate 方法
    super.onCreate(savedInstanceState);
setContentView(R.layout.main);          //切换到主界面
tYaw = (TextView)findViewById(R.id.tYaw); //用于显示 Yaw 轴旋转角度的文本控件
tPitch = (TextView)findViewById(R.id.tPicth);//用于显示 Pitch 轴旋转角度的文本控件
tRoll = (TextView)findViewById(R.id.tRoll); //用于显示 Roll 轴旋转角度的文本控件
//获得 SensorManager 对象引用
mySensorManager = (SensorManager)getSystemService(SENSOR_SERVICE);
//获取加速度传感器和磁场传感器的对象引用
myAccelerometer=mySensorManager.getDefaultSensor(Sensor.TYPE_ACCELEROMETER);
myMagnetic=mySensorManager.getDefaultSensor(Sensor.TYPE_MAGNETIC_FIELD);
}
```

说明 相比于前面的案例，主要的区别是，在获取了 SensorManager 对象引用后，进一步分别获取了加速度传感器和磁场传感器的引用。这主要是因为，姿态传感器 3 个轴的值需要由加速度传感器与磁场传感器的值 6 轴联算得出。

（2）接着给出的是实现了 SensorEventListener 接口的加速度传感器监听器，具体代码如下。

代码位置：见随书中源代码/第 13 章/Sample13_7/src/com/bn/Sample13_7 目录下 MyActivity.java。

```
1   //开发实现了 SensorEventListener 接口的传感器监听器
2   private SensorEventListener myAccelerometerListener = new SensorEventListener(){
3       @Override
4       public void onAccuracyChanged(Sensor sensor, int accuracy){}
5       @Override
6       public void onSensorChanged(SensorEvent event){
7           vlAccelerometer=event.values;       //获取加速度传感器 3 个轴方向上的加速度值
8           float[] R=new float[9];             //声明旋转矩阵
9            SensorManager.getRotationMatrix (         //获取旋转矩阵的各项值
10              R,                              //旋转矩阵
11              null,
12              vlAccelerometer,
13              vlManager
14          );
15          float[] Values=new float[3];                        //姿态值数组
16          SensorManager.getOrientation(R, Values);            //获取姿态值
17          tYaw.setText( "Yaw 轴的旋转角度: "+Values[0]);
18          tPicth.setText("Pitch 轴的旋转角度: "+Values[1]);
19          tRoll.setText( "Roll 轴的旋转角度: "+Values[2]);
20  }};
```

❑ 第 8-14 行为首先声明旋转矩阵，然后再根据加速度传感器 3 个轴方向上的加速度值与磁场传感器 3 个轴方向上的值计算出旋转矩阵 R 各项的值。

❑ 第 15-19 行为首先声明姿态值数组，然后再调用 getOrientation 方法根据旋转矩阵 R 获取到姿态传感器 3 个轴的值，最后将得到的各个轴的值显示在相应的 TextView 中。

提示 由于实现了 SensorEventListener 接口的磁场传感器监听器的代码与实现了 SensorEventListener 接口的加速度传感器监听器的代码基本相同，这里就不在赘述，需要的读者请自行参考随书中的源代码。

13.9 加速度传感器综合案例

实际的游戏开发中，加速度传感器用到的情况比较多，通过前面内容的学习，读者对如何获取加速度传感器 3 个轴的值应该都已经有所掌握了。但对于如何通过这些值来操控游戏场景中的物件可能还不是很熟悉。

因此，本节将通过一个案例（Sample13_8）向读者介绍如何在实际开发中通过加速度传感器操控物体，其运行效果如图 13-12 所示。

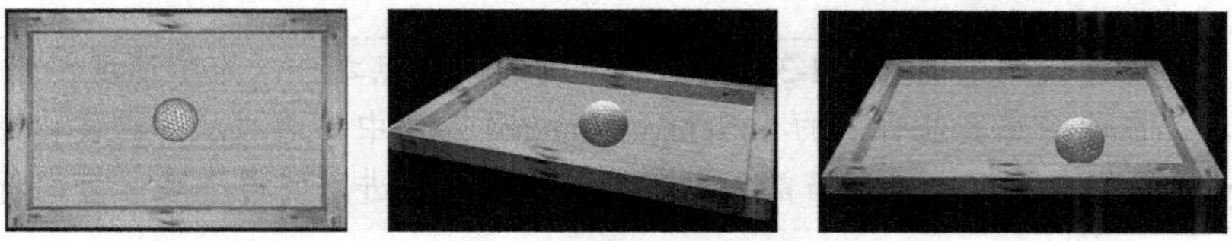

▲图 13-12　案例运行效果图

说明　从图 13-12 中可以看出，本案例呈现了一个 3D 场景。场景中有一个四周凸出的矩形木头盘，其中放置了一个空心圆球。当手机倾斜时，圆球会向低处滚动。另外，程序运行时用手指在屏幕上滑动可以改变摄像机的位置，图 13-12 中的 3 幅小图就是摄像机从不同位置观察场景时的情况。

了解了案例的运行效果后，就可以进行代码的开发了。由于本案例中的大部分代码来自于前面章节的不同案例，因此，这里对重复的内容不再赘述，仅给出该案例中有特色的类及方法。

（1）首先给出的是案例的主控制类——MyActivity，其代码如下。

代码位置：见随书中源代码/第 13 章/Sample13_8/src/com/bn/Sample13_8 目录下 MyActivity.java。

```
1    package com.bn.Sample13_8;                                  //包声明
2    ……//此处省略部分相关类的引入代码，读者可自行查看随书的源代码
3    public class MyActivity extends Activity {
4        SensorManager mySensorManager;                          //SensorManager 类的引用
5        Sensor sensorAccelerometer;                             //加速度传感器的引用
6        MySurfaceView mySurfaceView;
7        public void onCreate(Bundle savedInstanceState) {      //重写 onCreate 方法
8            super.onCreate(savedInstanceState);
9            requestWindowFeature(Window.FEATURE_NO_TITLE); //设置为无标题
10           getWindow().setFlags(WindowManager.LayoutParams.FLAG_FULLSCREEN ,
11                   WindowManager.LayoutParams.FLAG_FULLSCREEN);//设置为全屏
12           //设置为横屏模式
13           setRequestedOrientation(ActivityInfo.SCREEN_ORIENTATION_LANDSCAPE);
14           //获得 SensorManager
15           mySensorManager = (SensorManager)getSystemService(SENSOR_SERVICE);
16           //获取加速度传感器对象
17   sensorAccelerometer=mySensorManager.getDefaultSensor(Sensor. TYPE_ACCELEROMETER);
18           mySurfaceView = new MySurfaceView(this);//创建呈现场景的 MySurfaceView 对象
19           this.setContentView(mySurfaceView);    //切换到场景界面
20           mySurfaceView.requestFocus();          //获取焦点
21           mySurfaceView.setFocusableInTouchMode(true);//设置为可触控
22   }
23   //重力传感器的监听器
24   private SensorEventListener mek=new SensorEventListener(){
25       @Override
26       public void onAccuracyChanged(Sensor sensor, int accuracy) {}
27       @Override
28       public void onSensorChanged(SensorEvent event) {
29           float gx=event.values[0];          //获取重力加速度在屏幕上的 XY 分量
30           float gy=event.values[1];
31           double mLength=gx*gx+gy*gy;        //求出屏幕上重力加速度向量的分量长度
32           mLength=Math.sqrt(mLength);
33           if(mLength==0){                    //若分量为 0 则返回
34           return;
35           }
36           Constant.SPANX=(float)((gy/mLength)*0.08);//若分量不为 0 则设置球滚动的步进
37           Constant.SPANZ=(float)((gx/mLength)*0.08);
38       }};
39       protected void onResume() {/*省略该方法的内容*/}
40       protected void onPause() {/*省略该方法的内容*/}
41       public boolean onKeyDown(int keyCode,KeyEvent e){/*省略该方法的内容*/}
42   }
```

提示　上述代码中的第 24-38 行是本案例的关键点之一，为加速度传感器监听器的实现。在此传感器监听器的 onSensorChanged 方法中，通过从加速度传感器读出的 x、y 轴的值来计算小球在当前手机姿态下的滚动步进，使得小球一直向低处滚动。

（2）然后给出的是用于描述小球位置姿态的 BallForControl 类，其代码如下。

代码位置：见随书中源代码/第 13 章/Sample13_8/src/com/bn/Sample13_8 目录下 BallForControl.java。

```
1   package com.bn.Sample13_8;                              //包声明
2   ……//此处省略部分相关类的引入代码，读者可自行查看随书的源代码
3   public class BallForControl {
4        MySurfaceView mv;                                  // MySurfaceView 类的引用
5        Ball ball;                                         //用于绘制的球(采用的是第 8 章的线框几何球)
7        ……//此处省略相关成员变量的声明，读者可自行查看随书的源代码
8        float[] selfRotateMatrix;                          //自带的记录当前姿态的旋转矩阵
9        public BallForControl(MySurfaceView mv,float scale,float aHalf,int n){
10            this.mv=mv;
11            ball=new Ball(mv,scale,aHalf,n);             //创建用于绘制的几何球对象
12            selfRotateMatrix=new float[16];              //初始化自带的记录当前姿态的旋转矩阵
13            Matrix.setRotateM(selfRotateMatrix, 0, 10, 0, 1, 0);//初始时旋转一定的度数
14       }
15       public void drawSelf(){                            //绘制球的 drawSelf 方法
16          MatrixState.pushMatrix();                       //保护现场
17          MatrixState.translate(Constant.XOFFSET, 1.2, Constant.ZOFFSET);
                                                            //移动到指定位置
18          MatrixState.matrix(selfRotateMatrix);          //加上记录姿态的旋转矩阵
19          ball.drawSelf();                                //绘制球
20          MatrixState.popMatrix();                        //恢复现场
21       }
22       public void go(){                                  //球根据手机姿态移动
23            tempSPANX=Constant.SPANX;                     //球移动距离的临时变量赋值
24            tempSPANZ=Constant.SPANZ;
25            tempX=Constant.XOFFSET+tempSPANX; //根据传感器计算结果，改变当前球的位置
26            tempZ=Constant.ZOFFSET+tempSPANZ;
27            if( (tempZ<-ZBOUNDARY)||(tempZ>ZBOUNDARY)){//如果与上下两条边发生碰撞
28                tempSPANZ=0;                              //z 轴上步进为 0
29            }
30            if((tempX<-XBOUNDARY)|| (tempX>XBOUNDARY)){//如果与左右两条边发生碰撞
31                tempSPANX=0;                              //x 轴上步进为 0
32            }
33            Constant.XOFFSET+=tempSPANX;                  //球当前的位置实时发生变化
34            Constant.ZOFFSET+=tempSPANZ;
35            rotateX=tempSPANZ;                            //计算旋转轴向量的 x、y、z 分量
36            rotateY=0;
37            rotateZ=-tempSPANX;
38            tempLength=(float) Math.sqrt                  //计算球前进的距离
39                (tempSPANX*tempSPANX+tempSPANZ*tempSPANZ);
40            tempAngle=(float) Math.toDegrees              //计算前进的角度值
41                (tempLength/Constant.BALLR);
42            if(Math.abs(tempAngle)!=0&&                   //若球滚动了则改变球的旋转矩阵
43                    (Math.abs(rotateZ)!=0||Math.abs(rotateX)!=0)){
44                float[] newMatrix=new float[16]; //新建旋转矩阵
45                Matrix.setRotateM(newMatrix, 0, tempAngle, rotateX, rotateY, rotateZ);
46                float[] resultMatrix=new float[16];//将新旋转矩阵与原来的旋转矩阵综合
47                Matrix.multiplyMM(resultMatrix, 0, newMatrix, 0, selfRotateMatrix,0);
48                selfRotateMatrix=resultMatrix;            //得到最终旋转矩阵
49  }}}
```

说明 上述代码中最重要的是第 22-49 行的 go 方法，其根据加速度传感器监听器的计算结果将小球的位置姿态进行恰当的变换供绘制时使用。要注意的是，由于 OpenGL ES 3.0 是需要开发人员向渲染管线提供变换矩阵的，因此，出于方便考虑，本案例中小球的姿态记录在了一个旋转矩阵中。可以记录旋转姿态的不单是矩阵，还有四元数，有兴趣的读者可以自行实现。

13.10 传感器的坐标轴问题

如果有 Android Pad 的读者可能会发现，在很多型号的 Pad 上，案例 Sample13_8 并不能正常

运行。此案例在手机上运行时，小球是一直向低处滚动的。但在很多 Pad 上却不是如此，左右转动 Pad，小球将前后滚动；前后转动 Pad，小球将左右滚动。

这主要是由于两个原因造成的，如下所列。

- 手机的初始姿态是竖屏的，很多品牌 Pad 的初始姿态是横屏的。
- 重力传感器的坐标轴是与设备默认姿态绑定的，并不以设备当前显示状态（横屏或竖屏）的变化而变化，如图 13-13 所示。

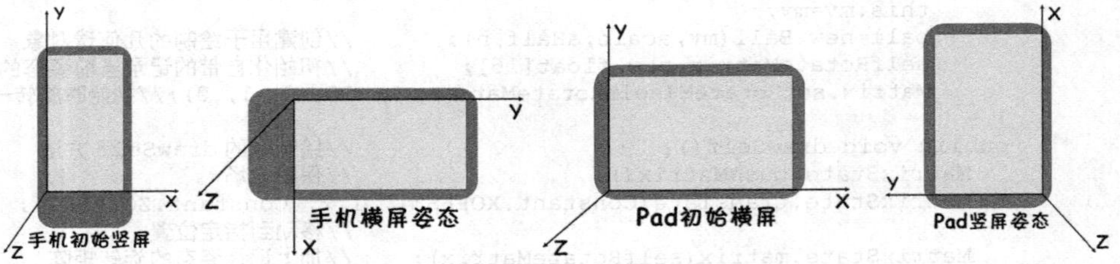

▲图 13-13　加速度传感器的坐标轴

这就造成了一个问题，同一种显示状态（横屏或竖屏）下，初始姿态不同的设备上小球同一运动方向对应的加速度传感器的坐标轴是不同的，如图 13-14 所示。

▲图 13-14　小球运动对应的加速度传感器的坐标轴

从图 13-14 中可以看出：对于用户而言，感觉都是小球向右下角运动；但对于开发人员而言，手机上小球的运动方向应该是 x 轴正方向、y 轴正方向，Pad 上小球运动方向应该是 x 轴正方向、y 轴负方向。另外，手机上 x 轴负责小球的上下运动，y 轴负责小球的左右运动，而 Pad 上 x 轴负责小球的左右运动，y 轴负责小球的上下运动。

从上面的讲解中可以看出，如果希望小球滚动的案例 Sample13_8 能够在这些 Pad 上正常运行，只需要修改此案例中加速度传感器监听器的两行代码即可。也就是将重力传感器监听器中重写的 onSensorChanged 方法的代码修改为如下内容即可。

```
1   @Override
2   public void onSensorChanged(SensorEvent event){
3           //获取重力加速度在屏幕上的 XY 分量
4           float gx=event.values[0];
5           float gy=event.values[1];
6           //求出屏幕上重力加速度向量的分量长度
7           double mLength=gx*gx+gy*gy;
8           mLength=Math.sqrt(mLength);
9           if(mLength==0){//若分量为 0 则返回
10                  return;
11          }
12          //若分量不为 0 则设置球滚动的步进
13          Constant.SPANX=(float)((-gx/mLength)*0.08);
14          Constant.SPANZ=(float)((gy/mLength)*0.08);
15  }
```

说明　从上述代码中可以看出，主要就是修改了 13-14 行的赋值语句，使得原来适应于手机初始姿态对应坐标系的代码可以适应于 Pad 初始姿态对应的坐标系了。

到了这里，问题看似顺利解决了，但是开发人员需要给不同的设备提供不同版本的软件，这并不是很好的解决方案，最好能够采用一套通用的代码。读者可能会想到，读取设备的初始姿态，根据初始姿态的不同用 if 语句进行判断并运行不同的代码片段即可。

但不幸的是，Android 平台下并没有直接提供能够读取设备初始状态是横屏还是竖屏的 API。笔者经过研究发现，Android 平台下提供了读取当前显示状态相对于初始姿态旋转了多少角度的

API。同时，Android 平台下还提供了获取当前显示状态下屏幕宽度及高度的 API。组合使用上述两个 API 可以达到需要的效果。

为了读者开发的方便，笔者专门开发了两个工具类服务于解决这个问题，相关代码如下。

（1）首先给出的是表示结果的枚举类 DefaultOrientation 的代码，具体内容如下。

代码位置：见随书中源代码/第 13 章/Sample13_9/src/com/bn/orign/orientation/util 目录下的 DefaultOrientation.java。

```
package com.bn.orign.orientation.util;
public enum DefaultOrientation{
     LANDSCAPE,                                  //初始姿态为横屏的对应枚举值
PORTRAIT                                         //初始姿态为竖屏的对应枚举值
}
```

（2）接着给出的是自动计算获取设备初始姿态的 DefaultOrientationUtil 类，其具体代码如下。

代码位置：见随书中源代码/第 13 章/Sample13_9/src/com/bn/orign/orientation/util 目录下的 DefaultOrientationUtil.java。

```
1  public class DefaultOrientationUtil{
2         public static DefaultOrientation defaultOrientation;
                                               //声明 DefaultOrientation 引用
3         public static void calDefaultOrientation(Activity activity){
4         Display display;                            //创建 Display 对象
5         display = activity.getWindowManager().getDefaultDisplay();//获取 Display 对象
6         int rotation = display.getRotation(); //读取当前显示状态相对于初始姿态的旋转角度
7         int widthOrign=0;                      //初始姿态屏幕宽度存储变量
8         int heightOrign=0;                     //初始姿态屏幕高度存储变量
9         DisplayMetrics dm = new DisplayMetrics();  //创建 DisplayMetrics 对象
10        display.getMetrics(dm);               //将显示设备信息存入 DisplayMetrics 对象
11        switch (rotation){
12             case Surface.ROTATION_0:         //若当前显示状态相对于初始姿态旋转了 0°
13             case Surface.ROTATION_180:       //若当前显示状态相对于初始姿态旋转了 180°
14                  widthOrign=dm.widthPixels;
15                  heightOrign=dm.heightPixels;
16             break;
17             case Surface.ROTATION_90:        //若当前显示状态相对于初始姿态旋转了 90°
18             case Surface.ROTATION_270:       //若当前显示状态相对于初始姿态旋转了 270°
19                  widthOrign=dm.heightPixels;
20                  heightOrign=dm.widthPixels;
21             break;
22        }
23        if(widthOrign>heightOrign) {          //若初始姿态下屏幕宽度大于高度则初始为横屏
24             defaultOrientation=DefaultOrientation.LANDSCAPE;
25        }
26        else {                                //若初始姿态下屏幕宽度不大于高度则初始为竖屏
27             defaultOrientation=DefaultOrientation.PORTRAIT;
28  }}}
```

- 第 4-10 行功能为获取 Display 对象，读取当前显示状态相对于初始姿态的旋转角度，创建 DisplayMetrics 对象，将显示设备信息存入 DisplayMetrics 对象。
- 第 11-22 行功能为根据当前显示状态相对于初始姿态的旋转角度以及当前显示状态的屏幕宽度、高度计算出初始姿态的屏幕宽度、高度。
- 第 23-27 行为根据初始姿态屏幕的宽度和高度判断初始姿态是横屏还是竖屏，并记录结果。

> **提示** 如果当前显示状态相对于初始姿态旋转了 0° 或者 180°，则存放到 DisplayMetrics 对象中的屏幕宽、高度信息与初始姿态是一致的；如果当前显示状态相对于初始姿态旋转了 90° 或者 270°，则存放到 DisplayMetrics 对象中的屏幕宽、高度信息相对于初始姿态是宽度、高度互换的。

通过学习上面的两个工具类，读者对由于 Pad 和手机加速度坐标轴不同而导致的小球不能正常滚动问题的原因与解决方案有了进一步的认识，下面将通过一个具体的案例 Sample13_9 进一步

介绍如何在实际项目中应用上述两个工具类。

案例 Sample13_9 修改自案例 Sample13_8，主要是在项目中增加了上述两个工具类，并修改了 MyActivity 类中不多的几行代码。由于两个工具类的代码在前面已经详细给出，因此，这里仅介绍本案例中被修改的 MyActivity 类，相关代码如下。

代码位置：见随书中源代码/第 13 章/Sample13_9/src/com/bn/Sample13_9 目录下的 MyActivity.java。

```
1   package com.bn.Sample13_9;                                          //包声明
2   ……//此处省略部分相关类的引入代码，读者可自行查看随书的源代码
3   public class MyActivity extends Activity {
4         ……//此处省略一些成员变量的声明的引入代码，读者可自行查看随书的源代码
5       @Override
6       public void onCreate(Bundle savedInstanceState) {
7           ……//此处省略了部分代码，与前面案例的基本相同，读者可自行查看随书中的源代码
8           DefaultOrientationUtil.calDefaultOrientation(this);//计算设备原始屏幕姿态
9           ……//此处省略了部分代码，与前面案例的基本相同，读者可自行查看随书中的源代码
10      }
11      private SensorEventListener mek=new SensorEventListener(){ //重力传感器的监听器
12          @Override
13          public void onAccuracyChanged(Sensor sensor, int accuracy) {}
14          @Override
15          public void onSensorChanged(SensorEvent event) {
16              float gx=event.values[0];               //获取重力加速度在屏幕上的 x 分量
17              float gy=event.values[1];               //获取重力加速度在屏幕上的 y 分量
18              double mLength=gx*gx+gy*gy;             //求出屏幕上重力加速度向量的分量长度
19              mLength=Math.sqrt(mLength);
20              if(mLength==0)  {                       //若分量为 0 则返回
21              return;
22          }
23          //若初始姿态是横屏 （指部分 Pad 设备）
24          if(DefaultOrientationUtil.defaultOrientation==DefaultOrientation.LANDSCAPE){
25              Constant.SPANX=(float)((-gx/mLength)*0.08);
26              Constant.SPANZ=(float)((gy/mLength)*0.08);
27          }
28          else{                           //若初始姿态是竖屏（指手机及另一部分 Pad 设备）
29              Constant.SPANX=(float)((gy/mLength)*0.08);
30              Constant.SPANZ=(float)((gx/mLength)*0.08);
31      }}};
32      @Override
33      protected void onResume() {                 //重写 onResume 方法
34          ……//此处省略了部分代码，与前面案例的基本相同，读者可自行查看随书中的源代码
35      }
36      @Override
37      protected void onPause() {          //重写 onPause 方法
38          ……//此处省略了部分代码，与前面案例的基本相同，读者可自行查看随书中的源代码
39      }
40      @Override
41      public boolean onKeyDown(int keyCode,KeyEvent e){
42          ……//此处省略了部分代码，与前面案例的基本相同，读者可自行查看随书中的源代码
43  }}
```

说明　从上述代码中可以看出，主要变化是增加了第 8 行代码用于计算设备的初始屏幕姿态，并且修改了第 24-31 行的赋值语句，使得此案例能自适应于手机初始竖屏姿态对应的坐标系与 Pad 初始横屏姿态对应的坐标系。读者在不同的设备上运行本案例时，就会发现在所有的设备上小球都可以正常滚动了，问题解决了。

13.11 小结

本章详细地向读者介绍了 Android 平台下 7 种不同传感器的使用，其中与 3D 游戏开发关系最为密切的就是加速度传感器。因此，本章也针对加速度传感器给出了一个非常完整的案例，掌握此案例后，读者在以后 3D 游戏的开发中可以轻松应对各种体感操控的需求。

第 14 章　Android NDK 及 iOS 平台下的 OpenGL ES 开发

前面的章节向读者介绍了很多关于 OpenGL ES 3.0 的知识，但是笔者只基于 Android 平台使用 Java 作为主语言进行了各个案例的开发。然而事实上，OpenGL ES 3.0 本身是一个跨编程语言、跨平台的 3D 图形 API，其不仅可以在 Android 平台的 Java 代码中调用，也可以在 Android NDK 及其他平台中调用。

本章主要介绍如何在 Android NDK 与 iOS 中使用 OpenGL ES 3.0 进行开发。由于 OpenGL ES 3.0 跨语言、跨平台的特点，使用其他语言和平台进行开发时很多内容都与前面的章节相似，因此，读者可以很容易地理解和掌握本章将要介绍的内容。

14.1 使用 Android NDK 进行 OpenGL ES 开发

前面章节中的案例都是采用 Android SDK 基于 Java 语言进行开发的，使用很方便。但采用 SDK 开发的程序只能使用 Java 语言，而不能使用同样也非常流行的 C/C++语言。

为此 Google 推出了 Android NDK，使开发人员可以很方便地使用 C/C++语言开发 Android 应用程序。本节将向读者介绍，如何配置并使用 Android NDK 开发环境，并给出一个基于 NDK 开发的 OpenGL ES 3.0 简单案例。

14.1.1　Android NDK 开发环境的下载及配置

Android NDK 其实是一系列工具的集合，其可以帮助开发人员快速地开发 C/C++的动态库（so 文件），并能自动将 so 库和 Java 应用一起打包成 apk。NDK 集成了交叉编译器，并提供了相应的 mk 文件以隔离 CPU、平台、ABI 等的差异，开发人员只需要简单修改 mk 文件（指出“哪些文件需要编译”“编译特性要求”等），就可以创建出所需的 so 文件。

要想使用 Android NDK 进行应用程序的开发，首先需要下载并安装相关的软件，主要包括 Android NDK、Android NDK 插件以及 Eclipse 的 C\C++环境插件 CDT。下面依次讲解如何下载及安装这几个软件，主要内容如下。

1. Android NDK 的下载

首先要进行的就是 Android NDK 的下载及配置。Android NDK 是开发 Android 平台下 C++应用程序必不可少的重要工具包，具体下载及安装步骤如下。

（1）首先在浏览器中输入“https://developer.android.com/tools/sdk/ndk/index.html”，打开 Android NDK 的官方下载页面，如图 14-1 所示。

（2）接着下拉该页面到图 14-2 所示的位置，然后单击网页中的“android-ndk-r9d-windows-x86.zip”超链接。此时浏览器会弹出下载对话框（这一点不同的浏览器会有所不同），如图 14-3 所示。

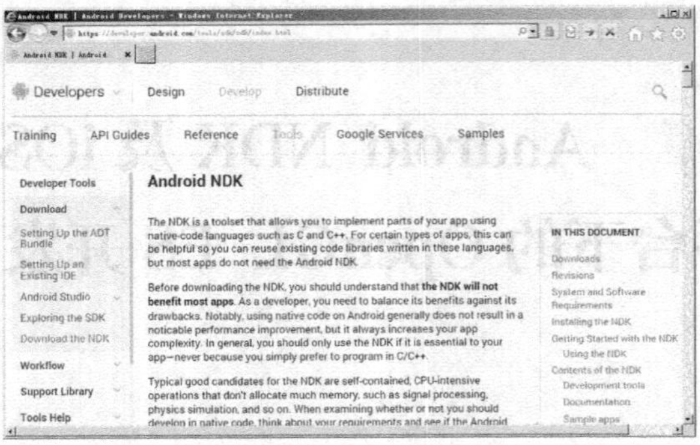

▲图 14-1　NDK 下载页面

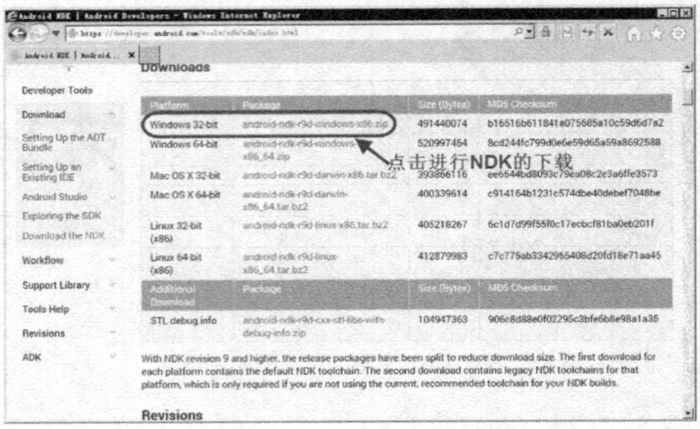

▲图 14-2　单击按钮下载 NDK

（3）下载完成后，在指定的路径中会得到一个名称为“android-ndk-r9d-windows-x86.zip”的压缩包，如图 14-4 所示。

▲图 14-3　浏览器的下载对话框

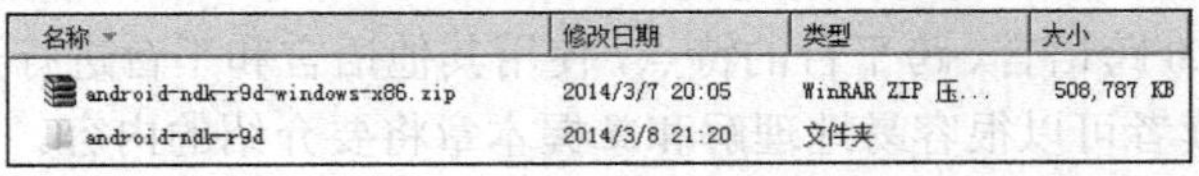

▲图 14-4　压缩包下载成功

（4）将此压缩包解压，将得到名称为 android-ndk-r9d 的文件夹，也如图 14-4 所示。最后将得到的 android-ndk-r9d 文件夹复制到 D 盘的 Android 文件夹下即完成了 Android NDK 的配置。

2. CDT 插件的安装

Android NDK 的下载准备工作完成了，接下来是 Eclipse 插件 CDT 的安装，此插件的作用是使 Eclipse 能够方便地进行 C/C++代码的编辑。具体步骤如下。

（1）在 Eclipse 的 Help 菜单中选择 Install New Software，进入 Install 界面，如图 14-5 所示。

（2）接下来在 Install 界面的“Work with”中选择当前使用的 Eclipse 版本的更新站点，如笔者使用的是 Juno 版本的 Eclipse，就选择“Juno　-　http://download/eclipse.org/releases/juno”。

（3）等待片刻后，Install 界面中会列出可以安装的项目，在其中选择 Programming Languages 分支下的“C/C++ Development Tools”，如图 14-6 所示。

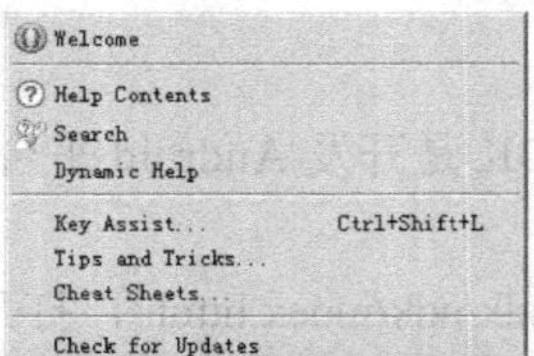

▲图 14-5　选择 Install New Software

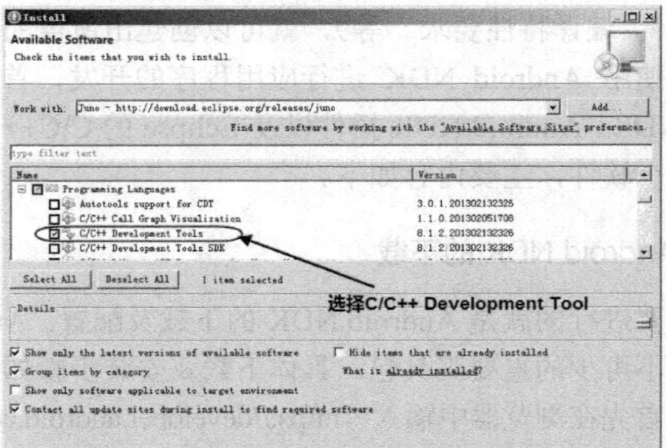

▲图 14-6　Install 界面

（4）接着单击“Next”按钮继续，按照后续的提示，接受默认的选项，并接受许可，以便使

Eclipse 完成更新。安装完成后重启 Eclipse 即可。

提示 本书第 1 章中所介绍的从 Android 开发者网站上下载的集成版本的 Eclipse 中已经集成了 CDT 插件，若读者采用的是此版本的 Eclipse 可以跳过 CDT 的安装，直接进入下一步。

3. Android NDK 插件的安装

完成了 Eclipse 插件 CDT 的安装之后，要进行的就是 Eclipse Android NDK 插件的安装，此插件的作用是使 Eclipse 能够方便地使用 Android NDK 编译项目中的 C++代码，具体步骤如下。

（1）在 Eclipse 的 Help 菜单中选择 Install New Software，进入 Install 界面，如图 14-7 所示。

（2）接下来在 Install 界面选择“Add”按钮，在弹出的对话框中填入相关信息，其中“Name”中的名称读者可以自行填写，“Location”中填入插件的下载地址“https://dl-ssl.google.com/android/eclipse/”，然后单击“OK”按钮。

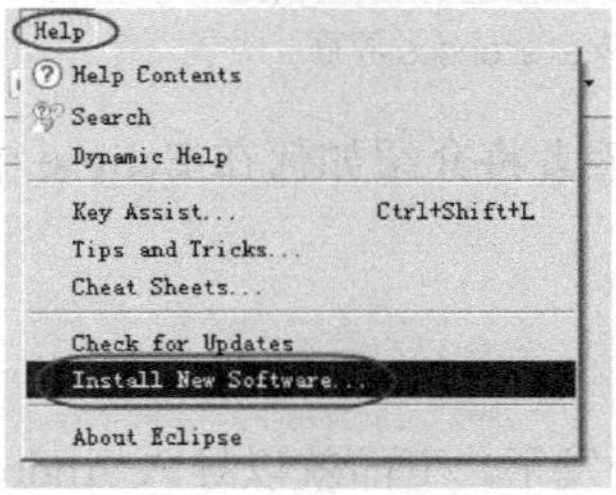

▲图 14-7 选择 Install New Software

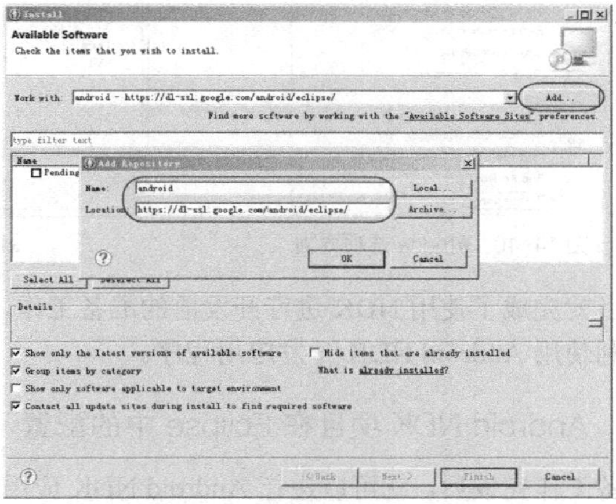

▲图 14-8 选择 Install New Software

（3）等待片刻后，Install 界面中会列出可以安装的项目，在其中选择 Developer Tools 分支下的“Android Native Development Tools”，如图 14-9 所示。

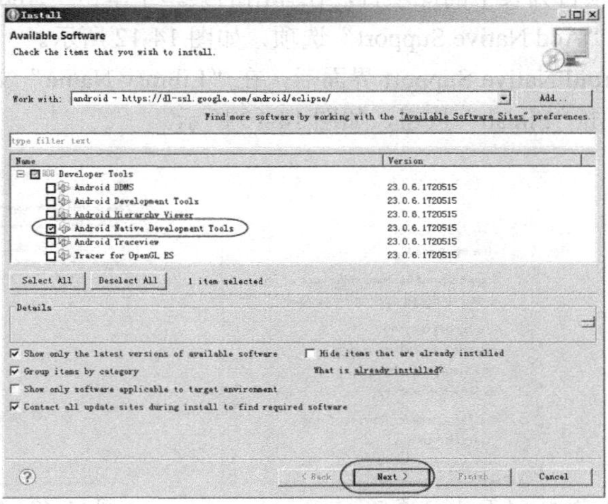

▲图 14-9 Install 界面

（4）接着单击“Next”按钮继续，按照后续的提示，接受默认的选项，并接受许可，以便使 Eclipse 完成更新。

（5）安装完成后重启一下 Eclipse.。

（6）接着单击菜单栏中的“Window”选项，并选择“Preferences”选项，如图 14-10 所示。然后进入 Preferences 界面，在 Android 分支下选择“NDK”选项，在右侧单击“Browse”按钮，选择前面下载解压后 Android NDK 的路径，并且点单击“Apply”按钮，如图 14-11 所示。

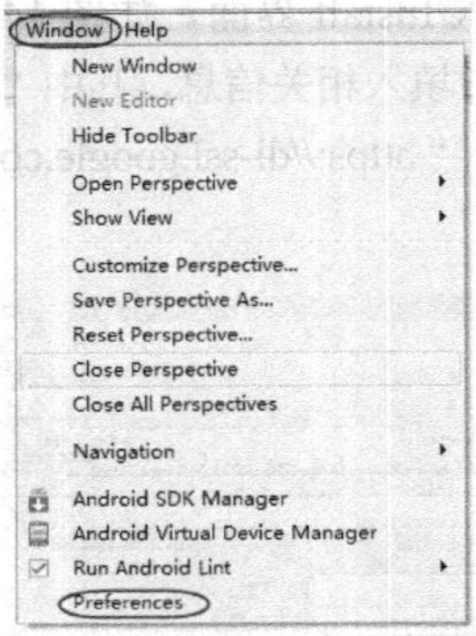

▲图 14-10　Window 选项界面

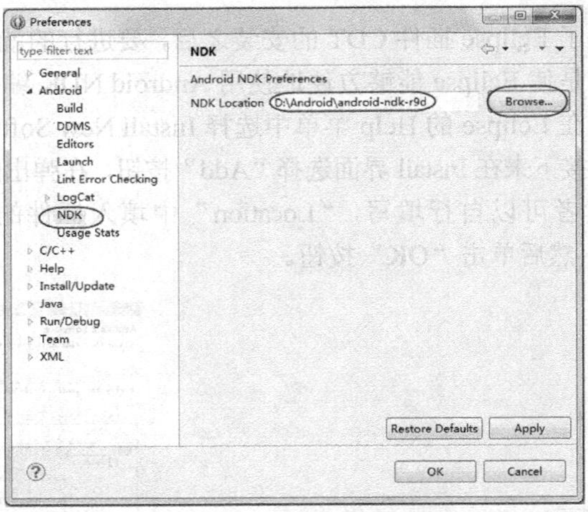

▲图 14-11　Preferences 界面

以上就完成了使用 NDK 进行开发前的准备工作，接下来笔者将介绍如何在 Eclipse 中正确配置并顺利使用 Android NDK 开发应用程序。

14.1.2　Android NDK 项目在 Eclipse 中的配置

准备工作完成后，就可以进行 Android NDK 应用程序的开发了，下面就以导入 Android NDK 中自带的一个案例 HelloJni 来说明开发中涉及的主要配置步骤。

（1）首先将 Android NDK 安装目录下 samples 文件夹中的 hello-jni 项目按照本书第 1 章介绍过的步骤导入 Eclipse。

（2）右键单击导入项目列表中的此项目，在弹出的菜单中单击“Android Tools”选项，接着在弹出的子菜单中选择“Add Native Support”选项，如图 14-12 所示。

（3）进入 Add Android Native Support 界面后，在“Library Name”文本框中，填入本程序中 so 动态库名称，然后单击“Finish”按钮，如图 14-13 所示。

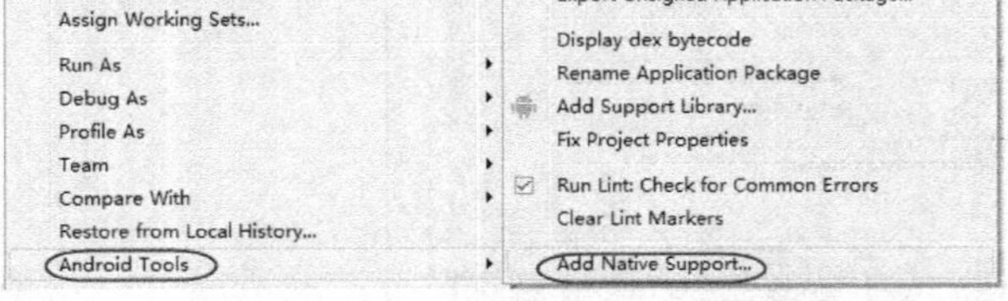

▲图 14-12　Android Tools 选项卡

▲图 14-13　Add Native Support 界面

完成了上述步骤之后，就可以编译并运行这个 NDK 项目了. 运行后将看到如图 14-14 所示的界面。

▲图 14-14　HelloJni 运行界面

14.1.3　使用 Android NDK 开发简单的 OpenGL ES 3.0 程序

了解了如何导入并运行 Android NDK 项目后，本小节将进一步向读者介绍如何在 NDK 下开发 OpenGL ES 3.0 应用程序。本小节案例的功能及界面与本书前面 3.1.2 小节中的案例 Sample3_1 基本相同，场景中有一个旋转的三角形，其运行效果分别如图 14-15、图 14-16 及图 14-17 所示。

▲图 14-15　案例运行界面 1

▲图 14-16　案例运行界面 2

▲图 14-17　案例运行界面 3

了解了本小节案例的运行效果后，接下来将介绍本小节案例的具体开发，步骤如下。

（1）首先开发的是本案例中的主控制类 Sample14_1Activity，该类继承自 Activity，在程序开始时执行，仍然是使用 Java 开发。该类负责创建 GL2JNIView 类的对象，并调用 setContentView 方法跳转到相应界面，读者会发现这部分代码与案例 Sample3_1 中的基本一致，具体内容如下。

代码位置：见随书中源代码/第 14 章/Sample14_1/src/com/bn/sample14_1 目录下的 Sample14_1Activity.java 文件。

```
package com.bn.sample14_1;                          //声明包名
import android.app.Activity;                        //相关类的引入
import android.os.Bundle;
public class Sample14_1Activity extends Activity {
    GL2JNIView mView;                               //声明 GL2JNIView 类的引用
    @Override
    protected void onCreate(Bundle icicle) {//继承 Activity 后重写的 onCreate 方法
      super.onCreate(icicle);                       //调用父类
      GL2JNILib.nativeSetAssetManager(this.getAssets()); //将 AssetManager 传入 C++
      mView = new GL2JNIView(getApplication());       //创建 GL2JNIView 类的对象
      mView.requestFocus();                           //获取焦点
      mView.setFocusableInTouchMode(true);                //设置为可触控
      setContentView(mView);                          //跳转到相关界面
    }
    @Override
    protected void onPause() {                  //继承 Activity 后重写的 onPause 方法
      super.onPause();
      mView.onPause();                          //调用 GL2JNIView 类对象的 onPause 方法
    }
    @Override
    protected void onResume() {                   //继承 Activity 后重写的 onResume 方法
```

```
22          super.onResume();
23          mView.onResume();                        //调用 GL2JNIView 类对象的 onResume 方法
24      }}
```

❑ 第 5 行为本类成员变量 mView 的声明，其是 GL2JNIView 类的引用。

❑ 第 7-14 行为继承 Activity 后重写的 onCreate 方法，在该方法中首先调用了 nativeSetAssetManager 方法，将 AssetManager 对象传入 C++中供使用。接着创建了 GL2JNIView 类的对象，然后设置其获得焦点以及可触控，最后调用 setContentView 方法跳转到相关界面。

❑ 第 15-19 行为继承 Activity 后重写的 onPause 方法，在该方法中首先调用父类的 onPause 方法，然后调用 GL2JNIView 类对象的 onPause 方法。

❑ 第 20-24 行为继承 Activity 后重写的 onResume 方法，该方法中首先调用父类的 onResume 方法，然后调用 GL2JNIView 类对象的 onResume 方法。

（2）开发完本案例的主控制类 Sample14_1Activity 后，接下来再进一步基于 Java 使用 SDK 开发 GL2JNIView 类，其负责绘制三角形旋转的场景。该类继承自 GLSurfaceView 类，与前面很多案例中开发的 GLSurfaveView 的子类类似。该类同样拥有一个通过内部类的形式创建的渲染器，其具体代码如下。

代码位置：见随书中源代码/第 14 章/Sample14_1/src/com/bn/sample14_1 目录下的 GL2JNIView.java 文件。

```
1    package com.bn.sample14_1;                                    //声明包名
2    import android.content.Context;                               //相关类的引入
3    ……//此处省略了部分类的引入代码，读者可自行查看随书的源代码
4    class GL2JNIView extends GLSurfaceView {
5       Renderer renderer;                                         //自定义渲染器的引用
6       public GL2JNIView(Context context) {                       //构造器
7           super(context);
8           this.setEGLContextClientVersion(3);//使用 OpenGL ES 3.0 需设置该参数为 3
9           renderer=new Renderer();                             //创建 Renderer 类的对象
10          this.setRenderer(renderer);                          //设置渲染器
11          this.setRenderMode(GLSurfaceView.RENDERMODE_CONTINUOUSLY);
12      }
13      private static class Renderer implements GLSurfaceView.Renderer {
14        public void onDrawFrame(GL10 gl) {
15          GL2JNILib.step();                                    //调用本地方法刷新场景
16        }
17        public void onSurfaceChanged(GL10 gl, int width, int height) {
18          GL2JNILib.init(width, height);                       //调用本地方法初始化
19        }
20        public void onSurfaceCreated(GL10 gl, EGLConfig config) {}
21   }}
```

❑ 第 5 行为本类成员变量 renderer 的声明，其为 Renderer 类型的引用，指向的对象将充当自定义的场景渲染器。

❑ 第 6-12 行为本类的构造器，在该构造器中创建了 Renderer 类的对象，设置了渲染器，并且设置渲染模式为主动渲染。

❑ 第 14-16 行为实现了 GLSurfaceView.Renderer 接口后重写的 onDrawFrame 方法，在该方法中调用了本地方法 step，通过此方法绘制场景。step 方法由 C/C++开发，将在后面详细介绍。

❑ 第 17-19 行为实现了 GLSurfaceView.Renderer 接口后重写的 onSurfaceChanged 方法，在该方法中调用了本地方法 init，通过此方法初始化场景。init 方法实际由 C/C++开发，将在后面进行详细介绍。

❑ 第 20 行为实现了 GLSurfaceView.Renderer 接口后重写的 onSurfaceCreated 方法。

（3）接下来介绍基于 Java 使用 SDK 开发的 GL2JNILib 类，该类主要负责加载 so 动态库，并声明本地方法以便在其他类中被调用，其具体代码如下。

代码位置：见随书中源代码/第 14 章/Sample14_1/src/com/bn/sample14_1 目录下的 GL2JNILib.java 文件。

```
package com.bn.sample14_1;                                    //声明包名
import android.content.res.AssetManager;                      //相关类导入
public class GL2JNILib {
     static  {
       System.loadLibrary("gl2jni");                          //加载 so 动态库
     }
     public static native void init(int width, int height);     //本地初始化方法
     public static native void step();                            //本地刷新场景方法
      //将 AssetManager 传入 C++的方法
     public static native void nativeSetAssetManager(AssetManager am);
}
```

提示 此类通过静态语句块加载了 so 动态库 gl2jni，并声明了 init、step 以及 nativeSetAssetManager 等静态的本地方法。这 3 个静态本地方法与后面 NDK 中用 C/C++开发的 3 个方法对应。以上便完成了本案例中需要用 SDK 开发的部分，从中可以看出程序的基本框架并没有发生改变，只是将部分任务挪到了 NDK 中进行开发，在 SDK 中用本地方法调用而已。

（4）在 NDK 中第一个需要开发的是将着色器脚本加载进程序的工具类 FileUtil。首先开发 FileUtil 类对应的头文件，详细代码如下。

代码位置：见随书中源代码/第 14 章/Sample14_1/jni/util 目录下的 FileUtil.h 文件。

```
#ifndef __FileUtil_H__                            //避免重复定义
#define __FileUtil_H__
#include "android/asset_manager.h"                //导入需要类的头文件
#include "android/asset_manager_jni.h"
#include <string>
using namespace std;                              //指定使用的命名空间
class FileUtil{
  public:
     static AAssetManager* aam;                   //指向 AAssetManager 对象的指针
     static void setAAssetManager(AAssetManager* aamIn);//设置 AAssetManager 对象指针
     static string loadShaderStr(string fname);     //加载着色器脚本的方法
};
#endif
```

说明 此头文件中主要是声明了 FileUtil 类及其两个静态成员函数，这两个静态成员函数分别为设置 AAssetManager 对象指针的 setAAssetManager 方法和将着色器脚本加载进程序的 loadShaderStr 方法。

（5）接着就来对 FileUtil 工具类中的两个函数 setAAssetManager 和 loadShaderStr 进行详细地开发，具体代码如下。

代码位置：见随书中源代码/第 14 章/Sample14_1/jni/util 目录下的 FileUtil.cpp 文件。

```
#include "FileUtil.h"                             //导入头文件
AAssetManager* FileUtil::aam;                     //指向 AAssetManager 对象的指针
void FileUtil::setAAssetManager(AAssetManager* aamIn){//设置 AAssetManager 对象指针
     aam=aamIn;                                   //给 AAssetManager 对象指针赋值
}
string FileUtil::loadShaderStr(string fname){     //加载着色器文件脚本
     AAsset* asset =AAssetManager_open(aam,fname.c_str(),AASSET_MODE_UNKNOWN);
     off_t fileSize = AAsset_getLength(asset);   //获取 AAsset 对象的长度
     unsigned char* data = (unsigned char*) malloc(fileSize + 1);//分配内存
     data[fileSize] = '\0';                       //将最后一个字符设置为'\0'
     int size = AAsset_read(asset, (void*)data, fileSize);//读取着色器脚本文件内容
     std::string resultStr((const char*)data);   //创建结果字符串对象
     return resultStr;                            //返回结果字符串对象
}
```

- 第 3-5 行为设置 AAssetManager 对象指针的 setAAssetManager 方法，在程序初始化时会被调用。
- 第 6-14 行为将着色器脚本文件加载进程序的方法，首先创建 AAsset 对象，获取 AAsset 对象的长度，分配内存空间，读取文件内容，最后将结果字符串返回。

（6）接下来开发的是加载着色器脚本的工具类 ShaderUtil。首先开发的是 ShaderUtil 类对应的头文件，具体代码如下。

代码位置：见随书中源代码/第 14 章/Sample14_1/jni/util 目录下的 ShaderUtil.h 文件。

```
#ifndef ShaderUtil_hpp                                         //防止重复定义
#define ShaderUtil_hpp
#include <GLES3/gl3.h>                                         //导入需要的头文件
#include <GLES3/gl3ext.h>
class ShaderUtil{
public:
    static GLuint createProgram(const char* vertexShaderSource,//创建着色器程序的函数
                                const char* fragmentShaderSource);
    static GLuint loadShader(const char* source, GLenum shaderType);
                                                               //加载并编译着色器的函数
};
#endif
```

说明　此头文件中主要声明了 ShaderUtil 类及其两个静态的成员函数。这两个静态成员函数分别用于加载着色器脚本进入 GPU 并进行编译的 loadShader 函数与创建着色器程序的 createProgram 函数。

（7）接着就来对 ShaderUtil 工具类中的两个函数 createProgram 和 loadShader 进行详细开发，具体代码如下。

代码位置：见随书中源代码/第 14 章/Sample14_1/jni/util 目录下的 ShaderUtil.cpp 文件。

```
#include "ShaderUtil.h"                                          //导入头文件
#include <android/log.h>
#define LOGI(...) ((void)__android_log_print(
      ANDROID_LOG_INFO, "native-activity", __VA_ARGS__))   //定义输出调试信息的宏
#define LOGE(...) ((void)__android_log_print(
      ANDROID_LOG_ERROR, "native-activity", __VA_ARGS__)) //定义输出错误信息的宏
GLuint ShaderUtil::createProgram(const char* vertexShaderSource,
      const char* fragmentShaderSource){                          //创建着色器程序的方法
      //加载顶点着色器和片元着色器
      GLuint vertexShader = loadShader(vertexShaderSource, GL_VERTEX_SHADER);
      GLuint fragmentShader = loadShader(fragmentShaderSource, GL_FRAGMENT_SHADER);
      GLuint programHandle = glCreateProgram();                    //创建着色器程序
      glAttachShader(programHandle, vertexShader); //向着色器程序中加入顶点着色器
      glAttachShader(programHandle, fragmentShader); //向着色器程序中加入片元着色器
      glLinkProgram(programHandle);                              //链接着色器程序
      GLint linkSuccess;                                         //声明链接是否成功标志变量
      glGetProgramiv(programHandle, GL_LINK_STATUS, &linkSuccess);
      if (linkSuccess == GL_FALSE) {                             //若连接失败获取获取错误信息
          GLchar messages[256];
          glGetProgramInfoLog(programHandle, sizeof(messages), 0, &messages[0]);
          messages[256]='\0';
          LOGE("Shader Link Error:");
          LOGE("%s", (char*)messages);                           //输出错误信息
      }return programHandle;                                     //返回结果
}
GLuint ShaderUtil::loadShader(const char* source, GLenum shaderType){
                                                                 //加载着色器的方法
      GLuint shaderHandle = glCreateShader(shaderType);
      glShaderSource(shaderHandle, 1, &source, 0);               //加载着色器的脚本
      glCompileShader(shaderHandle);                             //编译着色器
      GLint compileSuccess;                                      //声明编译是否成功标志变量
      glGetShaderiv(shaderHandle, GL_COMPILE_STATUS, &compileSuccess);
```

```
32        if (compileSuccess == GL_FALSE) {                              //若编译失败
33            GLchar messages[256];
34            glGetShaderInfoLog(shaderHandle, sizeof(messages), 0, &messages[0]);
                                                                         //获取错误信息
35            messages[256]='\0';
36            LOGE("Shader Compile Error:");
37            LOGE("%s",(char*)messages);                                //输出错误信息
38        }return shaderHandle;                                          //返回结果
39    }
```

❑ 第 7-25 行为创建着色器程序的 createProgram 方法。其中第 9-11 行通过调用 loadShader 方法，分别加载顶点着色器与片元着色器的脚本进入 GPU，并分别进行编译。

❑ 第 12-17 行首先创建一个着色器程序，然后分别将相应的顶点与片元着色器添加到其中，最后将两个着色器链接为一个整体的着色器程序。同时检测链接的情况。若链接成功则返回着色器程序 id，反之则记录错误信息并输出。

❑ 第 26-39 行为加载指定着色器的 loadShader 方法。其中第 27 行通过调用 glCreateShader 方法创建了一个着色器。第 28-38 行则加载着色器的脚本，并编译着色器，同时检测编译的情况。若编译成功则返回着色器 id，反之则记录错误信息并输出。

（8）接下来需要开发与变换矩阵相关的工具类 MatrixState。由于这个工具类的功能与本书前面很多案例中基于 Java 开发的 MatrixState 类完全相同，只是在一些 C++与 Java 语法不同的位置稍作了改动，所以就不再详细介绍其代码了。这里仅给出此类的头文件，具体内容如下。

代码位置：见随书中源代码/第 14 章/Sample14_1/jni/util 目录下的 MatrixState.h 文件。

```
#ifndef MatrixState_hpp                                          //防止重复定义
#define MatrixState_hpp
#include "Matrix.h"                                              //导入需要的头文件
class MatrixState{
private:
    static float currMatrix[16];                                 //当前变换矩阵
    static float mProjMatrix[16];                                //投影矩阵
    static float mVMatrix[16];                                   //摄像机矩阵
    static float mMVPMatrix[16];                                 //总变换矩阵
public:
    static float mStack[10][16];                                 //保护变换矩阵的栈
    static int stackTop;                                         //栈顶位置
    static void setInitStack();                                  //初始化矩阵
    static void pushMatrix();                                    //保护变换矩阵
    static void popMatrix();                                     //恢复变换矩阵
    static void translate(float x,float y,float z);                  //沿 x、y、z 轴平移
    static void rotate(float angle,float x,float y,float z);        //绕指定轴旋转
    static void scale(float x,float y,float z);                         //缩放
    static void setCamera( float cx,float cy,float cz,
            float tx, float ty, float tz,
      float upx, float upy, float upz);                              //设置摄像机
    static void setProjectFrustum ( float left, float right, float bottom,
            float top, float near, float far );                  //设置透视投影参数
    static float* getFinalMatrix();                                  //获取最终矩阵
};
#endif
```

❑ 经过前面的学习相信读者对 MatrixState 类已经比较熟悉了，此案例中的 MatrixState 类与之前用 Java 开发的代码基本一致，读者可以从随书中获取本类实现部分的代码进行学习参考。

❑ MatrixState 类中的许多函数都用到了与矩阵计算相关的函数，在 SDK 中 Google 提供了完成这些所需矩阵计算的工具类 Matrix。而不幸的是，NDK 中并没有提供类似于 SDK 中 Matrix 的工具类，因此，笔者用 C++在 NDK 中自行开发了 Matrix 类，此类中的函数与之前 SDK 中提供的参数返回值均相同，读者可直接使用。

（9）接下来开发本案例中用于呈现三角形的类 Triangle。该类主要负责初始化顶点数据，初始化着色器和三角形的最终绘制。首先介绍本类头文件的开发，其代码如下。

代码位置：见随书中源代码/第 14 章/Sample14_1/jni 目录下的 Triangle.h 文件。

```
#ifndef Triangle__h                                    //防止重复定义
#define Triangle__h
#include <GLES3/gl3.h>                                 //导入需要的头文件
#include <GLES3/gl3ext.h>
class Triangle {
    GLuint mProgram;                                   //自定义着色器程序 id
    GLuint muMVPMatrixHandle;                          //总变换矩阵引用
    GLuint maPositionHandle;                           //顶点位置属性引用
    GLuint maColorHandle;                              //顶点颜色属性引用
    const GLvoid* pCoords;                             //顶点坐标数据
    const GLvoid* pColors;                             //顶点颜色数据
    int vCount;                                        //顶点数量
public:
    Triangle();                                        //构造函数
    void initVertexData();                             //初始化顶点数据和着色数据的函数
    void initShader();                                 //初始化着色器的函数
    void drawSelf();                                   //绘制函数
};
const float vertices[]={ -0.8,0,0, 0 ,0.8 ,0, 0.8 ,0 ,0};//顶点坐标数据
const float colors[] ={0,0,1,0,1,0,0,0,0,1,0,0};              //顶点着色数据
#endif
```

说明 读者可以发现 C++版的三角形类与前面的章节中 Java 版的结构与内容基本一致，不同的地方是顶点坐标与顶点着色数据数组采用了常量数组的方式。

（10）接下来将开发三角形类 Triangle 中所有方法的实现，读者仍然会发现这部分代码也与前面章节中用 Java 开发的相似，具体内容如下。

代码位置：见随书中源代码/第 14 章/Sample14_1/jni 目录下的 Triangle.cpp 文件。

```
#include "Triangle.h"                                    //导入头文件
……//此处省略了部分头文件导入的代码，读者可自行查看随书中的源代码
Triangle::Triangle(){                                    //构造函数
    initVertexData();                                    //调用初始化顶点数据函数
    initShader();                                        //初始化着色器
}
void Triangle::initVertexData(){                         //初始化顶点数据
    vCount = 3;                                          //顶点个数
    pCoords = &vertices[0];                              //给顶点坐标数据指针赋值
    pColors = &colors[0];                                //给顶点颜色数据指针赋值
}
void Triangle::initShader(){                             //创建并初始化着色器的函数
    string vertexShader=FileUtil::loadShaderStr("shader/vert.sh");//加载顶点着色器
    string fragmentShader=FileUtil::loadShaderStr("shader/frag.sh");//加载片元着色器
    //创建着色器
    mProgram = ShaderUtil::createProgram(vertexShader.c_str(), fragmentShader.c_str());
    maPositionHandle = glGetAttribLocation(mProgram, "Position");//获取顶点位置引用
    maColorHandle = glGetAttribLocation(mProgram, "SourceColor");//获取顶点颜色引用
    muMVPMatrixHandle = glGetUniformLocation(mProgram, "Modelview");
                                                         //获取总变换矩阵引用
}
void Triangle::drawSelf(){                               //自定义的绘制三角形的方法
    glUseProgram(mProgram);                              //指定使用的着色器程序
    //将最终变换矩阵传入渲染管线
    glUniformMatrix4fv(muMVPMatrixHandle, 1, 0, MatrixState::getFinalMatrix());
    //将顶点位置数据传送进渲染管线
    glVertexAttribPointer(maPositionHandle, 3, GL_FLOAT, GL_FALSE, 3*4, pCoords);
    //将顶点着色数据传送进渲染管线
    glVertexAttribPointer(maColorHandle, 4, GL_FLOAT, GL_FALSE, 4*4, pColors);
    glEnableVertexAttribArray(maPositionHandle);         //启用顶点位置数据
```

```
30        glEnableVertexAttribArray(maColorHandle);        //启用顶点颜色数据
31        glDrawArrays(GL_TRIANGLES, 0, vCount);           //执行绘制
32 }
```

❑ 第 3-6 行为本类的构造函数，在该构造函数中主要是调用 initVertexData 函数初始化顶点相关的数据，并且调用 initShader 函数初始化着色器。

❑ 第 7-11 行为初始化顶点数据的 initVertexData 函数。该函数中主要指定了顶点的坐标数据以及顶点的着色数据。

❑ 第 12-20 行为初始化着色器的函数 initShader，其代码与本书前面章节中的很多案例里面的 Java 版的非常类似。在该函数中首先创建了着色器程序，然后获取了需要传入渲染管线的一些数据的引用。

❑ 第 21-32 行的 drawSelf 主要功能为启用指定的着色器程序，并将需要的最终变换矩阵、顶点位置数据、顶点着色数据传送进渲染管线，最终执行了绘制。

（11）开发完三角形类 Triangle 后，接下来将开发本案例中与前面 Java 中 GL2JNILib 类里面 3 个静态本地方法对应的 C++函数，以及其他相关功能方法，这 3 个方法分别负责 3D 场景的初始化、渲染以及将着色器脚本加载进程序，具体代码如下。

代码位置：见随书中源代码/第 14 章/Sample14_1/jni 目录下的 gl_code.cpp 文件。

```
1   #include <jni.h>                                                  //导入头文件
2   ……//此处省略了部分头文件导入代码，读者可自行查看随书的源代码
3  #define LOGI(...) ((void)__android_log_print(ANDROID_LOG_INFO, "native-activity",
    __VA_ARGS__))
4   Triangle *t;                                                      //三角形对象指针
5   bool setupGraphics(int w, int h){                                 //初始化函数
6       glViewport(0, 0, w, h);                                       //设置视口
7       float ratio = (float) w/h;                                    //计算视口宽长比
8       MatrixState::setProjectFrustum(-ratio, ratio, -1, 1, 1, 10);//设置投影矩阵
9       MatrixState::setCamera(0, 0, 3, 0, 0, 0, 0, 1, 0);           //设置摄像机矩阵
10      MatrixState::setInitStack();                                  //初始化变换矩阵
11      glClearColor(0.5f, 0.5f, 0.5f, 1);                           //设置背景颜色
12      t = new Triangle();                                           //创建三角形对象
13      return true;
14  }
15  void renderFrame() {                                              //渲染函数
16      glClear(GL_COLOR_BUFFER_BIT);                                 //清空颜色缓冲
17      t->drawSelf();                                                //绘制三角形
18      MatrixState::rotate(1,1,0,0);                                 //绕 x 轴旋转 1°
19  }
20  //对应于 Java 那边的本地方法的实现
21  #ifdef __cplusplus
22  extern "C" {
23  #endif
24  JNIEXPORT void JNICALL Java_com_bn_sample14_11_GL2JNILib_init
25    (JNIEnv *, jclass, jint width, jint height){//对应 GL2JNILib 类中 init 本地方法的函数
26      setupGraphics(width, height);                      //调用初始化函数
27  }
28  JNIEXPORT void JNICALL Java_com_bn_sample14_11_GL2JNILib_step
29    (JNIEnv *, jclass){                                  //对应 GL2JNILib 类中 step 本地方法的函数
30      renderFrame();                                     //调用渲染函数
31  }
32  //对应 GL2JNILib 类中 nativeSetAssetManager 本地方法的函数
33  JNIEXPORT void JNICALL Java_com_bn_sample14_11_GL2JNILib_nativeSetAssetManager
34  (JNIEnv* env, jclass cls, jobject assetManager){
35        //获取 AassetManager 指针
36      AAssetManager* aamIn = AAssetManager_fromJava( env, assetManager );
37      FileUtil::setAAssetManager(aamIn);                 //设置 AAssetManager
38  }
39  #ifdef __cplusplus
40  }
41  #endif
```

❑ 第 5-14 行为初始化函数 setupGraphics，在该函数中设置了视口、透视投影、摄像机的位

置以及背景颜色，最后创建了三角形对象。

- 第 15-19 行为渲染函数 renderFrame，此函数每被调用一次绘制一帧画面。在该函数中首先需要清除颜色缓冲，然后通过调用 Triangle 类对象的 drawSelf 方法绘制三角形。
- 第 20-27 行为对应 Java 中 GL2JNILib 类里面 init 本地方法的函数，其中调用 setupGraphics 方法进行初始化。
- 第 28-31 行为对应 Java 中 GL2JNILib 类里面 step 本地方法的函数，其中调用 renderFrame 函数绘制一帧画面。
- 第 32-38 行为对应 Java 中 GL2JNILib 类里面 nativeSetAssetManager 本地方法的函数，此函数接收从 Java 中传递过来的 AssetManager 对象，并将其指针获取传递到 FileUtil 类中，以备加载着色器程序脚本内容时使用。

（12）完成了上述代码的开发后，与前面的很多案例一样，最后需要开发的是着色器。首先是顶点着色器，其具体代码如下。

代码位置：见随书中源代码/第 14 章/Sample14_1/assets/shader 目录下的 vert.sh 文件。

```
#version 300 es
uniform mat4 Modelview;                                      //总变换矩阵
in vec3 Position;                                            //顶点位置
in vec4 SourceColor;                                         //顶点颜色
out vec4 DestinationColor;                                   //传入片元着色器的颜色数据
void main(){
    DestinationColor = SourceColor;                          //将接收的颜色数据传递给片元着色器
    gl_Position = Modelview * vec4(Position,1);//根据总变换矩阵计算此次绘制此顶点位置
}
```

说明　可以看出本案例中的顶点着色器很简单，仍然使用的是与前面章节一样的着色语言，代码没有任何差别。因此，通过前面章节学习的读者可以很容易地理解上述顶点着色器代码。

（13）完成了顶点着色器的开发后，下面将开发的是片元着色器，其具体代码如下。

代码位置：见随书中源代码/第 14 章/Sample14_1/assets/shader 目录下的 frag.sh 文件。

```
#version 300 es
precision mediump float;                                   //给出默认的浮点精度
in vec4 DestinationColor;                                  //接收从顶点着色器过来的片元颜色
out vec4 fragColor;                                        //输出到渲染管线的最终片元颜色值
void main(){
    fragColor = DestinationColor;                          //为片元赋最终的颜色值
}
```

说明　此片元着色器非常简单，其主要功能就是直接将从顶点着色器插值计算并传入的颜色值赋给了当前处理的片元。

到这里，一个简单的使用 Android NDK 开发的 OpenGL ES 3.0 小案例就完成了，从开发过程中可以看出真正的新知识并不是很多。代码的套路和相关的 API 等与前面基于 SDK 开发的案例如出一辙，这也恰恰说明了将基于 OpenGL ES 3.0 的应用程序从 SDK 移植到 NDK 是非常便捷的。

14.2　使用 Android NDK 开发山地地形场景

上一节给出的案例很简单，目的是为了让读者对 NDK 下 OpenGL ES 3.0 应用程序的开发有一个简单的认识。下面本节将更加深入一点介绍 NDK 下 OpenGL ES 3.0 应用程序的开发，使读

者进一步加深理解。前面的第 11.2 节，曾经介绍过灰度图地形技术，本节将给出一个采用灰度图地形生成山地地形场景的案例。

14.2.1 案例效果及山地绘制类的开发

进行具体的代码开发之前，应该先了解一下本小节山地地形场景案例的运行效果，如图 14-18 与图 14-19 所示。

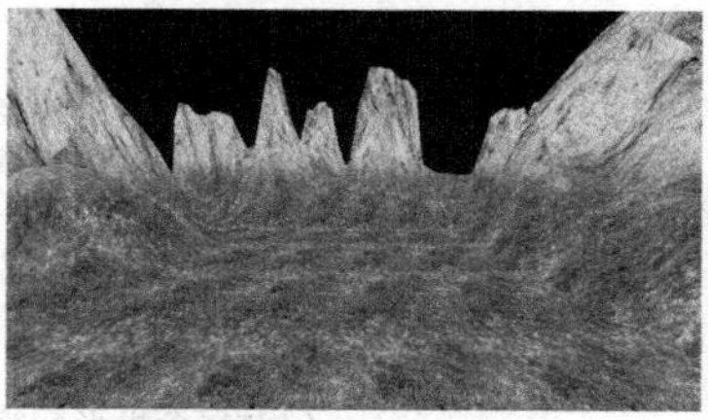

▲图 14-18 案例运行界面 1

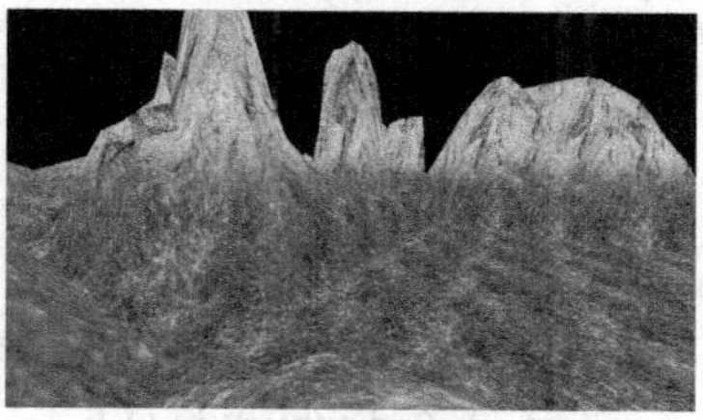

▲图 14-19 案例运行界面 2

由于本案例中的部分类与前面基于 SDK 用 Java 代码编写的山地地形案例中的非常类似，故在本小节中对这些类不再进行重复介绍。同时案例中用到的 MatrixState 工具类与上一节案例中的也基本相同，这里也不重复进行介绍。本小节仅对本案例中与前面章节案例中不同的部分做详细介绍，具体内容如下。

（1）首先介绍用于绘制山地地形的 Mountain 类的头文件，其代码如下。

代码位置：见随书中源代码/第 14 章/Sample14_2/jni 目录下的 Mountain.h 文件。

```
#ifndef Mountain__h                                          //防止重复定义
#define Mountain__h
#include <GLES3/gl3.h>                                       //导入头文件
#include <GLES3/gl3ext.h>
class Mountain {
    GLuint mProgram;                                         //自定义渲染管线的 id
    GLuint muMVPMatrixHandle;                                //总变换矩阵引用
    GLuint maPositionHandle;                                 //顶点位置属性引用
    GLuint maTexCoorHandle;                                  //顶点纹理坐标属性引用
    GLuint sTextureGrassHandle;                              //草地的纹理引用
    GLuint sTextureRockHandle;                               //石头的纹理引用
    GLuint landStartYYHandle;                                //起始 Y 值
    GLuint landYSpanHandle;                                  //Y 跨度
    const GLvoid* mVertexBuffer;                             //顶点数据指针
    const GLvoid* mTexCoorBuffer;                            //纹理坐标数据指针
    int vCount;                                              //顶点数量
public:
    Mountain();                                              //构造函数
    void initVertexData();                                   //初始化顶点坐标与纹理坐标数据的函数
    void initShader();                                       //初始化着色器的函数
    void drawSelf(const GLint texId,const GLint rock_textId);//绘制函数
    void generateTexCoor(int bw,int bh,float* tex); //自动切分纹理产生纹理坐标数组的函数
};
const float UNIT_SIZE=3.0;                                   //地形网格单位尺寸
const float LAND_HIGH_ADJUST=10;                             //陆地的高度调整值
const float LAND_HIGHEST=50;                                 //陆地最大高差
const float mHigh[64][64]={/*高度数组的具体代码省略，需要的读者参考随书*/};
#endif
```

说明 从上述代码中可以看出，此山地地形类的基本架构与前面 11.2 节案例中的对应类很相似。不同的地方是，本案例中的地形高度数据不再由应用程序直接从灰度图中读取，而是在 C++代码中直接给出了高度数组的代码。不用担心，这部分 C 代码其实不是由开发人员手工完成的，而是由前面第 11 章中给出的粒子沉积地形设计器，根据导入的灰度图或粒子沉积的结果而自动产生的。

（2）开发完 Mountain 类的头文件后，接下来开发 Mountain 类的实现部分，此部分通过高度数组绘制出连绵的山脉，详细代码如下。

代码位置：见随书中源代码/第 14 章/Sample14_2/jni 目录下的 Mountain.cpp 文件。

```
1    #include "Mountain.h"                                        //导入头文件
2    ……//此处省略了部分头文件导入的代码，读者可自行查看随书中的源代码
3    #define STRINGIFY(A) #A
4    Mountain::Mountain(){                                        //构造函数
5        initVertexData();                                        //初始化顶点相关数据
6        initShader();                                            //初始化着色器
7    }
8    void Mountain::initVertexData(){                             //初始化顶点相关数据的函数
9         int vsize = sizeof(mHigh);                              //获取高度数据数组大小
10        int rows = sqrt((double)vsize/sizeof(float))-1;         //获取地形网格行列数
11        int cols = rows;
12        vCount = cols*cols*6;                                   //计算顶点个数
13        float* vertices = (float*)malloc(vCount*3*sizeof(float));
14        int count=0;                                            //顶点计数器
15        for(int j=0;j<rows;j++){                                //对每个地形网格行列进行
16            for(int i=0;i<cols;i++){                            //循环生成每个网格的顶点数据
17                 //计算当前格子左上侧点坐标
18            float zsx=-UNIT_SIZE*cols/2+i*UNIT_SIZE;
19            float zsz=-UNIT_SIZE*rows/2+j*UNIT_SIZE;
20            vertices[count++]=zsx;
21            vertices[count++]=mHigh[j][i]*LAND_HIGHEST/255-LAND_HIGH_ADJUST;
22            vertices[count++]=zsz;
23                 ……//此处省略了一些将顶点坐标存入数组的代码，需要的读者请参考随书
24       }}
25       mVertexBuffer = &vertices[0];                            //给顶点数据指针赋值
26       float* tex = (float*)malloc(vCount*2*sizeof(float));     //动态开辟顶点纹理坐标数据空间
27       generateTexCoor(cols,cols,tex);                          //调用纹理坐标生成函数
28       mTexCoorBuffer = tex;                                    //给纹理坐标数据指针赋值
29   }
30   ……//此处省略了初始化着色器的函数，读者可以自行查阅随书中的源代码
31   ……//此处省略了绘制山地地形的 drawSelf 函数，读者可以自行查阅随书中的源代码
32   //自动切分纹理产生纹理数组的方法
33   void Mountain::generateTexCoor(int bw,int bh,float* tex){
34       float sizew=16.0f/bw;                                    //地形网格列数
35       float sizeh=16.0f/bh;                                    //地形网格行数
36       int c=0;                                                 //坐标计数器
37       for(int i=0;i<bh;i++){
38           for(int j=0;j<bw;j++){
39               //每行列一个矩形，由两个三角形构成，共 6 个点，12 个纹理坐标
40               float s=j*sizew;float t=i*sizeh;
41               tex[c++]=s;tex[c++]=t;                           //左上角顶点纹理坐标
42               tex[c++]=s;tex[c++]=t+sizeh;                     //左下角顶点纹理坐标
43               tex[c++]=s+sizew;tex[c++]=t;                     //右上角顶点纹理坐标
44               tex[c++]=s+sizew;tex[c++]=t;                     //右上角顶点纹理坐标
45               tex[c++]=s;tex[c++]=t+sizeh;                     //左下角顶点纹理坐标
46               tex[c++]=s+sizew;tex[c++]=t+sizeh;               //右下角顶点纹理坐标
47   }}}
```

- 第 4-7 行为本类的构造函数，在该构造函数中主要是调用 initVertexData 函数初始化了顶点相关的数据，并且调用 intShader 函数初始化了着色器。
- 第 8-29 行为初始化顶点数据的 initVertexData 函数，该函数中首先根据高度数组计算出山地地形各个顶点的坐标，然后调用自动产生纹理坐标数据的函数产生各个顶点的纹理坐标数据。
- 第 33-47 行为自动切分纹理产生纹理坐标数据的函数，该函数通过参数中给定的地形网格的行列数自动切分纹理，并通过计算产生各个顶点的纹理坐标数据。

14.2.2　NDK 端渲染函数的开发

开发完用于绘制山地地形的 Mountain 类后，接着需要开发的是与 SDK 中 Java 那边对应的渲染函数、初始化函数以及摄像机设置函数，具体相关代码如下。

代码位置：见随书中源代码/第 14 章/Sample14_2/jni 目录下的 gl_code.cpp 文件。

```
1   #include <jni.h>                                                //导入头文件
2   ……//此处省略了部分导入头文件的代码，读者可自行查看随书的源代码
3   Mountain *m;                                                    //山地绘制对象指针
4   int mountainId;                                                 //草地纹理 id
5   int rockId;                                                     //石头纹理 id
6   bool setupGraphics(JNIEnv * env,jobject obj,int w, int h) {//场景初始化函数
7       jclass cl = env->FindClass("com/bn/sample14_2/GL2JNIView");//获取 Java 类
8       jmethodID id = env->GetStaticMethodID               //获取 Java 端 methodId
9               (cl,"initTextureRepeat","(Landroid/opengl/GLSurfaceView;Ljava/
                lang/String;)I");
10      jstring name = env->NewStringUTF("grass.png"); //声明方法名字符串
11      mountainId = env->CallStaticIntMethod(cl,id,obj,name);
                                                    //调用 Java 端方法获取草地纹理 id
12      name = env->NewStringUTF("rock.png");
13      rockId = env->CallStaticIntMethod(cl,id,obj,name); //调用 Java 端方法获取石头纹理 id
14      glViewport(0, 0, w, h);                           //设置视口
15      float ratio = (float) w/h;                        //计算宽高比
16      MatrixState::setProjectFrustum(-ratio, ratio, -1, 1, 1, 1000); //设置投影矩阵
17      MatrixState::setCamera(0, 5, 20, 0, 1, 0, 0, 1, 0); //设置摄像机矩阵
18      MatrixState::setInitStack();                                //初始化变换矩阵
19      glEnable(GL_DEPTH_TEST);                                    //开启深度测试
20      m = new Mountain();                                         //创建 Mountain 对象
21      return true;
22  }
23  void renderFrame() {                                            //场景渲染函数
24      glClear(GL_DEPTH_BUFFER_BIT | GL_COLOR_BUFFER_BIT); //清除颜色缓冲及深度缓冲
25      glClearColor(0.0f, 0.0f, 0.0f, 1);                         //设置清除背景所用颜色
26      MatrixState::setInitStack();                               //初始化变换矩阵
27      m->drawSelf(mountainId,rockId);                            //绘制山地地形
28  }
29  #ifdef __cplusplus
30  extern "C" {
31  #endif
32  //对应 GL2JNILib 类中 init 本地方法的函数
33  JNIEXPORT void JNICALL Java_com_bn_sample14_12_GL2JNILib_init(JNIEnv * env,
34  jclass jc, jobject obj, jint width, jint height){
35     setupGraphics(env,obj,width, height);                       //调用初始化函数
36  }
37  //对应 GL2JNILib 类中 step 本地方法的函数
38  JNIEXPORT void JNICALL Java_com_bn_sample14_12_GL2JNILib_step(JNIEnv * env, jclass jc){
39     renderFrame();                                              //调用渲染函数
40  }
41  //对应 GL2JNILib 类中 setCamera 本地方法的函数
42  JNIEXPORT void JNICALL Java_com_bn_sample14_12_GL2JNILib_setCamera
43    (JNIEnv * env, jclass jc, jfloat cx, jfloat cy, jfloat cz, jfloat tx, jfloat ty, jfloat tz,
44                          jfloat upx, jfloat upy, jfloat upz){
45      MatrixState::setCamera(cx,5,cz,tx,1,tz,0,1,0);           //设置摄像机矩阵
46  }
47  //对应 GL2JNILib 类中 nativeSetAssetManager 本地方法的函数
48  JNIEXPORT void JNICALL Java_com_bn_sample14_12_GL2JNILib_nativeSetAssetManager
49              (JNIEnv * env, jclass jc, jobject assetManager){
50      //获取 AassetManager 指针
51      AAssetManager* aamIn = AAssetManager_fromJava( env, assetManager );
52      FileUtil::setAAssetManager(aamIn);                         //设置 AAssetManager
53  }
54  #ifdef __cplusplus
55  }
56  #endif
```

- 第 7-13 行为通过 JNI 提供的函数，在 NDK 中用 C++调用在 SDK 中用 Java 开发的纹理加载方法的代码。通过纹理加载方法的调用，加载了草皮纹理以及石头纹理。
- 第 14-21 行设置了视口、透视投影参数、摄像机的位置、深度检测以及背景颜色，最后创建了山地地形绘制对象。
- 第 23-28 行为渲染函数 renderFrame，此函数被调用一次将绘制一帧画面。

- 第 32-53 行为对应于 Java 那边本地方法的 4 个函数，供 Java 那边通过 JNI 调用。相比于上一个案例，最大的区别是增加了设置摄像机的函数。

> **提示**　以上便完成了 NDK 山地地形场景案例的开发，与前面三角形旋转的简单案例一样，虽然采用 C/C++语言开发了渲染部分的代码，但基本思路及架构与前面章节中在 SDK 中用 Java 开发的版本很相似。通过上述两个案例，读者应该很容易地体会到 OpenGL ES 3.0 跨语言的特性，后面介绍 iOS 平台开发的部分也会如此。同时，本案例中用到的着色器代码和前面章节类似案例中的完全相同，这里就不再赘述，需要的读者请自行参考随书中的源代码。

14.3 基于 iOS 平台开发 OpenGL ES 3.0 程序

iPhone 与 Android 手机一样是当下非常流行的智能手机，同样 iPhone 也支持 OpenGL ES 3.0 的三维图形 API。在接下来的两节中，将通过实际的案例，介绍如何在 iOS 系统下开发 OpenGL ES 3.0 应用程序。

> **说明**　在 iOS 平台下的案例中，同样会使用 C++语言开发 OpenGL ES 3.0 的部分代码，因此，读者会发现接下来两节案例中的代码与本章前两节中的很多代码非常的相似。另外一点需要注意的是，iOS 是从采用 A7 处理器以后开始支持 OpenGL ES 3.0 的，低于 A7 的设备不能运行基于 OpenGL ES 3.0 的应用程序。

14.3.1　案例运行效果及 Xcode 项目的创建

本小节将给出一个在 iOS 平台下开发的、非常简单的三角形旋转场景小案例，其与 Sample3_1 案例功能完全相同，此案例在 iPhone 上的运行效果如图 14-20、图 14-21 和图 14-22 所示。

▲图 14-20　案例运行界面 1

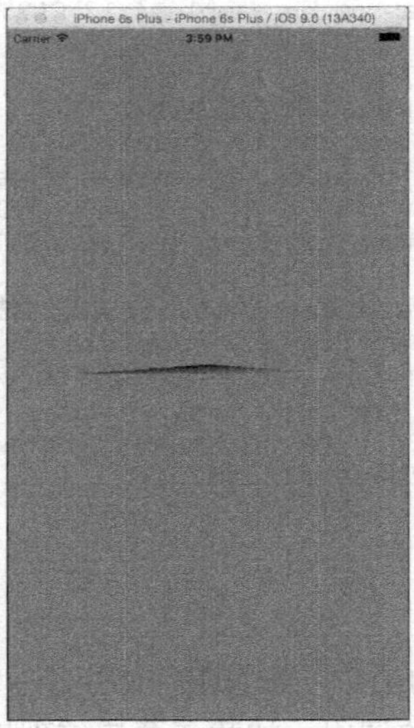

▲图 14-21　案例运行界面 2

▲图 14-22　案例运行界面 3

了解了本节案例的运行效果后，就应该介绍案例的开发了。由于本节案例是在 iOS 平台下开发的，因此，使用的集成开发环境将不再是 Eclipse，而是 Xcode。所以下面将首先介绍一下启动

Xcode 以及如何在 Xcode 中创建项目，具体步骤如下。

> **提示** 笔者使用的是 Xcode 7.0，读者可以使用更高、更新的版本。但更低的版本不建议使用，可能造成程序不能正常运行。

（1）首先在 Dock 中单击 Launchpad ，在弹出的“图标墙”中找到并开启 Xcode 软件（单击 图标即可），进入如图 14-23 所示的欢迎界面。然后选择“Create a new Xcode project”菜单项，进入如图 14-24 所示的界面，从 iOS Application 应用程序模版列表中选择“Single View Application”并单击“Next”按钮创建一个简单的项目模版。

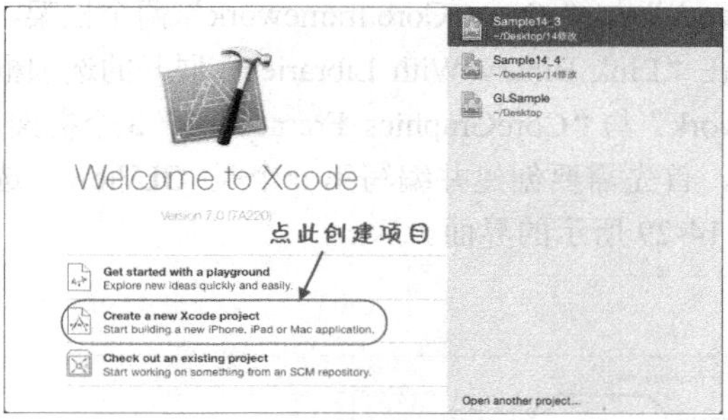

▲图 14-23 Xcode 欢迎界面

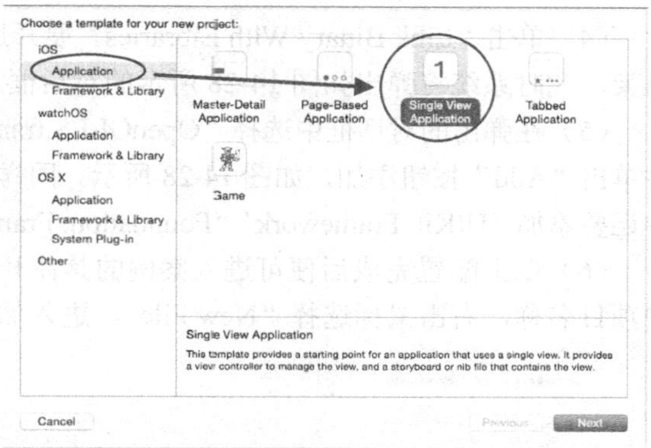

▲图 14-24 新建 Xcode 项目

> **提示** Xcode 是苹果公司向开发人员提供的免费集成开发环境，用于开发基于 Mac OS X 与 iOS 系统的应用程序，其运行于苹果公司的 Mac OS 操作系统下。如果计算机中没有安装 Xcode，请从苹果的 App Store 下载安装即可。

（2）接着进入项目的基本信息界面，将项目命名为 Sample14_3，如图 14-25 所示。单击“Next”按钮进入如图 14-26 所示的界面并选择创建项目的位置，单击“Create”按钮创建项目。

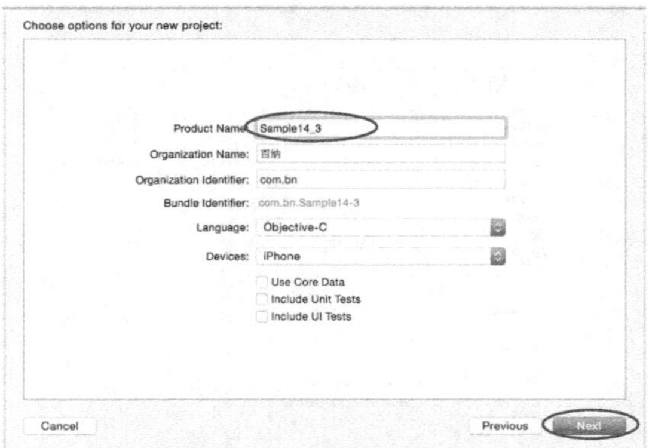

▲图 14-25 工程选项界面

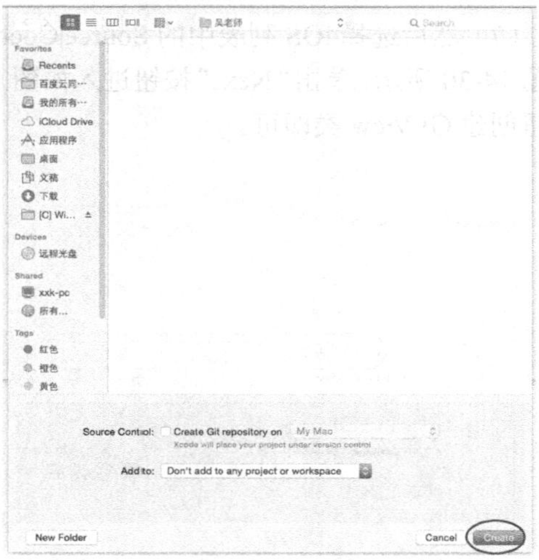

▲图 14-26 选择项目创建位置

（3）然后需要添加一些参考框架到当前这个项目中，首先单击项目根路径，然后在右侧的界面中单击 Build Phases 选项卡，如图 14-27 所示。

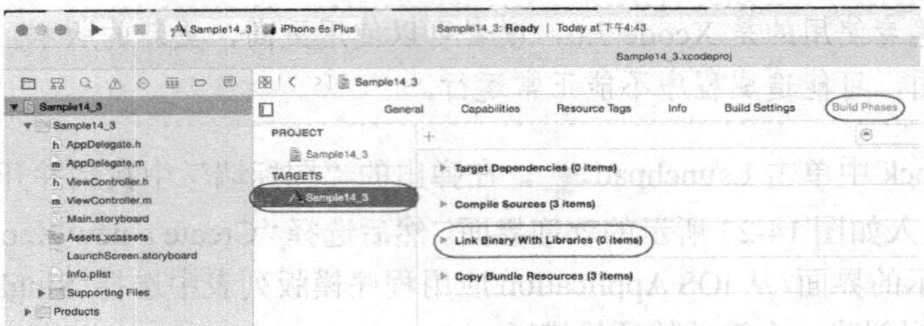

▲图 14-27　Build Phases 选项卡

（4）单击“Link Binary With Libraries”展开选项框，接着单击下侧的“+”按钮以添加需要的框架，此时系统将弹出如图 14-28 所示的对话框。

（5）在弹出的对话框中选择“OpenGLES.framework”与“ QuartzCore.framework”两个框架，并单击“Add”按钮添加，如图 14-28 所示。同样，在“Link Binary With Libraries”展开的选项框中还要添加“UIKit. Framework”“Foundation. Framework”与“CoreGraphics. Framework”3 个框架。

（6）以上配置完成后便可进入案例的具体开发，首先需要创建并编写第一个类 GLView。选中项目名称，右击鼠标选择“New File”，进入如图 14-29 所示的界面。

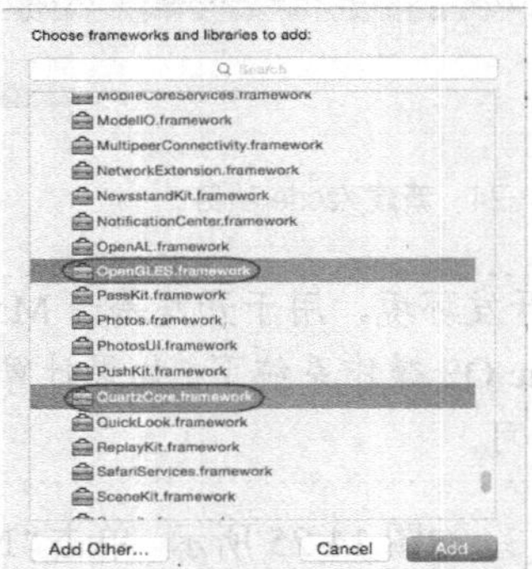

▲图 14-28　导入所需框架

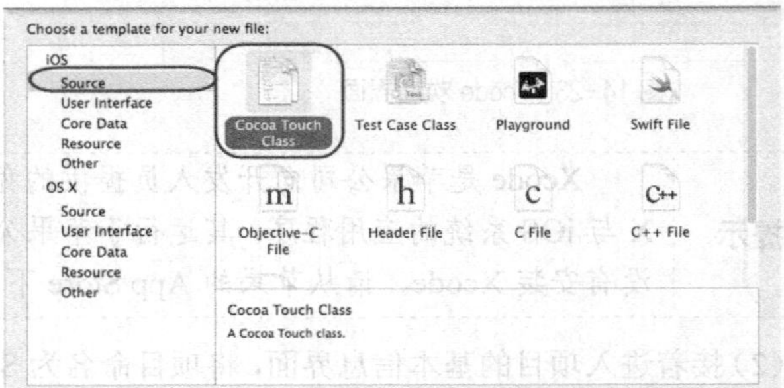

▲图 14-29　创建类文件

（7）然后选择 iOS 列表中的 Source|Cocoa Touch Class，单击“Next”按钮创建类，填写类名，如图 14-30 所示，单击“Next”按钮进入如图 14-31 所示的界面并选择类的位置，然后单击“Create”按钮创建 GLView 类即可。

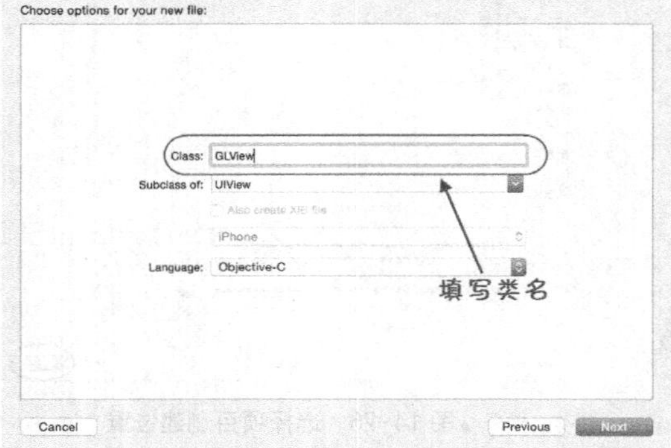

▲图 14-30　填写类名

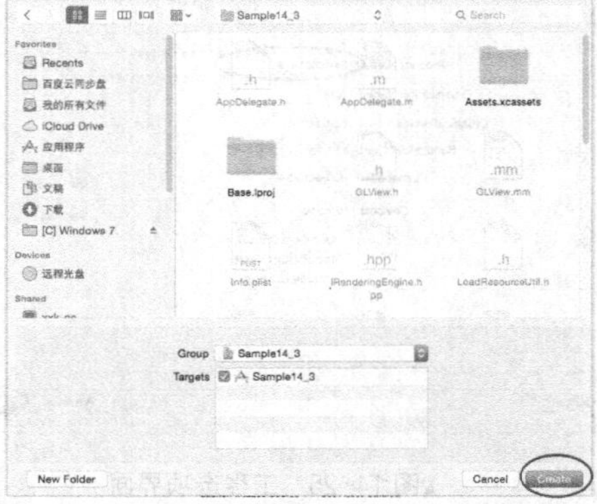

▲图 14-31　选择类位置

14.3.2 案例的开发过程

上一小节介绍了本案例的运行效果与项目的创建步骤，本小节将介绍案例具体的开发过程。本案例中的大部分代码采用跨平台的 C++语言开发，少量的一些依赖于 iOS 平台开发使用的是 Objective-C 语言，具体步骤如下。

（1）首先进行 ShaderUtil 类的开发，本类主要包含加载指定着色器的方法 loadShader 和创建着色器程序的方法 createProgram，其具体代码如下。

代码位置：见随书中源代码/第 14 章/Sample14_3/Sample14_3 目录下的 ShaderUtil.h 文件。

```
1    #ifndef OpenGL3_0Demo_ShaderUtil_hpp                    //防止重复定义
2    #define OpenGL3_0Demo_ShaderUtil_hpp
3    #import <OpenGLES/ES3/gl.h>                             //导入头文件
4    #import <OpenGLES/ES3/glext.h>
5    #include <iostream>
6    #include "LoadResourceUtil.h"
7    class ShaderUtil{                                       //ShaderUtil 类
8        public:
9            static GLuint createProgram(const string& vname,const string& fname){
                                                             //创建着色器程序的方法
10               string vertexShaderSource=LoadResourceUtil::loadShaderScript(vname);
                                                             //加载脚本
11               string fragmentShaderSource=LoadResourceUtil::loadShaderScript(fname);
                                                             //加载脚本
12               GLuint vertexShader = loadShader(
13                   vertexShaderSource.c_str(), GL_VERTEX_SHADER);//加载顶点着色器
14               GLuint fragmentShader = loadShader(
15                   fragmentShaderSource.c_str(), GL_FRAGMENT_SHADER);//加载片元着色器
16               GLuint programHandle = glCreateProgram();         //创建程序
17               glAttachShader(programHandle, vertexShader);     //向程序中加入顶点着色器
18               glAttachShader(programHandle, fragmentShader);   //向程序中加入片元着色器
19               glLinkProgram(programHandle);                     //链接程序
20               GLint linkSuccess;                  //存放链接成功 program 数量的变量
21               glGetProgramiv(programHandle, GL_LINK_STATUS, &linkSuccess);//获取链接情况
22               if (linkSuccess == GL_FALSE) {                    //若链接失败
23                   GLchar messages[256];                         //错误信息存储数组
24                   glGetProgramInfoLog(programHandle, sizeof(messages),0,&messages[0]);
25                   std::cout<<"MSG>>" << messages;               //输出错误信息
26               }
27               return programHandle;
28           }
29           static GLuint loadShader(const char* source, GLenum shaderType){
                                                                   //加载指定着色器的方法
30               GLuint shaderHandle = glCreateShader(shaderType);    //创建一个新着色器
31               glShaderSource(shaderHandle, 1, &source, 0);         //加载着色器的源代码
32               glCompileShader(shaderHandle);                        //编译着色器
33               GLint compileSuccess;                                 //编译是否成功标志位
34               glGetShaderiv(shaderHandle, GL_COMPILE_STATUS, &compileSuccess);
35               if (compileSuccess == GL_FALSE) {                     //若编译失败
36                   GLchar messages[256];                             //错误信息存储数组
37                   glGetShaderInfoLog(shaderHandle, sizeof(messages), 0, &messages[0]);
38                   std::cout << messages;                            //输出错误信息
39                   exit(1);                                          //退出
40               }
41               return shaderHandle;
42           }
43   };
44   #endif
```

- 第 1-6 行为添加预处理的条件测试指令，防止重定义以及导入所需头文件的代码。
- 第 9-28 行为创建着色器程序的方法，第 10-15 行通过调用 loadShader 方法，分别加载顶点着色器和片元着色器的源代码，并分别进行编译。第 16-27 行首先创建着色器程序，然后分别将相应的顶点与片元着色器添加到其中，最后将两个着色器链接为一个整体的着色器程序。

❑ 第 29-42 行为加载指定着色器的方法，第 30 行通过 glCreateShader 方法创建了一个着色器程序，然后加载着色器源代码并进行编译，如果编译成功则返回着色器 id，反之则输出错误信息并退出程序。

（2）介绍完了 ShaderUtil 类的开发，接下来将要介绍的是本书中几乎每个案例里面都有的工具类 MatrixState，其具体代码如下。

代码位置：见随书中源代码/第 14 章/Sample14_3/Sample14_3 目录下的 MatrixState.hpp 文件。

```
1   #ifndef OpenGL3_0Demo_MatrixState_hpp                    //防止重复定义
2   #define OpenGL3_0Demo_MatrixState_hpp
3   #include <cmath>                                         //导入头文件
4   #include "Matrix.hpp"
5   class MatrixState{
6       private:
7           ……//此处省略了声明成员变量的代码，读者可自行查看随书的源代码
8       public:
9           static float mStack[10][16];                     //保护变换矩阵的栈
10          static int stackTop;                             //栈顶索引
11          static void setInitStack(){                      //获取不变换初始矩阵
12              Matrix::setIdentityM(currMatrix,0);
13          }
14          static void pushMatrix(){                        //保护变换矩阵
15              stackTop++;
16              for(int i=0;i<16;i++){
17                  mStack[stackTop][i]=currMatrix[i];
18          }}
19          static void popMatrix(){                         //恢复变换矩阵
20              for(int i=0;i<16;i++){currMatrix[i]=mStack[stackTop][i];}
21              stackTop--;
22          }
23          static void translate(float x,float y,float z){      //平移
24              Matrix::translateM(currMatrix, 0, x, y, z);
25          }
26          static void rotate(float angle,float x,float y,float z){//旋转
27              Matrix::rotateM(currMatrix,0,angle,x,y,z);
28          }
29          static void scale(float x,float y,float z){          //缩放
30              Matrix::scaleM(currMatrix,0, x, y, z);
31          }
32          static void setCamera(float cx,float cy, float cz,float tx, float ty,
33              float tz,float upx, float upy,float upz ) {      //设置摄像机
34              Matrix::setLookAtM( mVMatrix,0, cx,cy,cz,tx,ty, tz,upx,upy,upz);
35          }
36          static void setProjectFrustum(float left,float right,   //设置透视投影
37              float bottom, float top,float near,float far){
38                  Matrix::frustumM(mProjMatrix, 0, left, right, bottom, top, near, far);
39          }
40          static void setProjectOrtho( float left,float right,float bottom,
41              float top, float near,float far){      //设置正交投影
42                  Matrix::orthoM(mProjMatrix, 0, left, right, bottom, top, near, far);
43          }
44          static float* getFinalMatrix(){              //获取具体物体的总变换矩阵
45                  Matrix::multiplyMM(mMVPMatrix, 0, mVMatrix, 0, currMatrix, 0);
46                  Matrix::multiplyMM(mMVPMatrix, 0, mProjMatrix, 0, mMVPMatrix, 0);
47                  return mMVPMatrix;
48          }
49          static float* getMMatrix(){return &currMatrix[0]; }  //获取基本变换矩阵
50          static float* getProjMatrix() {return mProjMatrix;} //获取投影矩阵
51          static float* getCaMatrix(){return mVMatrix;}  //获取摄像机朝向的矩阵
52  };
53  #endif
```

❑ 第 9-10 行声明了与保存矩阵的栈相关的两个成员变量。需要读者注意的是，笔者开发的这个栈的最大深度为 10，读者如果有需要可以进行相应修改。

❑ 第 11-13 行为产生不进行任何实际变换的初始变换矩阵的方法，后继的各种变换随着各种

变换方法的调用都将叠加到此矩阵里。

- 第 14-22 行为将当前变换矩阵状态保存进栈的 pushMatrix 方法以及将栈顶的变换矩阵恢复到当前变换矩阵中的 popMatrix 方法，这两种方法在复杂场景的开发中非常有用。
- 第 23-43 行为平移变换、旋转变化和缩放变换的方法、设置摄像机的方法、设置透视投影的方法以及设置正交投影的方法，上述方法均是通过 Matrix 类辅助实现的。
- 第 44-51 行为获取基本变换矩阵、摄像机矩阵、投影矩阵等的方法，以及根据以上 3 个矩阵生成最终变换矩阵的方法，该方法通过依次将投影矩阵、摄像机矩阵和变换矩阵相乘产生最终变换矩阵。

（3）介绍完了工具类 MatrixState 的开发，接下来将进行 GLView 类的开发，最先编写的是其头文件，具体代码如下。

代码位置：见随书中源代码/第 14 章/Sample14_3/Sample14_3 目录下的 GLView.h 文件。

```
#import <UIKit/UIKit.h>                                    //导入头文件
#import <OpenGLES/EAGL.h>
#import <QuartzCore/QuartzCore.h>
#import <OpenGLES/ES3/gl.h>
#import <OpenGLES/ES3/glext.h>
@interface GLView : UIView{                                //继承自 UIView
    EAGLContext* mContext;                                 //指向 EAGLContext 对象的指针
}
- (void) drawView: (CADisplayLink*) displayLink;           //drawView 方法
@end
```

- GLView 类继承自 UIView 类，其中 mContext 成员变量定义为指向 EAGLContext 类对象的指针，EAGLContext 类对象负责当前 OpenGL ES 3.0 上下文的管理。
- GLView 类中的 drawView 函数将负责整个 3D 场景的渲染工作。

> **提示** GLView 类是采用 Objective-C 语言开发的，因此，语法与 C/C++有较大不同。由于本书重点是介绍基于 OpenGL ES 3.0 的 3D 应用程序的开发，目标不是详细介绍 Objective-C 语言本身，故对 Objective-C 语言不熟悉的读者可以参考其他专门介绍 Objective-C 语言的书籍或资料。

（4）开发完 GLView 类对应的头文件后，接下来将进行 GLView 类实现部分代码的开发，具体内容如下。

代码位置：见随书中源代码/第 14 章/Sample14_3/Sample14_3 目录下的 GLView.mm 文件。

```
#import "GLView.h"                                         //导入头文件
#import "IRenderingEngine.hpp"
@implementation GLView
IRenderingEngine* mRenderingEngine;                        //指向渲染器接口实现对象的指针
- (id)initWithFrame:(CGRect)frame{                         //传入 CGect 对象
    if (self = [super initWithFrame:frame]) {
        CAEAGLLayer* eaglLayer = (CAEAGLLayer*) super.layer; //创建 CAEAGLLayer 对象
        eaglLayer.opaque = YES;
        EAGLRenderingAPI api = kEAGLRenderingAPIOpenGLES3;//设置使用 OPenGL ES3.0
        mContext = [[EAGLContext alloc] initWithAPI:api];
        //使用 GLES 3.0 初始化 EAGLContext
        if (!mContext || ![EAGLContext setCurrentContext:mContext]) {//若失败
            return nil;                                    //返回空值
        }else {
        mRenderingEngine = CreateRenderer();               //创建 mRenderingEngine 对象
        }
        [mContext renderbufferStorage:GL_RENDERBUFFER fromDrawable: eaglLayer];
        //调用渲染器对象的初始化函数对其进行初始化
        mRenderingEngine->Initialize(CGRectGetWidth(frame),CGRectGetHeight
        (frame));
```

```
            [self drawView: nil];              //调用 drawView 函数
            CADisplayLink* displayLink;        //声明指向 CADisplayLink 对象的指针
            displayLink = [CADisplayLink displayLinkWithTarget:self
                                               //创建 CADisplayLink 对象
                       selector:@selector(drawView:)];
            [displayLink addToRunLoop:[NSRunLoop currentRunLoop]   //设置循环方式
                          forMode:NSDefaultRunLoopMode];
        }
        return self;
    }
    - (void) drawView: (CADisplayLink*) displayLink{              //drawView 函数
        mRenderingEngine->Render();                               //进行一帧的渲染
        [mContext presentRenderbuffer:GL_RENDERBUFFER];
    }
    + (Class) layerClass{
       return [CAEAGLLayer class];                                //返回 CAEAGLLayer
    }
    @end
```

说明　本类的实现部分非常简单，首先是创建 CAEAGLLayer 对象，设置 OpenGL ES 版本为 3.0，之后创建渲染器对象，同时在 drawView 函数中进行一帧画面的渲染。另外，GLView 类是使用 Objective-C 语言实现的，语法与 C++有很大的不同。若读者不太了解 Objective-C 语言，请参考其他书籍资料进行学习。

（5）介绍完 GLView 类实现代码的开发后，接下来将要介绍的是实现渲染器接口的 RenderingEngine 类的开发，首先给出的还是头文件的开发，具体代码如下。

代码位置：见随书中源代码/第 14 章/Sample14_3/Sample14_3 目录下的 RenderingEngine.hpp 文件。

```
#ifndef RenderingEngine__h                          //防止重定义
#define RenderingEngine__h
#import <OpenGLES/ES3/gl.h>                         //导入头文件
#import <OpenGLES/ES3/glext.h>
#include "Triangle.hpp"
#include "IRenderingEngine.hpp"
class RenderingEngine:public IRenderingEngine{      //实现 IRenderingEngine 接口
    public:
        RenderingEngine();                          //构造函数
        void Initialize(int width, int height);     //初始化函数
        void Render() const;                        //渲染函数
    private:
        GLuint m_framebuffer;                       //帧缓冲 ID
        GLuint m_renderbuffer;                      //渲染缓冲 ID
        Triangle *t;                                //指向三角形绘制对象的指针
};
struct IRenderingEngine* CreateRenderer(){          //创建渲染引擎对象函数
    return new RenderingEngine();
}
#endif
```

说明　从上述代码中可以看出，本类实现了 IRenderingEngine 接口，另外，声明了帧缓冲 ID 及渲染缓冲 ID 以及指向三角形绘制对象的指针。

（6）接着开发 RenderingEngine 类的实现代码，具体内容如下。

代码位置：见随书中源代码/第 14 章/Sample14_3/Sample14_3 目录下的 RenderingEngine.cpp 文件。

```
#include "RenderingEngine.hpp"                      //导入头文件
#include "MatrixState.hpp"
RenderingEngine::RenderingEngine(){                 //构造函数
     glGenRenderbuffers(1, &m_renderbuffer);        //创建渲染缓冲对象
```

```
5         glBindRenderbuffer(GL_RENDERBUFFER, m_renderbuffer);//绑定至渲染管线
6     }
7     void RenderingEngine::Initialize(int width, int height){
8         glGenFramebuffers(1, &m_framebuffer);               //创建帧缓冲
9          glBindFramebuffer(GL_FRAMEBUFFER, m_framebuffer);  //绑定至渲染管线
10        //将渲染缓冲作为颜色附件绑定到帧缓冲
11        glFramebufferRenderbuffer(GL_FRAMEBUFFER,GL_COLOR_ATTACHMENT0,
12                                  GL_RENDERBUFFER,m_renderbuffer);
13        glViewport(0, 0, width, height);                    //设置视口
14         t=new Triangle();                                  //创建三角形绘制对象
15        float ratio = (float) width/height;                 //计算屏幕长宽比
16        MatrixState::setProjectFrustum(-ratio, ratio, -1, 1, 5, 50); //设置投影矩阵
17        MatrixState::setCamera(0, 0, 3, 0, 0, 0, 0, 1, 0);  //设置摄像机矩阵
18    }
19    void RenderingEngine::Render() const{                   //渲染函数
20        glClearColor(0.5f, 0.5f, 0.5f, 1);                  //设置背景颜色
21        glClear(GL_COLOR_BUFFER_BIT);                       //清除颜色缓冲
22        t->drawSelf();                                      //执行绘制
23    }
```

- 第 3-6 行为构造函数，其中创建了渲染缓冲对象并将其绑定到渲染管线。
- 第 7-18 行为完成渲染前初始化工作的函数，主要包括创建帧缓冲并将其绑定到渲染管线，将渲染缓冲作为颜色附件绑定到帧缓冲，设置视口，设置投影矩阵，以及设置摄像机参数等工作。
- 第 19-23 行为渲染一帧画面的 Render 函数，其主要功能为设置背景颜色，清除颜色缓冲以及绘制物体等。

（7）介绍完 RenderingEngine 类实现代码的开发后，接下来将要介绍三角形类 Triangle 的开发，首先给出的是其头文件，具体代码如下。

代码位置：见随书中源代码/第 14 章/Sample14_3/Sample14_3 目录下的 Triangle.hpp 文件。

```
#ifndef __OpenGL3_0Demo__Triangle__                        //防止重定义
#define __OpenGL3_0Demo__Triangle__
#import <OpenGLES/ES3/gl.h>                                //导入头文件
#import <OpenGLES/ES3/glext.h>
class Triangle {
    GLuint mProgram;
    GLuint muMVPMatrixHandle;                              //总变换矩阵引用
    GLuint maPositionHandle;                               //顶点位置属性引用
    GLuint maColorHandle;                                  //顶点颜色属性引用
    const GLvoid* pCoords;                                 //顶点坐标数据缓冲
    const GLvoid* pColors;                                 //顶点着色数据缓冲
    int vCount;
    int aa;
    public:
        Triangle();                                        //构造函数
        void initVertexData();                             //初始化顶点数据的函数
        void initShader();                                 //初始化着色器的函数
        void drawSelf();                                   //绘制函数
};
const float vertices[]={ -0.8,0,0, 0 ,0.8,0,0.8,0,0};      //三角形 3 个顶点坐标
const float colors[] = {1,0,0,0,0,0,1,0,0,1,0,0};          //三角形 3 个顶点的颜色值
#endif
```

> **说明**　从上述代码中可以看出，Triangle 类的头文件比较简单，主要在其中声明了该类的成员变量、构造函数、初始化顶点数据的函数、初始化着色器的函数和绘制函数等。

（8）接下来将要介绍的是 Triangle 类的实现代码，具体内容如下。

代码位置：见随书中源代码/第 14 章/Sample14_3/Sample14_3 目录下的 Triangle.cpp 文件。

```
#include "Triangle.hpp"                                    //导入头文件
#include "ShaderUtil.h"
#include "MatrixState.hpp"
Triangle::Triangle(){                                      //构造函数
```

```
5        initVertexData();
6        initShader();
7    }
8    void Triangle::initVertexData(){                        //初始化顶点数据
9        vCount = 3;
10       pCoords = &vertices[0];
11       pColors = &colors[0];
12   }
13   void Triangle::initShader() {                           //初始化着色器
14       mProgram = ShaderUtil::createProgram("Simplevert", "Simplefrag");//创建着色器程序
15       maPositionHandle = glGetAttribLocation(mProgram, "Position");//获取顶点位置引用
16       maColorHandle = glGetAttribLocation(mProgram, "SourceColor");//获取顶点纹理引用
17       muMVPMatrixHandle = glGetUniformLocation(mProgram, "Modelview");
                                                              //获取总变换矩阵引用
18   }
19   void Triangle::drawSelf(){                              //绘制方法
20       glUseProgram(mProgram);
21       MatrixState::setInitStack();                        //初始化变换矩阵
22       MatrixState::translate(0, 0, -10);                  //设置沿 z 轴负向移动
23       MatrixState::rotate(aa++, 1, 0, 0);                 //设置绕 x 轴旋转
24       glUniformMatrix4fv(muMVPMatrixHandle,               //将总变换矩阵传入渲染管线
25                     1, 0, MatrixState::getFinalMatrix());
26       glVertexAttribPointer(maPositionHandle, 3,          //将顶点坐标数据传入渲染管线
27                     GL_FLOAT, GL_FALSE, 3*4, pCoords);
28       glVertexAttribPointer(maColorHandle, 4,             //将顶点颜色数据传入渲染管线
29                     GL_FLOAT, GL_FALSE, 4*4, pColors);
30       glEnableVertexAttribArray(maPositionHandle);        //启动顶点位置数据数组
31       glEnableVertexAttribArray(maColorHandle);           //启用顶点颜色数据数组
32       glDrawArrays(GL_TRIANGLES, 0, vCount);              //执行绘制
33       glDisableVertexAttribArray(maPositionHandle);       //关闭顶点位置数组
34       glDisableVertexAttribArray(maColorHandle);          //关闭顶点颜色数组
35   }
```

- 第 4-7 行为 Triangle 类的构造函数，其功能为调用初始化顶点数据的方法 initVertexData 和初始化着色器的方法 initShader 进行相关初始化。
- 第 8-12 行为初始化顶点数据的方法 initVertexData，主要功能为对顶点的位置数据以及颜色数据进行初始化。
- 第 13-18 行为初始化着色器的 initShader 函数，主要功能为生成着色器程序，并分别获取顶点位置引用、顶点纹理引用和总变换矩阵引用。
- 第 19-35 行为绘制函数 drawSelf，其代码实现套路与 SDK 平台下的案例 Sample3_1 的绘制方法 drawSelf 很相似。

> **提示**　iOS 平台下 OpenGL ES 3.0 案例中着色器代码的开发与前面基于 SDK 和 NDK，在 Android 中开发 OpenGL ES 3.0 案例的着色器开发是完全相同的，在此不再重复赘述相同着色器的开发，需要的读者可自行查看随书附带中的源代码。

至此，iOS 平台下的第一个 OpenGL ES 3.0 案例便开发完成了。通过本节的学习，读者应初步掌握了在 iOS 平台下开发基于 OpenGL ES 3.0 的 3D 应用程序的步骤与方法。

14.4 基于 iOS 平台的地月系场景案例

上一节介绍的三角形旋转场景的案例很简单，本节将给出一个稍微复杂一些的案例，该案例的场景为使用了多重纹理与过程纹理技术的地月系场景。本案例移植自前面第 7 章的案例 Sample7_5。通过本节内容的学习，读者便可以在 iOS 平台上开发出更加复杂的 OpenGL ES 3.0 应用程序了。

14.4.1 案例的运行效果

本节案例的运行效果与前面第 7 章中的案例 Sample7_5 基本一致，具体情况如图 14-32、图 14-33 和图 14-34 所示。

▲图 14-32　案例运行界面 1

▲图 14-33　案例运行界面 2

▲图 14-34　案例运行界面 3

14.4.2 案例的开发过程

了解了本节案例的运行效果后，就可以进行代码的开发了。本案例中的大部分代码与上一个案例相同，同样采用了跨平台的 C++语言开发，其具体步骤如下。

（1）首先开发的同样是 GLView 类。由于本案例中 GLView 类的头文件以及实现部分的很多代码与上一节案例中的基本相同，故对于重复的部分这里不再赘述。下面仅给出本案例中新增的实现触控事件处理的相关代码，具体代码如下。

代码位置：见随书中源代码/第 14 章/Sample14_4/Sample14_4 目录下的 GLView.mm 文件。

```
- (void) touchesBegan: (NSSet*) touches withEvent: (UIEvent*) event{//触控开始
    UITouch* touch = [touches anyObject];                        //获取事件
    CGPoint location = [touch locationInView: self];             //获取触控点的坐标
    mRenderingEngine->OnFingerDown(location.x, location.y);
                                                   //调用用户按下手指时的相关处理函数
}
- (void) touchesEnded: (NSSet*) touches withEvent: (UIEvent*) event{//触控结束
    UITouch* touch = [touches anyObject];                        //获取事件
    CGPoint location = [touch locationInView: self];             //获取触控点的坐标
    mRenderingEngine->OnFingerUp(location.x, location.y);
                                                   //调用用户抬起手指时的相关处理函数
}
- (void) touchesMoved: (NSSet*) touches withEvent: (UIEvent*) event{//触控点移动
    UITouch* touch = [touches anyObject];                        //获取事件
    CGPoint previous = [touch previousLocationInView: self];//获取上一个触控点的坐标
    CGPoint current = [touch locationInView: self];        //获取当前触控点的坐标
    mRenderingEngine->OnFingerMove(previous.x, previous.y,
                        current.x, current.y); //调用用户在屏幕上移动手指时的相关处理函数
}
```

说明　从上述代码中可以看出，主要是增加了 3 个函数：touchesBegan、touchesEnded、touchesMoved。这 3 个增加的函数依次对应于处理触控开始事件、触控结束事件、触控点移动事件。

（2）接下来介绍渲染器接口实现类 RenderingEngine2 的开发，首先开发的是初始化函数 Initialize，其具体代码如下。

代码位置：见随书中源代码/第 14 章/Sample14_4/Sample14_4 目录下的 RenderingEngine2.cpp 文件。

```
1   void RenderingEngine2::Initialize(int width, int height){      //初始化函数
2       glGenRenderbuffers(1, &m_renderbuffer);                     //创建一个渲染缓冲
3       glBindRenderbuffer(GL_RENDERBUFFER, m_renderbuffer);//绑定上述渲染缓冲
4       glGenRenderbuffers(1, &m_depthRenderbuffer);//创建一个作为深度缓冲的渲染缓冲
5       //绑定上述作为深度缓冲的渲染缓冲
6       glBindRenderbuffer(GL_RENDERBUFFER, m_depthRenderbuffer);
7       glRenderbufferStorage(GL_RENDERBUFFER,       //设置缓冲类型及尺寸
8           GL_DEPTH_COMPONENT16,width, height);
9       glGenFramebuffers(1, &m_framebuffer);                    //创建一个帧缓冲
10      glBindFramebuffer(GL_FRAMEBUFFER, m_framebuffer);    //绑定上述帧缓冲
11      //将第一个创建的渲染缓冲绑定到帧缓冲上，作为其颜色附件
12      glFramebufferRenderbuffer(GL_FRAMEBUFFER,
13                  GL_COLOR_ATTACHMENT0,GL_RENDERBUFFER,m_renderbuffer);
14      //将第二个创建的深度缓冲绑定到帧缓冲上，作为其深度附件
15      glFramebufferRenderbuffer(GL_FRAMEBUFFER, GL_DEPTH_ATTACHMENT,
16                  GL_RENDERBUFFER, m_depthRenderbuffer);
17      glBindRenderbuffer(GL_RENDERBUFFER, m_renderbuffer);//绑定作为颜色附件的渲染缓冲
18      glViewport(0, 0, width, height);                        //设置视口
19      glEnable(GL_CULL_FACE);                                 //启用背面剪裁
20      glEnable(GL_DEPTH_TEST);                                //启用深度测试
21      float ratio = (float) width/height;                     //计算视口宽高比
22      MatrixState::setProjectFrustum(-ratio, ratio, -1, 1, 4, 100);//设置投影矩阵
23      MatrixState::setCamera(0, 0, 11.2f, 0, 0, 0,0,1, 0);//设置摄像机
24      MatrixState::setLightLocationSun(100,5,0);                //设置太阳灯光的初始位置
25      MatrixState::setInitStack();                              //初始化矩阵
26      textureIdEarth = LoadResourceUtil::initTexture("earth");  //加载地球白天纹理
27      textureIdEarthNight = LoadResourceUtil::initTexture("earthn");//加载地球夜晚纹理
28      textureIdMoon = LoadResourceUtil::initTexture("moon");   //加载月球纹理
29      e = new Earth(2.0);                                       //新建地球对象
30      m = new Moon(1.0);                                        //新建月球对象
31      cs = new Celestial(1,0);                                  //新建星星天球对象
32  }
```

- 第 2-8 行创建了两个渲染缓冲，第一个创建的将作为帧缓冲的颜色附件，第二个创建的将作为帧缓冲的深度附件。
- 第 9-16 行创建了帧缓冲，并将前面创建的两个渲染缓冲分别作为了其颜色附件与深度附件。
- 第 18-31 行为渲染前的一些初始化工作，这部分与前面章节案例中的很类似。

说明 请读者特别注意的是，与基于 SDK 在 Android 中开发 OpenGL ES 3.0 应用程序不同，iOS 这边需要自己创建深度缓冲应用程序才能具有正确的深度检测功能。若不创建深度缓冲，则深度检测不能正常工作，物体的遮挡效果可能会不正确。另外，关于缓冲的相关问题，本书下册将有专门的章节进行详细介绍，这里读者先了解一下即可。

（3）开发完了 RenderingEngine2 类中的初始化函数后，下面需要开发的就是触控事件的 3 个处理函数，具体代码如下。

代码位置：见随书中源代码/第 14 章/Sample14_4/Sample14_4 目录下的 RenderingEngine2.cpp 文件。

```
void RenderingEngine2::OnFingerDown(float locationx,float locationy){}
void RenderingEngine2::OnFingerUp(float locationx,float locationy){}
void RenderingEngine2::OnFingerMove(float previousx,float previousy,float currentx,float currenty){
        //触控横向位移太阳光源绕 y 轴旋转
```

```
5          float dx=currentx-previousx;                          //计算触控点 X 位移
6          yAngle+=(float)dx*180.0f/320.0f;                      //将 X 位移折算成角度
7          float sunx=(float)std::cos((float)yAngle*PI)*100;     //计算光源位置 X 分量
8          float sunz=-(float)(std::sin((float)yAngle*PI)*100);//计算光源位置 Z 分量
9          MatrixState::setLightLocationSun(sunx,0,sunz);        //设置光源位置
10         //触控纵向位移摄像机绕 x 轴旋转 -90～+90
11         float dy=currenty-previousy;                      //计算触控点 Y 位移
12         xAngle+=(float)dy*90.0f/320.0f;                   //将 Y 位移折算成绕 x 轴旋转的角度
13         if(xAngle>90) {                                   //若 xAngle 大于 90，则设置为 90
14             xAngle=90;
15         } else if(xAngle<-90){                            //若小于-90，则设置为-90
16             xAngle=-90;
17         }
18         float cy=(float) (11.2f*std::sin((float)xAngle*PI));//计算摄像机的 Y 分量
19         float cz=(float) (11.2f*std::cos((float)xAngle*PI));//计算摄像机的 Z 分量
20         float upy=(float) std::cos((float)xAngle*PI);      //计算 UP 向量的 Y 分量
21         float upz=-(float) std::sin((float)xAngle*PI);     //计算 UP 向量的 Z 分量
22         MatrixState::setCamera(0, cy, cz, 0, 0, 0, upy,upz); //设置摄像机参数
23     }
```

- 第 1-2 行为处理触控开始与触控结束事件的方法，本案例中不需要，因此给了一个空实现。
- 第 3-23 行为触控点移动时对应事件的回调处理函数，主要实现的功能为，当触控点左右移动时改变太阳光源的位置，当触控点上下移动时改变摄像机的位置。

（4）开发完了 RenderingEngine2 类中的初始化函数和触控事件的 3 个处理函数后，下面需要开发的就是用于渲染地球的类——Earth，其具体代码如下。

代码位置：见随书中源代码/第 14 章/Sample14_4/Sample14_4 目录下的 Earth.cpp 文件。

```
1    #include <math.h>                                              //导入头文件
2    #include "Earth.h"
3    #include "ShaderUtil.h"
4    #include "MatrixState.hpp"
5    Earth::Earth(float r){                                 //构造函数
6        initVertexData(r);                                 //初始化顶点数据
7        initShader();                                      //初始化着色器
8    }
9    float Earth::toRadians(float angle){                   //将角度转换为弧度
10       return angle*3.1415926f/180;
11   }
12   void Earth::initVertexData(float r){
13       ……//此处省略了初始化顶点坐标数据的代码，读者可自行查看随书中的源代码
14       vCount=11664/3;             //顶点的数量为坐标值数量的 1/3，因为一个顶点有 3 个坐标
15       int count = 11664;                                 //坐标值数量
16       static float ver[11664];                           //声明顶点位置数组
17       for(int i=0;i<count;i++){ver[i] = alVertixs[i];}       //遍历所有的坐标值
18       mVertexBuffer = ver;
19       static float tex[7776];                                //声明纹理坐标数组
20       generateTexCoor(36, 18, tex);                          //生成纹理坐标
21       mTexCoorBuffer = tex;
22   }
23   void Earth::generateTexCoor(int bw,int bh,float* tex){//自动切分纹理产生纹理坐标数组的方法
24       float sizew=1.0f/bw;                                   //列数
25       float sizeh=1.0f/bh;                                   //行数
26       int c=0;
27       for(int i=0;i<bh;i++){                                 //遍历列
28           for(int j=0;j<bw;j++){                             //遍历行
29           float s=j*sizew;float t=i*sizeh; tex[c++]=s;tex[c++]=t;//计算 6 个点的纹理坐标
30           tex[c++]=s;tex[c++]=t+sizeh;tex[c++]=s+sizew;tex[c++]=t;
31           tex[c++]=s+sizew;tex[c++]=t;tex[c++]=s;tex[c++]=t+sizeh;
32               tex[c++]=s+sizew;tex[c++]=t+sizeh;
33   }}}
34   void Earth::initShader(){/*此处代码省略，读者可参考随书*/}
35   void Earth::drawSelf(GLint texId,GLint texIdNight){/*此处代码省略，读者可参考随书*/}
```

- 第 5-8 行为构造函数，功能为调用初始化顶点数据的方法 initVertexData 和初始化着色器

的方法 initShader。

- 第 12-22 行为初始化顶点数据的 initVertexData 方法，该方法与第 7 章案例 Sample7_5 中的功能相同，主要包括初始化顶点坐标数据与纹理坐标数据的代码，并分别将其存入顶点坐标缓冲和纹理坐标缓冲。
- 第 23-33 行为自动切分纹理产生纹理坐标数据的方法，此方法与第 7 章案例 Sample7_5 中的方法基本相同。均是根据接收的参数 bw 和 bh，将一幅纹理图看做切割成 bh 行，bw 列的 bw ×bh 个小方块，然后依次将每个小方块的 4 个顶点的纹理坐标按照一定的卷绕方式存放到数组中并返回。

> 提示：该案例中未介绍的 initShader 方法和 drawSelf 方法、月球类以及天球类等的开发与第 7 章案例 Sample7_5 中的对应部分基本相似，因此不再重复赘述，需要的读者可自行查看随书中的源代码。另外，本案例使用的着色器与前面 Sample7_5 中的也是一样的，需要的读者请查看随书，这里不再赘述。

14.5 小结

本章主要分为两个部分，第一部分的两节介绍了如何使用 Android NDK 进行 OpenGL ES 3.0 应用程序的开发，第二部分的两节介绍了 iOS 平台下 OpenGL ES 3.0 3D 应用程序的开发。通过本章的学习，读者应该对 OpenGL ES 3.0 的跨平台、跨语言特性有所体会，并初步掌握了如何在 Android NDK 及 iOS 平台下开发基于 OpenGL ES 3.0 的 3D 应用的技能。

第15章 Web端3D游戏开发——WebGL 3D应用开发

本书前面章节介绍的都是如何使用 OpenGL ES 3.0 在手机移动平台上开发 3D 应用程序，其实 OpenGL ES 还可以在 Web 平台上使用，那就是很有发展潜力的 WebGL。本章将通过几个简单的案例向读者简要介绍 WebGL 3D 应用的开发，掌握了这部分内容后，读者开发 3D 应用的领域将进一步扩展。

15.1 WebGL 概览

WebGL 是一种 3D 绘图标准，这种绘图标准允许把 JavaScript 和 OpenGL ES 结合在一起，通过增加 OpenGL ES 的一个 JavaScript 绑定，WebGL 可以为 HTML5 Canvas 提供基于硬件的 3D 加速渲染。这样 Web 开发人员就可以借助 GPU 在浏览器里更流畅地展示 3D 场景和模型了，同时还能进一步创建复杂的导航和数据视觉化应用。

显然，WebGL 技术标准免去了开发网页专用的 3D 渲染插件的麻烦，可被用于创建具有复杂 3D 结构的网站页面，甚至可以用来设计 3D 网页游戏等。

15.1.1 WebGL 简介

WebGL 和 3D 图形规范 OpenGL、通用计算规范 OpenCL 一样来自 Khronos Group 组织，同样免费开放。WebGL 标准工作组的成员包括 AMD、爱立信、谷歌、Mozilla、英伟达以及 Opera 等，这些成员会与 Khronos 公司通力合作，创建一种多平台环境可用的 WebGL 标准。

WebGL 完美地解决了现有的 Web 交互式三维动画的 3 个问题。

- ❑ 其通过 HTML 脚本本身实现 Web 交互式三维动画的制作，无须任何特定浏览器插件的支持。
- ❑ 其利用底层图形硬件的加速功能进行 3D 图形渲染，效率很高。
- ❑ 其通过统一的、标准的、跨平台的 OpenGL ES 接口实现，免去了开发人员多次学习不同编程接口的麻烦。

经过本书前面很多章节的学习，相信读者已经对 OpenGL ES 有了一定深度的了解，但是，学习 WebGL 还需要有一些编写 JavaScript 的经验和基础，还需要少量的 HTML5 知识。请读者不用担心，这些相关的知识会在本章一一进行介绍。

> **提示** 同样可以用于网页 3D 渲染的技术还有 Adobe Flash Player 11、微软 Silverlight 3.0 等，但其都是私有的、不透明的。因此，笔者认为采用开放、免费策略的 WebGL 在当下这个开放的时代将更有发展前途。

WebGL 目前有两个版本的标准，具体情况如下。

- ❑ WebGL 1.0，其中提供的是 JavaScript 与 OpenGL ES 2.0 的绑定，目前除了微软的 IE 外，大部分浏览器都能很好地支持。

- ❑ WebGL 2.0，其中提供的是 JavaScript 与 OpenGL ES 3.0 的绑定，目前还在草案阶段，支持的浏览器几乎没有，但其是未来的大方向。

> **提示**　从上述内容中可以看出，目前主流版本的 WebGL 还是使用 OpenGL ES 2.0 绑定的，因此，本章也是基于 OpenGL ES 2.0 来介绍 WebGL。好在 OpenGL ES 2.0 与 OpenGL ES 3.0 是兼容的，大部分知识可以直接使用，只是着色语言的一些语法细节有变化，读者不用担心。

15.1.2　WebGL 效果展示

通过上一小节的学习，相信读者对 WebGL 有了一定的了解。如今已有很多网站采用了 WebGL 技术，以实现各种酷炫的 3D 特效。目前，已经有不少网页游戏也采用了 WebGL，通过 GPU 流畅地渲染游戏场景，下面给出的几幅图（见图 15-1～图 15-4）就是笔者看到的一些使用 WebGL 技术制作的精美网页截图。

▲图 15-1　落叶动画

▲图 15-2　教我飞游戏

▲图 15-3　划船游戏

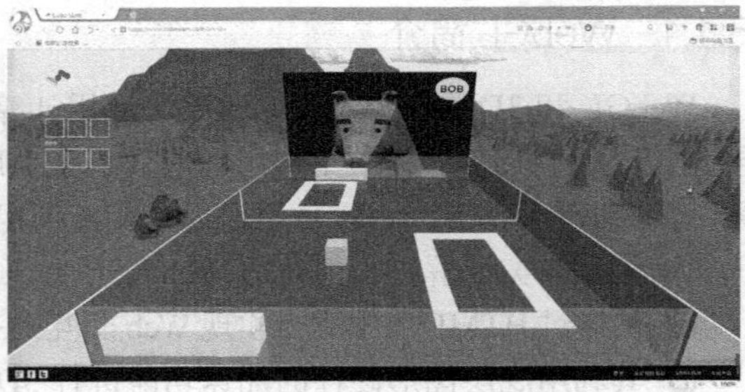

▲图 15-4　打砖块游戏

从图 15-1～图 15-4 中可以看出，WebGL 渲染出的 3D 场景与直接使用 OpenGL ES 技术在移动设备上开发出的场景效果是基本一致的，读者通过对前面章节的学习，再结合本章的内容便可在 Web 端开发出与移动端一样绚丽流畅的 3D 场景。

15.2　初识 WebGL 应用

上一节简单介绍了 3D 绘图标准 WebGL，从本节开始将陆续给出几个使用 WebGL 的案例，帮助读者快速掌握 WebGL 应用程序的开发。前面在介绍 Android SDK、Android NDK、iOS 平台的开发时，第一个案例都是旋转的三角形，想必读者已经有些厌烦了。因此，本章将改变一下套路，使用一个加载并渲染 obj 茶壶模型的 3D 场景作为 WebGL 平台的第一个案例。

15.2.1 WebGL 应用案例部署运行步骤简介

由于 WebGL 应用程序是在网页浏览器上工作的，因此，一般情况下开发完毕后都需要将应用部署到 Web 服务器上以供浏览器访问。因此，在具体开发各个案例之前，本小节先简要介绍一下如何在 Tomcat 上部署 WebGL 应用，具体步骤如下。

（1）从 Tomcat 的官方网站上下载 Tomcat 的压缩包，如“apache-tomcat-6.0.18.zip”，然后解压缩到本地磁盘。接着配置好环境变量 JAVA_HOME，以备后面步骤使用。

（2）双击解压后 apache-tomcat-6.0.18 目录下 bin 子目录中的 startup.bat 文件，启动 Tomcat 服务器，如图 15-5 所示。

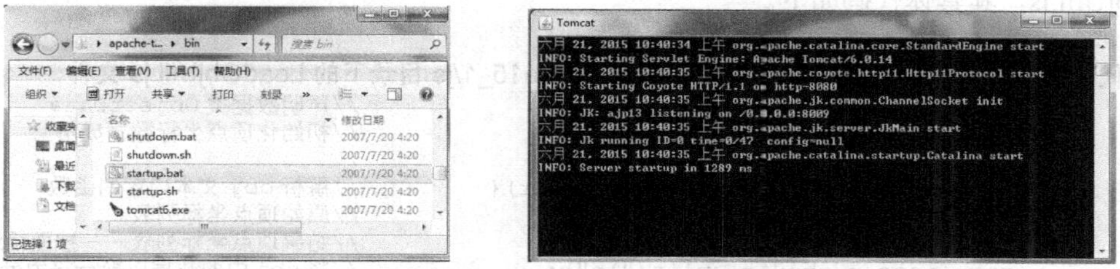

▲图 15-5 打开 Tomcat 服务器

> **提示** 笔者使用的是已经配置好的 Tomcat 服务器，由于篇幅有限，故省略 Tomcat 服务器的配置步骤，读者可自行配置。不熟悉的读者可以参考其他的书籍或资料。

（3）将开发完毕的 WebGL 案例文件夹（如 Sample15_1)复制到解压后的 apache-tomcat-6.0.18 目录下的 webapps 子目录中，如图 15-6 所示。

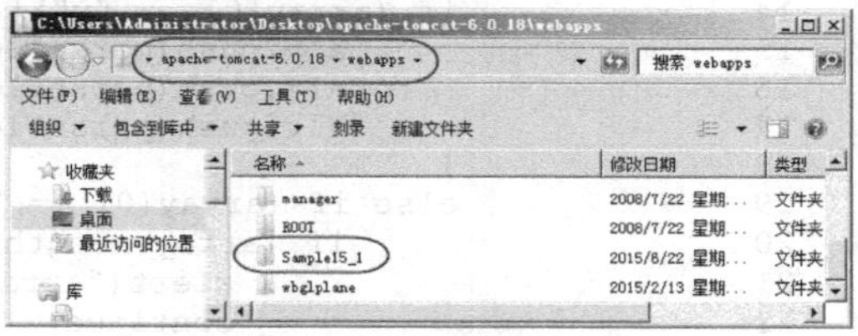

▲图 15-6 WebGL 案例位置

（4）查找并记录本机的 IP 地址，然后打开 Firefox 等可以支持 WebGL 的浏览器，在地址栏中输入指定网址，按下回车键即可。例如运行案例 Sample15_1 时输入的网址为：

http://10.16.189.15:8080/Sample15_1/ObjSimple.htm

> **说明** 读者只需替换“:8080”前的 IP 地址为自己机器的 IP 地址即可在自己的计算机上运行本案例。

> **提示** 笔者运行本章案例时使用的都是 Tomcat 服务器，读者也可以选择其他的 Web 服务器。同时笔者运行本章案例时使用的是 Firefox 浏览器，读者也可以使用其他支持 WebGL 的浏览器（如 UC 浏览器、淘宝浏览器等）。

15.2.2 简单渲染 3D 模型案例的开发

上一小节介绍了 WebGL 应用案例的部署运行，本小节将开发第一个 WebGL 应用案例 Sample15_1，其运行效果如图 15-7 所示。

从图 15-7 中可以看出，此案例场景中包含 3 个条纹渲染的茶壶。了解了本案例的运行效果后，下面将进一步介绍本案例的开发，其具体步骤如下。

▲图 15-7　案例 Sample15_1 运行效果

（1）首先介绍用于解析 obj 文件文本内容以获取 3D 模型数据的 JavaScript 脚本——LoadObjUtil.js，其具体代码如下。

代码位置：见本书随书中源代码/第 15 章/Sample15_1/js 目录下的 LoadObjUtil.js 文件。

```
1    function ObjectData(verticesIn){                       //声明数据类 ObjectData
2         this.vertices=verticesIn;                         //初始化顶点坐标数据成员
3    }
4    function fromObjStrToObjectData(objStr){               //解析 obj 文本内容的函数
5         var alv=new Array();                              //原始顶点坐标列表
6         var alvResult=[];                                 //结果顶点坐标列表——按面组织好
7         var lines = objStr.split("\n");                   //将 obj 中的数据以换行符为分隔符分开
8         for (var lineIndex in lines){                     //遍历每一行文本
9              var line = lines[lineIndex].replace(/[ \t]+/g, " ").replace(/\s\s*$/,
              "");//去掉空白符
10             if (line[0] == "#"){                         //如果是以#开头行
11                  continue;                               //舍弃此行
12             }
13             var array = line.split(" ");                 //将一行数据以空格符为分隔符分开
14             if (array[0] == "v"){                        //判断是否为顶点坐标信息行
15                  alv.push(parseFloat(array[1]));//获取顶点 x 坐标并存入原始顶点坐标列表
16                  alv.push(parseFloat(array[2]));//获取顶点 y 坐标并存入原始顶点坐标列表
17                  alv.push(parseFloat(array[3]));//获取顶点 z 坐标并存入原始顶点坐标列表
18             }
19             else if (array[0] == "f"){                   //判断是否为组装三角形面的信息行
20                  if (array.length != 4){                 //若数据数量不对
21                       alert("array.length != 4");        //出错提示信息
22                       continue;                          //舍弃此行
23                  }
24                  for (var i = 1; i < 4; ++i){            //遍历此行的 3 个顶点元素
25                    var tempArray=array[i].split("/");    //将每个顶点元素用“/”切分
26                    var vIndex=tempArray[0]-1;            //获取顶点索引值
27                alvResult.push(alv[vIndex*3+0]);//将对应索引顶点的 x 坐标存入结果顶点坐标列表
28                alvResult.push(alv[vIndex*3+1]);//将对应索引顶点的 y 坐标存入结果顶点坐标列表
29                alvResult.push(alv[vIndex*3+2]);//将对应索引顶点的 z 坐标存入结果顶点坐标列表
30        }}}
31        return new ObjectData(alvResult);                 //数据类 ObjectData 的对象
32   }
```

❑ 第 1-3 行声明了数据类 ObjectData，其中有一个成员变量 vertices，为加载解析 obj 文件后得到的结果顶点坐标数据列表。ObjectData 类的对象用于在后面的绘制中提供模型数据。

❑ 第 4-32 行为从 obj 文件文本信息中进行解析，得到最终的结果顶点数据的 fromObjStrToObjectData 函数。其基本思路与前面第 9 章中介绍加载 obj 模型案例采用的思路一致，主要的区别是改为由 JavaScript 实现了。

说明:请读者注意一点，上述代码加载的 obj 模型只有顶点坐标，后面的案例将逐步完善加载纹理坐标和法向量的功能。

（2）了解了解析 obj 文件文本内容的 JavaScript 脚本——LoadObjUtil.js 后，下面接着给出的是用于加载着色器脚本的 JavaScript 脚本——LoadShaderUtil.js，具体代码如下。

代码位置：见本书随书中源代码/第 15 章/Sample15_1/js 目录下的 LoadShaderUtil.js 文件。

```
1   function shaderObject(typeIn,textIn){              //声明 shaderObject 类
2       this.type=typeIn;                              //初始化 type 成员变量
3       this.text=textIn;                              //初始化 text 成员变量
4   }
5   function processLoadShader(req,index){              //处理着色器脚本内容的回调函数
6       if (req.readyState == 4){                       //若状态为 4
7           var shaderStr = req.responseText;           //获取响应文本
8           var shaderStrA=shaderStr.split("<#BREAK_BN#>");//用分隔符<#BREAK_BN#>切分
9           var vertexShader=new shaderObject("vertex",shaderStrA[0]);
                                                        //顶点着色器脚本内容
10          var fragmentShader=new shaderObject("fragment",shaderStrA[1]);
                                                        //片元着色器脚本内容
11        shaderProgArray[index]=loadShaderSerial(gl,vertexShader, fragmentShader);
                                                        //加载着色器
12  }}
13  function loadShaderFile(url,index){                      //从服务器加载着色器脚本的函数
14      var req = new XMLHttpRequest();                      //创建 XMLHttpRequest 对象
15      req.onreadystatechange = function(){                 //设置响应回调函数
16          processLoadShader(req,index)                     //调用 processLoadShader 处理响应
17      };
18      req.open("GET", url, true);                          //用 GET 方式打开指定 URL
19      req.responseType = "text";                           //设置响应类型
20      req.send(null);                                      //发送 HTTP 请求
21  }
```

❑ 第 1-4 行声明了 shaderObject 类，其对象用来存储着色器脚本内容，有两个成员变量。type 成员变量用来存储着色器类型，有两种取值，“vertex”表示是顶点着色器，“fragment”表示是片元着色器。

❑ 第 5-12 行为处理从服务器获取的着色器脚本内容的 processLoadShader 函数，其中使用分隔符<#BREAK_BN#>将着色器脚本的顶点部分以及片元部分分开，分别将两部分脚本存储到两个不同的 shaderObject 对象中，最后调用了 loadShaderSerial 函数加载了着色器。

❑ 第 13-21 行为根据给定的 URL 从服务器获取内容的 loadShaderFile 函数，其中调用 processLoadShader 函数处理响应内容。

（3）了解了用于加载着色器脚本的 JavaScript 脚本——LoadShaderUtil.js 后，下面给出的是用于从服务器端获取 obj 文件文本内容的 JavaScript 脚本——loadObject.js，其具体代码如下。

代码位置：见本书随书中源代码/第 15 章/Sample15_1/js 目录下的 loadObject.js 文件。

```
1   function loadObjFile(url,id){                    //从服务器获取 obj 文本内容的函数
2       var req = new XMLHttpRequest();              //异步请求对象
3       //设置响应回调函数，调用 processObjectLoadObj 处理响应
4       req.onreadystatechange = function () { processObjectLoadObj(req,id) };
5       req.open("GET", url, true);                          //用 GET 方式打开指定 URL
6       req.responseType = "text";                           //设置响应类型
7       req.send(null);                                      //发送 HTTP 请求
8   }
9   function createObject(objDataIn,id){                     //创建物体绘制对象的方法
10      if(shaderProgArray[id]){                             //如果着色器已加载完毕
11          ooTri=new ObjObject(gl,objDataIn.vertices,shaderProgArray[id]);
                                                             //创建茶壶绘制对象
12      }else{
13          setTimeout(function(){createObject(objDataIn,id);},10); //休息 10ms 后再执行
14  }}
15  function processObjectLoadObj(req,id){                   //处理 obj 文本内容的回调函数
16      if (req.readyState == 4){                            //若状态为 4
17          var objStr = req.responseText;                   //获取响应文本
18          this.dataTemp=fromObjStrToObjectData(objStr);//将 obj 文本解析为数据对象
19          createObject(dataTemp,id);                       //创建绘制用物体对象
20  }}
```

❑ 第 1-8 行为根据给定的 URL 从服务器获取 Obj 文本内容的 loadObjFile 函数，其中调用

processObjectLoadObj 函数处理响应内容。

- 第 9-14 行为根据传入的数据对象创建物体绘制对象的 createObject 方法，其中会首先检测指定编号的着色器是否已经加载完成，若没有完成则等待 10ms 再执行。
- 第 15-20 行为处理从服务器获取的 obj 文本内容的 processObjectLoadObj 函数，其中调用 fromObjStrToObjectData 函数将 obj 文本解析为数据对象，然后根据数据对象再调用 createObject 函数创建绘制用物体对象。

（4）上述步骤中在创建绘制用物体对象时创建了 ObjObject 类型的对象，下面就给出声明 ObjObject 类的 JavaScript 脚本——ObjObject.js，其代码如下。

代码位置：见本书随书中源代码/第 15 章/Sample15_1/js 目录下的 ObjObject.js 文件。

```
1   function ObjObject(                                          //声明绘制用物体对象所属类
2       gl,                                                      //GL 上下文
3       vertexDataIn,                                            //顶点坐标数据
4       programIn                                                //着色器程序 id
5   ){
6       this.vertexData=vertexDataIn;                            //初始化顶点坐标数据
7       this.vcount=this.vertexData.length/3;                    //得到顶点数量
8       this.vertexBuffer=gl.createBuffer();                     //创建顶点坐标数据缓冲
9       gl.bindBuffer(gl.ARRAY_BUFFER,this.vertexBuffer);        //绑定顶点坐标数据缓冲
10      //将顶点坐标数据送入缓冲
11      gl.bufferData(gl.ARRAY_BUFFER,new Float32Array(this.vertexData),gl.STATIC_DRAW);
12      this.program=programIn;                                  //初始化着色器程序 id
13      this.drawSelf=function(ms){                              //绘制物体的方法
14      gl.useProgram(this.program);                             //指定使用某套着色器程序
15      var uMVPMatrixHandle=                                    //获取总变换矩阵引用 id
16          gl.getUniformLocation(this.program, "uMVPMatrix");
17      //将总变换矩阵送入渲染管线
18      gl.uniformMatrix4fv(uMVPMatrixHandle,false,new Float32Array(ms.getFinalMatrix()));
19      gl.enableVertexAttribArray(gl.getAttribLocation(this.program,
        "aPosition"));//启用顶点坐标数据数组
20      gl.bindBuffer(gl.ARRAY_BUFFER, this.vertexBuffer);       //绑定顶点坐标数据缓冲
21      //给管线指定顶点坐标数据
22      gl.vertexAttribPointer(gl.getAttribLocation(this.program,"aPosition"),
        3,gl.FLOAT,false,0, 0);
23      gl.drawArrays(gl.TRIANGLES, 0, this.vcount);             //用顶点法绘制物体
24  }}
```

说明　由于 JavaScript 语法比较特殊(相比于 Java 和 C/C++而言)，上述第一行的"function ObjObject"实际上并不是声明了一个方法，而是声明了一个类——ObjObject。此方法同时可以看作此类的构造器，在构造器中接收了必要的参数并进行了必要的初始化工作。最后，在第 13-24 行还声明了一个用于绘制物体的 drawSelf 方法，这与本书中前面基于 Java 开发的案例套路基本一致。

（5）接着介绍的是用于初始化 WebGL Ganvas 的 JavaScript 脚本文件——GLUtil.js，首先给出的是其中的 initWebGLCanvas 方法，具体代码如下。

代码位置：见本书随书中源代码/第 15 章/Sample15_1/js 目录下的 GLUtil.js 文件。

```
function initWebGLCanvas(canvasName){                        //初始化 WebGL Canvas 的方法
    var canvas = document.getElementById(canvasName);        //获取 Canvas 对象
    var names = ["webgl", "experimental-webgl", "webkit-3d", "moz-webgl"];
    var context = null;                                      //声明上下文变量
    for (var ii = 0; ii < names.length; ++ii){               //遍历可能的 GL 上下文名称
        try{
            context = canvas.getContext(names[ii], null); //获取 GL 上下文
        }catch(e) {}
        if (context){break;}                     //若成功获取 GL 上下文，则终止循环
    }
    return context;                              //返回 GL 上下文对象
}
```

> **说明** 此方法中首先获取了用于进行 3D 场景渲染的 Canvas 对象，然后扫描可能的 GL 上下文名称，通过 Canvas 对象获取 GL 上下文，最后将 GL 上下文返回。

（6）接下来介绍的是用于加载并编译、链接着色器的两个工具方法，具体代码如下。

代码位置：见本书随书中源代码/第 15 章/Sample15_1/js 目录下的 GLUtil.js 文件。

```
1   function loadSingleShader(ctx, shaderScript){          //加载单个着色器的方法
2       if (shaderScript.type == "vertex")                 //若为顶点着色器
3           var shaderType = ctx.VERTEX_SHADER;            //顶点着色器类型
4       else if (shaderScript.type == "fragment")          //若为片元着色器
5           var shaderType = ctx.FRAGMENT_SHADER;          //片元着色器类型
6       else {                                             //否则打印错误信息
7           log("*** Error: shader script of undefinec type '"+shaderScript.type+"'");
8           return null;
9       }
10      var shader = ctx.createShader(shaderType);         //根据类型创建着色器程序
11      ctx.shaderSource(shader, shaderScript.text);       //加载着色器脚本
12      ctx.compileShader(shader);                         //编译着色器
13      var compiled = ctx.getShaderParameter(shader, ctx.COMPILE_STATUS);//检查编译状态
14      if (!compiled && !ctx.isContextLost()){            //若编译出错
15          var error = ctx.getShaderInfoLog(shader);      //获取错误信息
16          log("*** Error compiling shader '"+shaderId+"':"+error);//打印错误信息
17          ctx.deleteShader(shader);                      //删除着色器程序
18          return null;                                   //返回空
19      }
20      return shader;                                     //返回着色器程序
21  }
22  function loadShaderSerial(gl, vshader, fshader){       //加载链接顶点、片元着色器的方法
23      var vertexShader = loadSingleShader(gl, vshader);     //加载顶点着色器
24      var fragmentShader = loadSingleShader(gl, fshader);   //加载片元着色器
25      var program = gl.createProgram();                     //创建着色器程序
26      gl.attachShader (program, vertexShader);    //将顶点着色器添加到着色器程序中
27      gl.attachShader (program, fragmentShader);  //将片元着色器添加到着色器程序中
28      gl.linkProgram(program);                    //链接着色器程序
29      var linked = gl.getProgramParameter(program, gl.LINK_STATUS);//检查链接是否成功
30      if (!linked && !gl.isContextLost()){        //若链接不成功
31          var error = gl.getProgramInfoLog (program);       //获取错误信息
32          log("Error in program linking:"+error);           //打印错误信息
33          gl.deleteProgram(program);                        //删除着色器程序
34          gl.deleteProgram(fragmentShader);                 //删除片元着色器
35          gl.deleteProgram(vertexShader);                   //删除顶点着色器
36          return null;                                      //返回空
37      }
38      return program;                                       //返回着色器程序
39  }
```

- 第 1-21 行为加载并编译单个着色器的 loadSingleShader 函数，其中根据类型的不同创建着色器程序，并将着色器脚本加载，然后进行编译。若编译成功则返回编译后的单个着色器，否则输出错误信息并返回空。
- 第 22-39 行为加载并链接顶点与片元着色器的 loadShaderSerial 函数，其中首先调用 loadSingleShader 函数加载并编译顶点与片元着色器，然后创建一个着色器程序，将顶点与片元着色器添加到其中，并进行链接。若链接成功则返回链接后的着色器程序，否则输出错误信息并返回空。

> **提示** 从上述代码中可以看出，加载并编译、链接着色器程序的套路与前面案例中的如出一辙，仅仅是使用的开发语言不同而已，这也正说明了 OpenGL ES 在不同平台上的通用性。

（7）开发完了初始化 WebGL Canvas 及加载着色器的工具方法后，还需开发在前面章节中经

常使用的 MatrixState 工具类，其具体代码如下。

代码位置：见本书随书中源代码/第 15 章/Sample15_1/js 目录下的 MatrixState.js 文件。

```
1   function MatrixState(){
2       this.mProjMatrix = new Array(16);              //投影矩阵
3       this.mVMatrix = new Array(16);                 //摄像机矩阵
4       this.currMatrix=new Array(16);                 //基本变换矩阵
5       this.mStack=new Array(100);                    //矩阵栈
6       this.setInitStack=function(){                  //初始化矩阵的方法
7           this.currMatrix=new Array(16);             //创建用于存储矩阵元素的数组
8           setIdentityM(this.currMatrix,0);           //将元素填充为单位阵的元素值
9       }
10      this.pushMatrix=function(){                    //保护变换矩阵，当前矩阵入栈
11          this.mStack.push(this.currMatrix.slice(0));
12      }
13      this.popMatrix=function(){                     //恢复变换矩阵，当前矩阵出栈
14          this.currMatrix=this.mStack.pop();
15      }
16      this.translate=function(x,y,z){                //平移变换
17          translateM(this.currMatrix, 0, x, y, z);   //将平移变换记录进矩阵
18      }
19      this.rotate=function(angle,x,y,z)    {         //旋转变换
20          rotateM(this.currMatrix,0,angle,x,y,z);    //将旋转变换记录进矩阵
21      }
22      ……//此处省略了部分方法，读者可参见随书中的源代码
23  }
```

- 第 2-5 行为投影矩阵、摄像机矩阵、基本变换矩阵及矩阵栈的声明。
- 第 6-21 行为初始化矩阵、保护变换矩阵、恢复变换矩阵及执行平移与旋转变换的方法，这些方法均与前面章节中介绍过的 MatrixState 工具类中同名方法的作用完全一致。

> **提示**　细心的读者可以发现，本 MatrixState 工具类与前面章节中用 Java 开发的 MatrixState 类是极其相似，因此，在上面的代码中省略了对投影矩阵、摄像机矩阵及变换矩阵操作的一些方法，需要的读者可以参考随书中的源代码。

（8）上述工作都完成后，需要开发的便是呈现 3D 场景的 WebGL 网页了，其具体代码如下。

代码位置：见本书随书中源代码/第 15 章/Sample15_1 目录下的 ObjSimple.htm 文件。

```
<html>
    <head>
        <meta http-equiv="Content-Type" content="text/html; charset=utf-8" />
        <title>Spinning WebGL Box</title>
        <script type="text/javascript" src="js/Matrix.js"></script>
        ……//此处省略了导入其他 JavaScript 脚本文件的代码，读者可自行查阅随书
        <script>
            var gl;                                         //GL上下文
            var ms=new MatrixState();                       //变换矩阵管理类对象
            var ooTri;                                      //要绘制的 3D 物体
            var shaderProgArray=new Array();                //着色器程序列表，集中管理
            function start(){                               //初始化的方法
                gl = initWebGLCanvas("bncanvas");           //获取 GL 上下文
                if (!gl){                                   //若获取 GL 上下文失败
                    alert("创建 GLES 上下文失败!");//显示错误提示信息
                    return;
                }
                var canvas = document.getElementById('bncanvas');//获取 3D Canvas
                gl.viewport(0, 0, canvas.width, canvas.height);//设置视口
                gl.clearColor(0.0,0.0,0.0,1.0); //设置屏幕背景色 RGBA
                ms.setInitStack();                          //初始化变换矩阵
                ms.setCamera(0,0,15,0,0,-1,0,1,0);          //设置摄像机
                ms.setProjectFrustum(-1.5,1.5,-1,1,1,100);      //设置投影参数
                loadShaderFile("shader/shader.bns",0);      //加载着色器程序
                loadObjFile("obj/ch.obj",0);                //创建绘制用的物体
```

```
26              currentAngle = 0;                          //初始化旋转角度
27              incAngle = 0.5;                            //初始化角度步进值
28              gl.enable(gl.DEPTH_TEST);                  //开启深度检测
29              setInterval("drawFrame();",1);             //定时绘制画面
30          }
31          function drawFrame(){                          //绘制一帧画面的方法
32              if(!ooTri){
33                  alert("加载未完成！");                   //提示信息
34                  return;
35              }
36              gl.clear(gl.COLOR_BUFFER_BIT               //清除颜色缓冲与深度缓冲
37                  |gl.DEPTH_BUFFER_BIT);
38              ms.pushMatrix();                           //保护现场
39              ms.translate(0,0,-20);                     //执行平移
40              ms.rotate(currentAngle,0,1,0);             //执行旋转
41              ooTri.drawSelf(ms);                        //绘制物体
42              ms.popMatrix();                            //恢复现场
43              ……//此处省略了其余两个茶壶的绘制代码，读者可自行查阅随书
44              currentAngle += incAngle;                  //修改旋转角度
45              if (currentAngle > 360)currentAngle -= 360;//保证角度范围不超过 360
46          }
47      </script>
48  </head>
49  <body onload="start();">
50      <canvas height="800" width="1400" id="bncanvas">
51          若看到这个文字，说明浏览器不支持 WebGL！
52      </canvas>
53  </body>
54  </html>
```

- 第 8-11 行声明了几个全局变量，这些全局变量在后面程序的运行中会不时使用。
- 第 12-30 行为进行整体初始化的 start 函数，其中首先初始化 GL 上下文，若初始化失败，则弹出错误对话框并返回。然后是设置视口尺寸、设置背景色、设置摄像机和投影参数等，接着是加载着色器程序、创建绘制用的物体对象，最后定时调用 drawFrame 方法以定时绘制场景画面。
- 第 31-46 行为绘制一帧画面的 drawFrame 函数。其中首先判断是否已经成功创建了绘制用物体对象，若还没有创建成功则显示提示信息，若成功则进行相应的绘制工作。

> **提示** 从上述代码中可以看出，WebGL 中进行初始化以及绘制工作的代码套路与前面其他章节案例中的完全相同，只是开发用语言不同而已。因此，掌握了前面章节知识的读者上手是很容易的。

（9）最后介绍的是本节案例中所用的着色器，具体代码如下。

代码位置：见本书随书中源代码/第 15 章/Sample15_1/shader 目录下的 shader.bns 文件。

```
uniform mat4 uMVPMatrix;                       //总变换矩阵
attribute vec4 aPosition;                      //接收从渲染管线传过来的顶点位置
varying vec3 vPosition;                        //用于传递给片元着色器的顶点位置
void main(){
    gl_Position = uMVPMatrix * aPosition;      //根据总变换矩阵计算此次绘制此顶点位置
    vPosition=aPosition.xyz;                   //将顶点的原始位置传递给片元着色器
}

<#BREAK_BN#>

precision mediump float;                       //设置默认浮点精度
varying vec3 vPosition;                        //接收从顶点着色器传过来的顶点位置
void main(){
    vec4 bColor=vec4(0.678,0.231,0.129,1.0);   //砖块的颜色
    vec4 mColor=vec4(0.763,0.657,0.614,1.0);   //间隔的颜色
    float y=vPosition.y;                       //提取顶点的 y 坐标值
    y=mod((y+100.0)*4.0,4.0);                  //折算出区间值
    if(y>1.8){                                 //当区间值大于指定值时
        gl_FragColor = bColor;                 //给此片元颜色值
```

```
20        }else{                                  //当区间值不大于指定值时
21            gl_FragColor = mColor;              //给此片元颜色值
22    }}
```

❑ 第 1-7 行为 OpenGL ES 2.0 版本的顶点着色器程序。其中的 attribute 变量相当于 OpenGL ES 3.0 版本中顶点着色器里面的 in 变量，varying 变量则相当于 OpenGL ES 3.0 版本中顶点着色器里面的 out 变量。

❑ 第 11-22 行为 OpenGL ES 2.0 版本的片元着色程序。其中的 varying 变量相当于 OpenGL ES 3.0 版本中片元着色器里面的 in 变量。其中的 gl_FragColor 为片元着色器的内建变量，表示输出到管线的片元最终颜色，此内建变量在 OpenGL ES 3.0 中没有，需要自己声明 out vec4 类型的变量来实现。

提示 本着色器的代码与本书前面章节案例中的基本类似，只不过前面的案例是基于 OpenGL ES 3.0 开发的，而本案例是基于 OpenGL ES 2.0 开发的，没有声明着色器语言版本的“#version 300 es”语句，同时还有一些语法变化。另外，为了加载方便，笔者将顶点着色器片元着色器的代码放到了一个源文件中，之间用“<#BREAK_BN#>”分隔符分隔。

至此第一个 WebGL 应用案例就开发完成了，从上述内容中读者可以体会到如下 3 点。

❑ 由于 WebGL 是 Web 应用的分支，因此，需要采用 JavaScript 语言进行开发。JavaScript 语言的语法与本书前面章节使用的 Java、C、C++等类 C 系语言的语法不相同。

❑ 虽然采用语言的语法有较大差异，但开发的基本套路与本书前面章节案例所采用的完全一致，没有太多新知识。因此，将前面章节的案例移植到 WebGL 平台是非常简单的。

❑ 采用着色语言开发的着色器与平台无关，在所有平台上完全通用，可以说这部分是零成本移植。

15.3 加入光照效果的 WebGL 案例

上一节给出了一个简单的 WebGL 应用程序，本节将对上一节开发的案例进行升级，即在 WebGL 渲染的场景中加入光照效果。本节案例 Sample15_2 的运行效果如图 15-8 所示。

▲图 15-8　案例运行效果

从图 15-8 中可以看出，本节的案例由于加入了光照，因此，渲染的效果比上一节案例有了显著提高。下面将对该案例中与上一节案例有较大不同的地方进行介绍，具体内容如下

（1）由于本案例中加入了光照，所以在 LoadObjUtil.js 脚本中增加了从 obj 文件中读取物体法向量数据的代码，具体内容如下。

代码位置：见本书随书中源代码/第 15 章/Sample15_2/js 目录下的 LoadObjUtil.js 文件。

```
1    function ObjectData(vertexCountIn,verticesIn,normalsIn){ //声明数据类 ObjectData
2         this.vertexCount=vertexCountIn;                  //初始化顶点数量成员
3         this.vertices=verticesIn;                        //初始化顶点坐标数据成员
4         this.normals=normalsIn;                          //初始化顶点法向量数据成员
5    }
6    function fromObjStrToObjectData(objStr){              //解析 obj 文本内容的函数
7         var alv=new Array();                             //原始顶点坐标列表
8         var alvResult=[];                                //结果顶点坐标列表--按面组织好
9         var aln=new Array();                             //原始法向量列表
10        var alnResult=[];                                //结果顶点法向量列表--按面组织好
11        var lines = objStr.split("\n");                  //将 obj 中的文本以换行符为分隔符切分
12        for (var lineIndex in lines){                    //遍历每一行文本
13             ……//此处省略的代码与前面案例中的类似，需要的读者请参考随书
14             else if (array[0] == "vn"){                 //判断是否为顶点法向量信息行
15                  aln.push(parseFloat(array[1]));
                   //获取顶点法向量 X 分量值并存入原始顶点法向量列表
16                  aln.push(parseFloat(array[2]));
                   //获取顶点法向量 Y 分量值并存入原始顶点法向量列表
17                  aln.push(parseFloat(array[3]));
                   //获取顶点法向量 Z 分量值并存入原始顶点法向量列表
18             }else if (array[0] == "f"){                //判断是否为组装三角形面的信息行
19                  if (array.length != 4)                //若数据数量不对
20                       alert("array.length != 4"); //出错提示信息
21                       continue;                        //舍弃此行
22                  }
23                  for (var i = 1; i < 4; ++i){          //遍历此行的 3 个顶点元素
24                       var tempArray=array[i].split("/"); //将每个顶点元素用 "/" 切分
25                       var vIndex=tempArray[0]-1;       //获取顶点坐标索引值
26                       var nIndex=tempArray[2]-1;       //获取顶点法向量索引值
27                       alvResult.push(alv[vIndex*3+0]);
                        //将对应索引顶点的 x 坐标存入结果顶点坐标列表
28                       alvResult.push(alv[vIndex*3+1]);
                        //将对应索引顶点的 y 坐标存入结果顶点坐标列表
29                       alvResult.push(alv[vIndex*3+2]);
                        //将对应索引顶点的 z 坐标存入结果顶点坐标列表
30                       alnResult.push(aln[nIndex*3+0]);
                        //将对应索引法向量的 X 分量存入结果法向量列表
31                       alnResult.push(aln[nIndex*3+1]);
                        //将对应索引法向量的 Y 分量存入结果法向量列表
32                       alnResult.push(aln[nIndex*3+2]);
                        //将对应索引法向量的 Z 分量存入结果法向量列表
33        }}}
34        return new ObjectData(alvResult.length/3,alvResult,alnResult);
                                                  //返回数据类 ObjectData 的对象
35   }
```

❑ 第 14-17 行增加了处理“vn”打头的法向量信息行的代码，从其中读取各个法向量的信息，并存入原始顶点法向量列表。

❑ 第 30-32 行增加了根据面组装信息将每个三角形面中 3 个顶点的法向量组织存入结果法向量列表的相关代码。

（2）接下来介绍的是声明 ObjObject 类的 JavaScript 脚本——ObjObject.js，其能根据（1）中获得的模型顶点数据绘制相应的 3D 模型，具体代码如下。

代码位置：见本书随书中源代码/第 15 章/Sample15_2/js 目录下的 ObjObject.js 文件。

```
function ObjObject (                                      //加载用于绘制的 3D 物体
          gl,                                             //GL上下文
          vertexDataIn,                                   //顶点坐标数组
          vertexNormalIn,                                 //顶点法向量数组
          programIn                                       //着色器程序 id
){
     ......//此处省略了与前面案例相同的代码，需要的读者请自行查阅随书
     this.vertexNormal=vertexNormalIn;                    //初始化顶点法向量数据
     this.vertexNormalBuffer=gl.createBuffer();           //创建顶点法向量数据缓冲
     gl.bindBuffer(gl.ARRAY_BUFFER,this.vertexNormalBuffer);//绑定顶点法向量数据缓冲
     //将顶点法向量数据送入缓冲
```

```
    gl.bufferData(gl.ARRAY_BUFFER,new Float32Array(this.vertexNormal),gl.STATIC_DRAW);
  this.program=programIn;                                    //初始化着色器程序 id
  this.drawSelf=function(ms){                                //绘制 3D 物体的方法
      gl.useProgram(this.program);                           //指定使用某套着色器程序
      ……///此处省略了与前面案例相同的代码，需要的读者请自行查阅随书
      //获取基本变换矩阵引用，并将基本变换矩阵数据传入渲染管线
      var uMMatrixHandle=gl.getUniformLocation(this.program, "uMMatrix");
      gl.uniformMatrix4fv(uMMatrixHandle,false,new Float32Array(ms.currMatrix));
      //获取光源位置引用，并将光源位置数据传入渲染管线
      var uLightLocationHandle=gl.getUniformLocation(this.program, "uLightLocation");
      gl.uniform3fv(uLightLocationHandle,new Float32Array([-20,25,15]));
      //获取摄像机位置引用，并将摄像机位置数据传入渲染管线
      var uCameraHandle=gl.getUniformLocation(this.program, "uCamera");
      gl.uniform3fv(uCameraHandle,new Float32Array([0,0,15]));
      ……//此处省略了与前面案例相同的代码，需要的读者请自行查阅随书
      gl.enableVertexAttribArray(                            //启用顶点法向量数据数组
          gl.getAttribLocation(this.program, "aNormal"));
      gl.bindBuffer(gl.ARRAY_BUFFER, this.vertexNormalBuffer);
                                                             //绑定顶点法向量数据缓冲
      gl.vertexAttribPointer(gl.getAttribLocation(this.program, "aNormal"), 3,
              gl.FLOAT, false, 0, 0);                        //给管线指定顶点法向量数据
      gl.drawArrays(gl.TRIANGLES, 0, this.vcount);           //用顶点法绘制物体
}}
```

说明 从上述代码中可以看出，最大的变化就是增加了接收顶点法向量数据，并将其送入缓冲以及在绘制时使用法向量数据的相关代码。同时还增加了将基本变换矩阵、光源位置、摄像机位置等送入渲染管线的代码。其采用的套路与本书前面光照章节中基于 Java 开发的相关案例并无本质区别，请读者联系前面的相关章节进行学习，以达到加深理解的目的。

（3）本案例将上一节案例中采用的条纹着色器换成了光照着色器。接下来将介绍光照着色器中顶点着色器程序的开发，其具体代码如下。

代码位置：见本书随书中源代码/第 15 章/Sample15_2/shader 目录下的 shader.bns 文件。

```
uniform mat4 uMVPMatrix;                              //总变换矩阵
uniform mat4 uMMatrix;                                //变换矩阵
uniform vec3 uLightLocation;                          //光源位置
uniform vec3 uCamera;                                 //摄像机位置
attribute vec3 aPosition;                             //顶点位置
attribute vec3 aNormal;                               //顶点法向量
varying vec4 ambient;                                 //给出片元着色器的环境光强度
varying vec4 diffuse;                                 //给出片元着色器的散射光强度
varying vec4 specular;                                //给出片元着色器的镜面光强度
void pointLight(                                      //定位光光照计算的方法
      in vec3 normal,                                 //法向量
      inout vec4 ambient,                             //环境光最终强度
      inout vec4 diffuse,                             //散射光最终强度
      inout vec4 specular,                            //镜面光最终强度
      in vec3 lightLocation,                          //光源位置
      in vec4 lightAmbient,                           //环境光强度
      in vec4 lightDiffuse,                           //散射光强度
      in vec4 lightSpecular                           //镜面光强度
){
   ambient=lightAmbient;                              //直接得出环境光的最终强度
   vec3 normalTarget=aPosition+normal;                //计算变换后的法向量
   vec3 newNormal=(uMMatrix*vec4(normalTarget,1)).xyz-(uMMatrix*vec4(aPosition,
   1)).xyz;
   newNormal=normalize(newNormal);                    //对法向量规格化
   vec3 eye= normalize(uCamera-(uMMatrix*vec4(aPosition,1)).xyz);
   vec3 vp= normalize(lightLocation-(uMMatrix*vec4(aPosition,1)).xyz);
   vp=normalize(vp);                                  //格式化 vp
   vec3 halfVector=normalize(vp+eye);                 //求视线与光线的半向量
   float shininess=50.0;                              //粗糙度，越小越光滑
```

```
29        float nDotViewPosition=max(0.0,dot(newNormal,vp));
          //求法向量与 vp 的点积与 0 的最大值
30        diffuse=lightDiffuse*nDotViewPosition;      //计算散射光的最终强度
31        float nDotViewHalfVector=dot(newNormal,halfVector);//法线与半向量的点积
32        float powerFactor=max(0.0,pow(nDotViewHalfVector,shininess)); //镜面反射光强度因子
33        specular=lightSpecular*powerFactor;     //计算镜面光的最终强度
34    }
35    void main(){
36        gl_Position = uMVPMatrix * vec4(aPosition,1);//根据总变换矩阵计算此次绘制此顶点位置
37        vec4 ambientTemp, diffuseTemp, specularTemp;//存放环境光、散射光、镜面反射光的临时变量
38        pointLight(normalize(aNormal),ambientTemp,diffuseTemp,specularTemp,
          uLightLocation,vec4(0.1,0.1,0.1,1.0),vec4(0.7,0.7,0.7,1.0),vec4 (0.3,0.3,0.3,1.0));
39
40        ambient=ambientTemp;                                //将环境光最终强度传入片元着色器程序
41        diffuse=diffuseTemp;                                //将散射光最终强度传入片元着色器程序
42        specular=specularTemp;                              //将镜面光最终强度传入片元着色器程序
43    }
```

❑ 第 1-9 行为顶点着色器程序变量的声明，其中包括总变换矩阵、基本变换矩阵、光源位置，以及摄像机位置等自管线传入的一致变量，顶点位置与顶点法向量属性变量，以及需要传递给片元着色器程序的 3 个光照通道的最终强度值等变量。

❑ 第 10-34 行为进行定位光光照计算的 pointLight 方法，这个方法相信读者已经不再陌生，根据摄像机位置、光源位置，以及当前顶点法向量分别计算出散射光与镜面光等最终强度值并返回。

❑ 第 35-43 行为主函数，首先根据总变换矩阵计算出此次绘制的顶点位置和环境光、散射光、镜面光的最终强度，然后将所得数据传入片元着色器程序。

（4）完成了顶点着色器程序的开发后，接下来将对片元着色器程序进行介绍。其传入的变量主要为顶点着色器程序传递过来的环境光、散射光和镜面光强度值，具体代码如下。

代码位置：见本书随书中源代码/第 15 章/Sample15_2/shader 目录下的 shader.bns 文件。

```
precision mediump float;                   //设置默认浮点精度
varying vec4 ambient;                      //从顶点着色器程序接收的环境光最终强度
varying vec4 diffuse;                      //从顶点着色器程序接收的散射光最终强度
varying vec4 specular;                     //从顶点着色器程序接收的镜面光最终强度
void main(){
     vec4 finalColor=vec4(0.81,0.435,0.435,1.0);      //此片元的原始颜色值
     gl_FragColor = finalColor*ambient+finalColor*specular+finalColor*diffuse;
                                           //给此片元赋颜色值
}
```

说明　该片元着色器程序的主要作用为，根据从顶点着色器程序传递过来的光照强度 ambient、diffuse、specular 以及片元的原始颜色值计算出片元的最终颜色值，每个片元执行一次。

从上述代码中可以看出，本节案例着色器的代码与本书前面章节案例中的基本类似，只不过前面的案例是基于 OpenGL ES 3.0 开发的，而本节案例是基于 OpenGL ES 2.0 开发的，没有声明着色器语言版本的“#version 300 es”语句，同时还有一些小的语法变化。这些小的变化对于掌握了前面知识的读者来说应该很好理解。

15.4 带有纹理贴图的 WebGL 案例

上一节的案例中加入了光照效果后，场景的真实感提高了不少。但现实世界的很多物体表面并不是纯色的，而是具有特定的花纹，这种情况需要使用纹理贴图技术来实现。本节将为读者介绍如何在 WebGL 中使用纹理贴图，具体内容如下。

15.4.1　一个简单的案例

首先本小节将在上一节案例的基础上进一步升级，给茶壶加上纹理贴图，升级后的案例 Sample15_3 运行效果如图 15-9 所示。

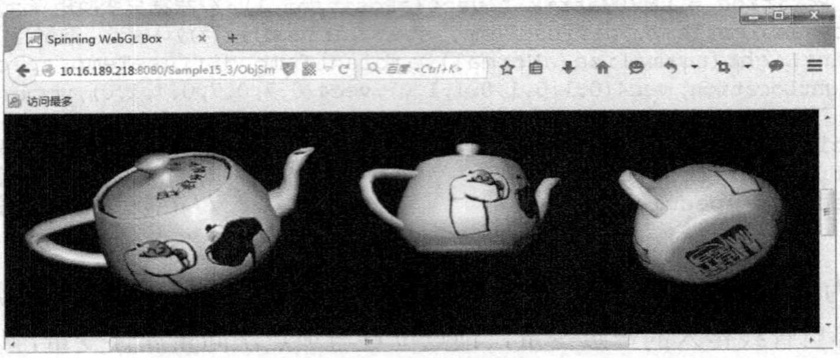

▲图 15-9　案例 Sample15_3 的运行效果

> **说明**　从图 15-9 中可以看出，本节的案例中由于加入了纹理贴图，因此，渲染的效果比上一节案例有了进一步的提高。

了解了本小节案例的运行效果后，下面就可以进行本小节案例的开发了。由于本案例中绝大部分代码与上一节案例中的相同，因此，这里仅给出不同的部分，主要包括 ObjObject.js 脚本中增加的代码、GLUtil.js 脚本中增加的加载纹理图的相关函数，以及案例中增加了一个 pic 文件夹等，其具体内容如下。

（1）首先介绍的是声明 ObjObject 类的 JavaScript 脚本——ObjObject.js，其具体代码如下。

代码位置：见本书随书中源代码/第 15 章/Sample15_3/js 目录下的 ObjObject.js 文件。

```
function ObjObject(                                   //声明绘制用物体对象所属类
    gl,                                               //GL上下文
    vertexDataIn,                                     //顶点坐标数据
    vertexNormalIn,                                   //顶点法向量数据
    vertexTexCoorIn,                                  //顶点纹理坐标数据
    programIn                                         //着色器程序 id
){
    ……//此处省略了与上一个案例相同的代码，读者可自行查看随书中的源代码
    this.vertexTexCoor=vertexTexCoorIn;                 //初始化顶点纹理坐标数据
    this.vertexTexCoorBuffer=gl.createBuffer();       //创建顶点纹理坐标数据缓冲
    gl.bindBuffer(gl.ARRAY_BUFFER,this.vertexTexCoorBuffer);//绑定顶点纹理坐标数据缓冲
    //将顶点纹理坐标数据送入缓冲
    gl.bufferData(gl.ARRAY_BUFFER,new Float32Array(this.vertexTexCoor),gl.STATIC_DRAW);
    this.program=programIn;                           //初始化着色器程序 id
    this.drawSelf=function(ms,texture){               //绘制物体的方法
        ……//此处省略了与上一个案例相同的代码，读者可自行查看随书的源代码
        //启用顶点纹理坐标数据数组
        gl.enableVertexAttribArray(gl.getAttribLocation(this.program,"aTexCoor"));
        gl.bindBuffer(gl.ARRAY_BUFFER, this.vertexTexCoorBuffer);
                                                      //绑定顶点纹理坐标数据缓冲
        //给管线指定顶点纹理坐标数据
        gl.vertexAttribPointer(gl.getAttribLocation(this.program,"aTexCoor"),
        2,gl.FLOAT,false,0,0);
        gl.bindTexture(gl.TEXTURE_2D, texture);                 //绑定纹理
        //指定采样器对应的纹理单元
        gl.uniform1i(gl.getUniformLocation(this.program, "sTexture"),0);
        gl.drawArrays(gl.TRIANGLES, 0, this.vcount);  //用顶点法绘制物体
}}
```

说明 从上述代码中可以看出，最大的变化就是增加了初始化顶点纹理坐标数据，并将其送入渲染管线的相关代码。同时还增加了指定采样器对应的纹理单元、绑定纹理的相关代码。其采用的套路与本书前面章节中基于 Java 开发的相关案例并无本质区别，请读者联系前面的相关章节进行学习，以达到加深理解的目的。

（2）了解了如何修改声明 ObjObject 类的 JavaScript 脚本——ObjObject.js 后，接下来将介绍的是加载纹理图的 loadImageTexture 函数和实际加载纹理的 doLoadImageTexture 函数，其中实际加载纹理的函数是在 loadImageTexture 函数中被调用的，具体代码如下。

代码位置：见本书随书中源代码/第 15 章/Sample15_3/js 目录下的 GLUtil.js 文件。

```
function loadImageTexture(gl, url){                            //加载纹理图的函数
    var texture = gl.createTexture();                          //创建纹理 id
    var image = new Image();                                   //创建图片对象
    image.onload = function(){                                 //回调加载纹理的方法
        doLoadImageTexture(gl,image,texture);                  //调用实际加载纹理的函数
    }
    image.src = url;                                           //指定纹理图的 URL
    return texture;                                            //返回纹理 id
}
function doLoadImageTexture(gl,image,texture){                 //实际加载纹理的函数
    gl.bindTexture(gl.TEXTURE_2D, texture);                    //绑定纹理
    //加载纹理进入显存
    gl.texImage2D(gl.TEXTURE_2D, 0, gl.RGBA, gl.RGBA, gl.UNSIGNED_BYTE, image);
    //设置 MAG 采样方式
    gl.texParameteri(gl.TEXTURE_2D, gl.TEXTURE_MAG_FILTER, gl.LINEAR);
    //设置 MIN 采样方式
    gl.texParameteri(gl.TEXTURE_2D,gl.TEXTURE_MIN_FILTER,gl.LINEAR);
    gl.texParameteri(gl.TEXTURE_2D,gl.TEXTURE_WRAP_S,gl.REPEAT);//设置 S 轴拉伸方式
    gl.texParameteri(gl.TEXTURE_2D,gl.TEXTURE_WRAP_T,gl.REPEAT); //设置 T 轴拉伸方式
    gl.bindTexture(gl.TEXTURE_2D, null);
}
```

说明 从上述代码中可以看出，其与前面章节中介绍过的用 Java 开发的加载纹理的方法所用套路完全一致，代码相似度极高。因此，读者应该很容易理解，这也进一步说明了 OpenGL ES 是跨平台的。

（3）修改完加载纹理的相关函数之后，下面就可以对用于解析 obj 文件文本内容以获取 3D 模型数据的 JavaScript 脚本——LoadObjUtil.js 进行修改了，具体代码如下。

```
……//此处省略了声明数据类 ObjectData 的代码，读者可自行查看随书中的源代码
function fromObjStrToObjectData(objStr){                   //解析 obj 文本内容的函数
    ……//此处省略了与上一个案例相同的代码，读者可自行查看随书中的源代码
    var alt=new Array();                     //原始顶点纹理坐标列表——直接从 obj 文件中加载
    var altResult=[];                        //结果顶点纹理坐标列表——按面组织好
    ……//此处省略了与上一个案例相同的代码，读者可自行查看随书中的源代码
    for (var lineIndex in lines){                          //遍历每一行文本
        ……//此处省略了与上一个案例相同的代码，读者可自行查看随书中的源代码
        else if (array[0] == "vt"){                        //判断是否为顶点纹理坐标信息行
            alt.push(parseFloat(array[1]));
             //获取顶点纹理 S 坐标并存入原始顶点纹理坐标列表
            alt.push(1.0-parseFloat(array[2]));
            //获取顶点纹理 T 坐标并存入原始顶点纹理坐标列表
        }
        ……//此处省略了与上一个案例相同的代码，读者可自行查看随书中的源代码
        else if (array[0] == "f"){                         //判断是否为组装三角形面的信息行
            ……//此处省略了与上一个案例相同的代码，读者可自行查看随书中的源代码
            for (var i = 1; i < 4; ++i){                   //遍历此行的 3 个顶点元素
                ……//此处省略了与上一个案例相同的代码，读者可自行查看随书中的源代码
                //将对应索引顶点纹理的 s 坐标存入结果顶点纹理坐标列表
                altResult.push(alt[tIndex*2+0]);
                //将对应索引顶点纹理的 T 坐标存入结果顶点纹理坐标列表
```

```
                altResult.push(alt[tIndex*2+1]);
                ……//此处省略了与上一个案例相同的代码，读者可自行查看随书的源代码
        }}}
        //返回数据类 ObjectData 的对象
        return new ObjectData(alvResult.length/3,alvResult,altResult,alnResult);
    }
```

> **说明**　从该段代码中可以看出，与上一个案例中 LoadObjUtil.js 脚本不同的是，在该脚本中增加了从 obj 文件中直接加载顶点纹理坐标数据的相关代码。同时该段代码与上一个案例中加载顶点法向量的代码类似，读者应该很容易理解。

（4）还有一处的代码修改就是案例中的 ObjSmoothLightTex.htm 页面文件，在其中的 start 方法中增加了加载纹理图的代码“chTex=loadImageTexture（gl, "pic/ghxp.png"）”。

（5）同时，本案例中还增加了一个 pic 文件夹，其用来存放本案例中茶壶的纹理图 ghxp.png。

（6）最后，本案例中的着色器代码相比于上一节的案例也进行了相应地修改，且修改比较简单，只是在顶点着色器程序中增加了顶点纹理坐标变量，以及将该坐标传递给片元着色器程序的相关代码，在片元着色器程序中增加了纹理采样的相关代码，具体内容如下。

代码位置：见本书随书中源代码/第 15 章/Sample15_3/ shader 目录下的 shader.bns 文件。

```
uniform mat4 uMVPMatrix;                           //总变换矩阵
……//此处省略了部分变量的声明，读者可自行查看随书中的源代码
attribute vec2 aTexCoor;                           //接收从渲染管线传过来的顶点纹理坐标
……//此处省略了部分用于传递给片元着色器程序的变量声明，读者可自行查看随书中的源代码
varying vec2 vTextureCoord;                        //用于传递给片元着色器程序的纹理坐标
……//此处省略了定位光光照计算的方法，读者可自行查看随书中的源代码
void main(){                                       //主函数
  gl_Position = uMVPMatrix * vec4(aPosition,1);    //根据总变换矩阵计算此次绘制此顶点位置
  ……//此处省略了与上一个案例相同的代码，读者可自行查看随书中的源代码
  vTextureCoord = aTexCoor;                        //将接收的纹理坐标传递给片元着色器程序
}

<#BREAK_BN#>

precision mediump float;                           //给出默认的浮点精度
uniform sampler2D sTexture;                        //纹理内容数据
……//此处省略了部分变量的声明，读者可自行查看随书的源代码
varying vec2 vTextureCoord;                        //接收从顶点着色器程序传过来的纹理坐标
void main(){                                       //主函数
   vec4 finalColor=texture2D(sTexture, vTextureCoord);//从纹理中采样出颜色值
   gl_FragColor=finalColor*ambient+finalColor*specular+finalColor*diffuse;
                                                   //给此片元赋颜色值
}
```

- 该段代码用“<#BREAK_BN#>”作为顶点着色器与片元着色器代码的分隔符，且在顶点着色器程序中添加了用于接收顶点纹理坐标的变量和用于传递给片元着色器程序的顶点纹理坐标变量，并在顶点着色器主函数中将接收的纹理坐标传递给片元着色器程序。
- 在片元着色器程序中添加了对应纹理内容数据的采样器变量和接收从顶点着色器程序传过来的纹理坐标变量，并在该片元着色器主函数中，通过纹理采样和光照强度相关值计算出最终的片元颜色值。

> **提示**　读者需注意的是，上述 WebGL 案例是基于 OpenGL ES 2.0 版本开发的，片元着色器程序中的纹理采样调用的是 texture2D 函数，相当于本书前面章节中基于 OpenGL ES 3.0 版本开发的片元着色器中的 texture 函数。

15.4.2 WebGL 版的地月系案例

本章前面给出的 3 个案例都是旋转茶壶的场景，这几个案例已经将 WebGL 开发的大部分基础内容都包括其中了，读者通过学习应该可以顺利地开发出其他所需的 3D 场景。其实真正掌握了 OpenGL ES 的开发以后，将前面介绍过的非 WebGL 平台的案例移植到 WebGL 平台是非常快捷的。

笔者基于前面给出的贴纹理的茶壶旋转场景案例，用了不到 30 分钟就开发了一个地月系场景的案例 Sample15_4，其运行效果如图 15-10 所示。

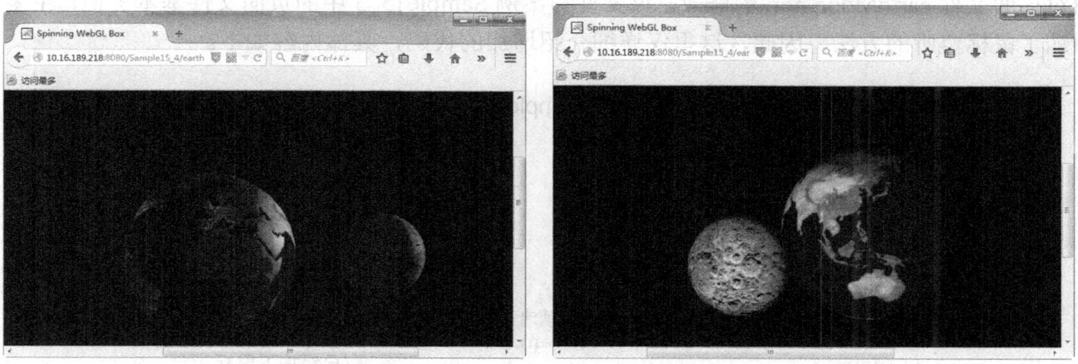

▲图 15-10　案例 Sample15_4 的运行效果

说明　从图 15-10 中可以看出，整个案例展示的是地月系场景。在该场景中，中间地球的纹理不是固定的，阳光照耀到的区域使用的是白天的纹理，没有照耀到的区域使用的是夜晚万家灯火的纹理，在白天和黑夜的边缘则是平滑过渡的。由于单色灰度印刷的原因，效果图可能看起来不是很清楚。请读者自行用真机运行观察。同时，本案例中的阳光方向是可以随着鼠标左右移动而变化的。

了解了本小节案例的运行效果后，下面就可以进行此案例的开发了。由于此案例中绝大部分代码与上一个案例类似，因此，这里仅给出较为不同的部分，其主要包括 ObjObject.js 脚本中增加的 drawSelfEarth 方法、earthMoon.htm 文件中增加的鼠标监听方法，以及地球着色器的修改等，具体内容如下。

提示　由于本章的篇幅有限，所以，本案例中的一些细微代码修改就不再详细介绍了，读者可自行查看随书中的源代码进行学习。

（1）首先介绍的是声明 ObjObject 类的 JavaScript 脚本——ObjObject.js 的修改，在该脚本中主要是增加了一个绘制 3D 地球的 drawSelfEarth 方法。由于该绘制方法中绝大部分代码与前一个案例中的绘制方法相同，因此，这里仅给出不同的部分，具体内容如下。

代码位置：见本书随书中源代码/第 15 章/Sample15_4/js 目录下的 ObjObject.js 文件。

```
this.drawSelfEarth=function(ms,texture0,texture1){          //地球的绘制方法
      gl.useProgram(this.program);                           //指定使用某套着色器程序
      ……//此处省略了与前一个案例类似的代码，读者可自行查看随书中的源代码
      gl.activeTexture(gl.TEXTURE0);                         //激活 0 号纹理单元
      gl.bindTexture(gl.TEXTURE_2D, texture0);               //绑定白天纹理
      gl.activeTexture(gl.TEXTURE1);                         //激活 1 号纹理单元
      gl.bindTexture(gl.TEXTURE_2D, texture1);               //绑定黑夜纹理
```

```
8          //指定白天纹理、黑夜纹理采样器对应的纹理单元
9          gl.uniform1i(gl.getUniformLocation(this.program, "sTexture"),0);
10         gl.uniform1i(gl.getUniformLocation(this.program, "sTextureNight"),1);
11         gl.drawArrays(gl.TRIANGLES, 0, this.vcount);              //用顶点法绘制物体
12 }
```

说明 该绘制方法中主要增加了第 4-10 行的代码，其中第 4-7 行代码功能为激活需要的纹理单元并绑定相应纹理，第 8-10 行是通过 uniform1i 方法给片元着色器程序中的两个 sampler2D 类型的变量指定各自对应的纹理单元。

（2）介绍完了对声明 ObjObject 类的 JavaScript 脚本——ObjObject.js 的修改后，接下来将介绍对页面文件 earthMoon.htm 的修改。该文件与案例 Sample15_3 中的页面文件基本类似，主要是增加了鼠标监听的方法，因此，这里仅详细介绍增加的代码，具体内容如下。

代码位置：见本书随书中源代码/第 15 章/Sample15_4 目录下的 earthMoon.htm 文件。

```
1     var mPreviousX;                                          //上次触控位置的 x 坐标
2     var mPreviousY;                                          //上次触控位置的 y 坐标
3     var down=false;                                          //是否按下鼠标标志位
4     var TOUCH_SCALE_FACTOR=180.0/320;                        //移动距离与角度转换比例因子
5     var yAngle=0;                                            //光源绕 y 轴旋转的角度
6     var xAngle=0;                                            //摄像机绕 x 轴旋转的角度
7     var sunx=100;                                            //光源的 x 坐标
8     var sunz=0;                                              //光源的 z 坐标
9     ……//此处省略了鼠标按下事件的处理方法，读者可自行查看随书中的源代码
10    document.onmousemove = function(event){                  //鼠标移动事件处理方法
11        if(down){                                            //已经按下鼠标
12            var moveX=event.pageX;                           //获取触控点 x 坐标
13            var moveY=event.pageY;                           //获取触控点 y 坐标
14            var dx = moveX- mPreviousX;                      //计算触控点 x 位移
15            yAngle += dx * TOUCH_SCALE_FACTOR;               //计算光源绕 y 轴旋转的角度
16            //触控点横向位移，光源绕 y 轴旋转
17            sunx=(Math.cos(0.017453*yAngle)*100);            //计算光源的 x 坐标
18            sunz=-(Math.sin(0.017453*yAngle)*100);           //计算光源的 z 坐标
19            var dy = moveY- mPreviousY;                      //计算触控点的 y 位移
20            xAngle += dy * TOUCH_SCALE_FACTOR;               //计算摄像机绕 x 轴旋转的角度
21            if(xAngle>90){
22                xAngle=90;                         //设置摄像机绕 x 轴旋转的角度为 90
23            }else if(xAngle<-90){
24                xAngle=-90;                        //设置摄像机绕 x 轴旋转的角度为-90
25            }
26            var cy=(50*Math.sin(0.017453*xAngle));           //计算摄像机的 y 坐标
27            var cz=(50*Math.cos(0.017453*xAngle));           //计算摄像机的 z 坐标
28            var upy= Math.cos(0.017453*xAngle);              //计算摄像机 UP 向量的 Y 分量
29            var upz=- Math.sin(0.017453*xAngle);             //计算摄像机 UP 向量的 Z 分量
30            ms.setCamera(0, cy, cz, 0, 0, 0, 0, upy, upz); //设置摄像机
31        }
32        mPreviousX=event.pageX;                              //记录此次触控点的 x 坐标
33        mPreviousY=event.pageY;                              //记录此次触控点的 y 坐标
34    }
35    ……//此处省略了鼠标抬起的方法，读者可自行查看随书中的源代码
```

- 第 1-8 行为成员变量的声明，包括记录上次鼠标触控点的 x、y 坐标，是否按下鼠标的标志位，光源绕 y 轴旋转的角度以及光源的 x、z 坐标等变量。
- 第 12-18 行功能为通过触控点横向位移来计算光源绕 y 轴旋转的角度，再根据该角度重新设置光源的 x、z 坐标值。
- 第 19-30 行功能为通过触控点纵向位移来计算摄像机绕 x 轴旋转的角度，再根据该角度重新计算摄像机的位置、UP 向量，最后根据计算结果设置摄像机参数。

（3）介绍完了对页面文件 earthMoon.htm 的修改后，下面将对地球着色器的修改进行介绍。由于该地球着色器的顶点着色器程序与前一个案例中的顶点着色器程序基本相同，因此，这里仅

对地球着色器的片元着色器程序进行介绍，其具体代码如下。

代码位置：见本书随书中源代码/第 15 章/Sample15_4/ shader 目录下的 shader.bns 文件。

```
precision mediump float;                          //给出默认的浮点精度
uniform sampler2D sTexture;                       //白天纹理的内容数据
uniform sampler2D sTextureNight;                  //夜晚纹理的内容数据
varying vec4 ambient;                             //从顶点着色器程序传递过来的环境光最终强度
varying vec4 diffuse;                             //从顶点着色器程序传递过来的散射光最终强度
varying vec4 specular;                            //从顶点着色器程序传递过来的镜面光最终强度
varying vec2 vTextureCoord;                       //从顶点着色器程序传递过来的纹理坐标
void main(){                                      //主函数
     vec4 finalColor=texture2D(sTexture, vTextureCoord);//从白天纹理图中采样
     finalColor = finalColor*ambient+finalColor*specular+finalColor*diffuse;
                                                  //计算白天光照结果颜色值
     vec4 finalColorNight = texture2D(sTextureNight, vTextureCoord);
                                                  //从夜晚纹理图中采样
     finalColorNight = finalColorNight*vec4(0.5,0.5,0.5,1.0); //计算夜晚结果颜色值
     if(diffuse.x>0.21){                          //当散射光分量大于 0.21 时
          gl_FragColor=finalColor;                //采用白天颜色值作为最终颜色
     }
     else if(diffuse.x<0.05){                     //当散射光分量小于 0.05 时
          gl_FragColor=finalColorNight;           //采用夜晚颜色值作为最终颜色
     }else{                 //当散射光分量大于 0.05 小于 0.21 时，为白天夜间颜色的过渡阶段
          float t=(diffuse.x-0.05)/0.16; //计算白天颜色应占过渡阶段的百分比
          gl_FragColor=t*finalColor+(1.0-t)*finalColorNight;//计算白天、夜晚加权后过渡阶段的颜色值
}}
```

说明 该片元着色器程序与上一个案例的片元着色器程序不同的是，该程序中传入了两张纹理图的内容数据，并且在主函数中进行了两次纹理采样，再根据散射光分量值的不同区间来决定是采用白天颜色、夜晚颜色还是加权颜色作为最终的片元颜色。

15.5 小结

本章主要分为 4 个部分，首先简要介绍了 WebGL，然后给出了几个不同的案例。通过本章的学习，读者应该对 WebGL 有了初步的了解，并对 OpenGL ES 跨平台、跨语言的特性有了更深的体会。

第 16 章　休闲类游戏——3D 可爱抓娃娃

大型游乐场中最受欢迎的夹娃娃机，总是让人不由得玩上几回，现在，在自己的手机里也可以享受到同样的游戏乐趣。

本章将介绍笔者自己开发的一个休闲类游戏——3D 可爱抓娃娃。该游戏模仿游乐场中的夹娃娃机，全触控操作，全 3D 精致画面完整重现大型机台。通过该游戏在 Android 手机平台下的设计与实现，使读者对 Android 平台下使用 OpenGL ES 3.0 渲染技术开发 3D 游戏的步骤有更加深入的了解，并学会基本的 3D 游戏的开发。

16.1 游戏的背景及功能概述

开发“3D 可爱抓娃娃”游戏之前，读者首先需要了解一下该 3D 游戏的开发背景和功能。本节将主要围绕该游戏的开发背景和游戏功能来进行简单介绍。希望通过笔者的介绍可以使读者对该 3D 游戏有一个整体、基本的了解，进而为之后的游戏开发做好准备。

16.1.1 背景描述

下面首先向读者介绍一些市面上比较流行的休闲类游戏，比如双人足球、末日越野车等，如图 16-1、图 16-2 所示为游戏中的截图。这两个游戏都为 3D 休闲类游戏。这两款游戏的玩法以及游戏内容虽然不同，但其都是非常容易上手的休闲类游戏，同时都具有很强的可玩性。

▲图 16-1　双人足球游戏截图

▲图 16-2　末日越野车游戏截图

在本章中，笔者将使用 OpenGL ES 3.0 渲染技术开发手机平台上的一款 3D 休闲类趣味小游戏。本游戏的玩法简单，画面精致，可以转动角度，对准目标精确出手，可以慢慢转动角度欣赏夹到的娃娃。同时，游戏中还增加了利用 OpenGL ES 3.0 渲染技术渲染的各种酷炫的特效，极大地丰富了游戏的视觉效果，增强了用户体验。

16.1.2 功能介绍

“3D 可爱抓娃娃”游戏主要包括资源加载界面、主界面、关于游戏界面、成绩总览界面、游戏教学界面、奖品收藏界面、游戏设定界面和游戏界面。接下来将对该游戏的部分界面以及运行效果进行简单介绍。具体步骤如下。

（1）运行该游戏，进入资源加载界面。该界面主要通过向前奔跑的小熊猫和其下方的进度条来显示游戏资源的加载过程，如图 16-3 所示。游戏资源加载完毕后，小熊猫停止奔跑，并进入游戏主界面。

（2）进入游戏主界面后，可以看到背景图上方有“3D 可爱抓娃娃”的图标，下面两侧则是选择按钮，左侧是成绩总览按钮、关于游戏按钮和退出游戏按钮，右侧是开始游戏按钮、游戏教学按钮、奖品收藏按钮和游戏设定按钮，如图 16-4 所示。

（3）游戏主界面内单击成绩总览按钮后，即可进入成绩总览界面，在成绩总览界面可看到玩家的总游戏次数、总获取数、总失败次数、获得奖品种类以及收集完成度等。如果单击了该界面的返回按钮，则返回到该游戏的主界面，如图 16-5 所示。

▲图 16–3　加载界面

▲图 16–4　主界面

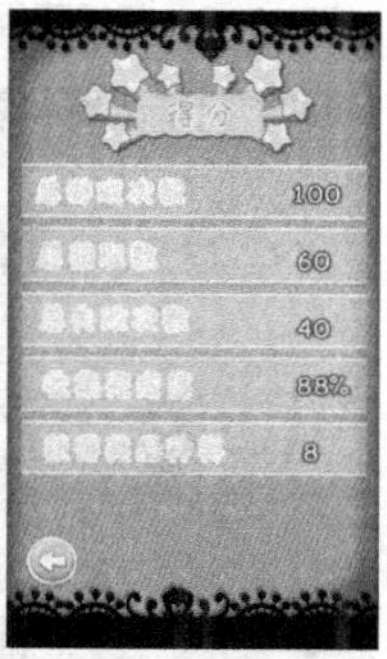

▲图 16–5　成绩总览界面

（4）单击主界面内的关于游戏按钮，即可进入关于游戏界面，该界面主要包括了本游戏的相关版权信息，如图 16-6 所示。单击主界面内的退出游戏按钮时，会出现提示“再按一次，退出游戏！”，再按一次，将会退出游戏，如图 16-7 所示。

▲图 16–6　关于游戏界面

▲图 16–7　退出游戏提示

（5）单击游戏教学按钮后，即可进入游戏教学界面，游戏界面内主要包括操作方式与选项、奖品收藏和奖品出售等，由于游戏教学界面内要介绍的内容比较多，可以通过手指左右滑动查看该游戏的全部需要注意的内容，如图 16-8、图 16-9、图 16-10 所示。如果单击游戏教学界面的返回按钮，则返回到本游戏的主界面。

（6）单击奖品收藏按钮后，即可进入奖品收藏界面，玩家可在该界面看到当前夹到的所有娃娃，如图 16-11 所示。在奖品收藏界面中间的娃娃是处于被锁定的状态的，玩家必须将周围的娃娃全部夹到，如图 16-12 示。

（7）单击奖品收藏界面中任一正在转动的娃娃，即可进入出售界面，在出售界面可看到当前娃娃所值金币，同时玩家可出售多余的娃娃用来换取金币，如图 16-13。

▲图 16-8　帮助界面 1

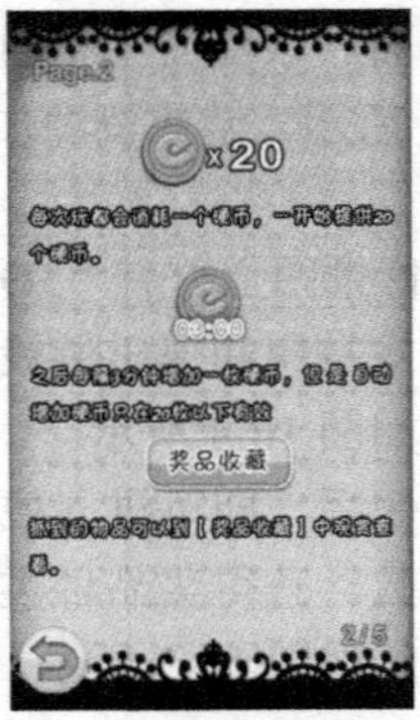
▲图 16-9　帮助界面 2

▲图 16-10　帮助界面 3

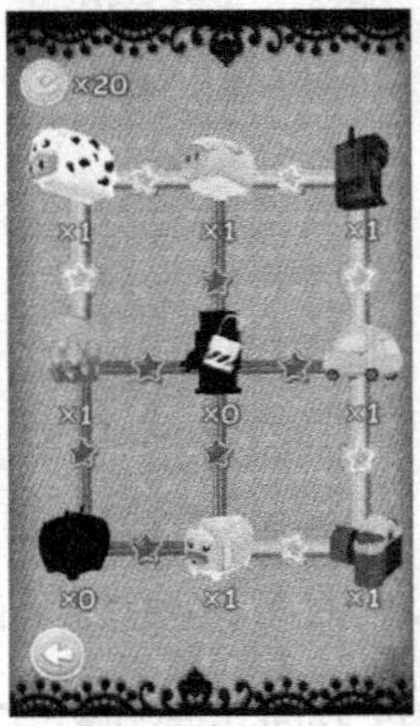
▲图 16-11　奖品收藏界面 1

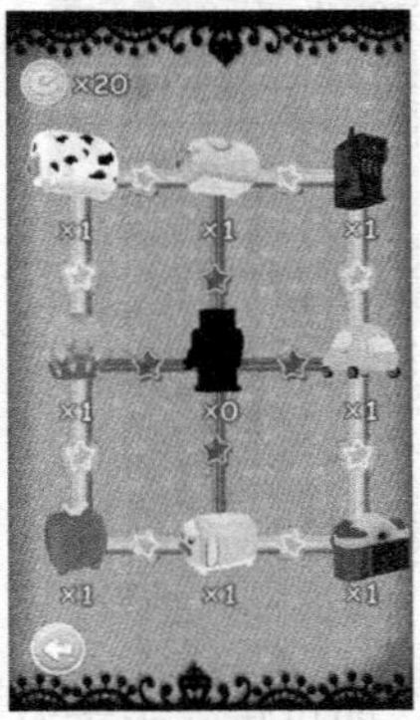
▲图 16-12　奖品收藏界面 2

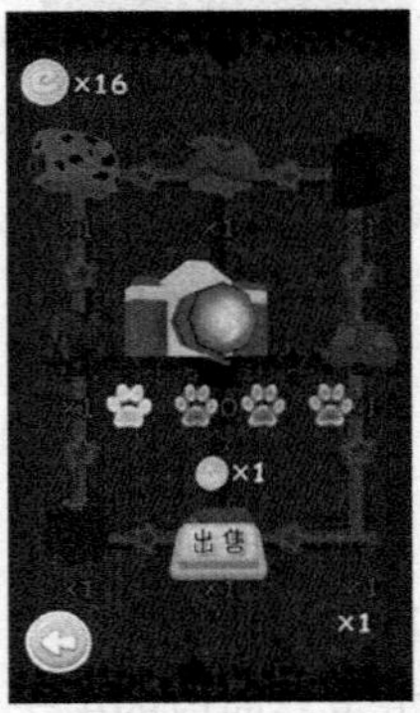
▲图 16-13　出售界面

（8）单击游戏主界面的游戏设定按钮，即可进入游戏设定界面，如图 16-14 所示。该界面主要包括本游戏的相关设置。单击音乐、音效按钮可以开关游戏中的音乐、音效，如图 16-15 所示。单击奖品收藏按钮，则进入奖品收藏界面。单击返回主菜单按钮或返回游戏按钮，则返回主界面。

（9）单击游戏主界面的开始游戏按钮，则进入游戏界面，如图 16-16 所示。单击刷新按钮，需要花费 3 个金币刷新当前机器里娃娃，如图 16-17 所示。单击开始按钮后，玩家即可通过转动角度，精准夹到自己喜欢的娃娃，如图 16-18 所示。

▲图 16-14　游戏设定界面 1

▲图 16-15　游戏设定界面 2

▲图 16-16　游戏界面

（10）在游戏界面成功夹到娃娃之后，则会出现成功界面，显示玩家当前抓到的娃娃以及该娃娃所值金币，如图 16-19 所示。

（11）单击游戏界面菜单按钮，即可进入游戏设定界面。单击返回游戏按钮，则返回游戏界面，这与从主界面进入游戏设定界面是不同的，如图 16-20 所示。

▲图16-17 刷新界面

▲图16-18 夹到娃娃截图

▲图16-19 成功夹到娃娃界面

▲图16-20 游戏界面中的设置界面

16.2 游戏的策划及准备工作

上一节中向读者介绍了本游戏的开发背景及其基本功能，对其有了一定了解之后，本节将着重向读者介绍在开发本游戏时的前期准备工作。主要包括游戏策划中的游戏类型定位、呈现技术、操作方式、音效设计等工作的确定和游戏开发中所需 3D 模型、着色器资源、图片资源、声音资源的准备工作。

16.2.1 游戏的策划

本小节是对游戏的策划这一准备工作的简单介绍。在实际的游戏开发过程中会涉及很多方面，而本游戏的策划主要包括对游戏类型定位、运行的目标平台、采用的呈现技术、操作方式和游戏中音效设计等工作的确定。下面将向读者一一介绍。

❑ 游戏类型定位

本游戏是一款用 OpenGL ES 3.0 渲染的 3D 手机游戏，属于休闲类游戏。资源加载结束后，就可以单击开始游戏按钮进入游戏界面，在游戏界面内花掉一个金币后，就可以前后左右移动机械手来选择并抓取娃娃,抓取到娃娃后将会出现庆祝界面，并在收藏界面记录抓取到的娃娃的类型与数量。

❑ 运行的目标平台

本游戏目标平台为 Android 4.3 或者更高的版本，同时手机必须有 GPU（显卡），因为使用 OpenGL ES 3.0 的绘制工作是在 GPU 上完成的。

❑ 采用的呈现技术

本游戏以 OpenGL ES 3.0 作为游戏呈现技术，同时添加了烟花粒子特效和声音特效，使得游戏更吸引玩家。游戏中的音效、烟花粒子特效极大地增加了游戏的真实感以及玩家的游戏体验。

❑ 操作方式

本游戏所有关于游戏的操作为触屏，操作简单，容易上手。玩家在主菜单界面中选择开始游戏，即可进入游戏界面进行游戏。通过手指单击前后左右来移动机械手，并可通过手指的滑动来改变摄像机的位置，来查看机械手的位置。

单击“夹”按钮，即可开始抓取娃娃，如果抓到娃娃会出现恭喜界面，并将抓取到的娃娃收藏，玩家也可以单击“刷新”按钮来更换一批新的娃娃。

❑ 音效设计

为了增加玩家的体验，本游戏根据游戏的效果添加了适当的音效，例如，单击功能按钮与返回按钮的音效、游戏时与非游戏时的背景音乐等。玩家可以打开菜单界面，在此界面中有背景音乐与单击按钮音效的开关，可控制音效是否开启。

16.2.2　手机平台下游戏的准备工作

上一小节向读者介绍了游戏的策划，本小节将向读者介绍在开发之前应做的一些准备工作，其中主要包括制作图片、搜集声音、制作 3D 模型以及设计着色器等，其具体步骤如下。

（1）首先为读者介绍的是本游戏中用到的图片资源，系统将所有图片资源都放在项目文件下的 assets 目录下的 pic 文件夹下，如表 16-1 所列。

表 16-1　　图片清单

图片名	大小（KB）	像素（w*h）	用　途	图片名	大小（KB）	像素（w*h）	用　途
Camera.png	16.7	256*256	摄像机的纹理图	button_back.png	7.52	64*64	返回按钮的图片
car.png	26.1	256*256	车的纹理图	Button_Catch.png	15.5	128*128	夹娃娃按钮的图片
catch.png	9.14	64*64	游戏界面按钮	Button_Config.png	19.3	256*128	游戏设定按钮的图片
catchbackground.png	95.9	512*256	恭喜艺术字	Button_ConfigDown.png	18.9	256*128	游戏设定按钮按下的图片
claw.png	3.3	256*256	机械手抓的纹理图	button_quit.png	20.4	256*128	退出游戏按钮的图片
config_collections.png	20.1	256*128	主菜单界面奖品收藏按钮	button_quit_Down.png	22	256*128	退出游戏按钮按下的图片
config_collectionsDown.png	20.4	256*128	主菜单界面奖品收藏按下按钮	button_score.png	20.7	256*128	成绩总览按钮的图片
doll0-1.png	83.1	256*256	猪的纹理图	button_score_Down.png	21.4	256*128	成绩总览按钮按下的图片
doll2.png	85.5	256*256	手机的纹理图	Button_Start.png	19.4	256*128	开始游戏按钮的图片
dollbox.png	261	512*512	抓娃娃机的纹理图	Button_StartDown.png	21.9	256*128	开始游戏按钮按下的图片
down.png	9.27	64*64	游戏界面向下按钮图	Button_Tutorail.png	18.7	256*128	游戏教学按钮的图片
dunId.png	327	512*512	机械手盒子的纹理图	Button_TutorailDown.png	19.2	256*128	游戏教学按钮按下的图片
fire.png	0.72	32*32	粒子系统的纹理图	MainView_Background.png	2990.3	1080*1920	主菜单界面背景图片
floor.jpg	31.3	128*128	场景中地面的纹理图	menu.png	10.8	128*64	游戏界面中菜单按钮图
Game_About.png	9.44	128*64	主菜单界面中关于游戏的按钮图	message.png	120	512*256	游戏界面中提示信息框的图片
Game_AboutDown.png	9.42	128*64	主菜单界面中关于游戏按下的按钮图	niu.png	30.1	256*256	白牛模型的纹理图
ganbox.png	23.5	128*128	机械手末端的箱子的纹理图	off.png	8.1	128*128	关的贴图
gan.png	20.0	256*256	机械手杆的纹理图	page0-4.png	800	512*1024	游戏教学界面图片
HB.png	2.81	64*64	装娃娃箱子的纹理图	parrot.png	37.5	256*256	鹦鹉模型的纹理图
hengtiao.png	11.6	256*64	收藏界面中横条图	robot.png	46.3	256*256	机器人模型的纹理图
hole.png	1405	1024*1024	场景模型的纹理图	salebackground.png	14.9	1080*1920	出售界面的背景图
holebox.png	2.83	64*64	装娃娃箱子的骨架模型的纹理图	score_background.png	779	512*1024	成绩总览界面的背景图
jb.png	8.95	64*64	金币的纹理图	sell.png	11.2	128*64	出售按钮图
load.png	177	512*512	加载动画图	sell_down.png	10.1	128*64	出售按钮按下图
MainGame_startDown.png	20.3	128*128	游戏界面开始游戏按钮按下的按钮图	set.png	126	256*512	游戏设定界面的背景图

续表

图片名	大小（KB）	像素（w*h）	用　途	图片名	大小（KB）	像素（w*h）	用　途
lu.png	2.75	256*8	动态路的图片	showscore.png	21.7	256*256	成功界面贴图
lu1.png	3.20	256*16	静态路的图片	shuaxin.png	22.3	128*128	游戏界面刷新按钮图
MainGame_start.png	20.3	128*128	游戏界面开始游戏按钮的按钮图	shuaxin_Down.png	14.0	128*64	游戏界面刷新按钮按下按钮图
lock.png	49.9	512*512	锁的图片	shutiao.png	11.8	64*256	竖条图片
%.png	15.2	128*128	%图片	stars.png	5.87	64*64	粒子特效 1 的星星图片
0-9.png	12.5	128*128	0-9 数字图片	stars2.png	1.05	32*32	粒子特效 2 的星星图片
aboutText.png	86.4	512*256	关于游戏艺术字	Tex_Money.png	8.95	64*64	游戏界面掉落的金币图
back.png	9.24	64*64	返回按钮图片	Tex_MoneyBox.png	20.1	128*128	游戏界面金币图片
background.png	794	512*1024	奖品收藏界面背景图	tod.png	9.19	64*64	游戏界面向前移动按钮图
backText.png	51.5	256*256	游戏名称艺术字	tol.png	9.24	64*64	游戏界面向左移动按钮图
Box1.png	60.8	512*128	金币箱子下半部图片	tor.png	9.22	64*64	游戏界面向右移动按钮图
Box2.png	24	512*32	金币箱子上半部图片	tou.png	9.25	64*64	游戏界面向后移动按钮图
tv.png	44.9	256*256	电视模型的纹理图	x.png	14.7	128*128	乘号的贴图
xing1.png	21.4	128*128	收藏界面显示价格图	xing2.png	19.2	128*128	收藏界面显示价钱图

（2）接下来介绍本游戏中需要用到的声音资源，笔者将声音资源复制在项目文件下的 res 目录下的 raw 文件夹中，其具体音效资源文件信息如表 16-2 所列。

表 16-2　　　　声音清单

声音文件名	大小（KB）	格式	用　途	声音文件名	大小（KB）	格式	用　途
back.mp3	2.14	mp3	返回按钮音效	click.mp3	10.4	mp3	单击按钮音效
dropmoney.mp3	69.7	mp3	掉落金币音效	game.mp3	604	mp3	游戏时背景音乐
nogame.mp3	686	mp3	不玩游戏时背景音乐				

（3）接下来介绍本游戏中需要用到的 3D 模型，笔者将模型资源复制在项目文件下的 assets 目录下的 model 文件夹中，其具体模型资源文件信息如表 16-3 所列。

表 16-3　　　　模型清单

模型文件名	大小（KB）	格式	用　途	模型文件名	大小（KB）	格式	用　途
a.obj	38.8	obj	机械手手指模型	camera.obj	30.4	obj	照相机模型
car.obj	22.0	obj	汽车模型	doll0.obj	21.7	obj	小猪模型 1
doll1.obj	16.8	obj	小猪模型 2	doll2.obj	14.2	obj	手机模型
dollbox.obj	16.7	obj	抓娃娃机模型	dun.obj	68.2	obj	机械手短臂模型
gan.obj	170	obj	机械手杆模型	ganbox.obj	1.48	obj	机械手箱子模型
HB.obj	6.79	obj	装娃娃箱子四周模型	hole.obj	2.13	obj	场景四周模型

续表

模型文件名	大小（KB）	格式	用 途	模型文件名	大小（KB）	格式	用 途
holebox.obj	3.88	obj	箱子骨架模型	MyGoldCoin.obj	5.83	obj	金币模型
niu.obj	13.4	obj	牛模型	parrot.obj	16.1	obj	鹦鹉模型
robot.obj	22.2	obj	机器人模型	tv.obj	31.2	obj	电视机模型

（4）最后来介绍本游戏中需要用到的着色器资源，笔者将着色器资源复制在项目文件下的 assets 目录下的 shader 文件夹中，其具体着色器资源文件信息如表 16-4 所列。

表 16-4 着色器清单

着色器文件名	大小（字节）	格式	用 途	着色器文件名	大小（字节）	格式	用 途
frag.sh	281	sh	绘制模型	vertex.sh	370	sh	绘制模型
frag_2d.sh	326	sh	绘制 2D 内容	vertex_2d.sh	407	sh	绘制 2D 内容
frag_load2d.sh	555	sh	绘制加载进度条	vertex_load2d.sh	460	sh	绘制加载进度条
frag_lz.sh	713	sh	绘制粒子系统	vertex_lz.sh	431	sh	绘制粒子系统
frag_spng.sh	551	sh	绘制星星	vertex_spng.sh	407	sh	绘制星星
holebox_frag.sh	513	sh	绘制抓娃娃箱子	holebox_vertex.sh	354	sh	绘制抓娃娃箱子

16.3 游戏的架构

上一节介绍了本游戏的策划和前期的准备工作，本节将对游戏“3D 可爱抓娃娃”的整体架构进行简单介绍，主要包括对各个类的简要介绍和游戏框架简介。希望通过对本节的学习，读者对本游戏的设计思路及架构会有一个整体的了解和把握，便于后面理解游戏的具体开发代码。

16.3.1 各个类的简要介绍

为了让读者能够更好地理解本游戏中各个类具体有什么作用，本小节将其简单地分成显示界面类、刚体封装类、辅助工具类、线程类、绘制相关类、粒子系统相关类和着色器 7 部分进行简单的功能介绍，而各个类的详细代码将在下面的章节中相继进行介绍。

1. 显示界面类

❑ 显示界面类 MySurfaceView

该类是本游戏的显示界面类。该类的主要作用是实现当前界面的触摸事件，以及进行当前界面的绘制工作、监听手机返回键，并对其进行相应的处理以及显示提示信息等，该类主要是对当前界面进行处理。同时该类是本游戏中非常重要的显示界面类。

❑ 加载界面类 LoadView

该类为本游戏的加载界面类。该类的主要作用是加载游戏中需要用到的所有图片资源、3D 模型以及初始化各个显示界面类。在该界面中，向前奔跑的小熊猫代表资源加载的进程，其走到尽头，即游戏资源加载完毕。这样就避免了游戏过程中因资源加载而浪费时间，使游戏画面更加流畅。

❑ 主界面 MainView

该类为本游戏的主界面类。在该界面中主要包括成绩总览按钮、关于游戏按钮、退出游戏按钮、开始游戏按钮、游戏教学按钮、奖品收藏按钮和游戏设定按钮等游戏选择按钮。单击相应按钮将进入相应界面，例如单击成绩总览按钮，将进入成绩总览界面。

- 成绩总览界面 ScoreView

该类为本游戏的成绩总览界面类。在该界面中主要包括玩家的总游戏次数、总获取数、总失败次数、获得奖品种类以及收集完成度等与成绩相关信息。

- 关于游戏界面 GameAboutView

该类为本游戏的关于游戏界面类。在该界面中主要包括了本游戏的相关版权信息。

- 游戏界面 GameView

该类为本游戏的游戏界面类，是本游戏核心界面类。通过单击主界面内的开始按钮进入游戏界面，该界面主要包括进行游戏的一系列按钮。首先单击开始按钮，玩家可通过左右滑动屏幕转动角度，通过上下左右按钮来调整机械手的位置，最后单击夹按钮，精准夹到自己喜欢的娃娃。

在游戏界面单击菜单按钮，即可进入游戏设定界面。从而对本游戏的背景音乐、音效进行设置，其中单击奖品收藏按钮可进入奖品收藏界面。在游戏界面单击刷新按钮，需要花费 3 个金币刷新当前机器里娃娃，从而完成各类娃娃的收集。

- 游戏教学界面 GameHelpView

该类为本游戏的游戏教学界面类，该界面主要介绍了游戏的操作方式与选项、奖品收藏和奖品出售等。由于内容稍微多一些，所以，读者可以通过手指向左或者向右滑动查看帮助界面的内容。该界面同样提供了返回按钮，可以直接返回到游戏的主界面，手机的返回键同样适用。

- 奖品收藏界面 CollectionView

该类为本游戏的奖品收藏界面类。该界面的主要作用是显示玩家夹到的所有娃娃。奖品收藏界面中间的娃娃是处于锁定的状态，玩家必须将周围的娃娃全部夹到才能解锁该娃娃。单击任一正在转动的娃娃，即可进入出售界面，玩家可出售多余的娃娃用来换取金币。

- 游戏设定界面 MenuView

该类为本游戏的游戏设定界面类。该界面主要包括本游戏的相关设置。单击音乐按钮可以开启或关闭背景音乐，单击音效按钮可以开启或关闭游戏中音效。单击奖品收藏按钮，则进入奖品收藏界面。

若在主界面单击游戏设定按钮进入游戏设定界面，单击返回主菜单按钮或返回游戏按钮，则返回主界面。若在游戏界面单击菜单按钮进入游戏设定界面，单击返回主菜单按钮，返回主界面；单击返回游戏按钮，则返回游戏界面。

2. 刚体加载类

- 收纳盒的刚体加载类 BoxRigidBody

该类为本游戏的收纳盒刚体加载类。该类主要作用是根据 3D 模型相关数据，创建单个碰撞体，然后设置变换起点，进行刚体组合，获取组合刚体的变换信息对象，将 3D 模型进行位置变换，最后绘制刚体以及模型。

- 机械手组合刚体加载类 Claw

该类为本游戏的机械手组合刚体加载类。该类的主要作用是组建机械手的组合刚体，设置刚体位置信息，通过铰链关节和六自由度关节将各个分散的组合刚体链接到一起。然后通过控制铰链关节转动速度以及驱动力控制机械手的闭合。

3. 辅助工具类

- 加载 obj 模型的工具类 LoadUtil

该类为从 obj 文件中加载携带顶点信息的物体，并自动计算每个顶点的平均法向量的工具类。该类主要是从存放在项目下的 obj 文件中读入物体的顶点坐标、纹理坐标并计算出其平均法向量，然后创建 LoadedObjectVertexNormalTexture 类的对象并返回。该类是实现加载 3D 物体的重要工具类。

❑ 着色器加载工具类 ShaderUtil

该类为每个用 OpenGL ES 3.0 渲染的游戏均用得到的着色器加载工具类。该类中主要包括创建 shaderProgram 程序、创建 shader、检查每一步操作是否有错误、用 IO 从 Assets 目录下读取文件 4 个方法。在适当的时候调用这些方法，即可加载不同的着色器，并应用到游戏中。

❑ 滑动关节辅助类 SliderHelper

该类封装了滑动关节的相关方法。主要包括初始化刚体，设置关节矩阵的方法 initWorld，添加刚体之间滑动关节的方法 addSliderConstraint，启用滑动关节马达、设置滑动关节线性运动的速度、设置滑动关节线性运动力大小的方法 slideUD 等。

❑ 刚体加载辅助类 RigidBodyHelper

该类封装了设置刚体相关参数的方法。主要包括创建刚体组合形状，创建刚体变换对象。初始化刚体变换起点，初始化刚体变换对象。设置刚体恢复系数以及摩擦力系数。最后将刚体添加到物理世界，若刚体不需要重力，则在将刚体添加到物理世界后，将刚体的重力设为零。最后将刚体返回。

❑ 其他辅助类

该游戏中不仅用到了上述工具辅助类，还用到了许多其他辅助类来帮助实现该游戏的各个功能。如实现主界面星星闪烁效果的 CLpng 类以及计算法向量的 Normal 类等。

4. 线程类

❑ 物理线程类 PhysicsThread

该类是本游戏的物理线程类。其主要的作用是不断地进行物理模拟，如果线程的帧速率过快，会让线程进行 5 毫秒的休息，之后则在本次物理模拟之后和下次物理模拟之前，进行删除过期刚体、及时更新场景并且向物理世界中添加新刚体的工作。

❑ 夹娃娃操作线程类 KeyThread

该类是本游戏的夹娃娃操作线程类。其主要作用是当玩家单击夹按钮的时候，开启本线程，机械手通过滑动关节下降到娃娃所在位置，机械手通过铰链关节控制进行闭合，将娃娃抓住之后机械手上升到一定的位置，然后平移到收纳盒的上方，机械手张开，将娃娃投入收纳盒内。

❑ 其他线程类

该游戏中不仅用到了上述线程类，还用到了许多其他线程类来辅助实现该游戏的各个功能。如实现当金币数量小于 20 时，金币数量随时间自动增长功能的 MoneyThread 类。实现主界面“3D 可爱抓娃娃”图标自动上下晃动的 Angle2DThread 类等一系列线程类。

5. 绘制相关类

❑ 自定义绘制矩形物体类 BN2DObject

该类封装了初始化矩形物体的顶点数据和纹理坐标数据的方法、初始化着色器的方法、绘制固定位置物体以及绘制平移物体 4 个方法。初始化数据方法里分为两种方式初始化纹理坐标数据，一种是整张纹理图的初始化，另一种是一张图分为若干张纹理图的初始化。

❑ 3D 模型绘制类 LoadedObjectVertexNormalTexture

该类封装了初始化顶点坐标与着色数据的方法、初始化着色器的方法、实现图形绘制的方法，以及初始化顶点数组对象等方法。初始化顶点数组对象主要是将顶点坐标数据以及顶点纹理坐标数据指定到相应的缓冲，最后绑定到系统默认的缓冲上以及系统默认的顶点数组对象。

6. 粒子系统相关类

粒子系统相关类包括常量类 ParticleDataConstant、绘制类 ParticleForDraw、代表单个粒子的 ParticleSingle 类以及粒子总控制类 ParticleSystem。这些类中将矩形物体的绘制与粒子的产生进行封装。通过对粒子最大生命周期、生命期步进、起始颜色、终止颜色、目标混合因子、初始位置和更新物理线程休息时间等属性的设置，并初始化顶点数据和纹理数据进行绘制，实现刷新界面和夹娃娃成功界面的绚丽特效。

7. 着色器

由于本游戏的画面绘制使用的是 OpenGL ES 3.0 渲染技术，所以需要着色器的开发，本游戏共提供了 6 套不同的着色器。着色器包括顶点着色器和片元着色器，在绘制画面前首先要加载着色器，加载完着色器的脚本内容并放进集合，根据绘制物体的不同来选择对应的着色器。

16.3.2 游戏框架简介

前面已经对该游戏中所用到的类进行了简单介绍，可能读者还没有理解游戏的架构以及游戏的运行过程。接下来本小节将从本游戏的整体架构上进行介绍，使读者对本游戏有更进一步的了解，首先给出的是游戏框架图，如图 16-21 所示。

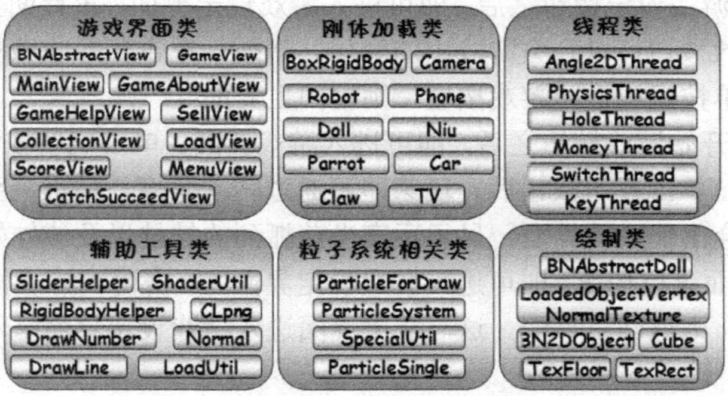

▲图 16-21 游戏框架图

> **说明** 图 16-21 中列出了“3D 可爱抓娃娃”游戏框架图，通过该图可以看出游戏主要由游戏界面、刚体封装类、线程类、绘制类及粒子系统相关类等构成，其各自功能后续将向读者详细介绍。

接下来按照程序运行的顺序逐步介绍各个类的作用以及整体的运行框架，使读者更好地掌握本游戏的开发步骤，其详细开发步骤如下。

（1）启动游戏，首先在 MainActivity 类中设置屏幕为全屏且为竖屏模式，然后初始化声音管理类 SoundManager 的对象，并且初始化主布景类 MySurfaceView 的对象，最后跳转到 MySurfaceView 类。

（2）进入 MySurfaceView 类，创建场景渲染器，在其场景渲染器内，进行各个界面的绘制，且需要重写 onSurfaceCreated 方法和 onSurfaceChanged 方法。

（3）接下来则进入游戏的资源加载界面，在该界面中，除了显示游戏的图标之外，作者用一个向前奔跑的小熊猫代表资源的加载过程。当人物走到尽头，即加载游戏中所用到的图片资源、3D 模型资源以及界面的初始化工作完毕，将跳转到游戏的主界面。

（4）在游戏主界面中，会有“3D 可爱抓娃娃”的艺术文字，下面两侧则是选择按钮，左侧是成绩总览按钮、关于游戏按钮和退出游戏按钮，右侧是开始游戏按钮、游戏教学按钮、奖品收藏按钮和游戏设定按钮。

（5）玩家在单击了成绩总览按钮后，即可进入成绩总览界面，在成绩总览界面可看到玩家的总游戏次数、总获取数、总失败次数、获得奖品种类以及收集完成度等。该界面同样有返回按钮，单击返回按钮之后，即可跳转到游戏的主界面，手机的返回键同样可以达到这样的目的。

（6）玩家在单击了关于游戏按钮后，即可进入关于游戏界面。在关于游戏界面内，该界面主要包括了本游戏的相关版权信息，同样可以单击返回按钮，跳转到游戏的主界面。

（7）玩家在单击退出游戏按钮之后，会出现提示信息“再按一次，退出游戏”，若玩家再按一次退出按钮，则退出本游戏。

（8）玩家在单击游戏教学按钮之后，即可进入游戏教学界面，游戏教学界面内主要包括操作方式与选项、奖品收藏和奖品出售等，由于游戏教学界面内要介绍的内容比较多，可以通过手指左右滑动查看该游戏的全部需要注意的内容。如果单击游戏教学界面的返回按钮，则返回到本游戏的主界面。

（9）玩家在单击奖品收藏按钮之后，即可进入奖品收藏界面，玩家可在该界面看到当前夹到的所有娃娃。在奖品收藏界面中间的娃娃是处于被锁定的状态的，玩家必须将周围的娃娃全部夹到。单击奖品收藏界面中任一正在转动的娃娃，即可进入出售界面，玩家可出售多余的娃娃用来换取金币。

（10）玩家在单击游戏设定按钮之后，即可进入游戏设定界面，该界面主要包括本游戏的相关设置。单击音乐、音效按钮可以开关游戏中的音乐、音效。单击奖品收藏按钮，则进入奖品收藏界面。单击返回主菜单按钮或返回游戏按钮，则返回主界面。

（11）玩家在单击开始游戏按钮之后，即可进入游戏界面。单击刷新按钮，需要花费 3 个金币刷新当前机器里娃娃。单击开始按钮后，玩家即可通过转动角度，精准夹到自己喜欢的娃娃，成功夹到娃娃之后，则会出现成功界面，显示玩家当前抓到的娃娃以及该娃娃所值金币。

（12）单击游戏界面菜单按钮，即可进入游戏设定界面。单击返回游戏按钮，则返回游戏界面。单击返回主界面按钮，则返回主界面。这与从主界面进入游戏设定界面是不同的。

16.4 界面显示类

本节将介绍的是本游戏的界面相关类的开发，由于本游戏的界面显示类很多，因此，这里选择几个具有代表性界面类进行简单介绍，主要包括显示界面类 MySurfaceView、游戏界面类 GameView 以及游戏主菜单界面类 MainView 等。

16.4.1 显示界面类 MySurfaceView

本小节介绍的是显示界面类 MySurfaceView，该类的主要作用是实现当前界面的触控事件的监听、进行当前界面的绘制工作以及监听手机返回键等，由于篇幅有限，只介绍部分方法。读者如果对其他方法有兴趣，可自行查看随书中的源代码。其具体代码如下。

代码位置：见随书中源代码/第 16 章/CatcherFun/src/com/bn/catcherFun/目录下的 MySurfaceView.java。

```
package com.bn.catcherFun;                                   //声明包名
......//此处省略了导入类的代码，读者可自行查阅随书附带中的源代码
```

```
3    public class MySurfaceView extends GLSurfaceView{
4        private SceneRenderer mRenderer;                    //场景渲染器
5        ......//此处省略了定义其他变量的代码，读者可自行查阅随书附带中的源代码
6        public MySurfaceView(Context context){
7            super(context);
8            activity=(MainActivity) context;               //对 Activity 对象进行赋值
9            this.setEGLContextClientVersion(3);             //设置 GLES 版本为 3.0
10           mRenderer = new SceneRenderer();                //创建场景渲染器
11           setRenderer(mRenderer);                         //设置渲染器
12           setRenderMode(GLSurfaceView.RENDERMODE_CONTINUOUSLY);//主动渲染
13       }
14       @Override
15       public boolean onTouchEvent(MotionEvent e) {        //触摸事件回调方法
16           if(currView==null){ return false; }             //如果当前界面为空,则不进行触摸
17           return currView.onTouchEvent(e);                //否则返回当前界面的触控方法
18       }
19       public boolean onKeyDown(int keyCode, KeyEvent event){//监听按键的方法
20           if (keyCode == KeyEvent.KEYCODE_BACK){          //若单击手机返回键
21               if(currView==gameView){                     //若当前界面为 GameView
22               ......//此处省略了从其他界面返回主界面的代码，读者可自行查阅随书源代码
23               }else if(currView==mainView){               //若当前界面为 MainView
24                   if(isSet){                              //如果 MenuView 打开
25                   isSet=false;                            //将 MenuView 关掉
26                   currView=mainView;                      //返回 MainView 界面
27               }else{exit();}}                             //调用退出方法
28           return true;
29           }
30           return super.onKeyDown(keyCode, event);
31       }
32       private void exit(){                                //退出游戏方法
33           if (isExit == false) {                          //若允许退出，标志位为 false
34               isExit = true;                              //准备退出
35               Toast.makeText(this.getContext(),"再按一次退出游戏",Toast.LENGTH_
                 SHORT) .show();
36               new Handler().postDelayed(new Runnable(){
37               public void run(){
38               isExit = false;                             //标志位恢复为 false
39               isBGMusic=true;                             //关掉背景音乐
40               effictOff=true;                             //关掉按键音效
41           }}, 2500);                                      //显示提示框
42           }else{
43           android.os.Process.killProcess(android.os.Process.myPid()); //退出游戏
44       }}
45       private class SceneRenderer implements GLSurfaceView.Renderer { //场景渲染器
46           public void onDrawFrame(GL10 gl){
47           GLES30.glClear( GLES30.GL_DEPTH_BUFFER_BIT
48       //清除深度缓冲与颜色缓冲
49           if(currView != null){                           //如果当前界面不为空
50               currView.drawView(gl);                      //绘制界面信息
51           }}
52       public void onSurfaceChanged(GL10 gl, int width, int height) {
                                                             //设置视窗大小及位置
53           ......//此处省略设置视窗大小及位置等代码，读者可自行查阅随书源代码
54       }
55       public void onSurfaceCreated(GL10 gl, EGLConfig config){
56           ......//此处省略初始化着色器等代码，读者可自行查阅随书源代码
57   }}}
```

❑ 第 6-13 行为显示界面类 MySurfaceView 的含参构造器，调用父类构造器，并为 Activity 对象赋值，同时设置使用 OpenGL ES 3.0，然后创建并设置了场景渲染器、设置渲染模式为主动渲染。

❑ 第 14-18 行为 MySurfaceView 类的触控事件的回调方法 onTouchEvent，主要对当前界面类的触控事件进行处理，如果当前界面为空，则直接返回 false，否则返回当前界面的触控方法。下面将会介绍部分界面的触摸方法的代码。

❑ 第 19-33 行为给手机的返回键添加监听的方法。如果单击了手机的返回键，则返回到当前

界面的上一界面。如果当前界面为 MainView 界面，连续单击两下返回按钮则退出游戏。

❑ 第 34-46 行为退出游戏的方法，如果当前界面为 MainView 界面，如果在 2500 毫秒内连续两次单击手机的返回键，则会出现相应的提示并直接退出游戏。

❑ 第 47-59 行为实现内部场景渲染器的私有类，通过重写 onDrawFrame 方法实现当前界面的绘制工作。由于篇幅有限，重写 onSurfaceChanged 方法和 onSurfaceCreated 方法的代码不再赘述，读者可自行查阅随书附带的源代码。

16.4.2　游戏界面类 GameView

上一小节主要介绍的是显示界面类 MysurfaceView，通过该类可实现当前界面的绘制工作和当前界面中触控事件的回调方法。接下来将介绍本游戏最为重要的一个界面类，即游戏界面类 GameView，在该类中实现了各个物体的绘制，机械手的前后左右的移动等。实现的具体步骤如下。

（1）首先介绍的是游戏界面类 GameView 的大致框架，由于该类的代码比较长，各个方法的功能代码将在下面进行简单介绍，框架的具体代码如下。

代码位置：见随书中源代码/第 16 章/CatcherFun/src/com/bn/view/目录下的 GameView.java。

```
package com.bn.view;                                        //声明包名
......//此处省略了导入类的代码，读者可自行查阅随书附带中的源代码
public class GameView extends BNAbstractView{
     public PhysicsThread pt;                               //物理线程
     ......//此处省略了定义变量的代码，读者可自行查阅随书附带中的源代码
     public GameView(MySurfaceView viewManager){
          this.viewManager=viewManager;                     //对 Activity 对象赋值
          initView();                                       //初始化资源方法
     }
     @Override
     public boolean onTouchEvent(MotionEvent e){ /*此处省略触摸回调方法的代码，下面将介绍*/}
     public void setkeyState(float x,float y,int tolState,int torState,int
     touState,int todState){
          ......//此处省略了设置前后左右移动按钮的标志位的代码，下面将介绍
     }
     @Override
     public void initView() {/*此处省略了初始化资源的代码，下面将介绍*/}
     public void update(){/*此处省略了刷新方法的代码，下面将介绍*/}
     public void initButton(){/*此处省略初始化界面按钮的代码，读者可自行查阅随书源代码*/}
     public void initWorld(){
          //创建碰撞检测配置信息对象
          CollisionConfiguration collisionConfiguration = new DefaultCollision
          Configuration();
          //创建碰撞检测算法分配者对象，扫描所有碰撞检测对，并确定适用检测策略对应的算法
          CollisionDispatcher dispatcher = new CollisionDispatcher(collision
          Configuration);
          Vector3f worldAabbMin = new Vector3f(-10000, -10000, -10000);
                                                            //设置边界信息
          Vector3f worldAabbMax = new Vector3f(10000, 10000, 10000);
          int maxProxies = 1024;
          //创建碰撞检测粗测阶段的加速算法对象
          AxisSweep3 overlappingPairCache=new AxisSweep3(
                              worldAabbMin,worldAabbMax, maxProxies);
          //创建推动约束解决者对象
          SequentialImpulseConstraintSolver solver = new SequentialImpulse
          ConstraintSolver();
          //创建物理世界对象
          dynamicsWorld=newDiscreteDynamicsWorld(dispatcher,overlappingPairCache,
               solver,collisionConfiguration);
          dynamicsWorld.setGravity(new Vector3f(0, -10, 0)); //设置重力加速度
          ......//此处省略了创建刚体的一些代码，读者可自行查阅随书源代码
     }
     public void drawView(GL10 gl){/*此处省略了绘制方法，读者可自行查阅随书源代码*/}
     public void drawdoll(){/*此处省略了绘制场景的代码，读者可自行查阅随书源代码*/}
     public void drawMoney(){/*此处省略了绘制金币数量的代码，读者可自行查阅随书源代码*/}
```

```
    public void draw2DObject(){/*此处省略绘制 2D 界面的代码，读者可自行查阅随书源代码*/}
    public void OneMoney(){/*此处省略绘制掉落一个金币的代码，读者可自行查阅随书源代码*/}
    public void SanMoney(){/*此处省略绘制掉落 3 个金币的代码，读者可自行查阅随书源代码*/}
    public void drawDropMoney(){/*此处省略绘制按钮的代码，读者可自行查阅随书源代码*/}
    public void reData(){/*此处省略重置变量的代码，读者可自行查阅随书源代码*/}
    public static void calculateMainAndMirrorCamera(float angle){
        ......//此处省略了计算摄像机位置的代码，下面将介绍
}}
```

说明 上面给出的是游戏界面类 GameView 的代码框架，该类中主要包括初始化资源方法、初始化刷新方法、设置机械手前后左右右移动的标志位的方法、触摸回调方法、计算摄像机位置的方法、绘制场景模型等的方法、绘制金币数量以及掉落金币的方法、绘制开始等按钮的方法等，由于篇幅有限，故进行了部分省略，读者可自行查阅随书附带中的源代码。

（2）上面主要介绍了游戏界面类 GameView 的代码框架，下面则将对部分省略了代码的方法进行简单介绍，首先介绍的是游戏界面类 GameView 触控事件的回调方法 onTouchEvent，主要用来处理游戏界面内的触控事件，并进行相应的处理，其具体代码如下。

代码位置：见随书中源代码/第 16 章/CatcherFun/src/com/bn/view/目录下的 GameView.java。

```
public boolean onTouchEvent(MotionEvent e){
  float x=Constant.fromRealScreenXToStandardScreenX(e.getX());//获取触控点的 x 坐标
  float y=Constant.fromRealScreenYToStandardScreenY(e.getY());//获取触控点的 y 坐标
  switch (e.getAction() & MotionEvent.ACTION_MASK) {
    case MotionEvent.ACTION_DOWN:                    //处理屏幕按下的事件
        if(x>menu_left&&x<menu_right&&y>menu_top&&y<menu_bottom){ isMenu=true;}
        if(!isSuccess){                              //没有抓到娃娃
            if(!isMenu&&!isCollection&&!ismoneyout){  //开始游戏
                if(x>MGstart_TOUCH_LEFT_X&&x<MGstart_TOUCH_RIGHT_X&&
      y>MGstart_TOUCH_TOP_Y&&y<MGstart_TOUCH_BOTTOM_Y&&!isGrab&&!gamestart){
                    MGStart=true;gamestart=true;        //是否开始游戏标志位
                    if(moneycount<1){                  //金币数量是否小于 1
                        ismoneyout=true;
                        isStart=false;                 //不会掉落金币
                        MGStart=false;                 //可以开始游戏
                    }else{
                        moneycount=moneycount-1;       //金币数量减 1
                        MainActivity. editor.putString("count", Integer.
                         toString(moneycount));
                        MainActivity.editor.commit();  //记录金币数量
                }}
                if(x>shuaxin_TOUCH_LEFT_X&&x<shuaxin_TOUCH_RIGHT_X&&
              y>shuaxin_TOUCH_TOP_Y&&y<shuaxin_TOUCH_BOTTOM_Y&&!gamestart){
                    if(moneycount<3){                //金币数量是否小于 3
                        isSX=false;isSXMoney=false;//不可以进行刷新
                  }else{
                        isSX=true;                   //掉落刷新的 3 个金币
                        isupdate=true;               //更新刚体的刷新方法
                        moneycount=moneycount-3;     //金币数量减 3
                        MainActivity.editor.putString("count", Integer.
                         toString(moneycount));
                        MainActivity.editor.commit();
                }}
            if(isdsMoney){/*此处省略了标志位变换的代码，读者可自行查阅随书源代码*/}
            }
            if(x>=tol_left&&x<=tor_left&&y>=tou_top&&y<=tod_bottom){isdown=true;}
        }else{return catchview.onTouchEvent(e);}
        break;
    case MotionEvent.ACTION_MOVE:                   //处理屏幕滑动的事件
        float dx = x - mPreviousX;                  //计算触控笔 X 位移
        if(isCollection&&!isSuccess&&isdown){return false;}
        if(keyState==0){                            //处理摄像机位置变换
            if(Math.abs(dx)<=0.04f&&isdown){break;}   //小于阈值不移动摄像机
```

```
42              xAngle -= dx*TOUCH_SCALE_FACTOR;         //计算摄像机变换的角度
43              if(xAngle<ANGLE_MIN){xAngle=ANGLE_MIN;       //旋转的最小角度
44              }else if(xAngle>ANGLE_MAX){xAngle=ANGLE_MAX;} //旋转的最大角度
45              calculateMainAndMirrorCamera(xAngle);        //调用变换摄像机的方法
46          }
47          break;
48      case MotionEvent.ACTION_UP:
49          ......//此处省略了恢复开始刷新按钮标志位的代码，读者可自行查阅随书中的源代码
50          keyState = 0;break;
51      }
52      mPreviousX = x;                                       //记录触控笔位置
53      if(isMenu){return viewManager.menuview.onTouchEvent(e); }//执行菜单界面的触控
54      return true;
55  }
```

- 第 2-3 行为获取触控点的 x、y 坐标，并将坐标转换为标准屏幕分辨率下的坐标。
- 第 5-7 行为处理的屏幕按下的事件，首先判断是否单击菜单按钮，如果单击菜单按钮，则将标志位设置为 true，并将绘制出菜单界面。并判断 isSuccess 是否为 true，如果为 true，执行收藏界面的触控，关闭 GameView 的触控。
- 第 8-20 行为对游戏界面中开始游戏按钮的监听，如果单击开始游戏按钮，并且 isGrab 为 false，gamestart 为 true 则开始游戏，如果金币数量小于 1，则将 ismoneyout 置为 true 关掉对开始游戏按钮的监听，如果金币数量大于 1，则将金币数量减 1，并进入游戏。
- 第 21-31 行为对游戏界面中刷新按钮的监听，如果单击刷新按钮，首先判断金币数量是否小于 3，如果金币数量小于 3，则不掉落 3 个金币，将标志位 isSX 置为 false 后将不可以单击刷新按钮；如果金币数量大于 3，则可掉落金币，调用刷新方法更换娃娃。
- 第 34 行判断屏幕触控点是否在移动机械手的前、后、左、右的 4 个按钮的触控范围内，如果在这 4 个按钮的触控范围内，则将 isdown 置为 true。
- 第 37-45 行为处理屏幕滑动的事件，首先记录触控的 x 的位移，判断没有执行绘制收藏奖品界面、成功抓到娃娃的界面触控，如果标志位 isdown 为 true，则不再执行屏幕滑动的事件。否则开始计算摄像机变换的角度，并将这个角度传到变换摄像机位置的方法中变换摄像机位置。
- 第 48-50 行为处理屏幕按下后抬起的事件，省略了一些恢复开始游戏及刷新按钮标志位的一些代码，读者可自行查阅，并将变量 keyState 赋值为 0。

（3）上面主要介绍了游戏界面类 GameView 的触控回调方法 onTouchEvent，接下来将对 GameView 类中省略了的设置前后左右移动按钮的标志位的 setkeyState 的方法、初始化资源的方法 initView，以及计算摄像机变换位置的方法 calculateMainAndMirrorCamera 进行介绍，其具体代码如下。

代码位置：见随书中源代码/第 16 章/CatcherFun/src/com/bn/view/目录下的 GameView.java。

```
   public void setkeyState(float x,float y,int tolState,int torState,int touState,int
todState){//设置标志位
       if(x>=catch_left&&x<=catch_right&&y>=catch_top&&y<=catch_bottom){
                                                     //对夹按钮的监听
           isdown=true;                              //单击移动机械手按钮
           if(!isGrab) {                             //一次夹取未结束
               isGrab=true;                          //夹取结束
               allcount++;                           //总游戏次数
               KThread=new KeyThread(GameView.this);     //创建线程
               KThread.start();                          //开启线程
       }}
       if(x>=tol_left&&x<=tol_right&&y>=tol_top&&y<=tol_bottom){//对左向按钮监听
           if(!isGrab){keyState = tolState;}
       }
       if(x>=tor_left&&x<=tor_right&&y>=tor_top&&y<=tor_bottom){ //对右向按钮监听
           if(!isGrab){keyState = torState;}
       }
```

```
16        if(x>=tou_left&&x<=tou_right&&y>=tou_top&&y<=tou_bottom){//对后向按钮监听
17             if(!isGrab){keyState = touState;}
18        }
19        if(x>=tod_left&&x<=tod_right&&y>=tod_top&&y<=tod_bottom){//对前向按钮监听
20             if(!isGrab){keyState = todState;}
21   }}
22   public void initView() {                                         //初始化资源方法
23        initButton();                                               //初始化界面按钮
24        initWorld();                                                //初始化物理世界
25        if(hb!=null){                                               //如果模型不为空
26             HoleThread ht=new HoleThread();                        //创建线程
27             ht.start();                                            //开启线程
28        }
29        update();                                                   //调用刷新初始化方法
30        score=new DrawNumber(this.viewManager);                     //创建金币数量对象
31        catchview=new CatchSucceedView(this.viewManager);      //创建抓到娃娃的胜利界面
32        pThread=new PhysicsThread(GameView.this);              //创建物理线程
33        mThread=new MoneyThread(GameView.this);                //创建线程
34      mThread.start();                                         //开启线程
35        pThread.start();                                       //开启物理线程
36   }
37   public static void calculateMainAndMirrorCamera(float angle){//计算摄像机观察者坐标
38        EYE_X = (float) (r*Math.sin(Math.toRadians(angle)));//计算摄像机的 x 位置
39        EYE_Y=4f;                                              //赋值摄像机的 y 位置
40        EYE_Z = (float) (r*Math.cos(Math.toRadians(angle)))+TARGET_Z;//计算摄像机的 z 位置
41   }
```

- 第 2-9 行为对开始游戏界面中的“夹”按钮的监听，如果单击此按钮，首先将 isdown 置为 true，这样摄像机位置将不会在变换。单击“夹”按钮后，将游戏次数加 1，并同时开启夹取娃娃线程。
- 第 10-21 行为对移动机械手的前、后、左、右按钮的监听并标识出 4 个方向的值。例如点击左向按钮，将 keyState 赋值为标识为向左移动的值。
- 第 22-36 行为初始化资源的方法。首先调用初始化 GameView 界面的按钮的方法，将 GameView 界面所需要的 2D 按钮添加到一个数组以供使用。然后初始化物理世界，创建并开启物理线程，并创建、开启了金币数量、变换抓娃娃箱子透明度数据的线程等。
- 第 37-41 行为计算摄像机观察者的坐标的方法。摄像机的位置是绕 y 轴旋转，其变换的是 x、z 坐标。根据传递过来的摄像机需要旋转的角度，计算出来旋转后的摄像机观察者的位置。

（4）上面主要介绍了游戏界面类 GameView 中省略了的设置前后左右移动按钮的标志位的 setkeyState 的方法、初始化资源的方法 initView，以及计算摄像机变换位置的方法 calculateMainAndMirrorCamera，接下来将对刷新方法其具体代码如下。

代码位置：见随书中源代码/第 16 章/ CatcherFun/src/com/bn/view/目录下的 GameView.java。

```
1    public void update(){                                   //刷新方法
2         for(int i=0;i<9;i++){                              //循环一次为数组中随机添加 9 个娃娃
3              int random=(int) (Math.random()*9);      //获取随机数据
4              switch(random){
5                   case 0:                                  //创建小牛娃娃，并添加进数组
6                        updatedoll.add(new Niu(niuId,dynamicsWorld,niu,
7                        new Vector3f(dollinitx+i%4*spanx,1,dollinitz+i/4*spanz),0));
8                        break;
9                   case 1:                                  //创建小牛娃娃，并添加进数组
10                       updatedoll.add(new Doll(doll0Id,dynamicsWorld,doll0,
11                       new Vector3f(dollinitx+i%4*spanx,2,dollinitz+i/4*spanz),1));
12                       break;
13             ......//此处省略创建其他 7 种娃娃的代码，读者可自行查阅随书附带中的源代码
14   }}}
```

- 第 2-13 行为执行一次 for 循环，首先获取一个随机数字，用 switch 语句随机创建 9 个娃娃，并将这些随机创建出来的娃娃添加进数组 updatedoll。

❑ 第 13-14 行为省略了创建其他 7 个不同的娃娃代码，与 5-12 行的创建娃娃的代码类似，在此不在赘述，读者可自行查阅随书附带中的源代码。

16.4.3 游戏主菜单界面类 MainView

上一小节主要介绍的是游戏界面类 GameView，该类主要实现了游戏界面的触控回调方法、初始化物理世界的方法等，本小节将介绍游戏中另外一个界面类——MainView。在该类中，主要实现了多个功能按钮的绘制、触控回调方法等。实现的具体步骤如下。

（1）MainView 类包含一个含参构造器、初始化资源的方法、触控回调方法以及绘制图形的方法，由于篇幅较长，本小节主要介绍触控回调方法，其他部分功能代码将在下面进行介绍，其具体代码如下。

代码位置：见随书中源代码/第 16 章/ CatcherFun/src/com/bn/view/目录下的 MainView.java。

```
1    package com.bn.view;                                    //声明包名
2    ......//此处省略了导入类的代码，读者可自行查阅随书附带中的源代码
3    public class MainView extends BNAbstractView{
4        boolean isStartGm=false;                     //这是开始游戏图片按钮标志位
5        ......//此处省略了定义变量的代码，读者可自行查阅随书附带中的源代码
6        public MainView(MySurfaceView mv){
7            this.mv=mv;                                  //给 MySurfaeView 对象赋值
8            initView();                                  //初始化资源方法
9        }
10       public void initView() {/*此处省略了初始化资源的代码，读者可自行查阅随书源代码*/}
11       public boolean onTouchEvent(MotionEvent e) {
12           if(isSet){                                      //游戏设定按钮的标志位
13               return mv.menuview.onTouchEvent(e);  //执行 muneview 界面触控方法
14       }else{                                      //执行 MainView 界面触控方法
15               float x=Constant.fromRealScreenXToStandardScreenX(e.getX());
16               float y=Constant.fromRealScreenYToStandardScreenY(e.getY());
17               switch(e.getAction()){
18                   case MotionEvent.ACTION_UP:       //处理屏幕触控抬起事件
19                 if(x>StartGame_TOUCH_LEFT_x&&x<StartGame_TOUCH_RIGHT_x&& y>
20         StartGame_TOUCH_TOP_y&&y<StartGame_TOUCH_BOTTOM_y&&!isSet&&isStartGm){
21                       isStartGm=false;                     //换图片标志位
22                       mv.currView=mv.gameView;            //进入游戏界面
23                       mv.gameView.reData();               //调用 GameView 初始常量方法
24                       if(!isBGMusic){                     //是否关闭背景音乐
25                         if(!musicOff){                    //打开游戏背景音乐
26                       MainActivity.sound.playBackGroundMusic(mv.activity,
                         R.raw.game);
27                   }}}
28                       ......//此处省略了部分按钮监听的代码，读者可自行查阅随书源代码
29                       break;
30               case MotionEvent.ACTION_DOWN:               //处理屏幕单击事件
31                   if(x>StartGame_TOUCH_LEFT_x&&x<StartGame_TOUCH_RIGHT_x&&
32           y>StartGame_TOUCH_TOP_y&&y<StartGame_TOUCH_BOTTOM_y&&!isSet){
33                       isStartGm=true;                      //换图片标志位
34                       if(!effictOff){                      //单击按钮音效
35                           MainActivity.sound.playMusic(SOUND_Click,0);
36                   }}
37                   ......//此处省略了与上面触控类似的代码，读者可自行查阅随书源代码
38                   break;
39           }
40           PreviousX=x;PreviousY=y;                         //记录触控笔的 x、y 坐标
41           return true;
42      }}
43       private void exit(){/*此处省略了已介绍过的退出方法的代码，读者可自行查阅随书源代码*/}
44       public void drawMoney(){/*此处省略了绘制金币数量的代码，读者可自行查阅随书源代码*/}
45       public void drawView(GL10 gl) {/*此处省略了绘制界面按钮的代码，下面将介绍*/}
46       public void reSetData(){dance=0;}                    //初始化常量的方法
47   }
```

❑ 第 12-16 行为首先判断标志位 isSet 是否为 true，如果为 true 则执行游戏设定界面的触控回

调方法，避免主界面与游戏设定界面触控混乱。将触控点的坐标转换为标准屏幕分辨率下的坐标。

- 第 18-29 行为处理屏幕触控抬起的事件。例如，首先判断是否是单击开始按钮后抬起，如果是则将换图片按钮标志位置反、进入游戏界面、调用初始化游戏界面变量的方法、开启游戏界面的背景音乐。
- 第 30-38 行为处理屏幕触控按下的事件。例如，判断是否是单击开始游戏按钮，如果单击了开始游戏按钮，则将更换图片的标志位置反，并开启单击按钮的音效。
- 第 43-47 行为省略了的已介绍过的退出游戏的方法、比较简单的绘制金币数量的方法，读者可自行查阅随书所带中的源代码。绘制界面按钮的方法，下面将详细进行介绍。

（2）上一小节介绍了 MainView 类的代码框架以及触控回调方法，下面我们将介绍上一小节省略的图形绘制的方法，其具体代码如下。

代码位置：见随书中源代码/第 16 章/ CatcherFun/src/com/bn/view/目录下的 MainView.java。

```
1    public void drawView(GL10 gl) {                                  //绘制界面按钮方法
2          GLES30.glDisable(GLES30.GL_DEPTH_TEST);                    //关闭深度检测
3          MainView_Button.get(0).drawSelf();                         //绘制主菜单背景
4          if(isStartGm){                                             //绘制开始游戏按钮
5               MainView_Button.get(2).setX(StartGame_x+400-dance*20);
6               MainView_Button.get(2).drawSelf();                    //绘制开始游戏按下图片
7          }else{
8               MainView_Button.get(1).setX(StartGame_x+400-dance*20);
9               MainView_Button.get(1).drawSelf();                    //绘制开始游戏未按下
10         }
11         ......//此处省略了与上面类似的代码，读者可自行查阅随书源代码
12         BackText.drawSelf();                                       //绘制游戏名字
13         isMainView=true;
14         drawMoney();                                               //绘制金币数量
15         isMainView=false;
16         if(isSet){mv.menuview.drawView();}                         //绘制游戏设定菜单界面
17         GLES30.glEnable(GLES30.GL_BLEND);                          //打开混合
18         GLES30.glBlendFunc(GLES30.GL_SRC_ALPHA,
19                 GLES30.GL_ONE_MINUS_SRC_ALPHA);                    //设置混合因子
20         for(int i=0;i<cpng.size();i++){cpng.get(i).drawSelf();}   //绘制星星
21         GLES30.glDisable(GLES30.GL_BLEND);                         //关闭混合
22         dance++;
23         if(dance>20){dance=20; }                                   //将变量变为 20
24         GLES30.glEnable(GLES30.GL_DEPTH_TEST);                     ///关闭深度检测
25   }
```

- 第 3-10 行为对开始按钮的绘制。判断触控标志位 isStartGm 是否为 true，如果为 true，则绘制开始按钮按下的图片，并改变按钮的 x 坐标，每次绘制一次就改变 x 位置一次，就会产生动画，如果为 fasle 则绘制开始按钮未被按下的图片。
- 第 12-16 是绘制游戏名字艺术字、金币数量以及游戏设定菜单界面。并在绘制游戏设定菜单界面的时候，先将 isMainView 置为 true，在绘制完成后，将标志位置为反，标记两个界面的触控回调方法，避免两个界面的触控混乱。
- 第 17-23 行为绘制星星。首先打开混合，设置混合因子，然后用循环绘制出来 4 个星星，绘制完成后，将混合关闭。

16.5 辅助工具类

上一节主要介绍了该游戏的部分界面类，本节将要介绍的是游戏的辅助相关工具类。其中主要包括辅助工具类、自定义管理器类和线程类。辅助类主要是用来辅助游戏的进一步开发，如设置滑动关节相关参数等，线程类主要用来实现物理模拟等。具体内容如下。

16.5.1　辅助类

辅助类主要是用来辅助游戏的进一步开发，接下来本小节将要介绍的是该游戏中用到的滑动关节辅助类 SliderHelper、刚体加载辅助类 RigidBodyHelper、获取分数绘制对象辅助类 DrawNumber 等。由于篇幅原因，下面只对以上类进行简单介绍。

1. 滑动关节辅助类 SliderHelper

下面主要是滑动关节辅助类 SliderHelper。该类主要包括初始化刚体，设置关节矩阵的方法 initWorld，添加刚体之间滑动关节的方法 addSliderConstraint，启用滑动关节马达、设置滑动关节线性运动的速度、设置滑动关节线性运动力大小的方法 slideUD 等。实现的具体代码如下。

代码位置：见随书中源代码/第 16 章/ CatcherFun/src/com/bn/util/目录下的 SliderHelper.java。

```
package com.bn.util;
......//此处省略相关类的导入方法，请读者自行查看随书源代码。
public class SliderHelper{
    CollisionShape boxShape;                                //碰撞形状引用
    public static RigidBody cubeBody;                       //刚体引用
    SliderConstraint sliderUD;                              //滑动关节引用
    int TextureId;                                          //纹理 id
    MySurfaceView viewManager;                              //场景管理器引用
    DiscreteDynamicsWorld dynamicsWorld;                    //物理世界引用
    public SliderHelper(int TextureId,MySurfaceView viewManager,
          DiscreteDynamicsWorld dynamicsWorld){
          this.TextureId=TextureId;                         //获取纹理 id
          this.viewManager=viewManager;                     //获取场景管理器对象
          this.dynamicsWorld=dynamicsWorld;                 //获取物理世界对象
          initWorld();
    }
    public void initWorld(){
          boxShape=new BoxShape(new                         //创建长方体盒碰撞形状
          Vector3f(cubeSize,cubeSize/2,cubeSize));
          cubeBody = RigidBodyHelper.addRigidBody(0f,
          boxShape,0,8,12,dynamicsWorld,true);              //添加刚体
               Vector3f originA = new Vector3f(0, 0, 0);
          Vector3f originB = new Vector3f(0, 0, 0);
          originA.set(0, 0, 0);           //设置从关节到长方体质心的平移变换信息
          originB.set(0,ganULength/2, 0);   //设置从关节到机械手杆质心的平移变换信息
          addSliderConstraint(0,cubeBody,Claw.bodyg[0],//添加长方体与机械手之间的滑动关节
          BulletGlobals.SIMD_PI/2,originA,originB,true);
    }
    public void addSliderConstraint(int index,RigidBody ra,RigidBody rb,
          float angle,Vector3f originA,Vector3f originB,boolean force){
          Transform localA = new Transform();               //创建变换对象 A
          Transform localB = new Transform();               //创建变换对象 B
          localA.setIdentity();                             //初始化变换对象 A
          localB.setIdentity();                             //初始化变换对象 B
          MatrixUtil.setEulerZYX(localA.basis, 0, 0, angle);//设置变换对象 A 的旋转部分
          MatrixUtil.setEulerZYX(localB.basis, 0, 0, angle);//设置变换对象的旋转部分
          localA.origin.set(originA);                       //设置变换对象 A 的平移部分
          localB.origin.set(originB);                       //设置变换对象 B 的平移部分
          sliderUD = new SliderConstraint(ra, rb, localA, localB, force);
                                                            //创建滑动关节对象
          sliderUD.setLowerLinLimit(-2.8f);                 //控制滑动的下限
          sliderUD.setUpperLinLimit(0f);                    //控制滑动的上限
          sliderUD.setLowerAngLimit(0);                     //控制转动的下限
          sliderUD.setUpperAngLimit(0);                     //控制转动的上限
          sliderUD.setDampingDirAng(1.0f);                  //设置转动阻尼
          sliderUD.setDampingDirLin(1f);                    //设置线性阻尼
          dynamicsWorld.addConstraint(sliderUD,true)        //将关节添加进物理世界
    }
    public void slideUD(float mulFactor){
          sliderUD.getRigidBodyB().activate();              //激活箱子刚体
```

```
50          sliderUD.setPoweredLinMotor(true);              //启动关节对应的马达
51          sliderUD.setMaxLinMotorForce(200.0f);           //设置马达的滑动驱动力
52          sliderUD.setTargetLinMotorVelocity(20.0f*mulFactor);//设置马达的滑动驱动速度
53      }
54      public void drawSelf() {
55          ....../此处省略刚体绘制的方法，请读者自行查看随书源代码。
56  }}
```

❑ 第 3-15 行首先声明碰撞形状引用、刚体引用、物理世界引用以及滑动关节引用等相关引用。然后通过构造器获取获取纹理 id、场景管理器对象以及物理世界对象，并调用设置滑动关节变换矩阵参数的 initWorld 方法。

❑ 第 17-27 行为设置滑动关节变换矩阵参数的方法。首先创建长方体盒碰撞形状，为长方体盒添加刚体，然后设置从关节到长方体质心的平移变换信息，设置从关节到机械手杆质心的平移变换信息，最后添加长方体与机械手之间的滑动关节。

❑ 第 29-46 行为添加滑动关节的方法。首先创建两个刚体的变换对象并初始化，接下来分别设置变换对象的旋转以及平移部分，然后设置滑动的上限和下限以及转动的上下限，最后将设置转动阻尼和滑动阻尼，将关节添加进物理世界。

❑ 第 48-52 行为启动滑动关节的方法。激活刚体，启动滑动关节对应的马达，设置马达驱动力，设置马达驱动速度等。最后省略了刚体绘制的方法，请读者自行查看随书源代码。

2. 刚体加载辅助类 RigidBodyHelper

前面介绍的是滑动关节辅助类 SliderHelper，接下来介绍的是刚体加载辅助类 RigidBodyHelper。RigidBodyHelper 类主要包括添加刚体的方法 addRigidBody，该方法的主要功能仅是为在物理世界创建单个刚体，并进行设置刚体的运动状态、刚体恢复系数、摩擦系数等初始化工作，最后将刚体添加进物理世界以备模拟时使用。具体代码如下。

代码位置：见随书中源代码/第 16 章/CatcherFun/src/com/bn/util/目录下的 RigidBodyHelper.java。

```
package com.bn.util;                                        //声明包名
....../此处省略相关类的导入方法，请读者自行查看随书源代码。
public class RigidBodyHelper {
    public static RigidBody addRigidBody(float mass, CollisionShape shape,
    float cx,float cy,float cz,DiscreteDynamicsWorld dynamicsWorld,boolean noGravity){
        CollisionShape comShape=shape;                      //保存碰撞形状引用
        boolean isDynamic = (mass != 0f);                   //确定物体是否可运动
        Vector3f localInertia = new Vector3f(0f, 0f, 0f);//创建存放惯性的向量
        if (isDynamic) {
            comShape.calculateLocalInertia(mass, localInertia);//计算惯性
        }
        Transform startTransform = new Transform();         //创建刚体的初始变换对象
        startTransform.setIdentity();                       //初始化变换对象
        startTransform.origin.set(new Vector3f(cx, cy, cz));//设置变换的起点
        DefaultMotionState myMotionState =                  //创建刚体的运动状态对象
        new DefaultMotionState(startTransform);
        RigidBodyConstructionInfo rbInfo =                  //创建刚体描述信息对象
        new RigidBodyConstructionInfo(mass, myMotionState,comShape, localInertia);
        RigidBody body = new RigidBody(rbInfo);             //创建刚体对象
        body.setRestitution(0.0f);                          //设置反弹系数
        body.setFriction(0.2f);                             //设置摩擦系数
        body.forceActivationState(RigidBody.DISABLE_DEACTIVATION);
                                                            //刚体是非激活状态
        dynamicsWorld.addRigidBody(body);                   //将刚体添加进物理世界
        if(noGravity){
            body.setGravity(new Vector3f(0,0,0));           //若不需要重力，设为 0
        }
        return body;
}}
```

❑ 第 6-14 行为准备工作，首先保存碰撞形状引用，根据物体的质量判断物体是否可以运动，若能运动创建存放惯性的向量，并根据质量计算惯性，然后创建变换对象并初始化变换对象，设置变换起点。

❑ 第 15-27 行创建刚体的运动状态对象，创建刚体描述信息对象。然后创建刚体，设置反弹系数及摩擦系数，并且刚体一开始是非激活状态，并将刚体添加进物理世界。若不需要重力，则在刚体添加进物理世界之后，将重力设为 0，最后将刚体返回。

3. 机械手的组建辅助类 Claw

上面介绍的是刚体加载辅助类，下面将要介绍的是机械手的组建辅助类 Claw，该类主要包括含参构造器、初始化资源方法、组建复合胶囊方法、添加铰链关节以及六自由关节等方法，这里由于篇幅有限，只介绍架构与部分方法，其具体代码如下。

代码位置：见随书中源代码/第 16 章/CatcherFun/src/com/bn/helper/目录下的 Claw.java。

```
package com.bn.helper;                                        //声明包名
......//此处省略了导入类的代码，读者可自行查看随书中的源代码
public class Claw {
     CollisionShape collisionShape1;                          //复合刚体
     ......//此处省略了声明常量类的代码，读者可自行查看随书中的源代码
     public Claw(int clawId,int ganId, MySurfaceView mv,DiscreteDynamicsWorld
     dynamicsWorld, int dunId,LoadedObjectVertexNormalTexture[] bodyForDraws,int mProgram){

          this.dunId=dunId;                                   //机械手短臂的纹理 id
          this.clawId=clawId;                                 //机械手指的纹理 id
          this.ganId=ganId;                                   //杆的纹理 id
          this.bodyForDraws=bodyForDraws;                     //机械手的模型数组
          this.mv=mv;                                         //传递 MysurfaceView 对象
          this.mProgram=mProgram;                             //着色器 id
          this.dynamicsWorld=dynamicsWorld;                   //物理世界
          motorFlag=false;                                    //马达是否闭合标志位
          initRigidBodys();                                   //初始化资源方法
     }
     private void initRigidBodys(){/*这是初始化资源的方法，读者可自行查看随书中的源
     代码*/}
     public void addjoint6DOF(RigidBody rbA,RigidBody rbB) {//创建六自由度关节
          Generic6DofConstraint joint6DOF;                    //声明六自由度关节引用
          Transform localA = new Transform();                  //创建变换对象 A
          Transform localB = new Transform();                  //创建变换对象 B
          localA.setIdentity();                                //初始化变换对象 A
          localB.setIdentity();                                //初始化变换对象 B
          localA.origin.set(0,ganLLength,0);                   //设置变换对象 A 的平移部分
          localB.origin.set(0,ganLLength,0);                   //设置变换对象 B 的评议部分
          joint6DOF=new Generic6DofConstraint(rbA,rbB,localA,localB,true);
          Vector3f limitTrans=new Vector3f();//存储六自由度关节旋转角度上下限向量
          limitTrans.set(-0.1f, -BulletGlobals.FLT_EPSILON, -0.1f);
                                                //设置旋转角度的下限 3 个分量
          joint6DOF.setAngularLowerLimit(limitTrans);//设置旋转角度的下限
          limitTrans.set(0.1f, BulletGlobals.FLT_EPSILON,0.1f); //设置旋转角度的上限
          joint6DOF.setAngularUpperLimit(limitTrans);//设置旋转角度上限 3 个分量
          dynamicsWorld.addConstraint(joint6DOF, true);//将约束添加进物理世界
     }
     public CompoundShape addChild(CollisionShape shape,float height){
     ......//此处省略了组装复合胶囊的方法，读者可自行查看随书中的源代码}
     private RigidBody addRigidBody(float mass, CollisionShape[] shape,
          float cx,float cy,float cz,boolean isgan,float angle,int gbz) {
     ......//此处省略了添加刚体的代码，读者可自行查看随书中的源代码}
     public void addHingeConstraint(RigidBody rbA,RigidBody rbB,float cx,float
     cy,float cz,int index){
          Transform transA = new Transform();                             //创建变换
          Transform transB = new Transform();                             //创建变换
          if(index==0){
               transA.setIdentity();                                      //初始化变换
```

```
45                  transA.origin.set(cx,cy,cz);            //约束的位置
46                  transB.setIdentity();                   //初始化变换
47                  transB.origin.set(new Vector3f(0,ganLLength/2,0)); //设置平移变换
48                  hingeConstraint[index] = new HingeCcnstraint(rbA,rbB,transA,transB);
                                                            //创建约束
49                  hingeConstraint[0].setLimit(-0.6f, 0);   //设置铰链约束的转动范围
50                  dynamicsWorld.addConstraint(hingeConstraint[index], true);
                                                            //将约束添加到物理世界
51                  hingeConstraint[0].enableAngularMotor(true, motorFlag?-1.4f:1.4f, 500f);
52          }
53          ......//此处省略了与上面类似的代码，读者可查看随书随带中的源代码
54      }
55      public void drawSelf(){/*此处省略了图形绘制的方法,读者可自行查看随书中的源代码*/}
56      public void drawclaw(){/*此处省略了绘制机械手指方法,读者可自行查看随书中的源代码*/}
57      public void drawgan(){/*此处省略了绘制机械手杆方法,读者可自行查看随书中的源代码*/}
58      public void changeMotor(){/*此处省略了设置马达方法,读者可自行查看随书中的源代码*/}
59      public void moveBy(Vector3f vec3){/*此处省略了平移方法,读者可自行查看随书源代码*/}
60  }
```

- 第 6-17 行为该类的构造器，创建机械手时，将机械手指的纹理 id、机械手短臂的纹理 id、机械手杆的纹理 id、着色器 id 以及物理世界对象传递到该类使用。并调用初始化方法。
- 第 19-34 行为在机械手短臂与机械手杆之间创建六自由度关节的方法。将机械手短臂与机械手杆的刚体传递进来，创建两个变换对象并初始化，设置两个刚体质心变换的平移。创建机械手杆与机械手短臂之间的六自由约束，设置其旋转角度的上下限，最后将约束添加进物理世界。
- 第 40-54 行为 4 个机械手指与机械手短臂创建铰链关节的方法，由于第二个到第四个机械手指与机械手短臂创建的铰链约束的代码与第一个的创建类似，这里不在赘述。主要介绍创建第一个机械手指与机械手短臂之间的铰链约束。首先创建两个变换对象，并且初始化，设置平移变换，创建约束，设施铰链约束的转动范围，并将约束添加进物理世界后为其添加马达。

> **说明** 由于篇幅有限，主要介绍了机械手指与机械手短臂的铰链关节的创建与机械手杆与机械手短臂之间的六自由度关节的创建以及该类的框架。其他部分的代码，如果读者对创建复合胶囊的方法以及对其组建的刚体等方法有兴趣可自行查看随书中的源代码。

4. 获取分数绘制对象辅助类 DrawNumber

接下来主要介绍的是成绩总览界面、游戏界面和奖品收藏界面内用到的获得分数绘制对象的辅助类 DrawNumber，该类主要是根据计算后的分数，转换成相应的分数绘制对象，以便于在游戏界面中进行绘制，实现的具体代码如下。

代码位置：见随书中源代码/第 16 章/CatcherFun/src/com/bn/util/目录下的 DrawNumber.java。

```
package com.bn.util;                                            //声明包名
......//此处省略相关类的导入方法，请读者自行查看随书源代码
public class DrawNumber{
    MySurfaceView mv;                                           //场景管理器引用
    BN2DObject[] numberReds=new BN2DObject[12];                 //创建数字数组
    public DrawNumber(MySurfaceView mv){                        //构造方法
        this.mv=mv;
        for(int i=0;i<12;i++){                      //生成 0～9 十个数字、"X" 和 "%" 的纹理矩形
            numberReds[i]=CollectionView.numberlist.get(i);
    }}
    public void drawScore(int count){               //绘制分数的方法
        String str=count+"";                        //将 int 数值转化为字符串
        for(int i=0;i<str.length();i++){
            char c=str.charAt(i);                   //获取字符串指定字符
              MatrixState2D.pushMatrix();                       //保护现场
```

```
16              numberReds[c-'0'].drawSelf(initdatax+i*50-str.length()*20,
                initdatay);//绘制指定数字
17              if(ScoreView.isPrecent){                        //绘制 "%"
18                  numberReds[11].drawSelf(initdatax+str.length()*50-
                    str.length()*20,initdatay);
19                  ScoreView.isPrecent=false;
20              }
21              MatrixState2D.popMatrix();                      //恢复现场
22      }}
23      public void drawnumber(int count){
24          //......此处省略绘制收藏界面娃娃个数的方法，与上述相似，请读者自行查看随书源代码
25  }}}
```

❑ 第 2-10 行为创建管理器引用，创建存放数字对象的数组，其中包括 0~9 十个数字、“X”符号和“%”符号，然后在构造器中生成上述数字以及符号的纹理矩形，为存放数字对象数组赋值。另外，此处省略相关类的导入方法，请读者自行查看随书源代码。

❑ 第 11-22 行为绘制分数的方法，首先将 int 数值转化为字符串，循环获取字符串指定字符，然后保护现场，很据字符绘制指定数字，如果需要绘制百分号标志位为 true，则绘制百分号，最后恢复现场。此处省略绘制收藏界面娃娃个数的方法，请读者自行查看随书源代码。

16.5.2　自定义管理器类

上一小节主要介绍的是该游戏用到的辅助类，本小节将主要介绍的是该游戏中用到的自定义管理器类，主要包含着色器管理器类 ShaderManager、声音管理器类 SoundManager 和纹理管理器类 TextureManager，其步骤如下。

1. 着色器管理器类 ShaderManager

首先介绍的着色器管理器类 ShaderManager，该类将所有着色器统一管理起来，主要是通过创建包含所有着色器名称的字符串数组，来加载着色器程序，并且获取指定着色器程序，以便在本游戏的各个绘制界面能够直接使用，实现的具体代码如下。

代码位置：见随书中源代码/第 16 章/CatcherFun/src/com/bn/util/manager 目录下的 ShaderManager.java。

```
package com.bn.util.manager;                                    //声明包名
......//此处省略相关类的导入方法，请读者自行查看随书源代码
public class ShaderManager{
    final static int shaderCount=6;
    final static String[][] shaderName={{"vertex.sh","frag.sh"},//所有着色器的名称
    {"vertex_load2d.sh","frag_load2d.sh"},{"vertex_2d.sh","frag_2d.sh"},
     {"vertex_lz.sh","frag_lz.sh"},
    {"holebox_vertex.sh","holebox_frag.sh"},{"vertex_spng.sh","frag_spng.sh"}};
    static String[]mVertexShader=new String[shaderCount];      //顶点着色器数组
    static String[]mFragmentShader=new String[shaderCount];    //片元着色器数组
    static int[] program=new int[shaderCount];                  //着色器程序数组
    public static void loadCodeFromFile(Resources r){           //加载着色器的方法
        for(int i=0;i<shaderCount;i++){
            //加载顶点着色器的脚本内容
            mVertexShader[i]=ShaderUtil.loadFromAssetsFile(shaderName[i][0],r);
            //加载片元着色器的脚本内容
            mFragmentShader[i]=ShaderUtil.loadFromAssetsFile(shaderName[i] [1], r);
    }}
    public static void compileShader(){                         //编译着色器
        for(int i=0;i<shaderCount;i++){
            program[i]=ShaderUtil.createProgram(mVertexShader[i],
            mFragmentShader[i]);
    }}
    public static int getShader(int index){                     //返回指定着色器
        return program[index];
}}
```

❑ 第 3-10 行为准备工作，首先创建了包含所有着色器名称的字符串数组，然后创建顶点着色器数组、片元着色器数组以及着色器程序数组。此处省略了相关类的导入代码，请读者自行查看随书中的源代码。

❑ 第 11-24 行为加载着色，编译着色器，返回指定着色器程序的方法。首先是循环加载顶点着色器的脚本内容和片元着色器的脚本内容，然后根据顶点着色器和片元着色器创建着色程序，最后返回指定着色器程序。

2. 声音管理器类 SoundManager

上一部分介绍了本游戏用到的着色器管理器类 ShaderManager，接下来将要介绍本游戏用到的声音管理器类 SoundManager，该类统一管理了本游戏中用到的多种即时音效，包括初始化声音资源、播放即时音效等，其具体开发代码如下。

代码位置：见随书中源代码/第 16 章/CatcherFun/src/com/bn/util/manager 目录下的 SoundManager.java。

```
package com.bn.util.manager;                                          //声明包名
......//此处省略相关类的导入方法，请读者自行查看随书源代码
public class SoundManager{
    ......//此处省略了声明成员变量的代码，读者可自行查阅随书附带中的源代码
    public SoundManager(MainActivity activity){                       //构造方法
        this.activity = activity;
        initSound();
    }
    public void initSound(){                                          //声音初始化
        sp = new SoundPool(4,                                         //创建声音池
        AudioManager.STREAM_MUSIC, 100);
        hm = new HashMap<Integer, Integer>();                         //创建 HashMap 对象
        hm.put(SOUND_Click, sp.load(activity,R.raw.click, 1));   //单击按钮
        hm.put(SOUND_Back, sp.load(activity, R.raw.back, 1));    //单击返回按钮
        hm.put(SOUND_DropMoney, sp.load(activity, R.raw.dropmoney, 1));
                                                                      //金币掉落音效
    }
    ......//此处省略 playBackGroundMusic 方法，请读者自行查看随书源代码
    public void playMusic(int sound,int loop){                        //播放音效的方法
        AudioManager am = (AudioManager)activity.getSystemService(activity.
        AUDIO_SERVICE);
        //获取当前音量
        float steamVolumCurrent = am.getStreamVolume(AudioManager.STREAM_MUSIC);
        //获取最大音量
        float steamVolumMax = am.getStreamMaxVolume(AudioManager.STREAM_MUSIC);
        float volum = steamVolumCurrent/steamVolumMax;               //计算声音播放的音量
        sp.play(hm.get(sound), volum, volum, 1, loop, 1);            //播放音效
    }
    long preTimeStamp=0;
    public void playGameMusic(int sound,int loop){                    //播放背景音乐的方法
        long currTimeStamp=System.nanoTime();                         //获取系统时间
        if(currTimeStamp-preTimeStamp<500000000L){return;}
       //计算当前时间与上一时间的间隔
        preTimeStamp=currTimeStamp;                                   //记录当前时间
        AudioManager am = (AudioManager)activity.getSystemService(activity.
        AUDIO_SERVICE);
        float steamVolumCurrent = am.getStreamVolume(AudioManager.STREAM_MUSIC);
        float steamVolumMax = am.getStreamMaxVolume(AudioManager.STREAM_MUSIC);
        float volum = steamVolumCurrent/steamVolumMax;               //计算声音播放的音量
        sp.play(
                hm.get(sound),                               //声音资源 id
                volum,                                       //左声道音量
                volum,                                       //右声道音量
                1,                                           //优先级
                loop,                                        //循环次数，-1 代表永远循环
                1);                                          //回放速度 0.5f～2.0f
    }
```

```
44    public void stopGameMusic(int sound){
45        sp.pause(sound);                                   //暂停音乐音效
46        sp.stop(sound);                                    //停止音乐音效
47        sp.setVolume(sound, 0, 0);                         //设置音量大小
48    }}
```

❑ 第 5-16 行首先为 MainActivity 类对象赋值，然后初始化声音资源。首先创建声音池对象和 HashMap 对象，并将单击按钮音效、单击返回按钮音效、金币掉落音效等声音的资源 id 存放进 HashMap 对象。

❑ 第 18-26 行为播放音效的方法，首先获取系统的 AudioManager 对象，然后获取系统当前音量，获取系统最大音量，接下来计算声音播放的音量，并播放指定音效。

❑ 第 27-43 行播放背景音乐的方法，首先获取系统时间，计算时间间隔，获取系统的 AudioManager 对象，获取系统当前音量，获取系统最大音量，计算声音播放的音量。然后加载声音资源，设置左右声道音量等相关参数，并播放背景音乐。

❑ 第 44-48 行为停止播放即时音效的方法，暂停声音池的声音资源，并将音量置为 0。

3. 纹理管理器类 TextureManager

上一部分介绍了本游戏用到的声音管理器类 SoundManager，接下来将要介绍本游戏用到的纹理管理器类 TextureManager，该类主要包括生成纹理 id 的方法，加载所有纹理图的方法以及获取指定纹理的方法，其具体代码如下。

代码位置：见随书中源代码/第 16 章/CatcherFun/src/com/bn/util/manager 目录下的 TextureManager.java。

```
package com.bn.util.manager;                                          //声明包名
......//此处省略了导入类的代码，读者可自行查阅随书附带中的源代码
public class TextureManager{
    ......//此处省略了声明成员变量的代码，读者可自行查阅随书附带中的源代码
    public static int initTexture(MySurfaceView mv,String texName,boolean isRepeat){
        int[] textures=new int[1];                                    //生成纹理 id
        GLES30.glGenTextures(1,textures,0);
        GLES30.glBindTexture(GLES30.GL_TEXTURE_2D, textures[0]);//绑定纹理 id
        GLES30.glTexParameterf(GLES30.GL_TEXTURE_2D,    //设置 MAG 时为线性采样
        GLES30.GL_TEXTURE_MAG_FILTER,GLES30.GL_LINEAR);
        GLES30.glTexParameterf(GLES30.GL_TEXTURE_2D,    //设置 MIN 时为最近点采样
        GLES30.GL_TEXTURE_MIN_FILTER,GLES30.GL_NEAREST);
        if(isRepeat){
          GLES30.glTexParameterf(GLES30.GL_TEXTURE_2D, //设置 S 轴的拉伸方式
          GLES30.GL_TEXTURE_WRAP_S,GLES30.GL_REPEAT);
          GLES30.glTexParameterf(GLES30.GL_TEXTURE_2D, //设置 T 轴的拉伸方式
          GLES30.GL_TEXTURE_WRAP_T,GLES30.GL_REPEAT);
        }else{
          GLES30.glTexParameterf(GLES30.GL_TEXTURE_2D, //设置 S 轴的拉伸方式为截取
          GLES30.GL_TEXTURE_WRAP_S,GLES30.GL_CLAMP_TO_EDGE);
          GLES30.glTexParameterf(GLES30.GL_TEXTURE_2D, //设置 T 轴的拉伸方式为截取
          GLES30.GL_TEXTURE_WRAP_T,GLES30.GL_CLAMP_TO_EDGE);
        }
        String path="pic/"+texName;                                   //定义图片路径
        InputStream in = null;
        try {
            in = mv.getResources().getAssets().open(path);
        }catch (IOException e) {e.printStackTrace();}
        Bitmap bitmap=BitmapFactory.decodeStream(in);  //从流中加载图片内容
        GLUtils.texImage2D(GLES30.GL_TEXTURE_2D,0,bitmap,0);//实际加载纹理进显存
        bitmap.recycle();                           //纹理加载成功后释放内存中的纹理图
        return textures[0];
    }
    ......//此处省略了加载所有纹理图的代码，读者可自行查阅随书附带中的源代码
    public static int getTextures(String texName){              //获得纹理图
        int result=0;
        if(texList.get(texName)!=null){                         //如果列表中有此纹理图
```

```
38          result=texList.get(texName);                          //获取纹理图
39       }else{result=-1;}
40       return result;
41   }}
```

❑ 第 5-23 行为初始化纹理的 initTexture 方法，首先从系统获取分配的纹理 id，然后设置此 id 对应纹理的采样方式，之后设置拉伸方法。当需要重复时，设置 ST 轴拉伸方式为重复拉伸；否则设置 ST 轴的拉伸方式为截取。

❑ 第 25-33 行为通过流将纹理图加载进内存，最后将纹理图加载进显存并释放内存中的副本。另外需要注意的是，在纹理加载结束之后必须释放内存中的副本，否则在纹理较多的项目中可能引起内存崩溃。

❑ 第 35-41 行为获取指定纹理图的方法，当加载结束后的纹理列表中存在指定纹理时，返回指定纹理；否则返回-1，表示不存在该纹理。

16.5.3 线程类

上一小节主要介绍的是该游戏用到的自定义管理器类，本小节将主要介绍该游戏中用到的物理线程类 PhysicsThread，该类中主要实现了定时物理模拟的功能，在物理进行一次模拟后，及时处理不同事务，以便下一次正确模拟，其具体步骤如下。

（1）首先给出的是物理线程类 PhysicsThread 的基本框架，主要包括重写的 run 方法、对于游戏界面前后左右键的响应，以及从物理世界删除刚体的方法等，其具体代码如下。

代码位置：见随书中源代码/第 16 章/CatcherFun/src/com/bn/thread 目录下的 PhysicsThread.java。

```
package com.bn.thread;                                        //声明包名
......//此处省略了导入类的代码，读者可自行查阅随书附带中的源代码
public class PhysicsThread extends Thread{
    GameView gv;                                              //游戏界面引用
    Vector3f origin;                                          //用来储存滑动关节中箱子的位置
    ......//此处省略构造方法，请读者自行查看随书源代码。
    public void run(){                                        //重写 run 方法
        while(true){
              try{
                    origin= SliderHelper.cubeBody             //获取箱子位置信息
                    .getMotionState().getWorldTransform(new Transform()).origin;
                    gv.dynamicsWorld.stepSimulation(TIME_STEP,
                    MAX_SUB_STEPS);//开始模拟
                    delDoll();                                //调用删除娃娃刚体的方法
                    if((gv.keyState & 0x01) != 0){           //单击向前按钮
                        if(origin.z<=14.7f){
                            istop=false;
                            gv.claw.moveBy(new Vector3f(0,0,0.05f));
                                                              //沿 z 轴正方向移动
                            if(origin.z<14.65f&&origin.z>14.6f){
                            isbottom=true;                    //向前按钮消失标志为 true
                    }}}else if((gv.keyState & 0x02) != 0){   //单击向后按钮
                        isbottom=false;
                        if(origin.z>=11.4f){
                        gv.claw.moveBy(new Vector3f(0,0,-0.05f));//沿 z 轴负方向移动
                        if(origin.z>11.4&&origin.z<11.49){
                            istop=true;                       //向后按钮消失标志为 true
                    }}}else if((gv.keyState & 0x04) != 0){   //单击向左按钮
                        isright=false;
                        if(origin.x>=-0.85f){
                        gv.claw.moveBy(new Vector3f(-0.05f,0,0));//沿 x 轴负方向移动
                        if(origin.x>-0.8f&&origin.x<-0.75f){
                            isleft=true;                      //向左按钮消失标志为 true
                    }}}else if((gv.keyState & 0x08) != 0){   //单击向右按钮
                        isleft=false;
                        if(origin.x<=1.2f){
```

```
35                        gv.claw.moveBy(new Vector3f(0.05f,0,0));//沿 x 轴正方向移动
36                        if(origin.x==1.15f){
37                         isright=true;                  //向右按钮消失标志为 true
38                    }}}
39                    Thread.sleep(20);                  //当前线程睡眠 20 毫秒
40        } catch (Exception e){e.printStackTrace();}
41        }}
42        public void delDoll(){/*此处省略删除娃娃刚体的方法，将在后面进行介绍*/}
43    }
```

❑ 第 1-13 行首先声明包名，创建 Vector3f 变量用来储存滑动关节中箱子的位置，然后重写 run 方法，首先获取箱子的位置信息，然后设置模拟频率，开启模拟，调用删除刚体的方法。其中此处省略构造方法，请读者自行查看随书源代码。

❑ 第 14-38 行为响应游戏界面前后左右键事件，首先要获取滑动关节中箱子的位置信息，然后根据箱子的位置，判断当前机械手该向哪个方向移动，方便玩家操作，每次操作完成之后线程睡眠 20 毫秒。此处省略删除娃娃刚体的方法，将在后面进行详细介绍。

> **提示**　此处有 istop、isbottom、isright、isleft4 个标志位，此 4 个标志位用来控制前后左右键是否消失，例如，当机械手移动到最左边时，左边的按键就消失以提示玩家不能再向左移动了。

（2）上面介绍了物理线程类 PhysicsThread 的基本框架，接下来将要为读者介绍物理线程类中省略的删除娃娃刚体方法，该方法主要包括响应刷新按钮事件，判断当前玩家所夹娃娃是否能抓取成功等。其具体代码如下。

代码位置：见随书中源代码/第 16 章/CatcherFun/src/com/bn/thread 目录下的 PhysicsThread.java。

```
1    public void delDoll(){
2        if(isupdate){                                          //如果单击刷新按钮
3            for(int i=0;i<updatedoll.size();i++){              //从物理世界中删除刚体
4                gv.dynamicsWorld.removeRigidBody(updatedoll.get(i).RigidBodydoll);
5            }
6            updatedoll.clear();                                //清空娃娃刚体列表
7            isupdate=false;                                    //刷新标志位置为 false
8            gv.update();                                       //调用刷新娃娃方法
9        }
10       List<BNAbstractDoll> removedoll=new ArrayList<BNAbstractDoll>();
         //存放要删除的娃娃对象
11       for(int i=0;i<updatedoll.size();i++){
12           Transform posi2=                                   //获取娃娃刚体位置
13           updatedoll.get(i).RigidBodydoll.getMotionState().getWorldTransform(new
              Transform());
14           if(posi2.origin.z>14.4f&&posi2.origin.x>0.5f&&posi2.origin.y<1.8f){
15               updatedoll.get(i).isInBox=true;            //判断娃娃是否处于收纳盒内
16               int count=dollcount[updatedoll.get(i).bianhao]+1;
17               dollcount[updatedoll.get(i).bianhao]=count;//相应娃娃数量加 1
18               //从物理世界中删除刚体
19               gv.dynamicsWorld.removeRigidBody(updatedoll.get(i).RigidBodydoll);
20               removedoll.add(updatedoll.get(i));
21               getcount++;                                //获取到娃娃数量加 1
22               CollectionView.CalculateAward(); //调用计算抓到娃娃奖励方法
23               gv.isSuccess=true;                         //是否抓取成功标志位置为 true
24               gv.successId=updatedoll.get(i).bianhao;//记录当前娃娃编号
25               break;
26       }}
27       for(int i=0;i<removedoll.size();i++){          //循环删除指定娃娃对象
28           updatedoll.remove(removedoll.get(i));
29   }}
```

❑ 第 2-9 行为响应刷新按钮事件，当玩家单击刷新按钮时，首先要做的是将现有娃娃刚体从物理世界删除，清空娃娃刚体列表，将刷新标志位置为 false，然后调用游戏界面的刷新娃娃的方法。

❑ 第 10-29 行首先判断当前玩家所夹住的娃娃是否处于收纳盒内，若处在收纳盒内，则相应的娃娃数量加 1，将娃娃刚体从物理世界中删除，总获取到娃娃数量加 1，计算玩家抓到娃娃奖励金币的数量，最后循环删除指定娃娃对象。

16.6 绘制相关类

前面已经对整个游戏用到的界面显示类和工具辅助类以及线程类的开发进行了简单介绍，本节将对游戏界面的绘制模块进行简单介绍，包括 3D 模型的绘制类 LoadedObjectVertexNormalTexture 和 BN2DObject 类，具体内容如下。

16.6.1 3D 模型绘制类的开发

本小节主要介绍的是 3D 模型绘制类 LoadedObjectVertexNormalTexture，该类由多个参数的构造器、初始化顶点坐标与着色数据的方法、初始化着色器的方法、实现图形绘制的方法以及一个用于初始化顶点数组对象的方法 initVAO 组成，这里由于篇幅有限，只对部分方法进行介绍，具体步骤如下。

（1）首先介绍 LoadedObjectVertexNormalTexture 类的构造器方法以及初始化顶点与着色数据的方法和初始化着色器的方法，用于初始化顶点数组对象的方法 initVAO 将在下面进行介绍，具体代码如下。

代码位置：见随书中源代码/第 16 章/CatcherFun/src/com/bn/object/目录下的 LoadedObjectVertexNormalTexture.java。

```
package com.bn.object;                                  //声明包名
public class LoadedObjectVertexNormalTexture{           //加载后的物体
    int mProgram;                                       //自定义渲染管线着色器程序 id
    ......//此处省略了声明变量的代码，读者可自行查看随书中的源代码
    public LoadedObjectVertexNormalTexture(GLSurfaceView mv,float[] vertices,
            float[] normals,float texCoors[],int programId){
            this.mProgram=programId;                    //将着色器 Iid 传过来
            initShader();                               //初始化 shader
            initVertexData(vertices,normals,texCoors); //初始化数据
    }
    public void initVertexData(float[] vertices.float[] normals,float texCoors[])
    { //初始化数据的方法
            int[] buffIds=new int[2];                   //缓冲 id 数组
            GLES30.glGenBuffers(2, buffIds, 0);         //生成 3 个缓冲 id
            mVertexBufferId=buffIds[0];                 //顶点坐标数据缓冲 id
            mTexCoorBufferId=buffIds[1];                //顶点纹理坐标数据缓冲 id
            vCount=vertices.length/3;
            ByteBuffer vbb = ByteBuffer.allocateDirect(vertices.length*4);
                                                        //创建数据缓冲
            vbb.order(ByteOrder.nativeOrder());         //设置字节顺序
            FloatBuffer mVertexBuffer = vbb.asFloatBuffer();  //转换为 Float 型缓冲
            mVertexBuffer.put(vertices);                //向缓冲区中放入顶点坐标数据
            mVertexBuffer.position(0);                  //设置缓冲区起始位置
            //绑定到顶点坐标数据缓冲
            GLES30.glBindBuffer(GLES30.GL_ARRAY_BUFFER,mVertexBufferId);
            //向顶点坐标数据缓冲送入数据
            GLES30.glBufferData(GLES30.GL_ARRAY_BUFFER, vertices.length*4,
                        mVertexBuffer, GLES30.GL_STATIC_DRAW);
            ......//此处纹理坐标数据相关代码与上述相似，请读者自行查看随书中的源代码
            GLES30.glBindBuffer(GLES30.GL_ARRAY_BUFFER,0); //绑定到系统默认缓冲
            initVAO();
    }
    public void initVAO(){/*此处省略了用于初始化顶点数组对象的方法，下面将介绍*/}
    public void initShader(){/*此处省略了初始化着色器的代码，读者可自行查阅随书源代码*/}
    public void drawSelf(int texId){/*此处省略了图形绘制的方法，下面将介绍*/}
}
```

❑ 第 5-10 行为 LoadedObjectVertexNormalTexture 类的构造器方法。通过传入的 MySurfaceView 类的对象、顶点坐标数据、顶点法向量数据、顶点纹理坐标以及渲染管线着色器程序 id 等参数，在构造器方法中，调用了初始化顶点与着色数据的方法以及初始化着色器方法。

❑ 第 12-15 行通过调用 glGenBuffers 方法创建 3 个缓冲，将获得缓冲编号存储到了对应成员变量中。

❑ 第 16-26 行创建了内存缓冲，并将顶点坐标数据存入了内存缓冲中，以备后面将内存缓冲中的顶点坐标数据送入顶点缓冲区。

（2）上面主要介绍的是 LoadedObjectVertexNormalTexture 类的构造器、初始化顶点以及着色数据的方法，下面将为读者介绍用于初始化顶点数组对象的方法以及图形绘制的方法，具体代码如下。

代码位置：见随书中源代码/第 16 章/CatcherFun/src/com/bn/object/目录下的 LoadedObjectVertexNormalTexture.java。

```
1   public void initVAO(){                                    //用于初始化顶点数组对象的方法
2       int[] vaoIds=new int[1];                              //用于存放顶点数组对象编号的数组
3       GLES30.glGenVertexArrays(1, vaoIds, 0);               //创建一个顶点数组对象
4       vaoId=vaoIds[0];                                      //将创建的顶点数组对象编号获取
5       GLES30.glBindVertexArray(vaoId);                      //绑定顶点数组对象
6       GLES30.glEnableVertexAttribArray(maPositionHandle);   //启用顶点位置数据
7       GLES30.glEnableVertexAttribArray(maTexCoorHandle);    //启用纹理坐标数据
8       //绑定到顶点坐标数据缓冲
9       GLES30.glBindBuffer(GLES30.GL_ARRAY_BUFFER,mVertexBufferId);
10      //指定顶点位置数据
11      GLES30.glVertexAttribPointer(maPositionHandle, 3, GLES30.GL_FLOAT, false, 3*4, 0 );
12      //绑定到顶点纹理坐标数据缓冲
13      GLES30.glBindBuffer(GLES30.GL_ARRAY_BUFFER,mTexCoorBufferId);
14      //指定顶点纹理坐标数据
15      GLES30.glVertexAttribPointer(maTexCoorHandle, 2, GLES30.GL_FLOAT, false,2*4, 0);
16      GLES30.glBindBuffer(GLES30.GL_ARRAY_BUFFER,0); //绑定到系统默认缓冲
17      GLES30.glBindVertexArray(0);                          //绑定到系统默认顶点数组对象
18  }
19  public void drawSelf(int texId) {
20      GLES30.glUseProgram(mProgram);                        //指定使用某套着色器程序
21      //将最终变换矩阵传入渲染管线
22      GLES30.glUniformMatrix4fv(muMVPMatrixHandle, 1, false, MatrixState3D.getFinal
        Matrix(), 0);
23      //将位置、旋转变换矩阵传入渲染管线
24      GLES30.glUniformMatrix4fv(muMMatrixHandle, 1, false,MatrixState3D.getMMatrix(), 0);
25      GLES30.glUniform1f(SwitchcolorHandle, ColorCS); //将变换数据传到渲染管线
26      GLES30.glBindVertexArray(vaoId);
27      GLES30.glActiveTexture(GLES30.GL_TEXTURE0);           //激活纹理
28      GLES30.glBindTexture(GLES30.GL_TEXTURE_2D, texId);    //绑定纹理
29      GLES30.glDrawArrays(GLES30.GL_TRIANGLES, 0, vCount);  //绘制加载的物体
30      GLES30.glBindVertexArray(0);
31  }
```

❑ 第 2-18 行为创建并初始化顶点数组对象，包括生成 VAO，绑定 VAO，启用顶点位置、纹理坐标数据数组，然后依次将顶点坐标数据以及顶点纹理坐标数据指定到相应的缓冲，最后绑定到系统默认的缓冲上以及系统默认的顶点数组对象上，此方法在初始化顶点数据时调用一次。

❑ 第 19-31 行为绘制方法功能，主要是指定使用某套着色器程序，将最终变换矩阵、基本变换矩阵、参数变换等数据送入渲染管线，并绑定顶点数组对象，激活和绑定纹理，绘制物体之后绑定到系统默认的顶点数组对象。

16.6.2　BN2DObject 绘制类的开发

上一小节主要介绍了 LoadedObjectVertexNormalTexture 绘制类的开发，本小节将要对 BN2DObject 绘制类进行简单介绍，该类用于绘制平面中的物体，即 2D 对象。该类主要包括 3 个

构造器、一个初始化顶点数据的方法和两个绘制方法等。由于篇幅原因，只选择其中部分方法进行介绍，其具体代码如下。

代码位置：见随书中源代码/第 16 章/ CatcherFun/src/com/bn/object/目录下的 BN2DObject.java。

```
1    package com.bn.object;                                          //声明包名
2    ......//此处省略了导入类的代码，读者可自行查阅随书附带中的源代码
3    public class BN2DObject{
4        public FloatBuffer mVertexBuffer;                             //顶点坐标数据缓冲
5        ......//此处省略了定义变量的代码，读者可自行查阅随书附带中的源代码
6        public BN2DObject(float x,float y,float picWidth,float picHeight,int
         texId,int programId){
7        this.x=Constant.fromScreenXToNearX(x);                      //将屏幕 x 转换成视口 x 坐标
8        this.y=Constant.fromScreenYToNearY(y);                      //将屏幕 y 转换成视口 y 坐标
9        this.texId=texId;
10       this.programId=programId;
11       initVertexData(picWidth,picHeight);                         //初始化顶点数据
12   }
13   public BN2DObject(float x,float y,float picWidth,float picHeight,int texId,int
     programId,int spng){
14       /*此处省略了有参构造器的代码，读者可自行查看*/}
15   public BN2DObject(float x,float y,float width,float height,int han,int lie,int
     HZ,int LZ,int texId,int programId){
16       /*此处省略了与上面类似的有参构造器的代码，读者可自行查看*/}
17   public void initVertexData(float width,float height){        //初始化顶点数据
18       vCount=4;                                                   //顶点个数
19       width=Constant.fromPixSizeToNearSize(width);               //屏幕宽度转换成视口宽度
20       height=Constant.fromPixSizeToNearSize(height);             //屏幕高度转换成视口高度
21       float vertices[]=new float[]{//初始化顶点坐标数据
22           -width/2,height/2,0,-width/2,-height/2,0,width/2,height/2,0,width/2,
             -height/2,0};
23       ByteBuffer vbb=ByteBuffer.allocateDirect(vertices.length*4);
                                                                     //创建顶点坐标数据缓冲
24       vbb.order(ByteOrder.nativeOrder());                         //设置字节顺序
25       mVertexBuffer=vbb.asFloatBuffer();                          //转换为 Float 型缓冲
26       mVertexBuffer.put(vertices);                                //向缓冲区中放入顶点坐标数据
27       mVertexBuffer.position(0);                                  //设置缓冲区起始位置
28       float[] texCoor=new float[12];                              //初始化纹理坐标数据
29       if(!isLoad){                                                //其他图形的纹理坐标
30           texCoor=new float[]{0,0,0,1,1,0,1,1,1,0,0,1};
31       }else{
32           float sstep=(float)1/LZ;                                //每列的步进
33           float tstep=(float)1/HZ;                                //每行的步进
34           texCoor=new float[]{                                    //计算出来纹理坐标
35               sstep*han-sstep,tstep*lie-tstep, sstep*han-sstep,tstep*lie,sstep*han,
             tstep*lie-tstep, sstep*han,tstep*lie,sstep*han,tstep*lie-tstep,sstep*han-sstep,
36               tstep*lie};}
37       ByteBuffer cbb=ByteBuffer.allocateDirect(texCoor.length*4);
                                                                     //创建顶点纹理坐标数据缓冲
38       cbb.order(ByteOrder.nativeOrder());                         //设置字节顺序
39       mTexCoorBuffer=cbb.asFloatBuffer();                         //转换为 Float 型缓冲
40       mTexCoorBuffer.put(texCoor);                                //向缓冲区中放入顶点着色数据
41       mTexCoorBuffer.position(0);                                 //设置缓冲区起始位置
42   }
43   public void initShader(){                                       //初始化着色器
44       maPositionHandle = GLES30.glGetAttribLocation(programId, "aPosition");
                                                                     //获取位置属性 id
45       maTexCoorHandle= GLES30.glGetAttribLocation(programId, "aTexCoor");
                                                                     //获取纹理属性 id
46       muMVPMatrixHandle = GLES30.glGetUniformLocation(programId, "uMVPMatrix");
47       CLStepHandle=GLES30.glGetUniformLocation(programId, "CLStep");//透明度属性 Id
48       xHandle=GLES30.glGetUniformLocation(programId, "xPosition"); //坐标属性 id
49   }
50   ......//此处省略了设置 x、y 坐标的方法的代码，读者可自行查阅随书附带中的源代码
51   public void drawSelf(){/*此处的绘制方法与 3D 模型绘制类的绘制方法类似，故省略*/}
52   public void drawSelf(float lx,float ly){/*此处省略了绘制方法，读者可自行查阅随书源代码*/}
53   }
```

- 第 5-11 行为 BN2DObject 类的构造器，传入的参数有 BN2DObjec 对象中心点的坐标，

BN2DObject 类对象的宽度和高度、纹理 id 以及着色器程序 id，根据传入的参数初始化顶点数据。

- 第 14-20 行为 BN2DObject 类初始化顶点数据的方法，首先记录顶点数量，将 BN2DObject 类对象的屏幕宽度和屏幕高度转化为视口内的宽度与高度。
- 第 21-27 行功能为初始化顶点坐标数据，创建顶点坐标缓冲，设置字节顺序，转换缓冲区类型等，最后将顶点坐标数据送入指定的缓冲区。
- 第 28-41 行为初始化顶点纹理坐标数据，首先计算纹理坐标，此处计算纹理坐标包含两种方式，分为计算单个纹理图的纹理坐标和计算整幅纹理图的纹理坐标，即一副纹理图中是否有多幅大小相同的小纹理组成。然后设置缓冲区，设置字节顺序等。
- 第 43-49 行为初始化着色器方法，根据指定着色器程序 id，获取程序中顶点位置属性引用 id、纹理坐标属性应用 id 及总变换矩阵引用 id，将改变透明度参数及坐标位置参数传递到渲染管线。

说明　该游戏的绘制类到这里已经基本介绍完毕，在这里主要选择了两个绘制类进行了简单介绍，如果读者对其他绘制类感兴趣，可以查阅随书附带的查看其他绘制类进行学习。

16.7 粒子系统的开发

很多游戏场景中都会采用火焰或烟花效果等作为点缀，以增强游戏的真实性来吸引吸玩家。而目前最流行的实现火焰、烟花等效果的就是粒子系统技术。本游戏中选项界面里就有利用粒子系统开发的非常真实酷炫的粒子特效，本节将向读者介绍如何开发粒子系统。

16.7.1 基本原理

粒子系统的基本思想非常简单，将烟花特效看作由一系列运动的粒子叠加而成。系统定时在固定的区域内生成新的粒子，粒子生成后不断按照一定的规律运动并改变自身的颜色。当粒子运动满足一定条件后，粒子消亡。对单个粒子而言，其生命周期过程如图 16-22 所示。

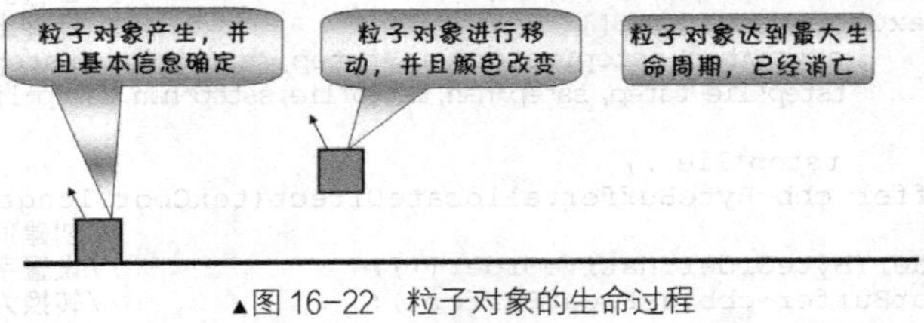

▲图 16-22　粒子对象的生命过程

实际粒子系统的开发中，开发人员需要根据目标特效的需求设置粒子的各项属性，实现真实地模拟出火焰、烟花等不同的效果。例如，本游戏中烟花特效的开发，只有给定粒子合适的初始位置、运动速度、尺寸、最大生命期等属性，才可以实现真实的烟花效果。

16.7.2 开发步骤

上一小节介绍了用粒子系统实现烟花特效的基本原理，本小节将对其基本开发步骤进行简要介绍。烟花特效主要包括总控制类 ParticleSystem、单个粒子的 ParticleSingle 类、常量类 ParticleDataConstant、和绘制类 ParticleForDraw。本小节将主要介绍 ParticleSystem 类和 ParticleSingle 类，具体内容如下。

（1）首先介绍的是粒子系统的总控制类 ParticleSystem。由于每个 ParticleSystem 类的对象代

表一个粒子系统，所以，本类中用一系列的成员变量来存储对应粒子系统的各项信息。这里由于篇幅限制，只对 drawSelf 方法和 update 方法进行介绍，具体代码实现如下。

代码位置：见随书源代码/第 16 章/CatcherFun/src/com/bn/special 目录下的 ParticleSystem.java。

```
public void drawSelf(){
    GLES30.glDisable(GLES30.GL_DEPTH_TEST);           //关闭深度检测
    GLES30.glEnable(GLES30.GL_BLEND);                 //开启混合
    GLES30.glBlendEquation(blendFunc);                //设置混合方式
    GLES30.glBlendFunc(srcBlend,dstBlend);            //设置混合因子
    alFspForDrawTemp.clear();                         //清空列表
    synchronized(lock){
    //加锁的目的是为了保证添加和情况不同时进行，也就是保证了每次执行 add 都会有对象
    for(int i=0;i<alFspForDraw.size();i++){           //遍历列表
        alFspForDrawTemp.add(alFspForDraw.get(i));
    }}
    MatrixState3D.translate(positionX, positionY, positionZ);    //平移
    calculateBillboardDirection();
    MatrixState3D.rotate(yAngle, 0, 1, 0);            //旋转
    for(ParticleSingle fsp:alFspForDrawTemp){         //遍历列表
        fsp.drawSelf(startColor,endColor,maxLifeSpan); //绘制
    }
    GLES30.glEnable(GLES30.GL_DEPTH_TEST);            //开启深度检测
    GLES30.glDisable(GLES30.GL_BLEND);                //关闭混合
}
```

说明 上面主要介绍了粒子系统的总控制类 ParticleSystem 的绘制方法，首先开启混合，然后根据初始化得到的混合方式与混合因子进行混合相关参数的设置。将转存粒子列表中的粒子复制进直接服务于绘制工作的粒子列表。要特别注意的是，为防止两个不同的线程同时对一个列表执行读写，这里采用同步互斥技术。最后遍历整个直接服务于绘制工作的粒子列表，绘制其中的每个粒子。

（2）介绍完总控制类 ParticleSystem 中的绘制方法，接下来将对更新整个粒子系统的所有信息的 update 方法进行开发，具体代码的实现如下。

代码位置：见随书源代码/第 16 章/CatcherFun/src/com/bn/special 目录下的 ParticleSystem.java。

```
public void update() {
    for(int i=0;i<groupCount;i++){                    //喷发新粒子
        if(SpecialBZ==5){                             //绘制刷新后出现的粒子系统
            float px=(float) (sx+xRange*(Math.random()*2-1.0f));
                                                      //在中心附近产生粒子的位置
            float py=(float) (sy+yRange*(Math.random()*2-1.0f));
            //随机产生粒子的方位角及仰角
            double elevation=Math.random()*Math.PI/12+Math.PI*2/12; //仰角
            double direction=Math.random()*Math.PI*2;         //方位角
            //计算出粒子在 x、y、z 轴方向的速度分量
            float vy=(float)(2f*Math.sin(elevation));         //y 方向速度
            float vx=(float)(2f*Math.cos(elevation)*Math.cos(direction));
                                                              //x 方向速度
            float vz=(float)(2f*Math.cos(elevation)*Math.sin(direction));
                                                              //z 方向速度
            ParticleSingle fsp=new ParticleSingle(px,py,vx,vy,vz,fpfd);
                                                              //创建单个粒子
            alFsp.add(fsp);                                   //添加进列表中
        }
        if(SpecialBZ==2){/*此处省略了与上面类似的代码，读者可自行查阅随书源代码*/}
    }
    //清空缓冲的粒子列表，此列表主要存储需要删除的粒子
    alFspForDel.clear();                                      //清空粒子
    for(ParticleSingle fsp:alFsp){
        fsp.go(lifeSpanStep);                                 //对每个粒子执行运动操作
        //果粒子已经存在的时间已经足够了，就把它添加到需要删除的粒子列表
```

```
        if(fsp.lifeSpan>this.maxLifeSpan){
            alFspForDel.add(fsp);
    }}
    for(ParticleSingle fsp:alFspForDel){                //删除过期粒子
        alFsp.remove(fsp);
    }
    synchronized(lock){                                 //更新绘制列表
        alFspForDraw.clear();
        for(int i=0;i<alFsp.size();i++){
        alFspForDraw.add(alFsp.get(i));
}}}
```

说明 上面介绍的是总控制类 ParticleSystem 的更新粒子信息的方法，在本游戏中，共有两种粒子系统，分别是形态不同的烟花粒子系统。由于形态不同，所以产生新的粒子的位置的方法也不相同。粒子的初始位置在指定的中心点附近随机产生，根据粒子初始位置确定粒子 x、y、z 方向的速度。然后删除超过生命期上限的全部粒子，最后将更新后的所有粒子列表中的粒子复制进转存粒子列表，形成粒子数据从计算线程到绘制线程的流水线，这样就可以产生非常真实的粒子系统。

（3）下面介绍的是代表单个粒子的 ParticleSingle 类，其负责存储单个特定粒子的信息。这里由于篇幅原因，只对 go 方法和 drawSelf 方法进行介绍。具体代码开发如下。

代码位置：见随书源代码/第 16 章/CatcherFun/src/com/bn/special 目录下的 ParticleSingle.java。

```
1  public void go(float lifeSpanStep){              //粒子进行移动的方法，增大生命期的方法
2      if(SourceConstant.SpecialBZ==5){             //刷新按钮按下的粒子系统
3          x1=x1+vx1*lifeSpan/6.0f;                 // x 运动位移
4          y1=y1+0.5f*1*lifeSpan*lifeSpan*2.0f; //  y 运动位移
5          z1=z1+vz1*lifeSpan/6.0f;                 // z 运动位移
6      }
7      if(SourceConstant.SpecialBZ==2){             //抓娃娃成功粒子系统
8          x1=x1+vx1*lifeSpan*0.02f;                //x 运动位移
9          y1=y1-0.5f*1*lifeSpan*lifeSpan;          // y 运动位移
10         z1=z1+vz1*lifeSpan*0.2f;                 // z 运动位移
11     }
12     lifeSpan+=lifeSpanStep;                      //生命周期
13 }
14 public void drawSelf(float[] startColor,float[] endColor,float maxLifeSpan){
15     MatrixState3D.pushMatrix();                  //保护现场
16     if(SourceConstant.SpecialBZ==5){             //如果是刷新
17         MatrixState3D.translate(x1, y1, z1);     //执行平移
18     }
19     if(SourceConstant.SpecialBZ==2){                 //如果抓娃娃成功
20         MatrixState3D.translate(x1, y1, z1);         //执行平移
21     }
22     float sj=(maxLifeSpan-lifeSpan)/maxLifeSpan;//衰减因子在逐渐变小，最后变为 0
23     fpfd.drawSelf(sj,startColor,endColor);           //绘制单个粒子
24     MatrixState3D.popMatrix();                       //恢复现场
25 }
```

- 第 1-13 行为定时调用以运动粒子的 x、y、z 运动位移及增大粒子生命期的 go 方法。
- 第 14-25 行为绘制单个粒子的 drawSelf 方法，首先根据粒子当前的生命期与最大允许生命周期计算出总衰减因子，然后调用粒子绘制对象的 drawSelf 方法完成粒子的绘制。

说明 本小节关于烟花特效的实现借助了 ParticleForDraw 和 ParticleDataConstant 两个工具类。对于 ParticleForDraw 类，其为最基本的烟花粒子绘制类，与之前介绍的 BN2DObject 类的功能实现类似，这里由于篇幅限制，不再进行赘述，而 ParticleDataConstant 常量类在上面已经进行了介绍。

16.8 本游戏中的着色器

在本节之前，该游戏的功能和所用技术基本介绍完毕，本节将对游戏中用到的相关着色器进行介绍，本游戏一共使用了 6 套着色器，主要包括进行绘制模型的着色器、绘制粒子系统的着色器、绘制 2D 界面的着色器，以及加载进度条的着色器等。下面选择其中的一部分进行简单介绍。

（1）着色器分为顶点着色器和片元着色器。顶点着色器是一个可编程的处理单元，功能为执行顶点的变换、光照、材质的应用与计算等顶点的相关操作，其每个顶点执行一次。接下来首先介绍的是基本图形绘制的顶点着色器，其详细代码如下。

代码位置：见随书源代码/第 16 章/CatcherFun/assets/shader 目录下的 vertex_2d.sh。

```
#version 300 es
uniform mat4 uMVPMatrix;                          //总变换矩阵
in vec3 aPosition;                                //顶点位置
in vec2 aTexCoor;                                 //顶点纹理坐标
out vec2 vTextureCoord;                           //用于传递给片元着色器的变量
void main(){
     gl_Position = uMVPMatrix * vec4(aPosition,1); //根据总变换矩阵计算此次绘制此顶点位置
     vTextureCoord = aTexCoor;                     //将接收的纹理坐标传递给片元着色器
}
```

> **说明** 此顶点着色器的作用是，根据顶点位置和总变换矩阵计算此次绘制此顶点位置 gl_Position，每顶点执行一次，并将接收的纹理坐标传递给片元着色器。

（2）介绍完了基本图形绘制的顶点着色器的开发后，接下来将介绍基本图形绘制的片元着色器的开发。片元着色器是用于处理片元值及其相关数据的可编程片元，其可以执行纹理的采样、颜色的汇总、计算雾的颜色等操作，每片元执行一次。具体代码实现如下。

代码位置：见随书源代码/第 16 章/CatcherFun/assets/shader 目录下的 frag_2d.sh。

```
#version 300 es
precision mediump float;                          //定义 float 精度
in vec2 vTextureCoord;                            //接收从顶点着色器过来的参数
uniform sampler2D sTexture;                       //纹理内容数据
out vec4 fragColor;
void main(){
     fragColor = texture(sTexture, vTextureCoord); //赋给此片元从纹理中采样出颜色值
}
```

> **说明** 此片元着色器的作用是，根据从顶点着色器传递过来的参数 vTextureCoord 和从 Java 代码部分传递过来的 sTexture 来计算片元的最终颜色值，每片元执行一次。

（3）上面主要介绍的是一套基本图形绘制的着色器，下面将介绍能够实现加载进度条的动态效果，首先介绍顶点着色器，其具体代码如下。

代码位置：见随书源代码/第 16 章/CatcherFun/assets/shader 目录下的 vertex_load2d.sh。

```
#version 300 es
uniform mat4 uMVPMatrix;                          //总变换矩阵
in vec3 aPosition;                                //顶点位置
in vec2 aTexCoor;                                 //顶点纹理坐标
out vec2 vTextureCoord;                           //用于传递给片元着色器的变量
out float vxPosition;                             //用于传递给片元着色器的顶点坐标
void main(){
     gl_Position = uMVPMatrix * vec4(aPosition,1); //根据总变换矩阵计算此次绘制此顶点位置
     vTextureCoord = aTexCoor;                     //将接收的纹理坐标传递给片元着色器
     vxPosition=gl_Position.x;                     //将变换后的顶点位置坐标传递给片元着色器
}
```

说明 此顶点着色器首先接收 Java 部分传递过来的总变换矩阵、顶点位置坐标以及顶点纹理坐标数据。然后根据总变换矩阵计算出来此次绘制的顶点的位置，并将接收到的纹理坐标传递给片元着色器，将当前顶点坐标传递给片元着色器。

（4）上面主要介绍了能够实现加载进度条的动态效果的顶点着色器，下面将介绍该整套着色器的另外一部分，即片元着色器，其具体代码如下。

代码位置：见随书源代码/第 16 章/CatcherFun/assets/shader 目录下的 frag_ load2d.sh。

```
#version 300 es
precision mediump float;                              //定义 float 精度
in float vxPosition;                                  //接收顶点着色器传递过来的当前绘制的顶点
in vec2 vTextureCoord;                                //接收从顶点着色器过来的参数
uniform sampler2D sTexture;                           //纹理内容数据
uniform float xPosition;                              //接收从 Java 传递过来的加载精度的位置 x
out vec4 fragColor;                                   //输出片元的颜色
void main(){
     float ff=xPosition-90.0;                         //换算位置
     if(vxPosition+0.72>= 0.0 && vxPosition +0.72< ff/625.0){
          fragColor = vec4(1.0,0.0,0.0,0.5);          //赋予颜色值
     }else if(vxPosition+0.72>=ff/625.0 && vxPosition+0.72<=1.44){
          fragColor = texture(sTexture, vTextureCoord); //正常的片元颜色
}}
```

说明 此片元着色器接收从顶点着色器传递过来的顶点的坐标与顶点纹理坐标、接收从 Java 传递过来的加载小人的动态的坐标位置，并通过减去一个常量值、缩小一定的倍数后，使之与从顶点着色器传递过来的顶点坐标再加上一个定值后可以和 0.0～1.0 对应起来，从顶点着色器传递过来的顶点 x 位置如果小于 Java 传递过来的顶点，x 位置就置为红，否则正常颜色。

（5）上面主要介绍了能够实现加载进度条的动态效果的一套着色器。下面将为读者介绍粒子系统的片元着色器，由于其顶点着色器与上面的顶点着色器类似，就不在赘述。其具体代码如下。

代码位置：见随书源代码/第 16 章/CatcherFun/assets/shader 目录下的 frag_ lz.sh。

```
#version 300 es
precision mediump float;                                  //定义 float 精度
uniform vec4 startColor;                                  //起始颜色
uniform vec4 endColor;                                    //终止颜色
uniform float sjFactor;                                   //衰减因子
uniform float bj;                                         //半径
uniform sampler2D sTexture;                               //纹理内容数据
in vec2 vTextureCoord;                                    //接收从顶点着色器过来的参数
in vec3 vPosition;                                        //接收顶点着色器传递过来的顶点的位置
out vec4 fragColor;                                       //输出片元颜色
void main(){
     vec4 colorTL = texture(sTexture, vTextureCoord);     //进行纹理采样
     vec4 colorT;                                         //颜色变量
     float disT=distance(vPosition,vec3(0.0,0.0,0.0));//计算当前片元与中心点的距离
     float tampFactor=(1.0-disT/bj)*sjFactor;             //计算片元颜色的差值因子
     vec4 factor4=vec4(tampFactor,tampFactor,tampFactor,tampFactor);
     colorT=clamp(factor4,endColor,startColor);           //进行颜色差值
     colorT=colorT*colorTL.a;                             //组合采样出的透明度计算最终颜色
     fragColor=colorT;                                    //将计算出来的片元颜色传给渲染管线
}
```

说明 此片元着色器实现了粒子系统中片元颜色的计算策略，主要就是计算出片元颜色差值因子后，通过在起始颜色与终止颜色间进行线性差值，并结合纹理采样颜色的透明度得出最终的片元颜色。本节主要介绍的着色器已经结束，感兴趣的读者可以自行查阅随书附带中的源代码进行学习。

16.9 游戏的优化及改进

到此为止，休闲类游戏——3D 可爱抓娃娃，已经基本开发完成，也实现了最初设计的使用 OpenGL ES 3.0 渲染、烟花特效、声音特效等。但是通过多次试玩测试发现，游戏中仍然存在一些需要优化和改进的地方，下面列举了笔者想到需要改善的一些方面。

- 优化游戏界面

任何一款游戏都拥有使界面更加丰富和绚丽的空间，所以，对于本游戏的界面，读者可以不断扩充想法自行改进，例如，读者可以美化游戏的场景，使玩家有更好的游戏体验。

- 修复游戏 Bug

现在众多的手机游戏在公测之后也有很多的 Bug，需要玩家不断发现以此来改进游戏。笔者已经将目前发现的所有 Bug 修复完全，但是还有很多 Bug 是需要玩家发现和改进的，只有不断改进，才可以提高游戏的可玩性。

- 完善游戏玩法

此游戏的玩法还是比较单一，仅停留在抓娃娃，抓到娃娃获得金币的层面上。读者也可以增加一些其他的玩法，例如，设置一些游戏道具，增加更多的玩法使其更具吸引力。

- 增强游戏体验

为了满足更好的用户体验，游戏中烟花粒子系统、机械手抓娃娃的速度等一系列参数读者可以自行调整，合适的参数会极大地增加游戏的可玩性。读者也可以增加多个游戏场景，使玩家对本游戏印象更加深刻，使游戏更具可玩性。

16.10 小结

本章借开发“3D 可爱抓娃娃”游戏为主题，向读者介绍了使用 OpenGL ES 3.0 渲染技术开发休闲类 3D 游戏的全过程。学习完本章后，读者应该对该类游戏的开发有了比较深刻的了解，为以后的开发打下坚实的基础。

第 17 章　基于 WebGL 的 3D 楼盘展示系统

本章将介绍的是基于 WebGL 的 3D 楼盘展示系统的开发。本应用是以楼盘展示为模板进行设计和构思的，并且使用的是 WebGL 技术，希望通过笔者的介绍读者可以详细地掌握该技术。

本章使用的 WebGL 绘制技术标准允许把 JavaScript 和 OpenGL ES 2.0 结合在一起，通过增加 OpenGL 的一个 JavaScript 绑定，WebGL 可以为 HTML5 Canvas 提供硬件 3D 加速渲染。因此，本章的开发语言采用 JavaScript 语言，但仍是使用 OpenGL 技术，所以本质并没有区别，相信读者可以很容易掌握。

17.1 应用背景及功能概述

开发基于 WebGL 的 3D 楼盘展示系统之前，首先需要了解本应用的开发背景及具有的功能。因此本节将主要围绕本应用的背景以及功能进行简单介绍，使读者对本应用的开发有一个整体的认知，方便读者快速理解并掌握本应用的开发技术。

17.1.1 背景概述

随着经济水平的提高，购房需求越来越多，但人们选购楼房仍没有一种简便可行的方式，大部分还是要跑到各个购楼中心去选择楼盘，这大大增加了选楼的交通成本。基于以上原因，笔者开发了基于 WebGL 的 3D 楼盘展示系统这一应用，且该应用的特点如下。

- 降低交通成本

基于 WebGL 的 3D 楼盘展示系统是一款网页应用，因此，购房者不需要出门通过上网也能够对不同楼盘的楼房、户型、小区布局以及小区环境进行基本的了解，不再需要到不同的购楼中心去挑选楼房，大大降低了购房者初步选房的交通成本，而且也节省了时间。

- 方便管理

该应用中的楼房、户型以及树木等 3D 模型可以灵活地被替换，因此，开发人员可以很方便地替换应用中的 3D 模型。既能为用户实时提供最新的楼盘样式，又能有效地降低开发人员的工作压力，极大地提高了工作效率。

- 立体展示

基于 WebGL 的 3D 楼盘展示系统的所有界面都融入了 3D 元素，使原来单一的图片画面变得生动、灵活起来，实现了与用户进行实时交互的目的。

本应用的运行需要在支持 WebGL 的浏览器运行，在本章中采用的是火狐浏览器 37.0.2 版本，读者进行开发时也应采用合适的浏览器进行开发与调试。

17.1.2 功能介绍

开发一个应用之前，需要对开发的目标和所实现的功能进行细致有效的分析，进而确定要开发的具体功能。做好应用开发的准备工作，将为整个项目的开发奠定一个良好的基础。通过对楼盘的深入了解以及与开发商负责人的交流，对基于 WebGL 的 3D 楼盘展示系统设计了如下基本功能。

❑ 查看楼房展示

用户可以通过单击主界面左侧的模型 1-4 按钮查看楼房模型 1、楼房模型 2、楼房模型 3 以及楼房模型 4 的 3D 楼房模型，且用户可以通过鼠标对该楼房模型进行旋转移动，从不同方位对楼房的外围结构进行仔细查看，真正达到了全方位查看楼房的目的，使用户购房更加放心。

❑ 查看楼房户型展示

用户可以单击楼房展示界面左侧的楼房户型展示按钮查看该楼房的 3 种户型，且每个户型都配备有齐全的家具，室内设计以素雅为主。用户可通过移动鼠标从不同方位来查看户型，同时也可通过滑动鼠标滑轮来放大缩小户型。

❑ 进入小区漫游浏览模式

用户可以单击主界面右侧的漫游模式按钮进入小区漫游浏览模式，该功能是让用户随着原先设计好的漫游路线对小区各个区域中的楼房布局及其周围环境进行粗略浏览，且该路线是从南门进入，构成环形，实现了对小区的整体浏览，使用户对楼盘有一个整体的了解。

❑ 进入小区自由浏览模式

用户单击主界面右侧的自由模式按钮进入小区自由浏览模式，用户可通过控制摇杆对整个小区进行详细查看。该功能做到了对现实世界中小区的真正模拟，增加了用户对楼房售出者的信任度，给用户一种身临其境的感觉，大大提高了用户的购买欲望。

根据上述功能的介绍，可知本应用主要包括楼房展示、楼房户型展示、小区漫游浏览模式、小区自由浏览模式 4 大项，其功能结构如图 17-1 所示。

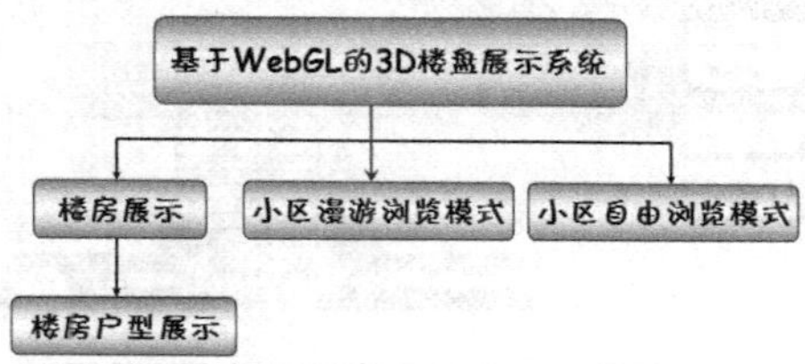

▲图 17-1 基于 WebGL 的 3D 楼盘展示系统功能结构图

说明　图 17-1 表示的是基于 WebGL 的 3D 楼盘展示系统的功能结构图，其包含基于 WebGL 的 3D 楼盘展示系统的楼房展示、小区漫游浏览模式、小区自由浏览模式等全部功能。认识该功能结构图有助于读者了解本应用的开发。

17.2 功能预览及架构

通过上一节的介绍，相信读者对本应用的背景和基本功能有了一定的了解，本节将着重讲解基于 WebGL 的 3D 楼盘展示系统的基本功能预览以及总架构。通过对本节的学习，读者将对基于 WebGL 的 3D 楼盘展示系统的架构有一个大致的了解。

17.2.1 基于 WebGL 的 3D 楼盘展示系统功能预览

本小节将向读者介绍基于 WebGL 的 3D 楼盘展示系统的基本功能预览，主要包括加载资源、楼房展示、楼房户型展示、小区漫游浏览模式以及小区自由浏览模式等功能，下面将一一进行介绍，请读者仔细阅读。

（1）使用支持 WebGL 的浏览器打开本应用，首先映入眼帘的是基于 WebGL 的 3D 楼盘展示系统的加载图，效果如图 17-2 所示。当主界面所需要的资源被加载完毕后，才进入主界面，其效果如图 17-3 所示。可以通过单击主界面左边或者右边的不同按钮，跳转到不同的模块界面。

▲图 17-2　加载图

▲图 17-3　主界面

（2）单击主界面左边小区楼房展示的模型 1～4 按钮，跳转到相应的 3D 楼房模型展示界面，例如单击模型 3 按钮，进入到楼房 3 的 3D 楼房展示界面，其效果如图 17-4 所示。通过鼠标对楼房进行旋转移动，从不同方位对楼房的外围结构进行仔细查看，效果如图 17-5 所示。

▲图 17-4　楼房 3 的 3D 楼房展示界面 1

▲图 17-5　楼房 3 的 3D 楼房展示界面 2

（3）单击楼房展示界面左边楼房户型展示的一室一厅、两室一厅或三室一厅按钮，可进入到相应的户型展示界面，例如，单击其中的一室一厅和三室一厅按钮，跳转到楼房 3 的一室一厅、三室一厅的展示界面，其效果如图 17-6 和图 17-7 所示。

▲图 17-6　一室一厅展示界面

▲图 17-7　三室一厅展示界面

（4）每种户型都配备有齐全的家具，且室内设计以素雅为主。用户可通过移动鼠标改变摄像机的位置从不同方位来观看户体模型，同时，也可通过滑动鼠标的滑轮来放大或缩小户体模型，使其可以对该户型进行详细查看，效果如图 17-8 和图 17-9 所示。

（5）单击返回按钮返回到主界面，再单击该界面右边小区整体浏览的漫游模式按钮，进入到小区漫游浏览模式界面，如图 17-10 所示。单击左下角的开始按钮，开始对整个小区进行漫游浏览，效果如图 17-11、图 17-12 和图 17-13 所示。

▲图 17-8　三室一厅旋转后展示界面

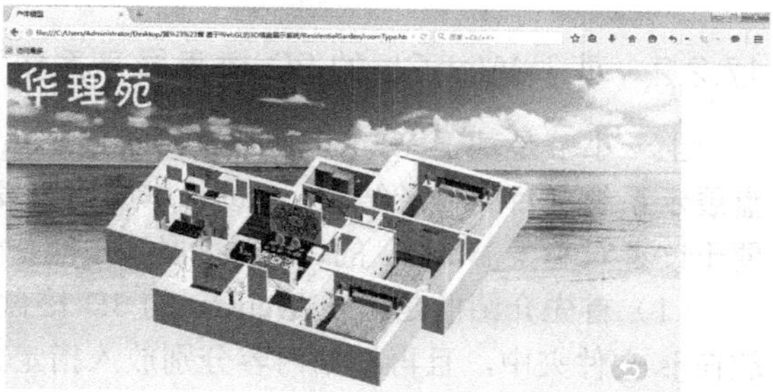

▲图 17-9　三室一厅放大后展示界面

▲图 17-10　小区漫游浏览模式界面 1

▲图 17-11　小区漫游浏览模式界面 2

▲图 17-12　小区漫游浏览模式界面 3

▲图 17-13　小区漫游浏览模式界面 4

（6）单击主界面右边小区整体浏览的自由模式按钮，进入到小区自由浏览模式界面，如图 17-14 所示。用户通过控制左下角的摇杆进行前进、后退以及左右拐弯对整个小区进行详细浏览，且右上角的指南针也会随着摇杆拐弯而旋转方向，让用户对所处方向一目了然，其效果如图 17-15 所示。

▲图 17-14　小区自由浏览模式界面 1

▲图 17-15　小区自由浏览模式界面 2

说明　以上是对基于 WebGL 的 3D 楼盘展示系统的功能预览，读者可以对本应用的功能有大致的了解，后面将会对基于 WebGL 的 3D 楼盘展示系统的功能做具体介绍。

17.2.2　基于 WebGL 的 3D 楼盘展示系统目录结构

上一小节是基于 WebGL 的 3D 楼盘展示系统的功能展示，下面将介绍基于 WebGL 的 3D 楼盘展示系统项目的目录结构。在进行本应用开发之前，还需要对本项目的目录结构有大致的了解，便于读者对基于 WebGL 的 3D 楼盘展示系统整体功能的理解，具体内容如下。

（1）首先介绍的是基于 WebGL 的 3D 楼盘展示系统所有 js 文件的目录结构，所有 js 文件都放在 js 文件夹中，且再根据内容分别放入指定文件夹内，便于程序员对各个文件的管理和维护，具体结构如图 17-16 和图 17-17 所示。

（2）上面介绍了本项目 js 文件的目录结构，下面将介绍基于 WebGL 的 3D 楼盘展示系统中图片资源文件的目录结构，所有图片都存放在 pic 文件夹中，具体结构如图 17-18 和图 17-19 所示。

▲图 17-16　js 文件目录结构 1

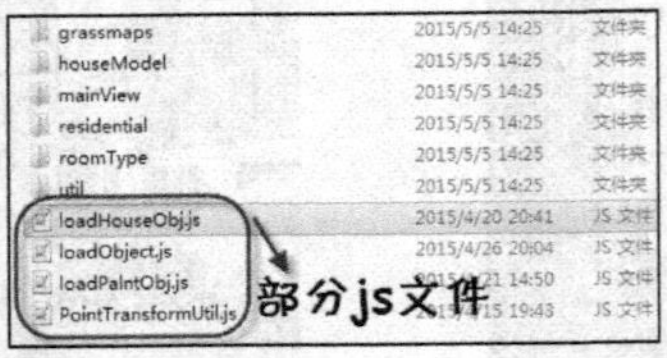

▲图 17-17　js 文件目录结构 2

▲图 17-18　图片资源文件目录结构 1

（3）介绍完本项目中图片资源文件的目录结构，下面将继续介绍基于 WebGL 的 3D 楼盘展示系统的 obj 文件的目录结构。本项目中所用到的 3D 模型 obj 文件都存放在 obj 文件夹中，其具体结构如图 17-20，图 17-21 所示。

▲图 17-19　图片资源文件目录结构 2

▲图 17-20　obj 文件目录结构 1

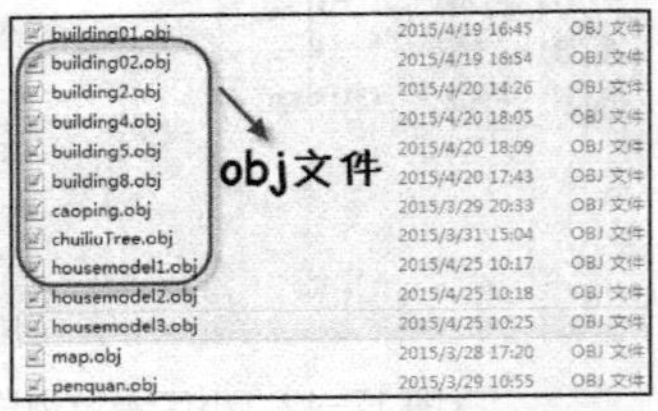

▲图 17-21　obj 文件目录结构 2

（4）上面介绍了 obj 文件的目录结构，下面将介绍基于 WebGL 的 3D 楼盘展示系统中着色器文件的目录结构，所有着色器都存放在 shader 文件夹中，具体结构如图 17-22 和图 17-23 所示。

（5）介绍完基于 WebGL 的 3D 楼盘展示系统的着色器文件的目录结构，下面将继续介绍本项目的页面文件的目录结构。本目录包括了 mainView.html 文件、houseModel.html 文件、roomType.html 文件以及 residentialGarden.html 文件，其具体结构如图 17-24 所示。

▲图 17-22　着色器文件目录结构 1

▲图 17-23　着色器文件目录结构 2

▲图 17-24　页面文件目录结构

说明　上述介绍了基于 WebGL 的 3D 楼盘展示系统的目录结构图，包括程序源代码、程序所需资源、bns 文件和 html 文件等，使读者对本项目有一个了解。

17.3 Web 平台下应用开发前的准备工作

通过上一节对本应用的功能预览及架构有了一定了解之后，本节将对该应用开发前的准备工作进行详细介绍，主要包括搜集和制作图片、模型等资源。通过这一节的学习，会使读者对基于WebGL 的 3D 楼盘展示系统项目有初步的了解，为后面的项目开发做好充分的准备。

17.3.1 图片资源的搜集

开发一个应用软件之前，做好图片资源的搜集工作是非常必要的。完善的资源会使测试变得相对简单，后期开发工作能够很好地进行下去，缩短开发周期。本项目用到了大量的图片资源，为了使界面更具美感，图片资源大多数都经过 Photoshop 处理。下面将详细介绍本项目所需要的图片资源。

（1）首先为读者介绍的是本项目中用到的按钮图片资源，包括有开始、暂停、摇杆、一室一厅、二室一厅以及漫游模式等按钮。将所有按钮图片资源都存放在项目文件下的 pic 文件夹下，其详细情况如表 17-1 所列。图片清单仅用于说明。

表 17-1　　按钮图片资源清单

图　片　名	大小（KB）	像素（wxh）	用　　途
direction.jpg	27.0	128×128	摇杆按钮
go.jpg	75.9	128×128	开始按钮
stop.jpg	63.4	128×128	暂停按钮
return.jpg	7.63	64×64	返回按钮
pointer.jpg	16.6	64×128	指南针图标
label0_1.jpg	21.4	256×128	自由模式按钮
label0_2.jpg	21.3	256×128	自由模式按钮
label1_1.jpg	22.9	256×128	漫游模式按钮
label1_2.jpg	22.7	256×128	漫游模式按钮
label2_1.jpg	16.0	256×128	模型 1 按钮
label2_2.jpg	15.9	256×128	模型 1 按钮
label3_1.jpg	16.3	256×128	模型 2 按钮
label3_2.jpg	16.2	256×128	模型 2 按钮
label4_1.jpg	16.5	256×128	模型 3 按钮
label4_2.jpg	16.4	256×128	模型 3 按钮
label5_1.jpg	16.4	256×128	模型 4 按钮
label5_2.jpg	16.3	256×128	模型 4 按钮
label7_1.jpg	18.5	256×128	三室一厅按钮
label7_2.jpg	18.4	256×128	三室一厅按钮
label8_1.jpg	18.2	256×128	二室一厅按钮
label8_2.jpg	18.2	256×128	二室一厅按钮
label9_1.jpg	17.5	256×128	一室一厅按钮
label9_2.jpg	17.4	256×128	一室一厅按钮

（2）上面介绍了基于 WebGL 的 3D 楼盘展示系统中的按钮图片资源，下面将向读者介绍的是本项目中其他图片资源，包括有楼房纹理图、树木纹理图、天空纹理图以及楼房户型纹理图等。将这些图片资源都存放在项目文件下的 pic 文件夹下，其详细情况如表 17-2 所列。

表 17-2 其他图片资源清单

图 片 名	大小（KB）	像素（wxh）	用 途
bg.jpg	109.0	1024×512	背景
building01.jpg	536.0	1024×1024	别墅 1 纹理图
building02.jpg	869.0	1024×1024	别墅 2 纹理图
building2.jpg	513.0	1024×1024	楼房 1 纹理图
building4.jpg	1.08（MB）	1024×1024	楼房 2 纹理图
building5.jpg	1.04（MB）	1024×1024	楼房 3 纹理图
building8.jpg	461.0	1024×1024	楼房 4 纹理图
chuiliu.jpg	232.0	512×512	垂柳纹理图
grass1.jpg	18.8	64×64	草坪纹理图
grass1_1.jpg	18.0	64×64	草坪纹理图
grass2.jpg	17.7	64×64	草坪纹理图
grass4_1.jpg	18.8	64×64	草坪纹理图
housemodel1.jpg	731.0	1024×1024	一室一厅户型纹理图
housemodel2.jpg	741.0	1024×1024	二室一厅户型纹理图
housemodel3.jpg	819.0	1024×1024	三室一厅户型纹理图
huxing.jpg	9.0	256×256	户型栏目
leftView.jpg	9.53	256×256	浏览栏目
loading.jpg	85.6	1000×563	加载
map.jpg	595.0	1024×512	地图
rightView.jpg	9.12	256×256	楼房栏目
road1.jpg	17.0	64×64	道路
road3.jpg	19.7	64×64	道路
shuichi.jpg	855.0	1024×512	水池
skybox.jpg	864.0	4096×4096	天空盒
stone.jpg	26.9	64×64	石板
stone2.jpg	22.7	64×64	石板
stone3.jpg	3.10	64×64	石板
suanFlower.jpg	513.0	512×512	花
tree.jpg	56.9	512×512	树
tree1.jpg	2.32（MB）	2048×2048	树

17.3.2 模型资源的采集

上一小节详细介绍的是基于 WebGL 的 3D 楼盘展示系统的图片资源的搜集，接下来将向读者详细介绍本应用中所用到的 3D 模型 obj 文件，且这些 obj 文件都存放在项目文件下的 obj 文件夹下，其详细情况如表 17-3 所列。

表 17-3　　模型资源清单

obj 文件	obj 文件大小（KB）	用　途
building01.obj	24.5	别墅模型 1
building02.obj	57.2	别墅模型 2
building2.obj	40.8	楼房模型 1
building4.obj	22.0	楼房模型 2
building5.obj	47.6	楼房模型 3
building8.obj	58.5	楼房模型 4
caoping.obj	530.0（B）	草坪模型
chuiliuTree.obj	1.37（MB）	垂柳模型
housemodel1.obj	290.0	一室一厅模型
housemodel2.obj	55.3	二室一厅模型
housemodel3.obj	417.0	三室一厅模型
map.obj	11.0	地图模型
penquan.obj	11.8	水池模型
rectangle.obj	532.0（B）	矩形模型
skybox.obj	2.14	天空盒模型
suanFlower.obj	902.0	花模型
tree1.obj	7.21	树模型 1
tree3.obj	7.13	树模型 2
tree4.obj	7.14	树模型 3
tree5.obj	19.5	树模型 4
zonglvTree.obj	729.0	棕榈树模型

17.4 地图设计器的开发

在该应用的开发中，地图设计器的使用是必不可少的，又因为考虑到本应用的特殊性，第三方地图设计并不能满足需求，所以，需要自行开发特定的地图设计器。本节将对基于 WebGL 的 3D 楼盘展示系统的地图设计器进行介绍，该地图设计器会为后面的应用开发提供地图信息文件。

17.4.1 地图设计器的开发设计思路

首先对本应用地图设计器的设计思路进行简单介绍，使读者增加对本应用地图设计器的理解，其具体的步骤如下。

（1）开发元素设计模块，该模块负责设计地图层中所用到的所有元素，例如，石子路、大理石路以及草坪等，包括设计其在该地图层中的占位行列属性。

（2）开发元素保存功能，能够将设计好的元素列表保存到指定文件中，下次重新启动设计器时可以直接加载保存过的元素列表，无需再从头重新设计。

（3）开发层设计模块，该模块负责使用之前设计好的元素来设计地图层，进入该模块前应该已经设计好所有元素并加载到元素列表中。

（4）开发层的保存功能，使用同样的技术将设计好的开发层信息保存到文件中，下次加载回来后可继续进行设计。

（5）地图信息文件的生成，产生包含该层所有信息的 js 文件，该文件即为地图文件，将该文件存放为本项目中的 js 文件夹下的 grassmaps 文件，应用便可以读取其信息。

17.4.2 地图设计器的框架介绍

该地图设计器分为两部分，一部分是该层地图中元素的设计，包括导入图片、保存元素、设计占位行列、保存元素列表等。而另一部分是该层地图的设计，使用前一部分设计好的地图元素来设计该层地图。地图设计器的框架如图 17-25 所示。

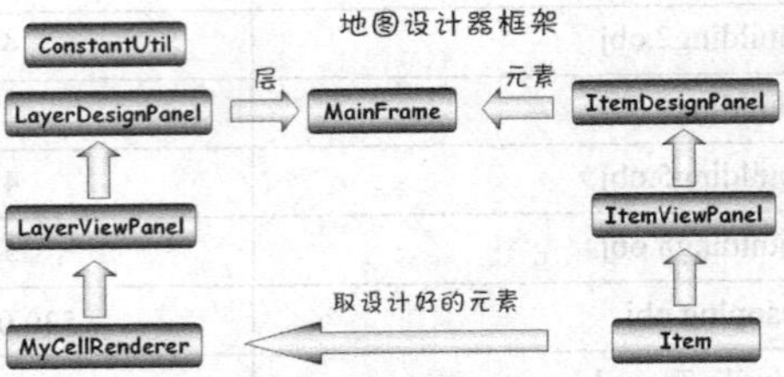

▲图 17-25 地图设计器框架图

17.4.3 地图设计器的开发步骤

上面介绍完了地图设计器的框架，相信读者对地图设计器也有了一定的了解，下面将向读者详细介绍该地图设计器的开发步骤。步骤大致包括框架的搭建以及各个功能的实现，其中功能主要有地图元素的设计与保存、地图层的设计与地图文件的生成等，其具体步骤如下。

（1）框架的搭建。首先在 Eclipse 中创建一个普通的 Java 项目，然后搭建元素设计界面。在该界面中，有导入图片、保存元素、设置占位行列、保存元素列表、加载元素列表，以及删除元素等按钮，其效果如图 17-26 所示。

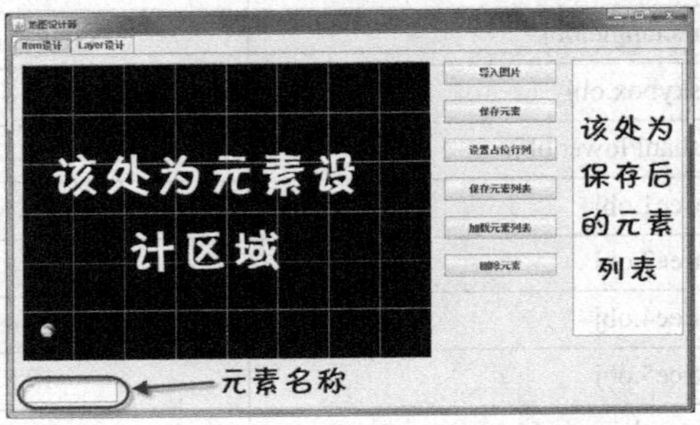

▲图 17-26 元素设计界面

（2）首先实现的是用户从外面导入一张图片进来的功能，即开发“导入图片”按钮的事件处理。当用户单击“导入图片”按钮时，应该弹出文件选择窗口，在文件选择窗口中选择一张图片，并将该图片显示到元素设计区域的左下角。

（3）开发“设置占位行列”按钮的监听事件。此时当用户通过“导入图片”按钮导入一张图片后，便可以通过该按钮来设置该图片的占位行列。效果如图 17-27 所示。

（4）开发完设置图片元素的占位行列属性功能后，就可以开发“保存元素”按钮的监听事件。实现的功能为根据用户设置的占位行列的信息创建一个 Item 对象，并且将该对象添加到元素列表中，效果如图 17-28 所示。

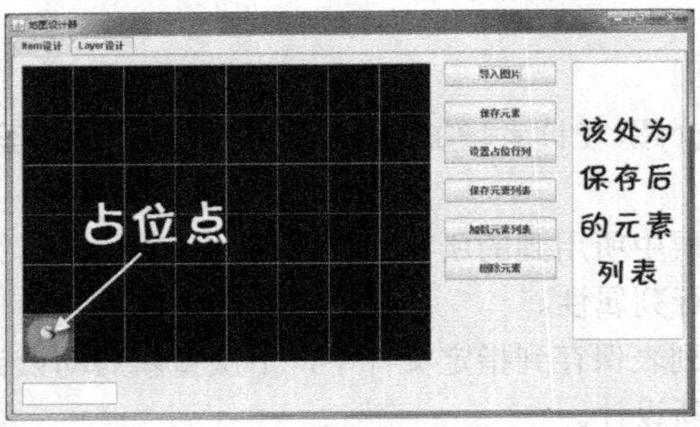

▲图 17-27 草坪元素的设计

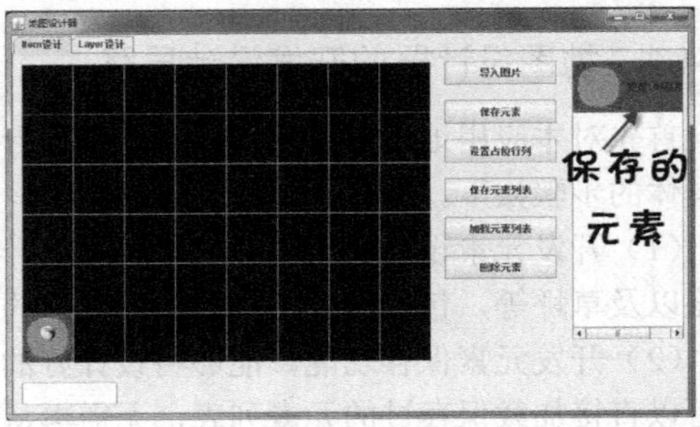

▲图 17-28 保存元素

（5）开发“保存元素列表”按钮的代码。当用户单击“保存元素列表”按钮时将元素列表序列化即可，但前提是 Item 类实现了 Externalizable 接口并实现了接口中的 writeExternal（ObjectOutput out）方法和 readExternal（ObjectInput in）方法，保存的代码如下。

代码位置：见随书光盘源代码/第 17 章/SheJiQi/src/com/bn/lll/ItemDesignPanel.java。

```
ArrayList<Item> alItem=new ArrayList<Item>();                    //成员变量，用于存放 Item
if(e.getSource()==jbSaveList){                                   //保存元素列表
   status=4;                                                     //将界面的状态值置成 4
   try{
      FileOutputStream fout=new FileOutputStream("data/ItemList.wyf");//创建文件流
      ObjectOutputStream oout=new ObjectOutputStream(fout);  //序列化流
      oout.writeObject(alItem);                                  //将元素列表 alItem 序列化
      oout.close();                                              //关闭相关流
      fout.close();
   }catch(Exception ea){                                         //捕获异常
      ea.printStackTrace();                                      //打印异常信息
}
```

说明 该段代码为“保存元素列表”按钮监听方法中的处理代码，只需将元素列表 alItem 保存到 data/ItemList.wyf 文件中即可。

（6）“加载元素列表”按钮的事件处理代码的开发。当用户单击“加载元素列表”按钮时，应该从“保存元素列表”按钮下保存的 data/ItemList.wyf 文件中读取数据，直接恢复元素列表 alItem，并将其显示到元素列表窗口中。

（7）元素模块的最后一步是开发删除元素功能，即“删除元素”按钮的事件处理代码的开发。该功能主要实现的是先得到图片元素列表中用户此时所选中的图片元素，然后将该图片元素从图片列表 alItem 中删除。

（8）搭建地图层设计界面，效果如图 17-29 所示。

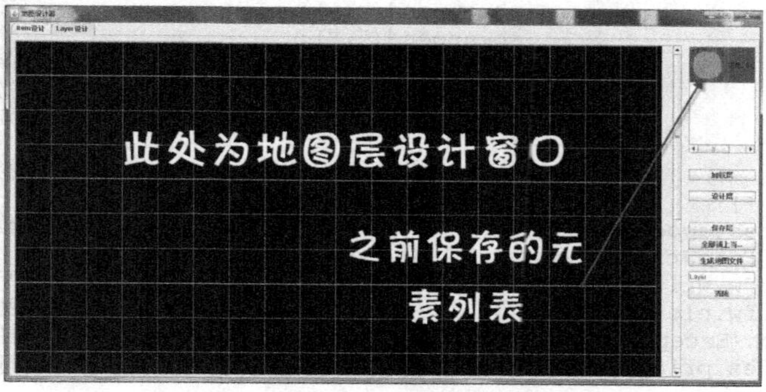

▲图 17-29　地图层设计界面

（9）地图层设计界面搭建完后，就可以编写地图层界面中元素列表的事件监听方法。选中某个元素后，再单击该界面上左侧的设计窗口，便将选中的元素添加到后台的 Item 数组中，并在该界面上左侧的窗口中显示。

说明 地图层实际上是一个 Item 的二维数组，地图的设计实际上是对 Item 二维数组的填充。保存与加载地图也只是对该二维数组进行操作。

（10）接下来开发保存层与加载层的处理代码，即“保存层”和“加载层”按钮的开发。保存时将 Item 的二维数组 itemArray 序列化到指定的文件中，而加载时则从相应保存的文件中读取 itemArray 二维数组，并恢复界面的显示。

（11）开发完保存层与加载层的事件监听后，接下来就要开发“设计层”按钮的监听事件。当用户单击“设计层”按钮时，地图层设计窗口便可以设计地图层，生成的地图文件为 js 文件。

（12）开发“生成地图文件”按钮的监听事件，该监听事件主要功能为将设计好的地图层的数据保存到一个数组中，并且生成 js 文件，其具体代码如下，读者只需将该段代码插入到“生成地图文件”按钮的监听方法中即可。

代码位置：见随书光盘源代码/第 17 章/SheJiQi/src/com/bn/lll/LayerDesignPanel.java。

```
1    if(e.getSource()==jbCreate){                                   //单击生成地图文件按钮
2        int index=0;                                               //确定文件数量
3        try{                                                       //捕获异常
4            for(;index<FileNum;index++){
5                File f=new File("data/maps"+index+".js");          //创建 js 文件
6                if(!f.exists()){                                   //文件不存在
7                    f.createNewFile();                             //创建文件夹
8                    break;                                         //跳出循环
9            }}
10           StringBuilder sb=new StringBuilder();                  //输出到 js 文件
11           sb.append("var mapsData"+index+"=new Array(\n");       //输出顶点坐标信息
12           int totalBlocks=0;                                     //物体的个数
13           for(int i=0; i<ConstantUtil.Row; i++){                 //循环遍历地图行、列
14               for(int j=0; j<ConstantUtil.Col; j++){
15                   Item item=itemArray[i][j];                     //得到地图中该位置的元素
16                   if(item != null){
17                       totalBlocks++;                             //物体个数加 1
18           }}}
19           for(int i=0; i<ConstantUtil.Row; i++){                 //循环遍历地图行、列
20               for(int j=0; j<ConstantUtil.Col; j++){
21                   Item item=itemArray[i][j];                     //得到地图中该位置的元素
22                   if(item != null){                              //元素不为空
23                       int col = item.col;                        //元素的地图列
24                       int row = item.row;                        //元素的地图行
25                       String leiMing = "\""+item.leiMing+"\"";   //元素名
26                       sb.append(col);                            //该元素的列
27                       sb.append(",");                            //分割符
28                       sb.append(row);                            //该元素的行
29                       sb.append(",");                            //分割符
30                       sb.append(leiMing.trim());                 //存放图片名
31                       if(totalBlocks>1){                         //物体个数大于 1
32                           sb.append(",");                        //分割符
33                       }
34                       totalBlocks--;                             //物体数减 1
35           }}}
36           sb.append(");\n");                                     //数据结束
37           FileWriter fw=new FileWriter("data/maps"+index+".js"); //初始化文件流
38           fw.write(sb.toString());                               //写入数据
39           fw.close();                                            //关闭文件流
40       }catch(Exception ea){                                      //捕获异常
41           ea.printStackTrace();                                  //打印异常信息
42   }}
```

- 第 2-9 行为确定生成地图文件的文件数量，并创建 js 文件。
- 第 10-18 行功能为创建 StringBuilder 对象，并写入数组名，声明物体个数变量，用于计算 Item 对象不为空的个数。
- 第 19-36 行为循环遍历整个地图层设计窗口中的方格，获取地图中该位置的 Item 对象，若该 Item 对象不为空，则将该元素的属性写入到 StringBuilder 对象中，并且用“,”隔开，最后以“);”结束写入。
- 第 37-42 行功能为初始化文件流，将 StringBuilder 对象中的信息以字符串的格式写入该文件流中，关闭文件流以及捕获异常并打印异常信息。

说明　此处写入的顺序需要与之后在应用中读取的顺序要完全相同。需要将生成的 js 文件复制到本项目中的 js 文件夹下的 grassmaps 文件中才可使用，由于篇幅有限，而地图设计器的代码又比较长，所以感兴趣想要仔细研究的读者可自行查阅随书附带光盘中的源代码。

17.5 公共函数介绍

上一节介绍了地图设计器的开发，这一节主要介绍的是本应用的公共函数，包括工具函数文件 GLUtil.js、obj 加载文件 LoadObjUtil.js、着色器加载文件 LoadShaderUtil.js、3D 物体绘制文件 ObjObject.js、和矩阵操作函数文件 MatrixState.js 等。下面将逐一介绍其具体实现代码。

17.5.1　工具函数文件 GLUtil.js

本小节介绍的是公共函数文件 GLUtil.js。其中包括创建并初始化 WebGL Canvas 的函数 initWebGLCanvas、加载着色器的函数 loadSingleShader 和纹理图的函数 loadImageTexture 等，基于 WebGL 的 3D 楼盘展示系统开发中将多次用到该工具文件中的函数。其开发的详细步骤如下。

（1）首先向读者详细介绍的是创建并初始化 WebGL Canvas 的 initWebGLCanvas 函数，该函数的主要作用是先根据传入的参数获取 Canvas 对象，然后声明上下文变量并初始化 GLES，最后返回该 context 上下文对象，其具体内容如下所示。

代码位置：见随书光盘中源代码/第 17 章/ResidentialGarden/js/util 目录下的 GLUtil.js 文件。

```
function initWebGLCanvas(canvasName){                         //初始化 WebGL Canvas
    var canvas = document.getElementById(canvasName);     //获取 Canvas 对象
    var names = ["webgl", "experimental-webgl", "webkit-3d", "moz-webgl"];
    var context = null;                                    //声明上下文变量
    for (var ii = 0; ii < names.length; ++ii) {
        try {
            context = canvas.getContext(names[ii], null); //获取 GL 上下文
        }catch(e) {}
        if (context) {
            break;                                         //跳出循环
    }}
    return context;                                        //返回 GL 上下文对象
}
```

> **说明**　此部分代码为获取 Canvas 对象并创建参数数组，然后按照参数数组初始化上下文对象并返回。通过该函数代码便可初始化 Canvas 对象并准备渲染 WebGL 场景。

（2）上面介绍的是初始化 WebGL Canvas 函数，下面将为读者介绍的是 WebGL 中加载并编译着色器的两个函数，其中一个是加载并编译单个着色器的函数 loadSingleShader，一个是加载并编译顶点着色器与片元着色器套件的函数 loadShaderSerial。具体开发代码如此。

代码位置：见随书光盘中源代码/第 17 章/ResidentialGarden/js/util 目录下的 GLUtil.js 文件。

```
function loadSingleShader(ctx, shaderScript) {               //加载单个着色器的函数
    if (shaderScript.type == "vertex")                       //若为顶点着色器
        var shaderType = ctx.VERTEX_SHADER;                  //顶点着色器类型
    else if (shaderScript.type == "fragment")                //若为片元着色器
        var shaderType = ctx.FRAGMENT_SHADER;                //片元着色器类型
    else {
        log("*** Error: shader script of undefined type '"+shaderScript.type+"'");
                                                             //打印错误
        return null;
    }
    var shader = ctx.createShader(shaderType);               //根据类型创建着色器程序
    ctx.shaderSource(shader, shaderScript.text);             //加载着色器脚本
    ctx.compileShader(shader);                               //编译着色器
    var compiled = ctx.getShaderParameter(shader, ctx.COMPILE_STATUS);
                                                             //检查编译状态
    if (!compiled && !ctx.isContextLost()) {                 //若编译出错，获取并打印错误
        var error = ctx.getShaderInfoLog(shader);            //获取错误信息
        log("*** Error compiling shader '"+shaderId+"':"+error);//打印错误
        ctx.deleteShader(shader);                            //删除着色程序
```

```
18            return null;                                      //返回空
19        }
20        return shader;                                        //返回着色器程序
21    }
22    function loadShaderSerial(gl, vshader, fshader){ //加载链接顶点、片元着色器的方法
23        var vertexShader = loadSingleShader(gl, vshader);    //加载顶点着色器
24        var fragmentShader = loadSingleShader(gl, fshader); //加载片元着色器
25        var program = gl.createProgram();                     //创建着色器程序
26        //将顶点着色器和片元着色器挂接到着色器程序
27        gl.attachShader (program, vertexShader); //将顶点着色器添加到着色器程序中
28        gl.attachShader (program, fragmentShader); //将片元着色器添加到着色器程序中
29        gl.linkProgram(program);                          //链接着色器程序
30        var linked = gl.getProgramParameter(program, gl.LINK_STATUS);//检查链接是否成功
31        if (!linked && !gl.isContextLost()) {
32            var error = gl.getProgramInfoLog (program); //获取并在控制台打印错误信息
33            log("Error in program linking:"+error);
34            gl.deleteProgram(program);                        //删除着色器程序
35            gl.deleteProgram(fragmentShader);                 //删除片元着色器
36            gl.deleteProgram(vertexShader);                   //删除顶点着色器
37            return null;
38        }
39        return program;                                       //返回着色器程序
40    }
```

- 第 2-9 行为确定当前着色器的类型，如果当前着色器既不是顶点着色器也不是片元着色器，则认为是产生了错误，返回空并打印错误信息。
- 第 10-21 行为创建着色器程序并加载源代码，最后编译此着色器程序，编译成功则返回着色器程序，编译失败则打印错误信息并返回空。
- 第 23-30 行为加载顶点着色器和片元着色器，并创建顶点着色器对象和片元着色器对象，之后创建着色器程序，并将顶点着色器和片元着色器挂接到着色器程序，然后连接着色器程序。
- 第 31-40 行为检查链接是否成功，若产生了错误，获取并在控制台打印错误信息，且将着色器程序、片元着色器和顶点着色器删除，若成功链接则返回着色器程序。

（3）上面介绍了加载着色器的函数，下面将为读者介绍的是入口参数不同的两个加载纹理图的函数以及加载纹理图片进入 GPU 的函数 doLoadImageTexture。通过调用加载纹理图进显存的函数就可以获得已存入显存的纹理 id，其具体实现代码如下。

代码位置：见随书光盘中源代码/第 17 章/ResidentialGarden/js/util 目录下的 GLUtil.js 文件。

```
function loadImageTexture(gl,url,texName){                //加载纹理图的函数——纹理图名
    var texture = gl.createTexture();                     //创建纹理 id
    var image = new Image();                              //创建图片对象
    image.onload = function(){                            //调用加载纹理的函数
        doLoadImageTexture(gl, image, texture)
    }
    image.src = url;                                  //返回纹理 id
    texMap[texName]=texture;                          //将 texture 添加进纹理管理器
}
function loadImageTexture1(gl, url){                  //加载纹理图的函数
    var texture = gl.createTexture();                 //创建纹理 id
    var image = new Image();                          //创建图片对象
    image.onload = function(){                        //调用加载纹理的函数
        doLoadImageTexture(gl, image, texture)
    }
    image.src = url;                                  //返回纹理 id
    return texture;
}
function doLoadImageTexture(gl, image, texture){          //加载纹理进显存
    gl.bindTexture(gl.TEXTURE_2D, texture);               //绑定纹理 id
    //加载纹理进入显存
    gl.texImage2D(gl.TEXTURE_2D, 0, gl.RGBA, gl.RGBA, gl.UNSIGNED_BYTE, image);
    //设置 MAG 采样方式
    gl.texParameteri(gl.TEXTURE_2D, gl.TEXTURE_MAG_FILTER, gl.LINEAR);
    //设置 MIN 采样方式
    gl.texParameteri(gl.TEXTURE_2D, gl.TEXTURE_MIN_FILTER, gl.LINEAR);
    //设置 S 轴拉伸方式
```

```
28          gl.texParameteri(gl.TEXTURE_2D, gl.TEXTURE_WRAP_S, gl.REPEAT);
29          //设置T轴拉伸方式
30          gl.texParameteri(gl.TEXTURE_2D, gl.TEXTURE_WRAP_T, gl.REPEAT);
31          gl.bindTexture(gl.TEXTURE_2D, null);
32  }
```

- 第 1-9 行为加载纹理图的函数。首先从系统获取分配的纹理 id，创建图片对象，然后调用加载纹理进显存的函数，最后返回纹理 id 并将 texture 添加进纹理管理器。
- 第 19-32 行为加载纹理进显存的函数。首先是绑定纹理 id、加载纹理进入显存，然后设置 MAG、MIN 采样方式，最后设置 S、T 轴的拉伸方式为 REPEAT。

> **说明** 上面介绍的 loadImageTexture 函数和 loadImageTexture1 函数的内容基本上是相同的，只是 loadImageTexture 函数的入口参数多了一项纹理名，并在返回纹理 id 后将纹理 id texture 添加进纹理管理器，而 loadImageTexture1 函数则直接返回纹理 id texture。

17.5.2 obj 加载文件 LoadObjUtil.js

上一小节介绍的是工具函数文件，本小节介绍的是加载 obj 文件。obj 模型的加载主要是从 obj 中读取模型原始的顶点、纹理和法向量坐标数据，并将其分别放入相应的列表中，最后创建包括顶点数量、坐标列表、纹理坐标列表和顶点法向量列表的 ObjectData 对象。具体代码如下。

代码位置：见随书光盘中源代码/第 17 章/ResidentialGarden/js/util 目录下的 LoadObjUtil.js 文件。

```
function ObjectData(vertexCountIn,verticesIn,texcoordsIn,normalsIn){//声明数据类ObjectData
      this.vertexCount=vertexCountIn;              //初始化顶点数量成员
      this.vertices=verticesIn;                    //初始化顶点坐标数据成员
      this.texcoords=texcoordsIn;                  //初始化顶点纹理坐标数据成员
      this.normals=normalsIn;                      //初始化顶点法向量成员
}
function fromObjStrToObjectData(objStr){ //解析 obj 文本内容的函数
      var alv=new Array();                  //原始顶点坐标列表——直接从 obj 文件中加载
      var alvResult=[];                     //结果顶点坐标列表——按面组织好
      var alt=new Array();                  //原始顶点纹理坐标列表——直接从 obj 文件中加载
      var altResult=[];                     //结果顶点纹理坐标列表——按面组织好
      var aln=new Array();                  //原始法向量列表——直接从 obj 文件中加载
      var alnResult=[];                     //结果法向量列表——按面组织好
      var lines = objStr.split("\n");
      for (var lineIndex in lines){
            var line = lines[lineIndex].replace(/[ \t]+/g, " ").replace(/\s\s*$/, "");
            if (line[0] == "#"){                    //如果是以#开头行
                  continue;                         //舍弃此行
            }
            var array = line.split(" ");
            if (array[0] == "v") {                  //判断是否为顶点坐标信息行
                  alv.push(parseFloat(array[1]));//获取顶点 x 坐标并存入原始顶点坐标列表
                  alv.push(parseFloat(array[2])); //获取顶点 y 坐标并存入原始顶点坐标列表
                  alv.push(parseFloat(array[3])); //获取顶点 z 坐标并存入原始顶点坐标列表
            }else if (array[0] == "vt") {           //判断是否为顶点纹理坐标信息行
                  alt.push(parseFloat(array[1]));
                  //获取顶点纹理 S 坐标并存入原始顶点纹理坐标列表
                  alt.push(1.0-parseFloat(array[2]));
            }else if (array[0] == "vn") {           //判断是否为法向量信息行
                  aln.push(parseFloat(array[1])); //获取法向量 x 分量并存入原始法向量列表
                  aln.push(parseFloat(array[2])); //获取法向量 y 分量并存入原始法向量列表
                  aln.push(parseFloat(array[3]));  //获取法向量 z 分量并存入原始法向量列表
            }else if (array[0] == "f") {            //判断是否为组装三角形面的信息行
                  if (array.length != 4){
                        alert("array.length != 4");                //出错提示信息
                        continue;                                  //舍弃此行
                  }
                  for (var i = 1; i < 4; ++i) {                    //遍历此行的 3 个顶点元素
                        var tempArray=array[i].split("/");
                        var vIndex=tempArray[0]-1;                 //获取顶点索引值
                        var tIndex=tempArray[1]-1;                 //获取顶点纹理索引值
```

```
41                      var nIndex=tempArray[2]-1;           //创建法向量索引变量
42                      alvResult.push(alv[vIndex*3+0]);     //获取法向量索引值
43                      alvResult.push(alv[vIndex*3+1]);
44                      alvResult.push(alv[vIndex*3+2]);
45                      altResult.push(alt[tIndex*2+0]);     //放进纹理坐标结果列表
46                      altResult.push(alt[tIndex*2+1]);
47                      alnResult.push(aln[nIndex*3+0]);     //放进法向量结果列表
48                      alnResult.push(aln[nIndex*3+1]);
49                      alnResult.push(aln[nIndex*3+2]);
50          }}}
51          return new ObjectData(alvResult.length/3,alvResult,altResult,alnResult);
                                                             //返回 obj 数据对象
52      }
```

- 第 1-6 行为创建 ObjectData 对象。该函数主要是给 ObjectData 对象的顶点个数、顶点坐标列表、纹理坐标列表和法向量列表等属性赋值，以便创建绘制用的 3D 物体对象。
- 第 7-52 行为从 obj 中获取 3D 物体的数据并返回 ObjectData 对象。该函数主要是直接从 obj 文件中将原始的顶点坐标、纹理坐标和法向量坐标转化为浮点类型放进创建好的相应数组中，然后再将数组中的数据放进相应的结果列表中，最后创建 ObjectData 对象并返回。

> **说明**　之前我们是利用自行开发的工具来将 3D 模型中的数据加载并生成相应的 JavaScript 代码，当 3D 模型略有改动，不仅要修改 3D 模型本身，还要重新导出 obj、获得 obj 中的坐标数据来替换原 js 文件中的所有数据，比较麻烦。现在用 LoadObjUtil.js 就比较简单，直接修改 3D 模型并导出 obj 即可。

17.5.3　着色器加载文件 LoadShaderUtil.js

上一小节介绍的是 obj 加载文件 LoadObjUtil.js，本小节将介绍着色器的加载文件 LoadShaderUtil.js。着色器的加载是实现 3D 物体绘制的重要部分，其具体步骤主要是创建网页请求，用 onreadystatechange 事件机制来捕获加载着色器请求的状态。具体代码如下。

代码位置：见随书光盘中源代码/第 17 章/ResidentialGarden/js/util 目录下的 LoadShaderUtil.js 文件。

```
function shaderObject(typeIn,textIn){            //声明 shaderObject 类
    this.type=typeIn;                            //初始化 type 成员变量
    this.text=textIn;                            //初始化 text 成员变量
}
function processLoadShader(req,index){           //处理着色器脚本内容的回调函数
    if (req.readyState == 4){
        var shaderStr = req.responseText;                    //获取响应文本
        var shaderStrA=shaderStr.split("<#BREAK_BN#>");//分隔符为<#BREAK_BN#>
        var vertexShader=new shaderObject("vertex",shaderStrA[0]);
                                                             //顶点着色器脚本内容
        var fragmentShader=new shaderObject("fragment",shaderStrA[1]);
                                                             //片元着色器脚本内容
        shaderProgArray[index]=loadShaderSerial(gl,vertexShader, fragmentShader);
}}
function loadShaderFile(url,index){                          //从服务器加载着色器脚本的函数
    var req = new XMLHttpRequest();                          //创建 XMLHttpRequest 对象
    req.onreadystatechange = function(){
        processLoadShader(req,index)                     //调用 processLoadShader 处理响应
    };
    req.open("GET", url, true);                          //用 GET 方式打开指定 URL
    req.responseType = "text";                           //设置响应类型
    req.send(null);                                      //发送 HTTP 请求
}
```

> **说明**　着色器的加载主要是创建网页请求并用 onreadystatechange 事件机制来捕获请求的状态。所谓的请求就是调用 processLoadShader 函数，首先创建顶点着色器和片元着色器的 shaderObject 对象，然后调用 loadShaderSerial 函数将加载好的着色器放进着色器程序列表，实现集中管理。

17.5.4 3D 物体绘制文件 ObjObject.js

上面一小节介绍的是着色器加载文件，本小节将介绍的是 3D 物体绘制文件。3D 物体的绘制首先是接收来自绘制者的顶点坐标数组、法向量数组、纹理坐标数组和使用的着色器程序对象，然后将数据送入缓冲并加载着色器，最后通过变换矩阵和光源位置等实现 3D 物体的绘制。具体代码如下。

代码位置：见随书光盘中源代码/第 17 章/ResidentialGarden/js/util 目录下的 ObjObject.js 文件。

```
//加载的用于绘制的 3D 物体
function ObjObject(gl,vertexDataIn,vertexNormalIn,vertexTexCoorIn,programIn){
    this.vertexData=vertexDataIn;                              //接收顶点数据
    this.vcount=this.vertexData.length/3;                      //得到顶点数量
    this.vertexBuffer=gl.createBuffer();                       //创建顶点数据缓冲
    gl.bindBuffer(gl.ARRAY_BUFFER,this.vertexBuffer); //绑定顶点坐标数据缓冲
    gl.bufferData(gl.ARRAY_BUFFER,new Float32Array(this.vertexData),gl.STATIC_DRAW);
    ……//顶点法向量和纹理坐标的相应处理与上面顶点数据的类似，故不再赘述，可自行查阅随书光盘程序
    this.program=programIn;                                    //初始化着色器程序 id
    this.drawSelf=function(Oms,texture){
        Oms.pushMatrix();
        gl.useProgram(this.program);                           //指定使用某套着色器程序
        //送入总矩阵
        var uMVPMatrixHandle=gl.getUniformLocation(this.program, "uMVPMatrix");
        gl.uniformMatrix4fv(uMVPMatrixHandle,false,
                new Float32Array(Oms.getFinalMatrix()));
        //送入变换矩阵
        var uMMatrixHandle=gl.getUniformLocation(this.program, "uMMatrix");
        gl.uniformMatrix4fv(uMMatrixHandle,false,new Float32Array(Oms.currMatrix));
        //送入光源位置
        var uLightLocationHandle=gl.getUniformLocation(this.program, "uLightLocation");
        gl.uniform3fv(uLightLocationHandle,
                newFloat32Array([lightManager.lx,lightManager.ly,
                lightManager.lz]));
        //送入摄像机位置
        var uCameraHandle=gl.getUniformLocation(this.program, "uCamera");
        gl.uniform3fv(uCameraHandle,new Float32Array([0,0,15]));
        //启用顶点数据
        gl.enableVertexAttribArray(gl.getAttribLocation(this.program, "aPosition"));
        //将顶点数据送入渲染管线
        gl.bindBuffer(gl.ARRAY_BUFFER, this.vertexBuffer);
        gl.vertexAttribPointer(gl.getAttribLocation(this.program, "aPosition"),
                3, gl.FLOAT, false, 0, 0);
        //启用法向量数据
        gl.enableVertexAttribArray(gl.getAttribLocation(this.program, "aNormal"));
        //将顶点法向量数据送入渲染管线
        gl.bindBuffer(gl.ARRAY_BUFFER, this.vertexNormalBuffer);
        gl.vertexAttribPointer(gl.getAttribLocation(this.program, "aNormal"),
                3, gl.FLOAT, false, 0, 0);
        //启用纹理坐标数据
        gl.enableVertexAttribArray(gl.getAttribLocation(this.program, "aTexCoor"));
        //将顶点纹理坐标数据送入渲染管线
        gl.bindBuffer(gl.ARRAY_BUFFER, this.vertexTexCoorBuffer);
        gl.vertexAttribPointer(gl.getAttribLocation(this.program, "aTexCoor"),
                2, gl.FLOAT, false, 0, 0);
        //设置纹理
        gl.uniform1i(gl.getUniformLocation(this.program, "sTexture"), 0);
        //绑定纹理
        gl.activeTexture(gl.TEXTURE0);
        gl.bindTexture(gl.TEXTURE_2D, texture);
        //用顶点法绘制物体
        gl.drawArrays(gl.TRIANGLES, 0, this.vcount);
        Oms.popMatrix();
}}
```

❑ 第 3-9 行为接收顶点数据、得到顶点数量、创建顶点数据缓冲以及将顶点数据送入缓冲。其中因为篇幅有限，故省略了对顶点法向量和顶点纹理坐标数据的相应操作，读者可自行查阅随书光盘中的源代码。最后为着色器程序的加载。

❑ 第 10-53 行为绘制函数。首先是保护现场、使用着色器程序、送入总矩阵、送入变换矩阵、送入光源位置以及送入摄像机位置，然后启用顶点数据、将顶点数据送入渲染管线，启用法向量数据、将顶点法向量数据送入渲染管线，启用纹理坐标数据、将顶点纹理坐标数据送入渲染管线。最后设置纹理、绑定纹理、用顶点法绘制物体以及恢复现场，实现 3D 物体的绘制。

17.5.5　矩阵操作函数文件 MatrixState.js

上一小节介绍的是 3D 物体绘制文件，本小节将介绍的是矩阵操作函数文件。主要是实现对矩阵的管理和存储，包括保护和恢复变换矩阵、执行平移旋转缩放变换、设置摄像机、设置透视和正交投影参数、获取具体物体的变换矩阵以及获取摄像机矩阵的逆矩阵等方法。具体开发代码如下。

代码位置：见随书光盘中源代码/第 17 章/ResidentialGarden/js/util 目录下的 MatrixState.js 文件。

```
function MatrixState(){                                  //MatrixState 函数
    this.mProjMatrix = new Array(16);                    //投影矩阵
    this.mVMatrix = new Array(16);                       //摄像机矩阵
    this.currMatrix=new Array(16);                       //变换矩阵
    this.mStack=new Array(100);                          //矩阵栈
    this.cx=0;                                           //摄像机的 x 值
    this.cy=0;                                           //摄像机的 y 值
    this.cz=0;                                           //摄像机的 z 值
    this.setInitStack=function(){                        //获取不变换初始矩阵
        this.currMatrix=new Array(16);
        setIdentityM(this.currMatrix,0);
    }
    this.pushMatrix=function(){                          //保护变换矩阵
        this.mStack.push(this.currMatrix.slice(0));
    }
    this.popMatrix=function(){                           //恢复变换矩阵
        this.currMatrix=this.mStack.pop();
    }
    this.translate=function(x,y,z){                      //执行平移变换
        translateM(this.currMatrix, 0, x, y, z);
    }
    this.rotate=function(angle,x,y,z){                   //执行旋转变换
        rotateM(this.currMatrix,0,angle,x,y,z);
    }
    this.scale=function(x,y,z){                          //执行缩放变换
        scaleM(this.currMatrix,0,x,y,z)
    }
    this.setCamera=function(  cx,cy,cz,tx,ty,tz,upx,upy,upz  ){    //设置摄像机
        setLookAtM(                                      //调用设置摄像机的函数
            this.mVMatrix,0,                             //传入当前摄像机矩阵
            cx,cy,cz,                                    //传入摄像机位置
            tx,ty,tz,                                    //传入目标点位置
            upx,upy,upz                                  //传入 up 向量
        );
        this.cx=cx;                                      //设置摄像机的 x 值
        this.cy=cy;                                      //设置摄像机的 y 值
        this.cz=cz;                                      //设置摄像机的 z 值
    }
    this.setProjectFrustum=function(left,right,bottom,top,near,far){
                                                         //设置透视投影参数
        frustumM(this.mProjMatrix, 0, left, right, bottom, top, near, far);
    }
    this.setProjectOrtho=function(left,right,bottom,top,near,far){
                                                         //设置正交投影参数
        orthoM(this.mProjMatrix, 0, left, right, bottom, top, near, far);
```

```
44      }
45      this.getFinalMatrix=function(){                    //获取具体物体的总变换矩阵
46          var mMVPMatrix=new Array(16);
47          multiplyMM(mMVPMatrix, 0, this.mVMatrix, 0, this.currMatrix, 0);
48          multiplyMM(mMVPMatrix, 0, this.mProjMatrix, 0, mMVPMatrix, 0);
49          return mMVPMatrix;
50      }
51      this.getMMatrix=function(){                        //获取具体物体的变换矩阵
52          return this.currMatrix;
53      }
54      this.getInvertMvMatrix=function(){                 //获取摄像机矩阵的逆矩阵的方法
55          var invM = new Array(16);
56          invertM(invM, 0, this.mVMatrix, 0);            //求逆矩阵
57          return invM;
58      }
59      this.fromPtoPreP=function(p){                      //通过逆变换，得到变换之前的点
60          var inverM = this.getInvertMvMatrix();//获取逆变换矩阵
61          var preP = new Array(4);
62          multiplyMV(preP, 0, inverM, 0,new Float32Array([p[0],p[1],p[2],1]), 0);
63          return new Float32Array([preP[0],preP[1],preP[2]]);
64  }}
```

- 第 2-8 行为投影矩阵、摄像机矩阵、变换矩阵、矩阵栈变量以及摄像机位置的声明。
- 第 9-27 行为获取初始不变换矩阵、保护变换矩阵、恢复变换矩阵、设置变换矩阵平移旋转以及缩放操作的方法，这些方法与 Java 端 MatrixState 工具类的同名方法作用是一致的。
- 第 28-44 行为设置摄像机矩阵、设置透视投影矩阵，以及设置正交投影矩阵的方法。其中摄像机的设置根据传入的摄像机位置、目标点和 UP 向量参数来设置摄像机矩阵。
- 第 45-64 行为获取具体物体的总变换矩阵、变换矩阵、摄像机矩阵的逆矩阵和通过逆变换，得到变换之前的点等方法。其中获取具体物体的总变换矩阵和变换矩阵的两个方法返回的矩阵最终将传入着色器中参与计算。

17.6 物体创建及绘制相关函数介绍

上面介绍了公共函数，下面将介绍本应用中物体创建及绘制的相关函数。因不同物体有不同的创建函数和绘制函数，且这些函数基本相似，所以，此节将只介绍 loadObject.js、DrawLandMaps.js 与 DrawButton.js 文件，没有介绍的请读者对照介绍的自行学习。下面将介绍这 3 个文件的编写。

17.6.1 创建普通物体文件 loadObject.js

本小节将向读者介绍基于 WebGL 的 3D 楼盘展示系统的创建普通物体 loadObject.js 文件。在该文件中根据传入的 3D 模型路径、物体编号以及着色器索引值来创建相应的物体，例如，3D 地图、3D 天空盒以及 3D 水池等物体，其具体代码如下。

代码位置：见本书随书光盘中源代码/第 17 章/ResidentialGarden/js 目录下的 loadObject.js。

```
function loadObjFile(url,object,id){                  //从服务器获取 obj 文本内容的函数
    var req=new XMLHttpRequest();                     //异步请求对象
    //设置响应回调函数，调用 processObjectLoadObj 处理响应
    req.onreadystatechange=function(){processObjectLoadObj(req,object,id)};
    req.open("GET",url,true);                         //用 GET 方式打开指定 URL
    req.responseType="text";                          //设置响应类型
    req.send(null);                                   //发送 HTTP 请求
}
function createObject(objDataIn,object,id){           //创建物体函数
    if(shaderProgArray[id]){                          //获取的着色器是否为空
        switch(object){                               //物体编号
            case 0:                                   //创建地图对象
                map=new ObjObject(gl,objDataIn.vertices,objDataIn.normals,
```

```
14                                        objDataIn.texcoords,shaderProgArray[id]);
15                  break;
16                  case 1:                              //创建天空盒对象
17                      skybox=new ObjObject(gl,objDataIn.vertices,objDataIn.normals,
18                                        objDataIn.texcoords,shaderProgArray[id]);
19                  break;
20                  case 2:                              //创建矩形绘制对象
21                      rectangle=new ObjObject(gl,objDataIn.vertices,objDataIn.normals,
22                                        objDataIn.texcoords,shaderProgArray[id]);
23                  break;
24                  case 3:                              //创建水池对象
25                      pool=new ObjObject(gl,objDataIn.vertices,objDataIn.normals,
26                                        objDataIn.texcoords,shaderProgArray[id]);
27                  break;
28                  case 4:                              //创建草坪对象
29                      grand=new ObjObject(gl,objDataIn.vertices,objDataIn.normals,
30                                        objDataIn.texcoords,shaderProgArray[id]);
31                  break;
32                  case 5:                              //创建主界面的 2D 对象
33                      obj=new ObjObject(gl,objDataIn.vertices,objDataIn.normals,
34                                        objDataIn.texcoords,shaderProgArray[id]);
                                                         //创建基本 2D 对象
35                      //创建背景图对象
36                      mainView_rectangle=new BasicObject(obj,48,12,600,300,texMap["bg"]);
37              ……//此处代码与创建背景图对象代码类似，故省略，请自行查阅随书光盘中的源代码
38                  break;
39          }}else{
40              setTimeout(function(){createObject(objDataIn,object,id);},10); //休眠10 毫秒
41      }}
42      function processObjectLoadObj(req,object,id){        //处理 obj 文本内容的回调函数
43          if (req.readyState == 4){                        //若状态为 4
44              var objStr = req.responseText;               //获取响应文本
45              this.dataTemp=fromObjStrToObjectData(objStr);//将 obj 文本解析为数据对象
46              createObject(dataTemp,object,id);            //创建绘制用物体对象
47      }}
```

- 第 1-8 行为加载模型文件的函数，传入参数有 3D 模型 obj 文件的路径、要创建物体的编号和要用着色器的索引值。在该函数中主要作用为创建 XMLHttpRequest 对象、重写 onreadystatechange 事件、调用 open 方法、为 responseType 设置值以及调用 send 方法等。
- 第 9-41 行为创建物体的函数，传入参数为经过分组整理后的 3D 模型的详细数据、物体的编号和着色器的 id 号。该函数的主要功能为判断获取的着色器是否加载完毕，若加载完毕，则根据物体编号创建相应的物体，例如，天空盒、地图等；反之则休眠 10 毫秒。
- 第 42-47 行为加载模型 obj 文件过程的函数，传入参数有 XMLHttpRequest 对象、物体编号以及所用着色器的 id 号。在该函数中主要作用是等数据解析完毕后，获取网页信息、获取 3D 模型的详细数据以及调用创建物体的函数来创建相应的物体。

17.6.2　地面绘制文件 DrawLandMaps.js

上面介绍了本应用中普通物体的创建文件 loadObject.js，下面将向读者详细介绍本应用中的地面绘制 DrawLandMaps.js 文件的编写。该文件主要实现了对小区地面物体的绘制功能，包括对花草的绘制，石子路的绘制以及树木的绘制等，其具体代码如下。

代码位置：见本书随书光盘中源代码/第 17 章/ResidentialGarden/js/residential 目录下的 DrawLandMaps.js。

```
function DrawLandMaps(){                           //绘制地面构造函数
    this.mapsData0=mapsData0;                      //获取地图 0 块地面物体位置与名称数据
    ……//此处代码与获取地图 0 数据代码类似，故省略，请自行查阅随书光盘中的源代码
    this.treeSize=new Array(10);                   //树的随机尺寸数组
    for(var i=0;i<10;i++){                         //循环遍历数组
        var numF=Math.random()*2;                  //随机获取尺寸
```

```
7           this.treeSize[i]=numF;                  //设置树的尺寸
8       }
9       ……//此处代码与获取树的尺寸代码类似，故省略，请自行查阅随书光盘中的源代码
10      this.R=6;                                   //中央水池的大小
11      this.r=8;                                   //边上种花的范围
12      this.Radin =0.017453;                       //种花的半径
13  }
14  DrawLandMaps.prototype.drawLandMaps=function(ms){      //绘制整体地面函数
15      gl.enable(gl.BLEND);                        //开启混合
16      gl.blendFunc(gl.SRC_ALPHA, gl.ONE_MINUS_SRC_ALPHA); //设置混合因子
17      ms.pushMatrix();                            //保护现场
18      this.drawLeftBelowLand(this.mapsData0,ms); //绘制左下方地面
19      ms.popMatrix();                             //恢复现场
20      ……//此处代码与绘制左下方地面代码类似，故省略，请自行查阅随书光盘中的源代码
21      gl.disable(gl.BLEND);                       //关闭混合
22  };
23  DrawLandMaps.prototype.drawLeftBelowLand=function(plantData,ms){  //给左下方铺路函数
24      for(var i=0;i<plantData.length/3;i++){              //循环遍历地图中的数据
25          ms.pushMatrix();                                //保护现场
26          //平移到指定位置
27          ms.translate(land[0]+plantData[i*3]*landSize,0,plantData[(i*3+1)]
             *landSize+land[1]);
28          ms.pushMatrix();                                //保护现场
29          ms.scale(landSize,landSize,landSize);           //缩放比例
30          grand.drawSelf(ms,texMap[plantData[(i*3+2)]]);        //绘制地面物体
31          ms.popMatrix();                                 //恢复现场
32          if(plantData[(i*3+2)]=="grass1_1"){                 //物体名为"grass1_1"
33              ms.pushMatrix();                            //保护现场
34              this.num=this.treeNum[plantData[i*3]%6];        //获取树的编号
35              switch(this.num){                           //树的编号
36                  case 4:                                 //绘制棕榈树
37                      ms.pushMatrix();                    //保护现场
38                      ms.scale(this.treeSize[plantData[i*3]%10]+1, //缩放比例
39                      this.treeSize[plantData[i*3]%10]+2,this.treeSize
                        [plantData[i*3]%10]+1);
40                      trees[4].drawSelf(ms,texMap["tree"]);    //绘制棕榈树
41                      ms.popMatrix();                     //恢复现场
42                      ms.pushMatrix();                    //保护现场
43                      ms.translate(0,0,-0.2);                 //平移到指定位置
44                      ms.scale(this.treeSize[10-plantData[i*3]%10]+1.2,
                                                            //缩放比例
45                  this.treeSize[10-plantData[i*3]%10]+1.8,this.treeSize[10-plant
                    Data[i*3]%10]+1);
46                      trees[4].drawSelf(ms,texMap["tree"]);    //绘制棕榈树
47                      ms.popMatrix();                     //恢复现场
48                  break;
49                  ……//此处代码与棕榈树代码类似，故省略，请自行查阅随书光盘中的源代码
50              }
51              ms.popMatrix();                             //恢复现场
52          }
53          ms.popMatrix();                                 //恢复现场
54  }};
```

❑ 第 1-13 行为绘制地面的构造函数，在该函数中主要作用为获取地图模块中地面物体位置与图片名等数据，创建树的随机尺寸数组，并循环遍历该数组，随机获取树的尺寸大小，再将获取的尺寸赋值给相应的树。

❑ 第 14-22 行为绘制整体地面的函数，该函数主要功能为绘制整个小区区域的地面物体。在该函数中主要作用是开启混合、设置混合因子、保护现场、绘制左下方地面物体以及恢复现场，等绘制完整个小区区域后，关闭混合。

❑ 第 26-31 行为绘制地面草坪的代码，首先平移到指定位置，保护现场，再缩放比例，绘制草坪，最后恢复现场。

❑ 第 32-52 行为判断获取的物体图片名是否为“grass1_1”，若是，则绘制相应树木的代码。

具体步骤为判断图片名，判断为是，则保护现场，获取绘制树的编号，再根据绘制树的编号绘制相应的树木，绘制完毕后，则恢复现场。

17.6.3　普通按钮绘制文件 DrawButton.js

介绍完了地面绘制 DrawLandMaps.js 文件的编写，下面将为读者详细介绍本应用中的普通按钮绘制文件 DrawButton.js。在该文件中主要是对楼房展示界面的按钮绘制，包括绘制一室一厅、二室一厅、三室一厅以及返回按钮等，其具体编写代码如下。

代码位置：见本书随书光盘中源代码/第 17 章/ResidentialGarden/js/houseModel 目录下的 DrawButton.js。

```
function DrawButton(){                                    //绘制按钮构造函数
    this.drawSelf = function(ms2D){                       //绘制按钮方法
        ms2D.pushMatrix();                                //保护现场
        gl.enable(gl.BLEND);                              //开启混合
        gl.blendFunc(gl.SRC_ALPHA, gl.ONE_MINUS_SRC_ALPHA);   //设置混合因子
        ms2D.pushMatrix();                                //保护现场
        ms2D.translate(ONEROOM_X,ONEROOM_Y,0);  //平移到指定位置
        ms2D.scale(0.012,0.005,1);              //缩放比例
        rectangle.drawSelf(ms2D,texMap[PIC_NAME[ONE]]);  //绘制一室一厅按钮
        ms2D.popMatrix();                                 //恢复现场
        ……//此处省略了绘制其他按钮的代码，请读者自行查阅随书光盘中的源代码
        gl.disable(gl.BLEND);                             //关闭混合
        ms2D.popMatrix();                                 //恢复现场
}}
```

> **说明**　普通绘制按钮文件比较简单，需先保护现场，开启混合，并设置混合因子，再次绘制各个按钮，最后关闭混合和恢复现场即可。

17.7　各个功能模块的实现

上一节介绍的是物体创建及绘制相关函数，本节主要介绍的是基于 WebGL 的 3D 楼盘展示系统的各功能模块的实现，其中包括主界面 mainView.html、楼房模型界面 houseModel.html、户体模型界面 roomType.html 以及小区浏览界面 residentialGarden.html。下面将逐一介绍其功能的实现。

17.7.1　主界面 mainView.html 的开发

本小节主要介绍的是本应用的主界面文件 mainView.html。在用户进入本应用的主界面之前，首先经过加载界面。该界面比较简单，蓝色海边背景图配上卡通 loadig 字体表示正在加载。加载完成后是主界面，该界面主要是显示小区的名字、楼房的基本样式以及进入不同界面的功能按钮。

（1）首先介绍的是主界面的基本框架。由于主界面文件包括鼠标监听、环视房间的摄像机设置、加载纹理图、加载资源、初始化和绘制一帧画面等函数，内容比较复杂，因此先介绍其框架，方便读者对主界面文件的掌握。其具体内容如下。

代码位置：见随书光盘中源代码/第 17 章/ResidentialGarden 目录下的 mainView.html 文件。

```
<html>
<head>
    <meta http-equiv="Content-Type" content="text/html; charset=utf-8" />
    <title>主界面</title>
    ……//此处省略导入 js 文件的代码，读者可自行查阅随书附带光盘中的源代码
    <script>
    ……//此处省略了鼠标按下事件监听函数，将在下面介绍
    ……//此处省略了鼠标抬起事件监听函数，将在下面介绍
    ……//此处省略了环视房间时设置摄像机的函数，将在下面介绍
    function start1(){                              //初始化的函数
```

```
11          gl = initWebGLCanvas("bncanvas1");                 //获取 GLES 上下文
12          if (!gl){
13              alert("该浏览器不支持 WebGL!请使用火狐浏览器、苹果浏览器或者 UC 浏览器。");
14              return;
15          }
16          canvas = document.getElementById('bncanvas1');    //初始化 3D 画布参数
17          gl.viewport(0, 0, canvas.width, canvas.height);   //设置视口
18          var ratio=canvas.width/canvas.height;
19          gl.clearColor(0.886,0.851,0.82,1.0);               //设置屏幕背景色 RGBA
20          gl.enable(gl.CULL_FACE);                            //打开背面剪裁
21          ms2D.setInitStack();                                //初始化变换矩阵
22          ms2D.setProjectOrtho(-ratio,ratio,-Vtop,Vtop,V2Dnear,Vfar);//设置投影
23          ms2D.setCamera(0,0,1,0,0,0,0,1,0);
24          ms.setInitStack();                                  //初始化 3D 变换矩阵
25          ms.setProjectFrustum(-ratio,ratio,-Vtop,Vtop,Vnear,Vfar);//设置投影
26          setInterval("drawFrame1();",10);                    //绘制画面
27      }
28      function initAll(){/*此处省略了分布加载资源的函数代码，请读者自行查阅源代码*/}
29      function drawSurrounding(ms){/*此处省略了绘制环绕的房屋建筑的代码，将在下面介绍*/}
30      function drawFrame1(){/*此处省略了绘制一帧画面的函数代码，将在下面为读者具体介绍*/}
31      function initImageTexture(){                            //加载纹理图函数
32          loadImageTexture(gl, "pic/building2.jpg","buildingTex");//加载纹理图
33          ……//此处其它纹理图的加载代码与上述相同，故省略，请自行查阅随书光盘中的源代码
34      }
35      </script>
36  </head>
37  <body onload="start1();">                          //设置页面加载完立即执行的函数
38      <div id="Layer1" style="position:absolute; width:100%; height:100%; z-index:-1">
39          <img src="pic/loading.jpg" height="600" width="1200"/>  //设置背景图片
40      </div>
41    <canvas height="600" width="1200" id="bncanvas1">        //设置屏幕宽高
42      </canvas>
43  </body>
44  </html>
```

❑ 第 10-27 行为初始化函数 start1 的具体实现。该函数主要是先获取 GLES 上下文，然后判断该浏览器是否支持 WebGL，不支持则提示更换其他支持 WebGL 的浏览器，支持则进行基本设置。其中包括初始化 3D 画布、设置视口大小、设置屏幕背景颜色、打开背面剪裁、初始化变换矩阵、初始化 3D 变换矩阵以及设置投影等。最后调用绘制函数并设置定时调用的周期。

❑ 第 37-43 行为 HTML 事件 body 属性的设置。主要是设置页面加载完成后立即执行 start1 函数，屏幕背景图片的引用、大小，同时还设置了屏幕的宽、高度。

> **说明** 在切换到展示界面之前都会经历加载界面，其中加载界面并不是真正意义上的界面，而是每个界面的背景图片，当图片、模型加载完成后绘制的新的背景图会将其覆盖，在以后的界面介绍中将不再对其进行赘述。

（2）上面介绍了主界面的基本架构，下面介绍的是主界面中用到的变量声明文件 MainViewVar.js。为了方便对成员变量的管理，我们特别将基于 WebGL 的 3D 楼盘展示系统的主界面 mainView.htm 中所用到的变量单独放到了一个 js 文件中。具体实现的代码如下。

代码位置：见随书光盘源代码/第 17 章/ResidentialGarden/js/mainView 目录下的 MainViewVar.js 文件。

```
var obj;                                    //矩形对象
var trees=new Array();                      //树的对象
var mainView_2D;                            //绘制主界面的 2D 物体
var mainView_rectangle;                     //绘制主界面的 2D 物体
var grand;                                  //草坪绘制对象
var building;                               //楼房模型
var lable=new Array(8);                     //创建按钮对象
var lable_down=new Array(6);                //创建按钮对象
var SCREEN_WIDTH_STANDARD=1200;             //屏幕标准宽度
var SCREEN_HEIGHT_STANDARD=600;             //屏幕标准高度
```

```
var RATIO=SCREEN_WIDTH_STANDARD/SCREEN_HEIGHT_STANDARD;  //透视投影的比例
var ms2D=new MatrixState();                        //2D 对象的矩阵
var CRUISEGO_LEFT=975;                             //单击漫游 letf 坐标
var CRUISEGO_RIGHT=1140;                           //单击漫游 right 坐标
var CRUISEGo_TOP=251;                              //单击漫游 top 坐标
var CRUISEGo_BOTTOM=328;                           //单击漫游 bottom 坐标
……//此处其它按钮的坐标位置代码与上述相同，故省略，请自行查阅随书光盘中的源代码
var Vtop=1;                                        //设置摄像机环视
var Vnear=30;                                      //3D 下——近平面
var Vfar=30000;                                    //远平面
var V2Dnear=1;                                     //2D 下——近平面
var cameraX=0;                                     //摄像机位置 x 值
var cameraY=120;                                   //摄像机 y 位置
var cameraZ=1050;                                  //摄像机 z 位置
var cameraLimit=cameraZ;
var targetX=0;                                     //目标点 x 位置
var targetY=26;                                    //目标点 y 位置
var targetZ=0;                                     //摄像机目标点 z 位置
var upX=0;                                         //摄像机 up 向量 x 值
var upY=1;                                         //摄像机 up 向量 y 值
var upZ=0;                                         //摄像机 up 向量 z 值
var tempx=upX+cameraX;                             //中间值 x
var tempz=upZ+cameraZ;                             //中间值 z
var tempLimit=tempz;
var degree=0;                                      //旋转角度
var isDown=new Array(0,0,0,0,0,0);                 //判断是否被按下
var displaySize=16;                                //每一块的尺寸
var openIndex=-1;                                  //模型 id
var clickX;                                        //单击的按钮坐标
var clickY;
var step=0;                                        //加载资源步数
var point0=[-16,14,15,14,-12,-12,16,-14];          //绘制树位置的数据——高 8
var point1=[-12,12,12,12,-13,-15,12,-16];          //绘制树位置的数据——高 10
var point2=[-16,9,16,15,-16,-10,10,-12];           //绘制树位置的数据——高 6
var isHouseModel=false;                            //切换到浏览楼房模型界面
var isRoomType=false;                              //切换到查看户型界面
var isCruiseGo=false;                              //切换到漫游模式界面
var isOpen=false;                                  //切换到浏览小区全景的页面
```

说明 此部分代码为成员变量的声明，包括用于绘制主界面的 2D 物体对象、绘制小区楼房四周树的对象、绘制草坪的对象、绘制旋转 3D 模型的对象、透视投影的比例、各种功能按钮的坐标、切换界面的标志位，以及摄像机的位置、目标点的值等。将成员变量单独放到 js 文件中不仅减少了主界面的代码量，增加了代码的可读性，还方便了对变量的管理。

（3）介绍完成员变量后，下面为读者介绍的是主界面中对鼠标键抬起、按下两个事件的监听函数。本界面中的鼠标操作非常简单，单击相应的功能按钮即设置相应的标志位，以便切换到对应的展示界面，对楼盘进一步查看。具体的实现代码如下。

代码位置：见随书光盘中源代码/第 17 章/ResidentialGarden 目录下的 mainView.html 文件。

```
document.onmousedown = function(event){                   //鼠标键按下事件监听
    clickX=event.pageX;                                   //获取触控点 x 坐标
    clickY=event.pageY;                                   //获取触控点 y 坐标
    if(clickX>CRUISEGO_LEFT&&clickX<CRUISEGO_RIGHT&&clickY>CRUISEGo_TOP
        &&clickY<CRUISEGo_BOTTOM){                        //单击漫游坐标
        isDown[0]=1;
    }else if(clickX>FREETOWALK_LEFT&&clickX<FREETOWALK_RIGHT
        &&clickY>FREETOWALK_TOP&&clickY<FREETOWALK_BOTTOM){
        isDown[1]=1;                                      //自由行走坐标
    }else if(clickX>MODEL1_LEFT&&clickX<MODEL1_RIGHT&&clickY>MODEL1_TOP
        &&clickY<MODEL1_BOTTOM){                          //浏览模型 1
        isDown[2]=1;
    }else if(clickX>MODEL2_LEFT&&clickX<MODEL2_RIGHT&&clickY>MODEL2_TOP
```

```
14              &&clickY<MODEL2_BOTTOM){          //浏览模型 2
15              isDown[3]=1;
16          }else if(clickX>MODEL3_LEFT&&clickX<MODEL3_RIGHT&&clickY>MODEL3_TOP
17              &&clickY<MODEL3_BOTTOM){          //浏览模型 3
18              isDown[4]=1;
19          }else if(clickX>MODEL4_LEFT&&clickX<MODEL4_RIGHT&&clickY>MODEL4_TOP
20              &&clickY<MODEL4_BOTTOM){          //浏览模型 4
21              isDown[5]=1;
22      }}
23      document.onmouseup = function(event){    //鼠标键抬起事件监听
24          if(clickX>CRUISEGO_LEFT&&clickX<CRUISEGO_RIGHT&&clickY>CRUISEGo_TOP
25              &&clickY<CRUISEGo_BOTTOM){        //单击漫游坐标
26              isDown[0]=0;
27              isCruiseGo=true;
28              isOpen=true;
29          }else if(clickX>FREETOWALK_LEFT&&clickX<FREETOWALK_RIGHT
30              &&clickY>FREETOWALK_TOP&&clickY<FREETOWALK_BOTTOM){
31              isDown[1]=0;                      //自由行走坐标
32              isOpen=true;
33          }else if(clickX>MODEL1_LEFT&&clickX<MODEL1_RIGHT&&clickY>MODEL1_TOP
34              &&clickY<MODEL1_BOTTOM){          //浏览模型 1
35              isDown[2]=0;
36              isHouseModel=true;
37              openIndex=0;                      //模型 1
38          }else if(clickX>MODEL2_LEFT&&clickX<MODEL2_RIGHT&&clickY>MODEL2_TOP
39              &&clickY<MODEL2_BOTTOM){          //浏览模型 2
40              isDown[3]=0;
41              isHouseModel=true;
42              openIndex=1;                      //模型 2
43          }else if(clickX>MODEL3_LEFT&&clickX<MODEL3_RIGHT&&clickY>MODEL3_TOP
44              &&clickY<MODEL3_BOTTOM){          //浏览模型 3
45              isDown[4]=0;
46              isHouseModel=true;
47              openIndex=2;                      //模型 3
48          }else if(clickX>MODEL4_LEFT&&clickX<MODEL4_RIGHT&&clickY>MODEL4_TOP
49              &&clickY<MODEL4_BOTTOM){          //浏览模型 4
50              isDown[5]=0;
51              isHouseModel=true;
52              openIndex=3;                      //模型 4
53      }}
```

- 第 1-22 行为鼠标键按下事件监听函数的实现。首先是获取触控点的 x、y 坐标，然后判断该坐标点是否属于漫游模式坐标、自由模式坐标和楼房模型坐标，属于某一坐标则将该功能按钮的标志位设为 1，其余按钮的标志位则为 0。
- 第 23-53 行为鼠标键抬起事件监听函数的实现。因为前面已经获取了触控点的坐标，所以现在直接判断该坐标点是否属于漫游模式坐标、自由模式坐标和楼房模型坐标，属于某一坐标则将该功能标志位置 1，如果是小区整体浏览按钮，则设置 isOpen 标志位；否则设置 isHouseModel 标志位以及 openIndex 值，确定切换界面。

（4）介绍完鼠标监听的函数后，下面将为大家介绍的是本界面中绘制一帧画面的函数 drawFrame1，以及其中用到的环视房间时摄像机的设置函数 LookAroundCamera 和绘制环绕的房屋建筑函数 drawSurrounding。具体的实现代码如下。

代码位置：见随书光盘中源代码/第 17 章/ResidentialGarden 目录下的 mainView.html 文件。

```
function LookAroundCamera(){                       //环视房间时摄像机的设置
    cameraX =Math.sin(degree*3.1415926535898/180)*cameraLimit;
    //计算当前角度摄像机位置
    cameraZ =Math.cos(degree*3.1415926535898/180)*cameraLimit;
    tempx=Math.sin(degree*3.1415926535898/180)*tempLimit;
    tempz=Math.cos(degree*3.1415926535898/180)*tempLimit;
    upX=tempx-cameraX;                             //计算 up 向量值
    upZ=tempz-cameraZ;
    degree+=0.5;                                   //角度自加
```

```
9        lightManager.lx=cameraX;                      //设置光源位置
10       lightManager.ly=cameraY;
11       lightManager.lz=cameraZ;
12       ms.setCamera(cameraX,cameraY,cameraZ,targetX,targetY,targetZ,upX,
         upY,upZ);
13   }
14   function drawSurrounding(ms){                     //绘制环绕的房屋建筑
15       for(var i=0;i<point0.length/2;i++){           //绘制高 8 米的树
16           ms.pushMatrix();                          //保护现场
17           ms.translate(point0[i*2],0,point0[i*2+1]); //平移
18           ms.scale(4,8,5);                          //缩放
19           trees[5].drawSelf(ms,texMap["chuiliu"]);   //绘制植物
20           ms.popMatrix();                           //恢复现场
21       }
22       ……//此处绘制其它树和草坪的代码与上述相似，故省略，请读者自行查阅源代码
23       ms.pushMatrix();                              //保护现场
24       building.drawSelf(ms,texMap["buildingTex"]);  //绘制房子模型
25       ms.popMatrix();                               //恢复现场
26   }
27   function drawFrame1(){//绘制一帧画面的函数
28       if(step!=7){                                  //判断模型、着色器是否加载完成
29           initAll();                                //分布加载模型、着色器
30           return;
31       }
32       if(!building||!grand||!trees[5]||!obj){       //判断对象是否成功创建
33           return;
34       }
35       gl.clear(gl.COLOR_BUFFER_BIT | gl.DEPTH_BUFFER_BIT);//清除着色缓冲与深度缓冲
36       mainView_rectangle.drawSelf(ms2D);           //绘制背景
37       gl.enable(gl.DEPTH_TEST);                    //开启深度检测
38       ms2D.pushMatrix();                           //保护现场
39       gl.enable(gl.BLEND);                         //开启混合
40       gl.blendFunc(gl.SRC_ALPHA, gl.ONE_MINUS_SRC_ALPHA); //设置混合因子
41       for(var i=0;i<lable.length-2;i++){            //绘制按钮
42           if(isDown[i]==0){                         //普通按钮图片
43               lable[i].drawSelf(ms2D);
44           }else{                                    //按下按钮图片
45               lable_down[i].drawSelf(ms2D);
46       }}
47       lable[6].drawSelf(ms2D);                     //绘制左边的选框
48       lable[7].drawSelf(ms2D);                     //绘制右边的选框
49       gl.disable(gl.BLEND);                        //关闭混合
50       ms2D.popMatrix();                            //恢复现场
51       LookAroundCamera();                          //环视--设置摄像机
52       drawSurrounding(ms);                         //绘制楼房与周围环境
53       gl.disable(gl.DEPTH_TEST);                   //关闭深度检测
54       if(isHouseModel){                            //转到浏览模型的页面
55           document.location.href="houseModel.html?param="+openIndex+"";
56           isHouseModel=false;                      //查看楼房模型的标志位置为 false
57       }else if(isOpen){                            //切换到小区整体浏览界面
58           if(isCruiseGo){                          //漫游模式
59               document.location.href="residentialGarden.html?param=0";
60               isCruiseGo=false;                    //漫游模式标志位置为 false
61           }else{                                   //自由模式
62               document.location.href="residentialGarden.html?param=1";
63           }
64           isOpen=false;                            //小区整体浏览标志位置为 false
65   }}
```

- 第 1-13 行为环视房间时摄像机的设置函数。该函数主要是根据当前的朝向角度计算当前摄像机的所在位置、目标点以及 up 向量。为了使用户全方位地查看楼房结构，在查看楼房模型时加入了摄像机的偏转角度，并设置光源位置，最后设置摄像机。
- 第 14-26 行为绘制环绕的房屋建筑的函数。该函数主要是在保护现场后，将树的 3D 模型平移到指定位置、缩放树模型，然后进行绘制，最后恢复现场。
- 第 27-65 行为绘制一帧画面的函数。首先调用分布加载函数加载模型、着色器，然后在确

保绘制对象成功创建后，清除着色器缓冲和深度缓冲，绘制背景，其次开启深度检测、保护现场、打开混合并进行按钮的绘制。最后恢复现场、关闭混合并调用 LookAroundCamera 函数设置摄像机，drawSurrounding 函数绘制楼房及周围环境。绘制完成后进行标志位的判断，并切换到指定的展示界面。

17.7.2 楼房模型界面 houseModel.html 的实现

上一小节介绍的是系统的主界面文件，本小节将介绍的是楼房模型展示界面文件。该界面主要是楼房模型的 3D 展示，鼠标拖动楼房模型即可实现旋转。同时屏幕的左侧还包括楼房户型展示区，包括展示不同户型的按钮。屏幕的右下角还有返回按钮，单击可返回到主界面。

（1）首先介绍的是楼房模型界面文件 houseModel.htm 的基本框架。该界面主要是实现对楼房模型的 3D 展示。由于篇幅有限，在此将不再介绍本界面用到的变量文件 HouseModelVar.js，有兴趣的读者可自行查阅随书光盘中的源代码。具体的实现代码如下。

代码位置：见随书光盘中源代码/第 17 章/ResidentialGarden 目录下的 houseModel.html 文件。

```
<html>
<head>
     <meta http-equiv="Content-Type" content="text/html; charset=utf-8" />
     <title>楼房模型</title>
          ……//此处省略导入 js 文件的代码，读者可自行查阅随书附带光盘中的源代码
     <script>
     document.onmousedown = function(event){
          /*此处省略了鼠标按下事件监听函数，读者可自行查阅随书附带光盘中的源代码*/}
     document.onmousemove = function(event){              //鼠标移动事件监听函数
          if(down){                                       //按下鼠标键
               var moveX=event.pageX;                     //获取移动点 x 坐标
               var moveY=event.pageY;                     //获取移动点 y 坐标
               var dx = moveX- mPreviousX;                //计算触控笔 X 位移
               var dy = moveY- mPreviousY;                //计算触控笔 y 位移
               if(Math.abs(dx)<7&& Math.abs(dy)<7){ //不超过阈值不移动摄像机
                    return;
               }
               angdegAzimuth += dx * TOUCH_SCALE_FACTOR; //设置沿 y 轴旋转角度
               angdegElevation += dy * TOUCH_SCALE_FACTOR;//设置沿 x 轴旋转角度
               angdegElevation = Math.max(angdegElevation, 5);
                                                          //将仰角限制在 5～90 度范围内
               angdegElevation = Math.min(angdegElevation, 90);
               LookAroundCamera();                        //设置摄像机的位置
          }
          mPreviousX=event.pageX;                         //获取移动点 x 坐标
          mPreviousY=event.pageY;                         //获取移动点 y 坐标
     }
     document.onmouseup = function(event){/*此处省略了鼠标抬起事件监听，可查阅随书光盘*/}
     function start(){/*此处省略了初始化函数，读者可自行查阅随书附带光盘中的源代码*/}
     function LookAroundCamera(){/*此处省略了设置摄像机位置的函数，可查阅随书光盘*/}
     function init(){                                //初始化模型名和模型纹理图名
          if(uriIndex=="0"){                         //查看楼房模型 1
               imageName="building2.jpg";
               objName="building2.obj";
               cameraZ=1050;                         //摄像机 z 位置
               targetY=26;                           //目标点 y 位置
               tempz=upZ+cameraZ;                    //中间值 z
               tempLimit=tempz;
               currSightDis=1000;                    //摄像机和目标的距离
               displaySize=16;                       //每一块的尺寸
               bs=1;                                 //树的倍数
               ……//其他 3 中楼房模型的初始化工作与上述相同，故不再赘述，可查阅随书光盘
          }
          LookAroundCamera();                        //设置摄像机
     }
     function initAll(){/*此处省略了分布加载的函数，将在下面介绍*/}
     function drawSurrounding(){/*此处省略了绘制房屋建筑的函数，可查阅随书光盘*/}
```

```
47      function drawFrame(){/*此处省略了绘制一帧画面的函数，可查阅随书光盘*/}
48      </script>
49  </head>
50  <body onload="start();">                          //设置页面加载完立即执行的函数
51      <div id="Layer1" style="position:absolute; width:94%; height:95%; z-index:-1">
52          <img src="pic/loading.jpg" height="600" width="1200"/>//设置背景图片
53      </div>
54      <canvas height="600" width="1200" id="bncanvas">      //设置屏幕宽高度
55          若看到这个文字，说明浏览器不支持WebGL!                 //提示文字
56      </canvas>
57  </body>
58  </html>
```

❑ 第 9-26 行为鼠标移动事件监听函数，主要判断鼠标键是否按下，如果是则记录移动点的坐标，然后计算触控笔 x、y 方向上的位移。位移超过一定的限定值则设置 x、y 轴的旋转角度，并将仰角限制在 5～90 度范围内，设置摄像机的位置。最后获取移动点的坐标值。

❑ 第 30-44 行为初始化模型名和纹理图片名的函数。该函数主要是根据从主界面传过来的信息判断具体展示某一楼房界面。根据 uriIndex 值初始化相关 3D 模型的名字和纹理图片的名字，然后设置摄像机的位置、目标点、摄像机和目标点的距离、某一块的尺寸以及树的倍数。由于 uriIndex 的值的判断都一样，因此省略了其他可能性的代码，读者可自行查阅随书光盘中的源代码。

说明 因为在上一小节主界面的介绍中已经介绍过鼠标键按下和抬起事件的监听函数、初始化函数、摄像机设置的函数、绘制环绕的房屋建筑的函数以及绘制一帧画面的函数，并且函数内容类似，因此，本小节不再赘述，有兴趣的读者可自行查看随书光盘中的源代码。同时还要说明一点，在绘制环绕的房屋建筑函数的开始又重新设置视口的大小，在结束时又恢复到原来视口的大小，目的是在屏幕上绘制指定大小的 3D 楼房展示区。

（2）上面介绍的是楼房模型界面的基本框架，下面将介绍的是分布加载函数。该函数主要是在绘制一帧画面前，分布加载所用到的模型、纹理图片以及着色器等资源。分布加载避免了一次性加载所造成的模型没有纹理图的问题。具体代码如下。

代码位置：见随书光盘中源代码/第 17 章/ResidentialGarden 目录下的 houseModel.html 文件。

```
function initAll(){                               //分布加载函数
    if(step==0){
        init();                                   //初始化模型名和模型纹理图名
        step++;
    }else if(step==1){                            //加载着色器
        loadShaderFile("shader/shader_nolight2.bns",1);//不带光照的物体
        step++;
    }else if(step==2){                            //加载着色器
        loadShaderFile("shader/shader.bns",0);     //带光照的物体
        step++;
    }else if(step==3){                            //加载纹理图
        loadImageTexture(gl, "pic/"+imageName,"buildingTex");//加载楼房图片
        loadImageTexture(gl, "pic/bg.jpg","bg");           //加载背景图片
        loadImageTexture(gl, "pic/grass1.jpg","grass");//加载草坪图片
        step++;
    }else if(step==4){
        loadImageTexture(gl, "pic/road3.jpg","stone2");//加载石子路图片
        loadImageTexture(gl, "pic/label7_1.jpg","label7_1");//加载三室一厅
        loadImageTexture(gl, "pic/label7_2.jpg","label7_2");//加载三室一厅
        step++;
    }else if(step==5){
        loadImageTexture(gl, "pic/label8_1.jpg","label8_1");//加载二室一厅
        loadImageTexture(gl, "pic/label8_2.jpg","label8_2");//加载二室一厅
        loadImageTexture(gl, "pic/label9_1.jpg","label9_1");//加载一室一厅
        step++;
```

```
26            }else if(step==6){
27                 loadImageTexture(gl, "pic/label9_2.jpg","label9_2");//加载一室一厅
28                 loadImageTexture(gl, "pic/huxing.jpg","huxing");//加载户型展示图
29                 loadImageTexture(gl, "pic/return.jpg","returnTex");//加载返回按钮图片
30                 loadImageTexture(gl, "pic/tree.jpg","chuiliu");//加载树纹理图
31                 step++;
32            }else if(step==7){                                          //加载模型以及绘制者
33                 loadHouseModelObjFile("obj/"+objName,0);  //加载房子模型
34                 step++;
35            }else if(step==8){
36                 loadObjFile("obj/rectangle.obj",2,1);       //矩形绘制对象模型
37                 step++;
38            }else if(step==9){
39                 loadObjFile("obj/caoping.obj",4,1);         //草坪模型
40                 step++;
41            }else if(step==10){
42                 loadPalntObjFile("obj/zonglvTree.obj",4,1);     //加载树模型
43                 step++;
44            }else if(step==11){
45                 button=new DrawButton();                         //创建绘制按钮对象
46                 step++;
47                 return;                                          //返回
48       }}
```

- 第 2-10 行为确定具体切换界面信息和加载着色器。首先调用 init 函数确认要显示的模型名、纹理图片名并设置摄像机的目标点、位置等。然后分布加载两个着色器，一种是用来绘制不带光照的物体。另一种是用来绘制带光照的物体。
- 第 11-31 行为加载图片资源。包括加载指定楼房模型、背景、草坪和石子路的图片，以及查看 3 种户型的按钮、返回按钮和垂柳的纹理贴图等图片。
- 第 32-47 行为加载模型和绘制对象的创建。首先加载将要显示的 3D 楼房模型、矩形绘制对象模型、草坪模型和树模型，然后创建绘制按钮对象，最后 return 返回。

说明 分布加载其实就是在最初调用一帧绘制画面函数的前几帧里逐次完成所有资源的加载。为了避免纹理贴图没有加载好只显示黑色模型的情况，要先加载图片、着色器等资源，最后加载 obj 模型。

17.7.3 户体模型界面 roomType.html 的开发

上一小节介绍的是楼房模型界面文件，本小节将介绍的是户体模型界面文件。该界面主要是户型 3D 模型的展示，鼠标拖动户型模型可以使其旋转，滑动鼠标滚轮可以使其放大或缩小。屏幕右下角有返回按钮，单击可返回到楼房展示界面，继续查看其余两种户型模型。具体代码如下。

代码位置：见随书光盘中源代码/第 17 章/ResidentialGarden 目录下的 roomType.html 文件。

```
<html>
<head>
    <meta http-equiv="Content-Type" content="text/html; charset=utf-8" />
    <title>户体模型</title>
    ……//此处省略导入 js 文件的代码，读者可自行查阅随书附带光盘中的源代码
    <script>
    document.onmousedown = function(event){/*此处省略了鼠标键按下事件的监听函数*/}
    document.onmousemove = function(event){/*此处省略了鼠标移动事件的监听函数*/}
    document.onmouseup = function(event){/*此处省略了鼠标键抬起事件的监听函数*/}
    if (document.addEventListener){            //给页面绑定滑轮滚动事件
         document.addEventListener('DOMMouseScroll', scrollFunc, false);
    }
    window.onmousewheel = document.onmousewheel = scrollFunc;//滚轮触发 scrollFunc 函数
    function scrollFunc(e){                    //滚轮事件
         e = e || window.event;
         if(e.wheelDelta){                                   //判断 IE 浏览器和谷歌浏览器滑轮事件
              if(e.wheelDelta > 0){                          //当滑轮向上滚动时
```

```
18                    if(bs>1){
19                        bs=bs-0.05;                    //放大
20                }}
21                if(e.wheelDelta < 0){                  //当滑轮向下滚动时
22                    if(bs<=1.3){
23                        bs=bs+0.05;                    //缩小
24                }}
25            } else if(e.detail){                       //Firefox 滑轮事件
26                if(e.detail> 0){                       //当滑轮向上滚动时
27                    if(bs>1){
28                        bs=bs-0.05;                    //放大
29                }}
30                if(e.detail< 0){                       //当滑轮向下滚动时
31                    if(bs<=1.3){
32                        bs=bs+0.05;                    //缩小
33        }}}}
34        function start(){                              //初始化的函数
35            var url=window.location .href;
36            var aa=url.indexOf('=');                   //找到 url 中"="的索引
37            if (aa>-1){                                   //如果 url 中存在"="
38                uriIndex=url.substring(aa+1,aa+2);     //得到"="后面的内容
39                uriIndex1=url.substring(aa+3);          //得到楼房 id
40            }
41            ……//此处省略了初始化函数的其他内容，读者可自行查阅随书光盘中的源代码
42        }
43        function init(){/*此处省略了初始化模型名和模型纹理图名的函数，可自行查阅*/}
44        function initALL(){/*此处省略了加载资源的函数，可自行查阅随书光盘中的源代码*/}
45        function setCameraPostion(){/*此处省略了设置摄像机位置的函数，可自行查阅*/}
46        function drawFrame(){/*此处省略了绘制一帧画面的函数。可自行查阅*/}
47        </script>
48    </head>
49    <body onload="start();">                           //设置页面加载完立即执行的函数
50        <div id="Layer1" style="position:absolute; width:94%; height:95%; z-index:-1">
51            <img src="pic/loading.jpg" height="600" width="1200"/> //设置背景图片
52        </div>
53        <canvas height="600" width="1200" id="bncanvas">     //设置屏幕的宽、高度
54            若看到这个文字，说明浏览器不支持 WebGL!          //提示文字
55        </canvas>
56    </body>
57    </html>
```

- ❑ 第 10-33 行为实现对页面滑轮滚动事件的监听。首先是给页面绑定滑轮滚动事件，当鼠标滚轮滑动时将触发 scrollFunc 函数。然后判断触发的是 IE 和谷歌浏览器的滚轮事件还是火狐浏览器的滚轮事件，根据鼠标滚轮滑动的方向的不同做出不同的处理，即滑轮向上滚动时放大模型，向下滚动时缩小模型。
- ❑ 第 34-40 行为初始化的函数。因为户体模型界面是通过单击楼房模型界面的查看户型按钮而打开的，因此，新打开的界面会有接收从原来界面传过来的信息，该功能就是在初始化函数里实现的。具体步骤就是打开一个链接，找到其中“=”的索引并获得其后面的内容。

17.7.4　小区浏览界面 residentialGarden.html 的实现

上一小节介绍的是户体模型界面，本小节将介绍小区浏览界面。该界面主要是以用户选择的方式对小区进行整体浏览。选择漫游模式，屏幕的左下角有开始按钮；选择自由模式，屏幕的左下角有方位摇杆。两种模式的右上角都有指南针时刻指示前进方向，右下角有返回按钮。

（1）首先介绍的是小区浏览界面的基本框架，其中鼠标键按下和抬起事件的监听、初始化函数、分布加载函数，以及加载模型纹理图的函数等在前面界面的介绍已经讲解了，在此不再赘述，读者可查看随书光盘中的源代码。具体实现代码如下。

代码位置：见随书光盘中源代码/第 17 章/ResidentialGarden 目录下的 residentialGarden.html 文件。

```
<html>
    <head>
```

```
3        <meta http-equiv="Content-Type" content="text/html; charset=utf-8" />
4        <title>小区浏览主页面</title>
5        ……//此处省略导入js文件的代码，读者可自行查阅随书附带光盘中的源代码
6        <script>
7            document.onmousedown = function(event){/*此处省略了鼠标键按下事件的监听*/}
8            document.onmouseup = function(event) {/*此处省略了鼠标键抬起事件的监听*/}
9            function start(){/*此处省略了初始化的函数，读者可自行查阅随书光盘中的源代码*/}
10           function setCamera(){/*此处省略了设置摄像机的函数，可自行查阅*/}
11           function initAll(){/*此处省略了加载资源函数，读者可自行查阅随书光盘中的源代码*/}
12           function drawFrame(){/*此处省略了绘制一帧画面的函数，可自行查阅*/}
13           function initShaderFile(){/*此处省略了加载着色器的函数，可自行查阅*/}
14           function initImageTexture(){/*此处省略了加载纹理图的函数，可自行查阅*/}
15           function initImageTexture1(){/*此处省略了加载纹理图的函数，可自行查阅*/}
16           function initImageTexture2(){/*此处省略了加载纹理图的函数，可自行查阅*/}
17           function initImageTexture3(){/*此处省略了加载纹理图的函数，可自行查阅*/}
18           function initObjFile(){/*此处省略了加载模型的函数，可自行查阅*/}
19           function initObjFile1(){/*此处省略了加载模型的函数，可自行查阅*/}
20           function initObjFile2(){/*此处省略了加载模型的函数，可自行查阅*/}
21           function initObjFile3(){/*此处省略了加载模型的函数，可自行查阅*/}
22           function initObjFile4(){/*此处省略了加载模型的函数，可自行查阅*/}
23           function initObjFile5(){/*此处省略了加载模型的函数，可自行查阅*/}
24           function move(){/*此处省略了自动漫游移动的函数，将在下面介绍*/}
25           function move1(){                                    //摇杆控制移动
26               switch(direction) {                              //触控方向
27                   case 0:vt=v;                                 //up——前进速度
28                       isChange=true;                           //进行移动
29                       break;
30                   case 1:vt=-v;                                //down——后退速度
31                       isChange=true;                           //进行移动
32                       break;
33                   case 2:currentAngle-=gd*0.017453;            //left——进行转弯
34                       break;
35                   case 3:currentAngle+=gd*0.017453;            //right——进行转弯
36                       break;
37           }}
38           function move2(){                                    //摇杆控制前进或者后退
39               var tempx1=px + vt*-Math.sin(-currentAngle);     //计算运动后的X、Z值
40               var tempz1=pz +vt*-Math.cos(-currentAngle);
41               if((tempx1>=mapminX&&tempx1<=mapmaxX)
42               &&(tempz1>=mapminZ&&tempz1<=mapmaxZ)) {          //不超过边界
43                   px=tempx1;                                   //获取当前位置x坐标
44                   pz=tempz1;                                   //获取当前位置y坐标
45           }}
46       </script>
47   </head>
48   <body onload="start();">                         //设置页面加载完立即执行的函数
49       <div id="Layer1" style="position:absolute; width:94%; height:95%; z-index:-1">
50           <img src="pic/loading.jpg" height="600" width="1200"/> //设置背景图片
51       </div>
52       <canvas height="600" width="1200" id="bncanvas">     //设置屏幕的宽、高度
53          若看到这个文字，说明浏览器不支持WebGL!             //提示文字
54       </canvas>
55   </body>
56   </html>
```

- 第 25-37 行为获取摇杆控制移动方向的函数。主要是判断鼠标单击的箭头方向，单击向上或向下箭头则前进或后退一步，设置相应的标志位为 true。单击向左或向右箭头则向左或向右转动方向，其中每单击一次向左或向右箭头，摄像机角度转动 5°。
- 第 38-45 行为摇杆控制前进或后退的函数。该函数主要是计算运动后的 x、y 值实现摄像机的移动。在程序中首先调用 move1 函数获取移动方向，如果移动方向为前进或后退，则将调用该函数实现摄像机的前进或后退。

（2）上面介绍的是小区浏览界面的基本框架，下面将为读者介绍的是漫游模式的实现函数，即自动漫游移动函数。该函数主要是每次获取漫游路线上的点，计算出两点间的距离，并以固定的步数进行移动，从而实现自动漫游移动。具体代码如下。

代码位置：见随书光盘中源代码/第 17 章/ResidentialGarden 目录下的 residentialGarden.html 文件。

```
function move(){                                          //自动漫游移动
    if(index>=(points.length/4)) {                        //漫游路线走完，恢复路线的初始值
        tempx=points[0];                                  //初始位置 x 坐标
        tempz=points[1];                                  //初始位置 z 坐标
        vx=points[2];                                     //初始 x 方向的速度
        vz=points[3];                                     //初始 y 方向的速度
        index=1;                                          //路线索引值
        currentAngle=0;                                   //初始旋转角度
    }else if((Math.abs(px-points[index*4])<1.0)
            &&(Math.abs(pz-points[index*4+1])<1.0)){      //走到拐角处
        tempx=points[index*4];                            //获取该拐角的位置 x 坐标
        tempz=points[index*4+1];                          //获取该拐角的位置 z 坐标
        if((gdt2>90&&gdt2<270)&&(gdt1<90&&gdt1>-90)&&(gds1<180&&gds1>0)
                                                          //正在转弯
            if(points[index*4+2]!=0){                     //x 方向——90
                if(points[index*4+2]>0){                  //x 正方向
                    if(vz>0){
                        gdt2=gdt2-gd;
                        currentAngle=gdt2*0.017453;       //旋转弧度
                    }else if(vz<0){
                        gdt1=gdt1+gd;
                        currentAngle=gdt1*0.017453;       //旋转弧度
                }}else {                                  //负方向
                    if(vz>0){
                        gdt2=gdt2+gd;
                        currentAngle=gdt2*0.017453;       //旋转弧度
                    }else if(vz<0){
                        gdt1=gdt1-gd;
                        currentAngle=gdt1*0.017453;       //旋转弧度
            }}}else if(points[index*4+3]!=0){             //z 方向——0
                if(points[index*4+3]>0){                  //z 正方向
                    if(vx>0){
                        gds1=gds1+gd;
                        currentAngle=gds1*0.017453;       //旋转弧度
                    }else if(vx<0){
                        gds2=gds2-gd;
                        currentAngle=gds2*0.017453;       //旋转弧度
                    }else{
                        if(vz<0){
                            gdd1=gdd1+gd;
                            currentAngle=gdd1*0.017453;   //旋转弧度
            }}}else {                                     //负方向
                if(vx>0){
                    gds1=gds1-gd;
                    currentAngle=gds1*0.017453;           //旋转弧度
                }else if(vx<0){
                    gds2=gds2+gd;
                    currentAngle=gds2*0.017453;           //旋转弧度
                }else{
                    if(vz>0){
                        gdd2=gdd2-gd;
                        currentAngle=gdd2*0.017453;       //旋转弧度
        }}}}}else{
            vx=points[index*4+2];                         //获取拐角处的 x 速度
            vz=points[index*4+3];                         //获取拐角处的 z 速度
            index++;                                      //路线索引值加一
            gdt1=0;                                       //恢复转角数据
            gdt2=180;                                     //恢复转角数据
            gds1=90;
            gds2=-90;                                     //恢复转角数据
            gdd1=0;
            gdd2=180;                                     //恢复转角数据
    }}else{
        tempx=px+vx;                                      //临时获取当前位置 x 坐标
        tempz=pz+vz;                                      //临时获取当前位置 z 坐标
    }
    px = tempx;                                           //获取当前位置 x 坐标
    pz = tempz;                                           //获取当前位置 z 坐标
}
```

- ❑ 第 2-8 行为恢复路线的初始值。判断到漫游路线已走完，则进行恢复路线的初始值。其中包括设置初始位置的 x、z 坐标，初始 x、y 方向的速度，将路线的索引值设为 1、初始旋转角度为 0。
- ❑ 第 9-61 行为走到拐角处的处理。首先是获取拐角处的坐标值，判断是否正在拐弯。如果正在拐弯，则判断是往 x 轴转还是往 z 轴转，并且判断是往坐标轴的正方向转还是负方向转，最后计算转动角度的范围以及旋转弧度。如果不是正在拐弯，则获取拐角处的速度、路线的索引值加 1，以及恢复转角数据。
- ❑ 第 63-67 行为临时获取当前位置的坐标。当摄像机没有走到拐角的时候，就要临时获取当前位置的 x、z 坐标，并在函数的最后，无论是否走完漫游路线，或者是否处于拐角处，都将临时获取的位置坐标赋给目标点变量。

> **说明** 该函数是实现漫游模式浏览小区整体的重要函数。其中用到了事先存储在数组里的目标点集合，该集合中的点是小区浏览过程中道路的拐点，即小区浏览路线上的转折点。如果想要改变漫游模式的浏览路线，改变目标点集合即可。

17.8 应用中运用的着色器介绍

经过前面几节的讲解，读者已对本的应用的代码部分有了一定的了解，本节将向读者介绍本应用中运用的着色程序，由于 WebGL 运用的也是 OpenGL ES 2.0，所以，着色器部分的代码与以前学过的着色器代码是没有区别的，相信读者很容易理解。

17.8.1 普通物体着色器

着色器分为顶点着色器和片元着色器，顶点着色器的主要功能为执行顶点的变化与计算等与顶点相关的操作，其每个顶点执行一次；片元着色器的主要功能为执行纹理的采样、颜色的汇总等操作，每片元执行一次。下面分别对普通物体着色器的顶点着色器和片元着色器的开发进行介绍。

> **提示** 本应用的每套着色器都是一个 bns 文件，该文件中包含了顶点着色程序与片元着色程序。但读者需注意的是，该文件中顶点着色程序与片元着色程序之间是有一定格式的，该格式便是在顶点着色程序后空一行，再加上<#BREAK_BN#>，占一行，然后再空一行，最后写上片元着色程序。请读者严格按照该格式进行编写着色器 bns 文件。

（1）下面为读者讲解的是普通物体着色器的顶点着色程序，运用此顶点着色程序的物体有楼房、别墅、树木以及花草等。该顶点着色程序与后面不带光照物体着色器的顶点着色程序是一样的，因此，后面就不重复介绍了，其具体内容如下。

代码位置：见本书随书光盘中源代码/第 17 章/ResidentialGarden/shader/目录下的 shader.bns。

```
precision mediump float;                                //设置精度
uniform mat4 uMVPMatrix;                                //总变换矩阵
uniform mat4 uMMatrix;                                  //变换矩阵
uniform vec3 uLightLocation;                            //光源位置
uniform vec3 uCamera;                                   //摄像机位置
attribute vec3 aPosition;                               //顶点位置
attribute vec3 aNormal;                                 //顶点法向量
attribute vec2 aTexCoor;                                //顶点纹理坐标
varying vec4 ambient;                                   //环境光
varying vec4 diffuse;                                   //散射光
varying vec4 specular;                                  //镜面光
```

```
12   varying vec2 vTextureCoord;                           //纹理坐标
13   varying vec3 vpos;                                    //当前顶点坐标
14   void pointLight(                                      //定位光光照计算的函数
15        in vec3 normal,                                  //法向量
16        inout vec4 ambient,                              //环境光最终强度
17        inout vec4 diffuse,                              //散射光最终强度
18        inout vec4 specular,                             //镜面光最终强度
19        in vec3 lightLocation,                           //光源位置
20        in vec4 lightAmbient,                            //环境光强度
21        in vec4 lightDiffuse,                            //散射光强度
22        in vec4 lightSpecular                            //镜面光强度
23   ){
24        ambient=lightAmbient;                            //直接得出环境光的最终强度
25        vec3 normalTarget=aPosition+normal;              //计算变换后的法向量
26        vec3 newNormal=(uMMatrix*vec4(normalTarget,1)).xyz-(uMMatrix*vec4
          (aPosition,1)).xyz;
27        newNormal=normalize(newNormal);                  //对法向量规格化
28        //计算从表面点到摄像机的向量
29        vec3 eye= normalize(uCamera-(uMMatrix*vec4(aPosition,1)).xyz);
30        //计算从表面点到光源位置的向量 vp
31        vec3 vp= normalize(lightLocation-(uMMatrix*vec4(aPosition,1)).xyz);
32        vp=normalize(vp);                                //格式化 vp
33        vec3 halfVector=normalize(vp+eye);               //求视线与光线的半向量
34        float shininess=50.0;                            //粗糙度，越小越光滑
35        //求法向量与 vp 的点积与 0 的最大值
36        float nDotViewPosition=max(0.0,dot(newNormal,vp));
37        diffuse=lightDiffuse*nDotViewPosition;               //计算散射光的最终强度
38        float nDotViewHalfVector=dot(newNormal,halfVector); //法线与半向量的点积
39        //镜面反射光强度因子
40        float powerFactor=max(0.0,pow(nDotViewHalfVector,shininess));
41        specular=lightSpecular*powerFactor;      //计算镜面光的最终强度
42   }
43   void main(){
44        //根据总变换矩阵计算此次绘制此顶点位置
45        gl_Position = uMVPMatrix * vec4(aPosition,1);
46        vpos = aPosition;                           //将当前顶点位置传递给片元着色器
47        //存放环境光、散射光、镜面反射光的临时变量
48        vec4 ambientTemp, diffuseTemp, specularTemp;
49        //计算光照
50        pointLight(normalize(aNormal),ambientTemp,diffuseTemp,specularTemp,
          uLightLocation, vec4(0.4,0.4,0.4,1.0),vec4(1.0,1.0,1.0,1.0),vec4
51        (0.4, 0.4,0.4,1.0));
52        ambient=ambientTemp;                        //将环境光传入片元着色器
53        diffuse=diffuseTemp;                        //将散射光传入片元着色器
54        specular=specularTemp;                      //将镜面光传入片元着色器
55        vTextureCoord = aTexCoor;                   //将接收的纹理坐标传递给片元着色器
56   }
```

- 第 1-13 行为顶点着色程序变量的声明，其包括有总变换矩阵、变换矩阵、光源位置，以及摄像机位置等传入变量和需要传递给片元着色程序的光照、顶点坐标、顶点法向量、顶点纹理坐标及纹理坐标等变量。
- 第 14-42 行为定位光光照计算的函数，这个函数相信读者已经不再陌生，根据摄像机位置、光源位置，以及当前顶点法向量分别计算出散射光与镜面光。
- 第 43-56 行为主函数，首先根据总变换矩阵计算出此次绘制的顶点位置和环境光、散射光、镜面光的强度，然后将所得数据传入片元着色程序。

（2）介绍完了顶点着色程序，下面将向读者讲解的是普通物体着色器的片元着色程序。该片元着色程序主要负责绘制带光照的物体，例如小区楼房、欧式别墅以及圆形水池等。在该片元着色程序中经过纹理采样加入光照数据确定该片元的最终颜色，其具体内容如下。

代码位置：见本书随书光盘中源代码/第 17 章/ResidentialGarden/shader/目录下的 shader.bns。

```
precision mediump float;                        //设定精度
uniform sampler2D sTexture;                     //纹理内容数据
varying vec4 ambient;                           //从顶点着色程序接收的环境光强度
```

```
varying vec4 diffuse;                              //从顶点着色程序接收的散射光强度
varying vec4 specular;                             //从顶点着色程序接收的镜面光强度
varying vec2 vTextureCoord;                        //从顶点着色程序接收的纹理坐标
varying vec3 vpos;                                 //从顶点着色程序接收的顶点位置
void main(){                                       //主函数
    vec4 finalColor=texture2D(sTexture, vTextureCoord); //将计算出的颜色给此片元
    gl_FragColor = finalColor*ambient+finalColor*specular+finalColor*diffuse;
    //给此片元颜色值
}
```

说明 该片元着色程序的主要作用为，根据从顶点着色程序传递过来的光照参数 ambient、diffuse 和 specular 进行计算片元的最终颜色值，每个片元执行一次。

17.8.2 不带光照物体着色器

上面的一小节向读者介绍了普通物体的着色器，本小节将继续向读者介绍的是基于 WebGL 的 3D 楼盘展示系统中的不带光照物体所用的着色程序。在前面也讲过该着色器的顶点着色程序与普通物体的相同，因此，在这里就只介绍片元着色程序，其具体内容如下。

代码位置：见本书随书光盘中源代码/第 17 章/ResidentialGarden/shader/目录下的 shader_nolight2.bns。

```
precision mediump float;                           //设定精度
uniform sampler2D sTexture;                        //纹理内容数据
varying vec4 ambient;                              //从顶点着色程序接收的环境光强度
varying vec4 diffuse;                              //从顶点着色程序接收的散射光强度
varying vec4 specular;                             //从顶点着色程序接收的镜面光强度
varying vec2 vTextureCoord;                        //从顶点着色程序接收的纹理坐标
varying vec3 vpos;                                 //从顶点着色程序接收的顶点位置
void main(){                                       //主函数
    vec4 finalColor=texture2D(sTexture, vTextureCoord); //将计算出的颜色给此片元
    gl_FragColor = finalColor;                     //给此片元颜色值
}
```

说明 该片元着色程序主要负责绘制不带光照的物体，例如树木、花草以及按钮等。在该片元着色程序中直接经过纹理采样确定该片元的最终颜色值。

17.8.3 天空盒着色器

上面的一小节向读者介绍了不带光照物体的着色程序，本小节将向读者介绍的是本应用中天空盒所用的着色程序。与普通物体着色器不同的是，天空盒的顶点着色程序中使用的是定向光光照计算函数，其他地方都一样，因此，在此只介绍定向光光照计算函数，其具体内容如下。

代码位置：见本书随书光盘中源代码/第 17 章/ResidentialGarden/shader/目录下的 shader_directional.bns。

```
void pointLight(                                   //定向光光照计算的函数
    in vec3 normal,                                //法向量
    inout vec4 ambient,                            //环境光最终强度
    inout vec4 diffuse,                            //散射光最终强度
    inout vec4 specular,                           //镜面光最终强度
    in vec3 lightLocation,                         //光源位置
    in vec4 lightAmbient,                          //环境光强度
    in vec4 lightDiffuse,                          //散射光强度
    in vec4 lightSpecular                          //镜面光强度
){
    ambient=lightAmbient;                          //直接得出环境光的最终强度
    vec3 normalTarget=aPosition+normal;            //计算变换后的法向量
    vec3 newNormal=(uMMatrix*vec4(normalTarget,1)).xyz-(uMMatrix*vec4(aPosition,1)).xyz;
    newNormal=normalize(newNormal);                //对法向量规格化
    //计算从表面点到摄像机的向量
    vec3 eye= normalize(uCamera-(uMMatrix*vec4(aPosition,1)).xyz);
    vec3 vp= normalize(uLightLocation);            //计算从表面点到光源位置的向量 vp
```

```
18     vp=normalize(vp);                                     //格式化 vp
19     vec3 halfVector=normalize(vp+eye);                    //求视线与光线的半向量
20     float shininess=50.0;                                 //粗糙度，越小越光滑
21     float nDotViewPosition=max(0.0,dot(newNormal,vp));   //求法向量与 vp 的点积和 0 的最大值
22     diffuse=lightDiffuse*nDotViewPosition;                //计算散射光的最终强度
23     float nDotViewHalfVector=dot(newNormal,halfVector);  //法线与半向量的点积
24     float powerFactor=max(0.0,pow(nDotViewHalfVector,shininess));  //镜面反射光强度因子
25     specular=lightSpecular*powerFactor;                   //计算镜面光的最终强度
26  }
```

说明　天空盒着色器的顶点着色程序中的定向光光照计算函数与普通物体着色器中介绍的定位光光照计算函数大致相同，不同的地方便是第 17 行的计算从表面点到光源位置的向量 vp 值，请读者仔细对比进行学习。

17.9　应用的优化与改进

到此为止，基于 WebGL 的 3D 楼盘展示系统已经基本开发完成，也实现了最初设计的功能。但是，通过开发后的运行测试发现，本应用中仍然存在一些需要优化和改进的地方，下面将向读者列举笔者想到的一些方面。

- 应用界面的优化

虽然本应用的界面已经很漂亮，但是还有一定的改进空间，在美工上面还可以做得更好一些，比如天空盒纹理、楼房的纹理和树木的纹理等，读者可以根据个人的爱好和需求做进一步的完善，可以加载一些更加精细的图片，使其更加完美。

- 对小区自由浏览模式的改进

本应用中的小区自由浏览模式的摇杆操作不是很灵活，并且只能向前、向后移动，没有实现向任何方向移动的功能。读者可以自行开发一套算法，进一步优化对摇杆的操作，实现用户通过控制摇杆向任何方向移动的功能。

- 应用的进一步优化

虽然笔者已经对本应用做了优化，但是并不是在所有支持 WebGL 的浏览器中流畅运行，读者可以进一步的优化本应用的核心和界面框架，进一步对应用进行改进，使得本应用的兼容性增强、应用的运行速度进一步提升。

17.10　小结

本章对基于 WebGL 的 3D 楼盘展示系统的功能及实现方式进行了简要的讲解。本应用实现了 2D 功能按钮和背景图的显示，3D 楼房模型的放大、缩小、旋转，摄像机自动变换目标点实现小区整体浏览，指南针指示方位变化和界面布局等基本功能，读者在实际项目开发中可以参考本应用，对项目的功能进行优化，并根据实际需要加入其他相关功能。

异步社区
人民邮电出版社
www.epubit.com.cn

欢迎来到异步社区！

异步社区的来历

异步社区（www.epubit.com.cn）是人民邮电出版社旗下IT专业图书旗舰社区，于2015年8月上线运营。

异步社区依托于人民邮电出版社20余年的IT专业优质出版资源和编辑策划团队，打造传统出版与电子出版和自出版结合、纸质书与电子书结合、传统印刷与POD按需印刷结合的出版平台，提供最新技术资讯，为作者和读者打造交流互动的平台。

社区里都有什么？

购买图书

我们出版的图书涵盖主流IT技术，在编程语言、Web技术、数据科学等领域有众多经典畅销图书。社区现已上线图书1000余种，电子书400多种，部分新书实现纸书、电子书同步出版。我们还会定期发布新书书讯。

下载资源

社区内提供随书附赠的资源，如书中的案例或程序源代码。

另外，社区还提供了大量的免费电子书，只要注册成为社区用户就可以免费下载。

与作译者互动

很多图书的作译者已经入驻社区，您可以关注他们，咨询技术问题；可以阅读不断更新的技术文章，听作译者和编辑畅聊好书背后有趣的故事；还可以参与社区的作者访谈栏目，向您关注的作者提出采访题目。

灵活优惠的购书

您可以方便地下单购买纸质图书或电子图书，纸质图书直接从人民邮电出版社书库发货，电子书提供多种阅读格式。

对于重磅新书，社区提供预售和新书首发服务，用户可以第一时间买到心仪的新书。

用户帐户中的积分可以用于购书优惠。100积分=1元，购买图书时，在 0 使用积分 里填入可使用的积分数值，即可扣减相应金额。